Aufgaben

- Alle **Aufgaben** sind **blau** gedruckt.

- Mit den Aufgaben **vor** dem schwarz gedruckten Info-Text kann man ein Thema erarbeiten.

Dafür wird der Info-Text **nicht** vorausgesetzt.

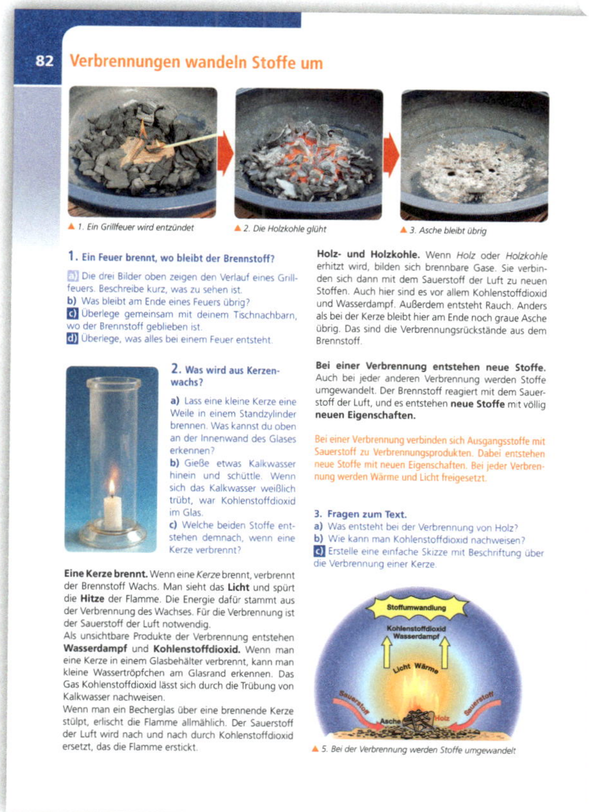
82 Verbrennungen wandeln Stoffe um

▲ 1. Ein Grillfeuer wird entzündet ▲ 2. Die Holzkohle glüht ▲ 3. Asche bleibt übrig

1. Ein Feuer brennt, wo bleibt der Brennstoff?

a) Die drei Bilder oben zeigen den Verlauf eines Grillfeuers. Beschreibe kurz, was zu sehen ist.
b) Was bleibt am Ende eines Feuers übrig?
c) Überlege gemeinsam mit deinem Tischnachbarn, wo der Brennstoff geblieben ist.
d) Überlege, was alles bei einem Feuer entsteht.

2. Was wird aus Kerzenwachs?

a) Lass eine kleine Kerze eine Weile in einem Standzylinder brennen. Was kannst du oben an der Innenwand des Glases erkennen?
b) Gieße etwas Kalkwasser hinein und schüttle. Wenn sich das Kalkwasser weißlich trübt, war Kohlenstoffdioxid im Glas.
c) Welche beiden Stoffe entstehen demnach, wenn eine Kerze verbrennt?

Eine Kerze brennt. Wenn eine *Kerze* brennt, verbrennt der Brennstoff Wachs. Man sieht das **Licht** und spürt die **Hitze** der Flamme. Die Energie dafür stammt aus der Verbrennung des Wachses. Für die Verbrennung ist der Sauerstoff der Luft notwendig.
Als unsichtbare Produkte der Verbrennung entstehen **Wasserdampf** und **Kohlenstoffdioxid.** Wenn man eine Kerze in einem Glasbehälter verbrennt, kann man kleine Wassertröpfchen am Glasrand erkennen. Das Gas Kohlenstoffdioxid lässt sich durch die Trübung von Kalkwasser nachweisen.
Wenn man ein Becherglas über eine brennende Kerze stülpt, erlischt die Flamme allmählich. Der Sauerstoff der Luft wird nach und nach durch Kohlenstoffdioxid ersetzt, das die Flamme erstickt.

Holz- und Holzkohle. Wenn *Holz* oder *Holzkohle* erhitzt wird, bilden sich brennbare Gase. Sie verbinden sich dann mit dem Sauerstoff der Luft zu neuen Stoffen. Auch hier sind es vor allem Kohlenstoffdioxid und Wasserdampf. Außerdem entsteht Rauch. Anders als bei der Kerze bleibt hier am Ende noch graue Asche übrig. Das sind die Verbrennungsrückstände aus dem Brennstoff.

Bei einer Verbrennung entstehen neue Stoffe. Auch bei jeder anderen Verbrennung werden Stoffe umgewandelt. Der Brennstoff reagiert mit dem Sauerstoff der Luft, und es entstehen **neue Stoffe** mit völlig **neuen Eigenschaften.**

Bei einer Verbrennung verbinden sich Ausgangsstoffe mit Sauerstoff zu Verbrennungsprodukten. Dabei entstehen neue Stoffe mit neuen Eigenschaften. Bei jeder Verbrennung werden Wärme und Licht freigesetzt.

3. Fragen zum Text.
a) Was entsteht bei der Verbrennung von Holz?
b) Wie kann man Kohlenstoffdioxid nachweisen?
c) Erstelle eine einfache Skizze mit Beschriftung über die Verbrennung einer Kerze.

Stoffumwandlung
Kohlenstoffdioxid
Wasserdampf
Licht Wärme
Sauerstoff
Sauerstoff
Asche
Holz

▲ 5. Bei der Verbrennung werden Stoffe umgewandelt

- Die Aufgaben **nach** einem Info-Text setzen voraus, dass man den Info-Text gelesen oder das Thema behandelt hat.

- Alle Antworten auf die stets einfachen **„Fragen zum Text"** findet man direkt auf den zugehörigen Buchseiten.

Exkurs und Methode

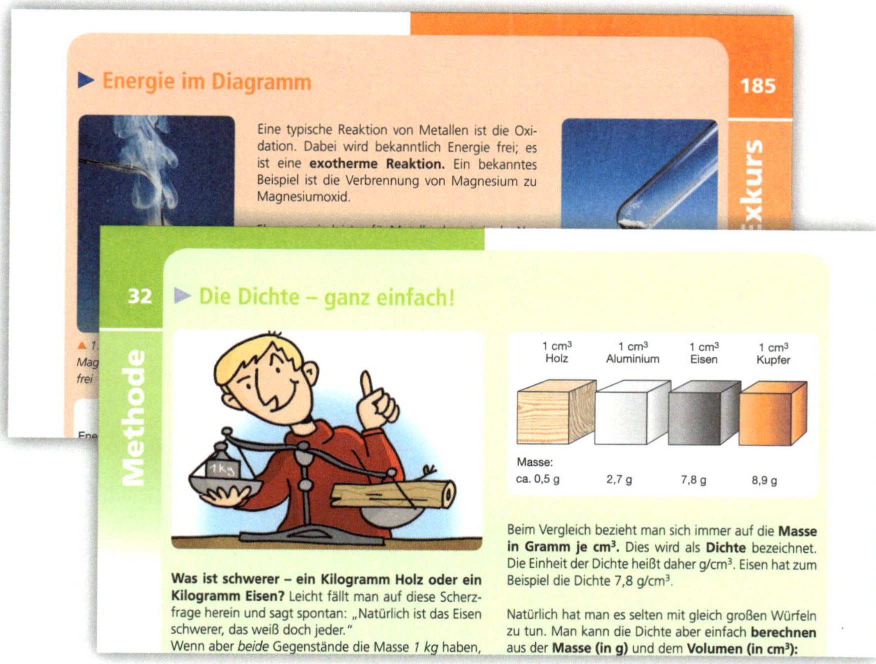
▶ Energie im Diagramm

185

Exkurs

Eine typische Reaktion von Metallen ist die Oxidation. Dabei wird bekanntlich Energie frei; es ist eine **exotherme Reaktion.** Ein bekanntes Beispiel ist die Verbrennung von Magnesium zu Magnesiumoxid.

32 ▶ Die Dichte – ganz einfach!

Methode

1 cm³ Holz	1 cm³ Aluminium	1 cm³ Eisen	1 cm³ Kupfer
Masse: ca. 0,5 g	2,7 g	7,8 g	8,9 g

Was ist schwerer – ein Kilogramm Holz oder ein Kilogramm Eisen? Leicht fällt man auf diese Scherzfrage herein und sagt spontan: „Natürlich ist das Eisen schwerer, das weiß doch jeder."
Wenn aber *beide* Gegenstände die Masse *1 kg* haben,

Beim Vergleich bezieht man sich immer auf die **Masse in Gramm je cm³.** Dies wird als **Dichte** bezeichnet. Die Einheit der Dichte heißt daher g/cm³. Eisen hat zum Beispiel die Dichte 7,8 g/cm³.

Natürlich hat man es selten mit gleich großen Würfeln zu tun. Man kann die Dichte aber einfach **berechnen** aus der **Masse (in g)** und dem **Volumen (in cm³):**

- Texte mit **dunkelblauem Dreieck** vor der Überschrift sind eher etwas schwieriger als die anderen Texte.

- Texte mit **hellblauem Dreieck** sind dagegen einfach zu verstehen.

Dieter Frühauf
Hans Tegen

BlickPunkt Chemie

Gesamtband

Ein Lehr- und Arbeitsbuch

Differenzierende Ausgabe

Schroedel

Blick Punkt
Chemie Gesamtband

Herausgegeben von:
Dieter Frühauf
Hans Tegen

Bearbeitet von:
Ralf Bloß
Bernd Braun
Lydia Eickhoff
Dieter Frühauf
Dr. Erwin Graf
Thomas Günkel
Ursula Himmler
Friederike Krämer-Brand
Michael Kratz
Sandra Kranz
Angelika Meinhold
Marcus Mössner
Wolfgang Münzinger
Hans Tegen
Sabine Tieste
Reiner Wagner
Mareike Wilms
Dr. Hilde Wirbs

unter Mitarbeit der Verlagsredaktion

Grafiken:
Jan Bintakies, Helmut Holtermann, Brigitte Karnath, Karin Mall, Tom Menzel, Heike Möller, Thilo Pustlauk, Volkmar Rinke, Ingrid Schobel, Thies Schwarz, DTP-Studio Wiegand

Grundlayout:
idee design werbeagentur

Umschlaggestaltung:
SINNSALON, Büro für Konzept und Gestaltung

Druck A⁶ / Jahr 2016
Alle Drucke der Serie A sind im Unterricht parallel verwendbar.

Satz: media service schmidt, Hildesheim
Repro: westermann druck GmbH, Braunschweig
Druck und Bindung: westermann druck GmbH, Braunschweig

ISBN 978-3-507-**76730**-0

Inhaltsverzeichnis

Inhaltsverzeichnis

5 Ohne Wasser geht nichts!

6 Wie gewinnt man Metalle?

Inhaltsverzeichnis

9 Chemie und Elektrizität

10 Moleküle näher betrachtet

Inhaltsverzeichnis

13 Erdöl – zu schade zum Verbrennen

14 Kunststoffe überall – vom Handy bis zur Baby-windel

Inhaltsverzeichnis

Entsorgung von Chemikalienresten

Chemikalienreste darf man nicht ohne weiteres in den Ausguss oder Abfalleimer geben. Gefährliche Stoffe müssen ordnungsgemäß entsorgt werden. Abfallchemikalien müssen nach Stoffklassen getrennt gesammelt werden, damit die endgültige Entsorgung vereinfacht wird. Für die Chemikalien aus dem Chemieunterricht genügt ein einfaches Entsorgungssystem aus **vier Behältern.**

B1 Im **Behälter 1** werden **saure und alkalische Lösungen** gesammelt, etwa Natronlauge. Der Inhalt von Behälter 1 sollte neutralisiert werden, bevor er ganz gefüllt ist. Der neutralisierte Inhalt kann dann in den Ausguss geschüttet werden. Deshalb dürfen keine giftigen Stoffe in diesem Behälter gesammelt werden.

B2 Im **Behälter 2** werden **giftige anorganische Stoffe** wie Schwermetallsalze gesammelt, etwa Kupfersulfatlösung.

B3 Im **Behälter 3** werden **halogenfreie organische Stoffe** gesammelt, etwa Benzin.

B4 In den **Behälter 4** gehören alle halogenhaltigen organischen Stoffe.

Die endgültige Entsorgung der Behälter 2, 3 und 4 muss durch ein Entsorgungsunternehmen erfolgen.

Laborgeräte

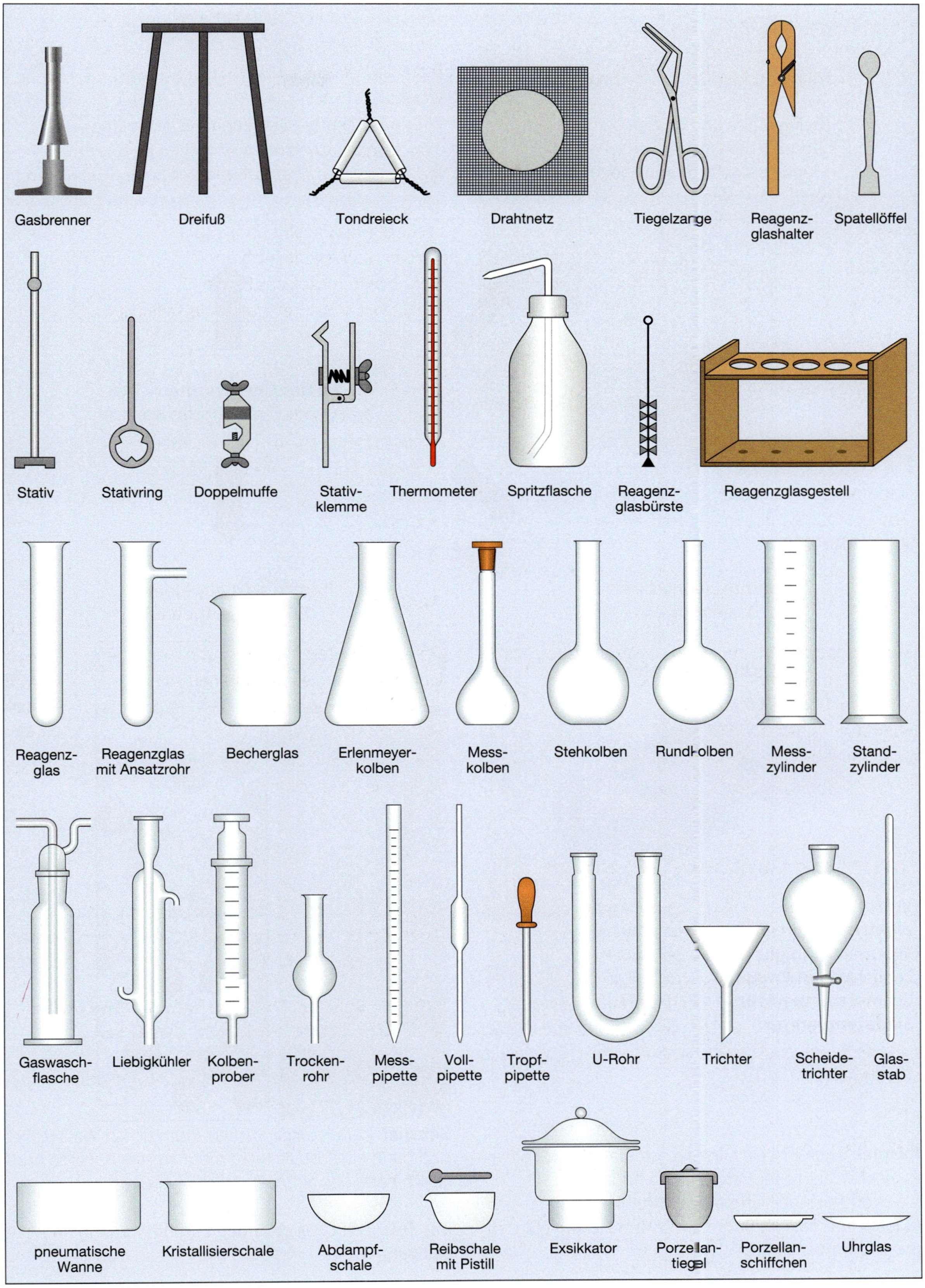

Basiskonzepte im Chemieunterricht

Kompetenzbereiche

Nutzung fachlicher Konzepte

Sachverhalte und grundlegende Gesetze der Chemie verstehen und fachgerecht anwenden

Erkenntnisgewinnung

Schritte der Erkenntnisgewinnung in der Chemie an einfachen Beispielen selbst erfahren

Ziel des Chemieunterrichts:
Verantwortungsbewusstes Handeln …

Basiskonzepte

Struktur-Eigenschafts-Beziehungen

Steckbrief: Kupfer

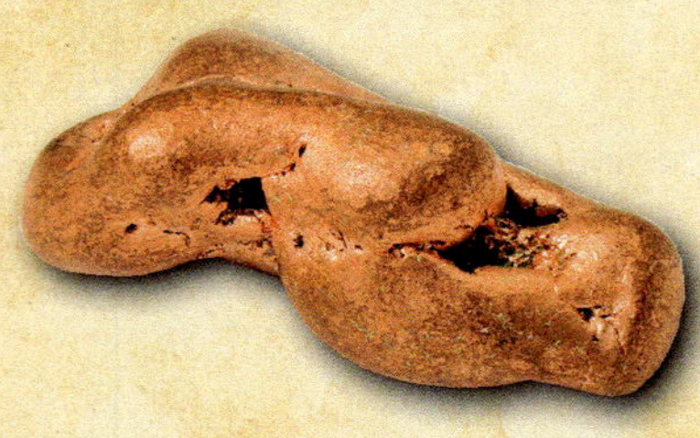

Aussehen:	fest, glänzend, rötlich
Verformbarkeit:	ja, sehr gut
elektrische Leitfähigkeit:	sehr gut
Wärmeleitfähigkeit:	sehr gut
Löslichkeit in Wasser:	nicht löslich
Schmelztemperatur:	1083 °C
Siedetemperatur:	2350 °C

Beispiel: Kupfer ist ein Gebrauchsmetall, das vor allem als elektrischer Leiter Verwendung findet.
Alle Stoffe aus der Gruppe der Metalle zeichnen sich dadurch aus, dass sie Strom und Wärme leiten, glänzen und verformbar sind.

Stoffe sind aus kleinen Teilchen aufgebaut

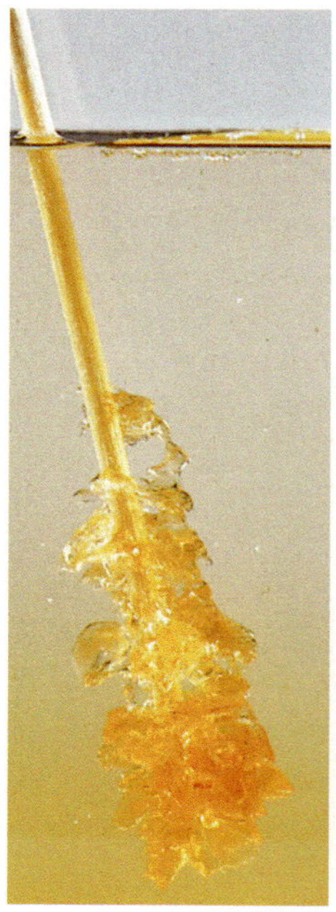

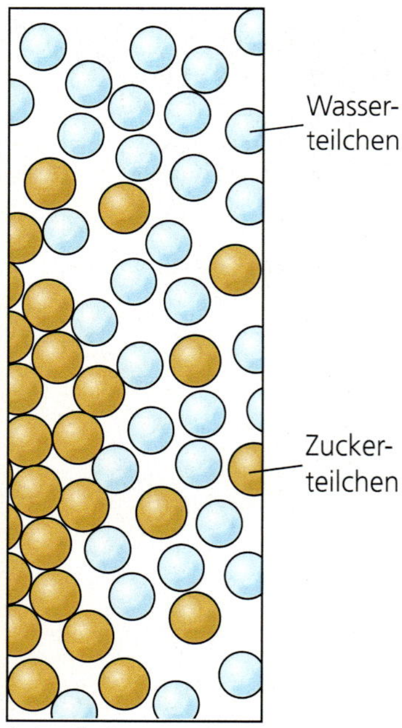

Beispiel: Kandiszuckerkristalle lösen sich in Wasser. Sie sind dann als Kristalle nicht mehr zu sehen. Farbe und Geschmack der gelösten Teilchen bleiben aber erhalten.
Das Teilchenmodell stellt den Lösungsvorgang im Modell dar.

Bewertung

Chemiebezogene Sachverhalte in ihren Zusammenhängen erkennen und verantwortungsbewusst bewerten

Kommunikation

Sich über Fragen der Chemie informieren, sie erschließen und sich mit anderen darüber austauschen

... unter Berücksichtigung grundlegender Erkenntnisse der Chemie

Chemische Reaktion

Beispiel: Bei einem Lagerfeuer wird viel Wärme frei. Aus dem Brennholz und dem Sauerstoff der Luft bilden sich verschiedene Abgase und ein Häuflein Asche. Es entstehen also neue Stoffe mit anderen Eigenschaften. Verbrennungen sind chemische Reaktionen.

Energieumwandlung bei chemischen Reaktionen

Beispiel: Die weißgolden zerplatzenden Funken bei einer brennenden Wunderkerze sind Zeichen einer chemischen Reaktion. Hierbei verbrennen Eisen- und Aluminiumpulver. Energie wird in Form von Licht und Wärme frei.

Chemie – ist überall!

Chemie gehört wie die Biologie und die Physik zu den **Naturwissenschaften.** Chemikerinnen und Chemiker beschäftigen sich mit den Eigenschaften und der Veränderung von **„Stoffen“.** Chemische Stoffe findet man überall. Die meisten davon gewinnt der Mensch direkt aus der Natur.

Medikamente zählen zu den wichtigsten Errungenschaften der Chemie. Antibiotika, Kopfschmerztabletten oder die Antibabypille sind chemische Produkte.

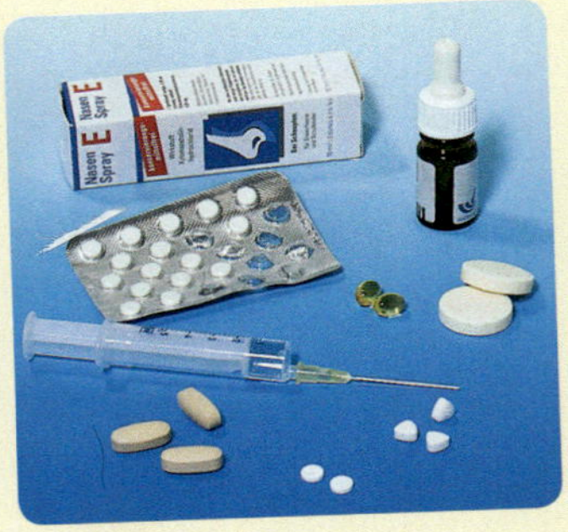

Im Boden lagern viele wertvolle Bodenschätze, zum Beispiel die **Brennstoffe** Kohle, Erdöl und Erdgas. Außerdem holt man **Erze** für die Metallherstellung, **Kochsalz** sowie **Düngesalze** für die Landwirtschaft aus der Erde.

Die grünen Pflanzen wandeln **Kohlenstoffdioxid** aus der Luft und Wasser in **Zucker** und **Sauerstoff** um. Dieser chemische Vorgang heißt Fotosynthese. Sie ist die Grundlage für das Leben auf der Erde!

Wasser brauchen wir zum Leben. Für die Chemie, aber auch im Haushalt ist es das wichtigste **Lösemittel.** Auch über die besonderen Eigenschaften des Wassers wirst du im Chemieunterricht etwas erfahren.

Aus Pflanzen gewinnt man **Duftstoffe** für die Parfümherstellung.
Bei der Herstellung von Hautcremes werden natürliche und synthetische Stoffe gemischt.

Ohne **Kunststoffe** müssten wir auf viele Annehmlichkeiten im Alltag verzichten.

Wie sähe die Welt ohne Farben aus? **Farbstoffe** für Textilien, **Lacke** für Autos und **Dispersionsfarben** für Wände und Decken sind Chemikalien, die jeder nutzt.

Moderne **Kunstfasern** wie Mikrofasern machen Kleidung wetterfest und dennoch luftdurchlässig.

Alle **Lebensvorgänge,** etwa Atmung, Verdauung und Wachstum sind mit chemischen Vorgängen verbunden. Jedes Lebewesen ist also ein kompliziertes lebendes Chemielabor.

Auch für Partyspaß kann man die Chemie nutzen: Die bunten Knicklichter stammen aus dem Chemielabor.

Sicher Experimentieren

Der **Chemieraum** ist ein Fachraum mit vielen Besonderheiten. In diesem Raum gibt es Anschlüsse für Wasser, Strom und Gas. Zudem finden sich hier einige Einrichtungen, die der **Sicherheit beim Experimentieren** dienen.

Notruf-Telefon
112 Feuerwehr, Rettungsdienst, Notarzt
110 Polizei (Notruf)

Fluchtweg
Dieses grün-weiße Hinweisschild zeigt den Fluchtweg ins Freie.

NOT-AUS-Schalter
Den gelben NOT-AUS-Schalter mit rotem Knopf findest du neben den Türen und am Lehrerpult. Drückt man den roten Knopf, werden alle Gas- und Stromleitungen im Raum unterbrochen.

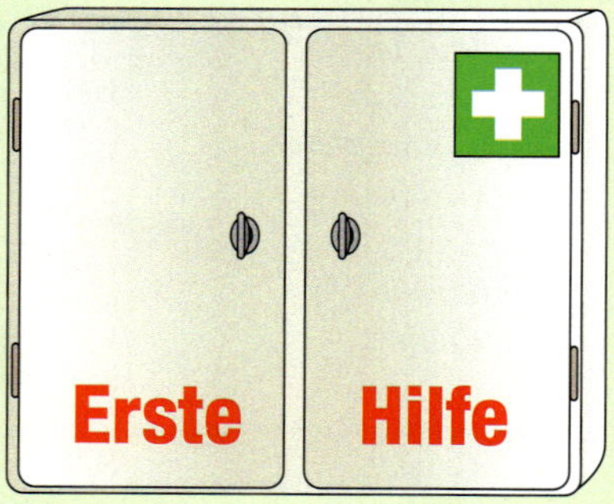

Erste-Hilfe-Kasten
In diesem Kasten findest du Verbandsmaterial für kleinere Verletzungen.

Löschsand, Feuerlöscher und Löschdecke
Einen kleinen Brand kann man mit Löschsand, Löschdecke und Feuerlöscher löschen. Bei größeren Bränden muss in jedem Fall rasch die Feuerwehr verständigt werden.

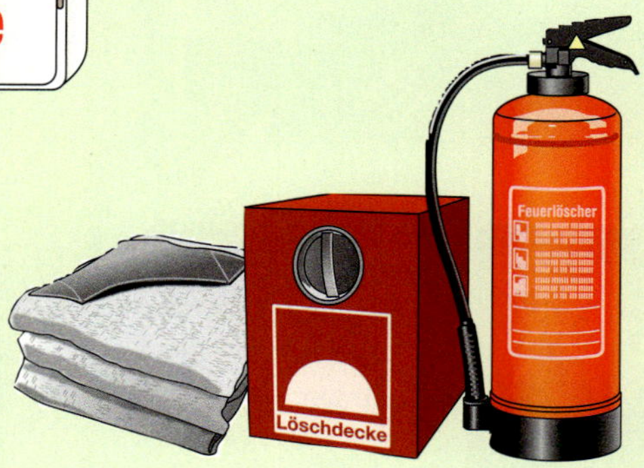

Gefahrensymbole. Auf manchen Chemikaliengefäßen sind Gefahrensymbole (rechts) abgebildet. Diese Hinweise müssen unbedingt beachtet werden. **Informationen zu den neuen Gefahrensymbolen findest du auf den Seiten 38/39 sowie 428 - 430.**

Akute Giftigkeit

Hautreizung, Augenreizung

Hautätzend, Schwere Augenschädigung

Entzündbare Stoffe

Entzündend wirkende Stoffe

Gewässergefährdend

1 Chemieräume dürfen nur in Gegenwart einer Aufsichtsperson betreten werden. In Chemieräumen darf nicht gegessen und getrunken werden.

2 Alle Experimente dürfen grundsätzlich nur mit einer Schutzbrille ausgeführt werden! Beim Umgang mit offenen Flammen sind die Haare so zu tragen, dass sie nicht in die Flammen geraten können.

3 Die Versuchsanleitung muss vor Beginn eines Versuches sorgfältig gelesen oder besprochen werden. Sie muss genau befolgt werden.

4 Alle benötigten Geräte und Chemikalien werden vor der Durchführung des Versuches bereitgestellt. Ohne Genehmigung des Lehrers dürfen diese nicht berührt werden.

5 Die Geräte müssen in sicherer Entfernung von der Tischkante standfest aufgebaut werden. Der Arbeitsplatz soll sauber und aufgeräumt sein. Die Geräte werden nach dem Versuch gereinigt und wieder weggeräumt.

6 Geschmacksproben dürfen nicht durchgeführt werden. Den Geruch stellt man nur auf besondere Weise durch vorsichtiges Zufächeln fest. Chemikalien fasst man nicht mit den Fingern an.

7 Chemikalien dürfen nur in Gefäßen aufbewahrt werden, die eindeutig und dauerhaft beschriftet sind und die vorgeschriebenen Gefahrensymbole aufweisen. Gefäße, die üblicherweise zur Aufnahme von Speisen oder Getränken bestimmt sind, dürfen auf keinen Fall für Chemikalien verwendet werden.

8 Bei chemischen Versuchen arbeitet man möglichst mit wenig Chemikalien, so wie es in der Versuchsanleitung angegeben ist. Nach dem Gebrauch werden Chemikaliengefäße sofort wieder verschlossen.

9 Chemikalienreste gibt man nicht in die Vorratsgefäße zurück. Sie werden in besonderen Abfallbehältern gesammelt (Behälter B1 – B4). Reste dürfen nur auf Hinweis des Lehrers in den Papierkorb oder Ausguss gegeben werden.

Der Umgang mit dem Gasbrenner

Bei chemischen Versuchen muss oft etwas erhitzt werden. Hierfür werden Gasbrenner für Erdgas oder Propangas verwendet. Beim Umgang mit dem Gasbrenner muss man einige Regeln beachten.

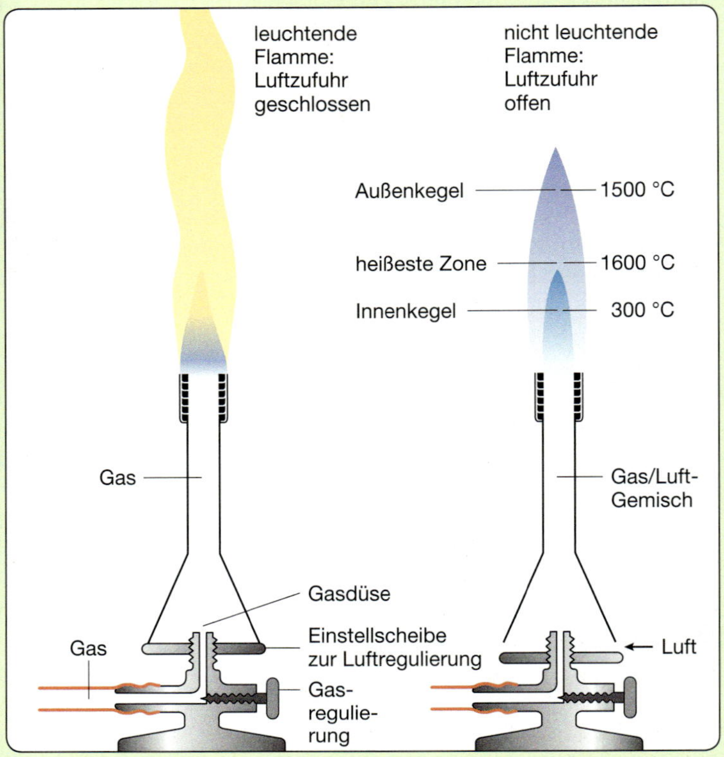

Vorbereitung
– Trage eine Schutzbrille und binde lange Haare zusammen.
– Stelle den Brenner kippsicher auf eine feuerfeste Unterlage.
– Verbinde den Gasschlauch des Brenners mit der Gaszuleitung am Tisch. Achte darauf, dass der Schlauch fest sitzt und das Gasventil geschlossen ist.

Entzünden des Brenners
– Öffne die Gaszufuhr am Brenner und dann den gelben Gashahn am Tisch. Entzünde das ausströmende Gas. Arbeite zügig, aber ohne Hektik.
– Stelle die gewünschte Höhe der gelben (leuchtenden) Flamme mit der Gasregulierschraube am Brenner ein.
– Öffne dann die Luftzufuhr etwas, bis du eine blaue Flamme erhältst.
– Wenn du die Luftzufuhr weiter öffnest, hörst du die Flamme rauschen.
– Verringere die Luftzufuhr wieder, bis die Höhe der Flamme etwa der Breite deiner Hand entspricht.
– Arbeite mit der blauen, aber noch nicht rauschenden Brennerflamme.

Hinweis: Ist die Gaszufuhr zu gering oder die Luftzufuhr zu stark, dann kann die Flamme ins Innere des Brennrohres zurückschlagen. Der Brenner wird dabei sehr heiß. Es besteht die Gefahr, dass der Schlauch schmilzt und sich entzündet. Falls die Flamme zurückschlägt, **muss die Gaszufuhr sofort geschlossen werden.** Ein heiß gewordener Brenner muss erst abkühlen, bevor man das Gas erneut anzündet.

Abstellen des Brenners
– Stelle zunächst die Luftzufuhr am Brenner an der Einstellschraube zur Luftregulierung ab, sodass du die gelbe Flamme gut siehst.
– Drehe anschließend die Gaszufuhr am Brenner zu.
– Schließe jetzt den gelben Gashahn (Gasventil), sodass die Gaszufuhr zum Brenner vollständig unterbrochen ist.

Achtung: Hast du den Brenner einige Zeit benutzt, dann sind die oberen Metallteile sehr heiß geworden. Lass den Brenner erst abkühlen, bevor du ihn aufräumst.

1. Untersuchungen an der Brennerflamme

Materialien: Brenner, Feuerzeug, Magnesiastäbchen, Schutzbrille (grundsätzlich bei allen Experimenten).

Durchführung: a) Gehe nach Anweisung auf Seite 18 vor. Stelle eine gelbe (leuchtende) Flamme, eine blaue und eine rauschende Flamme ein.

b) Halte ein Magnesiastäbchen in die verschiedenen Flammen und Flammenzonen und beobachte das Stäbchen.

Aufgabe: a) Welche Brennerflamme ist heißer, die gelbe oder die blaue Flamme?

b) Wo ist die heißeste Zone der rauschenden Flamme?

Die Heizplatte. Nicht alle Stoffe dürfen mit einem Gasbrenner erhitzt werden. Insbesondere beim Erhitzen brennbarer Flüssigkeiten könnten sich die brennbaren Dämpfe an der heißen Brennerflamme entzünden. Zum sicheren Erhitzen brennbarer Flüssigkeiten wird daher meist eine **elektrische Heizplatte** verwendet.

Der Kartuschenbrenner. Neben dem Gasbrenner wird im naturwissenschaftlichen Unterricht auch der **Kartuschenbrenner** verwendet. Als Brennstoff dient hier das farb- und geruchlose Gas Butan. Es befindet sich im blauen Metallbehälter, der Kartusche. Da es darin unter Druck steht, liegt es in flüssiger Form vor. Erst beim Öffnen des Abstellventils tritt der Brennstoff als Gas aus.

– Achte darauf, dass der Kartuschenbrenner kippsicher auf einer feuerfesten Unterlage steht.
– Vor dem Anzünden des Brennergases wird beim Kartuschenbrenner die Luftzufuhr leicht geöffnet. Erst danach wird das Gasventil etwas geöffnet.
– Das ausströmende Gas-Luft-Gemisch muss sofort entzündet werden.
– Butangas ist schwerer als Luft. Wird das Gas nicht sofort entzündet, sammelt es sich auf der Tischplatte an. Wenn man den Brenner dann entzünden will, kann es zu einer Stichflamme kommen.
– Bei Experimenten mit brennbaren Materialien soll der Kartuschenbrenner nicht verwendet werden.

Wir fertigen ein Versuchsprotokoll an

Zu jedem Versuch gehört ein **Versuchsprotokoll.** Mithilfe des Protokolls werden alle wichtigen Aspekte eines Versuchs festgehalten. So kann man auch später noch die Durchführung und das Ergebnis nachvollziehen.

Entsorgungs- und Sicherheitshinweise in der Versuchsvorschrift müssen unbedingt beachtet werden.

Merkmale eines guten Protokolls

- klar gegliedert
- übersichtlich
- einfache, aussagekräftige Versuchsskizze
- genaue Versuchsbeobachtungen
- Versuchsauswertung (Versuchsergebnisse)

Thema des Versuchs: Hier wird das Thema oder die Aufgabenstellung festgehalten.

Datum und Name: Name und Datum dürfen nicht fehlen.

Materialien: Die benötigten Materialien (erst Geräte, dann die Chemikalien) werden aufgeführt.

Versuchsaufbau: Die Skizze darf einfach sein, sollte aber beschriftet werden.

Versuchsdurchführung: Hier wird die Durchführung Schritt für Schritt beschrieben.

Beobachtungen: Schau genau hin und notiere.

Auswertung: Hier werden die Ergebnisse des Versuchs festgehalten.

Versuch: Erhitzen von Glas

Datum: Name:

Materialien:
Brenner
Glasrohr
(ca. 30 cm).

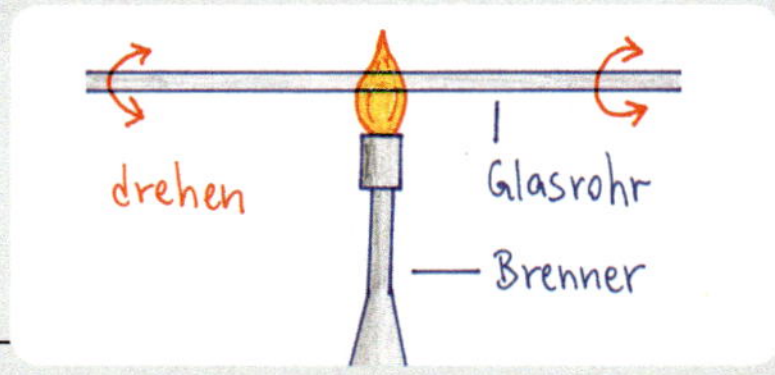

Durchführung:
1. Das Glasrohr wird mit beiden Händen an den Enden angefasst und in der Mitte in die nicht leuchtende (heiße) Brennerflamme gehalten.
2. Während des Erhitzens wird das Glasrohr in der Flamme langsam gedreht.

Beobachtungen:
Das Glasrohr wird durch das Erhitzen mit dem Brenner gelb-rötlich, weich und lässt sich dann leicht biegen. Nach dem Erkalten ist das Glasrohr wieder fest und behält die Form, zu der es gebogen wurde.

Auswertung:
Beim Erhitzen verändert das Glas vorübergehend seine Eigenschaften. Nach dem Erkalten hat das Glas die gleichen Eigenschaften wie vor dem Erhitzen.

Laborgeräte richtig verwenden

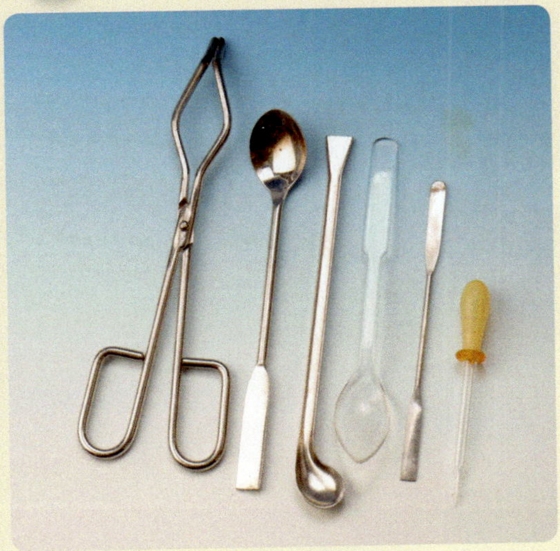

1. Welches der abgebildeten Geräte würdest du benutzen, um eine kleine Stoffmenge eines Pulvers aus einer Chemikalienflasche zu entnehmen?
2. Wie heißt das Laborgerät ganz links im Bild und wozu wird es verwendet?

6. Dieses Gerät findet man nicht nur im Labor, sondern auch in mancher Küche.
a) Wie heißt es?
b) Wofür könnte man es jeweils nutzen?

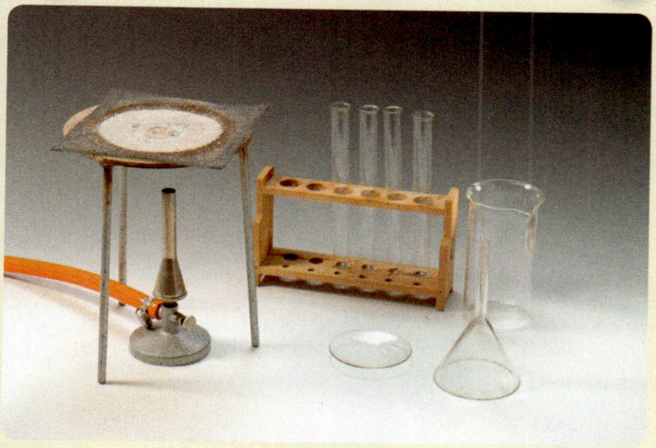

3. Benenne die abgebildeten Geräte mit den richtigen Fachbegriffen.
4. a) Welche dieser Geräte benötigst du, um etwa 150 ml Wasser zu erhitzen?
b) Wie würdest du 2 ml Wasser erhitzen?
5. Im Haushalt gibt es viele Gefäße aus Kunststoff. Weshalb sind die meisten Geräte im Chemielabor aus Glas oder Porzellan?

7. a) Wie heißen die abgebildeten Geräte?
b) Welches davon würdest du verwenden, um 45 ml Flüssigkeit möglichst exakt abzumessen?
8. Womit misst man im Haushalt Flüssigkeiten ab?

1 Stoffe aus Küche und Keller

An Inline-Skates kann man viel Freude haben. Damit sie möglichst gut „laufen", werden verschiedene Materialien mit ganz bestimmten Eigenschaften miteinander kombiniert. ▼

Sportgeräte und andere Gegenstände bestehen aus verschiedenen Materialien. Sie müssen ganz bestimmte Eigenschaften haben, damit sie ihre Aufgabe erfüllen können. In der Chemie sagt man übrigens statt Materialien einfach Stoffe.

Um die Eigenschaften eines Stoffes zu erkennen, kann man einfache Experimente durchführen; man kann ihn zum Beispiel mit einem Gasbrenner erhitzen oder seine Härte prüfen.

Metalle sind meist hart und stabil, allerdings relativ schwer. Kunststoffe sind viel leichter, weicher und manchmal auch elastisch. Glas ist durchsichtig, hart und zerbrechlich.

Auch für den Alltag ist es gar nicht so schlecht, sich in der Welt der Stoffe etwas auszukennen ...

▲ 1. Das ist ein einfaches Experiment, das du auch Zuhause machen kannst. Worum es dabei geht, steht in diesem Kapitel.

2. Mit dem Tauchsieder kann man Wasser elektrisch erhitzen. Beschreibe, welche Eigenschaften die verschiedenen Materialien dieses Gerätes haben müssen. ▶

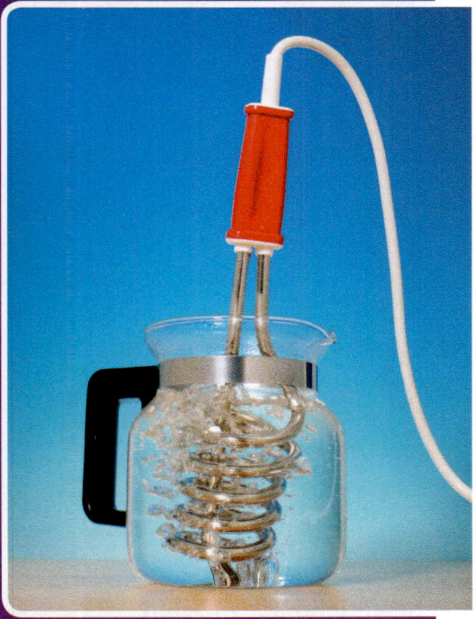

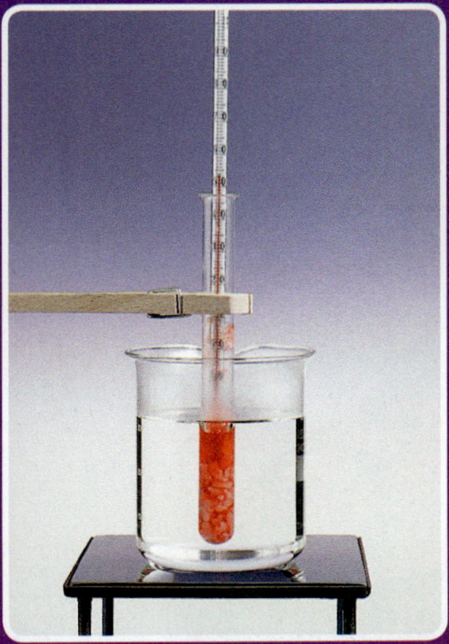

▲ 4. Jeder Stoff schmilzt bei einer ganz bestimmten Temperatur; das ist eine typische Stoffeigenschaft.

3. So sieht es aus, wenn sich ein Farbstoff in Wasser verteilt – ohne umzurühren! Wie kommt es, dass dies ganz von alleine geschieht? ▼

Unsere Umwelt – eine bunte Vielfalt von Stoffen

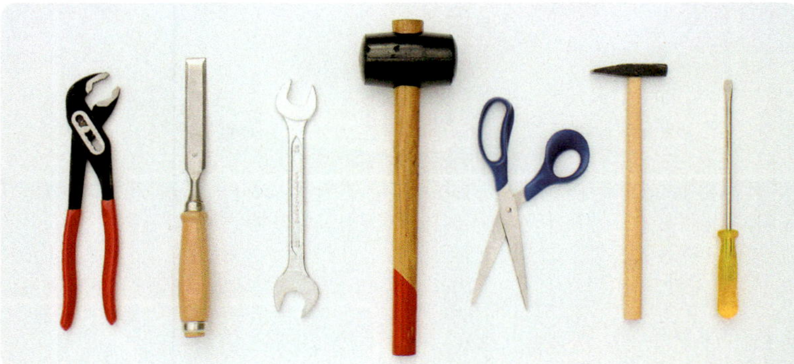

1. Ordnen von Gegenständen

In der Abbildung oben siehst du verschiedene Gegenstände.

a) Wonach sind die Gegenstände im Bild oben sortiert worden?

b) Wie könnte man die Gegenstände noch einteilen?

c) Erstelle eine Liste und ordne die Gegenstände darin nach dem Material, aus dem sie bestehen.

2. Gleiche Form – aber verschiedene Materialien

Teller werden aus unterschiedlichen Materialien hergestellt.

a) Schreibe auf, woraus Teller bestehen können.

b) Stelle die Vor- und Nachteile dieser Materialien tabellarisch zusammen.

c) Was für einen Teller würdest du für einen festlich gedeckten Tisch (z. B. an Weihnachten) auswählen? Welches Tellermaterial eignet sich für eine Radtour mit Freunden zum Picknick? Begründe deine Entscheidungen.

3. Der Begriff „Stoff"

a) Was verstehst du unter dem Begriff Stoff?

b) Suche mindestens fünf Begriffe, in denen das Wort „ stoff" vorkommt.

4. Inliner unter der Lupe

Inlineskaten ist ein beliebter Freizeitsport. Damit die Schuhe auf Rollen gut aussehen, gut passen und gut rollen, werden mehrere verschiedene Materialien miteinander kombiniert.

a) Versuche herauszufinden, aus welchen Materialien Inliner bestehen.

b) Mit verschiedenen Inlineskates fährst du auf der gleichen Strecke bei gleicher Anstrengung unterschiedlich schnell. Welche Erklärung hast du hierfür?

Die beiden Abbildungen in dieser Spalte zeigen verschiedene Bauformen von Kugellagern, zum Teil aufgeschnitten.

Stoffe im Alltag. Mehrere Dinge, die dir im Laufe des Tages begegnen, sind aus Stoff: Kleidungsstücke, Vorhänge oder Geschirrtücher. In der Umgangssprache meint man mit Stoff meistens ein Gewebe. Kleidungsstoffe sind Gewebe aus verschiedenen Fasern, zum Beispiel aus Baumwolle oder Wolle. Wenn du in einem Polizeibericht in der Zeitung von Stoff liest, handelt es sich dagegen meistens um Rauschgift.
In den Naturwissenschaften hat das Wort Stoff eine andere Bedeutung.

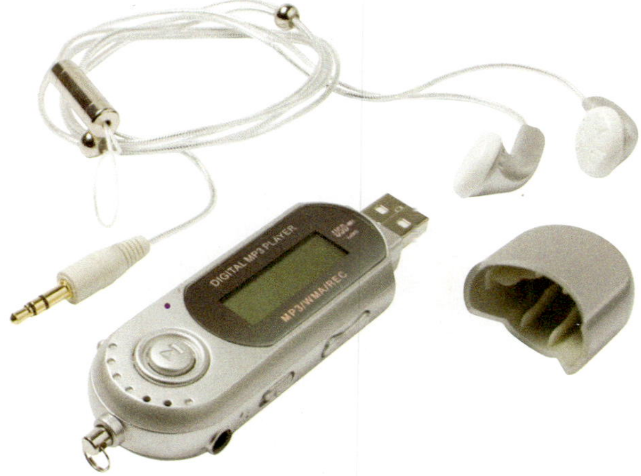

▲ *2. Ein mp3-Player besteht aus verschiedenen Metallen und Kunststoffen*

Stoffe in der Chemie. In der Chemie ist ein **Stoff** das **Material,** aus dem ein Gegenstand besteht.
Ein Nagel etwa besteht aus dem Stoff Eisen. Die rotbraunen Rohre im Heizungskeller sind aus Kupfer. Teller können aus Porzellan, Glas, Kunststoff, Holz, Metall oder Pappe hergestellt werden. Gegenstände für die gleiche Verwendung kann man also aus ganz unterschiedlichen Stoffen herstellen.
Chemiker bezeichnen übrigens auch Flüssigkeiten und Gase als Stoffe.

Stoff und Form. Um einen Gegenstand, Physiker sagen dazu auch **Körper,** genau zu beschreiben, gibt man neben dem Stoff oft auch seine **Form** an. So spricht man beispielsweise von einer Glaskugel, einem Kupferrohr oder einem Schokohasen.

Viele Gegenstände bestehen aus mehreren Stoffen. Ein mp3-Player besteht aus verschiedenen Kunststoffen, Farbstoffen und Metallen. Das vor dir liegende Chemiebuch besteht aus Papier, Klebstoff, Kunststoffen und Farbstoffen.

In der Chemie ist ein Stoff das Material, aus dem ein Gegenstand (ein Körper) besteht.
Gegenstände, die aus demselben Stoff bestehen, unterscheidet man an der Form.

1. Fragen zum Text

a) Was versteht man in der Chemie unter einem Stoff?
b) Nenne drei verschiedene Stoffe.
c) Welche Angaben sind notwendig, um einen Gegenstand genau zu beschreiben?

▲ *1. Schokoladenfiguren: gleicher Stoff, aber unterschiedliche Formen*

▲ *3. Alles Kugeln: gleiche Form, aber unterschiedliche Stoffe*

Lernen an Stationen

Beim **„Lernen an Stationen"** (Stationenlernen, Lernzirkel) sind an jeder Station anhand vorgegebener Materialien bestimmte Aufgaben zu erledigen. Auch Versuche müssen durchgeführt werden. Eine Besonderheit beim Stationenlernen ist, dass Schülergruppen (zu Zweit, zu Dritt oder Viert) an den betreffenden Lernstationen **weitgehend selbstständig und eigenverantwortlich** arbeiten.

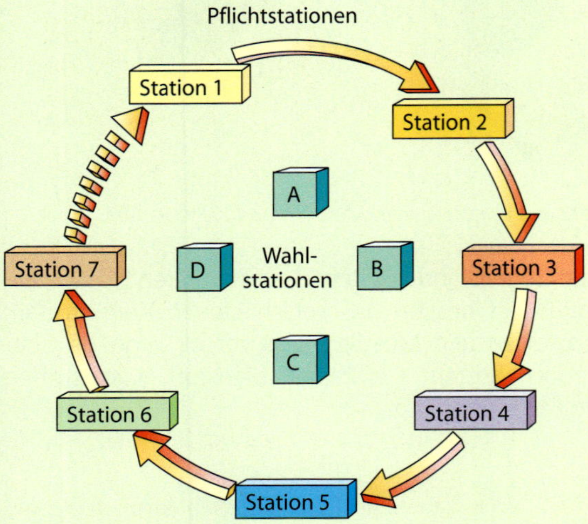

Beim Stationenlernen unterscheidet man zwei Arten von Stationen. Die **Pflichtstationen** (P) sind verpflichtend für alle Schüler, während die **Wahlstationen** (W) so genannte „Puffer- oder Ausweichstationen" sind: Hat eine Schülergruppe an einer Pflichtstation die Aufgaben schneller erledigt, so kann sie an eine Wahlstation wechseln, um die Zeit zu überbrücken, bis die nächste Pflichtstation frei wird.
Die Ergebnisse an jeder Station müsst ihr übersichtlich festhalten.

Am **Ende des Stationenlernens** werden die Ergebnisse zusammengefasst und in der Klasse besprochen. Jeweils eine Arbeitsgruppe stellt die Ergebnisse einer Station vor.
Die anderen Schülergruppen können dann ihre eigenen Ergebnisse mit dem vorgestellten Ergebnis vergleichen und vervollständigen oder richtig stellen. So kommen alle Gruppen zu Wort und können sich gegenseitig helfen und ergänzen.

**10 Regeln
für erfolgreiches Lernen an Stationen**

- Die Aufgaben sowie die benötigten Materialien findet ihr an den jeweiligen Lernstationen.
- Geht mit den Materialien an den Lernstationen sorgfältig um.
- Arbeitet in Kleingruppen (ca. 2–4 Schüler). Die Aufgabenverteilung (z. B. Gruppenleiter, Protokollant, Zeitwächter) innerhalb der Gruppe kann von Station zu Station wechseln.
- Jede Forschergruppe arbeitet selbstständig. Die Gruppenmitglieder einer Gruppe helfen und unterstützen sich gegenseitig.
- Manche Forschungsstationen können doppelt aufgebaut sein. Doppelt aufgebaute Stationen zu einem Thema müsst ihr natürlich nur einmal bearbeiten.
- Lest die Aufgaben und Versuchsvorschriften an den Forschungsstationen genau durch.
- Bearbeitet die jeweiligen Aufgaben an den Stationen leise und zügig.
- Führt die Versuche sorgfältig durch. Achtet insbesondere auch auf Sicherheitshinweise.
- Notiert eure Beobachtungen genau. Oft ist dazu eine Tabelle sinnvoll.
- Bringt die Station wieder in Ordnung, wenn ihr mit der Arbeit fertig seid und bevor ihr an die nächste freie Station wechselt.

An den folgenden Lernstationen 1 bis 4 könnt ihr euch im Erkennen von Stoffeigenschaften mithilfe der Sinnesorgane üben.

Lernen an Stationen: Stoffe untersuchen

Station 1: Wie sehen Gegenstände aus?

Material: Gegenstände aus Holz, Kunststoff, Kupfer, Eisen, Aluminium, Zinn, Glas usw.
Durchführung: Betrachtet die Gegenstände und Stoffe genau. Glänzen sie? Welche Farbe haben sie? Sind sie regelmäßig geformt?
Aufgaben: Haltet eure Ergebnisse in einer Tabelle nach folgendem Muster fest:

Gegenstand	Stoff (Material)	Farbe	Oberfläche
Rohr	Kupfer	rötlich	glänzend
Stab	Holz		

Station 2: Gegenstände und Stoffe ertasten

Material: Schuhkarton mit seitlichem Loch oder dunkles Tuch, Tennisball, Tischtennisball, Legosteine, Softball usw.
Durchführung: In einem Schuhkarton (seitlich mit Loch) oder unter einem dunklen Tuch liegen verschiedene Gegenstände. Versucht, die Gegenstände nur durch Tasten zu erkennen.

Aufgaben: a) An welchen Merkmalen könnt ihr bestimmte Gegenstände oder Stoffe erkennen? Tragt die Ergebnisse in eine Tabelle ein.
b) Notiert charakteristische Eigenschaften von Gegenständen und Stoffen, die man gut ertasten kann. Nennt Beispiele.

Station 3: Stoffe am Geruch erkennen

Material: Verschlossene dunkle Filmdöschen zum Beispiel mit Essig, Leitungswasser, Zitronensaft, Kaffeepulver oder Gewürzen wie Zimt, Muskat usw. Die einzelnen Dosen müssen nummeriert sein.

Durchführung: Prüft den Geruch der Stoffe in den Dosen mit verbundenen Augen durch vorsichtiges Zufächeln.
Verschließt nach jeder Geruchsprobe die Dosen wieder.
Aufgaben: a) Notiert in einer Tabelle die Ergebnisse eurer Geruchsproben.
b) Überprüft anschließend, ob ihr alle Stoffe in den Dosen am Geruch erkennen konntet.

Station 4: Stoffe am Geschmack erkennen

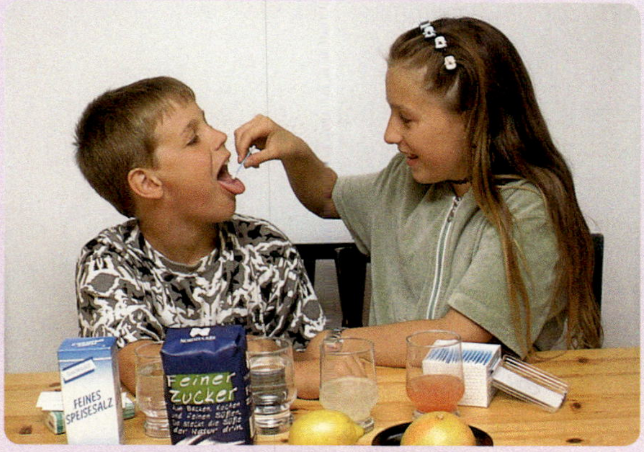

Hinweis: Normalerweise sind Geschmacksproben im Chemieraum nicht erlaubt. An dieser Station wird mit Lebensmitteln aus dem Haushalt gearbeitet, die probiert werden dürfen. Dabei dürfen die Lebensmittel aber nicht mit Chemikalien in Berührung kommen und nicht in Chemiegefäße eingefüllt werden.
Materialien: Leitungswasser, Mineralwasser, Fruchtsäfte, Salz-, Zuckerlösung usw., Wattestäbchen.
Durchführung: Gebt der Versuchsperson (Augen schließen!) kleine Proben der Stoffe mithilfe von Wattestäbchen nacheinander auf die Zunge. Die Versuchsperson soll den Geschmack beschreiben und das Lebensmittel erraten. (Gegen Schummeln hilft Augen verbinden!)
Aufgaben: Notiert die Ergebnisse in einer Tabelle.

Stoffe erkennen mit unseren Sinnesorganen

▲ 1. *Riecht das Obst auch frisch?*

▲ 2. *Bei der Kaffee-Verkostung nutzt man seine Sinne*

Im Alltag benutzen wir unsere Sinne, um Gegenstände und Stoffe zu erkennen.

Sehen. Wir erkennen **Farben** und sehen die **Form** und die **Oberflächenbeschaffenheit** eines Gegenstandes. Ein Ring aus gelbem Metall mit glänzender Oberfläche könnte aus Gold sein. Doch allein mit den Augen kann man nicht sicher bestimmen, um welchen Stoff es sich handelt.

Schmecken und Riechen. Viele Lebensmittel haben einen typischen **Geruch,** etwa Essig. Auch viele Chemikalien im Labor kann man am Geruch erkennen. Untersucht ein Chemiker einen unbekannten Stoff, riecht er sehr vorsichtig daran, indem er sich den Geruch zufächelt. Der Stoff könnte ja schädlich sein oder die Nase sehr reizen.
In der Küche kannst du verschüttetes Mehl und Puderzucker leicht am **Geschmack** unterscheiden.
Im Labor darfst du **keine Geschmacksproben** vornehmen, da viele Chemikalien giftig sind. (Nur wenn die Lehrerin oder der Lehrer es ausdrücklich erlaubt, darf man Lebensmittel probieren – aber nicht aus Laborgefäßen).

Hören. Fällt ein Gegenstand auf den Boden, kann man oft schon am Geräusch erkennen, um was für einen Gegenstand es sich handelt.

◀ 3. *„Chemisch riechen" durch Zufächeln*

Tatsächlich kann man viele Stoffe schon am **Klang** erkennen. Lässt man zum Beispiel eine Holzkugel fallen, hört sich das ganz anders an als bei einer Kugel aus Metall oder aus Gummi.

Tasten und Fühlen. Die **Oberfläche** eines Gegenstandes kann rau oder glatt sein. Er kann sich kühl oder eher warm anfühlen. Metalle fühlen sich meistens kühler an als Holz. Metalle sind nämlich gute Wärmeleiter und leiten die Körperwärme der Hand schnell ab. Holz und Glas dagegen leiten die Wärme schlecht; sie fühlen sich deshalb eher warm an.

Mit unseren Sinnesorganen können wir mehrere Stoffeigenschaften erkennen: Aussehen, Oberflächenbeschaffenheit, Geruch, Geschmack und Klang.

▲ 4. *Stoffe besitzen unterschiedliche Oberflächen*

1. Fragen zum Text

a) Welche Stoffeigenschaften können wir mit unseren Sinnen erkennen?

b) Mit welchem Sinnesorgan nehmen wir am meisten Eindrücke wahr?

c) Warum fühlen sich Metalle kühler an als Holz und Glas?

▶ Stoffe im Chemielabor richtig erhitzen

In der Chemie werden oft Stoffe im **Reagenzglas** erhitzt. Man sollte daher früh anfangen, den Umgang mit Brenner und Reagenzglas zu üben. Denke stets daran, eine Schutzbrille aufzusetzen!

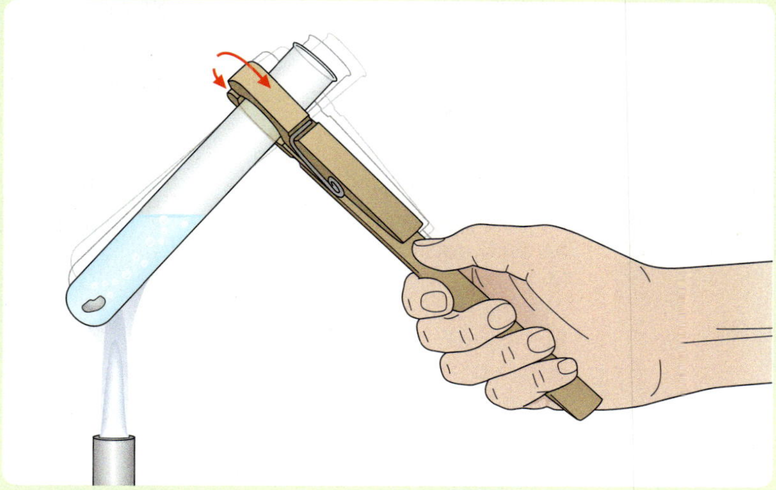

1. Erhitzen im Reagenzglas ▶

- → Prüfe zunächst, ob das Reagenzglas beschädigt ist (z. B. Risse oder scharfe Kanten hat).
- → Fülle das Reagenzglas höchstens zu etwa einem Drittel.
- → Bei Flüssigkeiten gibt man ein Siedesteinchen ins Reagenzglas. So kann man vermeiden, dass die Flüssigkeit plötzlich aus dem Reagenzglas herausspritzt („Siedeverzug").
- → Halte das Reagenzglas etwa zwei Zentimeter vom oberen Ende mit einer Reagenzglasklammer fest.
- → Entzünde den Brenner und stelle eine etwa fünf Zentimeter hohe blaue Brennerflamme ein.
- → Halte das Reagenzglas immer etwas schräg in die Brennerflamme.
- → Richte die Öffnung des Reagenzglases nicht in Richtung auf dich oder andere Personen.
- → Beginne mit dem Erhitzen etwa in Höhe des Flüssigkeitsspiegels. Wandere dann mit der Brennerflamme langsam hin und her und schließlich zum Boden des Reagenzglases.
- → Schüttle das Reagenzglas beim Erhitzen leicht.
- → Beende das Erhitzen und lösche die Brennerflamme, sobald die Flüssigkeit siedet.

Achtung: Das Reagenzglas mit Inhalt wird sehr heiß und kühlt sich nach dem Erhitzen nur langsam ab.
Stelle das heiße Reagenzglas zum Abkühlen in einen Reagenzglasständer.

Um größere Flüssigkeitsmengen zu erhitzen, werden **Bechergläser** verwendet.
Auch hier sollte man 2-3 Siedesteinchen nicht vergessen, damit die Flüssigkeit beim Erhitzen nicht herausspritzt.

▲ *2. Erhitzen im Becherglas*

Stoffe verändern sich beim Erhitzen

1. Manche Stoffe verändern sich beim Erhitzen

Material: Brenner, Tiegelzange, feuerfeste Unterlage, Verbrennungslöffel, Sand, Alufolie, weiße Kreide, Eisennagel, Baumwollfaden, Wollfaden, Glasrohr, Kerzenwachs, Papierstreifen.
Durchführung: Stelle den Brenner auf eine feuerfeste Unterlage. Halte kleine Mengen der verschiedenen Proben nacheinander mit der Tiegelzange oder dem Verbrennungslöffel in die Brennerflamme. Lege die Reste der Stoffe nach dem Erhitzen auf die feuerfeste Unterlage.
Aufgaben: Verändern sich die Stoffe? Notiere deine Versuchsergebnisse.

2. Ein Schlüsselanhänger aus Kunststoff

Material: Wärmeschrank, Kunststoffgranulat (schmelzbar, verschiedene Farben), flache Metallform oder leerer Aluminiumbecher eines Teelichtes, Stricknadel, Brenner.
Durchführung: a) Schütte verschiedene Farben von schmelzbarem Kunststoff-Granulat in die Metallform, sodass der Boden 2–3 mm hoch gut bedeckt ist.
b) Stelle die Form auf eine Heizplatte oder in den Wärmeschrank.
c) Lass die geschmolzene Kunststoffplatte abkühlen. Nimm sie dann aus der Form oder dem Aluminiumbecher heraus.

d) Schmelze mithilfe einer heißen Stricknadel ein Loch durch die Kunststoffplatte.
Jetzt kannst du sie zum Beispiel an deinem Fahrradschlüssel befestigen.
Aufgaben: Beschreibe die Veränderung des Kunststoffgranulats. Vergleiche dazu den Kunststoff vor und nach dem Erhitzen.

3. Eiswürfel erhitzen

Material: Brenner, Vierfuß, Keramiknetz oder -platte, Siedesteinchen, Eiswürfel, Weithals-Erlenmeyerkolben (200 ml).
Durchführung: a) Gib mehrere Eiswürfel sowie einige Siedesteinchen in das Gefäß. Die Siedesteinchen verhindern, dass das siedende Wasser spritzt.
b) Erwärme den Erlenmeyer-Kolben bei mittlerer Brennerflamme so lange, bis die Eiswürfel vollständig geschmolzen sind.
c) Erhitze nun mit kräftiger Flamme, bis die Flüssigkeit siedet.
Aufgaben: Beobachte und beschreibe, wie sich der Stoff im Erlenmeyer-Kolben während des Erhitzens verändert.

▲ *1. Stoffe können sich beim Erhitzen verändern*

Hast du auch schon einmal einen Schokoriegel in der Hosentasche vergessen? Dann weißt du ja, dass sich Stoffe verändern können, wenn man sie erwärmt ...

Mit zunehmender Temperatur können sich viele Stoffe verändern. Die meisten Kunststoffe verformen sich in der Hitze und können sich sogar zersetzen. Trockenes Papier und Holz entzünden sich und verbrennen.
Ein Glasstab wird in der Flamme weich, er schmilzt und lässt sich dann leicht verformen. Die neue Form bleibt nach dem Abkühlen erhalten. Ein Magnesiastäbchen glüht in der Brennerflamme. Kühlt es sich wieder ab, so ist es unverändert weiß. Es schmilzt erst bei 2800 °C.

Aggregatzustände. Erwärmt man **festes** Eis, *schmilzt* es und wird zu **flüssigem** Wasser. Beim weiteren Erhitzen fängt es an zu verdampfen; es *siedet* bei 100 °C. Dabei bildet sich **gasförmiger** Wasserdampf.

Wasserdampf ist nicht sichtbar. Die Nebel, die man über kochendem Wasser oder als Wolken am Himmel sieht, bestehen aus winzigen Wassertröpfchen. Sie entstehen, wenn Wasserdampf abkühlt.
Beim Abkühlen *kondensiert* der Wasserdampf und wird zu flüssigem Wasser. Kühlt man weiter ab, *erstarrt* er bei 0 °C zu festem Eis.

Diese verschiedenen Zustandsformen – **fest, flüssig, gasförmig** – nennt man auch **Aggregatzustände.** Sie sind abhängig von der Temperatur.

Manche Stoffe können den flüssigen Aggregatzustand „überspringen". Wasserdampf etwa kann auch direkt zu festem Eis werden.
Wird Luft durch einen plötzlichen Kälteeinbruch rasch abgekühlt, bilden sich aus dem Wasserdampf in der Luft Eiskristalle auf Grashalmen, Bäumen und Hochspannungsleitungen. So entsteht *Raureif.*

▲ *3. Raureif*

Stoffe nehmen in Abhängigkeit von der Temperatur die Aggregatzustände fest, flüssig oder gasförmig ein.

1. Fragen zum Text

a) Wie heißen die drei Aggregatzustände?

b) Erkläre, was man unter kondensieren versteht.

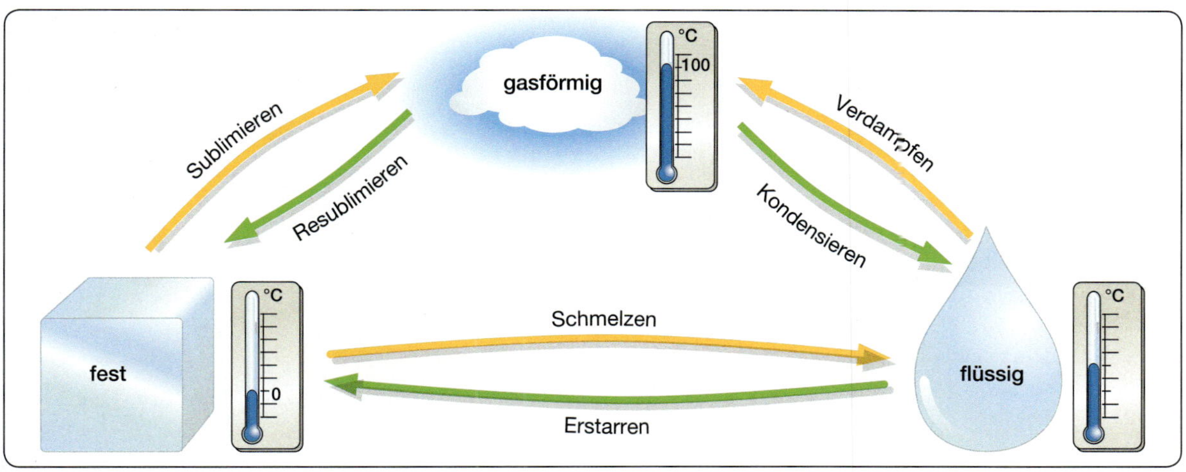

▲ *2. Die Aggregatzustände am Beispiel Wasser*

So erstellt man eine Temperaturkurve

Im naturwissenschaftlichen Unterricht werden beim Experimentieren gelegentlich Messwerte erhoben. Dabei ist es zunächst wichtig, die **Messwerte genau abzulesen** und **festzuhalten.** Die Messergebnisse lassen sich in einem **Diagramm** oft viel **anschaulicher darstellen** als in einer Wertetabelle. Hier wird es am Beispiel einer Temperaturkurve erläutert; man nennt so ein Schaubild auch ein **Zeit-Temperatur-Diagramm.**

So geht man vor:

- Erwärme einen Stoff und miss in gleichen Abständen die Temperatur, etwa alle 10 oder 20 s.
- Trage die Werte in eine Tabelle ein.
- Wenn die Messung beendet ist, werden die Werte in ein Schaubild mit zwei Achsen übertragen.
- Auf die waagerechte Achse wird die Zeit in Sekunden eingetragen, auf der senkrechten Achse der dazugehörige Temperaturwert.
- Wähle die Einteilung an den Achsen so, dass für alle Werte Platz ist.
- Trage dann die Messwertpaare ein. Suche zunächst den Zeitwert auf der waagerechten Achse; gehe dann senkrecht nach oben, bis du in der Höhe des Temperaturwertes bist. Diesen Punkt markierst du.
- Verbinde die Punkte anschließend miteinander.
- **Schmelztemperatur:** Die Temperatur bleibt gleich, bis das ganze Wachs geschmolzen ist
- **Erstarrungstemperatur:** Die Temperatur bleibt gleich, bis das ganze Wachs fest ist.

Versuch: Die Temperaturkurve von Kerzenwachs

Material: Brenner, Dreifuß mit Keramikdrahtnetz, Reagenzglas, Glasstab, Becherglas (400 ml), Thermometer, Uhr mit Sekundenzeiger; Kerzenwachs.

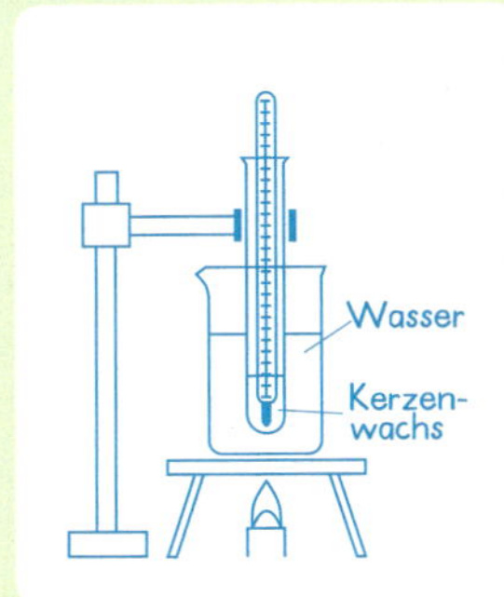

Durchführung: Erhitze das Wasser im Becherglas, bis es etwa 70–80 °C hat. Fülle inzwischen ein Reagenzglas etwa zur Hälfte mit klein geschnittenem Kerzenwachs. Stelle vorsichtig ein Thermometer in das Reagenzglas. Befestige das Reagenzglas dann mithilfe eines Stativs oder einer Reagenzglasklammer im Becherglas mit dem heißen Wasser. Achte darauf, dass das Reagenzglas den Becherglasboden nicht berührt.
Lies alle 20 Sekunden die Temperatur am Thermometer ab und trage die Werte in eine Tabelle ein.
Rühre die Schmelze des Kerzenwachses vorsichtig mit dem Thermometer um.
Nimm das Reagenzglas aus dem Wasserbad, wenn das Wachs vollständig geschmolzen ist.
Lass die Schmelze an der Luft abkühlen. Notiere dabei weiterhin alle 20 Sekunden die Temperaturwerte. Rühre mit dem Thermometer von Zeit zu Zeit vorsichtig um, damit es nicht im Wachs festklebt.
Beende die Messungen, sobald die Temperatur des Kerzenwachses unter 50 °C gesunken und die Schmelze vollständig erstarrt ist.

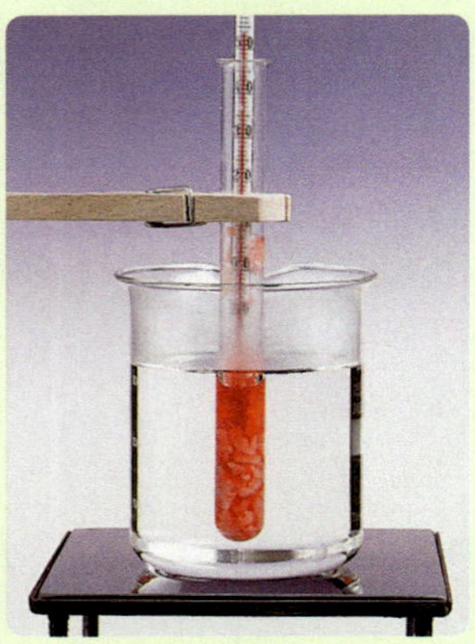

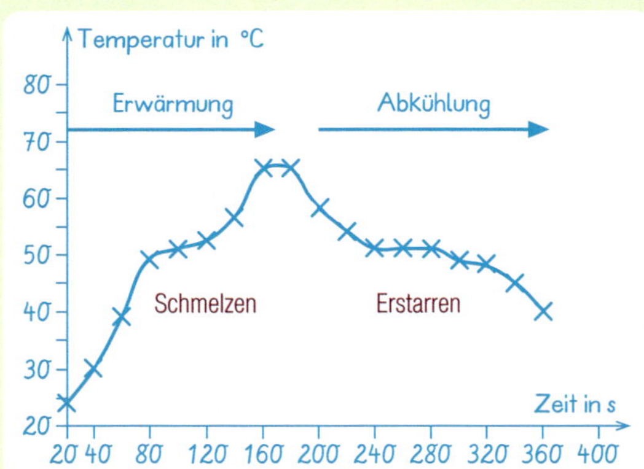

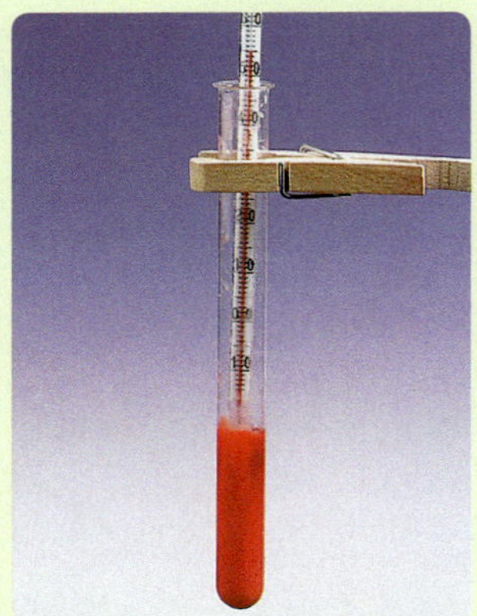

Zeit in s	20	40	60	80	100	120	140	160	180	200	220	240	260	280	300	320	340	360
Temp. in °C	24	30	39	49	51	52	56	65	65	58	54	51	51	51	49	48	45	40

Stoffeigenschaften kann man messen

1. Was ist in den Flaschen?

Überlege, wie man zwei klare Flüssigkeiten voneinander unterscheiden kann.

Im Alltag wie in der Chemie hat man es mit vielen Stoffen zu tun, die sehr ähnlich aussehen. So sind die meisten Flüssigkeiten farblos.
Zur genauen Unterscheidung benötigt man also weitere Stoffeigenschaften. Gut geeignet sind Eigenschaften, die man messen und durch Zahlenwerte festlegen kann, etwa die Siede- und die Schmelztemperatur. Diese Werte sind typisch für jeden Stoff. Man kann sie in speziellen Tabellenbüchern nachschlagen.

▲ *1. Schmelzen von Eis und Sieden von Wasser*

Schmelztemperatur. Erwärmt man Eis, so schmilzt es bei 0 °C und wird flüssig. Die Temperatur bleibt während des Schmelzens unverändert. Man bezeichnet sie als **Schmelztemperatur.** Wenn man Wasser abkühlt, erstarrt es bei 0 °C und wird zu Eis.

Siedetemperatur. Erhitzt man Wasser, so beginnt es bei 100 °C zu sieden und wird zu unsichtbarem Wasserdampf. Die Temperatur, bei der ein Stoff siedet, nennt man **Siedetemperatur.**

Schmelz- und Siedetemperatur eines Stoffes sind vom Luftdruck abhängig. In einem Schnellkochtopf kocht beispielsweise das Wasser unter erhöhtem Druck erst bei 120 °C. Speisen werden dadurch schneller gar. Auf der Zugspitze hingegen kocht das Wasser infolge des verminderten Drucks bereits bei 90 °C.
In Tabellen beziehen sich die Angaben für die Schmelz- und Siedetemperatur deshalb stets auf einen einheitlichen Druck, den sogenannten Normaldruck (1013 Hektopascal).

Schmelz- und Siedetemperatur sind wichtige messbare Eigenschaften, die für jeden Stoff typisch sind.

2. Fragen zum Text

a) Was versteht man unter Schmelztemperatur, was unter der Siedetemperatur eines Stoffes?
b) Bei welcher Temperatur schmilzt Eis?
c) Ordne die folgenden Stoffe nach ihrer Siedetemperatur; beginne mit dem Stoff mit der niedrigsten Siedetemperatur: Wolfram, Wasser, Alkohol, Sauerstoff, Kochsalz, Magnesium.
d) Erkläre, weshalb Wasser auf der Zugspitze und im Dampfkochtopf nicht bei 100 °C siedet.

3. Temperaturkurve von Spiritus

Erhitze Wasser im Becherglas auf ca. 85 °C. Lösche die Brennerflamme. Stelle dann ein Reagenzglas, das zu einem Viertel mit Spiritus (GHS 2; B3) gefüllt ist, ins heiße Wasser. Gib ein Siedesteinchen ins Reagenzglas. Miss die Temperatur des Spiritus alle 20 Sekunden über mehrere Minuten lang und notiere die Messwerte in einer Tabelle. Trage anschließend die Werte in ein Diagramm ein. Auf der waagrechten Achse trägst du die Zeit auf, auf der senkrechten Achse die Temperatur. Was fällt dir am Diagramm auf?

Stoff	**Schmelztemperatur in °C**	**Siedetemperatur in °C**
Sauerstoff	–219	–183
Propangas	–188	–42
Alkohol	–114	78
Wasser	0	100
Stearinsäure	71	376
Kochsalz	801	1465
Magnesium	650	1105
Aluminium	660	2450
Silber	961	2150
Eisen	1537	3000
Wolfram	3410	5930

▲ *2. Schmelz- und Siedetemperaturen einiger Stoffe*

Stoffe mit Hilfsmitteln unterscheiden

1. Welche Gegenstände sind magnetisierbar?

Halte einen Magneten über verschiedene Gegenstände (Büroklammern, Reißnägel, Legosteine, Alu-Folie, Schlüssel, Geldstücke, Dosen usw.).
Welche Gegenstände werden vom Magneten angezogen? Notiere deine Versuchsbeobachtungen.

2. Welche Gegenstände leiten den elektrischen Strom?

a) Prüfe Gegenstände aus dem Alltag und dem Labor darauf, ob sie den elektrischen Strom leiten (z. B. Holzspatel, Glasstab, Kohlestab, Messer, Schlüssel, Zuckerwürfel).
Notiere deine Beobachtungen in Form einer Tabelle.

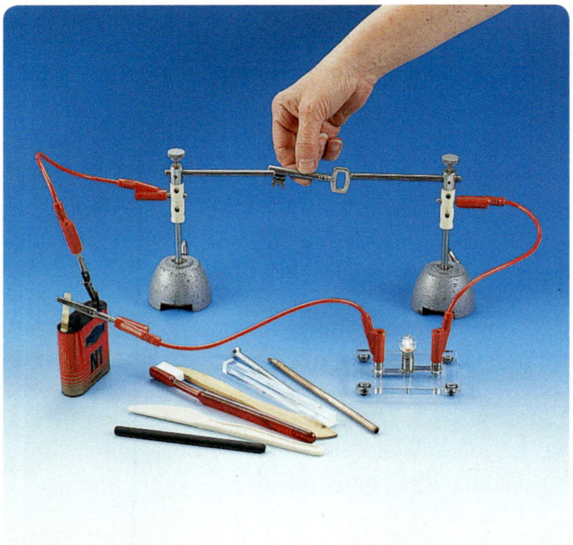

b) Überlege dir, wie du die elektrische Leitfähigkeit von Flüssigkeiten wie Wasser, Obstsaft und Salatöl überprüfen könntest. Führe die entsprechenden Versuche durch, nachdem du mit deinem Lehrer über den Versuchsaufbau gesprochen hast.

3. Wie hart sind verschiedene Stoffe?

Prüfe die folgenden Gegenstände durch wechselseitiges Ritzen, welches der härteste und welches der weichste Stoff ist: Wachskerze, Eisennagel, Glasstab, Holzspatel, Kupferblech. Halte die Versuchsergebnisse in geeigneter Form fest.

4. Welche Gegenstände sind gute Wärmeleiter?

Stelle etwa gleich große Stäbe aus unterschiedlichen Materialien in ein Becherglas mit heißem Wasser (ca. 70–80 °C). Prüfe von Zeit zu Zeit die Temperatur der Stäbe.
Welche Aussagen kannst du aus deinem Versuchsergebnis ableiten?

5. Wie schwer sind verschiedene Stoffe?

Wiege jeweils genau 1 Kaffee-Messlöffel verschiedener Stoffe. Es eignen sich beispielsweise folgende Stoffe: Mehl, Puderzucker, Wasser, Salatöl, Essig, Cola, Cola light usw.
Halte deine Versuchsbeobachtungen in einer Tabelle fest.
Ordne die überprüften Stoffe nach ihrem Gewicht pro Messlöffel vom leichtesten bis hin zum schwersten Stoff.

Magnetische Eigenschaften. Viele glauben, alle Metalle wären magnetisch. Doch es sind nur die Metalle Eisen, Cobalt und Nickel. Andere Metalle wie Kupfer oder Aluminium oder Stoffe wie Glas, Holz oder Kunststoffe werden von Magneten nicht angezogen.

Elektrische Leitfähigkeit. Kupfer, Eisen und Aluminium leiten wie alle anderen Metalle den elektrischen Strom. Es sind **elektrische Leiter.** Auch manche Flüssigkeiten wie Salzwasser und Essig leiten den elektrischen Strom.
Holz, Glas, Porzellan, Kunststoff, Salatöl und reines Wasser dagegen leiten den elektrischen Strom nicht. Es sind **Nichtleiter.**

Härte und Verformbarkeit. Wenn man ein Holzstück mit einem Eisennagel ritzt, verursacht dies einen Kratzer. Je tiefer der Kratzer ist, desto weicher ist das Holz. Umgekehrt dagegen kann man mit einem Holzstück in Eisen keinen Kratzer erzeugen. Durch solche wechselseitigen Ritzversuche kann man Stoffe in der Härte vergleichen.
Diamant ist der härteste Stoff, den man auf der Erde findet. Ihm hat man die Härte 10 zugeordnet. Speckstein und Wachs dagegen sind sehr weiche Stoffe und haben die Härte 1.

Manche Stoffe lassen sich leicht biegen, etwa Kupferrohre; andere dagegen sind **spröde,** sie zerbrechen, wenn man Kraft auf sie ausübt, etwa Porzellan.

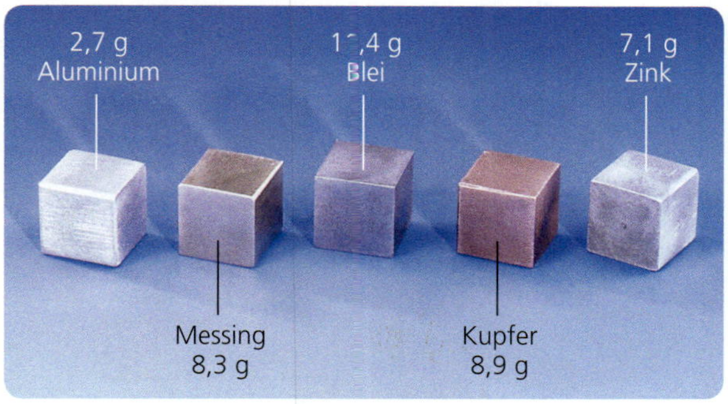

▲ *3. Alle Würfel haben das gleiche Volumen (1 cm³)*

Wärmeleitfähigkeit. Metalle wie Kupfer, Eisen und Aluminium leiten Wärme gut. Gute Wärmeleiter fühlen sich kühl an, da sie die Wärme der Haut rasch weiterleiten.

▲ *2. Wärmeleitungstest*

Andere Stoffe wie Glas, Holz, Porzellan und Kunststoffe leiten Wärme schlecht.

Leicht und schwer. Gleich große Würfe der Kantenlänge 1 cm von verschiedenen Stoffen sind verschieden schwer. Die Masse eines Stoffes pro cm^3 ist eine ganz typische Stoffeigenschaft. Man nennt sie auch **Dichte.**

Magnetisierbarkeit, elektrische Leitfähigkeit, Wärmeleitfähigkeit, Härte und die Dichte sind wichtige Stoffeigenschaften zur Beschreibung von Stoffen.

1. Fragen zum Text

a) Stimmt das: Alle Metalle sind magnetisch?

b) Nenne einige Leiter und Nichtleiter.

c) Erkläre, wie man die Härte zweier Stoffe vergleichen kann.

d) Weshalb fühlen sich Holz und Kunststoffe für uns eher warm an im Vergleich zu Metallen?

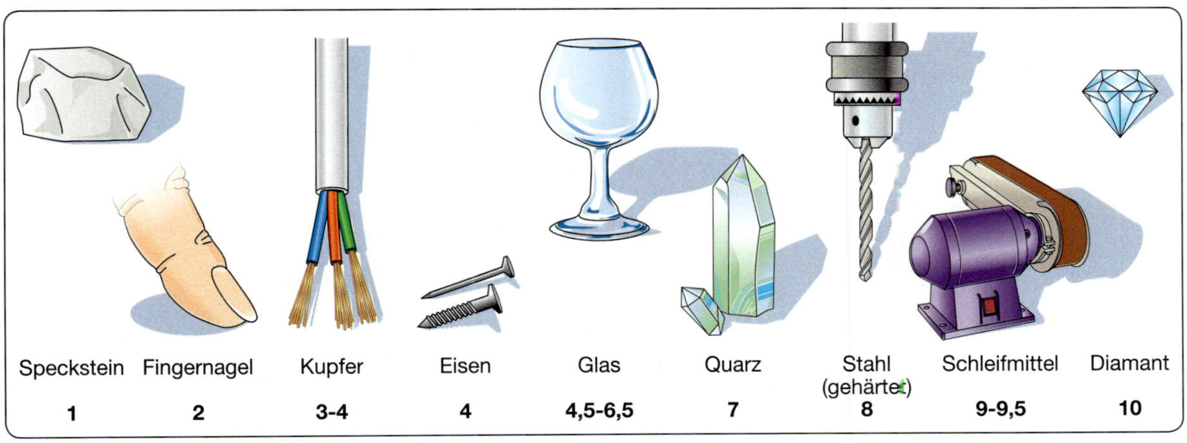

▲ *1. Härte verschiedener Stoffe*

Die Dichte – ganz einfach!

1 cm³ Holz | 1 cm³ Aluminium | 1 cm³ Eisen | 1 cm³ Kupfer

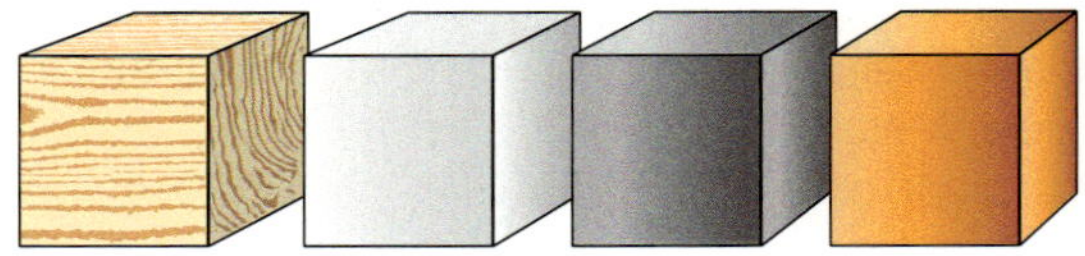

Masse: ca. 0,5 g | 2,7 g | 7,8 g | 8,9 g

Was ist schwerer – ein Kilogramm Holz oder ein Kilogramm Eisen? Leicht fällt man auf diese Scherzfrage herein und sagt spontan: „Natürlich ist das Eisen schwerer, das weiß doch jeder."
Wenn aber *beide* Gegenstände die Masse *1 kg* haben, sind sie natürlich *gleich schwer.* 1 kg Eisen ist gleich schwer wie 1 kg eines anderen Materials!

Leichte und schwere Stoffe. Aber ist Eisen tatsächlich nicht doch schwerer als Holz...?
Wenn man solche Vergleiche macht, muss man stets darauf achten, immer *gleich große* Stücke des Materials zu nehmen – also Stücke, die *dasselbe Volumen* haben!
Mit gleich großen Würfeln aus unterschiedlichen Materialien kann man das einfach selbst nachprüfen.
Die Würfel haben eine Länge, Breite und Höhe von jeweils 1 cm, das Volumen ist also:

1 cm x 1 cm x 1 cm = 1 cm³ (1 Kubikzentimeter)

Legt man die Würfel auf eine Waage, kann man deutliche Unterschiede in der Masse erkennen.

Beim Vergleich bezieht man sich immer auf die **Masse in Gramm je cm³.** Dies wird als **Dichte** bezeichnet. Die Einheit der Dichte heißt daher g/cm³. Eisen hat zum Beispiel die Dichte 7,8 g/cm³.

Natürlich hat man es selten mit gleich großen Würfeln zu tun. Man kann die Dichte aber einfach **berechnen** aus der **Masse (in g)** und dem **Volumen (in cm³):**

$$\text{Dichte} = \frac{\text{Masse}}{\text{Volumen}}$$

Beispiel: Masse: 140 g, Volumen: 50 cm³

$$\text{Dichte} = \frac{\text{Masse}}{\text{Volumen}} = \frac{140\ \text{g}}{50\ \text{cm}} = 2{,}8\ \frac{\text{g}}{\text{cm}^3}.$$

Die **Dichte** gibt also an, **wie schwer 1 cm³ eines Stoffes** ist. Man berechnet sie, indem man die **Masse durch** das **Volumen teilt.**
Im Kasten unten ist ein ausführliches Beispiel.

1. a) Aluminium hat die Dichte 2,7 g/cm³. Erläutere, was das bedeutet.
b) Wie berechnet man die Dichte?
c) Ein Stück Fichtenholz mit dem Volumen 300 cm³ hat die Masse 150 g. Berechne die Dichte.

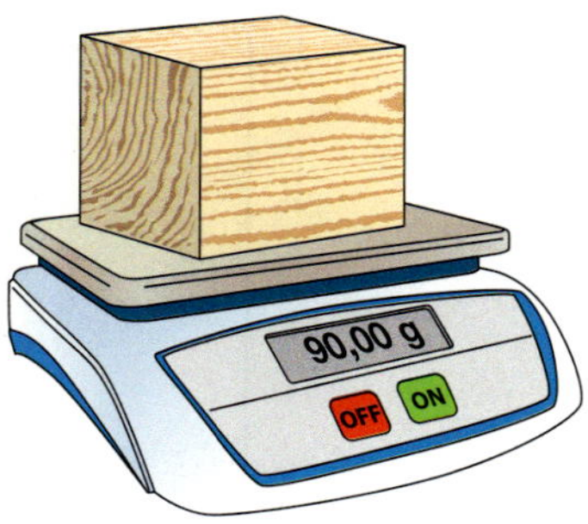

1. Bestimmung der Masse

Masse: 90 g

2. Bestimmung des Volumens

Volumen: 180 cm³

3. Berechnung der Dichte

$$\text{Dichte} = \frac{\text{Masse}}{\text{Volumen}} = \frac{90\ \text{g}}{180\ \text{cm}^3} = 0{,}5\ \frac{\text{g}}{\text{cm}^3}$$

Volumen =
6 cm x 6 cm x 5 cm = 180 cm³

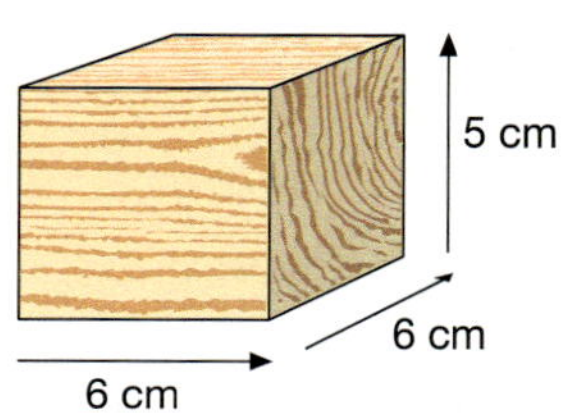

Möglichkeiten zur Dichtebestimmung

Dichte bei Feststoffen. Steine, Schrauben, Schmuckstücke und viele andere Gegenstände sind unregelmäßig geformt. Dann lässt sich das Volumen nicht so einfach berechnen.

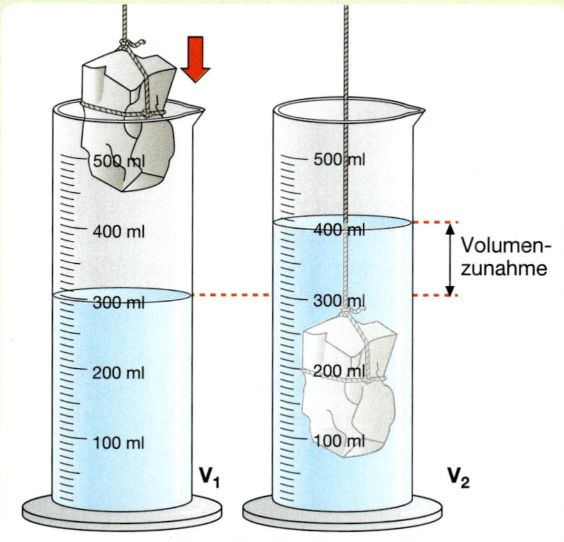

Man ermittelt es stattdessen durch **Wasserverdrängung in einem Messzylinder.** Die Zunahme des Volumens entspricht dem Volumen des Körpers.
Die Masse bestimmt man wie üblich mit einer Waage.

Dichte bei Flüssigkeiten.
Um die Dichte einer Flüssigkeit zu bestimmen, wird zunächst ein Messzylinder leer gewogen. Dann wird die Flüssigkeit in den Messzylinder gegeben und das genaue Volumen abgelesen. Anschließend wird der Messzylinder erneut gewogen.
Aus der Massendifferenz und dem Volumen lässt sich die Dichte der Flüssigkeit berechnen.
Die Einheit Gramm pro Kubikzentimeter entspricht der Angabe in Gramm pro Milliliter (ml).

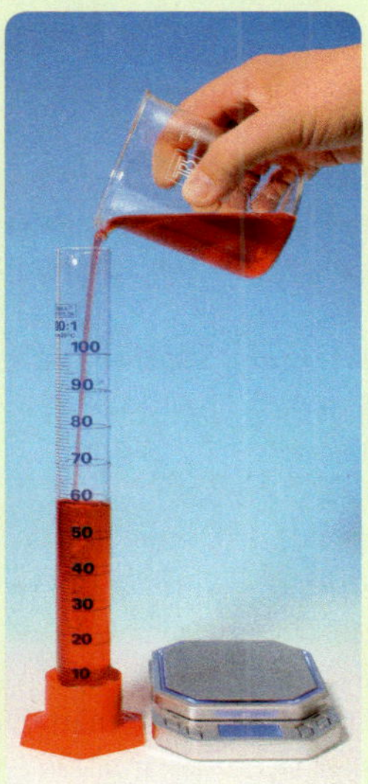

Beispiel: 80 cm³ Wasser hat eine Masse von 80 g. Wie groß ist die Dichte?
Masse: 80 g, Volumen: 80 cm³ = 80 ml
Dichte = Masse : Volumen = 80 g : 80 cm³ = 1 g/cm³

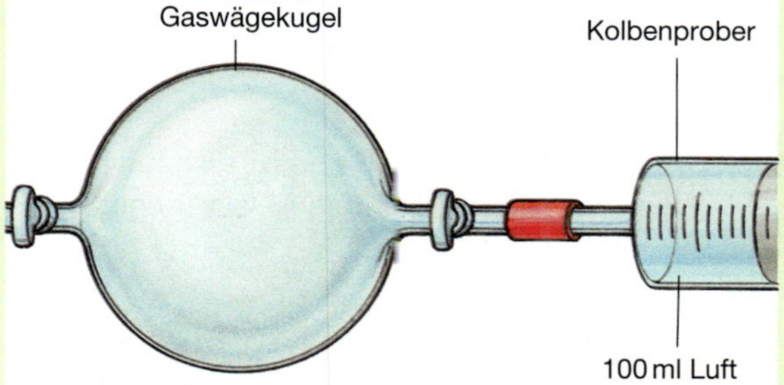

Dichte bei Gasen. Die Dichte eines Gases kann mit einer **Gaswägekugel** bestimmt werden. Sie wird zunächst luftleer gepumpt und genau gewogen. Anschließend werden vorsichtig 100 ml eines Gases eingefüllt. Danach wird die Gaswägekugel erneut gewogen. Aus der Massendifferenz und dem Volumen errechnet man die Dichte.
Die Dichte von Gasen gibt man in der Einheit Gramm pro Kubikzentimeter oder auch Gramm pro Liter an.

Beispiel: 200 cm³ Luft wiegen 0,26 g. Wie groß ist die Dichte?
Masse: 0,26 g, Volumen: 200 cm³ = 200 ml = 0,2 l
Dichte = Masse : Volumen = 0,26 g : 0,2 l = 1,3 g/l

1. Bestimme Masse und Volumen einiger Eisennägel und berechne die Dichte von Eisen.

2. Eine massive Kugel hat die Masse 231 g und ein Volumen von 22 cm³.
a) Berechne die Dichte der Kugel.
b) Aus welchem Material könnte sie bestehen?

3. Bestimme die Dichte von Spiritus (GHS 2; B3) und von Speiseöl.

4. Ob ein Silberbesteck aus reinem Silber besteht oder nicht, kann mit Waage und Messzylinder schnell festgestellt werden. Erkläre, wie man dabei vorgehen kann.

Stoff	Dichte in $\frac{g}{cm^3}$	Stoff	Dichte in $\frac{g}{cm^3}$
Kupfer	8,9	Wasser	1,0
Silber	10,5	Benzin	0,7
Messing	8,5	Speiseöl	0,92
Blei	11,40	Luft	0,0013
Quecksilber	13,6	Helium	0,00017

Umgang mit gefährlichen Stoffen

1. Gefahrstoffe im Alltag

a) Hast du dir schon einmal das Etikett einer Spiritusflasche genauer angesehen? Weißt du, welche Hinweise dort zu finden sind?
b) Weißt du, welche Haushaltschemikalien brennbar sind? Falls nein, dann stelle darüber Vermutungen an.

▲ *1. Manche Klebstoffe enthalten brennbare Lösemittel. Das Symbol mit der Flamme weist darauf hin*

Wenn man zu Hause mit Klebstoff arbeitet, kann es sein, dass einem dabei ein ganz typischer Geruch auffällt. Er stammt meist von einem Lösemittel, der beim Festwerden des Klebstoffes wieder verdunstet. Solche rasch verdunstenden Stoffe sind oft leicht brennbar. Als Warnhinweis findet man auf der Verpackung deshalb bestimmte Warnhinweise und sogenannte Gefahrensymbole. Sie warnen vor gefährlichen Inhaltsstoffen (siehe Seite 16 in diesem Buch).

▲ *2. Diese Produkte enthalten leicht entzündliche Stoffe*

Umgang mit leicht entzündlichen Stoffen. Nicht nur Klebstoffe, sondern auch Farben, Lacke, Pinselreiniger, Nagellackentferner und die meisten Spraydosen enthalten leicht entzündliche Stoffe. Darauf weist das Flammensymbol auf der Verpackung hin. Erstrecht beim Umgang mit Brennspiritus und Reinigungsbenzin (zur Fleckentfernung) muss man sehr vorsichtig sein:

- Alle offenen Flammen, wie etwa Kerzen müssen vor der Anwendung gelöscht oder entfernt werden.
- In der Nähe von heißen Herdplatten, Öfen und Kaminen sollte man damit nicht arbeiten, denn an hei-ßen Oberflächen können sich solche Dämpfe entzünden.
- Am besten ist es, wenn man mit solchen Stoffen nur bei geöffnetem Fenster arbeitet.

Gesundheitsschädliche und reizende Stoffe. Reinigungsmittel für Geschirrspülmaschinen, Entkalker, Bleichmittel oder manche aggressiven WC-Reiniger sind zuweilen als gesundheitsschädlich (Xn) oder reizend (Xi) gekennzeichnet.

Hier kann das Einatmen oder Verschlucken von kleinen Mengen bereits zu ernsthaften Gesundheitsschäden führen. Die Aufnahme durch die Haut kann zu Entzündungen führen.

Ätzende Stoffe. Abflussreiniger und viele Backofensprays enthalten ätzende Stoffe.

Ein Kontakt mit der Haut oder den Augen kann zu gefährlichen Verätzungen führen. Deshalb sollte man hier sicherheitshalber Gummihandschuhe tragen. Die empfindlichen Augen können mit einer Brille geschützt werden.

Ethanol

C_2H_5OH

Gefahr

Gefahrenhinweise:
H225 Flüssigkeit und Dampf leicht entzündbar

Sicherheitshinweise:
P210 Von Hitze / Funken / offener Flamme / heißen Oberflächen fernhalten. Nicht rauchen
P223 Behälter dicht verschlossen halten

▲ *1. Etikett für Alkohol (Ethanol) mit GHS-Symbol*

Gefahrstoffe in Schule und Labor. In Labors der chemischen Industrie ist der Umgang mit Gefahrstoffen Alltag. Schutzbrillen sind Pflicht, bei Bedarf verwendet man Schutzhandschuhe oder spezielle Schutzkleidung.
Auch in der Schule sind grundsätzlich beim Experimentieren Schutzbrillen zu tragen. Ausnahmen regelt die Lehrkraft.
Ohnehin setzt man Gefahrstoffe in der Schule nur dann ein, wenn es nötig oder sinnvoll ist.

Gefahrstoffsymbole – alte und neue Norm. Die bisher geltenden Gefahrensymbole sind schwarz auf orangem Hintergrund. Inzwischen gibt es neue Symbole, die die bisherigen ersetzen werden. Es sind die sogenannten GHS-Piktogramme. Die Abkürzung **GHS** steht für ein weltweites System zur Einstufung und Kennzeichnung von Chemikalien.

Nicht nur die Laborchemikalien, sondern auch alle Haushaltschemikalien werden daher in der nächsten Zeit auf die neuen Gefahrstoff-Kennzeichnung umgestellt. Man wird sie also immer öfter im Alltag sehen.

Gefährliche Stoffe erkennt man an den Gefahrensymbolen auf den Etiketten. Die Warnhinweise auf den Verpackungen sollte man lesen und auch beachten.

1 Fragen zum Text

a) Was bedeutet es, wenn auf den Verpackungen von Chemikalien oder Haushaltsmitteln Symbole abgebildet sind?

b) Erläutere, wie man sich beim Umgang mit leicht entzündlichen Stoffen verhalten sollte.

c) Wie kann man sich vor ätzenden Stoffen schützen?

2. Lösemittel für Farben mit GHS-Symbol ▲

Symbol	Bedeutung	Symbol	Bedeutung	Symbol	Bedeutung
	**Explodierende Bombe** z. B. Explosive Stoffe		**Flamme** z. B. Entzündbare Stoffe		**Flamme über Kreis** Entzündend wirkende Stoffe
	**Gasflasche** Gase unter Druck		**Ätzwirkung** z. B. Hautätzend, Schwere Augenschädigung		**Totenkopf** Akute Giftigkeit
	**Ausrufezeichen** z. B. Augenreizung, Hautreizung		**Gesundheitsgefahr** z. B. Krebserzeugend, Erbgutschädigend		**Umwelt** Gewässergefährdend

▲ *3. Diese neuen GHS-Symbole ersetzen die bisherigen Gefahrensymbole*

Die Löslichkeit von Stoffen

1. Welche Stoffe lösen sich in Wasser?

Fülle Reagenzgläser 3–4 cm hoch mit Wasser. Gib dann kleine Mengen verschiedener Stoffe hinzu, zum Beispiel Gipspulver, Sand, Salatöl, Himbeersirup, Essig, Apfelsaft, Zucker, Mehl und Kochsalz. Schüttle die Reagenzgläser und prüfe, welche Stoffe sich lösen.

2. Wettbewerb: Wie viel Salz löst sich in Wasser?

Welche Schülergruppe findet heraus, wie viel Salz sich in 50 ml Wasser lösen lassen?

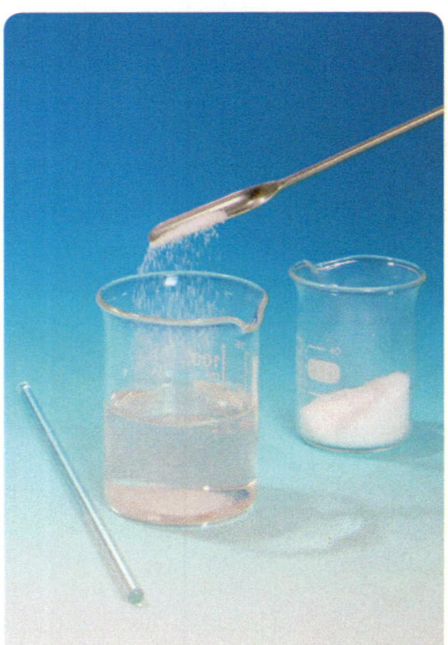

Jede Gruppe bekommt genau 25 g Kochsalz, einen Spatel, einen Glasstab und 50 ml Wasser in einem Becherglas.
Gebt nun zunächst etwa die Hälfte des Kochsalzes in das Wasser. Rührt gut um, bis sich alles gelöst hat.
Anschließend gebt ihr weiter Kochsalz ins Becherglas, am besten jeweils etwa in 1 g-Portionen. Rührt wieder gut um, bis alles gelöst ist. Wiederholt das so oft, bis sich das Salz nicht mehr löst.

a) Rechnet aus, wie viel Salz ihr insgesamt benötigt habt. Schreibt den Wert an die Tafel.
b) Vergleicht eure Werte mit dem Wert in diesem Buch.
c) Rechnet den Durchschnitt aller Werte aus. Ist dieser Wert genauer?

3. Merkwürdige Gasbläschen

Hast du das schon einmal beobachtet? Stellt man ein Glas mit kühlem Leitungswasser an einen warmen Ort, kann man nach einiger Zeit Bläschen an den Glaswänden entdecken.

a) Worum könnte es sich dabei handeln?
b) Was zeigt diese Beobachtung?
c) Überlege, wie du die Gasbläschen auffangen könntest.

4. Löslichkeit und Temperatur

a) Gib in ein Reagenzglas etwa 3 cm hoch Wasser. Füge so viel Kaliumaluminiumsulfat hinzu, dass sich selbst bei längerem Schütteln nicht mehr alles löst.
b) Erwärme nun das Reagenzglas mithilfe eines Brenners. Was kannst du beobachten?
c) Lass das Reagenzglas dann wieder abkühlen. Was beobachtest du jetzt?
d) Erläutere dein Versuchsergebnis.

5. Wie geht der Fettfleck weg?

2 7 8 9 B3

Hast du schon einmal versucht, einen Fettfleck aus einem Kleidungsstück zu entfernen? Das ist gar nicht so leicht. Man muss das Fett nämlich mit einem geeigneten Lösemittel aus dem Stoffgewebe herauslösen.
Finde heraus, welches Lösemittel man dazu verwenden kann.
Prüfe Fensterputzmittel, Brennspiritus (GHS 2), Waschbenzin (GHS 2, 7, 8, 9; B3) und Wasser. Gib jeweils eine kleine Menge dieser Mittel in ein Reagenzglas. Fülle dann in jedes Reagenzglas etwa 1 cm hoch Salatöl dazu.
Welcher Stoff löst Salatöl am besten?

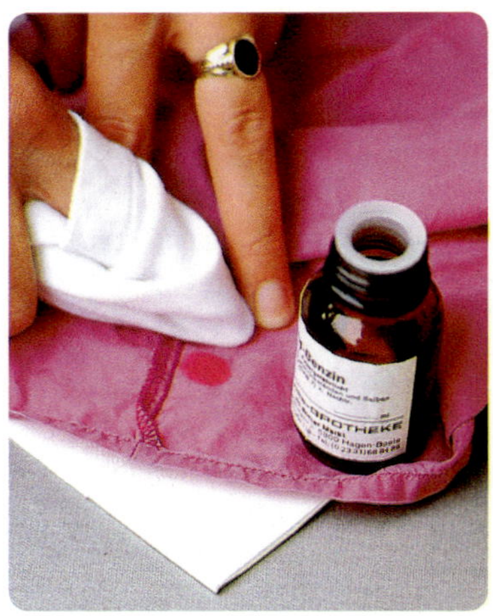

▲ *1. Wasser löst viele feste, …*

▲ *2. … flüssige und …*

▲ *3. … gasförmige Stoffe*

Wasser löst viele Stoffe. Wasser ist unser Lösemittel Nr. 1: In Wasser löst man Reinigungsmittel; die meisten Getränke bestehen vor allem aus Wasser mit darin gelösten Geschmacks- und Aromastoffen; und in unserem Körper werden alle Stoffe in Wasser gelöst transportiert.

Zucker, Salz oder Brausepulver sind **feste** Stoffe, die sich bekanntlich in Wasser lösen. Auch **flüssige** Stoffe lösen sich darin, etwa Himbeersirup oder auch Brennspiritus. Eine Mischung aus Brennspiritus und Wasser kann man gut zum Fensterputzen verwenden. Auch **gasförmige** Stoffe lösen sich in Wasser. So ist in jedem Glas Leitungswasser und in jedem Liter Bach- und Flusswasser auch etwas Luft gelöst. Fische und andere Wasserbewohner benötigen die gelöste Luft zum Atmen. Bei den Bläschen im Mineralwasser handelt es sich um das Gas Kohlenstoffdioxid. Es erzeugt den leicht sauren Geschmack und die sprudelnde Wirkung.

Die Löslichkeit ist eine typische Stoffeigenschaft. In einem Lösemittel lassen sich meistens nicht beliebig große Mengen eines anderen Stoffes lösen. So lösen sich in 100 g Wasser bei 20 °C höchstens 36 g Kochsalz. Dieser Wert wird als **Löslichkeit** von Kochsalz bezeichnet. Gibt man noch mehr Kochsalz hinzu, löst es sich nicht mehr, sondern bleibt als **Bodensatz** liegen. Die überstehende Lösung ist dann mit dem betreffenden Stoff **gesättigt.**

▲ *4. Gesättigte Lösung mit Bodensatz*

Von jedem Stoff löst sich nur eine ganz bestimmte typische Menge, bis eine gesättigte Lösung entsteht. Bei Zucker sind es übrigens etwa 200 g pro 100 g Wasser, bei Gips aber nur 0,2 g pro 100 g Wasser.

Löslichkeit und Temperatur. Die Löslichkeit ändert sich mit der Temperatur. Für die meisten Stoffe gilt: *Je wärmer* das Lösemittel, *desto mehr* löst sich darin. Gase lösen sich dagegen besser bei niedrigen Temperaturen. So bleibt sprudelndes Mineralwasser in einer geöffneten Flasche länger frisch, wenn es kühl steht.

Andere Lösemittel. Es gibt auch Stoffe, die sich nicht in Wasser lösen, zum Beispiel Fette und Öle. Hierfür benötigt man andere Lösemittel wie Waschbenzin, Pinselreiniger oder Nagellackentferner.

Wird ein Stoff in Wasser gelöst, entsteht eine Lösung. In Wasser lösen sich feste, flüssige und gasförmige Stoffe.
Die Löslichkeit ist eine typische messbare Stoffeigenschaft.

1. Fragen zum Text

a) Nenne zwei feste, zwei flüssige und zwei gasförmige Stoffe, die sich in Wasser lösen.

b) Erläutere die Begriffe Bodensatz, gesättigte und ungesättigte Lösung.

c) Worin lässt sich Speiseöl lösen?

d) Wann lösen sich Gase gut in Wasser?

Stoffe – steckbrieflich gesucht

1. Kleines Alltagsproblem in der Küche

In der Küche stehen drei Behälter mit weißen Pulvern. Doch welches ist nun Puderzucker und welches Mehl? Wie kannst du das herausfinden?

Im Alltag kommt es schon mal vor, dass man Puderzucker, Mehl und Backpulver miteinander verwechselt, weil die Stoffe ähnlich aussehen. Eine Geschmacksprobe kann das Problem in der Küche rasch lösen.

Steckbrief von Aluminium

Farbe:	silbrig, metallisch glänzend
Magnetisch:	nein
Löslichkeit in Wasser:	nein
Wärmeleitfähigkeit:	gut
Elektr. Leitfähigkeit:	ja
Schmelztemperatur:	660 °C
Siedetemperatur:	2300 °C
Dichte:	2,7 $\frac{g}{cm^3}$
Weitere Eigenschaften:	beständig gegenüber Luft und Wasser
Verwendung:	Alu-Folie, Verpackungen, Backformen, Flugzeuge, Fahrrad- und Fensterrahmen, Koffer, Campinggeschirr

Steckbriefe. In der Chemie sind Geschmacksproben nicht erlaubt, weil Stoffe gesundheitsschädlich sein können. Deshalb untersuchen Chemiker zur Unterscheidung weitere Stoffeigenschaften. Gerade die Kombination typischer Eigenschaften macht einen Stoff unverwechselbar. In einem **„Steckbrief"** kann man die Eigenschaften zusammenfassen.

Stoffgruppen. In unserer Umwelt finden wir zahllose verschiedene Stoffe. Stoffe, die in mehreren wesentlichen Eigenschaften übereinstimmen, kann man zu einer **Stoffgruppe** zusammenfassen. Beispiele für Stoffgruppen sind die Metalle (z. B. Eisen, Kupfer, Silber, Gold, Platin), salzartige Stoffe (wie Kochsalz, Alaun) oder flüchtige Stoffe (wie Benzin und Parfüm).

Jeder Stoff hat eine Vielzahl von Eigenschaften. Mehrere Eigenschaften zusammen ergeben seinen Steckbrief.

2. Fragen zum Text

a) Warum kann man manche Stoffe leicht verwechseln?

b) Wie lassen sich Stoffe unterscheiden, ohne dass du eine Geschmacksprobe vornimmst?

3. Flasche ohne Etikett

Auf einer Chemikalienflasche im Labor fehlt das Etikett mit der Bezeichnung des Stoffes. Wie würdest du vorgehen, um herauszufinden, um welchen Stoff es sich dabei handelt?

4. Steckbriefe

a) Welcher Stoff verbirgt sich hinter dem Steckbrief unten? Begründe deine Entscheidung.

b) Erstelle drei Steckbriefe von Stoffen deiner Wahl und lasse deine Klassenkameraden raten, um welche verschlüsselten Stoffe es sich jeweils handelt.

Steckbrief von ???

Farbe:	silbergrau
Härte:	hart
Löslichkeit in Wasser:	nein
Magnetisch:	ja
Wärmeleitfähigkeit:	gut
Elektr. Leitfähigkeit:	ja
Schmelztemperatur:	1537 °C
Siedetemperatur:	2730 °C
Dichte:	7,86 $\frac{g}{cm^3}$

Stoffen auf der Spur

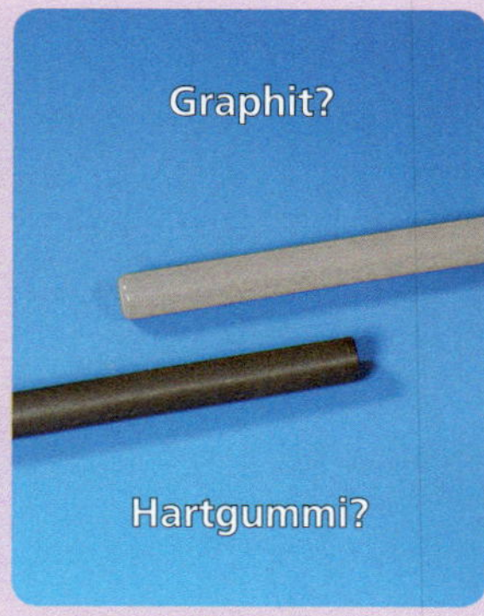

Die Stoffpaare in der Abbildung oben sind einander so ähnlich, dass man sie auf den ersten Blick leicht verwechseln kann. Mithilfe von Versuchen, Steckbriefen und Tabellen lassen sich die Stoffe dennoch eindeutig unterscheiden.

1. Stoffeigenschaften vergleichen

Schaut euch die Tabelle unten genau an. Findet heraus, in welchen Eigenschaften es Unterschiede gibt.

2. Versuchsplanung

a) Plant für jedes Stoffpaar mindestens einen Versuch, der euch die Unterscheidung der Stoffe möglich macht.
b) Fertigt zunächst eine Versuchsskizze für den geplanten Versuch an und notiert, was ihr für den jeweiligen Versuch braucht.
c) Lasst anschließend den Versuch von eurer Chemielehrerin oder eurem Chemielehrer genehmigen.

3. Versuchsdurchführung

Führt nach Rücksprache mit eurer Lehrerin oder eurem Lehrer die geplanten Versuche durch und haltet eure Beobachtungen in übersichtlicher Form fest.

4. Beurteilen der Versuchsergebnisse

Ist es euch gelungen, die Stoffe festzustellen? Fall ja, dann begründet eure Ergebnisse.
Falls nein, müsst ihr überlegen, warum es nicht geklappt hat. Ist ein Versuch misslungen oder habt ihr euch in der Tabelle vertan? Überlegt, wie ihr die Aufgabe noch lösen könnt. Führt weitere Versuche durch, wenn noch Zeit dafür ist.

Stoff	Zustandsform	Farbe	Härte, Verformbarkeit	elektrisch leitend	magnetisch	wasserlöslich	Schmelztemperatur
Eisen	fest	grau	hart	ja	ja	nein	1537 °C
Aluminium	fest	silbern	hart	ja	nein	nein	660 °C
Glas	fest	farblos	s. hart, spröde	nein	nein	nein	1700 °C
Gummi	fest	beliebig	weich, elastisch	nein	nein	nein	125 °C
Kerzenwachs	fest	weiß	weich	nein	nein	nein	50 °C
Kokosfett	fest	weiß	weich	nein	nein	nein	27 °C
Kochsalz	fest	weiß	hart, spröde	nein	nein	ja	801 °C
Zucker	fest	weiß	hart, spröde	nein	nein	ja	160 °C
Schwefel	fest	gelb	hart	nein	nein	nein	119 °C
Graphit	fest	schwarz	weich	ja	nein	nein	3650 °C
Zink	fest	silbrig-grau	hart	ja	nein	nein	420 °C
Kupfer	fest	rotbraun	mittel	ja	nein	nein	1083 °C
Kalk	fest	weiß	mittel	nein	nein	nein	---
Plexiglas	fest	farblos	mittel	nein	nein	nein	220 °C

▲ *5. Eigenschaften verschiedener Stoffe*

Stoffe bestehen aus kleinen Teilchen

1. Gefärbte Zuckerwürfel

Gib in einen flachen weißen Teller so viel Wasser, dass der Boden des Tellers gut bedeckt ist.
Lege drei Zuckerwürfel auf ein Blatt Küchenkrepp. Tropfe nun auf die Zuckerwürfel einige Tropfen rote, grüne bzw. blaue Tinte oder einige Tropfen Lebensmittelfarbe.

Lege die Zuckerwürfel möglichst weit voneinander entfernt in den Teller mit Wasser. Beobachte und schreibe auf, was mit den Zuckerwürfeln geschieht. Berichte von deinen Versuchsbeobachtungen und versuche sie zu erklären.

2. Salz lösen

a) Gib 1–2 Spatel Kochsalz in ein Glas mit etwa 50 ml Wasser und rühre gut um.
Was kannst du beobachten?
b) Überlege, woran es liegen könnte, dass man das Salz jetzt nicht mehr sehen kann.
c) Wie kann man beweisen, dass das Salz trotzdem noch im Wasser enthalten ist?
(Die Salzlösung kannst du für Aufgabe 3 verwenden.)

3. Salz aus einer Lösung zurückgewinnen

a) Wie kannst du innerhalb kurzer Zeit eine kleine Menge festes Salz aus einer Kochsalzlösung gewinnen? Führe den Versuch durch, wenn der Lehrer oder die Lehrerein einverstanden ist.
b) Gib etwas von der Kochsalzlösung in eine Petrischale oder in ein Becherglas. Stelle das Gefäß für einige Tage an einen warmen Ort. Beobachte hin und wieder, was geschieht.

4. Zucker unter der Lupe

Betrachte verschiedene Arten von Zucker ganz genau, möglichst mit einer Lupe oder einem Binokular. Was stellst du fest?

Zucker gibt es in verschiedenen Handelsformen: groben und feinen Kandiszucker, Haushaltszucker und staubfeinen Puderzucker. Es handelt sich dabei immer um den gleichen Stoff, nämlich Zucker.

Zuckerkristalle. Bei allen Sorten kann man mit der Lupe unterschiedlich große, aber stets ähnlich geformte Kristalle erkennen. Unter dem Mikroskop erkennt man sogar beim Puderzucker kleine Kristalle.

Zucker auflösen. Gibt man Zucker in Wasser, ist er nach einer Weile nicht mehr zu sehen. Doch der süße Geschmack der Lösung zeigt, dass der Zucker nicht verschwunden ist. Die Zuckerteilchen sind in der Lösung allerdings so klein, dass man sie auch mit dem Mikroskop nicht mehr erkennen kann.

▲ *3. Zucker löst sich auf*

Zucker aus einer Lösung zurückgewinnen. Aus einer Zuckerlösung kann man wieder festen Zucker gewinnen, wenn man das Wasser verdunsten lässt. Es bilden sich dann wieder Zuckerkristalle. So lässt sich zeigen, dass der Zucker in der Lösung zuvor tatsächlich enthalten war. Er war im Wasser in Form von kleinen, unsichtbaren Teilchen gelöst.

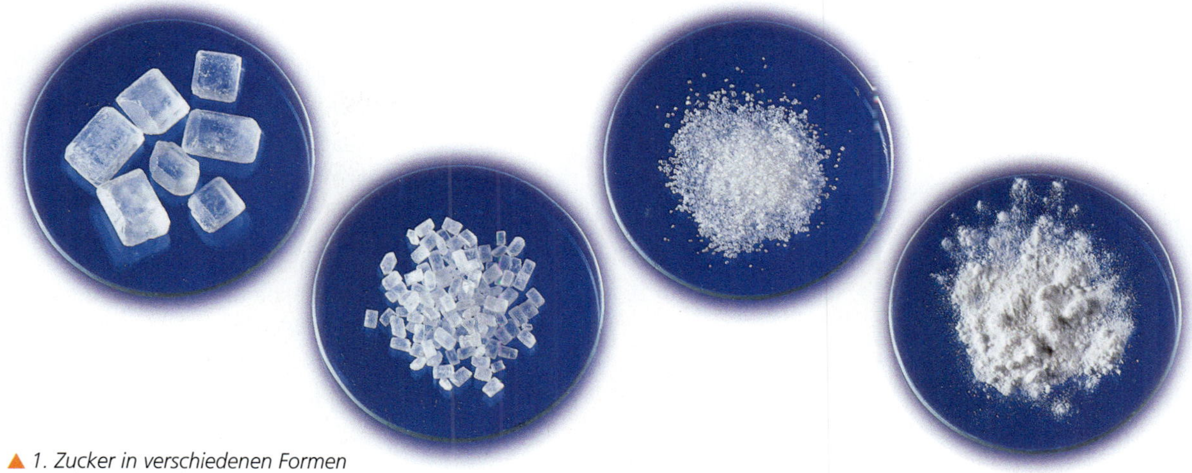

▲ 1. *Zucker in verschiedenen Formen*

Zucker im Teilchenmodell. Die Vorgänge beim Lösen und Kristallisieren von Zucker lassen sich mit dem **Teilchenmodell** erklären. Nach diesem Modell bestehen alle Stoffe, also auch der Zucker, aus vielen kleinen Teilchen, die man nicht weiter zerlegen kann. Man stellt sie vereinfacht oft als Kugeln dar. Man kann sie nicht sehen, weil sie so klein sind.
Ein Zuckerkristall besteht demnach aus sehr vielen kleinen Zuckerteilchen, die untereinander alle gleich sind. Sie haben also alle die gleiche Größe und die gleiche Masse.

Auflösen von Zucker im Teilchenmodell. Auch Wasser ist aus vielen kleinen Teilchen aufgebaut. Sie unterscheiden sich jedoch von den Zuckerteilchen zum Beispiel in Größe und Masse. Gibt man nun Zuckerkristalle in Wasser, schieben sich die Wasserteilchen zwischen die Zuckerteilchen. Beide verteilen sich gleichmäßig. Wenn vom Zucker nichts mehr zu sehen ist, haben sich alle Teilchen miteinander vermischt, der Zucker ist gelöst.

Im Teilchenmodell geht man davon aus, dass alle Stoffe aus kleinen Teilchen aufgebaut sind. Sie sind jeweils gleich groß und gleich schwer.

1. Fragen zum Text

a) Beschreibe, was beim Lösen von Zucker geschieht.

b) Erkläre, warum man den Zucker in einer Zuckerlösung nicht sehen kann.

c) Wie kann man Zucker aus einer Zuckerlösung zurückgewinnen?

2. Lösevorgang beschreiben

Beschreibe mit eigenen Worten, was in der Bildreihe unten von A bis C dargestellt ist.

3. Schneller lösen

Erkläre, weshalb sich Zucker rascher auflöst, wenn man umrührt.

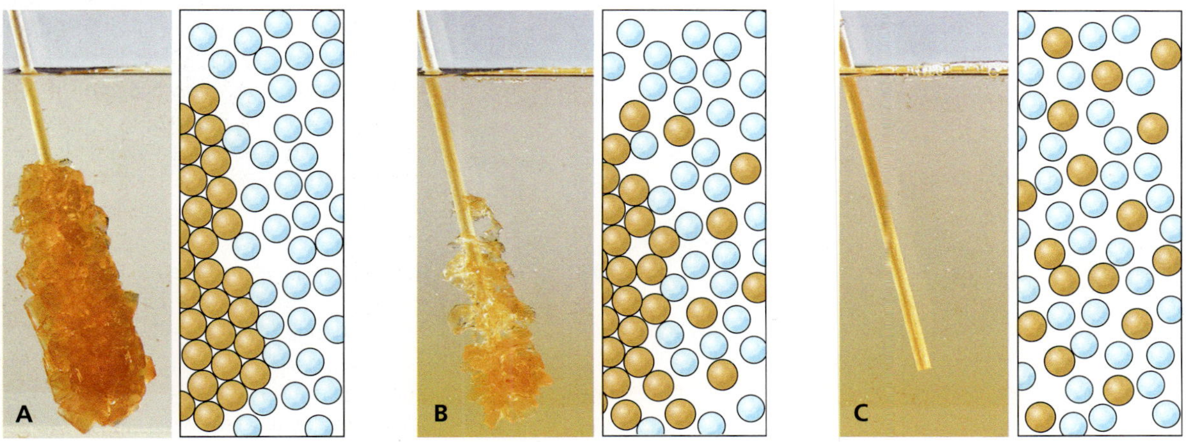

▲ 2. *Als Foto und im Teilchenmodell: Kandiszucker löst sich in Wasser*

Die kleinen Teilchen – näher betrachtet

1. Parfüm

Gib wenige Tropfen Parfüm auf ein Uhrglas. Was kannst du daraufhin in den nachfolgenden Minuten feststellen?
Versuche, mithilfe des Teilchenmodells eine Antwort zu finden.

2. Tinte in Wasser

Fülle ein Becherglas (oder zu Hause ein leeres Marmeladenglas) mit kaltem Wasser und ein zweites mit der gleichen Menge heißem Wasser. Gib mit einer Pipette jeweils 2–3 Tropfen Tinte ins Wasser.
Beobachte beide Bechergläser über einen längeren Zeitraum. Beschreibe deine Beobachtungen und versuche sie zu erklären.

3. Form und Aggregatzustand

Eis hat stets eine feste Form. Flüssiges Wasser dagegen nimmt die Form des jeweiligen Gefäßes an. Woran könnte das liegen?

Die Teilchen bewegen sich. Wird im Klassenzimmer etwas Parfüm in die Luft gesprüht, kann man den Duft nach kurzer Zeit im ganzen Raum riechen. Tinte oder Himbeersirup verteilen sich nach einiger Zeit ganz von alleine in Wasser, auch wenn man nicht umrührt.
Ursache für diese Phänomene sind die kleinen Teilchen der Stoffe. Die sind nämlich ständig in Bewegung. Je höher die Temperatur ist, desto schneller und kräftiger bewegen sie sich. Man spricht hierbei von der **Wärmebewegung** der Teilchen. Nach dem englischen Wissenschaftler Brown nennt man sie auch **brownsche Bewegung.**
Diese ständige Eigenbewegung der Teilchen sorgt dafür, dass sich Stoffe im Laufe der Zeit von alleine vermischen, etwa Zucker oder Salz in Wasser.

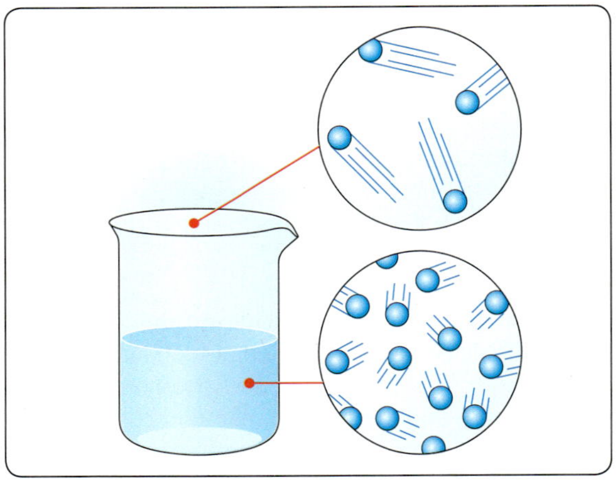

Rascher lösen: umrühren und erwärmen. Da die Bewegungen der Teilchen bei höheren Temperaturen stärker sind, lassen sich in heißem Wasser Stoffe besser lösen als in kaltem Wasser. Durch Umrühren wird die Bewegung und Vermischung der Teilchen ebenfalls stark beschleunigt.

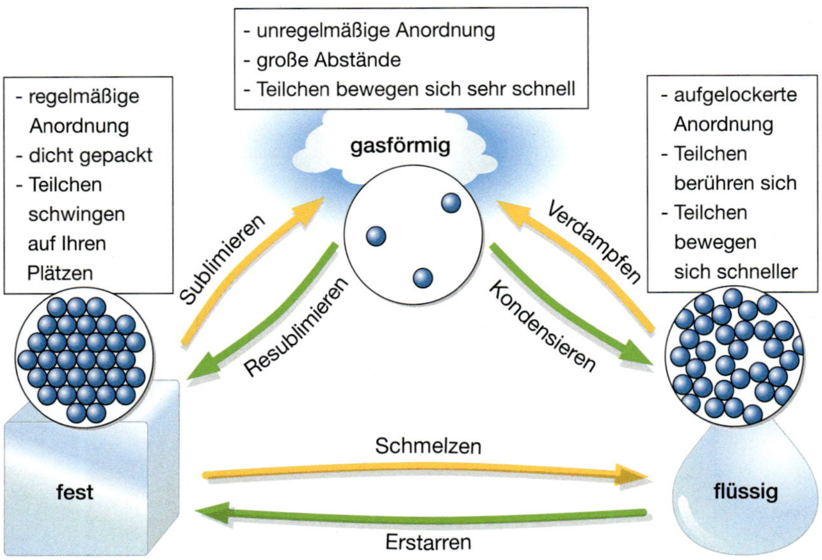

4. *Aggregatzustände im Teilchenmodell*

Aggregatzustand und Teilchenmodell. Auch die Aggregatzustände kann man mithilfe der Teilchenbewegung gut veranschaulichen (Bild 46.4):

- **Fest:** Die kleinen Teilchen liegen dicht aneinander, sind regelmäßig angeordnet und schwingen nur wenig hin und her.
- **Flüssig:** Die Teilchen bewegen sich stärker, sie sind nicht mehr regelmäßig angeordnet und können auch die Plätze tauschen.
- **Gasförmig:** Die Bewegung der Teilchen hat stark zugenommen. Sie bewegen sich unabhängig voneinander, unregelmäßig und mit großem Abstand.

Die kleinen Teilchen eines Stoffes sind in ständiger Bewegung. Je höher die Temperatur, desto größer ist die Teilchengeschwindigkeit.
Mithilfe des Teilchenmodells lassen sich die Aggregatzustände und das Lösen von Stoffen erklären.

1. Fragen zum Text

a) Weshalb lösen sich Stoffe in Wasser im Laufe der Zeit von alleine – auch wenn man nicht umrührt?

b) Warum lösen sich Stoffe in der Wärme rascher?

c) Beschreibe die Teilchenbewegung im festen und flüssigen Zustand.

Modelle helfen, Dinge zu verstehen

In der Schule hast du wahrscheinlich bereits **Modelle** kennengelernt: der Globus ist ein Modell für unsere Erde, in der Biologie gibt es Modelle für die menschlichen Organe oder für die Krallen bei der Katzenpfote. Man arbeitet immer dann mit einem Modell, wenn man einen Sachverhalt vereinfacht darstellen will. Ein Architekturmodell zeigt, ob ein neues Gebäude gut in ein bestehendes Stadtviertel passt oder nicht. Bevor ein neuer Autotyp gebaut wird, testet man im Windkanal ein verkleinertes Modell, um den Luftwiderstand zu prüfen. Auch zum Verständnis von komplizierten Vorgängen nutzt man Modelle, etwa bei der Klimavorhersage mithilfe von Computern.

Das **Teilchenmodell** ist eine Modellvorstellung über den Aufbau von Stoffen. Es hilft uns, die Bewegung und die Anordnung der kleinen Teilchen in Stoffen zu verstehen; es verrät uns aber nicht, wie die Teilchen tatsächlich aussehen. Ein Modell hat also Grenzen und ist kein genaues Abbild der Wirklichkeit.

2. Zauberei mit Wasser und Alkohol?

a) Fülle einen Messzylinder (100 ml) mit genau 50 ml Wasser. Gib anschließend vorsichtig genau 50 ml Alkohol (GHS 2) hinzu. Die beiden Flüssigkeiten sollen sich dabei möglichst noch nicht mischen. Lies das Gesamtvolumen ab.

b) Vermische die beiden Flüssigkeiten jetzt mithilfe eines Glasstabs. Prüfe nun erneut das Volumen. Wunderst du dich über das Ergebnis? Formuliere eine mögliche Erklärung.

c) Führe das Experiment nun als Modellversuch noch einmal durch. Statt Wasser nimmst du Senfkörner, statt des Alkohols Erbsen. Was beobachtest du? Welche Folgerungen ziehst du daraus? Erstelle eine Skizze im Teilchenmodell.

d) Erkläre die Beobachtungen aus a) und b) mithilfe des Modellversuchs c).

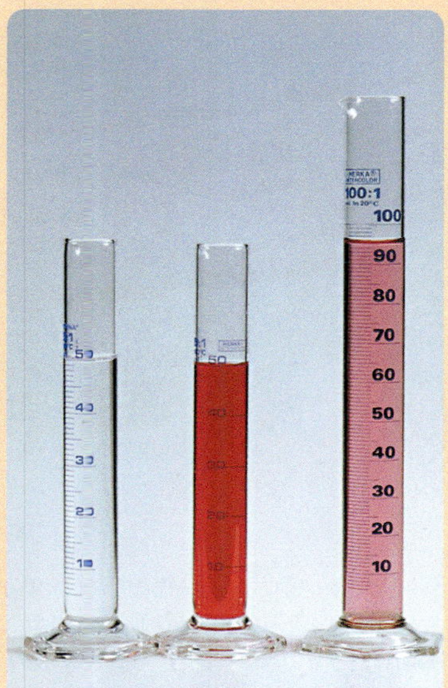

Teilchenmodell und Aggregatzustand – ganz einfach!

Nach dem **Teilchenmodell** sind alle Stoffe aus sehr vielen kleinen Teilchen aufgebaut. Man stellt sie meistens als Kugeln dar.
So kann man sich also auch vorstellen, dass etwa ein Eisennagel aus vielen kleinen kugelförmigen Teilchen zusammengesetzt ist.

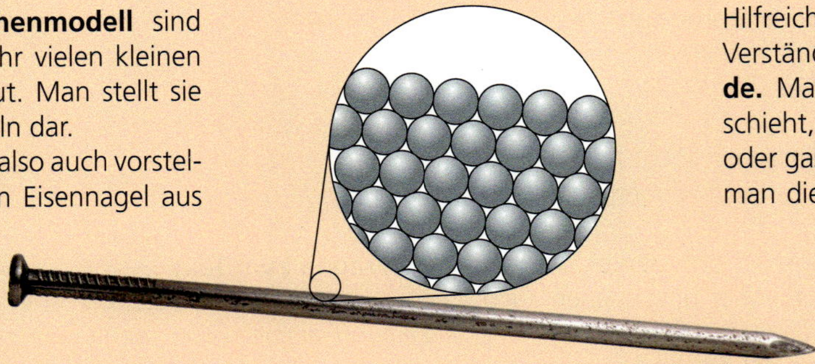

Hilfreich ist dieses Modell für das Verständnis der **Aggregatzustände.** Man überlegt dann, was geschieht, wenn feste Stoffe flüssig oder gasförmig werden. Oft erklärt man dies am Beispiel Wasser, weil jeder alle drei Formen kennt: festes Eis, flüssiges Wasser und gasförmigen Wasserdampf.

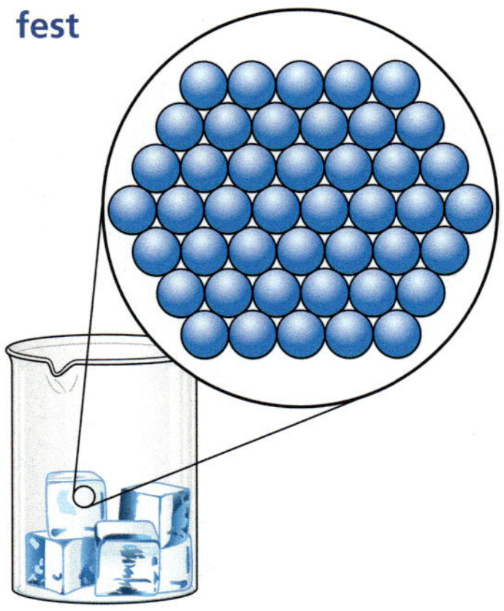

fester Zustand

Teilchen...
- sind regelmäßig angeordnet
- sind sehr nah zusammen
- schwingen nur wenig hin und her

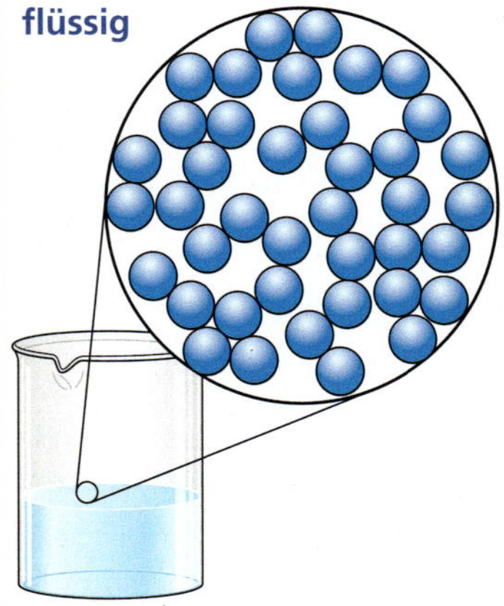

flüssiger Zustand

Teilchen...
- sind gegeneinander verschiebbar
- sind noch nah zusammen
- bewegen sich stärker

gasförmiger Zustand

Teilchen...
- bewegen sich völlig frei umher
- sind weit voneinander entfernt
- bewegen sich sehr schnell

Man kann sich die schwingenden Wasserteilchen auch als tanzende Paare vorstellen.

Bei einem sehr langsamen Tanz wie dem Stehblues bewegt man sich kaum von der Stelle. Viele Paare können eng zusammen stehen.

Bei einem Foxtrott bewegen sich die Paare schneller. Sie brauchen daher mehr Platz und sind weiter voneinander entfernt.

Bei noch schnellerer Musik, etwa beim Rock n' Roll, bewegen sich die Paare sehr heftig. Sie brauchen deshalb viel Platz.

Stoffe aus Küche und Keller

→ **Stoffeigenschaften:** Stoffe erkennt man an ihren Eigenschaften. In der Chemie ist ein Stoff das Material, aus dem ein Gegenstand besteht.

Ermitteln mit den Sinnen	Farbe, Form, Oberfläche, Glanz 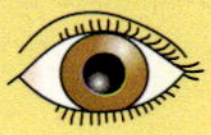	Geruch 	Geschmack 	Klang 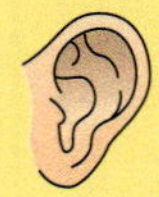	Wärmeleitfähigkeit, Oberfläche 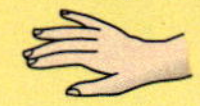
Ermitteln mit Hilfsmitteln	Schmelztemperatur, Siedetemperatur	Löslichkeit, Magnetisierbarkeit	Brennbarkeit	Härte, Verformbarkeit	elektrische Leitfähigkeit

→ **Aggregatzustände:** Stoffe können je nach Temperatur fest, flüssig oder gasförmig sein. Jeder Stoff besitzt eine ganz bestimmte **Schmelztemperatur** und eine ganz bestimmte **Siedetemperatur.** Beim Erhitzen bleibt die Temperatur eines Stoffes so lange konstant, bis er vollständig geschmolzen beziehungsweise verdampft ist.

→ **Löslichkeit:** Die Löslichkeit gibt an, wie viel Gramm eines Stoffes sich in 100 g Wasser lösen lassen. Dann liegt eine **gesättigte Lösung** vor.

→ **„Steckbrief":** Jeder Stoff lässt sich durch eine charakteristische Kombination von Eigenschaften beschreiben. Stoffe mit ähnlichen Eigenschaften ordnet man in Stoffgruppen. Metalle glänzen, sind undurchsichtig und leicht verformbar; sie sind gute elektrische Leiter und gute Wärmeleiter.

→ **Teilchenmodell:** Alle Stoffe bestehen aus kleinen Teilchen. Die Teilchen sind ständig in Bewegung. Die Bewegung wird mit steigender Temperatur stärker.

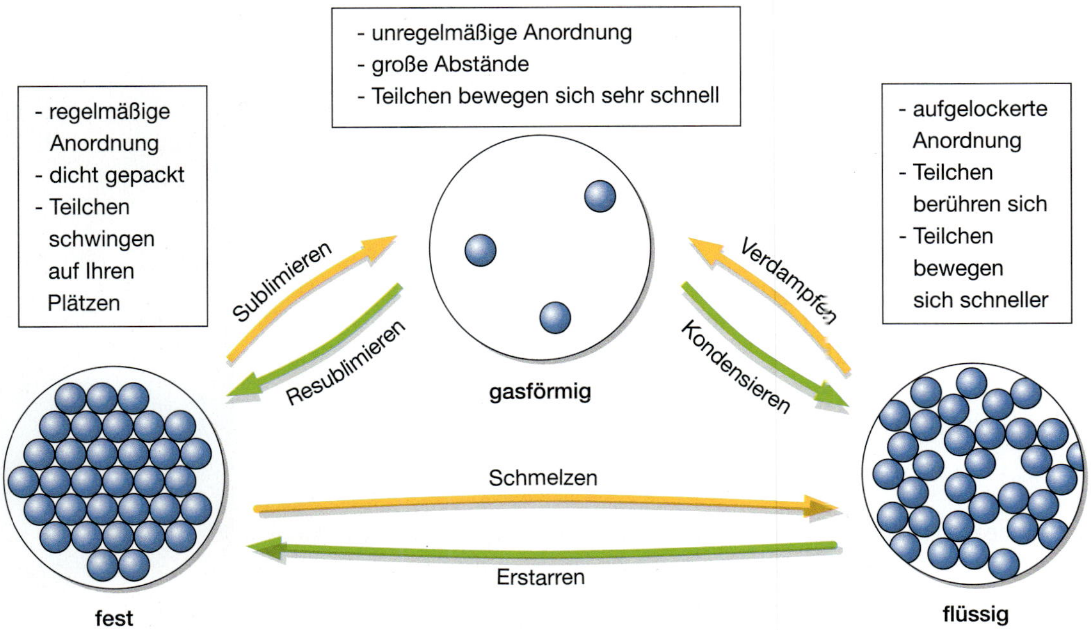

Stoffe aus Küche und Keller

1. Form und Stoff

Beschreibe und vergleiche die Gegenstände auf den Abbildungen oben. Benutze hierfür auch die Begriffe Material, Form und Stoff.

2. Stoffe mit den Sinnen erkennen

a) Welche Stoffeigenschaften kannst du mit deinen Sinnesorganen erkennen?
b) Nenne einige Nachteile, die das Prüfen mit den Sinnen besitzt.

3. Stoffe im Haushalt

a) Welche Vor- und Nachteile haben Kochtöpfe, die Griffe aus Kunststoff haben?
b) Becher, Teller und Flaschen für Kleinkinder werden oft aus Kunststoff hergestellt. Was könnten die Gründe dafür sein?

4. Fest – flüssig – gasförmig

a) Begründe, weshalb du zum Schmelzen von Eisen kein Kupfergefäß verwenden kannst.
b) Wie nennt man den Vorgang, ...
- bei dem ein flüssiger Stoff gasförmig wird?
- bei dem ein flüssiger Stoff fest wird?
- bei dem ein gasförmiger Stoff flüssig wird?

5. Härte von Stoffen

a) Wie lässt sich die Härte von zwei Stoffen miteinander vergleichen?
b) Vergleiche die Härte von Porzellan, Tafelkreide, einem Eisennagel, einer Glasscherbe und Kupferdraht miteinander. Bringe sie in eine Reihenfolge nach ihrer Härte.

6. Magnetisch oder nicht?

a) Hältst du einen Magneten an eine Getränkedose, so wird die Dose an manchen Stellen angezogen, an anderen aber nicht. Wie lässt sich das erklären?
b) Überlege, wo man die Eigenschaft, dass manche Stoffe magnetisch sind, sinnvoll nutzen könnte?

7. Chemie-Gerätschaften

Wie heißen diese Gerätschaften und wozu werden sie benutzt?

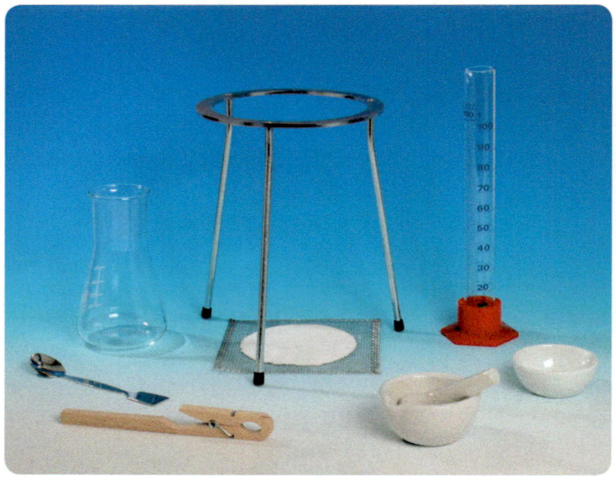

8. Experiment für die Küche: Tanzende Rosinen

Nimm ein hohes Glas, fülle es mit sprudelndem Mineralwasser und gib einige Rosinen hinzu. Wenn es klappt, siehst du nach wenigen Minuten ein interessantes Auf und Ab.

a) Versuche die Bewegung zu erklären.
b) Führt man das Experiment in einem verschlossenen Schraubdeckelglas durch, kann man den Effekt länger beobachten. Woran könnte das liegen?
c) Nimmt man statt Rosinen Senfkörner, verläuft die Bewegung schneller. Begründe dies.
d) Zähle auf, welche Stoffeigenschaften man an diesem Beispiel zeigen kann.

9. Aluminium

Campinggeschirr, Koffer, Aufbauten bei LKWs und ganze Flugzeugrümpfe werden aus Aluminium hergestellt. Welche Gründe sprechen für die Verwendung dieses Metalls?

10. Raureif

Nimmt man ein Kühlelement aus dem Tiefkühlfach, bildet sich innerhalb weniger Minuten Eis daran. Finde eine Erklärung.

11. Löslichkeit von Stoffen

a) Wie kann man erreichen, dass sich mehr von einem Feststoff in Wasser löst?
b) Lösen sich Gase besser in warmem oder in kaltem Wasser?
c) Du sollst feststellen, wie viel eines Stoffes sich in 100 ml Wasser lösen. Wie kannst du vorgehen?
d) Was geschieht, wenn man 45 g Kochsalz in 100 ml Wasser gibt und umrührt?
e) Es dauert viel länger, bis sich ein großer Brocken Salz gelöst hat als wenn man viele feine Salzkörnchen nimmt. Begründe dies mithilfe des Teilchenmodells.

12. Temperaturkurve einer Flüssigkeit

Erläutere diese Temperaturkurve einer Flüssigkeit.

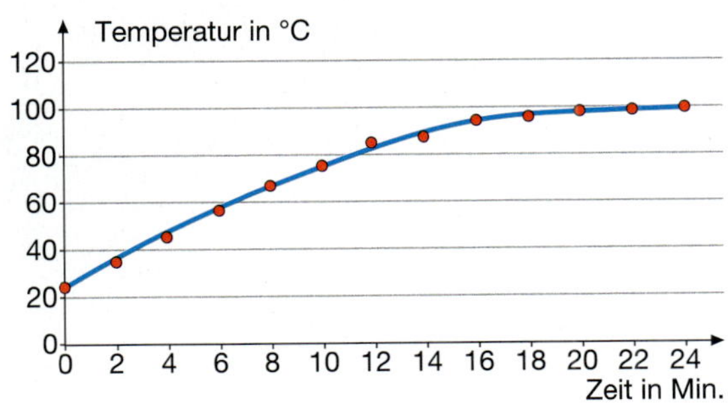

13. Mineralwasser

a) Sprudelndes Mineralwasser schmeckt bald etwas fade, wenn die Flasche einmal geöffnet ist. Woran liegt das?
b) Was kann man tun, damit der Geschmack länger frisch bleibt? Begründe deine Aussage.

14. Stoffe erkennen

Vor dir liegen drei Stoffproben: Kochsalz, Puderzucker und Gips. Wie kannst du die drei Stoffe eindeutig voneinander unterscheiden, ohne eine Geschmacksprobe durchzuführen? Beschreibe dein Vorgehen.

15. Welcher Stoff ist es?

a) Auf welchen Stoff trifft folgende Eigenschaftskombination zu? Fest, silbrig-grau, elektrisch leitend, nicht magnetisch, nicht wasserlöslich, Schmelztemperatur 420 °C, Dichte 7,14 $\frac{g}{cm^3}$.
b) Erstellt in Zweierteams jeweils den Steckbrief eines Stoffes. Lasst andere Teams herausfinden, um welchen Stoff es sich handelt.

16. Teilchenmodell

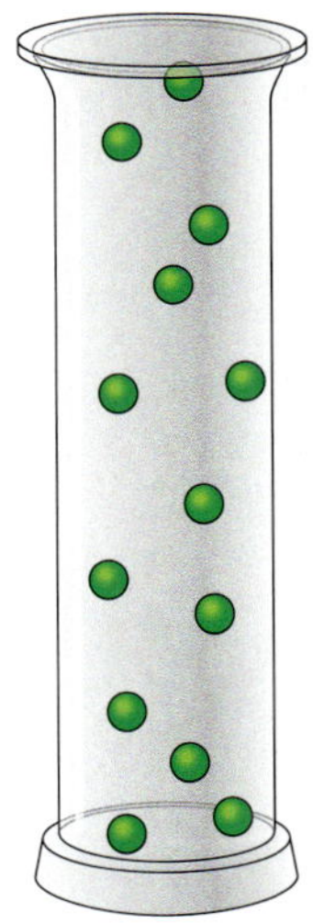

a) Erläutere kurz, was man unter dem Teilchenmodell in der Chemie versteht.
b) Was kannst du über die Bewegung der kleinen Teilchen in Stoffen sagen?
c) In welchem Aggregatzustand liegt der Stoff in dem Behälter rechts vor?

17. Ein Gas wird erwärmt

Erwärmt man ein Gas, dehnt es sich aus. Wenn sich das Gas in einem geschlossenen Behälter befindet, kann es sich nicht ausdehnen – dafür nimmt dann der Druck zu.
Versuche, dies mithilfe des Teilchenmodells zu erklären.

18. Parfüm und kleine Teilchen

Der Duft von Parfüm verteilt sich relativ schnell in einem Raum.
Stellt euch vor, ihr selbst wärt Parfümteilchen. Spielt in der Klasse nach, wie man sich die Verteilung der Teilchen im Raum vorstellen kann.

KAPITEL

2 Chemie in der Küche

Beim Kochen, Braten und Backen geht man mit vielerlei Stoffen um. Für einen Kuchen braucht man meistens Eier, Mehl, Fett, Zucker, Gewürze und noch weitere Zutaten. Damit der Kuchen gelingt, müssen sie gut miteinander vermischt werden. Für Chemiker besonders interessant ist: Die Lebensmittel verändern sich bei der Zubereitung.

In der Chemie geht man ganz ähnlich vor wie in der Küche. Auch hier mischt und rührt man nach Rezept. Oft ist es im Labor wichtig, dass man mit Reinstoffen arbeitet. Die meisten Chemikalien in einem Laborschrank sind solche Reinstoffe. Um sie zu gewinnen, muss man oft mehrere Trennmethoden anwenden.

1. Mithilfe der Chemie lassen sich duftende Stoffe aus der Natur gewinnen, etwa solche aus Zitrusfrüchten. Die Methode heißt Extraktion. ▼

2. Worum könnte es sich hierbei handeln? Der Gegenstand dient dazu, Stoffgemische zu trennen – und kommt auch im Haushalt vor. Das Bild zeigt eine starke Vergrößerung mit einem Spezialmikroskop. ▶

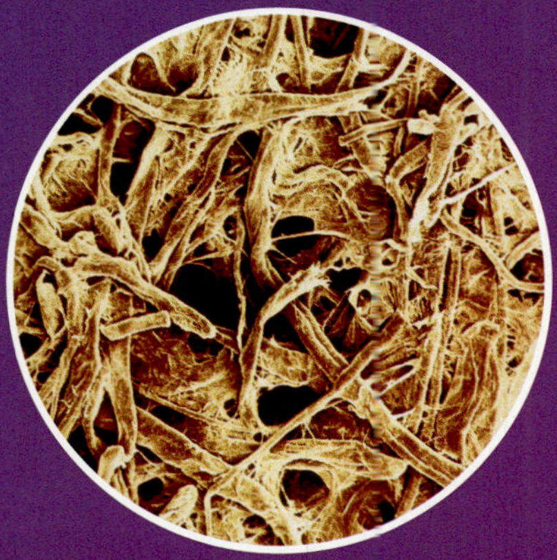

▲ *3. Die allermeisten Lebensmittel sind Stoffgemische, Zucker aber ist tatsächlich ein Reinstoff. Mit einer Lupe kann man kleine weiße Kristalle erkennen, die alle sehr ähnlich aussehen.*

4. Kannst du dir vorstellen, wie man aus einem Brocken Steinsalz aus dem Bergwerk reines, weißes Kochsalz gewinnen kann? Das ist gar nicht so schwierig, probiere es mal aus. ▼

Lebensmittel unter der Lupe

1. Umfrage zu Getränken

Ermittelt in einer Umfrage, welche Getränke in eurer Klasse am beliebtesten sind. Stellt das Ergebnis möglichst anschaulich dar.

2. Woraus besteht Früchtetee?

Betrachte eine Früchteteemischung unter der Lupe.
a) Nimm eine Pinzette und sortiere die Bestandteile nach dem Aussehen. Wie viele Bestandteile kannst du unterscheiden?
b) Versuche, mithilfe der Zutatenliste auf der Verpackung die Bestandteile zu erkennen.

3. Süß, süßer, am süßesten

a) Stelle Früchtetee her und süße ihn mit 1 Löffel Zucker oder 1 Würfel Zucker. Probiere und beschreibe den Geschmack.
b) Gib jetzt nach und nach noch 1–6 weitere Löffel Zucker hinzu. Prüfe nach jedem Löffel Zucker (gut umrühren!) den Geschmack. Nach wie viel Löffeln Zucker schmeckt für dich der Tee angenehm?
c) Vergleiche den Geschmack mit dem eines Cola-Getränks oder deinem Lieblingsgetränk. Was schmeckt süßer?

4. Mineralwasser – sprudelndes Getränk

a) Gieße Mineralwasser mit viel Kohlensäure in ein Glas. Gieße in ein zweites Glas Mineralwasser mit wenig Kohlensäure. Teste jeweils den Geschmack. Vergleiche. Was fällt dir auf?
b) Stelle in jedes Glas einen Strohhalm und beobachte.
c) Rühre den Inhalt beider Gläser kräftig um. Was kannst du beobachten?
d) Warum schmeckt wohl Mineralwasser ziemlich fade, wenn man es lange stehen lässt?

5. Früchtetee – heiß oder kalt?

a) Gib jeweils einen Teelöffel Früchtetee in ein Glas mit kaltem Wasser und in ein Glas mit heißem Wasser. Du kannst dafür auch Tee im Teebeutel verwenden.
b) Beobachte genau und notiere die Veränderungen. Prüfe, welcher Tee nach 5 Minuten am intensivsten schmeckt.
c) Erkläre das Versuchsergebnis.

6. Tee unter der Lupe

a) Betrachte ungesüßten und gesüßten Tee unter der Lupe. Was fällt dir auf?
b) Zeichne auf, wie du dir die Verteilung der Zuckerteilchen im gesüßten Tee vorstellst.
c) Vergleiche dein Arbeitsergebnis mit dem deines Nachbarn.

7. Milch unter dem Mikroskop

a) Ein Blick durchs Mikroskop verrät, dass auch die Milch ein Gemisch ist. Man erkennt Fetttröpfchen in der wässrigen Flüssigkeit.
b) Färbe einen Tropfen Milch mit (sehr wenig) Paprikapulver an und mikroskopiere. Welcher Bestandteil lässt sich rot anfärben?

8. Etiketten im Vergleich

a) Was fällt dir beim Vergleich der Etiketten auf?
b) Wie viel Zucker ist in einem Glas mit 250 ml dieser Getränke jeweils enthalten?
c) Welche Stoffe sind für die Farbe und den Fruchtgeschmack verantwortlich?
d) Wovon ist am meisten in der Limonade enthalten?

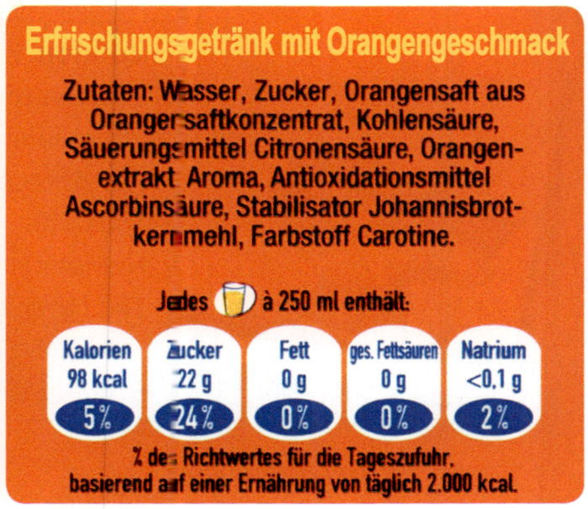

9. Unterschiedliche Säfte

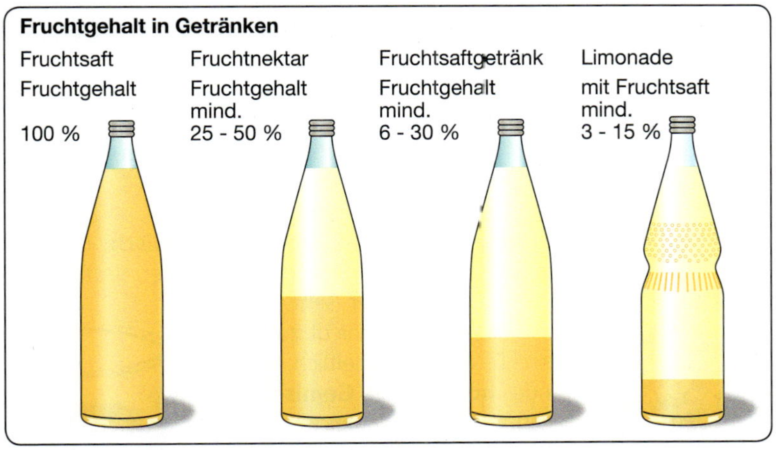

a) Wie unterscheiden sich Fruchtsaft, Fruchtnektar und Fruchtsaftgetränk?
b) Welchen Saft solltest du kaufen, um das Getränk mit dem höchsten Saftanteil zu erhalten?

11. Brause herstellen

a) Stellt mithilfe der Zutaten von der Liste Brausepulver her. Gebt es in ein Glas mit etwas Wasser. Beobachtet, was geschieht.
b) Stellt unterschiedliche Mischungen her und vergleicht den Geschmack. Notiert euer bestes Rezept mit möglichst genauen Mengenangaben.
c) Ermittelt mit kleinen Mengen, welche Stoffe eures Brausepulvers für die Gasbläschenbildung verantwortlich sind.
d) Welche Mischung bringt das beste Sprudelergebnis?

Zutaten für Brausepulver

- Natron
- Weinsäure oder Citronensäure
- Zucker
- Vanillinzucker
- Fruchtaroma

10. Orangen-Fruchtsaftgetränk

a) Presse eine Orange aus und lass den frischen Saft einige Minuten stehen. Was beobachtest du?
b) Wie viel Saft hast du aus einer Orange gewonnen? Wie viel Orangen benötigst du für 1 l Orangensaft?
c) Stelle ein 10 %-iges Fruchtsaftgetränk her: 10 ml Orangensaft und 90 ml Wasser. Teste den Geschmack. Ermittle, wie viel Gramm Zucker du zugeben musst, damit dir das Getränk schmeckt.

12. Was bleibt übrig?

a) Gib in kleine Aluschälchen (von Teelichtern) jeweils einen Teelöffel verschiedener Getränkeproben wie Tee, Apfelsaft, Eistee, Cola-Getränk usw.
Dampfe die Flüssigkeiten über einer kleinen Flamme vorsichtig ein (Achtung, es kann spritzen!). Notiere deine Beobachtungen.
b) Vergleiche die Ergebnisse der verschiedenen Getränkeproben. Nutze dazu auch die Zutatenlisten.

Lebensmittel unter der Lupe

Zutaten: Zucker, Säuerungsmittel: Weinsäure, Natriumhydrogencarbonat, Süßstoffe: Natriumcyclamat und Saccharin, Aroma, Farbstoffe: E160a, E160e, E163, E141

▲ *1. Zutatenliste von Brausepulver*

Zutatenlisten. Bei industriell hergestellten Lebensmitteln muss auf der Verpackung angegeben werden, woraus die Produkte bestehen. Diese Zutaten werden so aufgeschrieben, dass der Stoff mit dem größten Anteil am Anfang steht. Dann folgt der mit dem zweithöchsten Anteil usw. Oft werden Farb- und Konservierungsstoffe mit E-Nummern gekennzeichnet.

Betrachtet man **Brausepulver** (Abb. 2) mit der Lupe, sind die unterschiedlichen Bestandteile zu erkennen: größere, regelmäßig gebaute Zuckerkristalle und kleinere, sauer schmeckende Weinsäurekristalle. Der Fruchtgeschmack stammt von Aromastoffen.
Aus dem weißen Natronpulver entwickelt sich ein Gas, wenn es mit Wasser und Weinsäure zusammenkommt. Meistens sind in dem Gemisch auch Farbstoffe enthalten.

▲ *2. Brausepulver*

Reinstoffe oder Gemische. Tee, Milch, Cola, Orangensaft und Limo sind wie fast alle Lebensmittel **Stoffgemische.** Sie bestehen aus unterschiedlichen **Reinstoffen.** Ein typischer Reinstoff ist zum Beispiel Zucker (Abb. 4). Zuckerkristalle haben die gleiche Farbe und Form und schmecken alle gleich.

▲ *4. Reinstoff Zucker*

Flüssige Reinstoffe sind zum Beispiel Alkohol und destilliertes Wasser. Kohlenstoffdioxid und Sauerstoff sind gasförmige Reinstoffe.

Homogenes und heterogenes Gemisch. Bei einer Zuckerlösung (Abb. 5) sind die einzelnen Bestandteile Wasser und Zucker selbst mithilfe einer starken Lupe nicht zu erkennen. Es ist ein einheitlich aussehendes **homogenes Gemisch.** Brausepulver dagegen ist ein **heterogenes Stoffgemisch.** Es sieht *nicht* einheitlich aus. Man kann die verschiedenen Bestandteile mit einer Lupe deutlich voneinander unterscheiden.

5. Zuckerlösung ▶

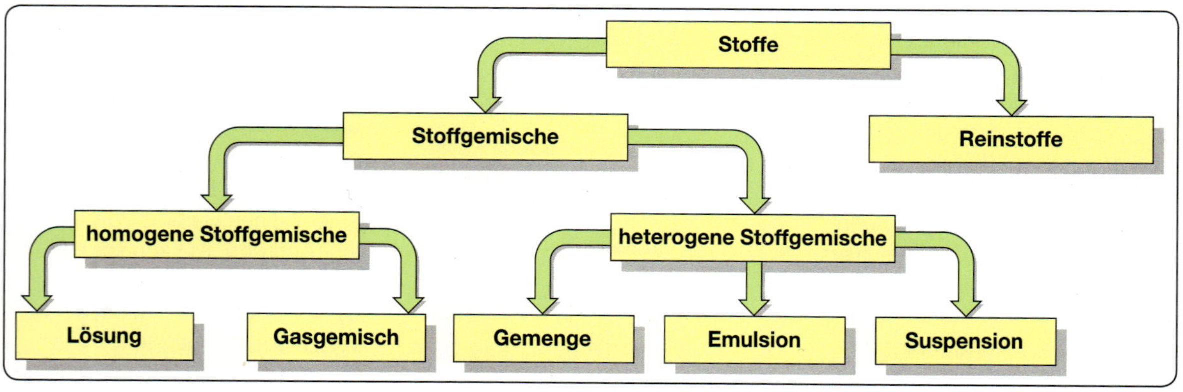

▲ *3. Einteilung der Stoffe*

Für Stoffgemische gibt es eigene Fachbegriffe.

Gemenge. Müsli, Studentenfutter oder Früchtetee sind Mischungen aus verschiedenen festen Bestandteilen. Stoffgemische, die nur aus Feststoffen bestehen, heißen **Gemenge.**

◀ *1. Müsli, ein Gemenge*

Lösung. Löst man Kochsalz, Zucker oder klaren Apfelsaft in Wasser, dann sieht die entstandene klare **Lösung** wie ein einheitlicher Stoff aus. Die gelösten Bestandteile sind auch unter dem Mikroskop nicht mehr zu erkennen. Lösungen sind homogene Stoffgemische.

Suspension. Auf Orangensaft findet man oft den Hinweis „Vor Gebrauch schütteln". Das ist wichtig, damit sich die abgesetzten festen Fruchtteilchen gleichmäßig verteilen. Sie sind in Wasser unlöslich und setzen sich nach einer Weile am Boden der Flasche ab. Man bezeichnet ein solches Stoffgemisch als **Suspension.**

Emulsion. Beim Herstellen einer Salatsauce stellt man fest, dass sich Essig und Öl schlecht mischen lassen. Verquirlt man die beiden Flüssigkeiten miteinander, so wird die Mischung milchig-trüb. Das Öl schwebt in Form kleiner Tröpfchen im Essig. Man nennt dies eine **Emulsion.** Lässt man diese Emulsion aber kurze Zeit stehen, sammeln sich die Öltröpfchen schnell wieder an der Oberfläche. Die Emulsion entmischt sich.
Für eine dauerhafte Emulsion wird ein Hilfsstoff, ein **Emulgator,** benötigt, der die feinen Tröpfchen in der Schwebe hält. In der Küche wird als Emulgator oft Eigelb verwendet, zum Beispiel zur Herstellung von Majonäse. Eine andere für die Ernährung wichtige stabile Emulsion ist die Milch.

2. Öl mischt sich kaum mit Essig ▶

Rauch, Nebel, Schaum. Ein Gemisch aus feinsten Feststoffteilchen in einem Gas heißt **Rauch,** etwa die Rußteilchen in Dieselabgasen.
Verteilen sich wie beim Wasserkochen feinste Flüssigkeitströpfchen in der Luft, dann entsteht **Nebel.**
Wenn man Gas in eine Flüssigkeit oder einen Feststoff einbringt, entsteht **Schaum** – wie bei der Schlagsahne oder bei geschlagenem Eiweiß.

▲ *3. In Schokoküssen ist vor allem Eiweiß, Zucker und viel Luft enthalten*

Gasgemische. Ein typisches **Gasgemisch** ist unsere Luft. Sie besteht vor allem aus den Gasen Stickstoff, Sauerstoff, Edelgasen und Kohlenstoffdioxid.

Reinstoffe sind einheitlich aufgebaute Stoffe. Stoffgemische wie Gemenge, Lösung, Suspension, Emulsion, Rauch, Nebel und Schaum bestehen aus mehreren Reinstoffen.

1 Fragen zum Text

a) Wozu dienen Zutatenlisten?
b) Welche Stoffe braucht man, damit Brausepulver sprudelt?
c) Nenne Beispiele für Reinstoffe und Gemische.
d) Wie unterscheiden sich homogene und heterogene Stoffgemische?
e) Nenne je zwei Beispiele für eine Suspension und für eine Emulsion.

Gasgemisch
(gasförmig/gasförmig)
Schaum
(gasförmig/flüssig)
(gasförmig/fest)
Rauch
(fest/gasförmig)
Nebel
(flüssig/gasförmig)
Gemische im Haushalt
Suspension
(fest/flüssig)
Emul-
sion
(flüssig/
flüssig)
Lösung
(flüssig/flüssig)
Lösung
(gasförmig/flüssig)
Gemenge
(fest/fest)
Lösung
(fest/flüssig)

Tipps für eine gelungene Gruppenarbeit

In der Gruppe lassen sich viele Aufgaben besser lösen als alleine.

Damit Gruppenarbeit auch erfolgreich wird, ist es sinnvoll, dass sich alle an bestimmte Regeln halten.

Allgemeine Regeln:

- Alle Gruppenmitglieder sind **gleichberechtigt:** Keiner wird von der Arbeit ausgeschlossen, keiner soll die Arbeit an sich reißen.
- Die Gruppenmitglieder sollen **rücksichtsvoll** miteinander umgehen.
- Die Aufgaben sollen **gerecht verteilt** werden. Bei mehreren Aufgaben kann man sich abwechseln, sodass jeder einmal die interessanten Dinge machen kann.

So kann man vorgehen:

1. **Aufgabenstellung gemeinsam besprechen.** Bei Unklarheiten bei der Lehrerin oder dem Lehrer nachfragen.
2. **Arbeitsablauf planen.** Bei Recherche-Aufgaben oder bei Experimenten ist es sinnvoll, sich die Arbeit zu teilen: Einer kann z. B. das Experimentiermaterial holen, ein anderer das Experiment durchführen, der nächste kann die Beobachtungen notieren usw.
3. **Aufgaben bearbeiten.** Alle sollen konzentriert und in Ruhe an der Sache arbeiten. Dabei sollte man sich auch bemühen, den Zeitplan einzuhalten.
4. **Probleme lösen.** Bei Problemen sollte die Gruppe zunächst selbst eine Lösung suchen.
5. **Ergebnis festhalten.** Das Ergebnis eurer Gruppenarbeit, z. B. ein Versuchsprotokoll, sollten alle gemeinsam erstellen. So hat jeder alles Wichtige im Heft stehen.
6. **Ergebnisse vortragen.** Die Gruppenmitglieder sollen gemeinsam an der Darstellung der Ergebnisse mitarbeiten, auch wenn sie vielleicht nur einer aus der Gruppe vorstellt.
7. **Aufräumen.** Am Ende der Gruppenarbeit muss alles verwendete Material wieder ordentlich und sauber aufgeräumt werden.

1. Was findest du gut an der Methode Gruppenarbeit?

2. Hast du schon bei einer Gruppenarbeit mitgemacht? Was ist dabei gut gelaufen, was hat nicht geklappt?

Stoffgemische aus der Schulküche

1. Gesund und erfrischend: Apfelsaftschorle

Beim Sport gerät man leicht ins Schwitzen. Mit dem Schweiß verliert der Körper viel Wasser und lebenswichtige Mineralstoffe. Man wird durstig und die Leistungsfähigkeit sinkt. In diesen Fällen hilft die Apfelsaft-Schorle, die ihr euch leicht mixen könnt:

- 50 ml Apfelsaft
- 150 ml Mineralwasser
- 1 Zitronenscheibe

a) Beschreibt, wie Apfelsaft und Apfelsaftschorle aussehen.
b) Welchen Fachbegriff nutzt der Chemiker für solche Gemische?
c) Vergleicht Orangensaft mit Apfelsaft. Was für ein Gemisch liegt hier vor?

2. Baiser

Baiser (sprich: Bäseh) ist ein Schaumgebäck aus gezuckertem Eischnee. Auch dieses Gebäck könnt ihr leicht selbst herstellen.

Zutaten:
4 Eiweiß, 200 g Zucker (fein oder Puderzucker), 1 Esslöffel Vanillezucker, 1 Prise Salz

Das Eiweiß muss sehr sauber vom Eigelb getrennt werden. Gebt es zusammen mit dem Salz in eine große Rührschüssel und schlagt es langsam steif. Fügt den Zucker nach und nach hinzu. Anschließend werden mit Esslöffeln kleine Häufchen geformt. Sie werden im Backofen bei 100 °C ein bis zwei Stunden getrocknet.
a) Welchen Fachbegriff nutzt der Chemiker für dieses Gemisch?
b) Was passiert mit dem Gebäck im Backofen?

3. Eine süße Mischung für Naschkatzen

Zutaten:
100 g Vollmilch-Schokolade, 150 g Zartbitter-Schokolade, 25 g Butter, 100 g Cornflakes

Schmelzt die Schokolade im Wasserbad, gebt die Butter dazu. Hebt die Cornflakes unter. Setzt mit 2 Teelöffeln kleine Häufchen der Schoko-Crossies auf Backpapier. Lasst sie im Kühlschrank erstarren.
a) Wie unterscheidet sich das Erhitzen im Wasserbad vom normalen Erhitzen im Topf auf der Kochplatte?
b) Überlegt, weshalb hier ein Wasserbad nötig ist.

4. Eine leckere Emulsion – Majonäse

Zutaten:
125 ml Öl
1 Eigelb
1/4 Teelöffel Senf
2 Teelöffel Zitronensaft
etwas Salz
Prise Pfeffer
Prise Zucker

Gebt das Eigelb in eine Schüssel. Fügt unter ständigem Rühren mit einem Schneebesen das Öl erst tropfenweise, dann in dünnem Strahl hinzu. Anschließend werden unter weiterem Rühren die anderen Zutaten hinzugegeben.
a) Wiederholt den Versuch ohne Eigelb.
b) Was könnt ihr beobachten?
c) Welche wichtige Rolle übernimmt das Eigelb?
d) Warum muss Majonäse kühl gelagert und bald verbraucht werden?
e) Nennt weitere Emulsionen aus dem Haushalt.

5. Pfannkuchen-Grundrezept

Zutaten:
250 g Mehl, 4 Eier, 300 ml Milch, 100 ml Mineralwasser mit Kohlensäure, 1 Esslöffel Zucker, 1 Prise Salz, Butter oder Öl zum Backen

Vor dem Backen soll man den glatt verrührten Teig etwa 20 Min. im Kühlschrank stehen lassen.
a) Welche Aufgabe hat wohl das Mineralwasser?
b) Was könnte man statt Mineralwasser nehmen?
c) Wozu könnte die Ruhezeit dienen – und weshalb soll man den Teig wohl in den Kühlschrank stellen?

6. Alles klar mit den E-Nummern?

Oft werden industriell hergestellten Lebensmitteln noch Farbstoffe, Konservierungsstoffe oder Geschmacksstoffe zugegeben. Diese Zusatzstoffe werden manchmal verschlüsselt als E-Nummer auf dem Etikett angegeben (z. B. E 300 für Vitamin C).
Für Allergiker sind diese Angaben wichtig, da sie auf bestimmte Stoffe empfindlich reagieren.
a) Schaue in den Lebensmittelschrank und ermittle, welche Lebensmittel mit welchen E-Nummern gekennzeichnet sind.
b) Finde heraus, welche Stoffe sich hinter den E-Nummern verbergen und welche Aufgaben sie haben.

7. Tomaten-Ketchup – ein pikantes Gemisch

Zu Pommes frites und Würstchen gehört für viele Ketchup einfach dazu. Doch wie wird Ketchup eigentlich hergestellt?
Für Ketchup braucht man vor allem Tomaten. Sie werden in den Hauptanbaugebieten Italien, Spanien und Portugal zunächst zu Tomatenmark verarbeitet. Sie werden gewaschen, kurz mit heißem Wasser übergossen, maschinell enthäutet und entkernt. Die Tomatenmasse wird eingedickt – es entsteht Tomatenmark.
Das beim Ketchup-Hersteller angelieferte Tomatenmark wird mit Zucker, Essig und Gewürzen vermischt und schonend erhitzt. Dabei werden die Zutaten zerkleinert und fein verteilt.
Tomatenketchup muss mindestens 25 % Tomatenmark enthalten. Für 1 Liter Ketchup verwendet man etwa 20 Tomaten und 200–300 g Zucker. Es dürfen auch Verdickungsmittel, Stärke, Geschmacksverstärker und Konservierungsmittel zugesetzt werden.

a) Welchen Vorteil hat es für die Ketchup-Hersteller, dass man aus den empfindlichen Tomaten zunächst Tomatenmark herstellt?

b) Inwiefern kann man sagen, dass Ketchup eigentlich ein gesundes Lebensmittel ist?
c) Was ist an gekauftem Ketchup aus gesundheitlicher Sicht nicht so gut?
d) Seid ihr Ketchup-Liebhaber? Dann sucht euch doch in einem Kochbuch oder im Internet ein Rezept, mit dem ihr selbst Ketchup herstellen könnt – ganz ohne Zusatzstoffe. Vergleicht dann den Geschmack mit dem von gekauftem Ketchup.

E-Nummer	Name des Stoffes	Art des Zusatzstoffes	Aufgabe
E 104 E 150d	Chinolingelb Zuckerkulör	Farbstoffe	verleihen eine typische Farbe
E 260 E 338	Essigsäure Phosphorsäure	Säuerungsmittel	machen Lebensmittel länger haltbar und verändern den Geschmack
E 221 E 300	Natriumsulfit Vitamin C	Antioxidationsmittel	schützen Lebensmittel vor schnellem Verderb
E 322	Lecithin	Emulgatoren	vermischen Wasser und Fett miteinander
E 621	Natriumglutamat	Geschmacksverstärker	intensivieren den Geschmack

▲ *2. Beispiele für Zusatzstoffe*

Stoffgemische lassen sich trennen

1. Exprimentieren mit Stoffgemischen

a) Stelle ein Gemisch aus einem Löffel Sand und 50 ml Wasser her.
b) Versuche, das Gemisch in seine Bestandteile zu zerlegen. Zur Verfügung stehen dir ein Becherglas, ein Teesieb, ein Trichter und ein Filter.
c) Du erhältst eine Kochsalzlösung. Wie kannst du das Salz aus der Lösung zurückgewinnen?
d) Die Currysoße für deinen Hamburger ist viel zu flüssig geraten. Wie kannst du die Soße eindicken?

2. Wir gewinnen reines Salz

Steinsalz aus einem Bergwerk (Abb. rechts) ist als Speisesalz nicht zu gebrauchen. Es enthält noch viele Verunreinigungen. Im Labor kann man aus Steinsalz reines Kochsalz gewinnen.
a) Finde für die Abbildungen A bis G jeweils sinnvolle Bildunterschriften. Lies dazu den Infotext auf der nächsten Seite.
b) Bringe die Abbildungen für die Speisesalzgewinnung im Labor in eine sinnvolle Reihenfolge.
c) Überlege, ob es mehrere Wege dafür gibt.
d) Führe die Versuche selbst durch und formuliere ein Versuchsprotokoll.

3. Fleck weg

Tropfe etwas Salatöl auf einen Stofflappen.
a) Versuche den Fettfleck mit Wasser oder Brennspiritus (GHS 2) zu entfernen.
b) Worauf musst du achten, wenn du mit Brennspiritus arbeitest?

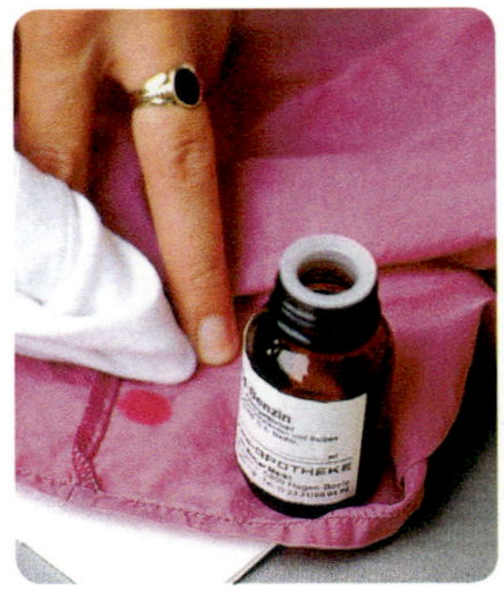

▲ 2. *Steinsalz*

▲ 3. *Stationen der Speisesalzgewinnung*

▲ *1. Die Flüssigkeit wird abgegossen, dekantiert*

▲ *3. Mit einem Lösemittel extrahiert man Stoffe*

Sedimentieren, Dekantieren. Manche Feststoffe in Flüssigkeiten lassen sich einfach abtrennen. Man lässt das Gemisch, die Suspension, einfach einige Zeit ruhig stehen. Die Feststoffe sinken dann aufgrund der größeren Dichte auf den Boden. Dieses Absetzen lassen heißt **Sedimentieren.** Dann gießt man die Flüssigkeit langsam ab, man **dekantiert** sie. Wenn man das geschickt macht, bleiben die Feststoffe unten.
Beim Sedimentieren und Dekantieren setzen sich die schwersten Teilchen zuerst ab.

▲ *2. Der Filter hält das Kaffeemehl zurück*

Sieben und Filtrieren. Sinken die Feststoffe in einer Flüssigkeit nicht ab, muss man **sieben** oder **filtrieren.** Ein Sieb eignet sich nur bei groben Feststoffteilchen. Um kleine Feststoffteilchen abzutrennen, ist Filterpapier notwendig. Der Kaffeefilter hält das Kaffeemehl zurück. Die filtrierte Flüssigkeit, der trinkfertige Kaffee, ist das **Filtrat.**
Beim Sieben und Filtrieren nutzt man die **unterschiedliche Teilchengröße** der Stoffe.

Extrahieren. Bei der Zubereitung von Tee löst das heiße Wasser Geschmacks-, Aroma- und Farbstoffe aus den Teeblättern heraus. Man sagt, sie werden **extrahiert.** Nicht gelöste Stoffe bleiben in den Teeblättern zurück. Auch das Entfernen von Gras- oder Fettflecken aus Kleidungsstücken mithilfe von Waschbenzin ist eine Extraktion. Viele Fette und Duftstoffe werden mit Waschbenzin oder Alkohol aus Pflanzen extrahiert.
Beim Extrahieren nutzt man die **unterschiedliche Löslichkeit** der Stoffe in einem Lösemittel.

◀ *4. Eindampfen einer Salzlösung; das Lösemittel Wasser verdampft, das Salz bleibt zurück*

Eindampfen. Erhitzt man eine Salzlösung stark, verdampft das Wasser, das zuvor gelöste Salz bleibt zurück. Dabei nutzt man die **unterschiedliche Siedetemperatur** der Stoffe. Durch Eindampfen kann man also gelöste Stoffe zurückgewinnen.

Zum Trennen von Stoffgemischen nutzt man die unterschiedlichen Eigenschaften der verschiedenen Stoffe in einem Gemisch.

1. Fragen zum Text

a) Welche Trennverfahren spielen bei der Tee- und der Kaffeezubereitung eine Rolle?
b) Nenne den Fachbegriff für das Abgießen.

Trinkwasser aus Meerwasser

1. Wie entsalzt man Meerwasser?

Stellt euch einmal vor, ihr treibt als Schiffbrüchige auf dem Mittelmeer. Die Wasservorräte sind erschöpft und ihr habt Durst. Salziges Meerwasser kann man nicht trinken. Doch ihr habt Glück, denn als Chemiker stehen euch Hilfsmittel zur Verfügung, mit denen ihr vielleicht Trinkwasser herstellen könnt.

a) Überlegt euch, wie ihr mit diesen Geräten aus Meerwasser salzfreies Wasser gewinnen könnt. Macht vom Versuchsaufbau eine Skizze.

b) Führt den Versuch nach eurer Planung durch.

c) Überlegt, warum ihr bei dem Versuch erfolgreich oder nicht erfolgreich wart.

d) Wie könnt ihr herausfinden, ob Wasser wirklich salzfrei ist? Eine Geschmacksprobe ist nicht erlaubt.

2. Recherche: Salzgehalt von Meerwasser

a) Ermittle im Internet die Salzgehalte fünf verschiedener Meere und notiere sie in einer übersichtlichen Tabelle. In welchem Meer ist der Salzgehalt am höchsten?

b) Suche die verschiedenen Meere in deinem Atlas und beschreibe ihre Lage.

c) Finde heraus, warum Meerwasser nicht als Trinkwasser genutzt werden kann.

d) Auf dem Toten Meer schwimmen dicke Salzkrusten. Beschreibe, wie sie wohl entstanden sind.

▲ *3. Salzverkrustungen am Toten Meer*

▲ *2. Mithilfe dieser Gerätschaften soll aus Salzwasser salzfreies Wasser gewonnen werden*

Sticht ein Passagierschiff in See, muss es eine Menge Proviant mitnehmen. Doch das Wichtigste ist das Trinkwasser. Obwohl man von Meerwasser umgeben ist, darf man es nicht trinken. Der hohe Salzgehalt macht es für den Menschen ungenießbar. Es muss entsalzt werden. In großen Schiffen sind deshalb Entsalzungsanlagen für Meerwasser eingebaut. Ein Verfahren, das in solchen Anlagen angewendet wird, ist die **Destillation.**

▲ *1. Kreuzfahrtschiff mit eigener Destillationsanlage* ▶

Destillation im Labor. Im Laborversuch kann man dieses Trennverfahren mit einfachen Mitteln nachvollziehen (Bild 2):
Etwas Salzwasser wird in einem Kolben zum Sieden erhitzt. Der aufsteigende Wasserdampf enthält kein Salz, denn das Salz siedet erst bei sehr viel höherer Temperatur. Der Wasserdampf muss nun gekühlt werden, damit er wieder flüssig wird.
Ein besonders wirksames Kühlsystem ist der **Liebig-Kühler.** Er besteht aus einem inneren und einem äußeren Rohr. Durch das innere Rohr strömt der heiße Wasserdampf, während das äußere Rohr in der Gegenrichtung von kaltem Wasser durchströmt wird.

Der Wasserdampf kühlt an dem kalten Glasrohr ab. Er kondensiert und sammelt sich als **Destillat** in einem Auffangbehälter. Es ist reines Wasser, es heißt **destilliertes Wasser.** Das Salz ist im Kolben zurückgeblieben.
Möchte man das Wasser als Trinkwasser verwenden, muss man noch einige lebenswichtige Mineralstoffe hinzugeben.
Außer Salzwasser lassen sich auch viele andere Lösungen durch Destillieren trennen. Die Siedetemperaturen müssen allerdings weit genug auseinander liegen.

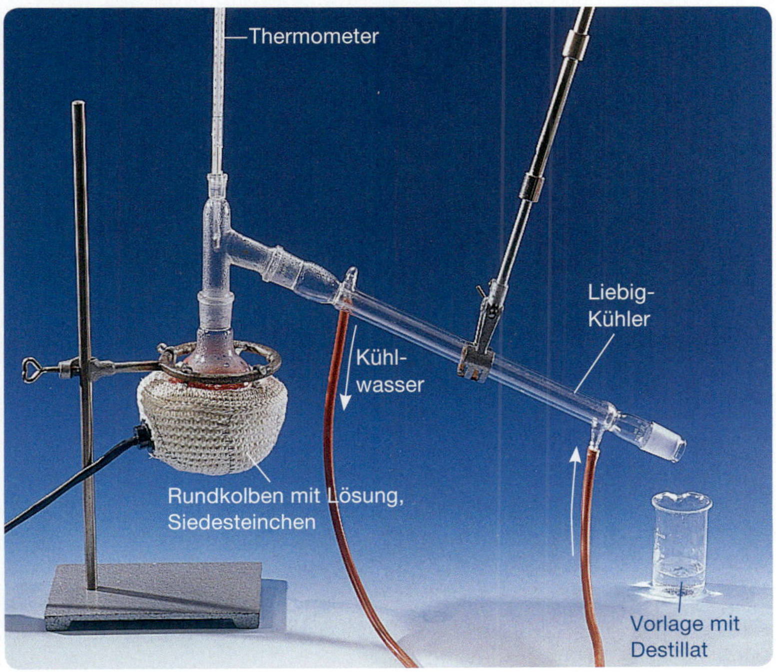

▲ *2. Destillationsapparatur mit Liebig-Kühler*

Mithilfe der Destillation lassen sich Kochsalz und Wasser durch Verdampfen und Kondensieren trennen. Entscheidend sind die unterschiedlichen Siedetemperaturen.

1 Fragen zum Text

a) Aufgrund welcher Stoffeigenschaft lässt sich eine Salzlösung durch eine Destillation trennen?

b) Was passiert mit dem Kühlwasser, wenn es durch den Liebig-Kühler strömt?

c) Wie schließt man das Kühlwasser an, um mit dem Liebig-Kühler optimal zu kühlen?

Wir gewinnen Stoffe aus der Natur

Duft- und Aromastoffe sind von Natur aus in Lebensmitteln enthalten. Bei der industriellen Herstellung von Lebensmitteln werden sie aber auch zusätzlich zugegeben. Das riecht man manchmal im Teegeschäft oder in Läden, in denen Süßigkeiten offen verkauft werden.
Die meisten Duft- und Aromastoffe stammen aus der Pflanzenwelt. Sie werden aus Pflanzenteilen wie Blüten, Blättern, Wurzeln, Früchten, Samen oder Hölzern gewonnen. Solche Produkte sind **natürliche Aromastoffe.** Viele davon lassen sich auch im Labor herstellen. Diese heißen dann **naturidentische Aromastoffe.**

1. Riechübungen

Ihr bekommt fünf verschiedene unbeschriftete Fläschchen mit Riechproben. Gut geeignet sind Lavendelblüten, Zitronenöl, Orangenöl, Zimt, Vanille, Rosmarinblätter, Fenchel, Kamille, Pfefferminz, Rosenwasser.

a) Versucht herauszufinden, von welchen Pflanzen die Riechproben stammen.

b) Aus welchen Pflanzenteilen werden die Duftstoffe gewonnen? Informiert euch in einem Lexikon, wenn ihr es nicht an den Proben erkennen könnt – oder recherchiert im Internet.

2. Wo sind die Duftstoffe in den Zitrusfrüchten?

Orangen- und Zitronenaroma lassen sich durch Auspressen und Herauslösen gewinnen. Aber wo genau befinden sie sich?

a) Zerlegt die Früchte und nehmt Geruchsproben der einzelnen Teile. Welche Fruchtbestandteile riechen besonders stark?

b) Schaut euch diese Teile mit einer Lupe oder unter dem Binokular an.

c) Nehmt eine Orangenschale und quetscht oder knickt sie in der Nähe einer Kerzenflamme. Was könnt ihr beobachten? Versucht eure Beobachtung zu erklären.

3. Duftstoffe aus der Orange

a) Versucht möglichst viel Duftstoff durch Auspressen oder durch Herauslösen mit einem geeigneten Lösemittel zu gewinnen. Auf dem unteren Bild findet ihr einige Geräte, die euch bei der Arbeit nützlich sein können.

b) Beschreibt, wie ihr vorgeht.

c) Erklärt, was beim Herauslösen genau passiert.

Tipp: Damit ein konzentrierter Aromastoff entsteht, darf nur die äußerste Schale der Zitrusfrucht dünn abgerieben werden. Der Abrieb muss in möglichst wenig Lösemittel herausgelöst werden.
Die gewonnene Lösung des Öls kann man zur Raumbeduftung verwenden oder als erfrischenden Zusatz dem Putzwasser beigeben (aber nicht auf die Haut geben!).

▲ 1. und 2. ▶ *Extraktion von Duftstoffen mit Fett*

Um Duft- und Aromastoffe aus Pflanzen zu gewinnen, nutzt man ihre Löslichkeit in Lösemitteln wie Alkohol, Wasser, Speiseöl oder Pflanzenfett.

4. Lösemittel testen

Prüft, mit welchem Lösemittel man Duftstoffe gut herauslösen kann. Verwendet Alkohol (GHS 2, B3), Speiseöl oder Wasser als Lösemittel. Als Duftquelle könnt ihr aromatisierten Tee, Zimtstangen oder duftende Blütenblätter nehmen.

5. Duftstoff-Extraktion mit Fett

Fette speichern Gerüche besonders gut und eignen sich daher für die Duftstoff-Extraktion.

a) Bestreicht die Innenseite eines Einmachglas-Deckels mit einer Schicht Pflanzenfett. Füllt das Glas mit duftenden Blütenblättern und verschließt es für 24 Stunden. Erneuert die Blütenblätter mehrmals.

b) Prüft den Geruch des Fettes.

6. Gewinnung von Duftstoffen durch Wasserdampfdestillation

Erhitzt man Pflanzenteile in Wasser, verflüchtigen sich manche Duftstoffe zusammen mit dem heißen Wasserdampf. Die verdampften Stoffe kühlt man wieder ab, um die flüssigen Duftstoffe zu gewinnen. Man nennt diese Methode Wasserdampfdestillation. Dabei muss man geschickt arbeiten, denn die Duftstoffe haben eine sehr niedrige Siedetemperatur und verdunsten deshalb leicht.

a) Versucht mit einer einfachen Apparatur (Abb. 3) Duftstoffe aus Pflanzen zu gewinnen. Geeignet sind Rosenblätter, Zimtstangen, Nelken, Sternanis, Lavendelblüten oder Rosmarinblätter.

b) Warum sollten die Pflanzenteile zunächst zerkleinert werden?

c) Überlegt in eurer Gruppe, warum es sinnvoll ist, das Auffanggefäß in Eiswasser zu kühlen.

d) Prüft nach einiger Zeit, ob Duftstoffe ins Auffanggefäß übergegangen sind.

7. Lavendeldestillation

In der Provence in Frankreich wird Lavendel angebaut. Aus den Blüten werden in großen Kesseln Duftstoffe gewonnen und zu Parfüm verarbeitet.

Weshalb wohl werden viele Blüten für die Duftstoffproduktion früh am Morgen geerntet?

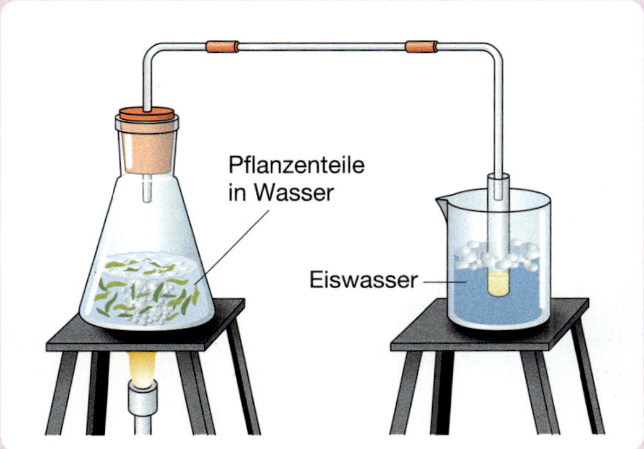

▲ *3. Apparatur zur Wasserdampfdestillation*

▲ *5. Wasserdampfdestillation von Lavendel*

Den Farben auf der Spur

Papier-Chromatografie. Filzstifte werden in vielen verschiedenen Farben angeboten, ebenso wie Schokolinsen oder Gummibärchen.
Die meisten dieser Farben werden durch Mischen weniger Grundfarben hergestellt. Mithilfe der **Papier-Chromatografie** kann man solche Farben in ihre Grundfarben zerlegen. So findet man heraus, welche Farben miteinander vermischt wurden.
Die Trennung der Farbstoffe beruht darauf, dass die Farben auf dem Papier von Wasser oder einem anderen Fließmittel verschieden schnell mitgenommen werden und sich so über das Papier verteilen. Dabei haften die einzelnen Bestandteile unterschiedlich gut auf der Papieroberfläche.
Die Farbstoffe, die stark festgehalten werden, bleiben etwas zurück; die Farbstoffe, die nur schwach am Papier haften, wandern schneller mit dem Fließmittel mit. So trennt sich das Gemisch auf. Das fertige Bild der getrennten Stoffe heißt **Chromatogramm.**
Da jeder Hersteller die Farben anders mischt, erhält man, zum Beispiel von der Farbe Schwarz, unterschiedliche Chromatogramme.

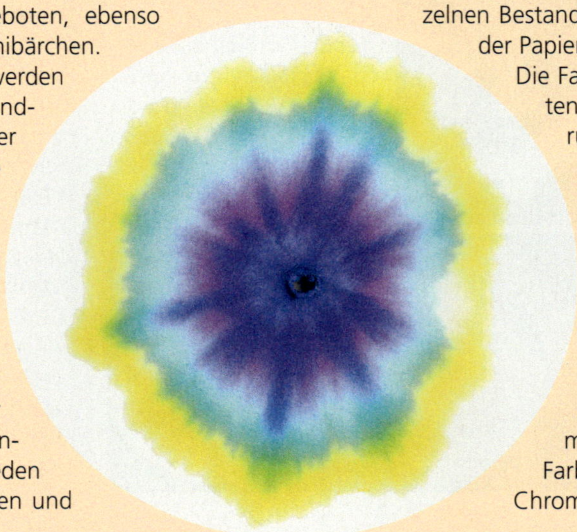

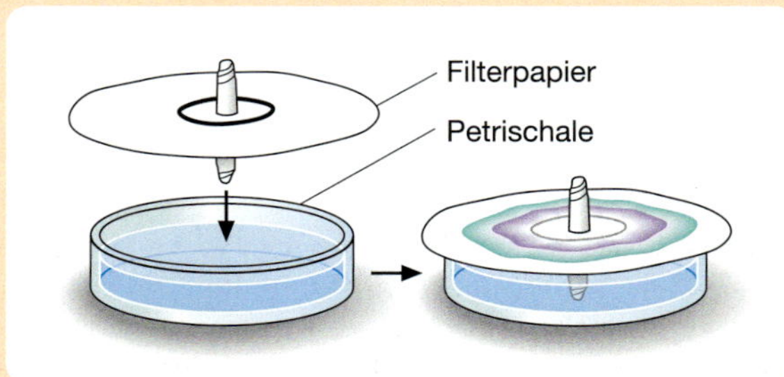

1. Schokolinsen, ganz schön bunt

Gib 5 Schokolinsen gleicher Farbe in ein Becherglas und bedecke sie mit ganz wenig Wasser. Schwenke das Glas vorsichtig, bis sich die Farbschicht ablöst. Nimm die Linsen mit einer Pinzette aus dem Wasser, sobald die weiße Zuckerkruste erkennbar ist. Gib weitere Schokolinsen hinein, bis du eine intensive Farblösung erhältst. Hänge dann einen etwa 2 cm breiten und 10 cm langen Filterpapierstreifen in die Farblösung. Befestige ihn mit einem Holzstäbchen und beobachte. Trockne dein Chromatogramm. Wiederhole den Versuch mit andersfarbigen Schokolinsen.

2. Ist Schwarz wirklich schwarz?

Stoße ein kleines Loch in die Mitte eines Rundfilters und trage in etwa 1 cm Abstand rundherum Punkte mit verschiedenen schwarzen, wasserlöslichen Filzstiften auf.
Rolle aus einem Filterpapierstreifen einen Docht und stecke ihn in das Loch des Rundfilters. Lege die vorbereitete Filterscheibe so auf die Petrischale, dass nur der Docht ins Wasser eintaucht und beobachte.
Wiederhole den Vorgang mit anderen Filzschreiberfarben und beschreibe, wie die Farben jeweils zusammengesetzt sind.

Trennmethoden in Alltag und Technik

▲ 1. Entsafter

Für medizinische Zwecke gibt es Zentrifugen, die sich hundertausendmal in der Minute drehen können. Hier füllt man die Gemische in einzelne Zentrifugengläschen.

Adsorbieren. Dunstabzugshauben in der Küche sollen den Kochdunst von Fett und Gerüchen reinigen. Die Luft wird durch einen speziellen Fettfilter angesaugt. Hier bleiben die Fetttröpfchen hängen. Danach strömt die Luft durch einen Filter mit **Aktivkohle.** So ein Filter enthält sehr viele kleine Kohlekörnchen mit zahlreichen Hohlräumen. Deshalb besitzt der Filter eine sehr große Oberfläche: Bereits 5 g Aktivkohle haben eine Oberfläche groß wie ein Fußballfeld.
Die angesaugte Luft wirbelt durch die Hohlräume der Aktivkohle, dabei bleiben die Geruchsstoffe an der riesigen Oberfläche hängen. Man sagt, sie werden **adsorbiert,** an der Oberfläche angelagert. Die gereinigte Luft wird anschließend wieder in die Küche geleitet.
Auch Atemschutzmasken enthalten Aktivkohle-Filter. Aktivkohle wird außerdem für Wasserreinigung und in Klimaanlagen eingesetzt. Aktivkohlehaltige Einlagen binden den Schweißgeruch in Schuhen.

Schleudern im Entsafter. Der Saft von Karotten, Tomaten, Orangen und Zitronen wird oft mit einem Entsafter gewonnen. Im Entsafter wird das Obst oder Gemüse zunächst zerkleinert. Diese Masse gelangt dann auf ein Sieb, das sich sehr schnell dreht. Der Saft wird durch das Sieb geschleudert und anschließend in einem Behälter gesammelt. Das Fruchtfleisch bleibt im Sieb hängen.

Zentrifugieren. Wie bei einer Schleuder wird bei einer Zentrifuge ein Gemisch sehr schnell gedreht. Hierbei werden immer die schwereren Teilchen nach außen gedrückt und so von den leichteren Teilchen getrennt. Diese Methode wird in der Technik häufig eingesetzt. In der Milchindustrie nutzt man das Verfahren, um die leichtere Sahne von der restlichen Milch zu trennen.

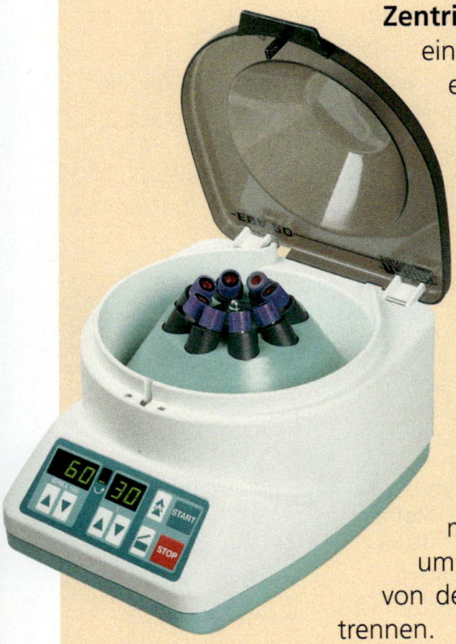

▲ 2. Zentrifuge

◀ 3. Aktivkohle entfernt Geruchsstoffe

1. Welche Anwendung kennst du noch für das Schleudern?
2. Im Arztlabor ist die Zentrifuge ein wichtiges Hilfsmittel zur Blutuntersuchung. Was passiert wohl mit Blutkörperchen beim Zentrifugieren?
3. Welche Stoffeigenschaft wird bei der Stofftrennung mit Aktivkohle ausgenutzt?

Müll trennen und verwerten

Auch beim Müll kommt es auf die Trennung von Stoffen an. Denn nur bei sorgfältig getrenntem Müll können Wertstoffe in guter Qualität wiederverwertet werden.

Verschiedene Müllsysteme. Zunächst ist der Verbraucher gefordert. Je nach Gemeinde gibt es verschiedene Mülltonnen oder Säcke für den Müll. Die müssen erst mal richtig gefüllt werden. Wenn man sich nicht sicher ist, welcher Müll wo hineingehört, sollte man sich in Broschüren schlau machen oder nachfragen.

▲ 1. *Müll wird sortiert, damit er wiederverwertet werden kann*

Wertstoffe. Zahnpastatuben, Jogurtbecher, Shampooflaschen, Konservendosen, Getränkekartons und Bonbontüten haben etwas gemeinsam. Alle diese Verpackungen sind meistens mit einem Erkennungszeichen bedruckt, dem „Grünen Punkt". Dann gehören sie in die gelbe Tonne oder in den gelben Sack. Es sind Abfälle, aus denen man wieder wertvolle Stoffe zurückgewinnen kann, sogenannte **Wertstoffe.** Das Verfahren nennt man **Recycling.**
Auch Papier und Glas sind Wertstoffe. Man kann sie oft in spezielle Sammelcontainer einwerfen.
Biomüll aus der Küche oder dem Garten gehört natürlich in die Biotonne. Wenn man sie kompostiert, kann man daraus fruchtbare Gartenerde gewinnen.

Restmüll. Hier landen Abfälle, die man nicht wiederverwerten kann, etwa Zigarettenkippen, Babywindeln, Hygieneartikel, verschmutzte Tücher oder Staubsaugerbeutel. Meistens werden diese Abfälle verbrannt und die Asche auf Deponien gebracht.

Sondermüll. Farbreste, Lösemittel oder defekte Energiesparlampen gehören nicht in die Mülltonne, sondern zum Sondermüll. Meistens kann man solche Abfälle auf Wertstoffhöfen abgeben.

Müllsortieranlagen. Der gesammelte Wertstoffmüll aus den gelben Säcken muss sortiert werden, bevor es an die Aufarbeitung geht. Dazu werden immer mehr automatische Sortieranlagen eingesetzt.

Mithilfe verschiedener Verfahren wird dort der Abfall getrennt:

– **Trommelsiebe** mit verschieden großen Öffnungen sortieren den Müll in große und kleine Stücke
– **Windsichter** blasen leichtes Papier, Pappe und Kunststofffolien in verschiedene Sammelbehälter
– **Magnete** ziehen Eisenteile heraus
– **Infrarotlicht** kann zur Erkennung bestimmter Kunststoffsorten genutzt werden
– **In Schwimm-Sink-Wannen** lassen sich leichte von schweren Kunststoffteilchen abtrennen
– **Von Hand** ausgelesen werden immer noch Textilien und größere Gegenstände aus Kunststoff – sowie am Schluss alle falsch sortierten Gegenstände.

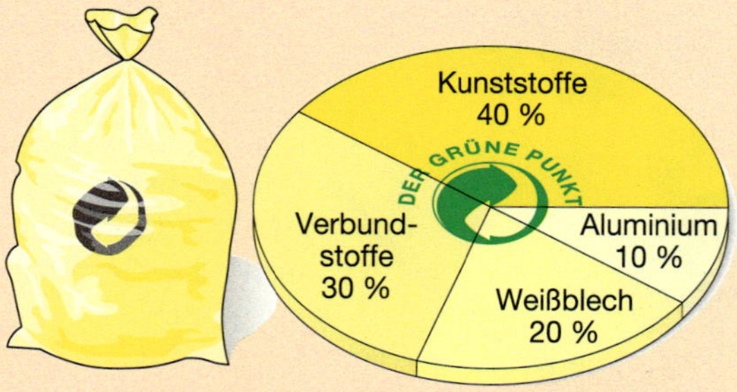

▲ 2. *Wertstoffe werden oft in gelben Säcken gesammelt*

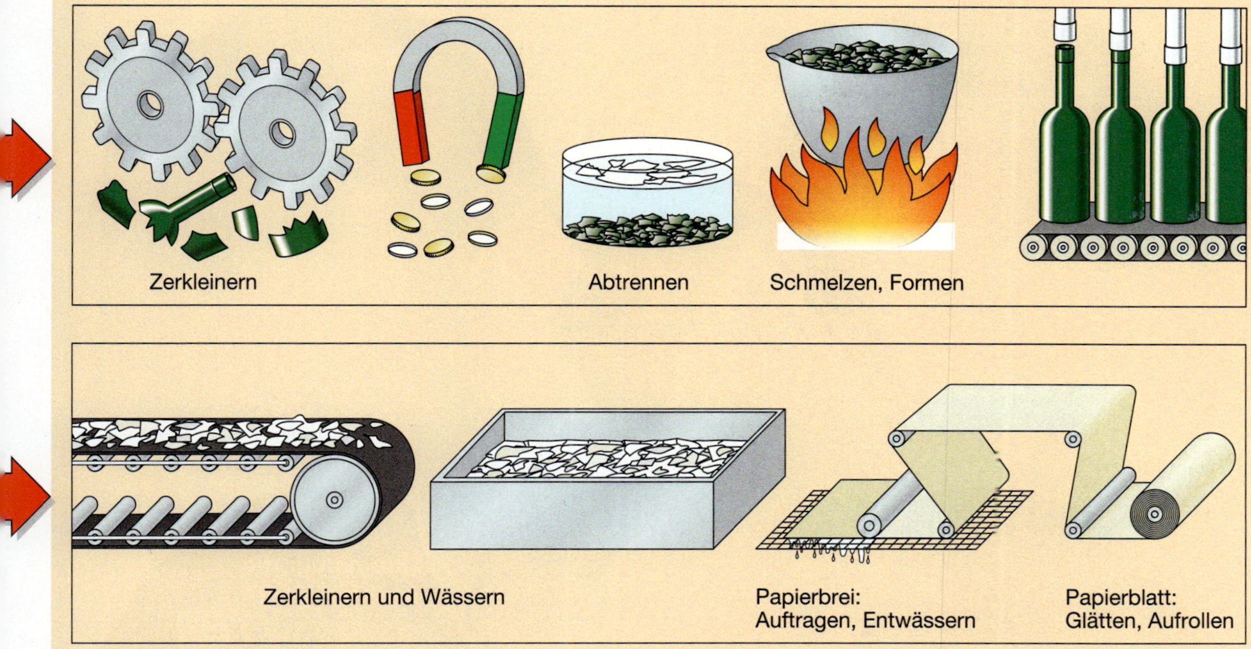

▲ *1. Wertstoff-Recycling*

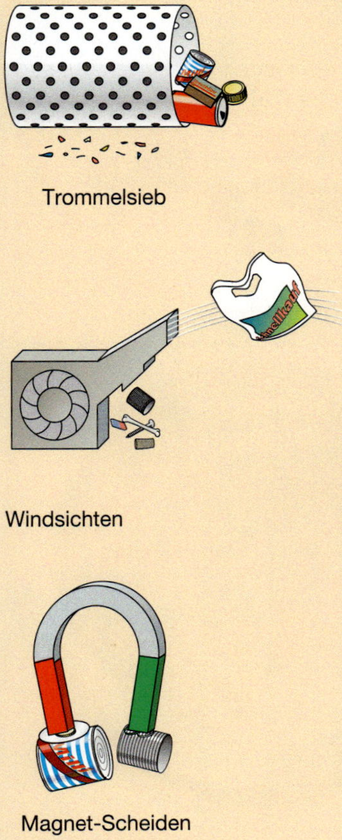

▲ *2. Trennmethoden für Müll*

Eine Methode zur Unterscheidung verschiedener Kunststoffsorten ist das Schwimm-Sink-Verfahren. Dazu gibt man zerkleinerte Kunststoffstücke in Wasser oder Salzlösungen. Leichte Kunststoffsorten schwimmen oben, schwere sinken nach unten.

1. **a)** Fülle ein Becher- oder Marmeladenglas etwa halbvoll mit Wasser. Gib etwa gleich große Kunststoffstücke und einen Spritzer Spülmittel hinein und beobachte.
b) Entferne nun die leichtesten Kunststoffstücke, die oben schwimmen. Gib dann etwas Kochsalz in das Wasser und rühre um. In dieser Salzlösung können nun die etwas schwereren Stücke nach oben schwimmen.
c) Gib noch mal Kochsalz dazu und prüfe, ob weitere Kunststoffstücke auftauchen.
d) Sortiere die Kunststoffproben nach ihrem Schwimmverhalten.

Trennverfahren im Überblick

Chemie in der Küche

→ **Reinstoffe** haben typische, unveränderliche Eigenschaften. Sie sind einheitlich aufgebaut.

→ **Stoffgemische** bestehen aus mindestens zwei, meist jedoch mehreren Reinstoffen.
Fast alle Lebensmittel sind Stoffgemische.

Gemisch	Aggregatzustand der Bestandteile	Beispiele
Gemenge	fest in fest	Müsli
Lösung	fest in flüssig	süßer Tee
Lösung	flüssig in flüssig	Apfelsaft
Lösung	gasförmig in flüssig	Mineralwasser
Suspension	fest in flüssig	Orangensaft
Rauch	fest in gasförmig	Grillfeuer
Emulsion	flüssig in flüssig	Milch
Nebel	flüssig in gasförmig	dampfendes Getränk
Schaum	gasförmig in flüssig	Schaumgebäck

→ **Stofftrennung:** Bei der Trennung von Stoffgemischen werden die unterschiedlichen Eigenschaften der Reinstoffe genutzt.

Eindampfen

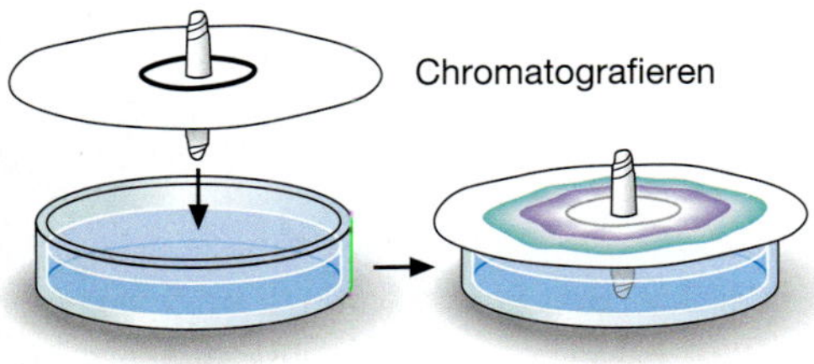

Chromatografieren

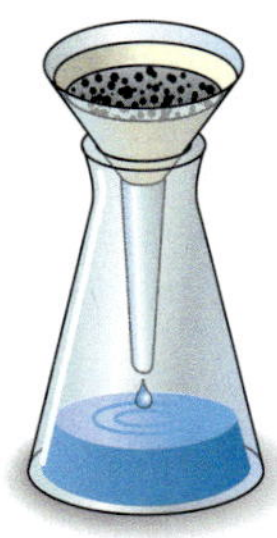

Filtrieren

Trennverfahren	Trennung aufgrund von …
Auslesen	Form, Farbe
Sieben, Filtrieren	Teilchengröße
Eindampfen	Siedetemperatur
Destillieren	Siedetemperatur
Extrahieren	Löslichkeit
Absetzen lassen	Dichte
Dekantieren	Dichte
Adsorbieren	Haftfähigkeit
Chromatografieren	Haftfähigkeit und Löslichkeit

Absetzen lassen

Destillieren

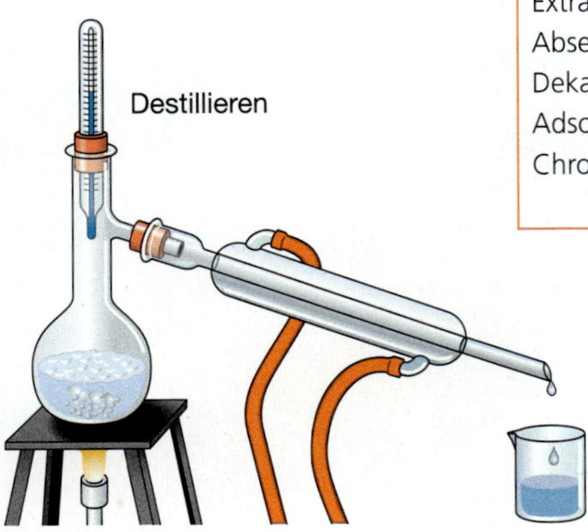

Dekantieren

→ **Mülltrennung:** Viele Werkstoffe können wiederverwertet werden (Recycling). Deshalb sollte der Hausmüll sorgfältig getrennt werden. Stoffe, die nicht wiederverwertet werden können, kommen in eine Müllverbrennungsanlage oder auf die Mülldeponie.

→ **Chemische Reaktion:** Beim Kochen, Braten und Backen verändern sich Lebensmittel. Die neu entstandenen Stoffe haben andere Eigenschaften als die Ausgangsstoffe.

Chemie in der Küche

1. Reinstoff oder Gemisch?

Handelt es sich bei den folgenden Stoffen um Reinstoffe oder Gemische?
Schokokuss, Kochsalz, Parfüm, Meerwasser, Kaffee, Ketchup, Zucker, Cola, Natron, Rotwein, Luft.

a) Lege eine Tabelle an.
b) Ergänze die Tabelle um vier weitere Beispiele.

2. Salzgewinnung

Kochsalz lässt sich aus Steinsalz, aus Salzsole oder aus Meerwasser gewinnen. Informiere dich und beschreibe kurz die verschiedenen Gewinnungsmethoden.

3. Stoffgemische trennen

a) Ein Gemisch aus Sand, Kochsalz, Wasser und Eisenpulver soll getrennt werden. Beschreibe, wie du vorgehen würdest.
b) Wie lassen sich diese Stoffgemische trennen: Müsli, Salat vom Waschwasser, Nudeln vom Kochwasser, Salzlösung?

4. Wie funktioniert diese Anlage?

Betrachte die Abbildung. Beschreibe, wie diese Anlage funktioniert und was sich damit gewinnen lässt.

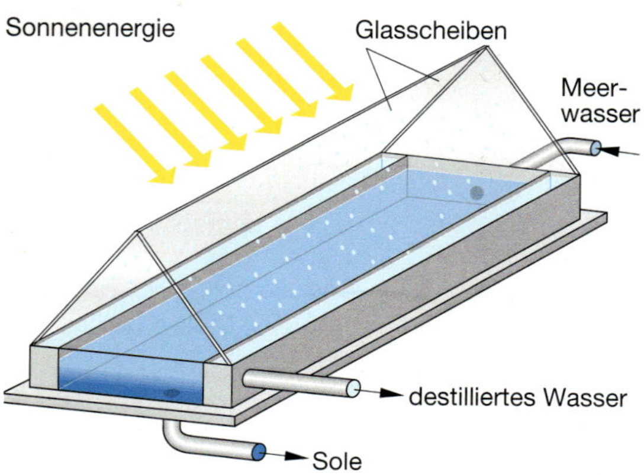

5. Stoffgemische benennen

Für Stoffgemische gibt es besondere Bezeichnungen: Emulsion, Suspension, Lösung, Schaum.
Nenne je zwei Beispiele für diese Gemische.

6. Creme aus Öl und Wasser

Die Herstellung einer Creme will nicht gelingen. Trotz kräftigem Rühren trennen sich Öl und Wasser immer wieder voneinander. Worin könnte der Fehler liegen?

7. Mineralwasser

a) Fülle frisches und abgestandenes Mineralwasser in je 1 Reagenzglas. Stelle die Reagenzgläser in ein Becherglas mit heißem Wasser. Was stellst du fest?
b) Finde eine Erklärung für deine Beobachtung.

8. Trennmethoden aus der Küche

a) Zum Entfetten von Bratensoße kann man das „Fettwegkännchen" benutzen. Dabei wird die Soße vom Fett abgetrennt. Nach welchem Prinzip funktioniert dieses Gerät?

b) Was kann man mit diesem Küchengerät machen?
Wo nutzt man diese Trennmethode noch?

9. Alkoholdestillation

a) Ein Gemisch aus Alkohol und Wasser lässt sich durch Destillation trennen. Nenne die Stoffeigenschaft, die hierbei genutzt wird.
b) Bei der Destillation von Wein erhält man im Destillat neben Alkohol auch immer etwas Wasser. Woran könnte das liegen?

10. Rezept für türkischen Kaffee

a) Kaffeemehl, Zucker, Wasser und Gewürze wie Kardamom oder Zimt in ein Kännchen („Ibrik") geben. Dreimal erhitzen, bis der Schaum nach oben steigt und umrühren. Den Kaffee auf die Tassen verteilen. Einige Zeit warten – und dann genießen. Welche Trennverfahren spielen hier eine Rolle?
b) Welche Trennverfahren kommen bei der Kaffeezubereitung mit der Kaffeemaschine vor? Welchen Unterschied gibt es zur türkischen Methode?

11. Versuche planen

a) In der Schale von Zitrusfrüchten sind gut riechende etherische Öle eingelagert. Plane einen Versuch, wie du an das Orangenöl herankommst.
b) Überlege: Wie könntest du zeigen, dass destilliertes Wasser kein Salz enthält?

12. Farbstoff in Getränken

Viele Erfrischungsgetränke machen durch ungewöhnliche Farben auf sich aufmerksam.
a) Versuche, den Farbstoff in einem Getränk mit Aktivkohle zu entfernen.
b) Wie heißt dieses Trennverfahren?
c) Um welchen Farbstoff handelt es sich? Man kann ihn anhand der E-Nummer auf dem Etikett feststellen.
d) Informiere dich, was Ernährungsfachleute und Ärzte über solche Farbstoffe sagen.

13. Chromatografie

a) Beschreibe dieses Trennverfahren.
b) Welche Stoffgemische kann man damit trennen?
c) Es besteht der Verdacht, dass auf einem Scheck der Betrag nachträglich verändert worden ist. Wie könnte man das überprüfen?

14. Trübe Pfützen

Nach einem Regenschauer ist das Wasser in Pfützen trüb. Wenige Minuten später wird es klar. Erkläre diese Erscheinung mithilfe von Fachbegriffen.

15. Apfelsaft-Herstellung

Die Verarbeitung vom Apfel bis zum fertigen Apfelsaft erfolgt in mehreren Arbeitsschritten.
a) Erläutere die Arbeitsschritte auf der Abbildung mit eigenen Worten.
b) Welche Trennverfahren spielen eine Rolle?

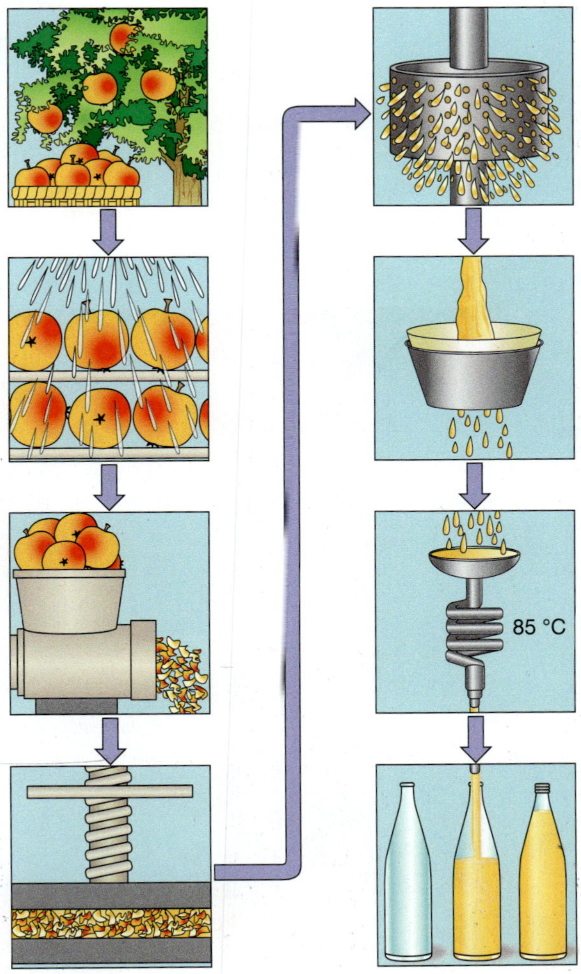

KAPITEL

3 Chemische Reaktionen überall

„Hier tut sich 'was!" Viele Menschen staunen, wenn sie sehen, wie man Stoffe dazu bringen kann, sich zu verändern und dabei vielleicht Feuer oder Licht entsteht.
Manche Stoffe wandeln sich sogar ganz von allein, ohne unser Zutun, in andere Stoffe um.
In diesem Kapitel wollen wir das genauer untersuchen. Wir wollen wissen:
- **Was geschieht bei solchen Stoffumwandlungen?**
- **Wie ist es möglich, vorhandene Stoffe in völlig andere Stoffe umzuwandeln?**

▲ 1. Hier wird ganz gewöhnliche Eisenwolle verbrannt.
Überlege: Weshalb verläuft die Verbrennung hier so heftig?

◄ Eine ganz alltägliche chemische Reaktion …

2. Das ist keine fliegende Untertasse, sondern eine Tiefseequalle mit dem Namen Periphylla.
Das Besondere ist, dass diese Qualle selbst Licht erzeugen kann! Dafür nutzt sie eine bestimmte chemische Reaktion. ►

▲ 3. Bis aus einem winzigen Keimling im Laufe von Jahren ein großer Nadelbaum geworden ist, müssen unzählige chemische Reaktionen in den Zellen der Pflanze ablaufen. Jedes Lebewesen ist eine Art chemische Fabrik.

4. Eine Brausetablette fällt ins Wasser und ein Gas entsteht. Versuche doch selbst einmal, die Gasmenge pro Tablette festzustellen. Um welches Gas könnte es sich handeln? ▼

1. Karamellbonbons – selbst hergestellt

Material: Backpapier, Löffel, Messer, Kochplatte, Topf; zwei Esslöffel Wasser, 25 g Butter, 250 g Zucker.
Durchführung: Der Topf wird auf die Kochplatte gestellt (mittlere Hitze). Wenn er heiß geworden ist, gebt ihr nacheinander Zucker, Wasser und Butter hinein. Rührt dabei ständig um. Achtung, der Topf darf nicht zu heiß werden, sonst brennt der Zucker an.

Erhitzt die Masse so lange im Topf, bis sie Bläschen wirft und hellbraun geworden ist. Gebt sie dann mit dem Löffel in einzelnen Portionen auf das Backpapier. Probiert die Karamellbonbons aber erst, wenn sie abgekühlt sind!

2. Apfel an der Luft

Wenn ein angeschnittener Apfel einige Zeit an der Luft liegt, wird er braun. Woran könnte das liegen?

3. Streichholz, vorher – nachher

Zünde ein Streichholz an. Beobachte möglichst genau, was passiert. Wie verändert es sich? Schreibe deine Beobachtungen auf.

4. Rezept für Geheimtinte

Unsichtbare Tinte eignet sich gut zur Übermittlung geheimer Botschaften.... Als Tinte kann man Zitronensaft, Essig oder Milch verwenden, als Papier am besten Recycling-Schreibpapier. Schreibe oder male mit einem befeuchteten Wattestäbchen auf das Papier. Lass die Schrift dann ein wenig trocknen. Du kannst die Schrift mit einem (sehr) heißen Bügeleisen sichtbar machen.

5. Der Glühdraht einer Glühlampe

Bei einer Glühlampe aus klarem Glas kannst du den Glühdraht genau erkennen.
a) Schreibe auf, wie der Glühdraht vor und nach dem Einschalten aussieht.
b) Überlege, durch welche Vorgänge der Glühdraht zum Leuchten gebracht wird.

6. Geheimnisvoller Hefeteig

Vermische einen Esslöffel Mehl mit einem halben Esslöffel Zucker und einem Viertel Hefewürfel.
Verrühre alles mit etwas warmem Wasser zu einem dicken Brei. Stelle ihn etwa 15 Minuten auf die Heizung.
Was passiert mit dem Gemisch?

▲ *1. Chemische Reaktion im Alltag*

Chemische Reaktionen. Ein Würstchen auf dem Grill verändert sich, es wird braun – und sogar schwarz, wenn man nicht aufpasst. Auch wenn man Zucker erhitzt, einen Kuchen backt oder eine Brausetablette auflöst, werden Veränderungen sichtbar. Es entstehen neue Stoffe, die anders aussehen oder anders schmecken.
Einen solchen Vorgang, bei dem **neue Stoffe** mit **neuen Eigenschaften** entstehen, bezeichnet man als **chemische Reaktion.**

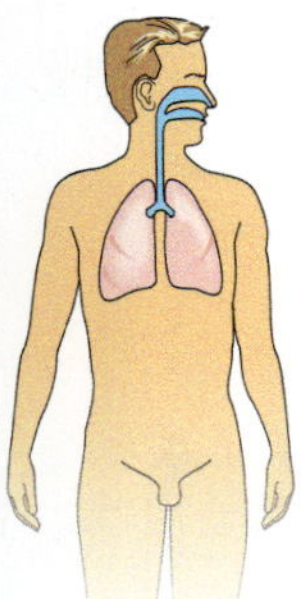

Auch im menschlichen Körper laufen ständig zahlreiche chemische Reaktionen ab, etwa bei der Atmung.
Beim Einatmen nehmen wir sauerstoffreiche Luft über die Lungen auf. Der Sauerstoff wird für chemische Reaktionen im Körper benötigt. Dabei wird lebensnotwendige Energie frei. Bei der Reaktion im Körper entsteht Kohlenstoffdioxid. Man kann das Gas in der ausgeatmeten Luft nachweisen.

Physikalische Vorgänge. Der Glühdraht einer Lampe hat nach dem Ausschalten die gleichen Eigenschaften wie zuvor; er ist der gleiche Stoff geblieben. Auch Glas bleibt nach kräftigem Erhitzen stofflich unverändert. Dort hat also *keine* chemische Reaktion stattgefunden. Solche Vorgänge bezeichnet man als **physikalische Vorgänge.**

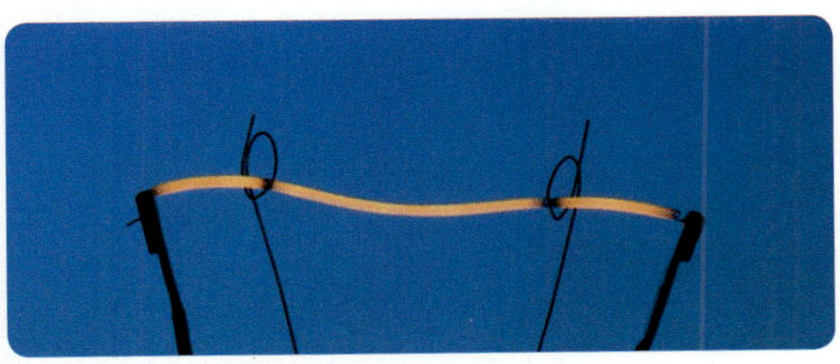

▲ *3. Glühdraht einer Glühlampe*

Eine chemische Reaktion ist ein Vorgang, bei dem aus vorhandenen Stoffen neue Stoffe mit neuen Eigenschaften entstehen.

1. Fragen zum Text

a) Was ist typisch für eine chemische Reaktion?
b) Nenne einige Beispiele für chemische Reaktionen, die in der Küche zu beobachten sind.
c) Welche chemischen Reaktionen laufen im menschlichen Körper ab?
d) Gib ein Beispiel für einen physikalischen Vorgang an.

2. Brausepulver

a) Gib etwas Brausepulver in ein Glas mit Wasser und beschreibe, was passiert.
b) Beschreibe das Aussehen der Stoffe vorher und nachher.
c) Läuft bei der Brauseherstellung wirklich eine chemische Reaktion ab? Begründe deine Meinung.

3. Tintenkiller

Mit einem Tintenkiller verschwindet die Schrift wie von Zauberhand.
Handelt es sich dabei um eine chemische Reaktion oder um einen physikalischen Vorgang?
Begründe deine Meinung.

Wie Feuer entsteht

1. Welche Stoffe brennen?

Untersuche die Brennbarkeit verschiedener Stoffe, indem du sie mit einer Tiegelzange in die Flamme hältst, zum Beispiel: einen Zahnstocher, Kupferblech, ein Streichholz, Kreide, Holzkohle, einen Salzkristall, Watte, Stein, Papier, Pappe, ein kleines Stück Kunststoff (von einer Tragetasche; unter dem Abzug).
Notiere deine Ergebnisse übersichtlich.

2. Welcher Stoff brennt zuerst?

Lege kleine Stoffproben in einem Kreis auf ein Eisenblech. Nimm beispielsweise etwas Heu, ein Holzstückchen, Holzspäne, einige Streichholzköpfe und Papierschnipsel. Erhitze das Blech genau in der Mitte mit dem Gasbrenner. Notiere, in welcher Reihenfolge die Stoffe zu brennen beginnen.

3. Feuer und Luft

a) Zünde ein Teelicht an und stülpe ein Becherglas (250 ml) darüber. Was geschieht?

b) Was glaubst du, was bei unterschiedlich großen Bechergläsern passiert? Überlege zuerst und probiere es dann selbst aus.

c) Was wird man wohl beobachten können, wenn man zwei Teelichter gleichzeitig unter ein Becherglas stellt?

d) Stelle wieder zwei brennende Teelichter bereit. Stülpe ein Becherglas über *ein* Teelicht. Stelle das zweite Teelicht unter dasselbe Becherglas, sobald das erste Teelicht ausgegangen ist. Wie lange brennt das zweite Licht?

e) Fasse die Ergebnisse aus diesen Teelichtversuchen zusammen.

4. Von der Luftzufuhr hängt jedes Feuer ab

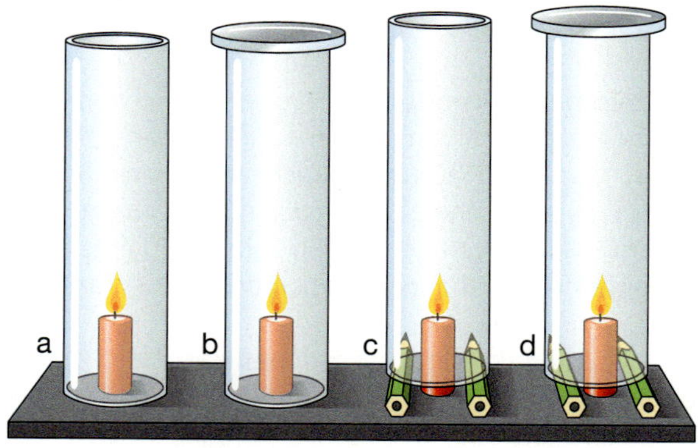

Führt die unten abgebildeten Versuche mit dem Glasrohr und der Kerze in Zweiergruppen durch.
Ein Partner macht zwei Versuche, der andere soll das Versuchsergebnis erklären.

5. Warum Brennstoffe oft zerkleinert werden

a) Versuche, ein dickeres Stück Holz oder ein Stück Holzkohle mit einem Streichholz anzuzünden.

b) Besorge dir kleine Holzstückchen, Holzspäne und Holzmehl (Sägemehl). Mit einer groben Holzraspel kannst du dir auch selbst grobes Holzmehl herstellen. Vergleiche, wie schnell sich die verschiedenen feinen Holzproben anzünden lassen.
Begründe dein Versuchsergebnis.

c) Wie muss man vorgehen, wenn man ein dickeres Stück Holz verbrennen möchte?

Ein Feuer zu entzünden und am Brennen zu erhalten ist nicht immer ganz einfach. Es müssen immer **Brennstoffe** und **Sauerstoff** aus der Luft vorhanden sein. Aber das genügt noch nicht; es muss auch immer die **Zündtemperatur** des Brennstoffs erreicht oder überschritten sein.

Brennstoffe. Bei der Kerze ist das Wachs der Brennstoff. Wichtige Brennstoffe sind Kohle, Erdöl, Erdgas und Holz.

▲ *1. Brandbedingungen*

Sauerstoff ist der Teil der Luft, ohne den kein Stoff brennen kann. Aber nur ungefähr ein Fünftel der Luft besteht aus Sauerstoff, der größte Teil ist Stickstoff. Daneben sind noch viele andere Gase in der Luft zu finden, so zum Beispiel auch Kohlenstoffdioxid.

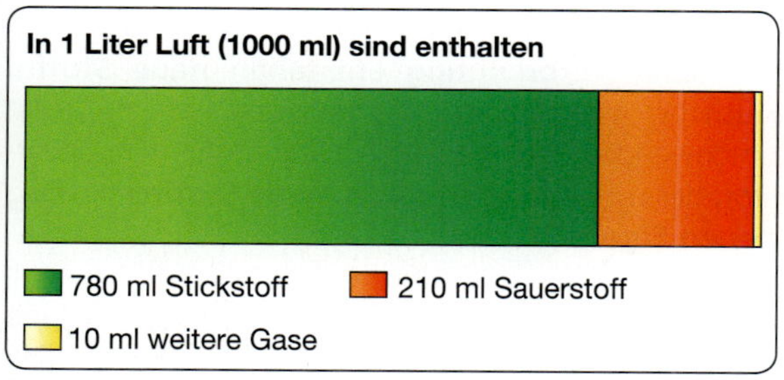

▲ *2. Zusammensetzung der Luft*

Zündtemperatur. Damit ein Brennstoff brennt, muss man ihn bis zur Zündtemperatur erhitzen. Jeder Brennstoff hat seine typische Zündtemperatur. Je niedriger diese ist, umso leichter brennt der Stoff – umso feuergefährlicher ist er aber auch. Diese Temperatur lässt sich auf verschiedene Art erzielen: mit einem Streichholz oder mit einem Feuerzeug, durch Reibungswärme oder mit einem Brennglas, das Sonnenstrahlen bündelt.

Stoff	Temp. in °C
Streichholzkopf	60
Papier	250
Holzkohle	150–250
Benzin	220–300
Heizöl	250
Kerzenwachs	250
Holz	250–300
Spiritus	425
Kokskohle	700

▲ *3. Zündtemperaturen*

Zerteilungsgrad. Ein dickes Holzstück lässt sich nicht so gut entzünden wie Holzspäne oder Holzmehl. Bei feinem Holzstaub kann es sogar gefährlich werden. Eine Verbrennung verläuft *umso heftiger, je feiner* der Brennstoff vorliegt. Man sagt dazu auch, dass der **Zerteilungsgrad** dann groß ist. Holzstaub besitzt einen sehr großen Zerteilungsgrad und damit auch eine sehr große Oberfläche. Ist der Staub gleichmäßig in der Luft verteilt, kann so ein Staub-Luft-Gemisch sogar explodieren, wenn es zum Kontakt mit einer offenen Flamme kommt.
Flüssige Brennstoffe wie Benzin und Öl, die schon bei Zimmertemperatur verdunsten, lassen sich besonders leicht entzünden.

Drei Dinge braucht ein Feuer gleichzeitig: einen Brennstoff, Sauerstoff und eine ausreichende Temperatur, die Zündtemperatur.
Eine Verbrennung verläuft umso heftiger, je höher der Zerteilungsgrad des Brennstoffes ist.

1. Fragen zum Text
a) Erläutere die drei Voraussetzungen für ein Feuer.
b) Wie hoch ist der Sauerstoffanteil in der Luft?
c) Vervollständige den Satz in deinem Heft: Je feiner ein Brennstoff vorliegt, desto …

2. Ein Feuer entzünden
a) Warum kann man Kohle, Heizöl und Kerzenwachs nicht direkt mithilfe eines Streichholzes anzünden?
b) Kann man Streichhölzer in einem Reagenzglas ohne direkten Kontakt mit einer Flamme anzünden? Überlege erst und probiere es dann selbst aus.
c) Beschreibe das Entzünden eines Lagerfeuers. Denke dabei an die drei Bedingungen für ein Feuer.

3. Weshalb brennt die Zeitschrift so schlecht?
Papier ist ein guter Brennstoff, doch eine etwas umfangreichere Zeitschrift oder ein Packen Zeitungen brennt als Ganzes relativ schlecht.
a) Woran liegt es wohl, dass Papierstapel sich gar nicht so leicht anzünden lassen wie vermutet?
b) Was müsste man tun, damit die Verbrennung besser verläuft?

Verbrennungen wandeln Stoffe um

▲ 1. Ein Grillfeuer wird entzündet

▲ 2. Die Holzkohle glüht

▲ 3. Asche bleibt übrig

1. Ein Feuer brennt, wo bleibt der Brennstoff?

a) Die drei Bilder oben zeigen den Verlauf eines Grillfeuers. Beschreibe kurz, was zu sehen ist.
b) Was bleibt am Ende eines Feuers übrig?
c) Überlege gemeinsam mit deinem Tischnachbarn, wo der Brennstoff geblieben ist.
d) Überlege, was alles bei einem Feuer entsteht.

2. Was wird aus Kerzenwachs?

a) Lass eine kleine Kerze eine Weile in einem Standzylinder brennen. Was kannst du oben an der Innenwand des Glases erkennen?
b) Gieße etwas Kalkwasser hinein und schüttle. Wenn sich das Kalkwasser weißlich trübt, war Kohlenstoffdioxid im Glas.
c) Welche beiden Stoffe entstehen demnach, wenn eine Kerze verbrennt?

Eine Kerze brennt. Wenn eine *Kerze* brennt, verbrennt der Brennstoff Wachs. Man sieht das **Licht** und spürt die **Hitze** der Flamme. Die Energie dafür stammt aus der Verbrennung des Wachses. Für die Verbrennung ist der Sauerstoff der Luft notwendig.
Als unsichtbare Produkte der Verbrennung entstehen **Wasserdampf** und **Kohlenstoffdioxid.** Wenn man eine Kerze in einem Glasbehälter verbrennt, kann man kleine Wassertröpfchen am Glasrand erkennen. Das Gas Kohlenstoffdioxid lässt sich durch die Trübung von Kalkwasser nachweisen.
Wenn man ein Becherglas über eine brennende Kerze stülpt, erlischt die Flamme allmählich. Der Sauerstoff der Luft wird nach und nach durch Kohlenstoffdioxid ersetzt, das die Flamme erstickt.

Holz- und Holzkohle. Wenn *Holz* oder *Holzkohle* erhitzt wird, bilden sich brennbare Gase. Sie verbinden sich dann mit dem Sauerstoff der Luft zu neuen Stoffen. Auch hier sind es vor allem Kohlenstoffdioxid und Wasserdampf. Außerdem entsteht Rauch. Anders als bei der Kerze bleibt hier am Ende noch graue Asche übrig. Das sind die Verbrennungsrückstände aus dem Brennstoff.

Bei einer Verbrennung entstehen neue Stoffe. Auch bei jeder anderen Verbrennung werden Stoffe umgewandelt. Der Brennstoff reagiert mit dem Sauerstoff der Luft, und es entstehen **neue Stoffe** mit völlig **neuen Eigenschaften.**

Bei einer Verbrennung verbinden sich Ausgangsstoffe mit Sauerstoff zu Verbrennungsprodukten. Dabei entstehen neue Stoffe mit neuen Eigenschaften. Bei jeder Verbrennung werden Wärme und Licht freigesetzt.

3. Fragen zum Text

a) Was entsteht bei der Verbrennung von Holz?
b) Wie kann man Kohlenstoffdioxid nachweisen?
c) Erstelle eine einfache Skizze mit Beschriftung über die Verbrennung einer Kerze.

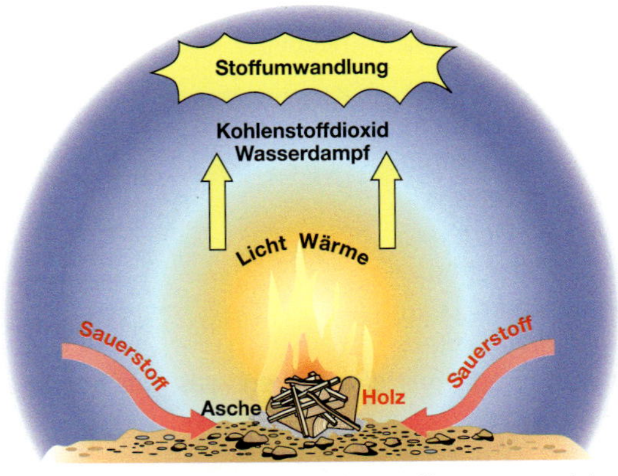

▲ 5. Bei der Verbrennung werden Stoffe umgewandelt

Hilfe: Ein Fettbrand!

Es ist eine Situation, die immer wieder vorkommt: In der Küche steht eine Pfanne mit Fett auf der heißen Herdplatte. Da klingelt die Nachbarin, die ein Päckchen abgeben will. Ein kurzes Gespräch lässt vergessen, dass die Pfanne noch auf dem Herd steht. Plötzlich riecht es nach siedendem Fett, das sich bereits zersetzt und stark qualmt.

▲ *1. Bei einem Fettbrand nie mit Wasser löschen!*

Wie soll man in dieser Situation reagieren? Das wichtigste ist, ruhig und besonnen zu handeln.
Zunächst sollte man die **Energiezufuhr** zur Kochstelle sofort **abschalten,** damit das Fett nicht noch weiter erhitzt wird. Das würde zu einer Selbstentzündung des Fettes führen. Außerdem soll man die **Pfanne von der Wärmequelle weg** nach hinten **schieben,** damit kein heißes Fett verschüttet wird – was zu schweren Verbrennungen führen kann.

Wenn das Fett in der Pfanne bereits brennt, sollte man sofort einen (trockenen) **Deckel,** zum Beispiel einen großen Topfdeckel oder ein Schneidebrett, **auf die Pfanne legen.** Dadurch wird die Luftzufuhr unterbunden und der Fettbrand erlischt sehr schnell.
Sind die Flammen damit aber nicht mehr zu löschen, weil sie bereits auf die Einrichtung übergegriffen haben, muss man auf weitere Löschversuche verzichten und möglichst rasch die **Feuerwehr anrufen: Telefon 112!**

Seit wenigen Jahren gibt es auch Feuerlöscher, die speziell für Fettbrände konstruiert worden sind. Was man bei einem Fettbrand **auf keinen Fall** machen darf, ist, Wasser oder wässrigen Schaum als Löschmittel verwenden! Fette haben sehr hohe Siedetemperaturen von zum Teil weit über 200 °C. Wenn man Wasser, das bereits bei 100 °C siedet, in dieses heiße Fett schüttet, kommt es zur Katastrophe, zur **Fettexplosion!** Das schwerere Wasser sinkt nämlich unter das brennende Fett und verdampft dann schlagartig. Dabei vergrößert es sein Volumen und schleudert das brennende Fett in kleinen Tropfen umher. (Aus einem Liter Wasser können so bis zu 1700 Liter Wasserdampf entstehen!). Im Nu kann die gesamte Küche lichterloh brennen – und außerdem kann es zu gefährlichen Verbrennungen kommen!

Wie gefährlich Fettexplosionen sein können, demonstriert die Feuerwehr manchmal bei Löschvorführungen. In einen Topf mit siedendem Fett wird zum Beispiel über ein Gestell Wasser gegossen und so eine Fettexplosion gezielt hervorgerufen. Das Ergebnis: meterhohe Stichflammen und ringsum verspritztes brennendes Fett!

1. Wie kann es zu einer Selbstentzündung von Frittierfett kommen?
2. Weshalb darf man brennendes Fett nicht mit Wasser löschen?

▲ *2. Demonstration einer Fettexplosion*

Auch Metalle können brennen

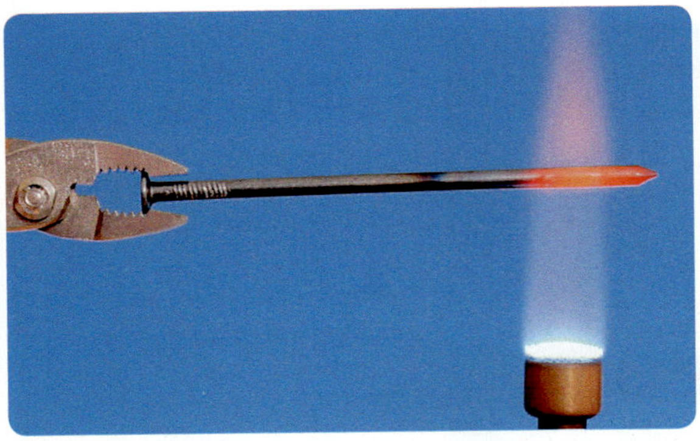

▲ 1. Ein Eisennagel wird erhitzt

▲ 2. Eisenwolle vor dem Versuch und nach dem Versuch

1. Kann Eisen brennen?

a) Halte einen Eisennagel mit einer Tiegelzange etwa eine Minute in eine rauschende Brennerflamme. Verändert er sich?
Vorsicht, der Nagel ist danach noch längere Zeit heiß!

b) Halte etwas Eisenwolle in die Brennerflamme. Nimm sie aus der Flamme und puste mehrmals hinein, wenn sie aufglüht. Was kannst du beobachten? Wie sieht die Eisenwolle nach dem Erkalten aus?

c) Vergleiche deine Ergebnisse aus den beiden Experimenten. Versuche, beide Beobachtungen zu erklären.

2. Neuer Stoff, anderes Gewicht?

Hänge zwei gleich schwere Büschel Eisenwolle an eine Balkenwaage. Erhitze die Eisenwolle an einer Seite der Waage mit der Brennerflamme bis zur Rotglut.

a) Was zeigt die Waage nach dem Erkalten an?

b) Versuche deine Beobachtung zu erklären.

3. Erhitzen eines Kupferbriefs

Falte ein Stück dünnes Kupferblech einmal zusammen und biege die Ränder fest um. Erhitze das Blech in der rauschenden Brennerflamme mit einer Tiegelzange so lange, bis es einmal vollständig durchgeglüht ist. Falte den Kupferbrief nach dem Abkühlen wieder auseinander.

a) Beschreibe, wo und wie sich das Kupferblech verändert hat.

b) Versuche die Unterschiede zu erklären.

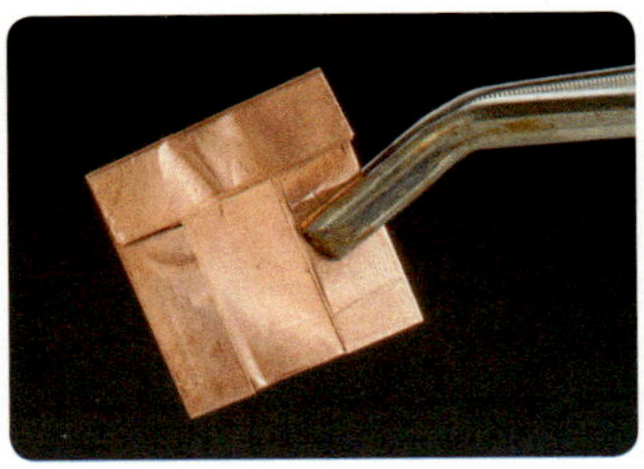

▲ 3. Der Kupferbrief

4. Feuerwerk aus Metallpulver

Blase mit einem Glasrohr über einer feuerfesten Unterlage nacheinander Aluminium- (GHS 2), Eisen- (GHS 2), Magnesium- (GHS 2), Zink- (GHS 2, 9) und Kupferpulver (GHS 2, 9) in die nicht leuchtende Flamme eines Brenners.

a) Ordne die Metallpulver nach der Heftigkeit der Verbrennung.

b) Warum entsteht derart helles Licht?

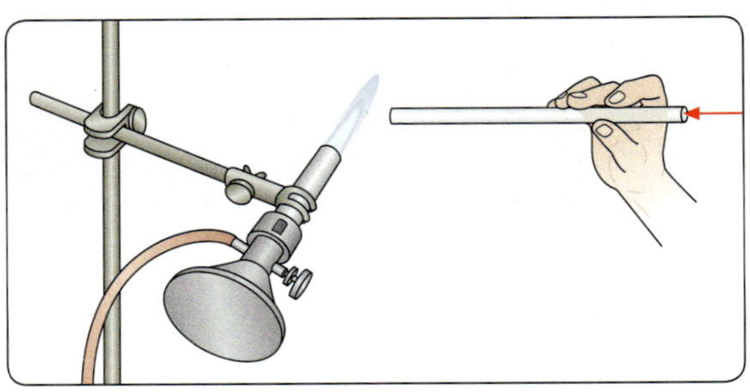

Eisenwolle brennt. Wenn man Eisenwolle in der Brennerflamme erhitzt hat, beobachtet man einige Veränderungen:
Aus der zuvor hellgrauen, metallisch glänzenden Eisenwolle ist ein dunkelgrauer, stumpf aussehender Stoff geworden. Er zerbröckelt in der Hand, wenn man ihn zusammendrückt; Eisenwolle dagegen gibt auf Druck federnd nach.
Bei der Verbrennung muss sich aus der Eisenwolle also ein **neuer Stoff** mit **neuen Eigenschaften** gebildet haben.

Verbrennt man Eisenwolle an einer Waage, ist der neue Stoff erkennbar **schwerer** als der Ausgangsstoff. Es muss also aus der Luft *etwas hinzugekommen sein.*

Der Kupferbrief. Erhitzt man ein zusammengefaltetes Kupferblech in der Brennerflamme, bemerkt man nur außen eine Veränderung. Innen, dort wo keine Luft hinzutreten konnte, ist das Kupfer unverändert. Nur außen bildet sich der neue, schwarze Stoff. Es ist kein Ruß, sondern *Kupferoxid* – entstanden aus dem Kupfer und dem Sauerstoff der Luft.

Bei der Verbrennung der Eisenwolle ist ebenfalls ein neuer Stoff entstanden. Er heißt Eisenoxid.

▲ 1. *Eisenwolle verbrennt an einer Waage*

Die Verbrennung ist ein typisches Beispiel für eine **chemische Reaktion.** Reagiert ein Stoff **mit Sauerstoff,** wird diese Reaktion **Oxidation** genannt, das Reaktionsprodukt heißt **Oxid.**
Aus Eisen und Sauerstoff wird so *Eisenoxid;* aus Kupfer und Sauerstoff wird *Kupferoxid.*

Zerteilungsgrad. Eine Eisenschraube kann man nicht mit einem Brenner anzünden. Bei einem Eisenwollebüschel ist der Zerteilungsgrad aber so groß, dass das Eisenwollebüschel in der Brennerflamme verglüht.

Reiner Sauerstoff. Wenn man Metalle in reinem Sauerstoff verbrennen lässt, laufen diese Reaktionen besonders heftig ab.

Viele Metalle verbrennen, wenn sie in Gegenwart von Sauerstoff erhitzt werden.
Eine chemische Reaktion, bei der sich ein Stoff mit Sauerstoff verbindet, wird Oxidation genannt, das Reaktionsprodukt heißt Oxid.

1. Fragen zum Text

a) Was geschieht, wenn man Eisenwolle erhitzt?
b) Woran kannst du erkennen, dass beim Verbrennen eine chemische Reaktion stattfindet?
c) Was ist eine Oxidation?
d) Warum verändert sich der Kupferbrief innen nicht?

2. Lehrerversuch: Verbrennung in Sauerstoff

(GHS 2, 3, 4)

Ein hohes Glasgefäß wird mit reinem Sauerstoff (GHS 3, 4) gefüllt. Mit einer Tiegelzange wird ein Büschel Eisenwolle (GHS 2) in einer Brennerflamme zum Glühen gebracht. Die glühende Eisenwolle wird dann mit der Tiegelzange vorsichtig in das Gefäß mit Sauerstoff gehalten (Abb. 2).

▲ 2. *Eisenwolle verbrennt in reinem Sauerstoff*

a) Was ist bei diesem Versuch anders als beim Glühen von Eisenwolle an der Luft?
b) Versuche die Unterschiede zu erklären.

3. Brennende Glühlampe

a) Beschreibe, was du auf den Fotos ganz unten siehst.
b) Warum bleibt bei einer intakten Glühlampe der Glühdraht unverändert?
c) Was geschieht, wenn man eine Glühlampe ohne Glashülle in Betrieb nimmt?
(Achtung, auf keinen Fall selbst nachmachen, Lebensgefahr!)

▲ 3. *Der Wolframdraht einer Glühlampe (ver)brennt ohne Glashülle*

Chemische Reaktion mit Schwefel

Steckbrief: Zink

Silbrig-graues Metall

Dichte: 7,1 g/cm^3
Schmelztemperatur: 419 °C
elektrisch leitfähig

Steckbrief: Schwefel

Gelber, geruchloser Feststoff

Dichte: 2,1 g/cm^3
Schmelztemperatur: 113 °C
nicht elektrisch leitfähig

1. Zink reagiert mit Schwefel (Lehrerversuch)

Schwefel ist ein gelber Stoff, den man unter anderem zur Herstellung von Gummi, Zündhölzern und Schießpulver verwendet.
Zink ist ein silbriggraues Metall. Man beschichtet damit Eisenbleche, um sie vor Rost zu schützen.

3 g Schwefelpulver (GHS 7) werden mit 6 g Zinkpulver (GHS 2, 9) vermischt. Das Gemisch wird **im Abzug** auf eine feuerfeste Unterlage gegeben und vorsichtig mit einer brennenden Wunderkerze gezündet.
Achtung, Sicherheitsabstand einhalten!

a) Woran kann man erkennen, dass eine chemische Reaktion stattgefunden hat?

b) Überlege, warum man die Reaktion mit einer Wunderkerze starten muss und nicht mit einem Streichholz.

Steckbrief: Zinksulfid

gelb-weißer, geruchloser Feststoff

Dichte: 4,1 g/cm^3
Schmelztemperatur 1020° C
nicht elektrisch leitfähig

Metalle reagieren mit Schwefel. Zündet man ein Zink-Schwefel-Gemisch, reagieren die beiden Stoffe mit einem Lichtblitz und unter heftiger Hitze- und Qualmentwicklung miteinander. Es entsteht ein gelbweißer Stoff.

Dieser Stoff hat deutlich andere Eigenschaften als die Ausgangsstoffe Zink und Schwefel. Das sieht man schon, wenn man die Steckbriefe vergleicht. Farbe, Dichte und Schmelztemperatur unterscheiden sich deutlich.
Hier ist also bei einer chemischen Reaktion ein neuer Stoff mit neuen Eigenschaften entstanden. Er heißt *Zinksulfid*.

Bei Reaktionen von Metallen mit Schwefel wird stets Energie freigesetzt. Die neu entstandenen Stoffe heißen **Sulfide.** Sulfide sind also Verbindungen mit Schwefel.

Wortgleichung. Der Chemiker beschreibt die Reaktion eines Metalls mit Schwefel auf folgende Weise:

Zink und Schwefel reagieren miteinander zu Zinksulfid; dabei wird Energie frei.

Diese Aussage lässt sich auch etwas kürzer als **Wortgleichung** oder **Reaktionsschema** darstellen:

Zink + Schwefel → Zinksulfid; Energie wird frei

Dabei wird das Pluszeichen als *„und"* gelesen, der Reaktionspfeil als *„reagieren zu"*.
Auf der linken Seite des Pfeils stehen die Ausgangsstoffe, die Edukte, auf der rechten Seite die Reaktionsprodukte.

Metalle reagieren mit Schwefel zu Metallsulfiden. Dabei wird Energie abgegeben.
Chemische Reaktionen lassen sich in Kurzform durch Wortgleichungen darstellen.

▲ *1. Kupfer und Schwefel reagieren zu Kupfersulfid*

1. Fragen zum Text
a) Wie kann man Zinksulfid herstellen?
b) Nenne zwei Eigenschaften, in denen sich die Ausgangsstoffe vom Reaktionsprodukt unterscheiden.
c) Stelle die Reaktion von Schwefel und Eisen als Wortgleichung dar.

2. Kupfer und Schwefel

Gib etwas Schwefelpulver (GHS 7) und einen dünnen Kupferstreifen (GHS 2, 9) in ein Reagenzglas.
Verschließe die Reagenzglasöffnung mit einem Luftballon, damit keine Dämpfe entweichen.
Erhitze das Kupferblech und den Schwefel so lange über dem Brenner, bis der Schwefel verdampft und eine Reaktion einsetzt.
a) Beschreibe die Beobachtungen.
b) Woran erkennst du, dass eine chemische Reaktion stattgefunden hat?
c) Stelle die Wortgleichung für diese Reaktion auf.

Exkurs

Wie funktionieren eigentlich Streichhölzer?

Der Zündkopf eines Streichholzes besteht aus einer Zündmasse, die Kaliumchlorat, Schwefel, Manganoxid, Farbstoff, Glaspulver und Leim enthält.
Die Reibfläche der Streichholzschachtel enthält roten Phosphor und Glaspulver in einem Bindemittel. Sowohl der Zündkopf als auch die Reibfläche sind durch Glaspulver rau. Streicht man mit dem Streichholzkopf über die Reibfläche, so entsteht Reibungswärme. Wenn Phosphor und Kaliumchlorat miteinander in Kontakt kommen, reicht die Reibungswärme aus, dass die beiden Stoffe miteinander reagieren und für eine ordentliche Zündflamme sorgen. Die Zündflamme setzt dann den Schwefel in Brand, der zu Schwefeldioxid verbrennt.
Der brennende Zündkopf lässt das Pappelholzstäbchen entflammen. Dieses ist mit Paraffin getränkt, damit es besser brennt. Es ist mit Ammoniumphosphat imprägniert, damit es nach dem Ausblasen nicht nachglimmt.
Früher befand sich der rote Phosphor ebenfalls im Zündkopf. Daher konnte man die Zündhölzer auch an jeder rauen Oberfläche entzünden. Diese Zündhölzer waren nicht ungefährlich. Sie konnten sich auch ungewollt entzünden und einen Brand verursachen, wenn sie wärmer als etwa 60 °C wurden.

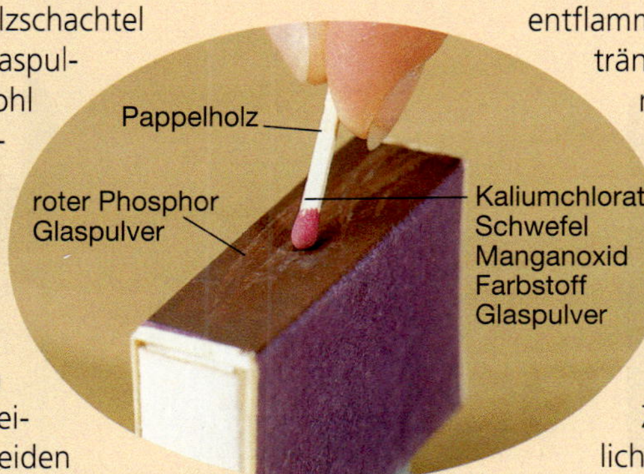

Energie bei chemischen Reaktionen

1. Knicklichter

a) Kennst du solche Knicklichter wie im Bild rechts? Wo werden sie verwendet?
b) Weißt du, wie der Name Knicklicht zustande kommt?
c) Welche Vorteile und welche Nachteile haben diese Lichter?

3. Aus Blau wird Weiß

a) Erhitze ein Reagenzglas mit etwas blauem Kupfersulfat (GHS 7, 9; B2) vorsichtig mit der Brennerflamme. Was beobachtest du?
b) Tropfe nach dem Abkühlen etwas Wasser auf das entstandene Pulver.
Was geschieht jetzt?

2. Taschenwärmer

Mit chemischen Taschenwärmern kann man sich im Winter für einige Zeit die Hände wärmen (Abb. links und rechts).
a) Wie werden sie aktiviert?
b) Was muss man tun, bevor man sie erneut verwenden kann?
c) Woher stammt die Energie, die diese Handwärmer abgeben?

Exotherme und endotherme Reaktionen. Die Aufnahme und Abgabe von Wärme kann man gut an Experimenten mit Kupfersulfat beobachten. Wenn man blaues, wasserhaltiges Kupfersulfat (Kupfersulfat-Hydrat) erhitzt, kann man sehen, wie Wasser daraus frei wird. Es entweicht als Wasserdampf. Daneben entsteht weißes, wasserfreies Kupfersulfat.

Eine solche Reaktion, die nur bei ständiger Energiezufuhr abläuft, nennt man **endotherme Reaktion.**

Tropft man auf weißes Kupfersulfat Wasser, so bildet sich wieder blaues Kupfersulfat. Dabei wird Wärme frei.

Eine Reaktion bei der Wärme frei wird, nennt man **exotherme Reaktion.**

Die beim Erhitzen des blauen Kupfersulfats zugeführte Wärme wird als chemische Energie im weißen Kupfersulfat gespeichert. Bei der Reaktion mit Wasser wird die chemische Energie wieder in Wärme umgewandelt und abgegeben.

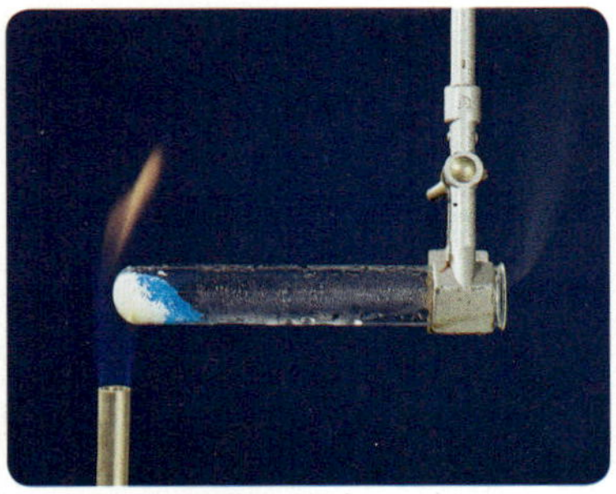

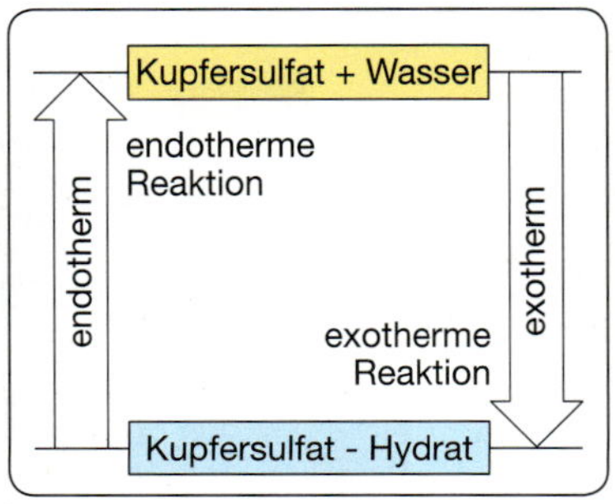

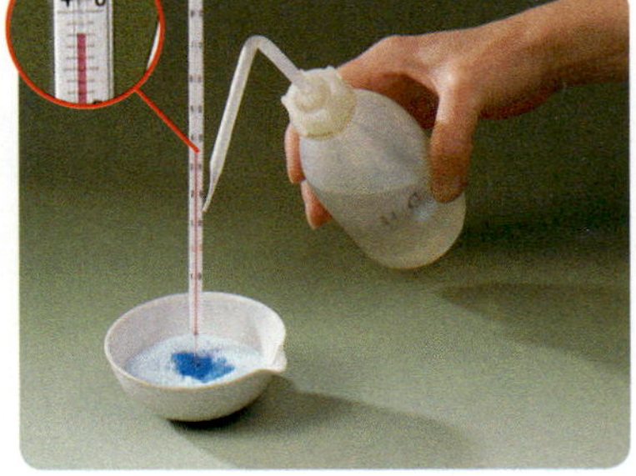

▲ 3. *Kupfersulfat wird zunächst erhitzt – und später wieder mit Wasser versetzt*

Knicklichter und Taschenwärmer. Hier laufen ebenfalls exotherme Reaktionen ab. Durch das Knicken der *Leuchtstäbe* beginnt die Reaktion abzulaufen. Dabei wird die in den Stoffen gespeicherte chemische Energie vor allem als Licht an die Umgebung abgegeben.
Beim Aktivieren eines *Taschenwärmers* beginnt der flüssige Inhalt schlagartig zu kristallisieren. Dabei wird Wärme frei. Will man das Wärmekissen erneut verwenden, muss man es in kochendes Wasser legen. Der feste Inhalt wird wieder flüssig. Wärme wird als chemische Energie gespeichert.

▲ *1. Eisen reagiert mit Schwefel*

Aktivierungsenergie. Ein Gemisch aus Eisen- und Schwefelpulver kann man beliebig lange aufbewahren, ohne dass sich die beiden Stoffe verändern. Zündet man dieses Gemisch aber mit einem glühenden Draht, kann man das Gemisch zur Reaktion bringen. Die Reaktion setzt sich fort, selbst wenn man den glühenden Draht entfernt.
Diese zugeführte Energie bezeichnet der Chemiker als **Aktivierungsenergie.**

Die Aktivierungsenergie startet die Reaktion. Bei der Reaktion wird dann soviel Energie frei, dass sie von allein weiterläuft. Sie läuft so lange, bis wenigstens einer der Reaktionspartner völlig verbraucht ist.

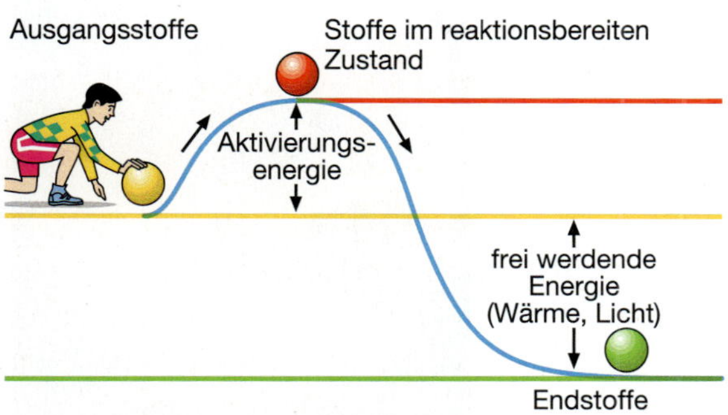

▲ *2. Modellvorstellung zur exothermen Reaktion*

Das Modellbild 2 veranschaulicht diesen Vorgang. Der Ball muss erst über einen Hügel geschoben werden (Aktivierungsenergie), bis er von allein den Berg hinabrollt (Energie wird frei).

Energieerhaltung. Auch wenn man es im Alltag anders sagt: Energie wird niemals neu geschaffen oder verbraucht, sondern nur in andere Energieformen umgewandelt.

Chemische Reaktionen sind immer von einem Energieumsatz begleitet. Bei exothermen Reaktionen wird Energie abgegeben, bei endothermen wird Energie aufgenommen.
Zum Starten einer Reaktion wird Aktivierungsenergie benötigt.
Energie wird nie verbraucht, sondern nur von einer Form in die andere umgewandelt.

1. Fragen zum Text

a) Was ist das Kennzeichen einer exothermen Reaktion?
b) Welche Energieformen kann man bei Knicklichtern und Taschenwärmern beobachten?
c) Nenne je zwei Beispiele für exotherme und endotherme Reaktionen.
d) Erläutere den Begriff Aktivierungsenergie.

2. Fotosynthese

a) Bei der Fotosynthese bilden Pflanzen aus Kohlenstoffdioxid und Wasser die Stoffe Traubenzucker und Sauerstoff. Diese Reaktion läuft aber nur bei Sonneneinstrahlung ab. Ist die Fotosynthese eine exotherme oder eine endotherme Reaktion?
b) Die Verdauung von Traubenzucker ist ein exothermer Vorgang. Aus dem Zucker wird wieder Kohlenstoffdioxid und Wasser. Warum ist es wichtig für unser Leben, dass hier Energie frei wird?

3. Energiediagramm

In einem Energiediagramm kann man die Energiestufen bei einer chemischen Reaktion darstellen.
Die Abbildung rechts zeigt das Diagramm für eine chemische Reaktion.
Erläutere, was man aus der Abbildung ablesen kann.

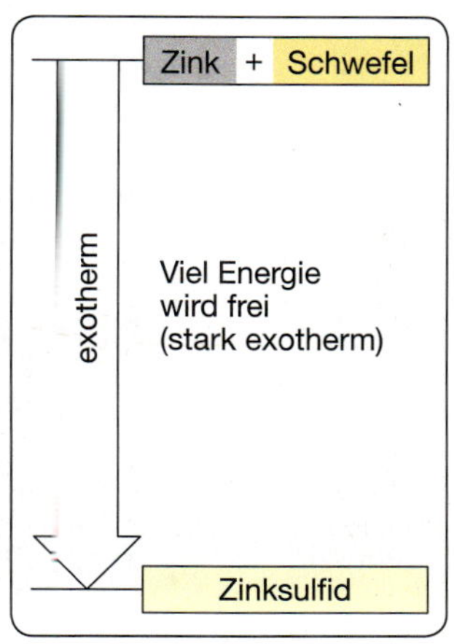

Von Quallen und Knicklichtern

Knicklichter. Als bunter Partyspaß sind Knicklichter vielen bekannt. Angler und Segler nutzen sie zur Markierung und Orientierung im Dunkeln. Das Licht wird nicht durch Strom erzeugt, sondern stammt aus einer chemischen Reaktion. Im Knicklicht befinden sich zwei verschiedene Flüssigkeiten, eine davon in einem Glasröhrchen. Beim Knicken wird das Glasröhrchen zerbrochen, die beiden Flüssigkeiten vermischen sich – und das Leuchten beginnt. Es hält mehrere Stunden an, je nach Menge der Ausgangsstoffe.

▲ 1. *Verschiedene bunte Knicklichter in Bewegung*

Lebendes Licht. Erfunden hat das chemische Licht nicht der Mensch, sondern die Natur. Man spricht dann von Bio-Lumineszenz. Ein bekanntes Beispiel sind die Glühwürmchen, die in Wirklichkeit keine Würmer sind, sondern Käfer. In warmen Frühsommernächten kann man sie auch bei uns in naturnahen Regionen leuchten oder blinken sehen. Die Weibchen wollen mit dem gelbgrünen Licht Männchen anlocken (Abb. 2).

▲ 2. *Glühwürmchen*

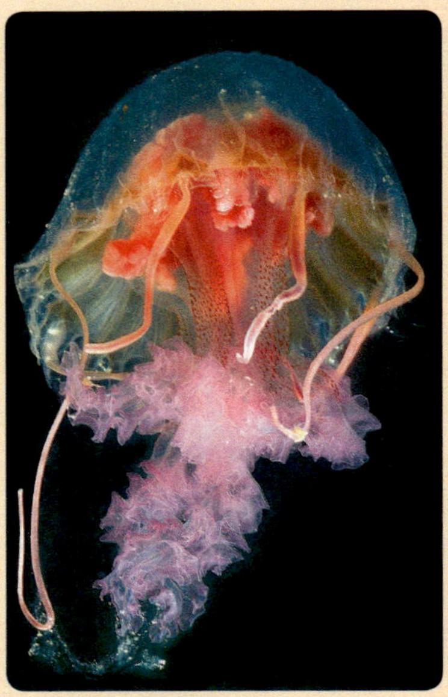

▲ 3. *Leuchtqualle*

Weil die Energie zu rund 95 % in Form von Licht abgegeben wird und nur zu 5 % in Wärme, nennt man es auch „kaltes Licht."
Bio-Lumineszenz kommt auch bei Fischen, Quallen (Abb. 3) und sogar Einzellern vor.

In der Tiefsee. Vor allem in der Tiefsee ab 1000 m Tiefe ist das kalte Licht weit verbreitet. In den dunklen Gewässern tummeln sich oft bizarr aussehende Gestalten.
Der Anglerfisch (Abb. 4) lockt mit dem Licht an seinem angelartigen Anhängsel Beutetiere direkt vor sein Maul – und muss dann nur noch zuschnappen.

Manche Garnelen oder Tintenfische stoßen einen leuchtenden Stoff aus, um ihre Verfolger abzulenken.
Die Tiefseequalle Atolla fängt aufgeregt zu leuchten an, wenn sie angegriffen wird. Sie will damit größere Tiere anlocken, um den eigenen Angreifer loszuwerden.

Wer sich im Internet oder mit Büchern in die noch weitgehend unbekannte Welt der Tiefsee begibt, wird aus dem Staunen kaum mehr herauskommen!

1. a) Erkläre den Begriff „kaltes Licht".
b) Vergleiche die Lichtausbeute bei der Bio-Lumineszenz mit der von Glühlampen.

2. a) Zu welchen Zwecken nutzen Tiere das chemische Licht?
b) Recherchiert zur Bio-Lumineszenz im Internet und macht eine Ausstellung der schönsten Bilder.

▲ 4. *Anglerfisch*

Elemente und Verbindungen

▲ *1. Silberoxid lässt sich zerlegen*

1. Zerlegung (Thermolyse) von Silberoxid

Wenn man etwas Silberoxid in einem Reagenzglas erhitzt, hört man zunächst ein Knistern. Führt man dann einen glimmenden Holzspan in das Glas ein, fängt er wieder an zu brennen. Außerdem bildet sich eine glühende Kugel, die nach dem Erkalten metallisch hell und silbrig glänzt und sich leicht mit einem Hammer verformen lässt.

a) Worauf ist das Aufflammen des glühenden Holzspans zurückzuführen?

b) Aus welchem Stoff kann die Metallkugel sein? Begründe deine Vermutung.

Elemente und Verbindungen. Silberoxid lässt sich durch kräftiges Erhitzen in Silber und Sauerstoff zerlegen. Man bezeichnet dies als **Oxidspaltung.**

Kupferiodid lässt sich durch Wärme in Kupfer und Iod zerlegen. Die Stoffe Silber, Sauerstoff, Kupfer oder Iod lassen sich durch chemische Reaktionen aber nicht weiter zerlegen. Es sind *besondere* Reinstoffe, die der Chemiker als **Grundstoffe** oder **chemische Elemente** bezeichnet. Man kann sie nicht durch chemische Reaktionen aus anderen Elementen herstellen.

Silberoxid und Kupferiodid sind dagegen Verbindungen. Das sind Reinstoffe, die man durch chemische Reaktionen wieder in Elemente zerlegen kann.

Vielfalt der Elemente. Bisher sind ungefähr 110 Elemente entdeckt worden. Metalle wie Silber, Aluminium, Eisen, Magnesium und Zink gehören dazu. Weitere Elemente sind die Feststoffe Schwefel und Kohlenstoff sowie die Gase Sauerstoff, Stickstoff und Helium.

▲ *2. Beispiele für Elemente*

Auch *Gold* ist ein Element. Alchemisten im Mittelalter haben oft versucht, Gold aus Kupfer oder Blei herzustellen. Ihnen war der heutige Elementbegriff unbekannt, sonst hätten sie gewusst, dass die Goldherstellung so gar nicht funktionieren kann.

Elemente sind Reinstoffe, die sich durch chemische Reaktionen nicht weiter in andere Stoffe zerlegen lassen.

Chemische Verbindungen werden aus mindestens zwei Elementen gebildet. Sie lassen sich durch chemische Reaktionen wieder in Elemente zerlegen.

2. Fragen zum Text

a) Warum bezeichnet man Sauerstoff, Silber, Iod und Kupfer als Elemente?

b) Zähle mindestens fünf Elemente und fünf Verbindungen auf.

c) Wodurch unterscheiden sich die Stoffe Silberoxid und Silber?

3. Was ist Kupferiodid?

Wenn man Kupferiodid in einem Reagenzglas erhitzt, sieht man bald blauvioletten Dampf und ein rötlich glänzendes Metall am unteren Teil des Glases.

a) Um welche Stoffe könnte es sich dabei handeln?

b) Was könnte geschehen sein?

c) Ist Kupferiodid eine Verbindung oder ein Element?

4. Gold herstellen?

Erkläre, warum es nicht möglich ist, Gold aus Stoffen wie Eisen, Blei oder Schwefel herzustellen.

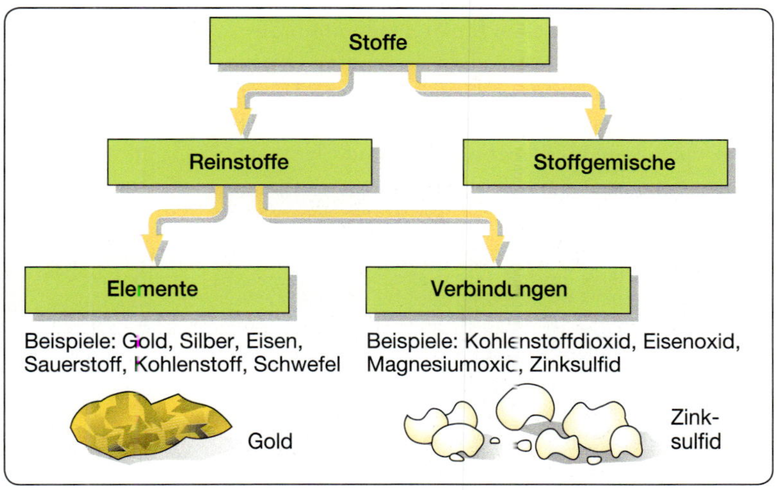

▲ *3. So lassen sich Stoffe einteilen*

Elemente im menschlichen Körper

Im menschlichen Körper kann man zahlreiche chemische Elemente nachweisen. Die Tabelle nennt die zehn häufigsten. Sie kommen aber nicht elementar vor, sondern nur in Form von Verbindungen.

Element	O	C	H	N	Ca	P	S	K	Na	Cl
Anteil an der Körpermasse in %	61	23	10	2,6	1,4	1,1	0,2	0,2	0,14	0,12

1. Erstelle eine übersichtliche Grafik aus den Werten in der Tabelle.

Das Element Iod (I) ist wichtig für die Funktion der Schilddrüse. Das ist ein Organ, das für die körperliche Aktivität des Menschen, die Körpertemperatur und das Wachstum und wichtig ist.

2. Finde heraus, weshalb man Speisesalz mit Iodverbindungen versetzt.

Auch Eisen (Fe) benötigt der Mensch, vor allem für das Blut. Denn der rote Blutfarbstoff Hämoglobin ist ein kompliziert gebauter Eiweißstoff, der Eisen in gebundener Form enthält. Nur so kann der Blutfarbstoff ausreichend Sauerstoff aufnehmen und im Körper transportieren. Die rote Farbe des Hämoglobins kommt vor allem vom gebundenen Eisen.

Der Sauerstoff wird im Körper benötigt, um durch Oxidation aus den Nährstoffen Energie zu gewinnen.

3. Bei Eisenmangel hat man eine blasse Gesichtsfarbe, ist ständig müde und man kann sich schlecht konzentrieren. Versuche diese Symptome zu erklären.

Kohlenstoff (C) ist das Element des Lebens! Er ist in allen biologischen Stoffen enthalten. Gewebe wie Haut, Muskeln und die inneren Organe bestehen größtenteils aus verschiedenen Eiweißstoffen. Eiweißstoffe sind typische Kohlenstoffverbindungen in Pflanzen, Tieren und Menschen.

Insgesamt gibt es mehrere Millionen Kohlenstoffverbindungen!
Die Ursache für diese große Vielfalt liegt darin, dass C-Atome lange Ketten mit und ohne Verzweigungen und sogar Ringe bilden können. Zusammen mit den Bindungspartnern Wasserstoff, Sauerstoff und Stickstoff ergibt sich so eine riesige Vielfalt an Verbindungen.

4. Inwiefern kann man Kohlenstoff als „Element des Lebens" bezeichnen?
5. Schreibe auf, welche Kohlenstoffverbindungen du bereits kennst.
6. Was für ein Stoff entsteht, wenn man Kohlenstoff verbrennt?
7. a) Wie lässt sich das Gas Kohlenstoffdioxid nachweisen?
b) Welche Rolle spielt es bei der Atmung?

Das Gesetz von der Erhaltung der Masse

1. Verändert sich die Masse oder nicht?

a) Eine brennende Kerze steht auf einer Waage. Was geschieht im Laufe der Zeit?
b) Wie verändert sich die Masse, wenn du ein Büschel Eisenwolle mit dem Brenner erhitzt?

2. Streichhölzer im Reagenzglas

Gib drei Streichhölzer in ein Reagenzglas, verschließe es mit einem Luftballon und wiege es. Erwärme das Reagenzglas in der Brennerflamme, bis sich die Streichhölzer darin entzünden. Wiege erneut, wenn das Glas abgekühlt ist. Was stellst du fest?

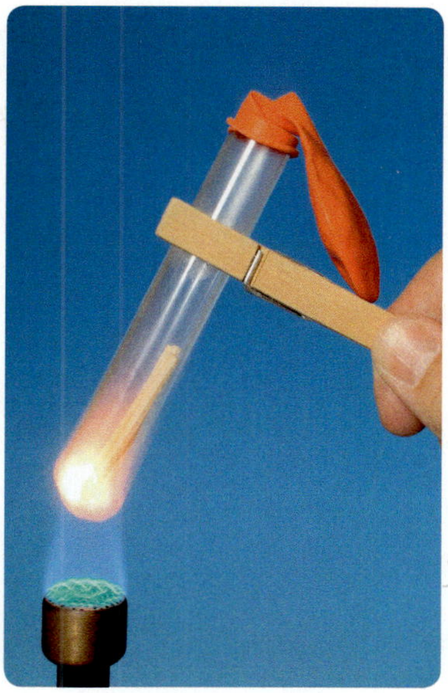

▲ *1. Streichhölzer werden erhitzt*

Das Gesetz von der Erhaltung der Masse. Der französische Chemiker LAVOISIER war im Jahre 1774 äußerst unzufrieden: Bei seinen Versuchen zur Verbrennung gab es manchmal einen Massenverlust und ein anderes Mal eine Massenzunahme.
Er vermutete, dass während der Reaktion entweder ein Stoff unbemerkt verloren geht oder unbemerkt hinzukommt. Er kam daher auf die Idee, einen Stoff in einem verschlossenen Glasgefäß zu verbrennen. Somit konnte während der chemischen Reaktion nichts verloren gehen und nichts hinzukommen.

Das Ergebnis seiner Untersuchungen war immer dasselbe: Die **Gesamtmasse** war *nach* dem Versuch **genau so groß** wie *vor* dem Versuch. Die Ergebnisse der Untersuchungen von LAVOISIER bildeten die Grundlagen für das **Gesetz von der Erhaltung der Masse.**

Dieses Gesetz gilt für alle chemischen Reaktionen. So wird die Kerze bei der Verbrennung nur deshalb **leichter,** weil die Reaktionsprodukte Kohlenstoffdioxid und Wasserdampf als Gase entweichen. Sie werden bei der herkömmlichen Versuchsanordnung nicht mit gewogen.

Wenn Eisenwolle verbrennt, kommt während der Reaktion gasförmiger Sauerstoff aus der Luft hinzu, der vorher nicht gewogen werden kann.
Nur, wenn in einem geschlossenen Gefäß alle Ausgangsstoffe und alle entstehenden Stoffe mit gewogen werden, ändert sich die Masse nicht.

Bei einer chemischen Reaktion ist die Masse der Ausgangsstoffe genau so groß wie die Masse der Endprodukte.

3. Fragen zum Text

a) Weshalb wird die Eisenwolle beim Verbrennen schwerer?
b) Wie lautet das Gesetz von der Erhaltung der Masse?
c) Warum wird das Reagenzglas bei dem Versuch mit den Streichhölzern mit einem Luftballon verschlossen?
d) Durch welche Beobachtungen ist LAVOISIER auf das Gesetz von der Erhaltung der Masse gestoßen?

4. Mit eigenen Worten

Eine Kerze wird beim Verbrennen immer kleiner und leichter. Trotzdem gilt das Gesetz von der Erhaltung der Masse. Erkläre diesen Widerspruch.

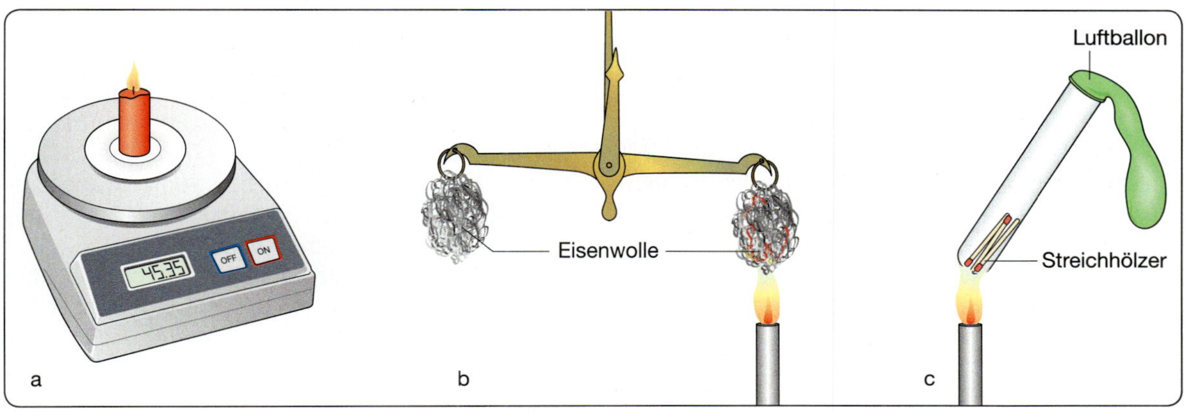

▲ *2. Unterschiedliche Ergebnisse bei chemischen Reaktionen*

Das Atommodell nach DALTON

1. John DALTON, ein englischer Chemiker

Informiere dich im Internet oder in einem Lexikon über das Leben und über die Arbeiten von John DALTON.

Das Atommodell nach DALTON. Anfang des 19. Jahrhunderts entwickelte DALTON ein Modell, das den **Aufbau der Stoffe aus Atomen** erklärte.

Über die Atome machte DALTON die folgenden Aussagen:

1. Jedes Element besteht aus winzig kleinen, kugelförmigen Teilchen, den Atomen.
2. Atome desselben Elements sind untereinander gleich, sie haben die gleiche Masse und die gleiche Größe.
3. Atome unterschiedlicher Elemente haben unterschiedliche Größe und Masse; es gibt also genau so viele Atomarten, wie es Elemente gibt.
4. Atome können durch chemische Reaktionen weder vernichtet noch erzeugt werden.

◀ *2. DALTON: Jedes Element besteht aus winzigen kugelförmigen Atomen*

Obwohl das Atommodell von DALTON aus heutiger Sicht die Welt der Atome nur unzureichend beschreibt, eignet es sich doch gut, um chemische Reaktionen zu veranschaulichen.

Anordnung der Atome. Inzwischen weiß man, dass einzelne Atome, wie sie sich DALTON vorgestellt hat, in der Natur selten zu finden sind. Nur die kleinsten Teilchen der *Edelgase* kommen als **einzelne, frei bewegliche Atome** vor.

Die kleinsten Teilchen von *gasförmigen Stoffen* bestehen aus **Molekülen.** Das sind Teilchen, die aus zwei oder mehr Atomen aufgebaut sind.

Im Sauerstoff-Molekül sind z. B. zwei Sauerstoff-Atome miteinander verbunden. Ein Molekül Kohlenstoffdioxid setzt sich aus zwei Sauerstoff-Atomen und einem Kohlenstoff-Atom zusammen. Bei Gasen sind die Moleküle frei beweglich.

In *Metallen* wie Eisen oder Aluminium sind unvorstellbar viele Atome in regelmäßiger Weise dicht nebeneinander angeordnet. Sie bilden einen riesig großen, geordneten **Atomverband.** Die Atome im Metall sind nicht frei beweglich, sondern ortsfest gepackt.

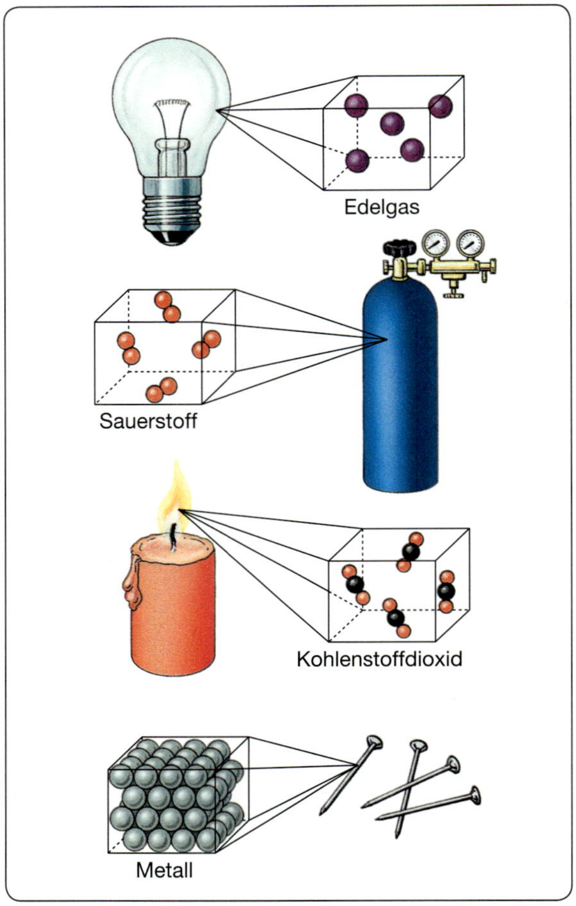

▲ *3. Atome ordnen sich unterschiedlich an*

Die chemische Reaktion als Neugruppierung von Atomen. Zink und Schwefel reagieren unter heftiger Qualm- und Wärmeentwicklung zu Zinksulfid. Das Metall Zink besteht aus unzähligen, regelmäßig angeordneten Zink-Atomen. Auch der Feststoff Schwefel ist aus regelmäßig angeordneten Atomen aufgebaut.
Bei der Reaktion werden zunächst sowohl die Zink-Atome als auch die Schwefel-Atome voneinander getrennt. Das wird durch die zugeführte Aktivierungsenergie bewirkt. Anschließend ordnen sich diese Atome neu an und bilden zusammen die Verbindung Zinksulfid; dabei wird Energie frei.

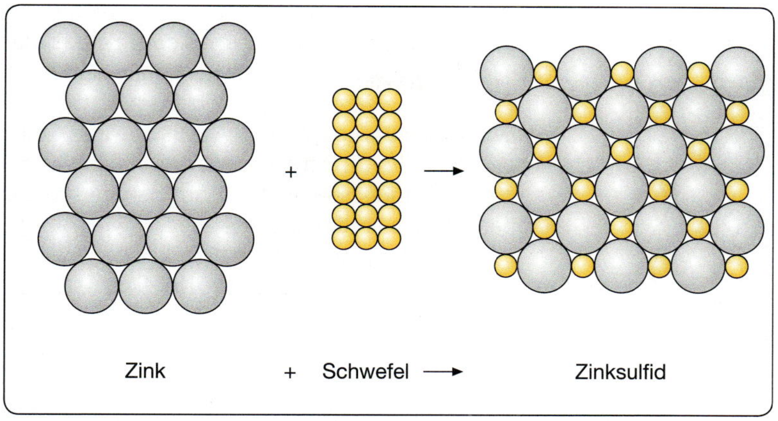

▲ *1. Chemische Reaktion im Dalton-Modell*

Während einer chemischen Reaktion *entstehen* also *keine neuen Atome.* Auch *werden keine Atome zerstört.* Die bereits vorhandenen Atome werden **voneinander getrennt** und **ordnen sich** dann auf eine **andere Weise an.** Sie bilden einen **neuen Stoff.** Die vorhandenen Atome sind also nur umgruppiert worden.

Mit der Neugruppierung der Atome bei einer chemischen Reaktion kann man das **Gesetz zur Erhaltung der Masse** erklären:

Da vor, während und nach einer chemischen Reaktion stets **gleich viele Atome** vorliegen und die einzelnen Atome weder schwerer noch leichter werden, **muss die Gesamtmasse** der an der Reaktion beteiligten Atome stets **gleich bleiben.**

Alle Stoffe sind aus Atomen aufgebaut. Bei einer chemischen Reaktion entstehen keine neuen Atome; Anzahl und Masse der Atome bleiben unverändert.
Die Atome werden bei einer chemischen Reaktion aber ganz neu angeordnet.

1. Fragen zum Text

a) Welche Aussagen machte Dalton über Atome?
b) Welche Atome sind untereinander gleich, welche sind verschieden?
c) Was sind Moleküle?
d) Beschreibe die Anordnung der Atome im Element Sauerstoff und die im Element Eisen.
e) Erkläre, wieso sich bei einer chemischen Reaktion die Gesamtmasse der Stoffe nicht ändert.

Exkurs

▶ Eine chemische Reaktion – näher betrachtet

Was geschieht, wenn man Kohle erhitzt?

In der festen Kohle sind die Kohlenstoff-Atome dicht nebeneinander, ortsfest und regelmäßig angeordnet. Bei ansteigender Temperatur schwingen sie immer stärker hin und her. An den Ecken und Kanten werden die Atome nicht so stark festgehalten; dort können sie am ehesten eine Reaktion eingehen.

Sauerstoff besteht aus Molekülen. Im Sauerstoff-Molekül sind jeweils zwei Sauerstoff-Atome miteinander verbunden. Die Moleküle bewegen sich ungeordnet im Raum. Dabei stoßen sie auch häufig zusammen und prallen wieder voneinander ab. Je höher die Temperatur ist, umso größer wird die Geschwindigkeit und umso heftiger werden die Zusammenstöße.

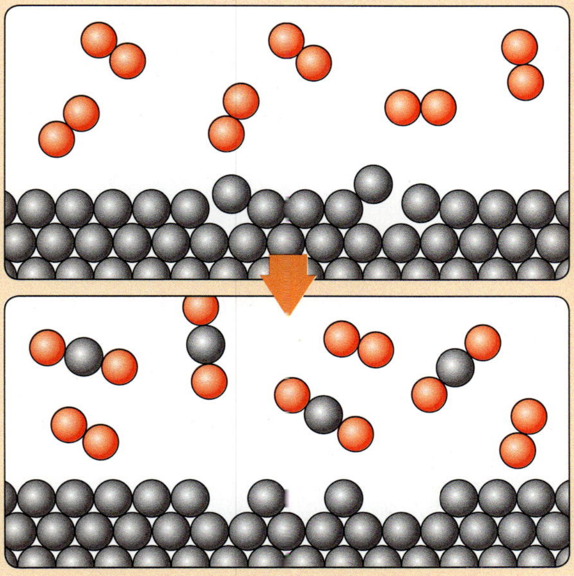

2. Beschreibe möglichst genau, was geschieht, wenn Kohlenstoff mit Sauerstoff reagiert.

▶ DALTON und die chemische Reaktion – ganz einfach!

▲ 1. DEMOKRIT – auf der Suche nach den Atomen

Wie die Dinge um uns herum aufgebaut sind, das hat die Menschen schon lange interessiert. 500 Jahre vor Christus haben sich Philosophen in Griechenland darüber Gedanken gemacht. Es waren vor allem DEMOKRIT und sein Lehrer LEUKIPP.

Die beiden Denker haben sich folgende Frage gestellt: Was geschieht eigentlich, wenn man zum Beispiel ein Stück Gold immer weiter zerteilt? Kann man den Goldklumpen immer weiter und weiter zerteilen? Oder ist irgendwann Schluss und man erhält ein winziges Goldteilchen, das man nicht weiter zerkleinern kann? Gibt es also eine Grundeinheit „Gold", aus dem der ganze Klumpen letztlich zusammengesetzt ist?

Ein Modell vom Aufbau der Stoffe. DEMOKRIT kam rein durch Überlegungen genau zu dieser Überzeugung. Er sagte, dass alle Stoffe aus kleinsten Teilchen aufgebaut sind, die man nicht weiter zerteilen kann. Er nannte sie daher „atomos"; das ist griechisch und bedeutet unteilbar.
Diese Theorie hatte sich damals allerdings nicht recht durchsetzen können. Erst rund 2000 Jahre später hat der englische Naturforscher DALTON diese Idee wieder aufgenommen und weiter vertieft. Von ihm stammen die folgenden Aussagen.

DALTONS Aussagen:

1. Jedes Element besteht aus winzig kleinen, nicht weiter teilbaren Teilchen, den Atomen.

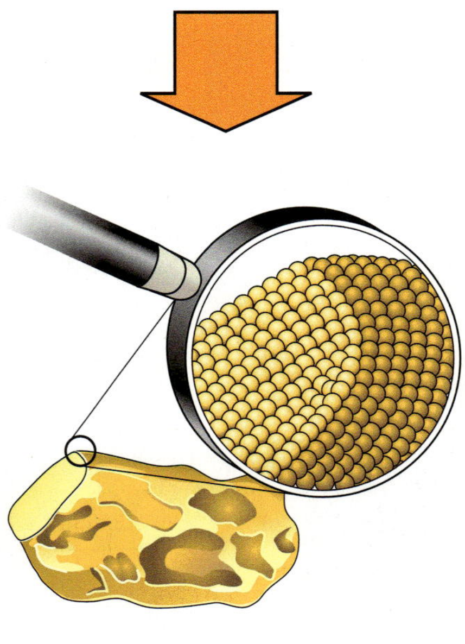

Ein Klumpen Gold zum Beispiel besteht also tatsächlich aus winzig kleinen Bausteinen, den Atomen. Sie sind aber so klein, dass man sie mit dem Auge nicht sehen kann – auch nicht durch ein Mikroskop.

2. Alle Atome eines Elements sind untereinander gleich (gleiche Größe, gleiche Masse).

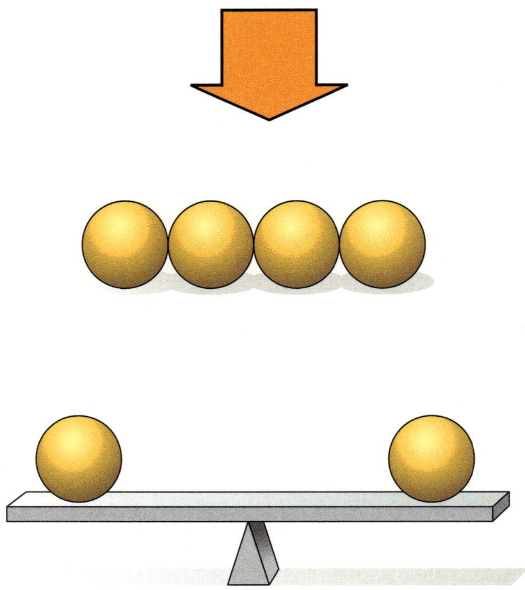

Alle Gold-Atome sind untereinander gleich groß und gleich schwer, haben also dieselben Eigenschaften.

Dalton sagt, dass bei einer **chemischen Reaktion** keine neuen Atome entstehen – und auch keine verschwinden. Was geschieht dann? Ganz einfach: Die Atome werden bei der Reaktion voneinander getrennt und ordnen sich anders an. So entstehen ganz neue Stoffe mit anderen Eigenschaften. Dabei bleibt die Zahl der Atome insgesamt aber unverändert.

Die Atome des Stoffes A werden bei der chemischen Reaktion voneinander getrennt...

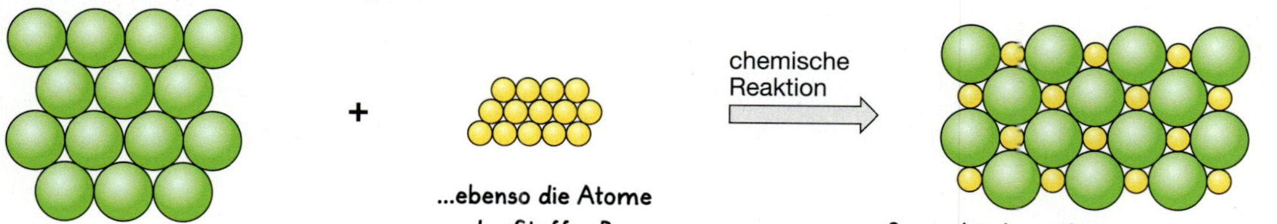

...ebenso die Atome des Stoffes B.

Sie verbinden sich zu einem neuen Stoff mit neuen Eigenschaften

In mancherlei Hinsicht hat man Daltons Theorie in den darauffolgenden Jahren noch etwas erweitern und anpassen müssen. Aber die Grundaussage ist auch heute noch gültig:
– Elemente sind aus kleinen Teilchen aufgebaut, die wir Atome nennen.
– Die Atome eines Elements unterscheiden sich von den Atomen eines anderen Elements.

Daltons Aussagen:

3. Atome unterschiedlicher Elemente sind auch unterschiedlich groß und schwer. Jedes Element hat also seine eigene Atomsorte mit ganz bestimmten Eigenschaften.

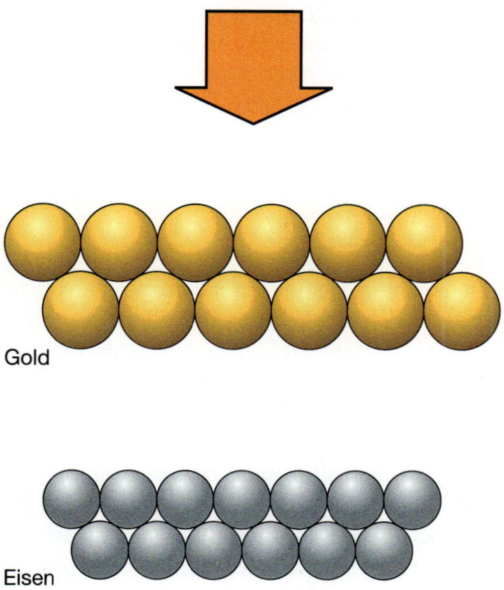

Atome eines anderen Elements, etwa Eisen-Atome, haben dagegen andere Eigenschaften als Gold-Atome. Aber alle Eisen-Atome sind untereinander gleich.

4. Atome werden bei chemischen Reaktionen weder vernichtet noch neu erzeugt.

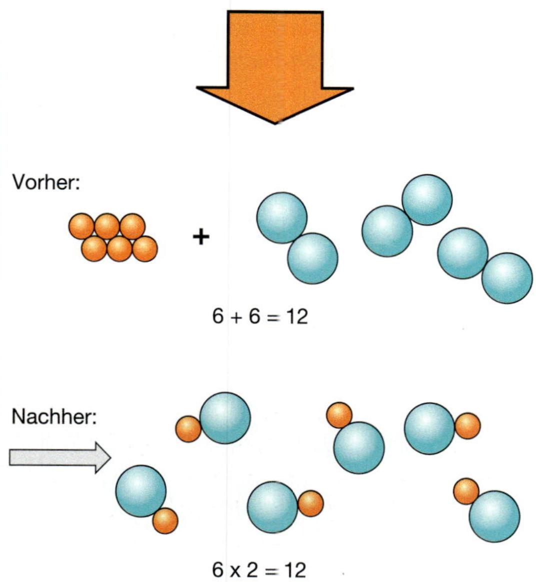

Es bleiben also alle Atome erhalten, wenn Stoffe miteinander reagieren. Wenn vor einer Reaktion 10 Millionen Atome vorliegen, dann liegen nach der Reaktion dieselben 10 Millionen Atome vor. Sie sind aber anders miteinander verknüpft.

Die Sprache der Chemie

▲ *1. Wie geht es jetzt weiter …?*

Element	heutiges Symbol	Symbol nach DALTON
Wasserstoff (**H**ydrogenium)	H	
Kohlenstoff (**C**arboneum)	C	
Stickstoff (**N**itrogenium)	N	
Phosphor (**P**hosphorus)	P	
Schwefel (**S**ulfur)	S	
Gold (**Au**rum)	Au	
Silber (**Ar**g**entum)	Ag	
Kupfer (**Cu**prum)	Cu	
Quecksilber (**H**ydrar**g**yrum)	Hg	
Eisen (**Fe**rrum)	Fe	

▲ *3. Symbole für chemische Elemente*

1. Symbole im Alltag

a) Wo findet man im Alltag Schilder mit Symbolen?
b) Welche Vorteile haben die Symbole im Vergleich zu geschriebenen Hinweisen?

Vorteile einer Zeichensprache. Einfache Bilder oder Symbole sagen oft mehr als viele Worte. So findet man sich auf fremden Bahnhöfen oder Flughäfen auch zurecht, wenn man die Hinweisschilder mit Symbolen beachtet.
Solche einfachen Zeichen stellen eine Art Kurzschrift dar, die oft ohne weitere Erklärung verstanden werden. Sie sind von der Sprache der Reisenden unabhängig, genau so wie international verständliche Verkehrsschilder.

Symbole für Elemente. Auch in der Chemie verwendet man schon lange eine Kurzschrift. Diese zunächst von den Alchemisten bis in das 18. Jahrhundert benutzten Zeichen waren aus der Astronomie bekannt. Zu Beginn des 19 Jahrhunderts hat der englische Chemiker DALTON dann Kurzzeichen für die damals bekannten Elemente eingeführt.

▲ *2. Chemische Symbole sind international*

Die heute *gebräuchliche Symbolschrift* der Chemie hat der Schwede BERZELIUS um 1820 entwickelt. Er schlug vor, die Anfangsbuchstaben der lateinischen oder griechischen Bezeichnungen der Elemente als Abkürzungen zu verwenden.
So bekam das Element **Sauerstoff** das Symbol **O** vom lateinischen Namen **Oxygenium. Schwefel** hat das Elementsymbol **S**, da der lateinische Name **Sulfur** lautet.

Beginnen mehrere Elemente mit dem gleichen Buchstaben, wird zur Unterscheidung ein zweiter *klein geschriebener* Buchstabe hinzugefügt. So hat das Element Gold das Elementsymbol Au und das Element Silber Ag.

Alle Chemiker weltweit benutzen diese Elementsymbole. Die chemischen Symbole sind international.

Bedeutung der Elementsymbole. In der Chemie haben die Elementsymbole eine doppelte Bedeutung.
– Zum einen bezeichnen sie das Element, also den **Stoff.**
– Zum anderen stehen sie für **ein Atom** dieses Stoffes.
Nur aus dem jeweiligen Zusammenhang heraus kann man verstehen, welche Bedeutung das Symbol gerade besitzt.

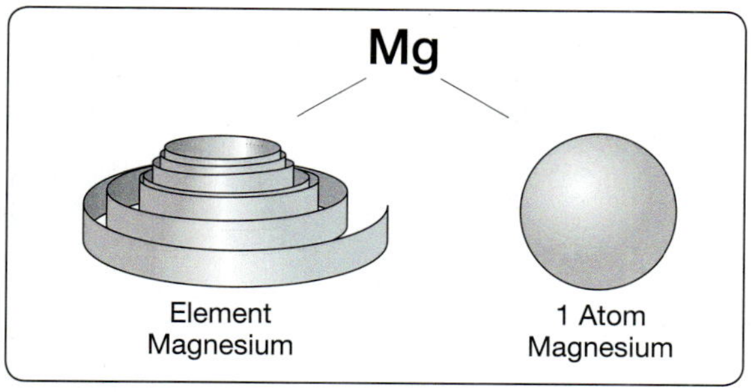

▲ 1. *Bedeutung eines Elementsymbols*

Formeln für Moleküle. Chemische Bezeichnungen gibt es nicht nur für Elemente, sondern auch für chemische Verbindungen.
Die Formel H_2O bedeutet beispielsweise, dass ein Wasser-Molekül aus *zwei* Wasserstoff-Atomen und *einem* Sauerstoff-Atom besteht. Die kleine tiefgestellte Index-Zahl gibt an, *wie viel Atome einer Atomsorte* in einem Molekül enthalten sind. Eigentlich müsste man daher H_2O_1 schreiben. Die Index-Zahl 1 lässt man aber verabredungsgemäß weg.

Verwendet man diese Molekülformeln, erspart man sich viel Schreibarbeit. Anstatt zwei Sauerstoff-Moleküle schreibt man nur noch 2 O_2, drei Wasser-Moleküle werden als 3 H_2O abgekürzt.

Auch Molekülformeln haben wie die Elementsymbole zwei Bedeutungen:
- Sie beschreiben den **Aufbau eines Moleküls.**
- Sie sind **Abkürzungen** für die Namen der entsprechenden **Stoffe.**

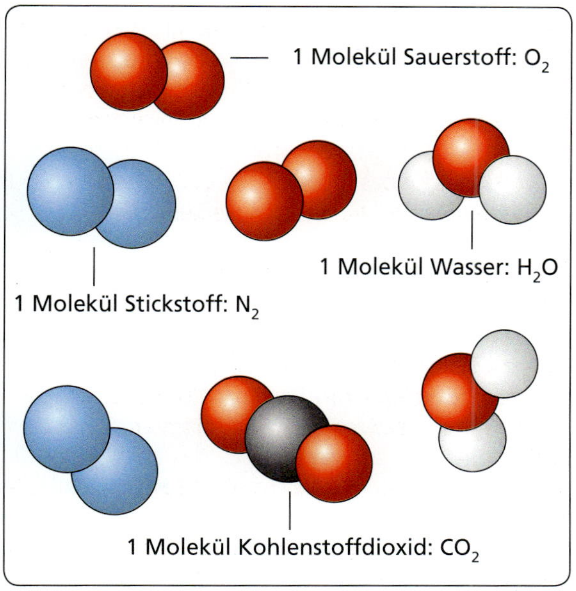

▲ 2. *Verschiedene Molekülmodelle mit ihren Formeln*

Wie man Formeln für Moleküle aufstellen kann. Einem Stoff kann man seine Formel nicht ansehen. Man kann ihn aber analysieren, d. h. Spezialisten zerlegen ihn chemisch und bestimmen Art und Anzahl der Atome, aus denen die Moleküle des Stoffes bestehen. Mithilfe der **Bindigkeit (Wertigkeit)** kann man Formeln mit weniger Aufwand ermitteln.
Die **Bindigkeit** ist eine Zahl, die Auskunft über die Bindefähigkeit eines Atoms gibt. Sie sagt aus, wie viele Atome Wasserstoff das betreffende Atom binden oder im Molekül ersetzen kann. Ein Wasserstoff-Atom ist dabei *immer einbindig.*
Ein Chlor-Atom kann im HCl-Molekül nur *ein* Wasserstoff-Atom binden. Also ist es *einbindig*. Wasser hat die Formel H_2O. Das bedeutet, ein Sauerstoff-Atom kann *zwei* Wasserstoff-Atome binden, es ist also *zweibindig*. In der Verbindung Ammoniak (NH_3) kann ein Stickstoff-Atom *drei* Wasserstoff-Atome binden, Stickstoff-Atome sind hier *dreibindig*. Im Methan-Molekül (CH_4) ist ein Kohlenstoff-Atom *vierbindig*.

Element	Symbol	Bindigkeit
Wasserstoff	H	I
Chlor	Cl	I
Sauerstoff	O	II
Magnesium	Mg	II
Zink	Zn	II
Stickstoff	N	III
Aluminium	Al	III
Kohlenstoff	C	IV
Schwefel	S	IV (II, VI)

Die Formelsprache der Chemie beruht auf international einheitlichen Elementsymbolen.
Ein Elementsymbol steht für einen Stoff oder für ein Atom dieses Stoffes.
Eine Molekülformel gibt die Elemente und die Anzahl der Atome an, aus denen das Molekül aufgebaut ist.

1. Fragen zum Text

a) Nach welchen Regeln hat BERZELIUS die Elementsymbole eingeführt?
b) Welche Doppelbedeutung haben Elementsymbole und Molekülformeln?
c) Schreibe die Elementsymbole für Wasserstoff, Kohlenstoff, Sauerstoff und Chlor auf.

2. Symbole und Formeln

a) Finde mithilfe dieses Schulbuches heraus, welche chemischen Elemente sich hinter den Symbolen Ne, O, S, P, Au, Ag, Ne, I, Fe, U und Br verbergen.
b) Finde die Namen der Stoffe, die zu diesen Formeln passen: O_2, H_2O, CO_2, O_3, H_2S, CO.

Zwei Modelle für die Bindigkeit

Um den Begriff der Bindigkeit (Wertigkeit) besser zu veranschaulichen, kann man ihn auch mithilfe von Modellen darstellen. Das eine Modell verwendet **Hände,** das andere **Steckbausteine.**

Das Hände-Modell. Die Wertigkeit (Bindefähigkeit) gibt an, wie viele Wasserstoff-Atome ein anderes Atom binden oder ersetzen kann.
Wasserstoff-Atome selbst sind immer **einbindig** (einwertig). Im Hände-Modell bekommt ein Wasserstoff-Atom dementsprechend nur eine Hand zugesprochen. Ein Chlor-Atom kann nur ein Wasserstoff-Atom binden. Auch Chlor ist also **einbindig.** Im Modell bekommt es ebenfalls eine Hand. Verbindet sich nun ein Chlor-Atom mit einem Wasserstoff-Atom, „reichen sich die beiden Atome die Hand", sie verbinden sich also. Der entstehende Stoff heißt Chlorwasserstoff.

Wasserstoff ist einwertig

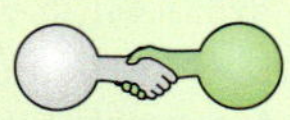

Chlorwasserstoff

Bei anderen Atomen kann man es sich so vorstellen:

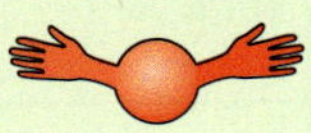

Ein Sauerstoff-Atom ist **zweibindig,** es bekommt also **zwei Hände.**

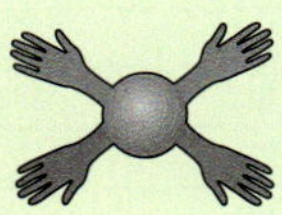

Beim Kohlenstoff-Atom sind es **vier Hände,** es ist **vierbindig.**

Beim Stickstoff-Atom sind es **drei Hände.**

So kann man auf einen Blick sehen, wie viele Bindungen das Atom eingehen kann.

Um die **Formel** für die Verbindung aus einem Stickstoff-Atom und Wasserstoff-Atomen herauszufinden, braucht man nur die Hände zu verknüpfen. Ein Stickstoff-Atom hat im Modell drei Hände, die Formel muss also NH_3 heißen. Die Wasserstoff-Verbindungen mit Kohlenstoff und Sauerstoff heißen entsprechend CH_4 und H_2O.

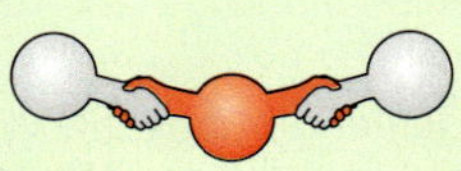

H_2O

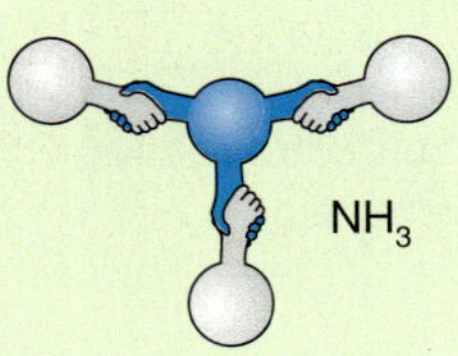

NH_3

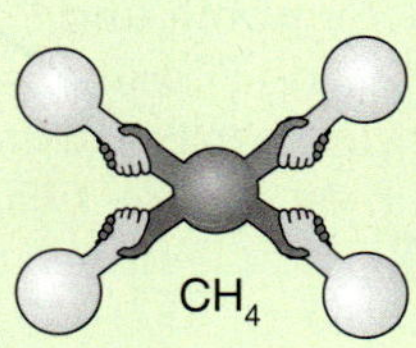

CH_4

Das Baustein-Modell. Mithilfe von echten oder gezeichneten Steckbausteinen kann man ebenfalls Bindigkeiten darstellen und Formeln ermitteln.

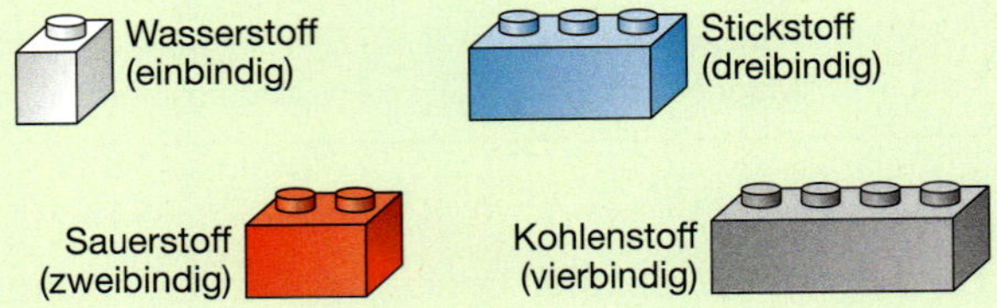

In einer Verbindung muss die Summe der Bindigkeiten *ausgeglichen* sein. Also müssen die Bausteine der Bindungspartner *gleich lang* sein – also gleich viele Noppen haben.

Beispiel: Wie lautet die Formel für die Verbindung aus Wasserstoff-Atomen und Stickstoff-Atomen?

– Als Erstes stellt man in einer Tabelle (siehe S. 31) die Bindigkeit fest: Wasserstoff ist einbindig, Stickstoff ist dreibindig. Man sucht sich also Bausteine mit der entsprechenden Zahl von Noppen.

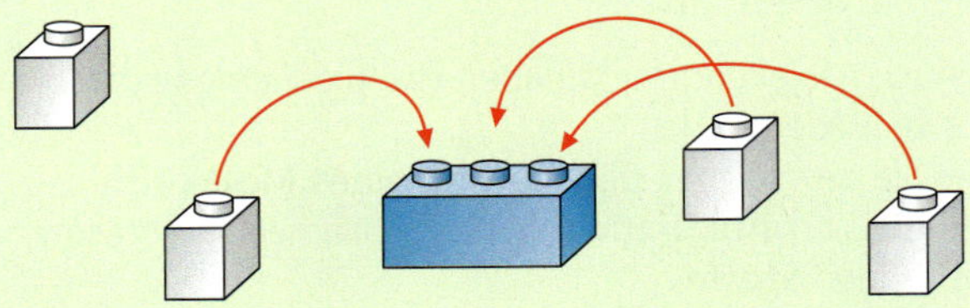

– Nun werden die Bindigkeiten ausgeglichen. Die Bausteine mit einer Noppe werden auf den größeren Baustein aufgesteckt. Es passen natürlich genau drei kleine auf den größeren Baustein.

– Die Formel für das Molekül heißt demnach NH_3.

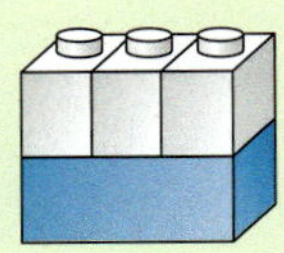

1. Wie sieht das Baustein-Modell für die Moleküle CO_2, CH_4 und H_2O aus?
2. Aluminium ist dreibindig. Ermittle die Formel für Aluminiumoxid mit dem Baustein-Modell. (Tipp: Hier benötigst du zwei Aluminium-Bausteine).
3. Spielt in der Klasse symbolisch das Hände-Modell. Schüler, die H- und Cl-Atome darstellen, dürfen sich nur einhändig binden. Schüler als O-Atome arbeiten zweihändig. Stellt gemeinsam verschiedene Moleküle dar, z. B. H_2O, HCl, O_2, H_2.

Reaktionsgleichungen

1. *Magnesium verbrennt*

1. Wie man eine Reaktion kurz beschreibt

Magnesium verbrennt an der Luft mit einer sehr hellen Flamme zu Magnesiumoxid.
a) Stelle die Reaktion mit einer Wortgleichung dar.
b) Wie könnte man diese Reaktion kürzer beschreiben?

Reaktionsgleichungen. Die Beschreibung einer chemischen Reaktion mithilfe von Symbolen und Formeln nennt man Reaktionsgleichung. Reaktionsgleichungen sind international verständlich. Das Aufstellen einer Reaktionsgleichung ist gar nicht so schwierig, wenn man sich an folgende Regeln hält.

1. Wortgleichung (Reaktionsschema) aufstellen:

Magnesium + Sauerstoff → Magnesiumoxid

2. Elementsymbole oder Formeln einsetzen:
Dabei muss man beachten, dass Sauerstoff als zweiatomiges Molekül vorkommt.

■ Mg + ■ O_2 → ■ MgO

3. Einrichten auf der Seite der Produkte:
Bei einer chemischen Reaktion bleibt die Anzahl der Atome vor und nach der Reaktion unverändert. Die Anzahl der Atome muss deshalb auf der linken und auf der rechten Seite des Reaktionspfeils gleich groß sein. Links vom Reaktionspfeil stehen zwei Sauerstoff-Atome, rechts nur eines. Deshalb schreibt man rechts den Faktor 2 vor die Formel MgO:

■ Mg + ■ O_2 → 2 MgO

4. Einrichten auf der Seite der Ausgangsstoffe:
Nun stehen rechts 2 Magnesium-Atome; diese müssen auf der linken Seite bereitgestellt werden. Deshalb schreibt man nun vor das Elementsymbol Mg den Faktor 2.

2 Mg + ■ O_2 → 2 MgO
2 Mg + O_2 → 2 MgO

Jetzt ist die Reaktionsgleichung ausgeglichen. Links und rechts vom Pfeil stehen gleich viele Atome. Den Faktor 1 schreibt man in Reaktionsgleichungen nicht hin.

5. Angabe des Energieumsatzes:
Zusätzlich kann man noch angeben, ob bei der Reaktion Energie frei wird (exotherme Reaktion) oder ob man ständig Energie zuführen muss (endotherme Reaktion):

2 Mg + O_2 → 2 MgO; Energie wird frei

Bei chemischen Reaktionen sind natürlich stets sehr viele Atome und Moleküle beteiligt. Man gibt in Reaktionsgleichungen aber stellvertretend nur die kleinstmögliche Zahl von Teilchen an, die bei einer Reaktion beteiligt sind.

Eine chemische Reaktion kann mit einer Reaktionsgleichung beschrieben werden. Die Reaktionsgleichung gibt die Ausgangsstoffe und Reaktionsprodukte an.

2. Fragen zum Text

a) Welche Vorteile hat eine Reaktionsgleichung gegenüber einer Wortgleichung?
b) Weshalb müssen links und rechts vom Reaktionspfeil gleich viele Atome stehen?

3. Reaktionsgleichung für Ammoniak

Stickstoff reagiert mit Wasserstoff zu Ammoniak (NH_3). Stelle für diese Reaktion die Reaktionsgleichung auf. Denke daran, dass Wasserstoff und Stickstoff zweiatomige Moleküle bilden.

4. Verbrennung von Kohlenstoffmonooxid

Das giftige Kohlenstoffmonooxid in Autoabgasen wird in einem Abgaskatalysator mit Luft zu Kohlenstoffdioxid verbrannt. Stelle dazu die Reaktionsgleichung auf.

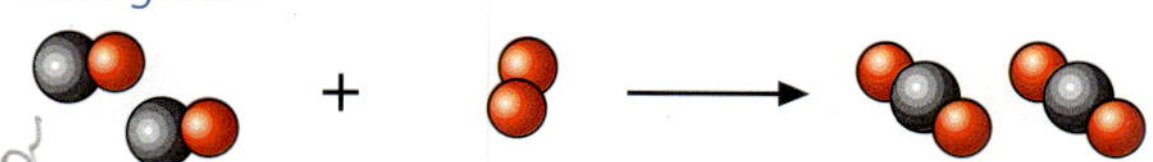

5. Verbrennung von Methan

Bei der Verbrennung von Methan (CH_4) entstehen Kohlenstoffdioxid und Wasser. Stelle die Reaktionsgleichung auf. Verwende als Hilfsmittel eine Teilchendarstellung wie bei dem Beispiel oben.

3. *Erdgas besteht zu über 90 % aus Methan*

Verbrennungsprodukt Wasser: H_2O

▲ 1. Glimmspanprobe

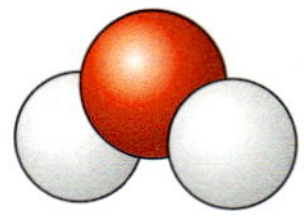

3. Modell eines Wasser-Moleküls ▶

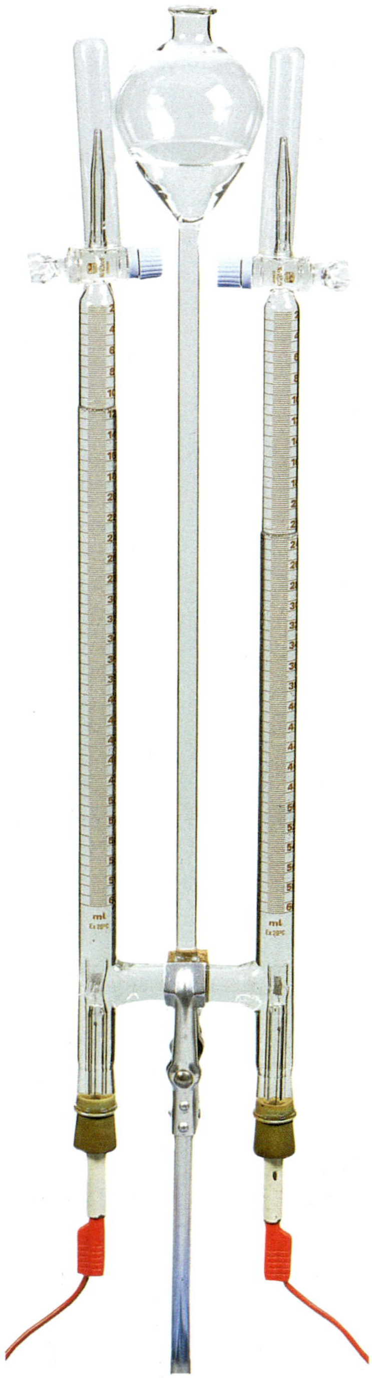

▲ 4. Hofmannscher Wasserzersetzer

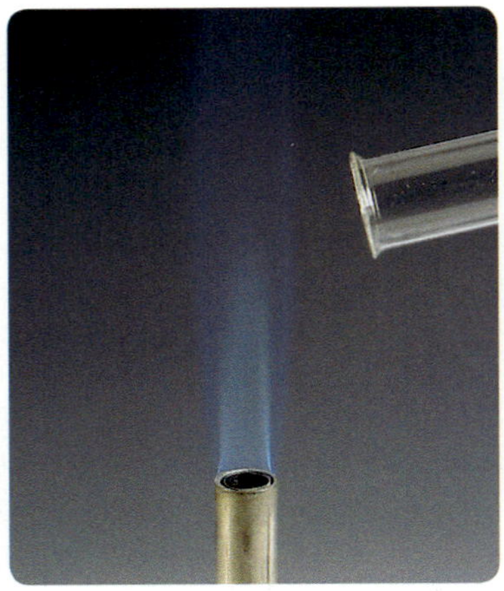

▲ 2. Knallgasprobe

1. Feuchtes Element?

Bei Wasser spricht man oft vom „feuchten Element". Kommentiere das aus der Sicht der Chemie.

Zerlegung (Analyse) des Wassers. Mit dem Wasserzersetzungsapparat des Chemikers Hofmann lässt sich leicht beweisen, dass Wasser eine chemische Verbindung ist. Das Gerät wird mit Wasser gefüllt, dem zur besseren Leitfähigkeit etwas Säure zugesetzt wurde. Wenn man das Gerät an eine Gleichspannungsquelle anschließt, kann man beobachten, dass an beiden Elektroden Gase aufsteigen. Am Minuspol kann das Gas Wasserstoff entzündet werden; am Pluspol lässt sich mit der Spanprobe Sauerstoff nachweisen. Es entsteht immer doppelt so viel Wasserstoff wie Sauerstoff.
Wasser lässt sich also in Wasserstoff und Sauerstoff zerlegen:

Wasser ⟶ Wasserstoff + Sauerstoff.

Bau des Wasser-Moleküls. Ein Wasser-Molekül besteht aus einem Sauerstoff-Atom und zwei Wasserstoff-Atomen. Die Formel des Wassers ist daher H_2O.

Herstellung (Synthese) von Wasser. Zündet man ein Gemisch aus Wasserstoff und Sauerstoff, kommt es zu einer chemischen Reaktion: Es entsteht eine farblose Flüssigkeit, Wasser:

Wasserstoff + Sauerstoff. ⟶ Wasser.

Diese Reaktion nennt man auch Knallgasreaktion, weil Sauerstoff und Wasserstoff sehr heftig, oft mit einem gut hörbaren Geräusch, miteinander reagieren.

Die **Analyse** und die **Synthese** des Wassers sind einander entgegengesetzt ablaufende Reaktionen. Bei der Analyse des Wassers wird Energie zugeführt.
Die Synthese läuft unter Energieabgabe ab.

Wasser ist eine chemische Verbindung, deren Moleküle aus Wasserstoff- und Sauerstoff-Atomen bestehen. Die Formel lautet H_2O.

2. Fragen zum Text

a) Welche Gase entstehen bei der Zerlegung von Wasser?
b) Wie nennt man den Nachweis des Sauerstoffs?

Chemische Reaktionen überall

→ Chemische Reaktion: Bei einer chemischen Reaktion entstehen aus vorhandenen Stoffen **neue Stoffe** mit **neuen Eigenschaften.**

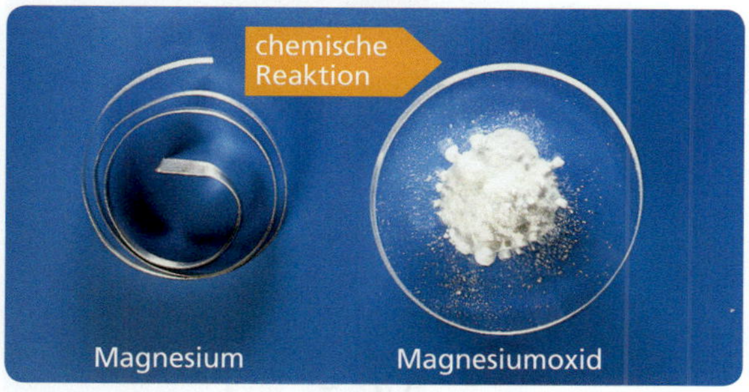

Eine **Oxidation** ist eine chemische Reaktion, bei der sich ein Stoff mit Sauerstoff zu einem **Oxid** verbindet. **Sulfide** entstehen bei Reaktionen mit Schwefel.
Beispiele:
Magnesium + Sauerstoff → Magnesiumoxid
Zink + Schwefel → Zinksulfid

→ Energie bei chemischen Reaktionen: Für den Start einer chemischen Reaktion benötigt man **Aktivierungsenergie.**

Bei **endotherm**en Reaktionen muss man ständig Energie zuführen, damit sie ablaufen. Bei **exotherm**en Reaktionen dagegen wird Energie in Form von Wärme oder Licht abgegeben.

→ Energieerhaltung: Energie wird bei chemischen Reaktionen niemals vernichtet, sondern nur in andere Energieformen umgewandelt.

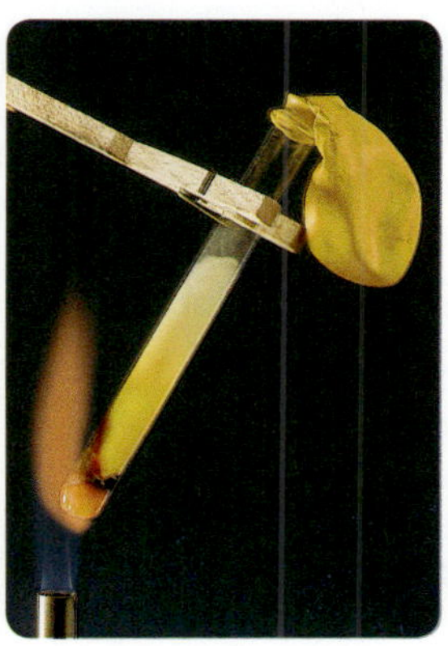

→ Gesetz von der Erhaltung der Masse: Bei einer chemischen Reaktion ist die Masse der Ausgangsstoffe genau so groß wie die Masse der Reaktionsprodukte.

→ Elemente und Verbindungen: Reinstoffe, die man chemisch nicht weiter zerlegen kann, nennt man **Elemente.** Sie sind aus einer einzigen Atomart aufgebaut.
Verbindungen sind aus Elementen aufgebaut und lassen sich wieder in diese zerlegen.

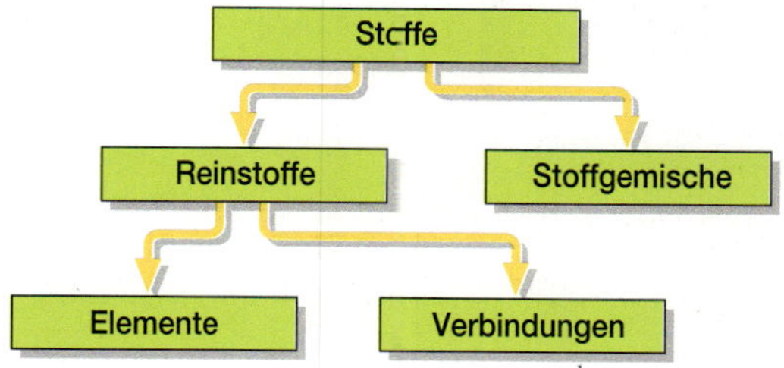

→ Das Atommodell von DALTON:
- Alle Stoffe sind aus Atomen aufgebaut.
- Alle Atome eines Elements haben gleiche Größe und Masse.
- Atome verschiedener Elemente unterscheiden sich in Größe und Masse.
- Bei chemischen Reaktionen werden keine Atome neu gebildet oder vernichtet. Die Atome der Ausgangsstoffe werden aber neu angeordnet und miteinander verknüpft.

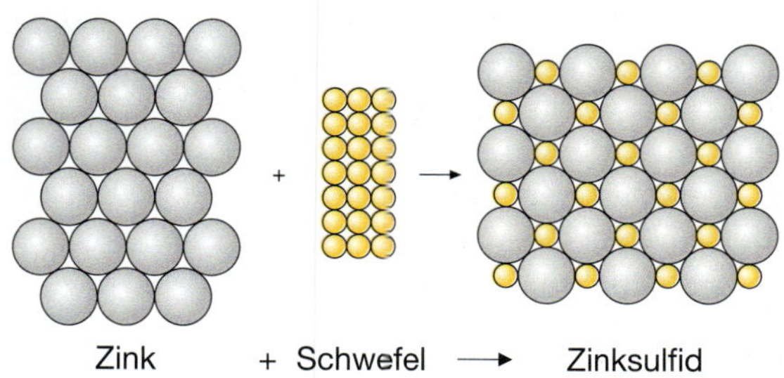

→ Chemische Symbole: Elementsymbole stehen für den **Stoff** oder für **ein Atom** dieses Stoffes.
Beispiele: Mg, Zn, S.
Molekülformeln geben an, welche Atome in welcher Anzahl in einem Molekül vorhanden sind.
Beispiele: H_2O, O_2, CO_2.

→ Reaktionsgleichungen beschreiben chemische Reaktionen in Kurzform. Beispiel:

$2\ H_2 + O_2 \rightarrow 2\ H_2O$;   Energie wird frei

→ Analyse und Synthese: Wasser kann man in die Stoffe Wasserstoff und Sauerstoff zerlegen (Analyse). Aus Wasserstoff und Sauerstoff kann man wieder Wasser herstellen (Synthese).

Chemische Reaktionen überall

1. Auch so kann man ein Feuer entzünden

Zum Entzünden von Stahlwolle genügt es, diese zwischen die Pole einer Batterie zu halten.

a) Erkläre, warum sich Stahlwolle auch auf diese Weise entzünden lässt.

b) Verbrennt die Stahlwolle, ist das Verbrennungsprodukt schwerer. Weshalb ist das kein Widerspruch zum Gesetz von der Erhaltung der Masse?

2. Zinkpulver verbrennt

Zinkpulver ist silbergrau. In einer Brennerflamme verbrennt es hell leuchtend. Dabei entsteht ein weißer Stoff.

a) Woran erkennt man, dass eine chemische Reaktion abgelaufen ist?

b) Welcher Stoff ist entstanden? Formuliere die Wortgleichung (Reaktionsschema).

c) Erstelle eine Skizze, wie man sich nach DALTON diese chemische Reaktion vorstellen kann.

3. Nachweise

Wie kann man nachweisen, …

a) … dass bei der Zerlegung von Silberoxid Sauerstoff entsteht?

b) … dass der Mensch Kohlenstoffdioxid ausatmet?

c) … dass bei der Zerlegung von Wasser Wasserstoff entsteht?

4. Verbindung, Gemisch, Element

a) Ist Luft eine Verbindung, ein Gemisch oder ein Element? Begründe deine Antwort.

b) Nenne jeweils zwei Beispiele für eine Verbindung, ein Gemisch und ein Element.

5. Bedingungen für eine chemische Reaktion

Magnesium und Sauerstoff reagieren miteinander zu Magnesiumoxid, wenn man das Magnesiumband kurz mit dem Brenner erhitzt.

a) Wie heißt die Energie, die zum Starten der Reaktion zugeführt werden muss?

b) Überlege, wofür diese Startenergie konkret benötigt wird. Denke dabei auch daran, wie die Atome vor der Reaktion vorliegen.

6. Welches Gesetz steckt hinter diesem Versuch?

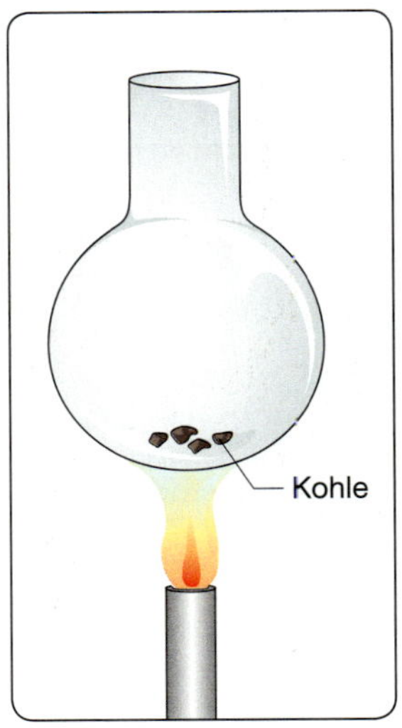

a) Was wirst du wohl beobachten können, wenn du einen Rundkolben mit einigen Krümeln Kohle stark erhitzt und dabei kräftig schwenkst?

b) Was geschieht mit der Kohle in diesem Versuch?

c) Wie wird sich die Gesamtmasse des Kolbens bei diesem Versuch verändern?

d) Was würde man mit der Waage messen, wenn der Kolben bei dem Versuch mit einem Luftballon verschlossen wäre? Begründe deine Vermutung.

e) Stell dir vor, du wärst ein Kohlenstoff-Atom der Kohle im Rundkolben. Schreibe eine kleine Geschichte darüber, wie es dir bei der Verbrennung der Kohle ergehen würde.

7. In der Sprache der Chemie

Stelle in chemischer Formelschreibweise und in Teilchendarstellung dar:

a) …ein Eisen-Atom, drei Helium-Atome, vier Sauerstoff-Moleküle, zwei Wasser-Moleküle.

b) …Schwefeldioxid (SO_2) reagiert mit Sauerstoff zu Schwefeltrioxid (SO_3).

c) …die Knallgasreaktion.

8. So kann man Wasser zerlegen

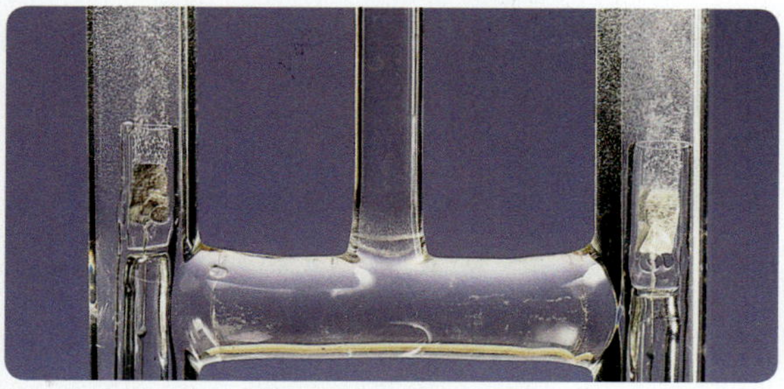

a) Beschreibe die Zerlegung von Wasser durch elektrischen Strom.
b) Wie bezeichnet man allgemein die Zerlegung einer Verbindung?
c) In der Knallgasreaktion wird aus Wasserstoff und Sauerstoff Wasser erzeugt. Wie nennt man diesen Vorgang allgemein?
d) Wie müsste das Produkt aus Wasserstoff und Sauerstoff chemisch exakt benannt werden? Schreibe die Reaktionsgleichung auf.

9. Chemische Reaktion – ja oder nein?

Hier sind Beispiele für Vorgänge, die man in einem Labor durchführen kann. Bei welchen Vorgängen kann man von einer chemischen Reaktion sprechen?
Begründe in jedem Fall deine Entscheidung.
a) Kupferpulver wird mit Schwefel vermischt.
b) Ein kleiner Industriediamant wird verbrannt.
c) Wasser verdampft.
d) Brausepulver wird in Wasser gegeben.
e) Zucker wird in Wasser gelöst.
f) Aus Kupfer und Iod entseht Kupferiodid.
g) Silberoxid wird in Sauerstoff und Silber zerlegt.

10. Namen für Stoffe

Bei der Namensgebung für chemische Verbindungen fügt man zur besseren Unterscheidung oft auch griechische Zahlwörter in die Namen ein. Beispiele: Schwefeldioxid (SO_2), Schwefeltrioxid (SO_3).

Zahl	1	2	3	4	5	6
Bezeichnung	mono	di	tri	tetra	penta	hexa

a) Benenne die folgenden Verbindungen: NO_2, NO, N_2O, P_2O_5.
b) Schreibe die Formeln für Kohlenstoffmonooxid, Kohlenstoffdioxid und für Distickstoffmonooxid auf.

11. Warum werden Silberlöffel schwarz?

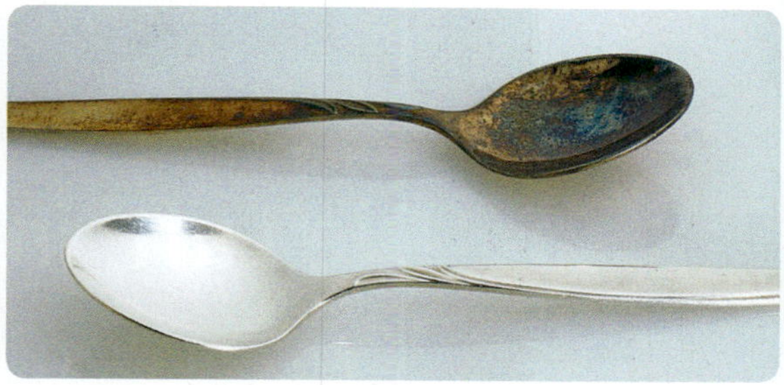

Silberbesteck bekommt im Laufe der Zeit häufig einen dunklen Belag. Das passiert am schnellsten, wenn man damit Eier isst.
a) Der schwarze Belag ist Silbersulfid. Er entsteht in einer Reaktion mit Schwefel. Welcher Stoff muss in Eiern vorhanden sein?
b) Auch Silberschmuck läuft oft schwarz an. Wie kann man sich das erklären?

12. Hier irrte der Journalist

In einer alten Zeitung war zu lesen, dass es einem Alchemisten im 15. Jahrhundert gelungen war, aus Zink und Kupfer Gold herzustellen. Allerdings soll der Zauberer das Rezept mit ins Grab genommen haben.
a) Erkläre, weshalb die Meldung so nicht richtig sein kann.
b) Informiere dich über die Zusammensetzung und die Eigenschaften der Legierung Messing. Erkläre damit den Bericht in der Zeitung.

13. Definitionen, Fachwissen und mehr

a) Erläutere den Begriff Aktivierungsenergie.
b) Was entsteht bei der Verbrennung von Metallen?
c) Was ist eine Oxidation?
d) Woran kannst du den Ablauf einer chemischen Reaktion erkennen?
e) Nenne vier Nichtmetalloxide mit Formeln.
f) Beschreibe das Gesetz von der Erhaltung der Masse mit eigenen Worten.
g) Wie kann man mit dem Atommodell von DALTON das Gesetz von der Erhaltung der Masse erklären?
h) Wie unterscheiden sich Edelgase von anderen Gasen?
i) Welche Regeln hat BERZELIUS für die heute gebräuchliche Symbolschrift in der Chemie entwickelt?

KAPITEL

4 Die Luft, in der wir leben

Luft enthält vor allem Stickstoff und Sauerstoff. Doch ein anderes Gas macht den Klimaforschern Sorgen: Kohlenstoffdioxid. Sein Anteil nahm in den letzten Jahrzehnten ständig zu. Es fördert den Treibhauseffekt und ist mitverantwortlich für die Erwärmung der Erde.
Kommt ein globaler Klimawandel?

Es ist schon sinnvoll, etwas mehr über die Luft zu erfahren, denn sie ist wichtig für das Leben auf der Erde.

▲ 1. Welche Vorgänge kennst du, bei denen Kohlenstoffdioxid entsteht?

◄ 2. Diese bunten Luftballons fliegen nur, weil sie mit dem leichten Gas Helium gefüllt sind. Auch Helium ist ein natürlicher Bestandteil der Luft.

▼ 3. Ein 20 m großer Laubbaum stellt täglich rund 8 700 Liter Sauerstoff her! Rechne einmal aus, wie viel Liter das pro Jahr sind.

▲ 4. Ist die Kerzenflamme vor Schreck ausgegangen? Was ist hier passiert?

Die Luft ist ein lebenswichtiger Stoff

1. Die Luft anhalten

a) Schätze, wie lange du es ohne Luft aushältst.
b) Halte einmal die Luft an und stoppe die Zeit.

2. Zähle deine Atemzüge

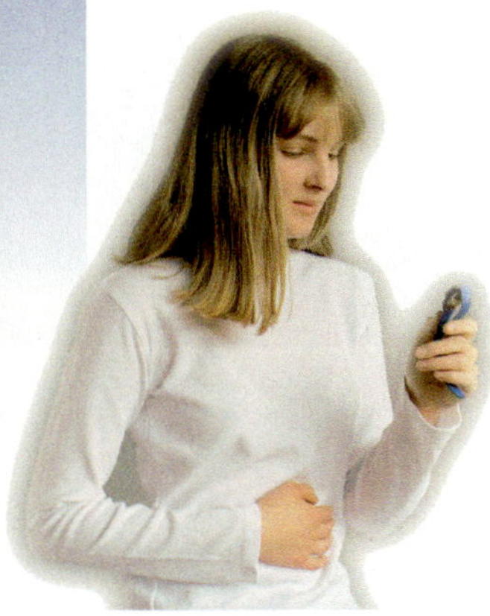

a) Setze dich auf einen Stuhl und lege eine Handfläche auf den unteren Bereich der Rippen.
Jetzt kannst du die Atembewegungen spüren. Zähle die Atemzüge, die du innerhalb einer Minute machst und notiere den Wert.
b) Mache 20 Kniebeugen und zähle wieder die Atemzüge. Vergleiche mit dem Wert in a).
c) Welche Werte haben deine Mitschüler ermittelt?

3. Wie viel Luft atmest du aus?

a) Puste deine Atemluft in einen Kunststoffbeutel (z. B. Gefrierbeutel 5 l) und zwar nur so viel, wie du bei einem ruhigen Atemzug ausatmest. Schließe den Beutel durch Drehen. Die Luftmenge kannst du messen, indem du den Beutel ganz unter Wasser drückst. Das geht sehr gut mit einem durchsichtigen Eimer mit einer Literskala (Kleistereimer).
Der Anstieg des Wasserspiegels im Eimer zeigt das Volumen der ausgeatmeten Luft an.
b) Rechne aus, wie viel Luft du innerhalb einer Stunde ausatmest. Verwende dazu dein Ergebnis aus Aufgabe 2.

4. Ist der Trichter verstopft?

a) Verschließe eine Flasche mit einem durchbohrten Stopfen. Stecke einen Trichter fest in den Stopfen. Wenn du jetzt Wasser in den Trichter füllst, kann es passieren, dass das Wasser gar nicht abläuft. Wie kann man das erklären?
b) Überlege, was man tun muss, damit das Wasser doch abläuft. Probiere es selbst aus und begründe.

5. Hat Luft eine Masse?

a) Pumpe mit einer Ballpumpe einen Ball so auf, dass kein Überdruck entsteht. Schraube die Pumpe ab, lass das Füllventil aber im Ball stecken. Bestimme die Masse.
Pumpe dann den Ball so weit wie möglich auf und bestimme die Masse erneut.
b) Verbinde ein Ende eines passenden Schlauches mit dem Füllventil im Ball. Halte das andere Schlauchende in einen wassergefüllten Messzylinder, der umgekehrt in einer Wanne mit Wasser steht.
Wenn du jetzt das Ventil in den Ball drückst, strömt Luft aus dem Ball in den Messzylinder. Miss möglichst genau 1 Liter Luft ab. Wiege den Ball erneut und bestimme die Masse der ausgeströmten Luft.

▲ 1. *Beim Sport braucht man viel Luft*

▲ 3. *Die Lufthülle der Erde – aus dem Weltraum gesehen*

Benötigte Luftmenge pro Stunde (in Liter)	
Schlafen	280
Liegen	400
Stehen	450
Gehen	1 000
Radfahren	1 400
Schwimmen	2 600
Bergsteigen	3 100
Rudern	3 600

▲ 2. *Tabelle Luftbedarf*

Luft ist lebensnotwendig. Selbst beim Schlafen müssen wir atmen. Ohne Luft geht für uns nichts. Je mehr wir uns anstrengen, desto mehr Luft atmen wir ein und aus.
Auch Fische und andere Wasserlebewesen brauchen Luft zum Leben. Sie leben von der Luft, die sich im Wasser gelöst hat.

Wozu benötigen Lebewesen die Luft? Die Luft enthält das Gas **Sauerstoff.** Dieses Gas benötigen wir, um aus den Nährstoffen der Nahrung die Energie zum Leben zu gewinnen. Chemisch gesehen handelt es sich dabei um eine Oxidation – also eine chemische Reaktion mit Sauerstoff, bei der Energie frei wird.

Grüne Pflanzen haben es einfacher. Auch Pflanzen benötigen Sauerstoff zum Leben. Sie können den Sauerstoff aber selbst herstellen. Der Vorgang heißt Fotosynthese. Er kann allerdings nur bei Licht ablaufen. Im Dunkeln sind auch Pflanzen auf den Sauerstoff aus der Luft angewiesen.
Grüne Pflanzen stellen wesentlich mehr Sauerstoff her, als sie selbst verbrauchen – vor allem sind es die grünen Algen im Meer. Wir verdanken ihnen, dass wir stets ausreichend mit Sauerstoff versorgt sind.

Die Lufthülle der Erde. Auf der Erde ist die Luft für uns unsichtbar. Sie erscheint uns grenzenlos. Doch vom Weltraum aus zeigen Satellitenaufnahmen die Luft nur als hauchdünnen, blau schimmernden Gasmantel.
Mit zunehmender Höhe wird die Luft dünner, sie enthält dann immer weniger Teilchen. In einer Entfernung von 6 km enthält die Atmosphäre nur noch halb so viele Teilchen wie am Erdboden. In 100 km Höhe findet man fast keine Luftbestandteile mehr.

Luft ist ein Körper, sie benötigt Platz. Die Luft ist ein gasförmiger Körper, der einen Raum einnimmt. Deshalb ist eine „leere" Flasche keineswegs leer. Wasser kann erst dann in eine Flasche fließen, wenn die enthaltene Luft durch eine Öffnung entweichen kann (vgl. Aufgabe 4 auf der gegenüberliegenden Seite).

Luft hat eine Masse. Ein Ball wird schwerer, wenn man ihn aufpumpt – weil er dann mehr Luft enthält. Lässt man genau 1 l Luft aus einem Ball ausströmen, dann wird er 1,2 g leichter. Luft hat bei normalem Druck und Zimmertemperatur eine Masse von 1,2 g.

Luft ist ein farbloser, gasförmiger Körper, der einen Raum einnimmt. Ein Liter Luft hat bei Normaldruck eine Masse von 1,2 g. Der Sauerstoff der Luft ist für die meisten Lebewesen lebensnotwendig.

1. Fragen zum Text

a) Weshalb ist die Luft lebensnotwendig?
b) Viele Lebewesen können im Wasser atmen. Nenne Beispiele und begründe, warum das geht.
c) Wie viel Raum nehmen 1,2 g Luft bei Normaldruck ein?

Woraus besteht Luft?

1. Versuch mit der Kerzenflamme

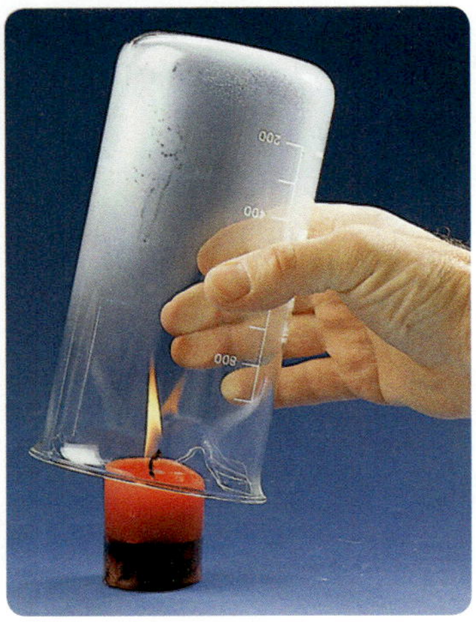

a) Zünde eine Kerze an. Stelle ein Becherglas oder ein anders Glasgefäß umgekehrt über die brennende Kerze. Beobachte, was geschieht.
b) Stelle anschließend das Glasgefäß über eine zweite brennende Kerze. Erkläre deine Beobachtungen.

2. Die Glimmspanprobe

Lass dir vom Lehrer einen Standzylinder oder ein Reagenzglas mit reinem Sauerstoff (GHS 3, 4) füllen. Verschließe das Gefäß mit einem Deckel.
Entzünde ein Holzstäbchen an einer Flamme; blase es nach einigen Sekunden wieder aus, sodass es noch weiter glimmt. Halte diesen Glimmspan in den Standzylinder. Beschreibe und erkläre deine Beobachtungen.

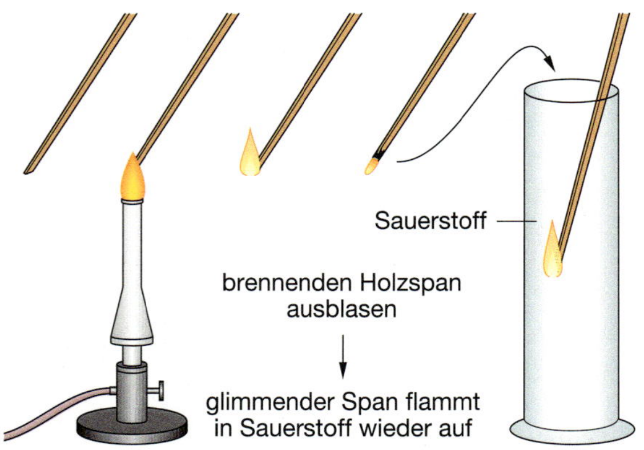

3. Ist Sauerstoff leichter als Luft?

a) Wie kannst du mithilfe eines Experiments feststellen, ob Sauerstoff (GHS 3, 4) leichter oder schwerer als Luft ist?
b) Führe den Versuch selbst durch.

4. Magnesium brennt

a) Fülle eine Wanne halb mit Wasser. Setze eine leere Schale eines Teelichtes auf die Wasseroberfläche. Gib ein Stück Magnesiumband (GHS 2) in die kleine Schale. Zünde das Magnesiumband mit der Brennerflamme an und stülpe rasch einen Standzylinder über die Teelichtschale. Was geschieht?

b) Verschließe den Standzylinder unter Wasser mit einem Glasdeckel. Drehe nun den Standzylinder um und halte einen brennenden Holzspan hinein. Erkläre deine Beobachtungen zu a) und b).

5. Der Kalkwasser-Test

a) Puste einen großen Luftballon auf. Leite deine ausgeatmete Luft vom Ballon in klares Kalkwasser. Überlege, wie du die Luft aus dem Ballon langsam ableiten kannst.
Diesen Versuch verwendet man zum Nachweis von Kohlenstoffdioxid. Was kannst du beobachten?
b) Leite nun über einen Ballon normale Luft aus der Umgebung in eine frische Kalkwasserlösung ein – also keine Ausatemluft. Vergleiche deine Beobachtung mit der aus Versuch a) und erkläre!

6. Versuch mit dem Kolbenprober

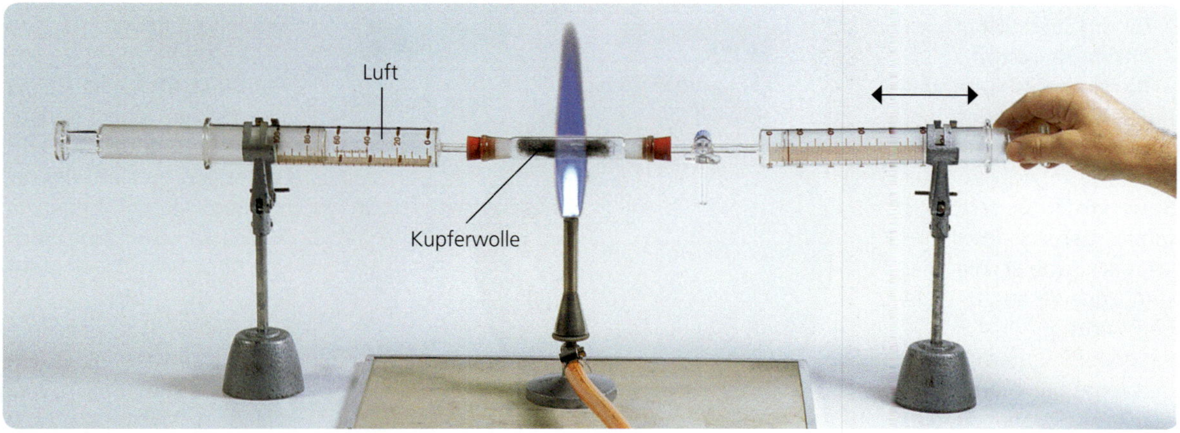

Die Apparatur wird so zusammengebaut wie in der Abbildung zu sehen. Zunächst füllt man einen Kolbenprober mit 100 ml Luft. Der andere bleibt leer. Die Kupferwolle (GHS 2, 7, 9; B2) wird mit dem Bunsenbrenner erhitzt. Nun drückt man die Luft solange über die erhitzte Kupferwolle von einem Kolbenprober in den anderen, bis das Kupfer nicht mehr hell aufglüht. Wenn das Kupfer trotz Erhitzens mit dem Brenner nicht mehr glüht, beendet man den Versuch und lässt die Apparatur abkühlen.

a) Wie hat sich die Kupferwolle bei dem Versuch verändert?

b) Vergleiche die Gasmengen in den Kolbenprobern vor und nach dem Experiment.

c) Was kann man mit diesem Versuch zeigen?

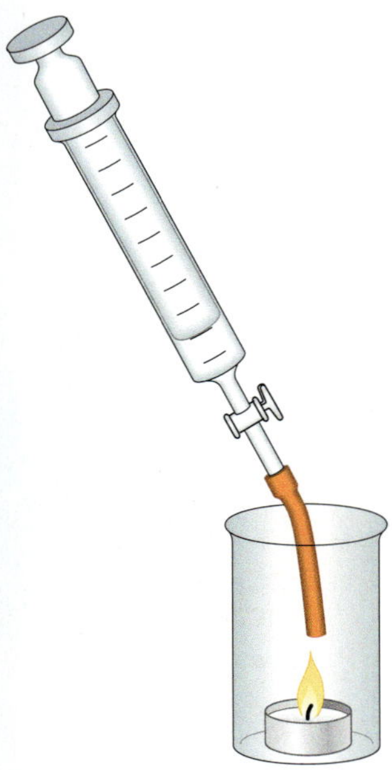

7. Das Restgas aus dem Kolbenproberversuch

a) Fülle das Restgas aus dem Kolbenproberversuch ganz langsam in ein hohes Becherglas mit brennendem Teelicht. Welche Eigenschaft des Restgases kannst du feststellen?

b) Der größte Teil des Restgases ist Stickstoff. Was könnte der Grund für diesen Namen sein?

c) Für Stickstoff gibt es keine einfache Nachweisreaktion im Schullabor. Vermute, woran das liegen könnte.

8. Verwendung von Stickstoff

Auf verpackten Lebensmitteln mit Wurst, Fleisch, Käse oder Fisch findet man manchmal den Aufdruck „unter Schutzatmosphäre verpackt". Meistens befindet sich in der Verpackung das Gas Stickstoff. Finde heraus, weshalb man das macht.

9. Nachweis für Wasserdampf

Erhitze Wasser in einem Gefäß mit Stopfen und gewinkeltem Glasrohr. Leite den entstehenden Wasserdampf auf weißes Kupfersulfat (GHS 7, 9; B2). Beschreibe, was mit dem weißen Kupfersulfat passiert.

Woraus besteht Luft?

Die Luft ist ein Gemisch. Ein Liter trockene Luft (1000 ml) enthält etwa:
- 780 ml Stickstoff
- 210 ml Sauerstoff
- 10 ml andere Gase, darunter 9,3 ml Edelgase und 0,4 ml Kohlenstoffdioxid.

Sauerstoff. Sauerstoff ist farb-, geruch- und geschmacklos. Für die meisten Lebewesen ist er lebenswichtig.
Sauerstoff unterhält die Verbrennung, brennt aber selbst nicht. Diese Eigenschaft nutzt man als Nachweis: Ein Holzspan, der an der Luft noch glimmt, brennt in reinem Sauerstoff mit heller Flamme. Man nennt diesen Nachweis **Glimmspanprobe.**

Stickstoff. Es ist das Gas, das beim Kolbenproberversuch (vgl. Aufg. 13.6) übrig bleibt, wenn der Sauerstoff mit der Kupferwolle reagiert hat. In reinem Stickstoff würden Lebewesen ersticken. So hat er seinen Namen bekommen. Auch Stickstoff ist farb-, geruch- und geschmacklos.
Bei normalen Bedingungen ist er sehr reaktionsträge. Es gibt daher keinen einfachen Stickstoffnachweis für das Schullabor.
Verpackte Lebensmittel werden oft unter Stickstoff gelagert; sie bleiben dadurch länger haltbar.

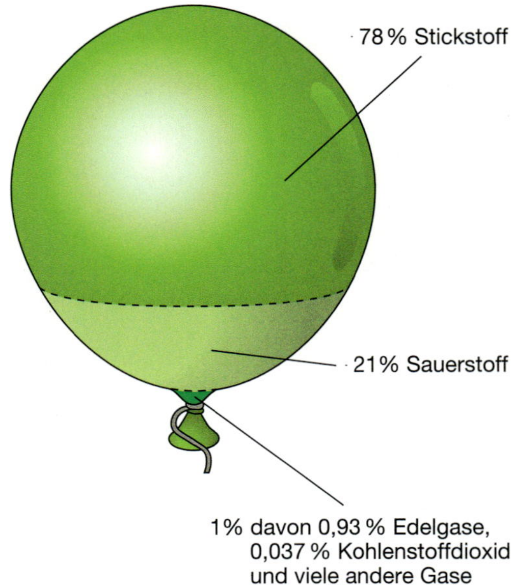

▲ *1. Zusammensetzung trockener Luft*

Edelgase. Nahezu keine chemischen Reaktionen gehen die Edelgase ein: Helium, Neon, Argon, Krypton, Xenon und Radon.

Kohlenstoffdioxid ist nur ein kleiner, aber bedeutsamer Bestandteil der Luft. Dieses Gas entsteht bei den meisten Verbrennungen im Alltag. Es spielt eine wichtige Rolle beim Treibhauseffekt.
Zum Nachweis leitet man es durch **Kalkwasser.** Es entsteht eine *milchige Trübung* (vgl. Seite 110).

Weitere Stoffe. Die Lufthülle der Erde enthält immer auch Wasserdampf, bis zu 23 ml pro Liter Luft.
Staub und viele andere Gase stammen aus Verkehr, Industrie und Haushalten sowie aus natürlichen Quellen.

Luft besteht im Wesentlichen aus 78 % Stickstoff, 21 % Sauerstoff und 1 % sonstigen Gasen. Außerdem sind Wasserdampf, Staub sowie Fremdstoffe in der Luft enthalten.

1. Fragen zum Text
a) Welches ist der Hauptbestandteil der Luft?
b) Was ist eine Glimmspanprobe?
c) Wie weist man Kohlenstoffdioxid nach?
d) Wofür ist Sauerstoff besonders wichtig?

Steckbrief: Sauerstoff

Physikalische Eigenschaften: Farb-, geruch- und geschmacklos, gasförmig;

Dichte (bei 20 °C):	1,33 g je Liter
Schmelztemperatur:	–219 °C
Siedetemperatur:	–183 °C
Löslichkeit in 1 l Wasser (bei 20 °C):	31 ml

Chemische Eigenschaften: Verbindet sich mit sehr vielen Stoffen. Unterhält die Verbrennung, brennt aber selbst nicht.
Verwendung: Schweißen, Atemgeräte, Bestandteil von Raketentreibstoff.

Steckbrief: Stickstoff

Physikalische Eigenschaften: Farb-, geruch- und geschmacklos, gasförmig;

Dichte (bei 20 °C):	1,17 g je Liter
Schmelztemperatur:	–210 °C
Siedetemperatur:	–196 °C
Löslichkeit in 1 l Wasser (bei 20 °C):	16 ml

Chemische Eigenschaften: Verbindet sich schlecht mit anderen Stoffen. Lebewesen ersticken in Stickstoff.
Verwendung: Schutzgas beim Schweißen, Herstellung von Mineraldünger.

Sauerstoff in Medizin und Technik

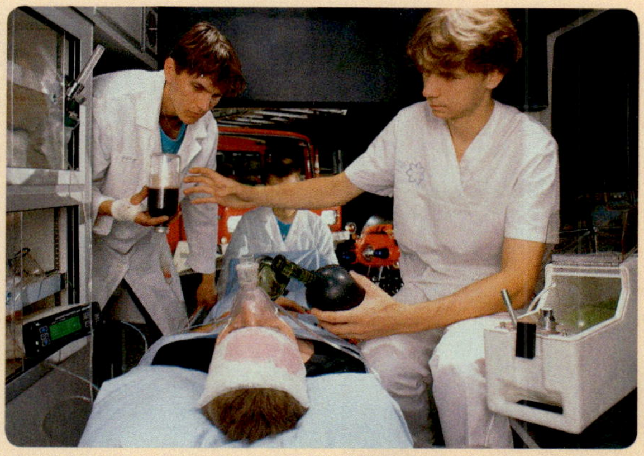

▲ 1. *Der Notarzt beatmet mit Sauerstoff*

Lebenswichtiger Sauerstoff. Ohne Sauerstoffzufuhr überlebt ein Mensch gerade einmal etwa vier Minuten. Die menschlichen Körperzellen müssen also ständig mit Sauerstoff versorgt werden. Man wird müde und unkonzentriert, wenn man Zimmer nicht regelmäßig lüftet.

Bekommt man wenige Minuten lang nicht genug Sauerstoff, etwa bei einem Unfall, kann das zu bleibenden gesundheitlichen Schäden führen.
Bei einem Notarzteinsatz wird deshalb einem bewusstlosen Patienten eine Atemmaske aufgesetzt, die ihn mit dem lebensnotwendigen Sauerstoff versorgt. Die Atemluft, die man durch eine solche Atemmaske erhält, ist mit Sauerstoff angereichert. Sie sorgt dafür, dass der Patient meist schnell wieder zu Bewusstsein kommt.

Auch bei einer Operation unter Vollnarkose wird der Patient künstlich beatmet. Hier übernimmt ein Narkosegerät die Beatmung des Menschen. Messgeräte ermitteln ständig die Atemwerte des Patienten und übertragen sie an einen Computer. Der errechnet die erforderliche Zusammensetzung der Atemluft. Der Narkosearzt überwacht die Mischung von Narkose- und Atemgas. Der Sauerstoffgehalt liegt zwischen 21 % und 33 %.

2. Operation unter Narkose ▶

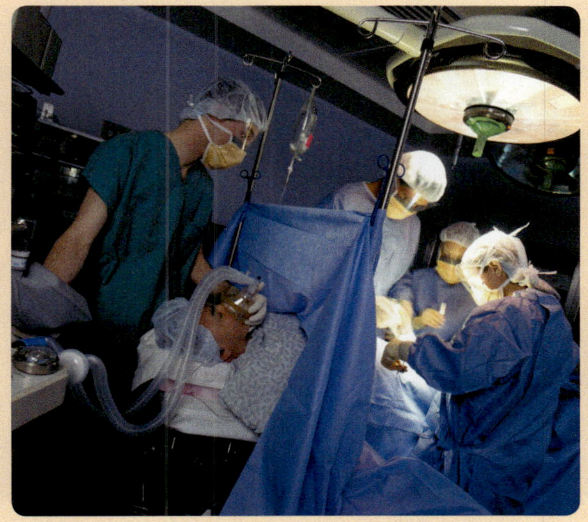

Schweißen und Schneiden mit Sauerstoff. Beim Schweißen werden Stahlteile fest miteinander verbunden. Dazu erhitzt man die Verbindungsstellen mit einem **Schweißbrenner** so stark, dass sie miteinander verschmelzen. Die Temperatur erreicht man durch Verbrennung von Schweißgasen wie Acetylen oder Wasserstoff mit reinem Sauerstoff. Geschmolzener Stahl fließt zusammen. Nach dem Abkühlen sind die Teile fest miteinander verbunden.

▲ 3. *Schweißen mit Sauerstoff und Acetylen*

Soll eine Stahlplatte zerteilt werden, benutzt man einen **Schneidbrenner.** Wie beim Schweißen erhitzt man das Metall an der Trennstelle. Kurz bevor der Stahl schmilzt, wird Sauerstoff auf die Trennstelle geblasen. Der erhitzte Stahl verbrennt dort und das Stahlstück wird zerteilt.

1. Wann verwendet man Sauerstoff in der Medizin?

2. Welche Aufgaben hat reiner Sauerstoff beim Schweißen und Schneiden von Stahl?

3. Finde weitere Anwendungsbeispiele für Sauerstoff.
Recherchiere dazu in Büchern oder im Internet.

4. Idee für einen 10-Minuten-Vortrag: Wie gewinnt man in der Technik Sauerstoff?

Edelgase sind reaktionsträge

1. Kennst du die Edelgase?

a) Überlege, in welchem Zusammenhang du einige Namen der Edelgase schon einmal gehört hast.
b) Was könnte die Vorsilbe „edel" bei den Edelgasen bedeuten? Denke auch an die Edelmetalle.

Edelgase in der Luft. Auch die Edelgase Helium, Neon, Argon, Krypton, Xenon und das radioaktive Radon sind Bestandteile der Luft. Ihr Anteil beträgt allerdings insgesamt weniger als 1 %. Ein Liter Luft (1000 ml) enthält nur 9,324 ml Edelgase. Davon sind 9,3 ml Argon.

▲ 1. Leuchtröhren enthalten Edelgase

Edelgase sind reaktionsträge. Argon ist griechisch und bedeutet **„träge".** Träge bedeutet hier chemisch reaktionsträge. Diese Eigenschaft haben alle Edelgase gemeinsam. Weil sie kaum Verbindungen eingehen, bezeichnet man sie auch als „edel".
Da alle Edelgase auch noch farb- und geruchlos sind, kann man sie chemisch kaum nachweisen.

Edelgase sind auch nützlich. In der Technik werden Edelgase vielfach genutzt. **Argon,** das am häufigsten vorkommt, wird beim Schweißen als Schutzgas eingesetzt. Es verhindert, dass geschmolzener Stahl an der Luft verbrennt, weil es den Sauerstoff an der Schweißstelle verdrängt. **Helium** ist viel leichter als Luft und wie alle Edelgase nicht brennbar. Man verwendet es als Füllgas für Ballons und Luftschiffe.

Argon und **Krypton** werden als Füllgas in Glühlampen eingesetzt. Dann verdampft der hell glühende Metallfaden nicht so schnell. Das blauweiße Licht moderner Autoscheinwerfer stammt meist von Blitzentladungslampen, die mit **Xenon** gefüllt sind.

Lampen mit farbiger Lichtreklame bezeichnet man auch heute oft noch als Neonröhren, weil die ersten roten Leuchtröhren mit Neon gefüllt waren. Heutzutage enthalten diese Lampen meistens ein Gemisch aus **Neon, Argon** und Quecksilberdampf. Ihre Leuchtfarbe erhalten diese Lampen durch eine Beschichtung, die innen auf das Glas aufgebracht wird, manchmal auch durch die Farbe des Glases selbst.

Die Luft enthält etwa 1% Edelgase. Sie sind sehr reaktionsträge. Deshalb eignen sich die Edelgase als Füll- und Schutzgas.

2. Fragen zum Text

a) Welche Edelgase gibt es?
b) Erläutere den Begriff Edelgas.
c) Welches ist das häufigste Edelgas in der Luft?
d) Warum ist Argon beim Schweißen so nützlich?

▲ 2. Xenonlampen leuchten heller als Halogenlampen

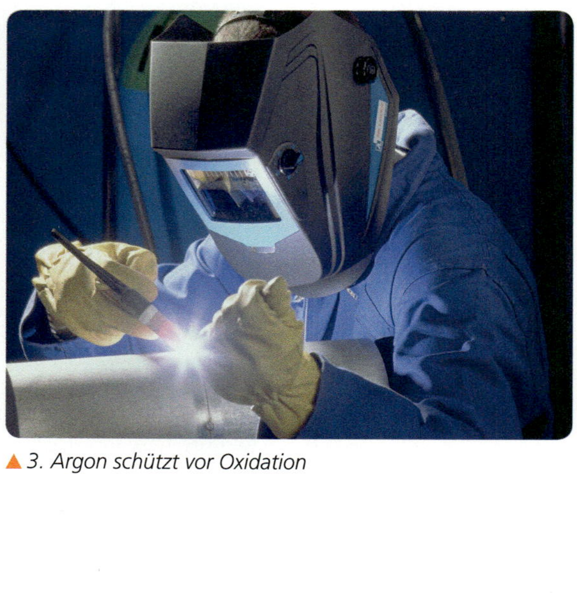
▲ 3. Argon schützt vor Oxidation

Mit Helium in die Luft

Auf Rummelplätzen und den unterschiedlichsten Festen gibt es sie fast immer: bunte **Luftballons.** Bei Kindern sind sie sehr beliebt, weil sie nicht zu Boden sinken, sondern nach oben steigen.

Diese Luftballons sind mit dem Edelgas Helium gefüllt. Es ist viel leichter als Luft. Deshalb steigen die Ballons in Luft immer auf. Das ist ein teures Vergnügen, wenn sie losgelassen werden, denn Ballons mit Heliumfüllung kosten einige Euro.

Seit vielen Jahren werden mit Helium gefüllte Gasballons in der Wetterforschung eingesetzt. Die Latexhülle solcher **Wetterballons** ist hauchdünn – sie ist nur 0,02 mm dick! Trotzdem können sie Kameras und Wettersatelliten bis in etwa 30 km Höhe tragen. Die Ballons können rund 1 kg Last pro Kubikmeter Gasfüllung tragen. Nach einem Flug von einem Tag werden die Geräte durch ein Funksignal vom Ballon gelöst. An einem Fallschirm sinken sie zur Erdoberfläche zurück.

Zeppeline, die in der Luft schweben, wecken unsere Aufmerksamkeit. Heute sind solche Luftfahrzeuge eher selten. Von den unterschiedlichsten Firmen werden die mit Helium gefüllten Luftschiffe vor allem als attraktive Werbeträger genutzt.

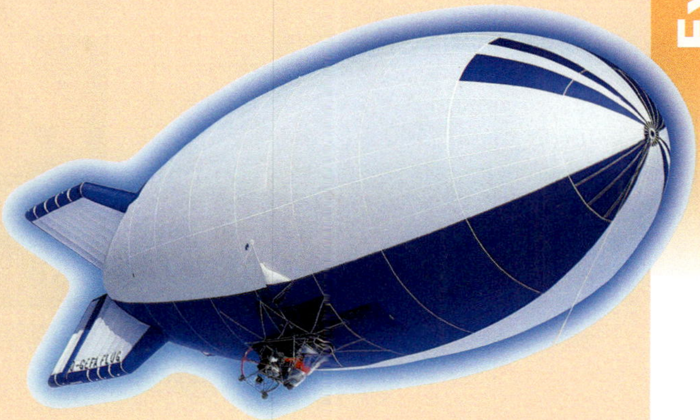

Früher gab es riesige Luftschiffe, die zur Personen- und Lastenbeförderung eingesetzt wurden. Sie waren mit dem preiswerten Gas Wasserstoff gefüllt. Der Wasserstoff ist noch leichter als Helium. Allerdings ist er brennbar. Sein Einsatz hat schon zu schweren Feuerkatastrophen geführt. Heute fahrende Luftschiffe sind aus Gründen der Sicherheit mit dem reaktionsträgen Edelgas Helium gefüllt.

1. Vergleiche die Eigenschaften der Gase Wasserstoff und Helium miteinander. Welche Eigenschaften sprechen für die Verwendung von Helium als Ballongas, welche für Wasserstoff?
2. Idee für einen 10-Minuten-Vortrag: Die Luftschiff-Katastrophe in Lakehurst 1937.

Steckbrief: Helium

Physikalische Eigenschaften: Farb- und geruchloses Gas

Dichte (bei 20 °C):	0,1785 $\frac{g}{l}$
Schmelztemperatur:	–272 °C
Siedetemperatur:	–269 °C
Löslichkeit in 1 l Wasser:	1,5 ml
Preis für 1 l:	9 €

Chemische Eigenschaften: Sehr reaktionsträges Edelgas, nicht brennbar.

Verwendung: Schutzgas, Füllgas für Ballons, Kühlmittel (als Flüssigkeit).

▲ *4. Eigenschaften von Helium*

Steckbrief: Wasserstoff

Physikalische Eigenschaften: Farb- und geruchloses Gas

Dichte (bei 20 °C):	0,0899 $\frac{g}{l}$
Schmelztemperatur:	–259 °C
Siedetemperatur:	–253 °C
Löslichkeit in 1 l Wasser:	1,6 ml
Preis für 1 l:	2 €

Chemische Eigenschaften: Verbindet sich mit vielen Stoffen; ist brennbar.

Verwendung: Rohstoff in der Chemieindustrie (z. B. Düngemittel, Benzin).

▲ *5. Eigenschaften von Wasserstoff*

Die Katastrophe am Nyos-See

Kamerun, 21. August 1986. Aus zunächst ungeklärter Ursache kam es rund um den Nyos-See zu einer rätselhaften Katastrophe. Bis in einer Entfernung von 25 km starben über Nacht fast 2000 Menschen und zahllose Tiere. Die Menschen lagen auf den Straßen, als ob sie mitten im Gespräch umgekippt wären. Das Vieh war ebenso gestorben wie die Vögel und die Insekten.
Überlebende konnten nur feststellen, dass die Menschen und Tiere offensichtlich erstickt waren. Ein Team von Wissenschaftlern aus verschiedenen Ländern begann mit der Suche nach der Ursache.

Der Nyos-See im Nordwesten Kameruns, in Westafrika, liegt im Krater eines erloschenen Vulkans. Aus der Magmakammer unterhalb des Sees entweicht immer noch Kohlenstoffdioxid. Es steigt nach oben und gelangt gelöst im kühlen Grundwasser in den See. Von dort entweicht es aber nicht, sondern es reichert sich am Grund des Sees an. Das liegt daran, dass der See rund 200 m tief ist. Unter dem großen Druck kann das kalte Wasser am Seeboden zehnmal mehr Kohlenstoffdioxid lösen als das übrige Wasser. Das kühle kohlenstoffdioxidgesättigte Wasser ist schwerer und bleibt deshalb am Grund.
In den meisten Seen wird das Wasser im Laufe des Jahres immer wieder umgewälzt, doch nicht beim Nyos-See. Hier bleibt das wärmere Wasser oben und das kühle Wasser unten. Das Kohlenstoffdioxid ist also in der Tiefe „gefangen".

▲ 2. *Der Nyos-See ist ein Kratersee in Westafrika*

Das Gas reichert sich so immer mehr an. Es ist wie eine tickende Zeitbombe, denn irgendwann kann das Wasser kein Kohlenstoffdioxid mehr aufnehmen. Dann reicht der kleinste Auslöser, etwa eine Sturmböe oder ein kleiner Erdrutsch, um schlagartig eine gewaltige Menge Gas freizusetzen. Dadurch werden die Wasserschichten verwirbelt und das kohlenstoffdioxidhaltige Wasser gelangt nach oben. Ohne den hohen Druck von 200 m Wassertiefe perlt das Gas aus und steigt nach oben. Es reißt dabei weiteres Wasser mit sich. Aus wenigen Bläschen wird so bald ein gewaltiges Schäumen. Explosionsartig schießt dann das gashaltige Wasser in Form einer Fontäne nach oben – wie bei einer Sektflasche, die man nach kräftigem Schütteln geöffnet hat. Das freigesetzte Gas entweicht. Da es anderthalbmal schwerer als Luft ist, verdrängt es die Atemluft in der Umgebung des Sees – und erstickt so alles Leben.

Die Wissenschaftler sind nach Abschluss ihrer Untersuchungen überzeugt, dass es tatsächlich das „harmlose" Gas Kohlenstoffdioxid war, das die Katastrophe verursacht hat. Das Gas, das in jedem sprudelnden Getränk enthalten ist und das wir selbst ausatmen.

1. Schütte warmes Leitungswasser in kaltes Sprudelwasser. Beobachte und erkläre, was geschieht.
2. Vergleiche die Vorgänge beim Unglück am Nyos-See mit dem Öffnen einer Sprudelflasche.
3. Das Kohlenstoffdioxid gelangt weiter in den Nyos-See. Überlege, welche Maßnahmen man ergreifen könnte, um ein weiteres Unglück zu verhindern.
4. Recherchiere im Internet, was man tatsächlich unternommen hat – und ob die Maßnahmen ausreichen.
5. Berichte deinen Klassenkameraden in einem 10-Minuten-Vortrag über die Vorgänge im Nyos-See.

Die Dunsthöhle in Bad Pyrmont

▲ *1. An der Dunsthöhle in Bad Pyrmont*

Ein Naturphänomen. In der Stadt Bad Pyrmont am Rande des Weserberglandes kann man ein interessantes Naturphänomen besichtigen. Obwohl man streng genommen nicht viel sehen kann, denn es handelt sich dabei um das farblose Gas Kohlenstoffdioxid. Es steigt dort schon seit mindestens dreihundert Jahren aus einer Felsspalte und hat schon manche Zeitgenossen verblüfft.

Woher stammt das Gas? Kohlenstoffdioxid entsteht bei den meisten Verbrennungen und auch bei der Oxidation von Nährstoffen im menschlichen Körper. In der Gegend um Bad Pyrmont stammt das Gas aus vulkanischem Gestein in 3 000 Metern Tiefe. Durch Spalten gelangt es nach oben und löst sich im Grundwasser. Im sauren Quellwasser kommt es an die Oberfläche.
Im Sandstein unterhalb einer Grube verliert das Wasser einen Teil des gelösten Kohlenstoffdioxids. Das Gas steigt durch Risse im Sandstein nach oben und strömt aus einer Felsspalte ins Freie. Heute ist diese Stelle eingefasst und überdacht.

Wie ist die Dunsthöhle entdeckt worden? Um 1700 befand sich auf dem Gelände in Pyrmont ein Steinbruch. Dort kam es immer wieder vor, dass die Steinbrucharbeiter von einer bestimmten Tiefe an ohnmächtig geworden sind. Auch fand man dort öfter tote Tiere in der Grube. Ab 1712 untersuchte der Arzt Dr. JOHANN SEIP diese merkwürdigen Erscheinungen. Er tippte auf „Schwefeldunst", also Schwefeldämpfe. Damit lag er falsch, doch das war kein Wunder: Kohlenstoffdioxid war zu dieser Zeit noch gar nicht entdeckt. Erst 1775 erkannte man in Pyrmont, dass es sich um dieses Gas handelt.

Wirkungen des Gases. Durch Selbstversuche hatte der Arzt festgestellt, dass der „Dunst" in der Grube die Durchblutung fördert und dadurch ein Wärmegefühl erzeugt. Man hat es deshalb früher schon zu Heilzwecken eingesetzt – wie übrigens heute noch im Therapiezentrum Königin-Luise-Bad.

◀ *2. Gleich verlöscht die Kerze*

3. Die Seifenblasen schweben ▼

Die Vorführung. In einer kurzen Vorführung an der „Dunsthöhle" bekommt man einige Eigenschaften von Kohlenstoffdioxid gezeigt: Eine Kerzenflamme erlischt, sobald sie ins unsichtbare Gas taucht. So kann man erkennen, wie hoch der Gaspegel liegt. Seifenblasen bleiben längere Zeit auf dem schwereren Gas liegen. Und wenn man sich etwas bückt und sich mit der Hand das Gas in Mund und Nase fächelt, verspürt man einen leicht sauren Geschmack.

1. Weshalb gehen Flammen im CO_2-Gas aus?
2. Wie kann man in einem Experiment zeigen, ob das Gas leichter oder schwerer ist als Luft?
3. Auch bei der Vergärung von Most zu Wein sowie in Güllegruben und Futtersilos bildet sich CO_2. Würde dort eine Atemmaske mit Filter vor CO_2 schützen?
4. Wann kann das „harmlose Sprudelgas" Kohlenstoffdioxid sogar tödlich für Menschen sein?

So gelangen Schadstoffe in die Luft

1. Achtung, Alarm: Kohlenstoffmonooxid!

In Tiefgaragen und langen Straßentunneln kontrollieren Gaswarngeräte die Luft.
a) Weshalb ist dies notwendig?
b) Wie sollte man sich verhalten, wenn in einer Tiefgarage plötzlich Kohlenstoffmonooxid-Alarm ausgelöst wird?

Im Abgas eines Motors findet man neben unverbranntem Treibstoff Kohlenstoffdioxid, Kohlenstoffmonooxid, Schwefeldioxid und Stickstoffoxide. Diese Gase entstehen bei der Verbrennung des Benzins im Motor. Sie sind für Mensch und Umwelt mehr oder weniger schädlich. Vom Abgaskatalysator können sie nur teilweise in unschädlichere Stoffe umgewandelt werden.

Kohlenstoffdioxid. Kohlenstoffdioxid (abgekürzt CO_2) ist ein farbloses und geruchsloses Gas. Es ist nicht brennbar und unterhält die Verbrennung nicht. Um frischen, prickelnden Geschmack zu erzeugen, wird Kohlenstoffdioxid unter Druck in Mineralwasser geleitet und löst sich dort. Auf dem Etikett steht dann meistens „mit Kohlensäure".

Entstehung. Kohle und Holzkohle bestehen fast ganz aus Kohlenstoff; Holz, Heizöl, Benzin und Erdgas enthalten ebenfalls Kohlenstoff.
Kohlenstoffdioxid bildet sich, wenn diese Stoffe in Luft oder Sauerstoff verbrannt werden.

▲ 1. *Kohlenstoffdioxid trübt Kalkwasser*

Leitet man Kohlenstoffdioxid in Kalkwasser, lässt sich eine Trübung beobachten. **Die Trübung des Kalkwassers** ist eine **Nachweisreaktion** für Kohlenstoffdioxid.

Kohlenstoffdioxid ist ein *Treibhausgas.* Steigt die Konzentration des Kohlenstoffdioxids in der Atmosphäre, so kommt es zu einer globalen Erwärmung unserer Erde, dem so genannten Treibhauseffekt. Kohlenstoffdioxid wird durch den Abgaskatalysator nicht verändert.

▲ 2. *Schwefel verbrennt mit einer intensiv blauen Flamme zu Schwefeldioxid.*

▲ 3. *Verkehrsstau bei Ferienbeginn*

Kohlenstoffmonooxid. Kohlenstoffmonooxid (abgekürzt CO) ist ein farbloses und geruchloses Gas, das schon bei geringen Mengen in der Luft tödlich wirkt.
Verbrennt man Kohlenstoff unter Sauerstoffmangel, entsteht neben Kohlenstoffdioxid auch Kohlenstoffmonooxid.

Schwefeldioxid. Schwefeldioxid (abgekürzt SO_2) ist ein giftiges, stechend riechendes Gas, das die Schleimhäute und Atemwege schädigt. Es tötet Schimmelpilze und Bakterien ab und wird deshalb zur Desinfektion von Bier- und Weinfässern verwendet. Auch Trockenobst wird damit behandelt und so länger haltbar gemacht.

Entstehung. In Kohle, Heizöl und Benzin sind geringe Mengen schwefelhaltiger Stoffe enthalten. Verbrennt man sie, entsteht Schwefeldioxid.

Schwefeldioxid ist einer der Verursacher des sauren Regens. Es lässt sich durch den Abgaskatalysator nicht aus dem Abgas entfernen.

Kohlenstoffmonooxid entsteht auch im Automotor und wird im Abgaskatalysator zu Kohlenstoffdioxid verbrannt. Auch im Tabakrauch kommt dieses giftige Gas in geringen Mengen vor.

Stickstoffoxide. Es gibt verschiedene Stickstoffoxide (abgekürzt NO_x). Das wichtigste darunter ist das Stickstoffdioxid (NO_2).

Entstehung. Stickstoff ist so reaktionsträge, dass er nur bei hohen Temperaturen verbrennt. Man kann die Bildung des braunen Stickstoffdioxids gut beobachten, wenn man eine Wunderkerze in einem verschlossenen Glas verbrennt.

▲ 4. *NO_2 entsteht beim Verbrennen einer Wunderkerze.*

Im Automotor wird das Benzin-Luft-Gemisch durch den heißen Zündfunken der Zündkerze zur Explosion gebracht. Da Stickstoff und Sauerstoff immer in der Luft vorhanden sind, entstehen im Automotor stets auch Stickstoffoxide. Sie sind Mitverursacher des sauren Regens. Im Abgaskatalysator wird Stickstoffdioxid wieder in Stickstoff und Sauerstoff umgewandelt.

Die Nichtmetalle Kohlenstoff, Schwefel und Stickstoff reagieren mit Sauerstoff zu Kohlenstoffdioxid, Kohlenstoffmonooxid, Schwefeldioxid und verschiedenen Stickstoffoxiden. Diese Oxide sind für die Umwelt mehr oder weniger schädlich, manche sogar giftig.

1. Fragen zum Text

a) Welcher Bestandteil in Abgasen ist schon in geringer Konzentration für den Menschen sehr gefährlich?

b) Welche Stoffe im Abgas eines Motors sind für den sauren Regen mitverantwortlich?

c) Welches Gas aus dem Auspuff eines Autos verstärkt den Treibhauseffekt?

d) Bei welchen Gasen bleibt der Abgaskatalysator wirkungslos?

Feinstaub: Winzig und gefährlich! Für viele Fachleute ist die Belastung durch Feinstaub heute eines der gravierendsten Umweltprobleme in Europa.
Feinstaub (PM 10) ist ein Sammelbegriff für winzigste Teilchen in der Größe bis zu 10 Mikrometern (= 10 Millionstelmeter). Es sind feinste Rußpartikel, Reifenabrieb, Schwermetalle, Salze und schädliche Kohlenstoffverbindungen.

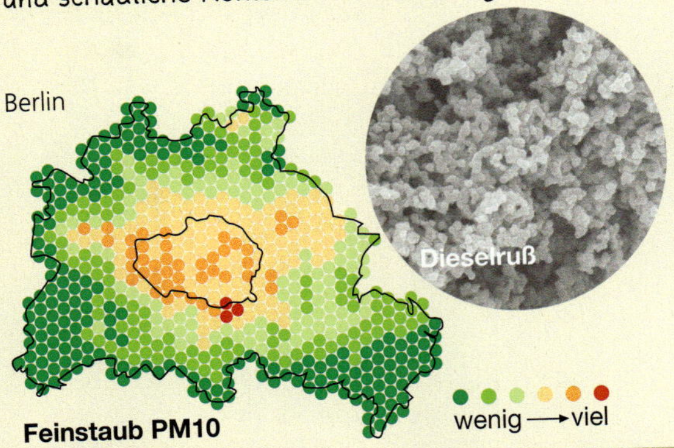

Sie stammen aus der unvollständigen Verbrennung von Brenn- und Treibstoffen, aus Produktionsprozessen, aus dem Abrieb von Reifen, Bremsen und Straßenbelägen sowie aus der Natur. Besonders aggressiv scheint Dieselruß zu sein, der auch als Krebs erregend gilt. Die Oberfläche der Rußpartikel ist sehr zerklüftet, sodass sich dort weitere Schadstoffe anlagern können.

1. Welche gesundheitlichen Folgen verursacht Feinstaub? Recherchiere im Internet und in Lexika.
2. Untersuchungen haben ergeben, dass Feinstaub umso schädlicher für Menschen ist, je kleiner die Partikel sind. Woran könnte das liegen?
3. Suche im Internet aktuelle Messwerte für Feinstaub, für Hannover sowie ganz Deutschland.
4. Wie hoch ist der aktuelle Feinstaub-Grenzwert?
5. Welche Maßnahmen würdest du vorschlagen, um die Feinstaubmenge zu verringern?

Wintersmog Luftschadstoffe vermischen sich meist mit frischer Luft aus höheren Luftschichten. Dabei werden sie verdünnt. Im Winter legt sich jedoch manchmal eine warme Luftschicht über die kalte Luft am Boden. Die Schadstoffe können dann nicht mehr entweichen und sammeln sich in Bodennähe an. Die Mischung aus Abgasen (engl. *smoke*) und feuchter Luft (engl. *fog*) nennt man *Smog*. Er belastet vor allem bei älteren Menschen Kreislauf und Atemwege.

6. Weshalb ist wohl der Wintersmog in Europa inzwischen sehr selten geworden?

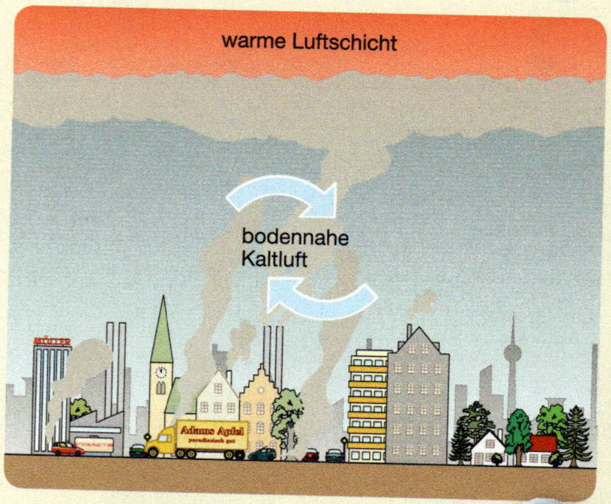

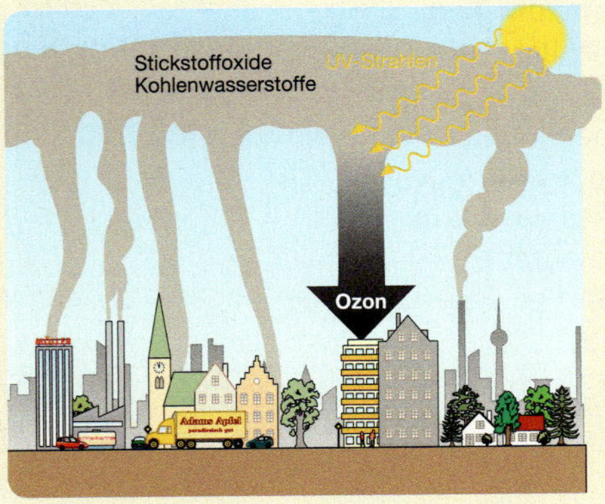

Sommersmog (photochemischer Smog) entsteht, wenn Schadstoffe in der Luft bei intensiver Sonneneinstrahlung miteinander reagieren. Es sind vor allem die Stickstoffoxide, die z. B. mit unverbranntem Benzin und Sauerstoff zu dem Gas Ozon und weiteren Schadstoffen reagieren. Ozon ist giftig und kann zu Erkrankungen der Atemwege und der Augen führen. Es greift auch die Blätter der Pflanzen an. Bei Ozonwerten über 200 Mikrogramm pro Kubikmeter Luft sollten Anstrengungen im Freien vermieden werden.

7. Lies auch den Text zum Wintersmog und beschreibe die Unterschiede zwischen Sommer- und Wintersmog.

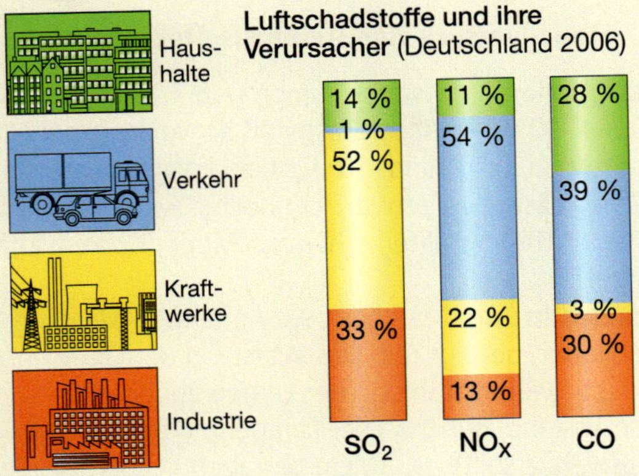

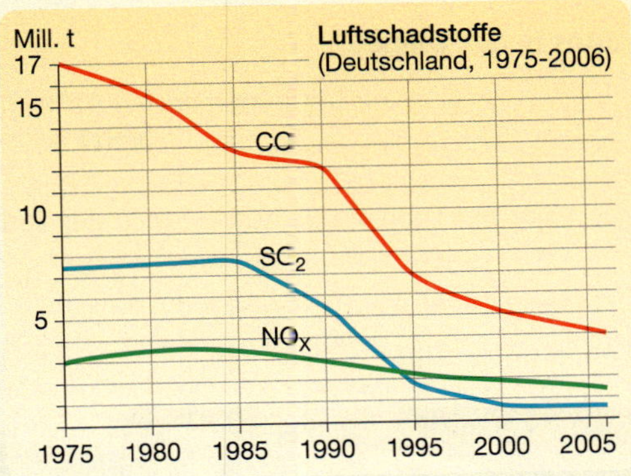

Kohle, Erdgas, Erdöl und Erdölprodukte werden verbrannt, um die Energie zu nutzen, die in diesen Stoffen enthalten ist. Als Reaktionsprodukte entstehen vor allem Kohlenstoffdioxid und Wasser.

Daneben werden noch große Mengen anderer Verbrennungsgase an die Atmosphäre abgegeben. Diese Gase verursachen die schlechte Luft in unseren Innenstädten und sind für Menschen und Umwelt schädlich.

Schwefeldioxid (SO_2) gelangt hauptsächlich mit den Abgasen aus der Verbrennung von Kohle und Öl in die Luft. Es greift direkt die Lungen an.
Stickstoffoxide (N_2O, NO, NO_2, abgekürzt: NO_x) stammen oft aus Autoabgasen. Sie reizen die Augen und lösen Kopfschmerzen und Atembeschwerden aus.
Kohlenstoffmonooxid (CO) entsteht vor allem in Benzinmotoren. Es behindert die Sauerstoffaufnahme des Blutes.
Seit 1974 hat man in Deutschland zahlreiche Gesetze zur Reinhaltung der Luft erlassen. Darin ist genau festgelegt, welche Abgasmengen abgegeben werden dürfen.

1. Nenne die wichtigsten Luftschadstoffe.
2. Wer erzeugt die meisten Stickstoffoxide und wer das meiste Schwefeldioxid?
3. Erläutere die Abbildung zur zeitlichen Entwicklung der Luftschadstoffe in Deutschland.

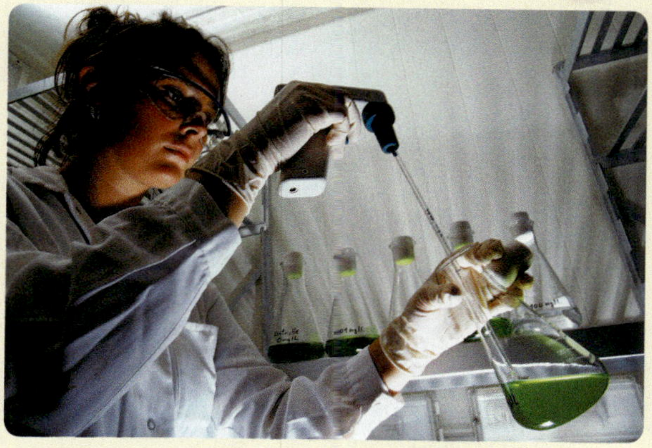

Berufe. Umweltanalysen im Labor werden oft von **Chemisch-technischen Assistentinnen und Assistenten (CTAs)** mit dem Schwerpunkt Umweltanalytik durchgeführt.
Voraussetzung für die Ausbildung zur CTA ist die mittlere Reife oder ein vergleichbarer Abschluss. Die Ausbildung findet an privaten und öffentlichen Berufsfachschulen statt und dauert im Regelfall zwei Jahre. Etwa die Hälfte des Unterrichts ist Theorie, die andere Hälfte praktischer Unterricht.
In der Umweltanalytik muss sehr konzentriert und genau gearbeitet werden, denn es geht um sehr kleine Mengen. Die Messverfahren sind oft gesetzlich vorgeschrieben, damit man die Werte überall miteinander vergleichen kann.

4. Finde heraus, welche Voraussetzungen man für die Ausbildung zur Chemikantin / zum Chemikanten und zur Chemielaborantin / zum Chemielaboranten benötigt (z. B. über die Seiten der Bundesagentur für Arbeit www.berufenet.de).

Der natürliche Treibhauseffekt

1. Autos in der Sonne

a) Bei Sonnenschein wird es in parkenden Autos oft sehr warm, viel wärmer als draußen. Woran könnte das liegen?
b) Was kann man gegen das Aufheizen in der Sonne tun?

2. Leben unter Glas

a) Warum lässt man Pflanzen in Glashäusern wachsen?
b) Welche Vorteile hat der Anbau eines Wintergartens?
c) Was muss man beachten, wenn man Gewächshäuser und Wintergärten nutzt?

3. Sonnenkollektoren

Finde heraus, wie Sonnenkollektoren (keine Solarzellen!) funktionieren, die man oft auf Hausdächern sieht.

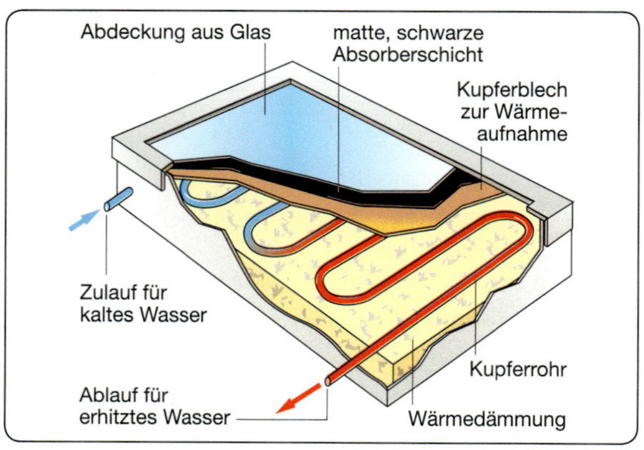

4. Modellversuch zum Treibhauseffekt

Materialien: Lichtstarke Lampe (z. B. Baustrahler 500–1000 W), großes Glasgefäß als Versuchsbehälter (z. B. Aquarium, mind. 10 l), Abdeckplatte aus Glas, flache Glaswanne (etwa 3 cm hoch), Temperaturfühler oder Thermometer, schwarze Pappe; Kohlenstoffdioxid.
Durchführung: Man baut die Apparatur wie in der Abbildung gezeigt auf. Das Wasser in der Glaswanne soll die Wärmestrahlung der Lampe abhalten.
Der Abstand zwischen der Lampe und der oberen Glaswanne sollte ca. 10 cm betragen. Außerdem darf die Leistung der Lichtquelle nicht viel schwächer als angegeben sein.
Das untere Glasgefäß ist einmal mit Luft gefüllt; später wiederholt man den Versuch mit einer Kohlenstoffdioxid-Füllung. Dabei muss man darauf achten, dass die Geräte vor dem zweiten Versuch wieder vollständig abgekühlt sind.

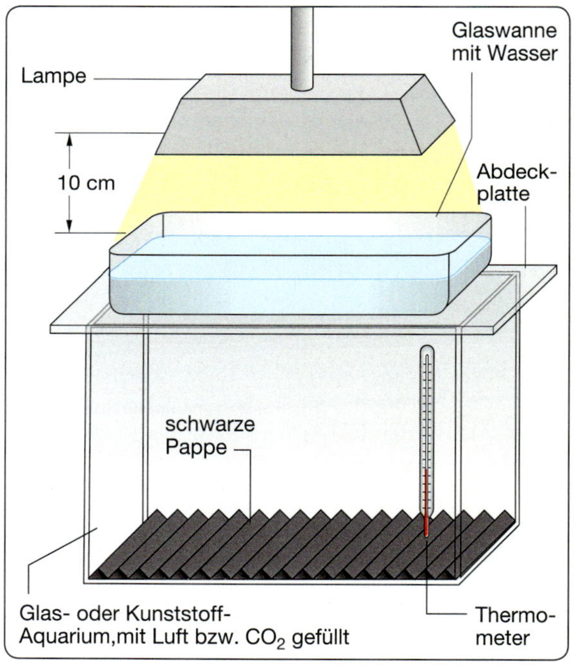

Nach dem Einschalten der Lampe wird die Temperatur im Versuchsgefäß alle zwei Minuten gemessen. Die Versuchsdauer beträgt 15–20 Minuten.
Aufgaben: **a)** Trage die gemessenen Temperaturen in eine Tabelle ein.
b) Beschreibe, was während des Experiments geschieht.
c) Weshalb führt man zwei Messreihen durch?
d) Versuche, das Messergebnis zu erklären.
e) Welche Fehlermöglichkeiten können bei diesem Experiment auftreten?

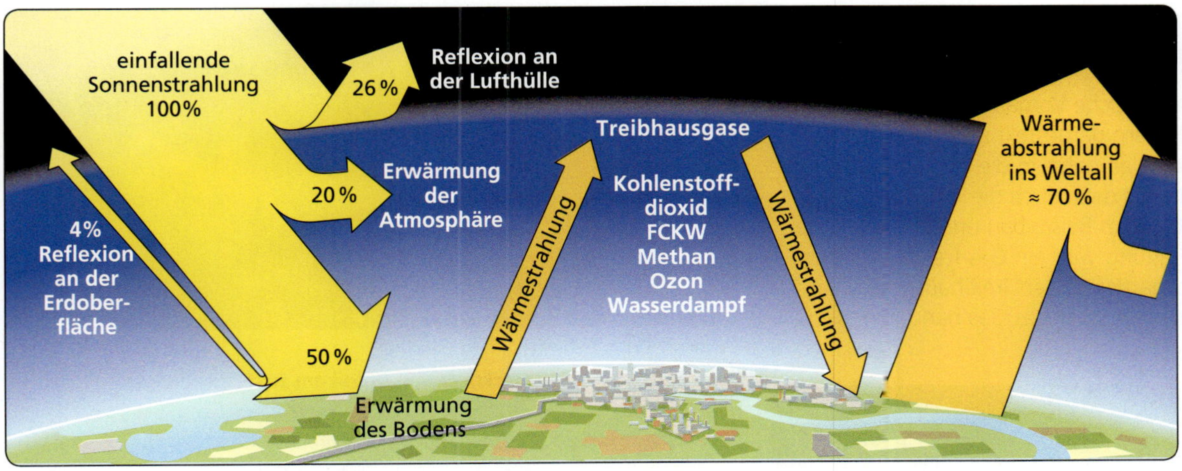

▲ *1. Der natürliche Treibhauseffekt; ohne ihn wäre es auf der Erde bitterkalt*

Im Gewächshaus. Wenn die Sonne scheint, ist es im Gewächshaus und in einem Wintergarten immer wärmer als außerhalb.

Sonnenstrahlung kann leicht durch die Glaswände eines Gewächshauses gelangen. Wenn sie innen auf Pflanzen und Erde trifft, erwärmen sich diese und strahlen selbst Wärme ab. Die Wärmestrahlung kann aber die Glaswände kaum durchdringen, das Gewächshaus erwärmt sich.

Ein Gewächshaus nennt man auch Treibhaus, weil darin Pflanzen wegen der Wärme früher austreiben und schneller wachsen. Die Wirkung des Glases in einem Gewächshaus bezeichnet man daher als **Treibhauseffekt** oder auch als **Glashauseffekt.**

Natürliche Treibhausgase und Temperaturerhöhung	
Wasserdampf (H_2O)	21 °C
Kohlenstoffdioxid (CO_2)	7 °C
Stickstoffoxide (vor allem N_2O)	1,4 °C
Ozon (O_3)	2,4 °C
Methan (CH_4)	0,8 °C
Andere (zusammen)	0,4 °C

▲ *3. Wirkung unterschiedlicher Treibhausgase (durchschnittliche Temperaturerhöhung)*

Der natürliche Treibhauseffekt. Die Lufthülle der Erde wirkt ähnlich wie ein riesiges Glasdach: Sonnenstrahlung kann leicht hindurchgelangen, Wärmestrahlung dagegen wird aufgenommen und so zum Teil zurückgehalten.
Ohne diesen **natürlichen Treibhauseffekt** wäre es auf der Erde sehr viel kälter. Die Durchschnittstemperatur läge nicht bei +15 °C sondern bei –18 °C. Bei diesen Bedingungen hätte sich Leben, so wie wir es heute kennen, nicht entwickeln können.

Treibhausgase. An der Erhöhung der Durchschnittstemperatur der Erde um rund 33 °C sind die Gase in der Luft unterschiedlich stark beteiligt. Die stärkste Wirkung hat Wasserdampf, dann folgt Kohlenstoffdioxid – und das, obwohl es nur zu 0,038 % in der Luft enthalten ist.
Diese Gase entstehen bei natürlichen Ereignissen: Wasser verdunstet, Vulkane brechen aus, Wälder geraten in Brand, abgestorbenes Material wird zersetzt.

Die Lufthülle der Erde wirkt ähnlich wie das Glas in einem Gewächshaus: Wärmestrahlung wird teilweise zurückgehalten. Erst durch diesen natürlichen Treibhauseffekt haben wir auf der Erde angenehme Durchschnittstemperaturen.

1 Fragen zum Text

a) Wie wirkt die Sonne bei einem Gewächshaus?
b) Erläutere den natürlichen Treibhauseffekt auf der Erde.
c) Welche Bedeutung hat der natürliche Treibhauseffekt für die Lebewesen auf der Erde?
d) Erkläre die Bedeutung der Pfeile in Abb. 1.
e) Welche Gase sind vor allem an der Entstehung des natürlichen Treibhauseffektes beteiligt?

Der Mensch verstärkt den Treibhauseffekt

1. Treibhausgase aus Technik und Landwirtschaft

a) Welche Vorgänge sind in den Bildern dargestellt und welche Gase werden dabei in die Luft abgegeben? Nutze dazu auch die Tabelle.
b) Beim Reisanbau und bei der Rinderhaltung wird ein Gas frei, das Wissenschaftler zu den Treibhausgasen zählen. Um welches Gas handelt es sich?

Treibhausgase	Herkunft und Anteil am zusätzlichen Treibhauseffekt	
Kohlenstoffdioxid (CO_2)	Verbrennung fossiler Brennstoffe (Kohle, Erdöl, Erdgas, Holz)	50 %
Methan (CH_4)	Sumpfgas, Reisanbau, Rinderhaltung, Mülldeponien, Öl- und Gasförderung	20 %
Stickstoffoxide (NO_X)	Verbrennungsvorgänge, aus Böden, aus Dünger	5 %
Fluorchlorkohlenwasserstoffe	Früher als Kältemittel, Lösemittel, Treibgas in Spraydosen und für Schaumstoffe	10 %
Ozon (O_3)	unter Sonneneinstrahlung aus Abgasen und Methan	15 %

2. Die Menschheit wächst

a) Beschreibe grob den Verlauf der Kurve unten.
b) Wie stark ist die Weltbevölkerung zwischen 1700 und 1800 angewachsen und wie stark zwischen 1900 und 2000?
c) Überlege, welche Gründe es für die starke Zunahme der Weltbevölkerung geben könnte.
d) Menschen brauchen Nahrung, Energie und Rohstoffe. Was bedeutet es dann, wenn die Weltbevölkerung so rasch wächst, wie zurzeit noch?
e) Was kann man den Grafiken rechts entnehmen?
f) Vergleiche den Verlauf der Kurve links mit dem der Kurven rechts. Was für einen Schluss könnte man daraus ziehen?

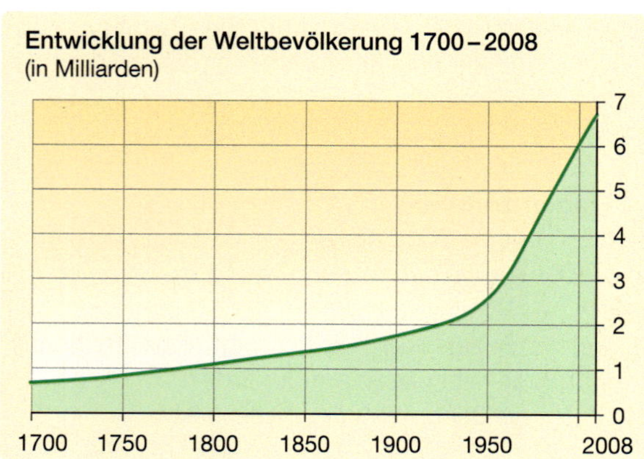

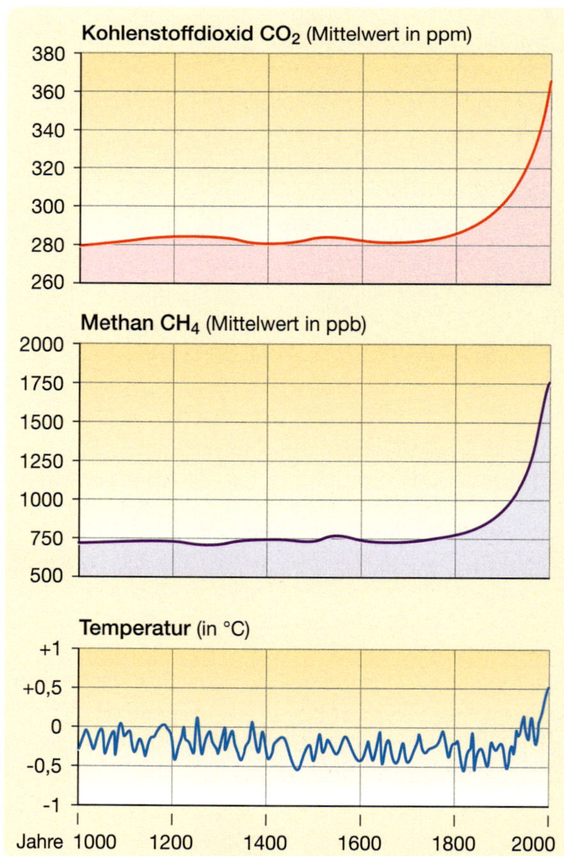

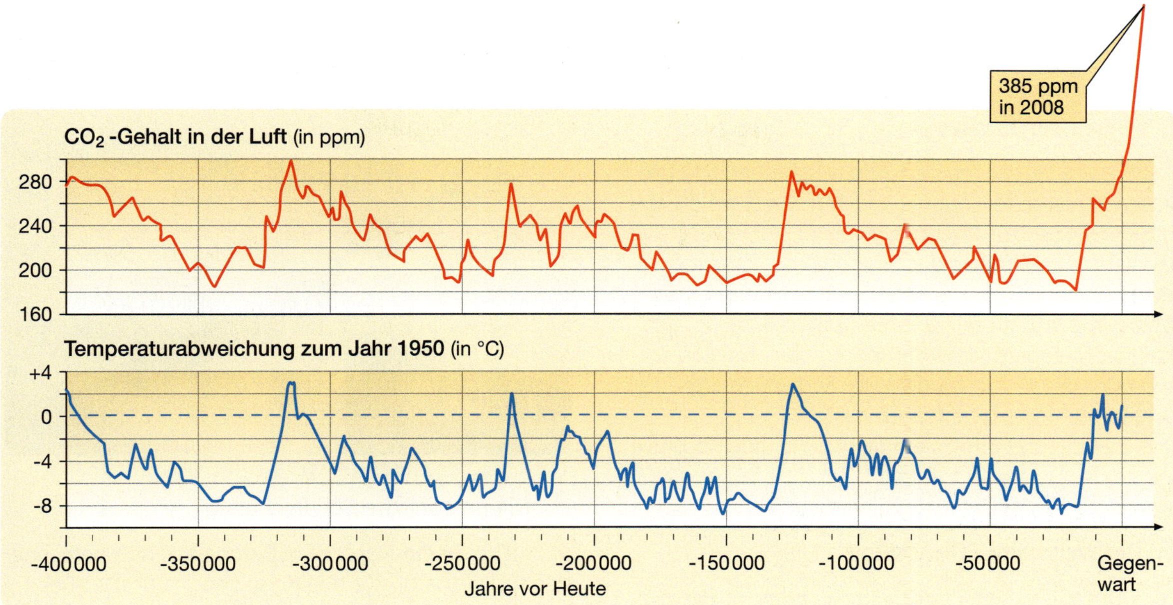

▲ *1. 400 000 Jahre Klimageschichte – rekonstruiert aus der Untersuchung von Eisproben aus der Antarktis*

Die Erde erwärmt sich. Die letzten zehn Jahre des 20. Jahrhunderts waren die wärmsten des Jahrtausends. Fast jedes Jahr wird eine Rekordtemperatur gemessen. Man hat festgestellt, dass die Durchschnittstemperatur auf der Erde in den letzten 50 Jahren um durchschnittlich 0,7 °C angestiegen ist.

Zusätzliche Treibhausgase. Die Mehrheit der Klimaforscher ist davon überzeugt, dass dieser Anstieg im Wesentlichen vom Menschen verursacht worden ist – und zwar durch die große Menge an zusätzlichen Treibhausgasen. Es handelt sich vor allem um **Kohlenstoffdioxid (CO_2)** und **Methan (CH_4).** Sie gelangen aus der Verbrennung fossiler Brennstoffe und durch die extreme Nutzung der Landwirtschaft in die Luft.
Ursache für die zusätzlichen Treibhausgase sind die starke **Zunahme der Weltbevölkerung** (Abb. 26.5), die Industrialisierung und der wachsende Anspruch an einen höheren Lebensstandard. Für immer mehr Menschen werden **immer mehr Nahrungsmittel, Energie** und **Rohstoffe** benötigt.

Klimaforschung am Südpol. Aus der Untersuchung von Eisbohrkernen bei der russischen Forschungsstation Wostok in der Antarktis konnte man die Klimabedingungen der letzten 420 000 Jahre rekonstruieren.
Die Grafik oben zeigt, dass die Temperaturen deutlich schwanken.
Man sieht auch sehr deutlich, dass die **Temperaturkurve parallel** zur Kurve mit dem **CO_2-Gehalt** der Luft verläuft. Ein **hoher CO_2-Gehalt** war immer verknüpft mit einer **höheren Temperatur** – und das Hunderttausende von Jahren lang. Es ist also nur logisch, das auch für die Zukunft so anzunehmen.

Die CO_2-Werte bewegten sich früher allerdings nur zwischen 180 und 300 ppm (= 0,03 %). Erst in den letzten zweihundert Jahren ist der Wert stark angestiegen, bis auf 385 ppm (0,0385 %) im Jahr 2008. Das ist der höchste Wert seit über 400 000 Jahren!
Weil dieser Wert so hoch liegt und weil er so dramatisch schnell angestiegen ist, haben die Wissenschaftler Alarm geschlagen.

Die derzeitige Erderwärmung ist wahrscheinlich zu einem großen Teil auf die Zunahme von Treibhausgasen zurückzuführen, die der Mensch verursacht hat.

1 Fragen zum Text
a) Wodurch verstärkt der Mensch den natürlichen Treibhauseffekt?
b) Was ist die Ursache für den starken Anstieg der Treibhausgase?
c) Welche Erkenntnisse fanden die Klimaforscher besonders alarmierend?

▲ *2. Untersuchung von Eisbohrkernen*

Die Folgen der Erwärmung – und was man dagegen tun kann

1. Folgen der Erwärmung

Nach Meinung der meisten Wissenschaftler sind bereits viele Veränderungen in der Natur auf die Erwärmung der Erde zurückzuführen.

a) Welche Veränderungen sind aus der Abbildung rechts ersichtlich und welche Gefahren gehen möglicherweise von diesen Veränderungen aus?

b) Notiere andere Veränderungen, die dir bekannt sind oder die du aus Medien wie Fernsehen, Zeitungen und Internet erfahren hast.

c) Überlege und informiere dich, ob es auch positive Folgen der Erderwärmung gibt.

2. Der weltweite CO_2-Ausstoß

a) Ordne die Zahlen in der Tabelle unten für den CO_2-Ausstoß pro Kopf (rechte Spalte) der Größe nach.

b) Vergleiche die Reihenfolge aus a) mit der Rangfolge der verschiedenen Nationen beim jährlichen CO_2-Ausstoß. Was fällt dabei auf?

c) China, Mexiko und Indien zählen zu den so genannten Schwellenländern. Informiere dich über diesen Begriff.

d) Welche Probleme werden auftreten, wenn sich die Schwellenländer zu Industriestaaten entwickeln?

CO_2-Ausstoß weltweit
Energiebedingte Emissionen

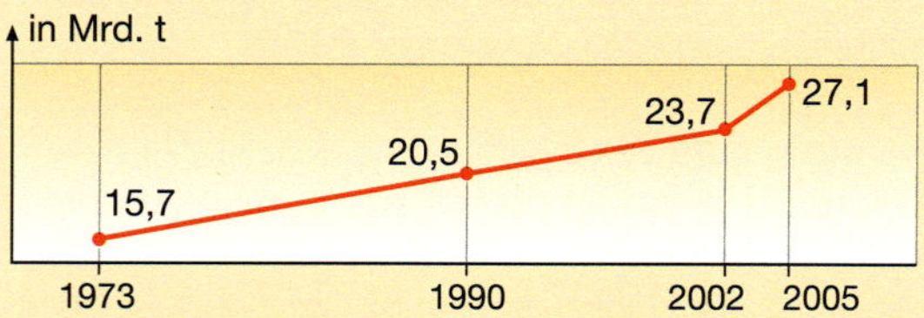

Gesamt in Mio. t (Stand: 2005)		Pro Kopf in t
USA	5817	19,6
China	5060	3,9
Russland	1544	10,8
Japan	1214	9,5
Indien	1147	1,1
Deutschland	813	9,9
Kanada	549	17,0
Großbritannien	530	8,8
Italien	454	7,8
Mexiko	389	3,7
Frankreich	388	6,2
Brasilien	330	1,8
Südafrika	330	7,0
Kenia	8,5	0,3

3. Die persönliche CO_2-Rechnung

a) Suche dir ein Reiseziel in Europa aus und berechne den CO_2-Ausstoß für den Reiseweg hin und zurück. Führe die Rechnung für verschiedene Verkehrsmittel durch. Verwende dazu die Angaben aus der Abbildung unten. Vergleiche die Ergebnisse.

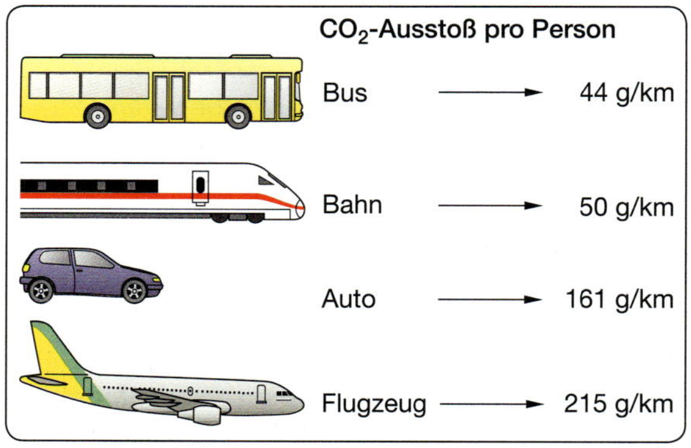

b) Im Internet gibt es Programme, um die persönliche CO_2-Menge zu berechnen. Gib dazu in eine Suchmaschine „CO_2-Rechner" oder „CO_2-Fußabdruck" ein.

4. Ein T-Shirt verursacht weltweit CO_2

Erläutere die Zusammenstellung unten.

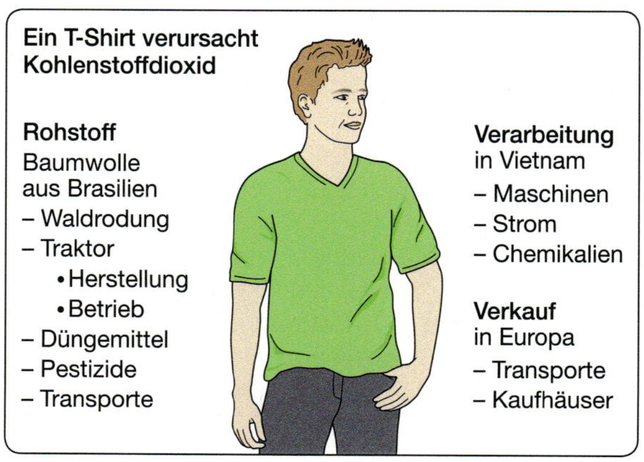

Der Klimawandel ist da. Die Alpengletscher schrumpfen immer weiter. Einige Zugvögel ziehen im Winter nicht mehr weg; manche Tier- und Pflanzenarten aus Südeuropa kann man nun auch bei uns finden.

▲ *1. Alpengletscher 1904 und im Jahr 2005*

Prognosen aus dem Computer. Die momentane Erwärmung der Erde ist messbar. Wie die langfristige Klimaentwicklung aussieht, ist allerdings nur sehr schwierig vorauszusagen. Das liegt daran, dass das Klima von sehr vielen verschiedenen Faktoren beeinflusst wird.

Für Vorhersagen werden komplexe Klimamodelle auf Hochleistungscomputern mit den verschiedensten Daten „gefüttert". Je nach Klimamodell und angenommenen Voraussetzungen bekommt man anschließend ein Ergebnis, das das Modell in die Zukunft überträgt. Ob es genau zutrifft, ist unsicher.

Folgende **Veränderungen** werden vorhergesagt:
- Das Polareis und die Gletscher schmelzen, der Meeresspiegel steigt an; Küstengebiete und einige Inseln werden überflutet.
- Extreme Wetterlagen (Stürme, Überschwemmungen, Hitzewellen) nehmen zu.
- Manche Tier- und Pflanzenarten sterben aus.
- Der Dauerfrostboden der Tundra taut auf und setzt klimaschädliches Methan frei.
- In Südeuropa wird es sehr trocken werden; die Ernteerträge werden zurückgehen.

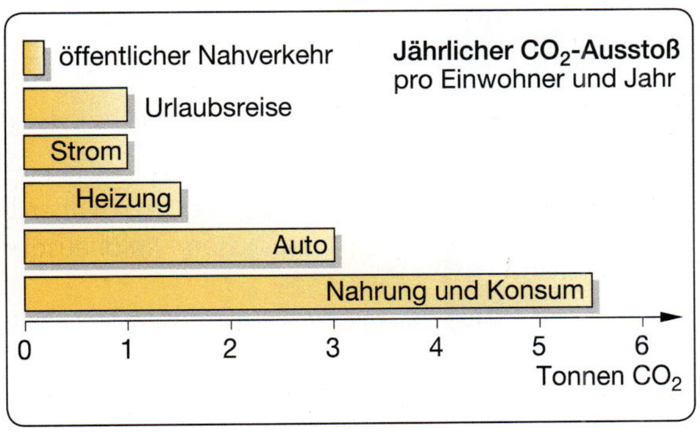

▲ *2. CO_2-Ausstoß in Deutschland, pro Person*

Was können die Staaten tun? Es gibt auch Kritiker, die andere Ursachen für die Erwärmung der Erde verantwortlich machen. Doch die allermeisten Wissenschaftler und Umweltorganisationen raten dringend dazu die Treibhausgasmengen zu reduzieren.

Auf der **Weltklimakonferenz** 1997 im japanischen Kyoto wurden zum ersten Mal konkrete Maßnahmen beschlossen. Die Industriestaaten verpflichteten sich, den Gesamtausstoß der Treibhausgase zu senken. Doch unterschiedliche Interessen behindern die Umsetzung der Beschlüsse.

Was kann jeder Einzelne tun? Die privaten Haushalte haben einen Anteil von 25 % am gesamten CO_2-Aufkommen. Hier kann jeder durch einen genügsameren Lebensstil dazu beitragen, CO_2 zu sparen, etwa:
- Langlebige Produkte bevorzugen;
- Lebensmittel ohne lange Transportwege kaufen;
- Energie sparen bei elektrischen Geräten, beim Heizen und durch Nutzung öffentlicher Verkehrsmittel.

Als Folge der globalen Erderwärmung kann es zu massiven Veränderungen in der Natur kommen.
Um diese Folgen abzumildern, sollten wir klimafreundlicher leben – also CO_2 einsparen.

1. Fragen zum Text

a) Welche Folgen der Erwärmung werden diskutiert?
b) Weshalb ist es schwierig, die Klimaentwicklung langfristig vorherzusagen?
c) Wie verhält man sich klimafreundlich?

2. Mindmap oder Poster zum CO_2-Sparen

Überlegt, was man im Alltag konkret tun kann, um CO_2 einzusparen. Schreibt die Vorschläge in Form einer Mindmap auf oder gestaltet ein Plakat.
Denkt dabei an die Bereiche Heizung, Strom, Verkehr, Nahrung, Konsum (Kleidung, Elektronik, ...).

Der Treibhauseffekt – ganz einfach!

Die Wissenschaftler sind sich sicher: Unsere Erde erwärmt sich. Das zeigen nicht nur Messwerte und schmelzende Gletscher. Immer mehr Pflanzen- und Insektenarten aus Südeuropa kann man inzwischen im mittleren und nördlichen Europa finden. Die Hauptursache für die derzeitige Klimaerwärmung sehen die meisten Wissenschaftler beim Menschen. Er verstärkt den natürlichen Treibhauseffekt.

Der natürliche Treibhauseffekt. Die Lufthülle der Erde wirkt ähnlich wie die Scheiben in einem Treibhaus (Gewächshaus): Sonnenstrahlung gelangt hinein und erwärmt Boden und Luft. Die Gase der Lufthülle, vor allem Wasserdampf und Kohlenstoffdioxid, nehmen die Wärme auf und geben sie erst verzögert wieder ab. So ergeben sich angenehme Durchschnittstemperaturen, die das Leben auf der Erde erst möglich machen.

Vom Menschen verstärkter Treibhauseffekt. Seit der Industrialisierung gelangen durch den Menschen riesige Mengen von Abgasen in die Luft. Sie stammen aus den Schornsteinen von Kraftwerken und Industrieanlagen sowie von Haushalten und Automotoren. Dabei ist auch das Kohlenstoffdioxid, CO_2. Vor allem die Zunahme dieses Gases verstärkt den Treibhauseffekt. Die Durchschnittstemperaturen steigen.

Folgen der Erwärmung. Das Eis der Pole schmilzt, die meisten Gletscher werden kleiner. Der Meeresspiegel steigt an, sodass in Zukunft manche Inseln und viele Küstenregionen vom Wasser bedroht sind. Wegen der Erwärmung nimmt der Energiegehalt der Atmosphäre zu, sodass extreme Wetterereignisse wie Stürme und Überschwemmungen öfter auftreten können als früher. Insgesamt könnte sich in vielen Regionen das Klima verändern. Man befürchtet schlechtere Ernteerträge, weil größere Gebiete austrocknen.

3. Folgen eines Sturmes in den USA

Was tun? Viele Forscher meinen, dass man die Erwärmung begrenzen kann, wenn man möglichst schnell den CO_2-Ausstoß drastisch verringert. Dies kann man erreichen, indem man weltweit weniger Energieträger nutzt, die CO_2 freisetzen. Die erneuerbaren Energieträger Wasser, Wind und Sonne spielen dabei eine große Rolle.

1. Erkläre deinem Sitznachbarn den natürlichen Treibhauseffekt.
Anschließend soll dein Nachbar dir erklären, wie der Mensch den natürlichen Treibhauseffekt verstärkt.

So erstellt man Diagramme

Bilder sind anschaulicher als Worte. Deshalb stellt man Informationen oft bildlich dar. Besonders, wenn es um Zahlen geht, lassen sich Daten mithilfe von Diagrammen schneller und leichter erfassen.
Bevor man ein Diagramm anfertigt, muss man überlegen, welcher **Diagrammtyp** am besten zu den Informationen passt.

Säulendiagramme eigenen sich gut, um Größen miteinander zu vergleichen. So kann man zum Beispiel den Energieverbrauch in verschiedenen Ländern übersichtlich darstellen.

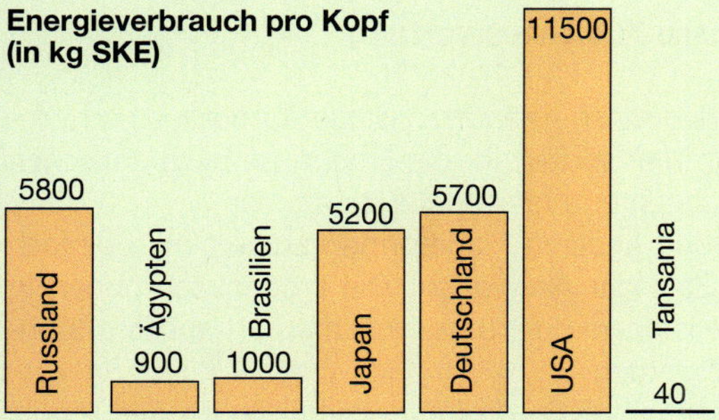

▲ *1. Säulendiagramm*

Streifendiagramme eignen sich gut zur Darstellung von Prozentsätzen. Die volle Länge des Streifens entspricht 100%. Wenn man dafür einen gut passenden Wert wählt, etwa 10 cm, dann lassen sich die Anteile leicht einzeichnen – 1 mm entspricht dann gerade 1 %.

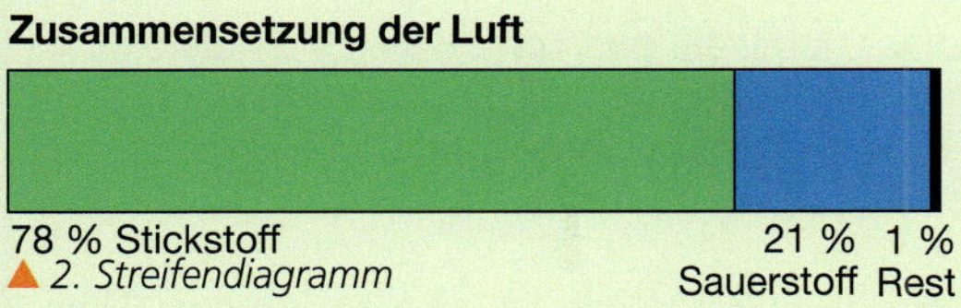

▲ *2. Streifendiagramm*

Kreisdiagramme machen unterschiedliche Prozentsätze als verschieden große „Kuchenstücke" anschaulich. Die Größe des entsprechenden Kreisausschnittes ermittelt man so:
100 % Anteil entsprechen dem vollen Kreis mit 360 Grad; 1 % Anteil entspricht dann 3,6 Grad. Der jeweilige Prozentsatz muss also mit 3,6 multipliziert werden, um die Winkelgröße zu erhalten.

Rechenbeispiel:
10 % entsprechen einem Winkel von 36 Grad,
da 10 · 3,6 Grad = 36 Grad
15 % entsprechen einem Winkel von 54 Grad,
da 15 · 3,6 Grad = 54 Grad

So lässt sich zum Beispiel gut zeigen, welche Anteile bei den Stickstoffoxiden von Autos, Kraftwerken, der Industrie oder von Haushalten stammen.

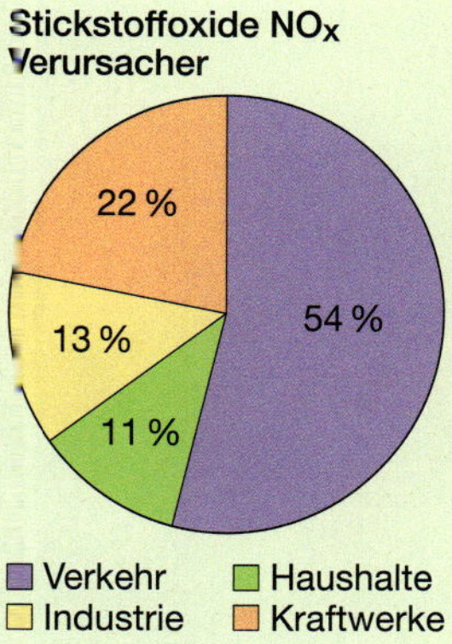

▲ *3. Kreisdiagramm*

Liniendiagramme (Kurvendiagramme) setzt man oft ein, um den zeitlichen Verlauf einer Größe zu zeigen, etwa die Zahl der zugelassenen Kraftfahrzeuge in Deutschland (PKW, LKW, Zweiräder, Sonstige).

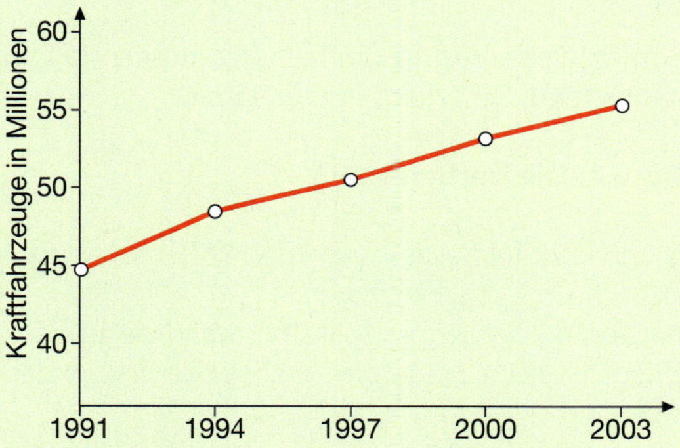

▲ *4. Liniendiagramm*

Vor allem bei etwas umfangreicheren Zahlenangaben ist es sinnvoll, vor dem Zeichnen des Diagramms eine Tabelle anzulegen. So behält man leichter die Übersicht.

Kraftfahrzeuge in Deutschland (in Millionen)					
Jahr	1991	1994	1997	2000	2003
Zahl	44,87	47,33	50,69	53,11	55,24

▲ *5. Wertetabelle*

1. Mit welchem Diagrammtyp kann man Prozentsätze gut darstellen?
2. Erläutere das Kreisdiagramm Abbildung 3.
3. Welchen Vorteil bietet ein Streifendiagramm gegenüber einem Kreisdiagramm?
4. Du sollst ein Schaubild zur Menge der Stickstoffoxide in der Luft von 1980–2005 erstellen. Welche Diagrammform bietet sich dafür an? Begründe deine Entscheidung.

So führt man eine Umfrage durch

Eine Umfrage erfordert Teamarbeit und muss sorgfältig geplant werden. Sie erfolgt in drei Phasen.

→ Phase 1: Die Vorbereitung

- Legt zunächst fest, was ihr von den Befragten wissen wollt.
- Formuliert die Fragen; es sollten nicht zu viele sein.
- Überlegt, welche Frageform ihr jeweils verwenden wollt:
  - Ja-Nein-Fagen
  - Fragen mit verschiedenen Antwortmöglichkeiten zur Auswahl
  - Fragen mit freien Antworten
- Besprecht, welchen Personenkreis ihr befragen wollt (Mitschüler, Eltern, Experten ...).
- Prüft an einigen Testkandidaten, ob die Fragen verständlich sind.
- Wann und wo soll die Umfrage stattfinden?
- Überlegt, wie die Antworten dokumentiert werden (als Tonaufnahme, als Video, als Fragebogen ...).
- Verteilt die Aufgaben: Wer stellt die Fragen? Wer bedient die Technik? Wer wertet aus?

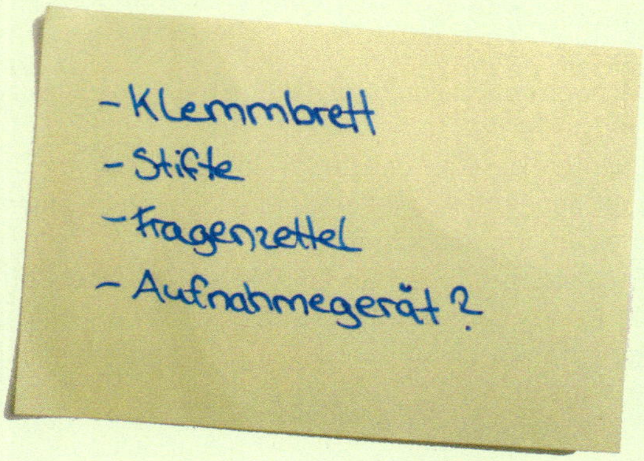

→ Phase 2: Die Durchführung der Umfrage

- Über eine Umfrage an eurer Schule müsst ihr den Schulleiter informieren.
- Begrüßt eure Gesprächspartnerin oder euren Gesprächspartner und erklärt kurz, worum es geht.
- Befragt nur Leute, die einer Befragung zugestimmt haben.
- Stellt eure Fragen; lasst den Angesprochenen Zeit zum Überlegen und lasst sie zu Ende sprechen.
- Bedankt euch bei denen, die bei eurer Aktion mitgemacht haben.

→ Phase 3: Die Auswertung

- Bei den freien Antworten ist die Auswertung schwieriger. Hier sortiert ihr die Ergebnisse nach ähnlichen Aussagen und fasst später zusammen.
- Bei den anderen Frageformen addiert man einfach die Zahl der Antworten. Die Ergebnisse können in Tabellenform oder besser noch als Schaubild präsentiert werden.
- Präsentiert eure Umfrageergebnisse an der Schule möglichst so, dass alle Schüler sie mitbekommen.

Was tust du gegen den Klimawandel?

Lea: „Ich fahre viel mit dem Fahrrad."

Kemal: „Ich nehme für Computerausdrucke meistens schon einseitig bedrucktes Papier."

Nicolas: „Ich weiß gar nicht, was ich da als einzelne Person machen soll. Da müssten doch eher die Kraftwerke und die großen Firmen etwas tun!"

Dennis: „Keine Ahnung, ist mir ziemlich egal. Wer weiß, ob das alles stimmt."

Sina: „Ich sage meinen Eltern, dass sie nicht mehr so oft mit dem Auto fahren sollen."

Claire: „Schon eine Stunde bevor ich ins Bett gehe schalte ich die Heizung herunter."

1. Wie beurteilst du diese Aussagen der Schüler?

2. Führt eine Umfrage zum Thema Treibhauseffekt und Klimawandel durch. Ihr könntet beispielsweise fragen,
- ob die Befragten dieses Problem überhaupt kennen
- ob sie es für wichtig halten
- ob sie in ihrem Verhalten im Alltag darauf Rücksicht nehmen usw.

Die Luft, in der wir leben

➔ **Lufthülle:** Die Erde ist von einer dünnen Lufthülle umgeben.

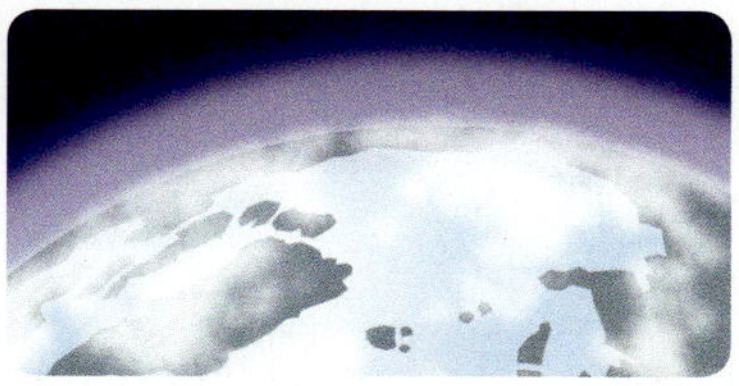

➔ **Masse:** 1 Liter Luft wiegt bei 20 °C rund 1,2 g.

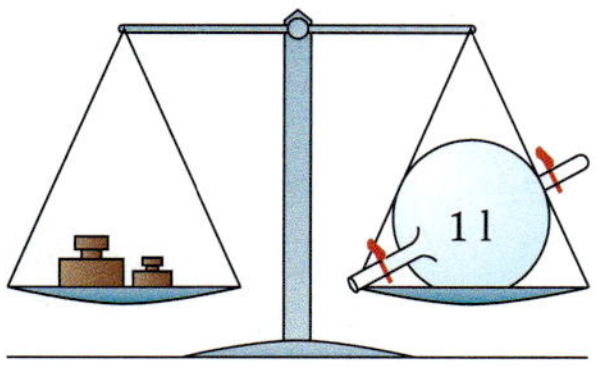

➔ **Zusammensetzung trockener Luft:**

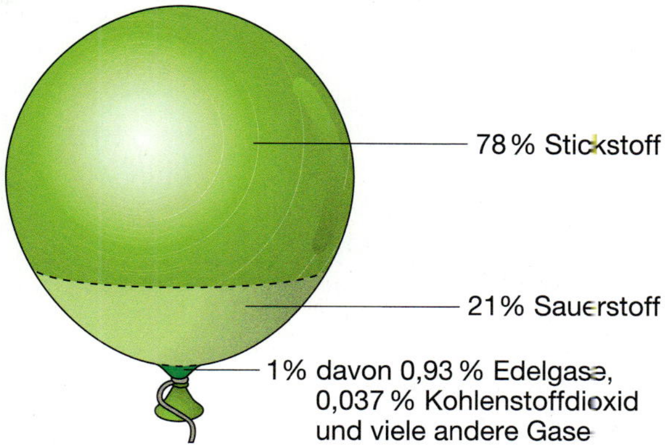

➔ **Stickstoff (N_2):**
- farbloses, geruchloses Gas
- erstickt Flammen
- reaktionsträge

➔ **Sauerstoff (O_2):**
- farbloses, geruchloses Gas
- wichtig für die Atmung
- reagiert mit vielen Elementen zu Oxiden
- Nachweis: Glimmspanprobe

➔ **Edelgase:**
- äußerst reaktionsträge
- Verwendung als Füll- und Schutzgas

➔ **Kohlenstoffdioxid (CO_2):**
- farbloses, geruchloses Gas
- schwerer als Luft
- entsteht bei Verbrennungen
- wichtig beim Treibhauseffekt
- Nachweis: Kalkwasserprobe

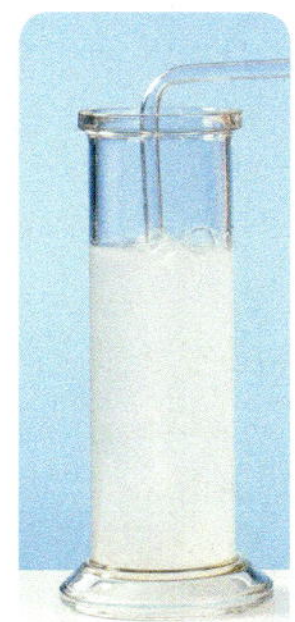

➔ **Luftschadstoffe:** Sie entstehen vor allem bei der Verbrennung von Treib- und Brennstoffen. Unter Sonneneinwirkung kann daraus giftiges **Ozon** entstehen. Auch **Feinstaub** belastet den Körper.

➔ **Treibhauseffekt:** Die Atmosphäre der Erde wirkt ähnlich wie die Glaswände eines Gewächshauses: Sie hält die Wärme zurück. Nur deshalb herrschen auf der Erde angenehme Temperaturen.

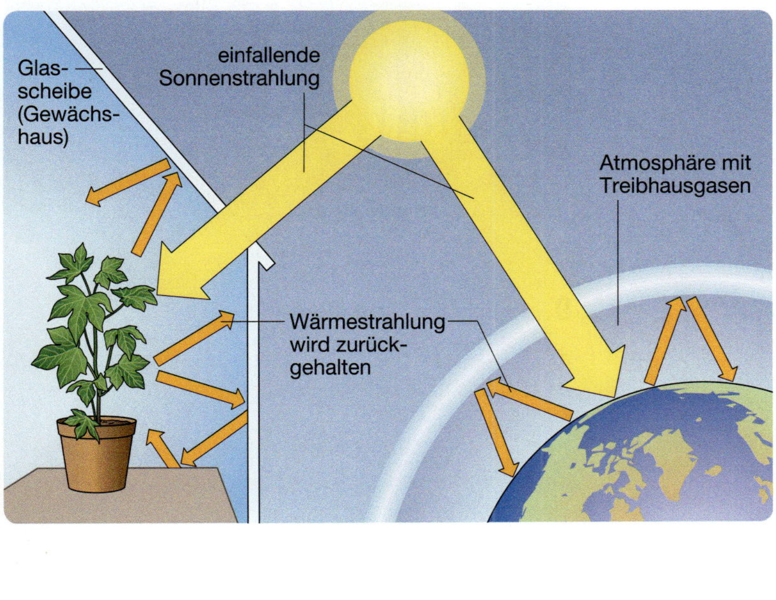

➔ **Klimawandel:** In den letzten Jahrzehnten hat sich die Atmosphäre der Erde erwärmt. Ursache dafür sind vermutlich die Treibhausgase, die der Mensch in großen Mengen in die Atmosphäre bläst. Es ist vor allem Kohlenstoffdioxid aus der Verbrennung von fossilen Brennstoffen wie Kohle, Öl und Erdgas.

➔ **Was tun?** Wissenschaftler raten dringend dazu, den CO_2-Ausstoß weltweit möglichst stark einzuschränken, damit die vorhergesagten Klimaänderungen nicht so stark ausfallen.

Die Luft, in der wir leben

1. Eigenschaften der Luft

Nenne drei Eigenschaften der Luft.

2. Rechnen mit Luft

a) Ein Liter Luft wiegt bei 20 °C rund 1,2 Gramm. Berechne die Masse der Luft, die sich in einem Sitzball mit 40 Liter Volumen befindet.
b) Schätze die Masse der Luft im Klassenzimmer und berechne sie anschließend. Rechne dazu zunächst die Masse von 1 m^3 Luft (= 1 000 Liter) aus.

3. Einatmungsluft und Ausatmungsluft

a) Vergleiche die Zusammensetzung von Aus- und Einatmungsluft beim Menschen.
b) Wie entstehen die Unterschiede?

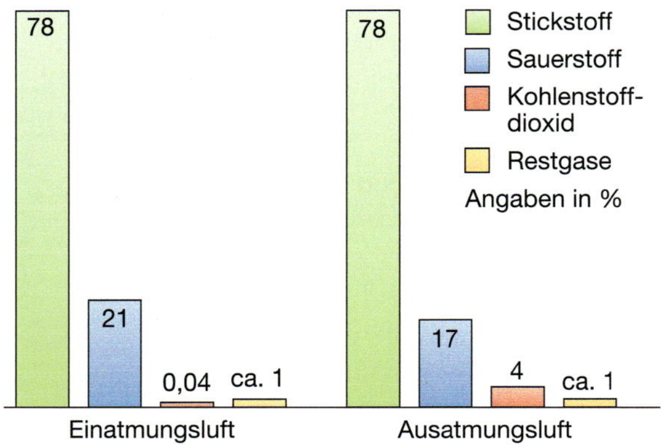

4. Schlechte Luft im Klassenzimmer

In einem Klassenzimmer wurde an einem Schultag die Menge an Kohlenstoffdioxid in der Luft gemessen.
a) Beschreibe den Kurvenverlauf.
b) Erkläre die Schwankungen im Kurvenverlauf.

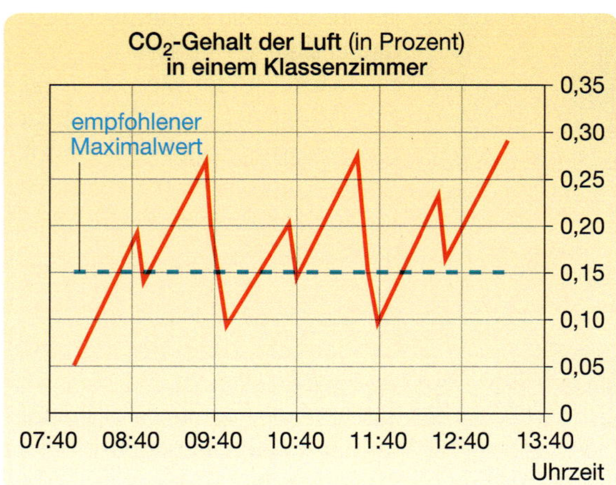

5. Kolbenproberversuch

a) Was kann man mit der abgebildeten Versuchsapparatur feststellen?
b) Wie führt man den Versuch durch?

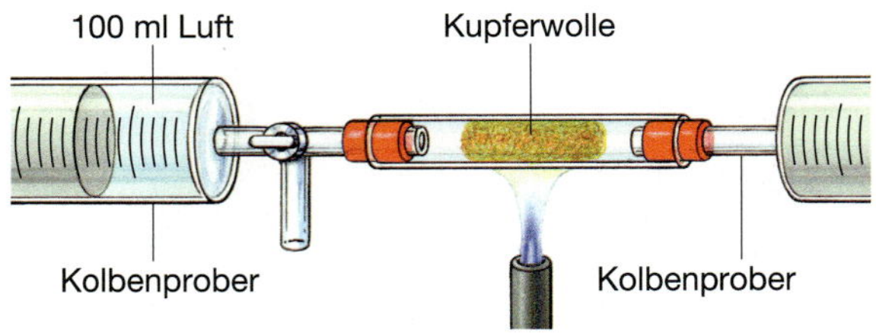

6. Wichtiges Gas für Pflanzen gesucht

Welcher Stoff wird von Mensch und Tier als Abfallstoff abgegeben, aber von Pflanzen benötigt?

7. Tüftelei: Wo ist der Sauerstoff?

Von zwei Gefäßen ist eines mit Sauerstoff gefüllt, das andere mit Kohlenstoffdioxid. Wie kannst du nachweisen, welches Gas in welchem Gefäß ist?

8. Kerzenversuch im Aquarium

Betrachte den abgebildeten Versuch. Erkläre und begründe, was deiner Meinung nach bis zum Ende des Experiments geschehen wird.

9. Füllgas für Luftballons

a) Wasserstoff ist das leichteste Gas. Weshalb werden Luftballons dennoch nicht mit Wasserstoff, sondern mit Helium gefüllt?
b) Ein Ballon wird mit Helium gefüllt, ein anderer mit Kohlenstoffdioxid. Was wird geschehen, wenn man die beiden Ballons aneinander bindet und loslässt?

10. Edelgas-Nachweis?

Weshalb gibt es für die Edelgase keine einfachen Nachweisreaktionen?

11. Gefahr durch CO_2

a) Kohlenstoffdioxid ist schwerer als Luft. Wann kann sich diese Eigenschaft als gefährlich für Mensch und Tier herausstellen?
b) Was kann man tun, um die Gefahr zu verringern?

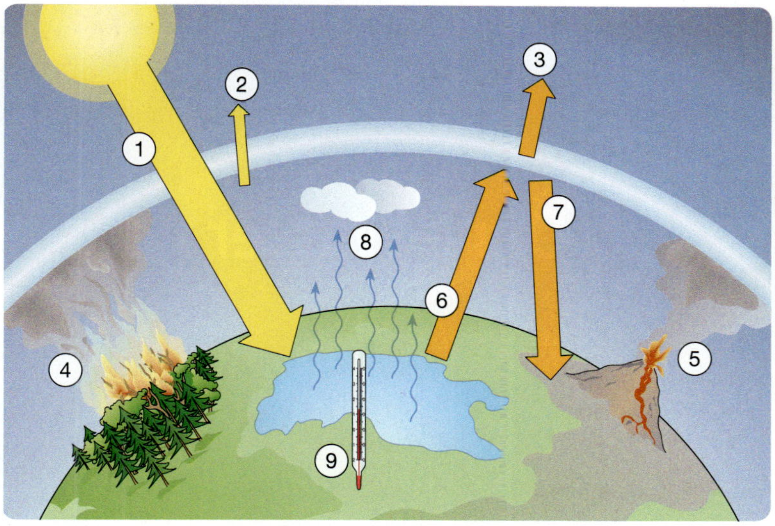

12. Golfstrom-Hypothese

Welche Folgen könnten sich ergeben, wenn der warme Golfstrom wegen des Klimawandels ausbleiben würde? Informiere dich über diese „Golfstrom-Hypothese". Berichte deinen Mitschülern in einem 10-Minuten-Vortrag davon.

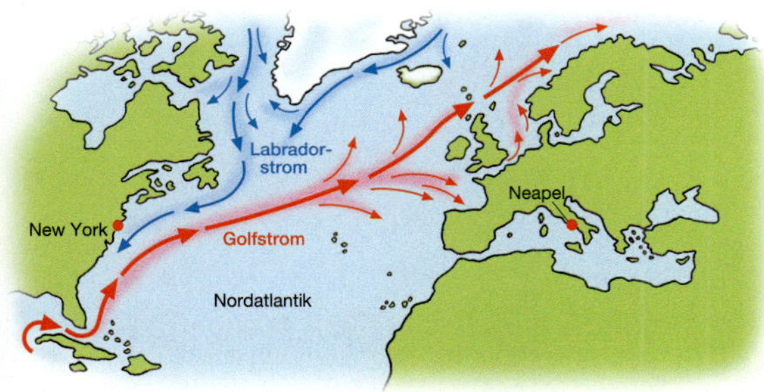

13. CO_2-Messung am Mauna Loa, Hawaii

a) Seit 1958 wird am Berg Mauna Loa die Konzentration von Kohlenstoffdioxid in der Luft genau gemessen. Beschreibe den Verlauf der Kurve.
b) Die gemessenen Werte schwanken regelmäßig im Jahresverlauf. Woran könnte das liegen?

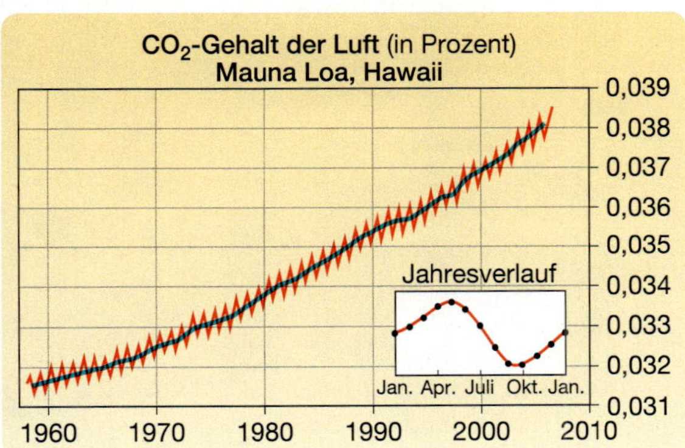

14. Arbeiten in Zweiergruppen: Grafik erläutern

Schreibt in euer Heft, welche Zahlen aus der Abbildung oben zu den folgenden Aussagen gehören:

A Nur ein Teil der Wärmestrahlung wird gleich wieder ins Weltall abgegeben.
B Die Lichtstrahlen der Sonne dringen zum Teil durch die Atmosphäre.
C Wasserdampf ist ein natürliches Treibhausgas.
D Sonnenstrahlen werden zum Teil ins Weltall zurückgeworfen (reflektiert).
E Sonnenstrahlung erwärmt die Erde; daraufhin wird Wärmestrahlung abgegeben.
F Treibhausgase „halten" die Wärmestrahlung in der Erdatmosphäre.
G Kohlenstoffdioxid ist ein natürliches Treibhausgas.
H Die Temperatur der Atmosphäre erhöht sich.

15. Treibhauseffekt, Nutzen und Gefahr

a) „Der natürliche Treibhauseffekt ist ein großer Vorteil für die Menschheit." Erkläre diese Aussage.
b) Weshalb kann es aber tatsächlich von Nachteil sein, wenn sich die Erde weiter erwärmt?

16. Maßnahmen gegen die Erwärmung

a) Nenne zehn Maßnahmen, die helfen können, den Treibhauseffekt abzumildern.
b) Umweltorganisationen raten dringend, weniger Energie aus fossilen Rohstoffen zu nutzen. Stattdessen sollen Wind-, Wasser- und Sonnenenergie gefördert werden. Welche Vorteile bringt das?
c) Kritiker der Theorie vom Klimawandel wollen abwarten, bis diese ganz sicher bewiesen ist. Welches Risiko besteht hierbei?

5 Ohne Wasser geht nichts!

Wasser bedeutet Leben. Das kann man hier gut sehen. Nur dort, wo Wasser hingelangt, sprießt frisches Grün. Ringsherum ist es trocken und öde. ▼

Wasser ist lebenswichtig; zwei Drittel unseres Körpers besteht aus Wasser! Klar, dass wir es deshalb zum Trinken brauchen.
Wasser spielt aber auch in vielen anderen Bereichen unseres Lebens eine wichtige Rolle: Wir nutzen es nicht nur zum Kochen, Duschen und Wäschewaschen, sondern auch in der Freizeit. Sehr wichtig ist es in der Landwirtschaft und in der Industrie – für die Herstellung von Lebensmitteln und Waren.
Bei uns gibt es sauberes Wasser an jedem Wasserhahn. In den Trockenregionen der Welt ist Wasser dagegen ein äußerst wertvolles Gut, weil es so wenig davon gibt. Da die Erdbevölkerung weiter wächst, wird der Wassermangel dort auch weiter zunehmen.

▲ *1. Wasser bedeutet Leben, Frische und Abenteuer. Es kann aber auch gefährlich für uns sein, Unglück und Tod bringen …*

2. In Mali sind Frauen oft sechs Stunden unterwegs, um in einem Tonkrug Wasser aus einem Fluss zu holen. Über 1 Milliarde Menschen haben keinen Zugang zu sauberem Trinkwasser. Alle acht Sekunden stirbt ein Kind an einer Krankheit, die mit unzureichender Wasserversorgung zusammenhängt ▶

4. Wie viele Münzen schaffst du?
Fülle ein Trinkglas randvoll mit Wasser. Gib anschließend so viele Münzen in das Glas, bis das Wasser tatsächlich überläuft … ▼

▲ *3. Um ein Kilogramm Rindfleisch zu produzieren, benötigt man insgesamt rund 15 500 Liter Wasser; das allermeiste braucht man zur Produktion des benötigten Futters.*
Für die Herstellung von einem einzigen Glas Orangensaft sind 170 Liter Wasser notwendig.

Wasser ist nicht gleich Wasser

▲ *1. Auf der Erde gibt es mehr Wasser- als Landflächen*

3. Trinkwasser aus Meerwasser

Will man Meerwasser zum Trinken nutzen, muss man das Salz entfernen.

a) Mit welcher Methode kann man dies erreichen? Beschreibe die Methode kurz.

b) Hast du das schon einmal im Unterricht gemacht? Wenn nicht, dann probiere es doch einmal aus.
Plane zunächst, welche Gerätschaften du dazu brauchst.

4. Süßwasser – Salzwasser

Meerwasser schmeckt bekanntlich salzig. Welches Wasser bezeichnet man als Süßwasser? Was hältst du von dieser Bezeichnung?

1. Wasserverteilung

a) Schätze ab, wie groß die Anteile von Land- und Wasserflächen auf der Erde sind. Du kannst dazu eine Karte oder eine Weltkugel benutzen.
b) Welche Arten von Wasser findest du auf der Weltkarte?

2. „Meerwasser", selbst gemacht

Stellt euch aus Leitungswasser und Salz eine Salzlösung her, die so salzig ist wie das Wasser in der Nordsee. Gebt dazu etwa 3,5 g Kochsalz und 100 ml Wasser in eine Tasse oder in ein Trinkglas. Rührt um, damit sich das Salz rascher löst. Dann kann jeder einen Tropfen „Meerwasser" probieren.

5. Wasser in Hessen

Hessen ist ein Land mit vielen Bächen, Flüssen und Seen. Reiht man Flüsse und Bäche der Länge nach aneinander, kommt man auf insgesamt 23.500 Kilometer. Daneben gibt es in Hessen 777 Seen größer als 1 Hektar mit einer Gesamtfläche von rund 4.400 Hektar.

a) Wie heißen die beiden wichtigsten Flüsse für die Schifffahrt in Hessen?

b) Nenne die sechs größten Stauseen in Hessen.

Wasserverteilung. Der Blick auf einen Globus oder eine Weltkarte zeigt deutlich, dass der größte Teil der Erdoberfläche aus Wasser besteht. Fast drei Viertel der Oberfläche sind von Meeren bedeckt. Insgesamt gesehen gibt es also mehr als genug Wasser auf der Erde. Doch nicht jedes Wasser ist für den Menschen genießbar.

Wasserarten. Wasser aus den Weltmeeren ist *Salzwasser.* Es enthält etwa 3,5 % Salz. Das heißt, dass in einem Liter Meerwasser etwa 35 g Salz gelöst sind. Man kann es nicht zum Trinken verwenden. Es schmeckt nicht und ist auch nicht gesund. Man würde davon nur noch viel mehr Durst bekommen.
Unser Trinkwasser heißt Süßwasser – es schmeckt aber überhaupt nicht süß. Es heißt so, weil es viel weniger Salze enthält als Meerwasser. Süßwasser ist das Wasser in Flüssen, Seen und Quellen. Das im Boden versickerte Süßwasser bildet das Grundwasser. Es ist als Trinkwasser besonders wertvoll, da es beim Versickern durch die verschiedenen Bodenschichten gereinigt worden ist.

Sauberes Trinkwasser für alle? Das viele Meerwasser kann man nicht zum Trinken nutzen, das gefrorene Süßwasser an den Polen ist zu weit entfernt.
Ein genauerer Blick auf die Weltkarte zeigt, dass die Verteilung von Flüssen und Seen auf der Erde ungleichmäßig ist. Man findet Gebiete, die reich an Wasser sind. In anderen Regionen ist Wasser Mangelware. Dort verursacht die Dürre Ernteausfälle und Hungersnöte. In den Dürregebieten Afrikas haben die Menschen Schwierigkeiten, sich jeden Tag die lebensnotwendigen 2 – 3 l Trinkwasser zu sichern.

Der größte Teil des Wassers auf der Erde ist salziges Meerwasser. Nur ein kleiner Anteil ist trinkbares Süßwasser. Süßwasser ist ungleichmäßig auf der Erde verteilt.

▲ *1. Salzwasser gibt es genug auf der Erde*

2. Sauberes Süßwasser ist ungleich auf der Erde verteilt ▶

1. Fragen zum Text

a) In welcher Form kommt Wasser vor allem auf der Erde vor?

b) Welches Wasser dient uns als Trinkwasser?

c) Warum ist Grundwasser so wertvoll?

2. Modellvorstellung

Die Abbildung unten zeigt ein Modell für die Verteilung von Süßwasser und Salzwasser auf der Erde. Eine Badewanne steht symbolisch für die Gesamtmenge an Wasser auf der Erde.
Beschreibe das Schaubild in eigenen Worten.

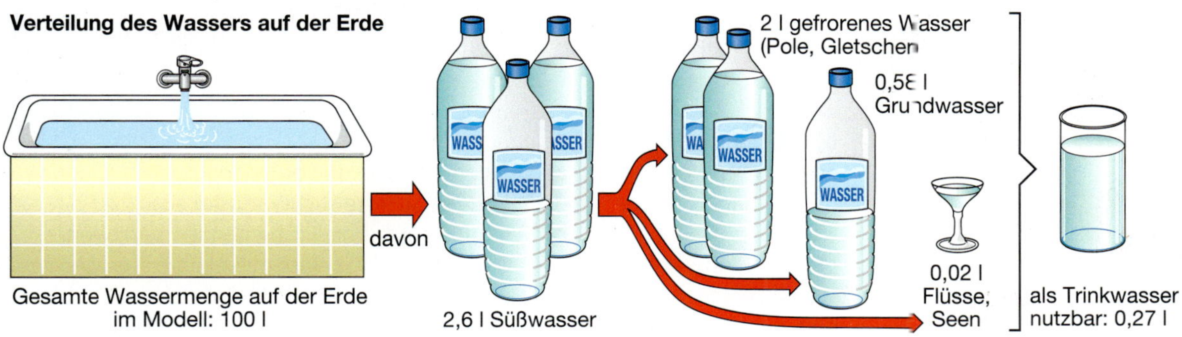

▲ *3. Die Wasserverteilung auf der Erde im Modell*

Wasser ist Leben

1. Sport macht müde und durstig

Nach dem Sport ist man oft erschöpft. Da möchte man erst einmal etwas trinken und sich erholen.

Weshalb ist man nach körperlicher Anstrengung besonders durstig?

2. Pflanzen brauchen Wasser

a) Wasser hat bei Pflanzen oft noch mehr Aufgaben als bei Mensch und Tier. Erläutere dies mithilfe der beiden Abbildungen.
b) Welche Pflanzen können sehr lange ohne Wasser auskommen?

3. Getrocknetes Obst

a) Trockenfrüchte haben meistens einen intensiveren Geschmack als die frischen Früchte. Woher kommt das wohl?
b) Warum sind Trockenfrüchte viel länger haltbar als frische Früchte?
c) Finde den Unterschied zwischen Rosinen, Sultaninen und Korinthen heraus.

4. Nachweis von Wasser

Trockenes Kupfersulfat (GHS 7, 9; B2) ist ein weißes Pulver. Kommt es in Berührung mit Wasser, wird es blau. Diese Blaufärbung ist ein Nachweis für Wasser.

Gib jeweils etwas weißes Kupfersulfat auf kleine Stücke Obst und Gemüse sowie auf zerriebene Nüsse.

Zu welchem Ergebnis kommst du bei diesem Experiment?

5. Der Wassergehalt von Lebensmitteln

Du sollst feststellen, wie viel Wasser in verschiedenen Lebensmitteln (Obst, Gemüse, Brot) enthalten ist. Folgende Dinge stehen dir zur Verfügung: Lebensmittelproben; Filterpapier; Petrischalen; ein Messer; ein Wärmeschrank, der auf 110 °C eingestellt ist; eine Waage; eine Stoppuhr, die auf 30 Minuten eingestellt ist; Schreibmaterial.

a) Überlege dir, wie du vorgehen würdest. Schreibe die einzelnen Schritte stichwortartig auf.
b) Wie groß sollten die Probemengen sein, wenn man die Werte zum Schluss miteinander vergleichen will?
c) Führe den Versuch in der Gruppe selbst durch. Jede Gruppe kann andere Proben verwenden.

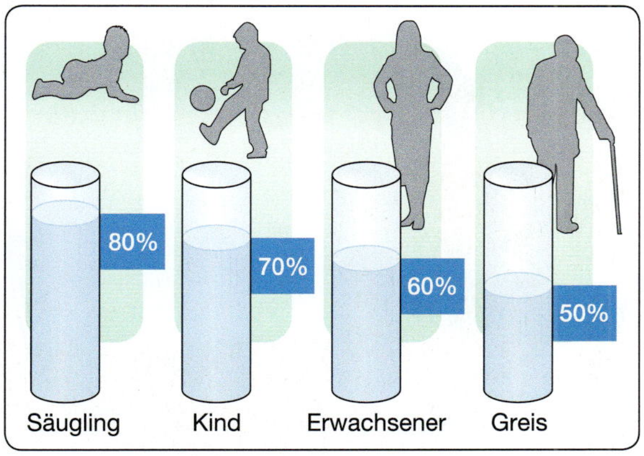

▲ *1. Wassergehalt beim Menschen*

Wasser bedeutet Leben. Ohne Wasser gäbe es kein Leben, denn Wasser ist ein wichtiger Bestandteil jeder lebenden Zelle. Alle Lebewesen, egal ob Pflanze, Tier oder Mensch, bestehen also zu einem bestimmten Anteil aus Wasser; bei einem Erwachsenen sind es etwa 60 % der Körpermasse – bei Kindern ist es etwas mehr, bei älteren Menschen etwas weniger.

Wofür benötigen wir Wasser? Zum größten Teil findet man das Wasser in den Körperflüssigkeiten, also im Blut, im Speichel, im Magensaft, in den Tränen, im Schweiß und im Urin. Aber auch die Haut speichert viel Wasser. Im Alter verliert sie diese Fähigkeit und wird trocken und faltig.

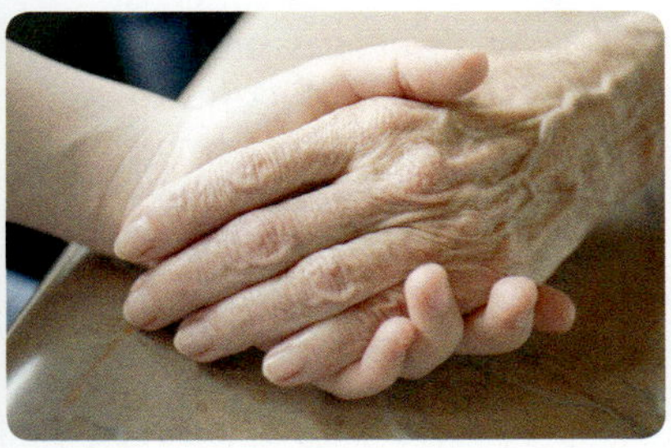

Wasser ist der Hauptbestandteil des Blutes. Es transportiert Sauerstoff und Nährstoffe überall dorthin, wo sie gebraucht werden. Auf dem „Rückweg" nimmt es Abfallstoffe mit. Die Abfallstoffe werden in den Nieren herausgefiltert und mit dem Urin ausgeschieden. Wenn man schwitzt, kühlt das verdunstende Wasser unseren Körper. Bei fast allen Lebensvorgängen wird Wasser benötigt.

Wie viel Wasser braucht man? Ein Erwachsener scheidet täglich etwa 2 – 3 Liter Wasser aus; deshalb muss er diese Menge auch wieder aufnehmen. Man muss aber keine 3 Liter trinken, denn in der Nahrung ist auch Wasser enthalten. Sogar bei der Verdauung bildet sich etwas Wasser.

Bei zu wenig Flüssigkeit fühlt man sich matt und kraftlos, kann sich nicht gut konzentrieren und man bekommt Kopfschmerzen.

Trocknen zum Konservieren. Getrocknete Lebensmittel sind länger haltbar. So bleibt ein Laib Brot nur wenige Tage genießbar, Knäckebrot hingegen ist mehrere Monate haltbar. Das Trocknen ist eine Konservierungsmethode, bei der die Vermehrung von Bakterien verhindert wird, da auch Bakterien Wasser zum Leben brauchen.

Wasser ist ein lebenswichtiger Stoff für Menschen, Tiere und Pflanzen.
Durch Trocknen kann man Lebensmittel haltbar machen.

1. Fragen zum Text

a) Aus welchen Gründen sollte der Mensch ausreichend Wasser zu sich nehmen?
b) Welche Folgen hat es für den Menschen, wenn er zu wenig Wasser bekommt?
c) Warum ist das Trocknen als Konservierungsmethode gut geeignet?

2. Die Rolle des Wassers im Körper

Wasser erfüllt im Körper viele Aufgaben. Ordne die Aufgabenbereiche des Wassers den vier Berufen zu. Begründe deine Entscheidungen.

Transport von Nährstoffen und Sauerstoff	Techniker
Ausscheidung	Chemiker
Lösemittel für Vitamine und Hormone	Kurier
Regulation der Körpertemperatur	Entsorger

3. Wassergehalt des Menschen

a) Erläutere, was man aus der Abbildung 1 herauslesen kann.
b) Vergleiche deine Haut mit der von älteren Personen. Warum wird die Haut im Alter faltig?

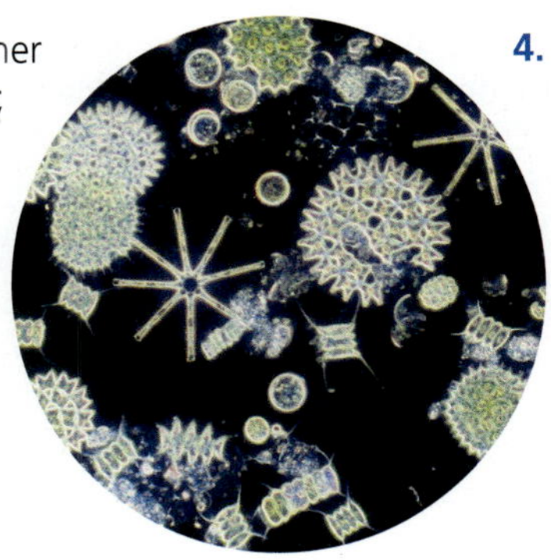

4. Ein Wassertropfen im Mikroskop

Betrachte einen Tropfen Wasser aus einem Teich unter dem Mikroskop. Du kannst verschiedene Algen und ganz kleine Wassertierchen finden.

Eigenschaften von Wasser

1. Die Aggregatzustände von Wasser

a) Beschreibe die drei Fotos oben und benenne die Aggregatzustände von Wasser.
b) Wie groß ist die Siedetemperatur von Wasser, wo liegt die Schmelztemperatur?
c) Überlege, ob man auf dem dritten Foto wirklich Wasserdampf sieht.

2. Wenn Eis schmilzt …

Das Glas rechts ist über den Rand voll mit Eiswürfeln gefüllt.
a) Diskutiere mit dem Nachbarn oder in einer Gruppe: Wird es zu einer Überschwemmung kommen, wenn das gesamte Eis geschmolzen ist? Begründet eure Entscheidung.
b) Führt den Versuch selbst durch.

4. Fest und flüssig

Gib etwas Kerzenwachs in ein schmales Becherglas. Erhitze es auf einer Heizplatte, bis das Wachs geschmolzen ist.
a) Überlege, was wohl passieren wird, wenn du dann noch ein Stück festes Wachs hinzugibst (Abb. unten rechts).
b) Probiere es selbst aus. Geht das feste Wachsstück unter oder schwimmt es oben?
c) Was zeigt dieser Versuch?

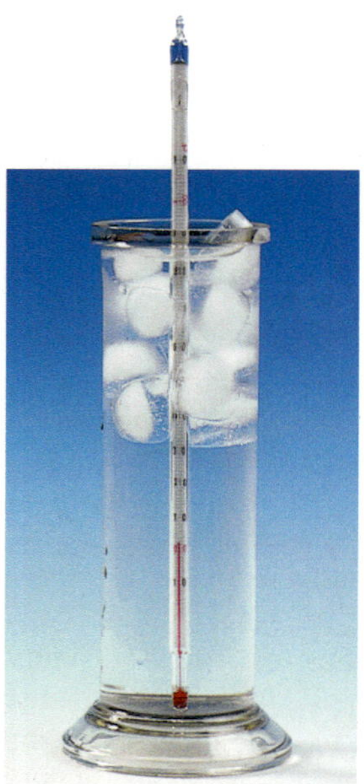

3. Wasser und Eis

a) Gib mehrere Eiswürfel in einen schmalen und hohen Glasbehälter. Fülle anschließend kaltes Wasser hinein.
Miss nach einigen Minuten die Temperaturen im Wasser ganz unten sowie oben zwischen den Eiswürfeln. Notiere deine Beobachtungen.
b) Welche Erkenntnis kann man aus dem Experiment ziehen?
d) Vergleiche damit:
Wie ist es, wenn man festes Wasser, also Eiswürfel, in flüssiges Wasser gibt?
e) Welche unterschiedlichen Eigenschaften von Wachs und Wasser zeigt dieser Versuch?

5. Die vergessene Flasche …

Hast du schon einmal mitbekommen, was geschieht, wenn man eine Getränkeflasche „mal kurz in die Tiefkühltruhe“ legt – und dann aber vergisst? Was passiert mit der Flasche? Begründe deine Meinung.

6. Woher stammt das Wasser?

Der Behälter kommt direkt aus der Tiefkühltruhe. Ist es dir auch schon einmal aufgefallen, dass ein kalter Gegenstand feucht wird, wenn man ihn für kurze Zeit in der Küche abstellt? Versuche zu erklären, wie es dazu kommt.

7. Wer hat eine ruhige Hand?

a) Fülle ein Trinkglas randvoll mit Wasser. Lege vorsichtig eine Reißzwecke, eine Büroklammer oder eine Nähnadel auf das Wasser. Schaffst du es, dass die Teile auf der Wasseroberfläche schwimmen?
b) Welche Eigenschaft des Wassers kann man mithilfe dieses Experimentes zeigen?
c) Wiederhole das Experiment mit einer anderen Flüssigkeit, etwa Salatöl.
d) Hast du schon einmal verschiedene Insekten am Wasser beobachtet? Welche Eigenschaft des Wassers machen sich manche Wasserinsekten zunutze?

8. Wo ist welches enthalten?

Drei Gläser Wasser stehen vor dir. In einem ist Leitungswasser, im anderen Mineralwasser (ohne Kohlensäure), im dritten destilliertes Wasser.

Plane einen einfachen Versuch, mit dem du feststellen kannst, welche Wassersorte in welchem Behälter ist.

9. Wasser löst viele Stoffe

a) Welche der genannten Stoffe lösen sich (gut) in Wasser: Zucker, Sand, Spiritus, Spülmittel, Kreide, Speiseöl, Tinte, Feuerzeugbenzin, Kochsalz?
b) Wie lässt sich die Löslichkeit vieler Stoffe in Wasser verbessern?
c) Lösen sich auch Gase in Wasser? Erläutere ein Beispiel.

10. Kochtopf aus Papier?

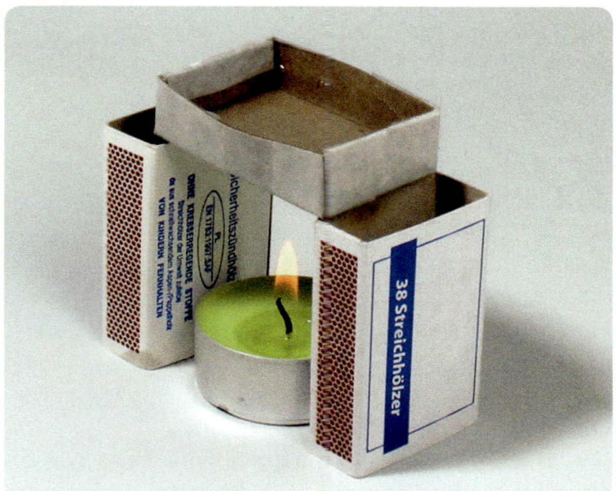

a) Ist es möglich, dass man Wasser in Papier oder einer Pappschachtel erhitzen kann, ohne dass diese verbrennt? Überlege und begründe deine Vermutung.
b) Nimm aus einer Streichholzschachtel sämtliche Streichhölzer heraus. Verstärke die Ecken der inneren Schachtel sorgfältig mit zusätzlichen Klebestreifen. Fülle die Schachtel mit Wasser und stelle sie über ein Teelicht. Entzünde das Teelicht und beobachte einige Minuten lang.
c) Hast du mit deiner Vermutung richtig gelegen? Begründe das Versuchsergebnis.

Eigenschaften von Wasser

Aggregatzustände von Wasser. Wasser ist der einzige Stoff, der in allen drei Aggregatzuständen in der Natur vorkommt: als festes Eis, als flüssiges Wasser und als gasförmiger Wasserdampf. Wasserdampf ist unsichtbar; die Dampfschwaden beim Kochen sowie Wolken enthalten also bereits feine flüssige Wassertröpfchen.

▲ *1. Hat Wasser eine Haut?*

Eis ist leichter als Wasser. Festes Wachs geht in flüssigem Wachs unter, festes Eis dagegen schwimmt auf flüssigem Wasser; Eis ist also leichter als Wasser. Wasser dehnt sich beim Erstarren aus und benötigt deshalb mehr Raum. Aus 1 Liter Wasser wird 1,1 Liter Eis.

Wer versehentlich eine Getränkeflasche in der Tiefkühltruhe vergisst, braucht sich also nicht zu wundern, dass die Flasche kaputt geht.

Wachs und die meisten anderen Stoffe ziehen sich dagegen zusammen, wenn sie fest werden.

Wenn ein See im Winter zufriert, beginnt er von oben zuzufrieren, da ja das leichtere Eis oben ist. Am Grund des Sees herrschen dann noch mindestens 4 °C. Bei dieser Temperatur ist Wasser am schwersten. Ein Glück für die Wassertiere, sie brauchen erst mal keine Angst haben, dass das Gewässer komplett einfriert.

▲ *2. Wasser löst das blaue Kupfersulfat*

Oberflächenspannung. Manche Insekten rudern oder laufen ganz oben auf der Wasseroberfläche umher. Sie gehen nicht unter, weil sie die große **Oberflächenspannung** von Wasser nutzen. Das Wasser verhält sich dabei so, als hätte es eine Haut. Nur deshalb gelingt es, mit ruhiger Hand etwa eine Büroklammer auf Wasser schwimmen zu lassen.

Wasser löst viele Stoffe. Zucker und Salz lassen sich sehr gut in Wasser lösen. Im Leitungswasser sind Kalk und andere Mineralstoffe gelöst. Sie lagern sich beim Trocknen des Wassers ab. Deshalb findet man Kalkfle -cken z. B. an Gläsern oder an den Armaturen im Badezimmer.

Die Löslichkeit ändert sich mit der Temperatur: Je wärmer das Wasser ist, desto mehr eines Feststoffes löst sich darin.

Gase lösen sich dagegen besser in kaltem Wasser und unter Druck. Eine Wasserflasche mit Kohlensäure sollte man also kühl halten. In der Wärme entweicht das Sprudelgas sonst rasch.

Es gibt auch Stoffe, die sich nicht in Wasser lösen. Fette, Öle und Benzin sind nicht wasserlöslich.

Luftfeuchtigkeit. In der Luft befindet sich immer ein geringer Anteil an Wasserteilchen. Holt man einen kalten Gegenstand aus dem Tiefkühlgerät, kondensiert die Luftfeuchtigkeit aus der Umgebung in Form kleiner Tröpfchen. Ist der Gegenstand kalt genug, werden die Tröpfchen sogar zu Eis.

Wasser kochen in Papier? Papier brennt erst bei 200 °C. Flüssiges Wasser hingegen wird höchstens 100 °C heiß. So lange also ausreichend Wasser in der Pappschachtel vorhanden ist, kühlt es diese und sie wird nicht wärmer als 100 °C. So ist es möglich, Wasser tatsächlich in einer Streichholzschachtel zu erwärmen, ohne dass die Schachtel verbrennt.

Wasser kommt in der Natur fest, flüssig und gasförmig vor. Eis ist leichter als flüssiges Wasser. Wasser besitzt eine große Oberflächenspannung; das Wasser verhält sich, als ob es eine Haut hätte.

Wasser löst und transportiert viele Stoffe, auch Gase.

1. Fragen zum Text

a) Was ist leichter, Eis oder flüssiges Wasser?

b) Welche Eigenschaft des Wassers nutzen Fische, welche Insekten auf dem Wasser?

c) Nenne zwei Stoffe, die sich nicht in Wasser lösen.

d) Woher stammt die dünne Eisschicht, die sich oft auf kalten Gegenständen bildet?

Tipps zur Suche im Internet

Benötigt man heutzutage Informationen, sucht man die oft nicht mehr in einem gedruckten Lexikon, sondern „im Internet".

→ **Online-Lexikon.** Schon zum Standard gehört die Suche im bekannten Internet-Lexikon Wikipedia (www.wikipedia.de). Es ist meistens aktueller als gedruckte Lexika.

Das sollte aber nicht die einzige Informationsquelle sein. Zur Suche im weltweiten Computernetz braucht man Suchmaschinen.

→ **Suchmaschinen.** Vor wenigen Jahren gab es Dutzende Anbieter, viele sind inzwischen wieder verschwunden. Dies sind die vier größten Anbieter:

www.ask.com
www.bing.de
www.google.de
www.yahoo.de

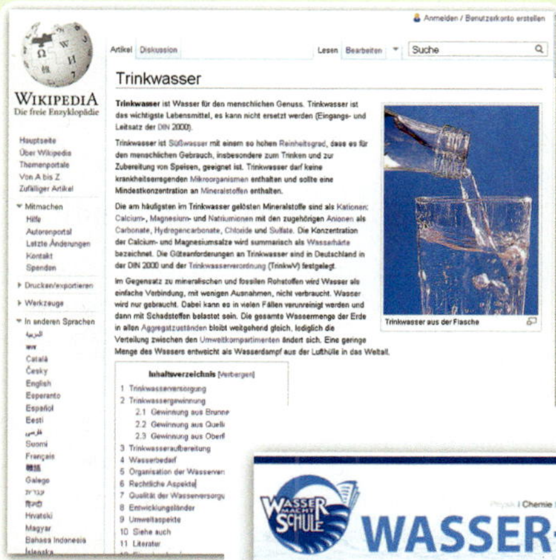

Spezielle Meta-Suchmaschinen fragen einen gesuchten Begriff gleichzeitig bei mehreren Suchmaschinen nach, vor allem bei den kleineren Anbietern. Hier kann man es also auch versuchen:www.metager.de oder unter www.metager2.de

Das Problem: Die Zahl der Trefferseiten ist oft unüberschaubar groß. Wie sucht man richtig?

→ **Suchbegriff eingrenzen.** Gibt man allgemeine Begriffe ein wie „Trinkwasser" oder „Abwasser", bekommt eine riesige Zahl von Treffern angezeigt. Wer weniger Treffer haben will, sollte das Thema genauer beschreiben. Am besten trägt man gleich zwei, drei oder mehr Begriffe in die Suchmaske ein. Bei den meisten Suchmaschinen werden die Begriffe dann miteinander verknüpft. Das heißt, dass nur Seiten angezeigt werden, auf denen alle Begriffe gemeinsam auftauchen. Nur mit verknüpften Suchbegriffen bekommt man eine sinnvolle Zahl von Treffern.

Beispiel: Man will etwas über die Trinkwassergewinnung aus dem Rhein erfahren:

– Trinkwasser ergibt über 2 Millionen Treffer;
– Trinkwasser + Gewinnung ergibt 450 000 Treffer;
– Trinkwasser + Gewinnung + NRW führt zu etwa 1 800 Treffern;
– Trinkwasser + Gewinnung + NRW + Rhein ergibt „nur" noch etwa 880 Treffer..

→ **Unpassende Begriffe ausschließen.** Setzt man direkt vor ein Suchwort ein Minuszeichen, werden Seiten mit diesem Begriff nicht angezeigt.

→ **Achtung, Werbung.** Die ersten Ergebnisse bei Internet-Suchmaschinen sind oft bezahlte Werbe-Links. Manchmal sind sie farbig unterlegt oder ganz am Rand untergebracht. Solche Werbe-Links helfen einem meistens nicht weiter bei der Suche für die Schule.

→ **Gezielt auswählen.** Mithilfe der kurzen Auszüge auf den Ergebnislisten kann man oft schon erkennen, ob sich die jeweilige Seite wohl lohnen wird. Nur passende Treffer sollte man anklicken und dann gegebenenfalls auch speichern oder ausdrucken.

→ **Wichtige Fundstellen als Favoriten speichern.** „Gute" Internetadressen sollte man sich als Favorit („Lesezeichen") abspeichern, am besten in einem neuen Favoriten-Ordner des Browser-Programms.

Dann genügen ein, zwei Klicks, um auch komplizierte Adressen blitzschnell wieder auf dem Bildschirm zu haben.

→ **Achtung, Abzocke!** Inzwischen sind viele Internetseiten für Referate oder Hausaufgabenhilfe kostenpflichtig. Solche Seiten sollte man gleich wieder wegklicken.

1. a) Informiere dich im Internet über den Grenzwert für Pestizide im Trinkwasser.

b) Finde heraus, wofür Pestizide eingesetzt werden.

2. Recherchiere, wie man die biologische Gewässergüte eines Flusses bestimmt, also den „Gesundheitszustand" eines Flusses.

Wasser – immer im Kreislauf

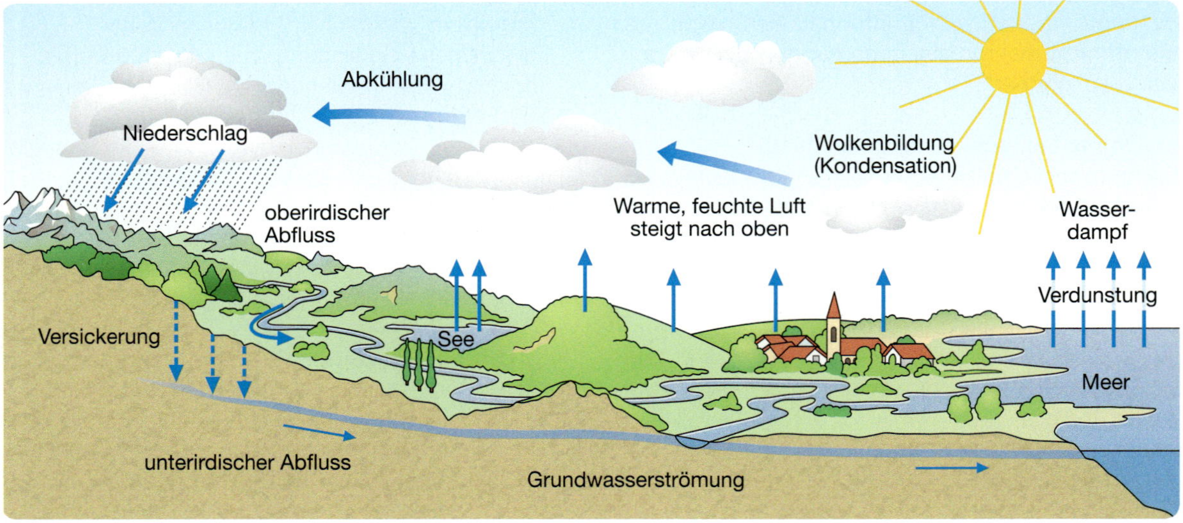

▲ *1. Der Wasserkreislauf in der Natur*

1. Natürlicher Wasserkreislauf

a) Beschreibe mit eigenen Worten den natürlichen Wasserkreislauf.
b) Fülle ein Glas etwa halb voll mit Wasser. Decke es mit Frischhaltefolie ab und stelle es auf die Fensterbank. Beobachte, was in den nächsten Stunden passiert. Vergleiche deine Beobachtungen mit der Abbildung zum Wasserkreislauf.
c) Fülle ein Glas halb voll mit Salzwasser und gehe genauso vor, wie bei b). Probiere einen Tropfen, der an der Klarsichtfolie hängt und vergleiche ihn mit dem Wasser aus dem Glas.
d) Nenne weitere „Kreisläufe“ die du in der Natur findest!

2. Die Wasseruhr

a) An einer Wasseruhr kann man ablesen, wie viel Wasser bereits durch die Leitung geflossen ist. Die Einheit ist 1 Kubikmeter (1 m^3), das sind 1000 Liter. Wie viel Liter werden von dem abgebildeten Wasserzähler angezeigt?

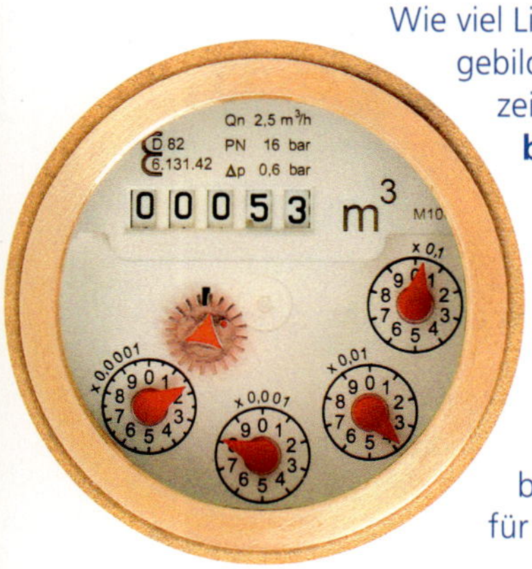

b) Ermittle den Wasserverbrauch deiner Familie. Dazu musst du täglich zur gleichen Zeit die Wasseruhr ablesen und die Messwerte notieren. Am Ende einer Woche addierst du alle Werte und berechnest den Durchschnitt für einen Tag.

3. Trinkwasserverbrauch

a) Berechne die Menge an Trinkwasser, die jeder Deutsche im Jahr durchschnittlich verbraucht. Betrachte dazu Abbildung 2 auf der nächsten Seite.
b) In welchen Bereichen könnte man anstelle des kostbaren Trinkwassers ebenso gut Regenwasser verwenden?

4. Verantwortungsvoller Umgang mit Wasser

a) Stelle fest, wie viel Trinkwasser durch einen tropfenden Wasserhahn verloren geht. Öffne dazu einen Wasserhahn gerade so weit, dass er tropft und fange das Wasser mit einem Messbecher auf. Miss die Menge an Wasser, die in 10 Minuten heraustropft.
b) Berechne, wie viel Wasser in einer Stunde, an einem Tag und in einem Jahr bei einem tropfenden Wasserhahn verloren geht.
c) Sammle interessante Fakten zum Thema „verantwortungsvoller Umgang mit Wasser“. Erstelle hierzu ein Plakat.

Wer hätte das gedacht?

- Eine moderne Spülmaschine verbraucht 15 Liter Wasser. Für das Spülen von Hand wird mehr als die doppelte Menge an Wasser gebraucht.
- Für ein Bad in der Badewanne braucht man fast dreimal so viel Wasser wie bei einem Duschbad.
- Menschen in den trockenen Regionen der Erde steht am Tag gerade so viel Wasser zur Verfügung, wie du alleine beim Duschen verbrauchst.

Natürlicher Wasserkreislauf. Das Wasser auf der Erde ist ständig in Bewegung. Angetrieben wird der Kreislauf von der Sonne. Rund ein Drittel der Strahlungsenergie auf der Erde wird dabei vom Wasser aufgenommen.

Wasser verdunstet über dem Land und den Ozeanen und steigt als Wasserdampf in die Luft. Weil es oben kühler ist als auf der Erde, kondensiert er zu Tröpfchen. Sie werden als Wolken sichtbar. Wenn Wolken auf kühlere Luft treffen, kann es zu Niederschlägen kommen; es regnet, schneit oder hagelt. Das Regenwasser, das in die Meere und auf die Landflächen gelangt, verdunstet zum größten Teil wieder. Ein Teil bleibt als Oberflächenwasser zurück und gelangt über die Flüsse zum Meer. Nur ein Bruchteil des Regenwassers versickert im Erdboden und wird zu Grundwasser.

▲ *1. Beim Duschen benötigt man nur etwa ein Drittel so viel Wasser wie bei einem Bad in der Badewanne*

Wasserverbrauch. Besonders in den Industrieländern ist der Pro-Kopf-Verbrauch hoch. So benötigt jeder Einzelne in Deutschland täglich etwa 126 l Wasser zum privaten Gebrauch.

Weitere 150 l Wasser kommen aus dem öffentlichen Bereich noch dazu. Dies ist das Wasser, das in Krankenhäusern und Schwimmbädern, aber auch für die Straßenreinigung und die Pflege von Grünanlagen benötigt wird.

Doch Haushalte und die Landwirtschaft be-

▲ *2. So viel Wasser verbraucht jeder im Durschschnitt pro Tag*

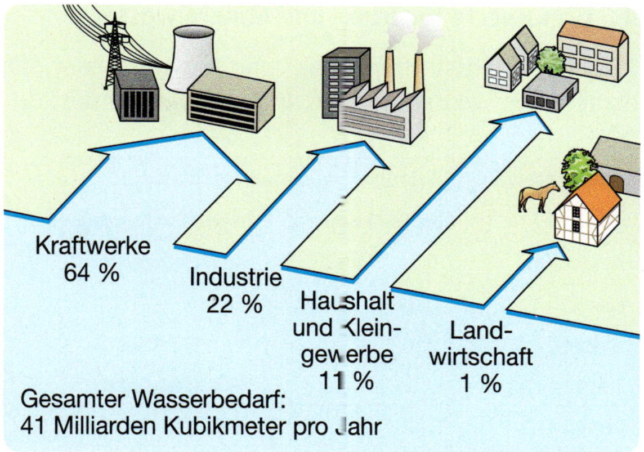

▲ *3. In Deutschland brauchen Kraftwerke und Industrie das meiste Wasser*

anspruchen nur ein Zehntel des gesamten Wasserverbrauchs in Deutschland. Großverbraucher sind bei uns Kraftwerke und Industriebetriebe. Mehr als die Hälfte des genutzten Wassers wird allein zur Kühlung von Kraftwerken benötigt. Dabei wird es zwar nur wenig verschmutzt, dafür aber stark erwärmt. Die Industrie braucht das Wasser in erster Linie zur Herstellung von Waren. So benötigt man für die Herstellung eines winzigen Elektronikchips 32 l Wasser; die Produktion eines Autos verschmutzt rund 400 000 l Wasser.

Wasser befindet sich in einem ständigen Kreislauf, den die Sonne antreibt.
Das meiste Wasser wird als Kühlwasser in Kraftwerken und zur Herstellung von Waren in Fabriken benötigt.

1. Fragen zum Text

a) Erläutere den Wasserkreislauf auf der Erde.
b) Wie viel Wasser verbraucht jeder Mensch im Durchschnitt pro Tag in Deutschland?
c) In welchen Bereichen wird das meiste Wasser benötigt?

2. Wird Wasser verbraucht?

a) Man spricht im Alltag meistens vom Wasserverbrauch. Inwiefern ist dieser Begriff nicht immer ganz richtig?
b) Welchen Begriff könnte man stattdessen verwenden?

Wie gewinnt man Trinkwasser?

1. Grenzwerte für Trink- und Mineralwasser

Für viele Inhaltsstoffe in Trink- und Mineralwasser gelten Grenzwerte, die eingehalten werden müssen. In der Tabelle findest du einige Beispiele:

Inhaltsstoffe (gelöst)	**Erlaubte Höchstwerte** (in mg pro l)	
	in Trinkwasser	**in Mineralwasser**
Aluminium	0,2	(kein Grenzwert)
Blei	0,01	0,01
Chlorid	250	(kein Grenzwert)
Eisen	0,2	(kein Grenzwert)
Kupfer	2,0	1,0
Natrium	200	(kein Grenzwert)
Nitrat	50	50
Pflanzenschutzmittel, insgesamt	0,0005	(kein Grenzwert)
Quecksilber	0,001	0,001
Sulfat	240	(kein Grenzwert)

a) Vergleiche die Angaben für Trink- und Mineralwasser. Was fällt dabei auf – und was kann man daraus schließen?
b) Warum ist es wichtig, dass die Qualität des Trinkwassers laufend überwacht wird?
c) Versuche bei deinem örtlichen Wasserwerk eine Analyse der Inhaltsstoffe zu bekommen.

2. Gewässergüte-Karte Hessen (Ausschnitt)

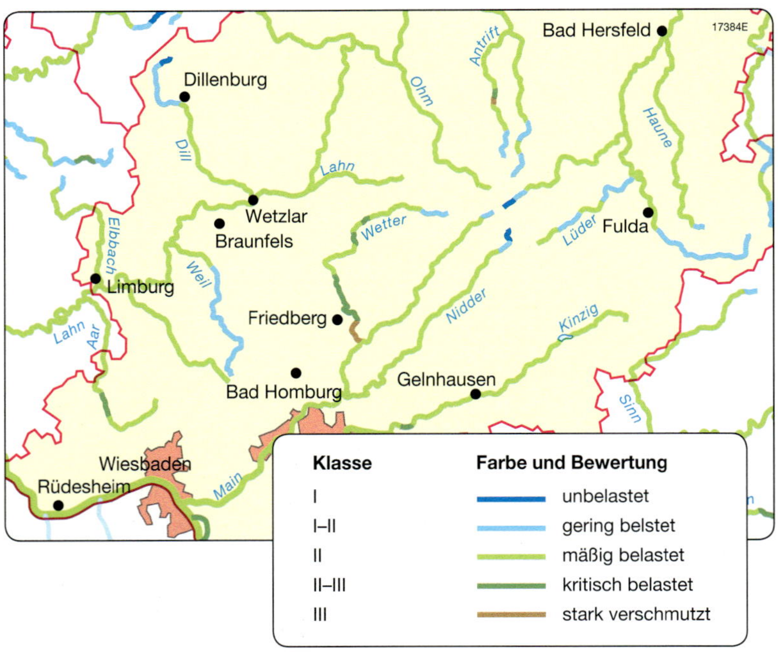

a) Zu welcher Qualitätsstufe gehören die meisten Flüsse (s. Karte oben)?
b) In welcher Region kann man wenig belastete Flüsse vermuten?
c) Prüfe deine Vermutung nach. Suche dazu im Internet nach einer Gewässergütekarte von Hessen (http://atlas.umwelt.hessen.de/servlet/Frame/atlas/wasser/of_wasser/gg_txt.htm).
d) Suche in der Karte deine Region und berichte über die Flüsse dort.

3. Wasser reinigen

Fülle einen Blumentopf mit groben Steinen, einen weiteren mit feinem Kies und den dritten mit Sand. In den vierten kommt ein Kaffeefilter. Ordne die Töpfe übereinander an.
Schütte nun verschmutztes Wasser (z. B. Wasser mit Erde) in den obersten Blumentopf und teste die Leistung deiner „Wasser-Aufbereitungsanlage".

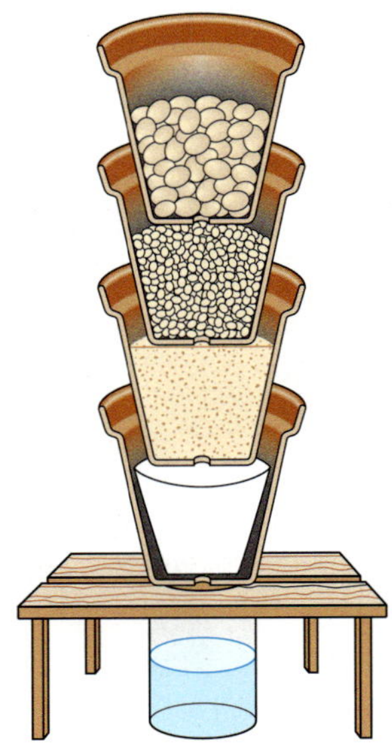

4. Wirkung von Aktivkohle

a) Gib zu 100 ml Wasser 2–3 Tropfen Tinte aus einer Tintenpatrone. Füge einen Spatel Aktivkohle hinzu und rühre um. Filtriere das Gemisch anschließend.
b) Fülle eine Flasche mit 0,5 l Wasser. Gib einen Tropfen Backaroma (z. B. Bittermandelöl) dazu. Das Aromaöl dient hier als Ersatz für Dieselöl. Verschließe die Flasche und schüttle kräftig. Prüfe den Geruch des Gemischs.
Gib dann einen Teelöffel Aktivkohle dazu, schüttle und filtriere das Gemisch. Prüfe erneut den Geruch.
c) Welche Eigenschaften besitzt Aktivkohle?

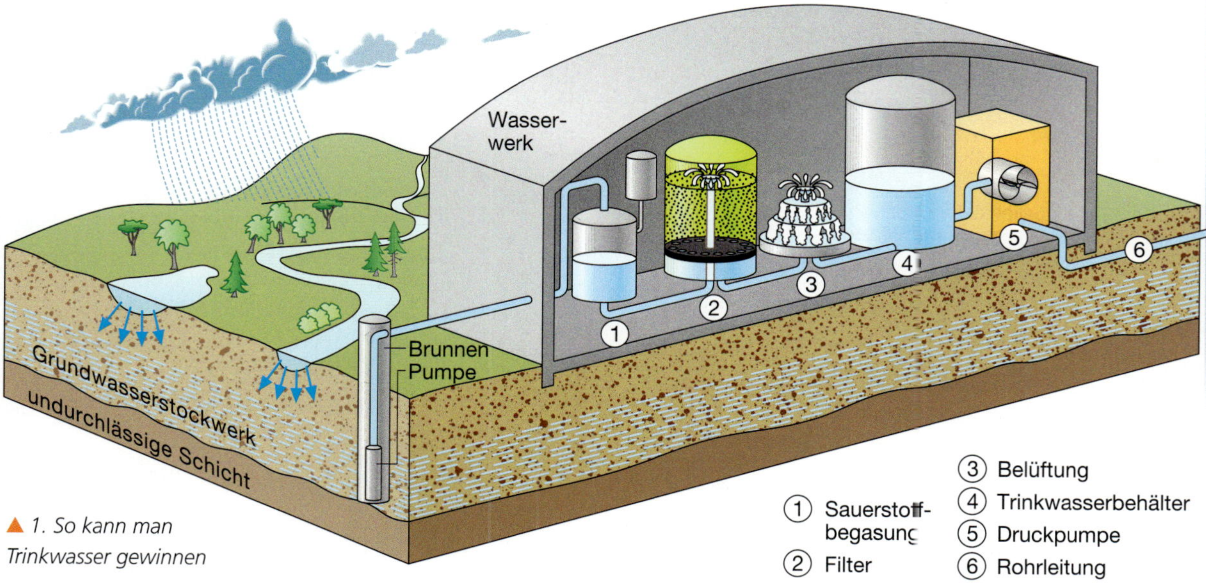

▲ *1. So kann man Trinkwasser gewinnen*

Trinkwassergewinnung. Wo kommt unser Trinkwasser eigentlich her?

Trinkwasser wird größtenteils aus Seen, Flüssen, Grundwasser und aus Talsperren gewonnen.

Grundwasser bildet sich aus Regenwasser oder Flusswasser, das versickert. Dabei bilden die Bodenschichten einen natürlichen Filter und reinigen das Wasser. Wenn es auf eine wasserundurchlässige Schicht stößt, staut es sich darüber. In dieses Grundwasserstockwerk bohrt man tiefe Brunnen. Das Grundwasser wird hochgepumpt und im Wasserwerk aufbereitet.

Im Wasserwerk. Hier wird das Wasser zunächst mit Sauerstoff angereichert, um unerwünschte Stoffe wie z. B. Eisen auszuflocken. Verschiedene Filter halten Verunreinigungen zurück. Nach dem Belüften wird das Trinkwasser mit Hochdruckpumpen ins Rohrleitungsnetz abgegeben. Von dort gelangt es in unsere Häuser. Manchmal wird dem Trinkwasser auch Chlor oder Ozon zugesetzt, um Krankheitskeime zu beseitigen.

So muss Trinkwasser sein. Bevor das Trinkwasser das Wasserwerk verlässt, wird es streng kontrolliert. Es muss hygienisch einwandfrei, klar, kühl, farb- und geruchlos sein. Für Schadstoffe sind Grenzwerte festgelegt, die nicht überschritten werden dürfen.

Wasserschutzgebiete. Damit wir auch in Zukunft einwandfreies Trinkwasser haben, muss die Verschmutzung des Grundwassers verhindert werden. Es sind bereits einige Brunnen geschlossen worden, weil die Filterwirkung des Bodens erschöpft war. Die Einrichtung von Wasserschutzgebieten um Trinkwasserbrunnen herum sowie ein sparsamer Verbrauch helfen, die Zukunft unserer Trinkwasserversorgung zu sichern.

Trinkwasser wird aus Grundwasser, Flusswasser und Quellwasser gewonnen. Bevor es genutzt werden kann, muss es oft aufwändig gereinigt werden.
Gewässerschutz ist notwendig, um unser Trinkwasser zu schützen.

1. Fragen zum Text

a) Aus welchen Wasservorräten wird Trinkwasser gewonnen?

b) Beschreibe die Trinkwassergewinnung

c) Welche Eigenschaften muss das aufbereitete Wasser haben, damit es als Trinkwasser genutzt werden kann?

2. Gefahren fürs Trinkwasser

a) Welche Gefahr besteht, wenn starke Verschmutzungen in den Boden gelangen?

b) Wo werden Wasserschutzgebiete eingerichtet und wozu dienen sie? Informiere dich im Internet oder in Lexika.

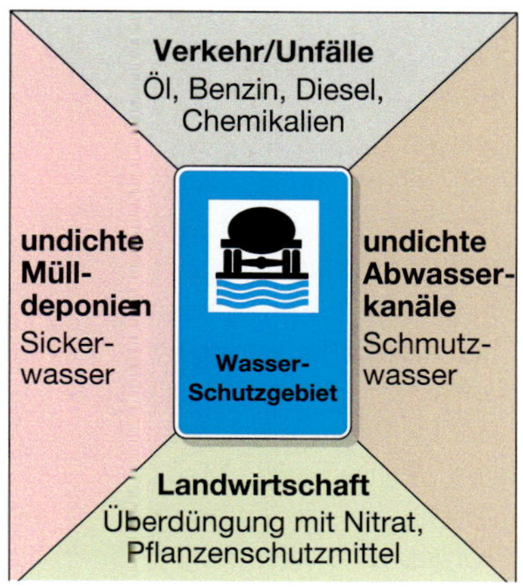

3. Löslichkeit von Sauerstoff in Wasser

Auch Wassertiere können nicht ohne Sauerstoff leben. Sie holen sich den Sauerstoff aber nicht aus der Luft, sondern aus dem Wasser. Sauerstoff löst sich nämlich auch in Wasser.

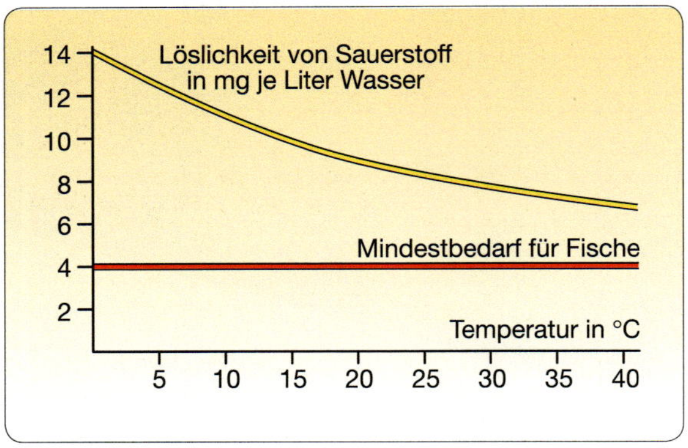

a) Betrachte die Grafik. Beschreibe die Löslichkeit von Wasser in Abhängigkeit von der Temperatur.
b) Kraftwerke und Industriebetriebe nutzen Wasser auch zur Kühlung von Anlagen. Häufig verwendet man Flusswasser, das dann erwärmt wieder in die Flüsse zurückgelangt.
Erkläre mithilfe der Grafik, welche Folgen diese Erwärmung für das Leben in einem Fluss haben kann.

4. Nitrat- und Eisengehalt von Wasser

Nach der Trinkwasserverordnung darf ein Liter Trinkwasser nicht mehr als 50 mg Nitrat enthalten. Nitrate sind Pflanzennährstoffe, die für den Menschen gesundheitsschädlich sein können.
Ist zu viel Eisen im Wasser gelöst, verschlechtern sich Geschmack und Farbe des Wassers. Der erlaubte Grenzwert liegt hier bei 0,05 mg pro Liter.

a) Ermittle mithilfe von Teststäbchen den Nitrat- und Eisengehalt verschiedener Trink- und Mineralwasserproben.
b) Umweltschützer weisen darauf hin, dass vor allem in landwirtschaftlich genutzten Gebieten in Deutschland bereits das Grundwasser hohe Nitratbelastungen aufweist.
Denke dabei daran, welche Stoffe vom Menschen auf die Böden aufgebracht werden.

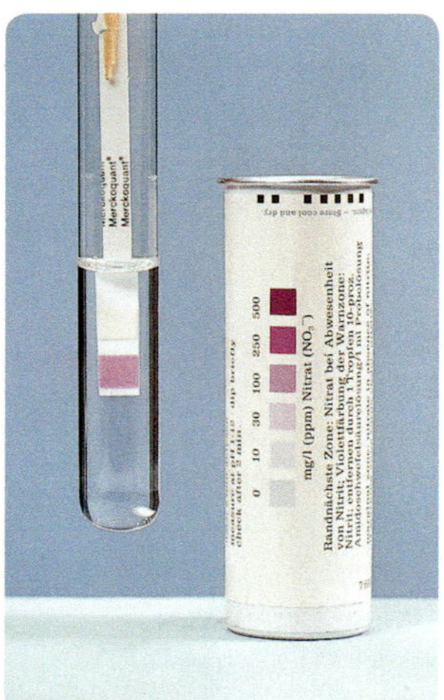

5. Nitrate im Gemüse

Lebensmittelchemiker untersuchen unter anderem auch Obst und Gemüse auf den Gehalt an Nitraten. Nitrate sind wichtige Mineralstoffe für Pflanzen. Pflanzen brauchen sie, um damit Eiweiß aufzubauen. Mit der Nahrung nehmen wir auch Nitrate auf. Zu viel davon ist ungesund, denn im Körper entstehen daraus giftige Nitrite. Diese wiederum reagieren mit Eiweißstoffen zu krebserzeugenden Nitrosaminen.
Der Nitratgehalt in Gemüse ist im Jahreslauf unterschiedlich. DIe folgende Abbildung zeigt den Nitratgehalt von Kopfsalat im Monatsmittel eines Jahres.

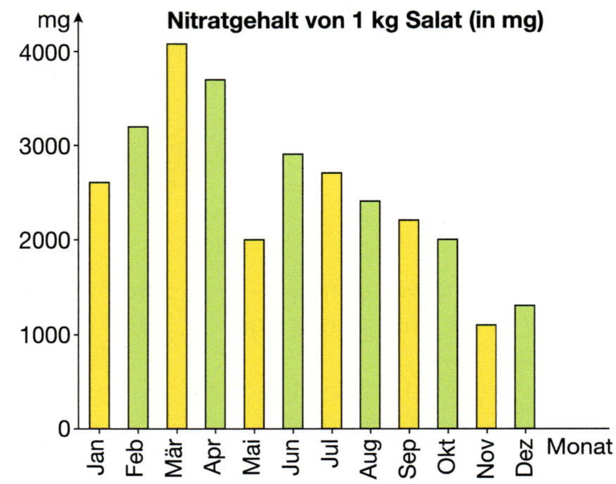

a) Beschreibe, wie sich die gemessenen Werte im Jahresverlauf ändern.
b) Wie lassen sich die zum Teil großen Unterschiede im Nitratgehalt erklären? Denke dabei auch an die Temperatur und die Lichtmenge im Winter sowie an die Art des Anbaus.

6. Wasserqualität beim Ententeich

Solche Hinweisschilder findet man häufig an Teichen und anderen Gewässern, in denen viele Wasservögel zu finden sind. Oft sieht man dort trotzdem Familien mit Kindern, wie sie den Tieren mitgebrachtes altes Brot anbieten. Die Wasserqualität ist an diesen Futterstellen oft besonders schlecht. Man sieht dort kaum noch Fische. Wasserpflanzen wachsen nur schlecht oder verschwinden völlig.
Woran könnte es liegen, dass die Wasserqualität an solchen Stellen so schlecht ist?

So wird Wasser wieder sauber

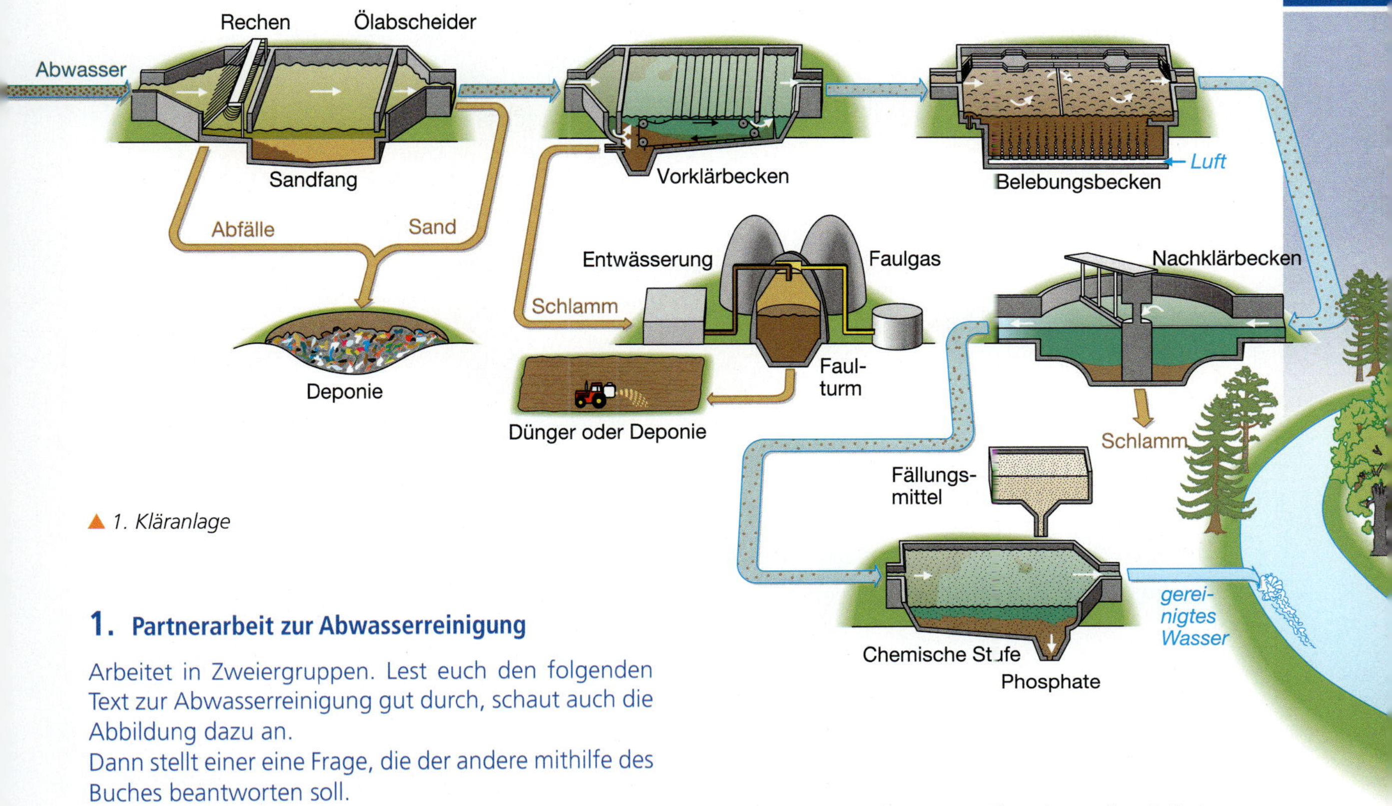

▲ *1. Kläranlage*

1. Partnerarbeit zur Abwasserreinigung

Arbeitet in Zweiergruppen. Lest euch den folgenden Text zur Abwasserreinigung gut durch, schaut auch die Abbildung dazu an.
Dann stellt einer eine Frage, die der andere mithilfe des Buches beantworten soll.
Anschließend wird gewechselt.

Mechanische Reinigungsstufe. Zunächst passiert das Abwasser *Rechen*, in denen die groben Feststoffe hängen bleiben. Im *Sandfang*, der von dem Abwasser langsam durchlaufen wird, setzt sich der mitgeführte Sand ab. Fette und Öle, die auf dem Abwasser schwimmen, werden im *Ölabscheider* abgetrennt. Im *Vorklärbecken* sinkt der größte Teil der Schwebstoffe zu Boden. Sie werden vom Grund des Vorklärbeckens abgezogen.

Biologische Reinigungsstufe. Das von Schwebstoffen weitgehend gereinigte Abwasser enthält noch zahlreiche gelöste Verunreinigungen. Es sind vor allem Kohlenstoff-Verbindungen. Sie werden im *Belebungsbecken* entfernt. Hier laufen dieselben Reinigungsvorgänge ab wie in natürlichen Gewässern: Mikroorganismen fressen die organischen Stoffe im Abwasser. Sie nutzen also die Abfallstoffe als Nahrungsquelle. Deshalb vermehren sie sich stark. Die Bakterien brauchen zum Leben auch Sauerstoff. Er gelangt durch das Einblasen von Luft oder mithilfe großer Rührwerke in das Abwasser.
Das trübe Abwasser fließt dann in das *Nachklärbecken*. Hier flocken die Mikroorganismen zusammen und setzen sich am Boden ab.

Chemische Reinigungsstufe. Ein großer Teil der gelösten Salze ist immer noch im Abwasser. Durch die gezielte Zugabe von *Chemikalien* können diese noch entfernt werden. So vermeidet man eine Überdüngung der Flüsse. Jetzt darf das geklärte Wasser in einen Fluss eingeleitet werden.

Faulschlamm. Der überschüssige Schlamm wird in *Faultürme* gebracht. In diesen wird er unter Luftabschluss von speziellen Bakterien zersetzt. Dabei bildet sich brennbares Faulgas. Es besteht vor allem aus Methan und Kohlenstoffdioxid. Der zurückbleibende Klärschlamm wird verbrannt oder auf die Deponie gebracht, wenn er zu viele Schadstoffe enthält. Ist er wenig belastet, kann er als Dünger verwendet werden.

In Kläranlagen wird das Wasser mechanisch, biologisch und chemisch gereinigt. Nach der Reinigung wird das geklärte Wasser in Flüsse geleitet.

2. Fragen zum Text

a) Nenne die drei Reinigungsstufen einer Kläranlage.
b) Beschreibe die Aufgabe der Mikroorganismen im Abwasser.
c) Erkläre, warum die Belüftung der Anlage so wichtig ist.
d) Erläutere die Bedeutung der chemischen Reinigungsstufe.

Genug Wasser für alle?

1. Wassermangel

a) Welche Länder leiden bereits heute unter einem Mangel an Wasser?
b) Suche nach Gründen für den sich ausdehnenden Wassermangel auf der Erde.
c) Was kann passieren, wenn zwei oder mehr Länder auf das Wasser desselben Flusses zurückgreifen müssen?

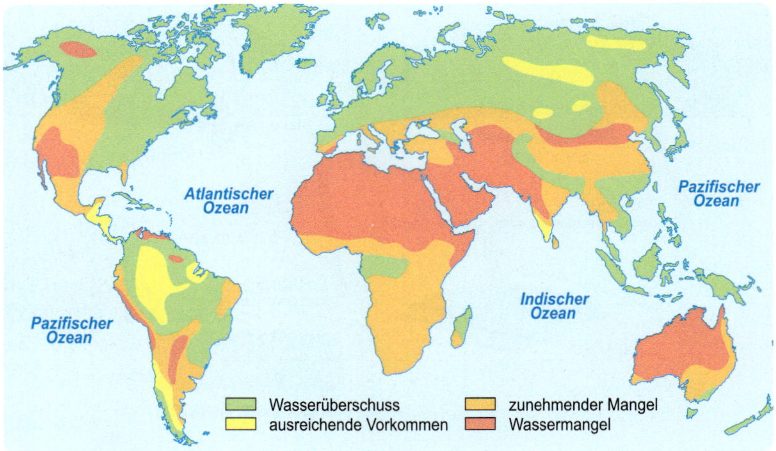

2. Der Aral-See trocknet aus

Einst schwammen Fischkutter auf dem Aral-See, heute trotten an derselben Stelle Kamele durch den Sand. Der Aral-See war 1960 der viertgrößte Binnensee der Welt. In den vergangenen Jahrzehnten hat er jedoch mehr als drei Viertel seines Volumens und mehr als die Hälfte seiner Fläche verloren. Die Ursachen: Man hat die beiden einzigen Zuflüsse des Sees umgeleitet, um damit riesige Baumwollfelder sowie Städte und Industriegebiete mit Wasser zu versorgen.
a) Suche den Aral-See in einem Atlas. Wo liegt er?
b) Finde heraus, welche katastrophalen Folgen das Austrocknen des Aral-Sees für Menschen, Tiere und Pflanzen gebracht hat.

Exkurs

Skifahren in der Wüste!

In den Vereinigten Arabischen Emiraten herrscht schon heute Wassermangel. Sauberes Süßwasser ist hier sehr viel teurer als Benzin. Dennoch wurde in der Stadt Dubai eine Skihalle gebaut. Ski- und Snowboard fahren mitten im Wüstenstaat! Während es draußen etwa 35 °C warm ist, herrschen in der Halle Minustemperaturen von –2 °C. Täglich stellen die 23 modernen Schneekanonen über 6 Tonnen frischen Schnee her.
Doch wo kommen die enormen Wassermassen dafür her? Der größte Teil des Wassers stammt aus Meerwasser-Entsalzungsanlagen. Die Vereinigten Arabischen Emirate verfügen über sehr viel Geld, das in moderne Technologien investiert wird. Nur so ist zu erklären, dass ein Staat mit extremem Wassermangel so verschwenderisch mit Wasser umgehen kann.

3. Bewerte: Ist Skifahren in der Wüste verantwortungslos, überflüssig oder doch eine interessante Freizeitbeschäftigung?

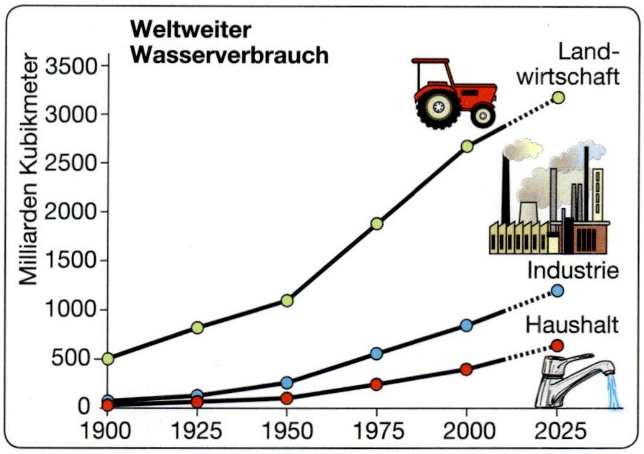

▲ *1. Der weltweite Wasserverbrauch steigt*

Wassermangel. Süßwasser ist auf der Erde sehr ungleich verteilt. In Nord- und Westeuropa oder Südamerika gibt es ausreichend Wasser; in Nordafrika und im Nahen Osten dagegen herrscht starker Wassermangel. In diesen Trockenzonen regnet es sehr wenig.

Weitere Ursachen für den Wassermangel. Die Hauptursache für den steigenden Wasserbedarf ist das starke Bevölkerungswachstum.

– Die **Bevölkerung** hat sich in den vergangenen 100 Jahren etwa vervierfacht, der weltweite Wasserverbrauch ist um das Zehnfache angestiegen.

– Die **Landwirtschaft** verbraucht weltweit gesehen den größten Teil des Wassers. Stark zugenommen haben die Ackerflächen, die künstlich bewässert werden. Leider sind die Bewässerungsmethoden oft wenig wirkungsvoll: Viel Wasser geht verloren oder verdunstet, bevor es die Pflanzen aufnehmen können.

– Je stärker sich ein Land **wirtschaftlich entwickelt,** umso mehr Wasser wird verbraucht. Die **Ansprüche der Menschen** wachsen und die **Industrie** stellt mehr Waren her.

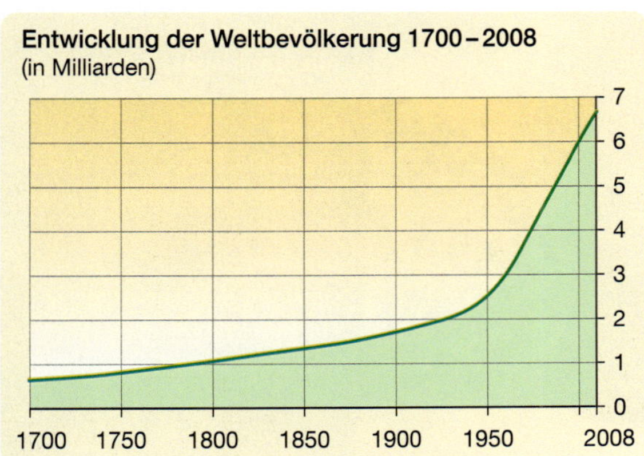

▲ *2. Fast 7 Milliarden Menschen leben auf der Erde*

Folgen des Wassermangels. Zu wenig oder verschmutztes Wasser kann zu Krankheit und Tod der betroffenen Menschen führen. Streiten sich zwei oder mehr Länder um den Anteil an einem Fluss oder See, kann es auch zu kriegerischen Auseinandersetzungen kommen.

Was tun? Es ist meistens nicht möglich, einfach die Wassermenge zu erhöhen. Man muss also versuchen, den **Wasserbedarf zu senken.** Die größten Einsparmöglichkeiten gibt es in der Landwirtschaft.

– **Bessere Bewässerungstechniken** verringern die bisher großen Wasserverluste durch Versickern und Verdunsten.

▲ *3. Große Flächen werden künstlich bewässert*

– In Trockengebieten sollte man **standortgerechte Pflanzenarten** anbauen, die von Natur aus schon mit wenig Wasser auskommen. Tomaten und Wassermelonen eignen sich nicht für sehr trockene Gebiete.

– Auch in den Entwicklungsländern sollte man in der Industrie das **Wasser nach Gebrauch reinigen** und dann **wiederverwenden.**

– Das wenige **Regenwasser** sollte man **auffangen** und sinnvoll nutzen.

– **Entsalzungsanlagen** entfernen das Salz aus dem Meerwasser, damit es trinkbar wird. Das können sich allerdings nur reiche Länder leisten, die an einem Meer liegen.

Der Wassermangel hat sich durch die starke Zunahme der Weltbevölkerung in den letzten hundert Jahren verschärft.
Man muss versuchen, das vorhandene Wasser besser zu nutzen und weniger zu verschmutzen.

1. Fragen zum Text

a) In welchen Regionen herrscht Wassermangel?
b) Was ist die Hauptursache für den größer werdenden Wassermangel?
c) Weshalb spielt die Landwirtschaft eine große Rolle beim Thema Wassermangel?
d) Wie kann man versuchen, mit weniger Wasser auszukommen?

1. Steine in der Natur

In der Natur kommen ganz unterschiedliche Gesteinsarten vor. Nenne Gesteine, die du kennst.

Jeder von euch hat im Gelände oder beim Steinmetz schon einmal Steine entdeckt, die ihm gut gefallen. Sammelt man viele solcher Steine, braucht man eine Ordnung, um die Übersicht nicht zu verlieren. Der Geologe, ein Gesteinsfachmann, ordnet die **Gesteine** nach ihrer Entstehung in drei Gruppen.

Erstarrungs- oder magmatisches Gestein. Dieses Gestein stammt aus einer Schmelze, die aus dem Erdinnern aufsteigt. Die Schmelze nennt man auch Magma (Teig). Kühlt die Schmelze ab, dann ist Erstarrungsgestein entstanden. Wenn die Schmelze schnell erstarrt, bilden sich nur kleine Kristalle aus. Ein Beispiel ist der *Basalt*. Hat die Schmelze lange Zeit zum Erstarren gebraucht, bilden sich große Kristalle aus, etwa beim *Granit.*

Ablagerungs- oder Sedimentgesteine. Wenn Gesteine verwittern, können die Verwitterungsprodukte durch Wind, Eis und Regen weggetragen werden. Wenn sie sich an irgendeiner Stelle anhäufen, entstehen daraus Sedimente. Werden die Sedimente verfestigt, entsteht Sedimentgestein wie etwa der *Sandstein*. Gelöstes Material wird in Meeren und Seen chemisch ausgefällt oder von Lebewesen aufgenommen. So bildet sich der *Kalkstein*.

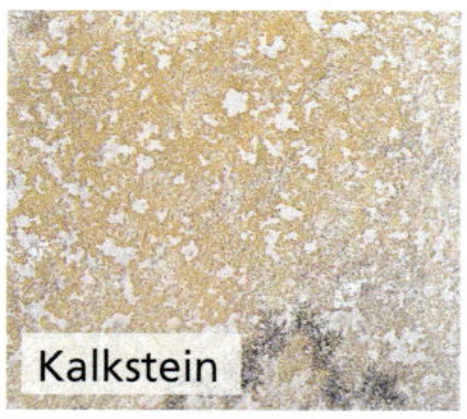

Umwandlungs- oder metamorphes Gestein. Die Erde ist in ständiger Bewegung. Ganze Kontinente bewegen sich, man nennt das Kontinental-Verschiebung. So kann sich eine Kontinentalplatte unter eine andere schieben, wie es an der Pazifikküste Nordamerikas geschieht. Dadurch werden Gesteine hohem Druck und hohen Temperaturen ausgesetzt. Die Gesteine verändern sich dabei, es entstehen metamorphe (umgewandelte) Gesteine. Wenn Granit so verändert wird, dann entsteht daraus *Gneis*.

Um die Gesteine im einzelnen zu bestimmen, betrachtet man sie mit einer Lupe. Man kann sie dann nach ihren Mineralbestandteilen weiter unterscheiden.

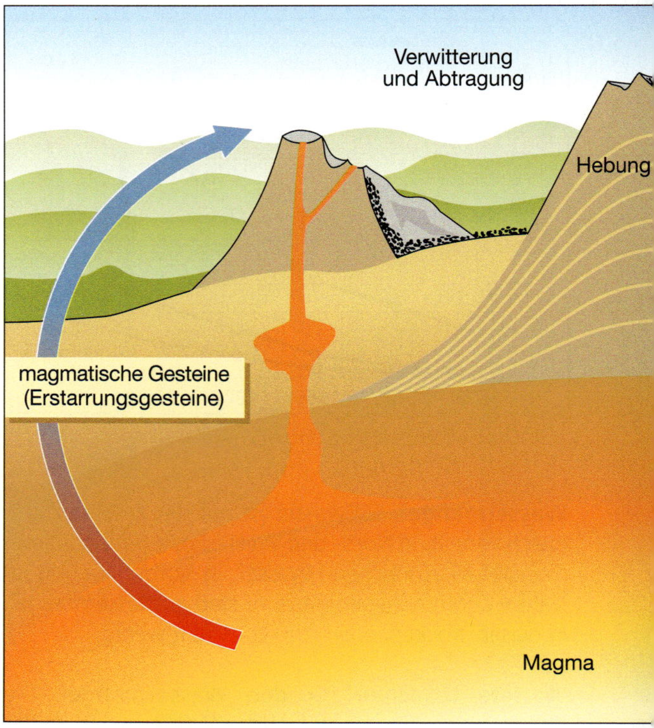

▲ 4. *Entstehung der Gesteine*

Ein **Mineral** ist ein Reinstoff. Es hat charakteristische Eigenschaften und ist einheitlich aufgebaut. Manche Gesteine wie Quarz oder Marmor bestehen aus den Kristallen eines einzigen Minerals; die meisten Gesteine bestehen aber aus mehreren verschiedenen Mineralien. Besonders schöne und seltene Minerale bezeichnet man als **Edelsteine.**

Erze sind wirtschaftlich verwertbare Gesteine für die Metallgewinnung.

▲ 5. *Granit besteht vor allem aus drei Mineralen.*

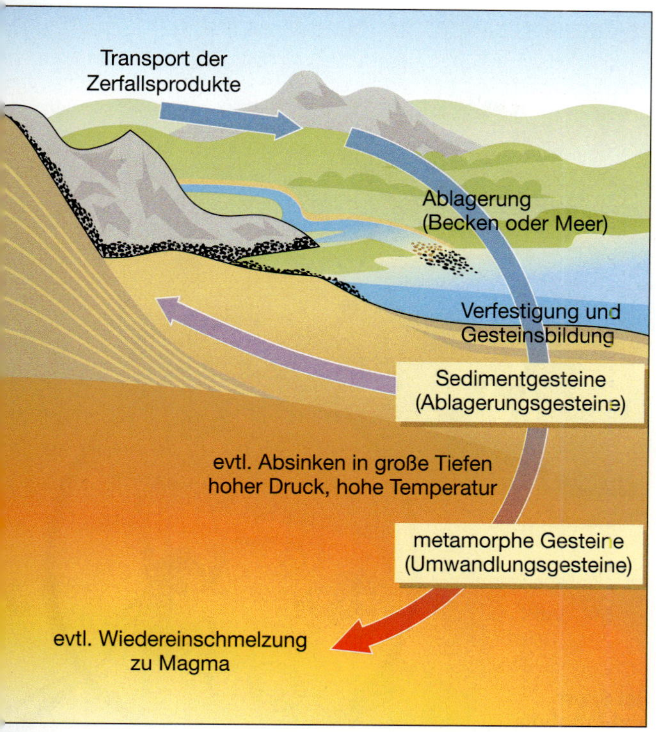

Entstehung des Bodens. Fruchtbarer Boden ist ein wertvolles Gut, denn Boden kann man nicht einfach „herstellen". Bis aus Gestein fruchtbarer Boden entstanden ist, vergehen 10 000 Jahre und mehr.
Hitze und Kälte, Regen und Wind lassen im Laufe von Jahrzehnten oder Jahrhunderten jedes Gestein langsam verwittern. Auf diesem verwitterten Gestein können sich zunächst Pflanzen ansiedeln, die sehr genügsam sind, zum Beispiel Flechten. Wenn sie absterben, bildet sich daraus Humus. Nun können Pflanzen wachsen, die höhere Ansprüche haben. Durch weitere Verwitterung, durch das Wachsen und Absterben neuer Pflanzen, durch Bodenlebewesen wie Regenwürmer, entsteht nach und nach fruchtbarer Boden.

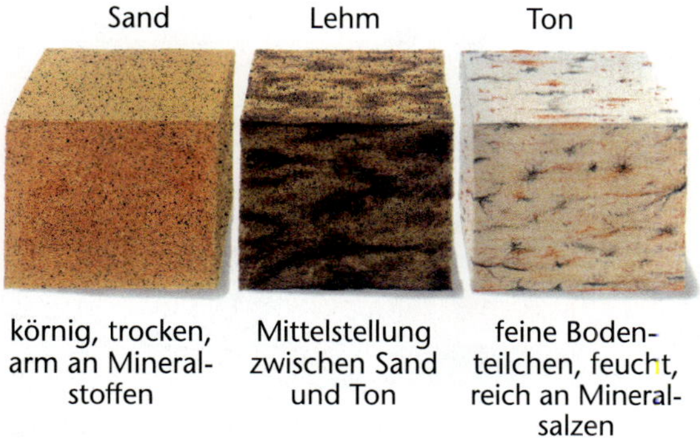

▲ 1. *Bodenarten*

Mineral	darin enthaltene Elemente
Quarz	Si, O
Glimmer	Al, Si, K, Mg, Fe, Mn, O, F
Feldspat	Al, Si, K, O
Apatit	Ca, P, O

▲ 2. *Elemente in Mineralen*

Der Boden ist also ein lebendiges Gemisch aus anorganischen Verwitterungsschichten sowie organischem Material (Humus).
Da der Boden aus Gesteinen entstanden ist, enthält er viele Minerale (Mineralien) mit unterschiedlicher Zusammensetzung. So besteht der Granit aus den drei Mineralen Feldspat, Quarz und Glimmer, enthält daneben aber auch noch geringe Anteile an weiteren Mineralen, zum Beispiel den phosphathaltigen Apatit. Diese Mineralstoffe sind wichtig für die Ernährung der Pflanzen. Durch Verwitterung werden sie aufgeschlossen und sind dann für die Pflanzen verfügbar.

Bodenarten. Je nach Ausgangsgestein und Klima können ganz verschiedene Bodenarten entstehen. **Sandige** Böden sind „leicht", weil sie eindringenden Wurzeln, der Luft und dem Wasser kaum Widerstand entgegensetzen. Sie sind „trocken", weil das Wasser darin schnell versickert. Auf solchen Böden wachsen Kiefer, Stieleiche und Birke. Angebaut wird beispielsweise Spargel.
Tonhaltige Böden bestehen aus feinen Bodenteilchen. Sie können Wasser und Mineralsalze lange Zeit speichern. Sie erwärmen sich aber nur langsam. Wenn sie austrocknen, werden sie rissig und hart. Tonhaltiger Boden eignet sich für den Getreide- und Rübenanbau.
Auf **lehmigen** Böden gedeihen viele Pflanzenarten gut. Sie enthalten sowohl feine Bodenteilchen, die Wasser und Mineralsalze festhalten, als auch gröbere Sandkörnchen. Dadurch bleibt der Boden dennoch locker.

Gesteine teilt man nach ihrer Entstehung ein in Erstarrungs-, Ablagerungs- und Umwandlungsgestein.
Die Gesteine bestehen aus unterschiedlichen Mineralen.
Boden ist ein lebendiges Gemisch aus Mineralstoffen und organischem Material, einschließlich Bodenlebewesen.
Die drei wichtigsten Bodenarten heißen sandig, tonhaltig und lehmig.

1. Fragen zum Text
a) Welche Gesteinsarten gibt es? Nenne ein Beispiel für jede Gesteinsart.
b) Woraus entsteht Boden?
c) Wie lange dauerte es bis aus Gestein Boden ensteht?
d) Wie heißen die drei wichtigsten Bodenarten?

Bodenschutz geht alle an

Gefährdung des Bodens. Die meisten Schadstoffe in der Luft werden früher oder später durch den Regen ausgewaschen und gelangen so in den Boden. Dort beeinträchtigen sie die Qualität der Pflanzen und damit auch die Qualität der Nahrungs- und Futtermittel. Geschädigt werden ebenfalls die vielen Lebewesen im Boden wie Regenwürmer, Milben oder Bakterien. Ein gesundes Bodenleben ist aber notwendig für ein gesundes Pflanzenwachstum.

Auch Pflanzenschutzmittel, Gülle und Mineraldünger belasten den Boden, wenn sie zum falschen Zeitpunkt oder in zu großen Mengen auf die Felder gelangen. Der Boden kann diese Stoffe nur begrenzt aufnehmen. Wenn das Maß überschritten wird, können sie über das Grundwasser auch in unser Trinkwasser gelangen.

2. Bodenprofil ▲

3. Lebewesen im Boden ►

▼ *1. Tipps zum Bodenschutz*

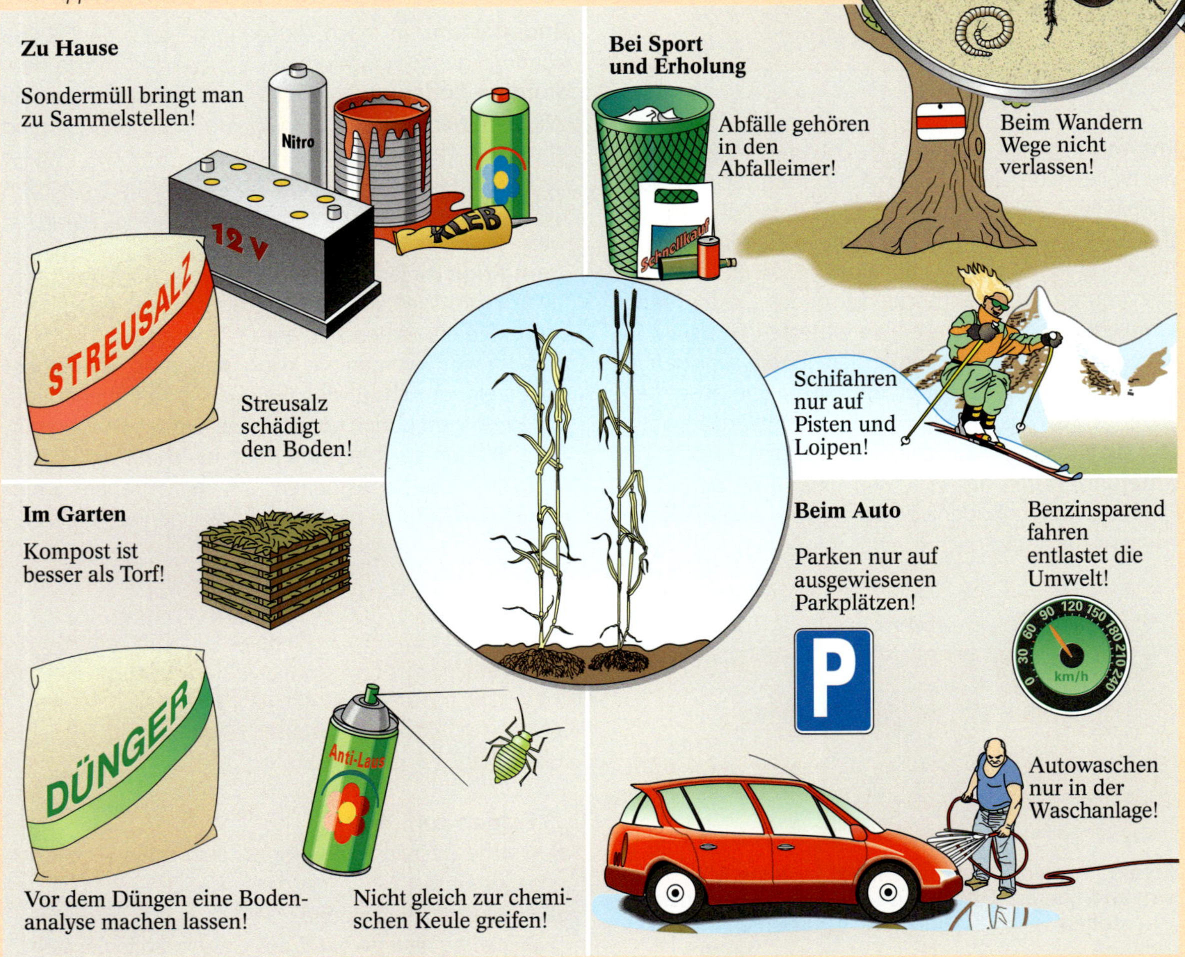

Was brauchen Pflanzen zum Leben?

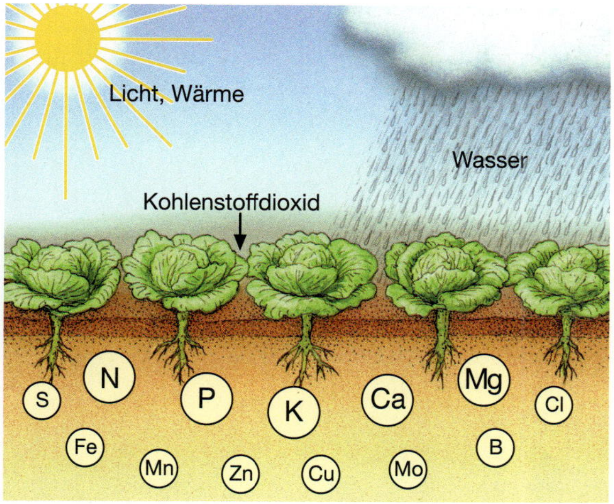

▲ 1. *Lebenswichtige Stoffe für die Pflanze*

1. Pflanzen leben von ...

Überlege, welche Stoffe und Bedingungen eine Pflanze zum Wachsen benötigt. Notiere deine Ergebnisse.

Alle Pflanzen benötigen zum Wachsen Licht und Wärme, Kohlenstoffdioxid aus der Luft sowie Wasser und Mineralsalze aus dem Boden. Wenn einer dieser Wachstumsfaktoren fehlt, dann zeigen die Pflanzen Mangelerscheinungen oder gehen sogar ein. Das kann man auch zu Hause bei der Pflege von Zimmerpflanzen feststellen.

Mineralsalzbedarf der Pflanzen. Die Bedeutung der Mineralsalze für das Wachstum der Pflanzen wurde erst um 1840 durch den Chemiker JUSTUS VON LIEBIG erkannt. Er untersuchte die Asche verschiedener Pflanzen und fand darin zahlreiche Mineralstoffe in unterschiedlichen Mengen. Die Mineralstoffe werden von den Pflanzen aus dem Boden aufgenommen. Es sind Salze, die hauptsächlich Stickstoff, Phosphor, Kalium, Calcium und Magnesium enthalten.

Pflanze	Ernte in t pro Hektar	**Mineralstoffe in kg** berechnet als N	P	K	Ca
Weizen	10	105	24	60	11
Gerste	8,1	75	16	60	14
Kartoffeln	31,5	105	20	175	32
Zuckerrüben	69	210	32	225	43

▲ 2. *Ernteerträge und Mineralstoffbedarf*

Düngung. In der Landwirtschaft und im Gartenbau kommt man ohne Düngung nicht aus. Mit jeder Ernte werden dem Boden größere Mengen an Mineralsalzen entzogen. Sie müssen durch organische Dünger wie Kompost und Mist oder durch Mineraldünger immer wieder ersetzt werden.

Dabei muss man beachten, dass jede Pflanzenart etwas unterschiedliche Ansprüche an die Mineralstoffversorgung stellt. Wichtig ist außerdem, dass den Pflanzen die Mineralsalze in einem ausgewogenen Verhältnis zur Verfügung stehen. Es nützt nichts, wenn einige Salze im Überschuss vorhanden sind und andere dagegen fehlen. Der Stoff, an dem es am stärksten mangelt, begrenzt das Wachstum der Pflanzen. Diese Erkenntnis bezeichnet man nach LIEBIG als **Gesetz vom Wachstumsminimum.**

▲ 3. *Liebigsches Fass*

Das abgebildete Beispiel zeigt, dass die Menge an Stickstoff im Boden das Wachstum begrenzt. Er ist *hier* der Minimumstoff. Die übrigen Elemente wie Calcium und Magnesium sind gegenüber Stickstoff in ausreichendem Maße vorhanden. Würde man mit mehr Calcium oder Magnesium düngen, dann hätte dies für das Pflanzenwachstum keinen Effekt. In der Tabelle kann man den Minimumstoff für verschiedene Pflanzen erkennen, für Weizen ist es Calcium, für Zuckerrüben Phosphor.

Die Pflanze braucht für ihr Wachstum Licht, Wärme, Kohlenstoffdioxid, Wasser und Mineralstoffe. Der Mineralstoff, an dem es am stärksten mangelt, begrenzt das Wachstum.

2. Fragen zum Text

a) Nenne die fünf wichtigsten Mineralstoffe für das Wachstum von Pflanzen.

b) Welche anderen Stoffe und Wachstumsfaktoren sind für die meisten Pflanzen lebenswichtig?

Boden und Gesteine

1. Kennenlernen von Gesteinen

Materialien: Verschiedene Gesteinsproben wie Granit, Kalkstein, Sandstein, Schiefer, Marmor, Basalt; Salzsäure 10 %ig, im Tropffläschchen (GHS 5, 7; B1).
Durchführung: Bestimme verschiedene Gesteine nach dem oben abgebildeten Schema.

2. Entnahme von Bodenproben

Materialien: Bohrstock mit Hammer, Spaten, Eimer, Löffel, ggf. kleine Probengefäße.

Durchführung: Mit dem ausgehöhlten Bohrstock kann man feststellen, wie es unter der Ackeroberfläche aussieht. Der Bohrstock wird mit dem Hammer in den Boden geschlagen. Nach jedem Schlag sollte er etwas gedreht werden. Im Bohrstock sind die Bodenschichten in der natürlichen Abfolge enthalten. Man erhält so ein Bodenprofil.
Aufgaben: Beschreibe das erhaltene Bodenprofil.

Entnimm mit einem Löffel Proben und untersuche, zu welcher Bodenart sie gehören (siehe V 3).

3. Bestimmung verschiedener Bodenarten

Materialien: Spaten, Löffel, Bodenproben.
Durchführung: Nimm von dem unteren Teil eines Spatenausstiches oder aus einem Bohrstock mit dem Löffel eine Erdprobe. Knete sie in der Hand solange mit wenig Wasser durch, bis beim Kneten das Wasser gerade verschwindet. Führe mit dieser angefeuchteten Erdprobe die im Schema dargestellte Bestimmung durch.

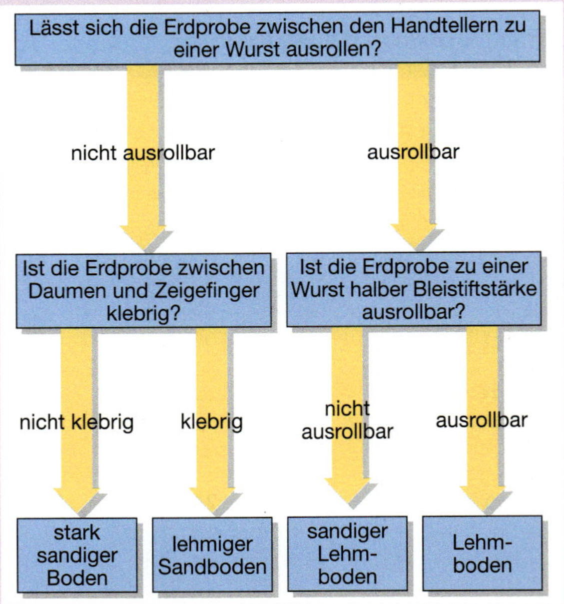

4. Bestimmung organischer Anteile im Boden

Materialien: Porzellanschale, Brenner mit Dreifuß und Tondreieck, Tiegelzange, Waage mit 10 mg Empfindlichkeit;
verschiedene Erdproben.
Durchführung: Die Menge der von Pflanzen und Tieren stammenden organischen Bestandteile des Bodens bestimmt man durch Verbrennen. Wiege dazu 5–10 g einer getrockneten Bodenprobe in ein Porzellanschälchen ab. Erhitze die Probe unter dem Abzug oder bei offenem Fenster. Entferne den Brenner, wenn die Probe nicht mehr raucht. Lass die veraschte Probe abkühlen und wiege erneut. Der Gewichtsverlust entspricht dem Gehalt an organischen Bestandteilen (Humusgehalt).
Bewertung: bis 4 % Glühverlust: humusarm; 4–15 % Glühverlust: guter Humusgehalt.

5. Böden als Wasserspeicher

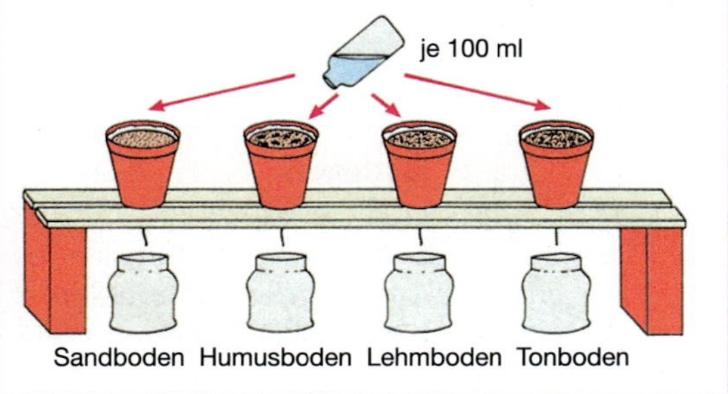

Materialien: Messzylinder, Waage, mehrere Blumentöpfe sowie Becher- oder Marmeladengläser;
verschiedene Bodenproben.
Durchführung: Böden halten unterschiedlich viel Wasser fest. Plane und führe selbst Versuche durch, mit denen du feststellen kannst, welcher Boden das meiste Wasser speichern kann.

6. pH-Wert des Bodens

Das Pflanzenwachstum hängt nicht nur vom Nährstoffgehalt des Bodens ab, sondern auch von seinem pH-Wert.

Optimaler pH-Bereich			
Heidelbeeren:	3,5–5,0	Tomaten:	5,5–7,5
Kartoffeln:	5,2–6,0	Erdbeere:	7,0–8,0
Blumenkohl:	6,0–7,5	Weizen:	6,0–7,5

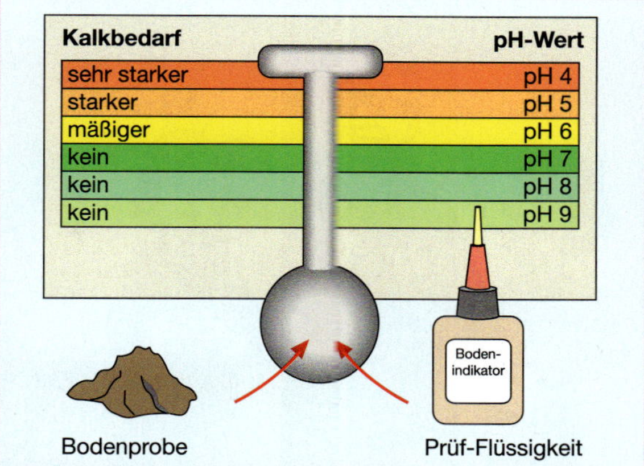

Eine Bestimmung des pH-Wertes kann man mit dem Boden-pH-Meter vornehmen.
Materialien: Löffel, Becherglas, Boden-pH-Meter;
verschiedene Bodenproben.
Durchführung: Gib eine geringe Menge einer Bodenprobe in die Vertiefung des pH-Meters und füge anschließend etwas Prüfflüssigkeit hinzu. Der pH-Wert ergibt sich durch einen Farbvergleich. So kann man auch den Kalkbedarf feststellen. Je saurer der Boden, desto mehr Kalk wird für die Anhebung des pH-Wertes benötigt.

7. Bestimmung des Nitratgehalts

Materialien: Bechergläser, Waage, Filter mit Gestell, Messzylinder;
Nitrat-Teststäbchen, Bodenproben, dest. Wasser.
Durchführung: Versetze 100 g einer trockenen Bodenprobe mit 100 ml dest. Wasser und verrühre kräftig. Filtriere die Aufschlämmung und prüfe das Filtrat mit dem Teststäbchen.
Üblicherweise wird der Stickstoffgehalt im Boden in kg N/ha angegeben. Zufällig entspricht hier der gefundene Nitratwert des Teststäbchens (in mg/l) ungefähr dem Stickstoffgehalt des Bodens (in kg N/ha). Zeigt das Teststäbchen z. B. 60 mg/l Nitrat an, entspricht dies 60 kg Stickstoff pro Hektar.
Beurteilung des Versorgungszustandes:

kg N/ha	Versorgung
0– 40	niedrig
40– 75	mittel
75–150	hoch
über 150	überversorgt

Tipps für eine Expertenbefragung

Personen, die sich in einem Fachgebiet besonders gut auskennen, nennt man **Experten.**
Das kann zum Beispiel ein Mitarbeiter einer Chemiefirma sein, ein Mitglied einer Umweltgruppe oder ein Mitarbeiter des heimischen Wasserwerkes. Meistens haben Experten beruflich mit einem Thema zu tun, das ihr vielleicht gerade im Unterricht behandelt, etwa das Thema Wasser.

→ 1. Schritt: Experten finden

Durchs Telefonbuch, per Internet und durch Nachfragen bei der Gemeinde kann man oft schon zum richtigen Gesprächspartner finden. Manchmal vermitteln auch Lehrer oder Eltern den Kontakt. Geklärt werden müssen vor allem
- das genaue Thema,
- Ort, Zeit sowie der
- Ablauf des Gesprächs.

→ 2. Schritt: Befragung vorbereiten

Im Voraus sollte man festlegen, wer die Fragen stellt und wer die Antworten mitschreibt. Vielleicht könnt ihr das komplette Gespräch auch im Ton oder als Video aufnehmen (den Gast vorher um Erlaubnis fragen).

Man sollte sich mit dem Thema im Unterricht schon beschäftigt haben, damit man auch gute Fragen stellen kann. Schreibt die Fragen vorher auf und ordnet sie in einer sinnvollen Reihenfolge.

→ 3. Schritt: Befragung durchführen

Begrüßt euren Gast freundlich. Zunächst kann sich der Experte vorstellen, anschließend könnt ihr etwas zu eurer Klasse und zum Thema des Gesprächs sagen.
Stellt dem Experten die Fragen, die ihr vorbereitet habt. Oft verwenden Experten spezielle Fachbegriffe, die man nicht aus dem Alltag kennt. Dann sollte man keine Scheu haben, nachzufragen; auch, wenn ihr generell eine Sache oder einen Vorgang nicht verstanden habt.

Nach der Fragerunde bedankt man sich natürlich bei dem Gast. Ihr könnt ruhig auch fragen, ob es zu dem Thema noch schriftliches Informationsmaterial gibt. Darin findet man manchmal Abbildungen, die man gut für die Nachbereitung verwenden kann.

→ 4. Schritt: Ergebnisse auswerten

Aus dem Gespräch mit dem Fachmann oder der Fachfrau habt ihr sicher viele Informationen gewonnen. Ihr könnt dazu etwa ein Plakat oder eine Wandzeitung gestalten. So können sich dann auch andere Schüler über eure Arbeit informieren.

Checkliste

- **Experten finden** (Telefonbuch, Internet, Eltern ...)
- **Gespräch vereinbaren** (Thema, Ort, Zeit ...)
- **Fragenkatalog aufstellen**
- **Ablauf der Befragung festlegen**
- **Expertenbefragung durchführen, bei Unklarheiten nachfragen**
- **Ergebnisse auswerten**
- **Hefteintrag, Plakat oder Wandzeitung erstellen**

1. Plant gemeinsam eine Befragung eines Experten zum Thema Wasser. Einen Mitarbeiter des Wasserwerkes könnt ihr zum Trinkwasser in eurer Gemeinde befragen; die Fachleute von der Kläranlage wissen viel zum Thema Abwasser.

Ohne Wasser geht nichts!

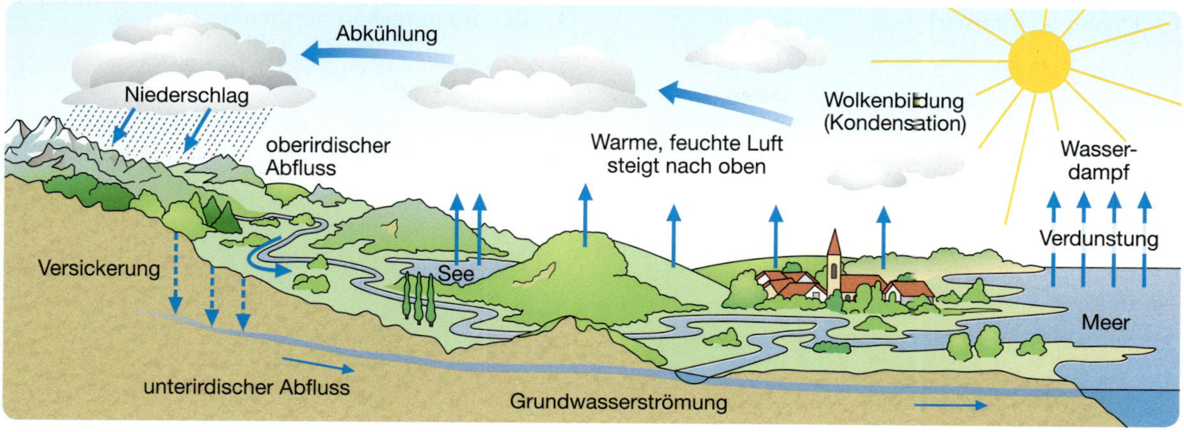

→ **Wasserkreislauf:** Wasser befindet sich in der Natur in einem ständigen Kreislauf, der von der Sonne angetrieben wird.

→ **Wasserarten:** Das meiste Wasser auf der Erde ist salziges Meerwasser, das man nicht trinken kann. Salzarmes Wasser heißt Süßwasser. Es macht aber nur einen kleinen Teil der gesamten Wassermenge aus.
Trinkwasser wird vor allem aus Grundwasser, Quellwasser und Flusswasser gewonnen.

→ **Wasser ist lebensnotwendig:** Jedes Lebewesen enthält einen bedeutenden Anteil Wasser. Ohne Wasser gibt es auf der Erde kein Leben.
Getrocknete Lebensmittel bleiben länger haltbar, weil sich Mikroorganismen darin kaum noch vermehren können.

→ **Aggregatzustände von Wasser:** Wasser ist der einzige Stoff, der sowohl fest, flüssig als auch gasförmig in der Natur vorkommt.

→ **Anomalie des Wassers** Eis, also festes Wasser, ist leichter als flüssiges Wasser, weil es sich beim Gefrieren ausdehnt.

→ **Oberflächenspannung:** Wasser hat eine große Oberflächenspannung.

→ **Bedeutung von Wasser:** Wasser wird außer zum Trinken noch für sehr viele andere Zwecke verwendet, z. B. beim Waschen, Reinigen, für die Herstellung und den Transport von Waren, als Kühlmittel, zur Energiegewinnung ...

→ **Abwasserreinigung:** Abwasser gelangt über die Kanalisation in die Kläranlage. Hier wird es mechanisch, biologisch und chemisch gereinigt.

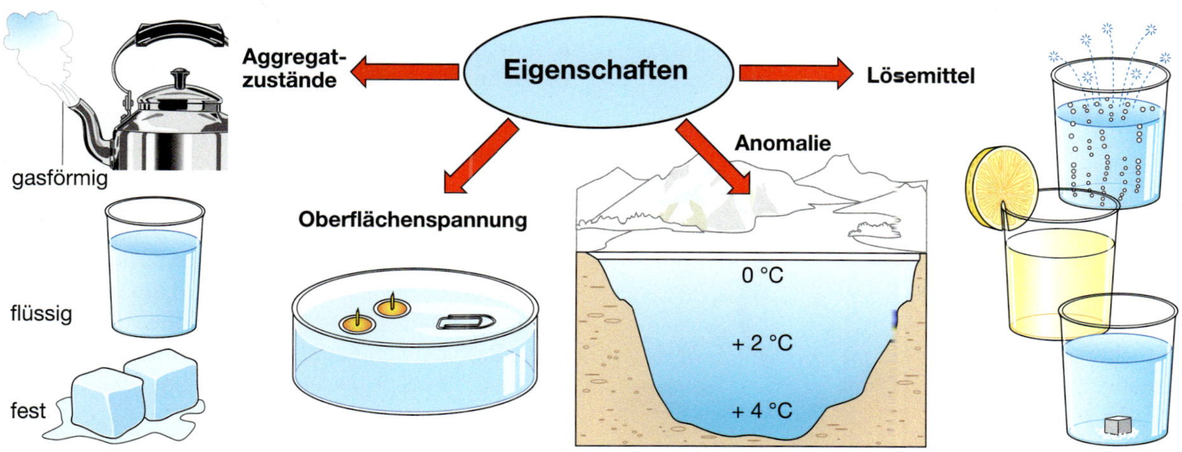

→ **Gestein:** Man unterscheidet Gesteine nach der Art ihrer Entstehung.

→ **Boden:** Boden besteht aus abgelagerten Mineralien und organischen Stoffen wie Humus. Zudem ist der Boden belebt mit Bodentieren.

Ohne Wasser geht nichts!

1. Richtig oder falsch?

– Auf der Erde gibt es mehr Süß- als Salzwasser.
– Der größte Teil des Süßwassers ist gefrorenes Eis.
– Aus Grundwasser kann man kein Trinkwasser gewinnen.
– Meerwasser kann man nicht trinken, da man davon nur noch mehr Durst bekäme.

2. Wolken

a) Woraus bestehen Wolken und wie entstehen sie?
b) Wann kann aus Wolken Niederschlag fallen?

3. Wasser wird vielfältig genutzt

a) In welchen Bereichen spielt Wasser eine wichtige Rolle? Stelle mindestens acht Beispiele zusammen.
b) Wie gewinnt man Energie mithilfe von Wasser?

4. Wasser im Menschen

a) Wie hoch ist der Wasseranteil beim Menschen?
b) Nenne einige Aufgaben, für die der menschliche Körper Wasser benötigt.
c) Ein Erwachsener, der pro Tag 2 – 3 l Wasser abgibt, muss nicht 2 – 3 l Flüssigkeit trinken, um gesund zu bleiben. Erläutere diese Aussage.
d) Was würdest du auf eine Wanderung an einem heißen Sommertag eher mitnehmen – eine Banane, eine Tomate oder einen Apfel? Begründe.

5. Den Wassergehalt bestimmen

a) Wie kannst du nachweisen, dass in Karotten Wasser enthalten ist?
b) Plane ein Experiment, mit dem du feststellen kannst, wie viel Wasser in 100 g Karotten enthalten ist.

6. Experiment mit gefärbtem Wasser

Färbe Wasser mit Lebensmittelfarbe an und stelle eine weiße oder helle Schnittblume hinein.

Notiere deine Beobachtungen. Was kannst du aus den Beobachtungen schließen?

7. Schnelltest für Kalkstein

Wie kann man chemisch einen Kalkstein von anderen Gesteinen unterscheiden?

8. Boden – Grundlage des Lebens

a) Wie ist der Boden entstanden?
b) Warum ist der Boden ein schützenswertes Gut?

9. Mineralsalzdünger

Justus Liebig, der Begründer der Mineraldüngung, meinte vor 150 Jahren: „Es muss dem Felde an Bodenbestandteilen wieder erstattet werden, was der Landwirt demselben in der Ernte genommen hat. Wird dieses Gesetz missachtet, indem man den Boden aus kurzfristigem Profitdenken heraus ausbeutet, so ist Unfruchtbarkeit des Bodens die langfristige Folge."
a) Erläutere Liebigs Aussage.
b) Wie könnte man dem Boden die „Bestandteile wieder erstatten"?

10. Fische brauchen Sauerstoff

a) In einem Süßwasseraquarium sollte die Wassertemperatur nicht über 28 °C liegen.
Weshalb kann zu warmes Wasser für Fische und andere Wasserbewohner ungünstig sein?
b) Über welches Organ nehmen Fische den Sauerstoff aus dem Wasser auf?

11. Wasser als Lösemittel

a) Selbst wenn man sich an einem heißen Sommertag einen Eistee machen möchte, lässt man den Teebeutel in heißem Wasser ziehen. Warum macht man das?
b) Viele Stoffe lösen sich in Wasser. Nenne jeweils zwei Feststoffe und zwei Gase, die sich in Wasser lösen.

12. Ein erfrischendes Getränk …?

a) Was ist an diesem Bild nicht richtig dargestellt?
b) Erkläre, wie und warum es anders aussehen muss.

13. Aggregatzustände von Wasser

Suche nochmal die Buchseite zu den Aggregatzuständen von Wasser, im ersten Kapitel.
Frage deinen Nachbarn, was die dort genannten Fachbegriffe Verdampfen, Kondensieren usw. bedeuten. Anschließend soll der Partner dich befragen.

14. Unfall im Gefrierfach

Diese Flasche lag zu lange im Gefrierfach.
Erkläre, warum es zu so einem „Unfall" kommen kann.

15. Frostaufbrüche auf Straßen

Besonders im Frühjahr kann man Frostaufbrüche auf Straßen oft sehen. Dabei entstehen störende Schlaglöcher auf der Fahrbahn.
Versuche zu erklären, wie sie entstehen.

16. Wasser sparen?

Ein Mitarbeiter eines Klärwerks behauptet: „Im Normalfall haben wir in Deutschland keine Probleme bei der Trinkwasserversorgung. Deshalb ist es bei uns nicht notwendig, noch mehr Wasser einzusparen, im Gegenteil. Viel wichtiger ist es, das Wasser nicht unnötig zu verschmutzen."
Nimm Stellung zu dieser Aussage. Denke dabei auch an die Kanalisation und die Funktion der Kläranlage.

17. Trinkwasser ist oft sehr knapp

In einigen Regionen der Erde gibt es von Natur aus wenig Wasser.
a) Erläutere, weshalb sich in den letzten Jahrzehnten die Lage dort weiter verschlechtert hat.
b) Wie kann man auf den Wassermangel reagieren?
c) Was können wir selbst tun, damit in heißen Urlaubsgebieten nicht übermäßig viel Wasser verbraucht wird?

d) Es gab schon Überlegungen, Eisberge auf dem Meer mit Schiffen in heiße Länder mit Wassermangel zu schleppen. Überlege, was für eine solche Aktion spräche und was dagegen.
e) Warum darf ein Schiffbrüchiger kein Meerwasser trinken? Wie könnte er versuchen, an Trinkwasser zu kommen?

6 Wie gewinnt man Metalle?

1. „Vogelnest" wird das Olympiastadion in Peking genannt. Es ist 330 m lang, 220 m breit und rund 70 m hoch. Die gigantische Rahmenkonstruktion besteht aus Tausenden von Hohlkastenträgern aus Stahl, die miteinander verschweißt sind. Die längsten sind bis zu 350 Tonnen schwer. Doch trotz der beeindruckenden Größe wirken die „Stahlzweige" des Vogelnestes filigran und ästhetisch.

Metalle sind wichtige Werkstoffe des Menschen. Kupfer, Eisen, Aluminium, Silber, Gold – viele Metalle finden in unserem täglichen Leben Verwendung. Sie werden zur Herstellung von Werkzeugen, Maschinen und Autos, aber auch für Schmuckstücke gebraucht.

Woher kommen eigentlich die Metalle?
Wie wird zum Beispiel Kupfer gewonnen oder Eisen?

▲ 1. Das Bild zeigt ein durchgeschnittenes und angeschliffenes Stück Kupfererz. Solche interessanten Stücke kann man zum Beispiel auf Mineralienbörsen sehen. Die grünen Stellen zeigen Malachit, die blauen Azurit. Es sind Kupferverbindungen, aus denen man metallisches Kupfer herstellen kann.

▲ 2. Können Chemiker vielleicht doch Silber und Gold herstellen...? Das Rezept zur Verwandlung von Kupfermünzen findest du in diesem Kapitel.

▲ 3. Keiner möchte gerne mit rostigem Besteck essen. Deshalb nimmt man als Material nicht rostenden Edelstahl. Lies in diesem Kapitel nach, wie Edelstahl hergestellt wird.

4. Auch wenn Rost aus der Nähe betrachtet vielleicht ganz interessant aussieht ... Rost gefährdet alle Teile aus Eisen und Stahl. Kennst du Methoden, wie man das Rosten verhindern oder zumindest verzögern kann? ▶

Ötzi – ein Steinzeitmensch

1. Leben in der Steinzeit

a) Woher weiß man, wie Menschen in der Steinzeit gelebt haben?
b) Welchen Zeitraum ordnen wir heute der Steinzeit zu? Betrachte dazu Abbildung 1.
c) 1992 wurde die Leiche eines Steinzeitmenschen im Gletschereis der Alpen gefunden. Suche im Atlas das Ötztal, den Fundort der Leiche. In welchem Land liegt der Fundort?

2. Ötzis Ausrüstung

a) Der Steinzeitmensch wird wegen seines Fundortes auch „Ötzi" genannt.
Beschreibe anhand der Rekonstruktion die Materialien, die er für seine Bekleidung und Ausrüstung verwendet hat. Trage es in eine Tabelle in dein Heft ein.
b) Welche Materialien würdest du heute verwenden? Trage sie ebenfalls in die Tabelle ein.

	Material Ötzi	Material heute
Schuhe	Rindleder	
„Hose"	Schaffell, Fell	

c) Welche Ausrüstung würdest du heute für eine Gebirgswanderung mitnehmen?

3. Ötzis Waffen

a) Welche Waffen führte Ötzi mit sich? Aus welchen Materialien sind sie gefertigt?
b) Überlege, warum Waffen und Werkzeuge aus Feuerstein in späterer Zeit durch Waffen und Werkzeuge aus Metall ersetzt wurden.

▲ *2. So ähnlich sah Ötzi wahrscheinlich aus*

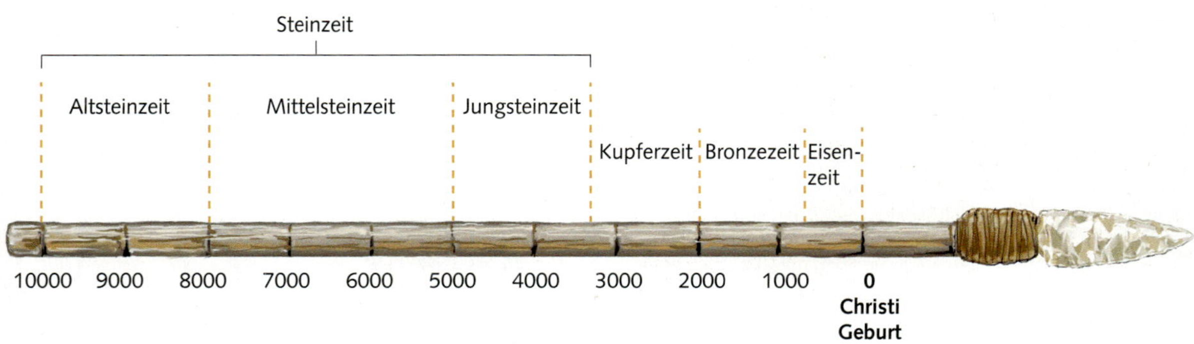

▲ *1. Wichtige Abschnitte in der Geschichte des Menschen*

So wurde Ötzi gefunden. Am 19. September 1991 entdeckte ein deutsches Ehepaar in den Ötztaler Alpen in 3200 m Höhe einen Toten. Er war durch das Abtauen des Eises zum Vorschein gekommen.
Die Polizei nahm zunächst an, dass es sich um einen verunglückten Bergsteiger handeln könnte.
Wissenschaftliche Untersuchungen ergaben jedoch, dass es sich um eine etwa 5300 Jahre alte Leiche aus der Steinzeit handelt. In Anlehnung an den Fundort wird sie Ötzi genannt. Heute befindet sie sich in einem Museum in Bozen.

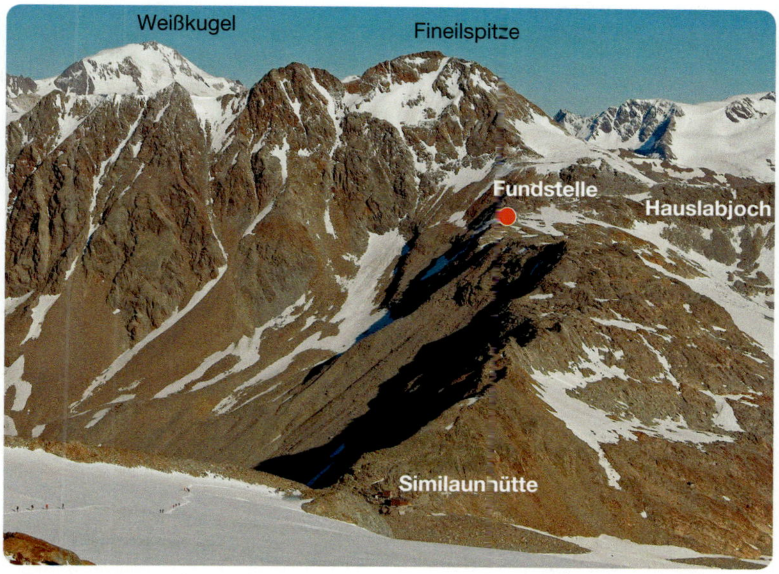

▲ 2. *Fundort von Ötzi: Zwischen der Similaunhütte und dem Hauslabjoch*

Wie sah Ötzi aus? Ötzi war für einen Steinzeitmenschen mit 1,60 m normal groß und wog etwa 50 kg. Er trug einen Bart und hatte sehr wahrscheinlich lange dunkelbraune Haare.

Wer war Ötzi? War Ötzi ein Hirte auf dem Weg zu seinen Tieren im Gebirge? War er vielleicht Häuptling einer Jungsteinzeitsippe? Hier kann man nur spekulieren.

Ötzis Tod. Als Ötzi starb, war er etwa 45 Jahre alt. Das war im Frühjahr oder im Frühsommer vor etwa 5300 Jahren. Aufgrund von Blutspuren wird angenommen, dass sich noch vier weitere Menschen in seiner Nähe befunden haben müssen.
Wahrscheinlich starb er an einem Pfeilschuss aus dem Hinterhalt. Der Pfeil durchschlug das linke Schulterblatt und zerstörte wichtige Blutgefäße.

Ein wertvoller Fund für die Wissenschaft! Ötzi war für viele Wissenschaftler ein äußerst wertvolles Untersuchungsobjekt. Seine Bekleidung und seine Ausrüstung (Abb. links) brachten viele Erkenntnisse über das Leben in der Steinzeit.

▲ 1. *Die Gletscherleiche aus der Steinzeit am Fundort*

Besonders interessant war sein Beil mit einer Klinge aus Kupfer. Dieses **Kupferbeil** war die eigentliche Sensation! Es beweist, dass die Menschen im Alpenraum schon 1000 Jahre früher als bisher angenommen in der Lage waren, Kupfer zu gewinnen.

▼ 3. *Das Kupferbeil der Gletscherleiche*

Bisher ging die Wissenschaft nämlich davon aus, dass die Herstellung und Verarbeitung von Metall den Menschen der Steinzeit unbekannt war.
Wie ist es den Menschen der Steinzeit wohl gelungen, Kupfer herzustellen?

Der Steinzeitmensch Ötzi lebte vor etwa 5300 Jahren. Die gut erhaltene Leiche und die Ausrüstung erbrachten viele wissenschaftliche Erkenntnisse über das Leben in der Jungsteinzeit. Erstaunlich ist, dass er im Besitz eines Kupferbeils war.

1. Fragen zum Text:
a) Zu welcher Zeit hat Ötzi gelebt?
b) Erkläre, warum der Fund des Kupferbeils so sensationell war.

Kupfer aus grünen Steinen

▲ 1. Kupfererz Malachit

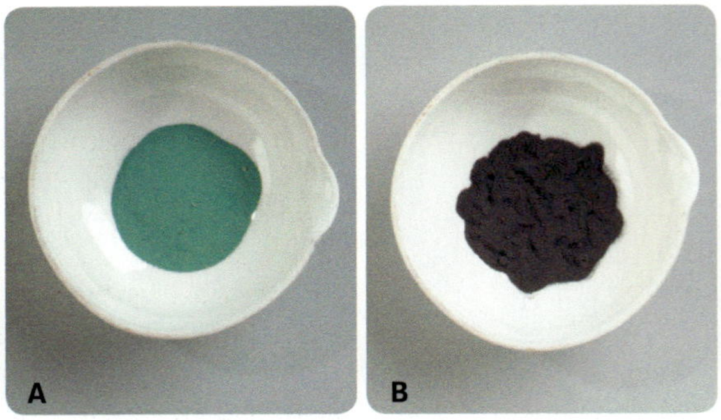

▲ 2. Malachit vor (A) und nach dem Erhitzen (B)

▲ 3. Kupfer aus Malachit

▲ 4. Malachit

1. Malachit wird erhitzt

Malachit ist ein dunkelgrünes Erz, das Kupferverbindungen enthält.

a) Zerkleinere einige Stücke Malachit (GHS 7, 9; B2) im Mörser und gib einen Spatel davon in ein Reagenzglas. Erhitze das Malachit in der Brennerflamme.

b) Was geschieht? Kannst du metallisches Kupfer erkennen?

2. Erhitzen mit Holzkohle

a) Vermische das abgekühlte Produkt aus Versuch 1 (GHS 7, 9; B2) in einem Mörser mit einem Spatel zermahlener Holzkohle. Fülle das Gemisch in ein Reagenzglas und erhitze es in der Brennerflamme. Lass das Gemisch abkühlen und schütte es dann auf ein Uhrglas.

b) Untersuche das Gemisch, am besten mit einer Lupe. Was könnte entstanden sein?

c) Die Menschen der Steinzeit verwendeten neben Holzkohle wahrscheinlich auch Holz. Du kannst den Versuch also auch mit mehreren kleinen Stückchen Holz ausprobieren. Vermische alles gut und erhitze dabei kräftig mit der rauschenden Brennerflamme.

Kupfer aus Malachit. Zunächst konnten die Menschen der Steinzeit nur das seltene metallische Kupfer verarbeiten.
Vermutlich ist die Herstellung von Kupfer aus Malachit Zufall gewesen. Die Menschen der Steinzeit verzierten ihre Tongefäße gerne mit einer Farbschicht. Die mit der Farbschicht versehenen Gefäße wurden in Töpferöfen gebrannt. Sie versuchten wahrscheinlich auch, mit dem grünen Erz Malachit eine Farbschicht zu erzeugen. Beim Brennen mit Holz oder Holzkohle stellten sie dann fest, dass keine grüne Farbschicht, sondern ein rotglänzender neuer Stoff entstanden war, das Kupfer. Das war der Beginn der Kupfergewinnung. Jetzt war es möglich, Kupfer in größeren Mengen herzustellen.

Wird Malachit stark erhitzt, zersetzt es sich und ein schwarzer Stoff entsteht, aber noch kein Kupfer. Wird dieser schwarze Stoff zusammen mit Holzkohle erhitzt, so entsteht reines Kupfer und Schlacke bleibt zurück.

Aus der Kupferverbindung Malachit lässt sich in einer chemischen Reaktion Kupfer gewinnen.

3. Fragen zum Text

a) Wie kamen die Menschen der Steinzeit an Kupfer?

b) Wie kann man aus Malachit Kupfer gewinnen?

◄ 5. So wurde früher aus Kupfererz Kupfer gewonnen

Kupfer aus dem Labor – durch Reduktion

▲ *1. Kupferoxid und Holzkohlepulver sind die Ausgangsstoffe*

1. Kupfer aus Kupferoxid

a) Gib einen Spatel mit trockenem, schwarzem Kupferoxid (GHS 7, 9; B2) in ein Reagenzglas. Erhitze es in der Brennerflamme. Verändert sich etwas?
b) Gib nun einen Spatel eines Gemisches aus Kupferoxid (GHS 7, 9; B2) und Holzkohlepulver in ein Reagenzglas und erhitze es kräftig. Nimm das Reagenzglas aus der Flamme, sobald eine Reaktion eintritt.
c) Vergleiche die Versuche a) und b) und erkläre.

2. Die Kalkwasserprobe

a) Was für ein Ergebnis erwartest du, wenn du Versuch 1 b) wiederholst und das dabei freiwerdende Gas in Kalkwasser einleitest?
b) Wiederhole Versuch 1 b) und führe die Kalkwasserprobe durch.
c) Vergleiche das Ergebnis mit deinen Erwartungen.

Erhitzt man das dunkelgrüne Kupfererz Malachit, wird es in schwarzes Kupferoxid umgewandelt. Aus dem Kupferoxid lässt sich auch durch weiteres Erhitzen kein Kupfer gewinnen. Erst wenn das Kupferoxid mit Holzkohle vermischt wird, gelingt es, daraus elementares Kupfer zu gewinnen.

Redoxreaktion. Bei dieser Reaktion entzieht der Kohlenstoff dem Kupferoxid den Sauerstoff. Das Kupferoxid wird dadurch zu Kupfer **reduziert.** Der Kohlenstoff nimmt den Sauerstoff auf. Er wird **oxidiert.**

Diese Reaktion, bei der einem Oxid der Sauerstoff entzogen wird, heißt **Reduktion.** Die Reaktion mit Sauerstoff ist eine **Oxidation.**
Beide Reaktionen, **Red**uktion und **Ox**idation, sind stets miteinander gekoppelt. Deshalb wird diese Reaktion als **Redoxreaktion** bezeichnet

Kohlenstoff bindet Sauerstoff stärker. Die Reaktion zwischen Kupferoxid und Kohlenstoff kann nur deshalb ablaufen, weil der Kohlenstoff den Sauerstoff stärker bindet als das Kupfer. Das Kupferoxid gibt deshalb seinen Sauerstoff ab und ermöglicht die Oxidation des Kohlenstoffs. Kupferoxid ist ein **Oxidationsmittel.** Der Kohlenstoff ist das **Reduktionsmittel,** da er dem Kupferoxid den Sauerstoff entzogen hat.

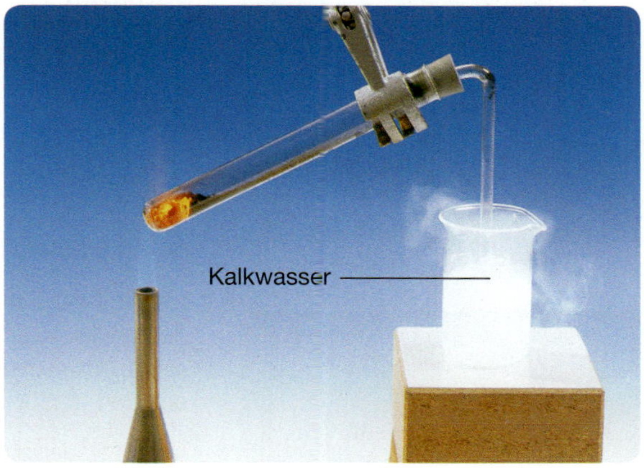

▲ *2. Die Kalkwasserprobe*

Eine chemische Reaktion, bei der einem Oxid der Sauerstoff entzogen wird, heißt Reduktion. Der Reaktionspartner wird dabei oxidiert. Bei einer Redoxreaktion laufen Reduktion und Oxidation gleichzeitig ab.

3. Fragen zum Text
a) Was ist eine Reduktion, was eine Oxidation?
b) Welcher Stoff wird bei der Reaktion zwischen Kupferoxid und Kohlenstoff oxidiert, bzw. reduziert?
c) Was ist dabei das Reduktionsmittel bzw. das Oxidationsmittel?

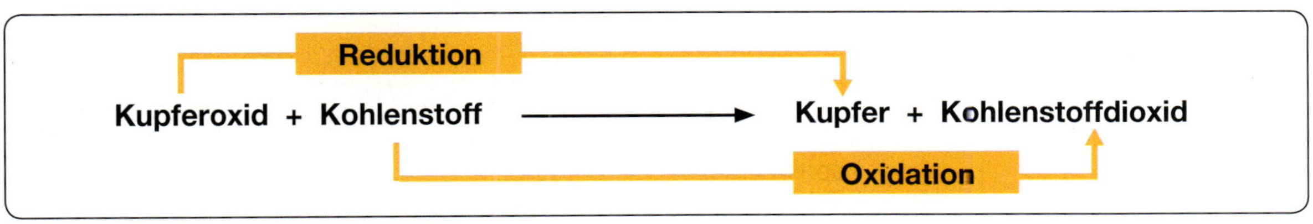

▲ *3. Redoxreaktion: Reduktion und Oxidation*

Kupfer – ein wichtiger Werkstoff

1. Kupfer in Alltag und Technik

Überlege, wo dir Gegenstände oder Bauteile aus Kupfer schon begegnet sind.

2. Leitet Kupfer Wärme gut oder schlecht?

Finde mithilfe eines Becherglases mit heißem Wasser heraus, ob Kupfer ein guter oder schlechter Wärmeleiter ist. Vergleiche zum Beispiel mit Holz, Kunststoff, Eisen oder Aluminium.

3. Stoffeigenschaften von Kupfer

a) Ritze Kupferblech mit einem Eisennagel, Aluminiumblech, Holzstab und Stein.
b) Vergleiche die Verformbarkeit eines Kupferdrahtes mit der von Eisendraht und Aluminiumdraht.
c) Prüfe die Magnetisierbarkeit und elektrische Leitfähigkeit von Kupfer.
d) Stelle fest, ob Kupfer brennbar ist.

4. Einen Steckbrief erstellen

a) Übertrage den Steckbrief in deine Mappe und ergänze ihn aufgrund deiner Beobachtungen aus den Versuchen 2 und 3.

Steckbrief: Kupfer

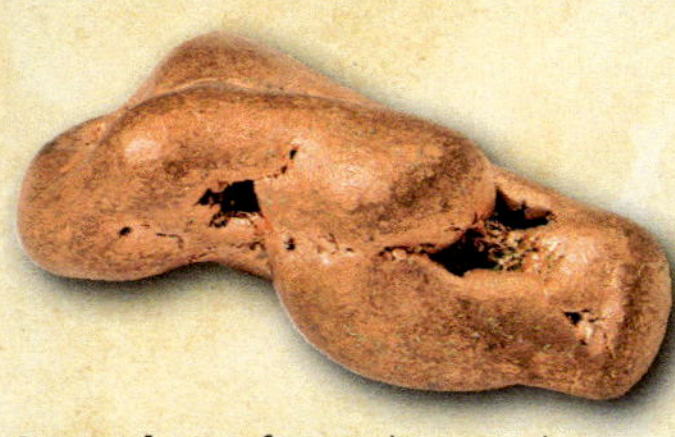

Aussehen: fest, glänzend, rötlich
Geruch: geruchlos
Löslichkeit in Wasser: nicht löslich
Schmelztemperatur:
Siedetemperatur:
Verformbarkeit:
Härte:

b) Finde die Schmelz- und Siedetemperatur sowie die Dichte von Kupfer heraus. Trage die Werte in deinen Steckbrief in deiner Mappe ein.

5. Elektrische Leitfähigkeit

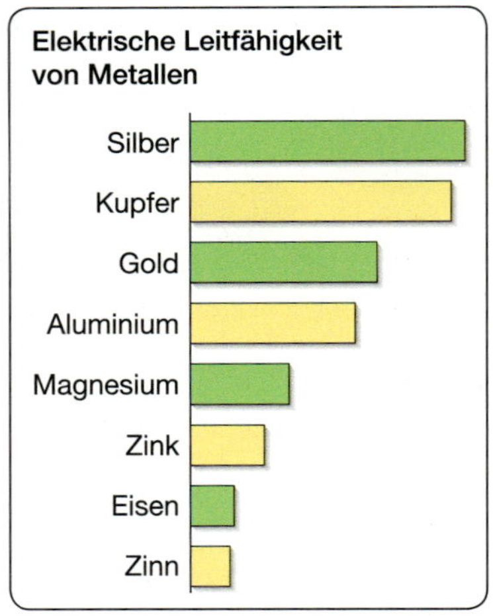

Überlege, warum Metalle wie Silber oder Eisen nicht als elektrische Leiter für Elektrokabel im Haushalt verwendet werden.

Kupfer begleitet den Menschen. Seit Jahrtausenden begleitet Kupfer die Menschen. Es ist eines der ältesten Gebrauchsmetalle. Aus Kupfer wurden Schmuck, Werkzeuge aber auch Waffen hergestellt. Als es dem Menschen gelang, Kupfer aus Kupfererz zu gewinnen, nahm die Bedeutung von Kupfer als Gebrauchsmetall noch zu.

Verwendung von Kupfer. Heute wird Kupfer aufgrund seiner sehr **guten elektrischen Leitfähigkeit** sehr vielfältig in der Elektrotechnik verwendet. Computer, Handys, Radios und Fernseher sind ohne Kupfer nicht denkbar.
Kupferkabel und Kupferdrähte werden auch für Generatoren, Transformatoren und Spulen benötigt. Hierbei ist auch noch eine besondere Eigenschaft des Kupfers wichtig: Es lässt sich problemlos zu extrem dünnen Drähten ziehen. Diese sind oft dünner als ein Haar.

Wegen seiner guten **Wärmeleitfähigkeit** bestehen Autokühler, Kälteanlagen oder Wärmetauscher in Heizkesseln und Durchlauferhitzern oft aus Kupfer. Manche Edelstahlkochtöpfe haben im Boden eine Schicht Kupfer.

Kupfer rostet nicht. Wegen seiner **Korrosionsbeständigkeit** ist es ein bewährter Werkstoff für Dacheindeckungen, Dachrinnen sowie Gas- und Wasserleitungen. Auf Kupferdächern bildet sich an der Oberfläche ein grüner, witterungsbeständiger Belag, die Patina.

Kupfer **tötet Bakterien.** Diese Eigenschaft bringt vor allem bei kupferhaltigen Geldmünzen, Türgriffen und Geländern Vorteile.

Kupfer lässt sich **gut verformen,** weil es relativ weich und dehnbar ist. Das bringt Vorteile in der Verarbeitung und in der Montage.

Durch seine ansprechende **Farbe** und weil es **feinste Formen abbilden kann,** findet Kupfer auch im Kunsthandwerk Verwendung.

Kupferlegierungen wie Messing und Bronze erweitern die Verwendungsmöglichkeiten von Kupfer.

Kupfer ist aufgrund seiner Eigenschaften ein vielseitiger Werkstoff. Er wird vor allem in der Elektro- und in der Bauindustrie verwendet.

1. Fragen zum Text

a) Welche Eigenschaft des Kupfers ist für die Elektroindustrie wichtig?
b) Welche Vorteile bieten Geldmünzen aus Kupfer?
c) Für welche Anwendungen ist die gute Wärmeleitfähigkeit wichtig?

2. Kupfer als Standardmetall?

Kupfer hat zahlreiche günstige Eigenschaften. Warum stellt man nicht auch Autokarosserien und Brücken aus diesem Metall her? Begründe deine Entscheidung. Du kannst dazu auch im Internet recherchieren.

▼ *1. Kupfer wird vielfältig eingesetzt*

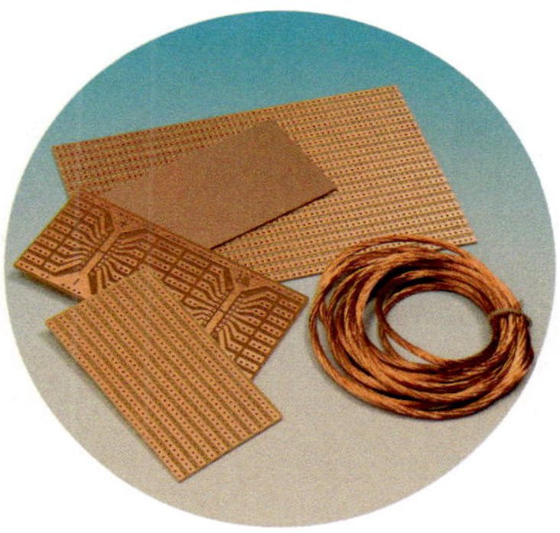

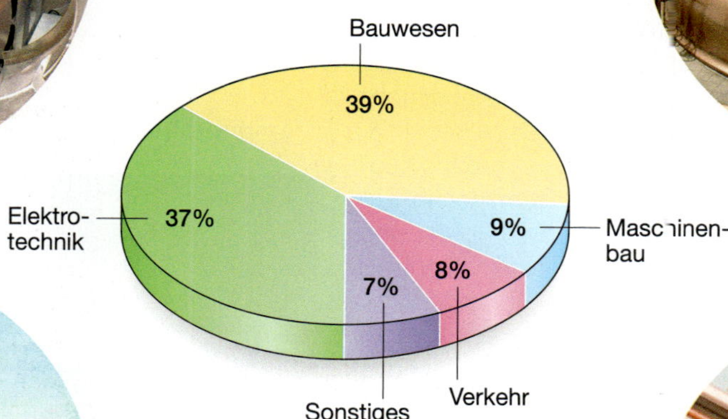

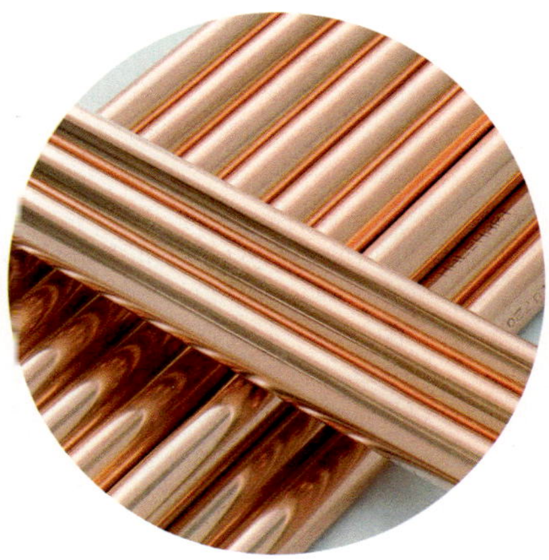

Kupfergewinnung heute

▲ 1. *Die Kupfermine von Chiquicamata in Chile, der größte Kupfertagebau der Welt*

Erzabbau. Über Jahrtausende hinweg wurde Kupfererz auf mühsame Weise in primitiven Bergwerken gewonnen Das Erz wurde mit dem Pickel oder mit Hammer und Meißel aus dem Fels geschlagen. Auch Feuer und Sprengung durch Schießpulver wurden genutzt. Das Erz wurde zerkleinert und vom Gestein abgetrennt.

Heute ersetzen Maschinen und Sprengstoffe die Handarbeit. Das gewonnene Erz wird noch in der Kupfermine vom Gestein abgetrennt. Danach beträgt der Kupferanteil etwa 30 Prozent. Dieses Erzkonzentrat wird dann mit Schiff oder Bahn zur Kupferhütte transportiert.

Verhüttung. In der Kupferhütte wird das Kupfer mit Kohle bei 1300 °C zu Rohkupfer reduziert. Dabei wird der größte Teil der Verunreinigungen entfernt.

Das Rohkupfer enthält danach nur noch etwa 1–2 Prozent an Begleitstoffen. Auch diese müssen noch entfernt werden, denn für die Elektro- und Elektronikindustrie muss das Kupfer sehr rein sein.

Das Rohkupfer wird zu großen Platten gegossen. In einem weiteren Verarbeitungsschritt wird mithilfe des elektrischen Stromes aus dem Rohkupfer Reinstkupfer. Die im Rohkupfer vorhandenen Begleitstoffe wie Eisen, Nickel, Gold oder Platin werden dabei abgetrennt und weiter verwertet.

Umweltprobleme. Der Abbau und die Verhüttung von Kupfererz haben seit jeher die Umwelt belastet. So gab es im Mittelalter in der Umgebung von Kupferschmelzhütten Waldschäden durch die giftigen Rauchgase. Außerdem wurde der Wald zur Herstellung von Holzkohle abgeholzt.

Als zu Beginn des 20. Jahrhunderts die großen Kupferminen in den USA und Lateinamerika entstanden, wurden die riesigen Mengen Abraum zum Problem. Zusätzlich wurde zur Aufbereitung des Erzes wie auch zur Beseitigung des Abraums viel Wasser benötigt.

Vieles konnte inzwischen verbessert werden. Rauchgase werden gereinigt, das Wasser wird aufbereitet und wiederverwendet. Dennoch belastet die Kupfergewinnung die Umwelt auch heute noch.

1. Stelle mithilfe des Atlas fest, wo überall auf der Erde sich Kupferlagerstätten befinden.

2. Suche im Atlas die Standorte der Kupferverhüttung in Deutschland.

▼ 2. *Gießen von Kupferplatten*

Kupferlegierungen

Reine Metalle sind für viele Verwendungszwecke wenig geeignet. Ihre Verwendungsmöglichkeiten lassen sich aber erweitern, wenn sie mit anderen Metallen zusammengeschmolzen werden. Die so entstandenen Stoffe heißen **Legierungen.** Neben der Härte ändern sich beim Legieren auch die Dichte und die Schmelztemperatur.

▲ *1. Bootsglocke aus Messing*

Messing. Messing ist eine Legierung aus **Kupfer und Zink.** Der Zinkanteil kann dabei bis zu 45 % betragen. Aufgrund ihrer Farbe kann diese Legierung leicht mit Gold verwechselt werden. Messing wird zu Blechblasinstrumenten und dekorativen Gegenständen verarbeitet. Aber auch Armaturen, Türklinken, Zahnräder für Uhren und Schiffbauteile werden aus dieser sehr beständigen Legierung hergestellt.

Bronze. Eine wichtige Entdeckung im Altertum war die Erkenntnis, dass sich aus **Kupfer und Zinn** ein neuer Werkstoff herstellen ließ, der viel härter ist als reines Kupfer. Dieser neue Werkstoff ist eine Legierung aus etwa 80 % Kupfer und 20 % Zinn. Nach dieser Legierung wurde sogar ein ganzes Zeitalter benannt, die Bronzezeit (2500 – 800 v. Chr.). Waffen, Schmuck, Münzen, sogar Teller und Trinkgefäße wurden aus Bronze hergestellt. Bis heute werden daraus Glocken und Skulpturen gegossen. Auch die Medaille für den dritten Platz bei Wettkämpfen besteht aus Bronze.

2. Bronzeplastik ▶

▲ *3. Instrument aus Neusilber*

Neusilber. Die Legierung aus **Kupfer, Nickel und Zink** wird als Neusilber bezeichnet. Sie sieht aus wie Silber, ist aber viel preiswerter. Wegen ihres Nickelgehaltes ist sie besonders hart und korrosionsbeständig. Neusilber lässt sich vielseitig verwenden, etwa für Essbestecke, Modeschmuck und chirurgische Instrumente.

1. Gold aus Kupfer?

Gib 30 ml konzentrierte Natronlauge (GHS 5; B1) und einen halben Spatel mit Zinkpulver (GHS 2, 9) in ein Becherglas. Gib anschließend eine gereinigte und polierte Kupfermünze hinzu. Erhitze das Gemisch bis zum Sieden. Rühre dabei mit einem Glasstab ständig um. Nimm die Münze mit einer Tiegelzange heraus, sobald das Gemisch siedet. Spüle sie mit Wasser ab und trockne sie vorsichtig ab. Halte die Münze danach mit der Tiegelzange kurz in die blaue Brennerflamme. Hast du genau beobachtet? Was ist hier wohl geschehen?

2. a) Welche Stoffeigenschaften des Kupfers werden beim Legieren verändert?
b) Für welche Gegenstände wird Messing vor allem verwendet?
c) Welche Stoffeigenschaften hat Neusilber?

Edel und beständig: Gold, Silber und Platin

Gold. Ein Jahrtausende alter Goldschatz glänzt, als wäre er eben erst vergraben worden. Das Gold hat über die Jahrtausende hinweg seinen Glanz behalten. Diese Beständigkeit und der warme goldgelbe Glanz macht dieses Metall bis in unsere Zeit begehrenswert.
Gold ist das dehnbarste aller Metalle. Es lässt sich zu extrem dünnem Blattgold auswalzen. Aus 1 g Gold lässt sich ein 3 km langer Draht ziehen!
Da es sich auch im kalten Zustand durch Hämmern leicht verformen lässt, wurde es bereits im Altertum zu Schmuck verarbeitet. Schmuck aus reinem Gold ist aber zu weich für den täglichen Gebrauch. Deshalb wird es mit Silber oder Kupfer gemischt. Diese Legierungen sind härter und haben oft auch eine andere Farbe.
In der Elektronik werden hochwertige Steckverbindungen mit Gold beschichtet, um sie vor Oxidation zu schützen. In der Zahntechnik, für Münzen und als Wertanlage findet Gold ebenfalls Verwendung.

▲ 1. *Vergoldete Kuppel einer Pagode in Myanmar*

Silber. Silber kommt in der Natur ebenfalls in reiner Form vor. Allerdings nicht so häufig wie Gold. Silber ist auch nicht so beständig wie Gold. Es reagiert leicht mit schwefelhaltigen Stoffen in der Luft und in Lebensmitteln zu schwarzem Silbersulfid. Schmuck und Besteck aus Silber laufen daher mit der Zeit schwarz an.
Das meiste Silber wird zur Herstellung von Schmuck, Filmen, Fotopapier und Batterien verwendet.
Silber ist auch für die Elektro- und Elektronikindustrie wichtig, denn es ist der beste elektrische Leiter. Eine wichtige Eigenschaft des Silbers ist seine keimtötende Wirkung. So wurden in der Antike Silberplättchen auf Wunden gelegt, um sie zu desinfizieren.

Platin. Platin wurde oft zusammen mit Gold gefunden. Allerdings konnte man früher mit dem Metall wenig anfangen. Deshalb wurde es als Verunreinigung des Goldes herausgelesen und verächtlich als „kleines Silber", spanisch „platina" bezeichnet.
Platin ist ein besonders widerstandfähiges Metall. Es wird zu Schalen, Tiegeln und Laborgeräten in der Chemie verarbeitet. In der Glasindustrie werden Platintiegel zur Fabrikation von Spezialgläsern benötigt. Besonders geeignet ist Platin als Katalysator. In fein verteilter Form ist es in Abgaskatalysatoren der Autos enthalten und sorgt dort für die Entgiftung der Abgase.

Edelmetalle. Silber, Gold und Platin und einige andere Metalle werden zu den Edelmetallen gezählt. Sie sind nämlich gegenüber Luft, Feuchtigkeit und vielen Chemikalien besonders beständig. Da sie sehr selten sind, sind sie auch sehr teuer.

1. **a)** Warum wird Gold für den täglichen Gebrauch mit anderen Metallen gemischt?
b) Weshalb läuft Silber an der Luft schwarz an?
c) Wofür verwendet man Platin heute?

Steckbrief Gold

Schmelztemperatur:	1064 °C
Dichte in g/cm³:	19,3
Weltproduktion 2007:	2600 t
Preis je kg (2008):	19 300 €

Verwendung: Schmuck, Münzen, Wertanlage, elektrische Kontakte

Steckbrief Silber

Schmelztemperatur:	962 °C
Dichte in g/cm³:	10,5
Weltproduktion 2007:	21 000 t
Preis je kg (2008):	380 €

Verwendung: Fotografie, Elektrotechnik, Schmuck, Münzen

Steckbrief Platin

Schmelztemperatur:	1770 °C
Dichte in g/cm³:	21,5
Weltproduktion 2007:	220 t
Preis je kg (2008):	44 800 €

Verwendung: Katalysatoren, Laborgeräte, Schmuck

Der Preis des Goldes

Goldsuche wie vor 100 Jahren. Aus Wildwestfilmen ist das Goldwaschen aus goldhaltigen Flusssanden bekannt. Wegen seiner großen Dichte lässt sich Gold mithilfe von Wasser in einer Goldwäscherpfanne vom leichteren Sand abtrennen. Doch diese Methode macht nur noch als Urlaubsvergnügen Sinn, die Ausbeute ist viel zu gering.

▲ 1. *Goldsucher in Brasilien*

Goldgewinnung mit Quecksilber. Versetzt man goldhaltigen Flusssand mit Quecksilber, lösen sich darin selbst winzige Goldteilchen. Es entsteht Goldamalgam. Wenn man es später erhitzt, verdampft das Quecksilber, Gold bleibt zurück.
Doch Quecksilberdämpfe sind extrem giftig. Daher darf das Amalgam-Verfahren nur in geschlossenen Anlagen eingesetzt werden. Die meisten Goldsucher verwenden dieses Verfahren aber ohne Schutzeinrichtungen – und vergiften damit sich und die Umwelt.

▲ 2. *Gold löst sich in Quecksilber*

▲ 3. *Goldnugget, 22 mm lang*

Goldgewinnung mit Cyaniden. Früher enthielten bergmännisch abgebaute Lagerstätten 10–50 g Gold pro Tonne Gestein. Diese Lagerstätten sind heute erschöpft. Man beutet jetzt auch Lagerstätten aus, die nur 0,5–3 g Gold je Tonne Gestein enthalten. Dazu wird das Gestein zermahlen und mit einer wässrigen Lösung von Natriumcyanid versetzt. Das Gold löst sich darin auf. Gibt man Zink oder Aluminium hinzu, lässt sich das Gold daraus wieder gewinnen. Die anfallenden Abraumschlämme werden in riesigen Becken gelagert.

▲ 4. *Dammbruch eines Sammelbeckens*

Das Problem ist: Natriumcyanid ist hochgiftig. Bereits 0,2 g sind für einen Erwachsenen tödlich. Die Abraumschlämme enthalten neben Cyaniden auch noch giftige Schwermetalle sowie Arsen. Ein Teil des Cyanids entweicht als giftige Blausäure in die Luft. Die Becken für die Abwässer sind oft nur unzureichend gesichert. In westlichen Ländern ist die Cyanidlaugerei daher so nicht zulässig; in ärmeren Ländern wird sie aber weiter betrieben.

Eine Umweltkatastrophe hat sich in Rumänien im Februar 2000 ereignet, als 100 000 m^3 Abraumschlämme des Sammelbeckens der Goldmine in Baia Mare ausgelaufen waren. In Rumänien und Ungarn sind 200 Tonnen toter Fische aus den Flüssen geholt worden, zahlreiche Wasservögel sind verendet. Die Trinkwasserversorgung war lange Zeit beeinträchtigt. Viele Menschen in der Fischerei, der Landwirtschaft und im Tourismus haben ihre Existenzgrundlage verloren. Doch dies war leider kein Einzelfall. Überall auf der Welt ereignen sich derartige Unfälle, oft unbemerkt von der Weltöffentlichkeit.

1. Welche Maßnahmen könnte man ergreifen, um die Umweltbelastung im Goldbergbau zu verringern?

Leichtmetalle und Schwermetalle

Im Alltag und in der Technik teilt man Metalle in Leichtmetalle und Schwermetalle ein. Als Grenze gilt der Wert 5 g/cm³ für die Dichte. So zählt Aluminium mit 2,7 g/cm³ zu den Leichtmetallen, Blei mit 11,3 g/cm³ dagegen zu den Schwermetallen. Viele Schwermetalle sind schädlich für den Menschen, etwa Blei, Cadmium oder Quecksilber. Andere Schwermetalle sind in winzigen Mengen aber lebenswichtig, etwa Eisen, Chrom, Kupfer und Mangan.

1. Schlage im Anhang nach, welche Metalle als Leicht- und welche als Schwermetalle gelten: Zink, Silber, Gold, Magnesium, Titan, Natrium, Cobalt, Calcium.

Quecksilber ist das einzige Metall, das bei Zimmertemperatur flüssig ist. Es erstarrt erst bei −39 °C!
Der Umgang mit Quecksilber gefährdet die Gesundheit, denn die Dämpfe sind sehr giftig! Quecksilber findet man heute noch in alten Thermometern sowie in ganz geringen Mengen in Energiesparlampen und Leuchtstoffröhren.

Siedetemperatur: 357 °C
Schmelztemperatur: −39 °C
Dichte: 13,55 g/cm³

GEFAHR

4. Warum müssen gebrauchte Leuchtstoffröhren als Sondermüll entsorgt werden?
5. Wie schwer ist 1 Liter Quecksilber (1 000 cm³)?

Das Metall Blei wird gern zur Abdichtung von Schornsteinen und Dachfenstern verwendet. Taucher schnallen sich Bleigürtel um, weil sie sonst zu rasch auftauchen würden.

2. Überlege, welche Eigenschaften Blei haben muss.

Aluminium gehört zu den Leichtmetallen. Zusammen mit anderen Metallen lässt es sich gut zu Legierungen verarbeiten, die leicht und fest zugleich sind. Aluminium wird vor allem im Fahrzeug- und Flugzeugbau verwendet, aber auch in der Bau- und Verpackungsindustrie. Insbesondere Nahrungsmittel werden in Aluminiumfolie eingepackt, weil sie licht-, luft- und wasserdicht ist.

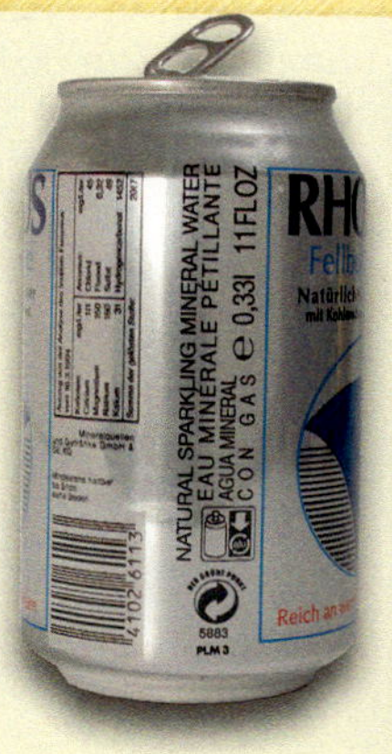

6. Welche Vorteile hat Aluminium gegenüber anderen Metallen, vor allem bei Flugzeugen und Autos?
7. Nenne mehrere Gegenstände aus Aluminium.

Sehr flexible Brillengestelle werden häufig aus dem Leichtmetall Titan hergestellt. Es ist ein sehr widerstandsfähiges Metall. Wegen der guten Körperverträglichkeit wird es auch zur Herstellung von künstlichen Gelenken und Zahnimplantaten eingesetzt.

3. Begründe, weshalb sich Titan gut für Brillengestelle eignet.

Metalle – interessant und nützlich

Über die Hälfte des in Deutschland verbrauchten Zinks wird für Oberflächenbeschichtungen verwendet. Sie sind meist nur wenige tausendstel Millimeter dick.
Das Zink oxidiert zwar an der Luft, bildet dabei aber eine fest haftende, beständige Oxidschicht. Deshalb dient eine Zinkbeschichtung als Rostschutz für Eisen.

Eisenzäune, Brückengeländer und sogar Autokarosserien werden dazu in flüssiges Zink getaucht. Man nennt dieses Verfahren Feuerverzinken.

1. Weshalb schützt Zink Eisen vor Rost?
2. Welche weiteren Möglichkeiten kennst du, um Rost zu verhindern?

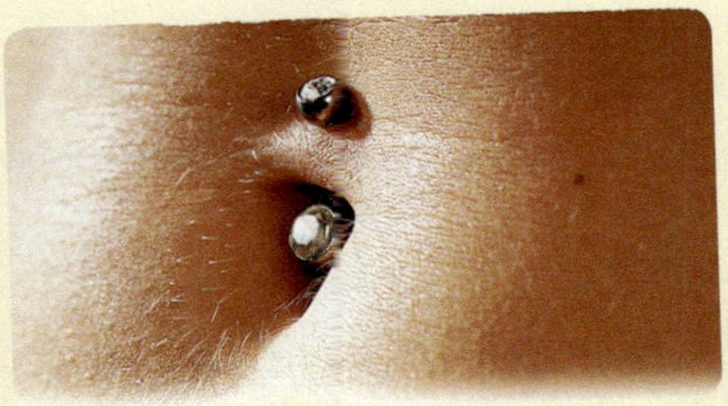

Piercing-Schmuck, aber auch Uhrengehäuse, Besteck und chirurgische Instrumente bestehen oft aus der harten, silberglänzenden Legierung Neusilber.
Wer Probleme mit Nickelallergien hat, sollte dieses Material meiden.

7. Ermittle die Zusammensetzung dieser Legierung.

3. Schreibe einen kurzen Sachtext über ein interessantes Metall oder eine Legierung. Nutze dafür dieses Buch sowie weitere Quellen. Denke an die Gliederung in Absätzen.

Die Euro- und Cent-Münzen bestehen aus verschiedenen Metallen und Metallgemischen.

4. Prüfe Cent- und Euro-Münzen mit einem Magneten. Was kannst du daraus und aus dem Aussehen über die Zusammensetzung der Münzen ableiten?
5. An welche bekannte Legierung erinnert dich die Farbe der 10-, 20- und 50-Cent-Stücke? Welche Metalle müssten dann in diesen Münzen enthalten sein?
6. Ermittle die Dichte von 10- oder 20-Cent-Münzen (vgl. Seite 36 u. 37 im Buch); nimm am besten gleich mehrere und bilde den Durchschnitt. Welche Metalle haben eine ähnliche Dichte wie die untersuchte Münze?

Zinn und viele andere Metalle lassen sich in Formen gießen. Dazu wird ein Gegenstand, etwa ein großes, tiefgefrorenes Gummibärchen, in Formsand gedrückt. Dann wird der Gegenstand entfernt. Ist die Form getrocknet, werden in einem Schmelzlöffel einige Stücke Zinn geschmolzen.
Die Schmelze wird dann direkt in die Gießform gegossen. Erst nach dem Erkalten wird der Gegenstand aus der Form genommen.

8. Überlege, weshalb Zinn für so ein Experiment sehr gut geeignet ist?

Ein Referat vorbereiten

In vier Wochen sollst du ein Referat zum Thema „Silber" halten. Hier findest du einige Hinweise, wie man an diese Aufgabe herangehen kann.

Informationen finden. Zur Vorbereitung eines Referats kannst du mehrere Informationsquellen nutzen:
- Chemiebuch
- Lexika
- CD-ROM-Lexika
- Internet
- Experimente
- Interviews usw.

Eine sehr gute Möglichkeit für die Informationsbeschaffung ist die Nutzung des Internets. Suchmaschinen unterstützen dich bei deiner **Internetrecherche.** Als **Suchbegriff** darfst du aber nicht einfach das Wort Silber eingeben, sonst bekommst du unübersichtlich viele Ergebnisse. Du solltest zwei oder drei Suchbegriffe kombinieren, etwa Silber + Eigenschaften oder Silber + Geschichte, und erst dann die Ergebnisse sichten (s. auch Methode Internetrecherche, Seite 51).

Auch **Interviews** mit Experten sind gute Möglichkeiten der Informationsbeschaffung. Du kannst einen Juwelier oder Goldschmied zum Thema Silber befragen. Beispiele für Fragen können sein:
- Warum ist Silberschmuck so beliebt?
- Seit wann wird Silber für Schmuck verwendet?
- Kommt es wie bei Nickelschmuck auch bei Silber zu Allergien?
- Wie teuer ist Silber im Vergleich zu Gold, Platin und Kupfer?

Die wichtigsten Informationen, die du in den verschiedenen Quellen gefunden hast, solltest du herausschreiben und auf einem Konzeptblatt in Form von **Stichworten** sammeln.

Informationen ordnen. Hast du die verschiedenen Informationsquellen gut genutzt, so stehen auf deinem Konzeptblatt nun viele Einzelinformationen über Silber. Diese ungeordneten Informationen musst du nun übersichtlich darstellen.

Dabei hilft dir eine **Gliederung,** so wie du sie von einem Aufsatz aus dem Deutschunterricht kennst. Hilfreich ist auch eine **Mindmap.** Mit so einer „Gedankenlandkarte" lässt sich ein Thema und seine Unterthemen knapp und übersichtlich darstellen. Dabei kommen einem oft auch noch weitere Ideen.

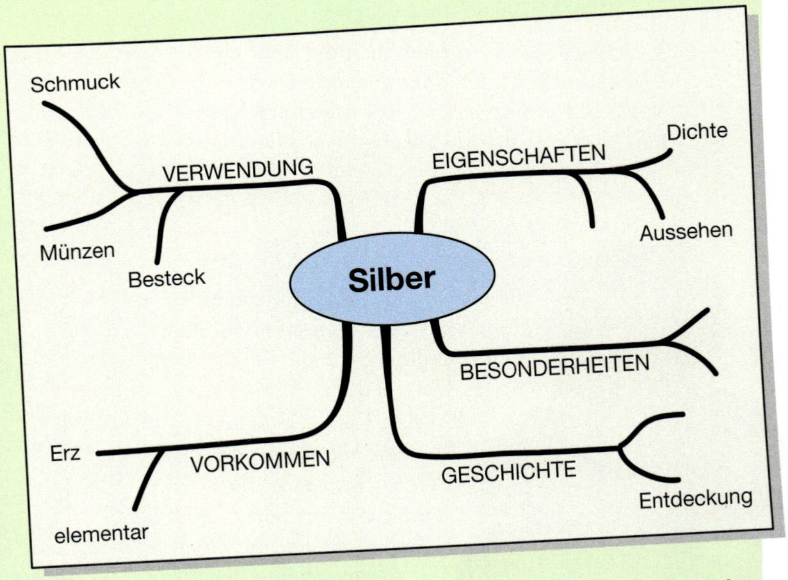

Karteikarten schreiben. Für einen geübten Redner reicht eine kurze Gliederung oder eine Mindmap über Silber aus, um einen guten Vortrag zu halten. Für dich als Schüler ist es hilfreich, wenn du dir zu den einzelnen Themenbereichen jeweils eine **Karteikarte** (beispielsweise in Postkartengröße) anlegst. Darauf notierst du stichwortartig, was zu einem Kapitel gehört.

Tipps für die Vorbereitung eines Referats:

- An übersichtliche Gliederung denken.
- Kurze schriftliche Zusammenfassung anfertigen.
- Frei sprechen üben: Vor dem Spiegel laut, deutlich, betont, nicht zu schnell und nicht zu langsam sprechen
- Materialien (Karteikarten, Gegenstände zur Veranschaulichung usw.) bereit legen.
- Sprechzeit kontrollieren und an die zur Verfügung stehende Zeit für das Referat anpassen
- Am Ende des Referats einige Minuten für Fragen der Zuhörer einplanen

Sachverhalte veranschaulichen. Hast du die Karteikarten geschrieben, so solltest du dir Möglichkeiten überlegen, wie du die Inhalte anschaulich darstellen kannst. Kannst du für das Referat Gegenstände aus Silber mitbringen oder Bilder zeigen? Willst du den Tageslichtprojektor und die Tafel einsetzen oder steht dir ein Computer mit Beamer zur Verfügung?

Zusammenfassung erstellen. Du musst dir jetzt noch überlegen, ob die Zuhörer während deines Vortrags mitschreiben sollen oder ob du nach deinem Vortrag auf einem Blatt Papier eine Zusammenfassung deines Vortrags ausgeben willst.

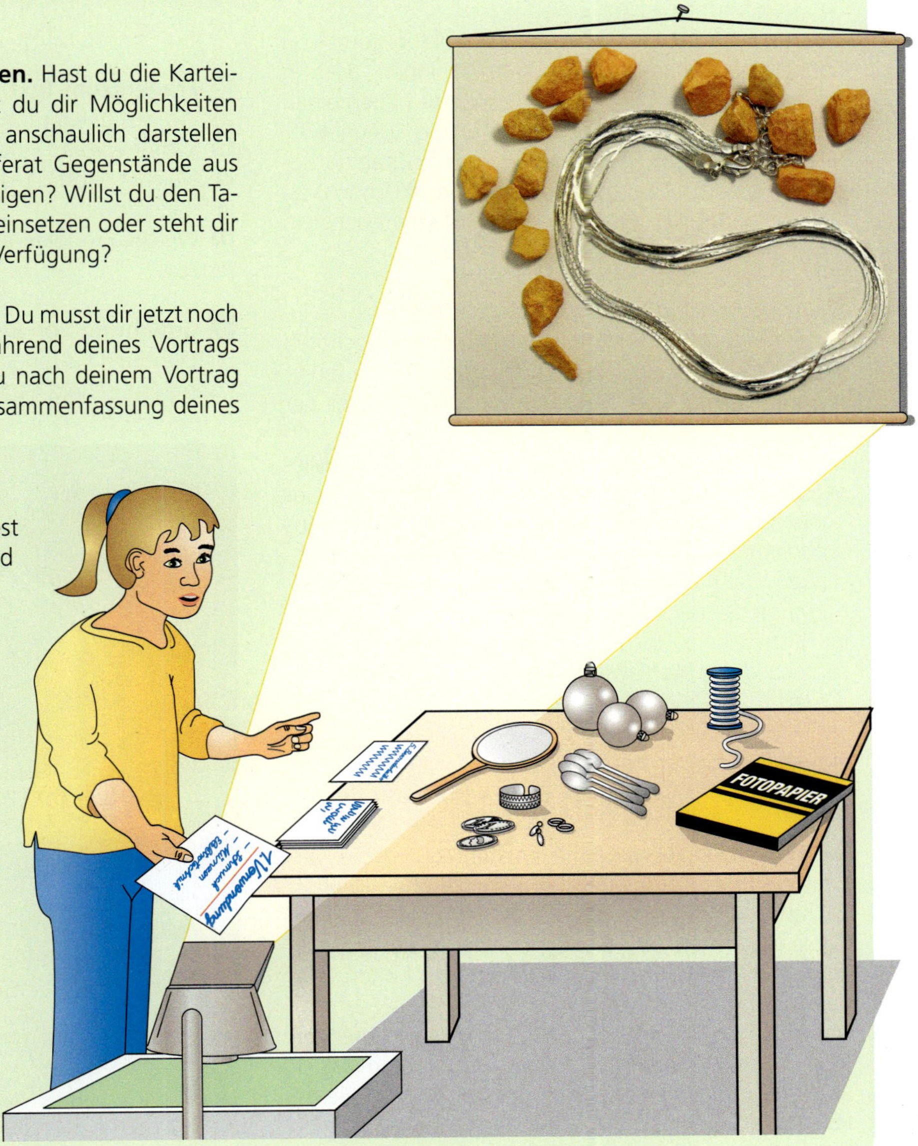

Diese und weitere Fragen solltest du mit deinem Lehrer im Vorfeld absprechen und ihn um Unterstützung bitten.

1. Erstelle 4 Karteikarten zum Thema „Silber" nach dem oben abgebildeten Muster.

2. Bereite einen Vortrag zu einem Metall deiner Wahl vor.

Vom Erz zum Roheisen

1. Das Eisenzeitalter

Warum wird wohl das letzte Jahrhundert auch als Eisenzeitalter bezeichnet?

2. Partnerarbeit zur Eisengewinnung

Arbeitet in Zweiergruppen. Lest den folgenden Text zur Eisengewinnung gut durch (beachtet auch die Abbildung auf der rechten Seite!). Einer stellt eine Frage, die der andere mithilfe des Buches beantworten soll. Dann wird gewechselt.

▲ *1. Die Eisenerze Magnetit (links) und Hämatit*

Eisenerz findet sich überall. Eisen ist in Form von Eisenerz fast überall auf der Erde zu finden, auch in Deutschland. Aber die meisten Eisenerze haben einen niedrigen Eisengehalt. Die heute für die Eisengewinnung eingesetzten Eisenerze sind eisenoxidhaltige Gesteine mit einem Eisengehalt zwischen 40 % und 70 %. Die bekanntesten Eisenerze sind Magneteisenstein (Magnetit) und Roteisenstein (Hämatit).

Eisengewinnung im Hochofen. Heute findet die Eisengewinnung im Hochofen statt. Moderne Hochöfen sind bis 50 m hoch. Die Wände bestehen aus feuerfestem Material und werden ständig mit Wasser gekühlt.
Der Hochofen wird abwechselnd mit Koks und Möller gefüllt. *Koks* ist fast reiner Kohlenstoff, der aus Steinkohle gewonnen wird. Der *Möller* ist ein Gemisch aus aufbereitetem Eisenerz, Kalk und anderen Zuschlagstoffen. Der Kalk bildet mit dem Restgestein eine niedrig schmelzende Schlacke.
Im Mittelteil des Hochofens wird das Eisenoxid hauptsächlich durch Kohlenstoffmonooxid zu Roheisen reduziert:

Eisenoxid + Kohlenstoffmonooxid
$\longrightarrow$ Eisen + Kohlenstoffdioxid

Die nötige Reaktionswärme entsteht durch die Verbrennung des Kokses mit der eingeblasenen Heißluft zu Kohlenstoffdioxid. Das zur Reaktion notwendige Kohlenstoffmonooxid bildet sich durch die Reaktion von Kohlenstoffdioxid mit Kohlenstoff bei hohen Temperaturen.
Das flüssige Roheisen tropft durch den glühenden Koks. Dabei nimmt es Kohlenstoff auf. Es sammelt sich am Boden des Hochofens. Darüber schwimmt die leichtere Schlacke. Sie schützt das Roheisen vor Oxidation durch die eingeblasene Heißluft.

Produkte des Hochofens. Etwa alle 4-6 Stunden wird das Roheisen abgestochen. Es fließt durch Sandrinnen in Transportbehälter. In diesen wird es zum Stahlwerk gefahren. Soll aus dem Roheisen Gusseisen werden, lässt man es in Sandformen abkühlen. In Gießereien werden daraus Gussteile wie Kanaldeckel gegossen. Die Schlacke wird im Straßenbau und zur Zementherstellung verwendet.

Im Hochofen wird Eisenoxid mithilfe von Koks bei hohen Temperaturen zu Roheisen reduziert. Dieses wird zu Gusseisen und Stahl verarbeitet.

3. Fragen zum Text

a) Woraus gewinnt man Eisen?
b) Wofür wird im Hochofen Kalk benötigt?
c) Welcher Stoff ist das eigentliche Reduktionsmittel im Hochofen?
d) Welche Produkte erhält man durch den Hochofenprozess?

4. Gewinung von Eisen

Erstelle einen kurzen Sachtext über die Gewinnung von Eisen aus Eisenerz. Nutze dafür dieses Buch.

▲ *2. Ein Hochofen ist jahrelang Tag und Nacht in Betrieb*

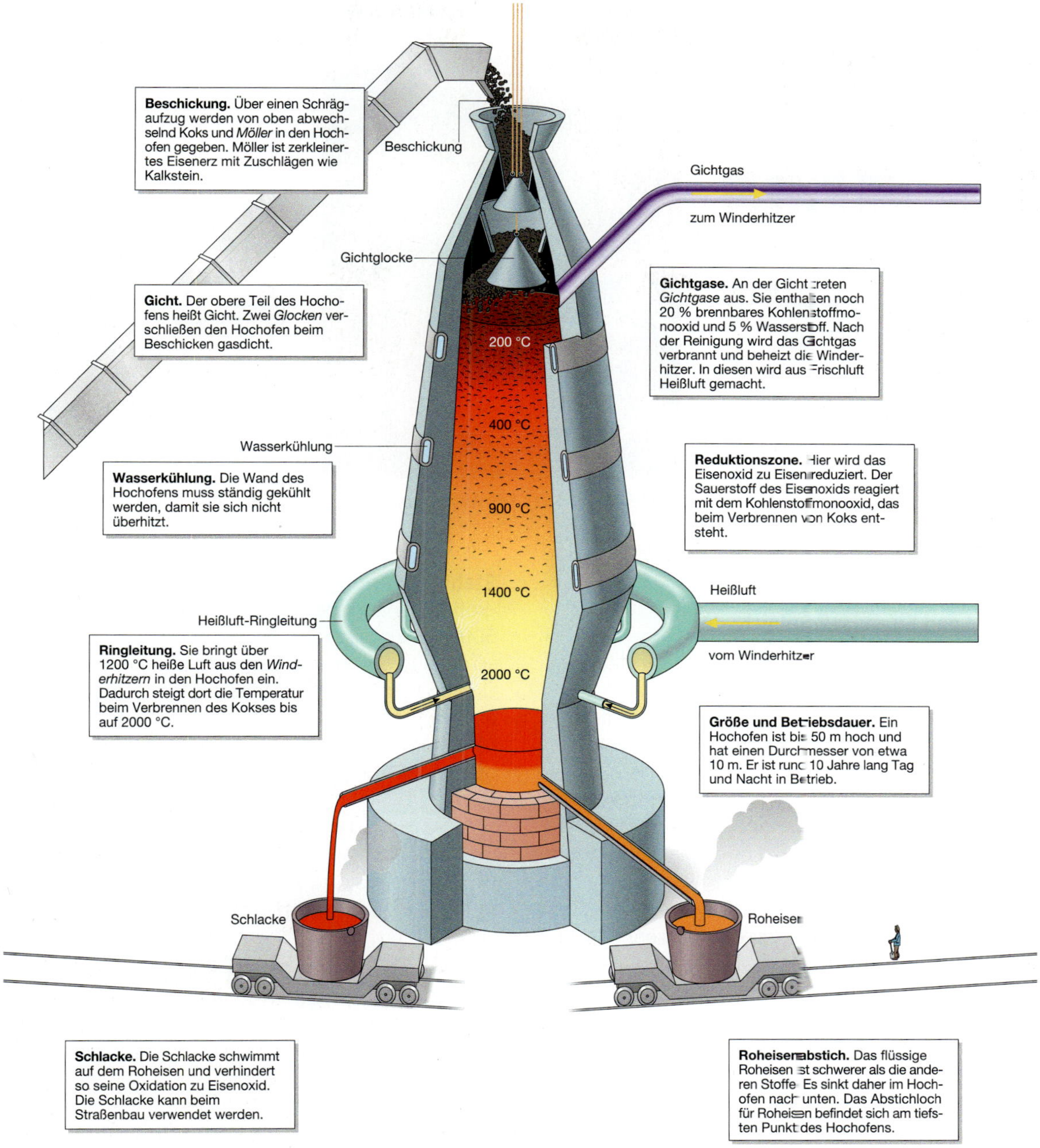

Tagesproduktion eines Hochofens	
Einsatz	**Abgabe**
15 800 t Erz	11 000 t Roheisen
2 300 t Zuschläge	3 500 t Schlacke
5 000 t Koks	23 600 t Gichtgas und Staub
15 000 t Heißwind	96 000 t erwärmtes Kühlwasser
96 000 t Kühlwasser	

▲ *1. Eisengewinnung im Hochofen*

Aus Roheisen wird Stahl

▲ 1. *Entnahme einer Roheisenprobe*

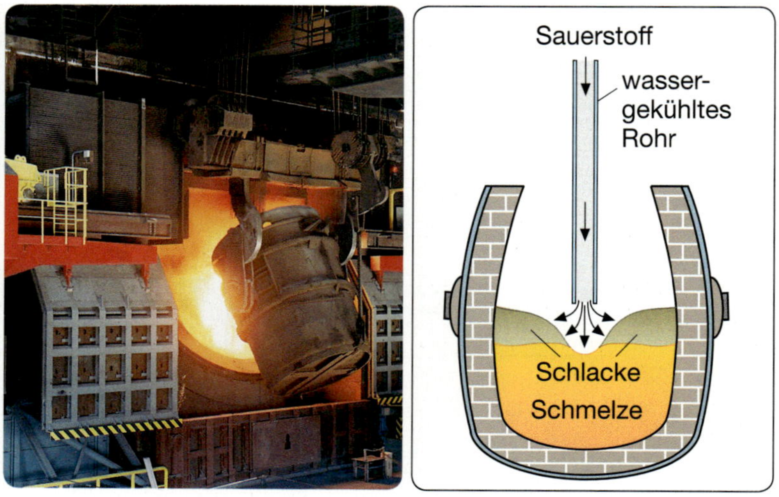

▲ 2. *Befüllen eines Konverters (links) und Frischen der Eisenschmelze (rechts*

1. Stahl und Eisen im Vergleich

a) Vergleiche die Verformbarkeit und Elastizität eines Stahldrahtes und eines Eisendrahtes.
b) Halte beide Drähte mit der Tiegelzange in die Brennerflamme und bringe sie zum Glühen. Vergleiche sie nach dem Abkühlen.
c) Erhitze beide Drähte noch einmal und schrecke sie sofort in kaltem Wasser ab. Prüfe erneut.
Welche Veränderungen kannst du an beiden Drähten feststellen?
d) Notiere alle Versuchsergebnisse in einer Tabelle.
e) Versuche, ein Stück Glas mit einem Eisennagel und einem Stahlnagel zu ritzen. Erkläre das Ergebnis.

Roheisen ist spröde. Das Roheisen aus dem Hochofen ist für viele Verwendungszwecke nicht geeignet. Es enthält noch zu viel Kohlenstoff und andere Fremdstoffe wie Phosphor, Schwefel und Silicium. Diese Stoffe machen das Roheisen spröde und brüchig. Es enthält auch noch zu viel Kohlenstoff und lässt sich weder schmieden noch walzen. Erst durch die Umwandlung in Stahl erhält das Eisen die gewünschten Eigenschaften wie Schmiedbarkeit und Elastizität. Dazu müssen jedoch die unerwünschten Begleitstoffe und der überschüssige Kohlenstoff entfernt werden.

▲ 3. *Stahl ist elastisch*

Stahlgewinnung. Das flüssige Roheisen wird in einen großen Behälter gefüllt. Dieser **Konverter** fasst bis zu 500 Tonnen Eisen. Anschließend wird durch ein wassergekühltes Rohr, die **Sauerstofflanze,** unter hohem Druck Sauerstoff auf das flüssige Eisen geblasen. Es setzt eine heftige Reaktion ein. Unter ohrenbetäubendem Lärm sprüht ein Funkenregen aus dem Konverter. Die unerwünschten Bestandteile werden fast vollständig verbrannt. Silicium, Phosphor und Mangan verbinden sich dabei mit dem zugegebenen Kalk zu Schlacke. Sie setzt sich oben auf der Schmelze ab. Kohlenstoffdioxid und Schwefeldioxid entweichen als Gase. Dieses Verfahren wird **Sauerstoff-Aufblasverfahren** genannt.

Bei der Oxidation der Begleitstoffe wird so viel Wärme frei, dass die Temperatur der Schmelze auf über 1700 °C steigt. Zur Abkühlung wird deshalb Stahlschrott zugegeben.
Nach etwa 20 Minuten ist die Oxidation der Begleitstoffe beendet. Aus dem Roheisen ist hochwertiger Stahl geworden. Der Konverterbehälter wird geschwenkt und der fertige Stahl fließt in eine Gießpfanne. Von dort wird er zur Weiterverarbeitung zum Walzwerk transportiert.

Zahlreiche Stahlsorten. Heute gibt es etwa über Tausend verschiedene Stahlsorten. Allein durch die Änderung des Kohlenstoffanteils lassen sich die Eigenschaften deutlich beeinflussen.

Unlegierter Stahl. So heißt Stahl, dem *keine Fremdmetalle* zugegeben werden.
– Stahl mit einem Kohlenstoffanteil **unter 0,25 %** ist gut verformbar. Er wird zu Drähten und dünnen Blechen verarbeitet. Daraus werden dann Nägel, Konservendosen und Autokarosserien hergestellt.
– Stahl mit einem Kohlenstoffanteil **zwischen 0,25 und 0,7 %** ist härter und wird für Eisenbahnschienen, im Maschinenbau, sowie im Stahlbau verwendet.
– Besonders gut härten lässt sich Stahl mit einem Kohlenstoffanteil **zwischen 0,7 und 1,5 %.** Er wird für Werkzeuge, chirurgische Instrumente, Rasierklingen und Stahlfedern verwendet.

Legierung	Zusätze	Eigenschaften, Verwendung
Chrom-Nickel-Stahl	18 % Chrom 8 % Nickel	sehr hart und zäh, chemikalienbeständig; Eisenbahnräder, chem. Apparate, Achsen
Chrom-Vanadium-Stahl	0,75 % Chrom 1 % Vanadium	hart, zäh; Werkzeuge wie Schraubenschlüssel
Schnellarbeitsstahl (HSS-Stahl)	6 % Wolfram 5% Molybdän 2 % Vanadium	hitzebeständig, sehr hart; Bohrer, Sägeblätter

▲ *1. Wichtige Stahllegierungen*

Legierter Stahl (Edelstahl). Diese Stahlsorten entstehen, wenn man *weitere Metalle* in die Stahlschmelze gibt. Dabei werden Nickel, Chrom, Wolfram, Molybdän und andere Metalle als Stahlveredler zugesetzt. Je nach Menge und Art der Zusätze erhält man sehr harte, chemikalienfeste oder nichtrostende Stahlsorten (Abb. 1).

Elektrostahl. Hochwertige Stahlsorten werden oft im **Elektrostahlverfahren** hergestellt. Hier lässt sich die Zusammensetzung der Schmelze besonders gut kontrollieren. Mithilfe von elektrischem Strom (Lichtbogen) zwischen Graphitelektroden werden Temperaturen bis zu 3000 °C erzeugt. Bei diesen hohen Temperaturen werden vorhandene Verunreinigungen oxidiert. Hierbei kann bis zu 25 % Schrott mitverwendet werden.

Walzen. Der größte Teil des Stahls wird im **Walzwerk** verarbeitet. Hier werden die glühenden Stahlblöcke auf automatischen Walzstraßen zu Trägern, Blechen, Bändern oder Drähten gewalzt.

Stahl wird im Sauerstoff-Aufblas-Verfahren aus flüssigem Roheisen gewonnen. Die unerwünschten Begleitstoffe werden dabei oxidiert oder in der Schlacke gebunden.
Im Elektroofen werden Stahlsorten mit besonderen Eigenschaften hergestellt, indem weitere Metalle zugesetzt werden.

1. Fragen zum Text
a) Erkläre den Unterschied zwischen Eisen und Stahl.
b) Was passiert beim Sauerstoff-Aufblas-Verfahren?
c) Was sind Stahlveredler?
d) Warum wird bei der Stahlgewinnung auch Schrott eingesetzt?

▲ *2. Elektroofen*

▲ *3. Stahlblöcke auf der automatischen Walzstraße*

Metalle als Reduktionsmittel

▲ 1. *Ausgangsstoffe*

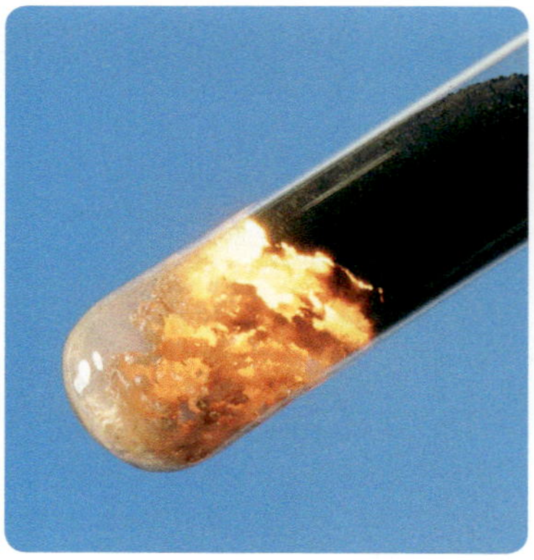

▲ 2. *Eisen reagiert mit Kupferoxid*

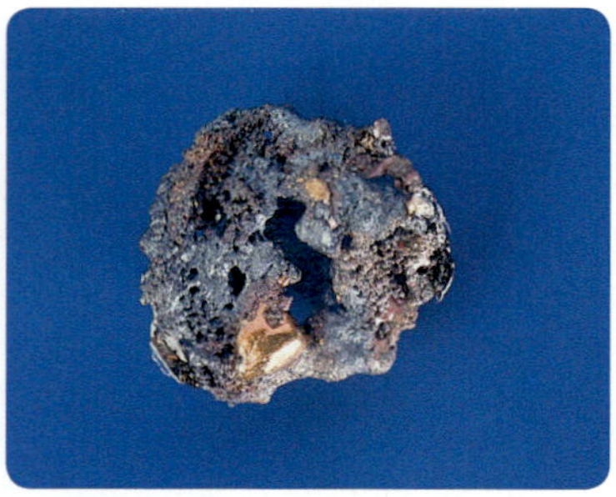

▲ 3. *Endprodukt*

1. Eisen + Kupferoxid

a) Gib ein Gemisch aus 2 g Eisenpulver (GHS 2) und 3,5 g Kupferoxid (GHS 7, 9; B2) in ein Reagenzglas. Befestige es leicht schräg an einem Stativ und erhitze das Gemisch. Entferne den Brenner, sobald die Reaktion beginnt.
b) Untersuche die abgekühlten Reaktionsprodukte mit der Lupe.
c) Wiederhole den Versuch mit einem Gemisch aus Eisenoxid- und Kupferpulver (GHS 2).
d) Schreibe die Wortgleichung auf. Zeige, welcher Stoff reduziert und welcher oxidiert wird.

Eisen reagiert mit Kupferoxid exotherm zu Eisenoxid und Kupfer:

Eisen + Kupferoxid
→ Eisenoxid + Kupfer

Wer reduziert wen? Nicht nur Kohlenstoff, sondern auch Eisen kann also Kupferoxid reduzieren. Umgekehrt kann aber Kupfer dem Eisenoxid *nicht* den Sauerstoff entziehen. Eisen hat ein *größeres Bestreben* als Kupfer, sich mit Sauerstoff zu verbinden. Eisen ist deshalb ein stärkeres Reduktionsmittel. Auch andere Metalle können Kupferoxid reduzieren, etwa Aluminium, Magnesium oder Zink. Sie haben ein größeres Bestreben, sich mit Sauerstoff zu verbinden, als Kupfer.
Da sie bei ihrer Oxidation viel Energie in Form von Wärme liefern, sind es starke **Reduktionsmittel.**

Die Edelmetalle Gold, Silber und Platin können Kupferoxid *nicht* reduzieren. Ihr Bestreben, sich mit Sauerstoff zu verbinden, ist noch schwächer als bei Kupfer.

Redoxreihe. Metalle und Kohlenstoff lassen sich nach ihrer Stärke als Reduktionsmittel ordnen. In der Redoxreihe stehen links die stärkeren, rechts die schwächeren Reduktionsmittel; links stehen **unedle Metalle,** rechts **Edelmetalle.**

Metalle lassen sich in einer Redoxreihe anordnen. Die stärksten Reduktionsmittel sind die unedlen Metalle, sie stehen ganz links.

2. Fragen zum Text

a) Weshalb kann Eisen dem Kupferoxid den Sauerstoff entziehen?
b) Welche Metalle können Kupferoxid reduzieren, welche nicht?
c) Warum sind Edelmetalle keine geeigneten Reduktionsmittel?

3. Reduktionsmittel gesucht

a) Mit welchen Reduktionsmitteln lässt sich Blei aus Bleioxid herstellen?
b) Begründe, warum man aus Aluminiumoxid mit Eisen kein Aluminium gewinnen kann.

4. Was reagiert, was nicht?

Es liegen verschiedene Metallpulver und ihre Oxide vor:
Magnesium und Magnesiumoxid, Zink und Zinkoxid, Eisen und Eisenoxid.
Gib an, bei welchen Kombinationen eines Metalls mit einem Metalloxid eine Redoxreaktion stattfinden wird – und bei welchen nicht.
Begründe deine Voraussage und stelle deine Ergebnisse in einer Tabelle übersichtlich zusammen.

▲ 4. *Redoxreihe; die reduzierende Wirkung nimmt von links nach rechts ab*

Redoxreaktion – ganz einfach!

1. Partnertausch: Der zweite Tänzer nimmt dem ersten Tänzer die Partnerin weg...

Kupferoxid **gibt Sauerstoff ab**

Kupferoxid + Eisen ⟶ Kupfer + Eisenoxid

Eisen **nimmt Sauerstoff auf**

Partnerwechsel in der Chemie. Lässt man Kupferoxid mit Eisen reagieren, entstehen Kupfer und Eisenoxid. Das ist eine typische Redoxreaktion.
Das bedeutet:
- Ein Reaktionspartner **gibt Sauerstoff ab** (er wird dadurch **reduziert**);
- der andere Reaktionspartner **nimmt den Sauerstoff auf** (er wird **oxidiert**).

Mit anderen Worten, es hat ein **Partnerwechsel** stattgefunden: Das unedlere Metall „schnappt" dem edleren Metall den Partner Sauerstoff weg.
Also ganz ähnlich, wie wenn ein Tänzer dem anderen die Partnerin ausspannt – das ist oben im Comic dargestellt.

Der Hintergrund dabei ist: Ein Reaktionspartner (hier: Eisen) hat eine **stärkere Anziehungskraft** für Sauerstoff als der andere (hier: Kupfer).

1. a) Was entsteht bei der Reaktion zwischen Kupferoxid und Eisen?
b) Wer wird bei dieser Reaktion reduziert, wer wird oxidiert?

2. Besorge dir zwei unterschiedlich starke Magnete und eine magnetisierbare Münze für einen Modellversuch. Spiele die Reaktion zwischen Kupferoxid und Eisen nach, wie in Bild 2 dargestellt.
Kupfer soll durch den schwachen Magneten, der Sauerstoff durch die Münze dargestellt werden. Der stärkere Magnet steht für Eisen.

3. Warum kommt es nicht zu einer Reaktion, wenn man Eisenoxid mit Kupfer zusammengibt?

4. Was geschieht, wenn man Eisenoxid mit Aluminium reagieren lässt? Beachte dazu die Redoxreihe der Metalle Seite 198 unten.

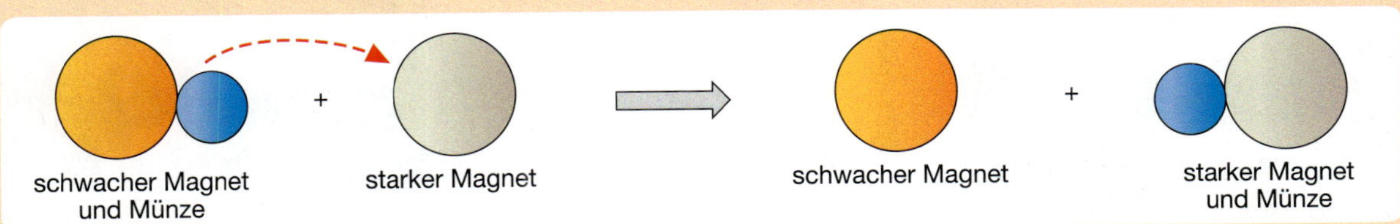

2. Modellversuch zur Redoxreaktion mit Magneten und Münze (siehe Aufgabe 2)

Schienenschweißen mit Thermit

Schnell muss es gehen, wenn an einer viel befahrenen Bahnstrecke ein schadhaftes Schienenstück ausgewechselt werden soll.

Vorbereitung. Zuerst wird das schadhafte Teil herausgeschnitten; dann wird das neue Schienenstück so eingepasst, dass an jeder Seite ein Spalt von etwa 2,5 cm frei bleibt. Um eine feste, auch elektrisch leitende Verbindung herzustellen, wird diese Lücke mit **flüssigem Eisen** verschweißt. Dieses Eisen wird an Ort und Stelle mithilfe einer Redoxreaktion aus **Thermit** gewonnen. Thermit ist eine Mischung aus grobkörnigem Eisenoxid und Aluminium.

Die Thermitreaktion. Zum Verschweißen wird am Schienenspalt eine Gießform angebracht, die mit einem feuerfesten Reaktionsofen verbunden ist. In dieses Gefäß wird das Thermit gegeben. Es enthält noch einige andere Metalle wie Vanadium und Mangan, damit die Schweißnaht fester wird.
Die Schienenenden werden zunächst auf 900 °C vorgewärmt. Dann wird die Mischung mit einer Art Wunderkerze entzündet. Sofort setzt eine heftige Reaktion ein, Eisen und Aluminiumoxid entstehen. Dabei werden Temperaturen bis etwa 2000 °C erreicht.
Die bei dieser Reaktion entstandene weißglühende Eisenschmelze fließt aus dem Ofen in die Gießform und füllt die Lücke zwischen den beiden Schienenstücken aus. Nach dem Abkühlen wird die Gießform zerschlagen. Die Schienenoberfläche wird glatt geschliffen. In weniger als einer halben Stunde ist die Reparatur beendet.

▲ *1. Thermitschweißen bei Eisenbahnschienen*

1. a) Erläutere die Thermitreaktion. Welcher Stoff ist reduziert, welcher oxidiert worden?
b) Welcher Stoff dient als Reduktionsmittel, welcher als Oxidationsmittel?
c) Formuliere die Reaktionsgleichung (Eisenoxid: Fe_2O_3).

Eisenoxid + Aluminium → Eisen + Aluminiumoxid

▲ *2. Thermitreaktion im Labor*

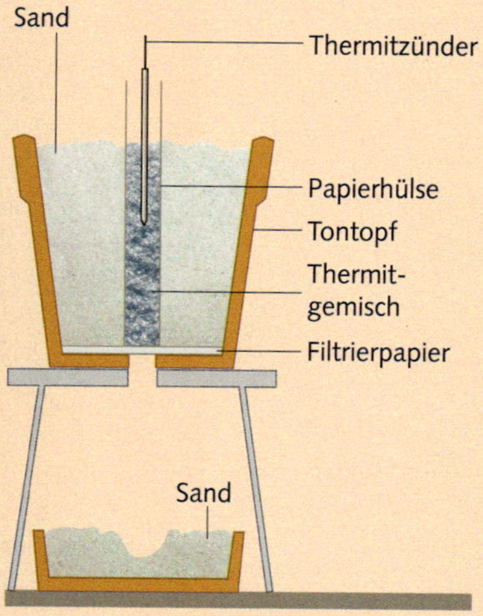

▲ *3. Reaktionsgefäß im Querschnitt*

▲ *4. Fertig geschweißte Schiene*

▶ Energie im Diagramm

▲ 1. *Exotherme Reaktion mit Magnesium: Hier wird Energie frei*

Eine typische Reaktion von Metallen ist die Oxidation. Dabei wird bekanntlich Energie frei; es ist eine **exotherme Reaktion.** Ein bekanntes Beispiel ist die Verbrennung von Magnesium zu Magnesiumoxid.

Ebenso typisch ist es für Metalle, dass sie in der Natur nicht als Metall vorliegen, sondern in Form von Verbindungen. Will man Metalle aus einem Oxid gewinnen, muss man ständig Energie zuführen; es ist eine **endotherme Reaktion.** Ein Beispiel dafür ist die Gewinnung von Silber aus Silberoxid.

Die energetischen Vorgänge lassen sich in einem **Energiediagramm** übersichtlich darstellen.

▲ 2. *Endotherme Reaktion mit Silberoxid: Energie muss ständig zugeführt werden*

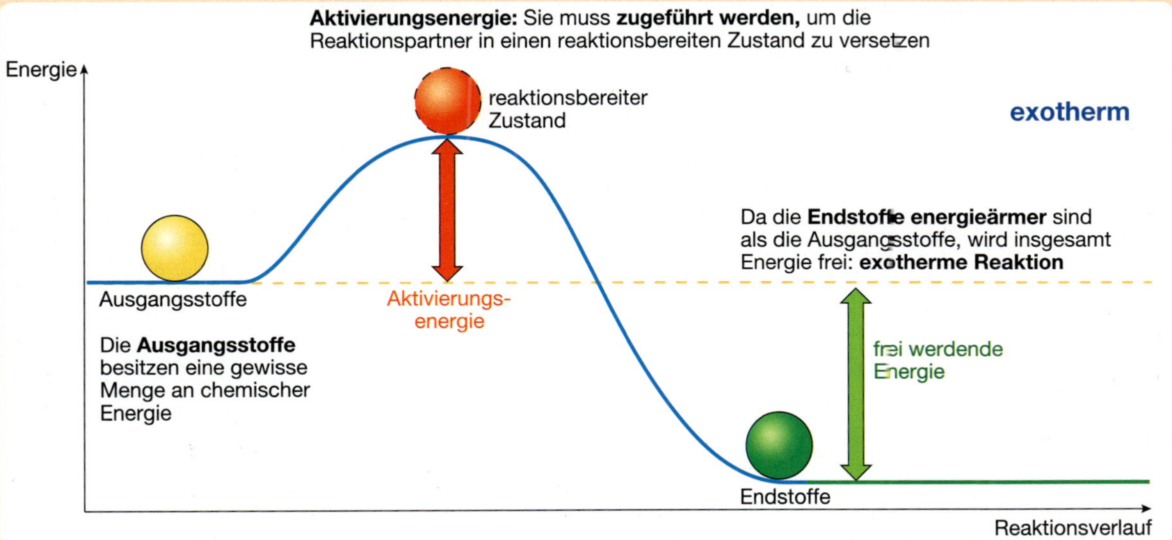

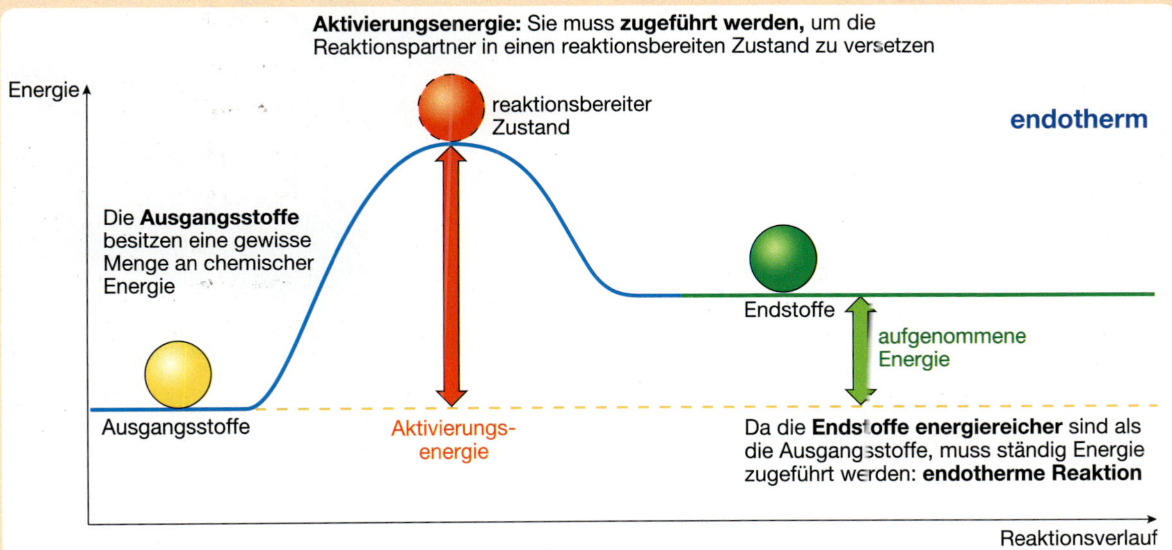

Dem Rost auf der Spur

1. Rost im Alltag

Zähle mehrere Gegenstände auf, die rosten können. Aus welchem Material bestehen sie?

2. Rost näher betrachtet

Betrachte einen stark verrosteten Gegenstand, am besten mit einer Lupe.

a) Beschreibe genau, was du sehen kannst.

b) Kratze mit einem harten Gegenstand auf dem Rost. Was beobachtest du?

3. Bedingungen für das Rosten von Eisenwolle

Drei gleich große Büschel Eisenwolle werden in drei Reagenzgläser gegeben (Tipp: entfettete Eisenwolle verwenden). Eine Portion Eisenwolle wird mit etwas Essig und eine mit Wasser befeuchtet. Die dritte Portion bleibt trocken. Die Reagenzgläser werden dann mit der Öffnung nach unten in einen Behälter mit (angefärbtem) Wasser gestellt.

a) Was erwartest du bei diesem Versuch? Begründe deine Vermutung.

b) Was hat sich nach etwa 30 Minuten bzw. bis zur nächsten Chemiestunde verändert? Versuche, deine Ergebnisse zu erklären.

c) Denke dir weitere Versuchsansätze aus, um vielleicht noch offene Fragen zu klären.

4. Cola-Getränk als Rostumwandler

Rostumwandler aus dem Baumarkt sollen das Rosten aufhalten. Sie enthalten meist Phosphorsäure, ebenso wie Cola-Getränke. Man kann mit ihnen die Wirkung von Rostumwandlern ausprobieren. Lege dazu einen angerosteten Gegenstand mehrere Stunden in ein Cola-Getränk.

a) Beobachte genau, was sich verändert hat.

b) Versuche mithilfe der Beobachtung zu erklären, nach welchem Prinzip Rostumwandler arbeiten.

5. Rostschäden verursachen hohe Kosten.

Rostschäden kosten die deutsche Industrie jährlich etwa 30 Mrd. Euro! So müssen Brücken, Autos und Schiffe repariert oder sogar komplett erneuert werden. Warum wohl sind Schiffe besonders rostanfällig?

6. Rohstoff Schrott

In Deutschland fallen jährlich etwa 30 Mio. Tonnen Eisenschrott an. Schrott ist ein hochwertiger Rohstoff, der auf der ganzen Welt begehrt ist. Nenne Gründe dafür.

Der berühmte Eiffelturm in Paris ist eine der meist besuchten Touristenattraktionen der Welt – doch er hat ein Problem: Rost!
Jeden Tag nimmt ein Arbeiter den fast aussichtslosen Kampf auf, um wenigstens die gröbsten Roststellen zu behandeln. Alle sieben Jahre wird der Stahlturm komplett saniert: 25 Arbeiter verbrauchen dazu 1500 Pinsel und 50 t Farbe! Das kostet über 30 Mio. Euro!

Eisen rostet. Was geschieht eigentlich beim Rosten? Das Rosten beginnt, sobald Feuchtigkeit und Luft an blankes Eisen gelangen. Rosten ist eine **Oxidation,** die allerdings sehr langsam verläuft. Unter dem Einfluss von Sauerstoff und Wasser bildet sich in einer chemischen Reaktion **Rost,** ein wasserhaltiges Eisenoxid.
Rost bildet eine *poröse, lockere Schicht.* Sauerstoff und Wasser können deshalb weiterhin zu dem darunter liegenden Eisen gelangen. Der Rost frisst sich also immer tiefer, bis selbst dicke Eisenstücke durchgerostet sind.

Erbauer: Gustave Eiffel
Bauzeit: 1887-89
Beschäftigte: 300 Arbeiter
Material: 7000 t Stahl, 2,5 Mio. Nieten
Höhe: über 300 m

Wenn metallische Werkstoffe langsam durch Einwirkung von Stoffen aus der Umgebung zerstört werden, spricht man allgemein von **Korrosion.**

Andere Metalle. Auch andere Metalle wie Aluminium, Zink und Chrom oxidieren an der Luft. Sie bilden aber dichte Oxidschichten, die Wasser und Sauerstoff nicht hindurchlassen. Das unter dieser Schutzschicht liegende Metall wird dann nicht mehr angegriffen. Edelmetalle wie Gold oder Platin korrodieren gar nicht.

Rostschutz. Um das **Rosten zu verhindern,** müssen Sauerstoff und Wasser vom Eisen ferngehalten werden.
Dazu dienen zum Beispiel Farbanstriche oder Überzüge aus Kunststoff. Für den Unterbodenschutz bei Autos verwendet man Teerprodukte. Man kann Eisenteile auch einfetten oder mit Wachs überziehen. Sehr haltbar sind metallische Schutzüberzüge aus Zink, Nickel oder Chrom. Oft eingesetzt wird das *Feuerverzinken.* Hierbei taucht man einen Gegenstand in ein Bad mit geschmolzenem Zink.

Rohstoff Schrott. Verrostete Gegenstände soll man nicht auf den Müll werfen. Sie werden in Hochöfen und Stahlwerken wieder zu neuem Eisen verarbeitet.

Rosten ist ein chemischer Vorgang, bei dem sich Eisen unter dem Einfluss von Sauerstoff und Wasser umwandelt. Es bildet sich eine poröse Rostschicht.

1. Fragen zum Text
a) Welche Stoffe bewirken das Rosten von Eisen?
b) Wie kann man Eisen vor Rost schützen?
c) Warum sind Aluminiumfenster pflegeleicht?

2. Rostschutz am Fahrrad

Fahrräder bestehen überwiegend aus Stahl oder Aluminium. Alu-Rahmen rosten nicht, Stahlrahmen schon. Deswegen muss man sie vor Rostbildung schützen.
a) Wie wird ein Stahlrahmen bereits in der Fabrik vor Rost geschützt?
b) Was schützt vor Rost an der Fahrradkette?
c) Manche Fahrradteile werden mit einer dünnen Chromschicht überzogen. Was bringt das für Vorteile?

Schrott – Abfall oder Rohstoff?

▲ *1. Die Schrottinsel im Duisburger Hafen*

1. Schrott – was ist das?

a) Du kennst bestimmt viele Gegenstände, die man als Schrott bezeichnet. Zähle einige auf.
b) Aus welchen Gründen bezeichnet man Gegenstände als Schrott?

Schrott im Duisburger Hafen. Der größte Schrottplatz Europas befindet sich auf der „Schrottinsel" im Duisburger Hafen. Ein gewaltiger 4000 PS-Metallschredder zerreißt Autokarosserien ebenso wie Kühlschränke, Stahlträger oder Brückengeländer in kleine Stücke. Alle Sorten von Schrott werden hier gesammelt, sortiert, zerkleinert und weiterverkauft – jeden Monat etwa 40 000 Tonnen!

Was alles gehört zu Schrott? Als Schrott bezeichnet man Metallgegenstände, die man nicht mehr verwendet. Zum Altschrott zählen alte, ausgediente oder defekte Gerätschaften aus dem Haushalt wie Kühlschränke, Waschmaschinen, Bestecke und Kochtöpfe. Auch Autos sowie Werkzeuge und Maschinen aus der Industrie gehören zum Altmetallschrott.
Bei der Stahl verarbeitenden Industrie fällt Neuschrott an. Dabei handelt es sich um Reste, die bei der Herstellung anfallen; etwa wenn Türbleche für Autos aus größeren Stahlblechen ausgestanzt werden. Das jährliche Schrottaufkommen in Deutschland liegt übrigens bei 35 Millionen Tonnen.

Verwertung von Schrott. Der ankommende Schrott muss zerkleinert und sortiert werden, bevor er weiterverkauft werden kann.
Bei Altautos entfernt man zunächst Reifen, Batterien, Flüssigkeitsreste sowie manch brauchbare Teile aus dem Motorraum.
Die ausgeschlachteten Autos werden in einer Schredderanlage in kleine Stücke zerrissen. In mehreren Stufen werden diese Teile anschließend in verschiedene Gruppen aufgetrennt, etwa in eisenhaltige Metalle, Nichteisenmetalle, Kunststoffe und Glas. Die eisenhaltige Teile lassen sich gut durch Magnete abtrennen.
Der Stahlschrott ist ein begehrter Rohstoff für Stahlwerke. Er kann im Hochofen ebenso eingesetzt werden wie beim Elektrostahlverfahren.

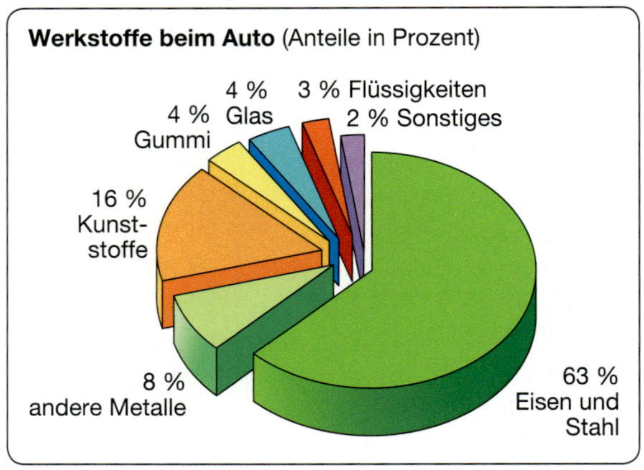

▲ *2. Zusammensetzung eines Autos; seit 2006 müssen 85 % eines Autos recycelt werden*

Schrott-Recycling spart Rohstoffe, Energie und schont die Umwelt. Setzt man Eisenschrott im *Hochofen* ein, benötigt man deutlich **weniger Rohstoffe,** weil das Eisen nicht erst reduziert werden muss. Man verwendet bis zu 30 % Schrott und spart dafür Eisenerz und Kohle.
Bis zu 100 % Schrott setzt man beim *Elektrostahlverfahren* ein. Hierbei wird Schrott mithilfe von elektrischem Strom bei Temperaturen bis zu 3500 °C zu neuem Metall umgeschmolzen. So stellt man vor allem den hochwertigen Edelstahl her.
Ein Vorteil ist, dass man dabei auch Legierungsmetalle wie Nickel und Chrom nutzen kann, die meist auch im Schrott enthalten sind. Erst durch sie wird aus Stahl rostfreier Edelstahl.

Der im Schrott oft enthaltene Rost (Eisenoxid) stört nicht, im Gegenteil. Er hilft mit, die unerwünschten Begleitstoffe des geschmolzenen Eisens zu oxidieren.

Beim Elektrostahlverfahren spart man im Vergleich zur klassischen Hochofenmethode pro Tonne Stahl 0,65 t Kohle und 1,5 t Eisenerz. Die **eingesparte Energie** reicht aus, um einen Vierpersonenhaushalt ein halbes Jahr mit elektrischer Energie zu versorgen. Wenn weniger Energie und weniger Rohstoffe benötigt werden, entstehen auch deutlich **weniger Abgase und Abfallstoffe.**

Weltweit werden jährlich mehrere Millionen Tonnen Eisen- und Stahlschrott gesammelt, zerkleinert und als Rohstoff wiederverwertet. Das Recycling spart Rohstoffe, Energie und schont die Umwelt.

1. Fragen zum Text

a) Erläutere die Begriffe Altschrott und Neuschrott.
b) Was wird auf einem Schrottplatz gemacht?
c) Wofür verwendet man den Metallschrott?
d) Nenne die Vorteile, wenn man Schrott für die Stahlherstellung nutzt.

Exkurs

Auch Kupfer lässt sich wiederverwerten

Dreiste Kupferdiebe

Leipzig. Während des Umbaus in einem Mehrfamilienhaus in Leipzig entwendeten Diebe sämtliche Heizungs- und Wasserrohre aus Kupfer, insgesamt zwei Kilometer Rohre. „Die haben die Wände aufgestemmt und einfach alle Rohre aus den Wänden gerissen", teilte ein Polizeisprecher mit. Der Schaden beträgt über 100 000 Euro.

▲ *1. Eine Zeitungsmeldung*

Kupfer ist wegen seiner Eigenschaften ein vielfach verwendetes Metall. Allerdings ist es auch deutlich teurer als Stahl. Kupferschrott ist deshalb ein begehrter Rohstoff. Das rotbraune Metall lässt sich ohne Qualitätsverlust verwerten. In Deutschland werden schon rund 60 % der Kupferprodukte aus altem Kupfer hergestellt.

In der Recyclinghütte. Beim Recycling von Kupferschrott fallen auch viele andere Metalle an, etwa Zink, Blei, Zinn, Eisen, Nickel und Aluminium. In Elektronikschrott sind auch Edelmetalle enthalten.

Der Schrott wird in einem Ofen geschmolzen. Die Begleitmetalle trennt man in mehreren Schritten vom Kupfer ab. Anschließend wird es mithilfe von elektrischem Strom zu Reinstkupfer verarbeitet. In der Gießerei wird es noch in die gewünschte Form als Draht oder Rundbarren gebracht.

2. Warum ist Kupferschrott so ein begehrtes Handelsobjekt?
3. Finde heraus, für welche Zwecke Kupfer verwendet wird.
4. Beschreibe mithilfe der Abbildung den Recycling-Kreislauf von Kupfer.

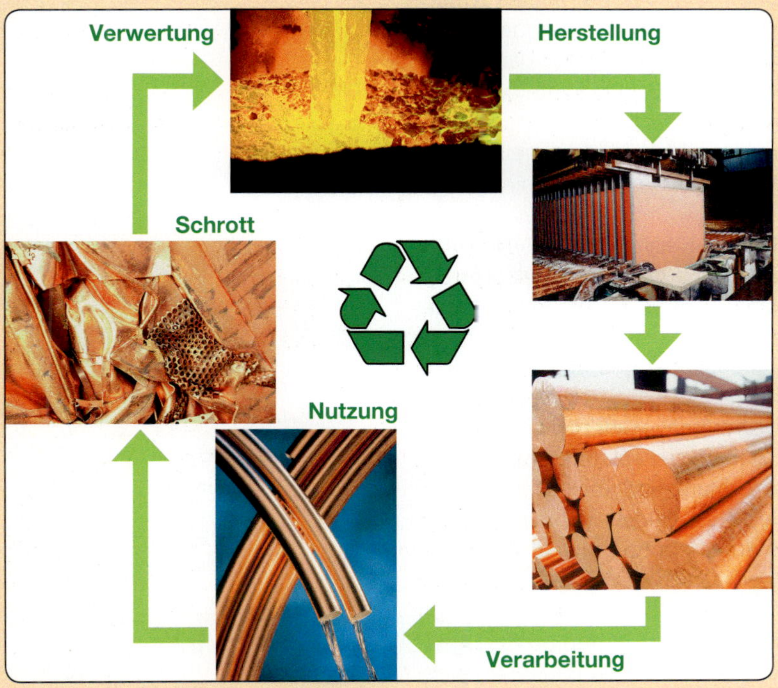

▲ *2. Recycling von Kupfer*

Alte Handys – nicht in den Müll!

Handys gibt's fast wie Sand am Meer... In Deutschland sind derzeit etwa 140 Millionen(!) Handys im Einsatz. Jedes Handy hat eine Nutzungsdauer von nur 18–24 Monaten. Dann wird es gegen ein neues Telefon ausgetauscht. Das Umweltbundesamt schätzt, dass in Deutschland etwa 60 Millionen Handys unbenutzt herumliegen.

Alte Handys – ex und hopp? Doch was macht man mit einem Handy, das nicht mehr benötigt wird? Ab in die Mülltonne?

Das ist in Deutschland seit dem Jahr 2005 verboten. Das Symbol mit der durchgestrichenen Mülltonne soll den Nutzer daran erinnern, dass Elektrogeräte gesondert gesammelt und verwertet werden müssen. Man kann sie meistens bei Wertstoffhöfen abgeben.

Handy-Recycling ist sinnvoll. Elektronische Geräte wie Handys und Computer enthalten seltene und wertvolle Metalle wie Gold, Tantal, Silber und Indium. Sie können durch das Recycling zurückgewonnen werden. Zum anderen können Schadstoffe wie Arsen, Cadmium und Blei dann fachgerecht entsorgt werden, sodass Mensch und Umwelt möglichst wenig belastet werden.
Langfristig sind die Hersteller von elektrischen Geräten aufgefordert, die Geräte von Anfang an umweltfreundlicher zu konstruieren.

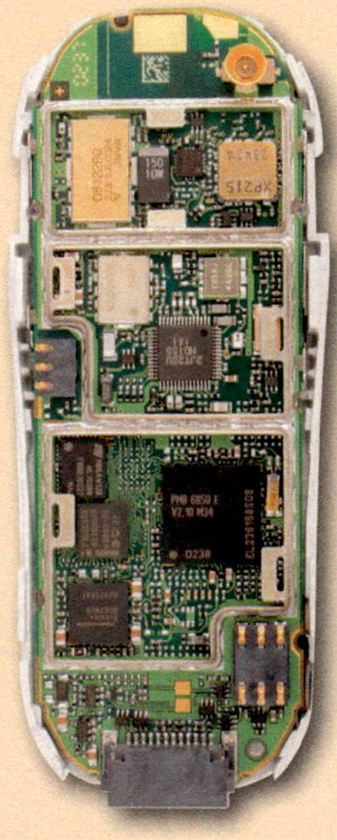

▲ *2. Blick auf ein geöffnetes Handy*

Material	Anteil
Glas und Keramik	18,66 g
Kunststoff	17,24 g
Eisen	15,35 g
Aluminium	10,63 g
Kupfer	5,20 g
Blei	4,72 g
Zink	1,65 g
Zinn	0,76 g
Nickel	0,64 g
Barium, Mangan	je 0,024 g
Silber	0,014 g
Beryllium, Kobalt, Tantal, Titan	je 0,012 g
Antimon, Cadmium	je 0,007 g
Bismut, Chrom	je 0,005 g
Quecksilber	0,0017 g
Germanium, Gold, Indium, Ruthenium	je 0,0012 g
Weitere Stoffe: Selen, Arsen, Gallium, Palladium, Europium, Niob, Vanadium, Yttrium …	

▲ *3. Zusammensetzung eines Handys (75 g); ein Mobiltelefon enthält bis zu 30 verschiedene Metalle*

Handy-Recycling in Industrieländern. In einem ersten Schritt zerlegt man die Telefone von Hand. Dabei erfolgt schon eine erste Vorsortierung der größeren Teile nach Kunststoffen, Metallen, Glas und anderen Stoffen.

Die Metalle auf den Leiterplatten und in den Akkus werden in spezialisierten Recyclingfirmen über Metallschmelzen wiedergewonnen. Um möglichst viele Metalle zurückzugewinnen, benötigt man sehr aufwändige Verfahren, die nur wenige Firmen beherrschen.

Entsorgung im Ausland. Leider gelangt Elektronikschrott immer noch illegal zur Entsorgung in Schwellen- und Entwicklungsländer – oft getarnt als „Gebrauchtgeräte". Arbeiter hantieren dort ungeschützt mit starken Säuren und giftigen Schwermetallen. Kunststoffe werden oft direkt über offenem Feuer verbrannt. Schadstoffe gelangen in Boden, Wasser und Luft. Die Arbeiter gefährden damit sich selbst und die Umwelt.

1. Das Umweltbundesamt schätzt, dass rund 3 t Gold, 30 t Silber, 1900 t Kupfer und viele weitere Metalle in deutschen Schubladen liegen. Erläutere diese Aussage.

2. Weshalb ist es sehr sinnvoll, alte elektronische Geräte zu recyceln?

Wie gewinnt man Metalle?

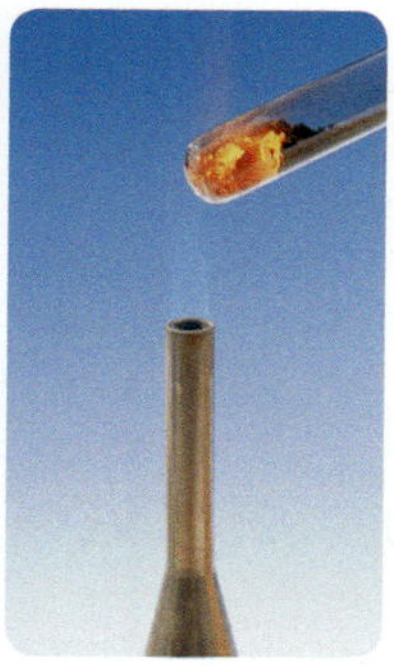

→ **Reduktion:** Das ist eine chemische Reaktion, bei der einem Oxid Sauerstoff entzogen wird. Es ist die Umkehrung einer Oxidation. Bei einer **Redoxreaktion** laufen Oxidation und Reduktion gleichzeitig ab:

Oxidation (Kohlenstoff → Kohlenstoffdioxid)

Kupferoxid + Kohlenstoff → Kupfer + Kohlenstoffdioxid

Reduktion (Kupferoxid → Kupfer)

Das **Reduktionsmittel** nimmt Sauerstoff auf und wird dabei oxidiert.
Das **Oxidationsmittel** gibt Sauerstoff ab und wird dabei reduziert.

→ **Redoxreihe:** Die reduzierende Wirkung nimmt von links nach rechts ab:

Magnesium – Aluminium – Zink – Kohlenstoff – Eisen – Blei – Kupfer – Silber – Gold – Platin

→ **Metallgewinnung:** Edelmetalle kann man gediegen finden, die meisten Metalle muss man aus ihren Verbindungen gewinnen; oft sind es Metalloxide. Die Oxide werden zu Metallen reduziert.

Erze ⟶ **Metalle**

Metallverbindungen + Gestein ⟶ Metallverbindungen ⟶ Metalloxide ⟶ Metalle

→ **Metalle:** Edelmetalle sind gegenüber vielen Chemikalien beständig, selten und auch sehr teuer. Vor allem Eisen, aber auch Kupfer, Zink, Blei und viele andere Metalle verwendet man in vielfältiger Form als Gebrauchsmetalle. Rost entsteht, wenn Eisen an feuchter Luft langsam oxidiert.

→ **Eisen:** Eisenerze sind Gesteine mit einem hohen Anteil an Eisenverbindungen. Eisenerz wird im Hochofen mithilfe von Koks zu Roheisen reduziert. Das Reduktionsmittel ist Kohlenstoffmonooxid aus der Verbrennung von Koks:

Eisenoxid + Kohlenstoffmonooxid
⟶ Eisen + Kohlenstoffdioxid

→ **Stahl:** Durch Aufblasen von Sauerstoff werden aus Roheisen Kohlenstoff und andere Begleitstoffe zum großen Teil oxidiert und damit entfernt. So wird aus Eisen Stahl.

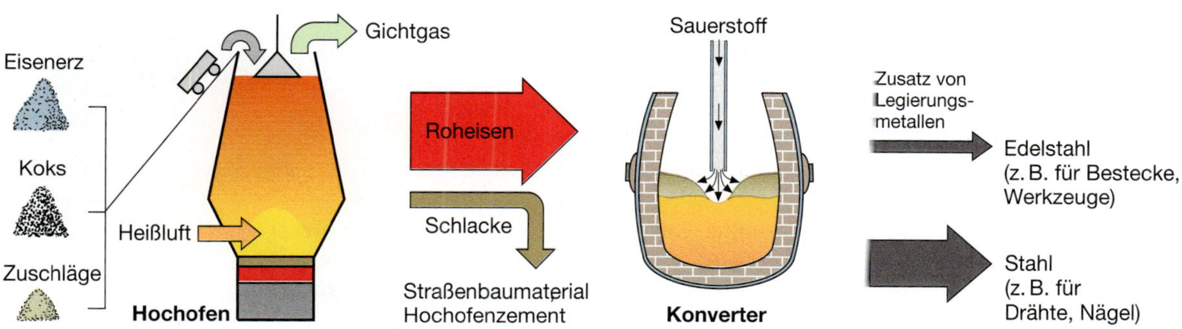

Wie gewinnt man Metalle?

1. Ötzi

a) Wie alt war die Gletschermumie Ötzi, die man im Eis der Alpen entdeckt hat?
b) Was hat die Archäologen besonders überrascht?

2. Kupfer aus Malachit

Wird Malachit erhitzt, zersetzt es sich und ein schwarzer Stoff entsteht.
a) Worum handelt es sich hierbei?
b) Beschreibe, wie man daraus Kupfer gewinnen kann.
c) Erkläre, was bei der Reaktion geschieht.

3. Die Kupferschachtel

Schneide aus Kupferfolie ein Quadrat von 10 cm Kantenlänge. Schneide es an den Ecken etwas ein und falte daraus eine flache Schachtel. Halte sie mit der Tiegelzange einige Zeit in die rauschende Brennerflamme und lass sie dann an der Luft ankühlen. Bedecke danach den Boden mit gekörnter Aktivkohle und erhitze erneut. Lass die Schachtel an der Luft abkühlen, ohne sie zu schütteln. Schütte dann die Aktivkohle aus.
Erläutere, was du im Verlauf des Versuchs an der Oberfläche der Kupferfolie beobachten konntest.

4. Redoxreaktion

Bleioxid wird zusammen mit Holzkohle erhitzt, es entsteht Blei und ein unsichtbares Gas.
a) Stelle die Wortgleichung auf.
b) Erläutere an diesem Beispiel die Begriffe Oxidation, Reduktion und Redoxreaktion.
c) Was ist in diesem Fall das Reduktionsmittel, was das Oxidationsmittel?
d) Ist es möglich, aus Bleioxid mit Kupfer Blei zu gewinnen? Begründe deine Antwort.
e) Womit lässt sich aus Zinkoxid Zink gewinnen?

5. Kochtopf mit Pfiff

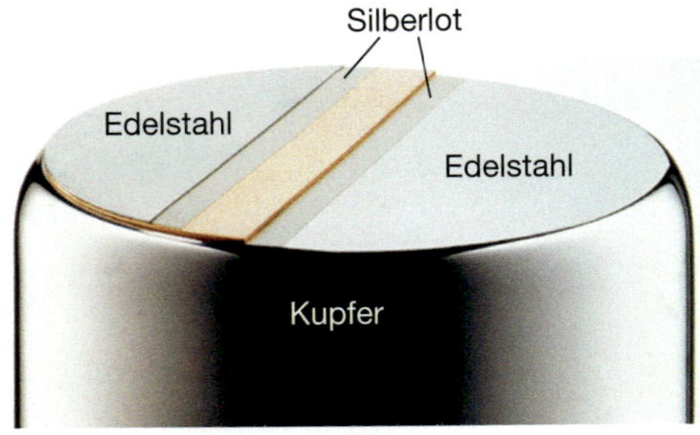

a) Kochtöpfe bestehen meist aus Edelstahl. Wie unterscheidet er sich von normalem Stahl?
b) Hochwertige Töpfe besitzen im Boden eine Kupferschicht. Was hat das für einen Vorteil?

6. Kupfer – ein begehrtes Metall

a) Welche Eigenschaften machen Kupfer zu einem so vielseitigen Werkstoff?
b) Erkläre, warum Kupfer manchmal als Deckmaterial für Dächer verwendet wird.
c) Woran könnte es liegen, dass der Kupferpreis in den letzten Jahren so gestiegen ist?

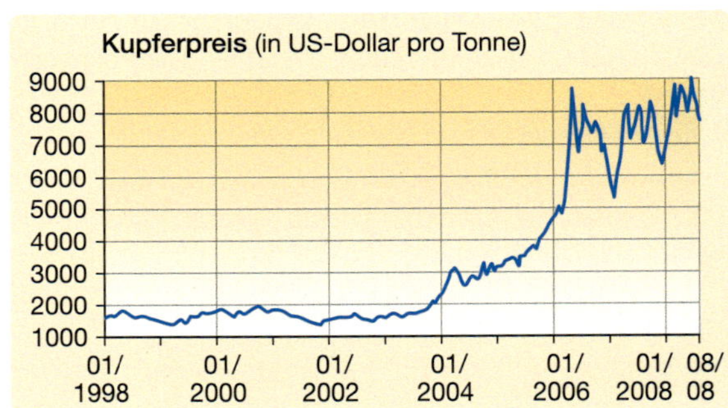

7. Eigenschaften von Metallen

a) Nenne Beispiele für edle und unedle Metalle.
b) Welche Metalle lassen sich in der Natur in reiner Form finden? Nenne zwei Beispiele.
c) Welche Metalle kommen in der Natur nur in Form von Verbindungen vor? Nenne drei Beispiele.

d) Welche Metalle sind Leichtmetalle, welche Schwermetalle: Nickel, Eisen, Wolfram, Aluminium, Titan, Kupfer, Magnesium, Silber, Calcium?
e) Welche Masse hat ein Würfel mit 10 cm Kantenlänge aus Gold und welche einer aus Aluminium?

8. Metalle gemischt

a) Reine Metalle sind für viele Verwendungszwecke wenig geeignet. Wie nennt man Stoffe, die aus zwei oder mehr Metallen zusammengeschmolzen werden?
b) Woraus werden Bronze, Messing (Abb. oben) und Neusilber hergestellt?

9. Goldlegierungen

Die eingestempelte Zahl 585 in einem goldenen Schmuckstück sagt aus, dass von 1000 Gewichtsteilen 585 Teile aus reinem Gold bestehen. Üblich sind auch Legierungen mit 333er Gold und 750er Gold. Solche Goldlegierungen haben ganz verschiedene Farben, je nachdem, welche Metalle noch enthalten sind.

Finde heraus, welche Metalle in Schmuck aus Weißgold, Gelbgold und Rotgold enthalten sind.

10. Platin

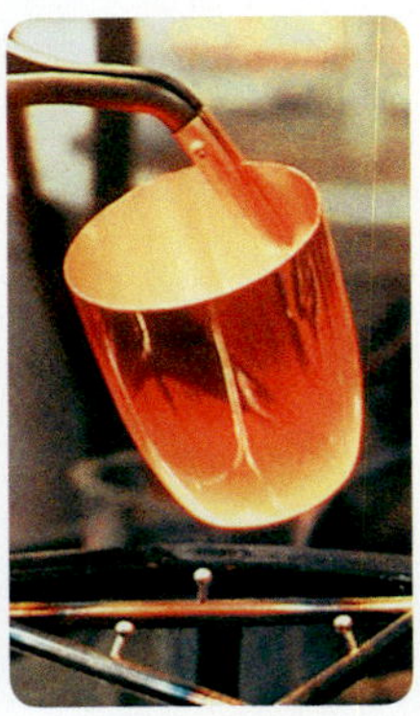

a) Platintiegel werden im Chemielabor benutzt, wenn aggressive Stoffe bei hohen Temperaturen reagieren sollen. Nenne zwei Gründe, warum Platin dafür besonders gut geeignet ist.
b) In einem Autokatalysator sind nur 2 g feinst verteilte Edelmetalle wie Platin enthalten. Warum lohnt sich dennoch das Recycling?

11. Der Hochofen

a) Wozu dient ein Hochofen?
b) Welche chemischen Vorgänge laufen darin ab?
c) Weshalb bleibt ein Hochofen jahrelang ununterbrochen im Betrieb?

12. Vom Eisen zum Stahl

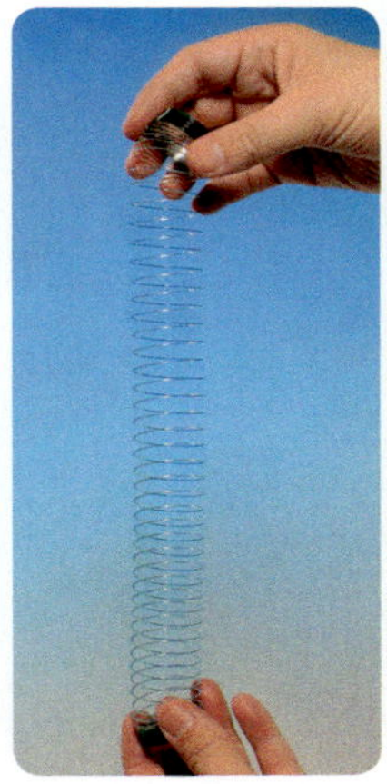

a) Roheisen ist für viele Verwendungszwecke wenig geeignet. Es muss zu Stahl veredelt werden. Welche Nachteile hat Roheisen?
b) Durch welches Verfahren wird Roheisen in Stahl umgewandelt?
c) Welche Bestandteile des Roheisens werden dabei entfernt?
d) Warum erhitzt sich die Schmelze, obwohl keine Wärme zugeführt wird?

13. Allerlei Besteck

Campingbesteck gibt es aus Kunststoff oder Aluminium. Zu Hause verwendet man heute vor allem Besteck aus Edelstahl; es gibt aber auch versilbertes Besteck. Welche Vor- und Nachteile haben die genannten Materialien?

14. Metalle und Nichtmetalle im Vergleich

Vergleiche die Eigenschaften von Metallen mit denen von typischen Nichtmetallen wie Wasser, oder Sauerstoff. Erstelle dazu eine Tabelle.

15. Eisenwolle-Experiment

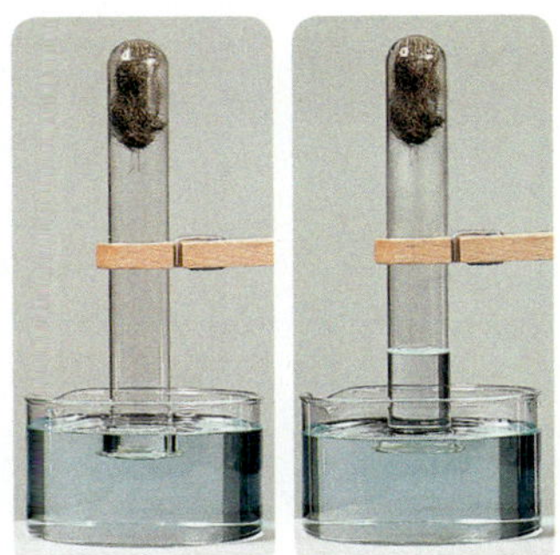

In den Reagenzgläsern befindet sich Eisenwolle. Im Behälter unten ist angefärbtes Wasser.
a) Erkläre die Veränderungen.
b) Inwiefern kann man mit diesem Versuch zeigen, dass die Luft etwa 20 % Sauerstoff enthält?

16. Rostschutz-Wettbewerb

Wer schafft es in der Klasse, das Rosten eines Eisennagels am längsten zu verhindern? Der Nagel soll in einem offenen Marmeladenglas im Wasser liegen. Denkt euch möglichst verschiedene Ansätze aus.

7 Elementfamilien und Atombau

Das Atomium ist das Wahrzeichen Brüssels. Es ist das begehbare Modell eines Eisenkristalls in 165milliardenfacher Vergrößerung. Die im Durchmesser 18 m großen Kugeln stellen also Eisen-Atome dar. Der Panoramablick aus der obersten Kugel in 102 m Höhe über dem Boden soll sehr beeindruckend sein.

Die Vielfalt der Stoffe, aus denen die Erde besteht, ist überwältigend. Die Chemiker haben etwas Ordnung in das Chaos gebracht. In diesem Kapitel erfährst du,
– dass sich die Vielfalt der Stoffe auf der Erde auf weniger als 100 Elemente zurückführen lässt,
– wie sich diese Elemente ordnen lassen und
– welche Rolle der Feinbau der Materie dabei spielt.
Das Kapitel endet mit einem Blick in die faszinierende Nano-Welt der Atome.

▲ *1. Was ein wenig an eine verschimmelte Wurst erinnert, ist in Wirklichkeit … ein Metall – wenn auch kein alltägliches! Es heißt Natrium. Welche Eigenschaften dieses Stoffes kannst du schon aus dem Bild entnehmen?*

▲ *2. Sehen diese beiden Stoffe dem Metall rechts oben nicht sehr ähnlich? Tatsächlich gibt es chemische Elemente, von denen man sagt, dass sie miteinander „verwandt" sind – und alle zusammen bilden dann eine „Familie"…*

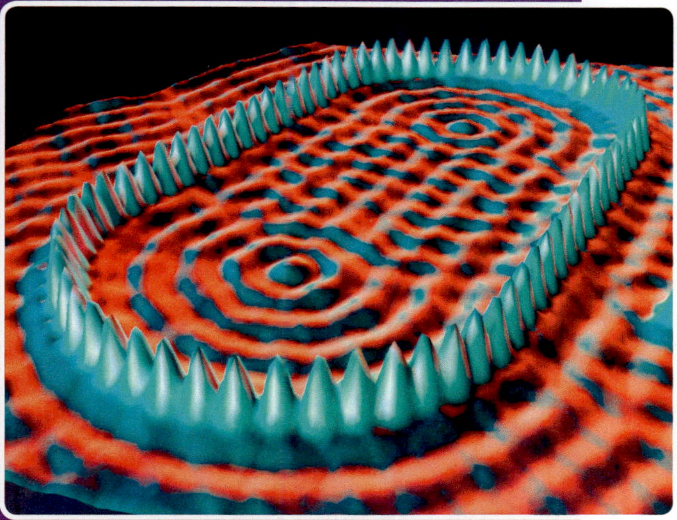

◄ *3. und* ▲ *4. Kaum zu glauben: Mithilfe eines speziellen Mikroskops ist es möglich, Atome oder kleine Moleküle zu bewegen! Das „Stadion aus Atomen" besteht aus Wolfram-Atomen, die ein Wissenschaftler im Labor zu diesem Oval einzeln zusammengesetzt hat.*

Natrium, Kalium & Co: Die Alkalimetalle

1. Metalle unter Öl?

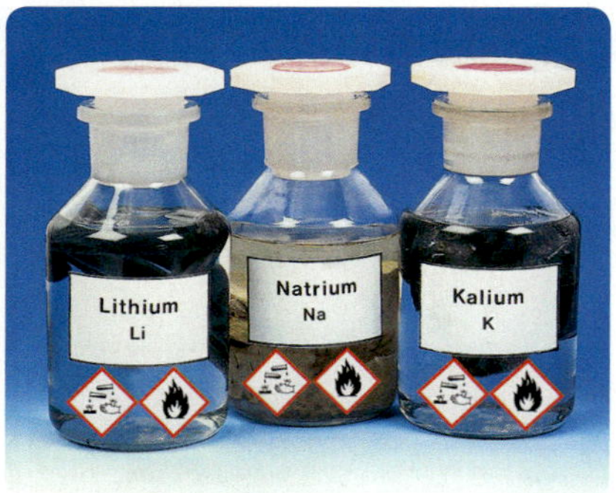

Die Elemente Lithium, Natrium und Kalium werden merkwürdigerweise unter Öl oder Petroleum aufbewahrt.

a) Vermute, wozu das notwendig sein könnte.
b) Wenn man ein Stück Natrium oder Lithium aus dem Aufbewahrungsgefäß holt und mit dem Messer ein Stück abschneidet, verändert sich die Schnittfläche nach kurzer Zeit. Was kannst du aus dieser Beobachtung schließen?
c) Welche typische Eigenschaft von Metallen wird hier überprüft?

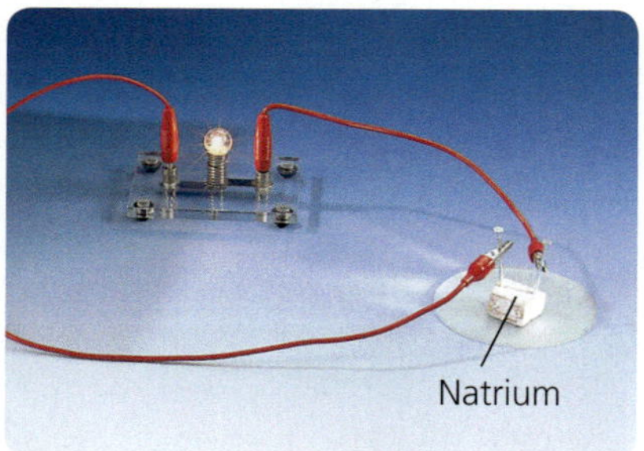

2. Lithium und Wasser

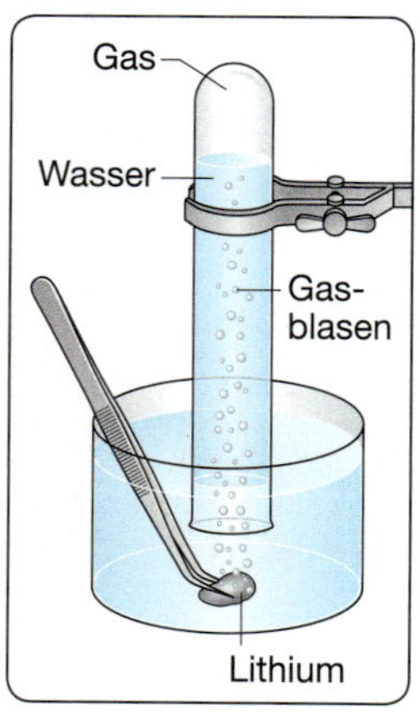

Fülle eine Glaswanne und ein Reagenzglas mit Wasser. Befestige das mit Wasser gefüllte Reagenzglas mit der Öffnung nach unten über der Glaswanne. Das Reagenzglas muss vollständig mit Wasser gefüllt sein! Halte dann mit einer Pinzette ein kleines Stück Lithium (GHS 2, 5; B1) unter die Öffnung des Reagenzglases.

a) Schreibe auf, was du beobachten kannst.
b) Welches Gas ist entstanden? Stelle zunächst Vermutungen an, welche Gase überhaupt entstehen könnten. Plane dann einen Versuch, mit dem du deine Vermutung bestätigen oder widerlegen kannst.

3. Flammenfärbung der Alkalimetalle

a) Gib einige Kristalle Natriumchlorid auf ein sauberes Uhrglas. Glühe ein Magnesiastäbchen in der Flamme aus und befeuchte es mit destilliertem Wasser. Nimm damit einige Körnchen Natriumchlorid auf. Halte das Stäbchen bei gedämpftem Licht in die rauschende Flamme des Gasbrenners. Beobachte die Farbe der Flamme.
b) Wiederhole den Versuch mit Lithiumchlorid (GHS 7) und danach mit Kaliumchlorid.
Die Flammenfärbung von Kalium kann man besonders gut sehen, wenn man sie durch ein dunkelblaues Kobalt-Glas betrachtet.
c) Ordne die Fotos oben den drei verwendeten Stoffen zu.

4. Flammenfärbung: Test mit Mineralwasser

Prüfe Mineralwasser auf Natrium. Bringe dazu ein Uhrglas mit der Probe nah an die Luftansaugschlitze des Brenners. Tauche dann ein glühendes Magnesiastäbchen in das Wasser. Die Dämpfe werden in das Brennerrohr gezogen. Beobachte die Flamme.

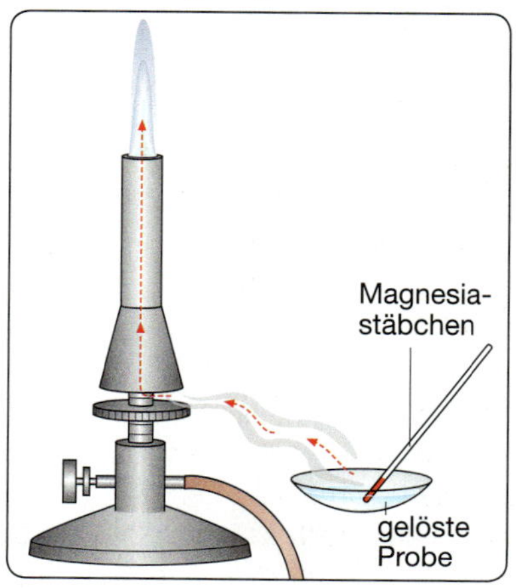

a) Vergleiche ein „streng natriumarmes" mit einem gewöhnlichen Mineralwasser.
b) Beschreibe deine Beobachtungen und erkläre den Unterschied.

▲ *1. Alkalimetalle*

Natrium hat überraschende Eigenschaften. Natrium ist ein sehr ungewöhnliches Metall: Es ist weich wie Wachs und lässt sich mit einem Messer schneiden. Die frische Schnittfläche ist silberglänzend. An der Luft wird sie aber rasch grau. Natrium reagiert nämlich mit dem Sauerstoff und der Feuchtigkeit der Luft. Um das zu verhindern, bewahrt man es unter Petroleum auf.

Weil Natrium so reaktionsfreudig ist, kommt es in der Natur nicht als Element vor, sondern nur in Verbindungen, etwa im Kochsalz. Natrium gehört zu den häufigsten Elementen, die es gibt.

Natrium und seine Verbindungen färben Gasflammen leuchtend gelb. An der Flammenfärbung kann man deshalb sofort erkennen, ob ein Gemisch Natriumverbindungen enthält.

▲ *2. Natrium reagiert mit Wasser*

Natrium reagiert mit Wasser. Gibt man ein erbsengroßes Stück Natrium auf Wasser, beginnt sofort eine lebhafte Reaktion. Das Natrium schmilzt zu einer Kugel, fährt im Zickzackkurs auf dem Wasser hin und her und verschwindet dann. Im Wasser hat sich Natronlauge gebildet, eine ätzende Flüssigkeit, die sich seifig anfühlt. Daneben ist noch Wasserstoff entstanden.
Legt man das Natrium auf feuchtes Filterpapier, ist die Reaktion so heftig, dass sich der entstehende Wasserstoff sogar entzündet.

Alkalimetalle – eine Elementfamilie. Die Metalle Lithium, Kalium, Rubidium und Caesium zeigen ähnliche Eigenschaften wie Natrium. Man fasst sie deshalb zu einer Gruppe zusammen, zur **Elementfamilie** der **Alkalimetalle.**
Alle Alkalimetalle leiten den elektrischen Strom, sind sehr reaktionsfreudig und müssen vor Luft geschützt aufbewahrt werden. Alle reagieren mit Wasser.

Bei aller Ähnlichkeit in den Eigenschaften gibt es doch deutliche Abstufungen. Die Reaktionsfreudigkeit nimmt vom Lithium zum Caesium zu. Rubidium und Caesium sind so reaktionsfähig, dass sie zur Aufbewahrung sogar in luftleere Glasampullen eingeschmolzen werden. Die Flammenfärbung ist typisch für jedes Alkalimetall: So färbt Lithium die Flamme rot, Natrium gelb und Kalium blassviolett.

Die Alkalimetalle sind sehr reaktionsfreudig. Weil sie ähnliche Eigenschaften haben, bezeichnet man sie als Elementfamilie.

1. Fragen zum Text
a) Nenne drei Eigenschaften der Alkalimetalle.
b) Was ist typisch für eine Elementfamilie?

Element	Schmelztemperatur in °C	Dichte in g/cm³	Flammenfärbung	Härte	Reaktion mit Wasser
Lithium	180	0,53	rot		
Natrium	98	0,97	gelb	nimmt ab	↓
Kalium	64	0,86	blassviolett		Heftigkeit nimmt zu
Rubidium	39	1,53	rotviolett	↓	
Caesium	29	1,87	blassviolett		

▲ *3. Eigenschaften der Alkalimetalle*

Elemente unter der Lupe: Calcium & Co

1. Was für ein Stoff ist das?

Eine Stoffprobe wie auf dem Foto soll untersucht werden. Der Stoff ist ungiftig, man kann ihn anfassen.

a) Plane einfache Untersuchungen zu dem unbekannten Stoff.

b) Wie kann man prüfen, ob es sich um ein Metall handelt?

c) Vergleiche den Stoff mit Aluminium, besorge dazu Aluminiumfolie oder ein Aluminiumblech.

Hinweis: Ihr dürft nur die Versuche selbst durchführen, die die Lehrkraft genehmigt hat.

2. Reaktionsgleichung einer Verbrennung

Magnesium (GHS 2) verbrennt mit sehr heller und heißer Flamme zu einem Oxid.

a) Schreibe die Wortgleichung dazu auf.

b) Wie heißt die Reaktionsgleichung?

3. Calcium untersuchen

a) Überprüfe, ob Calcium (GHS 2) ein Metall ist.

b) Du hast sicher schon gesehen, dass Magnesium mit einer hellen Flamme brennt. Prüfe, ob Calcium ebenfalls brennt. Gib dazu eine kleine Menge Calciumspäne auf eine Ceranplatte und versuche, die Späne mit dem Gasbrenner zu entzünden. Notiere, was du beobachtest.

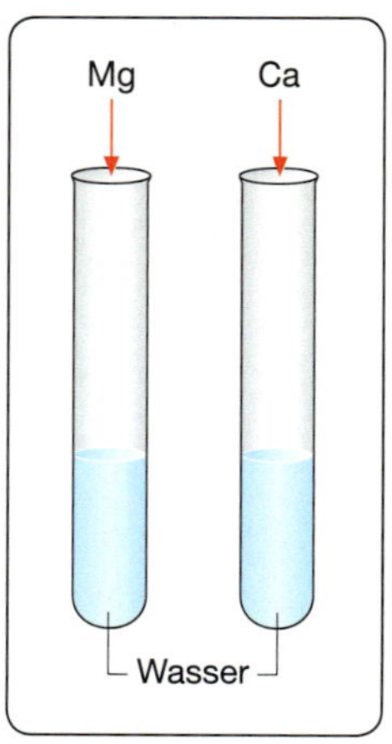

4. Reaktion mit Wasser

a) Gib einige Stückchen Magnesium (GHS 2) und Calcium (GHS 2) jeweils in ein Reagenzglas mit Wasser. Beobachte und notiere.

b) Welche Stoffe könnten entstanden sein?

c) Überlege: Wie werden die Reaktionen ablaufen, wenn man das Wasser erhitzt? Probiere es selbst einmal aus.

5. Flammenfärbung

B2

a) Von der Lehrkraft erhältst du eine Probe einer Erdalkaliverbindung. Prüfe mithilfe der Flammenfärbung, ob es sich um Calciumchlorid (GHS 7; B2), Strontiumchlorid (GHS 7; B2) oder Bariumnitrat (GHS 3, 7; B2) handelt.

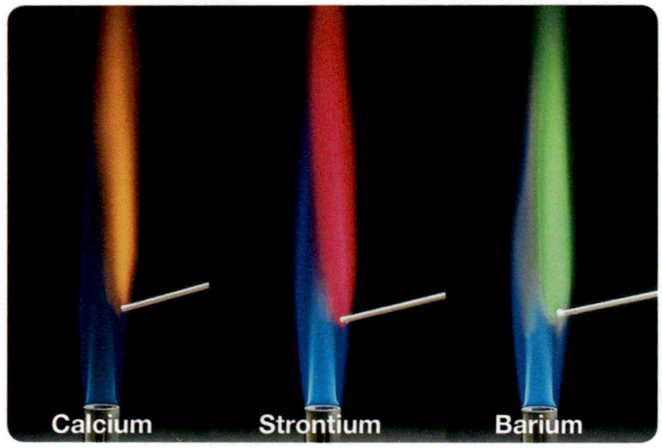

b) Was kannst du über die Flammenfärbung von Magnesiumverbindungen aussagen?

6. Recherche zu Calcium und Barium

a) Finde heraus, woher die Namen Calcium und Barium stammen. Schlage dazu in einem Lexikon nach oder suche im Internet.

b) Im Drogeriemärkten oder Apotheken gibt es Calciumtabletten. Was spricht dagegen, dass darin metallisches Calcium enthalten ist?

c) Erkunde, was tatsächlich in Calciumpräparaten enthalten ist und wofür sie empfohlen werden.

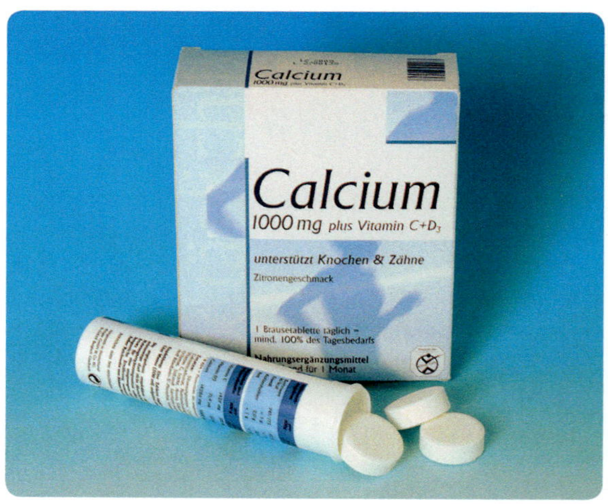

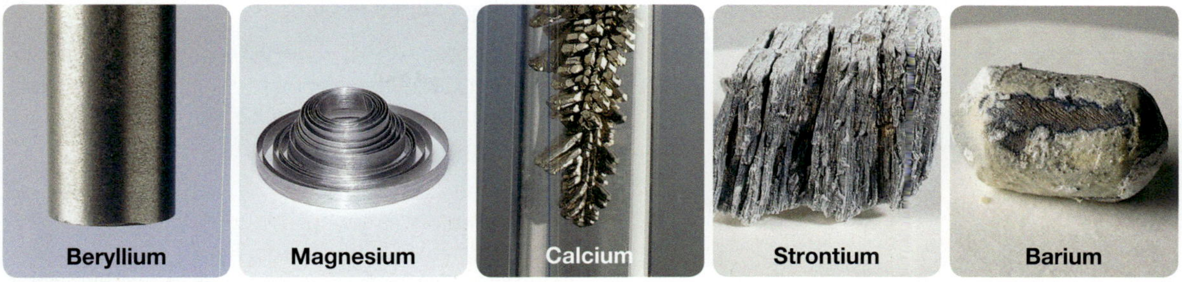

▲ *1. Erdalkalimetalle*

Die Elementfamilie der Erdalkalimetalle. Die Elemente Beryllium, Magnesium, Calcium, Strontium und Barium gehören zur Elementfamilie der **Erdalkalimetalle.** Die farbigen Leuchteffekte bei einem Feuerwerk verdanken wir zu einem guten Teil den Verbindungen dieser Elemente. Magnesium ergibt gleißend weißes Licht, Calcium und Strontium erzeugen rotes, Barium grünes Licht.
Der Name Erdalkalimetall weist darauf hin, dass viele Verbindungen dieser Elemente am Aufbau der Erdrinde beteiligt sind. Die Erdalkalimetalle haben ähnliche Eigenschaften wie die Alkalimetalle, allerdings sind sie weniger reaktionsfreudig.

◀ *2. Leuchtende Farben durch Erdalkalimetalle*

Calcium. Calcium ist das dritthäufigste Element auf der Erde. Es ist im Kalk am Aufbau vieler Gebirge beteiligt. Marmor und Gips sind ebenfalls Calciumverbindungen. Auch für den Aufbau unserer Knochen ist Calcium lebensnotwendig.
Calcium ist ein silberglänzendes Leichtmetall, das an der Luft allmählich mit Sauerstoff und der Luftfeuchtigkeit reagiert. Beim Erhitzen verbrennt es mit roter Flamme zu Calciumoxid.

Magnesium. Beim Bau von Flugzeugen und Autoteilen wird Magnesium oft als Bestandteil von Legierungen verwendet. Das spart Gewicht, denn auch Magnesium zählt zu den Leichtmetallen. Aber auch manche Alltagsgegenstände wie Bleistiftspitzer werden aus diesem Metall hergestellt.
Der Körper eines Erwachsenen enthält übrigens etwa 20 g Magnesiumverbindungen und rund 1000 g Calciumverbindungen. Magnesiummangel kann beim Menschen zu Muskelkrämpfen führen.
Auf reinem Magnesium bildet sich an der Luft eine dünne Schicht Magnesiumoxid. Sie ist undurchlässig und schützt das Metall vor weiterer Oxidation.

◀ *3. Kalkgestein*

Strontium und **Barium** sind so reaktionsfähig, dass sie unter Paraffinöl aufbewahrt werden.

Die Erdalkalimetalle bilden eine Elementfamilie. Sie haben ähnliche Eigenschaften wie die Alkalimetalle, sind allerdings nicht so reaktionsfreudig.

1. Fragen zum Text
a) Welches Erdalkalimetall ist in Kalk und Gips enthalten?
b) Wozu wird Magnesium verwendet?
c) Welches Erdalkalimetall ist am reaktionsfreudigsten?

Element	Schmelztemperatur in °C	Dichte in g/cm³	Flammenfärbung	Reaktion mit Wasser
Beryllium	1280	1,84	keine	keine ↓ wird heftiger
Magnesium	650	1,74	keine	
Calcium	888	1,55	ziegelrot	
Strontium	770	2,6	karminrot	
Barium	714	3,5	blassgrün	

▲ *4. Eigenschaften der Erdalkalimetalle*

Chlor & Co, die Halogene

1. Chlor im Schwimmbad

Manche Schwimmbadbesucher klagen nach dem Baden über gerötete oder brennende Augen. Meistens liegt es daran, dass dem Schwimmbadwasser Chlor oder Chlorverbindungen zugesetzt werden. Auch der typische „Hallenbadgeruch" wird davon verursacht.

a) Warum wird Schwimmbadwasser gechlort?

b) Was könnte geschehen, wenn man das Wasser nicht auf diese Weise behandeln würde?

2. Nachweis von Chlor

a) Mit Kaliumiodidstärkepapier kann man prüfen, ob eine Lösung Chlor enthält oder freisetzt. Bei Anwesenheit von Chlor verfärbt sich das Papier blau. Prüfe mit diesem Papier Leitungswasser sowie verschiedene Reinigungsmittel wie Sanitärreiniger, Bleichmittel und Putzmittel gegen Schimmel.

b) Prüfe die Angaben auf der Verpackung der Reinigungsmittel. Sind Hinweise auf Chlor oder Chlorverbindungen zu finden?

c) Schlage in der Stoffliste im Anhang des Buches nach, mit welchen Gefahrstoffsymbolen das Element Chlor gekennzeichnet wird.
Was bedeuten diese Symbole?

3. Farbige Blüten in Chlor

Das Foto zeigt, was geschieht, wenn man farbige Blüten in ein Gefäß mit Chlor gibt. Man kann auch Textilreste oder bunte Papierschnipsel verwenden.

a) Welche Eigenschaft des Chlors wird damit gezeigt?

b) In welchen Fällen kann diese Eigenschaft sinnvoll genutzt werden?

4. Recherche im Internet: Chlorbleiche

Ein ganz weißes Produkt erhält man bei der Herstellung von Papier nur, wenn man den leicht gelblichen Brei aus Holzfasern bleicht. Früher wurde dazu Chlor verwendet.
Finde heraus, weshalb man heute chlorfrei gebleichtes Papier bevorzugt.

5. Chlor als Kriegswaffe

Der massive Einsatz chemischer Kampfstoffe begann am 22. April 1915 im Ersten Weltkrieg. Damals wurde bei Ypern in Belgien Chlorgas eingesetzt. Es gab ca. 5000 Tote und 10000 Verletzte. Diese und andere verheerende Folgen des Einsatzes von Giftgasen im Ersten Weltkrieg führten im Jahr 1925 zur Entstehung des Genfer Protokolls. Es ächtete den Gebrauch von chemischen und biologischen Kampfstoffen international.
Informiere dich über das Genfer Protokoll.

6. Stärkenachweis mit Iod

Mit einer wässrigen Lösung von Iod und Kaliumiodid kann man den Nährstoff Stärke in Nahrungsmitteln nachweisen. Die Lösung wird dann blauviolett.

Gib einige Tropfen des Nachweismittels (GHS 7, 9; B2) auf verschiedene Nahrungsmittelproben. Erstelle eine Liste, welche Proben Stärke enthalten.

7. Iod wird erwärmt

Betrachte das Foto. Erläutere mit Fachbegriffen, was bei diesem Experiment vor sich geht.

8. Experiment: Iod und Eisenwolle

Gib in einen Erlenmeyerkolben ein Körnchen Iod (GHS 7, 9; B2) und erwärme den Kolben leicht, bis sich violette Dämpfe bilden. Nimm etwas Eisenwolle (GHS 2), erhitze sie kurz mit einem Brenner und gib sie noch heiß in den Kolben.

a) Wieso verschwindet die violette Färbung?

b) Welche chemische Reaktion könnte stattgefunden haben?

9. Nachweis der Halogene

Mit der Beilsteinprobe weist man halogenhaltige Verbindungen nach. Man erhitzt die Probe auf einem Kupferdraht in der Brennerflamme. Die grüne Flammenfärbung zeigt Halogene an.
Lass dir Salzproben geben und prüfe unter dem Abzug, ob halogenhaltige Salze vorliegen.

Chlor, ein sehr giftiges Element. Chlor ist ein gelbgrünes, stechend riechendes Gas. Es ist 2,5 mal schwerer als Luft und in Wasser nur wenig löslich.

Chlor ist sehr giftig. Selbst in großer Verdünnung wirkt es stark hustenreizend. Ein Anteil von etwa 1 % Chlor in der Atemluft ist für Menschen bereits tödlich. Chlor verätzt die Atemwege und zerstört die Lungenbläschen. Deshalb sind beim Umgang mit Chlor besondere Schutzmaßnahmen erforderlich. Die große Giftigkeit von Chlor wird aber auch genutzt, etwa zur Desinfektion von Schwimmbadwasser. Schon 0,3 mg Chlor in einem Liter Wasser töten Krankheitserreger zuverlässig ab. Der typische „Hallenbadgeruch" wird von Chlor verursacht.

▲ *4. Chlorflaschen in einem Schwimmbad*

Chlor ist ein sehr reaktionsfähiges Element. Schon bei Zimmertemperatur reagiert es mit den meisten Stoffen. Viele Farbstoffe in Blüten oder Textilien werden von Chlor zerstört.

Chlor in der chemischen Industrie. Chlor ist ein wichtiger Rohstoff. Weltweit werden mehr als 50 Millionen Tonnen Chlor pro Jahr hergestellt. Etwa die Hälfte wird für die verschiedensten chemischen Synthesen verwendet. Die andere Hälfte verarbeitet man zu chlorhaltigen Stoffen, etwa zum Kunststoff PVC, zu Lösemitteln, Medikamenten und Pflanzenschutzmitteln.

Die Elementfamilie der Halogene. Die Elemente Fluor, Brom und Iod sind mit Chlor chemisch verwandt. Sie bilden zusammen die **Elementfamilie der Halogene.** Da es sehr reaktionsfähige Elemente sind, findet man sie in der Natur nur in Verbindungen.
Wie schon bei den Alkali- und Erdalkalimetallen gibt es auch in dieser Elementfamilie Abstufungen bei den Eigenschaften. Fluor ist das reaktionsfähigste, Iod das reaktionsträgste Halogen. Auch die Giftigkeit nimmt in dieser Reihenfolge ab.
Bei Zimmertemperatur sind Fluor und Chlor Gase. Brom ist eine leicht verdampfende Flüssigkeit, Iod ist ein Feststoff. Alle Halogene liegen als zweiatomige Teilchen vor, bestehen also aus F_2-, Cl_2-, Br_2- oder I_2-Molekülen.

Chlor & Co, die Halogene

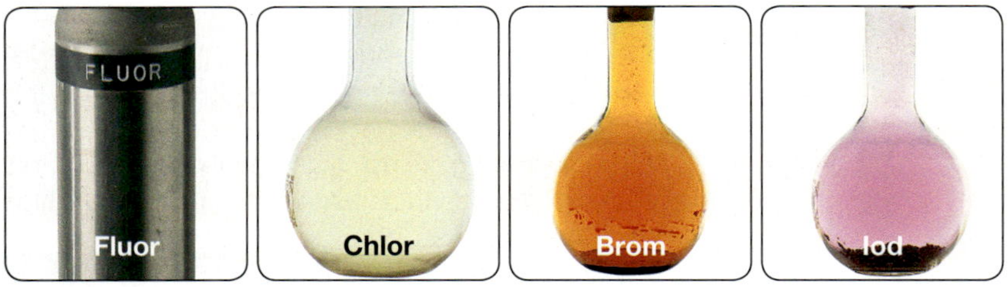

◀ *1. Halogene sind sehr reaktionsfähige Nichtmetalle; Fluor und Chlor sind Gase, Brom ist flüssig, Iod ist fest*

Halogene reagieren mit Wasserstoff. Halogene gehen im Gegensatz zu den Alkalimetallen nur schwer Verbindungen mit Sauerstoff ein. Dagegen reagieren sie leicht mit Wasserstoff zu Halogenwasserstoffen. Die wässrigen Lösungen dieser Verbindungen sind Säuren. Die bekannteste ist die Salzsäure (Chlorwasserstoffsäure, HCl).

▲ *2. Die Halogene Chlor (links), Brom (Mitte) und Iod (rechts) reagieren unterschiedlich heftig mit Natrium*

Halogene reagieren mit Metallen. Halogene können sehr heftig mit Metallen reagieren, etwa mit Eisen oder mit Natrium. So entstehen Salze, die Fluoride, Chloride, Bromide und Iodide. Auch hierbei stellt man deutliche Unterschiede in der Reaktionsfähigkeit der Halogene fest (Abb. 2). Fluor reagiert am heftigsten, Iod am schwächsten.

Verbindungen aus Metallen und Halogenen sind in ihren Eigenschaften dem Kochsalz sehr ähnlich. Man zählt sie daher zur zur Stoffklasse der Salze. Halogen heißt Salzbildner.

Die Halogene Fluor, Chlor, Brom und Iod sind sehr reaktionsfreudige, giftige Nichtmetalle. Von Fluor zu Iod nehmen die Reaktionsfähigkeit und die Giftigkeit ab. Sie reagieren leicht mit Metallen und mit Wasserstoff.

1. Fragen zum Text

a) Nenne vier Eigenschaften des Elements Chlor.
b) Wofür wird Chlor verwendet?
c) In welchen Aggregatzuständen liegen die Halogene bei Zimmertemperatur vor?
d) Was entsteht aus Halogenen und Metallen?
e) Welches Halogen ist am reaktionsfähigsten?

2. Fluor in Zahnpasta

Auf Verpackungen von Zahnpasta findet man manchmal den Hinweis „mit Fluor". Erkläre, warum diese Angabe so nicht richtig sein kann.

3. Recherche zu Desinfektionsmitteln

In Apotheken bekommt man Desinfektionsmittel für Wunden. Finde heraus, welches Halogen sie oft enthalten.

4. Recherche zu den Elementnamen

a) Finde heraus, woher die Namen der Halogene kommen und was sie bedeuten.
b) Zwei Halogene hat man zuerst in Algen gefunden. Welche sind es und wann sind sie entdeckt worden?

Element	Schmelztemperatur in °C	Siedetemperatur in °C	Farbe (als Gas)	Reaktionsfreudigkeit
Fluor	–220	–188	hellgelb	↓ nimmt ab
Chlor	–101	–34	gelbgrün	
Brom	–7	59	rotbraun	
Iod	114	185	violett	

▲ *3. Eigenschaften der Halogene*

Helium & Co, die Edelgase

▲ 1. *Edelgase werden durch eine elektrische Spannung zum Leuchten angeregt: Helium, Neon, Argon, Krypton, Xenon*

1. Edelgase leuchten

Edelgase werden auch in Leuchtröhren verwendet. Stelle in einer Tabelle Namen, chemische Symbole und Leuchtfarben der Edelgase zusammen.

2. Vorkommen der Edelgase

a) Informiere dich im Kapitel 4 in diesem Buch, wo die Edelgase in der Natur vorkommen.
b) Lies dort nach, wofür Helium, Argon und Krypton eingesetzt werden.

Die Entdeckung der Edelgase. Die Edelgase sind alle recht spät entdeckt worden, im Zeitraum von 1894 bis 1905. Damals fiel dem englischen Forscher RAYLEIGH bei der Untersuchung des Stickstoffs der Luft auf, dass der aus der Luft isolierte Stickstoff schwerer war als theoretisch berechnet. Er schloss daraus, dass darin noch ein weiteres, schweres und reaktionsträges Gas enthalten sein musste. Er nannte es **Argon,** was altgriechisch so viel wie *„das träge Element"* bedeutet. Fast zur gleichen Zeit entdeckte sein Landsmann WILLIAM RAMSAY ebenfalls ein träges Gas, das er nach dem Vorkommen in der Sonne **Helium** nannte (nach *helios* für Sonne).
Da nun schon zwei Edelgase mit sehr ähnlichen Eigenschaften gefunden waren, sagte RAMSAY die Existenz eines weiteren Gases voraus. Er nannte es **Neon** (von *neos* „das Neue").

▲ 2. *Helium als Kühlmittel für Kernspintomographen*

Dann wurden noch zwei Edelgase entdeckt, die man gar nicht erwartet hatte. Sie wurden **Krypton** (von. *kryptos* „das Verborgene") und **Xenon** (von *xenos* „das Fremde") genannt.
Als letztes wurde das radioaktive **Radon** entdeckt. Der Name soll zeigen, dass das Element radioaktive Strahlung abgibt.

Damit war eine neue Elementfamilie, die **Elementfamilie der Edelgase,** entdeckt worden. „Edel" nennt man diese Gase, weil sie äußerst reaktionsträge sind. Sie gehen, bis auf ganz wenige Ausnahmen, keine Verbindungen mit anderen Elementen ein. Die kleinsten Teilchen aller Edelgase sind einzelne Atome.

Die Edelgase sind äußerst reaktionsträge und bilden keine chemischen Verbindungen. Sie kommen nur als einzelne Atome vor.

3. Fragen zum Text

a) Was ist an den Edelgasen „edel"?
b) Warum sind die Edelgase spät entdeckt worden?
c) Der absolute Nullpunkt der Temperaturskala liegt bei –273,15 °C. Welches flüssige Edelgas kommt diesem Punkt am nächsten?

4. Gasförmige Elemente

Edelgase kommen nur als einzelne Atome vor. Vergleiche, wie es bei anderen gasförmigen Elementen ist.

Element	Schmelztemperatur in °C	Siedetemperatur in °C	Dichte in g/l
Helium	–272,2	–268,9	0,18
Neon	–248,7	–246,1	0,84
Argon	–189,4	–185,9	1,66
Krypton	–156,6	–152,3	3,48
Xenon	–111,9	–107	4,49
Radon	– 71	– 61,8	9,23

▲ 3. *Eigenschaften der Edelgase im Überblick*

Ordnung in der Welt der Stoffe

▲ *1. Erkennst du die zwölf chemischen Elemente?*

1. Stoffe ordnen

a) Nenne zehn unterschiedliche Stoffe und gib ihre wichtigsten Eigenschaften an.
b) Nach welchen Gesichtspunkten kannst du die Stoffe Kochsalz, Eisen, Luft, Messing, Zucker, Schwefel, Honig, Kalk, Kupfer, Stickstoff ordnen? Erstelle eine Tabelle.
c) Ordne die Stoffe in Aufgabe b) den Begriffen Element, Stoffgemisch, Verbindung zu.

Ordnungsvorstellungen in der Chemie. Chemiker versuchen seit über 200 Jahren, der stofflichen Welt eine Ordnung zu geben. Solche Ordnungsprinzipien hast du schon kennen gelernt: Man kann die Stoffe zum Beispiel unterteilen in *Metalle* und *Nichtmetalle:*

Metalle	Nichtmetalle
Eisen	Chlor
Kupfer	Sauerstoff
Silber	Schwefel

Eine weitere Unterscheidung ist die zwischen *Elementen* und *Verbindungen.*

Elemente	Verbindungen
Wasserstoff	Wasser
Sauerstoff	Kohlenstoffdioxid
Zink	Zinkoxid

Zur Einteilung der Elemente, von denen heute über Hundert bekannt sind, bietet sich auch der *Aggregatzustand* bei Raumtemperatur an.

gasförmig	flüssig	fest
Sauerstoff	Brom	Eisen
Stickstoff	Quecksilber	Schwefel
Chlor		Aluminium
Helium		Iod
usw.		usw.

Manche Elemente verbinden sich leicht mit Sauerstoff, andere dagegen reagieren kaum. Das ist bei den Metallen gut zu beobachten. Man kann sie also auch nach ihrer Reaktionsfreudigkeit gegenüber Sauerstoff ordnen.

Reaktionsfreudigkeit gegenüber Sauerstoff nimmt ab →				
Zink	Eisen	Kupfer	Silber	Gold

Je nach Wahl des Ordnungsprinzips bekommt man unterschiedliche Informationen geliefert.

Die Vielfalt der Stoffe kann man nach verschiedenen Gesichtspunkten ordnen. Alle diese Ordnungsprinzipien erfassen aber nur einen kleinen Teil der Eigenschaften der chemischen Elemente.

2. Fragen zum Text

a) Welches Ordnungsprinzip bietet sich an, um Eisen und Schwefel einzuordnen?
b) Unter welchen Oberbegriffen lassen sich Eis, Wasser und Wasserdampf ordnen?
c) Im Text sind Stoffe nach verschiedenen Ordnungsprinzipien geordnet. Nenne vier Ordnungsprinzipien.

3. Ähnlichkeiten und Unterschiede

Was haben die Elemente Calcium, Kalium, Magnesium und Natrium gemeinsam, was unterscheidet sie? Du kannst zur Beantwortung der Frage auf den Seiten über die Elementfamilien nachschlagen.

4. Elemente „raten"

Im Setzkasten in Abb. 1 sind zwölf chemische Elemente versammelt. Dabei sind unter anderem die Elemente Iod und Sauerstoff. Versuche, alle Elemente herauszufinden.

MENDELEJEW entdeckt das Periodensystem

Im Jahre 1869 veröffentlichte der russische Chemiker DMITRI IWANOWITSCH MENDELEJEW seinen Bericht „Über die Beziehungen der Eigenschaften zu den Atomgewichten der Elemente." Unter diesem etwas umständlichen Namen verbarg sich der Entwurf des wichtigsten Ordnungssystems der Chemie. Wir bezeichnen es heute als das **Periodensystem der Elemente (PSE).**

▲ *1. MENDELEJEW (links) und MEYER*

Schon vorher hatte der deutsche Chemieprofessor LOTHAR MEYER auf andere Weise das Periodensystem gefunden und bereits in seinen Vorlesungen verwendet. Er veröffentlichte es aber erst einige Zeit später als MENDELEJEW.

Wie viele Chemiker seiner Zeit hatte MENDELEJEW lange nach einem Ordnungssystem für die mittlerweile 63 damals bekannten Elemente gesucht. Das war nicht einfach. Wichtige Elemente fehlten noch, so auch die ganze Gruppe der Edelgase.

Ein Kartenspiel bringt die Lösung. MENDELEJEW legte zur Entspannung gern Patiencen. Dabei werden die vorher verdeckten Karten nach bestimmten Regeln in der Reihenfolge ihrer Werte aneinandergelegt.
MENDELEJEW übertrug nun dieses Kartenspiel auf die chemischen Elemente. Er beschriftete zunächst Karten mit den Namen und den chemischen Eigenschaften der Elemente. Dann ordnete er die Karten nach steigender Atommasse untereinander an. Nun standen die verwandten Elemente in einer Reihe nebeneinander. Damit hatte MENDELEJEW ein sinnvolles Ordnungssystem gefunden.

Ueber die Beziehungen der Eigenschaften zu den Atomgewichten der Elemente

von

D. Mendelejeff.

Zeitschrift für Chemie 12. Jhrg. (Neue Folge, V. Bd.) (1869), S. 405 u. 406.

H = 1			Cu = 63,4	Ag = 108	Hg = 200
	Be = 9,4	Mg = 24	Zn = 65,2	Cd = 112	
	B = 11	Al = 27,4	? = 68	Ur = 116	Au = 197 ?
	C = 12	Si = 28	? = 70	Sn = 118	
	N = 14	P = 31	As = 75	Sb = 122	Bi = 210
	O = 16	S = 32	Se = 79,4	Te = 128?	
	F = 19	Cl = 35,5	Br = 80	J = 127	
Li = 7	Na = 23	K = 39	Rb = 85,4	Cs = 133	Tl = 204
		Ca = 40	Sr = 87,6	Ba = 137	Pb = 207

▲ *2. Ausschnitt aus MENDELEJEWS erstem Periodensystem von 1869; Perioden sind hier senkrecht angeordnet*

MENDELEJEW war von der Richtigkeit seines Systems fest überzeugt. Er ließ Plätze für Elemente frei, die seiner Meinung nach erst noch entdeckt werden müssten. So war auch neben dem Element Silicium eine Lücke geblieben. Hier sollte ein Element stehen, das er vorläufig Eka-Silicium nannte und dessen Eigenschaften er genau beschrieb. Ein Element mit diesen Eigenschaften wurde 15 Jahre später von dem Chemiker WINKLER tatsächlich gefunden. Es wurde Germanium genannt. Das war eine eindrucksvolle Bestätigung für MENDELEJEWS Periodensystem.

Eigenschaften	vorhergesagt	gefunden
Atommasse	70 u	72,6 u
Dichte in g/cm^3	5,5	5,3
Oxidformel	EsO_2	GeO_2
Chloridformel	$EsCl_4$	$GeCl_4$
Siedetemperatur des Chlorids	60–90 °C	86 °C

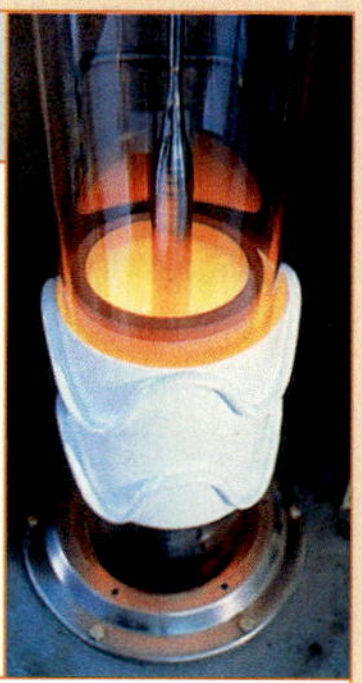

Das Halbmetall Germanium ist ein wichtiger Grundstoff für die Herstellung elektronischer Bauteile.

1. Man kann die Elemente auch nach ihrer Farbe anordnen. Warum ergibt sich daraus kein sinnvolles Ordnungssystem?
2. Welche Hauptgruppen hatte MENDELEJEW bereits richtig in sein System eingeordnet?
3. MENDELEJEW behauptete von dem Element Eka-Aluminium, seine Atommasse betrage 68 u und seine Schmelztemperatur sei so niedrig, dass es in der Hand schmelze. Stelle fest, um welches Element es sich handelt und ob MENDELEJEWS Angaben zutreffend waren.
4. Erstelle eine kurze Biografie über MEYER oder MENDELEJEW (Lexikon, Internet).

Elemente geordnet: Das Periodensystem

1. Ordnen nach Atommassen

Suche die 20 Elemente mit den niedrigsten Atommassen aus der Tabelle im Anhang des Buches heraus. Ordne sie nach ihrer Atommasse.

2. Ordnen nach Metall oder Nichtmetall

Ordne die 20 leichtesten Elemente in einer Tabelle in Metalle und Nichtmetalle. Bei einigen Elementen wirst du unsicher sein, ob sie zu den Metallen oder Nichtmetallen gehören. Füge für diese Elemente die Spalte Halbmetalle in die Tabelle ein.

3. Ordnen nach Verwandtschaften (Elementfamilien)

Stelle die Elemente aus den vier bekannten Elementfamilien zusammen.

4. Ordnen der Metalle nach den Formeln der Oxide

Die Formeln mancher Metalloxide weisen Ähnlichkeiten in der chemischen Formel auf. So haben das Aluminiumoxid und das Boroxid eine ähnliche Formel: Al_2O_3 und B_2O_3.
Ordne die Metalle nach der Ähnlichkeit ihrer Oxidformeln. Verwende dazu die Tabelle rechts oben.

5. Elementkarten

Mach es wie MENDELEJEW und spiele mit den Elementen Karten.
a) Lege dazu für die 20 leichtesten Elemente Karten an. Sie sollen das Elementsymbol und den Namen enthalten. Außerdem den Hinweis, ob es sich um ein Metall, ein Nichtmetall oder ein Halbmetall handelt und zusätzlich die Formel der Sauerstoff- und Wasserstoffverbindung. Hinweise dazu gibt die nebenstehende Tabelle. Verwandte Elemente solltest du mit einer einheitlichen Farbe versehen.

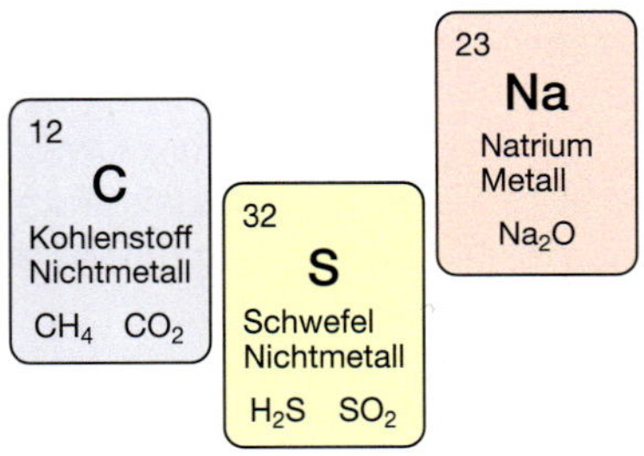

b) Ordnen der Elementkarten

Beispiel:

	Atommasse steigt →			usw.
Verwandte Elemente ↕	H			
	Li			C
	Na			Si

Ordne die Elementkarten in einer Reihe nach steigender Atommasse. Sobald ein Element auftaucht, für das bereits ein verwandtes Element in der Reihe liegt, unterbrichst du die Reihe und beginnst eine zweite Reihe. Verwandte Elemente sollen dabei übereinander in einer Spalte stehen. Besondere Schwierigkeiten wird dir die Einordnung des Wasserstoffs bereiten.
Als leichtestes Element beginnt mit ihm die erste Zeile. Er kommt also über dem Lithium zu stehen. Eine Erklärung dafür liefert erst der Bau der Atome.

Element	Formel der Wasserstoffverbindung	Formel der Sauerstoffverbindung
Aluminium	–	Al_2O_3
Argon	–	–
Beryllium	–	BeO;
Bor	–	B_2O_3
Calcium	–	CaO
Chlor	HCl	–
Fluor	HF	–
Helium	–	–
Kalium	–	K_2O
Kohlenstoff	CH_4	CO_2
Lithium	–	Li_2O
Magnesium	–	MgO
Natrium	–	Na_2O
Neon	–	–
Phosphor	PH_3	P_2O_5
Sauerstoff	H_2O	–
Schwefel	H_2S	SO_3
Silicium	SiH_4	SiO_2
Stickstoff	NH_3	N_2O_5
Wasserstoff	–	H_2O

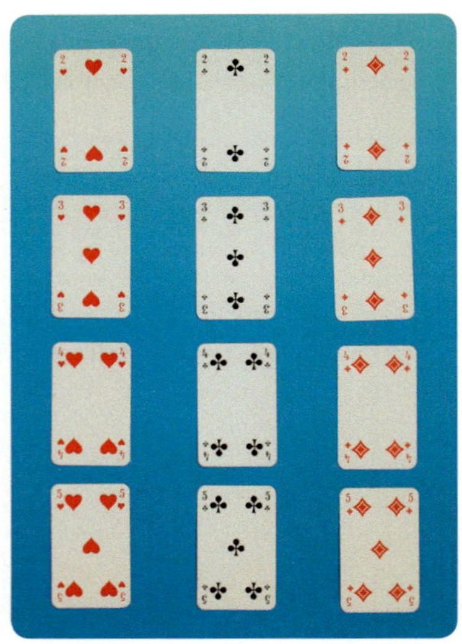

Periodensystem. Im Periodensystem sind alle Elemente systematisch zusammengestellt. „Periode" kommt aus dem Griechischen und bedeutet soviel wie *etwas, das regelmäßig wiederkehrt.*

Perioden. So nennt man die waagerechten Zeilen. Dort kehren bestimmte Eigenschaften der Elemente in bestimmter Reihenfolge, also *periodisch* wieder. Die erste Periode hat nur zwei Elemente, den Wasserstoff (H) und das Helium (He). Die zweite Periode beginnt mit Lithium (Li), einem Alkalimetall. Die dritte Periode beginnt mit einem weiteren Alkalimetall, dem Natrium (Na). Rechts von Lithium steht das Beryllium, ein Erdalkalimetall. Rechts von Natrium das Erdalkalimetall Magnesium.
Die Perioden werden mit den Edelgasen wie Helium (He) oder Neon (Ne) abgeschlossen. Links von den Edelgasen stehen die Elemente, die Salze bilden können, die Halogene (Salzbildner).

Gruppen. So heißen die senkrechten Spalten des Periodensystems. In ihnen findet man chemisch verwandte Elemente. Es gibt insgesamt **8 Hauptgruppen.** In den Hauptgruppen des Periodensystems stehen links die Metalle und rechts die Nichtmetalle. Dazwischen, etwa diagonal angeordnet, stehen Elemente, die teils metallische und teils nichtmetallische Eigenschaften haben. Sie werden deshalb als Halbmetalle bezeichnet. Ein Beispiel ist das Silicium (Si).

Im Periodensystem sind alle Elemente tabellarisch angeordnet. Chemisch verwandte Elemente stehen in Gruppen untereinander. Die waagrechten Reihen heißen Perioden.

1. Fragen zum Text

a) Welche Elemente bilden die 2. Hauptgruppe?
b) Nenne alle Elemente der 3. Periode.
c) In welcher Periode steht das Element Blei?

2. Verwandtschaften im Periodensystem

a) Welche Elemente sind nach ihrer Stellung im Periodensystem mit Phosphor verwandt?
b) Kohlenstoff bildet mit Sauerstoff ein Oxid mit der Formel CO_2. Welche Formel besitzt das Oxid des Germaniums (Ge)?
c) Welche Formel müsste die Wasserstoffverbindung des Arsens (As) besitzen?
d) Welche Elemente sind mit Kohlenstoff verwandt?

Perioden: Elemente von links nach rechts, z.B. die 3. Periode

Perioden	Gruppen I	II	III	IV	V	VI	VII	VIII
1	**H** Wasserstoff							**He** Helium
2	Li	Be	B	**C** Kohlenstoff	**N** Stickstoff	**O** Sauerstoff	F	**Ne** Neon
3	Na	Mg	**Al** Aluminium	**Si** Silicium	P	**S** Schwefel	Cl	**Ar** Argon
4	K	Ca	Ga	Ge	As	Se	Br	**Kr** Krypton
5	Rb	Sr	In	Sn	Sb	Te	I	**Xe** Xenon
6	Cs	Ba	Tl	Pb	Bi	Po	At	**Rn** Radon

Der lange Weg in die Innenwelt der Atome

1. Atommodell von DALTON

Kennst du noch die Aussagen zum Atommodell von DALTON? Schreibe sie auf. Schlage im Buch nach, wenn du es nicht mehr weißt.

DALTONS Atommodell. Der Begriff „Atom" wurde von den alten Griechen geprägt und bedeutet „unteilbar". Als *unteilbare feste Kugeln* sah auch JOHN DALTON um 1800 die Atome noch an. Dieses Kugelmodell ist auch heute noch von Nutzen. Erst die Entdeckung der Elektrizität und der Radioaktivität erschütterten diese Vorstellung vom unteilbaren Teilchen. Irgendwie musste das Atom aus noch kleineren Teilchen aufgebaut sein. Aber wie, und aus welchen Teilchen?

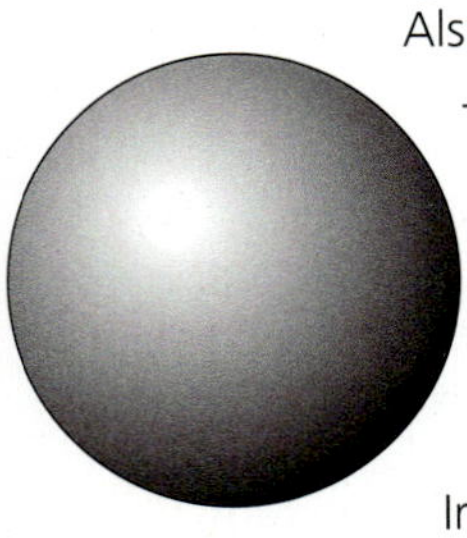

Es dauerte über ein Jahrhundert, bis Physiker Antworten auf diese Fragen fanden. Ihre Antworten kleideten sie in **Modelle,** die beschrieben, wie man sich das Atom vorstellen könnte.

Das Atommodell von THOMSON. Das erste Modell, das ein Atom nicht als massives und unteilbares Teilchen zeigte, stammte von THOMSON. Er verglich um 1900 das Atom mit einem Rosinenkuchen, wobei der Teig eine *elektrisch positiv geladene Masse* darstellt, in dem negativ geladene Elektronen stecken. Beide Ladungen gleichen sich aus, so dass das Atom nach außen hin neutral ist.

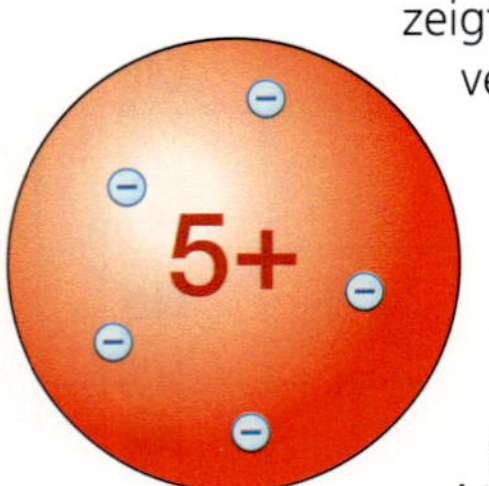

Das Kern-Hülle-Modell von RUTHERFORD. Im Jahr 1911 hatte ERNEST RUTHERFORD nach langwierigen Experimenten herausgefunden, dass das Atom völlig anders aussieht, als man sich das bis dahin vorgestellt hatte.
Danach besteht ein Atom aus einem winzigen, positiv geladenen, sehr schweren *Atomkern,* viel, viel leerem Raum und einer negativ geladenen, fast masselosen *Elektronenhülle.* Damit hatte er das Kern-Hülle-Modell vom Atom beschrieben.

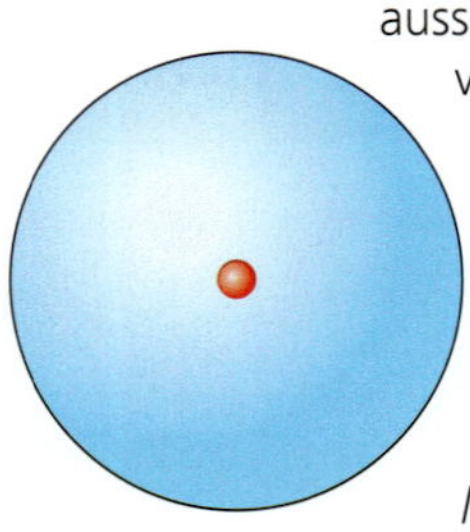

Das Atommodell von BOHR. NIELS BOHR beschrieb dann 1913 den Aufbau der Elektronenhülle und prägte das „Planetenmodell" der Atome. Nach BOHR entwarfen weitere Physiker und Chemiker immer kompliziertere Atommodelle; eine Entwicklung, die bis heute nicht abgeschlossen ist.

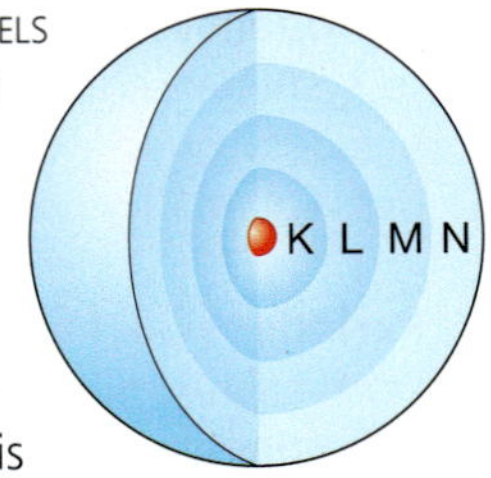

Das leere Atom. Mit den modernen Atommodellen ist das Atom leider nicht anschaulicher geworden. Atome sind sehr klein. Der Durchmesser eines Kohlenstoff-Atoms beträgt etwa 0,1 nm (Nanometer, der milliardste Teil eines Meters). Der Atomkern ist aber ungefähr noch 100 000mal kleiner. Die Atomhülle ist also nahezu leer. Hätte der Atomkern die Größe eines Kirschkerns, so wäre das ganze Atom so groß wie der Kölner Dom!

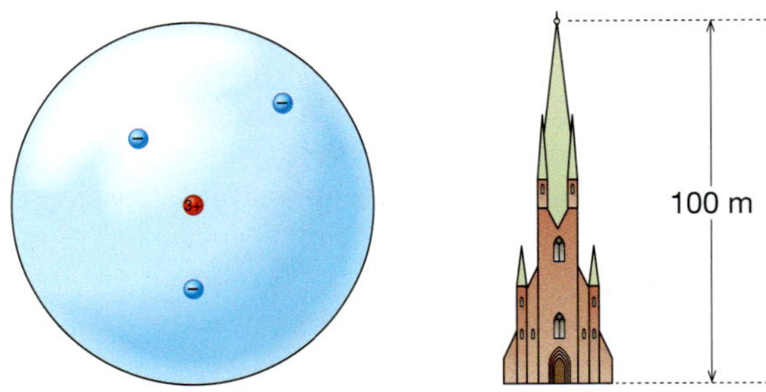

▲ *5. Hätte der Atomkern die Größe eines Kirschkerns, wäre das ganze Atom so groß wie der Kölner Dom*

Je nach dem Kenntnisstand, den die Wissenschaft vom Atom erreicht hatte, wurden zunehmend komplizierte Atommodelle entwickelt.

2. Fragen zum Text

a) Was unterscheidet die Atommodelle von RUTHERFORD und DALTON?
b) Schreibe den Durchmesser eines Kohlenstoff-Atoms auf.
c) Wie groß ist dazu im Vergleich der Atomkern?

Wie schwer sind Atome?

1. Mit der Waage zählen

Münzgeld gibt es bei der Sparkasse abgepackt in Rollen. Ob eine Rolle die vorgeschriebene Anzahl enthält, zum Beispiel fünfzig 10 Cent-Münzen, wird mit einer Waage überprüft. Erkläre das.

So einfach wie Münzen lassen sich Atome leider nicht abwiegen und zählen, denn sie sind sehr, sehr leicht. Die Masse eines Kohlenstoff-Atoms beträgt nur 0,000 000 000 000 000 000 000 0199 g.

Mit solchen Zahlen zu rechnen ist sehr unpraktisch. Es ist so, als wolle man die Masse von Vogeleiern in Tonnen angeben. Das Ei eines Kolibris würde man dann mit 0,000 000 200 t angeben. Wenn man es immer nur mit Vogeleiern zu tun hätte, wäre es sicher praktischer, eine neue Masseneinheit für Vogeleier einzuführen. Wir würden sie dann 1 VE nennen, eine Vogeleier-Einheit. In dieser Einheit hätte dann ein typisches Hühnerei die Masse von 250 VE, da es 250 mal so schwer ist wie ein Kolibri-Ei. Das Ei einer Wachtel hätte die Masse von 50 VE.

Die Atommasseneinheit u. Ähnliches hat man bei der Masse von Atomen gemacht. Um deren Masse einfacher angeben und vergleichen zu können, wurde die **Atommasseneinheit u** (von mass **u**nit) eingeführt.
Es gilt:

$$1 \text{ g} = 602\,200\,000\,000\,000\,000\,000\,000 \text{ u} \approx 6 \cdot 10^{23} \text{ u}$$

$$1 \text{ u} = \frac{1}{602\,200\,000\,000\,000\,000\,000\,000} \text{ g} \approx 1{,}66 \cdot 10^{-24} \text{ g}$$

1 u ist die Masse des zwölften Teils eines C-Atoms oder, vereinfacht: 1 u entspricht etwa der Masse des leichtesten Atoms, des Wasserstoff-Atoms.

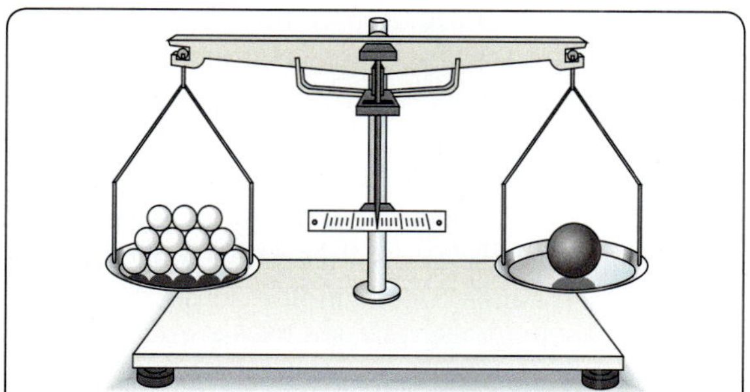

▲ *1. Atommassen lassen sich vergleichen*

Die unhandlichen Zahlen braucht man sich nicht zu merken. Es genügt, dass man mithilfe dieser Masseneinheit die Massen der verschiedenen Atome vergleichen kann. So ist ein Kohlenstoff-Atom 12-mal, ein Schwefel-Atom 32-mal und ein Uran-Atom 238-mal schwerer als das Wasserstoff-Atom.
Um zu wägbaren Mengen zu kommen, benötigt man natürlich sehr viele Atome. So ergeben erst 602 200 000 000 000 000 000 000 = $6{,}022 \cdot 10^{23}$ Wasserstoff-Atome 1 g Wasserstoff!

Diese Zahl ist unvorstellbar groß. Könnte eine Maschine in einer Sekunde 1 Million Wasserstoff-Atome zählen, würde sie für diese Menge 20 Milliarden Jahre brauchen – länger als das Weltall existiert …

Element	Atommasse (gerundeter Wert)	in u (genauer Wert)
Wasserstoff	1	1,00794
Kohlenstoff	12	12,001
Stickstoff	14	14,00674
Sauerstoff	16	15,9994
Schwefel	32	32,066
Eisen	56	55,847
Gold	197	196,9665

▲ *2. Atommassen verschiedener Elemente*

Die Masse der Atome wird in u (mass unit) angegeben. Diese Einheit entspricht dem zwölften Teil eines Kohlenstoff-Atoms. Mit dieser Einheit lassen sich die Massen der verschiedenen Atome vergleichen.

2. Fragen zum Text

a) Weshalb wurde die Atommasseneinheit u eingeführt?
b) Wie viele Kohlenstoff-Atome und wie viele Sauerstoff-Atome muss man auf die beiden Seiten einer Waagschale legen, damit diese im Gleichgewicht ist?
c) Vergleiche die Atommassen von Sauerstoff und Schwefel. Was fällt dir dabei auf?

3. Rechnen mit Atommodellen

a) Ein Gramm Wasserstoff enthält $6 \cdot 10^{23}$ Atome. Ein Atom soll durch eine Kugel mit einem Durchmesser von 1 cm dargestellt werden. Wie lang würde die Strecke werden, wenn du $6 \cdot 10^{23}$ Kugeln aneinanderreihst?
b) Wie schwer würde diese Anzahl an Kugeln sein, wenn eine Kugel 8 g wiegt?

Der Atomkern

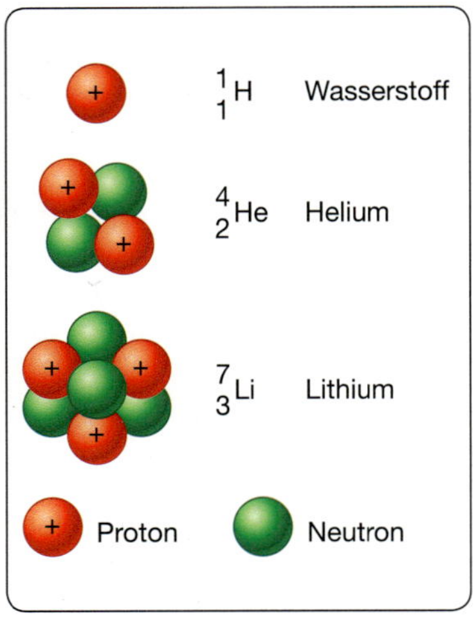

▲ *1. Bau einiger Atomkerne*

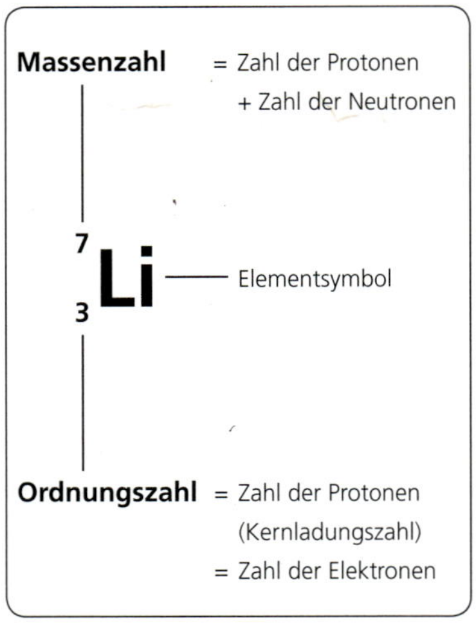

▲ *2. Symbolschreibweise*

Elementarteilchen	Symbol	Masse in u	Ladung
Elektron	e^-	0,00055	negative Elementarladung
Proton	p	1,00728	positive Elementarladung
Neutron	n	1,00867	elektrisch neutral

▲ *3. Elementarteilchen*

1. Bau der Atomkerne

a) Welche Kenntnisse über den Atomkern kann man den bisherigen Atommodellen entnehmen? Lies nach auf Seite 208.
b) Finde mithilfe des nachfolgenden Textes heraus, wie sich Elektronen, Protonen, Neutronen und Nukleonen unterscheiden.

Drei wichtige Elementarteilchen. Grundlage aller heutigen Atommodelle sind die drei Elementarteilchen, **Protonen, Neutronen** und **Elektronen.**

Protonen sind elektrisch positiv geladene Teilchen; sie besitzen die Masse 1 u. **Neutronen** besitzen die gleiche Masse, haben aber *keine* elektrische Ladung. Der Atomkern, der sich im Zentrum des Atoms befindet, besteht aus diesen Protonen und Neutronen. Sie heißen deshalb auch **Nukleonen** (von lat. *nucleus,* = Kern). Die **Elektronen** sind negativ geladene Teilchen und haben fast keine Masse.

Das Wasserstoff-Atom. Es ist das einfachste Atom. Sein Kern besteht aus einem einzigen Proton, ein Elektron bildet die Hülle. Seine Masse beträgt 1 u. Das gesamte Wasserstoff-Atom ist nach außen hin elektrisch neutral, denn die positive Ladung des Protons ist genau so groß wie die negative Ladung des Elektrons.

Neutronen stabilisieren Atome. Die Kerne aller anderen Atome enthalten neben den Protonen zusätzlich noch Neutronen. Diese sind für die Stabilität der Atomkerne unerlässlich. Das Helium-Atom hat 2 Protonen und 2 Neutronen im Kern, seine Masse beträgt 4u. Der Lithium-Atomkern besteht aus 3 Protonen und 4 Neutronen. Von Element zu Element kommen also jeweils ein Proton und ein oder mehrere Neutronen im Atomkern hinzu.

Die Protonenzahl bestimmt das Element. Die Anzahl der Protonen im Kern wird auch **Kernladungszahl** oder **Ordnungszahl** genannt. Sie legt eindeutig fest, zu welchem Element ein bestimmtes Atom gehört. So ist ein Atom mit 6 Protonen im Kern immer ein Kohlenstoff-Atom. Ein Atom mit der Kernladungszahl 12 ist immer ein Magnesium-Atom. Zugleich kann man an der Kernladungszahl die *Zahl der Elektronen* in der Hülle ablesen, denn insgesamt muss ein Atom elektrisch neutral sein.

Massenzahl. Die Masse des Atoms setzt sich aus der Masse der Kernbausteine zusammen und wird **Massenzahl** genannt. Das Kohlenstoff-Atom mit 6 Protonen und 6 Neutronen hat die Massenzahl 6 u + 6 u = 12 u. Die Masse der Elektronen in der Hülle ist so gering, dass man sie vernachlässigen kann.

Isotope: gleich und doch verschieden. Die Masse der Protonen und Neutronen beträgt jeweils 1 u. Deshalb müssten alle Elemente eigentlich ganzzahlige Massenzahlen haben. Doch ein Blick in die Atommassentabelle zeigt für die meisten Elemente erhebliche Abweichungen.
Beim Chlor steht beispielsweise die Massenzahl 35,5 u. Halbe Kernbausteine gibt es aber nicht. Messungen zeigten, dass das Element Chlor zu 75 % aus Atomen der Masse 35 u (Chlor 35) und zu 25 % aus Atomen der Masse 37 u (Chlor 37) besteht. Die Massenzahl 35,5 ist also nicht die Masse eines einzelnen Chlor-Atoms. sondern der *Durchschnittswert* für *alle* Chlor-Atome.

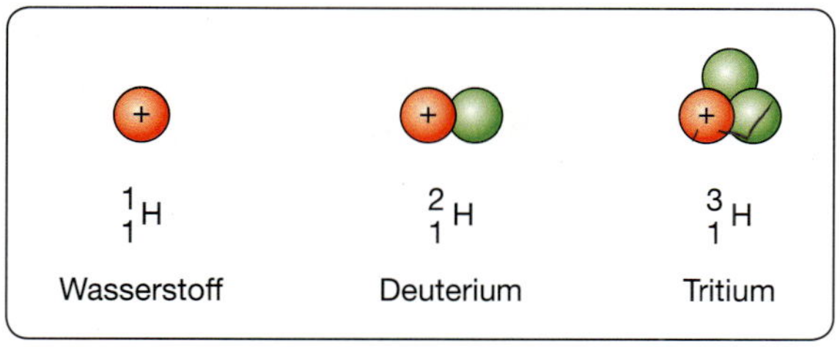

▲ *1. Die Isotope des Wasserstoffs*

Solche Atome eines Elements, die sich bei gleicher Protonenzahl nur in der Neutronenzahl unterscheiden, heißen **Isotope.** Fast alle Elemente in der Natur sind Isotopengemische. Die drei Isotope des Wasserstoffs werden sogar mit eigenen Namen unterschieden.

Atomkerne bestehen aus Protonen und Neutronen. Die Zahl der Protonen bestimmt eindeutig, um welches Element es sich handelt. Sie gibt zugleich die Anzahl der Elektronen in der Atomhülle an.
Isotope sind Atome eines Elements, die sich nur in der Neutronenzahl unterscheiden.

1. Fragen zum Text:
a) Nenne die Atombausteine, die im Atomkern zu finden sind und gib deren Masse und Ladung an.
b) Welcher Atombaustein bestimmt die Art des Elements?
c) Warum sind Atome elektrisch neutral, obwohl sie geladene Teilchen enthalten?
d) Was sind Isotope?
e) Wodurch unterscheiden sich die Isotope eines Elements voneinander?

2. Elementarteilchen-Quiz
a) Wie kann man die Anzahl der Neutronen in einem Element berechnen?
b) Aus welchen Elementarteilchen sind jeweils die Chlor-Isotope Chlor 35 und Chlor 37 aufgebaut?
c) Wie sind die Kerne der folgenden Atome aufgebaut?
$^{34}_{16}S$ $^{235}_{92}U$ $^{133}_{55}Cs$ $^{14}_{7}N$
d) Welche Elemente verbergen sich hinter dem „X"? Wie sind die Atomkerne zusammengesetzt?
$^{14}_{7}X$ $^{40}_{20}X$ $^{107}_{47}X$ $^{27}_{13}X$

Exkurs

▶ Mit der Isotopen-Analyse gegen Lebensmittelfälscher

Deutschland importiert Lebensmittel aus über 80 Ländern. Wie kann man nun feststellen, ob etwa eine Lieferung Rindfleisch tatsächlich aus Argentinien stammt? Denn Etiketten und Lieferpapiere lassen sich nun mal leicht fälschen ...
Untersuchungslabors können mithilfe der **Isotopen-Analyse** inzwischen sehr sicher nachweisen, wo Lebensmittel erzeugt worden sind. Wie geht das?
Von vielen chemischen Elementen gibt es stabile Isotope. Diese Isotope haben verschiedene Massen. Sauerstoff-Atome können die Massen 16, 17 oder 18 u haben. Die Isotope werden in Verbindungen eingebaut, etwa in Wasser-Moleküle. Daher gibt es dann auch Wasser-Moleküle, die unterschiedliche Massen haben. Die leichteren Wasser-Moleküle $H_2{}^{16}O$ verdunsten rascher als die schwereren Moleküle $H_2{}^{13}O$. Beim Abregnen ist es umgekehrt, hier regnen die schwereren Moleküle eher ab. Wegen der westlichen Hauptwindrichtung kommt es dann, dass etwa der Regen in Niedersachsen mehr schwere Moleküle enthält als der Regen über Bayern. Jede Region bekommt so ihr typisches Muster an Isotopen. Es ist wie ein Fingerabdruck der Natur. Pflanzen und Tiere nehmen Wasser und Nährstoffe aus ihrer Umgebung auf und zeigen deshalb in ihrem Gewebe dasselbe Isotopenmuster.
Durch Vergleich mit Originalproben lassen sich die Lebensmittel dann verschiedenen Regionen zuordnen.

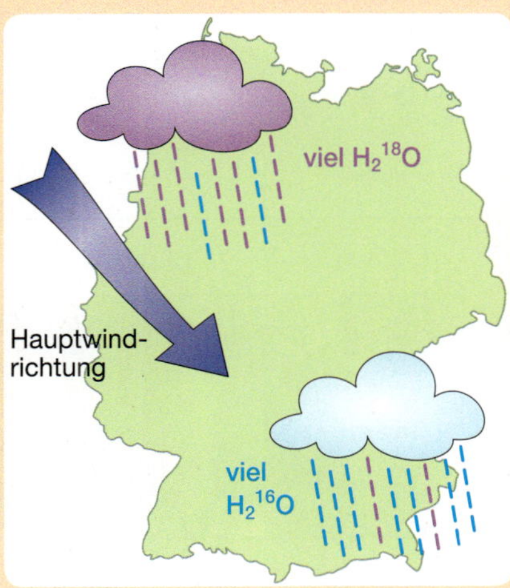

▲ *2. Isotope verraten die Herkunft*

3. Wie könnte man mit dieser Methode nachweisen, ob Wein bei der Herstellung künstlich gezuckert worden ist?

Die Elektronenhülle des Atoms

1. Elektronen – genau abgezählt ...

a) Ein Kohlenstoff-Atom besitzt 6 Protonen im Kern. Wie viele Elektronen müssen in der Hülle sein?
b) Wie viele Elektronen kommen jeweils in einem Stickstoff-, Sauerstoff- und Fluor-Atom vor?

Das Kern-Hülle-Modell von RUTHERFORD sagt nichts darüber aus, wie die Elektronen in der Atomhülle verteilt sind. Dazu veröffentlichte der dänische Physiker NIELS BOHR im Jahr 1913 eine Theorie. Er wollte die chemischen Eigenschaften der Elemente aus dem Aufbau der Elektronenhüllen ihrer Atome erklären. BOHRS Theorie bildete die Grundlage für das **Schalenmodell der Elektronenhülle.**

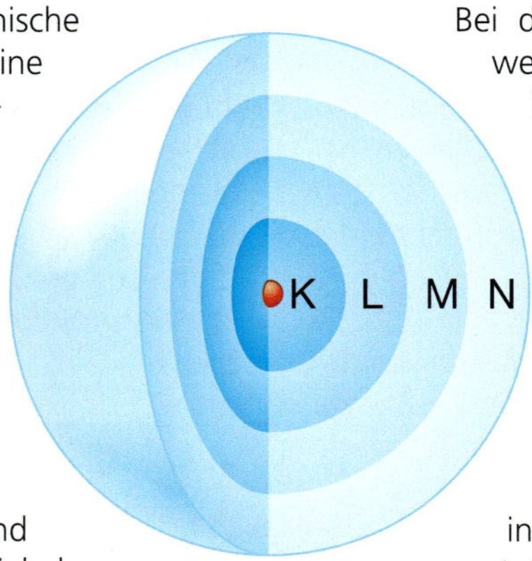

Nach diesem Modell sind die Elektronen nicht beliebig in der Atomhülle verteilt, sondern sie bewegen sich in bestimmten Räumen. Diese sind ähnlich wie die Schalen in einer Zwiebel um den Atomkern angeordnet. In diesen **Elektronenschalen** bewegen sich die Elektronen mit hoher Geschwindigkeit um den Kern.

Die Schalen werden von innen nach außen mit den Buchstaben **K, L, M, N ...** gekennzeichnet. Jede Schale kann nur eine begrenzte Zahl von Elektronen aufnehmen: die K-Schale zwei, die L-Schale acht und die M-Schale achtzehn. Ist die M-Schale oder eine höhere Schale aber Außenschale, kann sie maximal **acht** Elektronen aufnehmen. Die Elektronen, die sich in der **Außenschale** befinden, heißen **Außenelektronen.**

Die Anzahl der Elektronen in der Atomhülle wird durch die jeweilige Protonenzahl im Atomkern festgelegt. Das einzige Elektron des Wasserstoff-Atoms ($^{1}_{1}H$) befindet sich in der innersten Schale, der K-Schale. Beim Helium-Atom ($^{4}_{2}He$) befinden sich zwei Elektronen in der *K-Schale.* Sie ist damit voll besetzt. Das Lithium-Atom ($^{7}_{3}Li$) hat zwei Elektronen in der K-Schale, das dritte gehört schon zur *L-Schale.*

Bei den folgenden Atomen wird das jeweils hinzukommende Elektron ebenfalls in die L-Schale eingebaut, bis sie mit acht Elektronen voll besetzt ist. Das ist beim Neon-Atom ($^{20}_{10}Ne$) der Fall.

Von den insgesamt elf Elektronen des Natrium-Atoms ($^{23}_{11}Na$) befinden sich zwei in der K-Schale, acht in der L-Schale und ein Elektron als Außenelektron in der M-Schale.
Die Schalen werden also immer von innen nach außen mit Elektronen besetzt.

Elektronenhüllen und chemische Eigenschaften. Vergleicht man den Bau der Elektronenhüllen bei chemisch verwandten Elementen, so fällt auf, dass sie in der Besetzung ihrer Außenschalen übereinstimmen.

So besitzen die Atome der Alkalimetalle (z. B. Lithium und Natrium) alle *ein* Außenelektron. Die Atome der Halogene (z. B. Fluor und Chlor) besitzen jeweils *sieben* Außenelektronen. Alle Edelgas-Atome besitzen *maximal gefüllte* Außenschalen. Das sind keine zufälligen Übereinstimmungen.

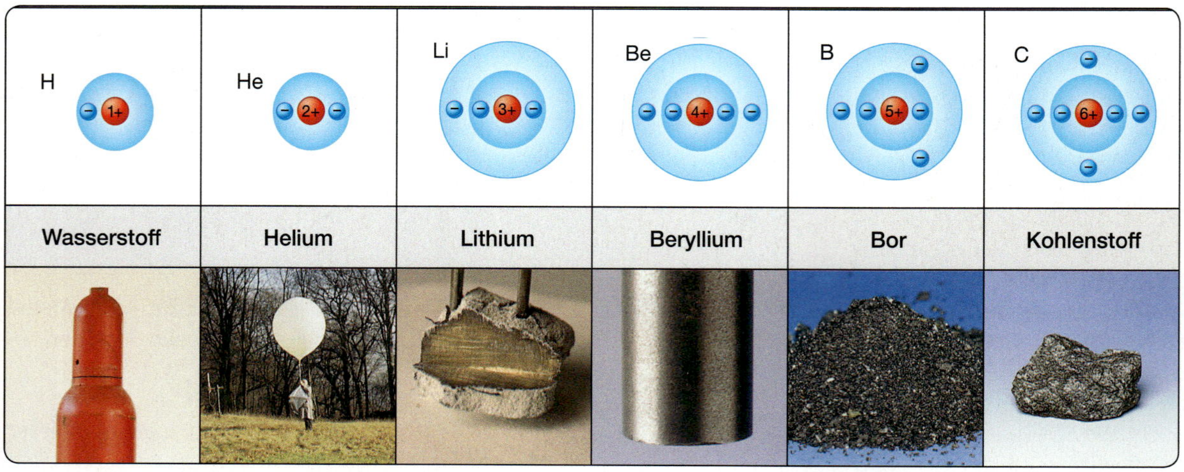

▲ 2. Darstellung einiger Elemente mit Elektronenschalen

Die Edelgasschale. Auch bei den chemisch reaktionsträgen Edelgasen wird deutlich, dass die chemischen Eigenschaften der Stoffe von der Besetzung der Außenschalen ihrer Atome abhängen.

Beim Helium-Atom ist die K-Schale mit zwei Elektronen bereits voll besetzt. Alle anderen Edelgas-Atome haben acht Elektronen in der Außenschale, eine **Achterschale.** Es ist jeweils die höchstmögliche Elektronenzahl in einer Außenschale. Atome mit so einer voll besetzten Außenschale sind besonders reaktionsträge. Eine solche Elektronenverteilung wird auch **Edelgaskonfiguration** genannt.

Nach dem Schalenmodell bewegen sich die Elektronen in bestimmten, schalenförmigen Räumen in der Atomhülle. Die Anzahl der Außenelektronen bestimmt das chemische Verhalten der Elemente.

1. Fragen zum Text

a) Welche unterschiedlichen Aussagen machen die Atommodelle von RUTHERFORD und von BOHR über die Atomhülle?

b) Welche gemeinsamen Eigenschaften haben alle Edelgase?

c) Welche gemeinsamen Eigenschaften haben alle Edelgas-Atome?

2. Außenelektronen in Punkt-Schreibweise

In der Punktschreibweise lassen sich die für die chemischen Eigenschaften der Elemente wichtigen Außenelektronen übersichtlich darstellen:

H· He: Li· ·Be· ·B· ·C· ·N: ·O: :F: :Ne:

Stelle die Elektronenanordnung der äußeren Schalen für Na, Mg, Al, Si, P, S, Cl Ar in der „Punkt-Schreibweise" dar.

Exkurs

Licht verrät den Bau der Elektronenhülle

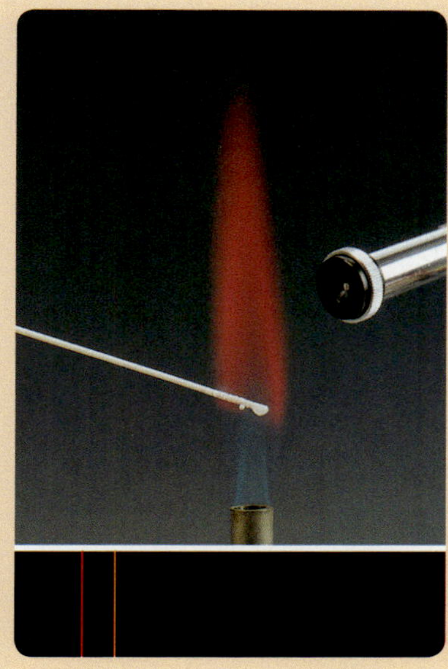

▲ *1. Mit einem angefeuchteten Magnesiastäbchen nimmt man wenige Kristalle des Salzes Lithiumchlorid auf. Das Magnesiastäbchen hält man in die Brennerflamme. Daraufhin färbt sich die Flamme rot. Wenn man sie durch ein Spektroskop betrachtet, erkennt man Spektrallinien.*

Bringt man ein Salzkörnchen Lithiumchlorid in die Brennerflamme, entsteht dabei immer rotes Licht. Wie kommt dies wohl zustande? Um dies zu untersuchen, wird die Flamme auch durch ein Spektroskop betrachtet. In einem Spektroskop wird das Licht zerlegt, es zeigen sich farbige Linien. Man nennt sie Spektrallinien.

Jedes chemische Element ist an seinem typischen Muster solcher Spektrallinien zu erkennen. Beim Lithium fallen eine deutliche rote und eine etwas schwächere orange Linie auf.

Aus solchen Beobachtungen, vor allem am Element Wasserstoff, schloss NIELS BOHR, dass in den Elektronenhüllen eine strenge Ordnung herrscht. Die Elektronen können sich nur auf bestimmten Bahnen ohne Energieverlust bewegen.

Durch Energiezufuhr kann ein Elektron auf eine energiereichere Bahn gehoben werden. Nach kurzer Zeit fällt es auf die alte Bahn zurück. Die zuvor aufgenommene Energie wird dabei als Licht einer ganz bestimmten Farbe wieder abgegeben. Es erscheint als Spektrallinie. Aus diesen Spektrallinien lässt sich der Bau der Elektronenhüllen berechnen.

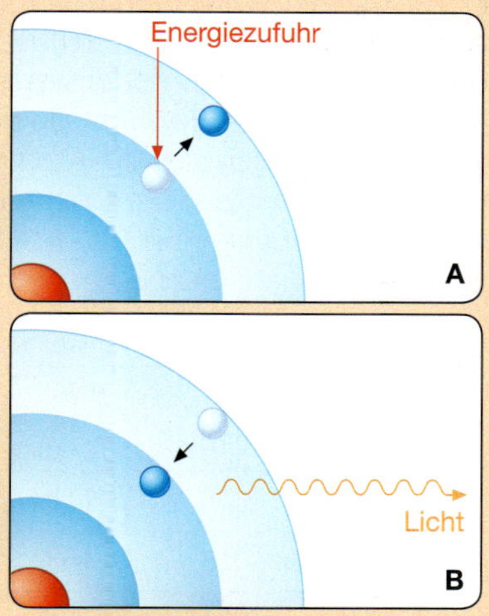

▲ *2. Energieaufnahme (A) und Energieabgabe (B)*

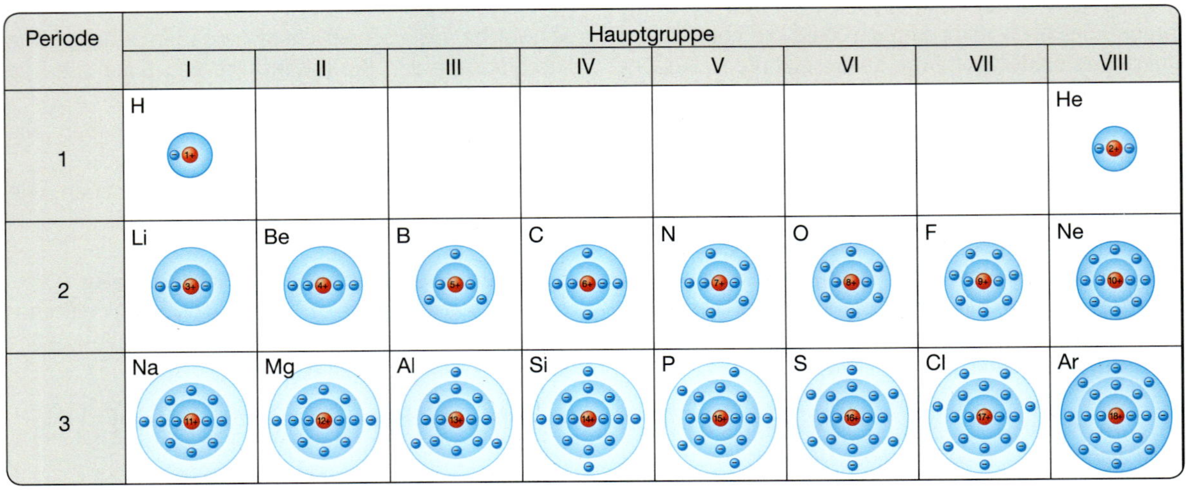

▲ 1. *Die ersten drei Perioden aus dem Periodensystem*

1. Anordnung der Elektronen in der Atomhülle

a) Übertrage das verkürzte Periodensystem (Hauptgruppensystem) in dein Heft und kennzeichne alle Außenelektronen durch Punkte, die um das Elementsymbol geschrieben werden.
b) Warum gibt es in der 1. Periode nur zwei, in der 2. Periode dagegen acht Elemente?
c) Zeichne die Schalenmodelle für die Atome mit den Ordnungszahlen 4, 7, 16, 18, 19.
d) Im abgebildeten Periodensystem sind die Metalle braun, die Nichtmetalle gelb unterlegt. Wie unterscheiden sich die Atome der Metalle und der Nichtmetalle bezüglich der Anzahl ihrer Außenelektronen?

Perioden	Gruppen I	II	III	IV	V	VI	VII	VIII
1	$_1$H							$_2$He
2	$_3$Li	$_4$Be	$_5$B	$_6$C	$_7$N	$_8$O	$_9$F	$_{10}$Ne
3	$_{11}$Na	$_{12}$Mg	$_{13}$Al	$_{14}$Si	$_{15}$P	$_{16}$S	$_{17}$Cl	$_{18}$Ar
4	$_{19}$K	$_{20}$Ca	$_{31}$Ga	$_{32}$Ge	$_{33}$As	$_{34}$Se	$_{35}$Br	$_{36}$Kr
5	$_{37}$Rb	$_{38}$Sr	$_{49}$In	$_{50}$Sn	$_{51}$Sb	$_{52}$Te	$_{53}$I	$_{54}$Xe
6	$_{55}$Cs	$_{56}$Ba	$_{81}$Tl	$_{82}$Pb	$_{83}$Bi	$_{84}$Po	$_{85}$At	$_{86}$Rn

▲ 2. *Verkürztes Periodensystem*

Elektronenhülle und Periodensystem. Im Jahr 1869 hatten die Chemiker MENDELEJEW und MEYER noch ohne Kenntnis vom Atombau ein Ordnungssystem für die damals bekannten Elemente gefunden. Sie ordneten die Elemente in diesem Periodensystem in der Reihenfolge ihrer Atommassen und nach den chemischen Verwandtschaften.

BOHR dagegen konnte das Periodensystem erklären. Nach seiner Theorie hängt die Anordnung der Elemente im Periodensystem von der **Anzahl der Elektronen** und vom **Bau der Elektronenhüllen** ab. Weil die Anzahl der Elektronen in der Hülle von der Anzahl der Protonen im Kern bestimmt wird, wird die Protonenzahl auch **Ordnungszahl** genannt. Die Elemente sind also nach **steigender Protonenzahl** im Periodensystem angeordnet.

Perioden. Alle Elemente, deren Atome gleich viele Elektronenschalen besitzen, stehen in einer Reihe nebeneinander, der **Periode.** Auf ein Alkalimetall folgt ein Erdalkalimetall, auf ein Halogen ein Edelgas. Die *Periodennummer* gibt die Anzahl der Schalen an.

Gruppen. Die Elemente mit gleicher Zahl an Außenelektronen stehen in einer **Gruppe** untereinander. Die Gruppennummer gibt, außer bei Helium, die Anzahl der Außenelektronen an. Die gleiche Anzahl von Außenelektronen ist die Ursache für die chemische Verwandtschaft innerhalb einer Gruppe.

Regeln zum Periodensystem. Zusammenfassend kann man für die Elemente der Hauptgruppen sagen:

- Nummer der Hauptgruppe = Anzahl der Außenelektronen
- Nummer der Periode = Anzahl der Elektronenschalen
- Es wird jeweils die äußerste Elektronenschale aufgefüllt.

Damit kann man jetzt auch das bisher „heimatlose" Element Wasserstoff in das PSE einordnen: Es besitzt ein Elektron in der ersten Schale, es gehört deshalb in die erste Hauptgruppe.

Im Periodensystem sind die Elemente nach steigender Protonenzahl in Perioden und Gruppen angeordnet.

1. Fragen zum Text

a) Warum nennt man die Protonenzahl eines Elements auch Ordnungszahl?
b) Was haben alle Atome der II. Hauptgruppe des Periodensystems gemeinsam?
c) Was haben alle Atome der 3. Periode gemeinsam?
d) Welche Anzahl an Elektronen kann die M-Schale maximal aufnehmen?
e) Nenne alle Elemente, deren Atome voll besetzte Außenschalen haben. Welche chemischen Eigenschaften haben diese Elemente?

2. Atombau und Periodensystem

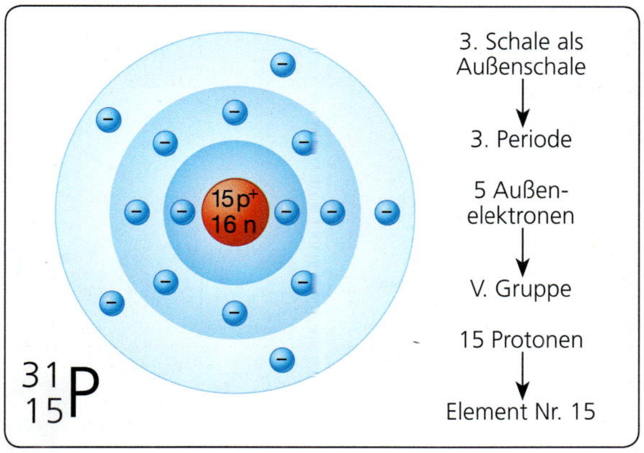

a) Zeige am Beispiel des Phosphor-Atoms, wie sich aus der Stellung eines Elements im Periodensystem der Aufbau seiner Atomhülle ableiten lässt.
b) Zeichne das Schalenmodell für das Element Nr. 20, Calcium. Erläutere daran dessen Stellung im Periodensystem.
c) Nach welchen Gesichtspunkten sind die Elemente in einer Periode angeordnet?
d) Wo findet man im Periodensystem chemisch verwandte Elemente und was haben diese gemeinsam?

Nebengruppenelemente im Periodensystem

In den Hauptgruppen des Periodensystems sind wichtige Metalle wie Eisen, Kupfer oder Gold nicht zu finden. Sie sind in den **Nebengruppen** eingeordnet. Dort stehen Elemente, bei denen die jeweils vorletzte oder sogar drittletzte Schale noch nicht vollständig gefüllt ist, obwohl die jeweilige Außenschale bereits ein bis zwei Elektronen enthält.

Bei gleicher Besetzung der Außenschalen beeinflussen unterschiedliche Elektronenzahlen innerer Schalen die chemischen Eigenschaften nur gering. Deshalb unterscheiden sich die Nebengruppenelemente einer Periode weniger voneinander als aufeinanderfolgende Hauptgruppenelemente. Es sind alles Metalle.

3. Zeichne die Schalenmodelle für das Eisen-, das Cobalt- und das Nickel-Atom und nenne die Unterschiede.

Nebengruppenelemente									
$_{21}$Sc Scandium	$_{22}$Ti Titan	$_{23}$V Vanadium	$_{24}$Cr Chrom	$_{25}$Mn Mangan	$_{26}$Fe Eisen	$_{27}$Co Cobalt	$_{28}$Ni Nickel	$_{29}$Cu Kupfer	$_{30}$Zn Zink
$_{39}$Y Yttrium	$_{40}$Zr Zirkonium	$_{41}$Nb Niob	$_{42}$Mo Molybdän	$_{43}$Tc Technetium	$_{44}$Ru Ruthenium	$_{45}$Rh Rhodium	$_{46}$Pd Palladium	$_{47}$Ag Silber	$_{48}$Cd Cadmium
$_{57}$La Lanthan	$_{72}$Hf Hafnium	$_{73}$Ta Tantal	$_{74}$W Wolfram	$_{75}$Re Rhenium	$_{76}$Os Osmium	$_{77}$Ir Iridium	$_{78}$Pt Platin	$_{79}$Au Gold	$_{80}$Hg Quecksilber

Besetzung der Schalen	Fe	Co	Ni
K-Schale	2	2	2
L-Schale	8	8	8
M-Schale	14	15	16
N-Schale	2	2	2

▶ Rutherford schießt auf Atome

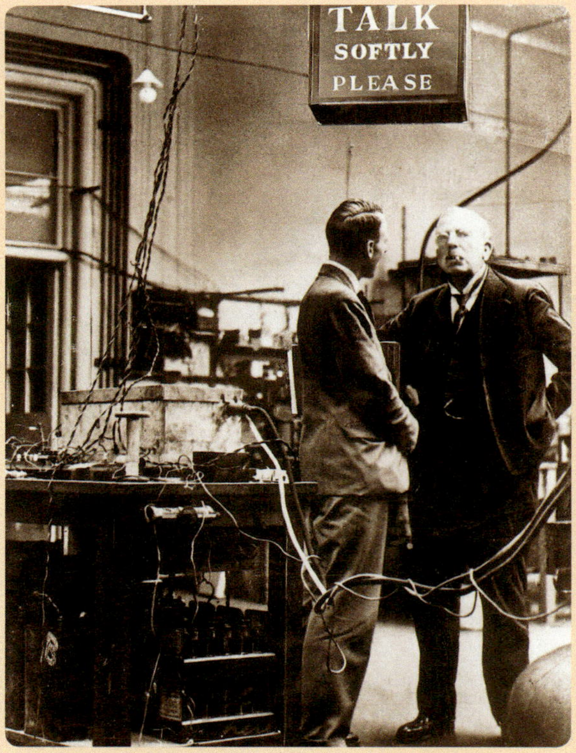

▲ 1. *Rutherford sprach immer sehr laut. Seine Mitarbeiter schalteten deshalb ein Warnschild ein, wenn sie mit empfindlichen Messgeräten arbeiteten*

Gegen Ende des 19. Jahrhunderts sahen die meisten Naturwissenschaftlicher in den Atomen die unteilbaren Bausteine der Materie. Um die elektrischen Eigenschaften der Stoffe und die chemischen Bindungskräfte erklären zu können, wollten sie herausfinden, wo im Atom die positiven und die negativen Ladungen sitzen. Sie suchten nach einer Möglichkeit, um in das Innere der Atome „hineinsehen" zu können.

Die Entdeckung der Radioaktivität. Im Jahre 1896 hatte Bequerel in Paris beim Experimentieren mit Uranverbindungen ein Stück Uranerz auf eine lichtdicht verpackte Fotoplatte gelegt. Beim Entwickeln der Platte entdeckte er, dass die Fotoschicht dort, wo das Erz gelegen hatte, kräftig geschwärzt war. Vom Uran gingen also energiereiche Strahlen aus, die die Verpackung der Fotoplatte durchdringen konnten. Sie wurden später als radioaktive Strahlen bezeichnet.

Es gibt drei Arten dieser Strahlen. Die Alpha-Strahlen bestehen aus zweifach positiv geladenen Teilchen, auch α-Teilchen genannt. Beta-Strahlen bestehen aus Elektronen. Die Gamma-Strahlen sind elektromagnetische Wellen, ähnlich den Röntgenstrahlen.

Rutherfords Streuversuche. Rutherford wollte mithilfe der radioaktiven Strahlen die innere Struktur von Atomen untersuchen. Er ließ deshalb in seinem Labor in Manchester hauchdünne Folien aus Blattgold mit energiereichen α-Teilchen beschießen. Rutherford wusste, dass die α-Teilchen mit ihrer hohen Geschwindigkeit von 15 000 $\frac{km}{s}$ die etwa 1000 Atomschichten der Goldfolie leicht durchdringen konnten. Er wollte untersuchen, ob sie beim Durchgang durch die Goldfolie etwas abgelenkt würden.

Die α-Teilchen konnten mithilfe eines Zinksulfid-Schirms beobachtet werden. Beim Auftreffen auf die Zinksulfidschicht erzeugen sie einen winzigen Lichtblitz, den man mit einer Lupe erkennen kann. Mit diesem Verfahren konnte man zum ersten Mal einzelne atomare Teilchen indirekt beobachten und abzählen.

Bis zum Juni 1909 hatten Rutherfords Mitarbeiter Geiger und Marsden in zweijähriger Arbeit mehr als 100 000 Lichtblitze gezählt. Dabei hatten sie entdeckt, dass

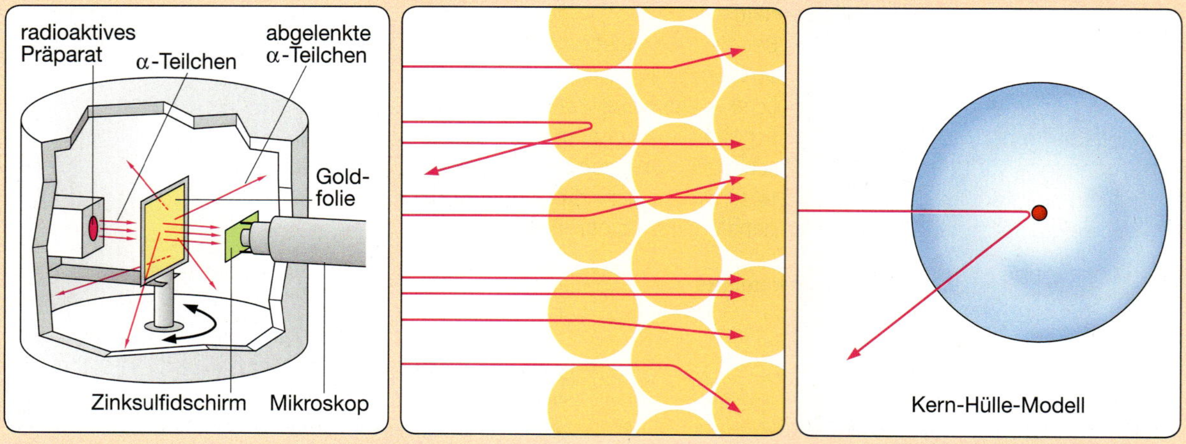

▲ 2. *Die Streuversuche von Rutherford führten … … zum Kern-Hülle-Modell*

manche α-Teilchen sehr stark abgelenkt wurden. Einige wurden sogar in die Ausgangsrichtung zurückgeworfen, so als wären sie auf ein festes Hindernis geprallt.

Diese Versuchsergebnisse waren so unerwartet, dass RUTHERFORD meinte: „Es ist, als würde man mit einer Kanonenkugel auf ein Taschentuch schießen und die Kugel würde in die Ausgangsrichtung zurückfliegen."
Um das zu erklären, musste er erst ein völlig neues Atommodell entwickeln, das er im März 1911 vorstellte, das Kern-Hülle-Modell.

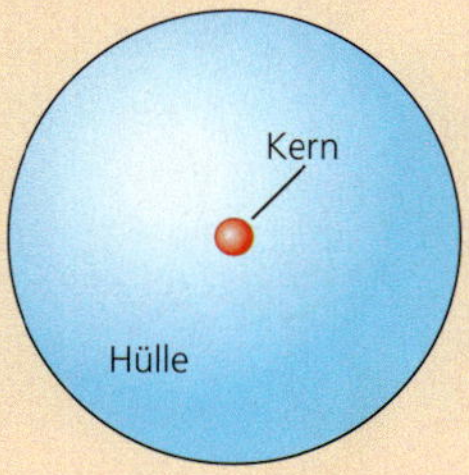

RUTHERFORDS Kern-Hülle-Modell. Im Zentrum jedes Atoms befindet sich ein winziger, positiv geladener, schwerer Kern. Er enthält über 99,9 % der Masse des Atoms, ist aber noch 10 000-mal kleiner als das ganze Atom. Das hatte RUTHERFORD aus der geringen Zahl der stark abgelenkten α-Teilchen und auch deren Ablenkungswinkeln berechnen können. Die meisten α-Teilchen waren ungehindert durch die Atome geflogen. Daraus schloss RUTHERFORD, dass der Atomkern von einer nahezu leeren Hülle umgeben ist. Sie wird aus den negativ geladenen, fast masselosen Elektronen gebildet.

Ein Atom ist insgesamt elektrisch neutral, da sich die positiven Ladungen des Kerns und die negativen Ladungen der Hülle ausgleichen.

Nach dem Kern-Hülle-Modell bestehen Atome also aus einem winzigen Atomkern und der Atomhülle. Der Kern ist positiv geladen und enthält fast die gesamte Masse des Atoms. Die Elektronen bilden die Atomhülle.

1. Woraus konnte RUTHERFORD schließen, dass Atomkerne positiv geladen und sehr schwer sein müssen?
2. Wie groß wäre ein Atom mit einem Atomkern von der Größe eines Stecknadelkopfes (d = 2 mm)?
3. Nenne die wesentlichen Unterschiede zwischen den Atommodellen von DALTON und von RUTHERFORD.

MARIE CURIE und die Entdeckung des Radiums

Im Herbst des Jahres 1891 kommt die junge Polin MARYA SKLODOWSKA nach Paris, um dort Physik und Chemie zu studieren. Sie macht glänzende Examen in Physik und Mathematik.
1895 heiratet sie den Physiker PIERRE CURIE und forscht von da an zusammen mit ihm.

Im Herbst 1897 bringt sie Ihre Tochter, Irene, zur Welt. MARIE CURIE schließt mit ihrer Doktorarbeit an Forschungen auf dem Gebiet der strahlenden Substanzen an. Sie liest BECQUERELS Bericht über die Strahlung von Uransalzen und findet hier das Arbeitsgebiet für ihr ganzes Leben.
Sie schlägt den Namen Radioaktivität für diese Erscheinung vor. Bald entdeckt sie zwei weitere radioaktive Elemente, die sie Polonium und Radium (lat. Das Strahlende) nennt. Sie beschließt, diese Elemente in wägbaren Mengen rein darzustellen, um die Atommassen und die chemischen Eigenschaften zu bestimmen. Zusammen mit ihrem Mann arbeitete sie an diesem Vorhaben in einem als Labor eingerichteten, zugigen Schuppen. Sie musste erst chemische Trennverfahren entwickeln, um dann in vier Jahre langer, mühseliger Arbeit aus einer Tonne Uranerz 0,1 g Radium zu gewinnen.

▲ 2. MARIE CURIE, *zweifache Nobelpreisträgerin*

MARIE CURIE gehört zu den wenigen großen Wissenschaftlerinnen, die sich in den Naturwissenschaften einen bleibenden Namen gemacht haben. 1903 erhielt sie zusammen mit ihrem Mann den Nobelpreis für Physik für ihre Arbeiten zur Radioaktivität. 1911 erhielt sie den Nobelpreis für Chemie für die Reindarstellung des Radiums. Sie starb mit 67 Jahren an den Folgen radioaktiver Strahlung im Jahr 1934.

Blick in die Nanowelt der Atome

1. Kleine Dinge sehen

Welche Möglichkeiten kennst du, um kleine und sehr kleine Dinge für unser Auge sichtbar zu machen?

2. Nanometer

a) Zeichne mit dem Lineal eine Strecke von 1 cm, dann eine Strecke von 1 mm. Schätze ab, wie eng zwei Punkte stehen können, damit du sie noch voneinander unterscheiden kannst.
b) 1 Nanometer ist der milliardste Teil eines Meters. Welchem Bruchteil eines Millimeters entspricht das?

▲ *1. Blick in das Herzstück eines Rastertunnelmikroskops; die zentrale Einheit ist federnd aufgehängt*

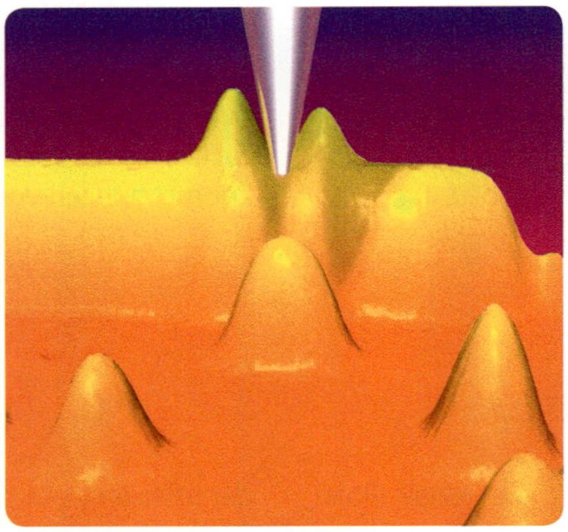

▲ *2. RTM-Bild: Cobalt-Atome auf Kupfer*

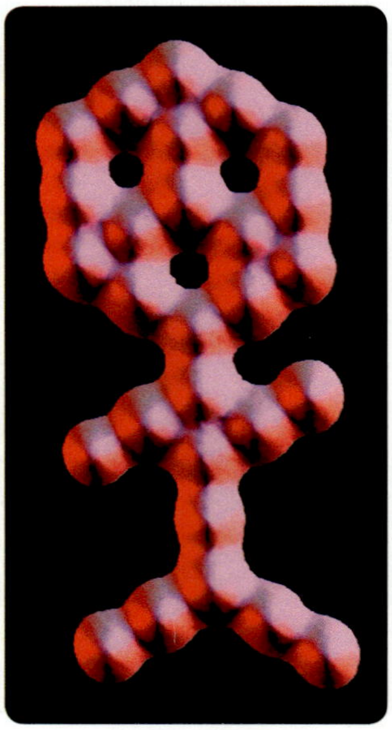

▲ *3. Das CO-Männchen*

Kann man Atome sehen? Wenn man ständig von Atomen und Molekülen spricht, verspürt man den Wunsch, sie auch einmal sehen zu können. Doch kann man Atome überhaupt sehen?
Kleine Details im Millimeterbereich können wir mit der Lupe vergrößert betrachten. Zellen von Pflanzen oder Tieren kann man im Lichtmikroskop untersuchen. Für die winzigen Bakterien und Viren braucht man ein Elektronenmikroskop. Hier erscheint das Bild schon nicht mehr direkt in unserem Auge, sondern zunächst auf einem Bildschirm.
Einfach gebaute Moleküle sind mit einer Größe von rund einem Nanometer aber selbst für ein Elektronenmikroskop zu klein; Atome sind mit etwa 0,1–0,4 Nanometern noch kleiner!
Ein Nanometer (1 nm) ist übrigens ein milliardstel Meter oder auch ein millionstel Millimeter.

Eine geniale Erfindung: das Rastertunnelmikroskop. Die Physiker BINNIG und ROHRER erhielten 1986 den Physik-Nobelpreis für die Entwicklung und den Bau des Rastertunnelmikroskops (RTM).
Mit diesem Mikroskop ist es heute möglich, bis auf die Ebene der Atome und Moleküle vorzudringen. So konnte man damit erstmals den kugelförmigen Bau der Fullerene „sichtbar" machen.

Atome „fühlen". Die Bildentstehung beim RTM ist vergleichbar mir der Erzeugung von Ultraschallbildern, wie sie der Computer zum Beispiel von einem Baby im Mutterleib erzeugt.
Ein Rastertunnelmikroskop ist also kein Fotoapparat, sondern eine Art Messgerät mit angeschlossenem Computer.
Mit einer sehr feinen Spitze wird die Oberfläche einer Probe abgetastet. Aus den daraus erhaltenen elektrischen Signalen berechnet ein Computer Bilder. Da man diese auch noch bunt einfärben kann, kommt man zu oft sehr eindrucksvollen Ergebnissen. Atome kann man also nicht echt sehen, aber „fühlen" und mithilfe des Computers sichtbar machen.

Atome bewegen. Mit einem abgewandeltem Rastertunnelmikroskop kann man noch tiefer in die Welt der Atome eingreifen: Mit der feinen Spitze kann man nicht nur Oberflächen abtasten, sondern sogar Atome oder kleine Moleküle aufnehmen und an anderer Stelle wieder absetzen, wie mit einem Kran. So ist auch das originelle Bild des „CO-Männchens" entstanden. Das Männchen besteht aus 28 Molekülen des Stoffes Kohlenstoffmonooxid. Ein Wissenschaftler hat sie auf einer Platinoberfläche in Form eines Männchens angeordnet. Auch das Bild vom „Atomstadion" auf Seite 99 ist so entstanden. Es ist schon sehr beeindruckend, wie weit man heutzutage in die Welt der kleinen Teilchen vordringen kann.

Nanotechnologie. Erst die Entwicklung der Rastertunnelmikroskope hat es ermöglicht, Strukturen im Nanobereich darzustellen und zu erforschen. Die Vorsilbe Nano kommt übrigens aus dem Griechischen und bedeutet „Zwerg".

Im „Reich der Zwerge" herrschen ganz eigene Gesetze. Ganz gewöhnliche Materialien wie der Kohlenstoff zeigen plötzlich neue Eigenschaften, wenn sie auf die Größe von Atomen reduziert sind. Viele Nanomaterialien zeigen beispielsweise eine verbesserte elektrische Leitfähigkeit, extreme Härte oder unerwartete chemische Reaktivität. Und das, obwohl die Winzlinge chemisch identisch sind. Der einzige Unterschied ist die Größe.

Die Nanotechnik bringt Erkenntnisse aus allen Naturwissenschaften zusammen. Wissenschaftler planen, Materialien und molekulare Maschinen nachzubauen, wie es die Natur selbst tut, Atom für Atom.
Inzwischen gilt die Nanotechnologie als die Zukunftstechnologie schlechthin.

Mithilfe der Rastertunnelmikroskopie kann man Atome und Moleküle auf Oberflächen abtasten und sichtbar machen.
Die Nanotechnologie ist die Forschung und Technologieentwicklung auf der atomaren Ebene in einer Größenordnung von einem bis einhundert Nanometern.

1. Fragen zum Text

a) Wie groß ist 1 nm und was bedeutet der Name „Nano"?

b) Welche Erfindung hat es ermöglicht, Strukturen im Nanobereich sichtbar zu machen?

c) Beschreibe kurz, wie RTM-Bilder entstehen.

2. Recherche und Bilder-Ausstellung

Im Internet findet man inzwischen aus der ganzen Welt zahlreiche Bilder, aufgenommen von Rastertunnelmikroskopen. Druckt die schönsten davon aus (Quelle und Motiv angeben) und macht eine Ausstellung von der faszinierenden Bilderwelt der Atome.

So arbeitet ein Rastertunnelmikroskop

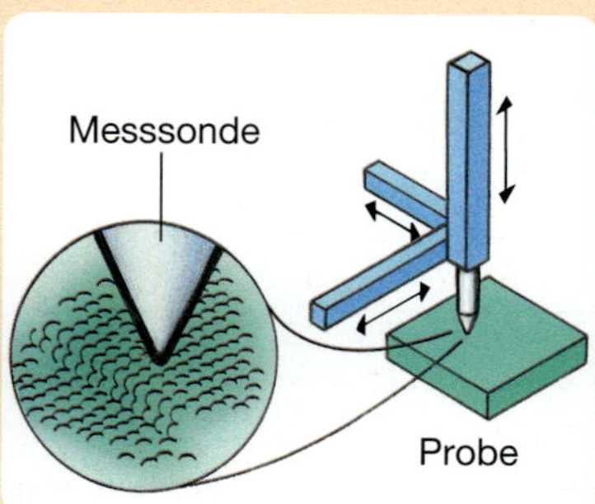

▲ *1. Eine Probe wird zeilenweise abgetastet*

Das Wichtigste an einem Rastertunnelmikroskop ist die Messsonde. Man verwendet oft einen Draht aus dem Metall Wolfram mit einer extrem feinen Spitze. Sie wird bis auf etwa 0,000001 mm (= 1 nm) an die Metalloberfläche herangeführt.

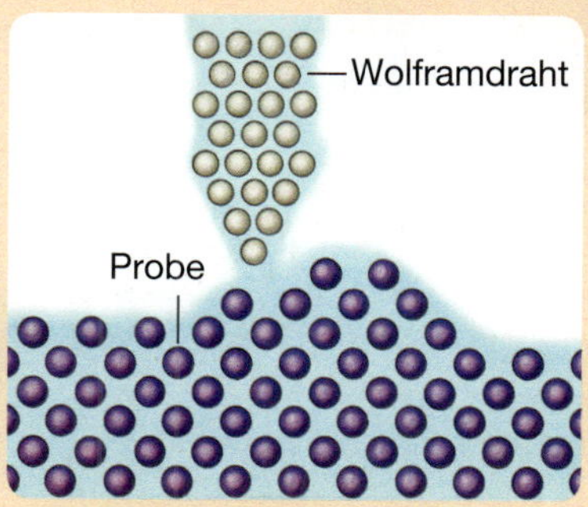

▲ *2. Der Wolframdraht dient als Messsonde*

Wird an den Draht eine positive Spannung angelegt, fließen Elektronen von der Metalloberfläche ab, ohne dass die Spitze Kontakt hat. Die Stärke dieses Elektronenstroms hängt vom Abstand zur Probe ab.

Die Probe wird nun zeilenweise abgetastet. Die Wolframspitze wird dabei so gesteuert, dass sie stets den gleichen Abstand zu den Oberflächen-Atomen einhält.
Aus den Steuerungssignalen wird das Profil der Metalloberfläche berechnet und zu einem etwa einhundertmillionenfach vergrößerten Bild verarbeitet.

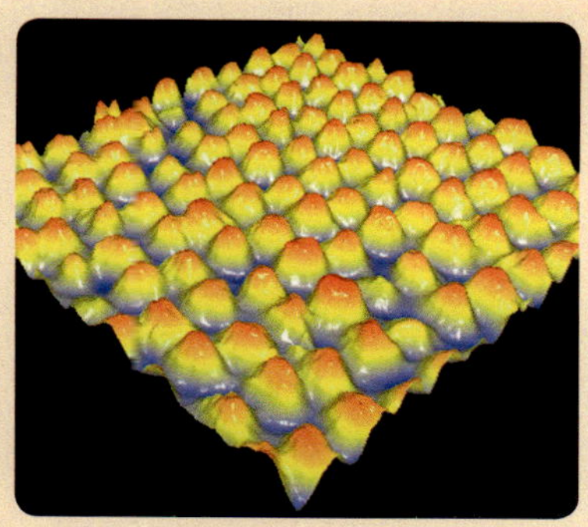

Elementfamilien und Atombau

➔ **Elementfamilien:** Elemente mit ähnlichen Eigenschaften kann man zu Elementfamilien zusammenfassen.

➔ **Alkalimetalle:** Dazu gehören Lithium, Natrium, Kalium, Rubidium und Caesium.
- Metallische Eigenschaften (Glanz, Leitfähigkeit)
- sehr weich, äußerst reaktionsfähig
- Heftigkeit der Reaktion nimmt von Lithium zu Kalium zu.
- charakteristische Flammenfärbung

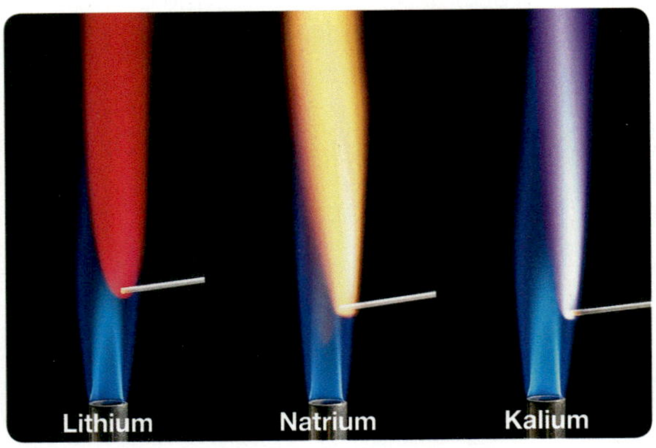

➔ **Erdalkalimetalle:** Beryllium, Magnesium, Calcium, Strontium, Barium.
- Ähnliche Eigenschaften wie die Alkalimetalle
- aber härter, nicht so reaktionsfreudig
- charakteristische Flammenfärbung bei Calcium, Strontium und Barium; Magnesium verbrennt leuchtend weiß

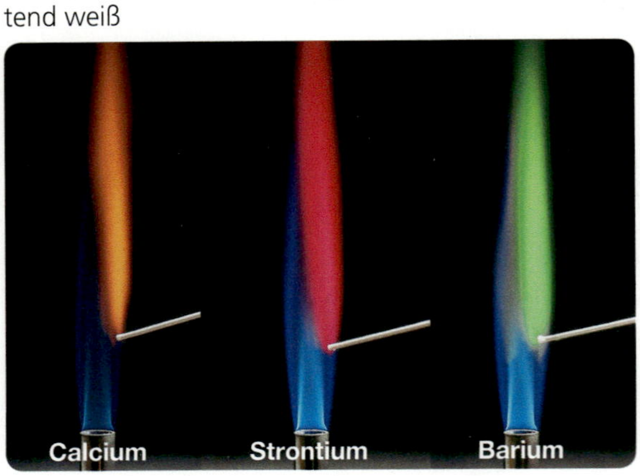

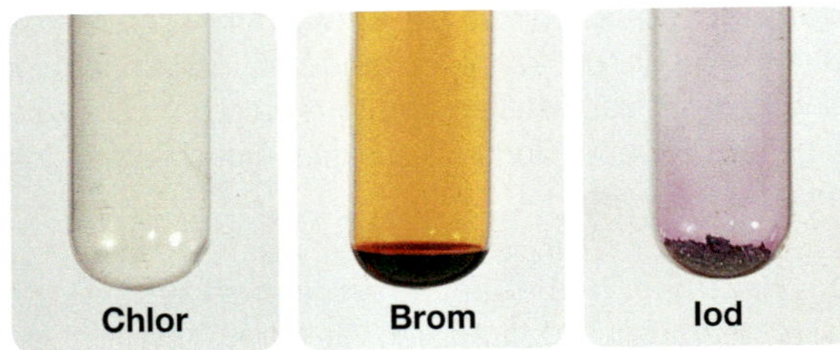

➔ **Halogene:** Fluor, Chlor, Brom und Iod.
- Sehr reaktionsfreudige Nichtmetalle
- bilden zweiatomige Moleküle (F_2, Cl_2, Br_2, I_2)
- Reaktionsfreudigkeit nimmt von Fluor zu Iod hin ab
- alle Halogene sind giftig
- mit Metallen reagieren Halogene zu Salzen

➔ **Edelgase:** Helium, Neon, Argon, Krypton, Xenon, und Radon.
- kommen als einzelne Atome (atomar) vor
- sind äußerst reaktionsträge
- werden oft als Schutzgas verwendet

➔ **Periodensystem:** Im Periodensystem sind alle Elemente in Gruppen und Perioden angeordnet.
- Senkrechte Spalten im Periodensystem heißen **Gruppen.** Hier stehen chemisch verwandte Elemente untereinander.
- Waagerechte Zeilen heißen **Perioden.**
- **Metalle** stehen im Periodensystem links und in den Nebengruppen.
- **Nichtmetalle** stehen rechts und oben.
- **Halbmetalle** findet man zwischen Metallen und Nichtmetallen.

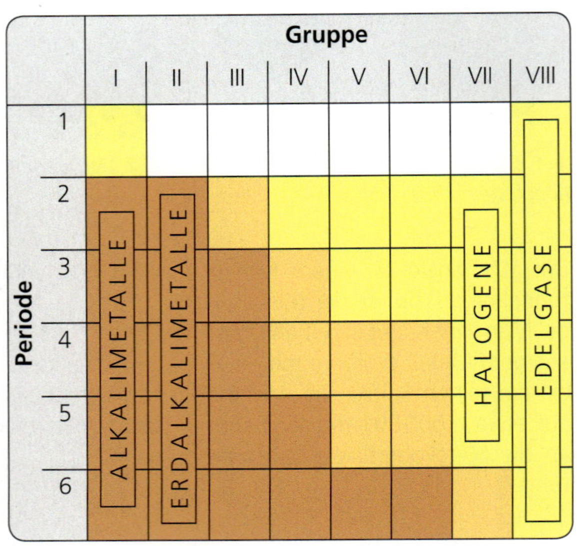

➔ **Atome:** Alle Elemente sind aus Atomen aufgebaut.

➔ **Atommodelle:** Das Wissen über die Atome wird in Modellen dargestellt. Diese Beschreibungen der Atome haben sich im Laufe der Geschichte immer wieder verändert und verfeinert.

DALTON Kugelmodell | THOMSON „Rosinenkuchen-Modell" | RUTHERFORD Kern-Hülle-Modell | BOHR Schalenmodell

➔ **Atomkern:** positiv geladen; besteht aus **Protonen** (positiv geladen) und **Neutronen** (elektrisch neutral). Die Zahl der Protonen bestimmt, um welches Element es sich handelt.

➔ **Atomhülle:** negativ geladen; wird von Elektronen gebildet, die sich in schalenförmigen Räumen um den Atomkern bewegen. Die Schalen werden von innen nach außen als K-, L-, M- usw. Schale bezeichnet.

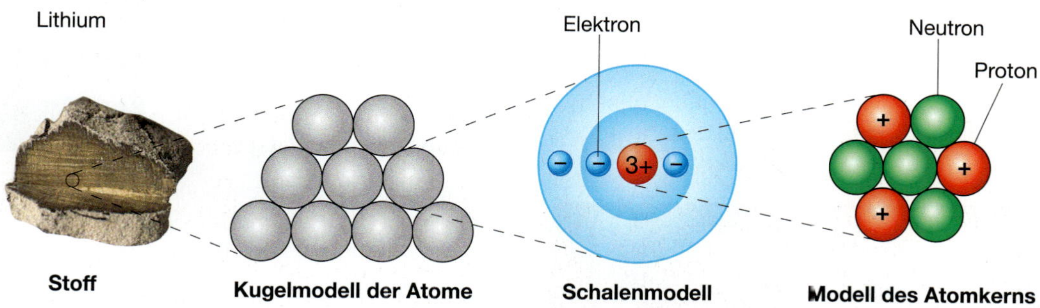

7 ——— **Massenzahl** = Zahl der Protonen + Zahl der Neutronen

Li

3 ——— **Kernladungszahl (Ordnungszahl)** = Zahl der Protonen = Zahl der Elektronen

➔ **Isotope:** Atome eines Elements, die sich nur in der Neutronenzahl unterscheiden. Sie haben unterschiedliche Massen, aber gleiche chemische Eigenschaften.

➔ **Atombau und Periodensystem:** Im Periodensystem sind die Elemente nach steigender Protonenzahl und nach dem Bau ihrer Atomhüllen angeordnet. Die Elektronen der jeweils äußeren Schale bestimmen die chemischen Eigenschaften der Elemente.

Elemente mit gleicher Anzahl an Außenelektronen, hier: II (zwei)

Perioden	I	II	III	IV	V	VI	VII	VIII
1	$_{1}$H							$_{2}$He
2	$_{3}$Li	$_{4}$Be	$_{5}$B	$_{6}$C	$_{7}$N	$_{8}$O	$_{9}$F	$_{10}$Ne
3	$_{11}$Na	$_{12}$Mg	$_{13}$Al	$_{14}$Si	$_{15}$P	$_{16}$S	$_{17}$Cl	$_{18}$Ar
4	$_{19}$K	$_{20}$Ca	$_{31}$Ga	$_{32}$Ge	$_{33}$As	$_{34}$Se	$_{35}$Br	$_{36}$Kr
5	$_{37}$Rb	$_{38}$Sr	$_{49}$In	$_{50}$Sn	$_{51}$Sb	$_{52}$Te	$_{53}$I	$_{54}$Xe
6	$_{55}$Cs	$_{56}$Ba	$_{81}$Tl	$_{82}$Pb	$_{83}$Bi	$_{84}$Po	$_{85}$At	$_{86}$Rn

Gruppen

Elemente mit gleicher Anzahl an Elektronenschalen, hier: 3

Ordnungszahl

Elementfamilien und Atombau

1. Alkalimetalle

a) Nenne alle Alkalimetalle.
b) Warum kommen Alkalimetalle in der Natur nicht als Elemente vor?
c) Vergleiche die Alkalimetalle untereinander. Wie unterscheiden sie sich in der Reaktionsfähigkeit und in der Härte?

2. Merkwürdige Aufbewahrung

Die Elemente Rubidium und Caesium werden zur Aufbewahrung in luftleere Glasampullen eingeschmolzen.
Stelle Vermutungen an, weshalb das notwendig ist.

3. Welcher Stoff ist es?

Lithiumchlorid und Kaliumchlorid sehen sehr ähnlich aus. Durch welches Experiment könnte man sie unterscheiden?

4. Natrium auf Filterpapier

Gibt man Natrium auf trockenes Papier, verliert es bald den Metallglanz.
Gibt man ein Stück Natrium auf ein feuchtes Blatt Papier, schmilzt es nach kurzer Zeit. Es bildet sich eine glänzende Kugel. Man sieht eine leuchtende gelbe Flamme.
Gibt man es in eine Schale mit Wasser, so schmilzt auch hier das Natrium, aber es bilden sich meist keine Flammen.
Erkläre die Ergebnisse dieser drei Versuche.
Tipp: Gehe folgenden Fragen nach: Welche Schmelztemperatur hat Natrium? Was kann hier mit einer Flamme brennen?

5. Erdalkalimetalle

a) Wie heißen die Erdalkalimetalle?
b) Nenne einige Verbindungen der Erdalkalimetalle, denen wir im Alltag begegnen können.
c) Welches Erdalkalimetall reagiert am leichtesten mit Wasser?
d) Formuliere die Wortgleichung für die Verbrennung (Oxidation) eines Erdalkalimetalls.
e) Stelle die Reaktionsgleichung aus d) in Formelschreibweise auf.

6. Flammenfärbung

Bei der Untersuchung einer unbekannten Substanz erhält man eine gelbe Flammenfärbung. Durch ein blaues Cobaltglas betrachtet, kann man aber eine blassviolette Flamme sehen. Erkläre diese Beobachtungen.

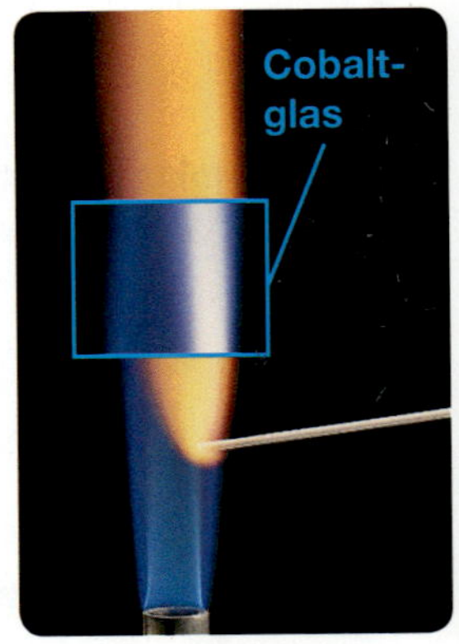

7. Magnesium in Wasser

Schmirgle ein Stück Magnesiumband blank und gib es in ein Reagenzglas mit heißem Wasser.
a) Was kannst du an den Rändern des Magnesiumbandes beobachten?
b) Worum kann es sich dabei handeln? Begründe deine Vermutung.
c) Wie kannst du feststellen, was für ein Stoff tatsächlich entstanden ist?

8. Halogene

a) Wie ändern sich die Aggregatzustände in der Elementfamilie der Halogene?
b) Mit welchem Halogen lässt es sich am ungefährlichsten experimentieren?
c) Wie lässt sich die Gefährlichkeit der Halogene chemisch erklären?
d) Leitungswasser wird manchmal gechlort. Warum macht man das?
e) Finde durch eine Recherche heraus, ob es auch Alternativen zum Chloren von Trinkwasser gibt.

9. Elementfamilien

a) Nenne die typischste Eigenschaft der Edelgase.
b) Suche Argumente dafür, dass man Elemente zu Elementfamilien zusammenfasst.
c) Erkläre mithilfe des Atombaus, warum Fluor, Chlor, Brom und Iod eine Elementfamilie bilden.

10. Perioden und Gruppen

a) Wie unterscheiden sich die Elemente innerhalb einer Gruppe?
b) Was haben Elemente innerhalb einer Periode im Periodensystem gemeinsam?

11. Periodensystem

a) Nenne die Elemente der 4. Hauptgruppe und der 3. Periode des Periodensystems.
b) Auf welcher Seite im Periodensystem findet man die Nichtmetalle und wo stehen die Edelgase?

12. Wer oder wie bin ich?

a) Ein Element steht in der 7. Hauptgruppe in der 4. Periode. Wie heißt es?
b) Ein Element in der 5. Periode reagiert ähnlich wie das Element Chlor. Wie heißt es?

c) Ein Metall X steht in der 1. Hauptgruppe über dem Element Y. Welches Element reagiert heftiger mit Wasser?
d) Wo steht dieses Element (Foto) im Periodensystem?
e) Ein Element steht in der 2. Periode und der IV. Gruppe des Periodensystems. Was lässt sich daraus über den Bau der Elektronenhüllen seiner Atome aussagen?

13. Größenverhältnisse

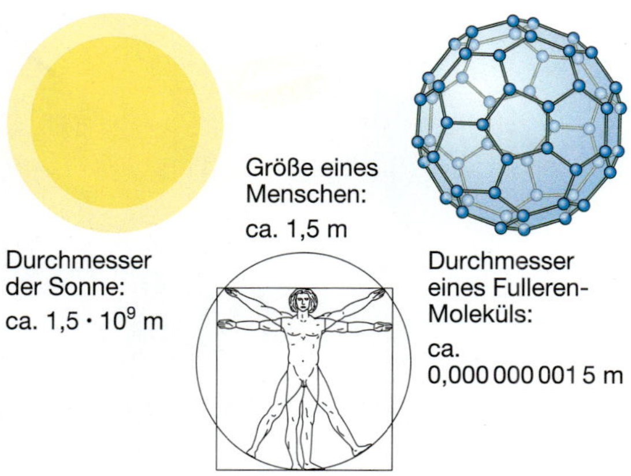

Vergleiche diese Größenordnungen miteinander: Mensch, Sonne, Fulleren.
a) Wie viel mal größer ist die Sonne als ein Mensch?
b) Wie viel mal größer ist ein Mensch als ein Fulleren-Molekül?
c) Wie groß ist ein Nanometer?

14. Atombau

a) Erläutere den Aufbau eines Magnesium-Atoms.
b) Warum sind Atome elektrisch neutral, obwohl sie geladene Teilchen enthalten?
c) Wie hängt der Bau der Atome mit der Anordnung der Elemente im Periodensystem zusammen?

15. Atombau und Periodensystem

a) Nenne alle Elemente, deren Atome voll besetzte Außenschalen haben. Welche Eigenschaften haben diese Elemente?
b) Was bedeuten die Zahlen in dem Symbol $^{35}_{17}Cl$ und was sagen sie über den Aufbau des Atoms aus?
c) Die im Periodensystem aufeinanderfolgenden Elemente Argon, Kalium und Calcium haben nahezu die gleichen Atommassen. Erkläre, warum diese Elemente dennoch so unterschiedliche chemische Eigenschaften besitzen.
d) Vergleiche die Atommassen von Cobalt und Nickel im Periodensystem. Gib eine Erklärung dafür, warum Cobalt trotz der kleineren Ordnungszahl die größere Atommasse hat.
e) Um welche Atome handelt es sich jeweils?

$^{31}_{15}?$ $^{52}_{24}?$ $^{195}_{78}?$ $^{197}_{79}?$ $^{201}_{80}?$ $^{...}_{88}?$ $^{59}_{...}?$

16. Isotope

a) Erläutere den Begriff Isotop. Gib Beispiele an.
b) Woran liegt es, dass man Isotope eines Elements nicht mit chemischen Methoden voneinander trennen kann?

17. Modellversuch

In Massenspektrographen kann man elektrisch geladene Atome nach ihrer Masse trennen. Beschreibe den abgebildeten Modellversuch. Wo landen die leichtesten, wo die schwersten „Atome"?

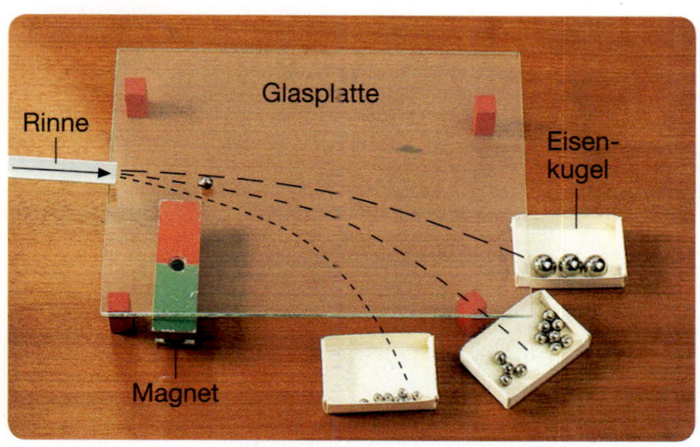

8 Salze sind unentbehrlich

In der Naica-Höhle in Mexico hat man die wohl größten Kristalle der Welt entdeckt. Was man als Mineraliensammler in der Größe von Millimetern oder Zentimetern kennt, hat hier riesige Ausmaße: Gipskristalle von bis zu zwölf Metern Länge! ▼

Salze sind lebenswichtig für Pflanzen, Tiere und Menschen. Jede lebende Zelle braucht sie. Wir brauchen sie auch für den Aufbau der Knochen, für die roten Blutkörperchen, die Muskeln, die Nerven und so weiter …

Das bekannteste Salz, das Kochsalz, spielt nicht nur im Haushalt eine große Rolle. Es wird vor allem in der chemischen Industrie als Rohstoff genutzt.

Auffällig ist, dass man viele Salze in regelmäßig aussehenden Formen finden kann, als Salzkristalle. Das lässt schon ahnen, dass die Salze auch im Innern regelmäßig aufgebaut sind.

▲ *1. Pflanzen nehmen mit den Wurzeln nicht nur Wasser auf, sondern auch im Wasser gelöste Salze. Wenn der Boden zu wenig davon enthält, muss man sie durch Düngung zuführen. In diesem Bergwerk werden Kaliumsalze für Düngemittel abgebaut.*

2. Die Kreidefelsen auf Rügen bestehen weitgehend aus sehr feinen Kalkteilchen. Es sind Ablagerungen aus den Überresten von kalkbildenden Algen und anderen Kleinstlebewesen im Meer. Kalk ist chemisch Calciumcarbonat. Auch Kalk gehört zu den Salzen. ▼

▲ *3. Versuche selbst, Kochsalzkristalle zu „züchten“: Gib etwa 20 g Kochsalz in 50 ml Wasser und rühre gut um. Gib etwas von der überstehenden Lösung in einen flachen Teller oder in eine Petrischale. Stelle sie für mehrere Tage an einen warmen Ort.*

Kochsalz im Alltag

1. Mindmap zum Thema Salz

Was fällt euch im Zusammenhang mit Salz an Stichwörtern ein? Erstellt dazu in kleinen Gruppen eine Mind-Map.
Was interessiert euch am Thema Salze besonders?

2. Verschiedene Bezeichnungen für Salz

Im Handel findet man Bezeichnungen wie Steinsalz, Meersalz oder Siedesalz. Sie beziehen sich auf die Gewinnungsmethoden des Salzes. Versuche diese Begriffe zu erläutern.

3. Gradierwerke

Bei der Gewinnung von Siedesalz ließ man früher das salzhaltige Wasser vor dem Eindampfen über dicht gepacktes Reisig rieseln. Dabei verdunstete ein Teil des Wassers. Diese Anlagen heißen Gradierwerke. Heute betreibt man sie in Kurorten nur noch zur Linderung von Atemwegserkrankungen.
Welchen Nutzen boten diese Gradierwerke damals bei der Salzgewinnung?

4. Salz und Lebensmittel

a) Verteile gleiche Mengen Quark auf Schälchen und behandle den Quark mit unterschiedlichen Mengen Kochsalz. Das Salz kannst du entweder über den Quark streuen, oder unter den Quark mischen. Lass die Proben einige Tage stehen. Fotografiere und protokolliere das Aussehen des Quarks. Fasse das Ergebnis in einem Untersuchungsbericht zusammen.
b) Informiere dich, wie luftgetrockneter Schinken hergestellt wird.

5. „Sodium Chloride" im Shampoo

Auf vielen Etiketten von Shampoos oder Duschmitteln findest du einen Inhaltsstoff, der das Produkt dickflüssig macht. Er trägt die englische Bezeichnung „Sodium Chloride". Finde heraus, was man darunter versteht.

6. Salz: Gut gegen Glätte, schädlich für Pflanzen?

Untersuche die Wirkung von Salz auf Pflanzen. Stelle dazu eine 10 %ige, eine 5 %ige, eine 2 %ige und eine 0,5 %ige Kochsalzlösung her.
Gib Filterpapier in 5 Petrischalen und verteile darauf gleichmäßig einige Kressesamen. Tränke die Filterpapiere mit den verschiedenen Salzlösungen. Eine Schale wird zur Kontrolle mit Leitungswasser gegossen. Stelle die Schalen an einen hellen, warmen Ort, befeuchte sie täglich und beobachte. Trage die Ergebnisse übersichtlich in eine Tabelle ein. Deute dein Versuchsergebnis.

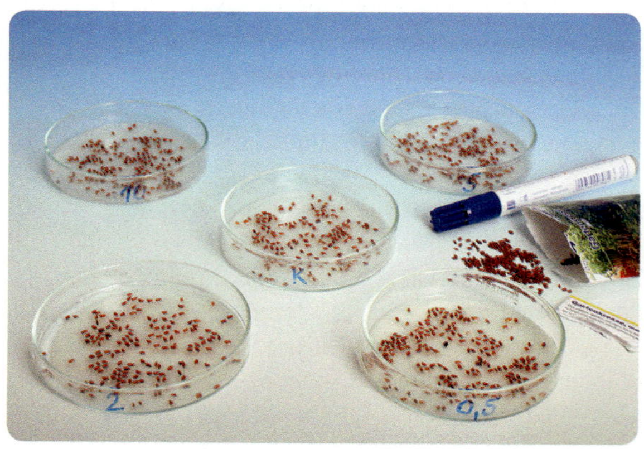

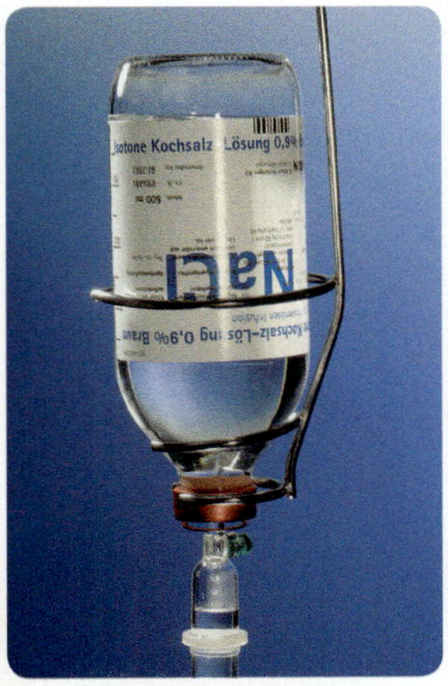

▲ 1. *Physiologische Kochsalzlösung*

Salz ist lebensnotwendig. Schweiß ist salzig, auch unsere Tränen schmecken salzig. Täglich scheidet unser Körper Salz aus, über die Nieren – aber auch über die Haut. Deshalb müssen wir immer wieder Salz zu uns nehmen. Dies gilt besonders nach einem Flüssigkeitsverlust durch Schwitzen oder Durchfall. Patienten bekommen nach einer Operation Infusionen mit einer 0,9%igen Kochsalzlösung. Sie heißt **physiologische Kochsalzlösung,** weil sie der Salzkonzentration unserer Zellen entspricht.
Zu viel Salz kann aber **schädlich** sein. Manche Menschen bekommen einen zu hohen Blutdruck davon.

Salz als Konservierungsmittel. Mit Salz lassen sich Nahrungsmittel haltbar machen. Bakterien werden aber nicht abgetötet. Salz bindet Wasser und entzieht damit den Bakterien die Lebensgrundlage. Sie können sich dann nicht weiter vermehren.
Aus diesem Grund konnte man früher mit Salz viel Geld verdienen. Bevor es elektrischen Strom und Kühlschränke gab, war das Salzen nämlich die wichtigste Methode zur **Lebensmittelkonservierung** – vor allem für Fleisch und Fisch. Salz war sehr wichtig, knapp und deshalb auch sehr teuer; man hat es daher auch als **weißes Gold** bezeichnet.

Salz hat verschiedene Namen. Wird Salz zum Kochen verwendet, spricht man von **Koch- oder Speisesalz.** Verwendet man Salz, um den Wasserenthärter in der Spülmaschine aufzufrischen, so spricht man von **Regeneriersalz.** Gegen Glätte im Winter setzt man **Streusalz** ein. Chemisch handelt es sich jedes Mal um denselben Stoff; um **Natriumchlorid** (engl.: Sodium Chloride). Es gibt aber noch viele andere Salze.

Drei Methoden zur Salzgewinnung. Festes Salz kann man aus Meerwasser gewinnen, es wird dann als **Meersalz** gehandelt. Fördert man das feste Salz aus Bergwerken, nennt man es **Steinsalz.**
Um Salz aus salzhaltigen Quellen zu gewinnen, dampft man die Salzlösung, die Sole, ein. Zurück bleibt das **Siedesalz.**

▲ 2. *Im Salzbergwerk*

Kochsalz ist in der richtigen Menge ein unentbehrliches Lebensmittel. Es war früher das wichtigste Konservierungsmittel für Fleisch und Fisch. Kochsalz ist chemisch Natriumchlorid.

1. Fragen zum Text

a) Weshalb müssen wir täglich immer wieder Salz zu uns nehmen?
b) Was ist eine physiologische Kochsalzlösung?
c) Nach welchen Methoden gewinnt man Kochsalz?
d) Wie wirkt Kochsalz beim Konservieren?
e) Welche Methoden zur Salzgewinnung gibt es?

▲ 3. *Konservierung durch Kochsalz*

Salz und Elektrizität

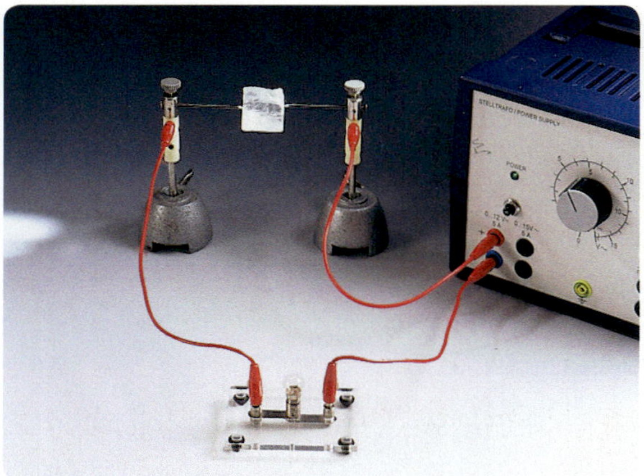

1. Leiten Salze den elektrischen Strom?

Baue einen Stromkreis zur Prüfung der elektrischen Leitfähigkeit auf.

a) Prüfe, ob festes Kochsalz den elektrischen Strom leitet. Prüfe auch andere, kristalline Stoffe wie Zucker, Kaliumchlorid, Zinkiodid u. ä. Notiere die Ergebnisse.

b) Prüfe die Leitfähigkeit von destilliertem Wasser.

c) Löse je eine Spatelspitze der Stoffe aus a) in etwas destilliertem Wasser und prüfe ebenfalls die Leitfähigkeit.

d) Stelle die Versuchsergebnisse in einer Tabelle übersichtlich zusammen.

2. Elektrolyse einer Salzlösung

B2

Gib eine etwa 10 %ige Kupfersulfatlösung (GHS 7, 9; B2) in ein Becherglas. Setze zwei Kohlestäbe (Graphit) als Elektroden ein und schalte eine Glühlampe in den Stromkreis.

Stelle die Spannung so ein, dass die Lampe leuchtet. Beobachte und notiere, was an den Elektroden passiert.

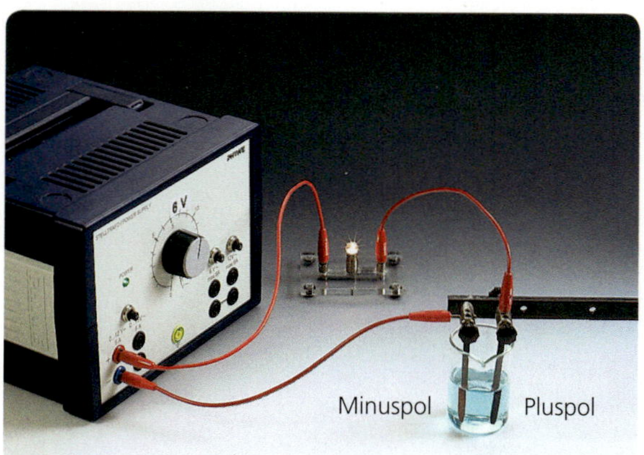

▲ *3. Aus einer Krankenkassenzeitschrift*

Elektrolyte, was sind das? Unser Körper braucht nicht nur Kochsalz, sondern noch viele andere Salze (Mineralstoffe). Er kann diese Stoffe nicht selbst herstellen. Sie müssen daher mit der Nahrung aufgenommen werden.
Solche in Wasser gelösten Salze nennt man **Elektrolyte.** Wenn man eine Spannung an solche Lösungen anlegt, leiten sie den elektrischen Strom.

Wie können Elektrolyte den elektrischen Strom leiten? Bei Metallen ist die Sache klar: Hier bewegen sich freie Elektronen. Alle Metalle und auch Kohlestäbe enthalten solche freien Elektronen und transportieren die Elektrizität.

Aber weder die festen Salze noch reines Wasser leiten den elektrischen Strom. Die geprüften Stoffe enthalten keine freien Elektronen und sind deshalb Nichtleiter. Erstaunlicherweise leiten aber *Salzlösungen* den Strom. Wenn aber Salze keine frei beweglichen Elektronen haben wie die Metalle, wie kann dann in Lösungen Elektrizität transportiert werden?

Salze bestehen aus geladenen Teilchen. Die Leitfähigkeit von Salzlösungen beruht auf dem besonderen Aufbau der Salze. Salze bestehen aus positiv und negativ geladenen Teilchen. Diese Teilchen werden **Ionen** (griechisch: *Wandernde*) genannt. In einem Salzkristall sind diese Ionen an feste Plätze gebunden. Deshalb sind *Salzkristalle Nichtleiter.* In *Lösungen* und *Schmelzen* von Salzen sind die Ionen dagegen *beweglich* und *können elektrische Ladung transportieren.*

▲ *1. Elektroden in Nahaufnahme*

Ionen und Atome. Wird an einen Elektrolyten eine Gleichspannung angelegt, werden die **negativ geladenen Ionen** vom Pluspol angezogen, von der Anode. Darum werden sie **Anionen** genannt.
An der Anode geben sie die überschüssigen Elektronen ab. Beim Kupferchlorid sind das die Chlorid-Ionen (Cl^-). Jedes Chlorid-Ion gibt ein Elektron ab und wird zum Chlor-Atom. Deshalb entsteht an der Anode gasförmiges Chlor (Cl_2):

$$2Cl^- \rightarrow Cl_2 + 2\,e^-$$

Die **positiv geladenen Ionen** „wandern" zum Minuspol, zur Kathode. Sie heißen daher **Kationen.** Dort nehmen sie die fehlenden Elektronen auf.
Jedes Kupfer-Ion (Cu^{2+}). nimmt zwei Elektronen auf und wird zum Kupfer-Atom. Deshalb überzieht sich die Kathode mit metallischem Kupfer (Cu):

$$Cu^{2+} + 2e^- \rightarrow Cu$$

Anders als in einem metallischen Leiter laufen beim Stromdurchgang durch einen Elektrolyten **chemische Reaktionen** ab. Dabei wird das Salz Kupferchlorid in die Elemente Kupfer und Chlor zerlegt. Dieser Vorgang heißt Elektrolyse.

Salze bestehen aus elektrisch geladenen Teilchen, den Ionen. Es sind die negativ geladene Anionen und positiv geladene Kationen.
In Salzschmelzen und Salzlösungen sind diese Ionen frei beweglich. Deshalb leiten sie den elektrischen Strom. Es findet eine chemische Reaktion statt, bei der die Ionen zu ungeladenen Atomen reagieren.

1. Fragen zum Text

a) Was bedeutet die Aussage: In einem Metalldraht fließt elektrischer Strom?
b) Begründe, warum es sich bei einer Elektrolyse um eine chemische Reaktion handelt.
c) Warum wandern Kupfer-Ionen zum Minuspol, Chlorid-Ionen zum Pluspol?

2. Elektrolyse von Zinkiodid

Baue eine Apparatur zur Elektrolyse einer Zinkiodid-Lösung (GHS 7; B2) auf. Verwende Kohle-Elektroden und eine Gleichspannungsquelle.
a) Elektrolysiere 3-5 Minuten lang bei einer Spannung von 4-6 Volt.
b) Beschreibe die Vorgänge an den Elektroden.
c) Gib einige Tropfen der braunen Lösung, die an der Anode entstanden ist, in Stärkelösung. Stärke ergibt mit Iod eine dunkelblaue Lösung.
d) Deute dein Versuchsergebnis.

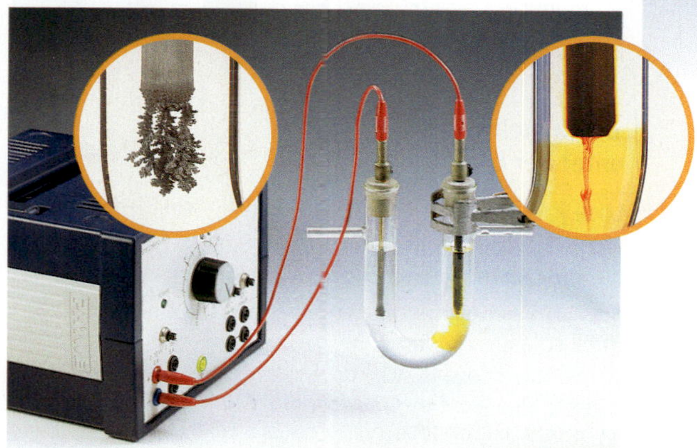

3. Ionenwanderung

Fülle eine Schale 1–2 mm hoch mit einer gesättigten Kaliumnitratlösung (GHS 3; B2). Zwei Kohle-Elektroden werden an den Rändern der Schale in die Lösung getaucht und mit einer Gleichspannungsquelle verbunden. In die Mitte der Schale werden einige Körnchen farbiger Salze gegeben. Die Ionenwanderung kann bei einer Spannung von 20–24 Volt beobachtet werden.

Farbige Salze:

Eisen(III)-chlorid: (GHS 5, 7; B2)	Fe^{3+} (gelb)	Cl^- (farblos)
Kaliumpermanganat: (GHS 3, 7, 9; B2)	K^+ (farblos)	MnO_4^- (violett)
Kupfersulfat: (GHS 7, 9; B2)	Cu^{2+} (blau)	SO_4^{2-} (farblos)

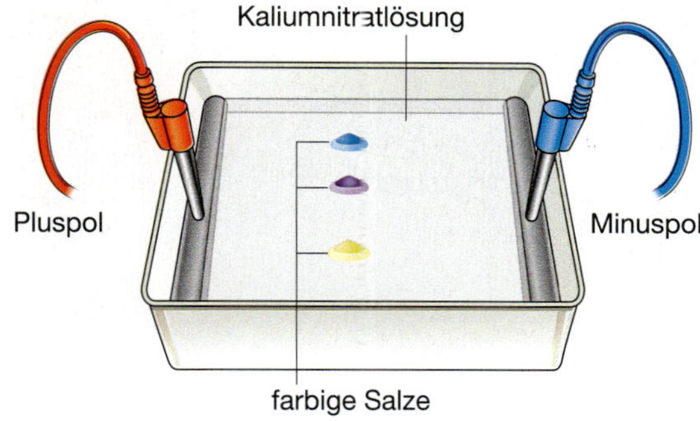

Ionenbindung: Ordnung in Kristallen

1. Züchten von Kochsalzkristallen

Gib gesättigte Kochsalzlösung (35 g Salz auf 100 ml Wasser) in ein kleines Becherglas. Befestige einen Wollfaden an einem Stab. Lege den Stab über das Becherglas und tauche den Wollfaden in die Lösung. Beobachte über einige Tage die Kristallbildung und zeichne einige Kristalle.

2. Kristallwachstum unter der Lupe

Löse je einen Spatel Kochsalz, Alaun, Kaliumnitrat (GHS 3), Kupfersulfat (GHS 7, 9; B2) und gelbes Blutlaugensalz unter leichtem Erwärmen in je 5 ml destilliertem Wasser. Gieße einige Tropfen der Salzlösungen in Uhrgläser.

a) Beobachte das Auskristallisieren der Salze. Betrachte die entstandenen Kristalle mit einer Lupe.
b) Beschreibe die Kristallformen.

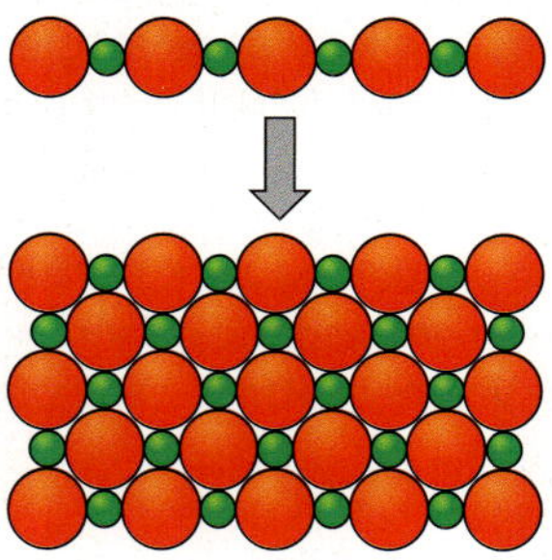

3. Räumliches Modell eines Kochsalzkristalls

Baue ein Modell eines Kochsalzkristalls, zum Beispiel mit verschiedenfarbig angemalten Kugeln aus Watte (Größenverhältnis etwa 1:2).

Ordne dazu die verschiedenfarbigen Kugeln abwechselnd in einer Reihe an und fixiere sie mit etwas Klebstoff.
Mehrere solcher Reihen bilden dann eine Fläche, wobei sich die Farben (Ladungen) auch hier abwechseln.
Werden mehrere Flächen aufgeschichtet, erhält man das Modell eines Kochsalzkristalls.

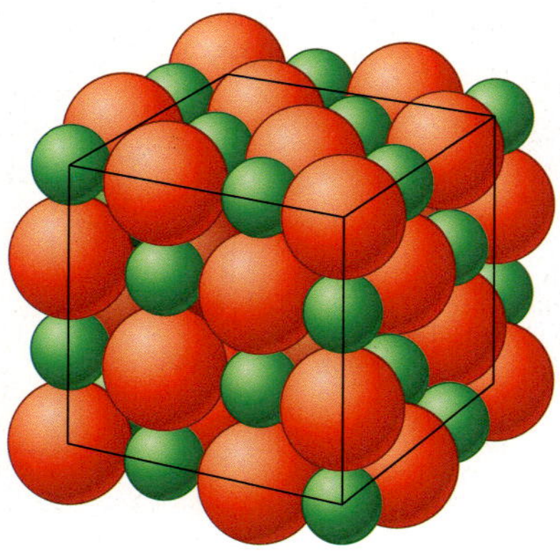

◀ *3. Modell: Kochsalzkristall*

Kristallbildung. Betrachtet man grobes Kochsalz mit einer Lupe, so erkennt man regelmäßig geformte Kristalle. Mit einem Mikroskop kann man auch in fein pulverisiertem Salz noch winzige Kristalle entdecken. Auch das leistungsfähigste Mikroskop, das Rasterkraftmikroskop, zeigt, dass Salze sehr regelmäßig aufgebaut sind.

▲ *4. Salzoberfläche im Rastertunnelmikroskop*

Wie kommt dieser regelmäßige Aufbau zustande? Der Grund dafür ist die Zusammensetzung des Kochsalzes. Kochsalz besteht aus regelmäßig angeordneten positiv und negativ geladenen Ionen. Die Na^+-Ionen und die Cl^--Ionen sind hierbei immer abwechselnd angeordnet. So entsteht ein regelmäßig aufgebauter Ionenverband; man nennt es **Ionengitter** oder **Kristallgitter.**

Auch andere Ionen bilden Kristalle. Im goldglänzenden „Katzengold", dem Pyrit (Eisensulfid, Abb. 5), ordnen sich Eisen-Ionen und Sulfid-Ionen ebenfalls regelmäßig an.

▲ *5. Pyrit-Kristalle*

Ionenbindung. Wegen der nach allen Seiten wirkenden starken elektrischen Kräfte ziehen sich die unterschiedlich geladenen Ionen gegenseitig an. Es entsteht eine feste chemische Bindung. Sie heißt **Ionenbindung.**

▲ 1. Calcit (Calciumcarbonat)

Eigenschaften von Salzen. Alle Stoffe, die in dieser Art aus Ionen aufgebaut sind, gehören zur Stoffgruppe der Salze und besitzen gemeinsame Eigenschaften:

- Salze sind hart und spröde.
- Salze haben in der Regel hohe Schmelztemperaturen.
- Salzkristalle haben charakteristische Kristallformen.
- Schmelzen und Lösungen leiten den elektrischen Strom.

Salze sind aus Ionen aufgebaut, die sich in einer regelmäßigen räumlichen Struktur anordnen, dem Kristallgitter. Die Ionen werden durch starke elektrische Anziehungskräfte zusammengehalten. Diese Bindungsart heißt Ionenbindung.

1. Fragen zum Text

a) Wie kommt es, dass die Kristalle eines Salzes alle sehr ähnlich aussehen?

b) Was versteht man unter einem Kristallgitter?

c) Warum haben Salze in der Regel hohe Schmelztemperaturen?

d) Erkläre den Begriff Ionenbindung.

Exkurs

▶ Kristalle sammeln

Hast du auch schon einmal glitzernde Kristalle gefunden, vielleicht in einem ehemaligen Bergwerk? Auch kleine Kristalle zeigen unter einer Lupe ihre ganze Schönheit. Viele Kristalle sind übrigens aus Ionen aufgebaut.
In Büchern zur Mineralienkunde findest du viele Hinweise zum Sammeln, Katalogisieren und Aufbewahren. Auf Mineralienbörsen kannst du viele schöne Kristalle bewundern und dir vielleicht Anregungen für ein neues Hobby holen.

▲ 2. Gips (Calciumsulfat)

▲ 3. Argentit (Silbersulfid)

▲ 4. Flussspat (Calciumfluorid)

▲ 5. Gips-Sandrose (Calciumsulfat und Sand)

2. Magnesium in der Sprudeltablette?

In Drogeriemärkten und Apotheken bekommt man Tabletten oder Pulver zur Nahrungsergänzung mit der Aufschrift „Magnesium, 350 mg" oder ähnlich. Sie werden vor allem für Sportler empfohlen. Bei Magnesiummangel können Wadenkrämpfe entstehen.

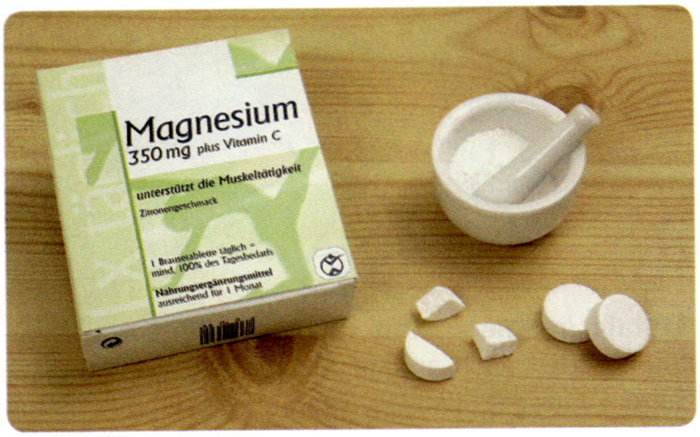

Untersucht man solche Tabletten, kann man aber kein Metall oder Metallpulver finden. Das ist vielleicht auch gut so, denn immerhin kann Magnesium an der Luft mit einer sehr heißen Flamme zu Magnesiumoxid verbrennen…

a) Finde heraus, was tatsächlich in solchen „Magnesium"-Präparaten enthalten ist.

b) Wie unterscheidet sich der Inhaltsstoff solcher Tabletten vom reinen Element Magnesium – chemisch betrachtet?

c) Wie sollte man sich ernähren, damit kein „Magnesium-Mangel" auftritt?

3. Ionenbildung

In der folgenden Tabelle ist die Bildung von Ionen für Atome aus verschiedenen Gruppen des Periodensystems dargestellt.

Ionenbildung	Ladungszahl des Ions	Hauptgruppe im PSE
Metalle:		
$Li \rightarrow Li^{+} + 1\,e^{-}$	+1	I
$Ca \rightarrow Ca^{2+} + 2\,e^{-}$	+2	II
$Al \rightarrow Al^{3+} + 3\,e^{-}$	+3	III
Nichtmetalle:		
$Br + 1\,e^{-} \rightarrow Br^{-}$	–1	VII
$O + 2\,e^{-} \rightarrow O^{2-}$	–2	VI
$N + 3\,e^{-} \rightarrow N^{3-}$	–3	V

Fertige mithilfe des Periodensystems eine solche Tabelle für die nachfolgenden Elemente an: Kalium, Barium, Fluor, Schwefel, Iod, Argon.

4. Auch Nebengruppenelemente bilden Ionen

Die Elemente der Nebengruppen des Periodensystems sind Metalle. Auch sie können Elektronen abgeben, um positiv geladene Ionen zu bilden. Es können unterschiedlich viele Elektronen sein, wie die Beispiele in der Tabelle zeigen.

Metall	Symbol	Elektronenabgabe
Eisen	Fe	2 oder 3
Kobalt	Co	2 oder 3
Nickel	Ni	2
Kupfer	Cu	1 oder 2
Silber	Ag	1
Zink	Zn	2
Gold	Au	3

a) Welche Ionen können die in der Tabelle genannten Elemente bilden?

b) Formuliere die Reaktion von Eisen mit Chlor, wenn Eisen drei Elektronen abgibt. Wie lautet die Reaktionsgleichung?

c) Welche Ionen bilden sich, wenn Silber mit Schwefel reagiert? Formuliere mit Name und Formel.

5. Reaktionen und Ionen

a) Welche Ionen bilden sich, wenn die folgenden Elemente miteinander reagieren?
- Magnesium mit Sauerstoff
- Aluminium mit Sauerstoff
- Lithium mit Iod
- Kalium mit Schwefel

b) Schreibe auch die Formeln der entstehenden Salze auf. Denke daran, dass die Ladungen ausgeglichen sein müssen.

6. Modelle entschlüsseln

Die folgende Darstellung zeigt die Elektronenhülle einiger Teilchen. Um welche Teilchen handelt es sich?

7. Elektronen aufnehmen oder abgeben?

Warum kann man bei den Elementen der vierten Hauptgruppe ins Grübeln kommen, wenn man die Bildung eines Ions formulieren will? Welche möglichen Ionen könnte etwa das Silizium bilden?

8. Lehrerversuch: Kochsalz mit Spritze und Reagenzglas

Aus elementarem Natrium und Chlor kann man Kochsalz herstellen. Mithilfe von preiswerten Einwegspritzen kann man kleine Mengen sicher zur Reaktion bringen.

Materialien: 2 Spritzen mit aufgesetzter Nadel, 2 Reagenzgläser, Brenner; Kaliumpermanganat (GHS 3, 7, 9; B1), konzentrierte Salzsäure (GHS 5, 7), linsengroße Natriumstücke (GHS 2, 5).

Durchführung:

a) Chlorgasentwicklung: In ein Reagenzglas gibt man eine Spatelspitze Kaliumpermanganat und spannt es in ein Stativ ein. Unter dem Abzug gibt man mit einer 2 ml-Spritze konzentrierte Salzsäure so lange tropfenweise zu, bis das senkrecht eingespannte Reagenzglas sich mit Chlorgas (GHS 6, 9) gefüllt hat. Mit der anderen Spritze wird das Chlor entnommen.

b) Kochsalzsynthese: Ein gut entrindetes und gesäubertes Stück Natrium (maximal in Streichholzkopfgröße) wird in ein schräg eingespanntes Reagenzglas gegeben. Darin wird es vorsichtig erhitzt, bis es schmilzt. Dann wird etwa 5 ml Chlor mithilfe der Spritze durch die aufgesetzte Nadel auf das geschmolzene Natrium geleitet.

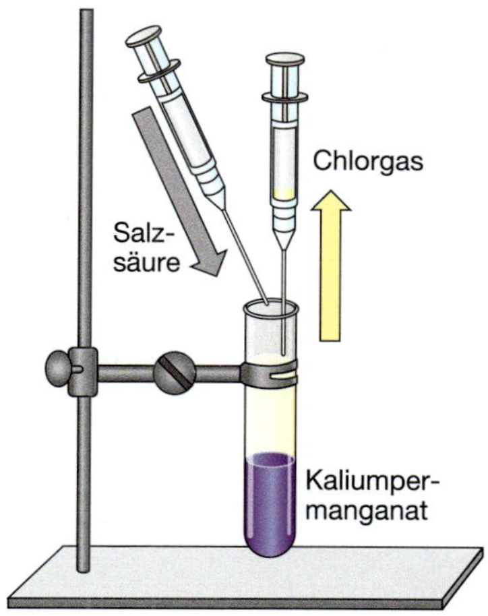

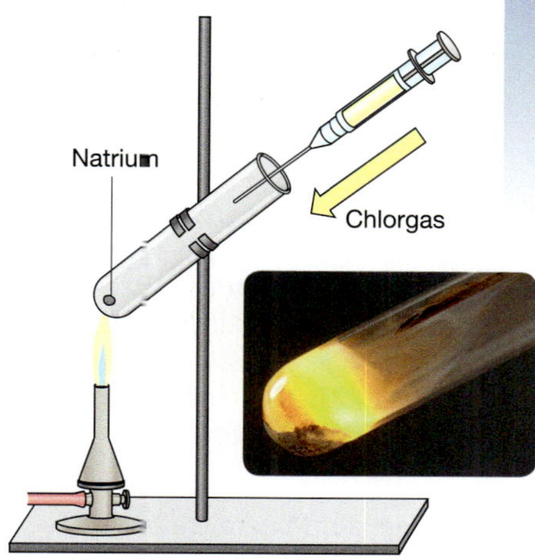

► Kristallbildung, energetisch betrachtet

Für die Reaktion zwischen Natrium und Chlor muss zunächst Energie zugeführt werden, um aus dem metallischen Natrium Atome freizusetzen. Das Natrium muss dazu erhitzt werden, es schmilzt und verdampft.

Bei weiterer Energiezufuhr wird den Natrium-Atomen jeweils ein Elektron entrissen. Auch hierfür benötigt man Energie, die Ionisierungsenergie. Das Ergebnis sind Natrium-Ionen.

Das gasförmige Chlor besteht aus zweiatomigen Cl_2-Molekülen. Sie müssen zunächst durch Energiezufuhr in Atome zerlegt werden.

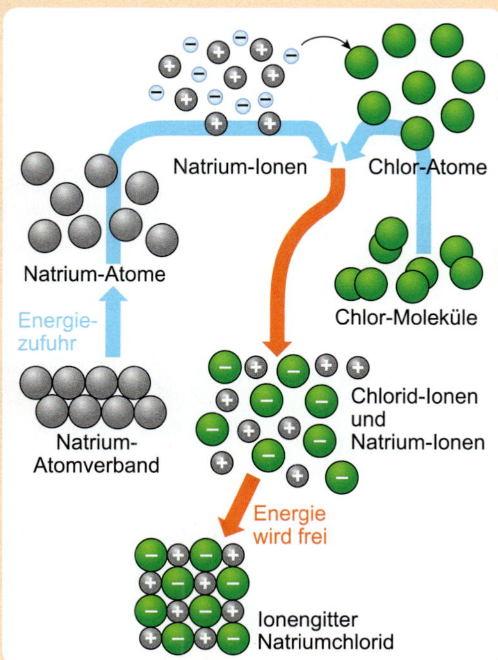

Anschließend nehmen sie die Elektronen auf, die den Natrium-Atomen entrissen worden sind. Dabei bilden sich Chlorid-Ionen – und Energie wird frei.

Die Natrium- und Chlorid-Ionen bilden beim Abkühlen ein Kristallgitter. Dabei wird so viel Gitterenergie frei, dass die Reaktion insgesamt exotherm verläuft.

1 Schreibe auf, welche Vorgänge bei der Reaktion zwischen Natrium und Chlor Energie benötigen und bei welchen Energie frei wird.

2. Weshalb verläuft die Reaktion insgesamt exotherm?

Ionen im Trinkwasser

1. Trinkwasseranalyse

Die abgebildete Trinkwasseranalyse enthält Mengenangaben über zahlreiche Ionen.

a) Finde Gründe, warum keine Salze, sondern nur Ionen angegeben werden.

b) Lies die Namen der verschiedenen Ionen aufmerksam durch. Fällt dir an der Schreibweise und an der Namensgebung etwas auf? Welche Ionen „tanzen" aus der Reihe?

c) Die Trinkwasseranalyse enthält wesentlich mehr Angaben über Ionen als das Etikett einer Mineralwasserflasche. Warum ist das so? Sind im Mineralwasser weniger Ionen enthalten? Frage beim örtlichen Wasserversorger nach.

Trinkwasseranalyse Braunschweig, 2008 (Angaben in mg pro Liter)

Kationen		Mittelwert
Calcium	Ca^{2+}	19,3
Magnesium	Mg^{2+}	2,7
Natrium	Na^+	7,1
Kalium	K^+	0,7
Eisen	Fe^{2+}	0,02
Mangan	Mn^{2+}	0,01
Aluminium	Al^{3+}	21,5
Blei	Pb^{2+}	< 1
Kupfer	Cu^{2+}	1,3
Nickel	Ni^{2+}	0,5
Zink	Zn^{2+}	13,8
Ammonium	NH_4^+	0,02
Anionen		
Fluorid	F^-	0,06
Chlorid	Cl^-	9,7
Nitrit	NO_2^-	0,01
Nitrat	NO_3^-	5,3
Phosphat	PO_4^{3-}	< 0,1
Silikat	SiO_4^{4-}	6,1

2. Test auf Mineralwasser

a) Vor dir stehen zwei Gläser. In einem befindet sich reines Wasser, im anderen Mineralwasser. Wie kannst du herausfinden, in welchem Glas sich das Mineralwasser befindet?

b) Vergleiche über die Etiketten verschiedene Mineralwässer auf ihre Zusammensetzung. Erläutere, wie es zu den Unterschieden kommen kann.

3. Leitfähigkeitsmessung

a) Prüfe die Leitfähigkeit von destilliertem Wasser, am besten mit einem Leitfähigkeits-Messgerät.

b) Löse im destillierten Wasser einige Körnchen Kochsalz und prüfe die Leitfähigkeit erneut.

c) Erhöhe die Kochsalzmenge schrittweise und notiere die Messwerte.

d) Fasse die Ergebnisse in einem aussagekräftigen Satz zusammen.

e) Prüfe die Leitfähigkeiten von Trinkwasser und von verschiedenen Mineralwässern. Vergleiche die Messwerte. Achte dabei auf die Angaben auf den Etiketten.

i) Fasse zusammen: Was kann man mit der Messung der Leitfähigkeit prüfen?

4. Salze in der Petrischale

a) In eine Petrischale mit etwas Wasser und einem Filterpapier wird an den einen Rand eine Messerspitze Natriumcarbonat (GHS 7) und an den anderen Rand etwas Calciumchlorid (GHS 7) gegeben. Die Petrischale darf nun nicht mehr berührt und erschüttert werden.
Beobachte die Schale und schreibe deine Beobachtung auf.

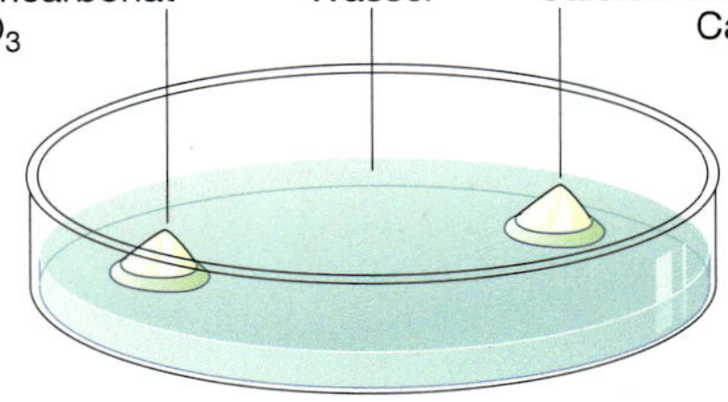

b) Erkläre deine Beobachtungen. Beantworte dazu die folgenden Leitfragen:
– Aus welchen Ionen besteht Natriumcarbonat?
– Aus welchen Ionen besteht Calciumchlorid?
– Kombiniere: Wenn die Ionen frei beweglich sind, zu welchen zwei neuen Salzen können sie sich zusammensetzen?
– Die Bildung eines dieser Salze konntest du in der Petrischale beobachten. Stelle Vermutungen an, welches Salz es sein könnte und mache Aussagen über die Löslichkeit dieses Salzes.

5. Ionen für den Körper

Finde heraus, welche Mengen an Calcium-, Magnesium- und Eisen-Ionen der menschliche Körper täglich etwa benötigt – und wofür.

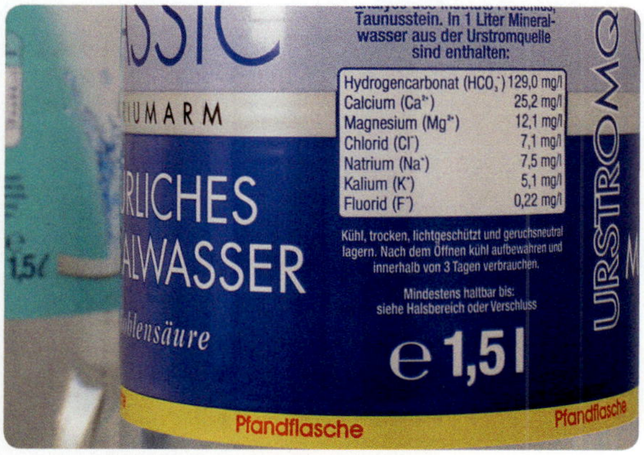

▲ *1. Etikett eines Mineralwassers*

Das Etikett einer Mineralwasserflasche zeigt, dass darin zahlreiche Ionen gelöst enthalten sind. Das gilt übrigens auch für das Trinkwasser aus der Leitung. Wie gelangen diese Ionen überhaupt ins Wasser?

Ionen – aus dem Boden ins Wasser. Regenwasser durchläuft beim Versickern verschiedene Boden- und Gesteinsschichten. Dabei lösen sich die unterschiedlichsten Salze und damit auch Ionen im Wasser.
Untersucht man dieses Wasser, so kann die Analyse nur Informationen über die Menge der einzelnen Kationen und Anionen liefern, nicht aber über die Menge der einzelnen Salze, die gelöst wurden. Denn wenn die Salze einmal gelöst sind, vermischen sich sämtliche Anionen und Kationen in der Lösung.

Von den Ionen zum Salz. Von Salzen spricht man erst, wenn Ionen sich zu einem Feststoff verbunden haben. Dies geschieht, wenn das Lösemittel Wasser verdunstet oder die Lösung eingedampft wird. Salze bilden sich aber auch, wenn gelöste Ionen zu einem **schwer löslichen Salz** reagieren (vgl. Aufgabe 4a, Seite 236). Wenn sich etwa gelöste Calcium-Ionen (Ca^{2+}) und Carbonat-Ionen (CO_3^{2-}) vermischen, kann das schwer lösliche Salz Calciumcarbonat ($CaCO_3$, Kalk) ausfallen.

Die elektrische Leitfähigkeit. Wasser mit gelösten Salzen leitet den elektrischen Strom. Da die meisten Ionen in etwa den gleichen Beitrag zur Leitfähigkeit liefern, ist die Angabe der Leitfähigkeit ein guter Hinweis auf die Menge an gelösten Ionen. Man kann vereinfacht sagen: **Je mehr Ionen ein Wasser enthält, desto höher ist die Leitfähigkeit.**

Mineralwässer unterscheiden sich. Vielfach wird angenommen, dass alle Mineralwässer viele Mineralstoffe enthalten. Demnach müssten sie auch eine hohe Leitfähigkeit haben. Das ist nicht immer der Fall. Es gibt Mineralwässer mit einer hohen, andere mit einer sehr niedrigen Leitfähigkeit. Mineralwasser im Sinne des Gesetzes ist ein Wasser aus einem vor Verunreinigung geschützten Vorkommen. Trinkwasser wird aus Grundwasser und Oberflächenwasser (Seen, Flüssen) gewonnen. Dabei durchläuft es verschiedene Reinigungsschritte und wird sehr streng kontrolliert. Die umfangreiche Trinkwasseranalyse weist auf solche strengen Kontrollen hin.

Durch versickerndes Regenwasser lösen sich Salze aus dem Boden und gelangen ins Grundwasser. Die gelösten Salze bilden frei bewegliche Ionen. Je mehr Ionen im Wasser sind, desto höher ist die elektrische Leitfähigkeit.

1. Fragen zum Text

a) Wie kommen die Ionen ins Trinkwasser?
b) Warum wird auf einem Mineralwasseretikett nicht der Gehalt an Kochsalz (Natriumchlorid) aufgeführt?
c) Wie lässt sich ungefähr bestimmen, ob ein Wasser viel oder wenig gelöste Salze enthält?

2. Gips im Reagenzglas?

Fülle zwei Reagenzgläser ca. 2 cm hoch mit Wasser. Gib in das erste Glas eine Spatelspitze Natriumsulfat und in das zweite etwas Calciumchlorid (GHS 7). Gieße nun den Inhalt beider Gläser zusammen.
Finde eine Erklärung für dein Versuchsergebnis.

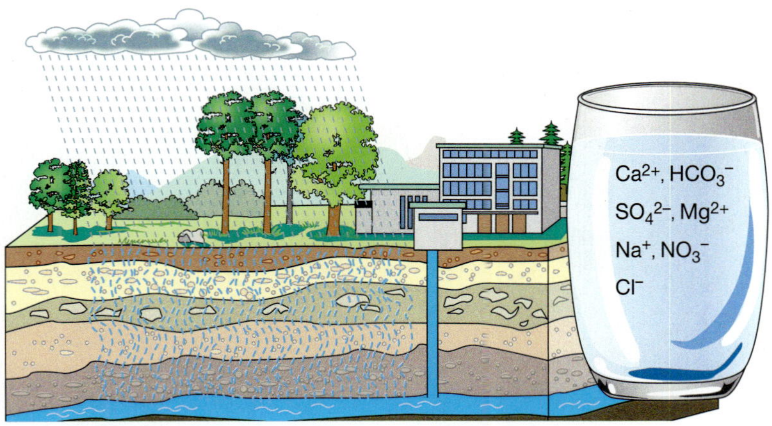

▲ *2. Beim Versickern von Wasser lösen sich verschiedene Salze*

Viele Themen kann man kontrovers diskutieren. Solche Themen sind z. B.

- Was ist gesünder, Margarine oder Butter?
- Wie viel Promille Alkohol sollte die Straßenverkehrsordnung zulassen?
- Was ist besser in der Landwirtschaft, Mineraldünger oder biologischer Dünger?

Mit solchen Fragen kann man sich in einem **Rollenspiel** auseinandersetzen. Dabei werden die verschiedenen Standpunkte von sogenannten Experten vertreten. Die differenzierte Darstellung unterschiedlicher Standpunkte animiert die Teilnehmer und die Zuschauer zu einer bewussten Auseinandersetzung mit dem Thema. Das kann zu einem bewussteren Umgang und sogar zu einem veränderten Verhalten anleiten.

1. Vorbereitung des Rollenspiels

Zunächst werden Gruppen gebildet, die verschiedene Unterthemen bearbeiten. Es wird diskutiert und entschieden, welche Rollen dargestellt werden sollen. Die Ergebnisse werden in Rollenkarten festgehalten. Einer aus der Gruppe wird als Darsteller bestimmt.

Es wird ein Moderator gewählt, der neutral ist und der sich wie ein Journalist mit Fragen an die Rollenvertreter vorbereitet.

Eine Jury aus drei Personen wird gebildet. Es werden Gesichtspunkte und maximale Punktzahl für die Bewertung der Rollen festgelegt.

2. Durchführung

In einem Halbkreis an Tischen sitzen die Rollenvertreter mit Namensschildern (Fantasienamen und Rolle). In der Mitte sitzt der Moderator. Er stellt Fragen und sorgt dafür, dass alle Rollenvertreter zu Wort kommen. Er leitet die Diskussion unter den Rollenvertretern. Er legt Sprechzeiten für die einzelnen fest und achtet darauf, dass die Zeit für das Rollenspiel nicht überschritten wird.

3. Auswertung

a) Befragung der Rollenspieler durch die Jury
- Wie hat sich der Spieler in seiner Rolle gefühlt?
- Konnte er die Sache wirksam vertreten?
- Was hat dem Spieler gut gefallen?

b) Befragung der Zuhörer durch die Jury
- Welche Argumente waren überzeugend?
- Wie gut haben die Spieler ihre Rolle ausgefüllt?

c) Alle Rollen werden bewertet nach Sachargumenten und schauspielerischer Leistung. Jedes Jury-Mitglied hat Punkte zu vergeben, die sich zu einem Gesamturteil addieren.

Anregung zu einem Rollenspiel:

Was soll man trinken, um sich ausreichend mit Mineralstoffen zu versorgen – Trinkwasser oder Mineralwasser?

Bei diesem Rollenspiel sollte das auf den vorhergehenden Seiten des Chemiebuchs erworbene Wissen angewendet werden, aber auch durch Nachschlagewerke und Internetrecherche ergänzt werden.

Rollenkarten. Es sollten zu folgenden Rollen Rollenkarten von den Arbeitsgruppen erstellt werden:

1. Moderator: Stellt Fragen zum Thema an die verschiedenen Experten; er macht die Diskussionsleitung; er hält sich mit seiner eigenen Meinung aus der Diskussion heraus.

2. Arzt: Er erklärt, welche Mineralstoffe der Mensch zum Leben nötig hat und in welchen Mengen. Sachlich beschreibt er, wozu die Mineralstoffe wichtig sind.

3. Lebensmittelchemiker: Er gibt an, welche Mineralstoffe in den verschiedenen Nahrungsmitteln enthalten sind, qualitativ und quantitativ.

4. Vertreter des Mineralwasserverbands: Er lobt das Mineralwasser seines Hauses und zeigt auf, welche Mineralstoffe darin enthalten sind.

5. Vertreter des Trinkwasserverbands: Widerspricht gern dem Vertreter des Mineralwasserverbands, indem er nüchtern aufzeigt, welche Stoffe im Trinkwasser enthalten sind. Er hebt hervor, dass Trinkwasser streng und häufig kontrolliert wird.

6. Vertreter der Milchwirtschaft: Lobt die Milch als beste Versorgungsquelle mit Calcium. Dazu zeigt er auf, welche Mineralstoffe in der Milch enthalten sind. Er macht darauf aufmerksam, dass die Mineralstoffe aus Milch besser vom Körper aufgenommen werden als aus Wasser.

7. Leistungssportlerin: Sie berichtet von Erfahrungen mit isotonischen Getränken.

8. Mutter: Berichtet über Erfahrungen mit ihrem Kind. Was ist, wenn es sich am liebsten nur von Schokolade und Limonade ernähren möchte. Sie stellt die Frage, wie man eine gesunde Ernährung bei Kindern durchsetzen kann.

Kalk – ein Salz als Baustoff

1. Salzsäure-Test auf Kalk

GHS 7; B1

Kalkstein kann man von anderen Gesteinen wie Granit oder Basalt leicht unterscheiden, indem man verdünnte Salzsäure (GHS 7; B1) aufträufelt. Schäumend entweicht dann Kohlenstoffdioxid („Kohlensäuregas"). Prüfe verschiedene Gesteine, ob sie Kalk enthalten.

2. Gebrannter Kalk

GHS 5; B1

Kalk wird bei etwa 1000 °C gebrannt. Dabei entweicht Kohlenstoffdioxid. Übrig bleibt gebrannter Kalk (GHS 5; B1). Wie wird gebrannter Kalk mit Salzsäure (GHS 5; B1) reagieren? Entweicht hier auch Kohlenstoffdioxid?
Überprüfe deine Vermutung anhand eines Experiments.

3. Kalk löschen

GHS 5; B1

a) Gib etwas gebrannten Kalk, Calciumoxid (GHS 5; B1) in eine Porzellanschale. Füge tropfenweise Wasser hinzu und beobachte (Temperatur!). Prüfe mit Indikatorpapier und erkläre die Farbreaktion.
b) Filtriere etwas von dem gelöschten Kalk in ein Reagenzglas. Leite Kohlenstoffdioxid-Gas in die Lösung ein. Beobachte und beschreibe.

Kalkstein. Ausgangsstoff für Kalkmörtel ist Kalkstein. Kalkstein besteht überwiegend aus Calciumcarbonat ($CaCO_3$). Zerkleinerter Kalkstein wird in Drehrohröfen auf etwa 1000 °C erhitzt. Bei dieser hohen Temperatur zersetzt sich das Calciumcarbonat. Es entweicht Kohlenstoffdioxid und es entsteht Calciumoxid (CaO), **Branntkalk.**

Löschkalk. Nach dem Erkalten wird der Branntkalk mit Wasser versetzt. Man spricht vom „Löschen" des Kalks. Bei dieser Reaktion wird Wärme frei. Dabei verbindet sich Calciumoxid mit Wasser zu Calciumhydroxid ($Ca(OH)_2$), dem Löschkalk.

Kalkmörtel. Am Bau wird der Löschkalk mit Sand und Wasser zu einem steifen Brei angerührt und in dünnen Schichten als Verputz auf die Wände aufgetragen. An der Luft wird der Mörtel langsam fest, er bindet ab. Dabei reagiert der Löschkalk mit dem Kohlenstoffdioxid aus der Luft und wird wieder zu **Calciumcarbonat** und Wasser. Das Verfestigen des Kalkmörtels ist ein Vorgang, der sich über Jahre hinweg fortsetzen kann. Weil Kalkmörtel nur an der Luft, nicht jedoch unter Wasser fest wird, bezeichnet man ihn auch als Luftmörtel.

Technischer Kalkkreislauf. Im ausgehärteten Mörtel findet man wieder das Calciumcarbonat, wie im Ausgangsstoff, dem Kalkstein. Den Weg vom Kalkstein bis zum verfestigten Kalkmörtel bezeichnet man daher als den **technischen Kreislauf des Kalks.**

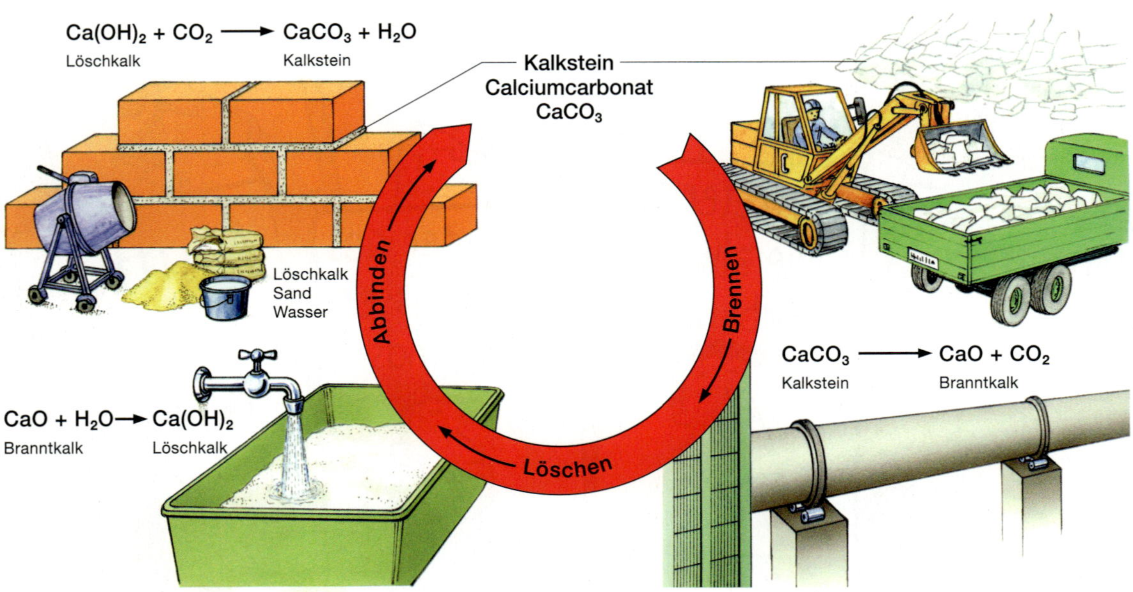

▲ *2. Technischer Kreislauf des Kalks*

Kalkmörtel wird aus Kalkstein durch Brennen, Löschen und Vermischen mit Sand hergestellt. Kalkmörtel erhärtet an der Luft, indem er mit Kohlenstoffdioxid zu Kalkstein reagiert. Kalkstein und ausgehärteter Mörtel sind chemisch gleich, sie bestehen aus Calciumcarbonat.

1. Fragen zum Text:
a) Woraus besteht Kalkmörtel?
b) Formuliere als Reaktionsgleichungen das Brennen, Löschen und Abbinden.
c) Weshalb spricht man von einem technischen Kreislauf des Kalks?

2. Marmor erhitzen

Marmor ist eine besondere Form von Kalkstein.
Halte mit der Tiegelzange ein Stück Marmor in die rauschende Flamme eines Brenners. Lass den gebrannten Marmor (GHS 5; B1) auskühlen. Prüfe den gebrannten sowie nicht gebrannten Marmor mit angefeuchtetem Indikatorpapier. Beschreibe und erkläre deine Beobachtungen.

Zement gibt es schon lange

▲ *2. Pantheon in Rom*

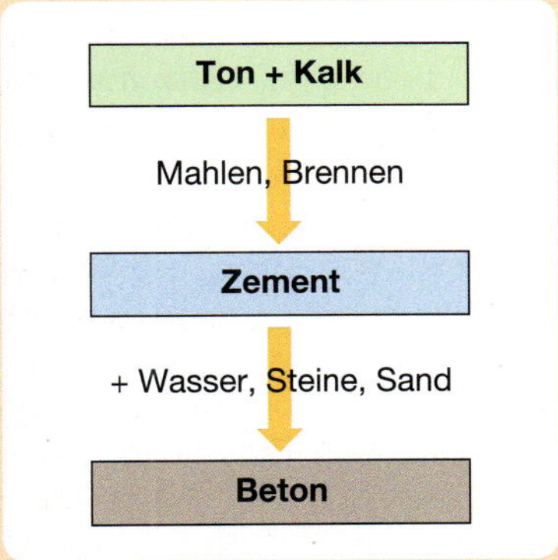

▲ *3. Herstellung von Beton*

Zement ist keine Erfindung der Neuzeit. Das in Rom um 120 n. Chr. erbaute Pantheon besitzt eine Kuppel, die mit einem Durchmesser von 43 Metern den Innenraum überspannt. Mit Naturstein war ein solches Bauwerk nicht zu verwirklichen. Die Römer wählten daher einen Baustoff, den sie aus gebranntem Kalk, gemahlenen Ziegelsteinen und Vulkanasche herstellten. Dieser Baustoff ähnelt stark unserem heutigen **Zement.**

Zement und Beton. Rohstoffe für die Herstellung von Zement sind auch heute noch vor allem *Kalkstein* und *Ton.* Diese Rohstoffe werden fein gemahlen und dann in einem Drehrohrofen bei 1500 °C gebrannt. Es entweichen Wasser und Kohlenstoffdioxid.
Zurück bleibt ein verbackener Rest, der Zementklinker. Der Klinker wird nach dem Erkalten fein gemahlen. Das graue Pulver kommt als **Zement** in den Handel. **Zementmörtel** enthält als Zuschlag nur Sand und wird zum Mauern verwendet. **Beton** ist eine Mischung aus Zement, Sand und Kies.
Arbeitet man Stäbe oder Netze aus Stahl ein, erhält man **Stahlbeton.** Erst damit lassen sich die atemberaubend hohen Gebäude unserer Zeit bauen.

Verarbeitung. Anders als Kalkmörtel benötigt Beton zum Festwerden kein Kohlenstoffdioxid aus der Luft, sondern lediglich Wasser. Er wird sogar unter Wasser steinhart. Man kann deshalb auch unter Wasser betonieren.

Beim Abbinden finden verschiedene chemische Veränderungen statt. Die enthaltenen Oxide reagieren miteinander sowie mit dem Wasser und bilden neue chemische Verbindungen. Bereits wenige Minuten nach dem Anrühren mit Wasser beginnen nadelförmige Kristalle zu wachsen, die miteinander verfilzen. Nach einigen Stunden wird der Beton zunehmend fester. Bis zur vollständigen Aushärtung rechnet man mit etwa 28 Tagen.

1. Aus welchen Rohstoffen stellt man Zement her?
2. Was geschieht beim Abbinden von Beton?
3. Unter welchen Bedingungen härtet Beton aus?

Gips – ein vielseitiger Baustoff

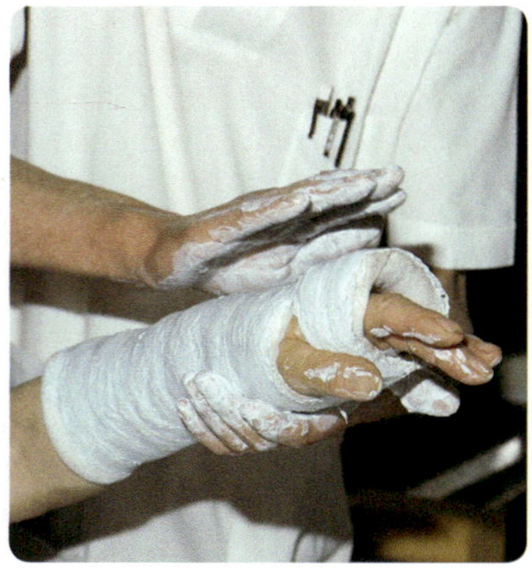

▲ *1. Gips ist ein Stoff, der vielseitig verwendet wird*

1. Verwendung von Gips

a) Wozu wird Gips eingesetzt? Betrachte dazu die Abbildungen.
b) Hast du schon einmal Gips angerührt? Falls ja: Woran merkt man, dass das Gipspulver mit dem Wasser reagiert?

2. Experimente mit Gips

a) Gib etwas Wasser in einen Plastikbecher und streue so lange Gipspulver unter Rühren in das Wasser, bis sich eine glatte Paste bildet. Gieße den angerührten Gips in eine Streichholzschachtel. Beobachte und messe die Zeit, bis der Gips hart wird.
b) Ist der Gips hart geworden, wird er in einem Mörser zerkleinert. Rühre nun einen Teil davon wieder in etwas Wasser und prüfe, ob die Mischung noch mal hart wird.
c) Fülle den Rest des zerkleinerten Gipses in ein vorher gewogenes Reagenzglas und wiege erneut. Erhitze ein paar Minuten über einer Brennerflamme und wiege dann abermals. Berechne, um wie viel Prozent das Gewicht abgenommen hat.
d) Streue den erhitzten Gips erneut in etwas Wasser und prüfe, ob die Mischung nun hart wird.

Gewinnung. Gips wird in Steinbrüchen abgebaut. Daneben wird auch Gips verwendet, der bei der Entschwefelung von Rauchgasen in Kraftwerken anfällt. Gips ist chemisch betrachtet **Calciumsulfat,** $CaSO_4$. Er ist aus Ca^{2+}- und SO_4^{2-}-Ionen aufgebaut.

Brennen von Gips. Gipskristalle enthalten einen Anteil an chemisch gebundenem Wasser (Kristallwasser). Die vollständige Formel von ausgehärtetem Gips lautet daher $CaSO_4 \cdot 2\ H_2O$.
Beim Brennen wird Gips auf 130 °C erhitzt. Dabei entweicht ein Teil des Kristallwassers, die Kristalle zerfallen. Das Produkt wird zu Pulver gemahlen und kommt als Stuckgips in den Handel.

▲ *2. Wird Gipspulver in Wasser eingerührt, bilden sich Gipskristalle, die miteinander verfilzen. Dadurch wird der Gips hart*

Härten von Gips. Gibt man zu gebranntem Gips Wasser, wird er warm. Es bilden sich wieder die ursprünglichen Kristalle und der Gips wird hart. Da er bei diesem Vorgang Wasser aufnimmt, dehnt sich der Gips beim Aushärten etwas aus. Deshalb eignet sich Gips hervorragend, um Abdrücke abzunehmen.

Verwendung. Gips ist nicht wasserfest. Man verwendet Stuckgips deshalb nur im Innenausbau etwa für Gipskartonplatten, zum Verfüllen von Löchern in Wänden und zur Herstellung von Verzierungen (Stuck). Weiter nutzt man ihn für Verbände nach Knochenbrüchen sowie für Gipsabdrücke an Tatorten.

Gips ist wasserhaltiges Calciumsulfat. Beim Brennen von Gips wird ein Teil des Kristallwassers entfernt. Der gebrannte Gips nimmt beim Abbinden wieder Wasser auf und wird fest.

3. Fragen zum Text:

a) Gips stammt heute nicht nur aus Steinbrüchen. Wo wird Gips noch gewonnen?
b) Was geschieht beim Erhitzen, was beim Abbinden von Gips?
c) Warum verwendet man Gips meistens nur im Innenausbau?

→ **Kochsalz** (Natriumchlorid, NaCl) ist eines unter vielen Salzen. Es kann aus Meerwasser, salzhaltigen Quellen und in Bergwerken gewonnen werden.
– Alle Körperflüssigkeiten enthalten Kochsalz (physiologische Kochsalzlösung).
– Es wird zum Würzen und Konservieren verwendet.
– Im Straßenverkehr dient es als Streusalz.
– 80 % werden von der chemischen Industrie als Rohstoff verwendet.

→ **Ionen:** Salze bestehen aus elektrisch geladenen Teilchen, den Ionen: **positiv** geladenen **Kationen** und **negativ** geladenen **Anionen.**

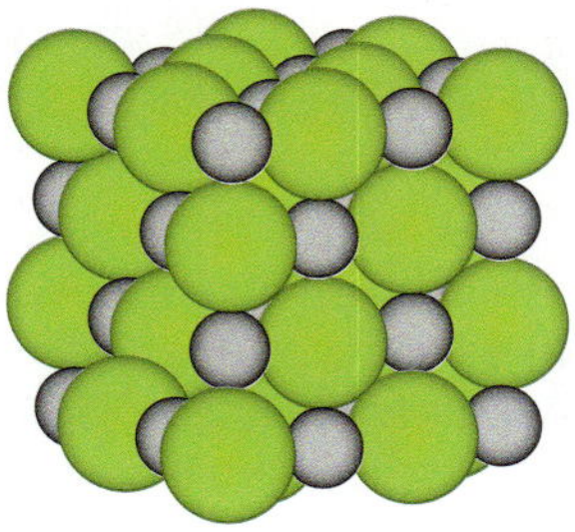

→ **Kristalle:** Anionen und Kationen ordnen sich regelmäßig zu einer räumlichen Struktur in einem Salzkristall an. Die starken elektrischen Kräfte halten die Ionen zusammen. Man bezeichnet diesen Zusammenhalt als **Ionenbindung.**

→ **Bildung von Ionen:** Ionen entstehen aus Atomen durch Abgabe und Aufnahme von Elektronen:
– Metall-Atome geben Elektronen ab und werden zu positiv geladenen Ionen, z. B. Na^+
– Nichtmetall-Atome nehmen Elektronen auf und werden zu negativ geladenen Ionen, z. B. Cl^-

→ **Edelgaszustand:** Bei der Bildung von Ionen erreichen beide Partner die Elektronenverteilung eines Edelgas-Atoms.

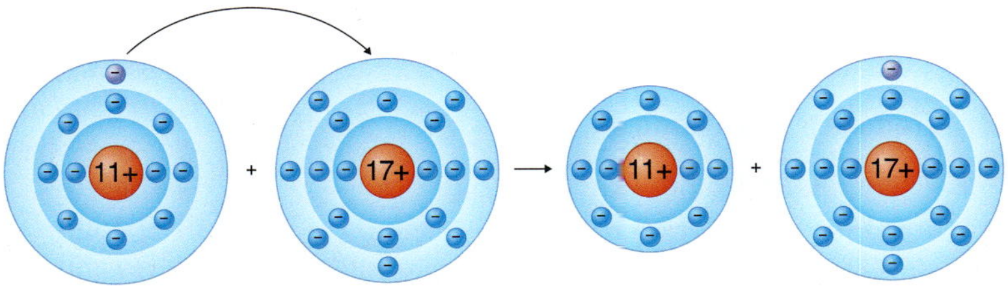

Natrium-Atom + Chlor-Atom ⟶ Natrium-Ion + Chlorid-Ion

→ **Eigenschaften der Salze:** oft gut wasserlöslich, hart und spröde; hohe Schmelz- und Siedetemperaturen. Lösungen und Schmelzen leiten den elektrischen Strom.

→ **Salze im Boden und im Wasser:** Wasser löst Ionen aus den Gesteinen. Je mehr Ionen gelöst sind, desto höher ist die elektrische Leitfähigkeit des Wassers.

→ **Kalk und Gips** sind aus Ionen aufgebaut. Sie werden als Baustoffe verwendet.

Kalk, Calciumcarbonat besteht aus den Ionen:

Ca^{2+} CO_3^{2-}

Gips, Calciumsulfat besteht aus den Ionen:

Ca^{2+} SO_4^{2-}

Kalkmörtel härtet unter Aufnahme von Kohlenstoffdioxid aus der Luft aus.
Gebrannter Gips nimmt beim Abbinden Wasser auf und wird dabei fest.

Salze sind unentbehrlich

1. Kochsalz

a) Kochsalz wird im Alltag vielseitig verwendet. Gib drei Beispiele für die Verwendung von Kochsalz an.
b) Es gibt drei verschiedene Möglichkeiten, Salz zu gewinnen. Erläutere die Methoden kurz.
c) Welchen Vorteil bringt die Salzgewinnung in den Ländern am Mittelmeer?
d) Weshalb gibt es an den Küsten von Nord- und Ostsee keine Salzgewinnungsanlagen?

2. „Tod nach Salz-Pudding"

Aus einer Pressemeldung:

> Ein vierjähriges Kind macht sich unerlaubt einen Pudding. Dabei nimmt es versehentlich Salz statt Zucker und will den Pudding daher gar nicht essen. Doch zur Strafe zwingt die Mutter das Kind, den stark versalzenen Pudding aufzuessen. 34 Stunden später stirbt das Kind an den Folgen der Salzvergiftung.

Was zeigt uns diese wahre Begebenheit?

3. Eigenschaften von Salzen

Steckbrief: Kochsalz

Schmelztemp.: 801 °C
Siedetemp.: 1465 °C

a) Nenne einige Eigenschaften, die typisch für Salze sind.
b) Wie lässt sich erklären, dass Salze in der Regel hohe Schmelz- und Siedetemperaturen haben?
c) Weshalb leiten Salzlösungen den elektrischen Strom, feste Kristalle dagegen nicht?

4. Wie viel Salz wofür?

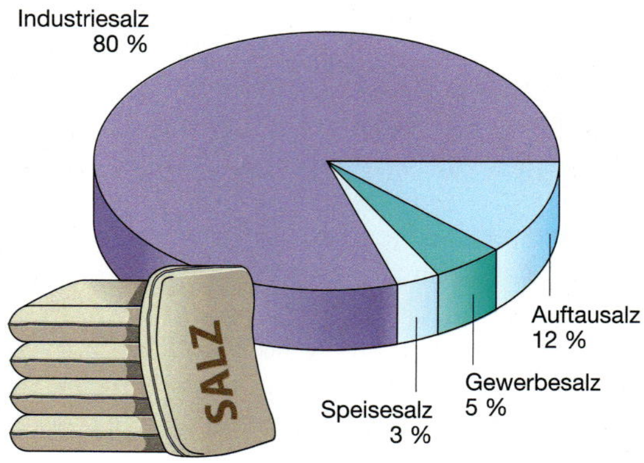

Der größte Teil des weltweit gewonnenen Kochsalzes wird nicht im Haushalt genutzt. Rechne aus, wie viel Tonnen Salz für die einzelnen Sparten verwendet werden, wenn die Weltproduktion bei 218 Millionen Tonnen liegt.

5. Elektrolyse

a) Zeichne den Versuchsaufbau der Elektrolyse von Kupferchlorid in dein Heft (mit U-Rohr). Beschrifte alle abgeschiedenen und alle in Lösung befindlichen Teilchen.
b) Erläutere anhand der Zeichnung, was bei der Elektrolyse abläuft.
c) Inwiefern handelt es sich bei der Elektrolyse um eine chemische Reaktion?
d) Handelt es sich um eine exotherme oder eine endotherme Reaktion?

6. Ionen und Kristalle

Erläutere bzw. erkläre folgende Sachverhalte:
a) Bei der Elektrolyse von Zinkiodid scheiden sich an den Elektroden Zink und Iod ab (Zeichnung).
b) Kristalle sind aus Ionen aufgebaut. Erkläre anhand einer Zeichnung.
c) Aus Metallen bilden sich immer positive Kationen.
d) Warum gibt es kein Na^--Ion?
e) Was sind dies für Teilchen?

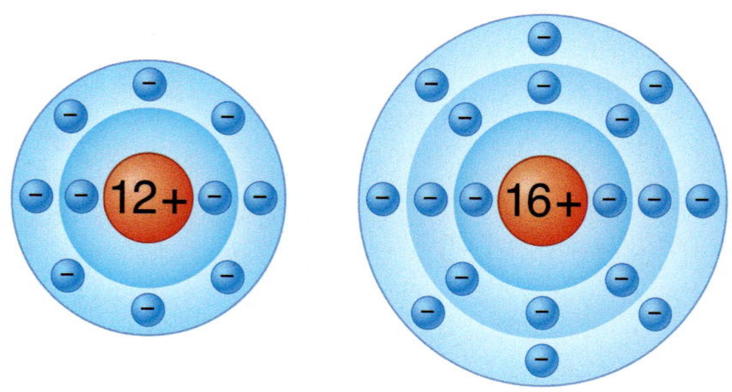

7. Aus Atomen werden Salze

In der Abbildung wird die Bildung von Kochsalz als Comic dargestellt.

a) Stelle den Vorgang mithilfe von Atommodellen dar.

b) Zeige, wie sich aus den entsprechenden Atomen die Salze Lithiumfluorid, Calciumoxid, Aluminiumsulfid und Kaliumbromid bilden.

8. Fluor in der Zahncreme?

a) Das Element Fluor ist ein äußerst reaktionsfähiger, ätzender und sehr giftiger Stoff. Die Werbeaussage: „Diese Zahncreme enthält Fluor zur Härtung des Zahnschmelzes" kann daher nicht richtig sein. Finde heraus, in welcher Form Fluor in Zahncreme enthalten ist.

b) Wie unterscheidet sich Fluor vom tatsächlich verwendeten Stoff, chemisch gesehen?

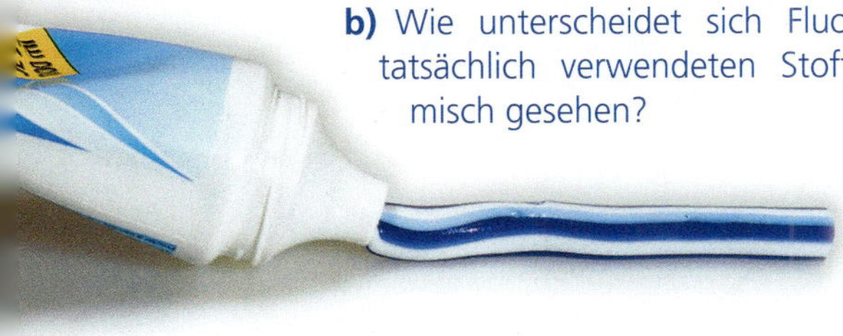

9. Ernährung

In Biologie und Medizin spricht man statt von Salzen meist von Mineralstoffen und Spurenelementen, die der Körper benötigt.
Finde für beide Gruppen je zwei Beispiele. Gib auch an, in welchen Lebensmitteln sie vorkommen und wofür der Körper sie benötigt.

10. Wasser und Gestein

In einem Tropftrichter befindet sich zerkleinerter Granit, in einem anderen befindet sich Gipsgestein. Über das Gestein läuft destilliertes Wasser.
Wie kann man feststellen, bei welchem Gestein die meisten Ionen ins Wasser übergegangen sind?

11. Woher stammt das Mineralwasser?

a) Vergleiche die beiden Mineralwasser-Analysen. Welches Wasser wird „salziger" schmecken?

b) Welches Wasser könnte durch Gipsgestein gelaufen sein? Begründe deine Antwort.

c) Welche Salze können sich beim Eindampfen dieser Mineralwässer bilden?

Inhaltsstoffe	Probe 1	Probe 2
Gelöste Stoffe	109 $\frac{mg}{l}$	2767 $\frac{mg}{l}$
Calcium-Ionen (Ca^{2+})	9,9 $\frac{mg}{l}$	100 $\frac{mg}{l}$
Natrium-Ionen (Na^{+})	9,4 $\frac{mg}{l}$	410 $\frac{mg}{l}$
Chlorid-Ionen (Cl^{-})	8,4 $\frac{mg}{l}$	100 $\frac{mg}{l}$
Sulfat-Ionen (SO_4^{2-})	6,9 $\frac{mg}{l}$	80 $\frac{mg}{l}$

12. Beton – hart wie Stein

a) Aus welchen Rohstoffen wird Zement hergestellt?

b) Welches Gas entsteht beim Zementbrennen ?

c) Erkläre, was beim Abbinden von Beton geschieht.

d) Erkläre, warum mit Beton Bauwerke unter Wasser erstellt werden können, mit Kalkmörtel aber nicht.

e) Informiere dich im Internet darüber, warum bei Brücken aus Beton auch Stäbe und Netze aus Stahl mit eingebaut werden.

KAPITEL

9 Chemie und Elektrizität

Batterien und Akkus versorgen Handys, Laptops, Mobiltelefone, Herzschrittmacher und Hörgeräte mit elektrischer Energie. In Zukunft sollen sie Pkws antreiben und elektrische Energie aus Sonne und Wind speichern.

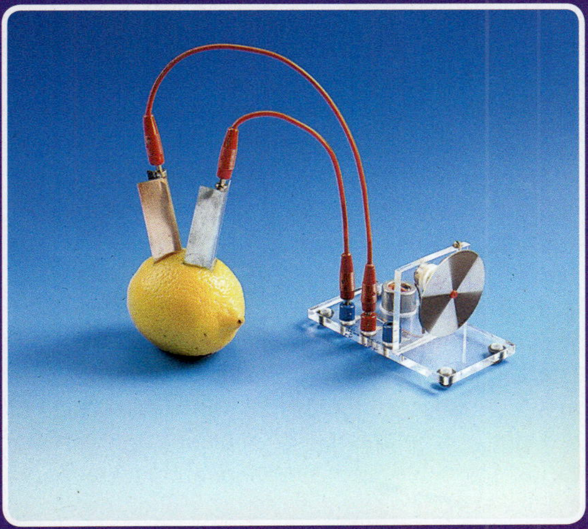

▲ 1. *So kannst du selbst eine Batterie bauen. Eine Zitrone, ein Blechstreifen aus Kupfer und einer aus Zink – fertig.*

Batterien liefern nur für eine bestimmte Zeit Strom, Akkus können wieder aufgeladen werden.
Wie sind sie aufgebaut?
Woraus entsteht die elektrische Energie?
Was geschieht beim Laden eines Akkus?
Wohin mit unbrauchbar gewordenen Batterien und Akkus?

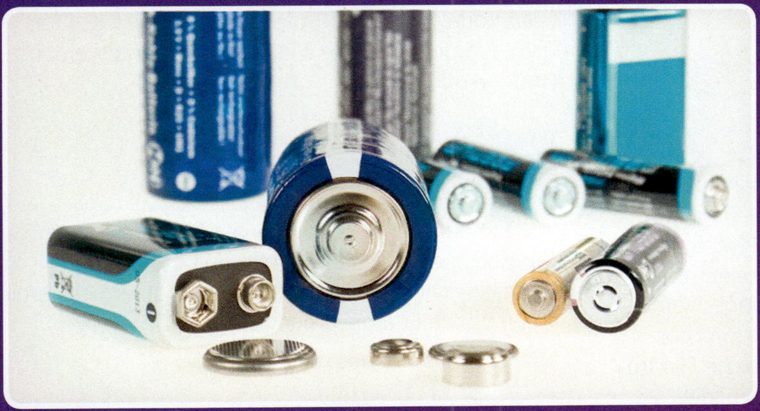

◄ 2. *Wer die Wahl hat, hat die Qual. Das Angebot an Batterien und Akkus ist riesengroß. Welche Batterie für welchen Zweck, wann ist ein Akku sinnvoller?*

3. Zukunft der Luftfahrt? Der Brennstoffzellen-Motorsegler mit Wasserstoff an Bord als Treibstoff für die Brennstoffzelle. Sie erzeugt den elektrischen Strom für den Elektromotor. ►

Die Chemie steckt voller Spannung ...

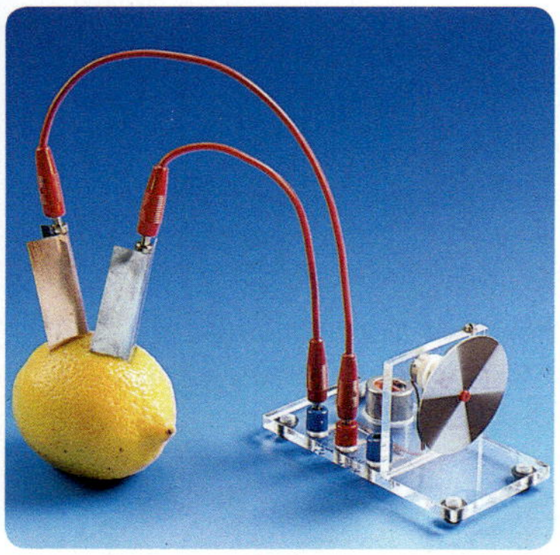

1. Strom aus der Zitrone

Stecke in eine Zitrone eine Kupferelektrode und eine Zinkelektrode. Achte darauf, dass sich die beiden Elektroden nicht berühren.

a) Verbinde die beiden Elektroden zuerst mit einem Spannungsmesser, dann mit einem Kleinmotor.
b) Welches Metall bildet den Minuspol, welches den Pluspol?

2. Einfache elektrochemische Zellen

Tauche eine Zinkelektrode und eine Kupferelektrode nacheinander in destilliertes Wasser, in eine Kochsalz-Lösung und in verdünnte Schwefelsäure.
Prüfe jeweils, ob eine Spannung messbar ist.

3. Zink-Kohle-Zelle

a) Fülle in den einen Schenkel eines U-Rohres mit Fritte Zinksulfat-Lösung (GHS 5, 7, 9; B2) in den anderen Schenkel Kupfersulfat-Lösung (GHS 7, 9; B2). Tauche in die Zinksulfat-Lösung eine Zinkelektrode, in die Kupfersulfat-Lösung eine Kohleelektrode. Verbinde die Elektroden mit einem kleinen Elektromotor.
b) Miss die Spannung und stelle fest, welche Elektrode den Minuspol und welche den Pluspol bildet.
c) Welche Veränderung kannst du nach einiger Zeit an der Kohleelektrode beobachten?

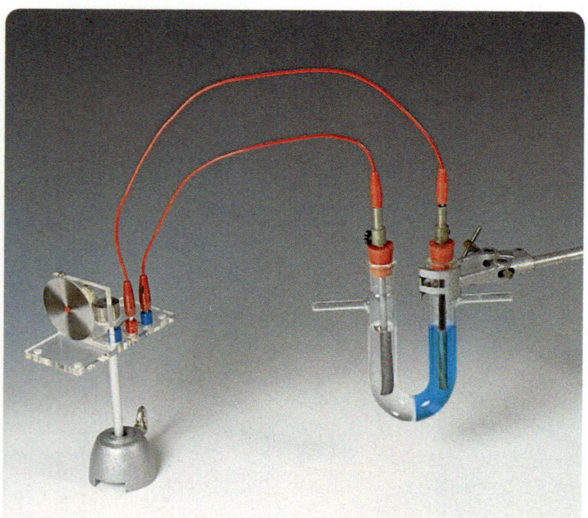

Strom aus der Zitrone. Werden ein **Kupferblech** und ein **Zinkblech** in eine Zitrone gesteckt, kann man zwischen den beiden Elektroden eine Spannung von ungefähr 1 V messen. Das Zinkblech bildet den Minuspol, das Kupferblech den Pluspol der Spannungsquelle. Wird zwischen den Polen eine leitende Verbindung hergestellt, fließt ein Strom.

Die Zink-Kohle-Zelle. Eine Zinkelektrode taucht in eine Zinksulfat-Lösung, eine Kohleelektrode in eine Kupfersulfat-Lösung.
Damit sich die Lösungen nicht vermischen, sind sie durch eine poröse Wand (Fritte) voneinander getrennt. Die Zink-Kohle-Zelle liefert eine Spannung von 1,5 V.
Die Zinkelektrode bildet den Minuspol. Zink-Atome geben Elektronen ab und gehen als Ionen in Lösung:

$$Zn \longrightarrow Zn^{2+} + 2\ e^-$$

Die Elektronen fließen über das Lämpchen zur Kohleelektrode (Pluspol). Kupfer-Ionen aus der Kupfersulfat-Lösung nehmen die Elektronen auf und werden zu Kupfer-Atomen:

$$Cu^{2+} + 2\ e^- \longrightarrow Cu$$

Die Zinkelektrode (Minuspol) löst sich allmählich auf, an der Kohleelektrode lagert sich Kupfer ab. Zum Ladungsausgleich wandern Ionen durch die Fritte.
Durch eine chemische Reaktion wird chemische Energie in elektrische Energie umgewandelt.

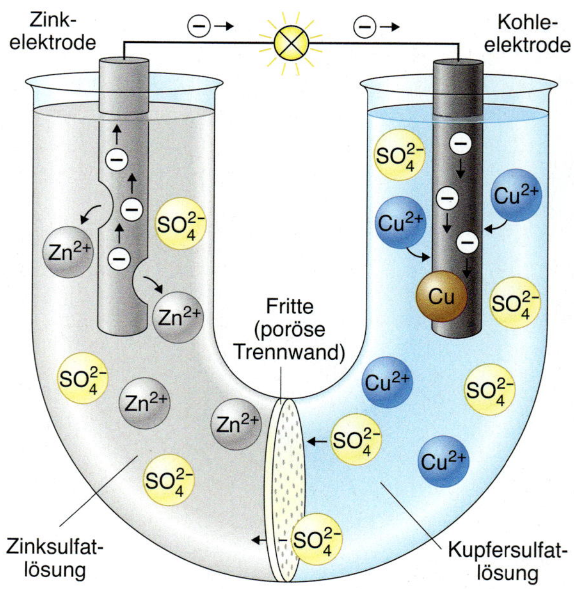

▲ *3. Vorgänge in einer galvanischen Zelle*

Galvanische Zellen. Zwei unterschiedliche Elektroden, die in eine leitfähige Lösung, den Elektrolyt, eintauchen, bilden eine galvanische Zelle. Galvanische Zellen dienen als Gleichspannungsquellen. Dabei werden an der einen Elektrode Elektronen abgegeben und an der anderen aufgenommen. Die Elektronen wandern dabei durch einen äußeren Leiter.

Eine galvanische Zelle ist eine elektrische Spannungsquelle. Durch chemische Reaktionen an den Elektroden wird chemische Energie in elektrische Energie umgewandelt.

1. Fragen zum Text

a) Beschreibe den Aufbau einer galvanischen Zelle.
b) Begründe, warum die Zitronenbatterie eine galvanische Zelle ist.
c) Beschreibe die chemischen Reaktionen in einer Zink-Kohle-Zelle. Schreibe die entsprechenden Gleichungen auf.
d) In einer galvanischen Zelle wird chemische Energie in elektrische Energie umgewandelt. Erläutere.
e) Warum kann eine galvanische Zelle nicht beliebig lange elektrische Energie zur Verfügung stellen?

Exkurs

► GALVANI und VOLTA

Luigi GALVANI (1737–1798) war Arzt und Naturforscher an der Universität von Bologna. Er untersuchte das Zusammenspiel von Nerven und Muskeln an toten Tieren. Im Jahr **1786** machte er eine interessante Entdeckung, als er mit präparierten Froschschenkeln experimentierte.

Als GALVANI die freigelegten Nerven der Schenkel zufällig mit einem Messer berührte, zuckten sie als wären sie lebendig. Dies geschah jedoch nur, wenn gleichzeitig ein Funke mit einer in der Nähe stehenden Elektrisiermaschine erzeugt wurde. Er schloss daraus, dass für die Bewegung der Muskeln eine **„tierische Elektrizität"** verantwortlich sei.

In weiteren Versuchen spießte er präparierte Froschschenkel an Messinghaken auf, die er an das Eisengitter seines Balkons hängte. Sobald ein Schenkel das Eisengitter berührte, zuckte er ebenfalls.

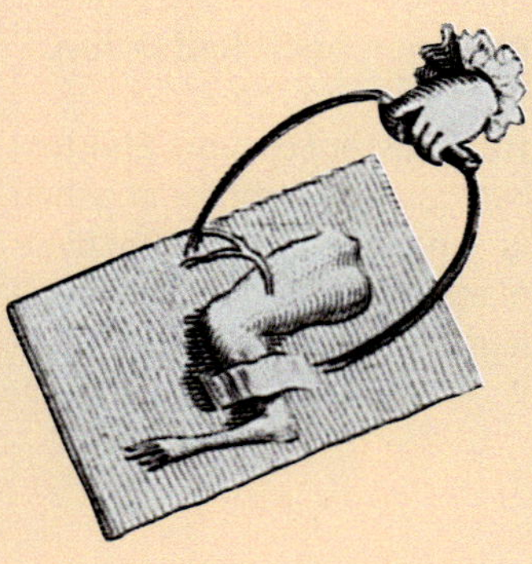

Der italienische Physiker Alessandro VOLTA (1745–1827) hörte von Galvanis Beobachtungen. Er setzte die Experimente Galvanis fort und fand heraus, dass ein elektrischer Strom erzeugt werden kann, wenn zwei unterschiedliche Metalle in eine leitende Flüssigkeit getaucht wurden. Aufgrund dieser Erkenntnis gelang es ihm, die erste leistungsfähige Spannungsquelle zu konstruieren.

In der sogenannten **Voltasäule** befanden sich abwechselnd übereinander gestapelte Zink- und Silberplatten. Zwischen jedem Plattenpaar lag ein mit verdünnter Schwefelsäure getränkter Filz. Die damit erzeugte Spannung betrug etwa 100 V. Bis zur Mitte des 19. Jahrhunderts war dies die wichtigste Stromquelle – die erste nutzbare **„Batterie"**.

Für diese bahnbrechende Erfindung wurde die Einheit der elektrischen Spannung „Volt" nach ihm benannt.

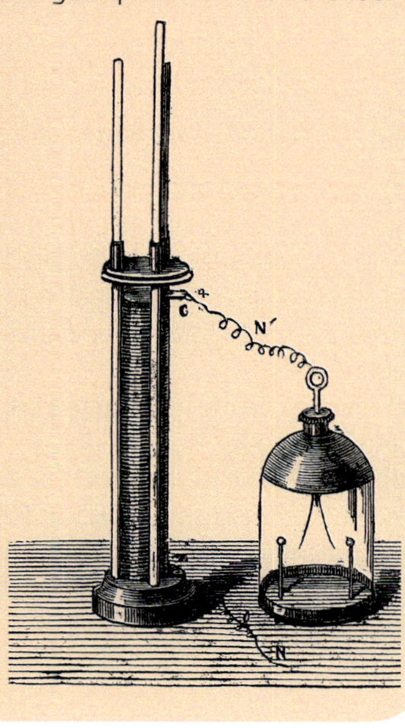

Redoxreaktionen – Austausch von Elektronen

1. Oxidation und Reduktion

a) Was versteht man unter einer Oxidation? Erläutere an einem Beispiel.
b) Wie nennt man eine Reaktion, bei der einem Oxid der Sauerstoff entzogen wird?
c) Wie heißt eine Reaktion, bei der Oxidation und Reduktion gleichzeitig ablaufen?

▲ *1. Reaktion von Magnesium mit Sauerstoff und mit Chlor*

2. Oxidation ohne Sauerstoff?

a) Beschreibe anhand der Abbildungen die Reaktionen von Magnesium mit Sauerstoff und mit Chlor. Was fällt dir auf?
b) Beschreibe und nenne die Reaktionsprodukte, schreibe die Reaktionsgleichungen auf.

3. Reduktion ohne Sauerstoff?

7 9 B2

a) Kupferoxid kann mit Eisen reduziert werden. Schreibe die Reaktionsgleichung auf. Welcher Stoff wird oxidiert, welcher reduziert?
b) Tauche einen Eisennagel in Kupfersulfat-Lösung (GHS 7, 9; B2). Beschreibe deine Beobachtungen und deute sie.
c) Gibt es Gemeinsamkeiten bei den Reaktionen a) und b)?
d) Wiederhole den Versuch b) mit einem Kupferblech in Silbernitrat-Lösung (GHS 7; B2).
e) Welches Versuchsergebnis erwartest du, wenn ein Silberblech in eine Kupfersulfat-Lösung (GHS 7, 9; B2) getaucht wird?

Oxidation ist Elektronenabgabe. Magnesium verbrennt in reinem Sauerstoff mit greller Flamme. Dabei entsteht **Magnesiumoxid** als weißes Pulver. Das Magnesium wird oxidiert.
Hält man brennendes Magnesium in einen mit Chlor gefüllten Standzylinder, macht man eine ähnliche Beobachtung. Das Magnesium brennt mit greller Flamme im Chlor weiter. Es entsteht der weiße Feststoff **Magnesiumchlorid.**
Beide Reaktionen verlaufen ähnlich. Obwohl bei der Reaktion von Magnesium mit Chlor kein Sauerstoff beteiligt ist, wird diese Reaktion ebenfalls als Oxidation bezeichnet.
Betrachtet man die Reaktionen von Magnesium mit Sauerstoff und Chlor auf der Teilchenebene, werden die Gemeinsamkeiten beider Reaktionen besonders deutlich.
In beiden Fällen geben die Magnesium-Atome ihre Außenelektronen ab. Sie erreichen damit den Edelgaszustand. Es entstehen zweifach positiv geladene Magnesium-Ionen.

Elektronenabgabe: $Mg \longrightarrow Mg^{2+} + 2\,e^-$

Auch andere Metalle geben sowohl bei der Reaktion mit Sauerstoff als auch mit anderen Reaktionspartnern Elektronen ab. Damit alle Reaktionen, die nach diesem Prinzip ablaufen, auf die gleiche Weise beschrieben werden können, hat man den Begriff der Oxidation erweitert.

Die Abgabe von Elektronen heißt Oxidation.

Reduktion ist Elektronenaufnahme. Die von den Magnesium-Atomen abgegebenen Elektronen werden von Sauerstoff- oder Chlor-Atomen aufgenommen. Sie erreichen dadurch ebenfalls den Edelgaszustand. Es entstehen Sauerstoff- und Chlorid-Ionen.

Elektronenaufnahme:

$O + 2\,e^- \longrightarrow O^{2-}$ $\quad$ $Cl_2 + 2\,e^- \longrightarrow 2\,Cl^-$

Die Aufnahme von Elektronen heißt Reduktion.

Redoxreaktion bedeutet Austausch von Elektronen. Da ein Teilchen nur dann Elektronen abgeben kann, wenn gleichzeitig ein anderes Teilchen diese Elektronen aufnimmt, müssen Oxidation und Reduktion stets gemeinsam ablaufen. Die Reaktion heißt deshalb Redoxreaktion.

Oxidation (Elektronenabgabe)

$$Mg + O \longrightarrow Mg^{2+} + O^{2-} \longrightarrow MgO$$

Reduktion (Elektronenaufnahme)

Oxidation (Elektronenabgabe)

$$Mg + Cl_2 \longrightarrow Mg^{2+} + 2\,Cl^- \longrightarrow MgCl_2$$

Reduktion (Elektronenaufnahme)

▲ *1. Reaktion von Magnesium mit Sauerstoff und Chlor*

Redoxreaktionen zwischen unedlen und edlen Metallen. Taucht ein Eisennagel in eine Kupfersulfat-Lösung, überzieht er sich mit einer dünnen Kupferschicht. Die vorher dunkelblaue Kupfersulfat-Lösung nimmt eine grünlich-gelbe Farbe an.

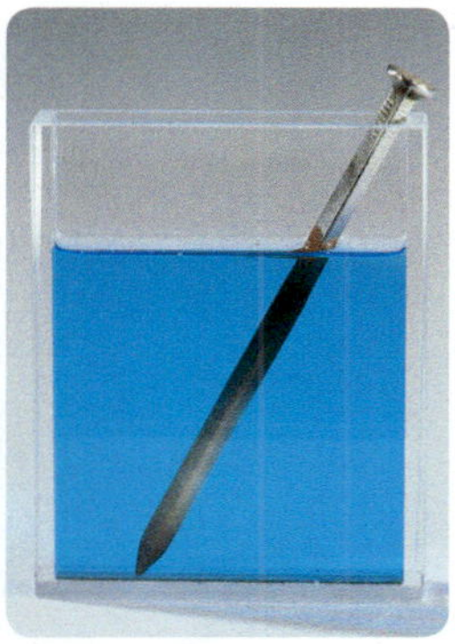

▲ *2. Eisennagel in Kupfersulfat-Lösung*

Eisen ist unedler als Kupfer, Eisen-Atome geben Elektronen ab und werden zu Eisen-Ionen. Kupfer ist edler als Eisen. Die Kupfer-Ionen in der Kupfersulfat-Lösung nehmen die Elektronen auf und werden zu Kupfer-Atomen.

Oxidation: $Fe \longrightarrow Fe^{2+} + 2\,e^-$
Reduktion: $Cu^{2+} + 2\,e^- \longrightarrow Cu$
Redoxreaktion: $Fe + Cu^{2+} \longrightarrow Fe^{2+} + Cu$

3. Kupferblech in Silbernitrat-Lösung ▼

Eine ähnliche Reaktion findet zwischen einem Kupferblech in einer Silbernitrat-Lösung statt. Auf dem Kupferblech bildet sich eine graue Schicht von feinverteiltem Silber.

Kupfer ist unedler als Silber, deshalb geben die Kupfer-Atome Elektronen an die Silber-Ionen ab.

Redoxreaktion: $Cu + 2\,Ag^+ \longrightarrow Cu^{2+} + 2\,Ag$

Redoxreaktionen in galvanischen Zellen. Die Höhe der Spannung in galvanischen Zellen hängt von der Wahl der beiden Metall-Elektroden ab. So kann zwischen Elektroden aus Zink und Kupfer eine Spannung von 1,1 V, zwischen Zink und Silber eine Spannung von 1,6 V gemessen werden.
Das unedlere Metall Zink bildet jeweils den Minuspol. Es gibt leichter Elektronen ab als die edleren Metalle Kupfer und Silber. Je edler das mit Zink kombinierte Metall ist, desto größer ist die entstehende Spannung.

Die Spannungsreihe der Metalle. Ordnet man die Metalle nach ihrem Bestreben Elektronen abzugeben, erhält man die **Spannungsreihe** der Metalle.
Je weiter links ein Metall in dieser Reihe steht, desto unedler ist es und desto größer ist sein Bestreben, Elektronen abzugeben.

Eine Redoxreaktion ist eine chemische Reaktion, bei der Elektronen von einem Reaktionspartner auf einen anderen übertragen werden.

1. Fragen zum Text
a) Wie heißt der Vorgang, bei dem aus Kupfer-Ionen Kupfer-Atome werden?
b) Wie heißt der Vorgang, bei dem aus Eisen-Atomen Eisen-Ionen entstehen?
c) Schreibe die Reaktion von Magnesium mit Chlor als Redoxreaktion.
d) Nenne drei Metall-Ionen, die von Eisen reduziert werden können.

2. Elektrolyse von Kupferchlorid
Welche Ionen werden bei der Elektrolyse von Kupferchlorid reduziert, welche werden oxidiert?

4. Spannungsreihe der Metalle ▼

unedel														edel
Li	**K**	**Ca**	**Na**	**Mg**	**Al**	**Zn**	**Fe**	**Ni**	**Pb**	**Cu**	**Ag**	**Hg**	**Pt**	**Au**

Batterien – Strom für unterwegs

▲ *1. Unterschiedliche Batterie-Typen*

1. Unterschiedliche Batterien

a) Welche Batterie-Typen kennst du? Wodurch unterscheiden sie sich und wo werden sie jeweils eingesetzt?
b) Was verraten dir die Aufschriften über Größe, Spannung, Bauform?
c) Was musst du beim Kauf von Batterien beachten?

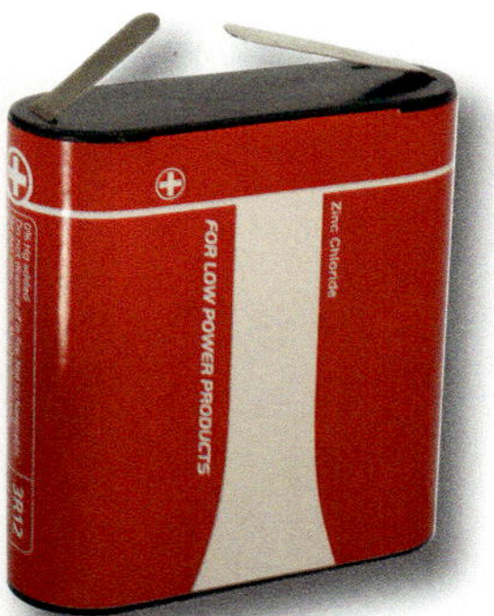

2. Eine Batterie von innen betrachtet

a) Entferne von einer 4,5 Volt-Flachbatterie das Gehäuse. Beschreibe, was du siehst.
b) Miss die Spannung, die eine Zelle liefert. Wo befinden sich Plus- und Minuspol?
c) Lehrerversuch: Eine Zelle wird aufgesägt. Beschreibe das Innere der Zelle.
d) Von einer „leeren" 4,5 Volt-Flachbatterie wird das Gehäuse entfernt.
Beschreibe und erkläre das Aussehen der Zellen.

Batterien gibt es in verschiedenen Bauformen. Sie funktionieren fast alle nach dem gleichen Grundprinzip. Sie enthalten eine oder mehrere hintereinandergeschaltete **galvanische Zellen.**
Beim Entladen läuft eine Redoxreaktion ab, Elektronen werden von einem Reaktionspartner auf einen anderen übertragen. Dabei wird chemische Energie in elektrische Energie umgewandelt.

Die Zink-Silberoxid-Batterie – Energie auf kleinstem Raum. Dieser Batterie-Typ wird meist als Miniaturbatterie für Uhren und Hörgeräte gebaut, als sogenannte Knopfzelle. Silberoxid bildet die positive, Zinkpulver die negative Elektrode. Als Elektrolyt dient Kalilauge. Batterien dieser Art benötigen teure Rohstoffe.

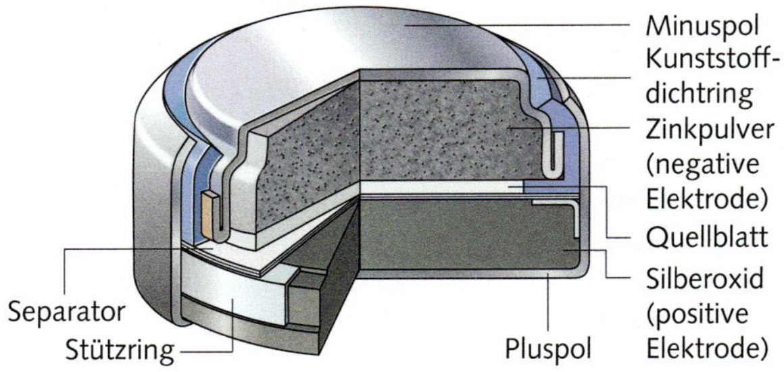

Elektrochemische Vorgänge. Zink-Atome geben Elektronen ab. Es entstehen Zink-Ionen, die in Lösung gehen. Die Elektronen fließen vom Zink über den Verbraucher zum Silberoxid. Silber-Ionen nehmen die Elektronen auf. Es entsteht metallisches Silber. Diese Reaktion ist nur so lange möglich, bis ein Reaktionspartner verbraucht ist.

Oxidation: $Zn \longrightarrow Zn^{2+} + 2\,e^-$
Reduktion: $2\,Ag^+ + 2\,e^- \longrightarrow 2\,Ag$
Gesamtreaktion: $Zn + 2\,Ag^+ \longrightarrow Zn^{2+} + 2\,Ag$

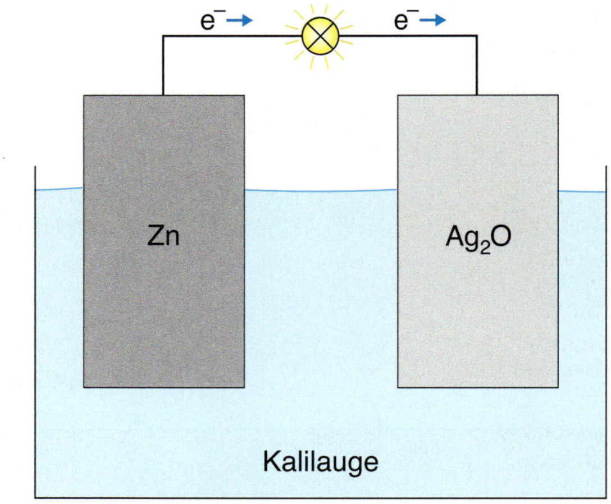

▲ *5. Vorgänge in der Zink-Silberoxid-Zelle*

Die Alkali-Mangan-Batterie – vielseitig verwendbar. Diesen Batterie-Typ gibt es in allen Größen von der Knopfzelle bis zu mehreren Kilogramm schweren Industriebatterien. Der Minuspol besteht aus Zinkpulver, der Pluspol ist ein Gemisch aus Mangandioxid und Ruß. Als Elektrolyt dient Kalilauge. Die Batteriehülle aus Stahl verhindert ein Auslaufen der Batterie.

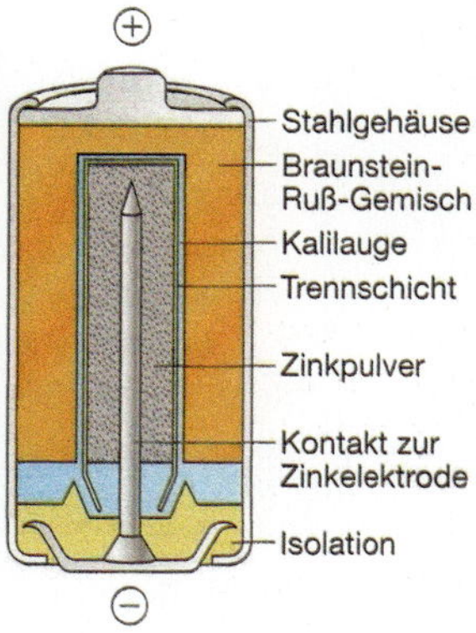

▲ *1. Alkali-Mangan-Batterie*

Elektrochemische Vorgänge. Zwischen Zink und Mangandioxid findet eine Redoxreaktion statt. Die Zink-Atome geben Elektronen ab. Die Elektronen wandern zum Mangandioxid und werden von Mn^{4+}-Ionen aufgenommen.

Redoxreaktion: $Zn + 2\ Mn^{4+} \longrightarrow Zn^{2+} + 2\ Mn^{3+}$

Zink-Kohle-Batterie – der preiswerte Klassiker. Die 4,5 Volt Flachbatterie enthält drei hintereinander geschaltete Zink-Kohle-Zellen. Die elektrochemischen Vorgänge in einer Zink-Kohle-Zelle entsprechen denen in einer Alkali-Mangan-Batterie. Eine Zelle liefert eine Spannung von 1,5 V.

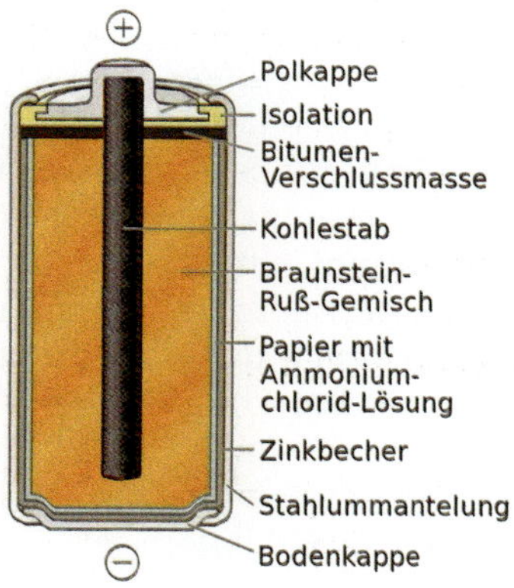

▲ *2. Zink-Kohle-Batterie*

Den Minuspol bildet ein Metallbecher aus Zink. Er ist mit einer Mischung aus Ruß, Mangandioxid (Pluspol) und einer eingedickten Ammoniumchlorid-Lösung (Elektrolyt) gefüllt. In der Mitte steckt ein Kohlestab, der den Kontakt zwischen Stromkreis und Pluspol herstellt.
Da sich der Zinkbecher mit der Entladung auflöst, kann die Batterie auslaufen und das elektrische Gerät zerstören.

Die Lithium-Batterie – leistungsstark und langlebig. Diese Batterie liefert eine Spannung von 3 V. Lithium-Batterien haben eine lange Lebensdauer; sie werden daher in Herzschrittmachern, Datenspeichern, Fotoapparaten oder Armbanduhren eingesetzt.
Ihre Elektroden bestehen aus Lithium (Minuspol) und aus Manganoxid (Pluspol). Da Lithium mit Wasser reagiert, müssen organische Lösemittel als Elektrolyt verwendet werden.
Mittlerweile gibt es die Lithium-Flachzelle, die 0,4 mm dünn und biegsam ist. Sie passt perfekt in scheckkartengroße Smartcards – Karten mit batteriebetriebenen Mikrochips – die als Türöffner in Hotels oder als Bustickets zum Einsatz kommen.

Batterien sind elektrochemische Stromquellen. Die kleinste Einheit ist eine galvanische Zelle. In ihr wird chemische Energie in elektrische Energie umgewandelt.

1. Fragen zum Text
a) Beschreibe den Aufbau einer Zink-Kohle-Batterie.
b) Welche chemischen Reaktionen laufen in einer Zink-Silberoxid Batterie ab? Beschreibe mit eigenen Worten und formuliere die Symbolgleichungen.

2. Alkali-Mangan- oder Lithium-Batterie?
Wodurch unterscheiden sie sich?

3. Lithium ist gefährlich
Beschädigte Lithium-Batterien dürfen nicht mehr verwendet werden. Finde eine Begründung dafür.

Batterie-Typ	Zink-Kohle	Alkali-Mangan	Silberoxid	Lithium-Mangandioxid
Spannung	1,5 V	1,5 V	1,55 V	3 V
Besondere Merkmale	für geringe Beanspruchung	für Dauernutzung bei hoher Stromanforderung geeignet	Knopfzelle mit langer Lebensdauer	lange Zeit konstant hohe Spannung, Betriebsdauer über 10 Jahre
Anwendungen	Spielzeug, Taschenlampen	MP3-Player, Fotoapparate, Wanduhren	Hörgeräte, Fotoapparate, Armbanduhren	Herzschrittmacher Armbanduhren

Akkumulatoren

1. Akkumulatoren – besondere Batterien

a) Der Strom in deinem Handy wird nicht von einer Batterie, sondern von einem Akkumulator (Akku) geliefert.
Welche besonderen Eigenschaften hat ein Akku im Vergleich zur Batterie?
b) Nenne weitere elektrische Geräte, die durch Akkus mit elektrischer Energie versorgt werden.
c) Die Innenbeleuchtung eines Autos blieb zwei Tage lang unbemerkt an. Warum konnte das Auto danach nicht mehr gestartet werden?
Wie kann diese Panne wieder behoben werden?

Akkumulatoren sind Batterien, die wieder aufgeladen werden können. Ihr Einsatz reicht über die elektrische Zahnbürste, Handy und Laptop bis hin zu Elektroauto und Elektrowerkzeug.
Sie sind im Prinzip wie Batterien aufgebaut. Die elektrische Energie entsteht durch Redoxreaktionen aus chemischer Energie. Beim Aufladen wird dieser Vorgang rückgängig gemacht. Elektrische Energie wird wieder in chemische Energie umgewandelt. Akkus können deshalb viel länger verwendet werden als Batterien.

Groß, schwer und zuverlässig – die „Autobatterie". Eine schon seit über hundert Jahren genutzte, wiederaufladbare Batterie ist der **Blei-Akkumulator,** bekannt als Autobatterie.
Der Blei-Akku besteht aus einem Kunststoff-Behälter mit mehreren Kammern. Jede Kammer ist eine galvanische Zelle, die 2 V Gleichspannung liefert. Eine Kammer enthält mehrere flache Gitterplatten, die abwechselnd mit **Blei** (Pb) und braunem **Bleidioxid** (PbO_2) beschichtet sind. Die mit Blei beschichteten Gitter bilden den **Minuspol,** die Bleidioxidgitter den **Pluspol.** Die Platten tauchen in 34 %ige Schwefelsäure.

▼ *1. Aufbau eines Bleiakkumulators („Autobatterie")*

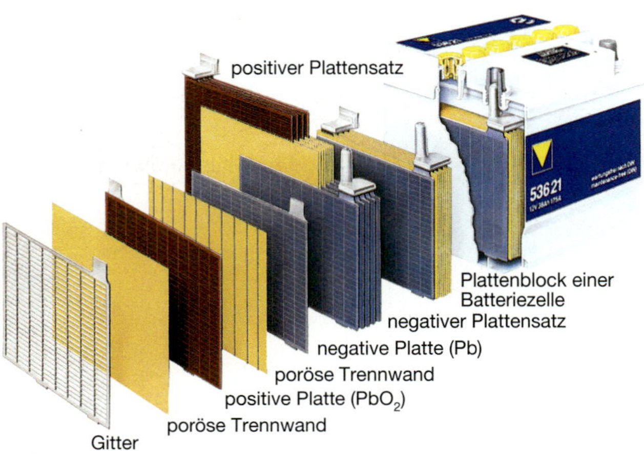

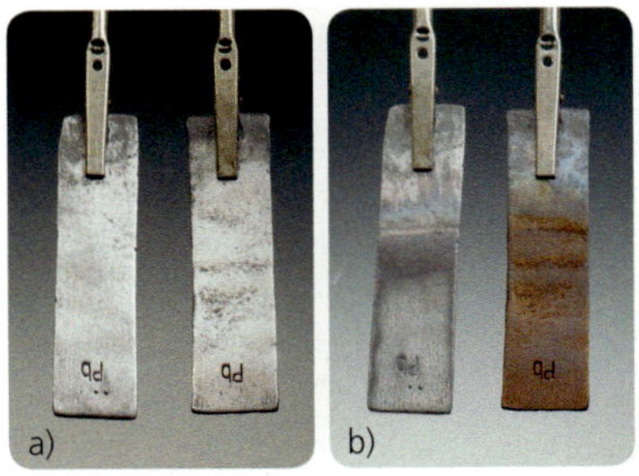

◄ *2. Bleielektroden a) vor und b) nach dem Aufladen*

Elektrochemische Vorgänge. Beim Starten des Autos benötigt der Anlasser (Elektromotor M) elektrische Energie. Der Akkumulator **entlädt** sich. Die gespeicherte chemische Energie im Akkumulator wird dabei in elektrische Energie umgewandelt.

Entladevorgang

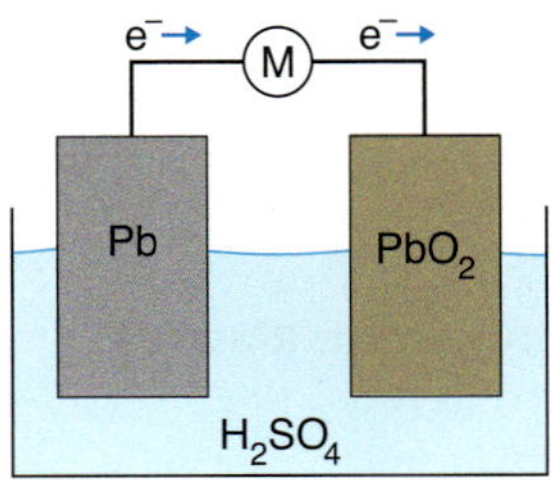

Minus-Pol:
$Pb \rightarrow Pb^{2+} + 2\,e^-$

Plus-Pol:
$Pb^{4+} + 2\,e^- \rightarrow Pb^{2+}$

Am **Minuspol** geben Blei-Atome Elektronen ab und werden zu zweifach positiv geladenen Blei-Ionen.
Am **Pluspol** entstehen durch Elektronenaufnahme ebenfalls zweifach positiv geladene Blei-Ionen. An beiden Polen bildet sich dabei durch Reaktion mit der Schwefelsäure schwerlösliches Bleisulfat ($PbSO_4$).

Während der Fahrt mit dem Auto wird der Akkumulator über die Lichtmaschine (Generator G) wieder **aufgeladen.**
Die Vorgänge laufen nun in umgekehrter Richtung ab, Dabei entsteht am Pluspol wieder Bleidioxid, am Minuspol entsteht Blei.

Ladevorgang

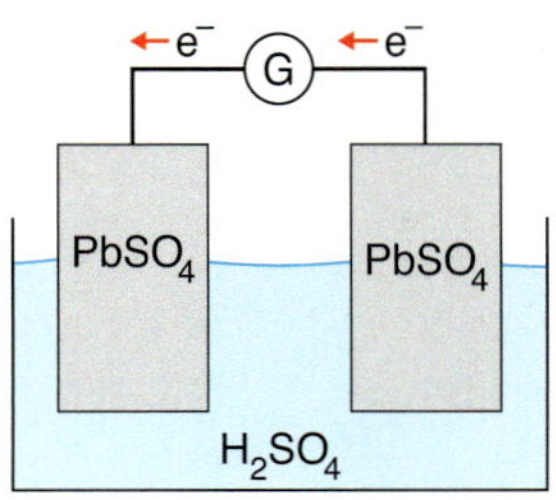

Minus-Pol:
$Pb^{2+} + 2\,e^- \rightarrow Pb$

Plus-Pol:
$Pb^{2+} \rightarrow Pb^{4+} + 2\,e^-$

▲ *1. Digitalkamera mit Lithium-Akku und Ladegerät*

Bis in die 1990er Jahre war der **Nickel-Cadmium-Akku** der meist verwendete Akku. Herstellung und Verkauf wurden aber wegen des darin enthaltenen giftigen Schwermetalls Cadmium verboten.

Langlebig und umweltfreundlich – der NiMH-Akku. Eine umweltfreundliche Weiterentwicklung des Nickel-Cadmium-Akkus ist der Nickelmetallhydrid-Akku (NiMH-Akku). Er liefert eine Spannung von 1,2 V pro Zelle und ist geeignet für Geräte mit hohem Strombedarf wie Camcorder, elektrische Zahnbürsten, schnurlose Telefone, Elektrowerkzeuge.

Im geladenen Zustand besteht die negative Elektrode aus einer wasserstoffspeichernden **Metall-Legierung** (MH), die positive Elektrode aus **Nickelhydroxid.** Der Elektrolyt ist **Kalilauge.**

Stark und leicht – der Lithium-Ionen-Akku.
Für kleine und leichte Handys und Notebooks mit hohem Energiebedarf ist der Lithium-Ionen-Akku die ideale Stromquelle. Eine Zelle liefert eine Spannung von 3,6 V. Auch für Elektroroller, Fahrräder mit zusätzlichem Elektromotor und für das Elektroauto ist dieser Hochleistungs-Akku geeignet.

Wie der Name sagt, enthält dieser Akku kein metallisches Lithium, sondern **Lithium-Ionen.**
Beim **Entladen** wandern sie aus der negativen Elektrode durch den Elektrolyten in die positive Elektrode, beim **Laden** nehmen sie den umgekehrten Weg. Sie nehmen nicht an den in der Zelle ablaufenden Redoxreaktionen teil, sondern „pendeln" lediglich zwischen den beiden Elektroden hin und her.

Bei einem Akkumulator kann die chemische Reaktion, die beim Entladen abläuft, durch Zufuhr elektrischer Energie rückgängig gemacht werden.

1. Fragen zum Text

a) Wodurch unterscheiden sich Batterien und Akkumulatoren?

b) Beim Laden und Entladen eines Blei-Akkumulators laufen Redoxreaktionen ab. Beschreibe mit eigenen Worten und formuliere die Symbolgleichungen.

c) Für den Betrieb eines Handys reicht eine Lithium-Ionen-Akku-Zelle. Wie viele Zellen eines Nickel-Metallhydrid-Akkus werden für das gleiche Handy benötigt?

▼ *2. Einblicke in die elektrochemischen Vorgänge in modernen Akkus*

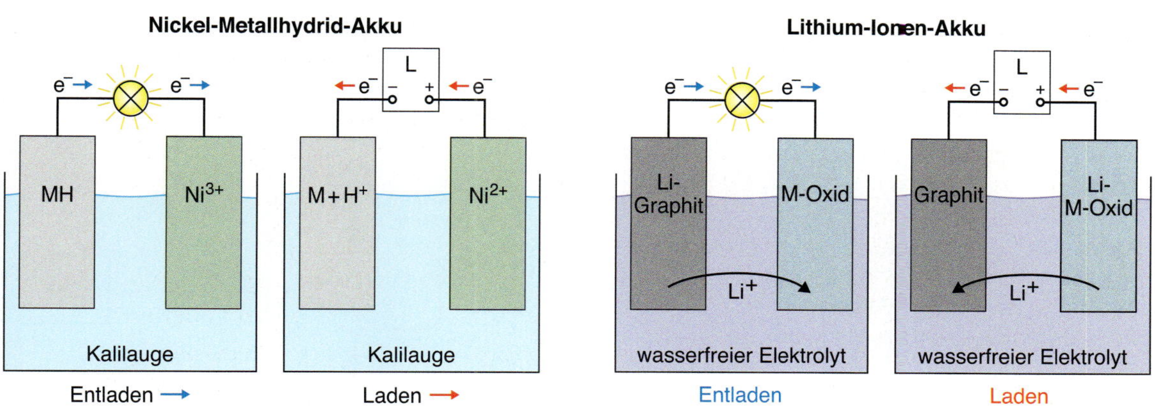

Minus-Pol: MH ⇄ $M + H^+ + e^-$

Plus-Pol: $Ni^{3+} + e^-$ ⇄ Ni^{2+}

Minus-Pol: Li-Graphit ⇄ Graphit + $Li^+ + e^-$

Plus-Pol: M-Oxid + $Li^+ + e^-$ ⇄ Li-M-Oxid

Alte Batterien und Akkus – aus Abfall wird Rohstoff

Gebrauchte Batterien und Akkus enthalten wertvolle Rohstoffe. Im Jahr 2008 wurden in Deutschland fast 1,5 Milliarden Batterien und Akkus verkauft. Darin sind etwa 180 000 t **Blei,** 4000 t **Zink,** 600 t **Nickel,** 615 t **Cadmium,** 5,5 t **Quecksilber** und 5 t **Silber** enthalten.

Damit diese wertvollen Rohstoffe nicht verschwendet werden und die zum Teil giftigen Stoffe nicht in die Umwelt gelangen, dürfen Batterien und Akkus nicht über den Hausmüll entsorgt werden.

Rückgabe- und Rücknahmepflicht. Noch immer werden zu viele gebrauchte Batterien und Akkus in Schubladen aufbewahrt, dabei kennt sie mittlerweile jeder: Die grüne Box. Zudem ist seit 1998 jeder Nutzer gesetzlich verpflichtet, seine gebrauchten Batterien und Akkus entweder dem Handel oder einem öffentlichen Entsorger zurückzugeben. In allen Verkaufsstellen gilt die Rücknahmepflicht – unabhängig von einem Kauf.

Recycling. Nach der Rückgabe – das waren zum Beispiel 14 200 t im Jahr 2008 (ohne Auto-Batterien) – werden die Batterien und Akkus zunächst **sortiert.** Fast 80 % davon waren Alkali-Mangan- und Zink-Kohle-Batterien. Durch unterschiedliche Trennverfahren werden Rohstoffe wie Stahl, Mangan, Zink und Nickel zurückgewonnen und können **wiederverwertet** werden.

1. Viele Batterien sind mit einem durchgestrichenen Mülleimer gekennzeichnet. Manchmal steht darunter auch das Symbol Pb, Cd oder Hg.
Was soll mit dem Symbol und der Beschriftung für den Verbraucher verdeutlicht werden?

2. Neue Batterien dürfen nur noch einen geringen, gesetzlich begrenzten Höchstanteil an Quecksilber und Cadmium enthalten. Wie erklärst du dir diese Vorschrift?

3. Warum wurden Gesetze zur Rückgabe und Rücknahme von Batterien und Akkus erlassen?

4. Wo könnte deiner Meinung nach auf den Einsatz von Batterien und Akkus verzichtet werden?

5. Beschreibe das Verfahrensprinzip (s. Bild unten) zum Recycling von Zink-Kohle- und Alkali-Mangan-Zellen. Welche Stoffe werden zurückgewonnen?

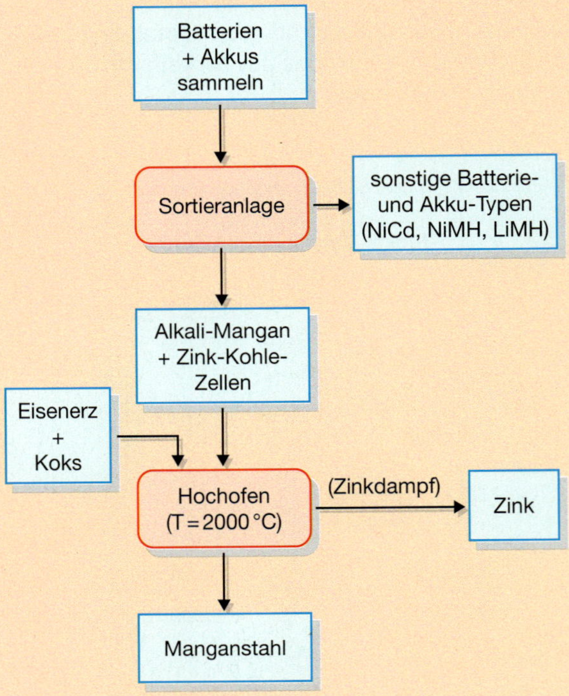

Lithium – ein Metall macht Karriere

▲ 1. *Salar de Atacama, Chile*

Gewinnung. Zum größten Teil wird Lithium gegenwärtig aus der Sole des Salar de Atacama in Chile gewonnen. In dem dort herrschenden trockenen, sonnigen Klima verdampft das salzhaltige Wasser in großen Becken. Je nach Löslichkeit setzen sich nacheinander die darin enthaltenen Salze ab. Das leicht lösliche **Lithiumchlorid** bleibt in Lösung. Durch Zugabe von Soda (Na_2CO_3) wird daraus das schwerlösliche **Lithiumcarbonat** ausgefällt.
Lithiumcarbonat ist der Ausgangsstoff für die Herstellung der meisten anderen Lithiumverbindungen und des Elements Lithium.
Die Weltproduktion von Lithiumcarbonat betrug 90 000 t im Jahre 2009. Sie wird im Laufe der nächsten Jahre aufgrund des Bedarfs für Batterien und Akkus weiter steigen.

Nach weiteren nutzbaren Lithiumlagerstätten wird weltweit intensiv gesucht.

Das Auto von morgen fährt elektrisch.
Die Vision für das Auto von morgen ist verlockend. Kein Kohlenstoffdioxid aus dem Auspuff, kein Motorenlärm in den Städten, Schonung der Erdölreserven.
Die Energiespeicher für die Elektromotoren dieser Autos werden vorwiegend Lithium-Ionen-Akkus sein.
Aufgeladen werden sie über Nacht an der Steckdose.

▲ 2. *Das schnellste Elektroauto der Welt: Tesla Roadster*

Tesla Roadster
Technische Daten:

Geschwindigkeit: 210 km/h
Akku: 6 831 Li-Ionen-Zellen
Ladezeit: 3,5 h
Maximale Reichweite: 400 km

Lithium-Ionen-Akkus werden in fast allen Bereichen eingesetzt, in denen Energiespeicher benötigt werden. Sie versorgen schon heute Millionen von Mobiltelefonen, Laptops, elektrische Fahrzeuge und Elektrowerkzeuge. Die Nachfrage nach dem Rohstoff Lithium steigt.

Vorkommen. Lithium kommt in der Natur nur in Verbindungen vor. Lithiumsalze, insbesondere das Lithiumchlorid, kommen verbreitet in Salzseen vor. Der größte **Salzsee** der Welt ist der in 3650 m Höhe gelegene **Salar de Uyuni** in Bolivien. Man geht davon aus, dass bis zu 5,4 Millionen Tonnen Lithium daraus gewonnen werden können.
In der Atacama-Wüste in Chile liegt das zweitgrößte Reservoir an Lithiumsalzen, der Salzsee **Salar de Atacama.** In beiden Seen zusammen sollen schätzungsweise 70 % des gesamten Lithiums der Erde liegen.

1. Suche im Atlas die Lage der Salzseen in Südamerika. Informiere dich über das dort herrschende Klima.

2. Schreibe die Reaktionsgleichung für die Herstellung von Lithiumcarbonat aus Lithiumchlorid.

3. In Lithium-Batterien wird reines Lithium eingesetzt. Es wird durch Elektrolyse aus geschmolzenem Lithiumchlorid gewonnen.
a) Welche Ionen enthält das Lithiumchlorid?
b) Schreibe die Reaktionsgleichungen für die Vorgänge an den Elektroden.

▲ 3. *Lithium*

4. Warum darf das Innere von lithiumhaltigen Batterien auf keinen Fall mit Wasser in Berührung kommen?

5. Erstelle einen Steckbrief für Lithium.

Die Brennstoffzelle

1. Eine einfache Brennstoffzelle

5 B1

Gib in ein U-Rohr eine 10 %ige Kalilauge (GHS 5; B1). Tauche in beide Schenkel eine Kohleelektrode und verbinde sie mit einem Stromversorgungsgerät. Lege für 4 Minuten eine Gleichspannung von 5 V an. Verbinde danach beide Elektroden mit einem Spannungsmessgerät.
Notiere deine Beobachtungen.

2. Die Brennstoffzelle im Modell

a) Baue die Modellzelle nach Vorschrift auf.
Zerlege dann mithilfe der Apparatur das Wasser in seine Bestandteile.
b) Verbinde jetzt die Gasspeicher mit der Brennstoffzelle und miss die Spannung.
c) Schließe einen Kleinmotor an die Brennstoffzelle an.
d) Notiere zu allen Versuchen deine Beobachtungen.

Brennstoffzellen sind nicht neu. Vor über 150 Jahren entwickelte Sir William Grove (1811–1896) die erste Brennstoffzelle. Aber erst mit der bemannten Raumfahrt begann der Siegeszug der modernen Brennstoffzelle. Ohne sie wäre der Flug zum Mond nicht möglich gewesen. Alle Apollo-Raumfahrzeuge wurden mit Strom aus Brennstoffzellen versorgt. Die dazu notwendigen Gase Wasserstoff und Sauerstoff wurden in flüssiger Form in Tanks mitgenommen. Das Endprodukt der Reaktion diente den Astronauten als Trinkwasser.
Heute werden Brennstoffzellen vielseitig eingesetzt. Sie treiben Autos und U-Boote an, können Notebooks und Handys mit Strom und Häuser mit Strom und Wärme versorgen.

Nur Wasserstoff und Sauerstoff sind notwendig. In einer Brennstoffzelle reagieren Wasserstoff und Sauerstoff zu Wasser. Die Reaktion läuft aber nicht wie bei einer Knallgasreaktion explosionsartig, sondern gemäßigt ab. Dabei wird chemische Energie in elektrische Energie und Wärme umgewandelt.

Brennstoffzellen haben Vorteile. Brennstoffzellen arbeiten leise und sind umweltfreundlich. Im Unterschied zu Wärmekraftwerken beträgt der Wirkungsgrad 80 Prozent. Während bei Akkus und Batterien die verfügbare elektrische Energie begrenzt ist, steht sie in Brennstoffzellen solange zu Verfügung, wie die Ausgangsstoffe kontinuierlich nachgeliefert werden. Als Ausgangsstoffe können nicht nur Wasserstoff, sondern auch Erdgas, oder Methanol genutzt werden. Es gibt unterschiedliche Typen von Brennstoffzellen, eine davon ist die **P**olymer-**E**xchange-**M**embran Brennstoffzelle (PEM). Sie besteht aus einem geschlossenen Behälter mit zwei Kohlenstoffelektroden, in die feinst verteiltes Platin als Katalysator eingelagert ist. Die Elektroden sind voneinander durch eine dünne Kunststoffmembran getrennt.

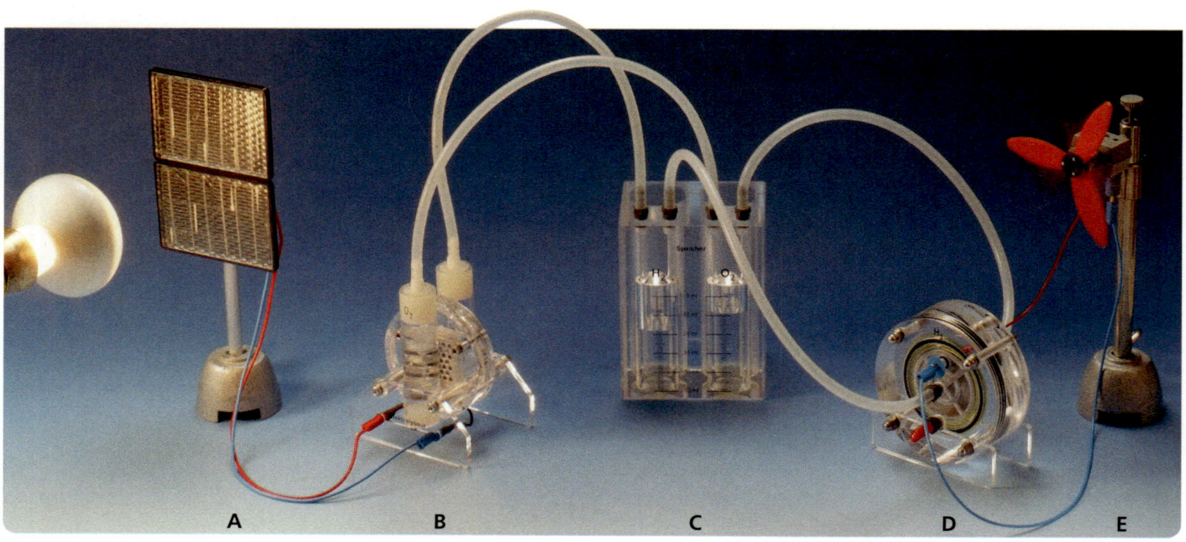

▲ *1. Energie aus Wasserstoff. A Solarzelle, B Elektrolyseur, C Gasspeicher, D Brennstoffzelle, E Kleinmotor*

Gezähmtes Knallgas. In einer Brennstoffzelle reagieren Wasserstoff und Sauerstoff zu Wasser. Die beiden Gase können Vorratsflaschen entnommen werden oder direkt durch Elektrolyse gewonnen werden.
Der Wasserstoff wird zu einer der beiden Elektroden der Zelle geleitet. Mithilfe des Katalysators werden Wasserstoff-Moleküle in Wasserstoff-Atome gespalten. Sie geben ihr Elektron ab und werden zu Wasserstoff-Ionen (Protonen):

① $2\ H_2 \longrightarrow 4\ H^+ + 4\ e^-$

An der Wasserstoffelektrode herrscht Elektronenüberschuss. Sie bildet den Minuspol der Brennstoffzelle.
Die Elektronen aus den Wasserstoff-Molekülen fließen durch den äußeren Leiter zur Sauerstoffelektrode, dem Pluspol der Brennstoffzelle. Dort werden die Sauerstoff-Moleküle durch die Einwirkung des Katalysators ebenfalls in Atome gespalten. Sie nehmen die Elektronen auf. Es entstehen negativ geladene Sauerstoff-Ionen:

② $O_2 + 4\ e^- \longrightarrow 2\ O^{2-}$

Die Protonen (H^+) werden durch die für Protonen durchlässige Kunststoffmembran zum Pluspol geleitet und verbinden sich dort mit den Sauerstoff-Ionen (O^{2-}) zu Wasser. Er wird als Wasserdampf nach außen abgeführt.

③ $4\ H^+ + 2\ O^{2-} \longrightarrow 2\ H_2O$

In der Brennstoffzelle läuft folgende Gesamtreaktion ab:

$$2\ H_2 + O_2 \longrightarrow 2\ H_2O\ ;\ \text{Energie wird frei}$$

Eine solche Brennstoffzelle liefert eine Spannung von etwa 1,2 Volt.

In einer Brennstoffzelle reagiert Wasserstoff mit Sauerstoff zu Wasser. Dabei werden elektrische Energie und Wärme frei.

1. Fragen zum Text
a) Beschreibe den Aufbau einer Brennstoffzelle.
b) Welche Teilchen wandern durch die Membran?
c) Welche Vorteile hat die Brennstoffzelle gegenüber Batterien und Akkus?

2. Verschiedene Energieumwandlungen
Welche Arten von Energieumwandlung finden von der Lampe bis zum Kleinmotor statt? (siehe Bild 1 auf der gegenüberliegenden Seite)

3. Methanol als Brennstoff für die Brennstoffzelle
a) Überlege dir, wie man Methanol zum Betrieb von Brennstoffzellen einsetzen kann.
b) Welchen Vorteil hat die Verwendung von Methanol als Brennstoff?

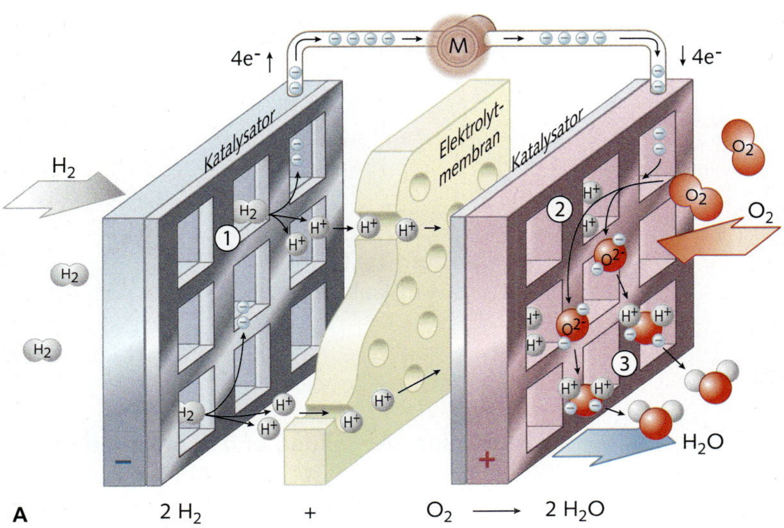

▲ 1. *Brennstoffzelle. A Funktionsweise, B Aufbau*

Viel Strom für Aluminium

1. Vielseitiges Aluminium

a) Nenne Gegenstände, die aus Aluminium hergestellt sind.
b) Nenne Nahrungsmittel, die in Verpackungen aus Aluminium aufbewahrt werden.

▲ *2. Aluminium wird aus Bauxit hergestellt.*

Aluminium überall vorhanden. In der Natur ist Aluminium in fast allen Gesteinen in Form von Aluminiumverbindungen enthalten. Auch die wertvollen Edelsteine Rubin, Saphir und Smaragd enthalten Aluminium.

Aluminium, spät entdeckt. Obwohl Aluminium, das dritthäufigste Element in der Erdkruste ist, wurde es erst 1825 entdeckt. Aluminium ist deshalb so spät entdeckt worden, weil es als sehr unedles Metall nur schwer aus seinen Verbindungen gewonnen werden kann. Erst seit etwa 100 Jahren beherrscht man die Technik es durch Elektrolyse herzustellen.

Aluminiumgewinnung. Ausgangsstoff ist das Erz Bauxit. Es besteht vor allem aus Aluminiumoxid sowie Eisen- und Siliciumverbindungen. Diese werden abgetrennt und das reine Aluminiumoxid wird anschließend durch **Schmelzflusselektrolyse** (Bild 1) in seine Bestandteile zerlegt. Da reines Aluminiumoxid erst bei 2045 °C schmilzt, wird es mit dem Mineral Kryolith (Na_3AlF_6) gemischt. Dadurch sinkt die Schmelztemperatur auf etwa 950 °C ab. Die während der Elektrolyse frei werdenden hochgiftigen Fluorverbindungen werden durch aufwändige Filteranlagen entfernt. Bei der Elektrolyse werden die Aluminium-Ionen vom Minuspol angezogen und dort entladen. Das flüssige Aluminium sammelt sich am Boden der heißen Wanne, wird abgesaugt und zu Barren gegossen. Am Pluspol bildet sich Sauerstoff, der mit dem Graphit zu Kohlenstoffdioxid reagiert. Die Schmelzflusselektrolyse ist sehr energieaufwändig. Für 1 Tonne reines Aluminium werden 15 000 kWh benötigt.

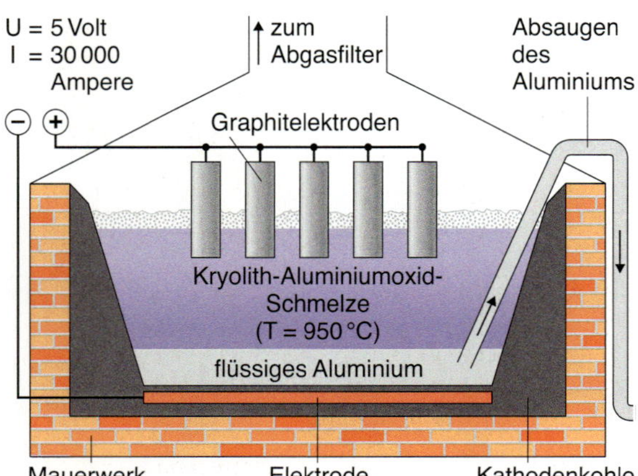

▲ *1. Schmelzflusselektrolyse*

Eigenschaften. Aluminium gehört zu den Leichtmetallen und ist sehr gut verformbar. Es ist ein sehr guter Leiter für Wärme und Strom. Zusammen mit anderen Metallen bildet es Legierungen, die fest und zugleich leicht sind. Eine hauchdünne Oxidschicht auf der Oberfläche schützt es vor Korrosion. Diese Oxidschicht ist der Grund für das besondere Verhalten von Aluminium beim Schmelzen. Wird ein Streifen Aluminium erhitzt, bildet sich ein Tropfen, der von einer Oxidhaut zusammengehalten wird. Erst wenn man mit einer Nadel in den Tropfen sticht, fließt flüssiges Aluminium heraus.

Aluminiumrecycling. Ein großer Teil des Aluminiums wird heute bereits aus Aluminiumschrott gewonnen. Im Vergleich zur Neuproduktion werden dabei bis zu 95 % der Energiekosten eingespart.

Aluminium kommt auf der Erde nicht gediegen vor. Es wird durch Schmelzflusselektrolyse aus Aluminiumoxid gewonnen.

2. Fragen zum Text

a) Warum wird kein reines Aluminiumoxid elektrolysiert?
b) Welche Nachteile hat die Aluminiumgewinnung durch die Schmelzflusselektrolyse?

3. Aluminiumherstellung und Energiebedarf

2004 wurden weltweit 30,2 Mio t Aluminium aus Bauxit hergestellt. Berechne den Bedarf an elektrischer Energie.

Die Metallbindung

1. Eigenschaften von Metallen

Nenne gemeinsame Eigenschaften von Metallen.

▲ *1. Silberkristall*

Eigenschaften der Metalle. Metalle sind ähnlich wie Salze **kristalline Feststoffe.** Sie unterscheiden sich in ihren Eigenschaften aber deutlich von den Salzen. Metalle lassen sich gut verformen und sind gute elektrische Leiter. Diese typischen Eigenschaften lassen sich durch ihren inneren Aufbau erklären.

Die Metallbindung. Alle Metall-Atome können ihre wenigen Außenelektronen leicht abgegeben. Die entstandenen positiv geladenen Metall-Ionen werden auch als **Atomrümpfe** bezeichnet. Sie bilden ein regelmäßiges **Metallgitter.**

▲ *2. Metalle sind verformbar*

Am Beispiel von Aluminium lässt sich beschreiben, wie der innere Aufbau von Metallen aussieht. Aluminium besteht aus dicht gepackten Aluminium-Ionen (Al^{3+}). Sie sind entstanden, weil alle Aluminium-Atome ihre drei Außenelektronen abgegeben haben. Die Aluminium-Ionen haben so die gleiche stabile Außenschale wie die Atome des Edelgases Neon.

Die abgegebenen Außenelektronen werden, anders als bei den Salzen, nicht von Partneratomen aufgenommen. Sie bewegen sich frei zwischen den Aluminium-Ionen umher und bilden eine Art Gas aus Elektronen. Ähnlich wie ein zäher Klebstoff halten die freien Elektronen die positiv geladenen Aluminium-Ionen zusammen. Diese Art der Bindung wird **Metallbindung** genannt.

Der Unterschied zu den Salzen. Im Vergleich zu Salzen enthalten Metalle freie Elektronen. Diese beweglichen Ladungsträger sind die Ursache für die gute Leitfähigkeit der Metalle.

Die Verformbarkeit der Metalle beruht darauf, dass die Schichten der Metall-Ionen aneinander vorbeigleiten können. Da sie auch in der neuen Lage von freien Elektronen umgeben sind, werden sie auch nach der Verformung ebenso fest zusammengehalten wie vorher.

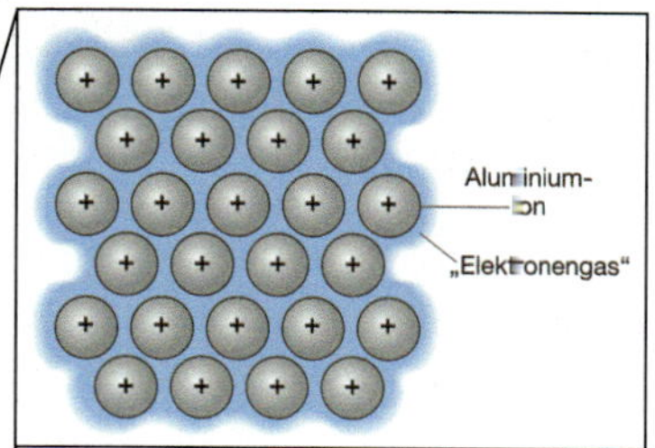

◀ *3. Metallbindung*

In Metallen sind positiv geladene Metall-Ionen regelmäßig angeordnet. Sie werden von freibeweglichen Elektronen zusammengehalten. Diese Art der Bindung heißt Metallbindung.

2. Fragen zum Text

a) Beschreibe den inneren Aufbau von Metallen.
b) Was ist eine Metallbindung?
c) Warum sind Metalle gute elektrische Leiter?

3. Metalle sind verformbar.

Erkläre mithilfe von Bild 3 warum Metalle verformbar sind, Salze dagegen nicht.

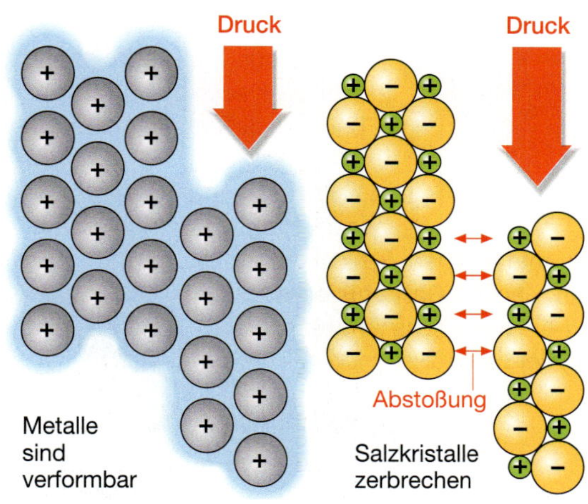

▲ *4. Metalle und Salze unterscheiden sich*

Galvanisieren

1. Edle Oberflächen

Warum ist Modeschmuck häufig vergoldet oder versilbert?

2. Verkupfern eines Schlüssels

5 7 9 B2

a) Stelle in einem 250 ml Becherglas eine Lösung aus 200 ml Wasser, 2 g Kupfersulfat (GHS 7, 9; B2), 20 g Kaliumnatriumtartrat und 2 g Natriumhydroxid (GHS 5) her.
b) Reinige den Schlüssel gründlich und entfette ihn in Spiritus.
c) Verbinde den Schlüssel als Minuspol mit einer Gleichstromquelle (3 Volt) und tauche ihn in die Lösung (Bild 2). Der Pluspol in der Lösung besteht aus einem Stück Kupferblech.
d) Schalte die Stromquelle ein und beobachte die Vorgänge an den Elektroden. Beende den Versuch, sobald sich eine dünne Kupferschicht gebildet hat.

Schutz durch Galvanisieren.
Zum Schutz, aber auch zur Verschönerung sind viele Gegenstände mit einer dünnen Metallschicht überzogen. So werden Steckverbindungen hochwertiger Elektronikgeräte häufig vergoldet, Modeschmuck wird versilbert und die Armaturen in Bad und Küche glänzen nur deshalb, weil sie mit einer dünnen Schicht des Metalls Chrom überzogen sind. Die Eisenrohlinge aus denen die 1, 2, und 5 Cent Münzen geprägt werden sind von einer Kupferschicht überzogen. Eine schützende Metallschicht findet sich aber auch auf Radkappen, Brillengestellen und Schrauben.

Das Verfahren, Gegenstände mit einer metallischen Schicht zu versehen, heißt **Galvanisieren.** Es ist die technische Anwendung der Elektrolyse.

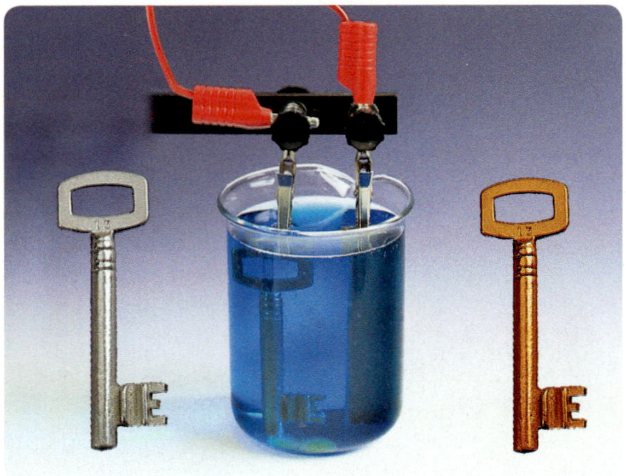

▲ *1. Verkupfern eines Schlüssels*

Eine Schutzschicht durch Elektrolyse. Ob ein Gegenstand verkupfert, verchromt oder versilbert werden soll, das Verfahren bleibt im Prinzip immer gleich. Es entspricht der Elektrolyse.
Zum Verkupfern wird der Gegenstand als Minuspol in eine Kupfersulfatlösung getaucht. Ein Kupferstab bildet den Pluspol. Beim Galvanisieren löst sich das Kupfer auf, es entstehen Kupfer-Ionen. Sie bilden auf der Oberfläche des Gegenstandes den gewünschten Metallüberzug.

Das Galvanisieren ist ein technisches Verfahren, um Gegenstände auf elektrolytischem Weg mit einer Metallschicht zu überziehen.

3. Fragen zum Text

a) Welchen Pol bildet der Gegenstand, der galvanisiert werden soll?
b) Was passiert nach längerer Zeit mit dem Kupferblech am Pluspol?

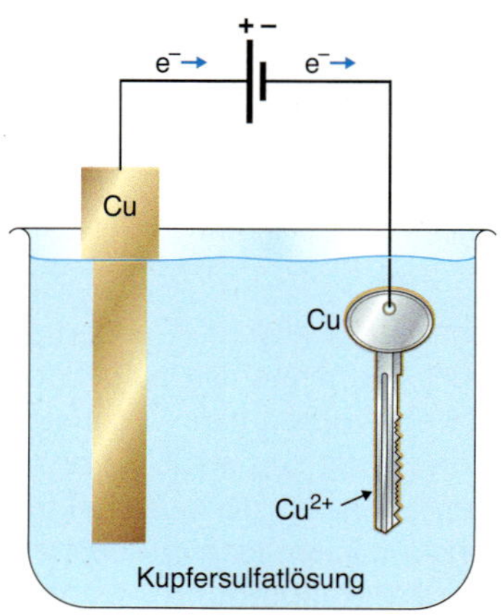

◀ *2. Vorgänge bei der Verkupferung*

Galvanisieren

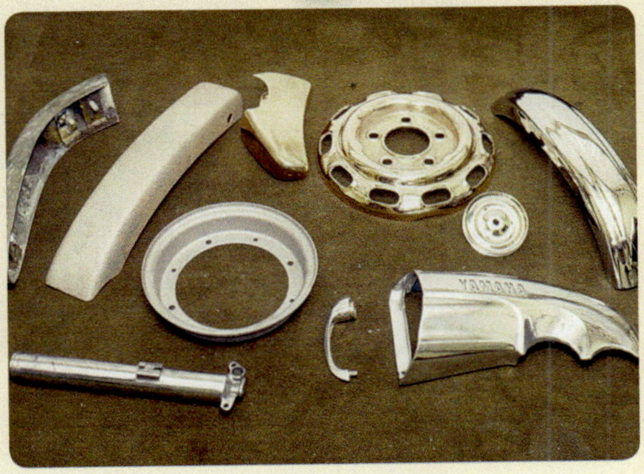

Alte Teile wie neu. Teile eines alten, wenig gepflegten Fahrzeuges sind oft unansehnlich geworden oder verrostet. Trotzdem können sie durch Galvanisieren wieder wie neu werden. Zunächst wird der Gegenstand entrostet und gründlich gereinigt. Zuerst wird er verkupfert und dann vernickelt, da Chrom nicht direkt auf der Kupferschicht haftet. Danach wird die Chromschicht aufgetragen. Abschließend wird der Gegenstand noch poliert.

1. Warum wird der Gegenstand vernickelt?

Es ist nicht alles Metall, was glänzt. Im Sanitärbereich und bei Haushaltsgeräten werden häufig Kunststoffe verwendet. Oft sind sie mit einer dünnen Metallschicht überzogen und lassen sich auf den ersten Blick nicht von metallischen Gegenständen unterscheiden. Die glänzende Metallschicht wird durch Galvanisieren aufgebracht. Dazu muss vorher die Kunststoffoberfläche durch spezielle Verfahren elektrisch leitfähig gemacht werden. Dann wird in mehreren Schritten das Metall galvanisch auf der Oberfläche abgeschieden.

2. Überlege, warum Gegenstände aus Kunststoff hergestellt und metallisiert werden.

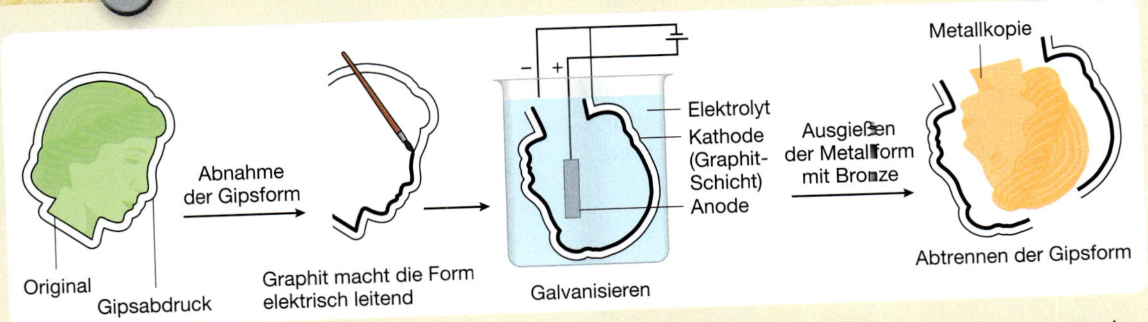

Galvanoplastik. Die naturgetreue Kopie einer Skulptur oder eines anderen dreidimensionalen Gegenstandes lässt sich durch die Galvanoplastik herstellen. Von dem Original wird zunächst aus Gips ein Negativ-Abdruck, Matrize genannt, angefertigt. Durch Auftragen von Graphit wird das Innere der Form elektrisch leitend gemacht. Anschließend wird der Abdruck in ein Galvanisierbad getaucht, wo er mit einem Metallüberzug versehen wird. Es entsteht eine Metallform, die ausgegossen wird. Nach dem Entfernen der galvanisierten Gipsvorlage liegt eine exakte Kopie des Originals vor.

3. Warum muss das Innere der Form elektrisch leitend sein?

Korrosion und Korrosionsschutz

1. Metalle verändern sich

Wie verändern sich Eisen, Kupfer, Zink und Silber, wenn sie längere Zeit feuchter Luft ausgesetzt sind?

2. Eisen muss geschützt werden

Nimm drei neue Eisennägel, stecke einen Nagel durch ein dünnes Zinkblech und den zweiten Nagel durch ein dünnes Kupferblech. Lege alle drei Nägel in eine Petrischale. Übergieße sie mit einer verdünnten Kochsalz-Lösung, in der etwas gelbes Blutlaugensalz gelöst wurde.
Was kannst du nach einiger Zeit beobachten? Erkläre deine Beobachtungen.
Hinweis: Gelbes Blutlaugensalz bildet mit Eisen-Ionen einen blauen Niederschlag.

Unedle Metalle korrodieren. Unedle Metalle oxidieren langsam an feuchter Luft. Am bekanntesten ist das Rosten von Eisen. Dieser Vorgang wird als **Korrosion** bezeichnet (lat.: corrodere; zernagen). Es ist also wichtig Metalle zu schützen. Das ist durch Lackieren oder durch eine Schutzschicht aus korrosionsbeständigeren Metallen wie Kupfer oder Zink möglich. Aber nicht jeder metallische Korrosionsschutz ist gleich gut geeignet. Das liegt an den elektrochemischen Eigenschaften der Metalle.
Wird die metallische Schutzschicht beschädigt und kommt noch Wasser oder eine Salzlösung als Elektrolyt hinzu, bildet sich ein galvanisches Element. Das unedlere Metall bildet den Minuspol, das edlere den Pluspol. Das unedlere Metall gibt Elektronen ab, Metall-Ionen entstehen und gehen in Lösung. Das Metall löst sich auf. Das edlere Metall wird dadurch geschützt. Es bleibt erhalten. Ein solches galvanisches Element, bei dem sich zwei Metalle berühren, heißt **Lokalelement.**

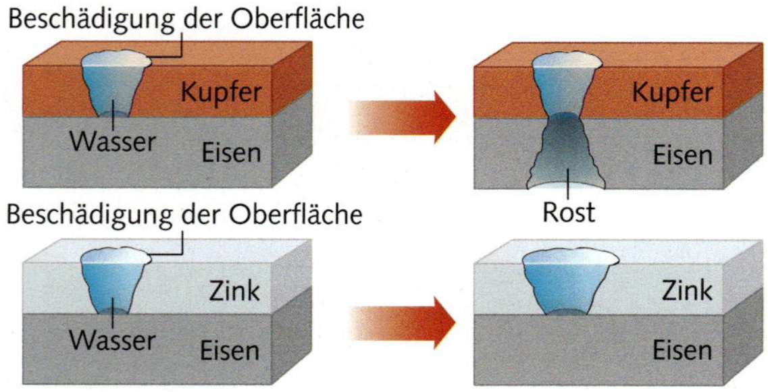

▲ *1. Metallkorrosion durch Lokalelemente*

▲ *2. Korrosionsschutz durch Opferanode*

Schützt jedes Lokalelement? Verzinktes Eisen ist gut vor Korrosion geschützt, denn Zink ist das unedlere Metall. Wird die Zinkschicht beschädigt, so bildet es den Minuspol. Zink-Atome geben Elektronen ab und Zink-Ionen gehen in Lösung. Die Zinkschicht löst sich auf. Das edlere Eisen bildet den Pluspol. Die Eisen-Atome können deshalb keine Elektronen abgeben. Das Eisen bleibt solange erhalten, bis alles Zink in Lösung gegangen ist. Ist dagegen das Eisen mit einer Schutzschicht aus Kupfer versehen, ist es genau umgekehrt. Das unedlere Eisen bildet jetzt den Minuspol. Die Eisen-Atome geben Elektronen ab und Eisen-Ionen gehen in Lösung. Das Eisen löst sich auf.

Das Prinzip des Korrosionsschutzes durch ein unedleres Metall macht man sich bei Schiffen zunutze. Neben einer dicken Farbschicht wird der Schiffsrumpf aus Eisen durch Blöcke aus Magnesium oder Zink (Bild 2) geschützt. Auch in Warmwasserspeichern befinden sich Magnesiumstäbe als Korrosionsschutz. Da sie sich mit der Zeit auflösen, werden sie als **Opferanoden** bezeichnet.

Die Zerstörung von Metallen durch feuchte Luft oder aggressive Stoffe wird als Korrosion bezeichnet. Unterschiedliche Metalle und ein Elektrolyt bilden ein Lokalelement.

3. Fragen zum Text

a) Nenne verschiedene Möglichkeiten, Eisen vor Korrosion zu schützen.
b) Was ist ein Lokalelement?
c) Was passiert, wenn die Zinkschicht auf einem Eisenblech beschädigt wird?

4. Alte Wasserleitungen

In manchen Gebäuden gibt es noch Wasserleitungen aus Eisen. Warum darf daran keine Leitung aus Kupfer angeschlossen werden?

Chemie und Elektrizität

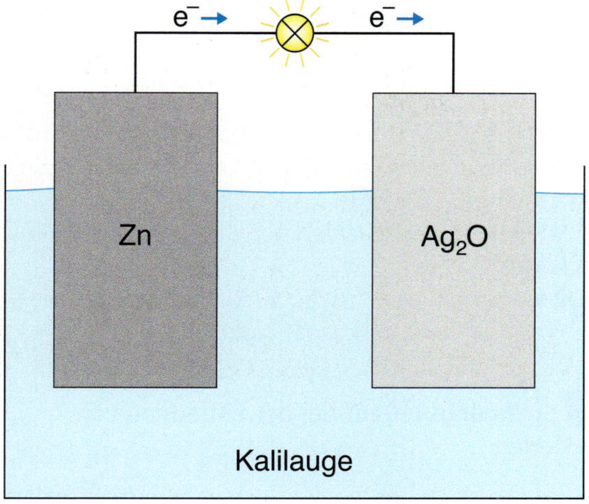

→ Galvanische Zellen: Eine galvanische Zelle ist eine elektrische **Spannungsquelle.** Sie besteht aus zwei unterschiedlichen Metallen als Elektroden und einer leitfähigen Lösung als **Elektrolyt.**
Das unedlere Metall gibt Elektronen ab und bildet den **Minuspol.** Das edlere Metall nimmt die Elektronen auf und bildet den **Pluspol.**

→ Redoxreaktionen: Reaktionen, bei denen Elektronen von einem Reaktionspartner auf einen anderen übertragen werden heißen Redoxreaktionen. Die Elektronenabgabe bezeichnet man als **Oxidation,** die Elektronenaufnahme als **Reduktion.**
Reaktion von Magnesium und Chlor:
Magnesium wird oxidiert: $Mg \longrightarrow Mg^{2+} + 2\,e^-$
Chlor wird reduziert: $2\,Cl + 2\,e^- \longrightarrow 2\,Cl^-$

→ Batterien: Batterien sind **galvanische Zellen.** Sie bestehen meistens aus einem Metall (Minuspol), einem Metall-Oxid (Pluspol) und einem Elektrolyten. Durch **Redoxreaktionen** zwischen den beiden Polen entsteht eine Spannung. Chemische Energie wird in elektrische Energie umgewandelt.

→ Akkus: Akkus sind wiederaufladbare Batterien. Die chemischen Vorgänge, die beim Entladen ablaufen, werden durch Zufuhr elektrischer Energie wieder rückgängig gemacht.

→ Entsorgung von Batterien und Akkus: Batterien und Akkus enthalten wertvolle, zum Teil auch umweltgefährdende Stoffe. Sie müssen an den Verkaufsstellen zurückgegeben werden, damit sie anschließend recycelt werden können.

→ Brennstoffzellen: In Brennstoffzellen reagieren Wasserstoff und Sauerstoff an Katalysatoren unter Abgabe von elektrischer Energie zu Wasser.

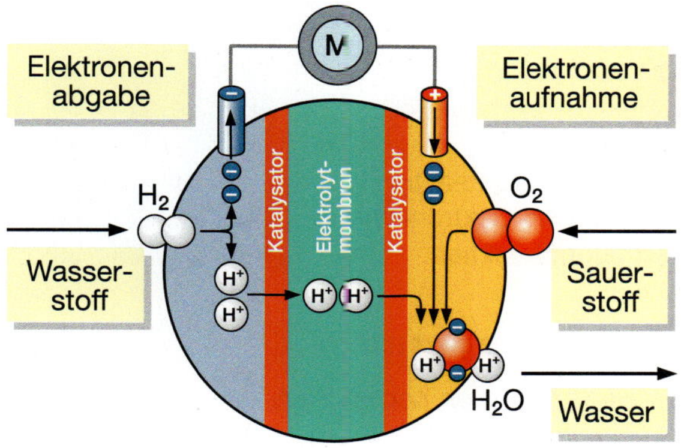

$H_2 + O \longrightarrow H_2O$ + Energie

→ Aluminium: Der Rohstoff für Aluminium ist Bauxit. Aus dem Bauxit wird Aluminiumoxid gewonnen. Durch Schmelzflusselektrolyse wird aus dem Aluminiumoxid Aluminium hergestellt. Dazu ist viel elektrische Energie notwendig.
Aluminium ist ein vielseitig verwendbares Leichtmetall. Eine hauchdünne Oxidschicht schützt es vor Korrosion. Seine Legierungen sind leicht und sehr fest.

→ Metallbindung: Metall-Atome können ihre Außenelektronen leicht abgeben. Es entstehen positive geladene Metall-Ionen. Die freien Außenelektronen halten, ähnlich wie ein Klebstoff, die Metall-Ionen zusammen.

→ Galvanisieren: Beim Galvanisieren wird durch Elektrolyse eine dünne schützende Metallschicht auf einen Gegenstand aufgebracht.

→ Korrosion: Korrosion nennt man die Zerstörung von Metallen durch Luft und aggressive Stoffe.

→ Korrosionsschutz: Metalle können durch Lackieren mit Farbe, Beschichten mit Kunststoff oder dünne Metallüberzüge vor Korrosion geschützt werden. Einige Metalle wie Aluminium, Zink und Chrom bilden an der Oberfläche fest haftende Oxidschichten und sind dadurch vor weiterer Korrosion geschützt.

→ Lokalelement: Eine galvanische Zelle, bei der sich die beiden Metalle direkt berühren, heißt Lokalelement. Bei der elektrochemischen Reaktion löst sich das unedlere Metall auf. So lange ist das edlere Metall vor Korrosion geschützt.

Chemie und Elektrizität

1. Kupfer aus einer Kupfersalzlösung

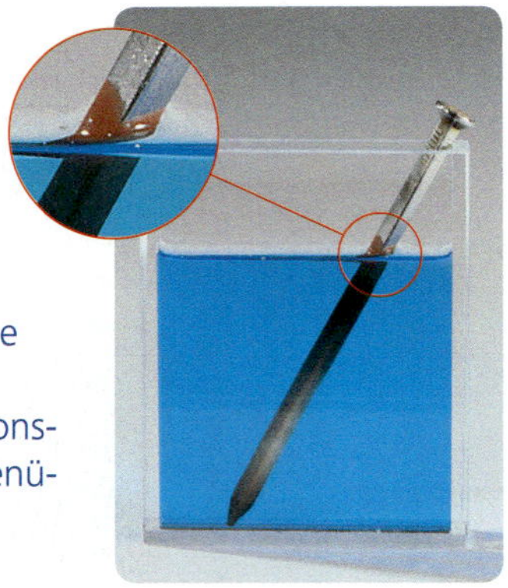

Ein Eisennagel wird in eine Kupfersulfat-Lösung getaucht.

a) Welche Teilchen werden oxidiert, welche reduziert?

b) Schreibe die Reaktionsgleichung als Elektronenübertragungsreaktion.

2. Natrium reagiert mit Chlor

Die Herstellung von Kochsalz aus Natrium und Chlor ist eine Redoxreaktion.

a) Welches Element wird oxidiert, welches reduziert?

b) Formuliere die Reaktionsgleichungen für die Elektronenabgabe und die Elektronenaufnahme.

3. Oxidation und Reduktion

a) Welche der beiden Reaktionsgleichungen beschreibt die Oxidation, welche die Reduktion?

$Mg \longrightarrow Mg^{2+} + 2\,e^-$ $\qquad$ $Zn^{2+} + 2\,e^- \longrightarrow Zn$

b) Welche Metall-Ionen können mit Magnesium entladen werden?

c) Welche Metall-Ionen können nicht mit Kupfer entladen werden?

4. Glänzendes Silberbesteck ohne Putzen

Silberbestecke laufen mit der Zeit an. Es bildet sich eine schwarze Schicht aus einer Silberverbindung. Der Silberglanz kann wieder hergestellt werden, wenn man die Bestecke auf ein Stück Aluminium-Folie in eine konzentrierte Kochsalzlösung legt.

Erkläre diesen Vorgang mit der Stellung der Metalle in der Spannungsreihe.

5. Zitronenbatterie

Stecke in eine Zitrone zuerst eine Zink- und eine Kupferelektrode, dann eine Zink- und eine Silberelektrode. Verbinde die Elektroden jeweils mit einem Spannungsmesser.

a) Deute die Messwerte.

b) Warum bildet in beiden Fällen die Zinkelektrode den Minuspol?

6. Batterien und Akkus

a) Wo werden Batterien und Akkus vor allem eingesetzt?

b) Welche elektrochemischen Reaktionen laufen in einer Batterie beim Entladen ab? Erläutere am Beispiel der Zink-Kohle-Batterie.

c) Wodurch unterscheiden sich Batterien und Akkumulatoren?

d) Erkläre, warum ein Akku wieder aufgeladen werden kann, eine Batterie aber nicht.

7. Spannungsverlauf bei der Entladung von Batterien

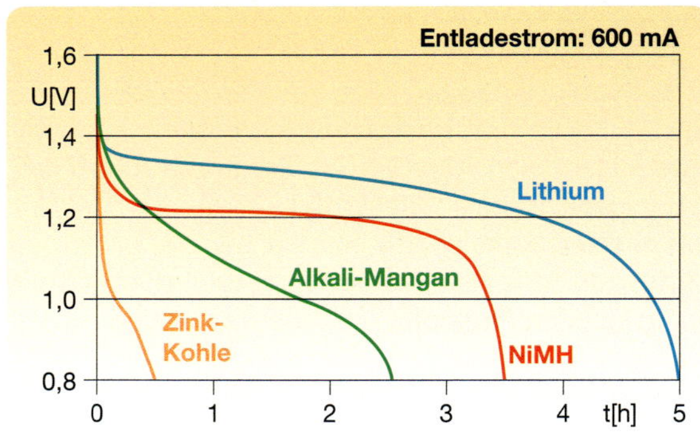

Entladungskurven zeigen, wie und wie schnell die Spannung einer Batterie beim Entladen nachlässt.

a) Welche Informationen kann man den abgebildeten Entladungskurven entnehmen?

b) Welcher Batterietyp ist für Elektrogeräte, die wie Uhren oder Messgeräte gleichbleibende Spannungen benötigen, geeignet?

8. Lithium-Batterien und -Akkus sind empfindlich

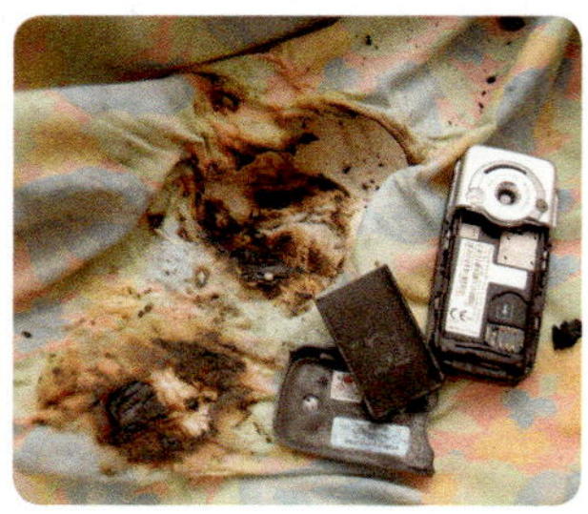

a) Warum kann Feuchtigkeit bei einer beschädigten Lithium-Batterie zum Problem werden?

b) Welche Folgen kann eine Überhitzung eines Lithium-Ionen-Akkus z. B. durch zu schnelles Aufladen haben?

9. Brennstoffzellen

a) Wie arbeitet eine Brennstoffzelle?

b) Brennstoffzellen sind umweltfreundlich. Erkläre.

c) Beschreibe mit einer Reaktionsgleichung, was in der Brennstoffzelle
– an der Wasserstoffelektrode,
– an der Sauerstoffelektrode geschieht.
d) In der Raumfahrt werden Brennstoffzellen zur Stromversorgung eingesetzt. Nenne ihre Vorteile.

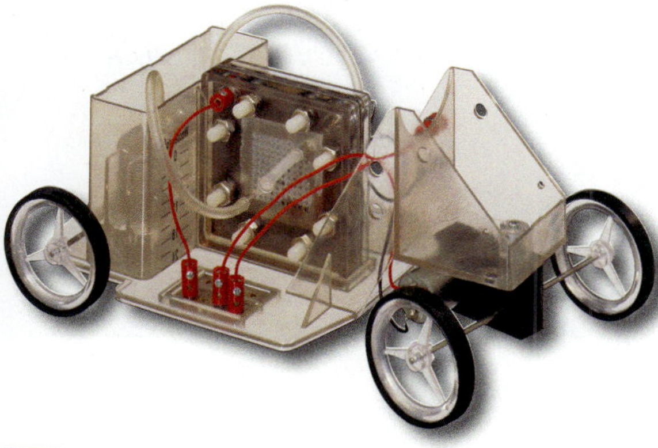

10. Aluminiumherstellung

a) Nenne den Rohstoff, aus dem Aluminium gewonnen wird.
b) Beschreibe die Schmelzflusselektrolyse von Aluminiumoxid.
c) Warum wird der Schmelze Kryolith zugesetzt?.
d) Obwohl Aluminium kein seltenes Element ist, wird es recycelt. Erkläre, warum das Recycling von Aluminium sinnvoll ist.

11. Metallbindung

a) Erkläre die Metallbindung.
b) Was ist ein Atomrumpf?
c) Metallbleche für die Autoindustrie lassen sich in jede beliebige Form pressen, ohne zu zerbrechen. Erkläre, warum dies möglich ist.
d) Warum lassen sich feste Salze im Gegensatz zu Metallen nicht verformen?

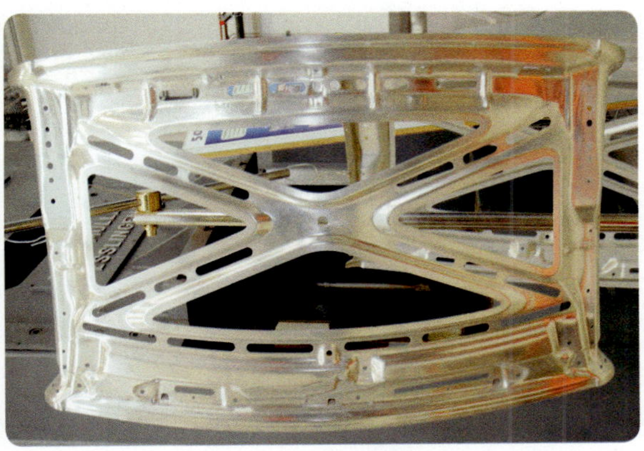

12. Galvanisieren

a) Warum werden Gegenstände galvanisiert?
b) Welches chemische Verfahren wird beim Galvanisieren angewendet?

13. Korrosion – Korrosionsschutz

a) Mithilfe welcher Verfahren lassen sich Metalle vor Korrosion schützen?
b) Büro- oder Heftklammern aus verkupfertem Eisendraht rosten schneller als solche aus verzinktem Eisen. Gib eine Erklärung für dieses unterschiedliche Verhalten.
c) Wie schützt sich Aluminium vor Korrosion?

14. Lokalelemente

a) Warum müssen die Opferanoden in Warmwasserspeichern von Zeit zu Zeit erneuert werden?
b) Welches der Metalle Gold, Kupfer, Magnesium ist als Opferanode geeignet, um Eisen vor Korrosion zu schützen? Begründe deine Antwort.
c) Zeichne ein Lokalelement aus Kupfer (oben) und Magnesium (unten). Erkläre, was passiert, wenn die Kupferschicht beschädigt wird.

10 Moleküle näher betrachtet

Dieses Land ist eigentlich kein Land: Die Arktis. Sie ist eine schwimmende Eismasse und bedeckt das Nordpolarmeer. Doch dieser Lebensraum wäre ohne die besonderen Eigenschaften von Wasser nicht vorhanden.
Die meisten Stoffe ziehen sich zusammen, je kälter sie werden. Gefrierendes Wasser dagegen verhält sich anders, es dehnt sich aus. Deshalb schwimmt Eis auf Wasser und der Eisbär hat (s)ein Zuhause.

Wie kommen eigentlich die verschiedenen Eigenschaften der Stoffe zustande? Warum löst sich Salz in Wasser? Weshalb ist Diamant so hart und Graphit so weich? Wieso ist Methan ein Gas? Für die Eigenschaften eines Stoffes sind nicht nur die Atomsorten verantwortlich. Auch die Art der Bindung zwischen den Atomen spielt eine große Rolle. In Molekülen zum Beispiel entsteht eine Bindung auf andere Weise als zwischen Ionen. Mithilfe der chemischen Bindung lassen sich auch die sonderbaren Eigenschaften von Wasser und dem Element Kohlenstoff erklären.

▲ *1. Schon in der Antike liebten die Menschen Speiseeis, das mit Honig und Fruchtsäften verfeinert wurde. Da es noch keine Eismaschinen gab, nutzten sie zur Herstellung eine Kältemischung aus Eis und Salz.*

◀ *2. Viele Stoffeigenschaften lassen sich erklären, wenn man weiß, wie die Atome des Stoffes miteinander verknüpft sind.*

▲ *3. Kaum zu glauben: Mit dem gleichen Element kann man auf Papier schreiben und Löcher in hartes Gestein bohren.*

Wasser ist nicht ganz normal

1. Der schwache Stein

Betrachte die Gesteine auf den Fotos. Stelle Vermutungen auf, was geschehen sein könnte.

2. Wasser mit Kraft

Fülle eine kleine Glasflasche randvoll mit Wasser, eine andere randvoll mit Speiseöl. Verschließe beide Flaschen fest und lege sie in einer Schale in das Gefrierfach. Schau am nächsten Tag nach der Flasche. Was kannst du beobachten?

3. Überwintern im Teich

Obwohl viele Teiche und Seen im Winter zufrieren, überstehen die dort lebenden Fische die kalte Jahreszeit. Diskutiere mit deinen Mitschülern, warum das so ist.

4. Fett schwimmt oben?

Was passiert, wenn ein Würfel festes Fett in bereits geschmolzenes Fett fällt? Was passiert, wenn ein Eiswürfel in ein Glas mit flüssigem Wasser fällt?

5. Das Wasser und seine Haut

a) Wie viel Wasser passt in ein Glas, bevor es überläuft? Teste es! Fülle ein Glas randvoll mit Wasser. Gib nun mit der Pipette weitere Wassertropfen hinzu. Schau genau hin. Was kannst du beobachten?
b) Wiederhole das Experiment mit Salatöl. Was fällt dir auf?
c) Lass eine Büroklammer in ein Glas mit Wasser fallen. Lege eine zweite Büroklammer vorsichtig auf die Wasseroberfläche. Was beobachtest du?

6. Ein Wassertropfen als tödliche Falle

Manche Ameisen sind so klein und leicht, dass sie wie ein Wasserläufer über eine Wasseroberfläche laufen können. Ein einzelner Wassertropfen allerdings kann für sie zur tödlichen Falle werden. Denn sitzt die Ameise in so einem Tropfen, kann sie sich nicht mehr befreien. Erkläre.

7. Es löst sich, es löst sich nicht, es löst sich …

a) Versuche, unterschiedliche Salze in Wasser zu lösen. Liste auf, welche Stoffe sich gut lösen, welche sich eher schlecht – und welche sich gar nicht lösen.
b) Ändert sich die Löslichkeit, wenn du die Temperatur des Wassers veränderst?

8. Wasser und seine Bestandteile

Vergleiche die Eigenschaften von Wasser mit den Eigenschaften der Elemente, aus denen Wasser besteht.

▲ *1. Kerzen lassen sich durch Kerzenziehen herstellen. Dazu wird die Kerze immer wieder in flüssiges Wachs getaucht*

Eis schwimmt. Gibt man ein Stück festes Wachs in flüssiges Wachs, geht es unter. Auch ein festes Stück Fett sinkt, wenn man es in flüssiges Fett gibt. Wachs und Fett ziehen sich wie die meisten Stoffe zusammen, je weiter man sie abkühlt. Ihre Dichte nimmt zu. Im festen Zustand erreichen sie dann ihre größte Dichte. Daher sinken feste Stoffe in ihrer Schmelze.

Wasser verhält sich anders. Eiswürfel schwimmen genauso auf Wasser wie Eisberge oder die gesamte Eislandschaft des Nordpols. Wasser hat seine größte Dichte bei einer Temperatur von 4 °C. Wird das Wasser kälter, dehnt es sich wieder aus. Dieses Verhalten nennt man die **Dichteanomalie des Wassers.**

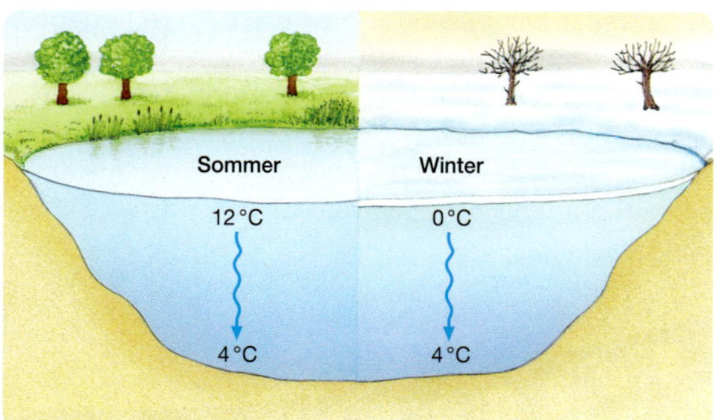

▲ *2. Ein See friert nur an der Oberfläche zu.*

Starkes Eis und schwache Steine. Wenn flüssiges Wasser bei 0 °C fest wird, benötigt es mehr Platz als zuvor. Auf eine Auswirkung dieser Eigenschaft treffen wir jedes Jahr im Frühjahr. Viele neue Schlaglöcher zieren den Asphalt unserer Straßen. Sie entstehen, wenn Wasser durch Risse in die Fahrbahnoberfläche sickert und dort gefriert. Das Wasser dehnt sich aus, vergrößert die Risse und sprengt so den Straßenbelag.

Als hätte Wasser eine Haut. Beobachtet man einen Wasserläufer auf der Wasseroberfläche eines Sees, scheint es, als würde das Insekt auf einer durchsichtigen, elastischen Folie laufen. Auch eine Büroklammer

3. Die Oberflächenspannung des Wassers ist so groß, dass Insekten über das Wasser laufen können. ▶

oder eine Reißzwecke lassen sich so auf die Wasseroberfläche legen, dass sie nicht untergehen. Es ist allerdings keine „Wasserhaut", die ihnen hilft, sondern die große **Oberflächenspannung** des Wassers. Sie entsteht, weil sich die Wassermoleküle gegenseitig stark anziehen. Nur die äußeren Moleküle werden dabei nach innen gezogen.

4. Auf die Wasser-Moleküle an der Oberfläche wirkt eine Kraft, die sie nach innen zieht. An den Molekülen innerhalb der Flüssigkeit heben sich die Kräfte auf ▶

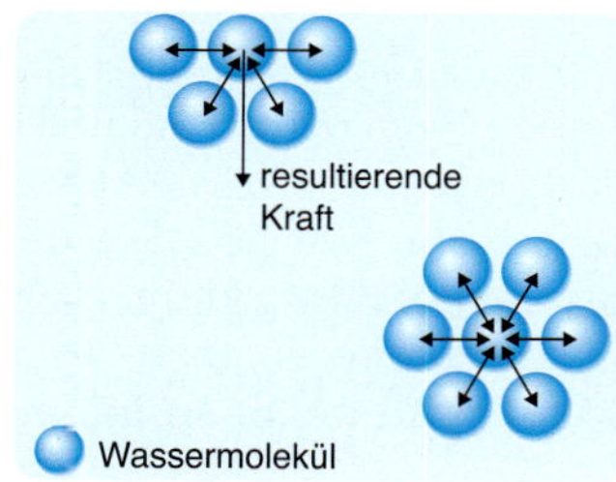

Einiges löst sich, anderes nicht. Wasser ist ein gutes Lösemittel. Bei Zimmertemperatur lösen sich in einem Liter Wasser etwa 350 Gramm Kochsalz, ein ganzer Liter Kohlenstoffdioxid-Gas oder sogar zwei Kilogramm Zucker. Kalk dagegen löst sich kaum.

Doch warum ist das so? Ein Wasser-Molekül besteht aus zwei Wasserstoff-Atomen und einem Sauerstoff-Atom. Die Verbindung aus diesen beiden Elementen, das Wasser, hat aber völlig andere Eigenschaften als die Elemente Wasserstoff und Sauerstoff selbst. Die außergewöhnlichen Eigenschaften von Wasser lassen sich aber nicht mit den Eigenschaften der Bestandteile des Wasser-Moleküls erklären. Der Schlüssel liegt in den besonderen Eigenschaften der Wasser-Moleküle selbst.

Die Dichteanomalie, seine große Oberflächenspannung und die gute Lösefähigkeit sind besondere Eigenschaften des Stoffes Wasser.

1. Fragen zum Text:
a) Was ist die Dichteanomalie des Wassers?
b) Warum sieht es so aus, als hätte Wasser eine Haut?

Eins, zwei oder drei: Die Elektronenpaarbindung

1. Träge oder reaktiv...

a) Zeichne ein Sauerstoff- und ein Neon-Atom im Schalenmodell. Worin liegt der Unterschied zwischen den beiden Atomen?
b) Neon ist wie alle anderen Edelgase sehr reaktionsträge, Sauerstoff dagegen geht viele Bindungen ein. Warum ist das so?

2. Ketten, Fesseln oder doch ganz anders?

Diskutiert zusammen: Wie könnte so eine Bindung zwischen zwei Atomen aussehen? Was könnte die beiden Atome zusammenhalten?

Wenn sich Elektronenpaare finden. In einem Molekül sind Atome miteinander verbunden. Aber wie sieht so eine Bindung aus? Das einfachste aller Moleküle ist das Wasserstoff-Molekül (H_2). Es besteht aus zwei Wasserstoff-Atomen. Die beiden Elektronen dieser Atome werden von den positiv geladenen Atomkernen gleich stark angezogen. Sie halten sich deshalb überwiegend zwischen den Kernen auf und bilden ein gemeinsames Elektronenpaar. Die starken elektrostatischen Anziehungskräfte zwischen dem gemeinsamen Elektronenpaar und den Atomkernen halten die Atome im Molekül fest zusammen. Diese Art der chemischen Bindung heißt **Elektronenpaarbindung** oder auch **Atombindung.** In dem Wasserstoff-Molekül verfügt auf diese Weise jedes der Wasserstoff-Atome über zwei Außenelektronen. Das entspricht der stabilen Außenhülle des Edelgases Helium.

Voll besetzt – die Oktettregel. Die chemische Bindung wird vor allem durch die Außenelektronen bestimmt. Diese bilden eine stabile Außenschale, sobald die Schale wie bei den reaktionsträgen Edelgas-Atomen voll besetzt ist. Im Molekül erreichen die beteiligten Atome diesen Zustand, wenn sie ihre Außenelektronen gemeinsam nutzen. Im Molekül bilden die Elektronen dann eine gemeinsame Elektronenhülle. Es werden so viele gemeinsame Elektronenpaare gebildet, bis jedes Atom eine **Edelgaskonfiguration** erreicht und ebenso viele Außenelektronen erhält wie ein Edelgas-Atom. Weil das bei den meisten Atomen acht Elektronen sind, spricht man auch von der **Oktettregel** (von lateinisch „octo": acht). Das Wasserstoff-Molekül macht eine Ausnahme. Es erreicht mit zwei Elektronen die Edelgaskonfiguration von Helium.

Einfach- oder Mehrfach-Bindungen. Im Wasserstoff-Molekül werden die Atome durch ein gemeinsames Elektronenpaar verbunden. Neben diesen Einfachbindungen können sich aber auch mehrere Elektronenpaare zwischen zwei Atomen finden. Im Sauerstoff-Molekül (O_2) bilden sich zwei gemeinsame Elektronenpaare zwischen den beiden Atomen aus. Durch diese Doppelbindung wird die Oktettregel für beide Sauerstoff-Atome erfüllt. Stickstoff-Atome besitzen fünf Außenelektronen. Im Stickstoff-Molekül (N_2) müssen sich deshalb sogar drei gemeinsame Elektronenpaare bilden, damit die Stickstoff-Atome ihre Edelgaskonfiguration erreichen. Das ist eine Dreifachbindung.

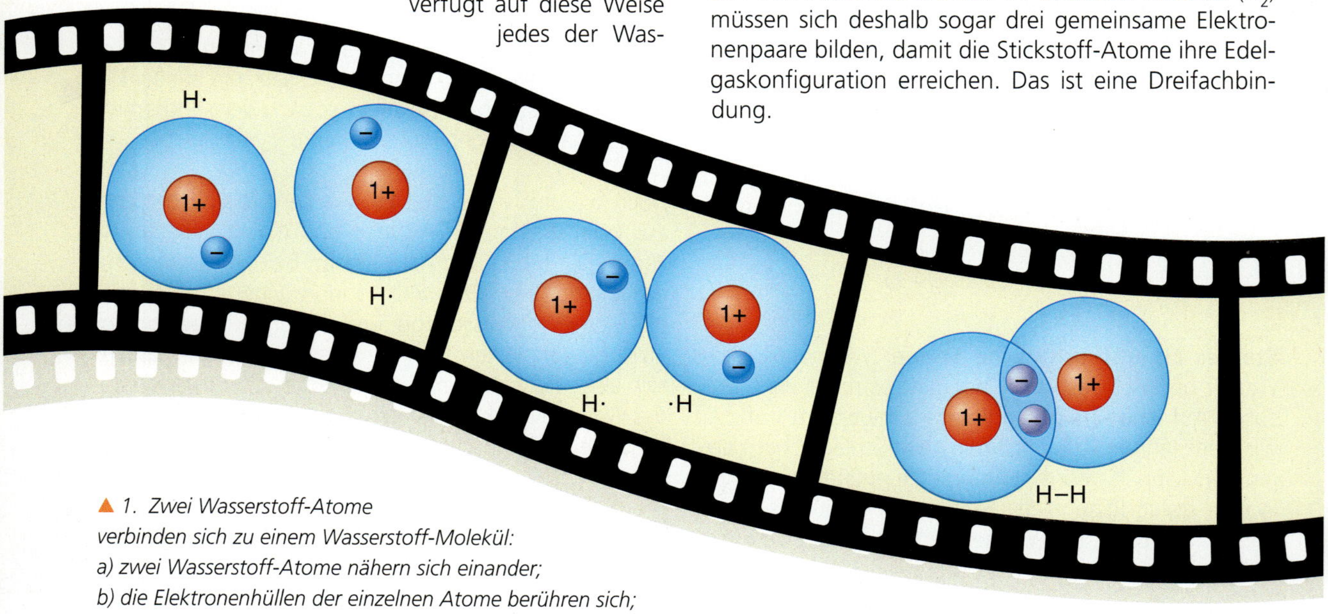

▲ *1. Zwei Wasserstoff-Atome verbinden sich zu einem Wasserstoff-Molekül:*
a) zwei Wasserstoff-Atome nähern sich einander;
b) die Elektronenhüllen der einzelnen Atome berühren sich;
c) die Elektronenhüllen durchdringen sich, beide Atome benutzen die Elektronen gemeinsam. Es ist eine Bindung zwischen den beiden Wasserstoff-Atomen entstanden.

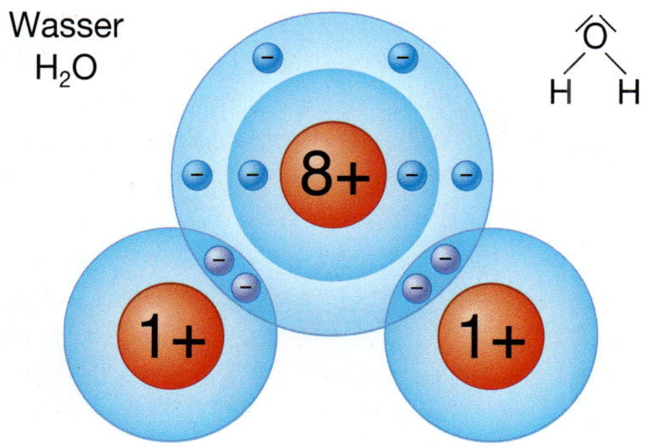

Bindungen im Wasser-Molekül. Ein Wasser-Molekül besteht aus einem Sauerstoff-Atom und zwei Wasserstoff-Atomen. Das Sauerstoff-Atom besitzt sechs Außenelektronen. Im Wasser-Molekül bildet es mit jedem der beiden Wasserstoff-Atome eine eigene Elektronenpaarbindung mit jeweils einem gemeinsamen Elektronenpaar aus. Das Wasser-Molekül besitzt also zwei Einfachbindungen.

In einem Molekül werden Atome durch gemeinsame Elektronenpaare miteinander verbunden. Diese Bindung heißt Elektronenpaarbindung oder Atombindung. Es werden so viele gemeinsame Elektronenpaare gebildet, bis jedes Atom die Edelgaskonfiguration erreicht.

1. Fragen zum Text

a) Durch welche Kräfte werden die Atome in den Molekülen zusammengehalten?
b) Erläutere die Oktettregel.
c) Warum kann das Wasserstoff-Atom nur eine Elektronenpaarbindung bilden?

▶ Die Lewis-Schreibweise

Für die chemische Bindung sind hauptsächlich die Außenelektronen von Bedeutung. In der Punktschreibweise vernachlässigt man daher die inneren Schalen und ordnet die Außenelektronen als Punkte um die Elementsymbole herum an.

H· ·Ċ· :Ṅ· :Ȯ· :F: :Ne:

Elektronenpaare werden dabei als Striche dargestellt:

|Ṅ· |Ȯ· |F̄· |N̄e|

Schreibt man auf diese Weise die Struktur eines Moleküls auf, kann man die bindenden Elektronen von denen unterscheiden, die nicht an der Bindung beteiligt sind. Die bindenden Elektronen schreibt man zwischen die Elementsymbole der beteiligten Atome.

H – H ⟨O = O⟩ |N ≡ N|

Sie werden beiden Bindungspartnern zugerechnet. Die freien oder nicht bindenden Elektronen schreibt man außen um das jeweilige Symbol oder sie werden in der vereinfachten Form einfach weggelassen:

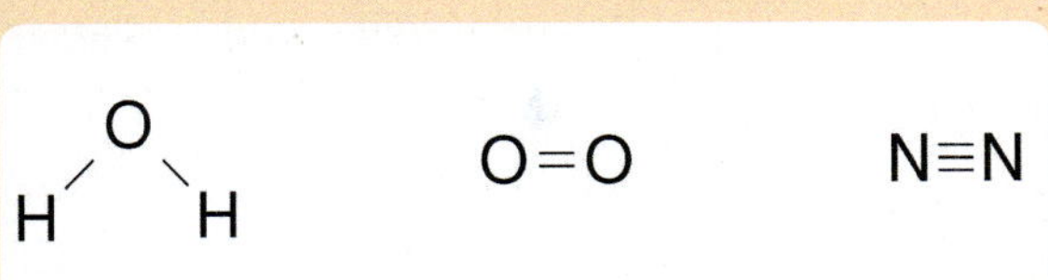

Diese **Lewis-Formeln** wurden von dem amerikanischen Chemiker GILBERT NEWTON LEWIS entwickelt. Mit ihnen lässt sich leicht überprüfen, ob die Oktettregel erfüllt wird.

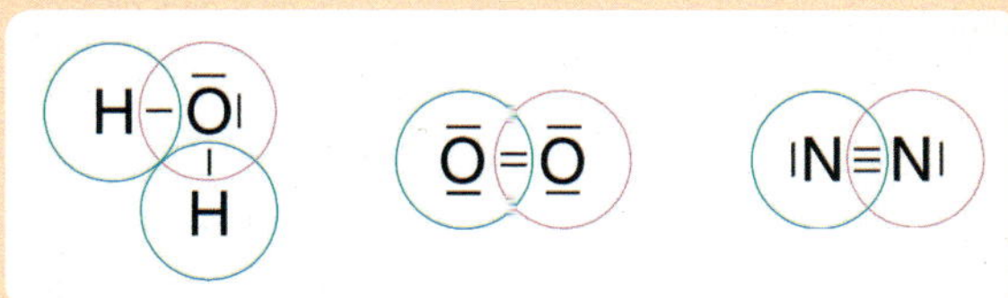

Die Kreise verdeutlichen, dass jedem Atom acht Elektronen (ein Elektronen-Oktett) zugeordnet sind. Die gemeinsamen Elektronen liegen im Überlappungsbereich der Kreisflächen.

2. Lewis-Formeln

a) Stelle die Lewis-Formeln für die folgenden Moleküle auf: Ammoniak, Methan, Chlorwasserstoff.
b) Kennzeichne die Elektronen, die jedem Atom zugeordnet sind.

H_2O, ein polares Molekül

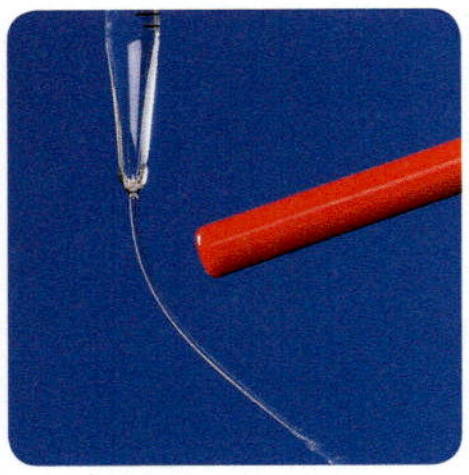

▲ *1. Gekrümmter Wasserstrahl*

1. Der biegsame Wasserstrahl

a) Drehe den Wasserhahn gerade soweit auf, dass ein dünner Wasserstrahl fließt. Reibe dann einen Plastikstab (zum Beispiel einen Kochlöffel, ein Lineal aus Kunststoff) oder einen aufgeblasenen Luftballon an einem Wollpullover. Halte den Plastikstab bzw. den Ballon an den Wasserstrahl, ohne ihn zu berühren. Was beobachtest du?

b) Wiederhole den Versuch mit Petroleum.

Fülle dazu Petroleum (GHS 2, 8; B3) in eine Bürette. Öffne die Bürette gerade nur so weit, dass das Petroleum in einem dünnen Strahl heraus fließt. Was passiert?

c) Vergleiche deine Beobachtungen und finde eine mögliche Erklärung.

Wenn Protonen tauziehen. Im Wasserstoff-Molekül (H_2) werden die negativ geladenen Elektronen von den positiv geladenen Atomkernen gleich stark angezogen. Die elektrischen Ladungen sind symmetrisch verteilt und es bilden sich keine nach außen wirkenden elektrischen Pole. Diese Verbindung ist unpolar – wie alle Moleküle, die aus zwei gleichen Atomen bestehen:

$$H - H$$

Bei Molekülen aus unterschiedlichen Atomen sind die Ladungen oft ungleichmäßig verteilt. So ist es auch im Wasser-Molekül: Die acht Protonen des Sauerstoff-Atoms ziehen die gemeinsamen Bindungselektronen etwas stärker an als das eine Proton in den Wasserstoff-Atomen. Deshalb entsteht am Sauerstoff-Atom ein geringer Überschuss an negativer Ladung und dadurch ein schwacher Minus-Pol (δ–). An jedem der beiden Wasserstoff-Atome bildet sich durch den Mangel an negativer Ladung ein schwacher Plus-Pol (δ+). Diese Erscheinung nennt man Polarisierung. Solche Moleküle mit positivem und negativem Pol heißen auch **Dipol-Moleküle.** Nähert man den Dipol-Molekülen des Wassers einen elektrisch geladenen Stab, werden diese wie in Abbildung 1 angezogen.

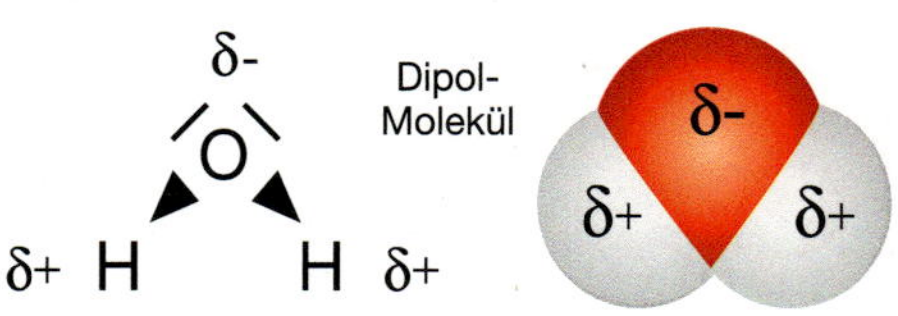

▲ *2. Wasser-Moleküle sind elektrische Dipole. Das erklärt, warum ein elektrisch geladener Plastikstab einen Wasserstrahl ablenken kann.*

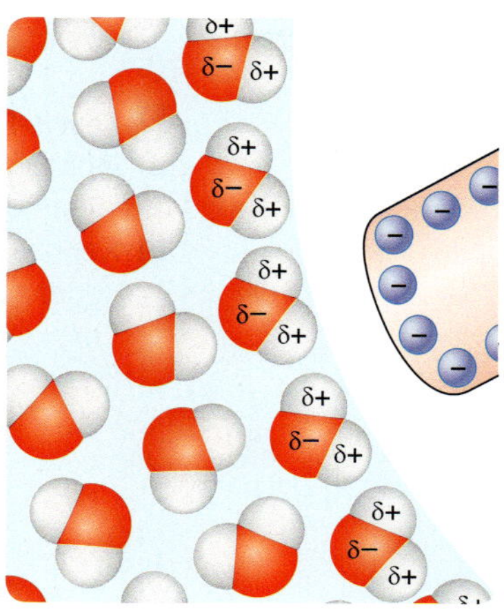

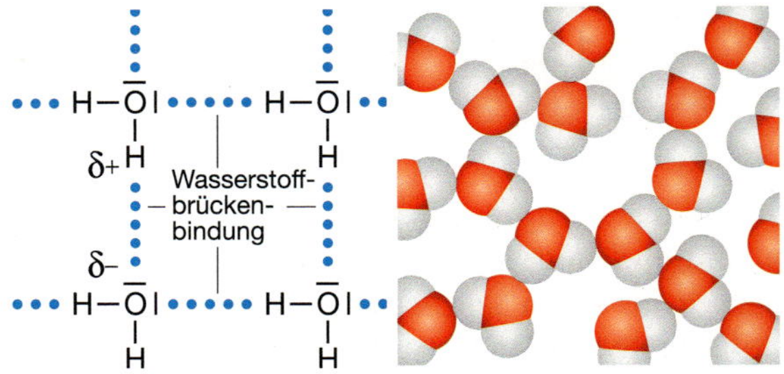

▲ *3. Wasser-Moleküle schließen sich über Wasserstoffbrückenbindungen zu großen Molekülverbänden zusammen.*

Wasserstoffbrückenbindungen. Zwischen benachbarten Wasser-Molekülen wirken starke Anziehungskräfte. Die negativ geladenen Sauerstoff-Atome ziehen benachbarte, positiv geladene Wasserstoff-Atome an. Die Wasser-Moleküle richten sich aneinander aus und schließen sich so zu großen Molekülgruppen zusammen. Dabei lagern sich an jedes Sauerstoff-Atom eines Wasser-Moleküls jeweils zwei Wasserstoff-Atome anderer Wasser-Moleküle an. Diese starken Anziehungskräfte zwischen den Molekülen heißen Wasserstoffbrückenbindungen. Sie sind die Ursache für die ungewöhnlichen Eigenschaften des Wassers wie zum Beispiel die hohe Oberflächenspannung.

Warum Wasser erst bei 100 °C siedet. Andere Stoffe mit ähnlich großen Molekülen wie Wasser, z. B. Methan oder Ammoniak, sieden bereits bei etwa –80 °C. Wasser aber hat aufgrund seiner Wasserstoffbrückenbindungen eine sehr viel höhere Siedetemperatur. Es ist nämlich viel Energie notwendig, diese Bindungen zu überwinden. Das hat weitreichende Folgen: Ohne Wasserstoffbrückenbindungen gäbe es auf der Erde kein flüssiges Wasser, Leben hätte sich nicht entwickeln können.

Warum Eis auf Wasser schwimmt. Wenn Wasser gefriert, lagern sich die Wasser-Moleküle über Wasserstoffbrückenbindungen zu einem Eisgitter mit sechseckiger Struk-

▲ 1. *Schneekristalle* 2. *Modell eines Eiskristallgitters* ▲

tur zusammen. Da es sehr weiträumig aufgebaut ist und viele Hohlräume besitzt, nimmt es ein um 10 Prozent größeres Volumen ein als flüssiges Wasser. Deshalb dehnt Wasser sich beim Gefrieren aus und kann auf dem flüssigen Wasser schwimmen.

Wasser-Moleküle sind Dipol-Moleküle mit negativen und positiven Polen. Sie bilden Wasserstoffbrückenbindungen aus, die Ursache für viele Eigenschaften des Wassers sind.

1. Fragen zum Text

a) Was ist ein Dipol-Molekül?

b) Wie heißen die starken Anziehungskräfte zwischen Wasser-Molekülen?

c) Wie kommen diese Anziehungskräfte zustande?

2. Ungewöhnliches Wasser

Erläutere an einem Beispiel, weshalb die Wasserstoffbrückenbindungen die Ursache für die ungewöhnlichen Eigenschaften des Wassers sind.

3. Anziehend oder abstoßend?

In Abbildung 2 auf der vorhergehenden Seite ist der Plastikstab negativ geladen. Was passiert, wenn du einen positiv geladenen Plastikstab an den Wasserstrahl hältst? Begründe deine Vermutung.

Exkurs

▶ Dipol oder Ionenverbindung?

In einem Molekül ziehen manche Atome die gemeinsamen Bindungselektronen stärker an als andere. Diese unterschiedliche Anziehungskraft nennt man **Elektronegativität** (abgekürzt EN). Je stärker ein Atom das gemeinsame Elektronenpaar anzieht, desto größer ist sein EN-Wert. Die Halogene Fluor und Chlor, aber auch Sauerstoff und Stickstoff sind Elemente mit einer hohen Elektronegativität. Alkalimetalle wie Natrium oder Kalium haben eher geringe EN-Werte.

I	II	III	IV	V	VI	VII	VIII
H 2,1							He –
Li 1,0	Be 1,5	B 2,0	C 2,5	N 3,0	O 3,5	F 4,0	Ne –
Na 0,9	Mg 1,2	Al 1,5	Si 1,8	P 2,1	S 2,5	Cl 3,0	Ar –
K 0,8	Ca 1,0	Ga 1,6	Ge 1,8	As 2,0	Se 2,4	Br 2,8	Kr –

▲ 3. *Elektronegativitätswerte einiger Elemente*

Je größer die Differenz der Elektronegativität zwischen zwei Elementen ist, desto polarer ist das betreffende Molekül. Ist die Differenz der Elektronegativität größer als 1,7, bilden die Elemente in der Regel Ionenverbindungen. Ist die EN-Differenz kleiner als 0,5, sind die Verbindungen in der Regel unpolar.

Chlorwasserstoff besteht aus den Elementen Chlor und Wasserstoff. Chlor hat den EN-Wert 3,0, Wasserstoff 2,1. Die Differenz beträgt 0,9. Chlorwasserstoff-Moleküle sind also Dipol-Moleküle.

Natriumchlorid besteht aus den Elementen Natrium und Chlor. Natrium besitzt den EN-Wert 0,9, Chlor 3,0. Die Differenz der EN-Werte beträgt 2,1. Natriumchlorid ist daher eine Ionenverbindung.

4. Dipol-Molekül oder Ionenverbindung? Bestimme die folgenden Verbindungen: Methan, Schwefelwasserstoff, Calciumchlorid, Ammoniak, Kochsalz, Magnesiumoxid, Wasser.

5. Warum haben Edelgase keinen EN-Wert?

Wasser ist die Lösung!

1. Salz verschwindet

a) Gib 30 g Kochsalz in ein Becherglas mit 100 ml Wasser und rühre langsam um. Beschreibe deine Beobachtungen so genau wie möglich und finde eine Erklärung.
b) Tropfe einige Milliliter der klaren Lösung auf ein Uhrglas und lasse das Wasser verdunsten. Beobachte genau und erkläre, was passiert.

▲ *1. Salz löst sich in Wasser schnell auf*

Gibt man beim Nudelkochen Salz in das Wasser, sind die Salzkristalle bereits nach kurzer Zeit nicht mehr zu sehen. Gibt man Salz dagegen in einen Topf mit Öl, kann man rühren und erwärmen, soviel man will – das Salz bleibt als Bodensatz ungelöst. Warum löst sich Salz in Wasser auf, in Öl aber nicht? Auch hier spielen die Dipol-Eigenschaften der Wasser-Moleküle wieder die Hauptrolle.

So lösen sich Salze. Kochsalz ist eine Ionenverbindung aus Natrium-Ionen und Chlorid-Ionen. Gibt man einen Kochsalzkristall in Wasser, werden die polaren Wasser-Moleküle von den Ionen des Salzkristalls angezogen und lagern sich an dessen Oberfläche an. An den positiv geladenen Natrium-Ionen lagern sich die Wasser-Moleküle mit ihren negativ geladenen Seiten an. An den negativ geladenen Chlorid-Ionen lagern sich die Wasser-Moleküle mit ihren positiv geladenen Seiten an. An den Ecken und Kanten beginnend, werden die Ionen so nach und nach herausgelöst. Dabei umhüllen die Wasser-Moleküle jedes Ion und bilden eine **Hydrathülle.** In der Lösung werden die Ionen durch die Hydrathüllen voneinander abgeschirmt. Sie können sich deshalb nicht mehr gegenseitig anziehen und verteilen sich gleichmäßig in der Lösung.

Der Ablösungsvorgang geht solange weiter, bis der Kristall entweder vollständig abgebaut ist oder die Löslichkeitsgrenze des Salzes erreicht ist.

In der Reaktionsgleichung wird durch das Symbol (aq) auf die Hydrathülle hingewiesen:

$$NaCl + H_2O \longrightarrow Na^+ (aq) + Cl^- (aq) + H_2O$$

Für solche Lösevorgänge sind die Dipol-Eigenschaften der Wasser-Moleküle entscheidend. Deshalb wird Wasser als **polares Lösemittel** bezeichnet. Öl dagegen ist unpolar. Öl-Moleküle werden von den Ionen des Salzkristalls nicht angezogen und können sie daher auch nicht voneinander trennen.

Nicht alle Salze lösen sich gleich gut. Einige Salze lösen sich besser, andere schlechter in Wasser. Ihre Löslichkeit ist von der Anziehungskraft zwischen den Ionen des Salzes und den Dipol-Molekülen des Wassers abhängig. Je stärker diese Kraft gegenüber den Anziehungskräften zwischen den Ionen des Salzkristalls ist, desto besser löst sich das Salz im Wasser.

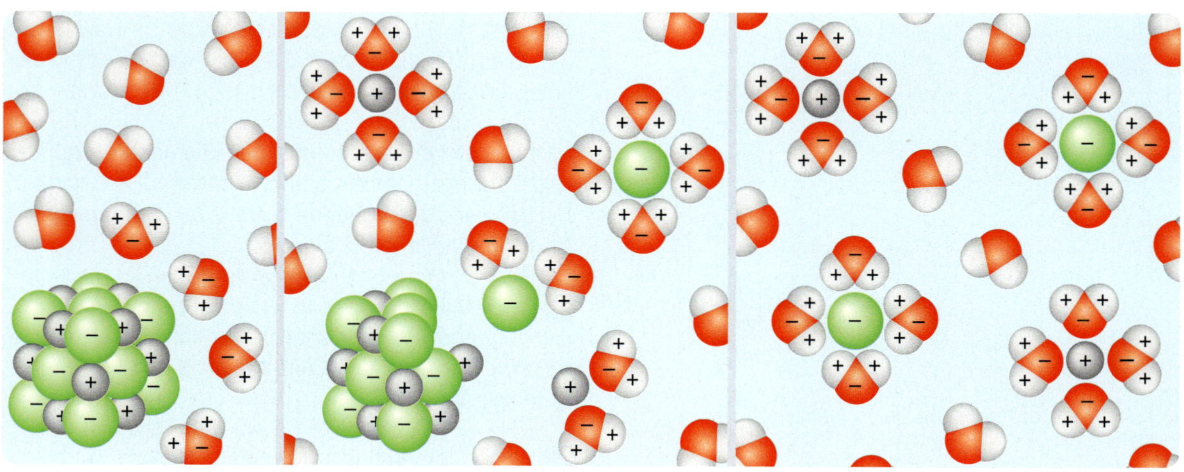

▲ *2. Lösevorgang eines Salzes in Wasser: Die Ionen werden aus dem Gitterverband „herausgezogen" und von Wasser-Molekülen umgeben.*

▲ *1. Salze lösen sich unterschiedlich gut*

Wasser ist ein polares Lösemittel, das andere polare Stoffe lösen kann. Die Wasser-Moleküle umhüllen die gelösten Ionen und bilden eine Hydrathülle.

1. Fragen zum Text:

a) Warum ist Wasser ein polares Lösemittel?
b) Beschreibe den Lösevorgang eines Salzes in Wasser.
c) Was ist eine Hydrathülle?
d) Warum löst sich Salz nicht in Öl?
e) Woran liegt es, dass manche Salze leicht löslich und manche Salze schwerlöslich sind?

Lösungen – kalt oder warm

2. Das Lösen von Salzen
Befülle ein Becherglas (50 ml) mit Wasser und miss die Temperatur des Wassers. Gib dann zwei gehäufte Teelöffel Natriumchlorid (Kochsalz) hinzu, rühre um und miss die Temperatur erneut. Wiederhole das Experiment mit Natriumsulfat. Vergleiche deine Beobachtungen.

3. Die Salz-Angel
a) Gib einen Eiswürfel in ein Glas mit Wasser. Was passiert, wenn du einen Wollfaden auf den Eiswürfel legst, mit Salz bestreust und an dem Faden ziehst? Probiere es aus!
b) Beschreibe deine Beobachtungen so genau wie möglich und erkläre sie.

4. Omas Schokoeis
Das erste Speiseeis gab es bereits in der Antike – ganz ohne Gefrierschrank und Tiefkühltruhe! Teste es selbst: Schlage 2 Eigelb mit 50 g Zucker und 50 g Kakaopulver schaumig. In einer Edelstahlschüssel schlägst du 200 ml Sahne steif und rührst die Schokoladenmischung unter. Fülle nun eine große Salatschüssel mit zerstoßenem Eis und vermische es mit viel Kochsalz (350 g Kochsalz pro 1 kg Eis). Drücke die Schüssel mit der Schoko-Sahne-Mischung in diese Kältemischung und rühre so lange, bis die Schokomasse gefroren ist. Guten Appetit!

Lösungswärme. Löst man Salze in Wasser, ändert sich die Temperatur. Je nach Salz wird das Wasser mal kälter, mal wärmer. Woher kommt das? Wenn Wasser-Moleküle Ionen aus dem Kristallgitter herauslösen, wird für das Aufbrechen des Kristallgitters Energie benötigt. Gleichzeitig wird aber auch Energie frei, sobald die Wasser-Moleküle eine Hydrathülle um die Ionen herum bilden. Die Summe dieser beiden Energien nennt man Lösungswärme.

Lösungswärme = Gitterenergie – Hydratisierungsenergie

Die Lösungswärme kann je nach Salz positiv oder negativ sein. Ist die Gitterenergie größer als die Hydratisierungsenergie, ist die Lösungswärme negativ. Die notwendige Energie wird der Umgebung entzogen und das Wasser kühlt sich ab. Ist die Gitterenergie kleiner als die Hydratisierungsenergie, wird die überschüssige Energie an die Umgebung abgegeben und das Wasser erwärmt sich.

Kältemischungen. Bei Natriumchlorid ist die Lösungswärme negativ. Die Lösung kühlt sich also ab. Der kühlende Effekt verstärkt sich noch, wenn man das Salz nicht in Wasser, sondern in Eis löst. Da Salzlösungen einen niedrigeren Gefrierpunkt als Wasser haben, schmilzt das Eis.

Kohlenstoff – ein besonderer Bindungspartner

▲ 1. *Kohlenstoff – ein scheinbar unscheinbares Element*

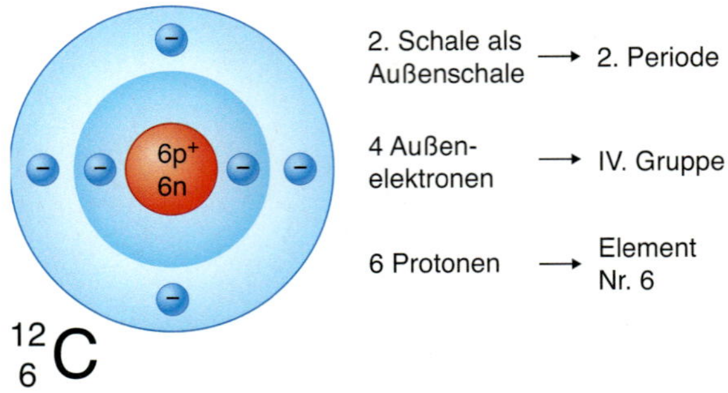

▲ 2. *So ist das Kohlenstoff-Atom aufgebaut*

1. Kohlenstoff im PSE

a) Finde das Element Kohlenstoff im Periodensystem der Elemente und beschreibe seinen Aufbau.
b) Überlege, welche Folgen der Aufbau der Kohlenstoff-Atome für ihre Bindungsfähigkeit haben kann.

2. Kohlenstoff-Nachweis

Wie lässt sich nachweisen, dass in einer Verbindung Kohlenstoff enthalten ist?

Kohlenstoff – ein Element, viele Bindungsmöglichkeiten. Wenn Kohle verbrennt, entsteht Kohlenstoffdioxid. Doch CO_2 ist nicht die einzige Verbindung, die das Element Kohlenstoff eingehen kann. Kohlenstoff hat vier Außenelektronen, die je nach Bindungspartner Einfach- oder auch Mehrfachbindungen ausbilden. Außerdem können Kohlenstoff-Atome starke, stabile Elektronenpaarbindungen miteinander eingehen. Wie kein anderes Element bildet es lange, verzweigte Ketten und Ringe.

Kleine Unterschiede mit großer Wirkung. Graphit und Diamant sind Stoffe, wie sie unterschiedlicher nicht sein könnten. Der eine Stoff grau, sehr weich, der andere Stoff stark lichtbrechend, durchsichtig und sehr hart. Dennoch bestehen beide aus ein und demselben Element: Kohlenstoff. Der Unterschied besteht allein in der Art und Weise, wie die einzelnen Kohlenstoff-Atome miteinander verbunden sind.

In einem **Diamanten** ist jedes der Kohlenstoff-Atome über eine Elektronenpaarbindung mit vier weiteren Kohlenstoff-Atomen verknüpft. Alle Außenelektronen sind an der Bindung beteiligt und bilden dadurch eine überaus stabile Verbindung. Deshalb ist Diamant extrem hart und hat eine sehr hohe Schmelztemperatur, die nur von sehr wenigen Verbindungen übertroffen wird. Da alle Elektronen fest in die Bindung einbezogen sind, kann Diamant keine Elektronen weiterleiten. Diamant ist ein Nichtleiter.

In **Graphit** dagegen bilden die Kohlenstoff-Atome ebene Schichten aus Sechsecken in der Art einer Bienenwabe. Die Schichten liegen übereinander. Sie sind nicht fest miteinander verbunden und können leicht gegeneinander verschoben werden. Deshalb ist Graphit weich und fühlt sich schmierig an. Innerhalb einer Schicht ist jedes Kohlenstoff-Atom mit nur drei weiteren Kohlenstoff-Atomen über eine Elektronenpaarbindung verknüpft. Das vierte Außenelektron ist zwischen den Schichten frei beweglich – Graphit ist daher ein elektrischer Leiter.

Von Fußbällen und Miniröhren. Neben den Kohlenstoff-Modifikationen Diamant und Graphit wurden in den letzten Jahren immer weitere bekannt. Der Molekülaufbau der Fullerene erinnert an die Form eines Fußballs.

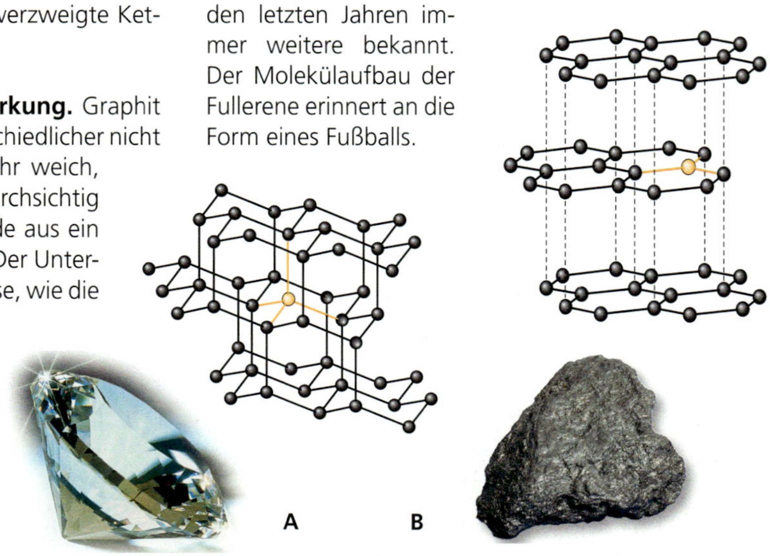

▲ 3. *Die Kohlenstoffmodifikationen Diamant (A) und Graphit (B) – die Art der Elektronenpaarbindung macht den Unterschied*

▲ *1. Fulleren-Kristalle und Computermodell eines Fulleren-Moleküls*

Wie im Graphit-Molekül ist jedes Kohlenstoff-Atom mit drei weiteren Kohlenstoff-Atomen verbunden. Das vierte Außenelektron ist frei beweglich. Trotzdem leiten Fullerene den elektrischen Strom nicht. Anders als bei Graphit bildet das Molekül eine Kugel. Innerhalb dieses Kugelmoleküls können sich die Elektronen zwar frei bewegen, zwischen den Molekülen findet aber keine Übertragung statt.

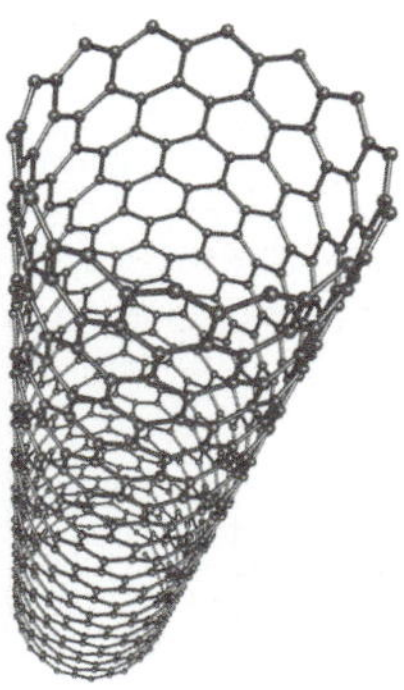

▲ *2. Nanoröhre aus Kohlenstoff-Atomen*

Auch in **Nanoröhren** sind Kohlenstoff-Atome in Sechsecken verknüpft. Sie bilden dabei eine lange Röhre. Durch die stabilen Elektronenpaarbindungen sind Nanoröhren zugfester als Stahlfasern. Reißfeste T-Shirts und Kletterseile sind allerdings noch Zukunftsmusik. Denn bisher fehlt eine Methode, die nur ein Tausendstel Millimeter langen Röhren fest miteinander zu verbinden.

Graphen (das „e" spricht man lang) ist eine weitere neu entdeckte Kohlenstoff-Modifikation. Es besteht aus nur einer einzigen Lage Graphit und kann elektrischen Strom genauso gut leiten. Das ist nicht nur für die Computerindustrie spannend. Durchsichtige Elektroden aus Graphen könnten zum Beispiel Solarzellen effizienter machen.

▲ *3. Die Struktur von Graphen im Computermodell*

Kohlenstoff, das Element des Lebens. Kohlenstoff ist das Element mit der größten Vielfalt an chemischen Verbindungen. In Kombination mit Wasserstoff, Sauerstoff und Stickstoff sind mehr als 12 Millionen Verbindungen bekannt. Menschen, Tiere, Pflanzen – das gesamte Leben unserer Erde ist aus solchen organischen Verbindungen aufgebaut. Um zu verstehen, was Kohlenstoff so einzigartig macht, müssen wir einen Blick in das Periodensystem der Elemente werfen.

Kohlenwasserstoffe. Der häufigste Bindungspartner von Kohlenstoff-Atomen ist Wasserstoff. Beide Atomkerne ziehen ihre Bindungselektronen etwa gleich stark an. Die elektrischen Ladungen sind symmetrisch verteilt. Es bilden sich keine nach außen wirkenden elektrischen Pole. Kohlenwasserstoffverbindungen sind daher häufig unpolar und mischen sich nicht mit Wasser.

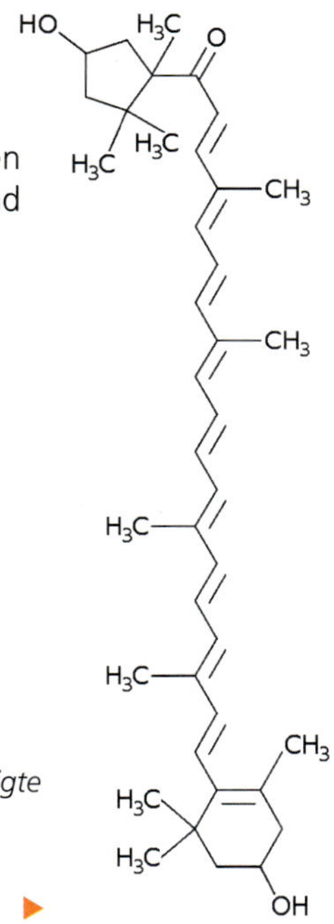

▲ *4. Kohlenstoff kann lange, verzweigte Ketten oder Ringe bilden. Auch der rote Farbstoff der Paprika ist aus Kohlenstoffketten aufgebaut.* ▶

Kohlenstoff-Atome können stabile Bindungen untereinander eingehen und bilden lange Ketten und Ringe. Aus diesem Grund gibt es zahlreiche Modifikationen, in denen Kohlenstoff-Atome jeweils unterschiedlich miteinander verknüpft sind.

1. Fragen zum Text:

a) Welches Element ist in jeder organischen Verbindung enthalten?

b) Warum kann Kohlenstoff so viele Verbindungen eingehen?

c) Nenne die dir bekannten Modifikationen des Kohlenstoffs.

d) Beschreibe die wesentlichen Unterschiede im Aufbau von Graphit und Diamant.

Bindungen im Vergleich

Wenn Magnesium und Sauerstoff zu Magnesiumoxid reagieren, wird die Metallbindung des Magnesiums und die Elektronenpaarbindung der Sauerstoff-Moleküle zu einer Ionenbindung umgebaut.

1. Eine enge Bindung
In Verbindungen können die Atome auf drei verschiedene Arten miteinander verbunden sein. Benenne und erläutere die verschiedenen Bindungstypen.

Bindungsart	Ionenbindung	Metallbindung	Elektronenpaarbindung
Beispiel	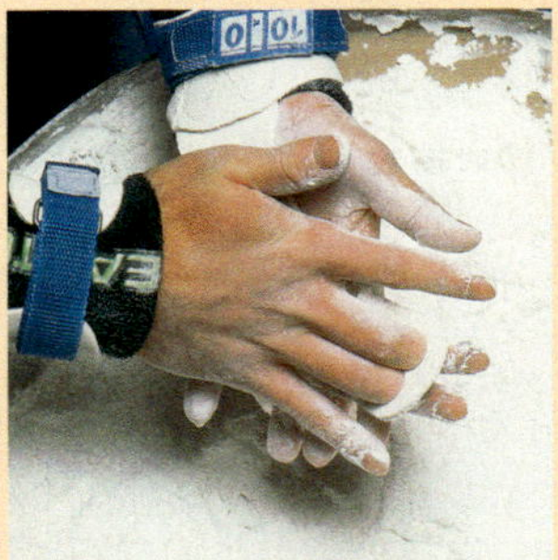 Magnesiumoxid MgO	 Magnesium Mg	 Sauerstoff O_2
Kleinste Teilchen	positiv und negativ geladene Ionen; Mg^{2+} und O^{2-}	positiv geladene Metall-Ionen und frei bewegliche Elektronen	Moleküle (O_2)
Bindung, durch …	Anziehung der entgegengesetzt geladenen Ionen	Anziehung zwischen Metall-Ionen und Elekronen	Anziehung zwischen gemeinsamen Elektronenpaaren und Atomkernen
Bindungsstruktur	Ionengitter 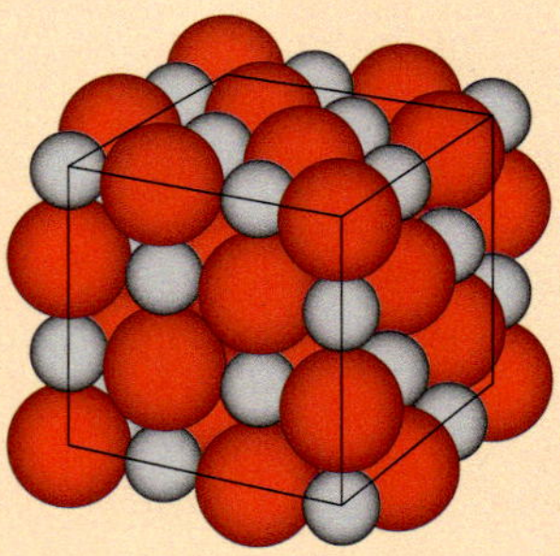	Metallgitter 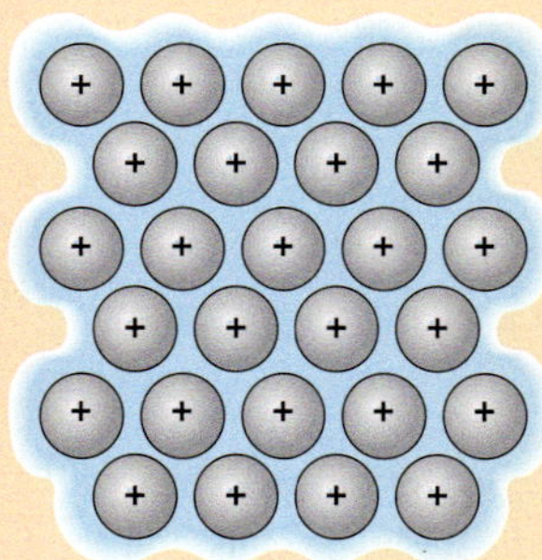	Moleküle 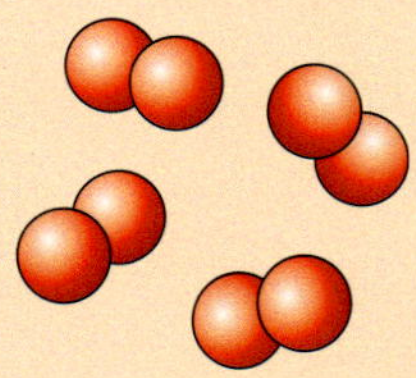
Eigenschaften	– oft gut wasserlöslich – hart und spröde – Feste Salzkristalle sind Nichtleiter – Lösungen und Schmelzen sind elektrisch leitend – hohe Schmelz- und Siedetemperaturen Magnesiumoxid: Schmelztemperatur: 2852 °C Siedetemperatur: ~3600 °C	– unlöslich in Wasser – gut verformbar – sehr gute elektrische Leiter – gute Wärmeleiter – hohe Schmelz- und Siedetemperaturen bei fast allen Metallen Magnesium: Schmelztemperatur: 650 °C Siedetemperatur: 1090 °C	– oft schlecht wasserlöslich – bei Raumtemperatur oft Gase oder Flüssigkeiten, seltener Feststoffe – elektrisch nicht leitend – oft niedrige Schmelz- und Siedetemperaturen Sauerstoff: Schmelztemperatur: –218 °C Siedetemperatur: –183 °C

▲ *2. Die drei Bindungsarten im Überblick*

Moleküle näher betrachtet

→ **Chemische Bindung:** Einzelne Atome können sich über Elektronenpaarbindungen, Ionenbindungen oder Metallbindungen zu größeren Verbänden verbinden.

→ **Die Elektronenpaarbindung** beruht auf der Anziehung zwischen gemeinsamen Elektronenpaaren und Atomkernen.

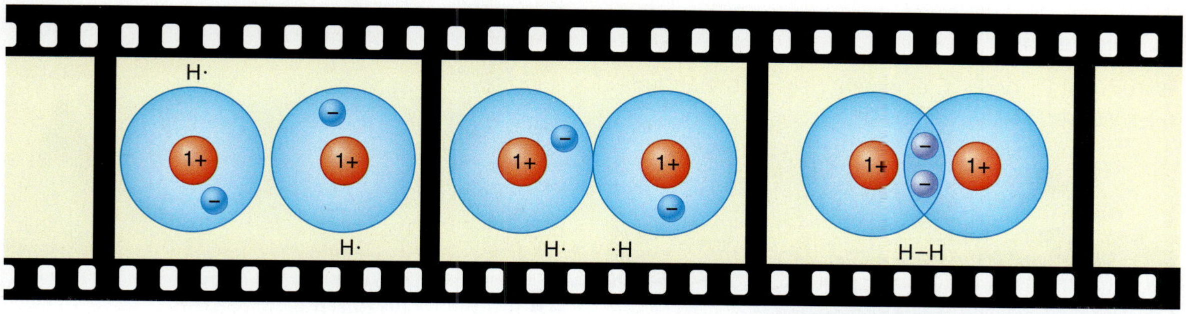

→ **Wasser** besitzt viele außergewöhnliche Eigenschaften:
- Wasser hat seine höchste Dichte bei 4 °C (Dichteanomalie).
- Festes Wasser (Eis) hat eine geringere Dichte als flüssiges Wasser.
- Wasser hat eine große Oberflächenspannung.
- Viele Stoffe lösen sich in Wasser.

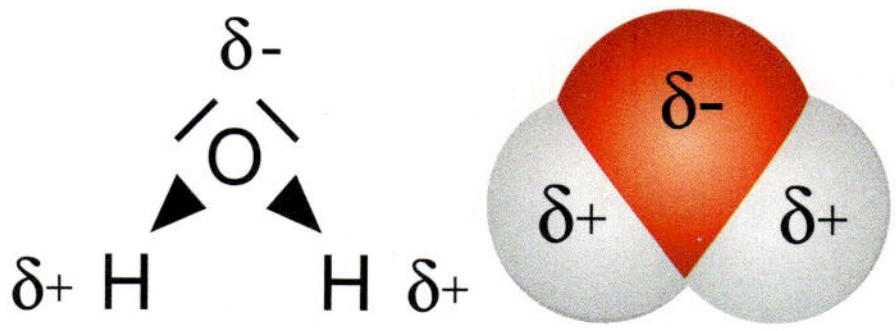

→ **Dipol-Moleküle:** In einem Molekül ziehen manche Atome die gemeinsamen Bindungselektronen stärker an als andere. Es entstehen Dipol-Moleküle mit negativen (δ–) und positiven Polen (δ+).

→ **Wasserstoffbrückenbindung:** Wasser-Moleküle bilden aufgrund ihrer Dipole Wasserstoffbrückenbindungen aus, die Ursache für viele Eigenschaften des Wassers sind.

→ **Wasser ist ein polares Lösemittel,** das andere polare Stoffe lösen kann. Die Wasser-Moleküle umhüllen die gelösten Ionen und bilden eine Hydrathülle.

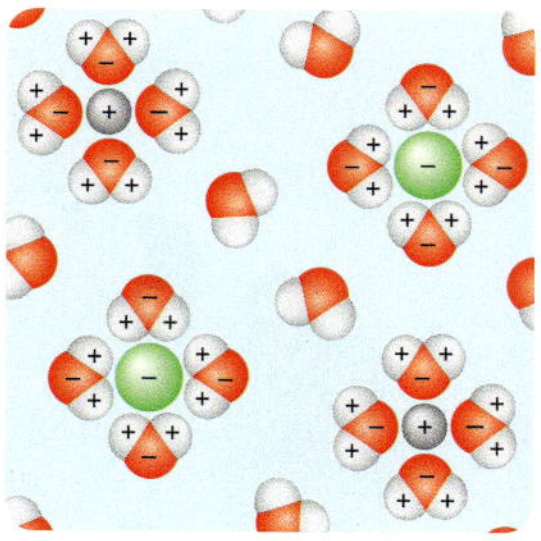

Graphit

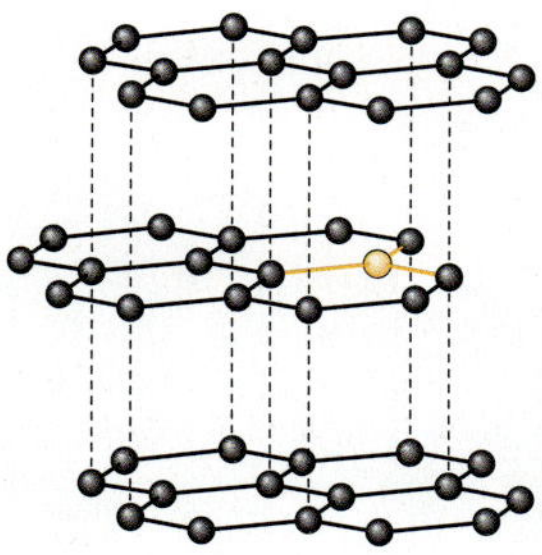

→ **Kohlenstoff** kann stabile Bindungen mit sich selbst eingehen und bildet lange Ketten und Ringe. Aus diesem Grund gibt es zahlreiche Modifikationen, in denen Kohlenstoff-Atome jeweils unterschiedlich miteinander verknüpft sind.

Diamant

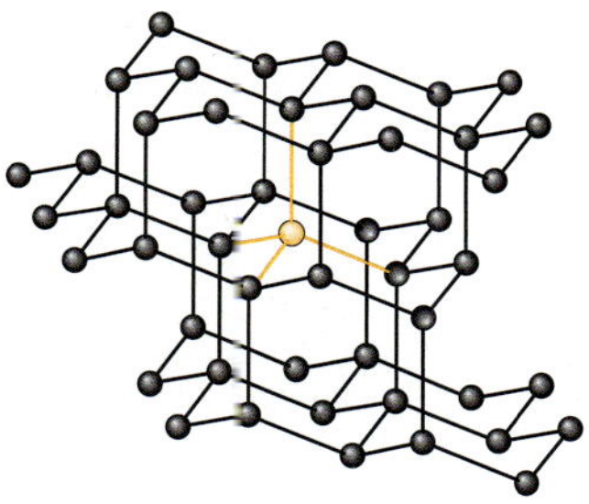

Moleküle näher betrachtet

1. Eigenschaften von Wasser

a) Nenne drei außergewöhnliche Eigenschaften von Wasser.
b) Erkläre sie mithilfe des Molekülaufbaus.

2. Leichtes Eis

Warum hat Eis bei 0 °C eine geringere Dichte als flüssiges Wasser gleicher Temperatur?

3. Schlaglöcher

Vor allem nach harten Wintern zieren sie die Straßen und erschweren Auto oder Radfahrern die Fahrt: Schlaglöcher. Erläutere, wie sie entstehen.

4. Fische im Winter

Die Dichteanomalie des Wassers hilft Fischen in ihrem See zu überwintern, ohne einzufrieren. Erläutere diese Aussage!

5. Bootsantrieb durch Geisterhand

Schneide aus dünner Pappe die Form eines kleinen Bootes aus. Lege es vorsichtig auf die Wasseroberfläche eines mit Wasser gefüllten Tellers. Benetze deine Fingerkuppe mit etwas Spülmittel und berühre damit direkt hinter dem Boot die Wasseroberfläche. Erkläre deine Beobachtung.

6. Kochendes Wasser

Beim Sieden einer Flüssigkeit müssen die Anziehungskräfte zwischen den Molekülen überwunden werden. Wie lässt sich die vergleichsweise hohe Siedetemperatur des Wassers erklären?

7. Wasser in der Mikrowelle

In der Mikrowelle werden die Dipole des Wassers zum Schwingen angeregt und erwärmen so die Mahlzeit. Einige Speisen lassen sich schnell erhitzen, andere benötigen mehr Zeit. Erläutere, woran das liegen könnte.

8. Salz im Winter

Auf Autobahnen und auf manchen Gehwegen wird im Winter Salz gestreut. Erkläre, was das Salz bewirkt, und beschreibe die Vorgänge möglichst genau.

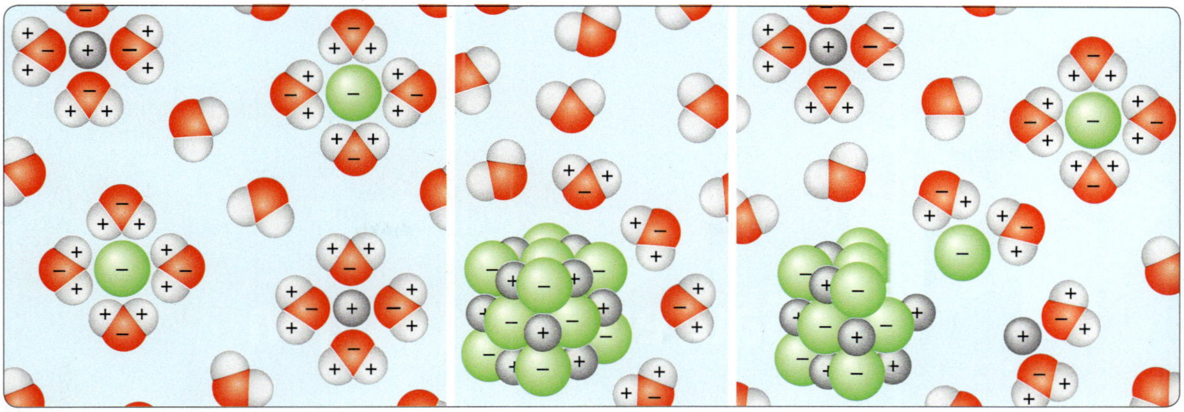

A B C

9. Eine Hülle aus Wasser-Molekülen

a) Bringe die 3 Abbildungen zum Löseprozess eines Salzes in Wasser in die richtige Reihenfolge.
b) Beschreibe den Lösungsprozess von Salz in Wasser am Beispiel von Kaliumchlorid.
c) Zeichne ein Kalium-Ion und ein Chlorid-Ion mit der jeweiligen Hydrathülle. Trage alle Ladungen ein.

10. Kerzenwachs und Kochsalz

Vergleiche die Eigenschaften von Kochsalz und Kerzenwachs. Kerzenwachs besteht aus Molekülen, Kochsalz ist eine Ionenverbindung. Wie unterscheiden sie sich in ihrer Härte, Verformbarkeit, Schmelztemperatur, Löslichkeit und Leitfähigkeit?

11. Zucker oder Salz

Zucker bildet regelmäßige Kristalle und löst sich in Wasser. Mit welchem Experiment kannst du nachweisen, dass Zucker kein Salz, also keine Ionenverbindung ist?

12. Lewis-Formel

a) Stelle die Lewis-Formeln für die folgenden Moleküle auf: Ammoniak, Chlor, Methan, Schwefeldioxid.
b) Kennzeichne die Elektronen, die jedem Atom zugeordnet sind.

13. Elektrische Leitfähigkeit

Wie wird elektrische Ladung in einem Metalldraht und wie in einer Salzlösung transportiert? Beschreibe den Unterschied.

14. Chemische Bindungen

a) Atome können sich auf drei verschiedene Arten zu Verbindungen zusammenschließen. Nenne die drei möglichen Bindungsarten.
b) Liste ihre Eigenschaften tabellarisch auf.
c) Welcher Bindungstyp hält die Atome der folgenden Stoffe zusammen: Diamant, Magnesiumchlorid, Sauerstoff, Eisen, Natriumhydroxid, Kohlenstoffdioxid, Aluminium.

15. Kohlenstoff-Modifikationen

a) Erkläre die Eigenschaften der verschiedenen Kohlenstoff-Modifikationen anhand des Molekülaufbaus.
b) Fullerene, Nanoröhren und Graphen sind relativ neue Kohlenstoffverbindungen, von denen sich Wissenschaftler technisch sehr viel versprechen. Recherchiere den aktuellen Stand der Forschung und finde heraus, welche Anwendungen heute schon möglich sind.

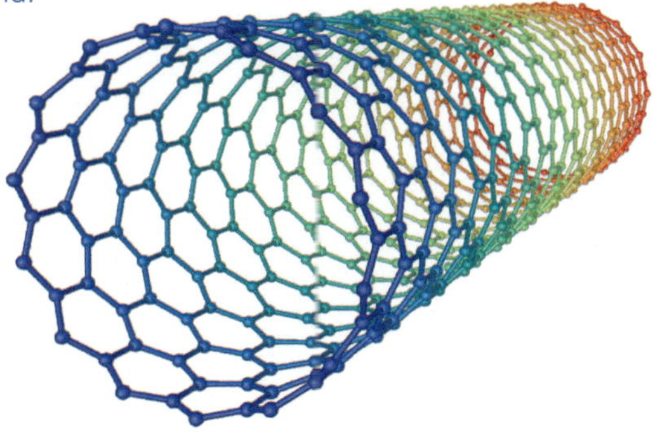

11 Säuren und Laugen

▼ 1. *Citronensäure sorgt für den frischen Geschmack von Orangen und Zitronen und ist zum Verzehr geeignet …*

1 … andere Säuren dagegen sind so gefährlich, dass sie nur unter Einhaltung von Sicherheitsbestimmungen transportiert und verwendet werden dürfen.

Säuren und Laugen begegnen uns im Alltag an vielen Stellen. Manche Säuren kommen in Lebensmitteln vor, andere werden in technischen Geräten z. B. in Autobatterien verwendet.
Laugen werden im Haushalt oft zum Waschen und Reinigen benutzt.
Den richtigen Umgang mit diesen Stoffen zu lernen ist wichtig, denn konzentrierte Säuren oder Laugen können schwere Verätzungen hervorrufen.
Du erfährst, welche Eigenschaften Säuren und Laugen haben und wie man sie gefahrlos unterscheiden kann.

2. Für die Stärke einer Säure oder Lauge ist die Menge von ganz bestimmten Ionen ein wichigter Faktor. Die Menge der Ionen kann mit einem pH-Messgerät oder mit Indikatorpapier gemessen werden.

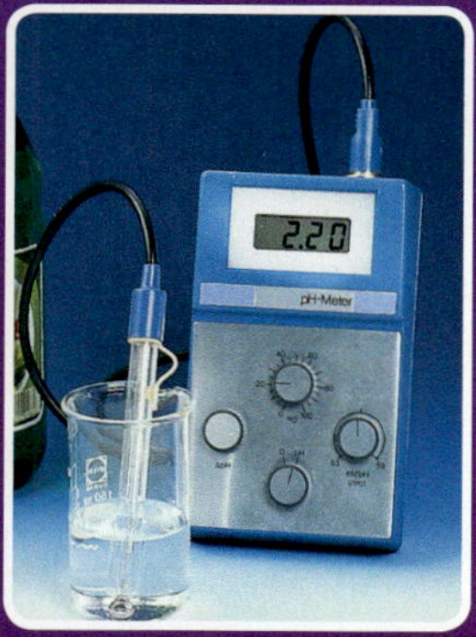

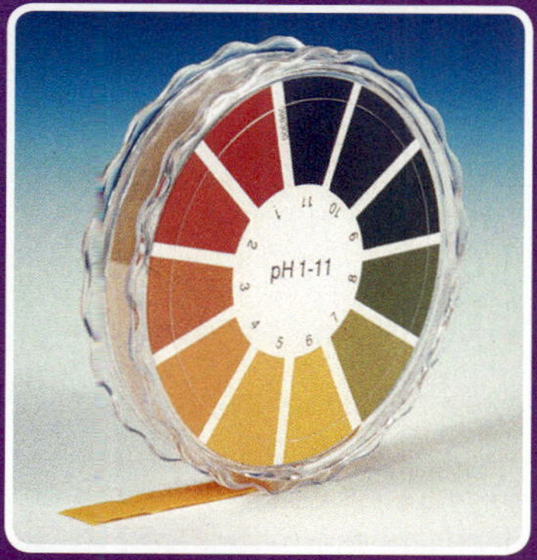

3. Hättest du gedacht, dass für die Farbe und den besonderen Geschmack von Laugengebäck und für die Reinigungswirkung von Backofenspray der gleiche Stoff verantwortlich ist, nämlich Natronlauge? Beim Umgang mit aggressiven Reinigungsmitteln sollte man aber auf jeden Fall Gummihandschuhe tragen!

Säuren und Laugen im Alltag

1. Säuren im Alltag

a) Wo begegnen euch im Alltag Säuren oder Laugen?
b) Nenne weitere Säuren, die du kennst.

2. Säuren in Lebensmitteln

a) Nenne Lebensmittel, die sauer schmecken.
b) Finde heraus, welche Säuren den Nahrungsmitteln im Bild oben den besonderen Geschmack geben.
c) Untersuche Etiketten von Nahrungsmitteln wie Getränken und Fertigprodukten und stelle die enthaltenen Säuren in einer Liste zusammen.
d) Warum werden diese Säuren eingesetzt?

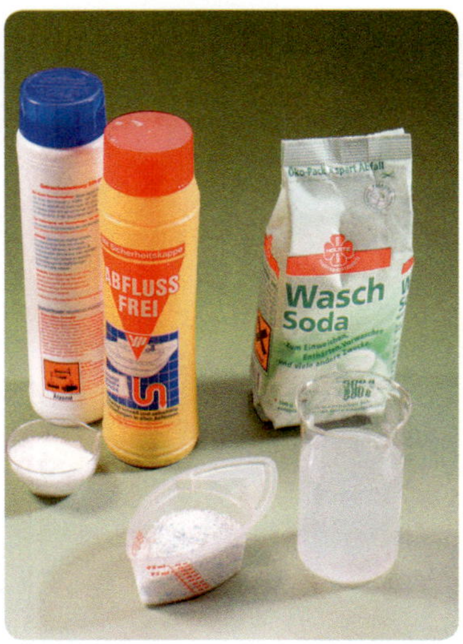

3. Entkalken von Kaffeemaschinen

a) Womit werden Kaffeemaschinen entkalkt?
b) Aus welchem Grund sollte dies regelmäßig geschehen?

4. Fühlprobe

Verreibe zwischen deinen Fingern Wasser, Waschpulverlösung und Essig. Wie fühlt sich deine Haut danach jeweils an?

5. Laugen im Alltag

a) Zähle dir bekannte Laugen auf. Was weißt du über ihre Verwendung?
b) Laugen werden im Haushalt oft zum Putzen und Reinigen verwendet. Stelle eine Liste der Reinigungsmittel eures Haushaltes zusammen und finde heraus, welche Stoffe ihnen gemeinsam sind.
c) „Aggressive" Reinigungsmittel sind oft mit Gefahrensymbolen versehen. Stelle zusammen, was du im Umgang mit diesen Mitteln beachten musst.

6. Reinigung von Mehrwegflaschen

Überlege dir, warum Mehrwegflaschen aus Glas mit heißer Lauge gereinigt werden.

Säuren verändern Geschmack und Farbe. Ein Glas Limonade mit Zitronensaft schmeckt erfrischend. Colagetränke enthalten Phosphorsäure als Säuerungsmittel. Mit Essigsäure werden Salatsaucen zubereitet. Die Milchsäure sorgt für den säuerlichen Geschmack von Joghurt, Kefir und Buttermilch. Kohlensäure macht aus einem Glas Leitungswasser ein prickelndes Getränk. Schwarzer Tee verfärbt sich heller, wenn Zitronensaft hinzugefügt wird.

▲ *1. Sauer eingelegtes Gemüse*

Säuren als Konservierungsmittel
Vielen Lebensmitteln werden Säuren zugesetzt, um sie haltbarer zu machen, so werden zum Beispiel Gurken in Essig eingelegt. Gemüsekonserven und Wurstwaren wird Ascorbinsäure (Vitamin C) zugesetzt. Die Säure verhindert, dass Mikroorganismen die Lebensmittel verderben.

Säuren im Körper. Auch im menschlichen Körper wirken Säuren. Die Magensäure ist eine 0,5 %ige Salzsäure, die Eiweiß in der Nahrung gerinnen lässt, damit es leichter von Enzymen verdaut werden kann. Auch zum Abtöten von Krankheitserregern, die mit der Nahrung aufgenommen werden, dient die Magensäure.
Beim Sodbrennen steigt die Magensäure in die Speiseröhre auf und ist dabei zu spüren. Bei häufigem Sodbrennen können schmerzhafte Verätzungen der Speiseröhrenschleimhaut entstehen.

Laugen lösen fetthaltige Verschmutzungen. Laugen werden im Haushalt häufig beim Putzen und Reinigen verwendet. Sie lösen fetthaltige Verschmutzungen, indem sie Fett und andere organische Schmutzteilchen teilweise zersetzen. Sie lassen sich dadurch leichter entfernen. Diese Eigenschaft wird bei Seife, Waschpulver, Backofenspray und Abflussreiniger genutzt.

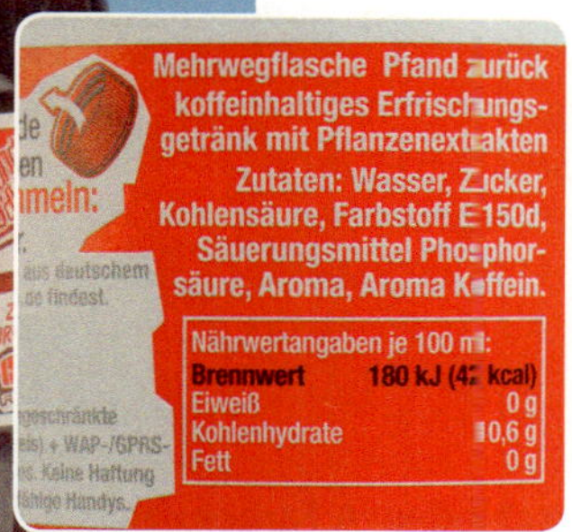

▲ *2. Cola-Getränke enthalten Säuren*

Der Umgang mit Säuren und Laugen ist gefährlich. Sobald Säuren und Laugen stärker konzentriert sind, als sie in Nahrungsmitteln vorkommen, können sie den menschlichen Körper schon beim Hautkontakt schwer schädigen. Daher ist stets Vorsicht beim Umgang damit geboten. Gefahrenhinweise und -symbole auf den Behältern sollen schützen. Sie weisen auf besondere Vorsicht hin.
Säuren oder Laugen dürfen **niemals** in Trinkgefäße abgefüllt werden, dies kann zu schrecklichen Unfällen führen!

Im Alltag und Haushalt verbessern Säuren den Geschmack und die Haltbarkeit von Lebensmitteln. Laugen helfen bei der Reinigung.

1. Fragen zum Text
a) Erstelle eine Tabelle für Säuren in Lebensmitteln. Nenne auch jeweils das Nahrungsmittel.
b) Beschreibe, zu welchen Zwecken Säuren und Laugen verwendet werden und nenne jeweils ein Beispiel.

2. Sicherer Umgang
Worauf musst du im Chemieunterricht besonders achten, wenn du mit Säuren oder Laugen experimentierst?

▲ *3. Gefahrensymbole*

Säuren und Laugen nachweisen

1. Rotkohlsaft selber herstellen

Koche kleingeschnittene Rotkohlblätter in 200 ml Wasser, bis die Lösung eine tieflila Farbe hat. Filtriere den Saft in eine gut verschließbare Flasche. Der Saft ist im Kühlschrank zwei Wochen haltbar.

2. Säuren und Laugen mit Rotkohlsaft nachweisen

Fülle in je ein Reagenzglas je 3 ml Essig, verdünnte Salzsäure (GHS 7; B1), Haushaltsnatron, Wasser und verdünnte Natronlauge (GHS 7; B1). Füge jeweils 1 ml des Rotkohlsaftes hinzu. Protokolliere das Ergebnis.

▲ *1. Herstellung von Rotkohlsaft*

3. Rotkohlsaft in verschiedenen Farben

Ordne den Bereichen Säure-neutral-Lauge die Farben des Rotkohlsaftes in der Abbildung 2 zu.

Rotkohl oder Blaukraut?
Rotkohl wird regional verschieden zubereitet: In Nord- und Mitteldeutschland fügt man beim Kochen Essig zu, damit er schön rot wird. Die gleiche Kohlsorte wird in Süddeutschland Blaukraut genannt, man gibt Natron in den Kohl, damit er eine blaue Farbe bekommt. Rotkohl gehört also zu den Stoffen, die beim Hinzufügen von Säuren oder Laugen ihre Farbe ändern. Rotkohlsaft zeigt durch Farbveränderung sogar die Stärke der sauren oder alkalischen Lösung an.

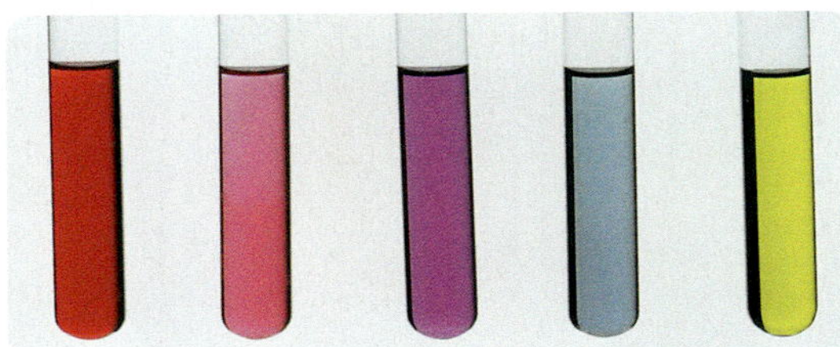

▲ *2. Rotkohlsaft als Indikator in den Bereichen sauer – neutral – alkalisch*

Indikatoren zeigen Säuren und Laugen an
Stoffe, die durch Farbveränderung Säuren oder Laugen anzeigen, werden Indikatoren (lat. indicare „anzeigen") genannt.
Es gibt noch weitere pflanzliche Indikatorfarbstoffe, wie Tee-, Kurkuma- und Lackmusextrakte. Im chemischen Labor sind Phenolphthalein, Bromthymolblau und Methylrot in Gebrauch. Beim Universalindikator lässt sich mit einer Farbskala feststellen, wie stark sauer oder alkalisch eine Lösung ist.

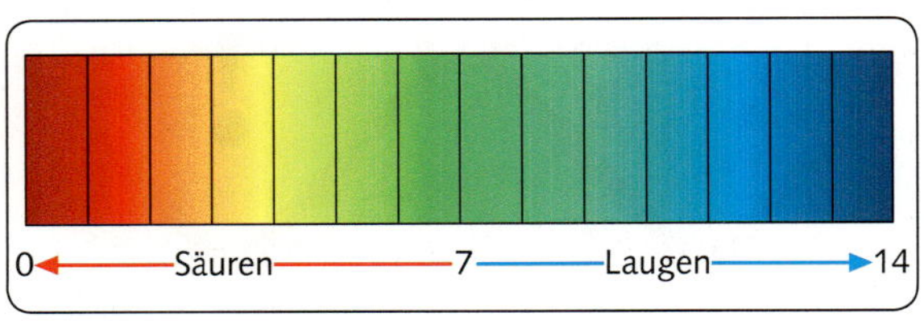

▲ *3. Universalindikator zum Messen des pH-Wertes*

Der Universalindikator verfärbt sich meist rot, wenn eine saure Lösung vorliegt, bei einer alkalischen Lösung zeigt er eine blaue Färbung an. Der Indikator zeigt in Wasser und anderen neutralen Lösungen eine grüne Farbe. Universalindikatoren gibt es in flüssiger Form oder als Papierstreifen.

Indikatoren sind Stoffe, die durch einen Farbwechsel anzeigen, ob eine saure oder eine alkalische Lösung vorliegt.

4. Fragen zum Text:
a) Zähle verschiedene Indikatoren auf.
b) Nenne die Farben, die der Universalindikator beim Kontakt mit sauren, alkalischen und neutralen Flüssigkeiten zeigt.

5. Indikatoren in verschiedener Form
Welche Vor- und Nachteile bieten Papierstreifenindikatoren gegenüber flüssigen Indikatoren?

6. Rotkohlsaft als Indikator
Welchen Vorteil hat die Verwendung von Universalindikator gegenüber dem Rotkohlsaft oder dem schwarzen Tee?

Lernstationen zum Thema Säuren

Station 1: Säuren, Laugen und neutrale Stoffe mithilfe von Indikatoren unterscheiden

Materialien: Reagenzglasgestell mit Reagenzgläsern, Spatel;
Eine Auswahl folgender Stoffe: 1 %ige Salzsäure (GHS 5, 7; B1), 1 %ige Schwefelsäure (GHS 5, 7; B1), Mineralwasser, Essig, verschiedene Haushaltsreiniger, 1 %ige Natronlauge (GHS 5, 7; B1), Kalkwasser, destilliertes Wasser, Zitronensaft, Apfelsaft, Citronensäure, Salzwasser, Leitungswasser.
Indikatoren: Rotkohlsaft, Universalindikator-Lösung und andere Indikatoren wie Lackmuslösung, Phenolphthaleinlösung, Bromthymolblau.

Durchführung: Gib von jeder Flüssigkeit eine kleine Menge in ein Reagenzglas; löse feste Stoffe in etwas destilliertem Wasser.

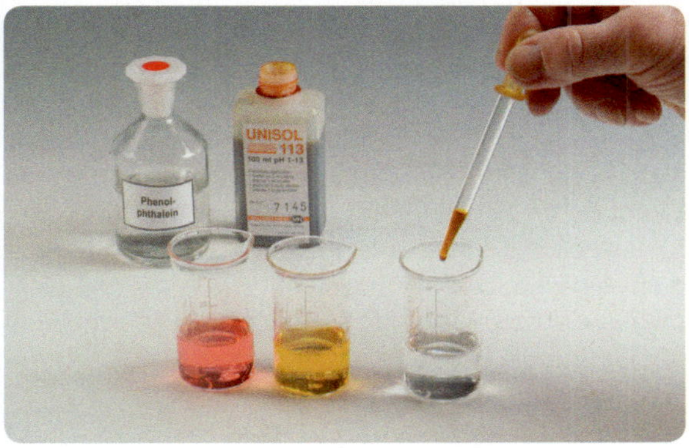

Füge nun zu jeder Stoffprobe einige Milliliter Rotkohlsaft bzw. einige Tropfen Universalindikator-Lösung hinzu und schüttle kurz.
Wiederhole den Versuch mit anderen Indikatoren wie Lackmuslösung, Phenolphthaleinlösung und Bromthymolblau.

Aufgaben:
1. Halte die Versuchsergebnisse in einer Tabelle nach folgendem Muster fest:

Stoffprobe	Farbe der Lösung nach Zugabe von		
	Rotkohlsaft	Universalindikator	…
Salzsäure			
Schwefelsäure			
Mineralwasser			
Essig			
…			

2. Welche der untersuchten Stoffe würdest du aufgrund der Verfärbung des Indikators den Säuren, den Laugen und den neutralen Stoffen zuordnen?

Station 2: Reaktionen von Säuren mit Metallen

Materialien: Reagenzglasgestell mit 9 Reagenzgläsern, Spatel; 2 %ige Salzsäure (GHS 5, 7; B1), 1 %ige Schwefelsäure (GHS 5, 7; B1), Speiseessig, Essigessenz (GHS 5, 7; B1), Magnesiumband (GHS 2), Kupferpulver (GHS 2; B2), Zinkpulver (GHS 9; B2).

Durchführung: Gib in drei Reagenzgläser etwas Salzsäure, in weitere drei Reagenzgläser etwas Schwefelsäure, Essig bzw. Essigessenz. Gib nun zu den Säuren jeweils etwas Magnesium-, Kupfer- und Zinkpulver.

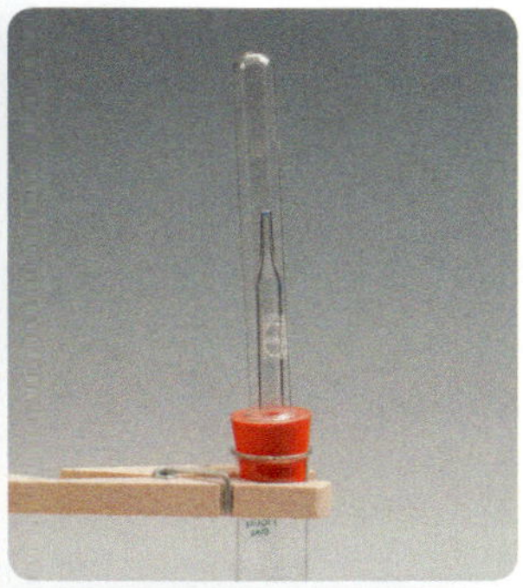

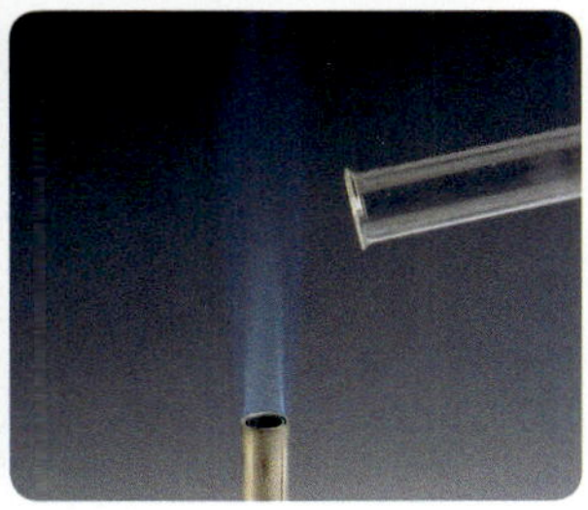

Halte nach Zugabe der Metalle jeweils ein kleines leeres Reagenzglas etwa 1 Minute über die Öffnung der Reagenzgläser und prüfe dann mit der Knallgasprobe, ob es sich bei dem aufgefangenen Gas um Wasserstoff handelt.

Aufgaben:
1. Beobachte, was bei den Versuchen geschieht und halte deine Beobachtungen in einer Tabelle fest.
2. Im Baumarkt erhält man Salzsäure in Kunststoffbehältern, nie in Metallgefäßen. Wie erklärst du dir das?
3. Was erwartest du, wenn du Edelmetalle wie Silber, Gold und Platin in verdünnte Säuren gibst? Begründe deine Entscheidung und überprüfe sie im Experiment.

Station 3: Wie verhalten sich Säuren gegenüber Kalk?

Materialien: leere Schneckenhäuser, kleine Kalkstein- oder Marmorstücke, Eierschalen, Reagenzglasgestell mit Reagenzgläsern
1 %ige Salzsäure (GHS 5, 7; B1), 1 %ige Schwefelsäure (GHS 5, 7; B1), Speiseessig oder verdünnte Essigessenz (GHS 5, 7)

Durchführung: Gib in drei Reagenzgläser einige Milliliter verdünnte Salzsäure. In je drei weitere Reagenzgläser gib verdünnte Schwefelsäure, Essig oder verdünnte Essigessenz.
Füge dann kleine Stücke eines leeren Schneckenhauses, Eierschalenstücke sowie ein kleines Stück Kalkstein oder Marmor hinzu.

Aufgaben:
1. Beobachte, was in den Reagenzgläsern geschieht und halte deine Beobachtungen in einer Tabelle fest.
2. Was vermutest du über die Zusammensetzung eines „Kalkreinigers"? Überprüfe deine Vermutungen und informiere dich über die Zusammensetzung verschiedener Kalkreiniger.
3. Überprüfe verschiedene Gesteine wie Buntsandstein, Kalksandstein, Granit, Gneis sowie Muschelschalen, Tafelkreide und Gips mit einigen Tropfen Salzsäure. Protokolliere deine Beobachtungen.

Station 4: Leitfähigkeit von Säuren und Laugen

Materialien: Spannungsquelle (Wechselstrom), Leitfähigkeitsprüfer, kleine Bechergläser (100 ml), Glühlampe (auf Brett), Verbindungskabel, 6 Bechergläser (50 ml), Brenner, Küchenpapierrolle;
2 %ige Salzsäure (GHS 5, 7; B1), 2 %ige Schwefelsäure (GHS 5, 7; B1), 0,5 %ige Natronlauge (GHS 5, 7; B1), Kalkwasser, Essig, destilliertes Wasser.

Durchführung: Baue eine Prüfstrecke zur elektrischen Leitfähigkeitsprüfung auf und prüfe die Leitfähigkeit von verd. Salzsäure, verd. Schwefelsäure, verd. Natronlauge, Kalkwasser, Essig und destilliertem Wasser. Gib dazu jeweils etwa 5 ml in ein Becherglas.
Hinweis: Reinige nach jedem Versuch die Elektroden mit etwas destilliertem Wasser und trockne sie mit einem Papiertuch ab.

Aufgaben:
1. Halte die Versuchsbeobachtungen in geeigneter Weise fest. Wie lassen sie sich erklären?

Station 5: Elektrolyse von Schwefelsäure

Materialien: U-Rohr mit seitlichem Ansatz, Gasableitungsrohr, Reagenzglas (mit Wasser gefüllt), Becherglas mit Wasser, Kohleelektroden mit passenden Gummistopfen, Gleichspannungsquelle, Verbindungskabel; 10 %ige Schwefelsäure (GHS 5, 7; B1).

Durchführung: Baue eine Versuchsapparatur nach Abbildung 2 auf. Gib so viel verdünnte Schwefelsäure in das U-Rohr, dass die Elektroden mindestens 3 cm in die Säure eintauchen. Achte darauf, dass die Elektrode an der das Gas aufgefangen wird mit dem Minus-Pol der Spannungsquelle verbunden ist. Lege dann eine Gleichspannung von 10 Volt an und elektrolysiere solange, bis das Reagenzglas weitestgehend mit Gas gefüllt ist. Prüfe das entstehende Gas mit der Knallgasprobe.

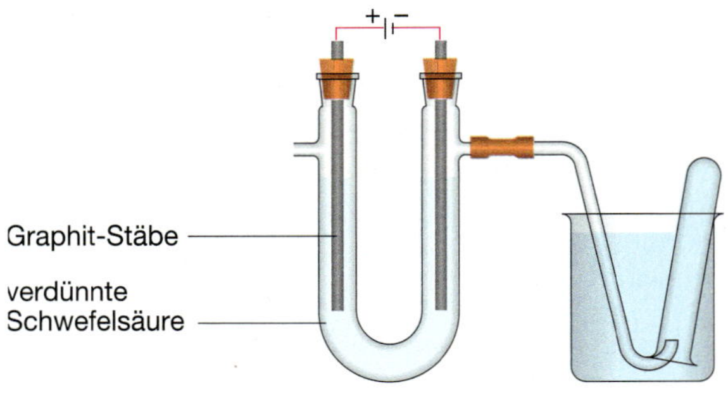

Aufgaben:
1. Was kannst du beobachten?
2. Welches Gas entsteht bei der Elektrolyse von Schwefelsäure am Minus-Pol (Kathode)?

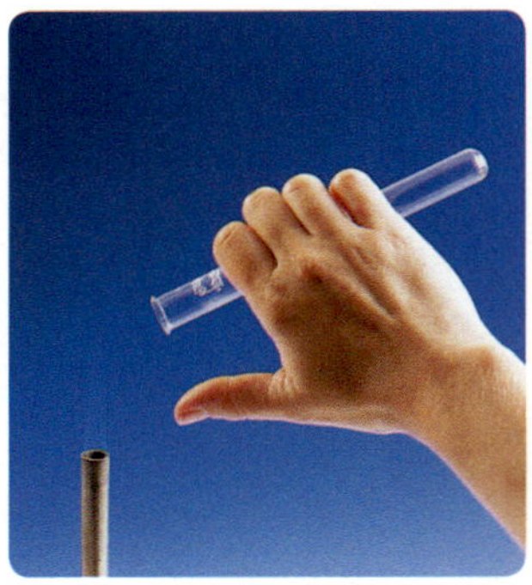

Säuren haben etwas gemeinsam

Säuren wirken ätzend. Viele Säuren greifen die Haut an. Konzentrierte Säuren können die Haut sogar zerstören. Achte daher im Umgang mit Säuren genau auf die Sicherheitsbestimmungen.

Säuren reagieren mit unedlen Metallen. Gibt man ein Stückchen Magnesiumband in etwas Salzsäurelösung, so kann man rasch eine Gasentwicklung beobachten (s. Abb. 1). Mit der Knallgasprobe lässt sich Wasserstoff nachweisen.

Salzsäure	+	Magnesium	→	Magnesiumchlorid	+	Wasserstoff
$2\,HCl$	+	Mg	→	$MgCl_2$	+	H_2

Die Säure hat mit dem Metall Magnesium ein Salz gebildet. Dieses kann man nachweisen, indem man etwas von der Lösung nach Beendigung der Reaktion in einer Glasschale erwärmt und das Wasser verdampft. Es bildet sich ein weißer, kristalliner Rückstand.

▲ *2. Erst nach dem Eindampfen erkennt man zuvor gelöste Salze*

Säuren reagieren mit Kalk unter Bildung von Kohlenstoffdioxid. Wird ein Stückchen Kalk mit verdünnter Salzsäure oder Schwefelsäure versetzt, so ist sofort eine Bläschenbildung zu beobachten: Es entsteht ein Gas. Mit der Kalkwasserprobe kann man Kohlenstoffdioxid nachweisen.

Säuren verändern die Farbe von Indikatoren. Säuren lassen sich durch Farbumschläge von Indikatoren nachweisen.

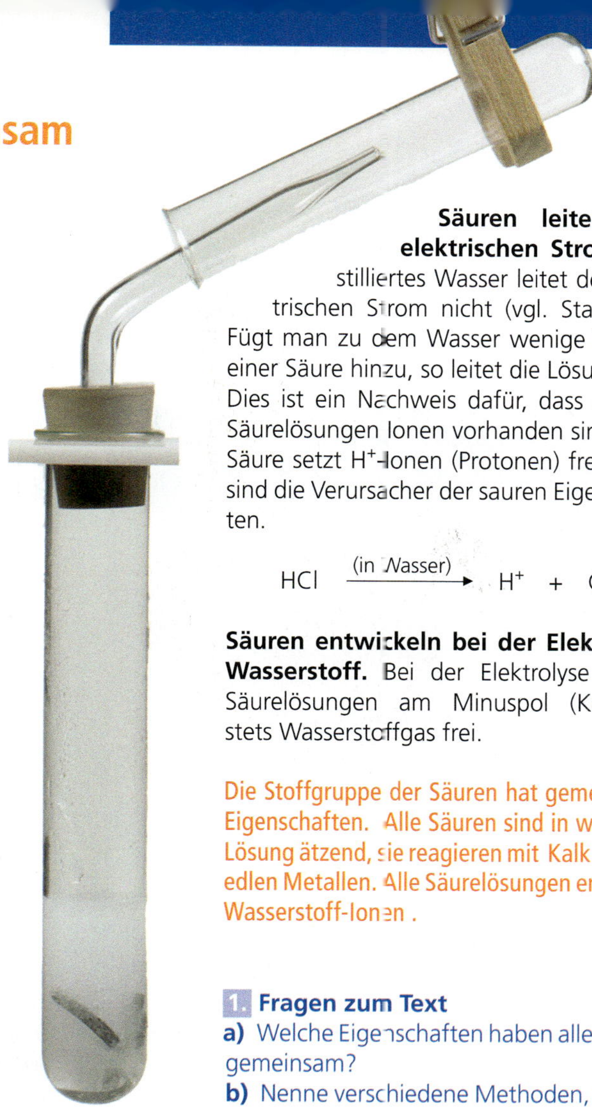

▲ *1. Magnesium in Salzsäure*

Säuren leiten den elektrischen Strom. Destilliertes Wasser leitet den elektrischen Strom nicht (vgl. Station 3). Fügt man zu dem Wasser wenige Tropfen einer Säure hinzu, so leitet die Lösung. Dies ist ein Nachweis dafür, dass in allen Säurelösungen Ionen vorhanden sind. Jede Säure setzt H^+-Ionen (Protonen) frei. Diese sind die Verursacher der sauren Eigenschaften.

$$HCl \xrightarrow{\text{(in Wasser)}} H^+ + Cl^-$$

Säuren entwickeln bei der Elektrolyse Wasserstoff. Bei der Elektrolyse setzen Säurelösungen am Minuspol (Kathode) stets Wasserstoffgas frei.

Die Stoffgruppe der Säuren hat gemeinsame Eigenschaften. Alle Säuren sind in wässriger Lösung ätzend, sie reagieren mit Kalk und unedlen Metallen. Alle Säurelösungen enthalten Wasserstoff-Ionen.

1. Fragen zum Text

a) Welche Eigenschaften haben alle Säuren gemeinsam?

b) Nenne verschiedene Methoden, mit denen man nachweisen kann, dass eine Flüssigkeit eine Säure ist.

c) Mit welchem Versuch kann man nachweisen, dass Säuren geladene Teilchen enthalten?

2. Metalle und Säuren

a) Wie werden Platinen geätzt? Welche Eigenschaft der Säuren wird dabei genutzt?

b) Finde heraus, was „Königswasser" ist und wozu es verwendet wird.

▲ *3. Beim Ätzen von Platinen werden an bestimmten Stellen Kupferflächen entfernt, die Leiterbahnen bleiben stehen*

Salzsäure – die bekannteste Säure

1. Der Name „Salzsäure"

Überlege, woher der Name Salzsäure stammt.

2. Herstellung von Salzsäure (Lehrerversuch)

▲ *1. Herstellung von Salzsäure im Laborversuch*

Um Salzsäure im Labor zu gewinnen, lässt man in einem Gasentwickler konzentrierte Schwefelsäure (GHS 5; B1) auf Natriumchlorid (Kochsalz) tropfen. Bei der Reaktion der Schwefelsäure mit Natriumchlorid entsteht ein farbloses Gas, das sich in Wasser gut löst. Zugesetzter Universalindikator verfärbt sich, wie in der obenstehenden Abbildung zu sehen ist.
Welche Schlussfolgerungen ziehst du aus den Versuchsbeobachtungen?

3. Reaktion von Chlorwasserstoff mit Wasser

Hält man einen mit Chlorwasserstoff-Gas (GHS 5, 7) gefüllten Standzylinder in Wasser, so füllt sich der Standzylinder und die Indikatorfarbe ändert sich.
Wie lassen sich diese Beobachtungen erklären?

Herstellung von Salzsäure. Der Name „Salzsäure" (Säure aus Salz) geht auf eine alte Herstellungsmethode zurück: Bei der Reaktion von Koch**salz** mit Schwefel**säure** entsteht farbloses, stechend riechendes **Chlorwasserstoff-Gas,** das mit Wasser zu **Salzsäure** reagiert. Chlorwasserstoff-Gas löst sich sehr gut in Wasser: Bei 20 °C und normalem Druck lösen sich in 1 Liter Wasser bis zu 500 Liter dieses Gases! Großtechnisch wird Chlorwasserstoff durch Verbrennen von Wasserstoff in Chlor hergestellt.
Leitet man Chlorwasserstoff-Gas auf oder in Wasser, so zerfallen die HCl-Moleküle in Ionen. Es entsteht Salzsäure:

Chlorwasserstoff-Molekül $\xrightarrow{\text{in Wasser}}$ Wasserstoff-Ion (Proton) + Chlorid-Ion (Säurerest-Ion)

H-Cl Chlorwasserstoff (gasförmig) $\xrightarrow{\text{in Wasser}}$ H^+ + Cl^- **Salzsäure**

Vereinfacht schreibt man für Salzsäure oft HCl, was aber auch „Chlorwasserstoff" bedeuten kann.
Konzentrierte Salzsäure ist maximal 37 %ig. Beim Erwärmen von Salzsäure entweicht Chlorwasserstoff-Gas und Wasser bleibt zurück.

Bedeutung von Salzsäure. Salzsäure wird beispielsweise zum Aufbereiten von Erzen sowie beim Bohren nach Erdöl und Erdgas insbesondere in kalkhaltigen Gesteinsschichten verwendet. Auch zum Nachweis von Kalk in Gesteinen und Böden sowie zum Entfernen störender Oxidschichten von Metalloberflächen wird Salzsäure verwendet.
In unserem Magensaft ist eine ca. 0,3 %ige Salzsäure enthalten.

Salzsäure entsteht durch die Reaktion von Chlorwasserstoff-Gas mit Wasser.

4. Fragen zum Text

a) Wie stellt man großtechnisch Salzsäure her?
b) Warum ist die Formel HCl nicht eindeutig?
c) Nenne einige Verwendungsmöglichkeiten von Salzsäure?
d) Welche Bedeutung hat die Magensäure?

5. Recherche

Die Eiweißverdauung beginnt im Magen. Welches Eiweiß verdauende Enzym im Magen ist auf Salzsäure angewiesen?

Schwefelsäure – eine technisch wichtige Säure

1. Schwefel verbrennt (Lehrerversuch)

In einen Standzylinder werden etwas Wasser und einige Tropfen Universalindikatorlösung gegeben. Unter dem Abzug wird eine kleine Portion Schwefel in einem Verbrennungslöffel entzündet und der brennende Schwefel in den Standzylinder gehalten. Das Gefäß wird mit einer Glasplatte abgedeckt. Was ist zu beobachten und wie lassen sich die Beobachtungen erklären?

2. Reaktion von Schwefelsäure mit Zucker (Lehrerversuch)

Ein hohes Becherglas (100 ml) wird etwa zur Hälfte mit Haushaltszucker (Kristallzucker) gefüllt. Anschließend wird so viel konzentrierte Schwefelsäure (GHS 5; B1) zugegeben, bis der Zucker mit Schwefelsäure „durchfeuchtet" ist.
Beschreibe Versuchsverlauf und Versuchsergebnis.

3. Schwefelsäure ist wasseranziehend (Lehrerversuch)

Gibt man konzentrierte Schwefelsäure (GHS 5; B1) in eine Porzellanschale und stellt diese auf eine Waage, so zeigt sich schon bald eine Gewichtsveränderung. Wie ist dies zu erklären?

Schweflige Säure und Schwefelsäure. Ausgangsstoff für die Herstellung von Schwefelsäure ist heute meistens Schwefel, den man elementar in der Natur findet oder bei der Reinigung und Verarbeitung von Erdgas und Erdöl gewonnen wird. Der Schwefel wird mithilfe von Katalysatoren stufenweise oxidiert. Zunächst wird Schwefel zu Schwefeldioxid oxidiert. Das Gas Schwefeldioxid reagiert mit Wasser zu Schwefliger Säure. Mit Schwefeldioxid kann Trockenobst haltbar gemacht werden. Auf der Verpackung steht dann der Hinweis „geschwefelt".

$$SO_2 + H_2O \longrightarrow \mathbf{H_2SO_3}$$
Schweflige Säure

Schwefeldioxid kann katalytisch zu **Schwefeltrioxid** weiter oxidiert werden.

$$2\,SO_2 + O_2 \longrightarrow \mathbf{2\,SO_3}$$
Schwefeltrioxid

Dieses Gas reagiert mit Wasser zu **Schwefelsäure.**

$$SO_3 + H_2O \longrightarrow \mathbf{H_2SO_4}$$
Schwefelsäure

Eigenschaften von Schwefelsäure. Beim Umgang mit konzentrierter Schwefelsäure ist *größte Vorsicht* geboten. Organische Stoffe wie Zucker, Baumwolle und Holz werden von Schwefelsäure unter Entzug von Wasser zersetzt. Bei der Reaktion von Zucker und Schwefelsäure entsteht Wasserdampf, der den zersetzten Zucker aufbläht. Zurück bleibt eine schwarze, kohlenstoffhaltige Masse. Schwefelsäure ist stark hygroskopisch, das heißt sie zieht Wasser aus der Umgebung stark an. Sie wird deshalb zur Trocknung von Gasen verwendet.

Bedeutung von Schwefelsäure. Schwefelsäure benötigt man beispielsweise zur Herstellung von Düngemitteln, Waschmitteln, Farbstoffen und Medikamenten, zur Reinigung von Stoffen (z. B. Altöl und bestimmten Gasen) sowie als Batteriesäure.

Schwefelsäure ist eine der wichtigsten Grundchemikalien der chemischen Industrie. Die konzentrierte Säure ist sehr reaktionsfähig und zersetzt organische Stoffe infolge ihrer stark Wasser entziehenden Wirkung.

4. Fragen zum Text

a) Erläutere, wie man Schwefelsäure herstellt.
b) Warum ist beim Umgang mit konzentrierter Schwefelsäure größte Vorsicht geboten?

▶ Säureteilchen zerfallen in wässriger Lösung

Wird eine Säure in Wasser gelöst, zerfallen ihre Moleküle immer in negativ geladene Säurerest-Ionen und positiv geladene Wasserstoff-Ionen (Protonen). Diese Protonen verbinden sich mit den Wasser-Molekülen zu **Oxonium-Ionen (H_3O^+-Ionen).** Die Eigenschaften einer Säure sind auf diese Oxonium-Ionen zurückzuführen. (Zur einfacheren Beschreibung wird in diesem Buch aber nur der Begriff H^+-Ion verwendet.)

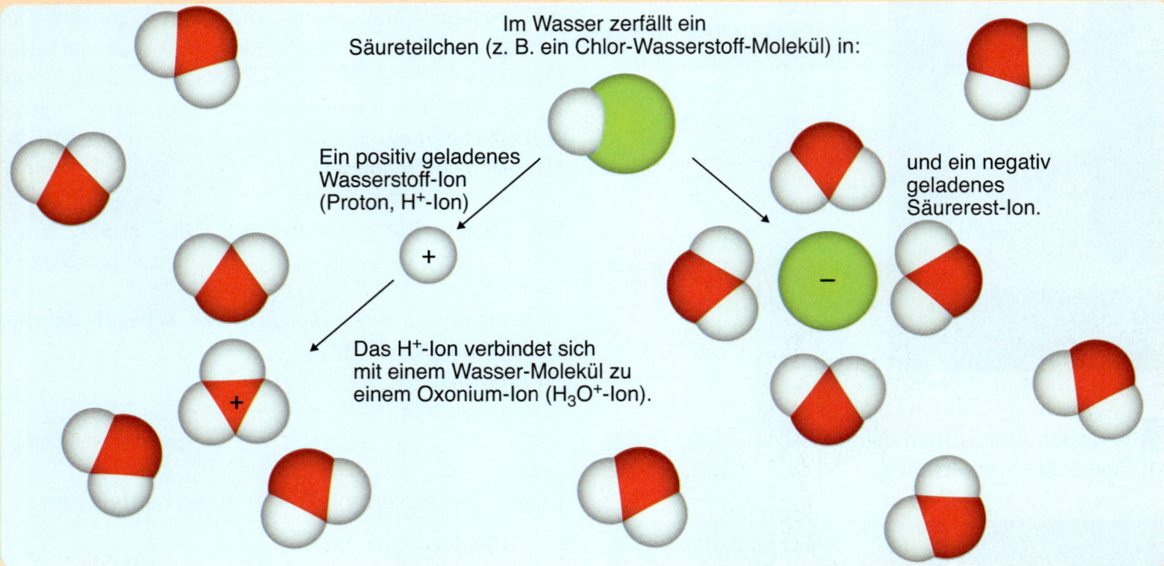

Saurer Regen schädigt Bauwerke, Gesteine und Pflanzen

Regen, Schnee und Eis sind von Natur aus leicht sauer, weil das Kohlenstoffdioxid der Luft mit Wasser in der Atmosphäre zu Kohlensäure reagiert.

$$CO_2 + H_2O \longrightarrow \mathbf{H_2CO_3}$$

Kohlensäure

Durch Auto-, Heizungs- und Kraftwerksabgase wie Stickstoffoxide (NO, NO_2, N_2O) und Schwefeldioxid und deren Reaktion mit dem Wasser in der Luft entstehen Säuren: Einige dieser Säuren sind Salpetrige Säure (HNO_2), Salpetersäure (HNO_3), Schweflige Säure (H_2SO_3) und Schwefelsäure (H_2SO_4). Diese Säuren sind auch Bestandteile des **„sauren Regens“.**

Der saure Regen greift Brücken, Hausfassaden und Steinfiguren an. So wird kalkhaltiges Mauerwerk durch Schwefelsäure brüchig. Schwefelsäure reagiert mit Kalk zu Gips (Calciumsulfat, $CaSO_4$) und Kohlenstoffdioxid. Gips hat ein größeres Volumen als Kalk und nimmt leicht Wasser auf. Dadurch werden Kalksandstein oder Buntsandstein, die beide Kalk enthalten, allmählich porös und zerfallen schließlich. Der saure Regen schädigt auch unsere Wälder, weshalb man von Waldsterben spricht. Jeder dritte Baum gilt heute als geschädigt.

▲ 2. ...um das Jahr 1900

▲ 3. ...um das Jahr 2010

Durch die Entschwefelung von Kraftwerken, Treibstoffen und die Einführung moderner **Abgaskatalysatoren** konnte die Menge an Luftschadstoffen in den vergangenen Jahrzehnten deutlich gesenkt werden.

1. Warum ist Regenwasser von Natur aus sauer?
2. Wie entsteht der vom Menschen verursachte „saure Regen“?
3. Erkläre, wie Kalk- oder Buntsandstein durch Schwefelsäure zerstört wird.
4. Was kannst du tun, um sauren Regen zu vermindern?

► So entstehen Säuren

Anorganische Säuren entstehen auf zwei verschiedenen Wegen.

Ist der Stoff, aus dem man eine Säure gewinnen will, ein **Nichtmetall,** so muss dieses zuerst oxidiert werden.

Ist der Stoff, aus dem man eine Säure gewinnen will, ein **Halogen,** so muss dieses zuerst mit Wasserstoff reagieren

Oxidation

Reaktion mit Wasserstoff

Es entsteht ein **Nichtmetalloxid**

Es entsteht ein **Halogenwasserstoff**

Einleiten in Wasser

Durch die Reaktion des Nichtmetalloxides / des Halogenwasserstoffs mit dem Wasser entsteht eine Säure.

Nichtmetall/ Halogen	Name des Nichtmetalloxides	Formel	Säure	Formel	Säurerest-Ion	Formel
Fluor	–	–	Flusssäure	HF	Fluorid-Ion	F^-
Chlor	–	–	Salzsäure	HCl	Chlorid-Ion	Cl^-
Schwefel	Schwefeldioxid	SO_2	Schweflige Säure	H_2SO_3	Sulfit-Ion	SO_3^{2-}
Schwefel	Schwefeltrioxid	SO_3	Schwefelsäure	H_2SO_4	Sulfat-Ion	SO_4^{2-}
Stickstoff	Stickstoffdioxid	NO_2	Salpetersäure	HNO_3	Nitrat-Ion	NO_3^-
Kohlenstoff	Kohlenstoffdioxid	CO_2	Kohlensäure	H_2CO_3	Carbonat-Ion	CO_3^{2-}
Phosphor	Phosphoroxid	P_4O_{10}	Phosphorsäure	H_3PO_4	Phosphat-Ion	PO_4^{3-}

▶ Erstellen einer Facharbeit

Mit dem Erstellen einer Facharbeit im Unterricht zeigst du, dass du eigenständig über einen längeren Zeitraum ein Thema strukturieren und aufbereiten kannst, sodass eine Informationsquelle für dich und andere entsteht.

Vorwort
Begründung der Themenwahl

Meine Facharbeit habe ich über die vielfältige Bedeutung der Milchsäure geschrieben. Ich finde es interessant, an welchen Stellen im Alltag uns die Milchsäure begegnet. Auf das Thema bin ich aufmerksam geworden, als ich mir den Aufdruck eines Joghurtbechers näher angesehen habe: „... enthält rechtsdrehende Milchsäure ...“ Dies fand ich rätselhaft und interessant. Als ich dann meine Materialsammlung zum Thema Milchsäure begann, merkte ich, wie umfangreich das Thema ist und an wie vielen Stellen die Milchsäure eine wichtige Rolle spielt.

1. Eingrenzen des Themas oder der Problemstellung

Überlege dir genau, welche Problemstellung schwerpunktmäßig darin behandelt werden soll.
Stelle deine Themenauswahl für den Leser in einem kurzen Vorwort dar.

2. Gliedern des Themas

Erstelle eine erste Gliederung: Welche Unterpunkte soll dein Thema haben? Welche Kapitel und Stichworte? Die erste Gliederung wird sich sicher im Laufe der Arbeit noch verändern, aber du weißt dann schon genauer, auf welche Punkte du bei der Recherche achten musst. Zum Finden und Gliedern der Unterpunkte kann eine Mindmap hilfreich sein.

3. Recherchieren

Sicher ist heute das Internet ganz oben auf der Liste der Informationsquellen. Du solltest Informationen aus dem Internet aber möglichst mit anderen Webseiten oder mit einem Lexikon abgleichen, denn nicht alle Webseiten sind von Experten geschrieben.
Kopiere dir am besten gleich die Internetadressen der Webseiten mit auf die Seite, denn im Anhang musst du ohnehin alle Titel und Quellen angeben, die du benutzt hast.

4. Zusammenstellen der Informationen

Nun kannst du aus den gesammelten Informationen deine eigenen Texte schreiben. Achte darauf, Zitate zu kennzeichnen.

5. Gestalten der Facharbeit

Deine Facharbeit soll ansprechend aussehen – dazu gehören auf jeden Fall Seitenzahlen, passende Bilder und Grafiken. Bilder brauchen eine Bildunterschrift, Grafiken eine kleine Erklärung, was sie zeigen. Gliedere deinen Text übersichtlich in Absätze und Zwischenüberschriften.

Milchsäure als Konservierungsmittel

Schon in der Römerzeit wurde Kohl in Streifen geschnitten, gestampft, gesalzen und in Tonkrügen gelagert - ein Vorläufer des heutigen Sauerkrauts. Natürlich war den Römern die Ursache der Säuerung und Konservierung unbekannt.

Steintopf für die Sauerkrautherstellung

Wirkung der Milchsäuregärung

Bei der Gärung des Weißkohls verwandeln Milchsäurebakterien, die am Kohl haften, Kohlenhydrate in Milchsäure um. Dadurch sinkt der pH-Wert des Krauts, es wird „sauer“. Diese saure Umgebung wirkt gegen Mikroorganismen, die zum Verderb des Lebensmittels führen könnten. Außerdem verdrängen die Milchsäurebakterien andere Bakterienstämme, die z.B. eine alkoholische Gärung verursachen könnten. Dadurch erklärt sich die konservierende Wirkung der Milchsäure.

Sauerkraut im Steintopf

Sauer eingelegtes Gemüse heute

Heute werden die eingelegten Gemüsesorten wie Kohl, Gurken und Sellerie so steril gereinigt, dass auf den Oberflächen keine natürlichen Milchsäurebakterien mehr anhaften. Sie werden dann extra dem zu konservierenden Gemüse zugesetzt. Dies hat noch den Vorteil, dass die Art der entstehenden Milchsäure durch die Wahl der Bakterien bestimme werden kann. Besonders ist ja die rechtsdrehende Milchsäure (L+), produziert z.B. durch das Bakterium Lactobacilluns xylosus, gewünscht.

Weißkohlköpfe

Sauer eingelegte Gemüse

7

6. Überarbeiten der Gliederung

Wenn du mit dem Gestalten fertig bist, weißt du jetzt genau, welche Kapitel und Unterpunkte dein Thema enthält. Du kannst jetzt ein Inhaltsverzeichnis mit allen Punkten und Seitenzahlen erstellen. Vergiss nicht, am Ende eine Seite mit den Angaben aller Quellen, die du benutzt hast, hinzuzufügen.

7. Finde eine ansprechende äußere Form

Deine Facharbeit präsentiert deine gründliche Beschäftigung mit dem Thema – das soll man auf den ersten Blick sehen. Besorge dir eine Bewerbungsmappe und entwerfe ein schönes Titelblatt, auf dem du das Thema und dich als Autor nennst.

Laugen im Alltag

1. Abflussreiniger unter der Lupe (Lehrerversuch)

Ein Spatellöffel eines festen Abflussreinigers wird auf ein Filterpapier gegeben und auf seine Zusammensetzung untersucht. Zum Trennen der Bestandteile nutzt man eine Pinzette und vermeidet jeden Hautkontakt.

a) Welche Bestandteile sind zu erkennen?

b) Die Vermutungen werden durch einfache Versuche wie das Verhalten gegenüber Indikatoren sowie Messung der elektrischen Leitfähigkeit überprüft.

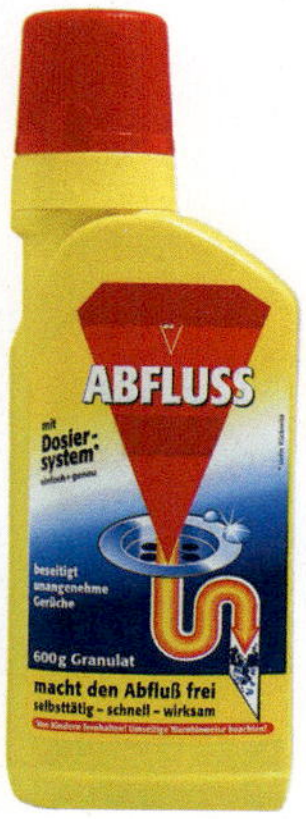

2. Abflussreiniger zersetzen viele organische Stoffe (Lehrerversuch)

In 3 Reagenzgläser wird jeweils etwas Abflussreiniger gegeben und etwas kaltes Wasser hinzugefügt. Anschließend werden Haare, Baumwollstreifen, Wollfäden und andere organische Stoffe in den Abflussreiniger gehängt. Beschreibe den Versuchsverlauf und erkläre die Versuchsergebnisse.

3. Backofensprays richtig anwenden

Viele der im Haushalt verwendeten Backofensprays (GHS 5, 7) sind sehr aggressiv.

a) Überprüfe sie mit Universalindikator und deute die Beobachtung.

b) Worauf ist zu achten, wenn man solche Mittel im Haushalt anwendet?

Viele Abflussreiniger enthalten Hydroxide und Aluminium. Chemische Abflussreiniger gibt es als *Granulat* und als *Flüssigkeit*. Sie beseitigen Rohrverstopfungen, die durch organische Stoffe wie Haare, Seifenreste, Handcremes oder Speisereste verursacht werden. Meist enthalten derartige Reiniger als Hauptbestandteile **Hydroxide** sowie **Aluminium.**

▲ 3. *Bestandteile und Wirkungen eines chemischen Abflussreinigers (Auswahl)*

Aluminium reagiert mit alkalischen Lösungen unter Freisetzung von *Wasserstoff*, der mit Luftsauerstoff ein hochexplosives Knallgasgemisch bilden kann. Der überschüssige Wasserstoff wird durch Natrium- oder Kaliumnitrat gebunden. Dabei entsteht unangenehm riechendes *Ammoniak*. Man sollte deshalb bei der Anwendung von chemischen Abflussreinigern auf gute Belüftung achten. Die auf der Packung vorhandenen *Warnhinweise* müssen unbedingt beachtet werden, um Gesundheitsschäden zu vermeiden.
Ähnlich wie Rohr- und Abflussreiniger wirken *Backofensprays*.

Chemische Abflussreiniger zersetzen organische Stoffe und machen sie wasserlöslich.

4. Fragen zum Text

a) Beschreibe die Wirkung von Abflussreinigern.

b) Was ist im Umgang mit chemischen Abflussreinigern zu beachten? Vergleiche die Warnhinweise auf der Packung mit der üblichen Anwendung der Reiniger im Haushalt. Ist der Umgang angemessen?

c) Vergleiche die Wirkung von chemischen Rohrreinigern mit der Wirkung von mechanisch wirkenden Rohrreinigern wie Saugglocke, Reinigungsspirale oder Wasserdruckstrahl. Stelle Vor- und Nachteile gegenüber.

Entstehung und Eigenschaften von Laugen

1. Lithium in Wasser

Fülle ein Becherglas (500 ml) fast bis zum Rand mit Wasser. Gib etwas Universalindikator- oder Phenolphthalein-Lösung hinzu und rühre um. Befestige darüber ein kleines wassergefülltes Reagenzglas, das mit der Öffnung nach unten ins Wasser eintaucht.

a) Halte nun mit einer Pinzette ein erbsengroßes Stück sorgfältig entrindetes Lithium (GHS 2, 5; B1) unter das mit Wasser gefüllte Reagenzglas wie in der nebenstehenden Abbildung.

b) Schreibe deine Beobachtungen in geeigneter Weise auf und erkläre.

2. Natrium in Wasser (Lehrerversuch)

Ein erbsengroßes Stück sorgfältig entrindetes Natrium (GHS 2, 5; B1) wird in eine Glasschale mit Wasser gegeben. Dem Wasser wurden einige Tropfen Spülmittel und etwas Universalindikator- oder Phenolphthalein-Lösung zugesetzt.

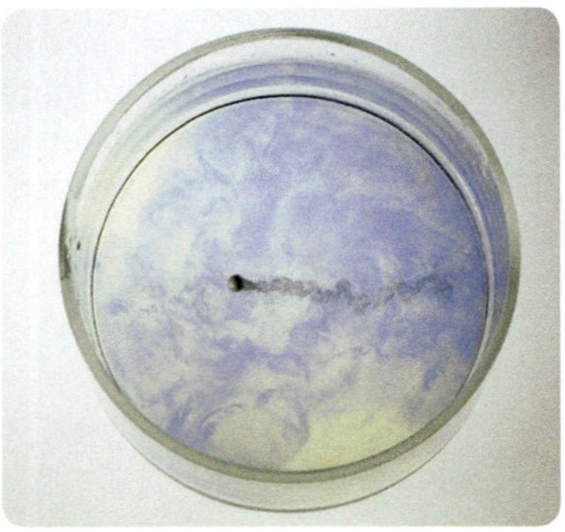

▲ *1. Natrium in Wasser*

a) Beobachte und erkläre, warum aus dem Natriumstück eine Kugel wird, die auf dem Wasser hin- und herrollt und schließlich verschwindet.

b) Welche Stoffe könnten bei dieser Reaktion entstanden sein?

c) Vergleiche die Beobachtungen von Versuch 1 und 2.

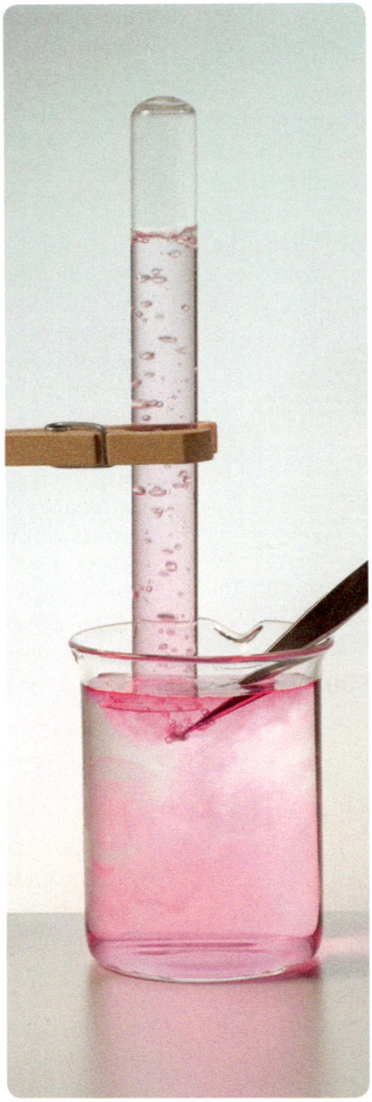

▲ *2. Lithium in Wasser*

3. Calcium und Magnesium in Wasser

Fülle zwei Reagenzgläser etwa zur Hälfte mit Wasser und gib einige Tropfen Phenolphthalein- oder Universalindikator-Lösung hinzu. Gib dann ins Wasser des einen Reagenzglases eine Spatelspitze Calciumpulver (GHS 2; B1) oder einige Calciumspäne, in das andere etwas Magnesiumpulver oder Magnesiumspäne und beobachte. Notiere deine Beobachtungen und deute sie.

▲ *3. Calcium und Magnesium in Wasser*

4. Turner schützen ihre Hände

Vor einer Übung an Barren, Ringen oder Reck reiben Turner ihre Hände mit weißem Pulver ein.

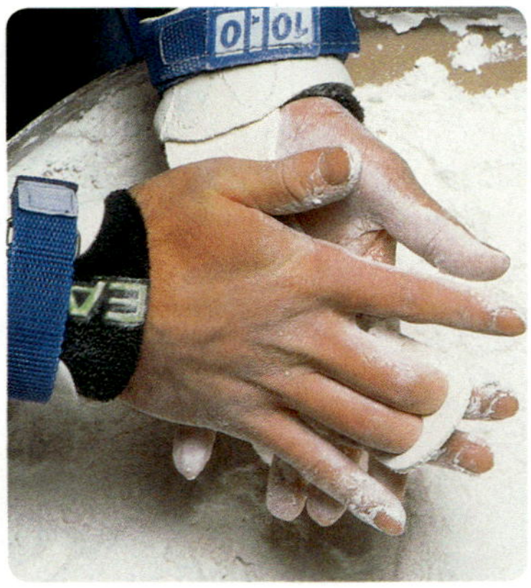

▲ *4. Turner pudert sich die Hände*

a) Prüfe das weiße Pulver aus eurer Sporthalle mit Universalindikator. Was folgerst du aus dem Ergebnis?

b) Welche Bedeutung könnte das „Einpudern der Hände" beim Turnen haben? Denke dabei auch an das Versuchsergebnis bei der Prüfung mit Universal-Indikator.

▲ *1. Alkalimetalle*

Alkalimetalle und Erdalkalimetalle reagieren mit Wasser. Gibt man Lithium in Wasser, so löst sich das Alkalimetall auf und es entsteht **Lithiumlauge.** Sie leitet den elektrischen Strom, da die Ionen in der Lauge frei beweglich sind.
Bei der stark exothermen Reaktion von Lithium mit Wasser entsteht Wasserstoff, den man mit der Knallgasprobe nachweist.
Ähnlich wie Lithium reagieren auch die anderen **Alkalimetalle** Natrium, Kalium, Rubidium und Caesium mit Wasser, wobei die Reaktionsheftigkeit vom Lithium über Kalium zum Caesium deutlich zunimmt.
Vereinfacht lassen sich die Beobachtungen wie folgt am Beispiel Lithium erklären:

$$2\,Li + 2\,H_2O \longrightarrow \underbrace{2\,\mathbf{Li^+} + \mathbf{2\,OH^-}}_{\text{Lithiumlauge}} + H_2$$

Auch **Erdalkalimetalle** wie Magnesium und Calcium reagieren mit Wasser in einer exothermen Reaktion zu Laugen, wobei ebenfalls Wasserstoff frei gesetzt wird. Die Reaktion ist jedoch weniger heftig als bei den Alkalimetallen.

$$Ca + 2\,H_2O \longrightarrow \underbrace{\mathbf{Ca^{2+}} + \mathbf{2\,OH^-}}_{\text{Calciumlauge}} + H_2$$

Die Hydroxid-Ionen (OH^-) sind für das chemische Verhalten der Laugen wie die Verfärbung von Indikatoren verantwortlich. Lösungen wie Natronlauge und Calciumlauge, die Hydroxid-Ionen enthalten, bezeichnet man als **alkalische Lösungen.**

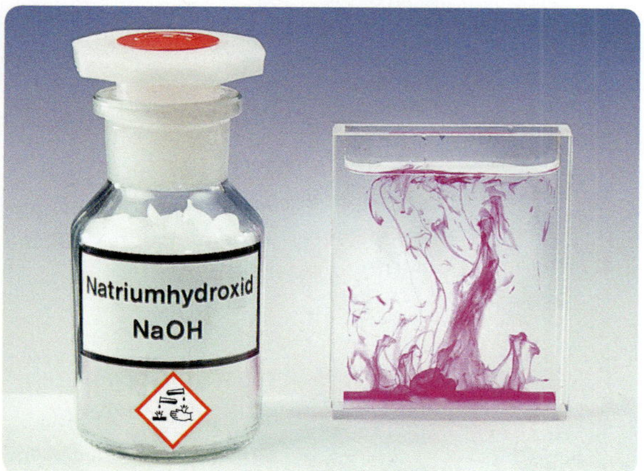

▲ *2. Natriumhydroxid reagiert alkalisch. Eine Phenolphthalein-Lösung wird dadurch rot.*

Hydroxide und Laugen. Festes Natriumhydroxid leitet den elektrischen Strom nicht, wohl aber geschmolzenes oder in Wasser gelöstes Natriumhydroxid. Dies ist ein Hinweis darauf, dass bereits im festen Natriumhydroxid-Ionen vorhanden sind, die sich aber erst in der Natriumhydroxid-Schmelze bzw. in der Natronlauge frei bewegen können. Natriumhydroxid ist wie andere Hydroxide aus positiv geladenen **Metall-Ionen** und negativ geladenen **Hydroxid-Ionen** aufgebaut.

Vereinfacht lässt sich das Entstehen von Natronlauge durch Auflösen von Natriumhydroxid in Wasser wie folgt erklären:

$$Na^+\,OH^- \xrightarrow{\text{in Wasser}} \mathbf{Na^+} + \mathbf{OH^-}$$

Natriumhydroxid (fest)	**Natronlauge**
Na^+- und OH^--Ionen sind im Kristallgitter fest gebunden	Na^+- und OH^--Ionen in wässr. Lösung frei beweglich

Wird Natronlauge erhitzt, so verdampft das Wasser und festes **Natriumhydroxid** bleibt zurück.

Alkalimetalle und Erdalkalimetalle reagieren mit Wasser zu Laugen und Wasserstoff. Hydroxide sind fest und lösen sich gut in Wasser. Dabei entstehen Laugen.

1. Fragen zum Text

a) Beschreibe, wie man Natronlauge und Calciumlauge herstellen kann. Formuliere die entsprechenden Reaktionsgleichungen.
b) Hydroxide leiten den elektrischen Strom nicht, wohl aber Laugen. Wie ist das zu erklären?
c) Was sind alkalische Lösungen?
d) Erkläre, weshalb die Alkalimetalle Lithium, Natrium und Kalium in Paraffinöl aufbewahrt werden.
e) Die Alkalimetalle Rubidium und Caesium werden in zugeschmolzenen Glasampullen aufbewahrt. Überlege, warum diese spezielle Form der Aufbewahrung für diese beiden Alkalimetalle notwendig ist.

Anwendung von alkalischen Stoffen

Früher wurden Ställe von Zeit zu Zeit mit **„Kalkmilch"** weiß gestrichen. Dadurch wurden die Ställe hell und zugleich desinfiziert. Die Kalkmilch stellte man durch Auflösen von Calciumhydroxid ($Ca(OH)_2$) in Wasser her.

1. Was erwartest du, wenn du feuchtes Indikatorpapier auf eine frisch mit Kalkmilch gestrichene Wand hältst?

„Giftgasalarm in Auggen bei Basel: Nach dem Austritt von zehn Kilogramm Ammoniak aus der Klimaanlage einer Firma in Auggen am 24. September 2008 wurden acht Menschen ins Krankenhaus gebracht. Die Feuerwehr ging gegen das ätzende Atemgift mit Wasser vor."

Ammoniak ist ein stechend riechendes Gas, das sehr gut wasserlöslich ist: In 1 Liter Wasser lösen sich 1200 Liter Ammoniak. Ammoniak (NH_3) wird in der Industrie zur Herstellung von Düngemitteln sowie als Kältemittel in Kühlanlagen verwendet. Ammoniakwasser, oft auch Salmiak genannt, ist eine 25 %ige Lösung von Ammoniak in Wasser. Es ist ein altes Hausmittel zur desinfizierenden Reinigung von Oberflächen im Haushalt.

2. Weshalb ging die Feuerwehr in Auggen mit Wasser gegen ausgetretenes Ammoniak vor?

Die Hefe-Teiglinge von **Laugengebäck** werden vor dem Backen mit 3–4 %iger Natronlauge („Brezellauge") besprüht. Damit wird die typische braun-glänzende Oberfläche und der besondere Geschmack von Laugengebäck erzielt. Beim Backen reagiert die Lauge mit frei werdendem Kohlenstoffdioxid zu Natriumcarbonat, Natriumhydrogencarbonat und Wasser und wird so chemisch gebunden.

3. Prüfe verschiedene Laugengebäcksorten (z. B. Laugenbrötchen und Salzstangen) mit einem Indikator. Wie erklärst du dir das Ergebnis?

Hirschhornsalz stellte man früher aus Hirschgeweihen her. Es ist ein weißes, leicht stechend riechendes Backtreibmittel, das hauptsächlich aus Ammoniumhydrogencarbonat (NH_4HCO_3) besteht.

4. Was erwartest du, wenn du Hirschhornsalz erhitzt und über die Dämpfe einen feuchten Universalindikator-Streifen hältst? Überprüfe deine Hypothese durch ein Experiment.

Hydroxide und Laugen im Überblick

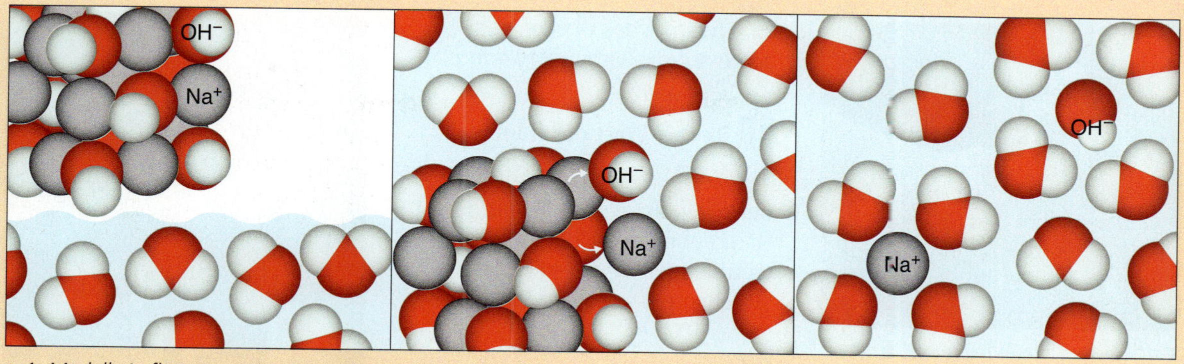

▲ *1. Modell: Auflösen von Natriumhydroxid (NaOH) in Wasser*

Alkalimetalle und Erdalkalimetalle sowie deren Oxide reagieren mit Wasser zu **Hydroxiden.** Lösen sich diese Hydroxide in Wasser, so entstehen **Laugen.**

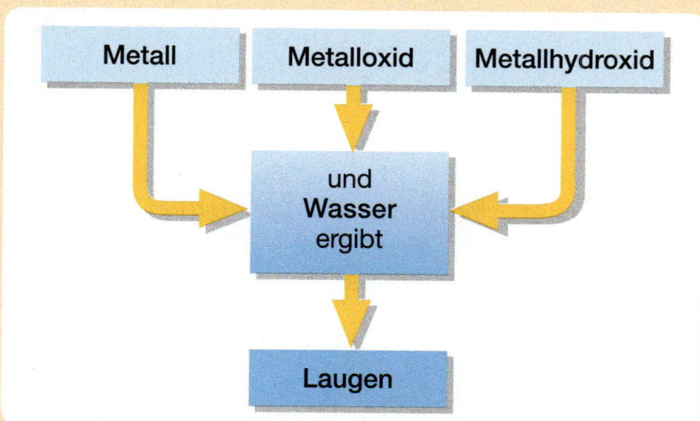

Stoff	Formel	wässrige Lösung	Ionen
Lithiumhydroxid	LiOH	Lithiumlauge	Li^+, OH^-
Natriumhydroxid (Ätznatron)	NaOH	Natronlauge (Natriumlauge)	Na^+, OH^-
Kaliumhydroxid (Ätzkali)	KOH	Kalilauge (Kaliumlauge)	K^+, OH^-
Calciumhydroxid	$Ca(OH)_2$	Kalkwasser (Calciumlauge)	Ca^{2+}, 2 OH^-
Magnesiumhydroxid	$Mg(OH)_2$	Magnesiumlauge	Mg^{2+}, 2 OH^-
Bariumhydroxid	$Ba(OH)_2$	Barytwasser (Bariumlauge)	Ba^{2+}, 2 OH^-

Lauge oder Base?

Gibt es einen Unterschied zwischen einer Lauge und einer Base?
Als **Laugen** oder **alkalische Lösungen** bezeichnen wir alle Stoffe, die den *Universalindikator blau* färben, den *elektrischen Strom gut leiten* und die sich *seifig* anfühlen. Die ähnlichen Eigenschaften solcher Lösungen werden durch die **Hydroxid-Ionen** (OH^--Ionen) verursacht, die darin enthalten sind.

Das Gas Ammoniak (NH_3) löst sich sehr gut in Wasser. Ein großer Teil des Gases reagiert mit Wasser und es entsteht Ammoniakwasser, eine Lauge:

Das Ammoniak-Molekül nimmt also ein H^+-Ion (Proton) vom Wassermolekül auf (s. roter Pfeil in der Formel rechts). Solche Stoffe, die wie Ammoniak H^+-Ionen aufnehmen, bezeichnet man als **Basen.**

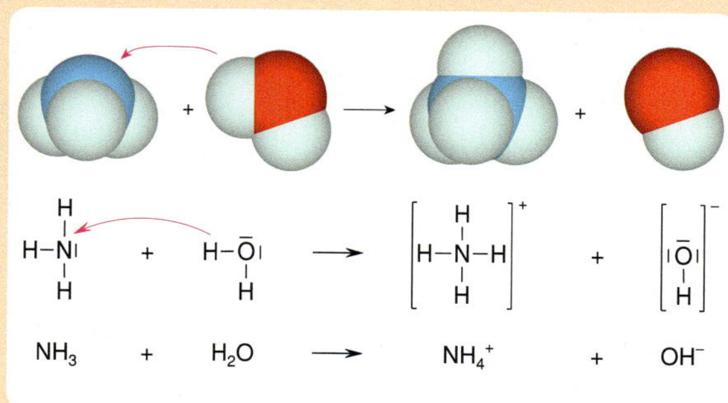

Auch das OH^--Ion ist eine Base, denn es kann ein H^+-Ion aufnehmen. Dabei entsteht ein Wasser-Molekül:

$$OH^- + H^+ \longrightarrow H_2O$$

Mit dem Begriff **Base** bezeichnet man alle Stoffe, die H^+-Ionen aufnehmen können.
Mit dem Begriff **Lauge** bezeichnet man wässrige Lösungen, die OH^--Ionen enthalten und deshalb ähnliche chemische Eigenschaften haben.

Auf den pH-Wert kommt es an

▲ *1. Eine gute Seife reinigt nicht nur*

1. Farbveränderung beim Indikator

Fülle 100 ml kohlensäurehaltiges Mineralwasser in ein Becherglas und gib einige Tropfen Universalindikator und Siedesteinchen hinzu. Erwärme das Wasser und achte auf die Farbveränderung.

2. Der pH-Wert der Haut

Auf vielen Kosmetika findest du den Hinweis: Dem pH-Wert der Haut angepasst. Finde heraus, welchen pH-Wert die Haut hat. Welchen pH-Wert haben Seifen?

3. Pflanzen und der pH-Wert

Nicht alle Pflanzen wachsen gut auf allen Böden! Informiere dich, wie man den pH-Wert verschiedener Böden bestimmen kann. Finde heraus, welche Pflanzen welche Ansprüche an den pH-Wert des Bodens stellen.

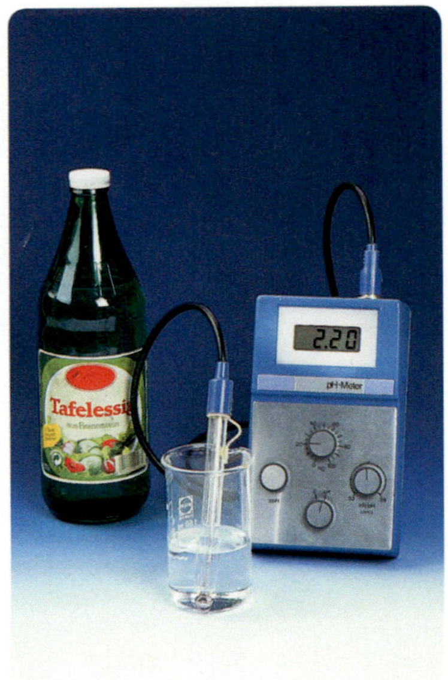

▲ *3. Arbeiten mit einem pH-Meter*

Der pH-Wert im Alltag. Nicht nur im Chemieunterricht begegnen wir dem pH-Wert. Aquarienbesitzer wissen, dass der richtige pH-Wert wichtig ist, damit die Fische gedeihen. Viele Kosmetikprodukte sind auf den pH-Wert der Haut abgestimmt, um sie zu schützen. Industriebetriebe müssen den pH-Wert kontrollieren, bevor sie Abwässer in Flüsse ableiten. Im menschlichen Körper spielen die richtigen pH-Werte ebenfalls eine Rolle: Der Magensaft muss stets sauer, der Darmsaft alkalisch sein, damit die Aufnahme von Nährstoffen optimal gelingen kann.

Universalindikator und pH-Wert. Die Farben des Universalindikators geben den pH-Wert an. Zu jedem Universalindikator gehört eine Farbskala (ähnlich wie die Abbildung unten). Damit kann an der angezeigten Farbe jeweils der pH-Wert abgelesen werden. Genauere Werte erhält man mit einem elektronischen pH-Meter.

Der pH-Wert als Maß für die Stärke einer Säure oder Lauge. Mit dem pH-Wert kann man angeben, wie stark sauer oder alkalisch eine Lösung ist. Neutrale Lösungen haben einen pH-Wert von 7.

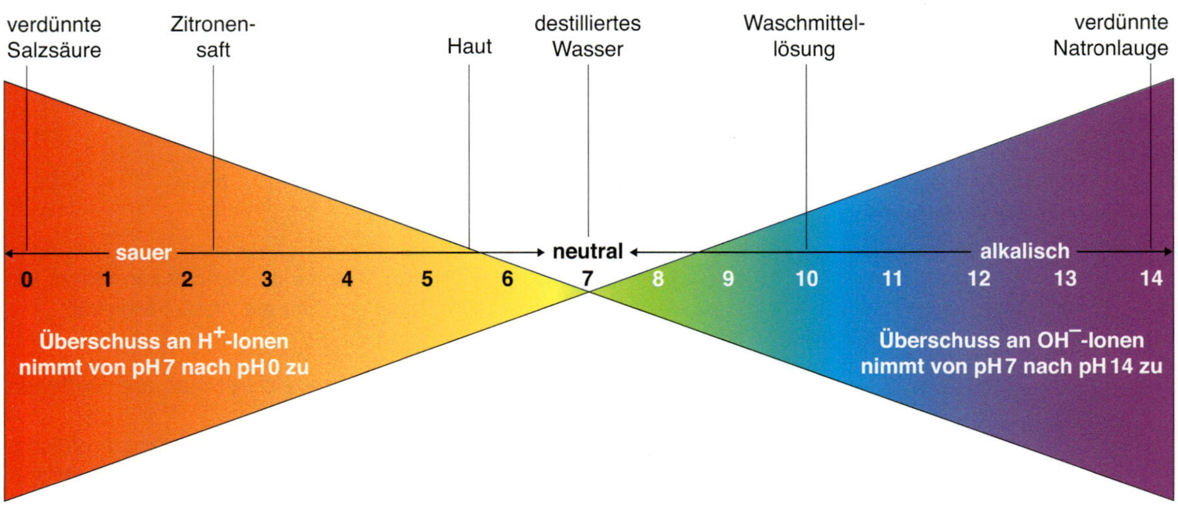

▲ *2. pH-Wert-Skala mit Beispielen von sauren, neutralen und alkalischen Stoffen*

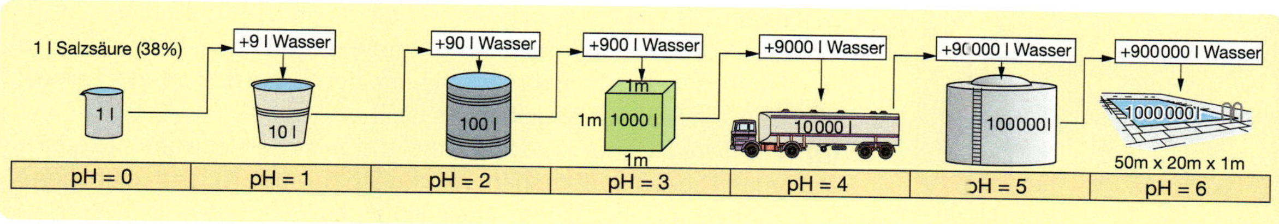

▲ *1. Der pH-Wert ändert sich bei der Verdünnung*

Die Skala des pH-Wertes umfasst Werte von 0–14. Säuren haben einen pH-Wert kleiner als 7. Je kleiner die Zahl ist, desto stärker ist die Säure. Laugen haben einen pH-Wert, der größer ist als 7.

Je größer die Zahl ist, desto stärker alkalisch ist die Lösung. Der pH-Wert von sieben zeigt den neutralen Zustand an. Solch eine Lösung hat weder saure noch alkalische Eigenschaften. Destilliertes Wasser hat diesen Wert.

Die pH-Werte sind der Anzahl der H^+-Ionen zugeordnet. Eine Lösung mit einem pH-Wert 2 enthält zehnmal soviel H^+-Ionen wie die gleiche Menge einer Lösung mit dem pH-Wert 3. Umgekehrt bedeutet das, wenn man eine Säurelösung mit einem pH-Wert 2 auf den pH-Wert 3 verdünnen will, muss man auf die 10fache Menge an Wasser auffüllen (Bild 1).
Auch bei alkalischen Lösungen gilt der Faktor 10: Wenn man eine Lauge mit dem pH-Wert 12 um eine Stufe (auf den pH-Wert 11) senken möchte, muss auf die zehnfache Menge Wasser aufgefüllt werden.

Die Verursacher der sauren Eigenschaften sind die H^+-Ionen. Je stärker verdünnt eine Säure ist, desto weniger H^+-Ionen befinden sich in einer bestimmten Menge der Säure. Bei den Laugen sind die OH^--Ionen für die alkalischen Eigenschaften verantwortlich. Auch ihre Konzentration sinkt, je weiter die Lauge verdünnt wird.

Der pH-Wert gibt an, wie stark sauer oder alkalisch eine Lösung ist.
Saure Lösungen haben einen pH-Wert kleiner als 7, alkalische Lösungen haben einen pH-Wert, der größer als 7 ist. Stoffe mit dem pH-Wert 7 reagieren neutral.

1. Fragen zum Text

a) Was bedeutet der pH-Wert?
b) Welche Ionen, die den pH-Wert beeinflussen kommen in sauren oder alkalischen Lösungen vor?
c) Begründe, ob folgende Aussage richtig oder falsch ist: „Eine Flüssigkeit mit dem pH-Wert 3 enthält doppelt so viele H^+-Ionen wie eine mit dem pH-Wert 4."

2. Die pH-Wert-Skala

a) Zeichne die pH-Skala von der gegenüberliegenden Seite ab. Trage dann wie in den Beispielen folgende Stoffe mit ihrem pH-Werten ein:

Stoff	pH-Wert	Stoff	pH-Wert
Apfelsaft	3,5	Meerwasser	8
Kaffee	5	Kalkwasser	11
Blut	7,3–7,5	saure Milch	4,4
Seifenlösung	9	Magensaft	2
Milch	6,4–6,8	Speiseessig	2,5
dest. Wasser	7	Batteriesäure	1

b) Treffe Aussagen über die Konzentration der Ionen in fünf ausgewählten Beispielen: „Die gleiche Menge Kaffee enthält 100 mal mehr H^+-Ionen als Wasser…"

3. Verdünnen im Labor

Ein Laborant soll eine Salzsäure auf den pH-Wert 4 verdünnen. Er hat 100 ml Salzsäure mit dem Wert pH 3. Was muss er tun? Wieviele Liter ergeben sich? Wie kann er eine Salzsäure mit dem pH-Wert 5 herstellen?

4. pH-Wert-Bestimmung

Bestimme den pH-Wert von aufgelöstem Waschpulver, WC-Reiniger (GHS 7), einem aufgelösten Geschirrspültab (GHS 7), Seifenwasser, Orangensaft, …

Gegensätze heben sich auf: Die Neutralisation

▲ 1. Geschirrspültabs und Klarspüler

1. Chemie in der Spülmaschine

Gib einen Geschirrspültab (GHS 7) in ein Glas mit Wasser und miss den pH-Wert. Wiederhole den Versuch mit einem Teelöffel des Klarspülers, der nach dem Reinigungsvorgang zugefügt wird. Beschreibe, was du festgestellt hast.

2. Versuch zur Neutralisation

a) Versetze etwas Salzsäure (GHS 5, 7; B1) in einem Erlenmeyerkolben mit 5–10 Tropfen Universalindikator. Füge nun in kleinen Mengen Natronlauge (GHS 5, 7; B1) hinzu. Beobachte die Färbung des Indikators. Kontrolliere mit einem Thermometer während des Versuches, ob du eine Temperaturveränderung der Lösung feststellen kannst.

b) Sobald sich die Lösung zu verfärben beginnt, gib nur noch tropfenweise Lauge hinzu, bis die Lösung eine grüne Farbe angenommen hat. Fülle eine Probe davon in eine Glasschale und stelle sie an einen warmen Ort. Betrachte die Reste nach dem Verdunsten des Wassers mit einer Lupe.

3. Medikamente gegen Sodbrennen

Sodbrennen entsteht, wenn Magensäure die Speiseröhre hochsteigt und diese leicht verätzt.

a) Fülle ein Reagenzglas zu einem Viertel mit 0,5 %iger Salzsäure (entspricht in etwa der Magensäure).Bestimme den pH-Wert. Füge etwas Natron hinzu, bis es nicht mehr aufschäumt. Bestimme den pH-Wert erneut, nachdem die Reaktion abgeklungen ist.

b) Informiere dich über in der Apotheke erhältliche Medikamente oder Hausmittel gegen Sodbrennen. Welche Stoffgruppe ist darin enthalten? Wie wirkt sie mit der Magensäure zusammen?

Die Neutralisation genauer betrachtet:
Die Teilchen, die die Säureeigenschaften verursachen, sind H^+-Ionen. Alle Laugen dagegen enthalten OH^--Ionen. Diese Ionen sind also entgegengesetzt geladen.
Wenn nun Lauge und Säure zusammengegeben werden, reagieren die H^+- und OH^--Ionen miteinander zu neutralen Wasser-Molekülen. Die sauren und alkalischen Eigenschaften sind verschwunden. Die eigentliche Neutralisationsreaktion findet also nur zwischen den OH^- und H^+-Ionen statt:

$$H^+ + OH^- \longrightarrow H_2O \text{ ; Energie wird frei}$$

Neutralisationsreaktionen sind exotherm, die Temperatur der Lösung erhöht sich dabei.

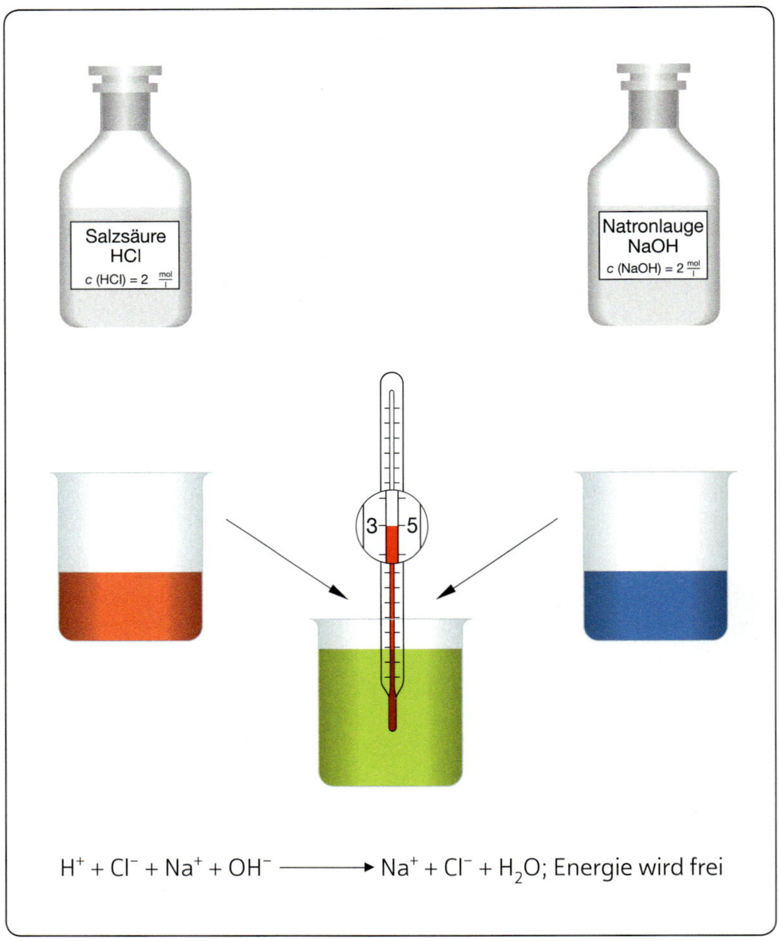

▲ 2. Neutralisation von Salzsäure und Natronlauge

Bei der Neutralisation entstehen Salze
Die beiden anderen in der Lösung enthaltenen Ionen sind ebenfalls entgegengesetzt geladen: Das Metall-Ion der Lauge ist positiv geladen, das Säurerest-Ion ist negativ geladen. Wird das Wasser verdampft, so bildet sich aus diesen Ionen ein kristalliner Rückstand, ein Salz.

Wenn Salzsäure mit Natronlauge neutralisiert wird, entsteht das Salz Natriumchlorid:

Salzsäure + Natronlauge → Natriumchlorid + Wasser

$$HCl + NaOH \longrightarrow NaCl + H_2O$$

Als allgemeine Gleichung einer Neutralisationsreaktion gilt:

Säure + Lauge ⟶ Salz + Wasser; Energie wird frei

Reaktionen zwischen Säuren und Laugen werden Neutralisationen genannt. Die H^+-Ionen der Säure und die OH^--Ionen der Lauge reagieren zu Wassermolekülen. Dabei wird Wärme frei.

1. Fragen zum Text:
a) Was ist eine Neutralisation?
b) Welche Teilchen reagieren miteinander?
c) Notiere die allgemeine Reaktionsgleichung einer Neutralisation.

2. Neutralisation auf der Teilchenebene
Die Abbildung unten zeigt die Teilchen, die bei der Neutralisation von Salzsäure durch Natronlauge beteiligt sind. Beschreibe den Vorgang so genau wie möglich. Benenne die Ausgangsteilchen und die Produkte.

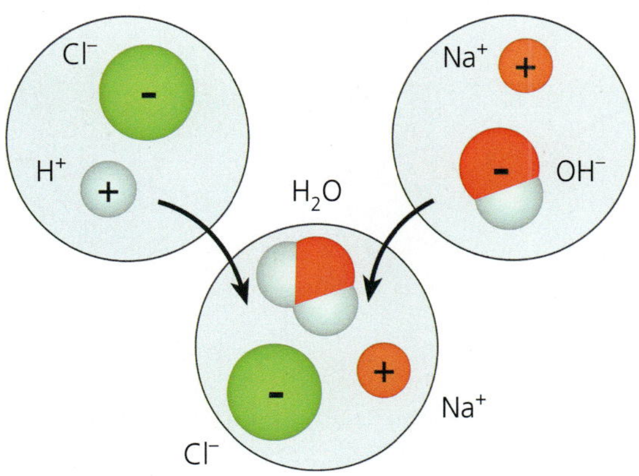

▲ *1. Teilchen, die bei der Neutralisation reagieren*

3. Neutralisation von Abwässern

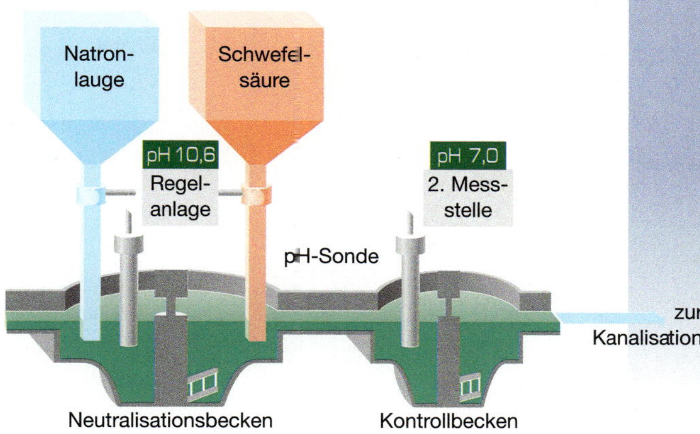

Saure oder alkalische Abwässer z. B. aus Industriebetrieben und Chemiefabriken müssen neutralisiert werden, bevor sie in die Kanalisation eingeleitet werden. Dies ist unbedingt notwendig, damit die Bakterien in der biologischen Stufe der Kläranlage nicht geschädigt werden. Erkläre anhand der Abbildung, wie eine Neutralisationsanlage funktioniert.

4. Neutralisation von sauren Böden
Saurer Regen gilt als Hauptverursacher des Waldsterbens.
Auf dem Bild siehst du einen Hubschrauber, der den Waldboden mit Calciumcarbonat bestreut. Damit soll der Waldboden, auf den saurer Regen fällt, neutralisiert werden.
Saurer Regen enthält Salpetersäure und Schwefelsäure. Stelle die Wort- und Reaktionsgleichungen für die Reaktionen dieser Säuren mit Calciumcarbonat auf.

5. Salzbildung durch Neutralisation
Stelle die Wort- und Reaktionsgleichungen für folgende Neutralisationsreaktionen auf:
a) Salzsäure und Kalilauge
b) Schwefelsäure und Natronlauge
c) Kohlensäure und Calciumlauge

So entstehen Salze

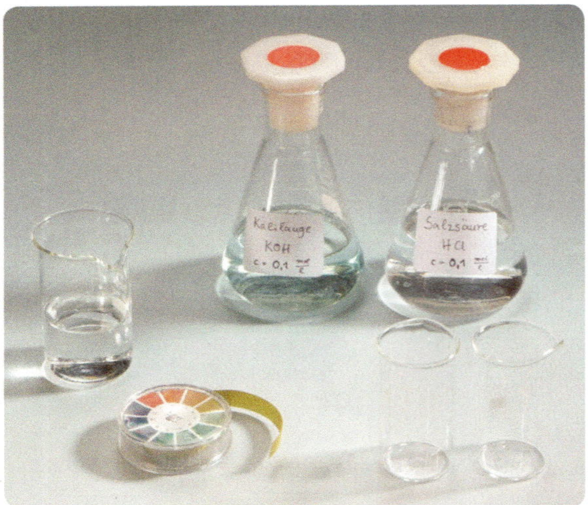

▲ 1. *pH-Wert-Messung einer Mischung aus Lauge und Säure*

1. Säuren und Laugen reagieren zu Salzen

a) Neutralisiere 10 ml einer etwa 5 %igen Salzsäure (GHS 5, 7; B1) mit mit einer etwa 5 %igen Kalilauge (GHS 5, 7; B1), bis das pH-Papier den pH-Wert 7 anzeigt. Rühre während der Zugabe der Kalilauge um.
b) Dampfe wenige Milliliter der Lösung vorsichtig im Reagenzglas ein. Was siehst du?
c) Erkläre deine Beobachtungen.
d) Stelle eine Gleichung für die Reaktion auf.

2. Säuren reagieren mit Metallen zu Salzen

a) Fülle zwei Reagenzgläser zu etwa $\frac{1}{4}$ mit 2 %iger Salzsäure (GHS 5, 7; B1), füge dann in das erste Reagenzglas einige Körnchen Calcium (GHS 2), in das zweite Reagenzglas einige Körnchen Magnesium (GHS 2) oder etwas Magnesiumband. Verschließe die Reagenzgläser wie in Abbildung 2. Fange das entstehende Gas auf und überprüfe es mit der Knallgasprobe.
b) Was kannst du beobachten?
c) Wiederhole den Versuch mit den Metallen Aluminium- (GHS 2), Zink- (GHS 2) und Eisenpulver (GHS 2) und formuliere die Gemeinsamkeiten der fünf Teilversuche.

▲ 2. *Metall und Säure*

3. Säuren reagieren mit Metalloxiden zu Salzen

▲ 3. *Metalloxid und Säure*

a) Gib in ein Reagenzglas eine Spatelspitze Magnesiumoxid (MgO), füge dann einige Milliliter verdünnte (ca. 2 %ig) Schwefelsäure (GHS 5, 7; B1) sowie einige Tropfen Universalindikator hinzu. Rühre mittels Glasstab kurz um und beobachte die Veränderungen im Reagenzglas.
b) Dampfe einen Milliliter der Lösung ein. Was stellst du fest?
c) Wiederhole den Versuch mit Calciumoxid (GHS 5; B1) und Salzsäure (GHS 5, 7; B1). Vergleiche deine Beobachtungen und berichte.

4. Zwei Salze reagieren miteinander

a) Fülle eine Petrischale etwa zur Hälfte mit warmem destilliertem Wasser. Gib eine Spatelspitze Eisen(III)-chlorid (GHS 5, 7) am Rand der Petrischale ins Wasser. Gib nun genau gegenüber, ebenfalls am Rand der Petrischale, eine Spatelspitze Ammoniumthiocyanat (GHS 7) ins Wasser.
Was kannst du nach einigen Minuten beobachten? Hast du eine Erklärung?
b) Wiederhole den Versuch mit den Salzen Kupfer(II)-chlorid (GHS 7, 9; B2) und Ammoniumthiocyanat (GHS 7) sowie Kupfer(II)-chlorid (GHS 7, 9; B2) und gelbem Blutlaugensalz (GHS 7; B2). Notiere deine Beobachtungen. (*Hinweis:* Nicht umrühren oder schütteln!)

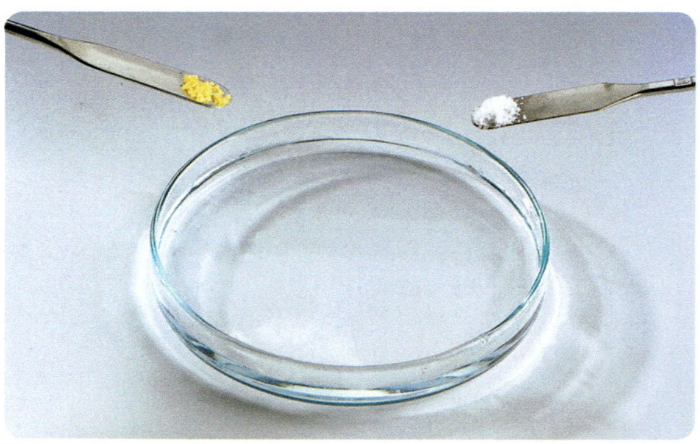

▲ 4. *Zwei Salzlösungen mischen sich*

▲ 1. *Salze aus Reaktionen von: A Säure und Lauge; B Metall und Säure; C Salz 1 und Salz 2; D Metall und Nichtmetall*

Es gibt mehrere Möglichkeiten, Salze herzustellen:

A Säure + Lauge → Salz + Wasser. Bei allen Neutralisationsreaktionen entstehen Salze und Wasser.
Beispiel: Neutralisiert man Schwefelsäure mit Bariumlauge, fällt weißes Bariumsulfat aus:

$$H_2SO_4 + Ba(OH)_2 \longrightarrow \underset{\text{Bariumsulfat}}{\mathbf{BaSO_4}} + 2\,H_2O$$

B Metall + Säure → Salz + Wasserstoff. Reagiert ein *unedles* Metall mit einer Säure, so entsteht ein Salz und Wasserstoff.
Beispiel: Magnesium reagiert mit Schwefelsäure:

$$Mg + H_2SO_4 \longrightarrow \underset{\text{Magnesiumsulfat}}{\mathbf{MgSO_4}} + H_2$$

C Salz 1 + Salz 2 → Salz 3 + Salz 4. Reagieren zwei Salze miteinander, so entstehen zwei andere Salze.
Beispiel: Kaliumiodid reagiert mit Bleinitrat:

$$\underset{\text{Kaliumiodid}}{\mathbf{2\,KI}} + \underset{\text{Bleinitrat}}{\mathbf{Pb(NO_3)_2}} \longrightarrow \underset{\text{Bleiiodid}}{\mathbf{PbI_2}} + \underset{\text{Kaliumnitrat}}{\mathbf{2\,KNO_3}}$$

D Metall + Nichtmetall → Salz. Metalle und Nichtmetalle reagieren miteinander zu Salzen.
Beispiel: Natrium reagiert mit Chlor:

$$2\,Na + Cl_2 \longrightarrow \underset{\text{Natriumchlorid}}{\mathbf{2\,NaCl}}$$

E Metalloxid + Säure → Salz + Wasser. Reagiert ein *Metalloxid* mit einer Säure, so entstehen ein Salz und Wasser. *Beispiel:* Kupferoxid reagiert mit Schwefelsäure:

$$CuO + H_2SO_4 \longrightarrow \underset{\text{Kupfersulfat}}{\mathbf{CuSO_4}} + H_2O$$

Benennung von Salzen. Lithiumchlorid, Eisensulfat, Kaliumnitrat, Calciumcarbonat und Kupfersulfid sind Namen für Salze. Der erste Teil des Namens ist jeweils der des Metalls, der zweite Teil ist der des *Säurerests.*

Salze können auf ganz unterschiedliche Weise entstehen. Der Name des Salzes wird aus dem Namen des Metalls und des Säurerestes gebildet.

Name der Säure	Formel	Säurerest	Name des Säurerestes
Flusssäure	HF	F^-	Fluorid
Salzsäure	HCl	Cl^-	Chlorid
Schweflige Säure	H_2SO_3	SO_3^{2-}	Sulfit
Schwefelsäure	H_2SO_4	SO_4^{2-}	Sulfat
Salpetersäure	HNO_3	NO_3^-	Nitrat
Kohlensäure	H_2CO_3	CO_3^{2-}	Carbonat
Phosphorsäure	H_3PO_4	PO_4^{3-}	Phosphat
Schwefelwasserstoffsäure	H_2S	S^{2-}	Sulfid

▲ 2. *Säuren und ihre Säurereste (Auswahl)*

1. Fragen zum Text
a) Begründe, weshalb NaCl, $CaCO_3$, K_3PO_4, KNO_3 und $MgSO_4$ zur Stoffgruppe der Salze zählen.
b) Notiere vier unterschiedliche Möglichkeiten mit den zugehörigen Reaktionsgleichungen, wie man das Salz Kaliumchlorid (KCl) herstellen kann.

2. Bittersalz herstellen
Bittersalz (Magnesiumsulfat, $MgSO_4$) ist ein weißes Salz, das man zum Düngen verwendet. Wie könnte man es herstellen?

Wie entstehen Tropfsteinhöhlen?

Tropfsteinhöhlen gibt es nur in Kalkstein. Auf der Schwäbischen Alb gibt es viele eindrucksvolle Kalksteinhöhlen wie die Bärenhöhle (Schwäbische Alb) mit ihren vielfältig geformten Stalakmiten und Stalaktiten. Auch im Harz und im Sauerland sowie in Ländern wie Ungarn, Türkei, Frankreich und den USA findet man zum Teil mehrere Kilometer lange Tropfsteinhöhlen. Solche Höhlen findet man nur in Gebieten, in denen der Untergrund aus Kalkstein (Calciumcarbonat) besteht. Wie lässt sich die Höhlenbildung erklären?

Regenwasser höhlt den Kalkstein aus. Regenwasser ist von Natur aus leicht sauer, weil ein Teil des Kohlenstoffdioxids der Luft mit Wasser zu Kohlensäure reagiert. Nicht alles Regenwasser fließt oberirdisch ab. Es dringt auch in feine Risse in den Boden ein. Das mit Kohlensäure angereicherte Sickerwasser nimmt weiteres Kohlenstoffdioxid aus der Bodenluft auf. Sickert dieses Wasser durch kalkhaltige Bodenschichten, löst es neben anderen Salzen auch den in Wasser schwer löslichen Kalkstein (Calciumcarbonat; $CaCO_3$) auf. In einer exothermen Reaktion entsteht aus dem Calciumcarbonat das gut wasserlösliche Calciumhydrogencarbonat („löslicher Kalk"; $Ca(HCO_3)_2$):

Calciumcarbonat + Kohlensäure $\xrightarrow{\text{in Wasser}}$ Calciumhydrogencarbonat

$$CaCO_3 + H_2CO_3 \xrightarrow{\text{in Wasser}} Ca(HCO_3)_2 \text{ ; exotherm}$$

Dieses Salz wird vom unterirdisch abfließenden Sickerwasser weg transportiert. So entstehen über Jahrtausende die **Kalksteinhöhlen.**

1. Stalaktiten (von oben) und Stalagmiten (von unten) in einer Tropfsteinhöhle ▼

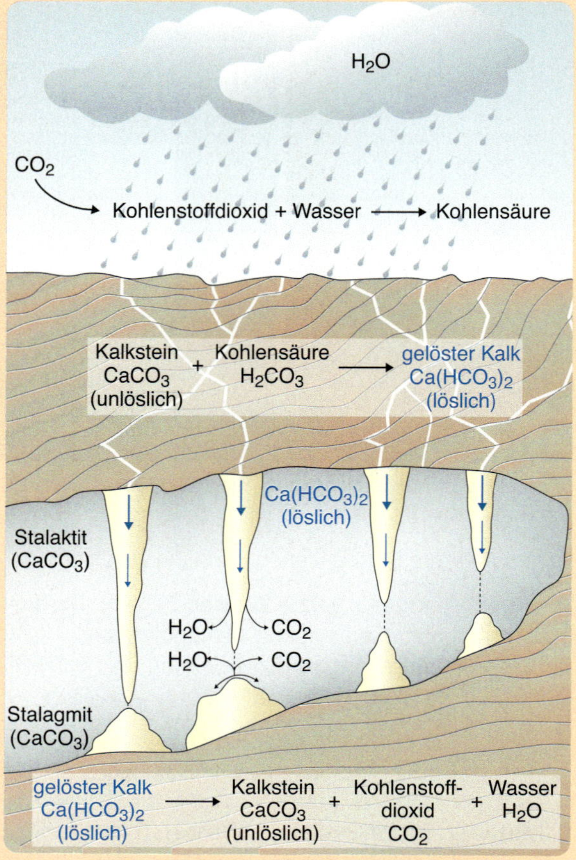

▲ *2. Modell zur Entstehung von Tropfsteinen*

Entstehung von Tropfsteinen. Tropfsteine entstehen dann, wenn kleine Mengen von Sickerwasser, in dem Calciumhydrogencarbonat gelöst ist, von oben in eine Höhle eindringen. Wenn diese Lösung von der Decke tropft, verdunstet ein Teil des Wassers; zudem wird Kohlenstoffdioxid frei. Das zurück bleibende Calciumcarbonat setzt sich an der Höhlendecke als *Stalaktiten* und am Höhlenboden als *Stalagmiten* ab:

$$Ca(HCO_3)_2 \longrightarrow CaCO_3 + H_2O + CO_2\text{; endotherm}$$

Bei der Kalksteinhöhlenbildung löst sich Calciumcarbonat also auf, bei der Tropfsteinbildung bildet es sich wieder zurück, weshalb man vom „natürlichen Kalkkreislauf" oder „Kalkkreislauf in der Natur" spricht.

1. Weshalb ist Regenwasser stets leicht sauer?

2. Erkläre am Beispiel der Entstehung von Tropfsteinhöhlen und Tropfsteinen den Kalkkreislauf in der Natur.

Säuren und Laugen

Säuren
- schmecken sauer
- verändern die Farbe von Indikatoren
- reagieren mit Kalk
- reagieren mit unedlen Metallen
- leiten den elektrischen Strom
- haben pH-Werte kleiner als 7
- saure Lösungen enthalten stets H^+-Ionen

Die pH-Skala reicht von 0 bis 14. Der pH-Wert gibt die Stärke einer sauren oder alkalischen Lösung an. Mit speziellen Farbstoffmischungen wie dem Universalindikator werden die verschiedenen pH-Werte durch unterschiedliche Farben angezeigt.

Salzsäure (HCl) entsteht, wenn sich Chlorwasserstoffgas in Wasser löst:

$$\underset{\text{Chlorwasserstoff}}{HCl} \xrightarrow{\text{in Wasser}} \underset{\text{Salzsäure}}{H^+ + Cl^-}$$

Sowohl Chlorwasserstoff als auch Salzsäure kürzt man mit **HCl** ab.

Bei jeder Neutralisation verbinden sich die H^+-Ionen aus der Säure mit den OH^--Ionen aus der Lauge in einer exothermen Reaktion zu Wasser.
Beispiel:

$$\underset{\text{Salzsäure}}{\mathbf{H^+} + Cl^-} + \underset{\text{Natronlauge}}{Na^+ + \mathbf{OH^-}} \longrightarrow \underset{\text{Natriumchlorid}}{Na^+ + Cl^-} + \underset{\text{Wasser}}{\mathbf{H_2O}}; \quad \text{exotherm}$$

Neben den Wasser-Molekülen entsteht bei der Neutralisation auch immer ein Salz.

Im sauren Regen sind Säuren wie Schweflige Säure (H_2SO_3), Schwefelsäure (H_2SO_4) und Salpetersäure (HNO_3) enthalten. Sie sind Mitverursacher des Waldsterbens und umweltbedingter Gebäudeschäden.

Salze sind Ionenverbindungen und bei Zimmertemperatur fest; sie bestehen aus positiv geladenen Metall-Ionen und negativ geladenen Säurerest-Ionen.

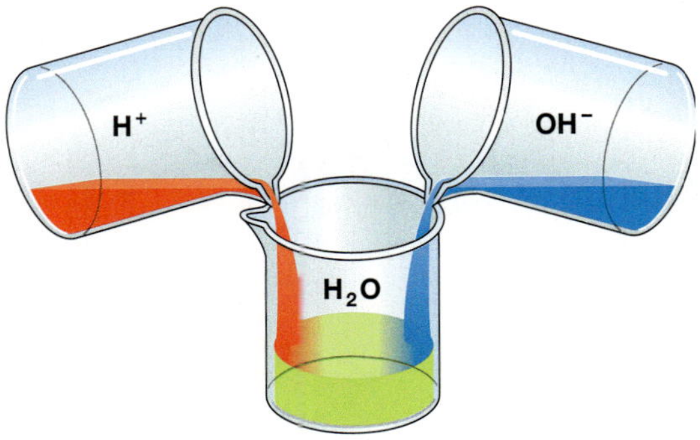

Laugen
- fühlen sich seifig an
- verändern die Farbe von Indikatoren
- leiten den elektrischen Strom
- haben pH-Werte größer als 7
- alkalische (basische) Lösungen enthalten stets OH^--Ionen

Natronlauge entsteht, wenn man Natriumhydroxid in Wasser löst.

$$\underset{\text{Natriumhydroxid}}{NaOH} \xrightarrow{\text{in Wasser}} \underset{\text{Natronlauge}}{Na^+ + OH^-}$$

Sowohl Natriumhydroxid (fest) als auch Natronlauge (flüssig) werden mit **NaOH** abgekürzt.

Der Name des Salzes wird aus dem Namen des Metalls und des Säurerestes gebildet.

Name der Salze	Säure-Rest	Name der Säure
Chloride	Cl^-	Salzsäure
Sulfite	SO_3^{2-}	Schweflige Säure
Sulfate	SO_4^{2-}	Schwefelsäure
Nitrate	NO_3^-	Salpetersäure
Carbonate	CO_3^{2-}	Kohlensäure
Phosphate	PO_4^{3-}	Phosphorsäure

Säuren und Laugen

1. Umgang mit Säuren und Laugen

Nenne Regeln für den sicheren Umgang mit Säuren und Laugen.

2. Welche Flüssigkeit ist wo?

Vor dir stehen vier Bechergläser mit Flüssigkeiten. Wie könntest du mit möglichst wenigen Versuchen herausfinden, welche der Flüssigkeiten Wasser, Salzsäure, Salzwasser und Natronlauge ist?

3. Arbeitsplatte aus Marmor

Ein guter Küchenberater empfiehlt: „Die Arbeitsplatte in einer Küche sollten Sie nicht aus Marmor wählen – so schön etwa Carrara-Marmor auch aussieht, weil... Ich empfehle Ihnen statt dessen eine Arbeitsplatte aus Granit, Holz, Kunststoff oder eine mit Fliesen." Weshalb rät der Küchenberater von Marmor ab?

4. Wasserstoff im Labor

In einem Labor wird dringend etwas Wasserstoff benötigt, die Wasserstoffflasche ist aber leer. Welche beiden Stoffe aus der folgenden Stoffauswahl würdest du verwenden, um möglichst einfach und schnell Wasserstoff zu gewinnen? Begründe deine Entscheidung. Stoffauswahl: Kupfer, Magnesium, Natriumchlorid, Salzsäure, Schwefelsäure, Natronlauge, Zink.

5. Eigenschaften von Schwefelsäure und Kalilauge

Entscheide, welche der folgenden Aussagen auf
a) 50 %-ige Schwefelsäure und welche auf
b) 50 %-ige Kalilauge zutreffen:
- leitet den elektrischen Strom
- färbt Universalindikator blau
- pH-Wert > 7
- wirkt ätzend
- enthält OH^--Ionen
- reagiert mit Kalk unter Freisetzung von CO_2
- enthält SO_4^{2-}-Ionen
- hat einen pH-Wert < 7
- reagiert mit Mg unter Freisetzung von H_2

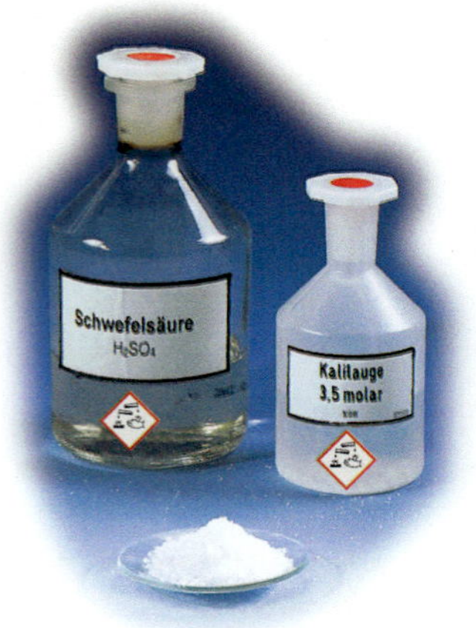

6. Säuren und Laugen

Stelle gemeinsame und unterschiedliche Eigenschaften von Säuren und Laugen in einer Tabelle zusammen.

7. Was gehört zusammen?

Welche drei Aussagen A1–A3 gehören jeweils zusammen? Ordne sie einander zu.

A1	A2	A3
Salzsäure	pH > 7	färbt den Universalindikator rot
Kalilauge	pH = 7	pH > 7
dest. Wasser	H_2SO_4	färbt Phenolphthaleinlösung rot
Schwefelsäure	pH < 7	riecht stechend unangenehm
Natronlauge	KOH	leitet elektrischen Strom nicht

8. Der Universalindikator

Welche Farben nimmt der Universalindikator bei sauren, neutralen und alkalischen Lösungen an?

9. Neutralisieren

Plane einen Versuch, mit dem du experimentell schnell zeigen kannst, dass man Salzsäure nicht mit Zucker neutralisieren kann.

10. Formeln richtig zusammensetzen

Die „Formelbruchstücke" von folgenden Säuren, Laugen und Salzen sind durcheinander geraten: Schweflige Säure, Schwefelsäure, Salzsäure, Kohlensäure, Salpetersäure, Natronlauge, Kalilauge, Calciumlauge, Bariumlauge, Calciumcarbonat, Magnesiumsulfat, Natriumchlorid, Kupfersulfat, Kaliumnitrat

a) Setze je zwei Formelbruchstücke zu den oben genannten Stoffen zusammmen:

CO_3	OH	SO_3	Cl	$(OH)_2$	H_2	Cl
Ca	Na	H	Mg	OH	NO_3	Cu
H_2	Ba	Ca	$(OH)_2$	SO_4	Na	H_2
SO_4	K	SO_4	CO_3	NO_3	K	H

b) Übertrage die Ergebnisse in dein Heft in eine Tabelle nach folgendem Muster:

Name des Stoffes	Formel	Stoffgruppe		
		Säure	Lauge	Salz
Schweflige Säure	H_2SO_3	X		

11. Kohlenstoffdioxid oder Kohlensäure...?

In der Umgangssprache werden Kohlenstoffdioxid und Kohlensäure oft synonym verwendet. Erkläre die Unterschiede zwischen den beiden Stoffen.

12. Natriumchlorid

Nenne mindestens vier Möglichkeiten zur Herstellung von Natriumchlorid. Formuliere die zugehörigen Reaktionsgleichungen und benenne die Stoffe.

13. Säuren reagieren

Formuliere die Wort- und Reaktionsgleichungen zur Reaktion von Salzsäure und Schwefelsäure mit Kalk und Magnesium. Wie kann man die entstehenden Gase nachweisen?

14. Citronensäure

Erkläre die Beobachtungen: Wenn du einige Citronensäurekristalle auf Indikatorpapier gibst, verändert sich die Farbe nicht. Fügt man wenige Tropfen Wasser hinzu, wird eine Säure angezeigt.

15. Indikatoren

a) Zähle verschiedene Indikatoren für Säuren und Laugen auf.

b) Gib an, welche Farben sie beim Kontakt mit sauren oder alkalischen Lösungen annehmen.

c) Beschreibe, auf welche Teilchen die Indikatoren reagieren.

16. Eierschale

Legt man ein Ei in Essigessenz (25 %; GHS 5), bilden sich nach kurzer Zeit Bläschen auf der Schale. Nach zwei Tagen ist die Schale verschwunden. Wie ist das zu erklären?

17. Hortensien

Familie Müller ist umgezogen. Ihre rosa Hortensie aus dem Garten hat sie mitgenommen. Im neuen Garten blüht sie plötzlich blau.
Woran kann das liegen?

18. Säure verdünnen

Ein Liter Salzsäure mit einem pH-Wert von 2 soll auf den pH-Wert von 4 mit Wasser verdünnt werden. Welche Menge an verdünnter Säure entsteht dabei?

19. Löslicher Kalkstein

a) Formuliere die Wort- und Reaktionsgleichungen zur Reaktion von Kohlensäure mit Calciumcarbonat.

b) Für welchen natürlichen Prozess ist diese Reaktion wichtig?

20. Entsorgung im Labor

Zur Entsorgung werden im Schullabor Säuren und Laugen gemeinsam in einen Behälter geschüttet. Begründe, weshalb dies sinnvoll ist.

12 Energie für heute und morgen

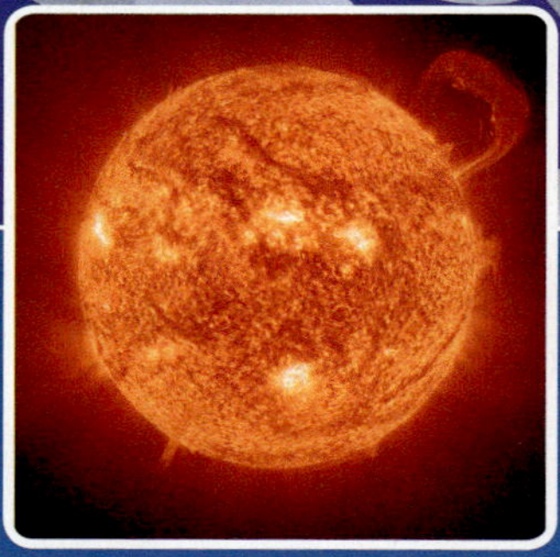

Wir benötigen täglich sehr viel Energie. Unser Körper holt sich die Energie aus der Nahrung. Für Transport und Verkehr nutzen wir Benzin aus Erdöl, viele Wohnungen werden mit Erdgas beheizt. Elektrischen Strom gewinnt man oft aus der Verbrennung von Kohle.
Doch der Energiebedarf wächst, während die Vorräte an fossilen Energieträgern knapper werden. Deshalb müssen erneuerbare Energieträger genutzt werden – vor allem Energie aus Wind, Wasser und Sonnenstrahlung. Kaum zu glauben, dass die Wüsten der Erde innerhalb von 6 Stunden mehr Energie von der Sonne empfangen, als die Menschheit in einem Jahr verbraucht. Das sollte man nutzen!

◀ Fast alle Energieträger gehen auf die Sonne zurück. Sie ist die entscheidende Energiequelle für das Leben auf der Erde.

▲ 3. Durch die Verbrennung von Holz und fossilen Brennstoffen wird chemische Energie in Wärme umgewandelt. Damit können Wohnungen beheizt und Turbinen zur Stromerzeugung betrieben werden.

▲ 1. Pflanzen erzeugen mithilfe von Licht, Wärme, Wasser und Mineralstoffen unsere Lebensmittel. In ihnen ist chemische Energie gespeichert, die unser Körper nutzen kann.

▲ 2. Unsere Muskeln setzen chemische Energie in mechanische Energie um. Dabei beträgt der Wirkungsgrad lediglich 20 %, d. h. nur 20 % der aufgenommenen Energie kann in Muskelarbeit umgewandelt werden.

4. Die Sonne bewirkt durch ihre Einstrahlung auch die Winde, die mit Windgeneratoren in elektrische Energie umgewandelt werden können. ▼

Energie im Alltag

▲ 1. *New York mit den Lichtern der Großstadt ... und ...*

▲ 2. *New York beim Stromausfall im August 2003*

1. Stromausfall!

New York im August 2003. Wo normalerweise ein Lichtermeer die Nacht zum Tag macht, blieb es dunkel. Grund war ein großer Stromausfall im Nordosten der USA und Kanadas.

a) Was funktioniert in einer großen Stadt nicht mehr, wenn der Strom ausfällt?

b) Wie würde dein Tag ohne Strom aussehen? Beschreibe stichwortartig deinen Tagesablauf.

2. Wofür benötigt man Energie?

a) Sammle Beispiele, wofür wir Energie benötigen.

b) Vergleiche deine Sammlung mit den Ergebnissen der Mitschüler und erstellt gemeinsam eine Mindmap.

3. Wie viel Energie brauchen Haushaltsgeräte?

a) Schau zu Hause nach, welche elektrische Leistung verschiedene Elektrogeräte benötigen (Typenschild, Angaben in W) und trage die Werte in eine Tabelle ein. Schätze auch die tägliche Nutzungsdauer.

b) Berechne das Produkt aus beiden Angaben. Welche Geräte benötigen die meiste Energie pro Tag?

Gerät	**elektr. Leistung** (in Watt) **A**	**Nutzung pro Tag** (in Stunden) **B**	**Produkt A x B = el. Energie** (in Wattstunden)
Fernseher			
Computer			
Spülmaschine			
Haartrockner			
...			

c) Lisa fährt mit dem Bus zur Schule. Auf sie umgerechnet wird dabei pro Woche der Energiegehalt von 8 Litern Dieselkraftstoff (rund 284 000 kJ) benötigt. Wie lange könnten die einzelnen Haushaltsgeräte bei euch zu Hause mit dieser Energiemenge betrieben werden (1 kWh = 3600 kJ)?

4. Wer braucht wie viel Strom?

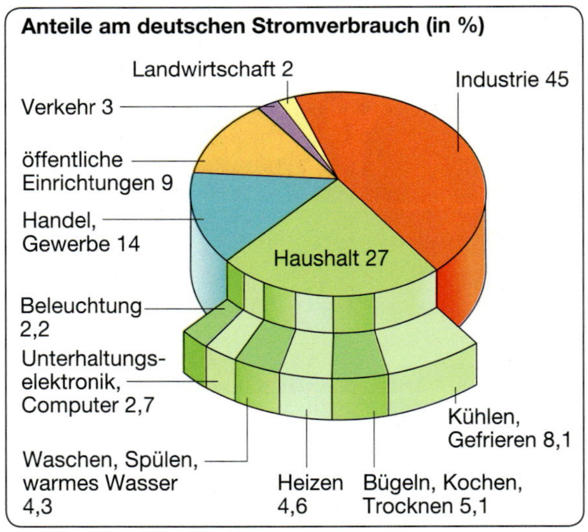

a) Welchen Anteil haben die privaten Haushalte am Stromverbrauch in Deutschland?

b) Woran liegt es wohl, dass Kühl- und Gefriergeräte einen relativ hohen Anteil haben?

c) Moderne elektrische Geräte benötigen oft weniger Energie als ältere Modelle. Dennoch ist der Anteil für Unterhaltungselektronik und Computer in den letzten Jahren angestiegen. Woran könnte das liegen?

Energie überall ... Montag, 7 Uhr 30: Sabrina wacht auf und stellt fest, dass sie verschlafen hat, weil der Radiowecker nicht mehr geht. Auch das Licht funktioniert nicht.
Kein Wunder, der Strom ist ausgefallen! Leider muss sie deshalb auch auf die warme Dusche verzichten. In der Küche angekommen muss sie ihre Milch kalt trinken und auch der Toaster und die Mikrowelle laufen nicht mehr.
So geht sie nur mit "kleinem Frühstück" zur Straßenbahn – doch auch die funktioniert ohne Strom nicht mehr.
Genervt geht sie nach Hause und bittet ihre Mutter, sie zur Schule zu fahren. Bereits an der nächsten Ampel gibt es einen Stau, weil die Ampeln dunkel bleiben. Ganz schön stressig ohne Strom, denkt sie...
Sabrinas Tag macht uns deutlich, wie sehr wir von Strom, also elektrischer Energie, abhängig sind.

Wofür benötigt man Energie? Energie wird immer dann benötigt, wenn etwas bewegt wird, etwas erwärmt wird, wenn elektrischer Strom fließen soll oder wenn man einen Fahrradreifen aufpumpt.
Pflanzen, Tiere und Menschen brauchen Energie in erster Linie zum Leben. Außerdem nutzen wir Energie, um uns das Leben angenehm zu gestalten: zum Heizen, Kochen, Autofahren, für warmes Wasser, für verschiedenste Elektrogeräte sowie für Transportzwecke.

Energieformen. Wir brauchen Energie zum Leben, deshalb müssen wir essen. Die Energie steckt in der Nahrung – in Form von **chemischer Energie.** Mit 8600 Kilojoule (kJ) Energie pro Tag benötigt ein Mensch etwa so viel Energie wie eine 100 Watt-Glühlampe.
Auch Autos nutzen chemische Energie. Wenn ein Auto fährt, nutzt es die Energie, die im Benzin gespeichert ist. Bei der Verbrennung im Motor wird sie freigesetzt.

So lange reicht 1 Kilowattstunde (1 kWh) Energie

- einen Hefekuchen backen
- Mittagessen für 4 Pers. kochen
- eine Maschine Wäsche mit 60 °C waschen
- 7 Stunden fernsehen
- 15 Hemden bügeln
- 40 Stunden CD-Player hören
- 70 Tassen Kaffee kochen
- 17 Stunden Licht (Glühlampe, 60 Watt)
- 90 Stunden Licht (Energiesparlampe, 11 Watt)

▲ *1. Energiebedarf im Vergleich*

Energieträger	**Energiegehalt** (in kJ pro kg)
Braunkohle	9 100
Holz	14 600
Steinkohle	30 000
Erdgas (pro m^3)	32 000
Heizöl	43 000
Benzin	44 000

▲ *2. Energieträger im Vergleich*

3. Im Haushalt läuft vieles mit Strom ▼

Ein ICE nutzt die **elektrische Energie,** die über die Oberleitungen an die Elektromotoren weitergeleitet wird. Ein fahrender Zug besitzt **Bewegungsenergie.**
Von der Sonne bekommen wir ganz umsonst **Licht** und **Wärme.** Die fett gedruckten Begriffe in diesem Absatz bezeichnet man als **Energieformen.**

Energieträger. In Alltag und Technik gewinnt man Energie oft aus der Verbrennung von Gas, Kohle, Benzin oder Holz. Solche Stoffe nennt man **Energieträger.**

Energieentwertung. Energieformen lassen sich umwandeln. So wird bei einem drehenden Dynamo am Fahrrad die Bewegungsenergie in elektrische Energie umgewandelt. Dabei entsteht allerdings auch Wärme, die an die Umgebung abgegeben wird. Sie lässt sich nicht weiter nutzen, ist also für die Beleuchtung am Fahrrad ohne Wert – man bezeichnet sie daher auch als **entwertete Energie.** Energie kann zwar insgesamt nicht verlorengehen oder verbraucht werden, doch entwertete Energie lässt sich kaum weiter nutzen.

Energie ist maßgeblich für das Leben auf der Erde verantwortlich. Energie ist gespeichert in Energieträgern. Energie kann nicht verlorengehen, doch entwertete Energie lässt sich kaum weiter nutzen.

1. Fragen zum Text
a) Wofür benötigen wir Energie? Nenne einige Beispiele.
b) Wo nutzen wir chemische Energie?
c) Schreibe vier Beispiele für Energieträger auf.
d) Wie nennt man die Energieform, die man nicht weiter nutzen kann?

2. Energieentwertung
Begründe, warum Wärme, die bei einer Energieumwandlung auch noch frei wird, als entwertete Energie bezeichnet wird.

Energie aus der Nahrung

1. Energie zum Leben

a) Woher bekommen wir die Energie, die wir täglich für unsere Körperfunktionen benötigen?
b) Informiere dich darüber (siehe z. B. Text „Energiebedarf" auf der nächsten Seite), wie viel Energie ein Mensch pro Tag im Durchschnitt aufnehmen sollte.
c) Was geschieht, wenn man längere Zeit zu viel oder zu wenig Energie aufnimmt?

2. Energiegehalt von Lebensmitteln

Schätze zunächst ab, wie viel Energie dir die unten genannten Lebensmittel liefern. Überprüfe anschließend durch Nachschlagen oder Internetrecherche, ob du richtig geschätzt hast.
Hinweis: Man findet für ein Lebensmittel oft unterschiedliche Angaben in Büchern und Internet-Quellen.

1 mittelgroße Banane;
1 Müsliriegel (25 g);
1 Glas Milch (200 ml);
1 T. Schokolade (100 g);
1 Scheibe Brot (35 g);
1 Glas Wasser;
1 mittelgroßer Apfel;
$\frac{1}{2}$ Hähnchen (gegrillt);
1 P. Erdnüsse (60 g);
1 Glas Apfelsaft (200 ml);
100 g Salatgurken;
1 Pizza (350 g).

3. Fett in Kartoffelchips

Überprüfe den Fettgehalt von Kartoffelchips im Schullabor.
a) Zerkleinere etwa 25 g Chips möglichst fein in einer Reibschale.
b) Fülle genau 20 g Chipspulver in ein 250 ml großes Becherglas. Gib dann etwa 100 ml des Lösemittels Aceton (GHS 2,7; B3) hinzu und rühre etwa 5–10 Minuten gut um.
c) Wiege ein weiteres Becherglas genau ab. Filtriere das Gemisch und fange das Filtrat in dem gewogenen Becherglas auf. Spüle mit Aceton etwas nach.

d) Lass das Filtrat im Becherglas unter dem Abzug einige Tage stehen, bis das Lösemittel verdampft ist. Stelle durch eine Wägung fest, wie viel Fett im Becherglas enthalten ist – und somit in 20 g Chips. Berechne zum Schluss den Fettgehalt von 100 g Chips.
e) Vergleiche den Energiegehalt von Chips (siehe Packungsaufdruck) mit dem von Brot und Schokolade. Weshalb sollte man es nicht zur Gewohnheit werden lassen, so nebenbei Chips oder Schokolade zu essen?

4. Lebensmittel-Kennzeichnung

Auf vielen Lebensmittelverpackungen findet man Angaben zur Zusammensetzung und zum Energiegehalt („Brennwert"). Doch dabei gilt es genau hinzuschauen.
Welche Pizza würdest du wählen, wenn du auf niedrigen Energiegehalt achten willst, A oder B?

Eine Portion (halbe Pizza) 175 g enthält:

kcal	Zucker	Fett	gesättigte Fettsäuren	Natrium
451	5,8 g	16,5 g	9,8 g	0,81 g
23 %	6 %	24 %	49 %	34 %

der empfohlenen Tagesmenge*

A

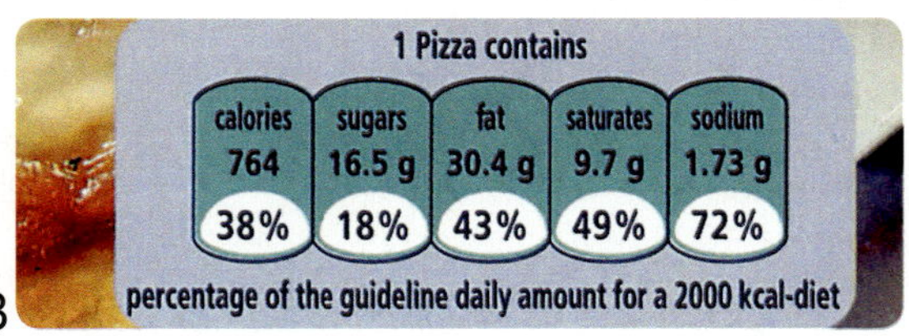

1 Pizza contains

calories	sugars	fat	saturates	sodium
764	16.5 g	30.4 g	9.7 g	1.73 g
38%	18%	43%	49%	72%

percentage of the guideline daily amount for a 2000 kcal-diet

B

5. Energie abbauen

Jan hat eine Tafel (100 g) Schokolade gegessen. Wie lange muss er mit dem Rad fahren, um die Energie, die in der Schokolade steckt, wieder abzutrainieren?

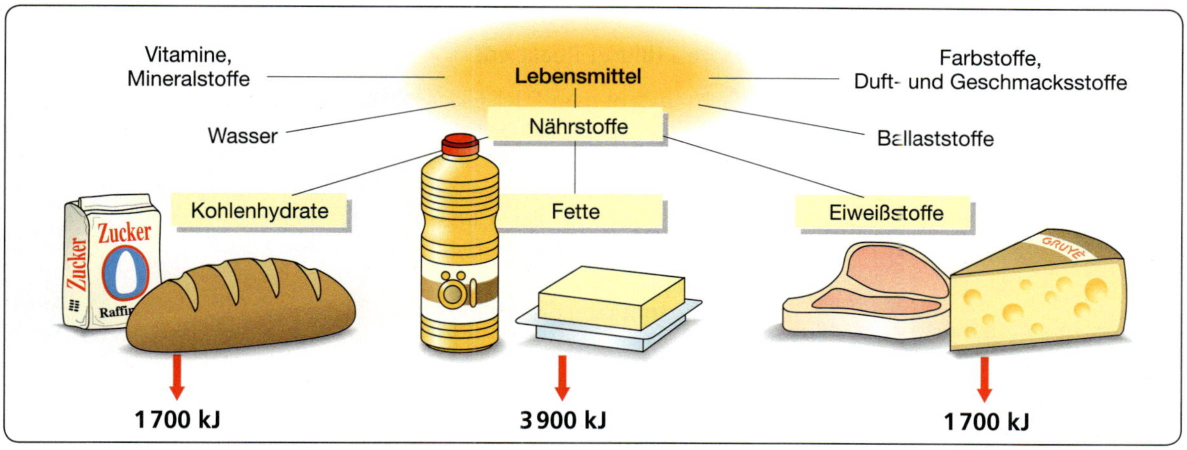

▲ *1. Zusammensetzung und Energiegehalt von Lebensmitteln (Energiegehalt pro 100 g Lebensmittel*

Hunger nach Energie. Wenn man hungrig ist, benötigt der Körper Energie. Diese Energie ist in den Lebensmitteln chemisch gespeichert.

Was ist drin in Lebensmitteln? Lebensmittel bestehen aus vielen unterschiedlichen Stoffen (Abb. 1). In jedem Lebensmittel ist die Zusammensetzung anders. Energie liefern die drei **Nährstoffgruppen Kohlenhydrate, Fette** und **Eiweißstoffe.** Wichtig zu wissen ist: Fette haben den größten Energiegehalt.

Wofür benötigt der Körper Energie? Selbst im Schlaf benötigen wir für die Atmung, den Blutkreislauf und die Aufrechterhaltung der Körpertemperatur Energie. Diese Energiemenge nennt man *Grundumsatz.* Außerdem benötigt jeder Mensch weitere Energie, wenn er geht, denkt oder Sport treibt. Dies bezeichnet man als *Leistungsumsatz.* Er ist natürlich sehr stark davon abhängig, wie viel sich jemand bewegt. Wenn man Fußball spielt, benötigt man etwa 6-mal so viel Energie wie jemand, der vor dem Fernseher sitzt.
Angaben zur Energie im Bereich der Ernährung werden oft noch in der alten Einheit „Kalorien" angegeben. Dabei gilt: 1 Kilocalorie (kcal) = 4,2 Kilojoule (kJ).

Energiebedarf. Im Durchschnitt benötigt eine erwachsene Frau etwa 8400 kJ (etwa 2000 kcal) Energie pro Tag, ein Mann etwa 10000 kJ (etwa 2400 kcal).
Kinder und Jugendliche benötigen pro kg Körpergewicht mehr Energie als Erwachsene und ältere Menschen. Männer haben einen höheren Energiebedarf als Frauen, da die Muskelmasse meistens etwas größer ist – und Muskeln viel Energie benötigen.
Überschüssige Energie speichert der Körper in Form von Fett.

Der Mensch bezieht die Energie zum Leben aus der Nahrung. Fette haben den höchsten Energiegehalt.

1. Fragen zum Text
a) Wann bekommt man Hunger?
b) Welche Nahrungsbestandteile liefern uns Energie?
c) Erläutere die Begriffe Grund- und Leistungsumsatz.
d) Was sind Kalorien?

2. Gesunde Ernährung: von jedem etwas!
Weshalb sollte man beim Essen den Energiegehalt nicht zu wichtig nehmen? Worauf kommt es noch an?

▲ *2. Energiegehalt verschiedener Lebensmittel*

Tätigkeit	Energiebedarf pro Stunde
Sitzen	340 kJ
Zu Fuß gehen	950 kJ
Radfahren (10 $\frac{km}{h}$)	1400 kJ
Inlineskaten	1900 kJ
Fußball	2000 kJ
Schwimmen	2500 kJ
Radfahren (25 $\frac{km}{h}$)	2700 kJ
Dauerlauf	3300 kJ

▲ *3. Energiebedarf für Aktivitäten*

Nährstoffgruppen im Überblick

1. Traubenzucker-Nachweis (Fehlingprobe)

Gib je 2 ml Fehling-Lösung I (GHS 9; B2) und Fehling-Lösung II (GHS 5; B2) in ein Reagenzglas. Schüttle etwas und gib eine Spatelspitze Traubenzucker und zwei Siedesteinchen hinzu. Erhitze das Reagenzglas vorsichtig (Achtung: Spritzgefahr!). Wiederhole das Experiment mit anderen Nahrungsmitteln.

2. Eiweiß-Nachweis (Biuret-Reaktion)

Zunächst mischt man 1 Teil Eiklar mit 5 Teilen Wasser. Von dieser Lösung nimmt man 4 ml ab und gibt 4 ml verdünnte Natronlauge (GHS 5, 7; B1) sowie einige Tropfen einer 5 %igen Kupfersulfat-Lösung (GHS 7,9 ; B2) hinzu. Dann erwärmt man die Lösung vorsichtig.

3. Fett-Nachweis (Fettfleckprobe)

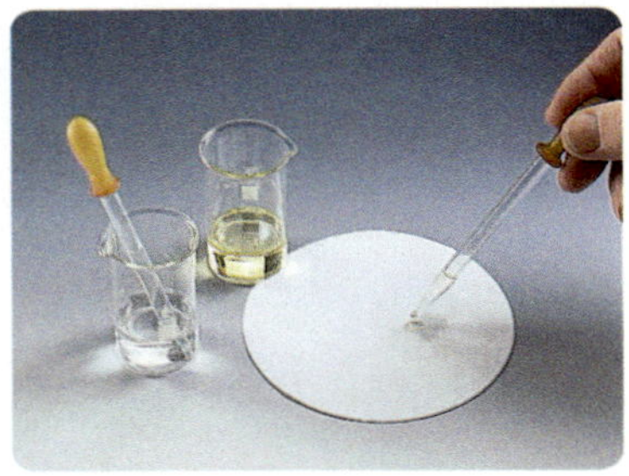

Tropfe auf ein Filterpapier je einen Tropfen Speiseöl, Spiritus und Wasser auf. Markiere und beschrifte die verschiedenen Flecken. Lass das Papier trocknen und halte es gegen das Licht. Wiederhole das Experiment mit anderen Nahrungsmitteln. In welchen Proben ist Fett enthalten?

Kohlenhydrate, Fette und **Eiweißstoffe (Proteine)** sind die drei **Nährstoffgruppen,** aus denen unsere Nahrung im Wesentlichen besteht.

Kohlenhydrate nutzen wir in erster Linie zur schnellen Energieversorgung. Wir nehmen sie hauptsächlich als Zucker oder Stärke auf.
Ein wichtiger Zucker ist der Traubenzucker (Glucose). Wir finden ihn neben dem Fruchtzucker in vielen Früchten. Milchzucker kommt in Milchprodukten vor.
Stärke ist in Getreide, Getreideprodukten (Reis, Brot, Nudeln) und Kartoffeln enthalten.

Nimmt der Körper mehr Kohlenhydrate auf als er verbrauchen kann, so wird der Überschuss in Fett umgewandelt und so gespeichert.
Traubenzucker und Fruchtzucker kann man mit der Fehling-Reaktion nachweisen, dabei entsteht ein rotbraunes Reaktionsprodukt.

Fette schützen und isolieren den Körper. Sie sind auch wichtige Transportmittel für fettlösliche Vitamine. Manche Fette sind auch am Aufbau von Zellen und Hormonen beteiligt.
Fette sind die energiereichsten Nährstoffe in unserer

▲ *4. Lebensmittel mit viel Kohlenhydraten*

▲ *5. Fettreiche Lebensmittel*

▲ *1. Eiweißreiche Lebensmittel*

Nahrung. Wir nehmen sie als tierische Fette vor allem in Form von Butter und Sahne sowie als Bestandteil von Käse und Wurst auf. Pflanzliche Fette gewinnt man durch Auspressen oder Herauslösen etwa aus Sonnenblumenkernen, Oliven und Nüssen.
Fette kann man mit der Fettfleckprobe nachweisen.

Eiweißstoffe (Proteine) werden hauptsächlich als Baustoff im Körper verwendet. Körperzellen, Muskeln, Enzyme, Hormone und die Antikörper des Immunsystems bestehen zu einem großen Teil aus Eiweiß.
Eiweißstoffe sind hauptsächlich in Fleisch, Fisch, Wurst, Eiern und Milch enthalten. Neben diesen tierischen Eiweißen liefern uns Sojabohnen und Mais pflanzliche Proteine. Eiweißstoffe kann man mit der Biuret-Reaktion an der dunkelvioletten Färbung nachweisen. Nährstoffe in den Lebensmitteln werden in drei Gruppen unterteilt. Sie sind für verschiedene Körperfunktionen von Bedeutung.

Unsere Nahrung besteht vor allem aus Kohlenhydraten, Fetten und Eiweißstoffen (Proteinen).

1. Fragen zum Text
a) Wofür nutzt der Körper die Kohlenhydrate?
b) Welche Lebensmittel enthalten viel Stärke?
c) Wie werden Eiweißstoffe im Körper genutzt?
d) Wie weist man Eiweißstoffe nach?

Exkurs

► Fotosynthese und Zellatmung

Woher kommt die Energie, die in den Nährstoffen steckt? Sie stammt letztlich von der Sonne. Pflanzen nutzen die Energie der Sonne, um über die **Fotosynthese** zunächst Traubenzucker (Glucose) aufzubauen:

$$6\,CO_2 + 6\,H_2O \xrightarrow{+\text{ Energie (Licht)}} \underset{\text{Glucose}}{C_6H_{12}O_6} + 6\,O_2$$

Aus der Glucose werden dann Stärke und viele weitere Stoffe hergestellt.
Wenn wir die Pflanzen essen, nehmen wir die Stoffe auf, die mithilfe der Fotosynthese erzeugt worden sind. In ihnen steckt damit die Energie der Sonne. Auch wenn wir Fleisch von Nutztieren essen, verwerten wir indirekt Sonnenenergie, denn die Tiere sind ja mit Pflanzen gefüttert worden.

Doch wie gewinnt unser Körper die Energie aus den Nährstoffen?
Wenn wir etwa Brot aus Getreidemehl essen, wird die Stärke bei der Verdauung in kleine Nahrungsbausteine zerlegt, in Glucose. Die Glucose wird dann im Körper zu Kohlenstoffdioxid und Wasser oxidiert. Dieser Vorgang heißt **Zellatmung.** Dabei wird Energie frei:

$$\underset{\text{Glucose}}{C_6H_{12}O_6} + 6\,O_2 \xrightarrow{\text{Energie wird frei}} 6\,CO_2 + 6\,H_2O$$

Die frei werdende Energie kann zum Aufbau körpereigener Stoffe oder auch für Muskeln und Nerven genutzt werden.

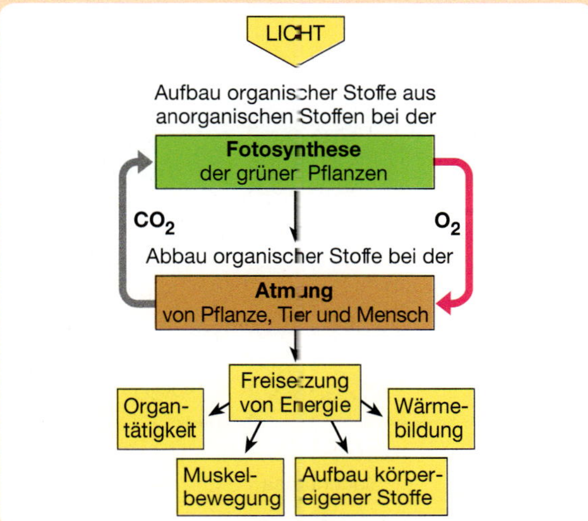

Kohlenhydrate – vom Zucker bis zum Holz

1. Lebensmittel-Test

Untersuche verschiedene Lebensmittel darauf, ob sie Traubenzucker oder Stärke enthalten. Protokolliere deine Ergebnisse.

a) Stärke-Nachweis: Eine Iod-Kaliumiodid-Lösung (GHS 7, 9; B2) wird bei Anwesenheit von Stärke blauviolett (siehe Abb. links). Gib einige Tropfen davon auf Lebensmittelproben.

b) Traubenzucker-Nachweis: Verwende zum Nachweis Glucose-Teststäbchen, mit denen man bei Zuckerkranken Zucker im Harn nachweisen kann.

Kohlenhydrate bestehen aus den Elementen Kohlenstoff, Wasserstoff und Sauerstoff. Je nachdem, aus wie viel Grundbausteinen sie aufgebaut sind, unterscheidet man zwischen Einfach-, Zweifach- und Vielfachzuckern.

Einfachzucker (Monosaccharide). Einfachzucker haben die Summenformel $C_6H_{12}O_6$. Die bekanntesten sind *Traubenzucker (Glucose)* und *Fruchtzucker (Fructose). Das Grundgerüst des Glucose-Moleküls ist ein Ring aus 6 Atomen, beim Fructose-Molekül sind es 5 Atome.*

Beide sind für den süßen Geschmack vieler Früchte verantwortlich. Sie werden sehr schnell vom Körper aufgenommen und vor allem für die Bereitstellung von Energie genutzt. Der Glucose-Gehalt im Blut wird vom Körper stets konstant gehalten, auf ungefähr 80–100 mg Glucose in 100 ml Blut. Ist die Regelung des Blutzuckergehaltes gestört, ist man „zuckerkrank".

Zweifachzucker (Disaccharide). Verbinden sich zwei Einfachzucker, so entsteht unter Wasserabspaltung ein Zweifachzucker. Der bekannteste Zweifachzucker ist der Haushaltszucker, der Rübenzucker *(Saccharose):*

Glucose + Fructose → Saccharose + Wasser

Vielfachzucker (Polysaccharide). Einfachzucker können sich auch zu langen Molekülketten verbinden. Die Vielfachzucker *Stärke* und *Cellulose* bestehen aus Tausenden von miteinander verbundenen Glucose-Molekülen.

Die beiden Stoffe sind zwar aus den gleichen Bausteinen aufgebaut, diese sind jedoch unterschiedlich miteinander verknüpft. Deshalb ergeben sich auch unterschiedliche Molekülketten. Stärke-Moleküle sind spiralförmig gebaut, Cellulose-Moleküle bestehen aus gestreckten Molekülketten.

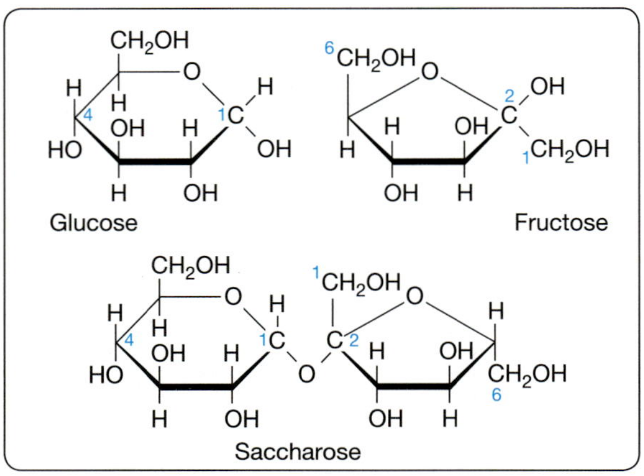

▲ 3. *Formeln der wichtigsten Zucker*

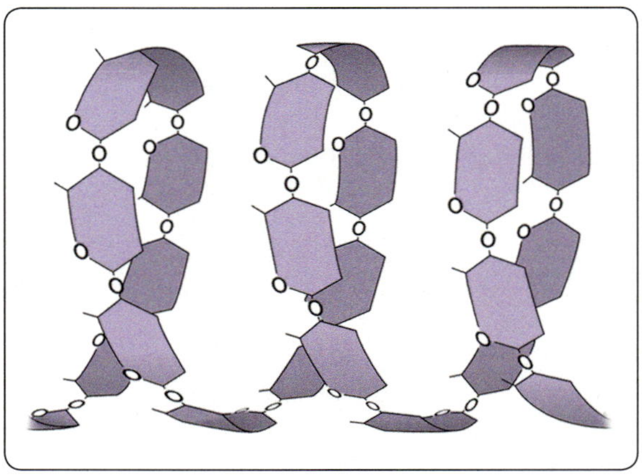

▲ 4. *Stärke-Moleküle sind spiralförmig gebaut*

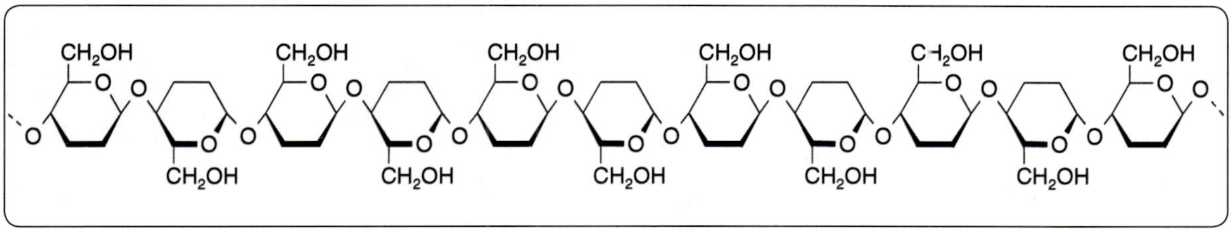

▲ 1. *Cellulose-Moleküle sind langgestreckt*

Eigenschaften der Kohlenhydrate. Der süße Geschmack der *Einfach- und Zweifachzucker* und ihre gute Wasserlöslichkeit sind auf die vielen OH-Gruppen in den Molekülen zurückzuführen. Zucker bindet große Mengen an Wasser. Deshalb wird Zucker zur Konservierung von Lebensmitteln verwendet, etwa für Marmelade, denn Mikroorganismen benötigen zur Vermehrung ungebundenes Wasser.

Stärke ist aufgrund der Molekülgröße kaum wasserlöslich. Erst beim Erhitzen nimmt sie Wasser auf. Wir besitzen Enzyme, die Stärke spalten können.

Cellulose dagegen ist für den Menschen unverdaulich. Allerdings hat sie als Ballaststoff dennoch eine wichtige Funktion für die Ernährung. Viele Mikroorganismen sind aber in der Lage, die Cellulose zu spalten und als Nahrung zu nutzen. Manche Pflanzenfresser wie Rinder und Pferde besitzen in ihrem Darm Bakterien, mit deren Hilfe sie die Cellulose verdauen können. Cellulose ist das Baumaterial aller Pflanzen und damit der mengenmäßig häufigste Stoff auf der Erde.

Holz. Holz ist einerseits biegsam, andererseits aber auch hart und fest. Diese Eigenschaften kommen aus der Kombination der biegsamen Cellulosefasern mit dem sogenannten Holzstoff, dem *Lignin.* Er bildet eine Art feste Grundmasse, in die die Cellulosefasern eingelagert sind.

Verwendung von Cellulose und Holz. Aus Holz gewinnt man Cellulosefasern. Man setzt sie vor allem in der Papierherstellung ein. Aus chemisch veränderter Cellulose lassen sich Textilfasern herstellen (Viskose). Im Baustoffbereich wird Cellulose als Material zur Wärmedämmung eingesetzt.

Holz wird vielfältig als Konstruktions- und Baumaterial verwendet. Als erneuerbarer Energieträger wird es wieder stärker zum Heizen genutzt. Holzpellets werden aus Holzspänen oder Sägemehl gepresst. Sie lassen sich gut maschinell transportieren, sodass man den Brenner automatisch betreiben kann.

Kohlenhydrate kommen in verschiedenen Formen vor. Zucker und Stärke nutzen wir als Energielieferanten für unseren Körper. Cellulose ist das Baumaterial aller Pflanzen.

1 Fragen zum Text

a) In welchen Nahrungsmitteln findest du Kohlenhydrate?

b) Worin liegt der Unterschied zwischen Stärke und Cellulose?

c) Weshalb enthält Marmelade so viel Zucker?

d) Weshalb ist Holz ein wertvoller Rohstoff?

▲ 2. *Holzpellets werden aus zerkleinertem Holz gepresst*

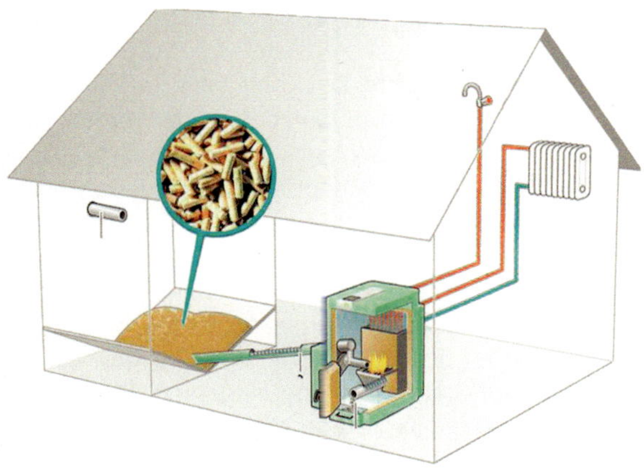

▲ 3. *Heizungsanlage für Holzpellets*

Kohle – immer noch unentbehrlich

1. Jeder braucht Energie

Jeder möchte günstig Energie beziehen, doch keiner ein Kraftwerk vor seiner Tür haben. Diskutiert diesen Sachverhalt in eurer Klasse.

2. Saubere Kohle – ist so etwas möglich?

Die Abgase aus Kohlekraftwerken werden schon seit vielen Jahren weitgehend von Staub, Schwefeldioxid und Stickstoffoxiden gereinigt. Welches Problem bleibt weiterhin bestehen? Betrachte dazu Abbildung 3.

3. Besucherbergwerke

Plane einen Besuch mit deiner Klasse oder Familie in einem ehemaligen Kohlebergwerk. Informationen dazu kannst du im Internet finden.

Bedeutung der Kohle. Die Kohle kann als Wegbereiter der industriellen Revolution betrachtet werden. Eine ganze Region in Deutschland, das Ruhrgebiet, wurde durch die Kohleindustrie geprägt. Für den Braunkohletagebau wurden und werden zum Teil auch heute noch ganze Dörfer umgesiedelt. Im 20. Jahrhundert kam das billigere und leichter zu transportierende Erdöl auf und verdrängte die Kohle zunehmend.
Kohle wird seit über 150 Jahren in Form von Koks im Hochofen zur Stahlherstellung eingesetzt. Der größte Teil der Kohle wird in Kraftwerken verbrannt und so zur Erzeugung von Strom genutzt. Auch heute kann man auf Kohle daher (noch) nicht verzichten.

▲ 2. Kohlekraftwerk – noch notwendig, aber unbeliebt

Die Steinkohle in Deutschland wird in sehr großen Tiefen abgebaut. Daher ist ihre Gewinnung teuer. Außerdem sieht man auch die Gefahren deutlicher, die vom Bergbau ausgehen. Sehr drastisch deutlich wurde dies durch Erdbeben im Saarland im Februar 2008, die wahrscheinlich durch den Bergbau ausgelöst worden sind. Inzwischen sind die meisten Kohlebergwerke in Deutschland geschlossen.

Kohle – chemisch betrachtet. Kohle besteht aus Verbindungen, die vor allem Kohlenstoff und Wasserstoff, aber auch Stickstoff, Sauerstoff und Schwefel enthalten. Bei ihrer Verbrennung entstehen daher neben Wärme große Mengen an Wasserdampf, Kohlenstoffdioxid, Schwefeldioxid und Stickstoffoxiden. In Kraftwerken in Deutschland werden die Rauchgase aus Kraftwerken aufwändig gereinigt und ein großer Teil der Schadstoffe daraus entfernt. Dennoch tragen die Kohlekraftwerke wesentlich zur Kohlenstoffdioxidbelastung der Atmosphäre bei.

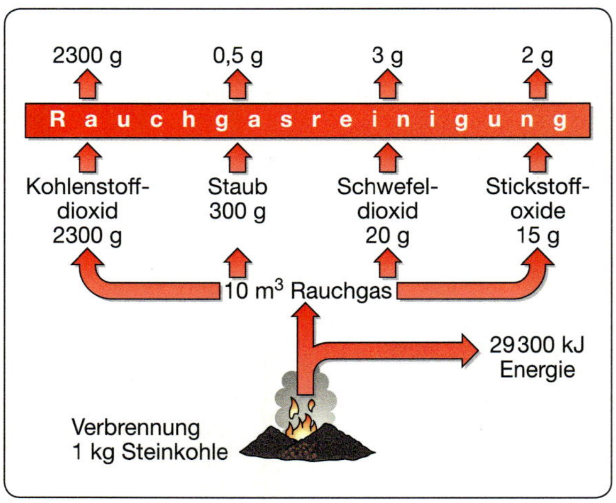

▲ 3. Daten zur Rauchgasreinigung

- Wenn der Verbrauch so hoch bleibt wie 2004, reichen die Vorräte noch etwa 200 Jahre
- Von 1980 bis 2008 stieg der weltweite Verbrauch von Kohle um über 68 % an
- Im Jahr 2008 wurden jede Woche zwei Kohlekraftwerke in China in Betrieb genommen.
- 80 % des Stroms in China kommt aus einem Kohlekraftwerk
- Vom Jahr 2000 bis 2010 ist der Preis für Kohle um etwa 80 % angestiegen

▲ *1. Fakten zur Kohle*

Die Kohle ist nach wie vor ein sehr wichtiger Energieträger. Sie wird vor allem in Kraftwerken und bei der Eisenverhüttung verwendet.

1. Fragen zum Text

a) Welche chemischen Elemente sind in Kohle vor allem enthalten?
b) Für welche Zwecke wird Kohle benötigt?
c) Was tut man gegen die Abgasbelastung bei Kohlekraftwerken?
d) Wie wird Braunkohle abgebaut? Wie ist es bei Steinkohle?
e) Welche Unterschiede gibt es zwischen Braunkohle und Steinkohle?

2. Kokskohle zur Stahlgewinnung

Zur Stahlgewinnung in Hochöfen nimmt man nicht normale Kohle, sondern Koks. Finde heraus, was bei der Verkokung, also der Herstellung von Koks, geschieht.

Exkurs

Entstehung von Kohle

Vor über 300 Millionen Jahren bedeckten tropische Sumpfwälder große Teile unserer Erde. Es herrschte ein sehr warmes und feuchtes Klima mit einem starken Pflanzenwachstum. Als die Pflanzen abstarben versanken sie im Sumpf. Unter Luftabschluss wurde daraus Torf. Erdbewegungen verlagerten diese Schichten in die Tiefe. Unter dem höheren Druck und der gestiegenen Temperatur begann der Prozess der Inkohlung. Stoffe wandelten sich um, flüchtige Stoffe entwichen. Der Kohlenstoffgehalt nahm zu. In Jahrmillionen entstand aus Torf die Braunkohle. Durch die Ablagerung weiterer Schichten erhöhte sich der Druck, aus Braunkohle wurde Steinkohle. Je tiefer die Kohle unter der Erde liegt und je älter sie ist, desto höher ist der Kohlenstoffgehalt und damit der Energiegehalt.

Steinkohle ist in Deutschland vor etwa 300 Millionen Jahre entstanden; Braunkohle ist mit etwa 65 Millionen Jahren wesentlich jünger. Sie kann meist im Tagebau gefördert werden, während die Steinkohle in Deutschland in bis zu 1800 m Tiefe abgebaut werden muss.

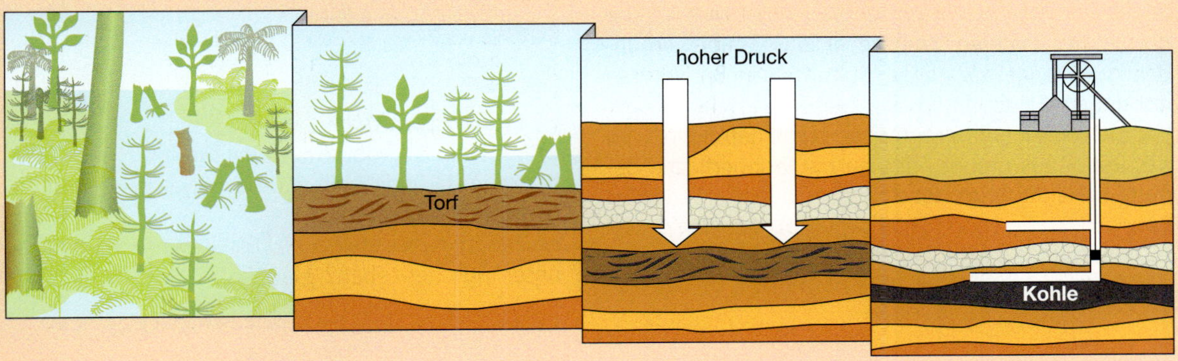

Erdöl bewegt die Welt

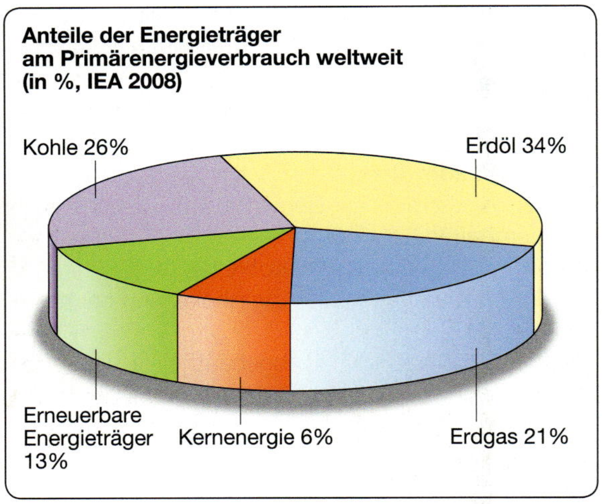

1. Erdöl als Energieträger

Erläutere die Grafik oben. Welche Bedeutung hat der Energieträger Erdöl heute?

Erdöl ist der wichtigste Energieträger für den Verkehr, private Heizungen und ein wertvoller Rohstoff für die chemische Industrie. So werden aus Erdöl werden unter anderem Kunststoffe, Medikamente, Farben, Waschmittel und viele andere Stoffe hergestellt.

Suche nach neuen Erdölquellen. Die Suche nach Erdöl ist technisch sehr aufwändig und kostspielig. Heute stützt man sich bei der Suche nach Erdöl auf modernste Satellitentechnik und Bodenuntersuchungsmethoden. Allerdings werden inzwischen nicht mehr viele neue Lagerstätten gefunden. So trifft man nur bei jeder fünften Bohrung überhaupt auf Öl. Nur eine von vierzig Bohrungen ist wirtschaftlich lohnend.

Förderung. Die Arbeit an Bohrstellen ist sehr hart. Meist arbeiten die Menschen dort in 12-Stunden-Schichten bei jedem Wetter. Da die Bohrstellen häufig an den entlegensten Orten der Welt sind, ist die Anreise dorthin mit weiteren Strapazen und Gefahren verbunden. So gelangt man zu den Bohrinseln in der Nordsee nur mit dem Hubschrauber.
Hat man eine lohnenswerte Lagerstätte gefunden, wird das Rohöl aus großer Tiefe an die Erdoberfläche gepumpt. Häufig wird dabei Wasser durch ein zweites Bohrloch in die Lagerstätte gepumpt, um den Druck zu erhöhen.

Steigende Ölpreise führen dazu, dass inzwischen auch Lagerstätten interessant werden, deren Erschließung vor ein paar Jahren noch unwirtschaftlich war. So werden in Kanada bereits Ölsande verarbeitet und in der Tiefsee nach Erdöl gebohrt.

Erdöl – ein fossiler Energieträger. Erdöl und Erdgas sind im Laufe von Millionen Jahren aus abgestorbenen Meeresorganismen entstanden. Man bezeichnet sie daher wie Kohle als **fossilen Energieträger.**
Da die Erdölvorräte begrenzt sind und Deutschland fast das gesamte Erdöl aus dem Ausland bezieht, sollte man sparsam damit umgehen und Alternativen entwickeln.

▲ *2. Die immer wieder auftretenden Ölkatastrophen zeigen die Risiken der Erdölsuche*

Umwelt. Öl aus leck geschlagenen Öltankern oder die Katastrophe im Golf von Mexiko 2010 zeigen die Gefahren der Erdölnutzung. Die Umweltbelastung wird noch steigen, wenn das Öl unter immer schwierigeren Bedingungen gefördert werden muss; das leicht gewinnbare, billige Öl ist bereits weitgehend verbraucht.

Erdöl ist der wichtigste Energieträger. Es ist außerdem ein wertvoller Rohstoff für die chemische Industrie. Man sollte sparsamer mit ihm umgehen, da die Vorräte zu Ende gehen.

2. Fragen zum Text

a) Weshalb ist Erdöl so wertvoll für uns?
b) Nenne Gründe, warum der Erdölverbrauch weltweit gedrosselt werden sollte.
c) Warum haben steigende Ölpreise Auswirkungen auf unser tägliches Leben?

► Öl aus Sand belastet die Umwelt

Es wird immer schwieriger, Ölvorkommen auszubeuten. Die Zeiten, als das Öl von selbst aus dem Bohrloch gesprudelt ist, sind vorbei. Nun beutet man Öl aus, das ziemlich fest im Sandboden Kanadas lagert. Auf einer Fläche doppelt so groß wie Bayern liegen 335 Milliarden Barrel Öl in etwa 30 m Tiefe unter dem Wald im Sandboden. Doch um daraus das Öl zu gewinnen, müssen riesige Wälder gerodet werden. Es entstehen große Seen voll giftiger Abwässer, Flüsse werden stark verschmutzt. Die Vorkommen sind seit vielen Jahren bekannt. Aber erst als der Rohölpreis explodierte, begann das große Geschäft mit dem Ölsand.

▲ *1. Ölsandabbau in Kanada*

▲ *2. Ölsand*

Nachdem Bäume gefällt und mehrere Kubikmeter Erde abgebaut worden sind, erhält man aus 2 Tonnen Ölsand 1 Barrel Rohöl (159 l). Dafür werden 40 000 l Erdgas und fast 1000 l sauberes Trinkwasser eingesetzt. Außerdem werden 110 kg Kohlenstoffdioxid und 320 l stark belastetes Abwasser in die Umwelt abgegeben.

1. Welche Haltung haben die Anwohner in Kanada zum Ölsandabbau? Informiert euch dazu im Internet.

▲ *3. Der Wald wird gerodet, der Oberboden abgetragen. Mit riesigen Baggern wird der Ölsand abgebaut und zerkleinert.*

▲ *4. Der Ölsand wird mit heißem Wasser und ätzendem Natriumhydroxid behandelt, bis sich eine ölige Masse absetzt.*

▲ *5. In einer Zentrifuge wird mithilfe von Rohbenzin der ölige Bestandteil aus dem Gemisch herausgelöst. Die wässrigen Abfallstoffe werden in riesigen offenen Becken gelagert.*

▲ *6. Das ölige Bitumen wird auf 500 °C erhitzt und mit Wasserstoff versetzt. So erhält man ein dünnflüssigeres Rohöl, das in Raffinerien weiter verarbeitet werden kann.*

Kohlenstoff – weltweit immer im Kreislauf

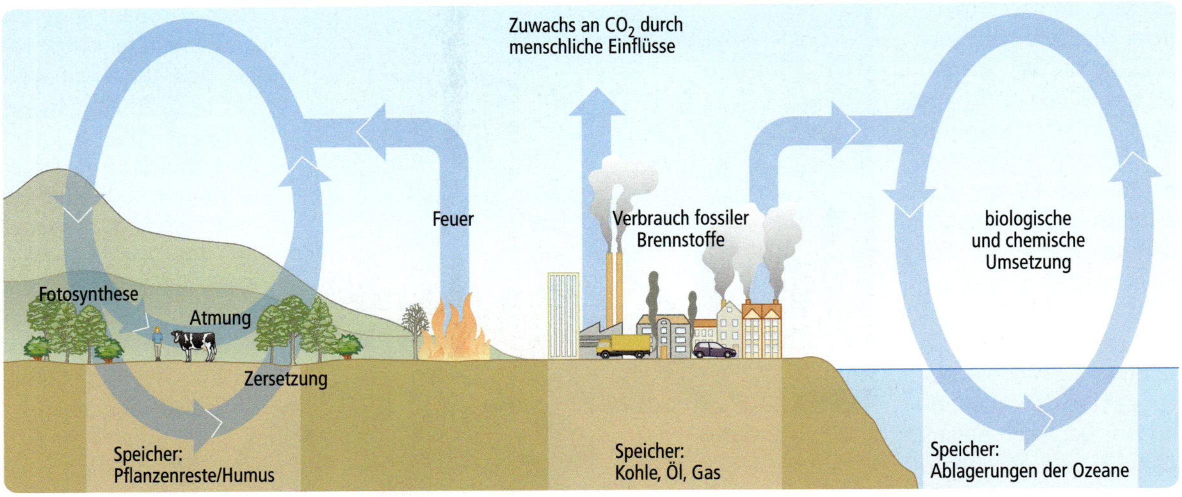

▲ *1. Die wichtigsten Vorgänge beim Kreislauf des Elements Kohlenstoff*

1. Kohlenstoff

a) Erläutere deinem Sitznachbarn mithilfe der Abbildung, wo überall Kohlenstoffdioxid freigesetzt wird.
b) Prüft anschließend mit dem Text nach, ob es weitere Gesichtspunkte gibt.

Kohlenstoff spielt eine zentrale Rolle auf der Erde, denn das gesamte Leben beruht auf Kohlenstoff-Verbindungen. Als Reaktionspartner in der Fotosynthese ist **Kohlenstoffdioxid** der wichtigste Stoff im weltweiten **Kohlenstoff-Kreislauf.**

Industrie, Verkehr und Heizung. Immer, wenn kohlenstoffhaltige Stoffe wie Kohle, Erdöl oder Erdgas verbrennen, entsteht Kohlenstoffdioxid, CO_2. Seit der Industrialisierung sind in kurzer Zeit große Mengen CO_2 in die Luft gelangt. Dies hat sehr wahrscheinlich schon zu Veränderungen des Klimas geführt: Kohlenstoffdioxid ist einer der Hauptverursacher des **Treibhauseffektes.**

Atmung und Zersetzung. Auch Pflanzen, Tiere und Menschen geben Kohlenstoffdioxid ab. Er wird bei der Oxidation der Nährstoffe frei. Man nennt diesen Vorgang Zellatmung. Durch diese langsame Verbrennung kann die Energie, die in den Nährstoffen gespeichert ist, genutzt werden.
CO_2 wird außerdem frei, wenn Mikroorganismen abgestorbene Lebewesen zersetzen.

CO_2 in Luft und Wasser. An jedem Ort der Welt kann man CO_2 finden, wenn auch nur in geringer Menge: Es ist bekanntlich mit rund 0,04 % in der Luft enthalten. Weil sich Kohlenstoffdioxid in Wasser löst, sind in den Meeren, Seen und Flüssen unvorstellbar große Mengen enthalten. Ein Großteil ist nur physikalisch als Gas gelöst, der Rest liegt in Form von Kohlensäure vor.

Kohlenstoff in Lebewesen. Pflanzen an Land und im Wasser nehmen CO_2 auf, betreiben damit **Fotosynthese,** wachsen und vermehren sich. Somit wird der Kohlenstoff in Biomasse umgewandelt.
Manche Meerestiere benötigen CO_2, um damit ihre **Kalkschalen** aufzubauen. Abgestorbene Meeresorganismen sinken auf den Grund der Meere und bilden dort Ablagerungen.

Kohlenstoff in fossilen Brennstoffen. Aus abgestorbenen Pflanzen und Tieren sind im Laufe von Millionen Jahren die großen Lagerstätten mit Kohle, Erdgas und Erdöl entstanden. Sie enthalten größere Mengen an gebundenem Kohlenstoff.

Kohlenstoff in Gesteinen. Die allergrößte Menge des Kohlenstoffs, nämlich rund 99 %, liegt gebunden als Gestein vor, vor allem in Kalkgestein ($CaCO_3$) . Hier ist der Kohlenstoff allerdings relativ stark festgelegt. Er nimmt kaum am Kreislauf teil.

Kohlenstoffdioxid ist wichtigster Bestandteil des weltweiten Kohlenstoff-Kreislaufs. Es wird von Pflanzen zum Wachstum benötigt.

2. Fragen zum Text

a) Nenne drei Vorgänge, bei denen CO_2 frei wird.
b) Wann wird CO_2 aus Luft oder Wasser entnommen?
c) Nenne zwei große „Kohlenstoffspeicher".

Die Zukunft der Energieversorgung

▲ *1. Erneuerbare Energieträger: Sonne, Wind und Wasser*

1. Recherche: Wie lange reicht das Öl?

a) Informiert euch über Schätzungen, wie lange das Erdöl wohl noch reichen wird. Warum findet man dabei so verschiedene Angaben – und welche ist die richtige?
b) Überlegt, was sich in unserem Alltag alles ändern würde, wenn in 20 Jahren das Öl zehnmal so teuer ist wie heute...
c) Wie kann man auf das Schwinden der Ölvorräte reagieren?
d) Weshalb ist es zum Schutz des Klimas sinnvoll, weniger fossile Energieträger zu nutzen?

2. Erneuerbare Energieträger, Vor- und Nachteile

a) Welche Vor- und Nachteile ergeben sich, wenn man Energie aus Wasser, Wind und Sonne nutzt? Erstellt die Antwort in Form einer Tabelle.
b) Die Wasserkraft in Deutschland lässt sich kaum noch stärker ausbauen. Welche Gründe könnte es dafür geben?
c) Welche Probleme ergeben sich, wenn man Windkraftanlagen im Meer nutzen will?

3. Erkundung einer Solaranlage

Sucht euch in eurer Umgebung ein Haus mit einer Solaranlage. Führt ein Interview mit dem Besitzer
– über die Erstellungskosten und laufenden Kosten
– Kollektorfläche, Himmelsrichtung
– Zweck der Anlage (Wärme oder Strom)
– Einsparungen im Jahr
– Förderung durch staatliche Programme...usw.
Erstellt ein Protokoll von den Antworten.

4. Berufe erkunden

a) Erstellt eine Übersicht über Berufe aus den Bereichen der Heizungs- und Klimatechnik sowie Berufe, die sich mit erneuerbaren Energieträgern beschäftigen.
b) Welche schulischen Anforderungen sind nötig?
c) Wie sehen typische Tätigkeiten aus?

5. Projektarbeit

Teilt eure Klassen in verschiedene Gruppen auf. Wählt Projektthemen aus und informiert euch ausführlich dazu. Präsentiert am Ende eure Ergebnisse in der Klasse.
a) Peak Oil-Theorie – Wie lange reicht das Öl?
b) Fossile Energieträger, Vor- und Nachteile
c) Erneuerbare Energieträger, Vor- und Nachteile
d) Energie in der Region: Woher kommt unser Strom, unser Gas oder Öl?
e) Wie kann man Energie speichern?
f) Berufe rund um das Thema Energie
g) Bau eines Funktionsmodells für einen Sonnenkollektor zur Warmwassergewinnung

Die Weltbevölkerung **nimmt weiter zu,** ebenso die **Nachfrage nach Energie.** Vor allem China, Indien und andere aufstrebende Nationen haben einen stark steigenden Energiebedarf. Doch die fossilen Energieträger Kohle, Gas und Öl sind nur begrenzt vorhanden und belasten außerdem die Umwelt. Die Fördermenge für Erdöl könnte schon in wenigen Jahren abnehmen.

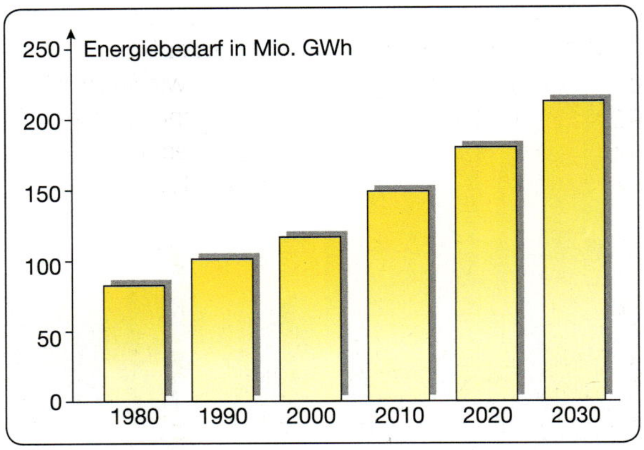

▲ *1. Weltenergieverbrauch (ab 2020: geschätzt)*

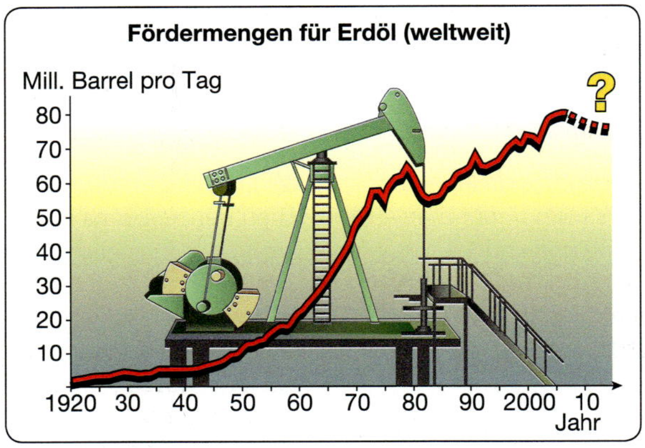

▲ *2. Fördermengen für Erdöl*

Bedeutung von Erdöl. Erdöl ist immer noch der wichtigste Energieträger. Das ist vor allem für das Verkehrswesen kritisch, denn der Großteil des Verkehrs ist vom Energieträger Öl abhängig. Größere Mengen werden auch für Heizungen genutzt. Für die Stromerzeugung bei uns spielt es dagegen nur eine kleine Rolle. Sehr wichtig ist es auch als Rohstoff für die chemische Industrie.

Wann geht uns das Erdöl aus? Wie lange das Öl reichen wird, darüber gehen die Meinungen auseinander. Das Bundesamt für Geowissenschaften und Rohstoffe schätzt, dass der Höhepunkt der Ölförderung, der sogenannte „peak-oil", in den Jahren 2015–2020 erreicht sein wird. Andere sagen, der Höhepunkt sei schon im Jahr 2006 erreicht worden.
Anschließend wird das Öl nicht schlagartig verbraucht sein; doch die Förderquote wird schrittweise sinken und der Preis daher (stark) ansteigen, wenn die Nachfrage weiter hoch bleibt. Was soll man da tun?

Die Zukunft: Sonnenenergie. Langfristig ist die Alternative zu den fossilen Energieträgern ganz klar die **Sonne.** Sie schickt an jedem Tag mehr Energie zur Erde, als die Menschheit momentan im Jahr benötigt. Doch zur Nutzung dieser kostenlosen Energie müssen auch Anlagen gebaut werden, die es in der benötigten Zahl noch gar nicht gibt. Außerdem sind für die umfangreiche Nutzung der Sonnenenergie noch mehrere Probleme zu lösen.

Probleme bei der Sonnenenergie:
– Die Sonne scheint nur am Tag, doch Energie wird auch abends und nachts benötigt. Wie lassen sich große Energiemengen also speichern?
– Gerade dort, wo viel Energie benötigt wird, scheint die Sonne nicht besonders intensiv. In Deutschland bräuchte man riesige Flächen, um ausreichend Strom in Solarzellen zu erzeugen.
– Wie lässt sich aufgefangene Sonnenenergie transportieren? In Deutschland, Europa und weltweit sind die Leitungsnetze nicht darauf ausgelegt, große Mengen elektrischer Energie verlustarm über weite Strecken zu transportieren.

Lösung: der Energiemix. Der Umstieg auf Sonnenenergie muss beschleunigt werden; das wird aber nicht so rasch gehen, wie es eigentlich nötig wäre. In der Übergangszeit müssen möglichst viele Energieträger genutzt und intelligent miteinander verknüpft werden:

– Damit das Öl möglichst lange reicht, sollte so viel wie möglich davon eingespart werden
– Schwerer erreichbare Ölvorkommen könnten in der Zukunft doch noch nutzbar sein; allerdings darf die Umwelt dafür nicht übermäßig belastet werden
– Die Erdgasvorräte können einige Zeit einen Teil der fehlenden Ölmengen ausgleichen
– Alle erneuerbaren Energieträger (Sonne, Windkraft, Biogas aus Abfällen, Wasserkraft...) müssen erheblich stärker genutzt werden als bisher
– Die Stromleitungsnetze in Europa müssen baldmöglichst ausgebaut werden
– Der Energiebedarf in der Industrie und im Alltag sollte durch technische Weiterentwicklungen gesenkt werden (Energieeffizienz steigern)
– Das Projekt, Sonnenenergie in heißen Regionen wie Afrika aufzufangen und daraus erzeugten Strom nach Europa zu leiten, sollte intensiv verfolgt werden.

Sonnenenergie. Solarkollektoren liefern warmes Wasser, Photovoltaik-Anlagen erzeugen elektrische Energie – und dies ohne Abgase zu produzieren, allerdings nur tagsüber. Photovoltaik-Anlagen sind in der Anschaffung aber noch teuer.

Biomasse. Hier nutzt man Holz, aber auch Abfallprodukte wie Stroh, Müll, Pflanzenöl, Deponiegas sowie tierische Abfallprodukte. Biomasse erneuert sich immer wieder im Naturkreislauf. Allerdings kann die massive Nutzung die Umwelt schädigen.

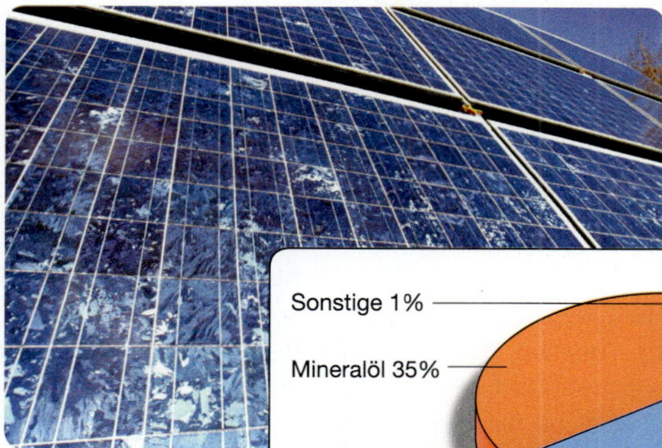

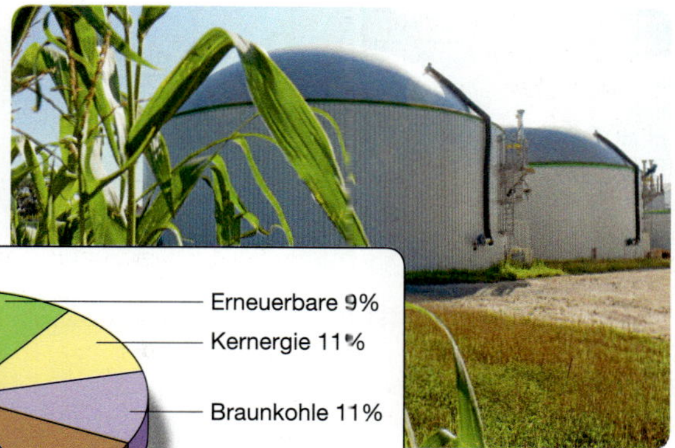

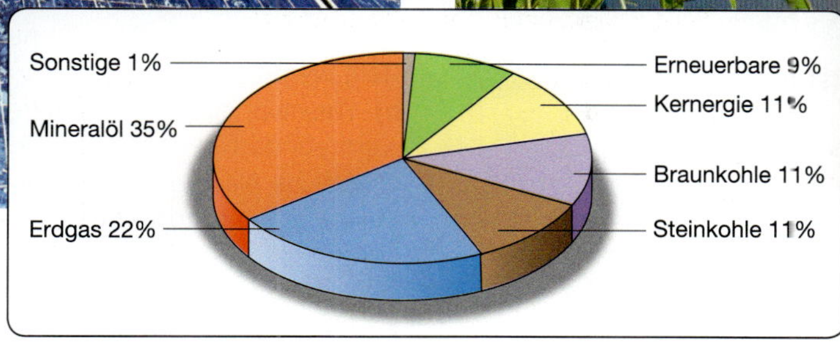

Wasserkraft. Weltweit liefert die Wasserkraft den größten Anteil bei den erneuerbaren Energieträgern. Allerdings gibt es in Deutschland kaum noch Erweiterungsmöglichkeiten.

Windkraft. Der Anteil der Windenergie ist in den letzten 20 Jahren deutlich gestiegen. Ein großer Nachteil ist, dass der Wind ungleichmäßig weht und dass das Leitungsnetz regional nicht mehr ausreicht, um den produzierten Strom weiterzuleiten.

▲ *1. Die wichtigsten erneuerbaren Energieträger; Mitte: Energiehaushalt Deutschland (Stand: 2009)*

Erdöl und die anderen fossilen Energieträger sind begrenzt und belasten die Umwelt. Die Zukunft liegt in den erneuerbaren Energien, vor allem bei der Sonnen- und Windenergie. Sie stehen uns im Prinzip unbegrenzt zur Verfügung.

1. Fragen zum Text

a) Weshalb steigt der Energiebedarf weltweit an?
b) Welche Bedeutung hat Erdöl für unsere Welt?
c) Was versteht man unter dem „peak-oil"?
d) Welche Probleme gibt es momentan noch bei der Nutzung der Sonnenenergie?
e) Weshalb kann man nicht heute schon komplett auf Wind-, Wasser- und Sonnenenergie umsteigen?
f) Wie kann man den Rückgang der Erdölförderung in den nächsten Jahren ausgleichen?

2. Energie sparsam nutzen

Mit Energie sparsam umzugehen, ist sehr sinnvoll. Suche für diese Aussage mindestens drei Begründungen.

Kraftstoffe aus Nahrungsmitteln?

1. Die Menschheit wächst und wächst ...

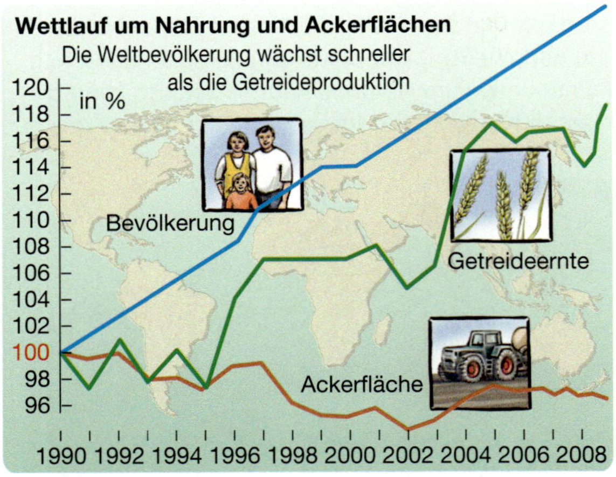

Betrachte die Grafik oben. Welche Aussagen kann man ihr entnehmen?

Biokraftstoffe – umweltfreundlich oder nicht? Biodiesel kann aus Pflanzenölen von Raps, Soja und Ölpalmen hergestellt werden. Bioethanol wird mithilfe von Mikroorganismen aus Getreide und Zucker hergestellt. Diese Biokraftstoffe scheinen besonders umweltfreundlich zu sein, denn die Nutzung ist **CO_2-neutral:** Bei der Verbrennung der Biokraftstoffe wird nur so viel Kohlenstoffdioxid frei, wie die Pflanzen während ihres Wachstums aufgenommen haben.

Allerdings wird bei dieser Darstellung vergessen, dass für den Anbau der Pflanzen große Mengen an Dünger und Pflanzenschutzmitteln benötigt werden. Weiterhin müssen beim Anbau und Transport Traktoren und Lastkraftwagen eingesetzt werden. Diese Tatsachen verschlechtern die Umweltbilanz der „sauberen Kraftstoffe".

Um im großen Maßstab Biokraftstoffe herstellen zu können, werden tropische Regenwälder durch Brandrodung zerstört. An ihrer Stelle werden große Plantagen mit Ölpalmen angebaut.

Gefährden Biokraftstoffe die Ernährung der Menschen? Wenn verstärkt Raps, Getreide oder Mais zur Herstellung von Treibstoffen oder zu Heizzwecken verwendet werden, schont man zwar den Rohstoff Erdöl; allerdings geht dies zu Lasten der Nahrungsmittelproduktion. Da die Weltbevölkerung weiter zunimmt, die nutzbare Ackerfläche aber sogar abgenommen hat, sollte man diesen Weg nicht weiter verfolgen. In ärmeren Ländern könnte sonst die Versorgung der Bevölkerung gefährdet werden.

Energie aus Abfällen. Zurzeit werden Verfahren erprobt, die aus Pflanzenabfällen Energie gewinnen sollen. Eine Möglichkeit ist die Herstellung eines flüssigen Treibstoffes (BtL-Verfahren, „Biomass to liquid") aus allen Pflanzenteilen. Bei einem anderen Verfahren vergären Abfälle aus der Landwirtschaft und Nahrungsreste zu Methan. Es kann wie Erdgas verwendet werden.

Aus Pflanzen kann Biokraftstoff hergestellt werden. Man sollte dafür aber nur Abfälle verwenden, weil sonst die Ernährung in armen Ländern gefährdet werden könnte.

2. Fragen zum Text

a) Aus welchen Stoffen können Biokraftstoffe hergestellt werden?

b) Weshalb erscheinen Biokraftstoffe zunächst umweltfreundlich?

c) Welche Nachteile bringt es, wenn man in großen Mengen Nahrungsmittelpflanzen zur Energiegewinnung nutzt?

3. Teurer Mais in Mexiko: Tortilla-Krise

In Mexiko kam es 2007 zu großen Demonstrationen, weil der Preis für Tortillas sich verdoppelt hatte. Die arme Bevölkerung konnte sich das Grundnahrungsmittel, das aus Maismehl hergestellt wird, kaum noch leisten. Ursache war vor allem der starke Anstieg des Maispreises auf dem Weltmarkt, hervorgerufen durch die starke Nachfrage aus den USA. Dort wird immer mehr Mais zu Bioethanol verarbeitet, um unabhängiger vom Öl zu werden...

Finde für die Karikatur einen passenden Titel oder eine Bildunterschrift.

Pro-und-Contra-Diskussion

Die **Pro- und Contra-Diskussion** ist eine Methode, die sehr effektiv zwei Seiten einer Problematik im Klassenzimmer darstellen kann.

- Dazu werden in einer Klasse zwei Gruppen mit je 4 bis 5 Schülern eingeteilt. Es geht um Biokraftstoffe. Beide Gruppen erhalten Informationsmaterial zu ihrem Standpunkt. Sie können aber auch eigene Argumente zum Thema suchen. Gemeinsam bereiten die Gruppen die Diskussion vor.
- Der Rest bildet die Beobachtergruppe. Sie hat die Aufgabe, später beide Gruppen in der Diskussion zu beobachten und ihnen im Anschluss ihre Beobachtungen mitzuteilen.
- Beide Gruppen setzen sich gegenüber. Ein Mitglied der Pro-Gruppe stellt seinen Standpunkt vor.
- Ein Mitglied der Contra-Gruppe gibt im Anschluss eine Rückmeldung zurück, wie es die Äußerungen verstanden hat. Danach stellt es seinen Standpunkt dar bzw. liefert Gegenargumente.
- Am Ende geben die Mitglieder der Beobachtergruppe ihre Beobachtungen wieder und geben eine Rückmeldung, welche Gruppe überzeugender aufgetreten ist. Welche Gruppe hat die Beobachter mehr überzeugt? Welcher Standpunkt war leichter zu vertreten und warum? Es kann auch eine Abstimmung durchgeführt werden, welcher Standpunkt mehr Anhänger gefunden hat.

1. Führt eine Pro-und-Contra-Diskussion zu einem Energie-Thema durch. Nutzt dabei auch die Informationen aus diesem Buch.

Pro

Biokraftstoffe sind umweltfreundlich. Es wird nur so viel CO_2 in die Atmosphäre abgegeben, wie die Pflanzen vorher aufgenommen haben.

Biokraftstoffe „Made in Germany" verringern die Abhängigkeit Deutschlands von den Rohölimporten.

Nicht der Anbau von Energiepflanzen hat die Preise für Lebensmittel steigen lassen, sondern die Tatsache, dass immer mehr Menschen Fleisch essen.

Die Preise für Lebensmittel steigen ohnehin, weil ...

Contra

Biokraftstoffe bzw. der Anbau von Energiepflanzen verdrängen den Anbau von Nahrungsmitteln.

Um die riesigen Plantagen mit Energiepflanzen anzulegen, werden die tropischen Regenwälder abgeholzt.

Nicht der Ausbau von Biokraftstoffen muss erhöht werden, sondern alternative Energiequellen für den Transport von morgen entwickelt werden.

Die Anbauflächen für Nahrungspflanzen sind in den letzten Jahren ...

Energie sparen

Jedes Jahr wird in Deutschland elektrische Energie im Wert von über vier Milliarden Euro durch **Leerlaufverluste** verschwendet („stand-by-Betrieb"). Dies entspricht ungefähr 4% des deutschen Stromverbrauchs.

Gerät	**A: Leistungsaufnahme im Leerlauf** (in Watt)	**B: Leerlaufzeit pro Tag** (in Stunden)	**C: Verbrauch pro Tag** (= Produkt aus A und B, in Wattstunden)	**D: Verbrauch pro Jahr** (C mal 365, in Wattstunden oder in Kilowattstunden)	**E: Kosten pro Jahr bei 0,25 €/kWh** (D in kWh mal 0,25, in Euro)

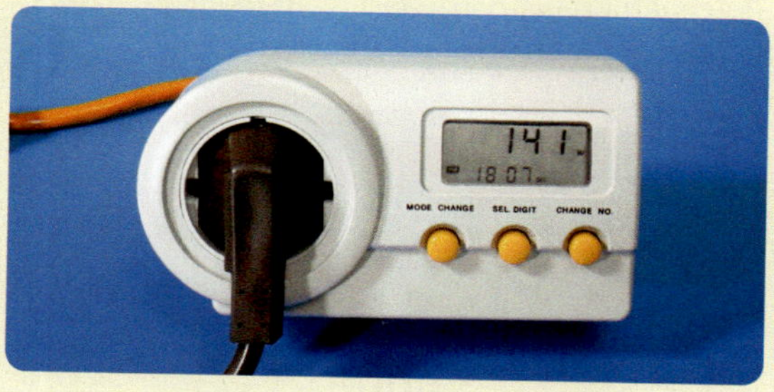

1. Besorgt euch ein Energiemessgerät und ermittelt die Summe an Leerlaufverlusten zu Hause oder in der Schule (Computer, Drucker, Fax ...). Erstellt dazu eine Tabelle ähnlich wie oben.

2. Was kann man gegen solche Leerlaufverluste unternehmen?

Wer Energie einspart, schont die Umwelt und spart dazu noch Geld und Rohstoffe.

3. Erläutere diese Aussage etwas näher.

4. Betrachte die Grafik. In welchen Bereichen hat man am ehesten Chancen, Energie einzusparen?

5. Viele moderne Elektrogeräte benötigen weniger Energie als die Geräte früher. Woran könnte es liegen, dass der häusliche Energieverbrauch dennoch nicht gesunken ist?

6. Stellt die besten Tipps zum Energiesparen auf Plakaten zusammen und stellt sie an der Schule aus.

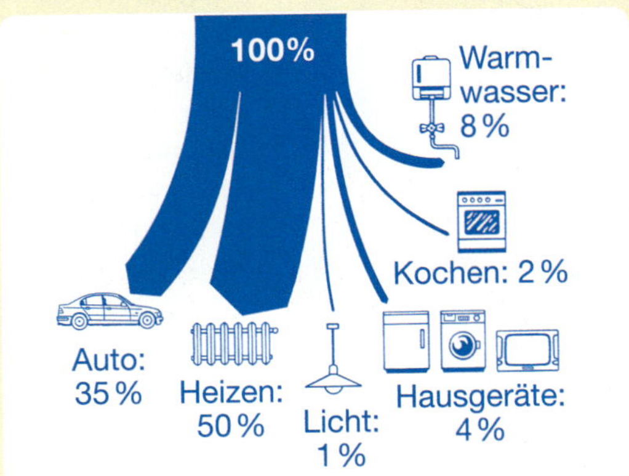

Der Nobelpreisträger Rajendra Pachauri rät, weniger Fleisch zu essen. Das sei die einfachste Art, Energie zu sparen. Denn für die Produktion von Fleisch wird 7-10-mal mehr Energie benötigt, als für die Produktion von Brot.

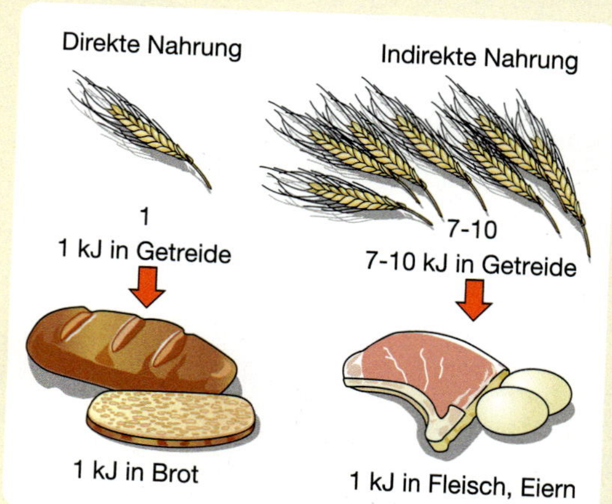

7. Schätze die Menge an Fleisch, die deine Familie durchschnittlich pro Woche verzehrt. Würde es dir leicht fallen, auf die Hälfte des Fleischs zu verzichten?

8. Schätze auch, wie viel Kilometer in eurer Familie pro Woche mit dem Auto gefahren wird. Wäre es leichter möglich, auf etwa die Hälfte der Fahrten zu verzichten?

Energie für heute und morgen

→ **Energie ist lebenswichtig:** Energie ist an allen Vorgängen in der Welt beteiligt. Ohne Energie können wir nicht leben.

→ **Energieerhaltung:** Energie entsteht nicht neu, sie kann auch nicht verbraucht werden. Sie kann nur übertragen und umgewandelt werden. Nicht weiter nutzbare Energie heißt entwertete Energie.

→ **Energie aus Nahrung:** Unser Körper erhält die notwendige Energie mit der aufgenommenen Nahrung durch Kohlenhydrate und Fette, weniger aus Eiweißstoffen.

→ **Kohlenhydrate – Energielieferanten des Menschen:** Kohlenhydrate sind die schnellen Energiespender für den Menschen. Zucker und Stärke können leicht vom Körper verwertet werden.

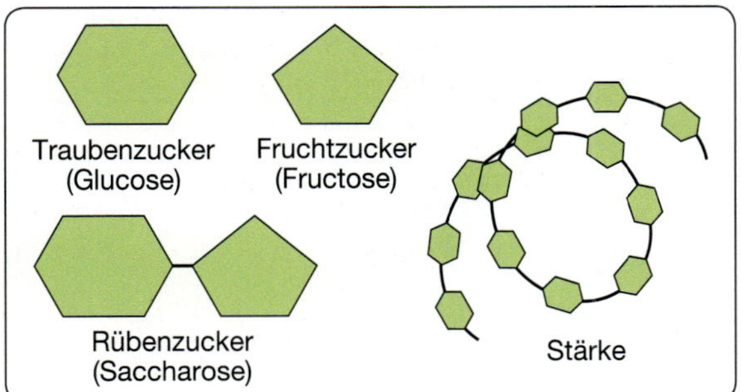

→ **Fossile Energieträger:** Kohle, Erdgas und Erdöl heißen fossile Energieträger, weil sie aus abgestorbenen Pflanzen (Kohle) bzw. Meeresorganismen entstanden sind. Bei ihrer Verbrennung entstehen neben Wärme große Mengen an Wasserdampf, Kohlenstoffdioxid, Schwefeldioxid und Stickstoffoxiden.

→ **Erdöl:** Die Vorräte des bisher wichtigsten Energieträgers drohen in den kommenden Jahrzehnten knapp zu werden. Deshalb müssen die Anlagen für erneuerbaren Energieträger zügig ausgebaut werden.

→ **Kohlenstoff-Kreislauf:** Die Kohlenstoff-Verbindungen auf der Erde stehen über einen weltweiten Kreislauf miteinander in Beziehung.

→ **Erneuerbare Energieträger:** Wind-, Wasser-, Sonnenenergie und Biomasse sind die wichtigsten Energieträger der Zukunft. Sie erneuern sich immer wieder, stehen aber nicht ständig zur Verfügung.

→ **Biokraftstoffe:** Sie sollten nicht aus Nahrungspflanzen hergestellt werden, damit es nicht zur Konkurrenz zur Lebensmittelversorgung kommt. Geeignet sind etwa Abfälle aus der Landwirtschaft.

→ **Energie sparen:** An vielen Stellen gibt es Möglichkeiten, Energie zu sparen oder die Energie mit modernen Geräten wirkungsvoller zu nutzen.

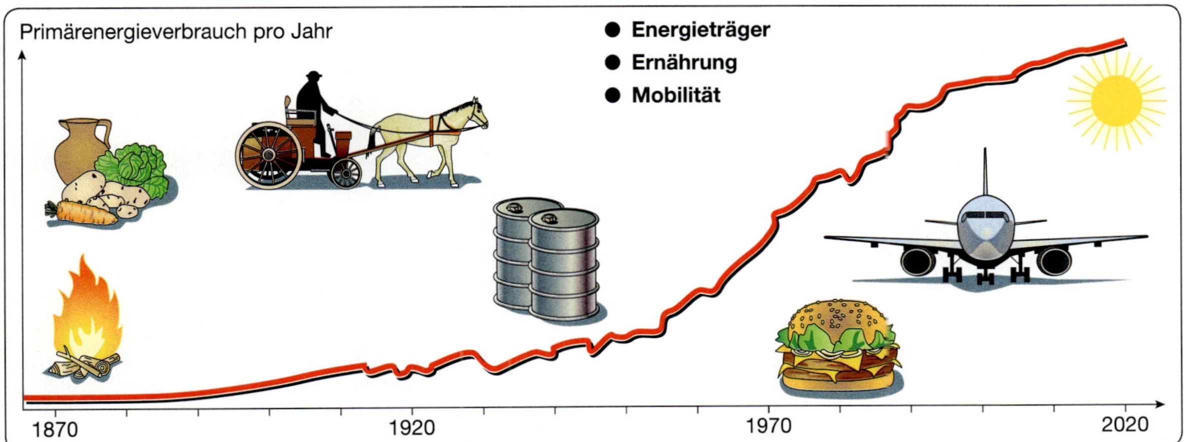

Energie für heute und morgen

1. Begriffe zur Energie

a) Wofür benötigen wir im Alltag Energie?
b) Wie heißen Stoffe, mit deren Hilfe man Energie gewinnen kann?
c) Nenne drei Formen von Energie.
d) Welche Energieumwandlung findet statt, wenn man ein Feuerzeug benutzt?

2. Energieverbrauch – gibt es das?

Im Alltag spricht man oft vom Energieverbrauch, etwa bei der Stromrechnung. Streng physikalisch ist das nicht richtig, denn Energie kann nicht verloren gehen oder im echten Sinne „verbraucht" werden. Sie kann nur von einer Energieform in andere Formen umgewandelt werden.
a) Wie heißt der korrekte Begriff für die Tatsache, dass man umgewandelte Energie (oft) nicht weiter nutzen kann?
b) Erläutere dazu ein Beispiel aus dem Alltag.

3. Energie für den Körper

a) Weshalb nehmen Leistungssportler viele Kohlenhydrate zu sich, bevor sie einen Wettkampf haben?
b) Eiweißstoffe werden vom Körper nur „im Notfall" als Energieträger eingesetzt. Warum ist das für den Körper sinnvoll?
c) Weshalb ist Cellulose als Energielieferant für den Menschen nicht geeignet?
d) Fette sind sehr energiereich. Weshalb sollte man dennoch nicht auf sie verzichten?

4. Zusammensetzung der Nahrungsmittel

a) Welche drei Nährstoffgruppen sind in unseren Lebensmitteln enthalten?
b) Gib jeweils zwei Beispiele für Lebensmittel, die diese Nährstoffe in nennenswerter Menge enthalten.
c) Wie kann man Traubenzucker, Eiweiß und Fett nachweisen?

5. Einfach, zweifach, vielfach...

a) Was haben die Stoffe Traubenzucker, Rübenzucker, Stärke und Cellulose gemeinsam?
b) Wo kommen diese Stoffe in der Natur vor?
c) Wie kann man Holz bzw. Cellulose nutzen?

6. Weltweiter CO_2-Ausstoß

Die Grafik unten zeigt den weltweiten CO_2-Ausstoß einiger Staaten für das Jahr 2007.
a) Suche nach Gründen weshalb es zwischen den Ländern so große Unterschiede gibt.
b) Schreibe die Staaten jetzt in der Reihenfolge ihres Pro-Kopf-Verbrauchs in dein Heft.
Weshalb ist dieser Wert ein besserer Vergleichswert, als der Ausstoß pro Land?

CO_2-Ausstoß weltweit
Energiebedingte Emissionen

Land	pro Land in Mio. t	pro Kopf in t
China	6028	4,6
USA	5769	19,1
Russland	1587	11,2
Indien	1324	1,2
Japan	1236	9,7
Deutschland	798	9,7
Kanada	573	17,4
Großbritanien	523	8,6
Südkorea	489	10,1
Iran	466	6,6
Mexiko	438	4,1
Italien	438	7,4
Australien	396	18,8
Indonesien	377	1,7
Frankreich	369	5,8
Saudi-Arabien	358	14,8
Brasilien	347	1,8
Südafrika	346	7,3
Spanien	345	7,7
Ukraine	314	6,8
Kenia	8,5	0,3

7. Kohlekraftwerke

a) Welche Schadstoffe entstehen bei der Verbrennung von Kohle?
b) Vor und während der Olympiade 2008 in Peking wurden wochenlang viele Kohlekraftwerke abgeschaltet. Recherchiere die Gründe für diese Maßnahme der Regierung.
c) Von 1980 bis 2009 stieg der weltweite Verbrauch von Kohle um 70%, allein in China um 300%. Welche Gründe für den rasanten Anstieg des Kohleverbrauchs kannst du finden?

8. Öl aus Ölsand – Pro und Contra

Lies den Text Seite 325 zum Thema Ölsand.
a) Weshalb ist die Gewinnung von Erdöl aus Ölsanden umstritten?
b) Sammelt Argumente für und gegen den Abbau von Ölsanden. Nutzt dazu Zeitschriftenartikel und das Internet als Quellen. Bildet zwei Gruppen und führt eine Pro-und-Contra-Diskussion durch.

9. Erdöl

a) Betrachte die Abbildung unten. Stelle Vermutungen an, wovon die Schwankungen des Ölpreises abhängen könnten.
b) Weshalb wird in den nächsten Jahren die Gewinnung von Erdöl immer aufwändiger und damit auch teurer werden?

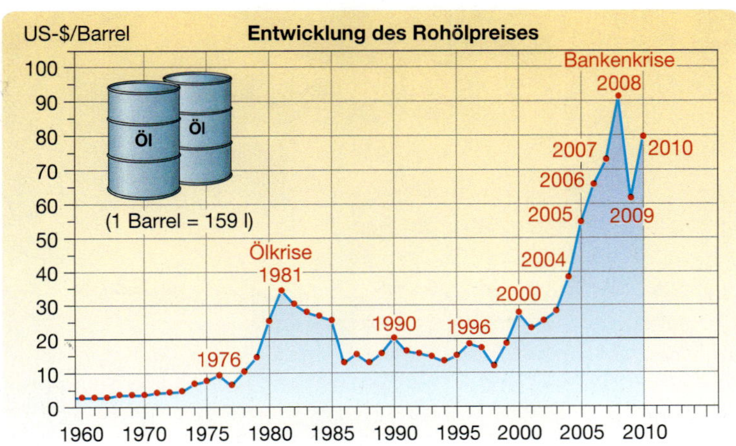

10. Erneuerbare Energieträger

a) Finnland und die Schweiz nutzen die Wasserkraft viel stärker als Deutschland. Woran liegt das wohl?
b) Welche Probleme ergeben sich, wenn man die Windenergie bei uns noch viel stärker nutzen möchte als bisher?
c) Weshalb muss man Solaranlagen immer mit einer anderen Energieart ergänzen?

11. Biokraftstoff aus Nahrungsmitteln

Forscher an der Universität von Ithaca (USA) haben den Energieaufwand berechnet, den man für die Herstellung von Biotreibstoff benötigt:
– Für 1 l Ethanol aus Mais benötigt man 31 400 kJ
– 1 l Ethanol liefert aber selbst nur 21 500 kJ Energie
a) Was bedeutet das, energetisch gesehen?
b) Mit Biotreibstoffen will man die Abhängigkeit vom Öl verringern. Lässt sich dieses Ziel erreichen?

12. Zukunft der Energieversorgung

Man weiß schon lange, dass Erdöl und Erdgas eines Tages verbraucht sein werden. Ebenso kennt man bereits längere Zeit Methoden, wie man die Energie der Sonne auffangen kann.
a) Warum hat sich die Energiegewinnung aus Sonnenenergie bisher nicht richtig entwickeln können?
Suche mehrere mögliche Gründe.
b) Wie könnte man deiner Meinung nach den Wandel hin zu erneuerbaren Energieträgern beschleunigen?

13 Erdöl – zu schade zum Verbrennen

1. Bevor das Erdöl zu einem nutzbaren Produkt verarbeitet werden kann, muss es zunächst gefunden und gefördert werden. ▶

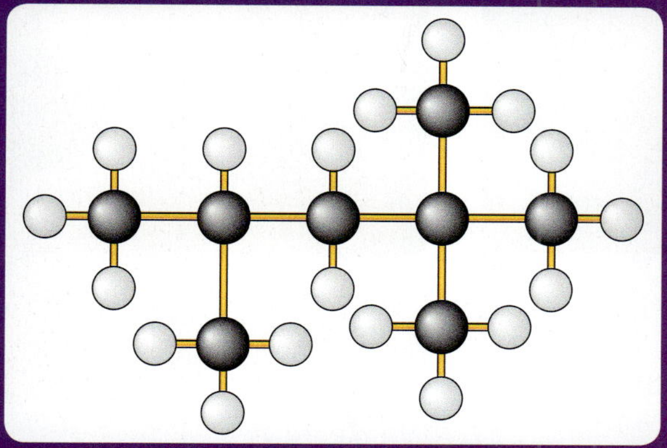

▲ *2. Moleküle mit dieser verzweigten Struktur sind Bestandteile des Erdöls.*

In einer Raffinerie werden aus Rohöl und Erdgas in einer Vielzahl von Verarbeitungsschritten Benzin, Diesel, Heizöl und andere Stoffe hergestellt. Das ist der Grund, warum eine Raffinerie aus einem Geflecht von Rohren und Destillationstürmen besteht. Der größte Anteil des Erdöls wird als Treibstoff für Autos, Schiffe und Flugzeuge verwendet. Aus den in einer Raffinerie gewonnenen Grundstoffen werden in der chemischen Industrie viele weitere Produkte wie Kunststoffe, Farben, Lacke, Arznei,- Wasch- und Reinigungsmittel, Kosmetika und Aromastoffe hergestellt.

▲ *3. Das brennbare Gas Methan wird nicht nur zum Heizen verwendet, sondern wurde vor der Erfindung der Elektrizität in Gaslaternen zur Beleuchtung eingesetzt.*

◀ *4. Gute Haftung! Welche Kräfte halten einen Gecko an der Wand und auch Moleküle zusammen?*

Die Vielfalt der organischen Stoffe

▲ *1–3. Organische Stoffe aus der Natur z.B. Getreide oder Holz oder Zucker*

1. Organische und anorganische Stoffe unterscheiden

a) Erhitze (unter dem Abzug) jeweils in einem Reagenzglas einen Eisennagel, Holzstücke, Zucker, Kochsalz, Mehl, Gips, Folienstücke einer Tragetasche.
b) Welche Veränderungen kannst du bei den erhitzten Materialien feststellen? Gibt es Gemeinsamkeiten? (Hinweis: Zucker ist ein organischer Stoff.) Führe eine Einteilung der Stoffe in die beiden Gruppen organische oder anorganische Stoffe durch. Begründe deine Entscheidungen.

2. Organische Stoffe überall

a) Gase zum Heizen und Kochen sind organische Stoffe. Welche Gase kennst du?
b) Kunststoffe gehören zu den organischen Stoffen. Nenne vier Beispiele.

3. Woraus bestehen organische Stoffe?

a) Entzünde eine Kerze und leite die Verbrennungsgase durch die Versuchapparatur (Bild 2)
Versetze die im U-Rohr kondensierte Flüssigkeit mit wasserfreiem Kupfersulfat (GHS 7, 9; B2).
b) Notiere deine Beobachtungen und erkläre sie.
c) Kalkwasser ist ein Nachweis für Kohlenstoffdioxid. Was kannst du aus den Veränderungen des Kalkwassers im Versuch (Bild 4) schließen?

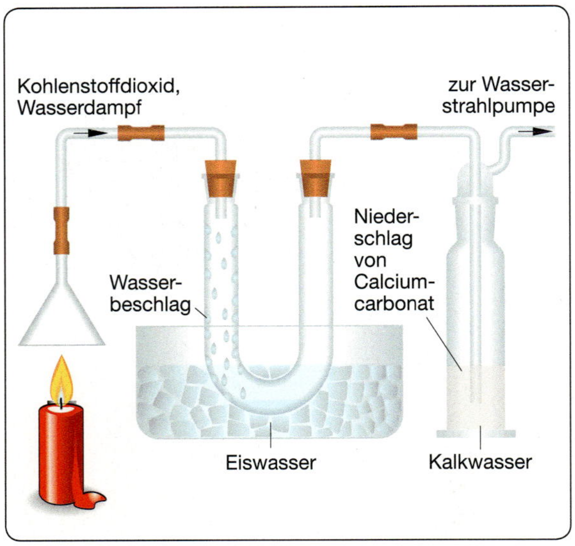

▲ *4. Analyse der Verbrennungsprodukte einer Kerze*

▲ *5. Wassernachweis mit Kupfersulfat*

▲ 1. Angebrannter Toast

▲ 2. Lacke und Farben

▲ 3. Gegenstände aus Kunststoff

Was sind organische Stoffe? Du hast beim Toasten nur etwas zu lange gewartet und schon ist alles schwarz geworden, verkohlt. Unabsichtlich hast du damit gezeigt, dass Toastbrot Kohlenstoff enthält.

Nahrungsmittel und viele weitere Stoffe, wie Holz, Papier oder Kunststoffe zeigen die gleiche Reaktion. Sie alle enthalten Kohlenstoff. Fast alle Verbindungen die Kohlenstoff enthalten werden als **organische Stoffe** bezeichnet. Mit solchen Verbindungen des Kohlenstoffs beschäftigt sich die organische Chemie.

Alle anderen Stoffe werden als **anorganische Stoffe** bezeichnet. Zu ihnen gehören die Metalle, die Salze, aber auch die Säuren und Laugen. Auch einige Kohlenstoffverbindungen werden zu den anorganischen Stoffen gezählt, wie das Kohlenstoffdioxid und die Kohlensäure mit ihren Salzen, den Carbonaten.

Vielfalt der Kohlenstoffverbindungen. Heute sind weit über 19 Millionen Kohlenstoffverbindungen bekannt. Die Anzahl der heute bekannten anorganischen Verbindungen beträgt dagegen nur etwa eine halbe Million.

Diese Vielfalt der organischen Verbindungen beruht darauf, dass Kohlenstoff-Atome sich direkt miteinander verbinden können. Dadurch entstehen lange kettenförmige, aber auch ringförmige Moleküle.

In organischen Verbindungen können auch Atome der Elemente Wasserstoff, Sauerstoff, Stickstoff, Schwefel und Phosphor enthalten sein. Dadurch wird die Zahl der möglichen Verbindungen noch um ein Vielfaches erhöht.

Alle organischen Stoffe sind kohlenstoffhaltige Verbindungen.

1. Fragen zum Text

a) Erkläre den Unterschied zwischen organischen und anorganischen Stoffen.

b) Was ist der Grund für die Vielzahl der organischen Verbindungen?

c) Welche Kohlenstoffverbindungen werden zu den anorganischen Stoffen gezählt?

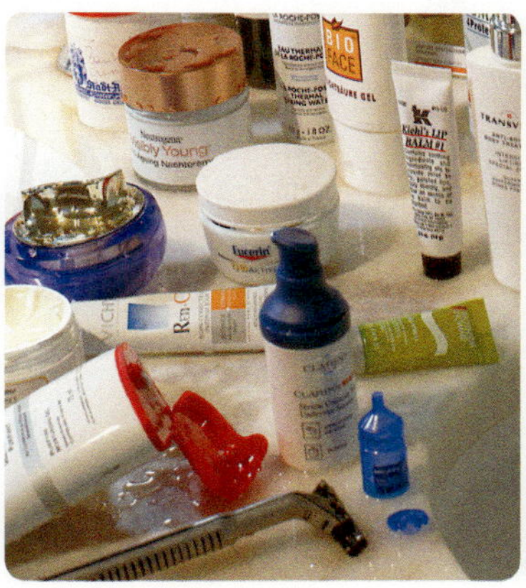

▲ 4. Kosmetikartikel

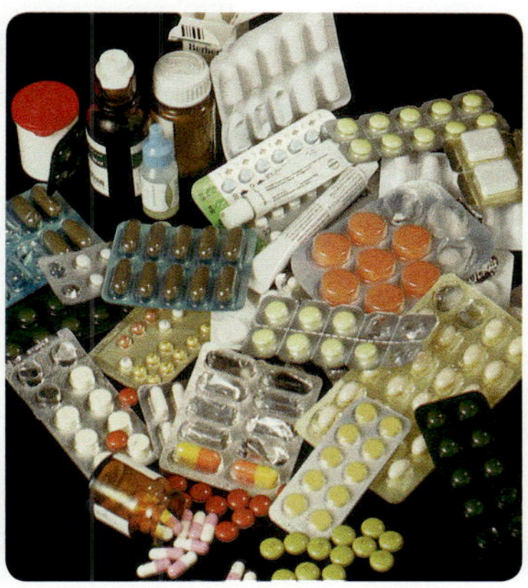

▲ 5. Medikamente

▲ 6. Anorganisch: Calciumcarbonat

Geschichte der organischen Chemie

▲ 1. FRIEDRICH WÖHLER (1800–1882)

Organische Stoffe. Noch vor etwa 200 Jahren waren viele Wissenschaftler der Meinung, dass pflanzliche und tierische Stoffe wie Zucker, Stärke, Fett nicht vom Menschen im Labor hergestellt werden können. Man glaubte, solche Stoffe könnten nur von lebenden Organismen hergestellt werden.
Um sie von den anorganischen Stoffen, die auch im Labor synthetisiert werden konnten, zu unterscheiden, führte im Jahre 1806 der schwedische Chemiker BERZELIUS (1779–1848) den Begriff **organische Stoffe** ein.

Wöhlers Geniestreich. Dem deutschen Chemiker FRIEDRICH WÖHLER (1800–1882) gelang es im Jahre 1828 zu beweisen, dass sich organische Stoffe doch künstlich herstellen lassen. Er stellte erstmals aus einem anorganischen Salz den organischen Stoff Harnstoff her. Über seine Versuche schreibt er an BERZELIUS: „Ich kann, so zu sagen, mein chemisches Wasser nicht halten und muß ihnen sagen, dass ich Harnstoff machen kann, ohne dazu Nieren oder überhaupt ein Thier nöthig zu haben…"

Harnstoff ist ein typisch organischer Stoff, der bei der Verdauung von Eiweiß auch im Körper des Menschen entsteht. Mit der Harnstoff-Synthese hat WÖHLER gezeigt, dass die Stoffe der belebten Natur sich auch im Labor gewinnen lassen. Der Einstieg in die organische Chemie war gefunden.

Die moderne organische Chemie
Mit Wöhler begann die moderne Chemie. Als einer ihrer Väter gilt auch JUSTUS VON LIEBIG (1803–1873). Sein berühmtes Labor, in dem von frühmorgens bis spät in die Nacht geforscht wurde, glich eher einer Küche. Im Sommer war es darin drückend heiß, im Winter eiskalt. Es gab weder Heizung noch Abzug. Wenn es im Labor wieder einmal zu stark qualmte, wurden einfach die Türen und Fenster aufgerissen, VON LIEBIG und seine Studenten flüchteten ins Freie, bis sich der oft beißende Qualm wieder verzogen hatte.
In seinem Labor wurden Hunderte von Stoffen mithilfe einer von ihm entwickelten Analyseapparatur untersucht. Liebigs Labor ist aber mit einem heutigen Chemielabor nicht mehr zu vergleichen.

In modernen Chemielabors sind heute vor allem komplizierte Apparaturen aus Glas und Edelstahl zu finden. Modernste Analysegeräte beherrschen das Bild und mithilfe von Computern, Rührwerken und elektrischen Heizungen lassen sich die Reaktionen nahezu automatisch steuern.

1. Was sind nach BERZELIUS organische Stoffe?
2. Warum erwähnt WÖHLER die Nieren im Zusammenhang mit Harnstoff?

▲ 2. LIEBIGS Labor um das Jahr 1850

▲ 3. Modernes Labor

▶ Stammbaum der Erdölprodukte

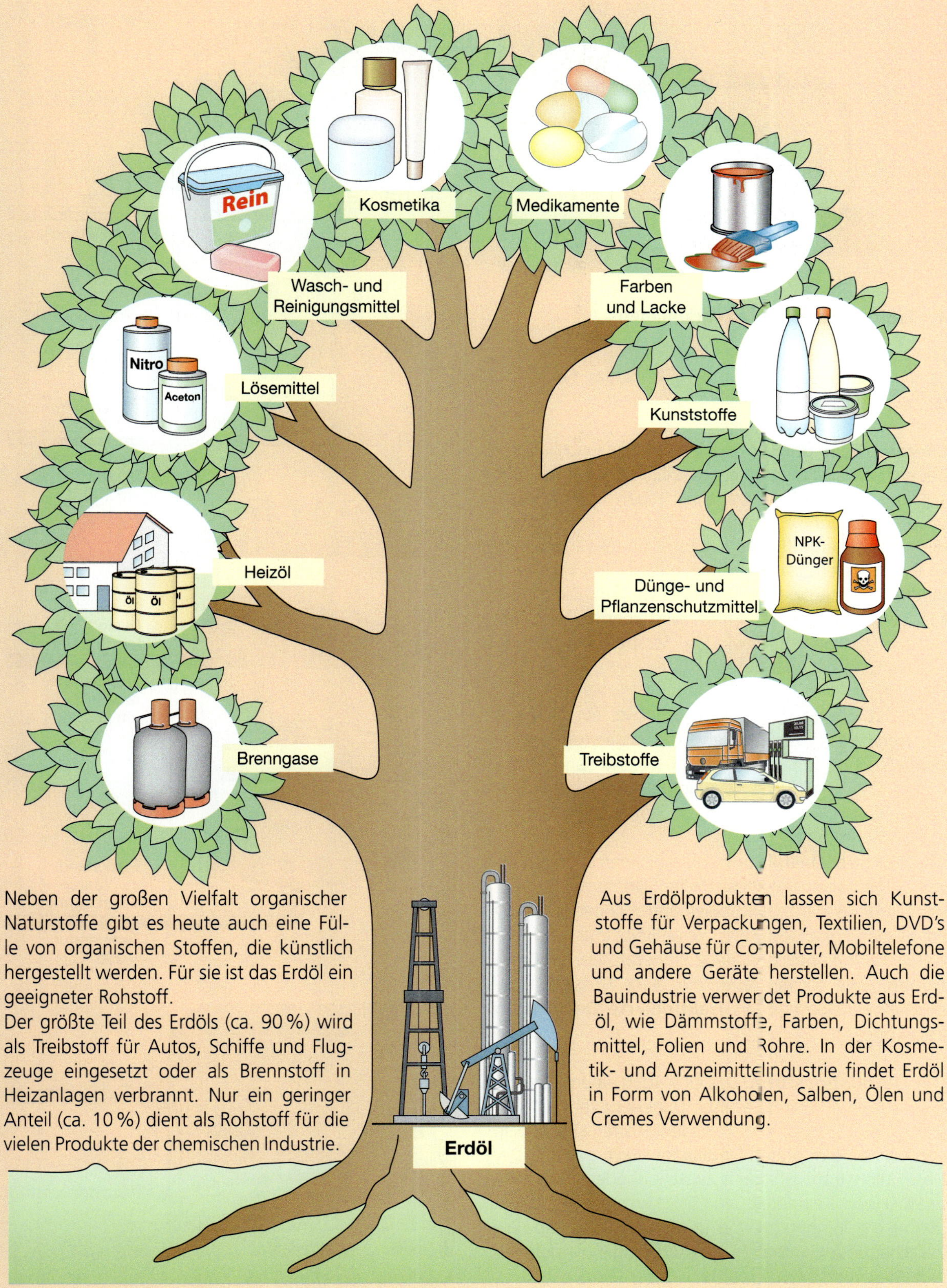

Neben der großen Vielfalt organischer Naturstoffe gibt es heute auch eine Fülle von organischen Stoffen, die künstlich hergestellt werden. Für sie ist das Erdöl ein geeigneter Rohstoff.

Der größte Teil des Erdöls (ca. 90 %) wird als Treibstoff für Autos, Schiffe und Flugzeuge eingesetzt oder als Brennstoff in Heizanlagen verbrannt. Nur ein geringer Anteil (ca. 10 %) dient als Rohstoff für die vielen Produkte der chemischen Industrie.

Aus Erdölprodukten lassen sich Kunststoffe für Verpackungen, Textilien, DVD's und Gehäuse für Computer, Mobiltelefone und andere Geräte herstellen. Auch die Bauindustrie verwendet Produkte aus Erdöl, wie Dämmstoffe, Farben, Dichtungsmittel, Folien und Rohre. In der Kosmetik- und Arzneimittelindustrie findet Erdöl in Form von Alkoholen, Salben, Ölen und Cremes Verwendung.

Die Verarbeitung von Erdöl – ein „raffiniertes" Verfahren

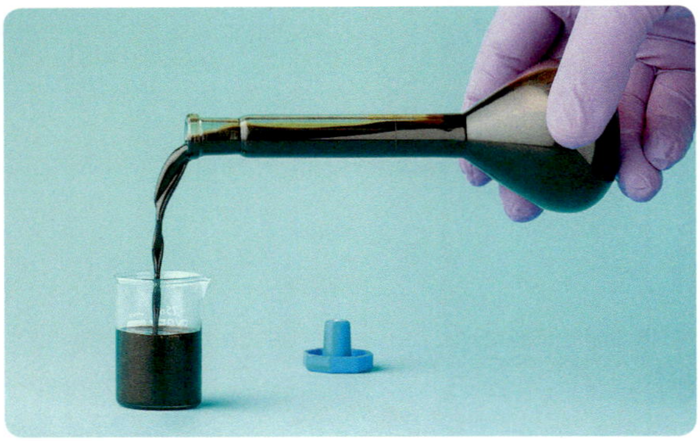

1. Erdöl – Aussehen und Vorkommen

a) Beschreibe das Aussehen von Erdöl.
b) Nenne mithilfe einer Karte im Schulatlas die Länder, die Erdöl aus der Nordsee fördern.

Energieträger und Rohstoff. Seit der Erschließung der ersten Erdöllagerstätten in Texas, USA um das Jahr 1900 wurde Erdöl zu einem wichtigen Energieträger und Rohstoff für die organische Chemie. Erdöl wird von der chemischen Industrie in Stoffe umgewandelt, die zu Kunststoffen, Lacken, Arzneimitteln und vielen anderen Produkten weiterverarbeitet werden. Die größte Menge des geförderten Erdöls wird aber als Treibstoff für den Antrieb von Pkw, Lkw, Schiffen, Flugzeugen und als Heizöl verwendet.

Erdöl ist ein Stoffgemisch. Erdöl ist ein Gemisch aus verschiedensten Kohlenstoff-Wasserstoff-Verbindungen. Es ist außerdem mit Wasser und Sand verunreinigt. Das Öl wird erst gereinigt und dann in Raffinerien in Benzin, Diesel und andere Stoffe zerlegt.

Fraktionierte Destillation. Die einzelnen Bestandteile des Erdöls haben unterschiedliche Siedetemperaturen, die allerdings ganz nahe beieinander liegen. Deshalb erhält man beim Destillieren keine Reinstoffe, sondern Gemische mit ähnlichen Siedetemperaturen, die **Fraktionen.** Eine solche Zerlegung eines Flüssigkeitsgemisches wird deshalb als **fraktionierte Destillation** bezeichnet.

Der Destillationsturm. Das Öl wird in einem Röhrenofen auf etwa 350 °C erhitzt. Dabei entsteht ein Gemisch aus Öldampf und flüssigen Stoffen. Es wird in den bis zu 50 m hohen Destillationsturm geleitet. Der Destillationsturm ist durch Zwischenböden in mehrere Stockwerke eingeteilt. Von Stockwerk zu Stockwerk nimmt die Temperatur von unten nach oben ab. Die Zwischenböden enthalten viele Öffnungen, von denen jede mit einem gewölbten Deckel, der **Glocke** (Bild 1),

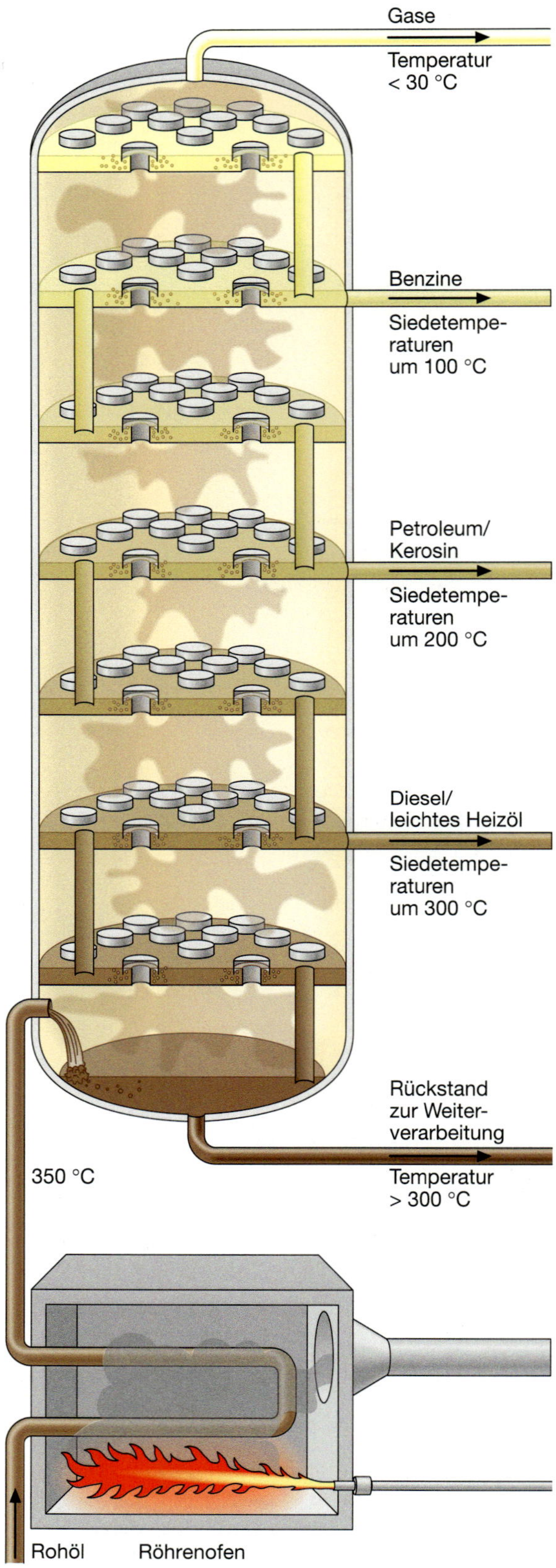

▲ *2. Aufbau eines Destillationsturmes*

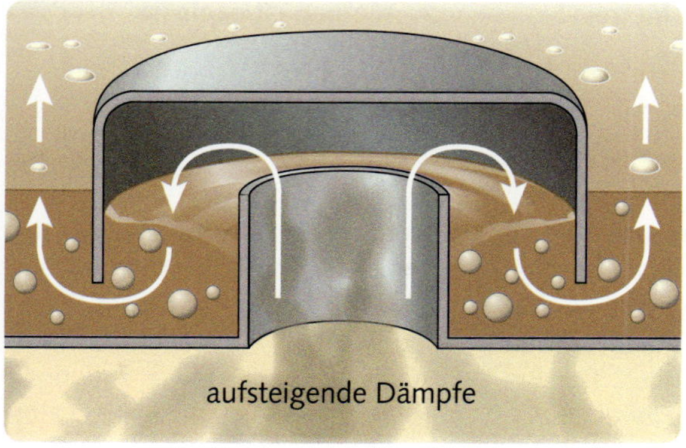

▲ *1. Glocke auf einem Glockenboden*

überdeckt ist. Die Böden heißen deshalb **Glockenböden.** Jeder Glockenboden wird auf einer festgelegten Temperatur gehalten.

So läuft die Destillation ab. Was geschieht nun während der Destillation zum Beispiel auf einem 200 °C heißen Glockenboden? Von unten strömt der Öldampf durch die Öffnungen im Boden. Er wird dabei von den Glocken so umgelenkt, dass er durch die Flüssigkeit am Boden hindurchströmen muss (Bild 1). Alle Bestandteile mit einer Siedetemperatur um 200 °C kondensieren hier. Die Fraktionen, die sich auf den Böden angesammelt haben, werden ständig abgezogen und in Tanks gelagert.
Die Bestandteile des Öldampfes, die eine niedrigere Siedetemperatur als 200 °C haben, bleiben gasförmig und steigen zum nächsten Glockenboden auf. Dort wiederholt sich der Kondensationsvorgang bei einer niedrigeren Temperatur.
Die Stoffe mit einer sehr niedrigen Siedetemperatur bleiben gasförmig. Sie werden an der Spitze des Turms zur weiteren Verarbeitung abgeleitet.

Destillation bei vermindertem Druck. Der flüssige **Rückstand**, der sich am Boden des Turmes gesammelt hat, darf nicht bei noch höheren Temperaturen destilliert werden, er würde sich sonst zersetzen. Deshalb wird der Rückstand in einer weiteren Destillationsanlage bei **vermindertem Druck** destilliert.
Der Rückstand wird wieder erwärmt und bei etwa einem Zwanzigstel des normalen Luftdrucks destilliert. Dabei sieden die Stoffe bei einer viel niedrigeren Temperatur. Im oberen Teil des Turms wird das schwere Heizöl aufgefangen. Es wird Heizöl und Diesel zugemischt. Im mittleren und unteren Teil werden verschiedene Schmieröle aufgefangen. Sie werden zu Maschinenölen, Motoröl und Schmierfetten weiterverarbeitet. Der am Boden des Turms aufgefangene Rest wird als Bitumen im Straßenbau eingesetzt.

Mithilfe der fraktionierten Destillation lässt sich Erdöl in seine Fraktionen zerlegen. Durch die Destillation bei vermindertem Druck kann auch der Rückstand in Fraktionen zerlegt werden.

1. Fragen zum Text

a) Warum erhält man bei der Erdöldestillation Gemische, aber keine Reinstoffe?

b) Welche Vorgänge laufen bei der fraktionierten Destillation ab?

c) Wozu werden die einzelnen Fraktionen verwendet?

d) Warum darf der Rückstand, der aus der Destillation unter normalem Luftdruck gewonnen wurde nur bei Unterdruck destilliert werden?

2. Was passiert auf einem Glockenboden?

Was geschieht mit den Öldämpfen auf dem Glockenboden mit einer Temperatur von 150 °C?

3. Modellexperiment

Da Erdöl gesundheitsschädliche Stoffe enthält, wird in diesem Versuch als Ersatzstoff ein Gemisch aus Reinigungsbenzin, Petroleum und Nähmaschinenöl verwendet oder ein spezielles künstliches Rohöl.

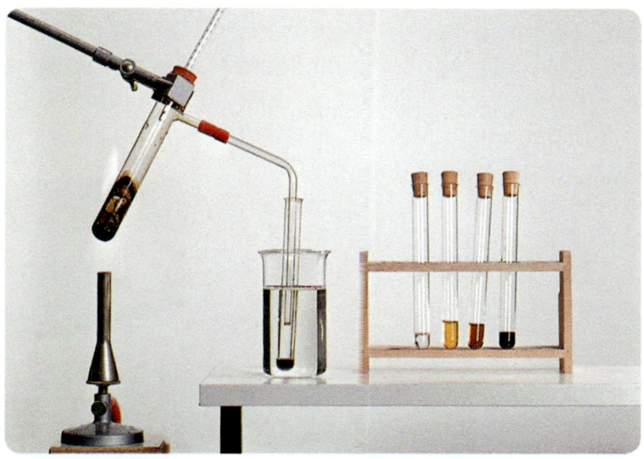

▲ *2. Modellexperiment zur fraktionierten Destillation*

In einem Reagenzglas mit seitlichem Ansatz werden etwa 5 ml Modell-Erdöl (GHS 2, 7, 8, 9; B3) in Glaswolle aufgesaugt und vorsichtig erhitzt. Bei 75 °C, 110 °C, 130 °C und 150 °C wechselt man die wassergekühlten Vorlagen. Die verschiedenen Fraktionen lassen sich am Aussehen und am Geruch unterscheiden.
Die Destillate werden unter dem Abzug in Porzellanschalen gegossen. Anschließend wird versucht die Flüssigkeiten mit einem brennenden Holzspan zu entzünden.
Erkläre die unterschiedliche Entzündbarkeit.

Methan – überall zu finden

1. Überall Methan?

Informiere dich, welches die Hauptbestandteile von Faulgas, Erdgas und Biogas sind.

2. Woraus besteht Methan?

Methan ist eine Kohlenwasserstoffverbindung. Wie lässt sich das experimentell zeigen?

3. Methan ist explosiv

Informiere dich, welche Zusammensetzung ein explosives Methan-Luft-Gemisch haben kann.

Methan – überall zu finden. Erdgas, Faulgas oder Sumpfgas – die vielen Namen weisen auf die unterschiedliche Bildungsart der Gase hin. Es sind Gasgemische, die zum größten Teil aus Methan bestehen.

Eigenschaften und Entstehung von Methan. Methan ist ein farbloses, geruchloses Gas. Es ist leichter als Luft, leicht entzündbar und verbrennt mit bläulicher Flamme. Mit Sauerstoff oder Luft bildet es explosive Gemische. Sogenannte „schlagende Wetter" in Bergwerken sind Explosionen von Methan-Luft-Gemischen.
Methan entsteht vor allem, wenn organische Stoffe unter Luftabschluss (ohne Sauerstoff) durch Methanbakterien zersetzt werden. Dies geschieht bei der Verrottung von Klärschlamm, in sumpfigem Untergrund von Reisfeldern oder in Mülldeponien. Methan entsteht auch bei der Verdauung von Cellulose in Rindermägen. So produziert eine Kuh etwa 300 Liter Methan pro Tag. Auch im Darm des Menschen entsteht Methan.

Methan aus Biogasanlagen. In Biogasanlagen werden vor allem pflanzliche und tierische Abfälle von Bakterien in Methan und andere Gase umgewandelt. Das Biogas besteht zu etwa zwei Dritteln aus Methan und zu einem Drittel aus Kohlenstoffdioxid und einigen anderen Gasen.
Die von einem Rind im Laufe eines Jahres erzeugte Mistmenge liefert soviel Methan, dass damit die Verbrennung von 300 Liter Heizöl eingespart werden könnte. Der bei der Biogaserzeugung anfallende Abfall ist fast geruchlos und kann als Naturdünger genutzt werden.

Verwendung des Methans. Methan wird in Heizungen und Gasherden und in Kraftwerken zur Stromerzeugung verbrannt. In Autos ersetzt es immer häufiger Benzin und Diesel.

Methan, ein Treibhausgas. Neben Kohlenstoffdioxid ist Methan ebenfalls ein bedeutendes Treibhausgas.
Aus vielen Quellen, wie sumpfigen Reisfeldern, auftauenden Dauerfrostböden und den Mägen von Rindern und anderen Wiederkäuern, gelangt ständig Methan in die Atmosphäre. Zusammen mit Kohlenstoffdioxid und anderen Gasen sorgt es für eine Verstärkung des Treibhauseffektes.
Diese Treibhausgase verhindern, dass die von der Erdoberfläche abgestrahlte Wärme ungehindert in den Weltraum gelangen kann. Methan hat dabei eine größere Wirkung als Kohlenstoffdioxid.
Nimmt der Anteil der Treibhausgase in der Atmosphäre weiter zu, so verstärkt sich der Treibhauseffekt. Ein möglicher Klimawandel auf der Erde ist die Folge.

▲ 1. *Rinderherde*

▲ 2. *Methan treibt Autos an*

Methan – der einfachste Kohlenwasserstoff. Methan ist der einfachste organische Stoff. Wird er verbrannt, entstehen Wasserdampf (H_2O) und Kohlenstoffdioxid (CO_2). Der zur Verbrennung notwendige Sauerstoff kommt aus der Luft. Kohlenstoff und Wasserstoff kommen aus dem Methan. Methan besteht also aus den Elementen Kohlenstoff und Wasserstoff. Es gehört zu den **Kohlenwasserstoffen.**

Das Methan-Molekül. Ein Methan-Molekül besteht aus einem Kohlenstoff-Atom, das mit vier Wasserstoff-Atomen verbunden ist. Die Summenformel ist:

$$CH_4$$

Die räumliche Anordnung der Atome im Methan-Molekül lässt sich durch ein Molekülmodell veranschaulichen. Die vier Wasserstoff-Atome umgeben das zentrale Kohlenstoff-Atom im gleichen Abstand voneinander. Eine anschauliche Vereinfachung stellt das Schattenbild des Molekülmodells dar.

Das Schattenbild zeigt ein Kreuz und entspricht somit der **Strukturformel** des Methans.

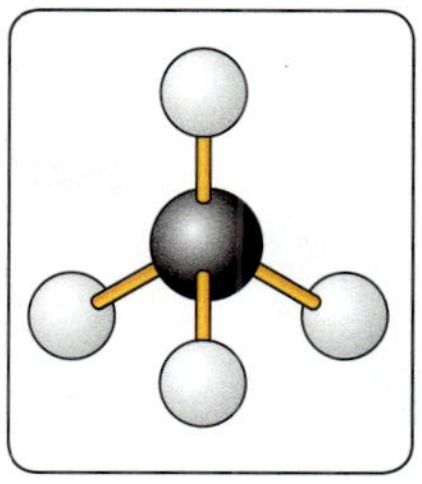

▲ 2. Molekülmodell des Methans

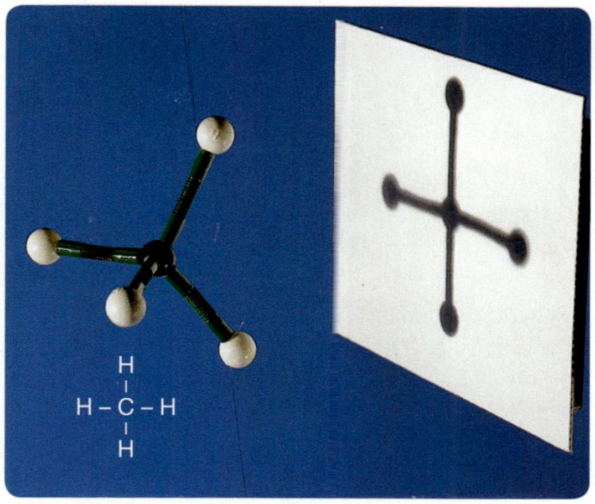

▲ 3. Strukturformel und Schattenbild des Methans

Methan ist Bestandteil vieler Gase, die als Energieträger genutzt werden. Als Treibhausgas trägt es zu einem möglichen Klimawandel bei.

Das Methan-Molekül besteht aus einem Kohlenstoff-Atom und vier Wasserstoff-Atomen. Es ist der einfachste Kohlenwasserstoff.

1. Fragen zum Text

a) Wo überall kann Methan entstehen?
b) Aus welchen Atomen besteht Methan?
c) Welche Stoffe entstehen bei der Verbrennung von Methan?
d) Erkläre den Unterschied zwischen einer Summenformel und einer Strukturformel.

2. Biogasanlage

Erkläre die Funktionsweise einer Biogasanlage mithilfe von Bild 1.

3. Methan als Treibhausgas

Erkundige dich über die Bedeutung von Methan als Treibhausgas.

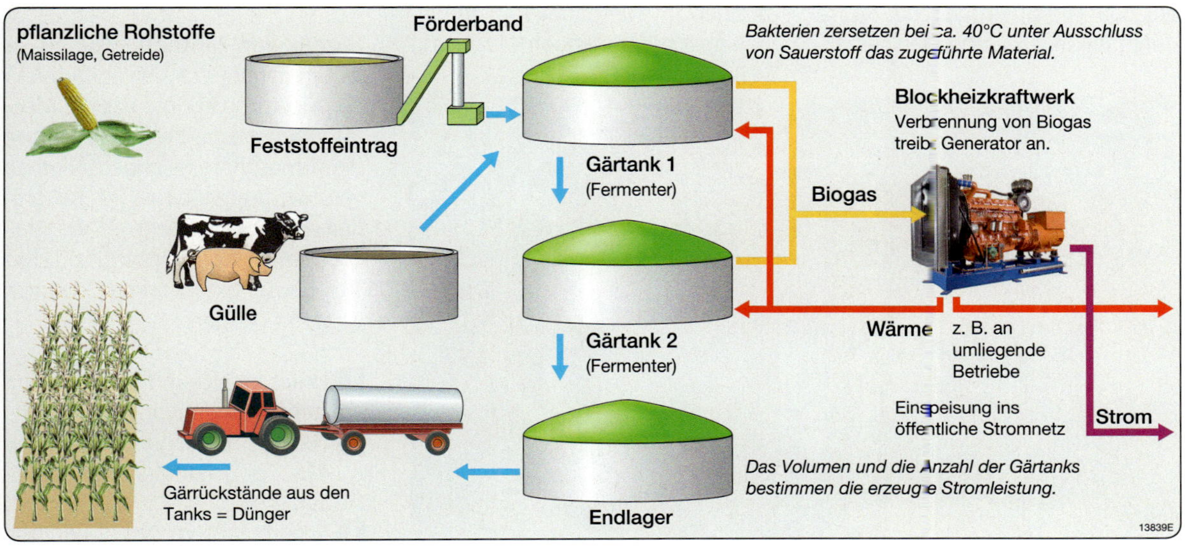

▲ 1. Schema einer Biogasanlage

Brennendes Eis – Methanhydrat

▲ 1. Methanhydrat

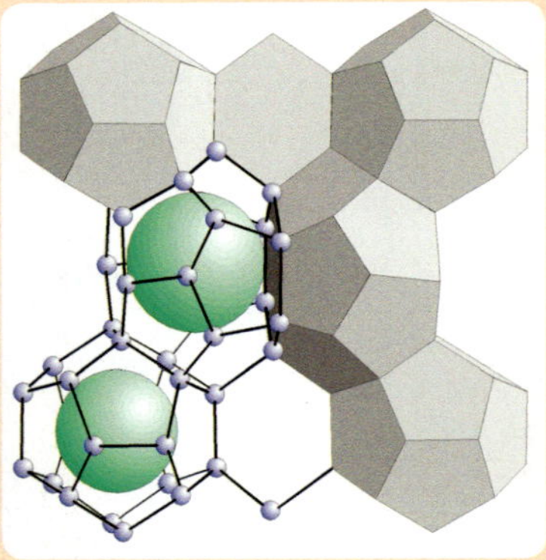

▲ 2. Methanhydrat-Molekül

▲ 3. Brennendes Methanhydrat

Ungewöhnlich war es schon, was die Forscher 1971 vom Boden des Schwarzen Meeres an Deck ihres Forschungsschiffes geholt hatten. Weiße Klumpen, die aussahen wie Eis, sich nach und nach auflösten und brennbar waren. Doch schon bald war klar, woraus der eisartige Stoff aufgebaut ist. Bei dem ungewöhnlichen Feststoff handelt es sich um **Methanhydrat.**

Entstehung von Methanhydrat. Methanhydrat entsteht unter außergewöhnlichen Bedingungen, wie sie nur in Meerestiefen ab 190 m zu finden sind. Neben hohem Druck sind auch Temperaturen von höchstens 2–4 °C notwendig. Aber es muss auch viel Methan aus dem Abbau organischer Stoffe durch Bakterien vorhanden sein. Unter diesen Bedingungen werden die Methanmoleküle in einem Käfig aus Wassermolekülen eingeschlossen.

Methanhydratvorkommen. Rund um den Erdball findet sich Methanhydrat. Vor allem an den Kontinentalabhängen, wo die flachen Schelfmeere in die Tiefsee übergehen, befinden sich die größten Lagerstätten. Auch im Permafrostboden Sibiriens und Nordamerikas ist es gespeichert. Man nimmt an, dass die Methanhydratvorräte im Meer doppelt so groß sind wie alle Vorräte an Kohle, Erdgas und Erdöl zusammen.

Abbau von Methanhydrat. Die riesigen im Methanhydrat gebundenen Methanmengen lassen auf einen Energieträger der Zukunft hoffen. Jedoch ist der Abbau nicht unproblematisch: Wenn das feste Methanhydrat aus den tiefen Lagerstätten an die Oberfläche geholt wird, zerfällt es in Methan und Wasser; das Methan entweicht in die Atmosphäre. Als weitere Gefahr besteht die Möglichkeit, dass durch den Abbau der Meeresboden an den Kontinentalabhängen ins Rutschen kommt. Die Folge wären riesige Tsunamis, die zu Flutwellen an den Küsten führen. Aus diesen Gründen muss der Abbau sehr sorgfältig erfolgen. Allerdings gibt es zur Zeit noch keine geeignete Abbaumethode die eine Freisetzung von großen Mengen Methan verhindern kann.

Klimakiller Methan. Kommt es zu einer zunehmenden Erwärmung der Meere, so könnte das am Meeresboden gespeicherte Methan in die Atmosphäre gelangen. Methan verursacht etwa einen 20 mal größeren Treibhauseffekt als die gleiche Menge Kohlenstoffdioxid. Der Treibhauseffekt könnte dadurch verstärkt werden.

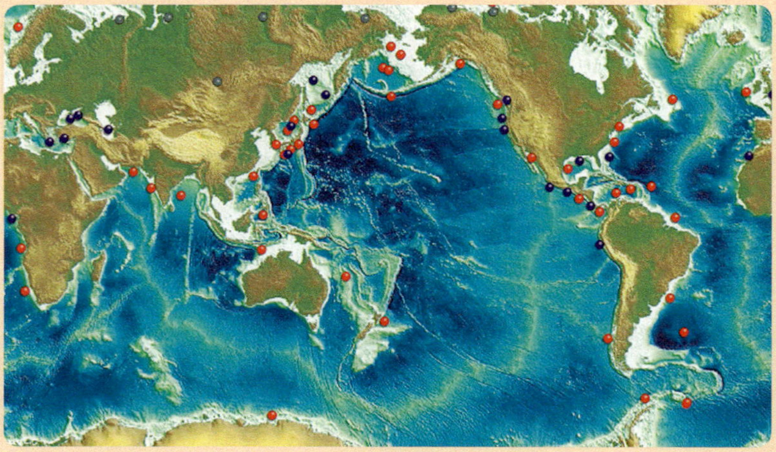

▲ 4. Lagerstätten von Methanhydrat

1. Unter welchen Bedingungen entsteht Methanhydrat?

2. Nenne vier Länder, vor deren Küsten es Methanhydrat-Lagerstätten gibt.

3. Erkläre, warum der Abbau von Methanhydrat problematisch ist.

Alkane im Alltag

1. Vielseitige Alkane

a) Finde heraus, welche Kraftstoffe es an der Tankstelle in der Nähe deines Wohnortes gibt.
b) Welche Gemeinsamkeiten haben diese Stoffe?

Ob es das Flüssiggas für das Feuerzeug ist, der Brennstoff in der Petroleumlampe, oder die Kerze am Weihnachtsbaum, überall spielen die Kohlenwasserstoffe eine Rolle. Sie sind Bestandteile von Erdöl und Erdgas. Sie werden **Alkane** genannt.

Gasförmige Alkane. Methan, Ethan, Propan und Butan sind gasförmige Kohlenwasserstoffe. Sie finden als Energieträger Verwendung, da sie leicht brennbar sind. Sie werden zum Heizen und Kochen verbrannt. Propan und Butan werden unter Druck verflüssigt, da sie dann viel weniger Platz benötigen. In Feuerzeugen, Campinglampen und Gaslaternen werden sie verwendet. Immer mehr nimmt die Bedeutung von Methan, Propan und Butan als umweltfreundlicher Treibstoff für Autos zu. Auch in der chemischen Industrie werden diese Gase in großer Menge zur Herstellung vieler Stoffe verwendet.

Flüssige Alkane. In Diesel, Heizöl, Benzin und Kerosin sind flüssige Kohlenwasserstoffe enthalten, wie Hexan, Heptan oder Octan.

Stoff	Formel	Dichte [kg/m³]
Luft	–	1,29
Methan	CH_4	0,72
Ethan	C_2H_6	1,36
Propan	C_3H_8	2,01
Butan	C_4H_{10}	2,71

▲ 1. Dichte von Luft und brennbaren Gasen bei Normalbedingungen (0 °C, 1013 hPa)

▲ 2. Eine moderne Tankstelle mit verschiedenen Kraftstoffen

Als Energieträger sind sie ebenfalls von großer Bedeutung. Die kurzkettigen Alkane verdampfen sehr leicht und bilden mit Luft explosive Gemische. Sie haben eine niedrige Entzündungstemperatur und sind sehr feuergefährlich.

▲ 3. Beispiele für Alkane

Flüssige Alkane sind sehr gute Lösemittel für Fette und Öle. Mit Wasser sind sie nicht mischbar. Sie sind leichter als Wasser und schwimmen auf der Wasseroberfläche.
Zähflüssige Kohlenwasserstoffe werden in der Technik als Schmieröle verwendet. Hochgereinigt werden sie in der Kosmetikindustrie und in der Medizin als Weißöle in Salben eingesetzt.

Feste Alkane. Aus ihnen werden Kerzen und Wachsmalstifte hergestellt. In Salben und Cremes sind sie ebenfalls zu finden.
In der Technik finden feste Alkane in Schmierfetten Verwendung.
Feste und flüssige Alkane werden auch als **Paraffine** bezeichnet.

▲ 4. Petroleumlampe

Alkane werden vielseitig genutzt, etwa als Heizgas, Lösemittel, Benzin, Schmieröl und Schmierfett.

2. Fragen zum Text

a) Welche Alkane werden zu Schmierölen verarbeitet?
b) Welche Alkane lassen sich unter Druck verflüssigen?
c) Womit kannst du einen Fettfleck entfernen?

3. Autogas

Fahrzeuge mit Autogas (Propan/Butan) als Treibstoff dürfen nicht in Tiefgaragen parken. Fahrzeugen mit Erdgas-Antrieb (Methan) ist das erlaubt. Nutze zur Erklärung die Angaben in der Tabelle links unten auf dieser Seite.

Die homologe Reihe der Alkane

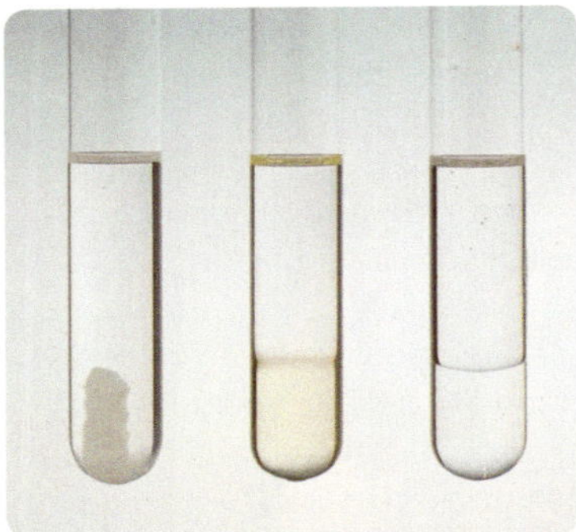

▲ *1. Heptan im Löslichkeitsversuch*

1. Eigenschaften der Alkane

a) Fülle in drei Reagenzgläser etwas Heptan (GHS 2, 7, 8, 9; B3). Gib in das erste Reagenzglas etwas Bratfett, in das zweite Speiseöl und in das dritte Wasser. Verschließe die Gläser mit einem Stopfen und schüttle um. Notiere deine Beobachtungen.

b) Gib etwa 1 ml Heptan (GHS 2, 7, 8, 9; B3) und 1 ml Paraffinöl in je eine Porzellanschale. Versuche, beide Stoffe mit einem brennenden Holzspan zu entzünden. Was kannst du beobachten?

2. Molekülmodelle

Baue mithilfe des Molekülbaukastens das Alkan-Molekül mit der Summenformel C_5H_{12}.

Gesättigte Kohlenwasserstoffe. In den Molekülen von Methan, Propan, Pentan, Decan und vielen anderen Kohlenwasserstoffen ist jedes Kohlenstoff-Atom mit der höchstmöglichen Anzahl von Wasserstoff-Atomen verbunden. Deshalb werden die Alkane auch als **gesättigte Kohlenwasserstoffe** bezeichnet.

Die Länge bestimmt den Aggregatzustand. Die Länge des Alkan-Moleküls, also die Anzahl der Kohlenstoff-Atome, bestimmt den Aggregatzustand des Alkans. Alkane, deren Moleküle bis zu 4 Kohlenstoff-Atome enthalten, sind bei Raumtemperatur gasförmig. Alkan-Moleküle mit 5 bis 16 Kohlenstoff-Atomen sind bei dieser Temperatur flüssig. Alkane, deren Molekülketten aus mehr als 16 Kohlenstoff-Atomen bestehen, sind bei Raumtemperatur fest

Homologe Reihe der Alkane. Die Alkan-Moleküle haben eine sehr regelmäßige Struktur. Zwei in der Reihe aufeinanderfolgende Alkan-Moleküle unterscheiden sich nur um ein Kohlenstoff- und zwei Wasserstoff-Atome voneinander.
Aus dem Methan-Molekül wird durch Anfügen eines Kohlenstoffatoms und zweier Wasserstoff-Atome das Ethan-Molekül. Mit einer weiteren CH_2-Gruppe ergibt sich das Propan-Molekül:

Methan CH_4

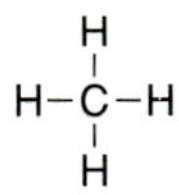

Ethan C_2H_6

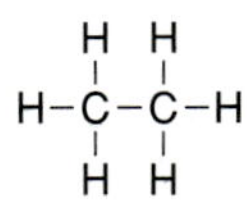

Propan C_3H_8

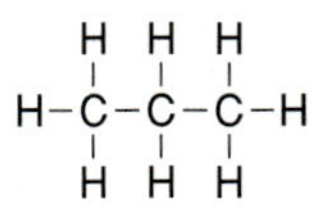

Durch das Einfügen weiterer CH_2-Gruppen ergibt sich eine Reihe von immer länger werdenden Molekülketten. Eine solche Reihe von Kohlenwasserstoffen wird auch als **homologe Reihe** bezeichnet.

Die Summenformel. Aus der Anzahl der Kohlenstoff-Atome in einem Alkan-Molekül lässt sich die Anzahl der Wasserstoff-Atome berechnen. Man verdoppelt dazu die Anzahl der Kohlenstoff-Atome und zählt zwei hinzu.

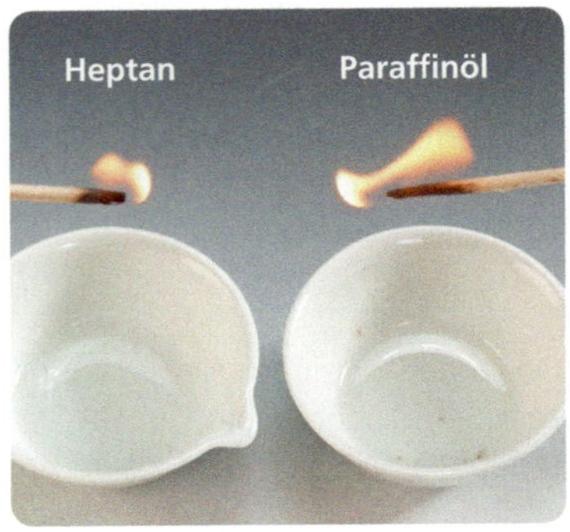

▲ *2. Welche Dämpfe brennen?*

Beispiel: Das Butan-Molekül hat vier Kohlenstoff-Atome, also muss es $(2 \cdot 4) + 2 = 10$ Wasserstoff-Atome haben. Die Summenformel für das Butan-Molekül ist:

$$C_4H_{10}$$

Die **allgemeine Summenformel der Alkane** lautet:

$$\mathbf{C_nH_{2n+2}}$$

Dabei steht **n** für die Anzahl der Kohlenstoff-Atome:
Methan: n = 1, Ethan: n = 2,
Propan: n = 3, Butan n = 4 usw.

Schreibweise der Alkane. Es gibt verschiedene Möglichkeiten die Formel der Alkane anzugeben.

Für Pentan (n = 5) ergibt sich die **Summenformel** C_5H_{12}

Ausführliche Strukturformel:

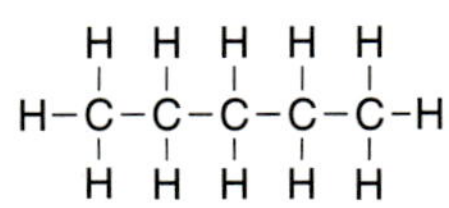

Vereinfachte Strukturformel:

CH_3-CH_2-CH_2-CH_2-CH_3 oder:

CH_3-$(CH_2)_3$-CH_3

Stark vereinfachte Strukturformel:

Methan, CH_4

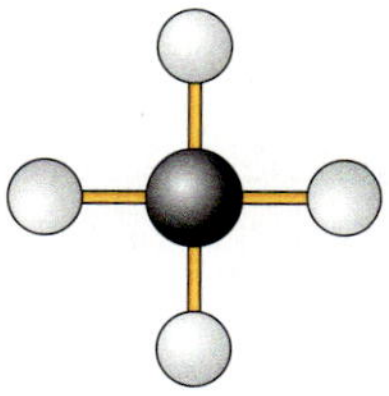

Ethan, C_2H_6

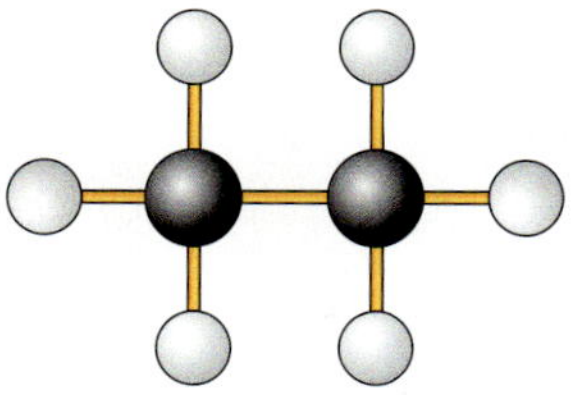

Propan, C_3H_8

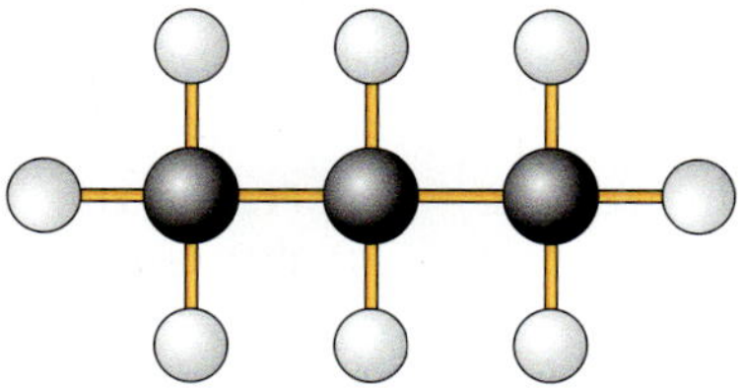

Butan, C_4H_{10}

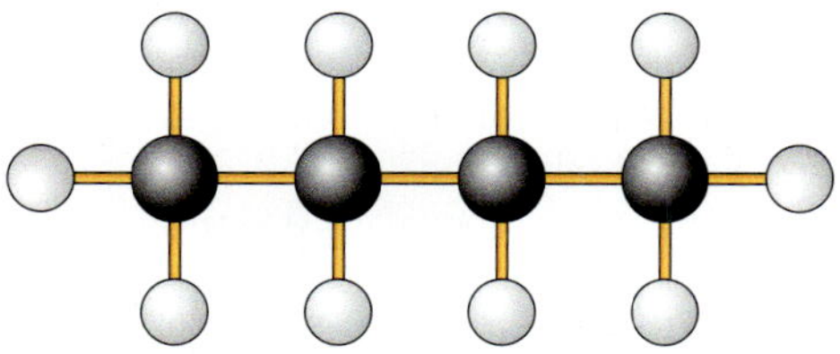

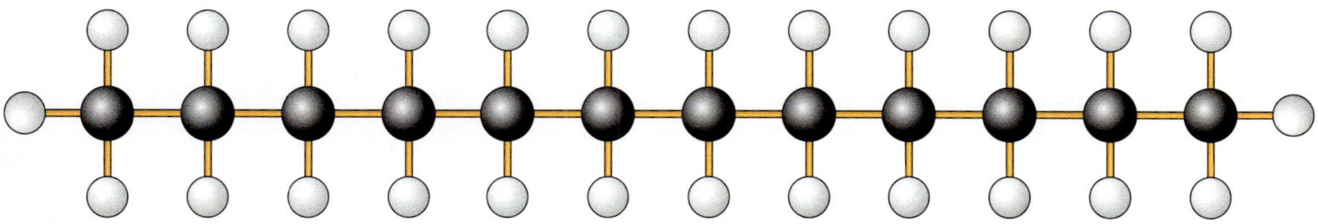

Dodecan, $C_{12}H_{26}$

Alkane gehören zu den Kohlenwasserstoffen. Die Anzahl der Kohlenstoff-Atome im Molekül bestimmt den Aggregatzustand. Sie bilden eine homologe Reihe.

1. Fragen zum Text

a) Erkläre den Begriff gesättigte Kohlenwasserstoffe.

b) Wovon wird der Aggregatzustand der Alkane bestimmt?

c) Durch Einfügen welcher Gruppe kann aus dem Butan-Molekül das Pentan-Molekül gebildet werden?

d) Wie nennt man eine Reihe, von immer länger werdenden Molekülen, die man durch das Einfügen einer bestimmten Gruppe erhält?

2. Formeln und Namen von Alkanen

a) Wie heißen die Alkane mit 6, 7, 8 und 9 Kohlenstoff-Atomen?

b) Wie viele Wasserstoff-Atome enthält das Alkan-Molekül aus 16 Kohlenstoff-Atomen?

c) Erstelle die Summen- und Strukturformel von Alkanen mit 9 und 12 Kohlenstoff-Atomen.

Name	n	Formel	Schmelz-temp. [°C]	Siede-temp. [°C]	Verwendung
Methan	1	CH_4	−182	−162	Heizgas, Brennstoff für Motoren
Ethan	2	C_2H_6	−183	−89	Herstellung von Essigsäure und Ethen
Propan	3	C_3H_8	−188	−42	Heizgas, Treibgas in Spraydosen, Kältemittel
Butan	4	C_4H_{10}	−138	−1	Campinggas, Treibgas in Spraydosen
Pentan	5	C_5H_{12}	−130	36	Lösemittel, Benzin
Hexan	6	C_6H_{14}	−95	69	Benzin, Lösemittel, Extraktionsmittel
Heptan	7	C_7H_{16}	−90	98	Benzin, Lösemittel für Lacke und Klebstoffe
Octan	8	C_8H_{18}	−57	126	Benzin
Nonan	9	C_9H_{20}	−54	151	Diesel, Kerosin
Decan	10	$C_{10}H_{22}$	−30	174	Diesel, Kerosin
Hexadecan	16	$C_{16}H_{34}$	18	287	Diesel, Schmieröl
Eicosan	20	$C_{20}H_{42}$	37	343	Paraffin, Kerzen, Diesel

▲ *2. Eigenschaften einiger Alkane*

Zwischenmolekulare Kräfte

1. Kugeln fallen unterschiedlich schnell

a) Fülle je ein Reagenzglas fast vollständig mit Benzin (GHS 2, 7, 8, 9; B3), Petroleum (GHS 2, 7, 8; B3) und Paraffinöl (B3).
b) Lass jeweils eine kleine Kugel in jedes Reagenzglas fallen und miss die Zeit, bis die Kugel am Boden angekommen ist.
c) Notiere die Zeit und erstelle ein Balkendiagramm für die drei Flüssigkeiten.
d) Erkläre das Diagramm.

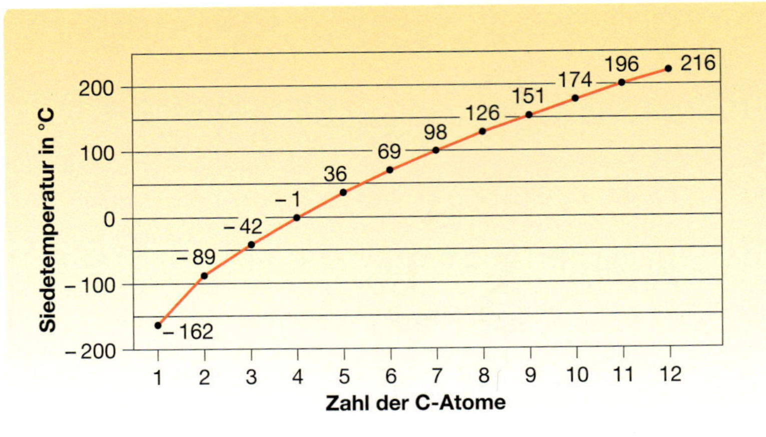

▲ 2. *Siedetemperaturen der Alkane*

Motorenöle bestehen ebenso wie Benzin und Diesel aus Gemischen verschiedener Kohlenwasserstoffe. Doch ist Benzin dünnflüssig wie Wasser, Motorenöl dagegen zähflüssig wie Sirup. Auch die Entzündungstemperaturen der Stoffe sind sehr verschieden. Benzin lässt sich leicht entzünden, während Diesel sich erst bei Temperaturen über 900 °C entzünden lässt. Warum ist das so?

Die Anziehung machts. Die Moleküle im dünnflüssigen Benzin haben kürzere Kohlenwasserstoffketten als die Moleküle im Motorenöl. Die langkettigen Moleküle im Motorenöl ziehen sich gegenseitig viel stärker an als die kurzkettigen Moleküle im Benzin. Deshalb sind Öle zähflüssig und besitzen auch höhere Siedetemperaturen als Benzine.

Alkane und Van-der-Waals-Kräfte. Die Kräfte zwischen den Molekülen werden **Van-der-Waals-Kräfte** genannt. Es sind schwache elektrische Anziehungskräfte. Beim Schmelzen und Sieden eines Stoffes müssen sie durch Energiezufuhr überwunden werden. Sie bestimmen dadurch die Schmelz- und Siedetemperaturen der Alkane.

Die Eigenschaften der Alkane werden von zwischenmolekularen Kräften bestimmt.
Die Kräfte zwischen den Molekülen heißen Van-der-Waals-Kräfte.

2. Fragen zum Text

a) Was sind Van-der-Waals-Kräfte?
b) Welcher Zusammenhang besteht zwischen der Kettenlänge eines Moleküls und der Stärke der Van-der-Waals-Kräfte?

3. Siedetemperaturen

a) Beschreibe den in der Grafik (Bild 2) dargestellten Verlauf der Siedetemperaturen für die Alkane.
b) Erkläre den Anstieg der Siedetemperaturen.

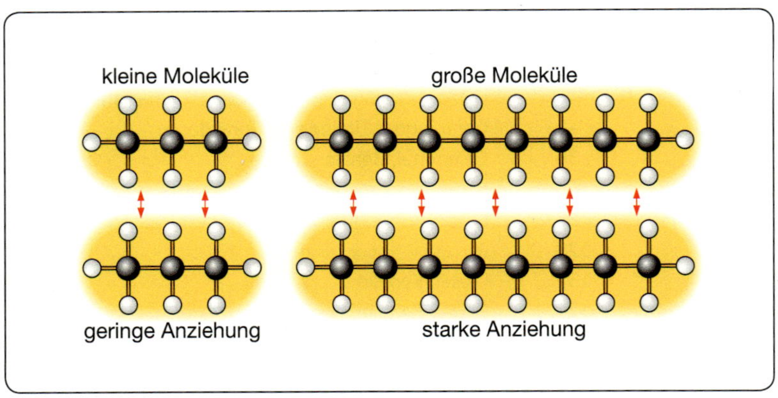

▲ 1. *Van-der-Waals-Kräfte im Modell*

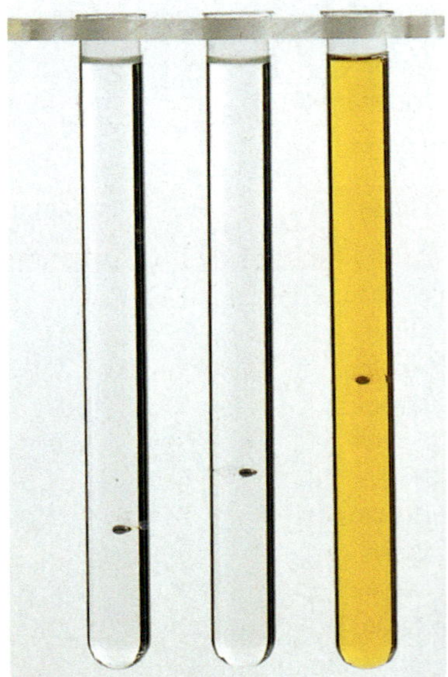

▲ 3. *Kugeln sinken unterschiedlich schnell (zu Aufgabe 1)*

Was hat ein Gecko mit Chemie zu tun?

▲ *1. Ein Geckofuß*

„Ich hätte gerne einen Gecko“, flüstert Karen ihrer Nachbarin im Biologieunterricht zu. „Geckos sind nützlich, sie holen mir die Spinnen und andere Insekten aus jeder Ecke“.

Mit unbeschränkter Haftung. Es ist schon erstaunlich, was diese kleinen Reptilien leisten. Sie können unglaublich gut klettern und sogar kopfüber an der Decke laufen, um ihre Beute zu jagen.
Die besondere Kletterfähigkeit der Geckos war langen Zeit ein Geheimnis. Man nahm an, dass Klebstoffe oder besondere Saugnäpfe an den Füßen dafür verantwortlich sind. Was aber ist wirklich das Geheimnis dieser exotischen Tiere?
Mit dem Auge erkennt man unter den stark verbreiterten Zehen flauschige Lamellenstrukturen (Bild 1). Im Mikroskop lassen sich bereits Felder aus dichten feinen Haaren erkennen. Unter dem Elektronenmikroskop (Bild 2) zeigt sich, dass jedes Haar, Seta genannt, an der Spitze in Hunderte winziger spatenförmiger Blättchen (Spatulae) aufgespalten ist. Durch diese unglaublich feine Verästelung sind die Härchen in der Lage, sich an jede feine Rauheit des Untergrundes anzupassen. Das ist das eine Geheimnis der Haftkraft der Geckos.

Zwischenmolekulare Kräfte. Das andere Geheimnis liegt in den zwischenmolekularen Kräften. Zwischen den Molekülen der Stoffe herrschen Anziehungskräfte, die **Van-der-Waals-Kräfte.** Sie sind aber sehr schwach und wirken nur über sehr kurze Entfernungen. Doch über die vielen Blättchen an den Spitzen der Härchen summieren sich die Kräfte enorm. Diese Haftkräfte reichen aus, einem vierzig Zentimeter langen und etwa 300 g schweren Gecko sicheren Halt bei seiner Jagd nach Insekten an einer Zimmerdecke zu geben.

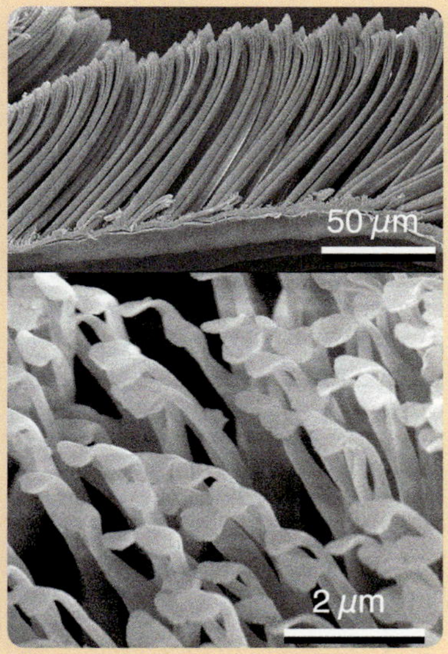

▲ *2. Elektronenmikroskopische Aufnahme der Feinstrukturen am Fuß der Geckos*

▼ *3. Sicher haften – blitzschnell lösen*

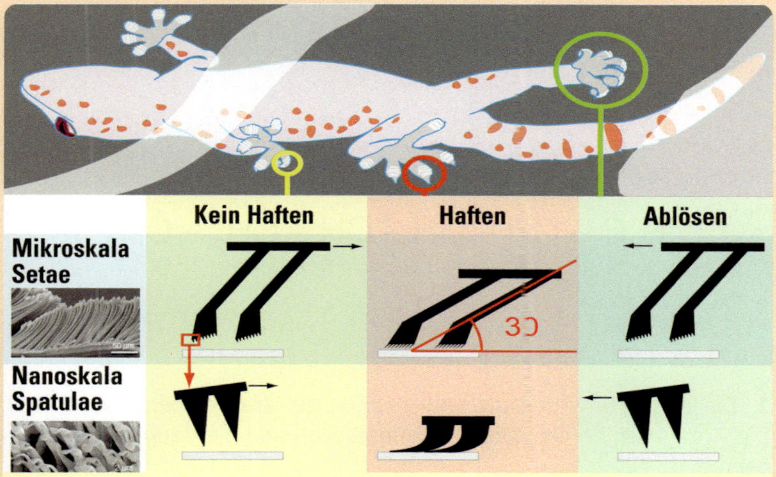

Geckos finden nahezu auf jeder Fläche Halt. Sie können sich aber auch ohne messbaren Kraftaufwand wieder lösen. Dazu aktivieren und deaktivieren sie ihren Haftapparat mit einem ausgefeilten Bewegungsablauf. Solange der Gecko seine Härchen nicht einsetzt, krümmen sie sich zur Zehe hin, damit die Blättchen nicht miteinander verkleben. Setzt die Echse ihren Fuß auf, dann drückt sie ihn leicht gegen die Bewegungsrichtung. Dabei klappen die Härchen um, bis ihr Winkel zur Fläche kleiner als 30 Grad ist (Bild in der Mitte oben). In dieser Position richten sich die Spitzen der Härchen parallel zum Untergrund aus und alle Blättchen schmiegen sich jetzt kraftschlüssig an ihn an (Bild in der Mitte unten). Die Ablösetechnik des Geckos sieht lustig aus: Er rollt dabei die Zehen „verkehrt“ herum nach oben, als zöge er Klebebänder ab. Dabei werden die Härchen wieder aus dem 30°-Winkel herausgedreht, und die Blättchen lösen sich ohne Kraftaufwand vom Untergrund.

Isomerie – gleiche Formel, aber andere Eigenschaften

1. Verzweigte Alkane

Baue mithilfe eines Molekülbaukastens die zwei Strukturformeln des Butans.

Ein Molekül – zwei Möglichkeiten. Baut man mithilfe eines Molekülbaukastens Modelle des Butan-Moleküls, so ergeben sich zwei verschiedene Möglichkeiten: ein unverzweigtes und ein verzweigtes Molekül. Beide Butan-Moleküle haben die gleichen Summenformel C_4H_{10}. Beide Butansorten unterscheiden sich aber wegen ihres unterschiedlichen Molekülbaus in ihren Eigenschaften.

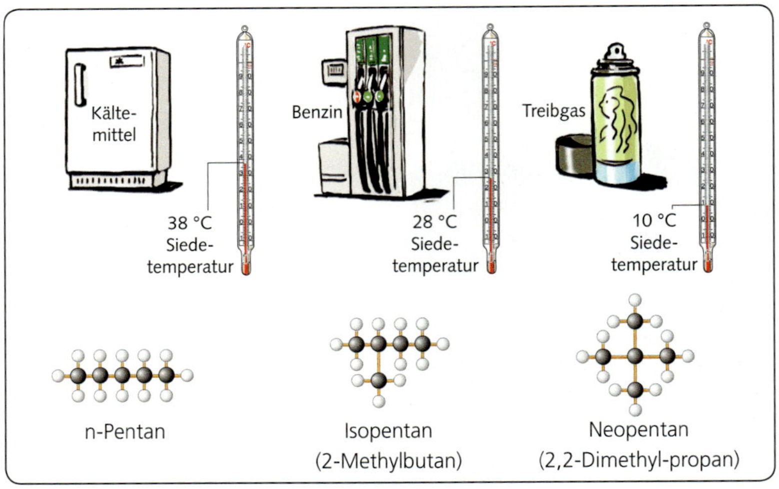

▲ *1. Die Pentan-Isomere werden unterschiedlich verwendet*

Isomerie. Bei Alkan-Molekülen mit mehr als drei Kohlenstoffatomen können Verzweigungen in der Kohlenstoffkette auftreten. Alkane mit unverzweigten Molekülen werden als normale Alkane oder **n-Alkane** bezeichnet. Solche mit verzweigter Kette heißen **Isoalkane.** Allgemein gilt: Stoffe, die die gleiche Summenformel, aber unterschiedliche Strukturformeln haben, werden Isomere genannt.

Benennung der Isomere

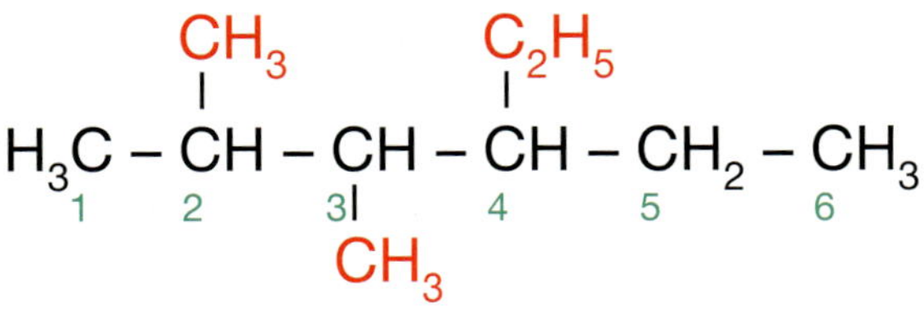

1. Die längste unverzweigte Kohlenstoffkette heraussuchen (Hauptkette). Die Anzahl der Kohlenstoff-Atome feststellen und die Hauptkette benennen.

2. Die Kohlenstoff-Atome der Hauptkette werden so durchgezählt, dass die Kohlenstoff-Atome mit den Verzweigungen möglichst kleine Zahlen erhalten. Hier beginnt die Zählung also links.

3. Stelle die Verzweigungen (Seitenketten) fest. Seitenketten haben ein H-Atom weniger als die entsprechenden Alkane. Sie heißen Alkyl-Gruppen oder Alkyl-Reste. Die kleinsten Alkyl-Grupppen sind die Methyl- (-CH_3) und die Ethyl- (-C_2H_5) Gruppe. Benenne die Seitenketten. Ordne sie alphabetisch.

4. Ermittle die Anzahl gleicher Alkylreste. Stelle das entsprechende Zahlwort (di-, tri-, tetra-, penta-, hexa-) vor den Alkylrest.

5. Stelle die Nummern der Kohlenstoff-Atome fest, an denen die Seitenketten gebunden sind. Diese Zahlen werden den Namen der Seitenketten vorangestellt.

6. Erstelle den Namen des Stoffes.

Der Name des Alkans ist: 4-Ethyl-2,3-dimethylhexan

Vielfalt der Isomere. Je größer die Anzahl der Kohlenstoff-Atome ist, desto höher ist die Zahl der Isomere. Pentan hat 3, Octan 18 Isomere, Decan 75 und Eicosan ($C_{20}H_{42}$) sogar über 300 000 Isomere. Wegen der Vielfalt möglicher organischer Verbindungen ist es notwendig, die verschiedenen Isomere eindeutig zu benennen.

Kohlenwasserstoffe mit gleicher Summenformel aber unterschiedlichen Strukturformeln heißen Isomere.

2. Fragen zum Text

a) Was versteht man unter Isomerie?

b) Was sind Isoalkane?

3. Isoalkane

a) Zeichne fünf Hexan-Isomere und benenne sie.

b) Zeichne die Strukturformel von 2,4-Dimethyloctan.

Mehr Benzin durch Cracken

1. Zu wenig Benzin

Vergleiche die Zusammensetzung des Erdöls mit dem Bedarf an Erdölprodukten (Bild 1).

2. Lehrerversuch: Moleküle werden zerteilt

a) In ein schwer schmelzbares Reagenzglas wird Glaswolle gegeben. Sie wird mit 4 ml Paraffinöl getränkt. Anschließend wird das Reagenzglas zu etwa drei Viertel mit Katalysatorperlen gefüllt. Dann wird der Versuch wie in Bild 2 aufgebaut.
Zunächst wird nur der Katalysator stark erhitzt, dann das Paraffinöl mit kleinerer Flamme. Die entstehenden Dämpfe werden nach einiger Zeit an der Spitze des Glasrohres entzündet.
b) Notiere deine Beobachtungen.
c) Vergleiche Aussehen, Geruch, Zähigkeit und Brennbarkeit von Paraffinöl mit der Flüssigkeit im U-Rohr.
d) Während des Versuchs ist der Katalysator schwarz geworden. Welcher Stoff hat sich auf den Katalysatorperlen abgesetzt?

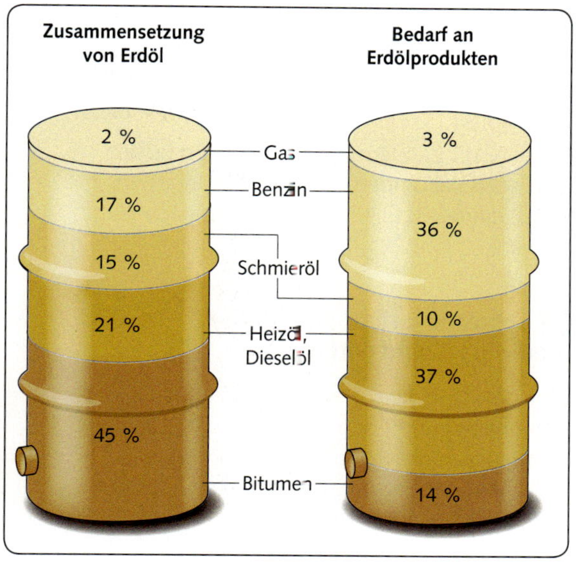

▲ *1. Zu wenig Kohlenwasserstoffe für Benzin im Erdöl*

Hinweis: Ein Teil der Flüssigkeit aus dem Versuch 2 sollte für den Nachweis von Doppelbindungen aufbewahrt werden (s. Seite 354 Versuch 2).

Mangel an Benzin. Nur etwa die Hälfte des heutigen Bedarfs an Benzin, Diesel und Heizöl lässt sich direkt aus dem Erdöl durch fraktionierte Destillation gewinnen. Von den wenig gefragten zähflüssigen und festen Rückständen fällt dagegen weit mehr an, als tatsächlich gebraucht wird. Trotzdem gibt es keinen Benzinmangel, denn in modernen Raffinerien können die dickflüssigen Bestandteile in die gewünschten kurzkettigen Benzin- oder Heizölsorten umgewandelt werden.

Mehr Benzin durch Cracken. Ein Verfahren, mit dem das gelingt, ist das katalytische Cracken (engl.: to crack – zerbrechen). Dabei werden die zähflüssigen Bestandteile des Erdöls verdampft und über einen Katalysator geleitet. An der Oberfläche des Katalysators werden die langkettigen Kohlenwasserstoffe, aus denen die zähflüssigen Schweröle bestehen, zerbrochen.
Aus den langkettigen Kohlenwasserstoffen ist ein Gemisch aus kurzkettigen geworden. Es entsteht ein Gemisch aus Benzin, Diesel, Heizöl und gasförmigen Produkten.

Beim katalytischen Cracken werden die langkettigen Kohlenwasserstoffe des Erdöls in kurzkettige Kohlenwasserstoffe zerbrochen.

3. Fragen zum Text

a) Warum werden zähflüssige Bestandteile des Erdöls gecrackt?
b) Welche Stoffe entstehen beim Cracken?

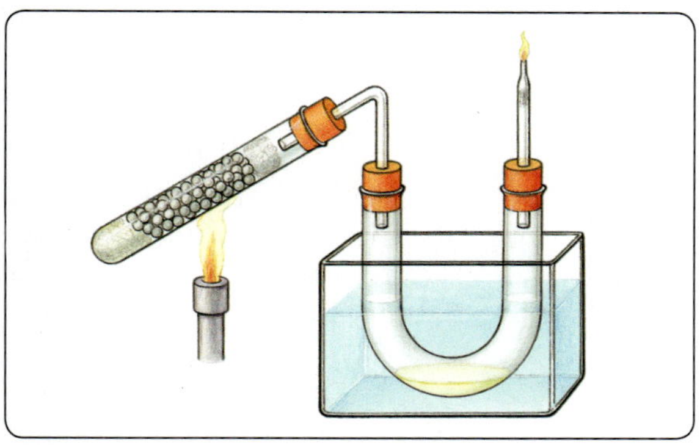

▲ *2. Katalytisches Cracken im Schulversuch*

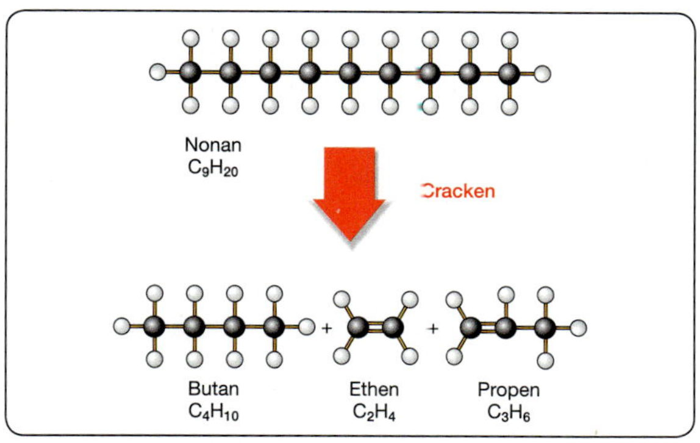

▲ *3. Beim Cracken werden langkettige Moleküle zerbrochen*

Kohlenwasserstoffe mit Doppelbindung – Alkene

1. Lehrerversuch: Reaktionsfreudiges Ethen

B3

Ethen (GHS 2, 4, 7; B3) wird in eine schwach alkalische Kaliumpermanganat-Lösung (GHS 7, 9; B3) eingeleitet. Notiere deine Beobachtungen.

2. Lehrerversuch: Bromwasser wird entfärbt

B4

a) Unter dem Abzug wird in ein Reagenzglas Bromwasser (GHS 5, 6, 9; B4) gefüllt. Danach wird langsam Hexen (GHS 2, 8; B4) zugegeben. Das Reagenzglas wird mit einem Stopfen verschlossen und geschüttelt.
b) Der Versuch wird mit Hexan (GHS 2, 7, 8, 9; B3) und der Flüssigkeit (GHS 2, 7, 8, 9; B3) aus dem U-Rohr aus dem Crackversuch von Seite 353 wiederholt.
c) Vergleiche die Ergebnisse der drei Versuche.

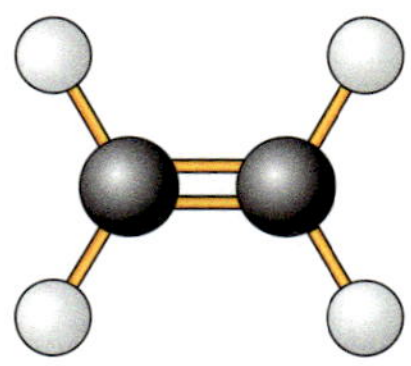

▲ 2. Ethen-Molekül C_2H_4

Alkene – reaktionsfreudige Moleküle. Neben den reaktionsträgen Alkanen gibt es Kohlenwasserstoffe, die viel reaktionsfreudiger sind. Der Unterschied liegt in einer Doppelbindung zwischen zwei Kohlenstoff-Atomen.
Kohlenwasserstoffe, deren Moleküle **Doppelbindungen** aufweisen, werden **ungesättigte Kohlenwasserstoffe** genannt.
Ihre Moleküle enthalten weniger Wasserstoff-Atome als die entsprechenden Moleküle mit Einfachbindungen. Sie bilden die Stoffgruppe der **Alkene.**
Alkene sind Bestandteile von Erdgas und Erdöl. Sie entstehen auch beim Cracken von Erdölbestandteilen, wenn zwischen Kohlenstoff-Atomen Doppelbindungen entstehen.
Ihre Namen entsprechen denen der Alkane, nur mit der Endung **-en.**

Eigenschaften der Alkene. Wie bei den Alkanen bestimmt die Kettenlänge der Moleküle den Aggregatzustand.
Die Reaktion von Hexen mit Bromwasser zeigt die Reaktionsfreudigkeit der Alkene. Beim Mischen beider Stoffe verschwindet die braune Farbe des Broms sofort. Die im Hexen enthaltene Doppelbindung öffnet sich und jedes der beiden Kohlenstoff-Atome verbindet sich mit einem Brom-Atom (Bild 1). Diese Entfärbungsreaktion wird als Nachweisreaktion für Alkene benutzt.

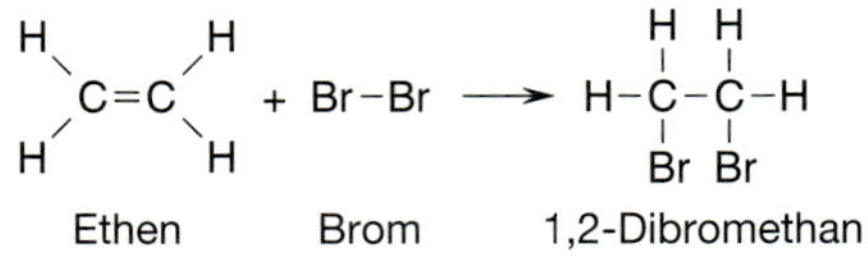

▲ 3. Reaktion von Ethen mit Brom

Verwendung von Alkenen. Aufgrund ihrer Reaktionsfreudigkeit sind die Alkene begehrte Rohstoffe der chemischen Industrie. So werden aus Ethen und Propen z.B. die Kunststoffe Polyethen und Polypropen hergestellt.
Ethen entsteht in der Natur beim Reifen mancher Früchte und beschleunigt die weitere Reifung. Deshalb wird es zum gezielten Ausreifen von grünen Bananen eingesetzt. Die flüssigen und festen Alkene werden vor allem als Ausgangsstoffe zur Herstellung von Alkoholen, organischen Säuren und Waschrohstoffen genutzt.

Ungesättigte Kohlenwasserstoffe mit einer Doppelbindung heißen Alkene. Sie sind wichtige Grundstoffe der Chemie.

3. Fragen zum Text

a) Warum haben Alkene für die chemische Industrie eine große Bedeutung?
b) Wodurch lassen sich Alkene von Alkanen unterscheiden?
c) Nenne zwei Verwendungsmöglichkeiten von Ethen.

Name	Summenformel	Strukturformel
Ethen	C_2H_4	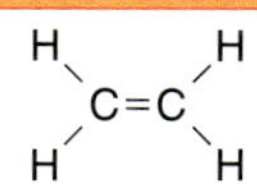
Propen	C_3H_6	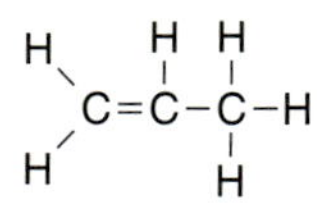
Buten	C_4H_8	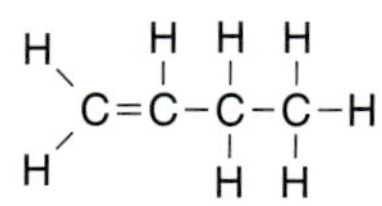
Penten	C_5H_{10}	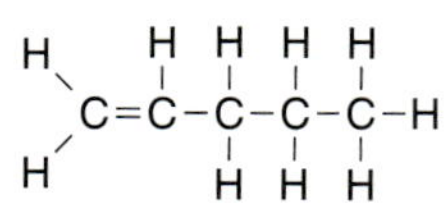

▲ 4. Beispiele für Alkene

Alkine – Kohlenwasserstoffe mit C≡C-Dreifachbindung

Verwendung von Ethin. Vor etwa 150 Jahren breitete sich die Verwendung von Ethin für Beleuchtungszwecke rasch aus. Der Grund dafür war, dass es dem Chemiker FRIEDRICH WÖHLER (1800–1882) gelungen war, Ethin durch ein einfaches Verfahren aus Calciumcarbid und Wasser herzustellen.

$$\underset{\text{Calciumcarbid}}{CaC_2} + \underset{\text{Wasser}}{2\,H_2O} \rightarrow \underset{\text{Ethin}}{C_2H_2} + \underset{\text{Calciumhydroxid}}{Ca(OH)_2}$$

In speziellen Carbidlampen wurde es hergestellt. Vor allem Bergleute verwendeten die Carbidlampen, um mit ihrem hellen Licht die Stollen ausreichend zu beleuchten.

Zu Beginn der Motorisierung hatten die ersten Autos Carbidlampen als Scheinwerfer. Auch Fahrräder und Motorräder wurden mit Carbidlampen ausgerüstet.
Reines Ethin wird in der Technik auch **Acetylen** genannt. Es zerfällt unter Druck explosionsartig. Daher kann es nicht wie andere Gase direkt in Stahlflaschen gepresst werden. Ethin wird in Aceton gelöst und dann unter geringem Druck in Stahlflaschen gefüllt.

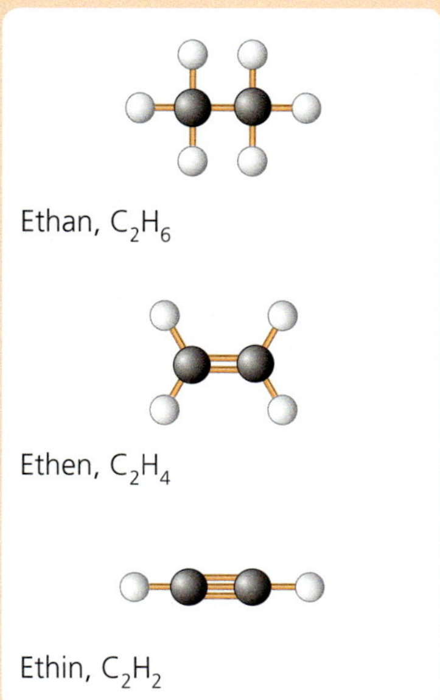

▲ 1. Ethan, Ethen und Ethin

▲ 2. Carbidlampe

Mit Sauerstoff verbrennt es mit sehr heißer Flamme. Es werden dabei Temperaturen von über 3000 °C erreicht. Ethin wird deshalb zum Schweißen und Schneiden von Eisen und Stahl verwendet.

Vielseitiges Ethin. Aufgrund seiner Dreifachbindung ist Ethin sehr reaktionsfreudig und deshalb ein Rohstoff zur Herstellung verschiedener Produkte der chemischen Industrie wie Kunststoffe und synthetischer Kautschuk, Alkohole und organische Säuren.

Ethin, das einfachste Alkin. Ethin ist ein Kohlenwasserstoff, in dem zwei Kohlenstoff-Atome durch eine C≡C-Dreifachbindung miteinander verbunden sind. An jedes Kohlenstoff-Atom ist nur noch ein Wasserstoff-Atom gebunden. Ethin ist ein ungesättigter Kohlenwasserstoff mit der Summenformel C_2H_2. Die Strukturformel ist:

$$H{-}C{\equiv}C{-}H$$

Kohlenwasserstoffe, deren Moleküle eine C≡C-Dreifachbindung aufweisen, heißen **Alkine.** Ihre allgemeine Summenformel ist C_nH_{2n-2}.

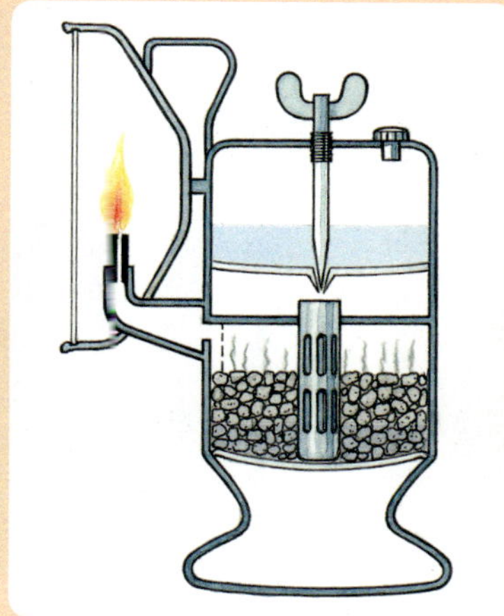

▲ 3. Aufbau einer Carbidlampe

Alkine in der Natur. Alkine kommen auch in der Natur vor. Man findet sie beispielsweise in Tiergiften und vielen pilztötenden Stoffen. So findet sich in der Haut der südamerikanischen Baumsteigerfrösche ein stark giftiges Alkin, das von den Regenwald-Bewohnern als Pfeilgift verwendet wird.

1. Erkläre die Funktionsweise einer Carbidlampe.
2. Zeichne die Strukturformel von Propin.

▲ 4. Frosch – giftig durch Alkine

Kraftstoffe nach Maß – Octanzahl

▲ 1. *An der Tankstelle gibt es verschiedene Kraftstoffe.*

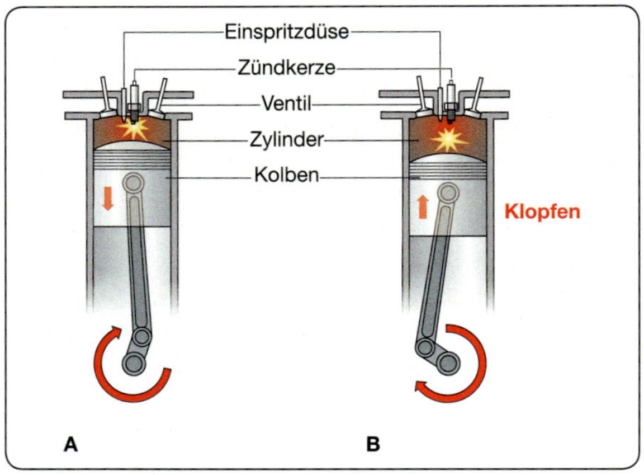

▲ 2. *Normale und klopfende Verbrennung.*

1. Treibstoffe fürs Auto

a) Welche Treibstoffe findest du an einer Tankstelle?
b) Erkunde, was auf dem Tankstellenetikett für den jeweiligen Ottokraftstoff steht.
c) Welcher Stoff gehört nicht in den Autotank? Benzin, Diesel, Kerosin, Petroleum, Salatöl, Superbenzin.

Benzin verbrennt im Motor. In einem Benzinmotor wird Luft in die Zylinder des Motors gesaugt. Die Luft wird verdichtet. Sie erwärmt sich dabei. Nun wird Benzin eingespritzt. Das Benzin-Luft-Gemisch wird durch den Funken der Zündkerze gezündet. Dieser Vorgang läuft aber nur dann ungestört ab, wenn der richtige Kraftstoff verwendet wurde.

Klopfen im Motor. Wird ungeeigneter Kraftstoff verwendet, kann sich das zusammengepresste Benzin-Luft-Gemisch schon entzünden bevor der eigentliche Zündzeitpunkt erreicht ist. Dadurch entsteht im Motor ein klopfendes Geräusch. Man spricht deshalb vom Klopfen des Motors. Durch solche unkontrollierten Verbrennungen wird der Motor geschädigt.

Klopffestigkeit und Octanzahl. Alkane mit unverzweigten Molekülen sind klopffreudig, da sie sich schon bei niedrigen Temperaturen entzünden. Alkane mit verzweigten Molekülen sind umso klopffester, je mehr Verzweigungen sie aufweisen. Ein Maß für die Klopffestigkeit des Benzins ist die **Octanzahl.** Je höher sie ist, desto klopffester ist das Benzin. Um die Klopffestigkeit von Benzinen vergleichen zu können benutzt man das besonders klopffeste 2,2,4-Trimethylpentan (Isooctan) als Maß für die Klopffestigkeit. Es hat die Octanzahl 100. Das besonders klopffreudige Heptan hat die Octanzahl 0.

Klopffestes Benzin. Kohlenwasserstoffe mit niedriger Octanzahl lassen sich durch ein technisches Verfahren, das **Reformieren,** in verzweigte und ringförmige Kohlenwasserstoffe mit höherer Octanzahl umwandeln. Dies geschieht in einer Raffinerie mithilfe von Katalysatoren bei hohem Druck und Temperaturen um 500 °C. Das beim Reformieren entstehende Benzol erhöht ebenfalls die Octanzahl. Es darf aber nur zu 1 % im Benzin enthalten sein, da es krebserzeugend ist.

Alkane mit verzweigten Molekülen sind klopffester als solche mit unverzweigten Ketten.

2. Fragen zum Text

a) Wodurch kommt es zum Klopfen im Motor?
b) Warum wird Benzin reformiert?

3. Octanzahl von Benzin

Welche Octanzahl haben Superbenzin und Superplusbenzin?

Stoff	Summenformel	Octanzahl
n-Heptan	C_7H_{16}	0
n-Octan	C_8H_{18}	17
3-Methylheptan	C_8H_{18}	35
2,5-Dimethylhexan	C_8H_{18}	56
3-Ethyl-3-Methylpentan	C_8H_{18}	89
2,2,4-Trimethylpentan	C_8H_{18}	100
2,3-Dimethylbutan	C_6H_{14}	102
Toluol	C_7H_8	124

▲ 3. *Octanzahl einiger Kohlenwasserstoffe*

Der Auto-Abgas-Katalysator

Neben Kohlenstoffdioxid und Wasser entsteht beim Verbrennen von Benzin im Motor auch das giftige Kohlenstoffmonooxid (CO). Zusätzlich reagiert bei den hohen Verbrennungstemperaturen auch ein Teil des Stickstoffs aus der Luft zu Stickstoffoxiden. Sie führen zu saurem Regen und verursachen Waldschäden. Außerdem verlässt ein geringer Teil des Benzins den Motor unverbrannt.
Damit der Anteil der für die Umwelt schädlichen Abgase so gering wie möglich bleibt, werden die Abgase mithilfe eines Katalysators gereinigt.

Der Abgaskatalysator. Abgaskatalysatoren bestehen aus einem wabenförmigen Körper aus Keramik, der von Tausenden feiner Kanälchen durchzogen ist. Durch die raue Oberfläche der Kanälchen und Poren ist die Oberfläche des Katalysators insgesamt größer als zwei Fußballfelder. Auf dieser Fläche sind die katalytisch wirksamen Edelmetalle Platin und Rhodium als hauchdünne Beschichtung aufgebracht. Auf dieser riesigen Fläche werden die Kohlenwasserstoffe und das Kohlenstoffmonooxid oxidiert, die Stickstoffoxide in elementaren Stickstoff umgewandelt. Über die Lambda-Sonde wird der notwendige Sauerstoffanteil im Abgas so gesteuert, dass etwa 90 % der Schadstoffe beseitigt werden können.

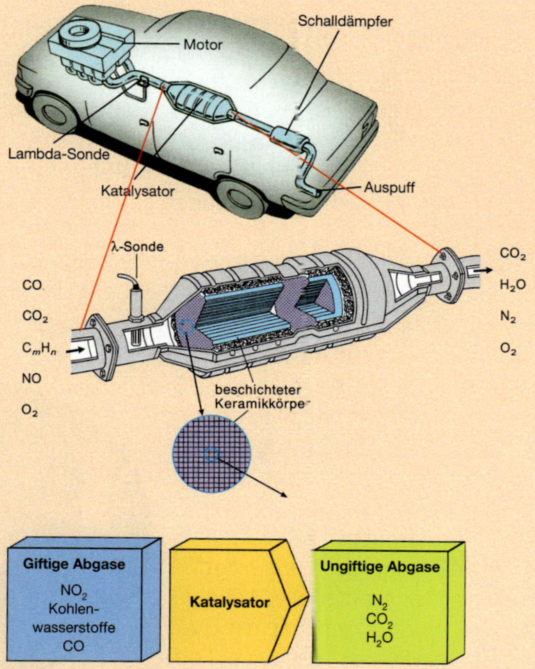

▲ *1. Abgaskatalysator für Fahrzeuge mit Ottomotor*

1. Welche Schadstoffe entstehen im Motor?
2. Wie groß ist die Oberfläche eines Abgaskatalysators?
3. Warum muss die Katalysatoroberfläche sehr groß sein?

Der Rußpartikelfilter

Beim Verbrennen von Dieselkraftstoff im Dieselmotor entstehen feine Rußteilchen. Diese belasten die Umwelt. Sie sind für viele Atemwegserkrankungen verantwortlich und stehen sogar im Verdacht, krebserzeugend zu sein. Ein großer Teil der Rußteilchen im Abgas lässt sich durch einen speziellen Rußfilter entfernen.

Der Rußfilter. Der Rußfilter besteht aus Siliciumcarbid, einer sehr harten und hitzebeständigen Keramik. Die winzigen Rußteilchen werden in den feinen Kanälen des Keramikfilters zurückgehalten (Bild 2). Nach einigen hundert Kilometern ist der Filter voll. Damit der Filter nicht verstopft, werden die gesammelten Rußteilchen zu Kohlenstoffdioxid verbrannt. Dazu wird durch Nacheinspritzung von Kraftstoff die Abgastemperatur erhöht.
Die heißen Abgase verbrennen die Rußpartikel im Filter zu Kohlenstoffdioxid. Der Reinigungsvorgang wird durch Druckmessfühler gesteuert.

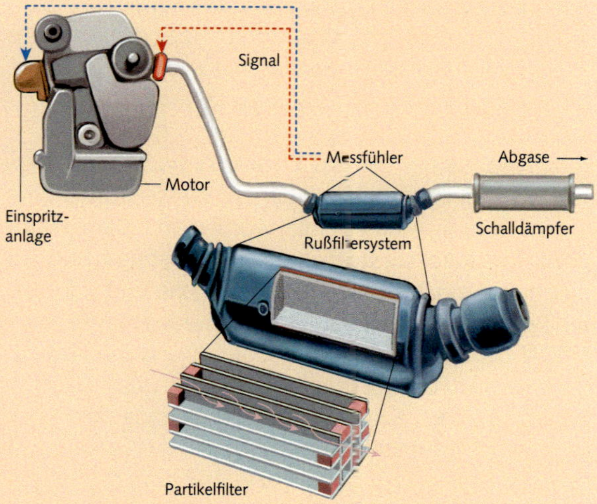

▲ *2. Rußpartikelfilter für Fahrzeuge mit Dieselmotor*

4. Warum muss der Rußpartikelfilter nicht regelmäßig ausgetauscht werden?

▶ Halogenkohlenwasserstoffe zerstören die Ozonschicht

In Australien müssen sich die Menschen im Sommer vor den Sonnenstrahlen schützen, da zu wenig Ozon in der Atmosphäre ist und deshalb die schädliche UV-Strahlung bis zum Boden gelangt.

Ozon am Boden. Im Unterschied zum lebenswichtigen Sauerstoff ist Ozon ein äußerst giftiges Gas. Ozon-Moleküle bestehen aus drei Sauerstoff-Atomen (O_3). Ozon ist sehr reaktiv, greift viele Stoffe an und zerstört sie. Ozon wirkt keimtötend und schädigt Pflanzen. Es reizt Augen und Schleimhäute sowie die Lunge.

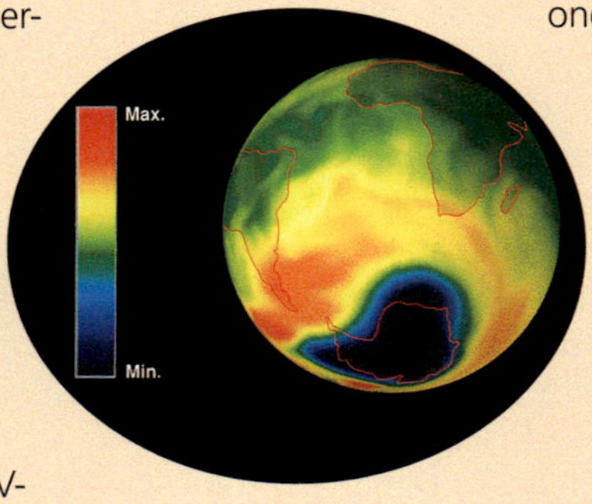

Ozon in der Atmosphäre. Ozon in 20–50 km Höhe schadet uns nicht. Im Gegenteil, es schützt alles Leben auf der Erde vor der gefährlichen UV-Strahlung der Sonne. Wie eine Sonnenbrille filtert es die gefährlichen UV-Bestandteile weitgehend heraus. Ohne die Ozonschicht als Filter würden die UV-Strahlen ungehindert auf die Erde treffen. Beim Menschen würde es zu einer stark erhöhten Hautkrebsrate und mehr Augenkrankheiten sowie zu einer Schwächung des Immunsystems kommen. Aber auch die Pflanzen an Land und die Algen im Meer können durch die Zerstörung des Chlorophylls geschädigt werden. Missernten könnten unter anderem die Folge sein.

Die Ozonschicht ist gefährdet. 1986 haben Wissenschaftler erstmals ein **„Ozonloch"** über der Antarktis festgestellt, also einen Bereich mit sehr wenig Ozon. Aber auch über der Arktis gibt es inzwischen ein Ozonloch.
Hauptverursacher für das Ozonloch sind Kohlenwasserstoffverbindungen, bei denen Wasserstoff-Atome durch Halogen-Atome ersetzt worden sind. Diese **Halogenkohlenwasserstoffe** sind reaktionsträge, ungiftig und galten bis 1980 als ideale Treibgase und Kühlmittel. Besonders die **F**luor**c**hlor**k**ohlen**w**asserstoffe, kurz **FCKW** genannt, wie Frigen (CCl_2F_2), und die Halone, bromhaltige Feuerlöschmittel, zerstören das Ozon in der Atmosphäre. Einmal freigesetzt gelangen die Halogenkohlenwasserstoffe unverändert in die Ozonschicht und zerstören das Ozon. Die UV-Strahlung spaltet aus den Molekülen Chlor-Atome ab. Jedes Chlor-Atom zerstört viele Tausend Ozon-Moleküle, bevor es selbst unschädlich wird.

Halogenkohlenwasserstoffe heute. Wegen der schädlichen Folgen wurde der Einsatz von Fluorchlorkohlenwasserstoffen in vielen Ländern verboten. Seither wird nach Ersatzstoffen gesucht. Die chlorfreien Halogenkohlenwasserstoffe, kurz HFKW genannt, schädigen die Ozonschicht viel weniger, wirken aber als Treibhausgase.

Was wird getan? Umweltverbände und Wissenschaftler haben jahrelang auf die Gefahr von FCKW für die Ozonschicht hingewiesen. Seit 1996 dürfen voll halogenierte FCKW in den Industrienationen nicht mehr hergestellt oder verwendet werden. Bis zum Jahre 2030 sollen auch die teilhalogenierten H-FCKW verboten werden. Trotzdem wird uns das Ozonproblem noch Jahrzehnte begleiten. Bis zu dreißig Jahre kann es dauern, bis die einmal freigesetzten Moleküle in die Ozonschicht gelangt sind.

1. Welche Aufgabe hat das Ozon in der Atmosphäre?

2. Was passiert mit den Halogenkohlenwasserstoffen in der Ozonschicht?

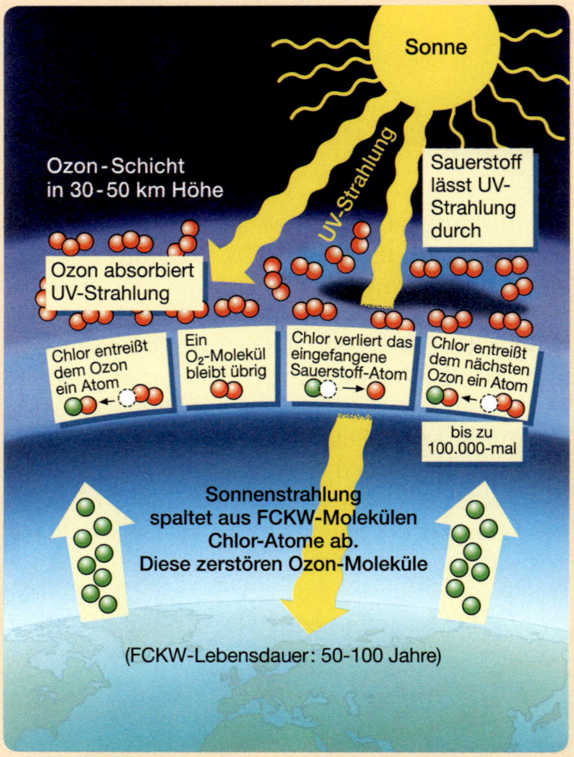

▲ *3. Abbau von Ozon in der Atmosphäre*

Erdöl – zu schade zum Verbrennen

→ Organische Stoffe: Organische Verbindungen enthalten Kohlenstoff und Wasserstoff. Es können aber auch noch andere Elemente gebunden sein, vor allem Sauerstoff, Stickstoff und Schwefel.

→ Vielfalt der organischen Stoffe: Die Zahl der organischen Verbindungen ist sehr groß, da sich Kohlenstoff-Atome zu kettenförmigen, verzweigten oder ringförmigen Molekülen verbinden können. Außerdem gibt es zwischen den Kohlenstoff-Atomen Einfach-, Doppel- und Dreifach-Bindungen.

→ Methan ist der einfachste Kohlenwasserstoff.

→ Rohöldestillation: Rohöl ist ein Gemisch aus vielen verschieden Kohlenwasserstoffen. Es lässt sich durch die **fraktionierte Destillation** in seine Bestandteile zerlegen.
Die wichtigsten Produkte aus dem Rohöl sind Benzin, Petroleum, Kerosin, Diesel und Heizöl.
Der zähflüssige Rückstand des Rohöls wird durch eine Destillation unter vermindertem Druck in weitere **Fraktionen** zerlegt.

	Alkane	**Alkene**	**Alkine**
Merkmal	Kohlenwasserstoff mit Einfachbindung	Kohlenwasserstoff mit Doppelbindung	Kohlenwasserstoff mit Dreifachbindung
allgemeine Formel	C_nH_{2n+2}	C_nH_{2n}	C_nH_{2n-2}
wichtigste Verbindung	Ethan, C_2H_6	Ethen, C_2H_4	Ethin, C_2H_2
Molekül-Modell	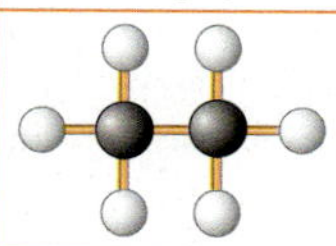	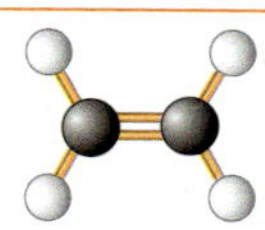	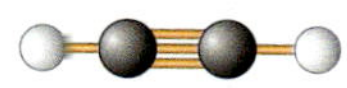
Eigenschaften	reaktionsträge	reaktionsfreudig	sehr reaktionsfreudig
Verwendung	Brenn- und Treibstoffe, Grundstoffe der chemischen Industrie	Grundstoffe der chemischen Industrie (Kunststoffe, Alkohole, organische Säuren)	Ethin als Schweißgas, Grundstoffe der chemischen Industrie

→ Zwischenmolekulare Kräfte: Die zwischenmolekularen Kräfte bestimmen die Eigenschaften der Alkane und Alkene. Diese Kräfte werden als Van-der-Waals-Kräfte bezeichnet. Mit zunehmender Kettenlänge nimmt die Zahl der Van-der-Waals-Kräfte zu. Kohlenwasserstoffe mit mehr als 16 Kohlenstoff-Atomen sind deshalb fest.

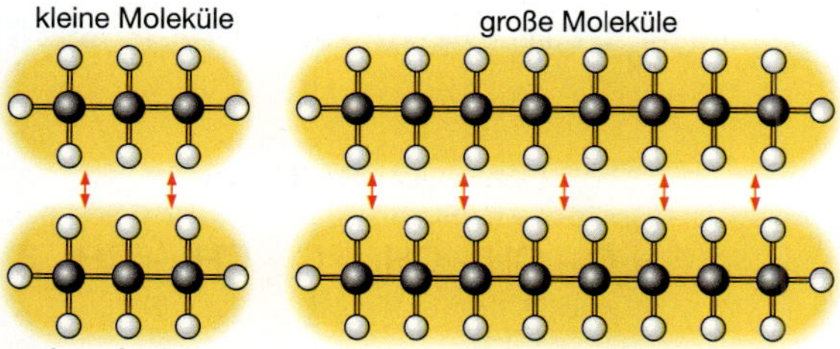

→ Treibstoffe: Benzin und andere Treibstoffe sind Gemische verschiedener Kohlenwasserstoffe. Klopffestes Benzin hat eine hohe Octanzahl. Es besteht überwiegend aus verzweigten Kohlenwasserstoff-Molekülen.

→ Cracken: Die direkt aus dem Rohöl gewonnene Benzinmenge reicht nicht aus. Deshalb werden langkettige Kohlenwasserstoffe durch Cracken in kürzere gespalten. Durch Reformieren wandelt man unverzweigte in verzweigte Kohlenwasserstoffe um.

→ Reformieren: Durch dieses technische Verfahren lassen sich Kohlenwasserstoffe mit niedriger Octanzahl in Kohlenwasserstoffe mit höherer Octanzahl umwandeln.

Erdöl – zu schade zum Verbrennen

1. Vielfalt der organischen Stoffe

Die Vielfalt der organischen Stoffe ist im Vergleich zu den anorganischen Stoffen riesig groß.

a) Nenne vier Beispiele für organische Stoffe in deiner Umgebung.

b) Welche der folgenden Stoffe sind keine organischen Stoffe? Petroleum, Eisen, Kalk, Polyethen, Wasser, Glas, Plexiglas.

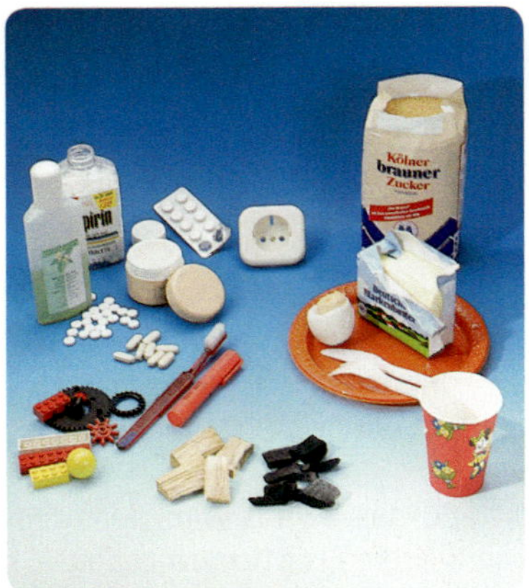

c) Welche Kohlenstoffverbindungen werden zu den anorganischen Stoffen gezählt?

2. Was sind organische Stoffe?

Welche Antwort ist richtig? Organische Stoffe sind ...
- Verbindungen, die Kohlenstoff-Atome enthalten (a)
- Stoffe, die aus Kohlenstoff- und Wasserstoff-Atomen bestehen (b)
- Stoffe, die als Laugen bezeichnet werden (c)
- Nur Benzin und Diesel sind organische Stoffe (d)

3. Verarbeitung von Erdöl

a) Woraus besteht Erdöl?

b) Nenne fünf Produkte, die aus Erdöl hergestellt werden.

c) Wie nennt man den Trennvorgang von Erdöl in seine Bestandteile?

d) Wie werden die Zwischenböden in einem Destillationsturm genannt?

e) Welche Eigenschaft der Erdölbestandteile wird bei der Destillation genutzt?

f) Wie wird die besondere Art der Destillation beim Erdöl genannt?

g) Welche weiteren Stoffe erhält man bei der Destillation unter vermindertem Druck?

4. Methan – überall zu finden

a) Was haben Biogas, Faulgas und Erdgas gemeinsam?

b) Wie entsteht Methanhydrat?

c) Warum wird Methan auch als Klimakiller bezeichnet?

d) Zur Beheizung eines Einfamilienhauses werden pro Jahr etwa 2000 m^3 Methan benötigt. Wie groß müsste eine Rinderherde sein, um diese Gasmenge innerhalb eines Jahres zu erzeugen?

e) Welche Heizölmenge lässt sich durch die Mistmenge von 250 Rindern einsparen?

5. Alkane

Alkane spielen in unserem Alltag eine große Rolle.

a) Nenne vier Beispiele für Alkane im Alltag.

b) Warum darf an Tankstellen nicht geraucht werden?

c) Warum werden Alkane als gesättigte Kohlenwasserstoffe bezeichnet?

d) Mit welchem Oberbegriff werden feste und flüssige Alkane bezeichnet?

6. Homologe Reihe der Alkane

a) Zeichne und benenne je ein Alkan-Molekül mit 7 und mit 10 C-Atomen.

b) Wie heißen diese Alkane?

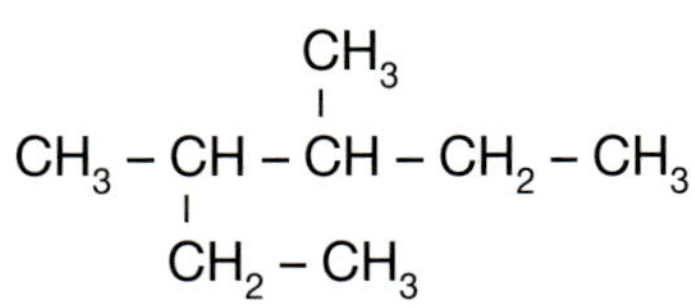

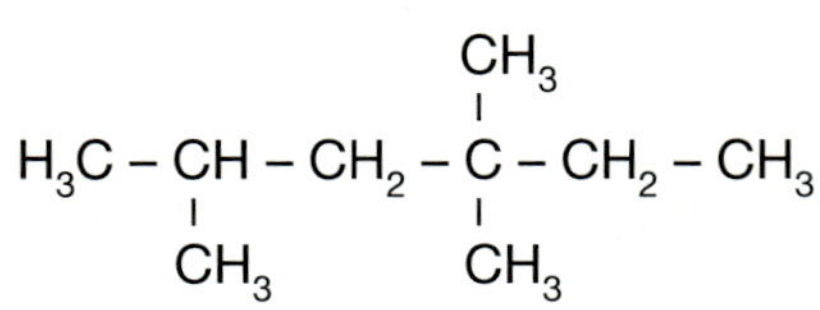

7. Zwischenmolekulare Kräfte

a) Wie nennt man die zwischenmolekularen Kräfte zwischen Alkan-Molekülen?
b) Schreibe die richtige Antwort auf.
Je kürzer eine Kohlenwasserstoffkette ist, desto
– stärker sind die zwischenmolekularen Kräfte.
– höher ist seine Siedetemperatur
– geringer sind die zwischenmolekularen Kräfte.

8. Mehr Benzin durch Cracken

a) Warum werden langkettige Alkan-Moleküle gecrackt?
b) Beim Cracken von Paraffinöl setzt sich Ruß an der Oberfläche des Katalysators ab. Wie lässt er sich entfernen?

9. Alkene, Alkine

a) Schreibe die Strukturformel von Propan und Propen auf.
b) Beide sind brennbare Gase. Wie lassen sie sich voneinander unterscheiden?

c) Welche Kunststoffe werden aus Ethen und Propen hergestellt?
d) Alkine sind Kohlenwasserstoffe, die in ihren Molekülen
– drei C-C Einfachbindungen haben,
– mindestens eine C≡C-Dreifachbindung haben,
– nur aus drei Kohlenstoff-Atomen bestehen?
Schreibe die richtige Antwort auf.
e) Wo kommen Alkine in der Natur vor?

10. Treibstoffe nach Maß

a) Warum enthält Autobenzin ringförmige und verzweigte Kohlenwasserstoffe?
b) Was versteht man unter der Octanzahl?
c) Was passiert beim Reformieren von Benzin?

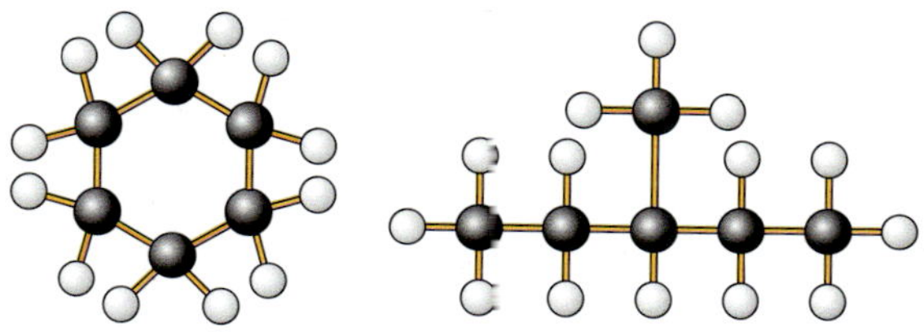

11. Abgasreinigung

a) Erkläre die Funktionsweise eines Abgaskatalysators.
b) Erkläre die Funktionsweise eines Rußpartikelfilters.

12. Die Ozonschicht

a) Was ist chemisch der Unterschied zwischen Ozon-Molekülen und Sauerstoff-Molekülen?
b) Erkläre die unterschiedliche Wirkung von Ozon am Boden und Ozon in der höheren Atmosphäre.
c) Welche Folgen hätte es für alle Lebewesen, wenn die Ozonschicht der Erde fehlen würde?
d) Welche Stoffe sind die Hauptverursacher für die Entstehung des Ozonlochs?

14 Kunststoffe überall – vom Handy bis zur Babywindel

Ein Handy ist nur deshalb so leicht, weil viele Teile aus Kunststoff bestehen. Statt durch Schrauben werden die Teile oft durch Klebstoffe miteinander verbunden – auch das sind meistens Kunststoffe. ▼

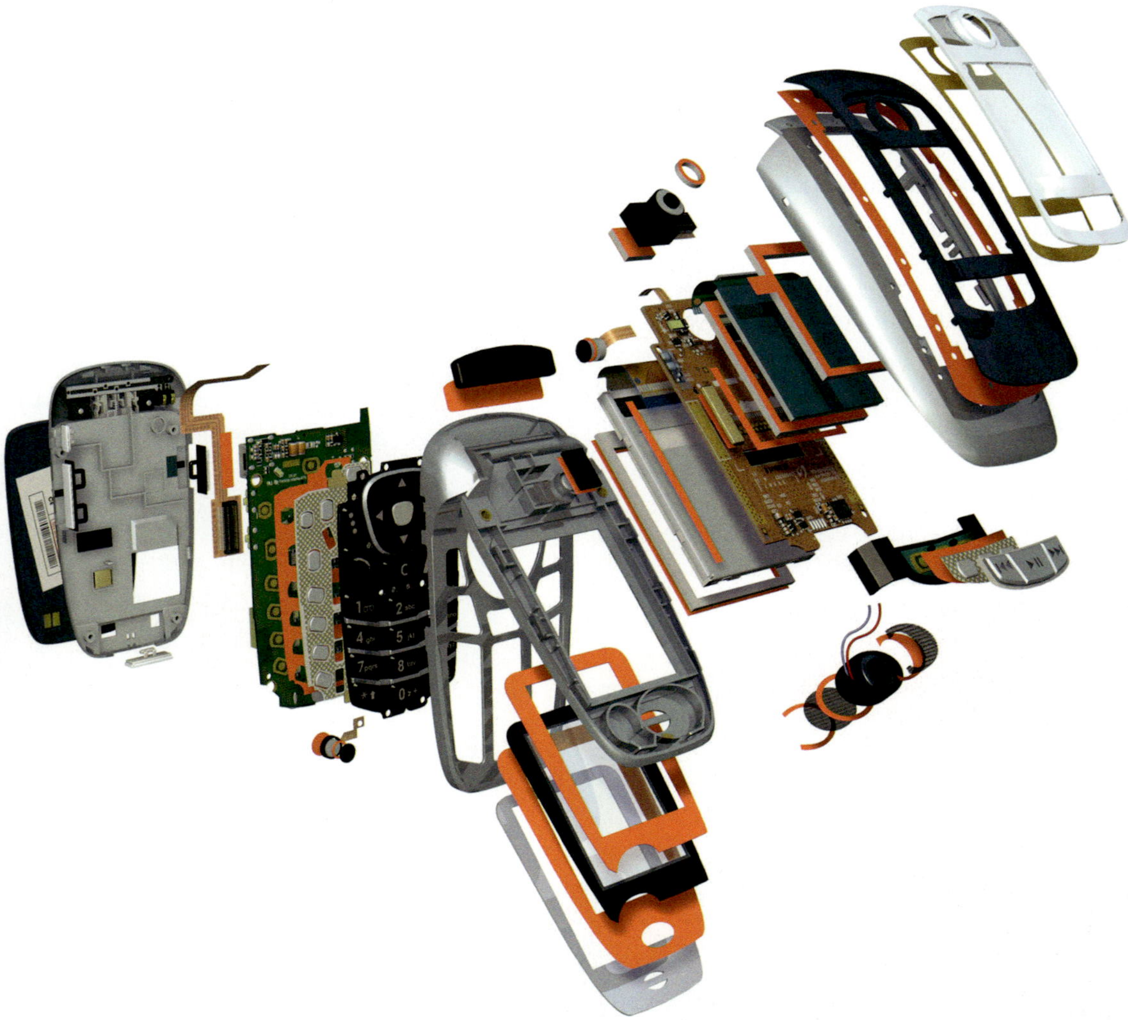

Eine Welt ohne Kunststoffe kann man sich heute gar nicht mehr vorstellen. So sehr hat sich dieser Werkstoff in unserem Alltag verbreitet. Autoteile, viele Haushaltsgegenstände, Spielzeug, Elektrogeräte und vor allem Verpackungen sind ganz oder zum Teil aus Plastik.

Was die Kunststoffe so erfolgreich gemacht hat: Sie lassen sich dank des bisher billigen Rohstoffs Erdöl preiswert und rasch in großen Mengen herstellen. Außerdem haben sie in manchen Bereichen unbestreitbare Vorteile. Was noch dazukommt, ist, dass man ihre Eigenschaften besonders gut auf die Anforderungen einstellen kann.

▲ *1. Gerade bei Verpackungen sind Kunststoffe sehr erfolgreich. Welche Vorteile haben Verpackungen aus Kunststoffen gegenüber solchen aus Papier, Glas oder Metall?*

◄ *2. Windeln enthalten ein Kunststoffgranulat, das große Mengen Wasser aufsaugen kann. So bleibt die Windel dicht und die Haut der Babys trocken.*

4. Biologisch abbaubare Kunststoffe gibt es bereits seit mehreren Jahren, vor allem für Verpackungen. Doch bisher haben sie sich noch nicht durchgesetzt. ►

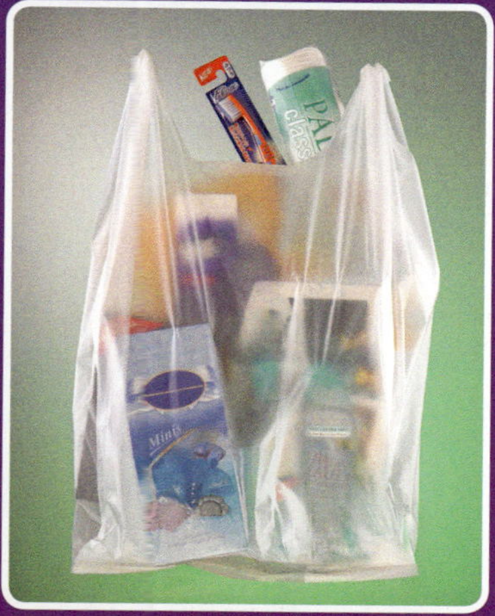

3. Kunststoffe sind extrem langlebig. Dieser vermeintliche Vorteil ist für die Natur ein Nachteil: Etwa 80 % des Mülls in den Weltmeeren sind aus Plastik, bislang etwa 100 Millionen Tonnen! ►

Eigenschaften von Kunststoffen

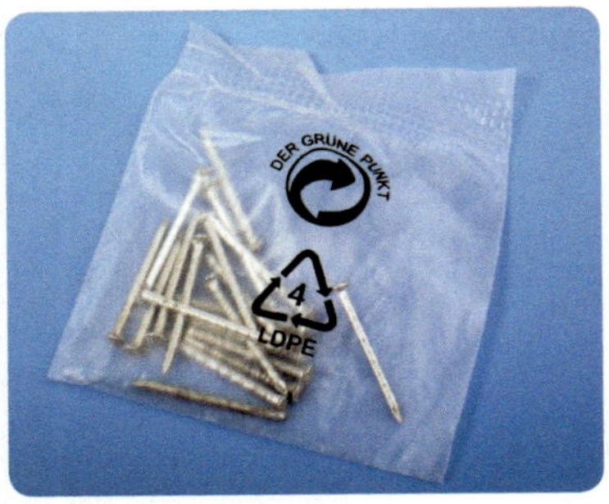

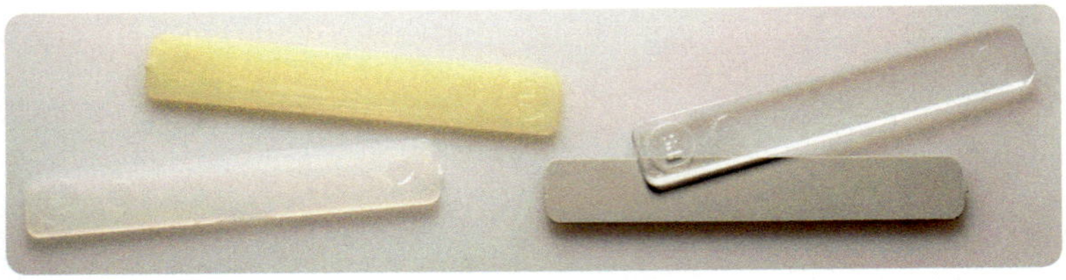

1. Unterschiedliche Sorten

Es gibt viele verschiedene Kunststoffsorten. Anhand ihrer Kennzeichnung kann man sie unterscheiden.
Untersuche mehrere Gegenstände aus Kunststoff. Stelle fest, um welche Sorten es sich handelt und erstelle eine Tabelle mit deinen Ergebnissen.

Kennzeichnung	Name
01 PET	Polyethenterephthalat
02 PE-HD	Polyethen (Hohe Dichte)
03 PVC	Polyvinylchlorid
04 PE-LD	Polyethen (Niedrige Dichte)
05 PP	Polypropen
06 PS, EPS	Polystyrol
07 O	Andere („others")

2. Untersuche Kunststoffproben auf ihre Eigenschaften

Untersuche gleich große Probestücke verschiedener Kunststoffe Fasse alle deine Ergebnisse in einer Tabelle zusammen.

a) Prüfe die Kratzempfindlichkeit verschiedener Kunststoffproben. Ritze dazu die Oberflächen der Kunststoffproben mit einer Nagelspitze an.

b) Untersuche anschließend die Bruchfestigkeit der Kunststoffproben.

c) Tauche die Kunststoffproben mithilfe einer Tiegelzange in heißes Wasser (ca. 70 °C) und prüfe, ob sie dann verformbar sind.

d) Untersuche mit einer erhitzten Stricknadel, wie temperaturempfindlich die Proben sind.

e) Überprüfe die elektrische Leitfähigkeit unterschiedlicher Kunststoffe.

f) Überlege dir eine Versuchsanordnung, mit deren Hilfe du die Wärmeleitfähigkeit von verschiedenen Kunststoffen herausfinden kannst. Führe die Versuche durch und notiere deine Beobachtungen.

g) Schätze die Dichte der Kunststoffproben ab. Beobachte dazu das Verhalten der Kunststoffe in Wasser (Dichte 1,0 g/cm³) und in Glycerin (Dichte 1,26 g/cm³). Wenn die Probe in einer Flüssigkeit oben schwimmt, ist deren Dichte kleiner als die der Flüssigkeit.

3. Löslichkeit von Kunststoffen

2 5 7 B1 B3

a) Untersuche die Löslichkeit der Kunststoffproben in verdünnter Salzsäure (GHS 5, 7; B1) und in verdünnter Natronlauge (GHS 5, 7; B1). Beobachte nach einigen Minuten und nach einigen Tagen.

b) Führe den folgenden Versuch unter dem Abzug durch.
Gib wenige Tropfen Aceton (GHS 2, 7; B3) bzw. Spiritus (GHS 2; B3) auf Kunststoffproben. Verändern sich die Proben?

c) Betrachte nun das Foto des Joghurtbechers aus Polystyrol (PS) in einem Lösemittel. Um welches der beiden Lösemittel aus b) handelt es sich dabei?

▲ 1. *Autos enthalten sehr viele Teile aus Kunststoff*

Kunststoffe im Auto. Von den 5000 bis 6000 Bauteilen eines modernen Autos bestehen etwa 1500 Teile aus Kunststoffen. Vor allem Innenauskleidungen, Reifen, Dichtungen, Schläuche und Leitungen werden überwiegend aus Kunststoffen hergestellt. Dadurch wird das Gesamtgewicht eines PKW um ein Drittel verringert.

Vorteile. Kunststoffteile sind viel leichter als solche aus anderen Werkstoffen. Die Gewichtsersparnis macht sich durch einen geringeren Benzinverbrauch bemerkbar. Im Unterschied zu metallischen Werkstoffen sind Kunststoffe beständig gegenüber Wasser, Luft, Säuren und Laugen. Eine Beschichtung mit Kunststoffen schützt Metallteile vor Korrosion. Elastische Kunststoffe verringern das Verletzungsrisiko bei Unfällen.

Vorteilhaft ist auch, dass man Kunststoffteile maßgeschneidert und preiswert herstellen kann. Selbst kompliziert geformte Bauteile wie Benzintanks lassen sich maschinell in großen Stückzahlen günstig produzieren. Armaturenbretter, die man früher unter großem Zeitaufwand aus vielen Einzelteilen montieren musste, werden heute aus einem Rohling in einem einzigen Arbeitsgang gefertigt.

▲ 2. *Benzintank aus einem Stück*

Nachteile. Kunststoffteile sind nicht besonders hart. Sie sind kratzempfindlich und nicht sehr temperaturbeständig. Im Laufe der Zeit können sie spröde und brüchig werden, vor allem, wenn sie Sonnenlicht und Wärme ausgesetzt sind. Eine Reparatur ist dann kaum möglich. Außerdem gibt es noch erhebliche Probleme bei der Verwertung der riesigen Abfallmengen aus Kunststoffen.

Kennzeichnung von Kunststoffen. Seit 1988 werden wieder verwertbare Kunststoffe mit einem Recyclingcode gekennzeichnet. Er besteht aus drei Pfeilen als Recyclingsymbol und einer Buchstabenkombination. Heute nutzen auch andere Industriebereiche diese Kennzeichnungsart.

Kunststoffe lassen sich schnell und kostengünstig herstellen; sie sind leicht und rosten nicht. Sie haben aber auch Nachteile: Sie sind kratz- und temperaturempfindlich und werden im Laufe der Zeit spröde.

1 Fragen zum Text

a) Weshalb werden viele Teile eines Autos aus Kunststoff hergestellt?

b) Stelle die positiven und negativen Eigenschaften von Kunststoffen in einer Tabelle dar.

c) Was bedeuten die Pfeile beim Kennzeichnungssymbol für Kunststoffe?

2 Kunststoffe in der Zukunft

a) Welche Veränderung könnte bewirken, dass Kunststoffe in einigen Jahrzehnten nicht mehr in so großen Mengen eingesetzt werden?

b) Finde heraus, wie viel Prozent des Erdöls aktuell zur Energiegewinnung verbrannt werden.

So sind Kunststoffe aufgebaut

1. Fadenziehen

Erwärme Nylonstücke mit dem Bunsenbrenner auf einem Eisenblech. Versuche, mit einem Draht Fäden aus der weichen Kunststoffmasse zu ziehen.
Welche Produkte kann man aus Stoffen mit solchen Eigenschaften herstellen?

2. Schaumstoffe für den Sport

Stabhochspringer und Hochspringer wollen möglichst hoch hinauf. Damit sie anschließend nicht unsanft landen, nutzen sie meistens mit Schaumstoff gefüllte Kissen, um den Sprung abzufedern. Schaumstoffe sind elastische Kunststoffe, die leicht verformt werden – anschließend ihre alte Form aber wieder einnehmen. Selbst Turmspringer im Wassersport verwenden sie zur Übung in Trockensprunganlagen.
Suche mehrere Beispiele für Schaumstoffe und ihre Verwendung im Alltag.

Aufbau von Kunststoffen. Trotz der großen Vielfalt der unterschiedlichsten Kunststoffe ist ihr Aufbau im Prinzip immer gleich. Viele kleine Moleküle dienen als Grundbausteine. Diese Ausgangsmoleküle heißen **Monomere.**

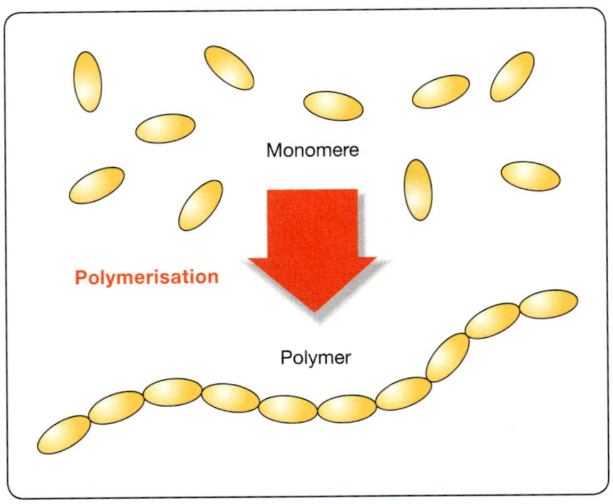

▲ *3. Kunststoffe sind aus langen Molekülketten aufgebaut, die aus vielen kleinen Grundbausteinen entstanden sind*

Sie werden durch chemische Reaktionen kettenartig miteinander verknüpft. Dabei entstehen sehr große Moleküle. Man nennt sie **Makro-Moleküle** oder **Polymere.** Die Vorsilbe **„makro"** bedeutet **groß** oder **lang.** Das Wort **„poly"** bedeutet **viel.**

Die Eigenschaften der verschiedenen Kunststoffe hängen davon ab, aus welchen Monomeren sie bestehen und auf welche Weise sie verbunden sind. Kunststoff-Moleküle bestehen aus zehntausend bis hunderttausend Monomeren.

Kunststoffe bestehen aus kettenartig aufgebauten Makromolekülen, die man als Polymere bezeichnet. Polymere sind aus vielen Einzelmolekülen, den Monomeren, zusammengesetzt.

3. Fragen zum Text

a) Erkläre den Unterschied zwischen Monomer und Polymer.
b) Wie sind Makromoleküle aufgebaut?
c) Was bedeutet die Vorsilbe „poly"?
d) Aus wie viel Molekülen sind Kunststoffe etwa aufgebaut?

Kunststoffe für verschiedene Aufgaben

Thermoplaste. Tragetaschen, Joghurtbecher oder Vorratsbehälter aus Kunststoff gehören zur großen Gruppe der **Thermoplaste.** Bei großer Hitze werden sie weich und zähflüssig wie Honig. Der Kunststoff ist in diesem Zustand plastisch formbar. Das merkt man schnell, wenn der Gegenstand mal versehentlich auf einer heißen Herdplatte steht. Erweichen und Erhärten lassen sich beliebig oft wiederholen.

Die Eigenschaften der Kunststoffe beruhen auf der Anordnung der Makromoleküle. Bei den Thermoplasten liegen die Ketten der Makromoleküle zum größten Teil nebeneinander. Beim Erwärmen gleiten die Molekülketten ungehindert aneinander vorbei, weil zwischen den Molekülen keine Verbindungen bestehen.

Beispiele: Eimer, Schüsseln, Verpackungen, Plastiktüten und Abflussrohre.

Duroplaste. Griffe von Töpfen und Pfannen werden oft sehr heiß, dürfen sich dabei aber nicht verformen. Sie müssen hart sein und manchen Stoß aushalten. Sie können im erwärmten Zustand nicht umgeformt werden. Bei sehr großer Hitze zersetzt sich der Kunststoff. Derartige Kunststoffe heißen **Duroplaste.** Duroplastische Werkstücke sind also nicht plastisch verformbar. Sie müssen schon bei der Herstellung ihre endgültige Form erhalten.

In duroplastischen Kunststoffen sind die Makromoleküle räumlich engmaschig miteinander vernetzt, wie übereinanderliegende Netze, die verbunden sind. Die einzelnen Molekülketten können sich nicht aneinander vorbei bewegen.

Beispiele: Topfgriffe, Motorradhelme, Arbeitsplatten...

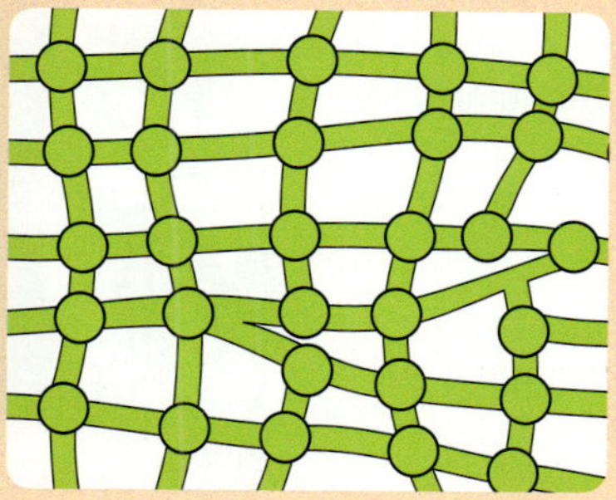

Elastomere. Gummibänder, Sitzpolster und Matratzen sollen elastisch bzw. weich sein, aber doch fest. Sie lassen sich kurzzeitig dehnen oder zusammendrücken. Danach nehmen sie gleich wieder die alte Form ein. Bei zu starkem Zug reißt das Material, bei zu großer Hitze zersetzt es sich.

Kunststoffe mit diesen Eigenschaften bezeichnet man als **Elastomere.** In ihnen sind die Ketten der Makromoleküle räumlich weitmaschig vernetzt. Durch Druck lassen sich die Moleküle kurzzeitig verschieben. Die Vernetzungen zwischen den Molekülketten sorgen dafür dass Elastomere immer wieder ihre Ausgangsform einnehmen.

Beispiele: Schaumgummi, Schaumstoffe für Dichtungen.

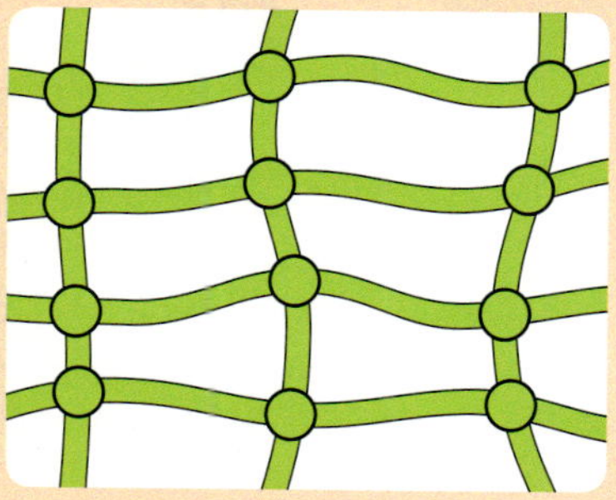

Mono-Poly… wie Kunststoffe entstehen

1. Pinguine als Kunststoff-Monomere

▲ 1. *Pinguine als Modell für die Bildung großer Molkülketten*

Mithilfe der Pinguine kann man sich die Entstehung von Makromolekülen (Polymeren) gut vorstellen. Jedes Pinguinpaar stellt ein Ethen-Molekül $CH_2 = CH_2$ dar, ein Monomer. Die Arme der Pinguine symbolisieren die Bindungen zwischen den C-Atomen.

a) Versuche mit eigenen Worten zu erklären, wie aus den Pinguinpaaren eine lange Kette entsteht.

b) Übertrage diesen Vorgang auf die Reaktion von Ethen-Molekülen und zeichne das Formelbild.

2. Polymerisation im Modell

Stelle mithilfe eines Molekülbaukastens die Polymerisation von Polyvinylchlorid (PVC) nach. Das Monomer sieht so aus: $CH_2 = CHCl$.

3. Lehrerversuch: Herstellung von Nylon

2 5 7 8 9 B4

Unter dem Abzug löst man vorsichtig (Schutzhandschuhe verwenden) 3 ml Hexandisäuredichlorid (GHS 5, 7; B4) in 100 ml Heptan (GHS 2, 7, 8, 9; B4).

Eine zweite Lösung mischt man sich aus 6 g 1,6-Diaminohexan (GHS 5, 7; B4), 50 ml Wasser und 0,5 g Natriumcarbonat. Man überschichtet nun vorsichtig die zweite mit der ersten Lösung.

An der Grenzfläche bildet sich eine dünne Nylonschicht. Sie lässt sich mit einer stumpfen Pinzette zu einem sehr langen Faden ziehen, der sich auf einen Glasstab aufwickeln lässt.

4. Lehrerversuch: Ein Schaumstoff entsteht

6 8 B3

In ein Becherglas (500 ml) gibt man 33 g Desmophen Aktivatorgemisch (GHS 8; B3) und 50 g Desmodur (GHS 6, 8).

Man rührt so lange, bis die Gasentwicklung den Beginn der Reaktion anzeigt.

Es entsteht der Schaumkunststoff Polyurethan, der in der Industrie vielfältig verwendet wird.

a) Wo verwendet man diesen Kunststoff?

b) Das bei der Reaktion entstehende Gas ist Kohlenstoffdioxid. Welche Aufgabe hat es bei diesem Versuch?

c) Versuche zu erklären, wie dieses Foto (unten) aufgenommen worden ist.

Polymerisation. Verpackungsfolien für Lebensmittel, Tragetaschen und viele andere Gegenstände aus dem Alltag bestehen aus dem Kunststoff Polyethen (PE). Er wird durch eine **Polymerisations-Reaktion** aus dem Gas Ethen hergestellt.

Ethen-Moleküle enthalten eine **C=C-Doppelbindung** zwischen den beiden Kohlenstoff-Atomen. Unter dem Einfluss von Katalysatoren werden diese C=C-Doppelbindungen aufgespalten. Viele einzelne Moleküle verbinden sich dann zu großen kettenartigen Molekülen. Diesen Vorgang nennt man **Polymerisation.**

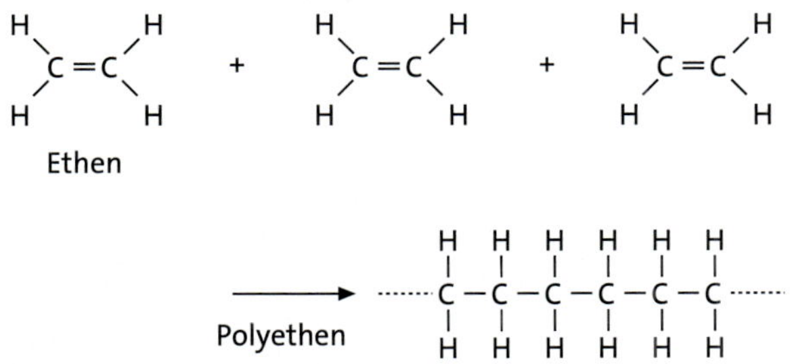

▲ 1. *Polymerisation von Ethen*

Polyaddition. Kunststoffe, die durch eine **Polyadditions-Reaktion** entstehen, bilden sich aus Molekülen, die an jedem Ende eine reaktionsfähige Gruppe enthalten. Wie bei der Polymerisation werden keine Nebenprodukte abgespalten. Wichtige Kunststoffe, die man durch Polyadditionen herstellt sind die *Polyurethane*.

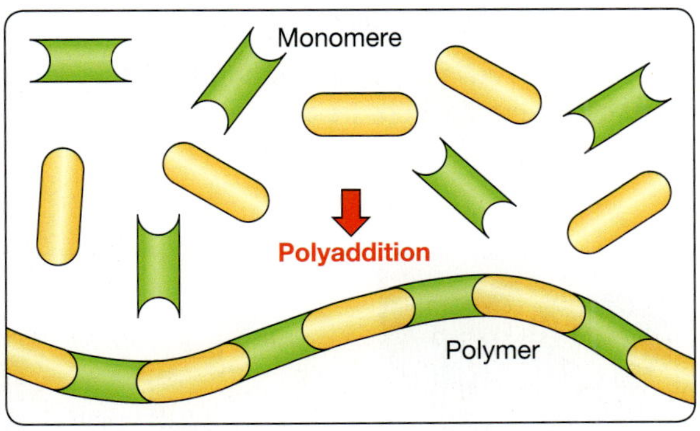

▲ 2. *Polyaddition*

Polykondensation. Nylon ist ein Kunststoff, der vor allem für Textilfasern verwendet wird. Er wird durch eine **Polykondensations-Reaktion** hergestellt. Dabei reagieren zwei verschiedene Stoffe miteinander, deren Moleküle an jedem Molekülende eine reaktionsfähige Gruppe besitzen. Bei der Entstehung von Nylon reagiert die COOH-Gruppe des einen Moleküls mit der NH_2-Gruppe des anderen Moleküls. Jedes Mal spaltet sich dabei ein Molekül Wasser ab. Das geschieht viele tausend Male. Man spricht hier von einer Polykondensation. Der Kunststoff, der entsteht, ist ein Polyamid (PA). Ein wichtiger Polyamid-Kunststoff ist beispielsweise *Nylon*.

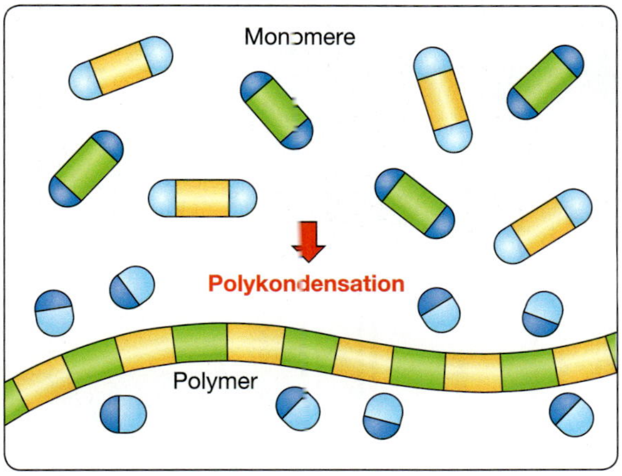

▲ 3. *Polykondensation*

Kunststoffe entstehen durch Polymerisation, Polyaddition und Polykondensation. Dabei werden immer viele Einzelmoleküle (Monomere) zu großen Molekülen (Polymere) verknüpft.

1. Fragen zum Text

a) Wozu wird Polyethen hauptsächlich verwendet?

b) Zeichne einen Abschnitt eines Polyethen-Moleküls, der zehn Kohlenstoff-Atome enthält.

c) Nenne die Reaktionsarten, mit deren Hilfe man Kunststoffe herstellen kann.

d) Erkläre die wesentlichen Unterschiede zwischen den Reaktionstypen.

e) Nenne zu jeder Reaktionsart jeweils einen passenden Kunststoff als Beispiel.

4. Ausschnitt aus einem Polyethen-Molekül ▶

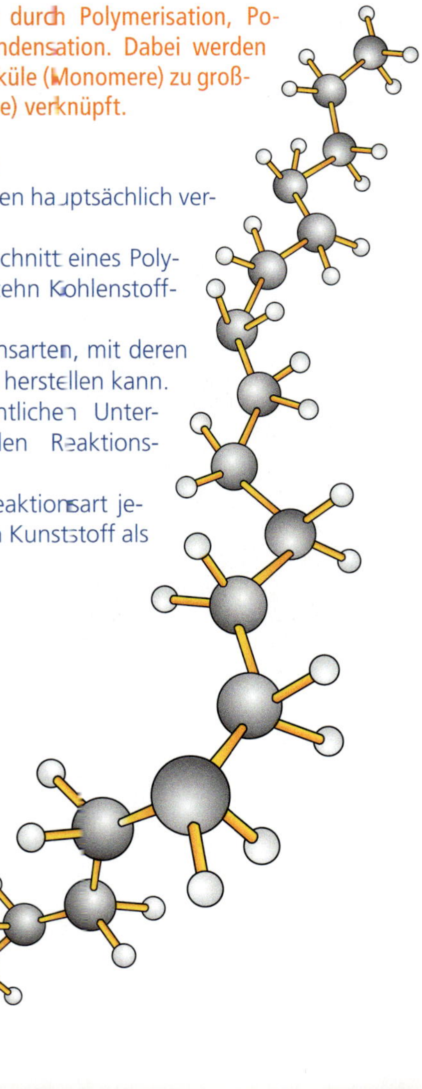

So kommen Kunststoffe in Form

1. Kunststoffe als Verpackungsmaterial

a) Styropor wird häufig als Verpackungsmaterial genutzt. Überlege, welche Vorteile eine derartige Verpackung hat.

b) Wie könnten die Styroporverpackungen ihre exakte Passform erhalten? Notiere deine Vermutungen.

c) Erhitze in einem Becherglas Wasser, bis Dampf aufsteigt. Lass etwa 3 g Styropor P auf einem Metallsieb im Wasserdampf 20–25 Sekunden quellen. Styropor P ist treibmittelhaltiges Polystyrol.

Fülle das vorgeschäumte Styropor in eine verschraubbare Metallform. Hänge die verschlossene Form 10 Minuten in kochendes Wasser. Löse den Inhalt dann vorsichtig aus der Form und beschreibe.

2. Kunststoffe gießen

Mithilfe solcher Hohlformen kannst du Kunststoffteile gießen. Dazu eignen sich thermoplastische Kunststoffe wie PE, PP oder Plexiglas. Stelle zunächst mithilfe von Wasser fest, wie viel geschmolzenen Kunststoff du benötigst.

Streiche die trockene Form innen mit Silikonöl aus. Gib dann den Kunststoff in Form kleiner Stückchen in ein Gefäß, etwa in eine leere Konservendose. Erhitze vorsichtig, bis der Inhalt geschmolzen ist. Gieße den flüssigen Kunststoff durch einen geeigneten Trichter in die Hohlform.

3. Vakuumformen

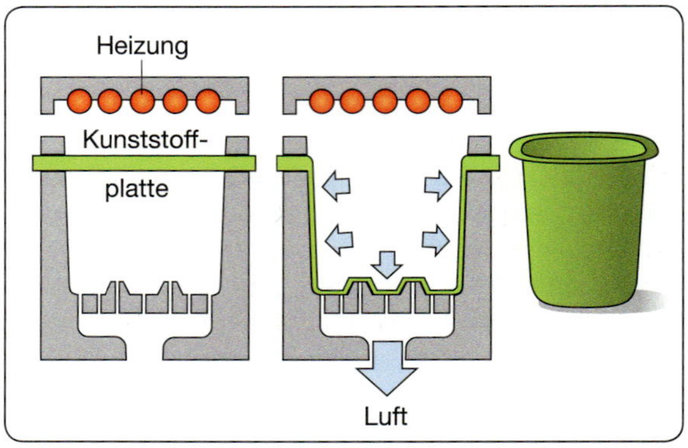

Beschreibe mithilfe der Abbildung, wie aus einer festen Kunststoffplatte ein Plastikeimer entsteht.

4. Kunststoffe „erinnern“ sich

Erwärme einen bedruckten Polystyrolbecher (Joghurtbecher) vorsichtig mit einer Brennerflamme oder einem Heißluftgebläse. Drehe den Becher ständig und erhitze ihn möglichst von allen Seiten gleichmäßig und langsam. Wie lässt sich das Ergebnis erklären?

Hinweis: Beachte Aufgabe 3.

5. Aufgabe: Schmelzspinnen

Wie stellt man aus festem Kunststoffgranulat feinste Kunststofffasern her? Erkläre den Werdegang anhand der Abbildungen.

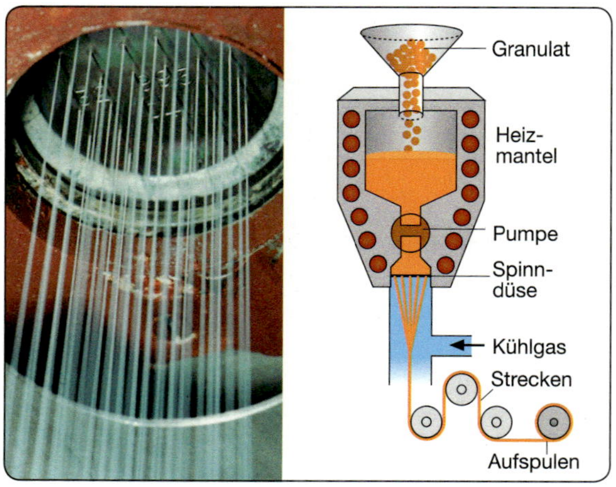

Die Verarbeitung thermoplastischer Kunststoffe beginnt meistens in einer *Schmelzpresse,* einem **Extruder.** Die Maschine funktioniert ähnlich wie ein „Fleischwolf", ist aber außerdem beheizt. Von oben wird Kunststoffgranulat eingefüllt. Der Kunststoff schmilzt und wird von der sich drehenden Metallschnecke zur Öffnung des Extruders transportiert. Aus der Öffnung wird ein Strang aus plastischem Kunststoff gepresst.
Aus diesem Strang kann man die unterschiedlichsten Formen herstellen – je nachdem, welche Werkzeuge vorne am Extruder angebracht sind, etwa Rohre, Gefäße oder Folien.
Beim **Strangpressen** wird der aus dem Extruder austretende Kunststoffstrang durch eine Düse gepresst. Meistens entstehen so Rohre, Stangen oder Profile.

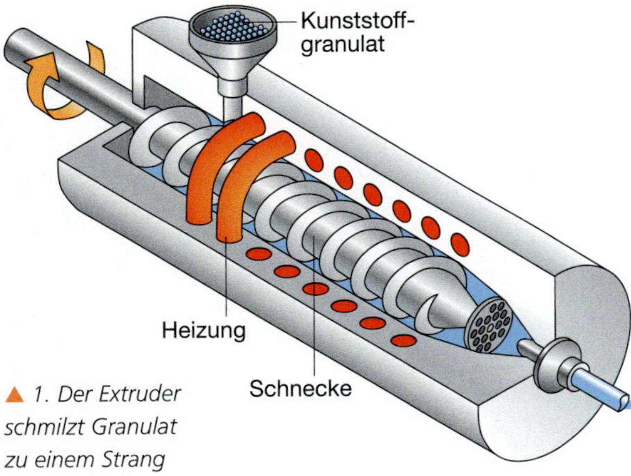

▲ *1. Der Extruder schmilzt Granulat zu einem Strang*

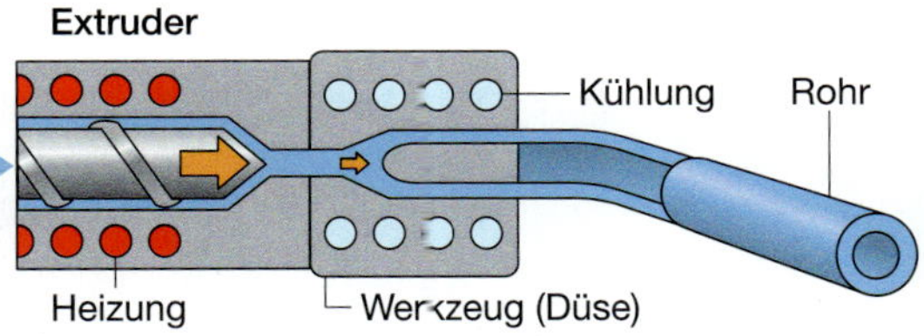

▲ *2. Strangpressen*

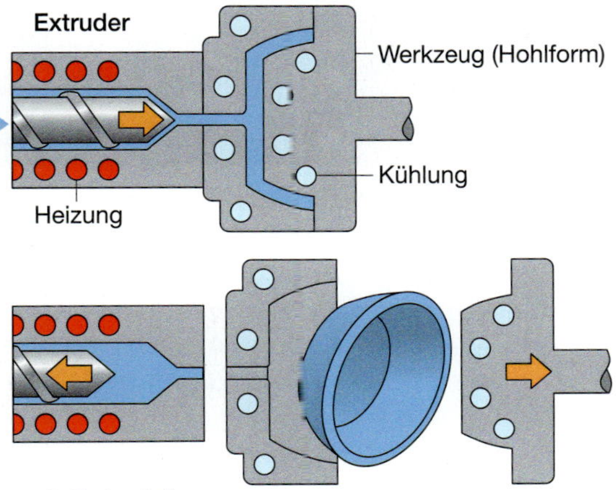

▲ *3. Spritzgießen*

Beim **Spritzgießen** ist das Werkzeug eine Hohlform. Beim **Folienblasen** wird das noch plastische Kunststoffrohr aus dem Extruder mit Druckluft zu einem weiten Schlauch aufgeblasen. Nach dem Abkühlen wird der Schlauch aufgerollt und anschließend zu Folien geschnitten. Wenn der Schlauch in regelmäßigen Abständen verschweißt wird, erhält man Kunststoffsäcke.

In einem Extruder wird aus Kunststoffgranulat ein plastischer Kunststoffstrang hergestellt. Mithilfe verschiedener Werkzeuge erhält man daraus Rohre, Gefäße oder Folien.

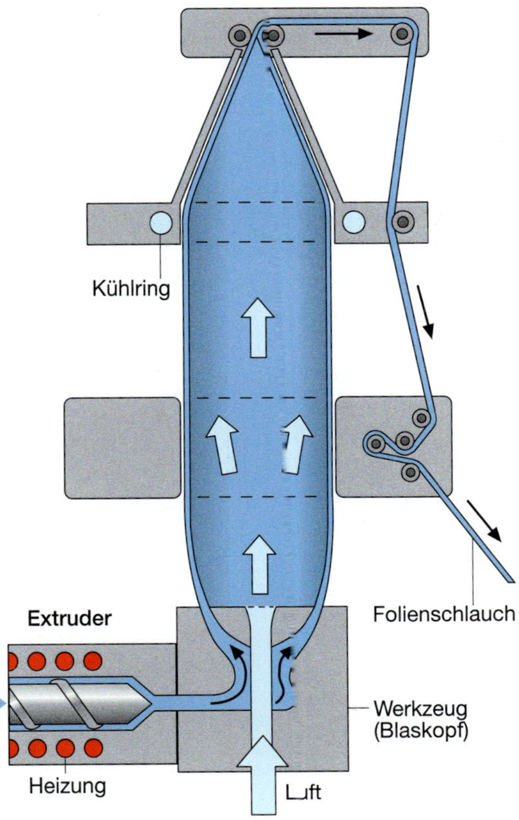

▲ *4. Folienblasen*

1. Fragen zum Text

a) Beschreibe Aufbau und Arbeitsweise eines Extruders.
b) Wie werden Kunststofffolien hergestellt?
c) Was versteht man unter Spritzgießen?
d) Wie stellt man Rohre aus Kunststoff her?

Kunststoff-Verwertung – gar nicht so einfach!

1. Kunststoffabfälle

▲ *1. Kunststoffabfall – Müll oder Rohstoff*

Jedes Jahr werden in Deutschland etwa zwanzig Millionen Tonnen Kunststoffprodukte hergestellt. Ungefähr ein Viertel davon landen im Abfall.
Weshalb wäre es unklug, diese Kunststoffabfälle einfach wegzuwerfen?

Kunststoff-Recycling. Für die Herstellung von Kunststoffen wendet man größere Mengen an Energie auf sowie den wertvollen Rohstoff Erdöl. Bei der Wiederverwertung kann man einen Teil davon wieder nutzen.

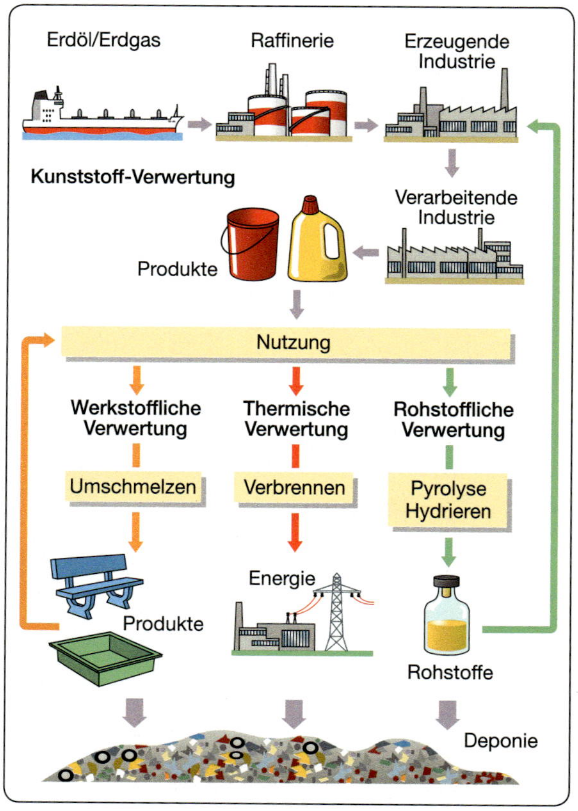

▲ *2. Kunststoff-Verwertung*

Werkstoffliche Verwertung. Hierbei werden thermoplastische Kunststoffabfälle zerkleinert und dann zu neuen Produkten umgeschmolzen; das Material an sich bleibt unverändert. In der Praxis wird dies meist nur mit sortenreinen Abfällen gemacht, wie sie in Fabriken bei der Kunststoffherstellung anfallen; aus Haushaltsabfällen lassen sich nämlich oft nur minderwertige Gegenstände herstellen.

Rohstoffliche Verwertung. Hierbei werden die Makromoleküle der Kunststoffe aufgespalten, sodass wieder kleinere Moleküle entstehen. Es entsteht ein erdölähnliches Produkt, das man wieder zur Herstellung neuer Kunststoffe verwenden kann. Eingesetzt werden die **Pyrolyse** oder die **Hydrierung.**
Bei der **Pyrolyse** erhitzt man die Kunststoffabfälle auf 700 °C. Da dies unter Luftausschluss geschieht, verbrennen sie nicht, sondern werden chemisch zerlegt.
Bei der **Hydrierung** werden die Kunststoffe zusammen mit Wasserstoff und Katalysatoren unter Druck erhitzt.
Nachteil beider Methoden ist, dass rechnerisch etwa die Hälfte des wieder gewonnenen Rohstoffs zur Energieerzeugung verbraucht wird. Außerdem entstehen bei den Verfahren Schadstoffe, die wieder aus den Zwischenprodukten entfernt werden müssen.

Thermische Verwertung. Bei dieser Methode wird der Kunststoffabfall verbrannt und die dabei entstehende Wärme genutzt – etwa als Fernwärme, zur Dampferzeugung oder zur Stromerzeugung.
Der größte Teil der Kunststoffe verbrennt zu Kohlenstoffdioxid und Wasser; es entstehen aber auch giftige Stoffe. Die Abluft muss deshalb mit aufwändigen Filteranlagen gereinigt werden.
Besonders haltbare Kunststoffe wie Teflon lassen sich gar nicht verwerten. Deshalb landen etwa 0,5 Millionen Tonnen Altkunststoffe immer noch auf Deponien. Diese Stoffe sind für eine Nutzung endgültig verloren.

Werkstoffliche, rohstoffliche und thermische Verwertung sind Verfahren für das Recycling von Kunststoffabfällen.

2. Fragen zum Text

a) Beschreibe kurz die drei Arten der Verwertung von Kunststoffabfällen.
b) Was ist der Hauptunterschied zwischen der werkstofflichen und der rohstofflichen Verwertung?
c) Welche Nachteile gibt es, wenn man Altkunststoffe verbrennt?

Kunststoffe – biologisch abbaubar

▲ *1. Kartoffeln, Mais und Weizen enthalten viel Stärke*

Kunststoffe sind in vielen Fällen ein nützliches und preiswertes Material. Doch besonders Kunststoffe für kurzlebige Verpackungen verursachen viel Müll. Es ist auch immer noch aufwändig und teuer, Kunststoffabfälle sinnvoll zu verwerten.

Biologisch abbaubare Kunststoffe könnten eine Alternative sein. Bakterien und Pilze im Boden **beseitigen** solche Kunststoffreste **umweltfreundlich:** Sie „knacken" die Makromoleküle der Kunststoffe und verwerten die Bruchstücke als Nahrung. Übrig bleiben lediglich Kohlenstoffdioxid, Wasser und Humus.
Ein zweiter Vorteil: Verwendet man zur Herstellung von Bio-Kunststoff nachwachsende Rohstoffe aus Pflanzen, kann man wertvolles **Erdöl einsparen.** Man verwendet dafür oft Stärke, Cellulose und Pflanzenöle.

Ein weiterer Vorteil ist die **günstige CO_2-Bilanz.** Die Mikroorganismen setzen beim Abbau nur das CO_2 frei, das die Pflanzen zuvor aus der Luft entnommen haben.

Konkrete Beispiele. In der Landwirtschaft kann eine kompostierbare Folie nach Gebrauch einfach untergepflügt werden.
In der Medizin werden heute schon Schrauben oder Nägel aus Bio-Kunststoff in den Körper eingesetzt (Abb. 3). Sie werden vom Körper langsam abgebaut, müssen also nicht mehr in einer zweiten Operation entfernt werden.

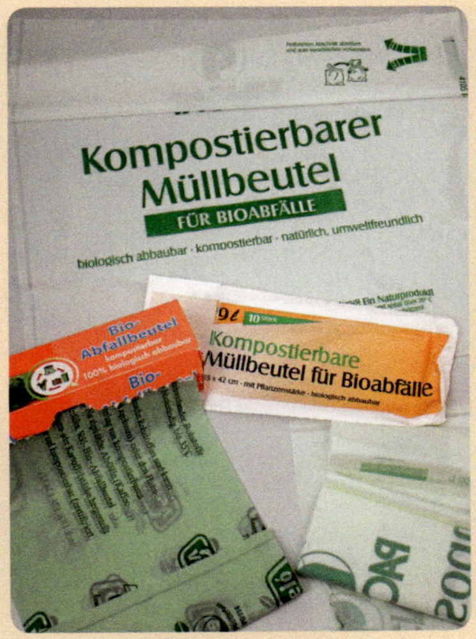

▲ *2. Kunststoff aus Pflanzenstärke*

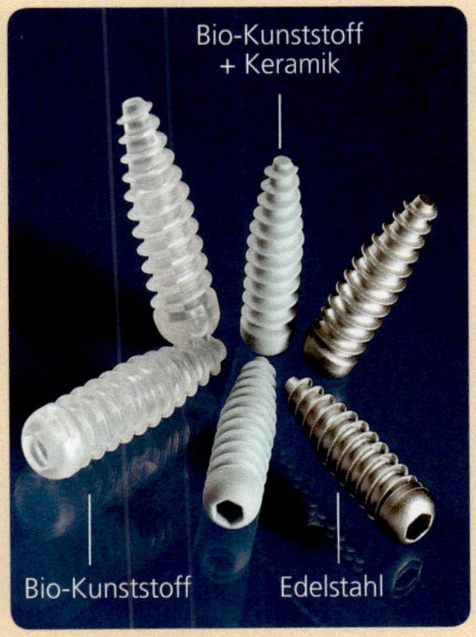

▲ *3. Schrauben für medizinische Zwecke*

1. Vermische in einem Erlenmeyerkolben einen Teelöffel Kartoffelstärke mit einer Spatelspitze Kartoffelmehl, einem Teelöffel Glycerin und 50 ml Wasser. Erhitze die Mischung unter ständigem Rühren auf 100 °C und halte diese Temperatur 15 min lang.
Gieße dann die noch heiße Masse auf eine glatte Kunststoffplatte (etwa 40 cm x 40 cm) und lass diese 24 Stunden trocknen. Danach kannst du die Folie vorsichtig vom Rand her von der Platte abziehen.

▲ *4. Herstellen einer Folie aus Kartoffelprodukten*

2. Prüfe, ob die selbst hergestellte oder eine käuflich erworbene „Bio-Folie" tatsächlich biologisch abbaubar ist. Lege sie dazu auf feuchte Blumenerde und beschwere sie mit einem Stein. Halte die Erde stets leicht feucht.
Was sollte man zu Vergleichszwecken gleichzeitig prüfen?
Beobachte über mehrere Wochen die Veränderungen und berichte darüber.

3. Nenne die Vorteile, wenn man Kunststoffe einsetzt, die in der Natur abgebaut werden können.

4. Für den Einsatz von solchen Kunststoffen lassen sich auch Nachteile finden. Überlege kritisch und notiere mögliche Nachteile. Denke dabei auch an die Pflanzen, aus denen man die Rohstoffe gewinnt.

Klebstoffe: Haften und Halten

▲ 1. *Klebstoffe werden auch im Flugzeugbau eingesetzt*

Kleber in Flugzeugen. Moderne Klebstoffe leisten Erstaunliches. Im riesigen Airbus A380 halten und stabilisieren Kleber die Segmente des Flugzeugrumpfes. Ohne Einsatz von Klebstoffen wäre ein A380 mit einem Gewicht von 560 t um 170 t schwerer! Die Gewichtsersparnis führt zu besseren Flugeigenschaften und zu Kosteneinsparungen von etwa 40 %. Die geklebten Bauteile übertragen die enormen Kräfte und Schwingungen gleichmäßiger auf das Material als genietete oder geschweißte Werkstücke; beim Schweißen und Nieten wird das Material nämlich immer etwas verletzt und damit geschwächt.

Warum klebt ein Klebstoff? *Haften und Halten,* das sind die wichtigsten Eigenschaften, die ein Klebstoff haben muss. Die *Oberflächenhaftung* oder **Adhäsion** bindet den Klebstoff an die Oberfläche des Materials. Flüssige Klebstoffe können besonders gut in alle mikroskopisch kleinen Unebenheiten eindringen und haften gut auf der Oberfläche.
Der Klebstoff muss aber auch in sich selbst fest zusammenhalten. Diese *innere Festigkeit* nennt man **Kohäsion.** Sie entwickelt sich erst, wenn der Klebstoff aushärtet. Vor allem stabile Makromoleküle von Kunststoffen besitzen große Kohäsionskräfte.

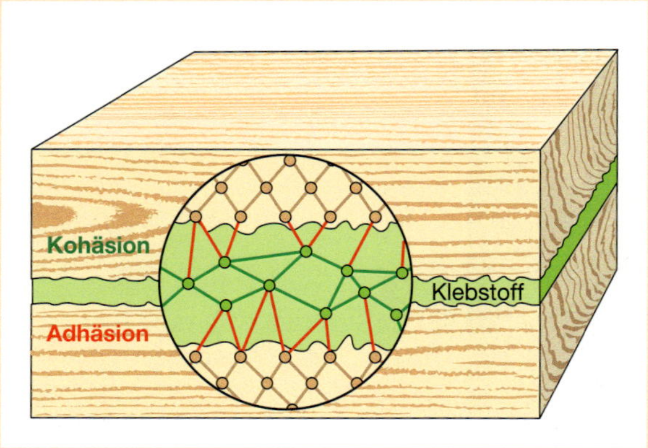

▲ 2. *Adhäsions- und Kohäsionskräfte beim Kleben*

Chemisch abbindende Klebstoffe nennt man Reaktionskleber, weil sie durch eine chemische Reaktion hart werden. Der eigentliche Klebstoff entsteht erst beim Aushärten durch Polymerisation. Bei *Zwei*komponentenklebern gibt man einen Härter hinzu, der die Reaktion in Gang bringt. Bei *Ein*komponentenklebern kommt der Reaktionsauslöser aus der Umgebung. Das kann Sauerstoff aus der Luft, Feuchtigkeit oder auch Licht sein.

Bei **physikalisch abbindenden** Klebstoffen sind die Klebstoff-Moleküle meist in Lösemitteln gelöst. Beim Trocknen verdunstet das Lösemittel, die Makromoleküle verknäueln sich und werden hart.
Oft benötigt man Klebstoffe, die nicht ganz hart werden. Klebebänder, Pflaster und Aufkleber, die sich ablösen lassen, enthalten deshalb Kautschuk. Der wird erst nach längerer Zeit hart und spröde.

1. a) Warum sind Klebstoffe oft besser als Nieten und Schweißverbindungen?
b) Welche Eigenschaften muss ein Klebstoff haben?
c) Warum sind die meisten Kleber flüssig?

2. Modellversuch: Der Spaghetti-Kleber. Koche eine kleine Menge Spaghetti. Gieße das Wasser ab und warte einige Minuten, bis die Nudeln klebrig werden.
Gib sie dann zwischen zwei Holzbrettchen und lagere sie unter Druck bis zum nächsten Tag. Verklebe zwei gleiche Holzbrettchen mit Holzleim.

a) Wie fest halten die Brettchen zusammen?
b) Welche Funktion haben in diesem Modellversuch die Nudeln, welche das Wasser?

3. Stelle einen Gummibärchenkleber her und vergleiche die Klebekraft mit herkömmlichen Klebstoffen. Erwärme dazu etwa 10 Gummibärchen mit 5 ml Wasser auf 50–60 °C – am besten in einem Marmeladenglas im Wasserbad. Lass die Probeklebungen vor dem Test einen Tag trocknen.
Wie lässt sich die Klebewirkung erklären?

Superabsorber – für Wüsten und Windeln

Geniale Windeln. Kaum zu glauben, wie viel Flüssigkeit eine moderne Wegwerfwindel aufnehmen kann. Für diese erstaunliche Leistung sind **Superabsorber** verantwortlich. Das weiße Granulat sorgt zusammen mit Zellstoff dafür, dass der Babypopo immer schön trocken bleibt.

Was sind Superabsorber? Superabsorber wie etwa Polyacrylsäure sind vernetzte Polymere. Sie sind selbst wasserunlöslich, können aber große Mengen wässriger Flüssigkeiten aufnehmen und speichern. Die weißen Körnchen bilden zusammen mit der Flüssigkeit ein Gel. Selbst unter Druck geben sie die aufgenommene Flüssigkeit nicht wieder ab.

Wie funktionieren Superabsorber? Die Polyacrylsäure-Moleküle besitzen sehr viele Natriumcarboxylat-Gruppen (COO^-/Na^+). Kommt Wasser hinzu, gehen die Natrium-Ionen in Lösung. Die zurückbleibenden Carboxylat-Gruppen ($-COO^-$) sind negativ geladen und stoßen sich daher voneinander ab. Die Polymerstränge werden deshalb möglichst weit auseinandergedrängt – und schaffen so den Platz für weitere Wasser-Moleküle. Diese sind ja selbst polar gebaut und lagern sich überall an die polaren Teile der Polymere an. Der Zusammenhalt der Wasser-Moleküle ist wegen der relativ starken Wasserstoffbrückenbindungen groß. Deshalb wird das gebundene Wasser auch unter Druck nicht wieder abgegeben. Babys können also unbeschwert herumtollen – auch wenn die Windel voll ist.

Grüne Wüsten durch Superabsorber? Superabsorber lassen sich auch für andere Zwecke nutzen. Möglicherweise können zukünftig Superabsorber helfen, in sehr trockenen Gebieten Pflanzen wachsen zu lassen.
Einige hundert Gramm Superabsorber, die dem Boden um eine Dattelpalme beigemischt werden, verwandeln die Erde in einen Wasserspeicher. Bei Freilandversuchen in Tunesien und in Saudi-Arabien wachsen dank Superabsorber schon Tausende von Dattelpalmen im Wüstensand. Der Wasserverbrauch wurde durch den Einsatz der Kunststoffkörnchen um die Hälfte verringert.

1. Schneide eine saugfähige Babywindel auf. Vorsicht, damit es nicht staubt. In Zellstoff eingebettet findest du weiße Polyacrylatkörnchen, die du herausschütteln kannst. Finde heraus, wie viel Gramm Wasser pro Gramm Superabsorber gebunden werden.

2. Beschreibe, warum die Superabsorber-Polymere so viel Wasser aufnehmen können.

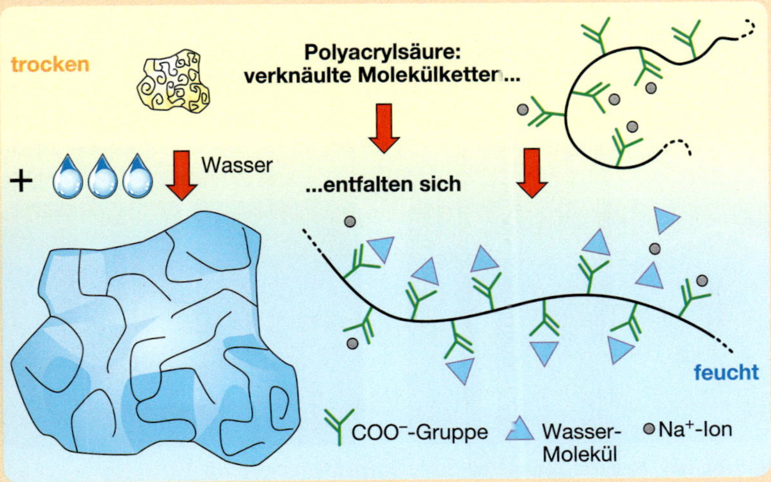

Wetterfeste Kleidung durch Chemie

Winddicht, wasserdicht und atmungsaktiv muss moderne Sport- und Freizeitbekleidung heute sein – damit man sich bei jedem Wetter darin wohl fühlen kann. Regenwasser von außen wird abgehalten, Wasserdampf (Schweiß) kann aber trotzdem nach außen entweichen. Wie schafft man es, solche „atmungsaktiven" Textilien herzustellen? Spezielle Membranen und Mikrofasern machen es möglich!

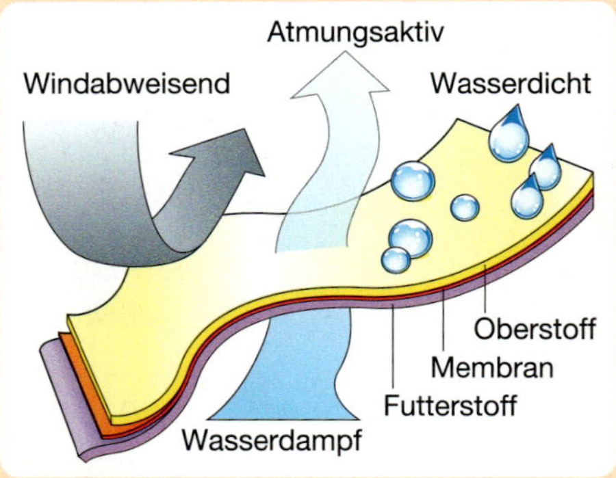

▲ *1. Moderne Sportkleidung ist winddicht, wasserabweisend und atmungsaktiv*

Die Wasser-Moleküle werden dabei von hydrophilen Molekülgruppen der Kunststoff-Moleküle aufgenommen und entlang der Molekülketten durch die Membran nach außen transportiert.

Membranen. Membranen mit besonderen Eigenschaften werden mit anderen Geweben kombiniert. Es gibt zwei unterschiedliche Membranarten.

Bei der *Goretex*-Membran handelt es sich um eine hauchdünne Folie (Dicke nur 0,02 mm!) aus dem Kunststoff Teflon (Polytetrafluorethen). Durch das Strecken der Folie bilden sich darin mikroskopisch kleine Poren, etwa 1,4 Milliarden auf jedem Quadratzentimeter. Diese Poren sind so klein, dass Wassertropfen nicht hindurchgelangen, aber doch groß genug, um Wasserdampf-Moleküle hindurchzulassen. Deshalb kann Wasser in flüssiger Form die Membrane nicht durchdringen, verdunstender Schweiß kann aber nach außen entweichen.

Membranen ohne Poren (wie bei *Sympatex*) enthalten eine wasserabweisende und eine wasserfreundliche Komponente. Die erste macht die Membran wasserdicht. Die andere, wasserfreundliche Komponente nimmt die Feuchtigkeit des Körpers auf und gibt sie durch Verdunsten nach außen ab.

▲ *2. Atmungsaktive Sportkleidung*

Mikrofasern. Gewebe aus Mikrofasern bestehen aus sehr dünnen chemisch hergestellten Fasern. Sie haben nur etwa $\frac{8}{1000}$ Millimeter im Durchmesser. Eine Mikrofaser rund um den Äquator gelegt würde nur etwa 3 kg wiegen! Mit solchen Fasern lassen sich so feine Gewebe herstellen, dass nur noch winzige „Lücken" im Stoff bleiben. Diese sind groß genug, um verdunstende Wasser-Moleküle hindurch zu lassen; sie sind aber so fein, dass Wassertropfen abgehalten werden.

Grenzen. Wunder darf man aber von atmungsaktiver Bekleidung nicht erwarten. Solche Textilien können höchstens 300 g Wasserdampf pro Quadratmeter und Stunde hindurch lassen. Bei sportlichen Aktivitäten produziert der menschliche Körper aber bis zu zwei kg Schweiß pro Stunde. Die Feuchtigkeit kondensiert dann doch in der Kleidung und man wird schweißnass.

1. Welche Eigenschaften werden in den Abbildungen 3–5 demonstriert?
2. Untersuche verschiedene Gewebe darauf, ob sie atmungsaktive Eigenschaften haben.
3. Vergleiche klassische Regenkleidung mit moderner Sportkleidung.
4. Weshalb kann man auch in atmungsaktiver Kleidung bei Anstrengung schweißnass werden?

▲ *3.–5. Hier wird ein Gewebe auf seine Eigenschaften geprüft*

Kunststoffe überall – vom Handy bis zur Babywindel

→ **Kunststoffe** bestehen aus kettenartig aufgebauten Makromolekülen, den **Polymeren.**

a) Polymerisation: Viele gleiche Moleküle reagieren unter Aufspaltung einer C=C-Doppelbindung miteinander:

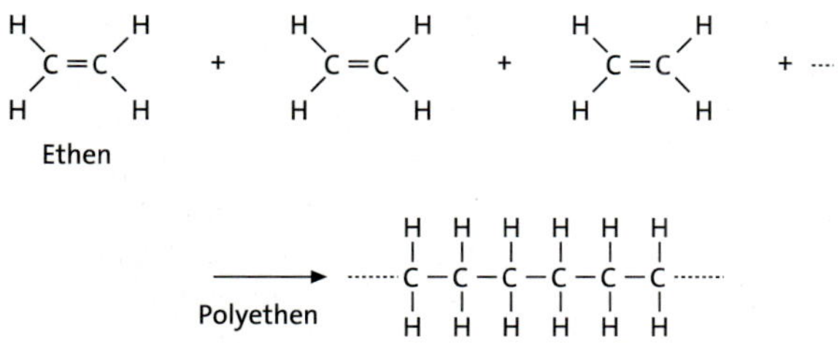

b) Polykondensation: Moleküle reagieren unter Abspaltung von Wasser-Molekülen zu einem Makro-Molekül:

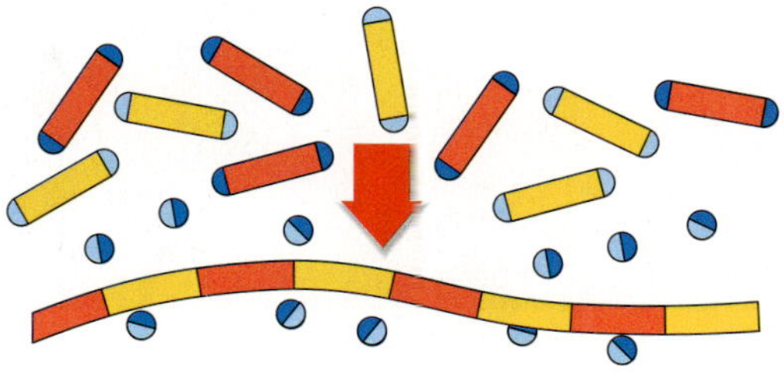

Thermoplaste	Duroplaste	Elastomere
Molekülketten fadenförmig oder wenig verzweigt	Molekülketten eng vernetzt	Molekülketten weitmaschig vernetzt
nach Erwärmen beliebig oft verformbar	hart, spröde; zersetzen sich beim Erhitzen	gummi-elastisch; zersetzen sich beim Erhitzen
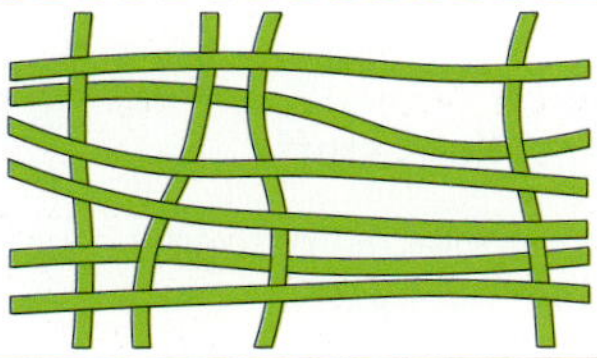	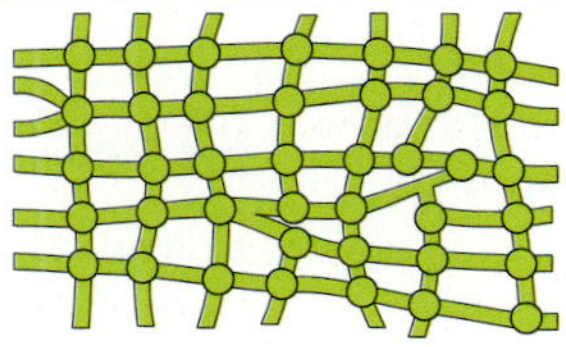	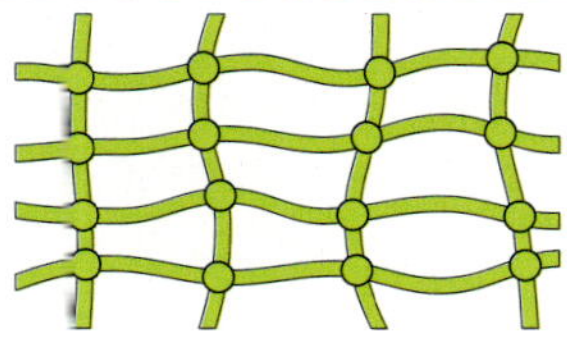

→ **Verarbeitung von Kunststoffen:** In einem Extruder wird Kunststoffgranulat geschmolzen und zu einem Strang gepresst. Mithilfe verschiedener Werkzeuge werden daraus Rohre, Gefäße, Folien oder andere Formen hergestellt.

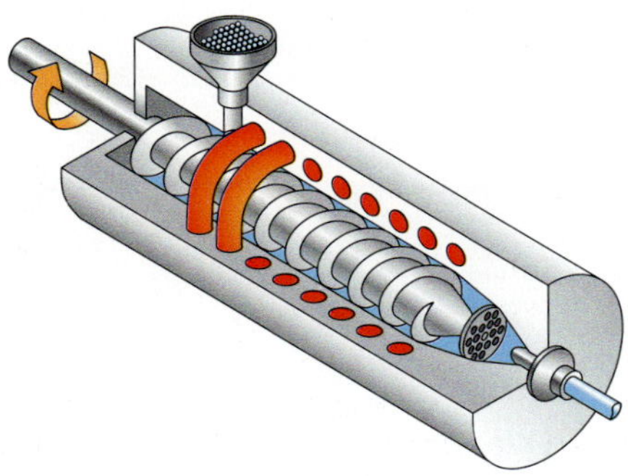

→ **Verwertung von Kunststoff-Abfällen:**

a) Werkstofflich: Die Abfälle werden zerkleinert und umgeschmolzen.

b) Thermisch: Die Abfälle werden verbrannt.

c) Rohstofflich: Die Kunststoffe werden wieder in kleine Moleküle zerlegt und erneut als Rohstoff genutzt.

→ **Biologisch abbaubare Kunststoffe:** Kunststoffe verursachen viel Müll, vor allem im Bereich der kurzlebigen Verpackungen. Biologisch abbaubare Kunststoffe können von Bakterien und Pilzen im Boden umweltfreundlich abgebaut werden.

Stellt man Kunststoffe aus biologischen Rohstoffen wie Stärke, Cellulose und Pflanzenöl her, spart man wertvolles Erdöl.

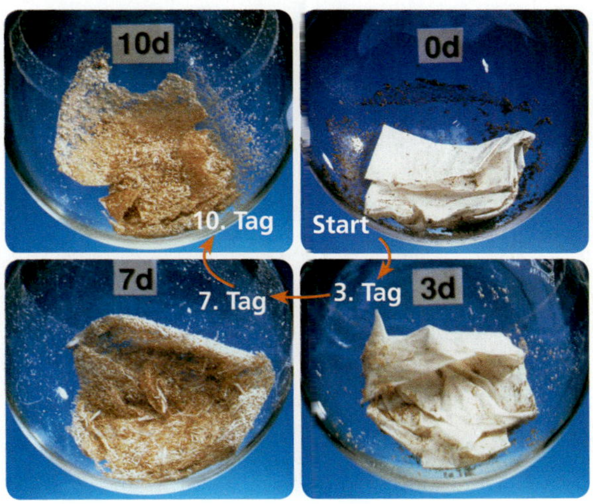

Kunststoff überall – vom Handy bis zur Babywindel

1. Eigenschaften von Kunststoffen

a) Die Abbildungen zeigen Gegenstände aus verschiedenen Kunststoffarten. Ordne diese Produkte unterschiedlichen Kunststoffgruppen zu und begründe deine Entscheidung.
b) Erstelle eine Liste mit Vor- und Nachteilen von Kunststoffen.

2. Herstellung von Kunststoffen

a) Welche Rohstoffe sind zur Herstellung von Kunststoffen geeignet und welche Eigenschaften müssen sie dazu besitzen?
b) Erkläre den Unterschied zwischen Polymerisation und Polykondensation.

c) Wodurch kommt es bei der Herstellung von Schaumkunststoffen zur schaumigen Struktur?
d) Für welche Anwendungen werden Schaumkunststoffe hauptsächlich verwendet?

3. Kennzeichnung von Stoffen

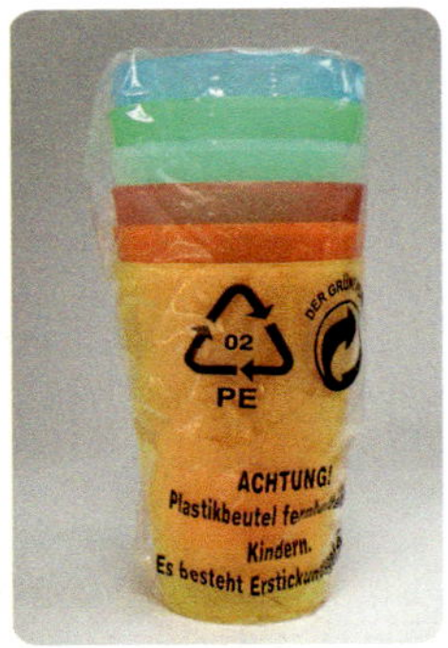

a) Ordne die folgenden Kennzeichnungen den entsprechenden Kunststoffen zu:
HDPE, LDPE, 05, O, PMMA, 07, 01, PAN, PTFE.
b) Welchen Vorteil bringt es, wenn man Kunststoffe kennzeichnet?

4. Kleidung aus Kunststoff

Erkläre die Funktionsweise von Textilien, die atmungsaktiv sind, aber dennoch wind- und wasserdicht.

5. Kleber sind (meistens) Kunststoffe

a) Warum sind Kunststoff-Moleküle besonders zur Herstellung von Klebstoffen geeignet?
b) Bei einem Bruch an einer geklebten Stelle kann man zwischen Adhäsions- und Kohäsionsbruch unterscheiden. Erkläre für jede Bruchart, wo und warum der Materialbruch erfolgt.

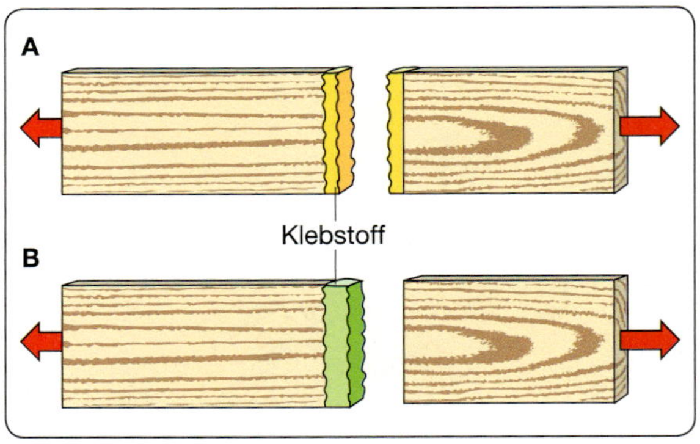

c) Zu welchen Klebstoffarten gehören Einkomponenten- und Zweikomponentenkleber? Begründe deine Antwort.
d) Wie funktionieren Lösungsmittelkleber?
e) Wozu werden Kleber benötigt, die nicht hart werden und wie stellt man sie her?

6. Kunststoff mit besonderen Eigenschaften

a) Was ist Teflon und welche besonderen Eigenschaften hat es?
b) Suche im Internet oder in Lexika nach Anwendungen für Teflon.
c) Finde heraus, welche Probleme Teflonprodukte bei der Entsorgung verursachen können.

7. Kunststoff aus Stärke – mit dem Waffeleisen!

a) Vermische in einem Becherglas 20 g (2 Esslöffel) Kartoffelstärke mit einem Teelöffel Backpulver und einem Teelöffel Gelatinepulver. Verrühre diese Mischung mit 30 ml Wasser.
Backe das Gemisch dann 4–5 Minuten in einem Waffeleisen. Lege die noch warme Masse auf den Rand eines Glases und lass sie abkühlen.
Notiere deine Beobachtungen zum Versuchsverlauf.
b) Vergleiche Stärkopor mit Styropor. Lege jeweils eine Probe in Wasser. Beobachte nach einer Stunde und nach 24 Stunden. Schreibe deine Ergebnisse auf.
c) Wie wird sich der selbst hergestellte „Kunststoff" wohl im Boden bzw. in einer Mülldeponie verhalten?
d) In welchen Bereichen könnte der Stärke-Kunststoff besonders sinnvoll eingesetzt werden, wo wäre er eher fehl am Platze?

8. Biologisch abbaubare Kunststoffe

a) Die wirtschaftliche Bedeutung biologisch abbaubarer Kunststoffe ist zur Zeit relativ gering. Finde Gründe dafür.
b) Überlege, warum ein Kunststoff, der biologisch abbaubar ist, nicht automatisch vorteilhaft für die Umwelt sein muss. Denke dabei auch an die Rohstoffe und deren Herstellung.

9. Recherche: PET

Die meisten durchsichtigen Kunststoffflaschen bestehen aus dem Kunststoff PET.
a) Erstelle einen Steckbrief für diesen Kunststoff mit Angaben über Eigenschaften, Verwendung, usw.
b) Welche Vor- und Nachteile ergeben sich, wenn Getränkeflaschen aus PET verwendet werden?
c) Wie werden PET-Flaschen wiederverwertet?

10. Kunststoff – pro und kontra

Verbraucherschützer fordern ein Verbot der Chemikalie Bisphenol A. Sie ist beispielsweise im Kunststoff Polycarbonat (PC) enthalten.
a) Finde heraus, in welchen Produkten dieser Stoff enthalten sein kann.
b) Wie wirkt Bisphenol A auf Menschen und Tiere?
c) Wie weit verbreitet kommt dieser Stoff in der Umwelt vor?
d) Gibt es Einschränkungen für die Verwendung dieses Stoffes?
e) Diskutiert in der Klasse die Vor- und Nachteile von Kunststoffen mit Bisphenol A.

11. Kurzvorträge: Berufe in der Chemie

Informiert euch über weitere Ausbildungsberufe in der chemischen Industrie; z. B. über den Bundesarbeitgeberverband Chemie e.V. www.bavc.de oder über www.chemie4you.de
Je zwei Schüler können der Klasse in einem Kurzvortrag einen Ausbildungsberuf vorstellen.

15 Wichtige Stoffe in Alltag und Technik

Wer es nicht weiß, wundert sich: Die Grundlage für diese handgemachte Mandel-Orangen-Seife sind Öle aus Oliven, Kokosnüssen, Sonnenblumenkernen, Rizinusfrüchten und Mandeln … ▼

1. Im Mundwasser, Haarspray und Scheibenreiniger fürs Auto ist Alkohol enthalten. Auch viele medizinische Produkte, wie z. B. Desinfektionssprays, Hustentropfen usw. werden mit Alkohol hergestellt.

Alkohol, Essig, Butter, Pflanzenöl und Seife sind Stoffe die man in fast jedem Haushalt findet. Aber es gibt nicht nur einen Alkohol und Essig ist nicht die einzige organische Säure.

In diesem Kapitel erfährst du
- **etwas über die Vielfalt der Alkohole;**
- **über organische Säuren, deren Verwendung im Haushalt und in der Lebensmittelindustrie;**
- **wie aus ätzenden und unangenehm riechenden Säuren Duft- und Aromastoffe entstehen;**
- **aus welchen Molekülen Fette aufgebaut sind;**
- **wie Seife Schmutz entfernt.**

2. Essig, Öl und Kräuter bringen Geschmack in den Salat. Weißt du, woraus Essig hergestellt wird? Aus Alkohol, aus Erdöl oder aus den Früchten des Essigbaums?

3. Es gibt viele verschiedene Pflanzenöle. Zähle so viele auf, wie dir einfallen.

4. Nur mit Wasser allein kann man nicht gut waschen. In diesem Kapitel erfährst du, wie Seife und andere Reinigungsmittel die Waschwirkung verbessern.

Hefen stellen Alkohol her

1. „Schäumende" Weintrauben

Wenn man ungewaschene Weintrauben zerkleinert und den Ansatz stehen lässt, entstehen in dem Fruchtbrei Bläschen und der Geschmack ändert sich.

a) Wie kann man dies erklären?

b) Welche Lebewesen sind für die Veränderung verantwortlich?

2. Traubensaft und Hefen

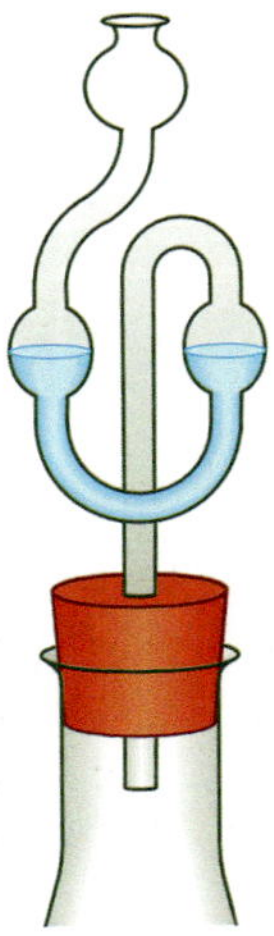

Gib in zwei Erlenmeyerkolben je 150 ml lauwarmen Traubensaft ohne Konservierungsstoffe. Füge zum Inhalt des einen Kolbens 5 g Hefe hinzu und rühre gut um. Verschließe die Kolben jeweils mit einem Gärröhrchen, das bis zur Hälfte mit Wasser gefüllt ist.

a) Schreibe genau auf, was du beobachten kannst. Achte auch auf die Vorgänge im Gärröhrchen.

b) Stelle die Gefäße an einen warmen Ort. Entferne in der nächsten Unterrichtsstunde die Gärröhrchen vom Kolben und prüfe den Geruch.

c) Welches Gas entsteht bei diesem Versuch? Plane einen Versuch, mit dem du deine Vermutung überprüfen kannst.

3. Nachweis: Hefen brauchen Zucker

Fülle in zwei Erlenmeyerkolben je 10 g Hefe und 100 ml Wasser. Gib in einen der beiden Kolben noch 20 g Traubenzucker hinzu. Rühre gut um. Verschließe die Kolben mit einem Gärröhrchen, das bis zur Hälfte mit Kalkwasser gefüllt ist. Stelle die Ansätze für einige Tage an einen warmen Platz. Was ist zu beobachten?

4. Mindmap Alkohol

Erstelle mit deinem Partner eine Mindmap zum Thema Alkohol.

5. Gärungs-Saccharometer ▶

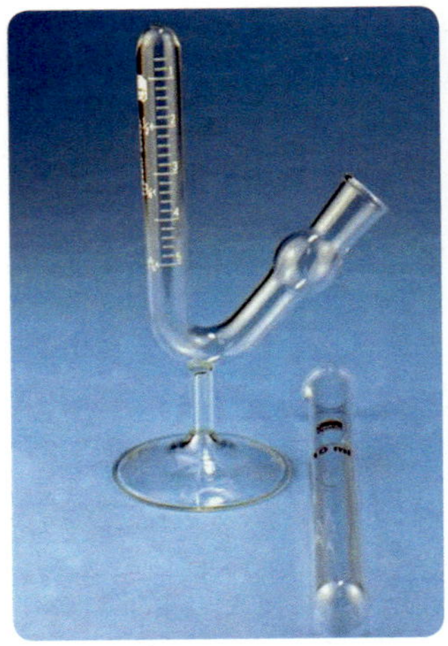

5. Wann arbeiten Hefen besonders gut?

Gib ca. 10 g Hefe in 100 ml Wasser und füge anschließend 10 g Traubenzucker hinzu. Fülle die Mischung in drei Gärungs-Saccharometer. Achte darauf, dass sich im oberen Schenkel keine Luftblase befindet. Stelle die Saccharometer für 30 Minuten an drei unterschiedlich warme Orte: Eisbad (ca. 0 °C), Wärmebad (ca. 40 °C), Fensterbank

a) Schreibe genau auf, was du beobachten kannst. Teste auch, ob sich der Geruch der Versuchsansätze geändert hat.

b) Woran kannst du den Arbeitseifer der Hefen messen?

c) Bei welcher Temperatur arbeiten die Hefen am besten?

6. Hefen – mikroskopisch kleine Lebewesen

a) Stelle aus frischer Bäckerhefe eine stark verdünnte Hefesuspension mit lauwarmem Wasser her.

b) Gib einen Tropfen der Suspension auf einen Objektträger. Färbe das Präparat mit blauer Tinte an. Lege ein Deckgläschen darüber und mikroskopiere. Zeichne und beschreibe, was du siehst.

c) Finde heraus, zu welcher Gruppe von Lebewesen die Hefen gehören. Die Lösung findest du auf den nächsten Seiten in diesem Kapitel.

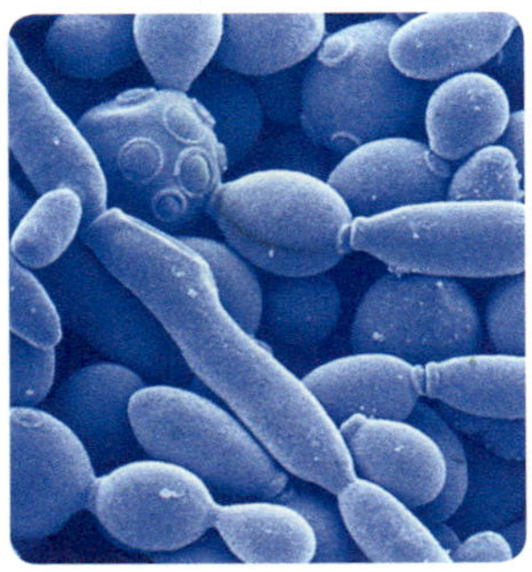

◀ *6. Hefezellen unter dem Elektronenmikroskop*

Von der Traube zum Most. Im Herbst werden die reifen Trauben von Hand oder maschinell geerntet. In der Winzerei wird zuerst der Traubensaft, der Most, gewonnen. Dazu werden die Trauben gequetscht, sodass die Schalen aufplatzen. Es entsteht die Maische, ein Brei aus Traubensaft und Schalen, aus dem dann der Most gepresst wird.

Die Bedeutung von Zucker und Säure. Die Qualität des zukünftigen Weins hängt in erster Linie vom Zucker- und Säuregehalt des Mostes ab. Der Zuckergehalt bestimmt die erreichbare Alkoholkonzentration des Weins. Der Säuregehalt ist entscheidend für den Geschmack und die Haltbarkeit des Weines.

Vom Most zum Wein. Zum Gären wird der Most in Fässer oder Tanks umgefüllt. Die Gärung setzt von allein ein, da sich bereits natürliche Hefen im Most befinden. Dieser Vorgang ist unerwünscht, da er nicht kontrollierbar ist. Dem Most werden deshalb gezüchtete Hefekulturen zugesetzt.
Die Hefen wandeln bei der Gärung Traubenzucker in Alkohol um. Gleichzeitig entstehen Kohlenstoffdioxid und Wärme.

Um den Wein haltbar zu machen, wird er meistens geschwefelt. Dazu leitet der Winzer etwas Schwefeldioxid-Gas in den Wein. Die schweflige Säure, die dabei entsteht, stoppt die Gärung. Die Hefepilze werden abgetötet. Der Wein wird konserviert. Der fertige Wein wird dann in Flaschen abgefüllt.

Der Geschmack des Weins wird von bis zu 500 verschiedenen Inhaltsstoffen bestimmt. Wein enthält 8 bis 14 Volumenprozent Ethanol. Das bedeutet, dass in 100 ml Wein 8 bis 14 ml Ethanol enthalten sind. Aus hellen Trauben wird Weißwein, aus blauen Trauben Rotwein hergestellt.

Traubenzucker (Glucose) $\xrightarrow[\text{Gärung}]{\text{Hefepilze}}$ Ethanol + Kohlenstoffdioxid + Wärme

Den trinkbaren Alkohol nennt der Chemiker Ethanol.

Nach 1 bis 2 Wochen ist der Gärprozess beendet. Dann wird der frische Wein filtriert, um Hefe und Trübstoffe zu entfernen. Zur weiteren Reifung wird der Wein in Fässern oder Edelstahltanks gelagert.

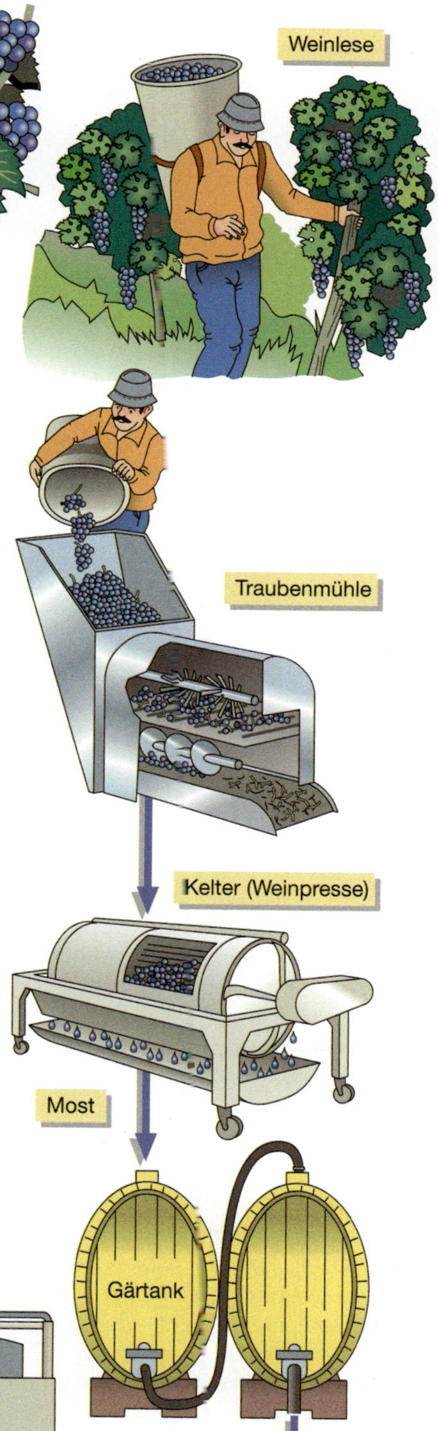

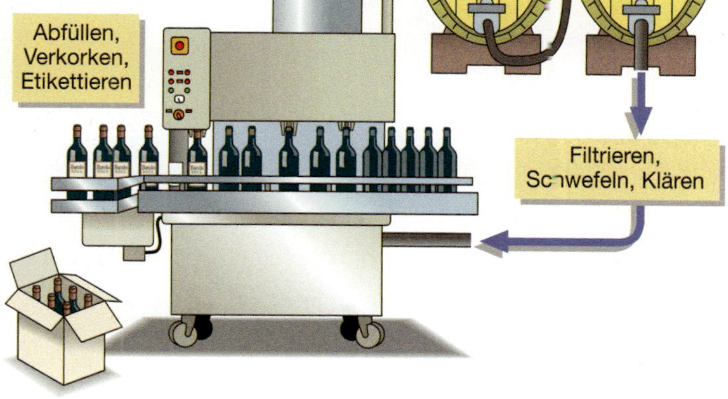

1. Herstellung von Wein ▶

Hefen stellen Alkohol her

Vom Wein zum Branntwein

Bei der alkoholischen Gärung kann nur ein Alkoholgehalt von 15 Prozent Ethanol erzielt werden. Es gibt jedoch eine Reihe von alkoholischen Getränken wie Weinbrand, Weizenkorn und Rum, die einen wesentlich höheren Ethanolgehalt aufweisen.

Wird für bestimmte Getränke ein höherer Alkoholgehalt gewünscht, muss destilliert werden. Dafür wird die vergorene Flüssigkeit in einer Destillationsapparatur auf etwa 80 °C erhitzt. Es verdampft vorwiegend Alkohol, der in einem Kühler aufgefangen wird. Dieser Vorgang wird auch als Brennen bezeichnet. Die Produkte werden als Branntweine bezeichnet. Für einige Produkte wird die Destillation mehrfach durchgeführt, um einen möglichst hohen Ethanolgehalt und eine besondere Reinheit zu erreichen.

Weintrauben werden gepflückt und zu Most verarbeitet. Weinhefen wandeln den Zucker des Mostes in Ethanol und Kohlenstoffdioxid um. Durch Destillation werden Getränke mit höherem Ethanolgehalt gewonnen.

1. Fragen zum Text

a) Wie entsteht der Alkohol im Wein?

b) Welche Bedeutung hat der Zuckergehalt des Mostes für den Gärungsprozess?

c) Weshalb leitet der Winzer Schwefeldioxid in den Wein?

2. Tod im Gärkeller

In schlecht entlüfteten Gärkellern kommt es immer wieder zu Unfällen. Die Verunglückten wurden kurze Zeit nach Betreten des Kellers ohnmächtig und erstickten. Erkläre, was passiert ist.

Exkurs

Die alkoholische Gärung

Lässt man frisch gepressten Obstsaft einige Zeit stehen, kann man Veränderungen beobachten. Der zunächst klare Saft erscheint trübe und schäumt: Die **alkoholische Gärung** hat begonnen.

Ausgelöst wird der Gärungsprozess durch verschiedene Hefen. Hefen sind einzellige Pilze, die sich durch Sprossung oder Teilung vermehren. Hefepilze besitzen Enzyme (Biokatalysatoren), die chemische Reaktionen, die bei Raumtemperatur nicht oder nur langsam ablaufen würden, beschleunigen. Diese Enzyme bauen den in Früchten enthaltenen Traubenzucker (Glucose) zu Ethanol und Kohlenstoffdioxid ab und gewinnen dadurch Energie für den eigenen Stoffwechsel.

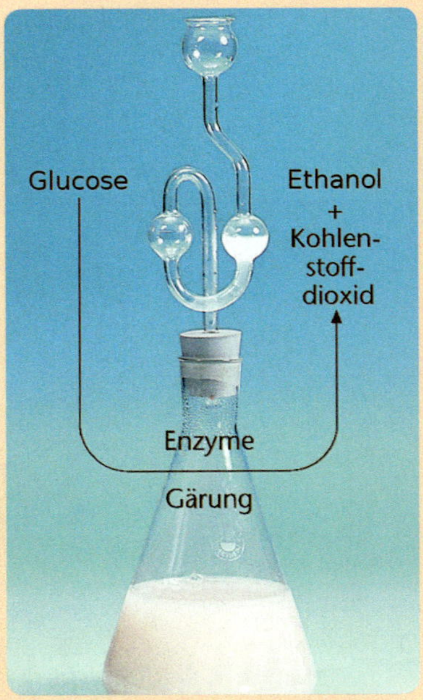

Hefepilze bauen diesen Zucker allerdings nur dann zu Ethanol ab, wenn bei der Gärung kein Sauerstoff vorhanden ist. Daher lässt man die Gärung unter Luftabschluss ablaufen, indem man einen Gäraufsatz verwendet. Er lässt entstehendes Kohlenstoffdioxid aus dem Gärbehälter heraus, aber keine Luft herein.
Bei einer Ethanol-Konzentration über 20 Volumenprozent sterben die Hefepilze ab. Der Gärprozess ist damit beendet.
Bei der Herstellung von Wein wird Glucose durch Weinhefen vergoren. Bei der Bierherstellung vergären Bierhefen Malzzucker. Bier enthält 4 bis 6 Volumenprozent Ethanol.

$$\underset{\text{Glucose}}{C_6H_{12}O_6} \longrightarrow \underset{\text{Ethanol}}{2\,C_2H_5OH} + \underset{\text{Kohlenstoffdioxid}}{2\,CO_2}$$

▲ 1. *Glaskolben mit Fruchtsaft und Hefe*

3. Herstellung von Wein

a) Fülle Fruchtsaft ohne Konservierungsstoffe in einen Stehkolben, füge fein zerkrümelte Hefe und Fruchtstückchen nach deiner Wahl hinzu. Verschließe den Stehkolben mit einem Gärröhrchen, das du mit Kalkwasser füllst.

b) Beobachte mehrere Tage den Versuchsansatz. Notiere deine Beobachtungen.

c) Welche Aufgabe hat das Gärröhrchen mit Kalkwasser?

d) Trenne den entstandenen Wein vom Bodensatz ab. Welches Trennverfahren eignet sich dafür?

e) Durch welchen Trick könntest du die Alkoholausbeute erhöhen?

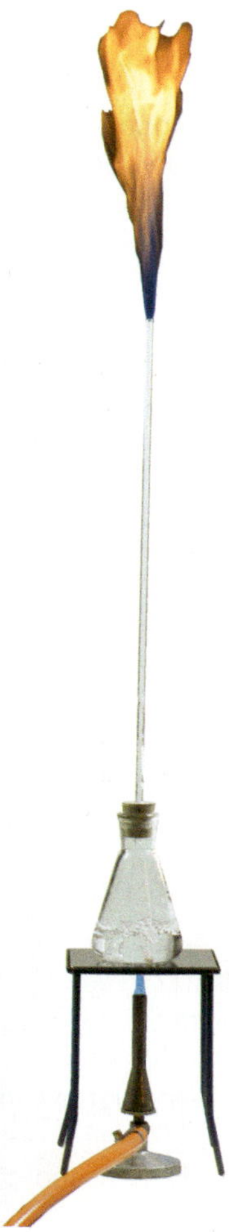

4. Dem Alkohol auf der Spur

Fülle Wein in einen Erlenmeyerkolben. Gib 2–3 Siedesteine hinzu. Verschließe den Kolben mit einem Stopfen mit Steigrohr (60–80 cm). Erhitze den Wein bis zum Sieden. Versuche die entweichenden Dämpfe (GHS 2) mit einem brennenden Holzspan am Ende des Steigrohrs zu entzünden. Halte den Wein einige Minuten weiter auf Siedetemperatur und versuche erneut die Dämpfe zu entzünden.

Notiere die Beobachtungen und versuche eine Erklärung zu finden.

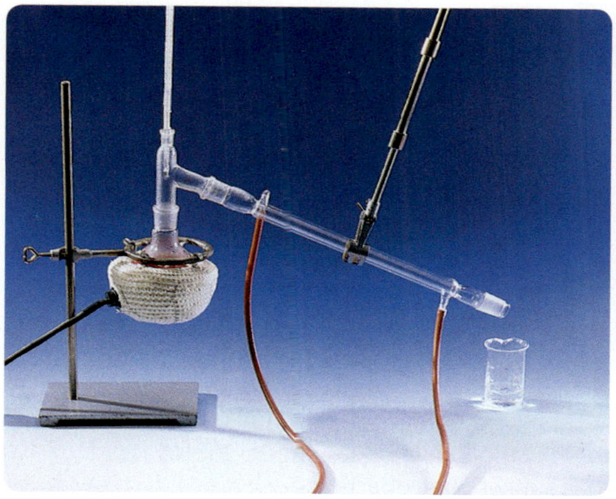

▲ 2. *Destillation von Wein*

5. Destillation von Wein

a) Baue eine Destillationsapparatur auf.

b) Destilliere 100 ml Obstwein. Achte darauf, dass die Temperatur nicht über 85 °C ansteigt.

c) Teste Geruch und Brennbarkeit des Destillats (GHS 2).

6. Vorsicht bei frisch gepresstem Saft

a) Warum darf man frisch gepressten Obstsaft nicht in verschlossenen Flaschen aufbewahren?

b) Was passiert, wenn man den Obstsaft vorher erhitzt?

7. Recherche: Drunken animals?

Der in Afrika wachsende Marulabaum wird bis zu 18 m hoch. Er ist ein beliebtes Ziel von vielen Tieren, die es auf die gelben und sehr süßen Früchte des Baumes abgesehen haben. Elefanten, Giraffen, Nashörner und Affen fressen eine große Menge dieser Früchte, was nicht ohne Wirkung bleibt; sie torkeln durch die Savanne.

a) Welche Erklärung hast du für die „drunken animals"?

b) Welche verschiedenen Ursachen diskutiert man heute zu diesem Phänomen?

So wirkt Alkohol

1. Verwendung von Alkohol

Überlege zu welchen Zwecken Alkohol in der Medizin und Biologie eingesetzt wird.

2. Experimente zur Wirkung von Alkohol

a) Wirkung von Alkohol auf Eiweiß

Fülle 2 Reagenzgläser mit je 5 ml Eiklar. Gib in das eine Reagenzglas 2 ml reinen Alkohol (GHS 2) und in das andere 2 ml Wasser.
Was kannst du beobachten?
Überlege, was dieses Experiment für den Menschen bedeutet, dessen Zellen viel Eiweiß enthalten.

b) Wirkung von Alkohol auf Kressesamen

Polstere 2 Glasschälchen mit Watte aus. Gib in jedes Schälchen 15 Kressesamen. Feuchte die Watte in einem Schälchen mit Wasser und im anderen mit Alkohol (GHS 2) an.
Stelle die Schälchen an einen warmen Ort. Was kannst du nach einigen Tagen beobachten? Schaue genau hin und verwende eine Lupe.

c) Wirkung von Alkohol auf Kressepflanzen

Schneide aus einem Kressebeet vier gleich große Quadrate mit Kressepflänzchen heraus. Lege diese Quadrate in 4 Glasschälchen mit Watte. Tränke die Pflänzchen mit 10 ml Wasser bzw. jeweils 10 ml 5 %iger, 10 %iger und 20 %iger Alkohol-Lösung. Was kannst du nach einigen Stunden beobachten? Lege eine Tabelle an und notiere deine Beobachtungen bei den vier Kressebeeten.

d) Wirkung von Alkohol auf Möhre und Gurke

Lege Möhren- und Gurkenscheiben in unterschiedlich konzentrierte Alkohol-Lösungen.
Was kannst du beobachten?
Überlege, was dieses Experiment für den Menschen bedeutet, dessen Zellen auch Wasser enthalten.

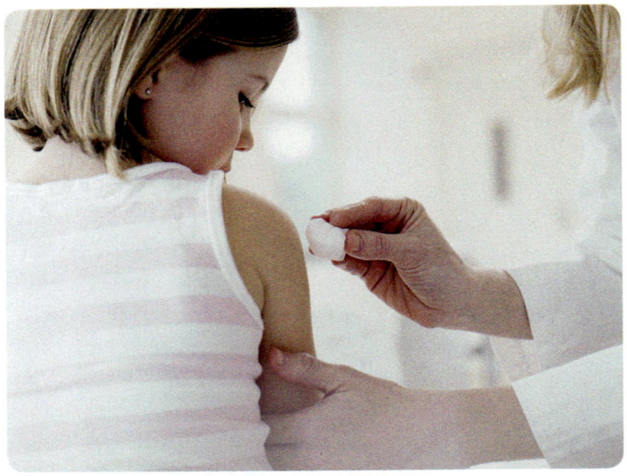

▲ 3. *Hautdesinfektion beim Arzt*

Alkohol – ein Zellgift. Alkohol wirkt auf lebende Zellen in hoher Konzentration als Zellgift. Den Zellen wird Wasser entzogen und die Eiweißstoffe in der Zelle werden durch den Alkohol so stark verändert, dass sie nicht mehr ihre ordnungsgemäße Funktion in der Zelle ausführen können.

Die gleichen Wirkungen des Alkohols können in der Medizin positiv genutzt werden. So wird vor einer Injektion („Spritze") die Haut mit Alkohol desinfiziert. Durch das Abwischen der Haut mit Alkohol werden an der Einstichstelle alle Bakterien abgetötet. Auch medizinische Geräte und Oberflächen in Arztpraxen werden mit Lösungen desinfiziert und gereinigt, die Alkohol enthalten.

Für die Herstellung von Arzneimitteln aus Pflanzen werden Mischungen aus Alkohol und Wasser als Extraktionsmittel verwendet. Hierbei wird die Eigenschaften des Alkohols als gutes Lösemittel für die Pflanzenwirkstoffe genutzt. Gleichzeitig wirkt der Alkohol als Konservierungsstoff für die fertigen Arzneimittel.

Alkohol ist für lebende Zellen ein starkes Zellgift.
In der Medizin wird Alkohol als Desinfektions- und Konservierungsmittel eingesetzt.

3. Fragen zum Text

a) Warum ist Alkohol ein starkes Zellgift?
b) Erkläre warum Alkohol bei der Herstellung von Arzneien aus Pflanzen verwendet wird.
c) Zu welchen Zwecken wird Alkohol beim Arzt und im Krankenhaus verwendet?
d) Überlege warum Alkohol auf Bakterien tödlich wirkt.

Alkoholgebrauch und -missbrauch

Langzeitfolgen von Alkohol auf den menschlichen Körper.
Die Wirkung von Alkohol auf unseren Körper ist von verschiedenen Faktoren abhängig: Körpergewicht, Geschlecht, genetische Veranlagung, Stimmungslage, Ernährungszustand und Umgebung.
Deshalb lassen sich die Auswirkungen einer bestimmten Alkoholmenge nicht genau vorhersagen.

1. Findet heraus, durch welche Wirkungen des Alkohols die Schäden hervorgerufen werden.
2. Recherchiert über die Möglichkeiten und die Erfolgswahrscheinlichkeiten eines Entzugs.

Weitere Infos zum Thema Alkohol findest du unter:
www.kenn-dein-limit.info
www.staygold.eu

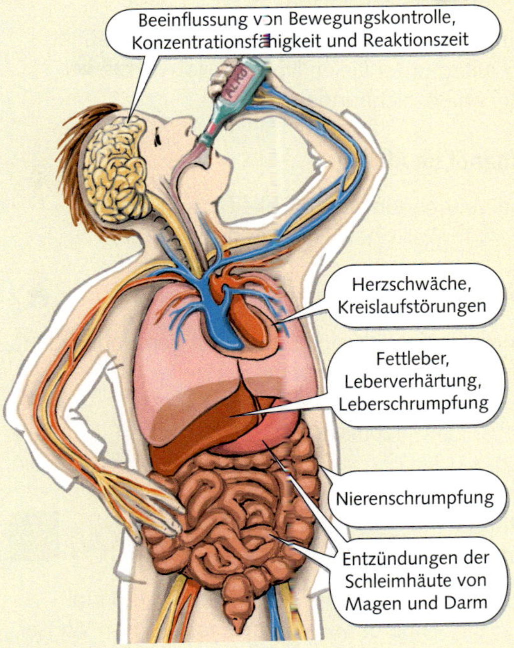

Direkt ins Blut. Der Weg der Alkohol-Moleküle in unseren Körper beginnt mit der Aufnahme über die kleinen Blutgefäße im Mund und im Magen-Darm-Bereich. Über den Blutkreislauf wird der Alkohol dann im ganzen Körper verteilt. Es dauert nur etwa 2 Minuten, bis er im Gehirn ankommt und seine Wirkung zeigt.
Die Alkoholmenge im menschlichen Blut wird in Promille (‰) angegeben. 1 Promille bedeutet, dass in einem Liter Blut 1 ml Alkohol enthalten ist.
Der Hauptanteil des Alkohols wird in der Leber abgebaut. Dabei entstehen Kohlenstoffdioxid und Wasser. Pro Stunde baut der Körper lediglich 0,1 Promille ab.
Bis zu 3 % des Alkohols werden unverändert über die Lunge ausgeschieden. Mit Alcotest-Geräten ist der Nachweis von Alkohol in der ausgeatmeten Luft möglich.

3. Warum spüren viele Menschen so schnell die Wirkung des Alkohols?
4. Welche Möglichkeiten hat die Polizei festzustellen, ob ein Verkehrsteilnehmer zu viel Alkohol getrunken hat?
5. In welcher Maßeinheit wird der Blutalkoholgehalt angegeben?

Alkohol im Straßenverkehr.
Alkoholgenuss enthemmt Mann und Frau traut sich mehr zu als ohne. Unter Alkoholeinfluss wird schneller gefahren, als es die Straßenverhältnisse und die Fahrkünste zulassen.

Aber die Wirkung des Alkohols bedeutet auch: Die Sehschärfe lässt nach, das Gesichtsfeld wird eingeengt und Entfernungen können nur noch schwer eingeschätzt werden. Die Reaktionszeit verlängert sich. Viele schwere Unfälle sind die Folge.
Alkohol und eine Teilnahme am Straßenverkehr – ob als Radfahrer, Motorrad- oder Autofahrer – sind unvereinbar. Deshalb gibt es hier auch klare Regeln und Gesetze. Und: Auch als Fußgänger kann es im Straßenverkehr unter Alkoholeinfluss sehr gefährlich werden.

6. Warum ist es gefährlich unter Alkoholeinfluss zu fahren?
7. Recherchiere im Internet, welche Promillegrenzen Führerscheinneulinge einhalten müssen.

Ethanol, näher betrachtet

1. Ein Stoff, verschiedene Namen

Der Trinkalkohol, auch Ethanol genannt, begegnet uns im Alltag unter vielen Namen. Notiere die verschiedenen Bezeichnungen.

2. Ethanol im Alltag

Welche Verwendungsmöglichkeiten von Ethanol – außer als Trinkalkohol – sind dir noch bekannt?

3. Ethanol verduftet

Gib einen Tropfen Ethanol (GHS 2) auf den Handrücken. Puste vorsichtig über die benetzte Stelle.

a) Beschreibe was du beobachten kannst.

b) Wofür kann die beobachtete Eigenschaft im Alltag genutzt werden?

4. Ethanol – ein Lösemittel?

Fülle 3 Reagenzgläser 2 – 3 cm hoch mit Ethanol (GHS 2; B3). Füge dann je Glas einige Tropfen Wasser, Waschbenzin (GHS 2, 7, 8, 9; B3) oder Speiseöl hinzu. Rühre eventuell um. Was kannst du beobachten?

5. Ablenkbarkeit von Ethanol und Wasser

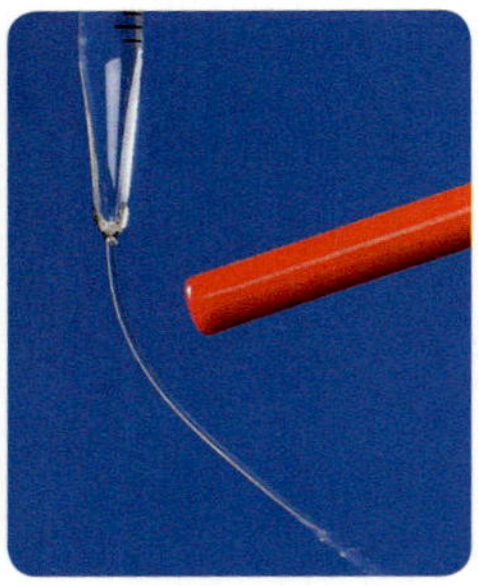

Lass aus einer Bürette einen dünnen Strahl Ethanol (GHS 2; B3) ausfließen. Halte in die Nähe des Strahls einen Kunststoffstab, den du zuvor durch Reiben mit einem Wolltuch aufgeladen hast. Wiederhole den Versuch mit Wasser als Testflüssigkeit.

a) Was kannst du beobachten?

b) Sind Wasser- oder Ethanol-Moleküle polar oder unpolar?

c) Recherchiere die Polarität von Ethan oder anderen Kohlenwasserstoffen wie Heptan oder Benzin.

6. Ethanol – sauer oder alkalisch?

Prüfe den pH-Wert von Ethanol (GHS 2) mit Universalindikator-Lösung oder Indikatorpapier. Gehört das Ethanol zu den sauren, alkalischen oder neutralen Stoffen?

7. Verbrennungsprodukte von Ethanol

Entzünde einige Milliliter Ethanol (GHS 2) in einem Verbrennungslöffel und halte ihn dann in einen kalten Standzylinder. Prüfe den Beschlag an der Wandung mit Kupfersulfatpapier (GHS 7, 9; B2).

▲ 2. *Nachweis der Verbrennungsprodukte von Ethanol*

Gib anschließend Kalkwasser in den Standzylinder und schüttle vorsichtig.

a) Notiere deine Beobachtungen (Flammenfarbe, Farbe des Kupfersulfatpapiers, Farbe des Kalkwassers).

b) Welche Reaktionsprodukte sind beim Verbrennen von Ethanol entstanden?

c) Auf welche Elemente im Ethanol-Molekül weisen die Beobachtungen aus a) und b) hin?

8. Reaktion von Ethanol mit Magnesium (Lehrerversuch)

Ein Reagenzglas wird mit etwas Sand, der mit Ethanol (GHS 2) getränkt wird und einigen Magnesium-Spänen (GHS 2) gefüllt (siehe Abbildung unten). Zunächst wird das gesamte Reagenzglas schwach erwärmt und das Magnesium anschließend stark erhitzt. Durch Fächeln mit der Flamme wird das Ethanol aus dem Sand verdampft. Das Magnesium glüht auf. Die entweichenden Dämpfe lassen sich entzünden.

a) Wie heißt das weiße Reaktionsprodukt? Welches Gas entweicht?

b) Welches Element muss im Ethanol-Molekül enthalten sein, damit die beschriebene Reaktion abläuft?

▼ 3. *Reaktion von Ethanol-Dampf mit Magnesium*

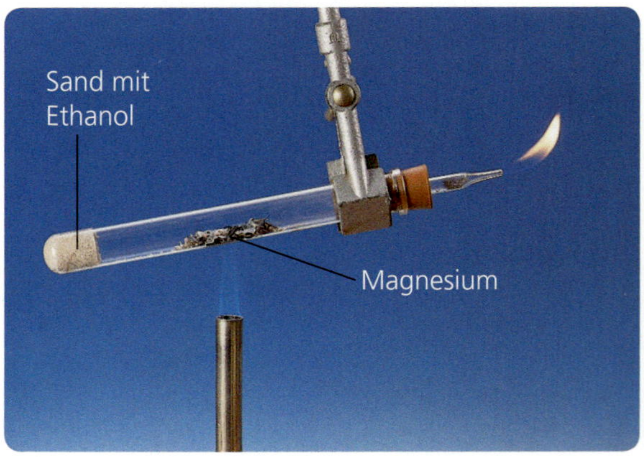

Ethanol chemisch betrachtet. Ethanol ist eine leicht entzündbare, neutrale Flüssigkeit, die mit schwach leuchtender Flamme mit dem Luftsauerstoff zu Kohlenstoffdioxid und Wasserdampf verbrennt. Die Analyse der Verbrennungsprodukte ergibt, dass Ethanol Kohlenstoff und Wasserstoff enthält. Wird Ethanoldampf über heißes Magnesium geleitet, bildet sich Magnesiumoxid. Da der zur Oxida-tion benötigte Sauerstoff nur aus dem Ethanol stammen kann, muss auch Sauerstoff Bestandteil des Ethanol-Moleküls sein.

Quantitative Analysen ergeben für das Ethanol-Molekül die Summenformel C_2H_5OH. Dabei sind 5 Wasserstoff-Atome direkt an Kohlenstoff-Atome gebunden, während das sechste an das Sauerstoff-Atom gebunden ist. Diese **OH-**Gruppe wird **Hydroxyl-**Gruppe genannt. Diese Gruppe bestimmt die Eigenschaften und Reaktionen von Ethanol. Man bezeichnet sie deshalb als **funktionelle Gruppe.**

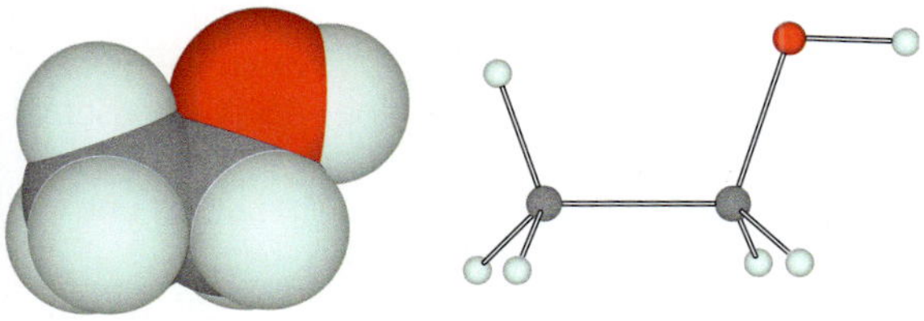

CH_3-CH_2-OH

Polarität von Ethanol-Molekülen. Nähert man einem elektrostatisch aufgeladenen Kunststoffstab einem Ethanolstrahl so wird dieser angezogen. Dies bedeutet, dass Ethanol-Moleküle polar sind. Sie sind, wie Wasser-Moleküle, **Dipol-Moleküle.**

Ethanol als Lösemittel. Ethanol ist gut wasserlöslich. Verantwortlich für die Wasserlöslichkeit ist die Hydroxyl-Gruppe, die wasserfreundlich (hydrophil) ist. Der Kohlenwasserstoff-Rest ist dagegen wasserfeindlich (hydrophob). Ethanol löst deshalb viele organische Stoffe wie Benzin, Heptan oder Speiseöl. Wegen seiner fettlösenden Wirkung wird Ethanol zusammen mit anderen waschaktiven Stoffen in Glasreinigern und Putzmitteln eingesetzt.

Ethanol im Alltag. Ethanol kommt nicht nur in alkoholischen Getränken, sondern in geringen Konzentrationen auch in den unterschiedlichsten Lebensmitteln vor. So kann Apfelsaft oder Traubensaft bis zu 0,4 % Ethanol enthalten. Auch in reifen Bananen, Sauerkraut, Kefir oder Weißbrot findet man ihn in geringer Menge.

▲ 3. *Reiniger und Kosmetika die Alkohol enthalten.*

Ethanol ist auch ein wichtiger Grundstoff für die Herstellung von kosmetischen und medizinischen Produkten. Viele Medikamente, Parfüm, Deodorants, Haargel und Reinigungsmittel sind alkoholische Lösungen. Kosmetikprodukte wie z. B. Erfrischungstücher und Rasierwasser enthalten Ethanol, weil es schnell verdunstet und dadurch kühlend wirkt. Außerdem wirkt Ethanol desinfizierend und wird auch zur Wundreinigung eingesetzt.

Durch Zusatzstoffe ungenießbar gemachtes Ethanol kommt als preiswerter Brennspiritus in den Handel. In der chemischen Industrie ist Ethanol ein wichtiges Lösemittel und Zwischenprodukt.

Ethanol ist aus den Elementen Kohlenstoff, Wasserstoff und Sauerstoff aufgebaut. Die Summenformel lautet C_2H_5OH. Ethanol ist ein Lösemittel für hydrophile und hydrophobe Stoffe.

1. Fragen zum Text

a) Nenne die Summenformel von Ethanol.

b) Wie lautet die funktionelle Gruppe im Ethanol-Molekül?

c) Weshalb ist Ethanol ein Lösemittel für viele verschiedene Stoffe?

d) Warum wird Ethanol in Erfrischungstüchern eingesetzt?

Alkohole – vielseitige Flüssigkeiten

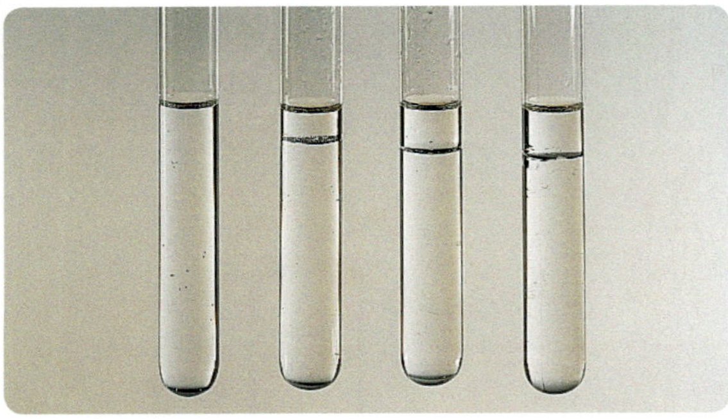

▲ *1. Löslichkeit von Alkanolen in Wasser*

1. Mischbar oder nicht?

Gib je 1 ml verschiedener Alkohole, z. B. Ethanol (GHS 2; B3), Propanol (GHS 2, 5, 7; B3), Butanol (GHS 2, 5, 7; B3), Pentanol (GHS 2, 7; B3), Hexanol (GHS 7; B3) in je 5 ml Wasser. Wiederhole den Versuch mit 5 ml Speiseöl anstelle des Wassers.

a) Was kannst du beobachten? Halte die Ergebnisse in einer Tabelle fest. Verwende folgende Symbole um die Mischbarkeit zu kennzeichnen: +, o, –.

b) Versuche die unterschiedlichen Ergebnisse der Mischbarkeit zu erklären.

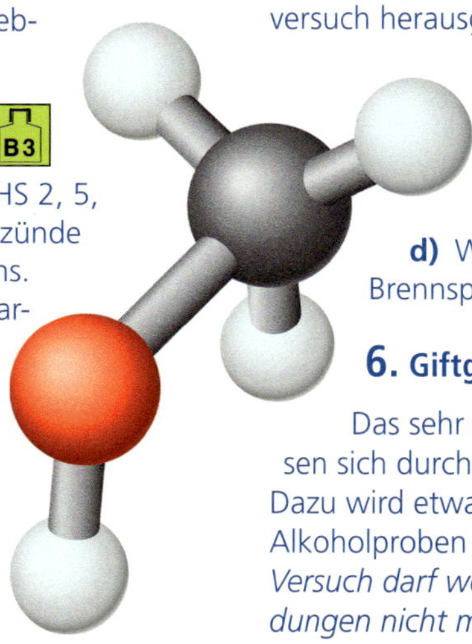

2. Brennbarkeit

Gib je 1 ml verschiedener Alkohole (GHS 2, 5, 7; B3) in je ein Porzellanschälchen. Entzünde sie mithilfe eines brennenden Holzspans.

a) Achte besonders auf die Flammenfarben und versuche eine Erklärung zu finden.

b) Sortiere die verschiedenen Alkohole nach ihrer Entzündbarkeit.

3. Moleküle bauen

Baue mit Hilfe des Molekülbaukastens ein Methanol-Molekül. Verlängere die Kohlenstoffkette nacheinander um 1, 2, 3 und 4 C-Atome. Ergänze die fehlenden Wasserstoff-Atome.

a) Notiere die Summenformel für die entstehenden Moleküle.

b) Zeichne die Strukturformeln.

c) Finde einen Namen für die Moleküle. Denke dabei an die Regeln zur Namensgebung bei den Alkanen.

4. Alkoholpanscher gefasst

Nach mehreren hundert Todesfällen durch Methanolvergiftungen ist die Polizei einer professionellen Alkoholpanscherbande in Russland auf die Spur gekommen. Die Bande hatte Trinkalkohol mit dem billigen, aber hochgiftigen Methanol gestreckt und das gefährliche Produkt als Wodka im Schwarzhandel verkauft.

a) Informiere dich über den Alkohol Methanol und fertige einen Steckbrief an.

b) Mit welchen Gefahrensymbolen muss eine Methanolflasche gekennzeichnet sein?

c) Methanol kann auch als Treibstoff für Brennstoffzellen verwendet werden. Recherchiere im Internet und stelle dies deinen Mitschülern in einem kleinen Vortrag vor.

5. Spiritus als Frostschutz

Brennspiritus eignet sich als preiswertes Frostschutzmittel für die Scheibenwaschanlage. Mit einem Viertelliter Spiritus auf 1 Liter Wasser erzielt man einen Frostschutz von minus 10 °C. Durch Verdunsten des Alkohols kann der Frostschutz im Laufe der Zeit geringer werden.

a) Was bewirkt der Zusatz von Spiritus?

b) Überlege mit deinem Partner, wie im Reagenzglasversuch herausgefunden werden kann, wie viel Spiritus (GHS 2) dem Waschwasser bei Temperaturen bis –15 °C zugesetzt werden muss.

c) Führt die Versuche durch und haltet die Ergebnisse fest.

d) Warum empfiehlt es sich nicht, reinen Brennspiritus einzusetzen?

6. Giftgrün

Das sehr giftige Methanol und das Ethanol lassen sich durch eine Flammenprobe unterscheiden. Dazu wird etwas Borax und Schwefelsäure mit den Alkoholproben vermischt und dann entzündet. *(Der Versuch darf wegen der Giftigkeit von Bor-Verbindungen nicht mehr durchgeführt werden!)* Beschreibe die Unterschiede der Flammen.

▲ *2. Flammenprobe: Methanol (links) und Ethanol (rechts)*

Ethanol und seine Verwandten. Das als Trinkalkohol bekannte Ethanol ist nur eine von vielen Verbindungen aus der Stoffklasse der Alkohole. Alle Alkohole, die sich von den Alkanen ableiten, werden als **Alkanole** bezeichnet. Der chemische Name eines Alkohols ergibt sich aus dem Namen des entsprechenden Alkans mit der zusätzlichen Endung **-ol.**

Die homologe Reihe der Alkanole. Alle Alkohole enthalten als gemeinsames Merkmal eine **OH-Gruppe** in ihrem Molekül. Diese Gruppe nennt man **Hydroxyl-Gruppe.** Da diese OH-Gruppe die chemischen Eigenschaften der Alkohole entscheidend mitbestimmt, bezeichnet man sie auch als **funktionelle Gruppe** der Alkohole. Die allgemeine Formel für Alkohole lautet: **R-OH.** Das „R" steht für einen Alkyl-Rest. Der Alkyl-Rest besteht aus Kohlenstoff- und Wasserstoff-Atomen.

Alkanole, die nur eine OH-Gruppe enthalten, werden als **einwertige Alkohole** bezeichnet.
Methanol, Ethanol, Propanol, Butanol sind die ersten vier Alkanole der homologen Reihe der einwertigen Alkohole.
Methanol (Holzgeist) ist eine sehr giftige, farblose Flüssigkeit. Schon geringe Mengen führen zur Erblindung. Es kann als Nebenprodukt bei der Branntweinherstellung entstehen. Methanol wird in der chemischen Industrie als Lösemittel und als Rohstoff für die Kunststoffherstellung eingesetzt. Außerdem wird es als Treibstoffzusatz und als Brennstoff in Brennstoffzellen verwendet.
Propanol wird als „Friseuralkohol" in Haarpflegemitteln, als Ethanolersatz in kosmetischen Produkten und als Lösemittel verwendet.

Name	Formel	Schmelz-, Siede-temperatur in °C		Löslichkeit
Methanol	CH_3OH	−97	65	In Wasser abnehmend; In Benzin zunehmend
Ethanol	C_2H_5OH	−114	78	
Propanol	C_3H_7OH	−126	97	
Butanol	C_4H_9OH	−89	117	
Pentanol	$C_5H_{11}OH$	−78	138	
Hexanol	$C_6H_{13}OH$	−45	157	

▲ *1. Homologe Reihe der Alkanole*

Eigenschaften der Alkanole. Methanol, Ethanol und Propanol sind in jedem Verhältnis mit Wasser mischbar. Bei den längerkettigen Alkanolen nimmt die Mischbarkeit mit Wasser stark ab. Hexanol ist in Wasser unlöslich. Diese Abnahme der Löslichkeit lässt sich mit dem Bau der Alkanol-Moleküle erklären. Die Hydroxyl-Gruppe ist wasserfreundlich (hydrophil). Sie ist für die Löslichkeit in Wasser verantwortlich. Der Kohlenwasserstoff-Rest ist dagegen wasserfeindlich (hydrophob). Er sorgt dafür, dass sich Alkanole in Benzin und ähnlichen Lösemitteln lösen.

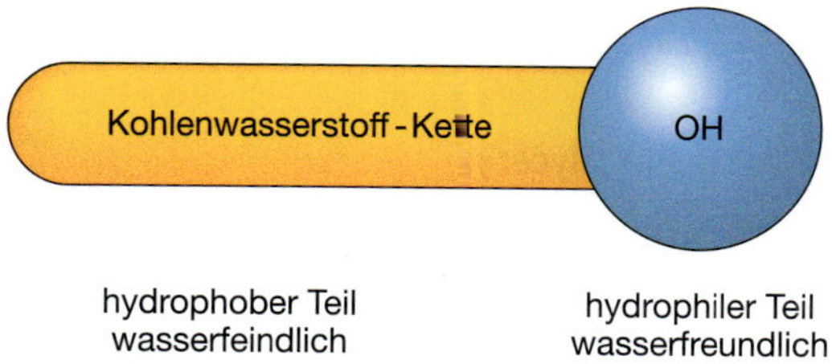

▲ *2. Alkanol-Moleküle besitzen einen wasserfreundlichen und einen wasserabstoßenden Teil.*

Alkohole im Auto. Einige Alkohole, z. B. Ethanol und Propanol, werden im Winter der Scheibenwaschflüssigkeit im Auto zugesetzt. Diese Alkohole setzen den Gefrierpunkt des Wassers herab und verhindern so das Einfrieren oder bewirken ein Auftauen des Eises auf den Scheiben.

▲ *3. Ein vereistes Auto*

Alkanole bilden eine homologe Reihe. Die Eigenschaften der Alkanole werden von der wasserfreundlichen Hydroxyl-Gruppe und dem wasserfeindlichen Kohlenwasserstoff-Rest bestimmt.

1. Fragen zum Text
a) Warum ist Methanol im Gegensatz zu Hexanol sehr gut wasserlöslich?
b) Warum können Ethanol und Propanol als Frostschutzmittel genutzt werden?

Glycerin und andere mehrwertige Alkanole

▲ 1. *Enteisung eines Flugzeuges*

1. Produkte mit Glycerin

Schau in Bad und Küche nach, in welchen Produkten überall Glycerin (andere Bezeichnungen sind: Glycerol oder Propantriol) enthalten ist.

2. Löslichkeit

2 7 8 9 B3

Gib einige Tropfen Ethanol (GHS 2), Glykol (GHS 7) und Glycerin in 1 ml Wasser. Wiederhole den Versuch mit 1 ml Waschbenzin (GHS 2, 7, 8, 9; B3) als Lösemittel. Was kannst du beobachten? Halte deine Ergebnisse schriftlich fest.

3. Fließgeschwindigkeit

2 7 B3

Lasse Ethanol (GHS 2; B3), Glykol (GHS 7; B3) und Glycerin an einem Glasstab entlang laufen.
Was fällt dir auf? Notiere deine Beobachtungen.

4. Reaktion mit Kupfersulfat

2 7 9 B3

Fülle 1 ml Ethanol (GHS 2), Glykol (GHS 7) und Glycerin in Reagenzgläser. Tropfe verdünnte alkalische Kupfersulfat-Lösung (GHS 7, 9; B3) hinzu.
Was kannst du beobachten?

▲ 2. *Frostschutzmittel enthält Glykol.*

5. Gefrierpunkt erniedrigen?

Bereite eine Kältemischung aus 100 g Eis und 35 g Kochsalz. Fülle ein Reagenzglas mit 5 ml Wasser und 5 ml Glycerin, ein zweites Reagenzglas mit 5 ml Wasser und 5 ml Glykol und ein drittes Reagenzglas mit 10 ml Wasser. Stelle die drei Reagenzgläser in die Kältemischung. Was kannst du beobachten?

Mehrwertige Alkanole. Glykol und Glycerin enthalten mehr als eine Hydroxylgruppe im Molekül. Deshalb gehören sie zu den mehrwertigen Alkanolen. Mehrwertige Alkanole kann man mit alkalischer Kupfersulfat-Lösung nachweisen. Die Lösung färbt sich dann tiefblau.

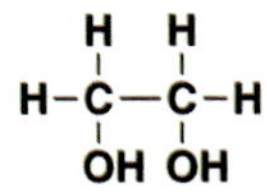

Glykol (Ethandiol) ist eine farblose, ölige, süß schmeckende, aber giftige Flüssigkeit. Es ist sehr gut wasserlöslich. Ein Wasser-Glykol-Gemisch gefriert erst bei −40 °C und wird deshalb als Frostschutzmittel und zur Enteisung von Flugzeugen eingesetzt.

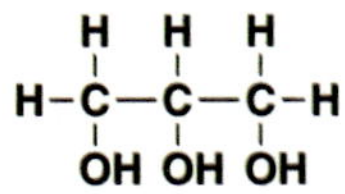

Glycerin (Propantriol) ist noch dickflüssiger als Glykol. Es ist wasseranziehend (hygroskopisch), gefrierpunktsenkend und schmeckt ebenfalls süß, ist jedoch ungiftig. Es gehört zu den dreiwertigen Alkanolen. Aufgrund der drei Hydroxylgruppen löst es sich gut in Wasser und Ethanol.
Es wird zur Herstellung von Salben, Zahn- und Körpercremes verwendet. Es dient als Weichmacher und Feuchthaltemittel. Darüber hinaus spielt es eine wichtige Rolle als Frostschutzmittel und Schmiermittel für Maschinen.
Glycerin ist auch ein wichtiger Ausgangsstoff zur Herstellung von Dynamit, einem Sprengstoff.

Glycerin und Glykol sind mehrwertige Alkohole. Sie besitzen mehr als eine Hydroxyl-Gruppe.

6. Fragen zum Text

a) Welche gemeinsamen Eigenschaften haben Glykol und Glycerin?
b) Wozu werden Glykol bzw. Glycerin verwendet?
c) Was versteht man unter dem Begriff „mehrwertige" Alkanole?

Trickreich durch den Winter. In sehr harten Wintern sterben viele Insekten, weil das Wasser in ihrem Körper gefriert. Marienkäfer überwintern in großen Gruppen unter Baumrinden oder altem Laub. Wenn es kalt wird, fallen sie in eine Winterstarre.

Auch wenn ihre Körpertemperatur unter 0 °C absinkt, sterben sie nicht. Die Käfer haben einen besonderen Schutzmechanismus und produzieren das körpereigene Frostschutzmittel Glycerin. Dieses verhindert, dass das Wasser in ihrem Körper gefriert und schützt sie so vor dem Kältetod.

1. Welche Eigenschaften des Glycerins sichert das Überleben des Marienkäfers?
2. Recherchiere, welche anderen Lebewesen auch diese oder eine ähnliche Überlebensstrategie bei tiefen Temperaturen anwenden.

Zuckeraustauschstoff Sorbit. In vielen Beeren und Früchten kommt ein sechswertiger Alkohol, das Sorbit (Hexanhexol) vor. Besonders viel Sorbit enthalten die Beeren der Eberesche (Abb.).

Sorbit schmeckt süß und ist hygroskopisch. Beim Abbau im menschlichen Körper wird kein Insulin benötigt. Sorbit wird deshalb von Diabetikern als Zuckeraustauschstoff genutzt. Es ist zahnfreundlich, weil es von Kariesbakterien nicht genutzt werden kann. Sorbit kann bei übermäßigem Verzehr abführend wirken.

3. Warum setzt man Zahncremes gerne Sorbit, auch Sorbitol genannt, zu?
4. Welche E-Nummer steht stellvertretend für diesen Zusatzstoff auf Lebensmitteletiketten?

Kaugummi selbst gemacht. Du benötigst 58 g Gum-Base, 105 g Sorbit-Pulver, 32 g Sorbit flüssig (70 %), 8 g Glycerin und verschiedene Aromastoffe.

Erwärme die Gum-Base im Backofen auf ca. 70 °C. Lasse sie anschließend leicht abkühlen und knete sie geschmeidig. Gib das Flüssigsorbit unter ständigem Kneten hinzu und knete weitere 5 Minuten. Gib anschließend das Sorbit-Pulver portionsweise hinzu und knete weiter. Vor der letzten Zugabe von Sorbit werden das Glycerin und die Aromastoffe eingearbeitet. Der gesamte Knetprozess dauert ca. 25 Minuten. Wichtig ist, dass die Temperatur beim Kneten nicht unter 45 °C fällt. Der fertige Kaugummiteig wird 3–4 mm dünn ausgerollt und in schmale Streifen geschnitten.

5. Warum wurden dem Kaugummiteig Glycerin und Sorbit zugesetzt?
6. Dürftest du deinen Kaugummi als „zuckerfrei", „energiearm" und „zahnschonend" bezeichnen?
7. Warum solltest du auch diesen Kaugummi nur in Maßen genießen?

Aus Wein wird Essig

1. Essig wozu?

Essig ist in jedem Haushalt vorhanden. Nenne Beispiele, wofür Essig verwendet wird. Überlege auch, welche Eigenschaften des Essigs dabei eine Rolle spielen.

2. Essig im Supermarkt

Schau dir im Supermarkt die Etiketten von mindestens sechs verschiedenen Essigsorten an. Trage die Ergebnisse in eine Tabelle in deinem Heft ein.

Essigsorte	hergestellt aus	Farbe	Säure-Anteil

3. Kräuteressig selbst zubereiten

Besorge dir zwei bis drei frische Thymian- oder Rosmarinzweige. Gib sie in eine Flasche mit Weißweinessig. Nach ungefähr zwei Wochen ist der Kräuteressig fertig.

4. Essig als Konservierungsmittel

Lege in zwei Petrischalen einige Scheiben einer Salatgurke. Gib in eine Schale etwas Essig, in die andere etwas Wasser. Decke die Schalen ab und beobachte einige Tage. Deute deine Beobachtungen.

5. Kalk und Essig

Erwärme in einem Reagenzglas ein kleines Stück Kalkstein in Essig. Wofür lässt sich Essig im Haushalt demnach verwenden?

▲ *1. Es gibt sehr viele verschiedene Essigsorten*

6. Essig aus Wein

a) Gib in je zwei Bechergläser etwas Rotwein. Lege auf eins der Gläser ein Filterpapier; verschließe das andere fest mit Folie und Gummiband.
Stelle beide Proben an einen warmen Ort.
b) Ermittle den pH-Wert zu Beginn und zwei Wochen später. Prüfe dann auch den Geruch.
c) Deute deine Beobachtungen.

Essig entsteht, wenn man Wein längere Zeit offen an der Luft stehen lässt. Aus dem im Wein enthaltenen **Ethanol** entsteht eine Säure, die **Essigsäure.** Die Umwandlung wird durch **Essigbakterien** bewirkt, die überall in der Luft vorhanden sind. Sie wandeln Alkohol unter Aufnahme von Sauerstoff in Essigsäure um.

Verwendung. Haushaltsessig enthält etwa 5 % bis 6 % Essigsäure. Essig wird nicht nur zum **Würzen** von Speisen verwendet, er dient auch zur **Konservierung** von Nahrungsmitteln. Schimmelpilze und Bakterien können sich im sauren Essig nicht weiter vermehren. Im Haushalt können damit **Kalkablagerungen** aufgelöst werden.

Tafelessig stellt man aus verdünntem Kartoffel-, Getreide- oder Zuckerrübenschnaps her.
Weinessig muss aus Wein hergestellt werden. Er ist deshalb besonders aromatisch.
Obstessig wird überwiegend aus Apfelwein hergestellt.
Kräuteressig erhält man, wenn man Gewürze oder Kräuter längere Zeit in Essig ziehen lässt.
Balsamessig ist ein besonders lange in Holzfässern gereifter Essig mit vielen Aromastoffen.
Essigessenz ist 25 %-ige Essigsäure. Sie wird nicht biologisch, sondern in Chemiefabriken hergestellt. Sie darf nur verdünnt genossen werden!

Essigherstellung früher. Die Gewinnung von Essig aus Wein war den Babyloniern und Ägyptern schon vor 8000 Jahren bekannt. Essig spielte eine wichtige Rolle als Gewürz für Speisen und als Konservierungsmittel für Fleisch und Gemüse. Bei den Römern diente ein Gemisch aus Essig und Wasser als Erfrischungsgetränk.
Bis ins Mittelalter wurde Essig in den Haushalten selbst hergestellt. Dazu ließ man Wein oder Apfelmost in Krügen langsam sauer werden.
Im 14. Jahrhundert entwickelte sich in Frankreich die erste industrielle Herstellung von Essig. Flache Holzbottiche mit Wein wurden in warmen Räumen gelagert. Auf der Flüssigkeitsoberfläche siedelten sich Essigbakterien an, die den Alkohol zu Essig umwandelten. Der Umwandlungsprozess dauerte mehrere Monate. Essighändler zogen mit Holzkarren von Stadt zu Stadt und verkauften den in Fässern mitgeführten Essig.

Industrielle Essigherstellung heute. Das modernste und gängigste Verfahren ist das so genannte Submersverfahren (Abb. 1). Mithilfe einer Turbine wird Luft von unten in eine Mischung aus Alkohol und Wasser geblasen. So entstehen viele feine, mit Luft gefüllte Schaumbläschen. Die **Essigbakterien** siedeln sich an der Oberfläche dieser Schaumbläschen an. Sie können nun untergetaucht (submers) auf einer großen Fläche Alkohol in Essig umwandeln. Nach wenigen Stunden wird der fertige Essig zur Hälfte abgelassen und durch neue alkoholhaltige Flüssigkeit ersetzt. So kann die Essigerzeugung ohne große Unterbrechung weiterlaufen.

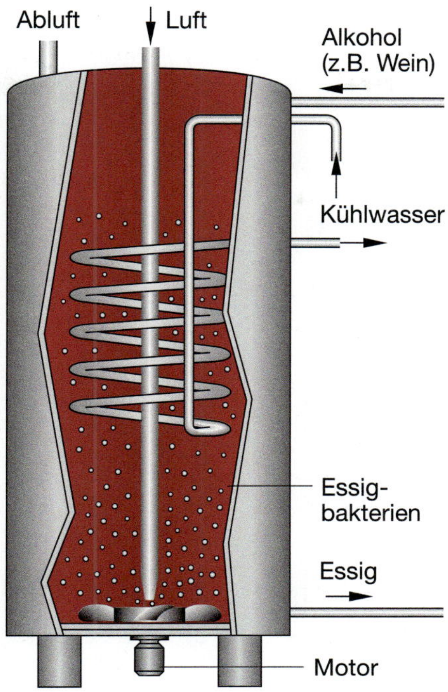

▲ *1. Essigherstellung (Submers-Verfahren)*

▲ *2. Essiglager*

▲ *3. Louis Pasteur*

Bei dem Umwandlungsprozess entsteht Wärme. Da die Essigbakterien bei einer Temperatur von 42 °C absterben würden, muss die Flüssigkeit gekühlt werden. Kühlrohre mit **Kühlwasser** sorgen deshalb dafür, dass die Temperatur nicht zu hoch wird.

Qualitativ hochwertige Essigsorten müssen noch einige Wochen in Fässern lagern, bevor sie abgefüllt werden – die teuersten Sorten sogar einige Jahre. Der Essig wird durch die Lagerung milder und entfaltet sein typisches Aroma.

Speiseessig entsteht aus verdünntem Alkohol unter der Einwirkung von Essigbakterien und Sauerstoff.

1. Fragen zum Text

a) Wie wurde der Essig früher hergestellt?
b) Welche Rolle spielen die Essigbakterien bei der Essigherstellung?
c) Warum siedeln sich Essigbakterien nur auf der Oberfläche der alkoholhaltigen Flüssigkeit an?
d) Beschreibe das Submersverfahren.

2. Pasteur entdeckt die Essigbakterien

Bei der Umwandlung von Wein in Essig bildet sich auf der Oberfläche eine dünne Haut. Der französische Chemiker und Mediziner Louis Pasteur untersuchte 1846 diese Haut unter dem Mikroskop. Er fand winzige, stäbchenartige Bakterien darin. Nur sie konnten für die Umwandlung von Wein in Essig verantwortlich sein.
Informiere dich über das Leben und Wirken von Pasteur und arbeite ein kurzes Referat aus.

Essigsäure – chemisch betrachtet

1. Woran erkennt man eine Säure?

Nenne typische Eigenschaften von Säuren.

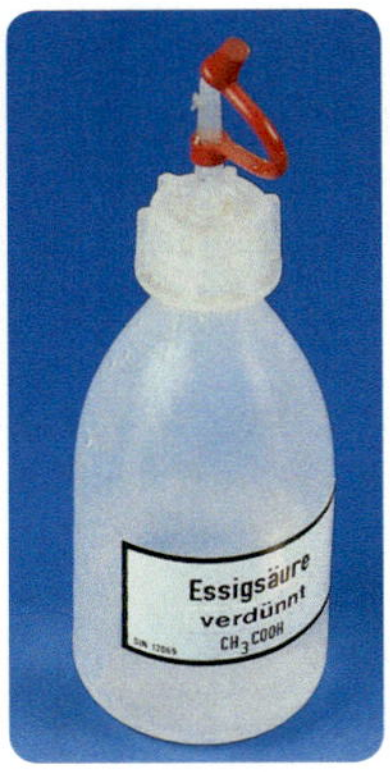

2. Eigenschaften der Essigsäure

a) Prüfe vorsichtig den Geruch verdünnter Essigsäure (GHS 7; B1).
b) Tauche einen Streifen Universalindikatorpapier in die Essigsäure-Lösung.
c) Prüfe die elektrische Leitfähigkeit.
d) Was kannst du aus den Beobachtungen aus b) und c) schließen?

3. Essigsäure und Salzsäure

a) Fülle ein Reagenzglas halbvoll mit verdünnter Essigsäure (GHS 7; B1), gib ein etwa 4 cm langes Magnesiumband (GHS 2) dazu.
b) Wiederhole den Versuch mit gleich konzentrierter Salzsäure (GHS 7; B1).
c) Vergleiche die beiden Reaktionen.
d) Überlege, welches Gas in beiden Fällen entsteht. Wie lässt es sich nachweisen?

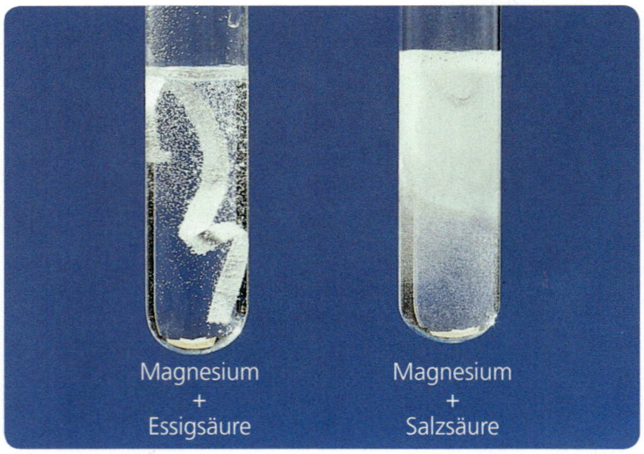

4. Essigsäure und Metalle

a) Gib in drei Reagenzgläser jeweils eine Spatelspitze Eisenpulver (GHS 2), Zinkpulver (GHS 2, 9; B2) und Kupferpulver (GHS 2, 9; B2). Fülle dann in jedes Reagenzglas etwa 3 cm hoch 10 %ige Essigsäure (GHS 7; B1).

b) Notiere deine Beobachtungen.

5. Grünspan

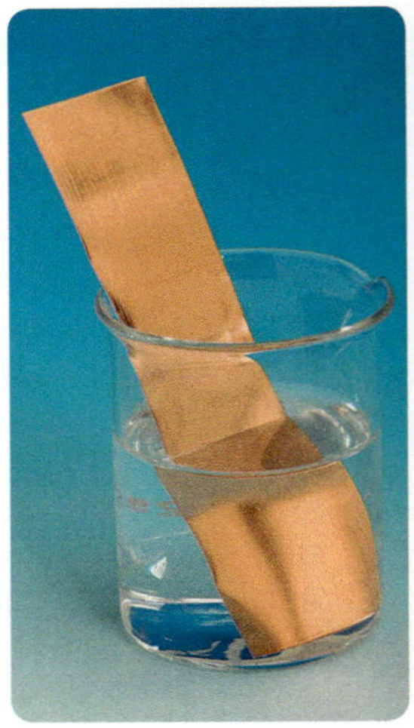

a) Fülle ein kleines Becherglas halbvoll mit verdünnter Essigsäure (GHS 7; B1) und stelle einen Streifen Kupferblech hinein. Das Blech sollte höchstens zur Hälfte von Säure bedeckt sein.
b) Tropfe verd. Essigsäure auf ein Stück Kupferblech.
c) Beschreibe jeweils die Veränderung des Kupfers.
Vorsicht: Der entstehende Grünspan (GHS 7, 9; B2) ist giftig.
d) Wo kannst du im Alltag ähnliche Vorgänge bei Kupfer beobachten?

6. Essigsäure und Natronlauge

a) Versetze in einem Reagenzglas 6 ml verdünnte Essigsäure (GHS 7; B1) mit einem Indikator und gib vorsichtig tropfenweise verdünnte Natronlauge (GHS 7; B1) hinzu.
b) Beschreibe und erläutere deine Beobachtungen.
c) Wie nennt man die Reaktion einer Säure mit einer Lauge?

7. Eisessig (Lehrerversuch)

Eine kleine Probe reine Essigsäure (GHS 2, 5; B1) in einem Glasgefäß stellt man mehrere Minuten in einen Kühlschrank.
a) Was ist zu beobachten?
b) Informiere dich über die Schmelztemperatur der Essigsäure.
c) Warum nennt man reine Essigsäure auch Eisessig ?

8. Brennt reine Essigsäure? (Lehrerversuch)

In eine kleine Porzellanschale (Abzug) werden wenige Milliliter reine Essigsäure (GHS 2, 5; B1) gegeben. Ein brennender Holzspan wird an die Flüssigkeitsoberfläche gehalten. Was ist zu erwarten? Begründe deine Vermutung.

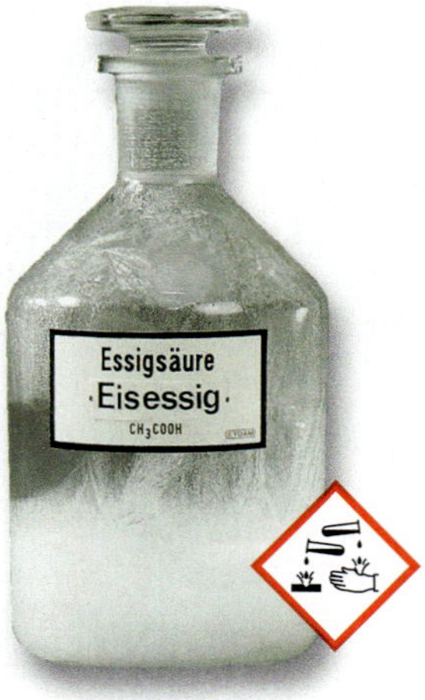

Reine Essigsäure findet man nur im Chemielabor. Sie ist eine farblose Flüssigkeit mit unangenehm stechendem Geruch. Schon eine Geruchsprobe kann gefährlich sein. Sie wirkt stark ätzend, ist brennbar und erstarrt schon bei 16,5 °C zu eisartigen Kristallen. Man nennt sie deshalb auch *Eisessig*.

◀ *1. Eisessig*

Stellt man ein Stück Kupferblech in verdünnte Essigsäure, bildet sich nach einiger Zeit ein blaugrüner Stoff.
Dieser sogenannte **Grünspan** hat sich aus Kupfer durch Einwirkung von Essigsäure und Luftsauerstoff gebildet. Er besteht vor allem aus Kupferacetat und ist giftig.

▲ *4. Grünspan auf Kupfer*

Ihr chemischer Name lautet **Ethansäure.** Sie hat die Formel **CH_3COOH.**
Die funktionelle Gruppe ist die COOH-Gruppe, man nennt sie auch **Carboxyl-Gruppe.**

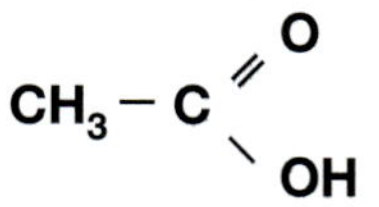

▲ *2. Formel der Essigsäure*

Verdünnte Essigsäure verhält sich ähnlich wie verdünnte Salzsäure:
- sie färbt Universalindikator rot
- sie leitet den elektrischen Strom
- mit unedlen Metallen entsteht Wasserstoff
- bei der Neutralisation mit Laugen erhält man eine Salzlösung.

Essigsäure enthält **Wasserstoff-Ionen** (H^+-Ionen) und negativ geladene Säurerest-Ionen (CH_3COO^-), die man **Acetat-Ionen** nennt. Die H^+-Ionen sind für die saure Reaktion verantwortlich.
Essigsäure ist in konzentrierter Form eine aggressive und ätzende Substanz; verdünnte Essigsäure ist aber nur eine schwache Säure.

Die Salze der Essigsäure heißen Acetate. Verdünnte Essigsäure reagiert mit unedlen Metallen. Bei der Reaktion mit Magnesium entstehen *Magnesiumacetat* und Wasserstoff.

Wichtiger Rohstoff für die Industrie. Mithilfe von Essigsäure werden viele Produkte hergestellt: Kunststoffe, Kunstseide (Acetatseide), Arzneimittel, Reinigungsmittel sowie Lösemittel für Farben und Lacke.

Konzentrierte Essigsäure (Ethansäure) ist aggressiv und ätzend. Verdünnt ist sie eine schwache Säure. Sie bildet in wässriger Lösung H^+-Ionen. Die Salze heißen Acetate.

1. Fragen zum Text
a) Welche Eigenschaften hat die reine Essigsäure?
b) Welche Teilchen sind in verdünnter Essigsäure enthalten?
c) Weshalb dürfen essighaltige Nahrungsmittel nicht in Kupferschüsseln angerichtet werden?
d) Welche Stoffe entstehen bei der Reaktion der Essigsäure mit unedlen Metallen?

2. Die elektrische Leitfähigkeit ändert sich
Verdünnte Essigsäure leitet den Strom wesentlich besser als die konzentrierte. Woran liegt das?

3. Neutralisation mit Essigsäure
Bei der *Neutralisation* von Natronlauge mit Essigsäure entsteht eine Natriumacetat-Lösung. Schreibe die Reaktionsgleichung dazu auf.

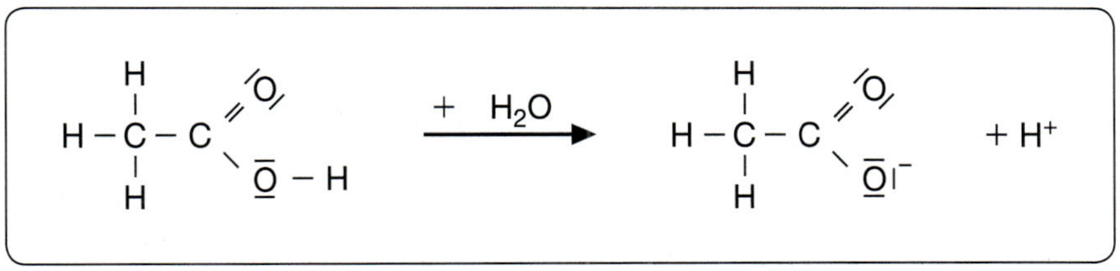

◀ *3. In verdünnter Essigsäure liegen Ionen vor*

Essigsäure und Co.: Die Alkansäuren

1. Merkwürdige Namen...

a) Worauf weisen die Namen Ameisensäure, Buttersäure und Palmitinsäure wohl hin?
b) Überprüfe deine Vermutungen mithilfe des Textes auf dieser Buchseite.

2. Ähnlich und verschieden

Vergleiche Ameisensäure, Propionsäure und Palmitinsäure miteinander.
Fasse die Informationen in einer Tabelle zusammen.
a) Beschreibe Aussehen und Geruch, nenne den Aggregatzustand.
b) Ermittle anhand der Etiketten auf den Chemikalienflaschen weitere Eigenschaften dieser Säuren.

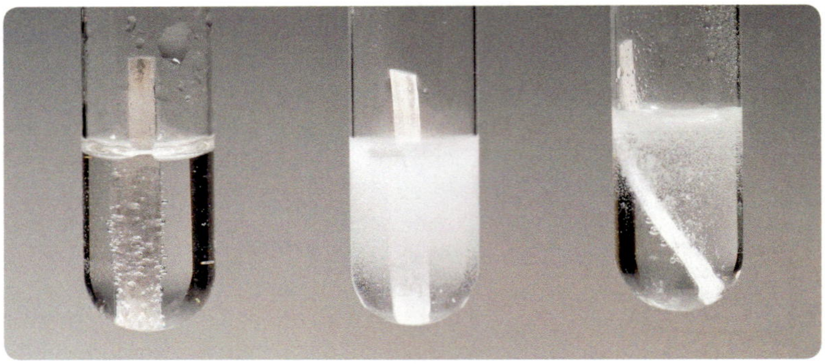

3. Reaktion mit Magnesium

Gib gleichzeitig ein 2 cm langes Stück Magnesiumband (GHS 2) in jeweils 5 %ige Ameisensäure (GHS 5; B3), Essigsäure (GHS 7; B3) und Propionsäure (GHS 5; B3). Vergleiche die Bildung der Gasbläschen. Was kannst du aus den Beobachtungen schließen?

4. Löslichkeit

a) Untersuche die Löslichkeit von Propionsäure (GHS 5; B3), Ölsäure und Palmitinsäure in Wasser und in Benzin (GHS 2, 7, 8,9; B3). Fasse die Ergebnisse der Versuche in einer Tabelle zusammen.
b) Versuche, deine Versuchsergebnisse zu deuten.

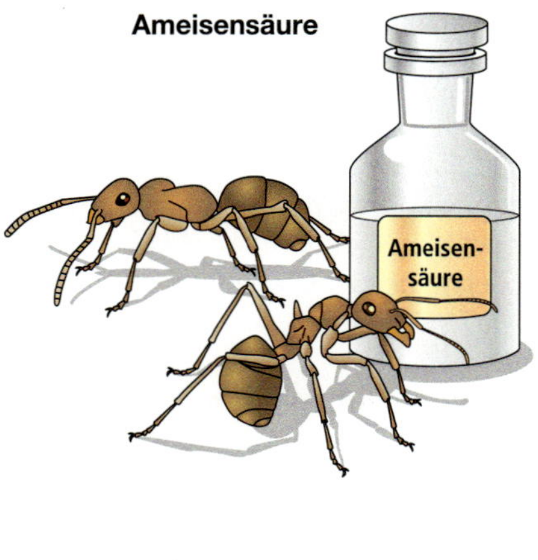

Ameisensäure (H–COOH). Ameisen, Brennnesseln und einige Quallen sondern bei Berührung die schmerzhaft brennende Ameisensäure ab. Sie wurde erstmals 1670 aus Ameisen gewonnen. Ihr chemischer Name ist Methansäure. Die wässrige Lösung reagiert heftig mit unedlen Metallen. Sie ist eine stärkere Säure als die Essigsäure. Ihre Salze heißen Formiate.

Buttersäure (C_3H_7–COOH). Buttersäure ist eine äußerst unangenehm riechende, ölige Flüssigkeit. Ihr chemischer Name ist Butansäure.
Sie ist in ranziger Butter, manchen Käsesorten sowie im Schweiß von Menschen und Säugetieren enthalten. Wahrgenommen wird sie schon in geringster Konzentration. Ein Hund riecht sogar noch ein Billionstel Gramm (10^{-12} g) Buttersäure in einem Kubikmeter Luft.

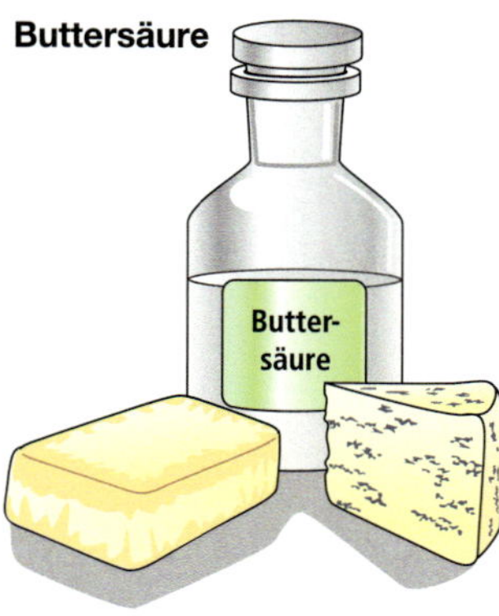

Palmitinsäure ($C_{15}H_{31}$–COOH). Die Palmitinsäure kommt neben der Stearinsäure in gebundener Form in vielen pflanzlichen und tierischen Fetten vor. Diese Carbonsäuren werden deshalb auch Fettsäuren genannt. Palmöl enthält etwa 45 % und Rindertalg etwa 30 % Palmitinsäure. Sie ist eine feste, wachsartige Substanz, die in Wasser unlöslich ist. Ihr chemischer Name ist Hexadecansäure.

Die homologe Reihe der Alkansäuren. Methansäure, Ethansäure, Propansäure und Butansäure bilden die ersten Glieder der **homologen Reihe** der Alkansäuren. Ihre funktionelle Gruppe ist die **Carboxyl-Gruppe (–COOH).**
Der chemische Name ergibt sich aus dem Namen des entsprechenden Alkans mit der Endung -säure.

Ähnlich und doch verschieden, die Eigenschaften der Alkansäuren. Methansäure und Ethansäure mischen sich in jedem Verhältnis mit Wasser. Bei den folgenden Alkansäuren nimmt die Löslichkeit in Wasser ab. Schon die Butansäure ist nur noch zu einem Teil in Wasser löslich. Die Eigenschaften der Ameisensäure und der Essigsäure werden besonders stark von der polaren und deshalb hydrophilen Carboxylgruppe bestimmt.

Mit der Zahl der C-Atome nimmt der Einfluss der Carboxyl-Gruppe ab und der Einfluss der Kohlenwasserstoff-Kette nimmt zu.

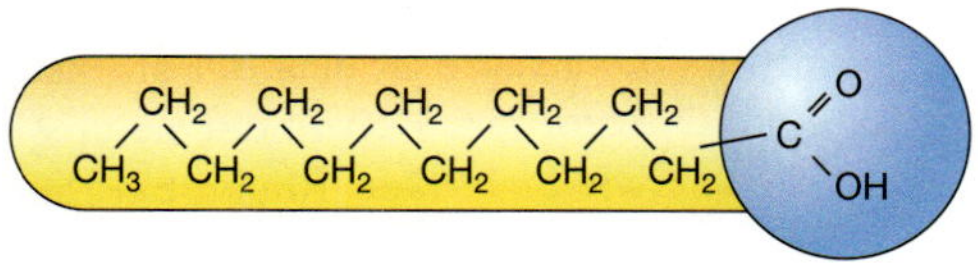

▲ 2. *Aufbau langkettiger Carbonsäuren*

Die langkettigen Carbonsäuren sind deshalb in Wasser unlöslich, in Benzin lösen sie sich gut.

Die Alkansäuren bilden eine homologe Reihe. Ihre Eigenschaften werden von der Carboxyl-Gruppe und der Länge der Kohlenwasserstoff-Kette bestimmt.

1. Fragen zum Text
a) Nenne die ersten vier Vertreter aus der Reihe der Alkansäuren.
b) Wie verändert sich die Wasserlöslichkeit bei den Alkansäuren mit wachsender Kettenlänge?
c) Erläutere deine Aussage aus b) etwas näher.
d) Schreibe die Strukturformel der Palmitinsäure auf. Kennzeichne den hydrophilen und hydrophoben Anteil.

2. Ungesättigt und flüssig
Vergleiche die Angaben in der Tabelle unten zu Stearinsäure und Ölsäure. Welche von beiden ist ungesättigt, welche ist bei Zimmertemperatur fest?

3. Ist Stearinsäure wirklich eine Säure? 2 B3
Gib ein wenig Stearinsäure in ein Reagenzglas.
a) Welche Beobachtung erwartest du, wenn du Wasser dazugibst? Probiere es aus und begründe das Ergebnis.
b) Prüfe mit Indikatorpapier nach, ob sich eine Säure nachweisen lässt.
c) Löse nun ein wenig Stearinsäure in Ethanol (GHS 2). Gib danach etwa 2 ml Wasser hinzu und prüfe dann erneut mit dem Indikatorpapier.
d) Versuche deine Versuchsergebnisse zu erklären.

Name	Formel	Schmelztemperatur in °C	Siedetemperatur in °C	Löslichkeit in Wasser	Benzin	Säurestärke
Methansäure (Ameisensäure)	H-COOH	8	100	nimmt ab	nimmt zu	nimmt ab
Ethansäure (Essigsäure)	CH_3-COOH	17	118			
Propansäure (Propionsäure)	C_2H_5-COOH	−21	141			
Butansäure (Buttersäure)	C_3H_7-COOH	−5	163			
Pentansäure (Valeriansäure)	C_4H_9-COOH	−34	185			
Hexadecansäure (Palmitinsäure)	$C_{15}H_{31}$-COOH	63	269			
Octadecansäure (Stearinsäure)	$C_{17}H_{35}$-COOH	71	287			
Octadecensäure (Ölsäure)	$C_{17}H_{33}$-COOH	16	260			

▲ 1. *Eigenschaften verschiedener Carbonsäuren*

Carbonsäuren in Natur und Alltag

Sorbinsäure ist eine ölige, angenehm riechende Flüssigkeit. Sie hemmt das Wachstum von Schimmelpilzen und wird deshalb als Konservierungsmittel in vielen Fertigprodukten eingesetzt.
Man findet sie in den Beeren der Eberesche (Vogelbeere). Sorbinsäure ist eine ungesättigte Carbonsäure:

$$CH_3{-}CH{=}CH{-}CH{=}CH{-}COOH$$

Oxalsäure ist eine der stärksten Säuren, die in der Natur vorkommen. Man findet sie und ihre Salze (Oxalate) in Pflanzen wie Sauerklee, Rhabarber, Spinat und Sauerampfer.
Sie ist eine Dicarbonsäure, denn sie enthält zwei Carboxyl-Gruppen im Molekül. In großen Mengen wirkt sie auf den menschlichen Organismus giftig.

```
COOH
 |
COOH        Oxalsäure
```

Mit den im Blut vorkommenden Ca^{2+}-Ionen kann sie sich zu dem schwerlöslichen Calciumoxalat verbinden. Blasen- und Nierensteine bestehen oft aus diesem Salz.

Citronensäure ist einer der am häufigsten benutzten Zusatzstoffe in Lebensmitteln. Sie verbessert nicht nur deren Geschmack, sie trägt auch zur längeren Haltbarkeit bei. Außerdem wird sie in Reinigungsmitteln und zum Entkalken verwendet. In der Natur kommt sie gelöst im Zitronensaft und in vielen Früchten vor. Industriell stellt man sie heute in großen Mengen mithilfe von Schimmelpilzen oder Hefepilzen aus Zuckerrübenabfällen her.

```
      H2C – COOH
           |
HO  –  C  – COOH
           |
      H2C – COOH
```

Milchsäure kommt zum Beispiel im Joghurt und im Sauerkraut vor. Sie entsteht bei der Umwandlung von Milchzucker durch Milchsäurebakterien.
Sie verursacht das Sauerwerden der Milch und sorgt für die Umwandlung von Weißkohl in Sauerkraut.
Milchsäure wirkt konservierend.

1. Im Jahr werden durchschnittlich 600 000 t Citronensäure hergestellt. Wie kann man sich diese große Menge erklären?

2. Citronensäure ist oft in Brausepulver enthalten. Welche Funktion hat sie dort?

3. Die Citronensäure ist eine Tricarbonsäure. Was bedeutet das?

4. Mit heißer Milch kann man keinen Joghurt herstellen. Was könnte der Grund dafür sein?

5. Welche der obenstehenden Säuren wird als Konservierungsmittel in Lebensmitteln eingesetzt?

6. Weshalb sollten Menschen, die zu Nierensteinen neigen, Rhabarber und Spinat möglichst meiden?

Vorbereitung auf eine mündliche Prüfung

So bereitest du dich auf eine mündliche Prüfung vor:

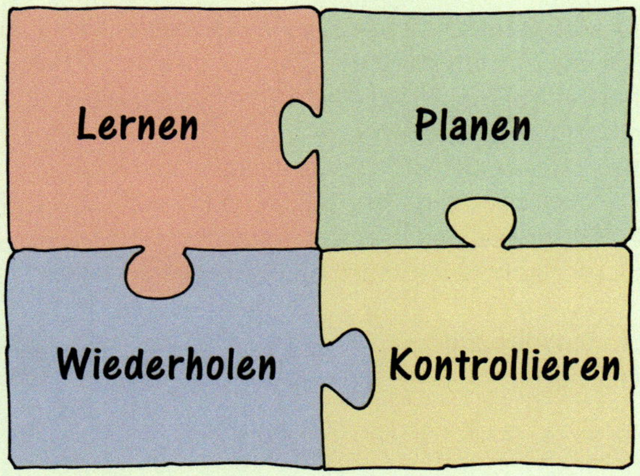

1. Themen absprechen
Sprich mit deinem Fachlehrer/deiner Fachlehrerin möglichst früh ab, welche Teilgebiete in der Prüfung abgefragt werden können. Hast du die Möglichkeit, eine Auswahl zu treffen, wähle, was dich am meisten interessiert.

2. Zeit planen
Verschaffe dir mindestens vier Wochen vor der Prüfung einen gründlichen Überblick über das Thema. Erstelle eine Mindmap oder eine Liste. Markiere darin mögliche Schwachstellen. Erstelle dann einen Zeitplan, wann du für welches Unterthema lernen willst. Plane unbedingt Reserve- und Pausenzeiten ein.

3. Arbeitsplatz vorbereiten
Schaffe dir einen ruhigen, übersichtlichen Lernort. Lege alles Material (Unterlagen aus dem Unterricht, Bücher, Schreibzeug) bereit. Lerne möglichst immer am gleichen Ort.

4. Wissen aneignen
Lies zuerst deine Unterlagen zu einem Unterthema einmal komplett durch. Dann erarbeite den Themenbereich schrittweise, indem du z. B. Schlüsselwörter herausschreibst, Fragen und Antworten formulierst und /oder die Theorie immer weiter zusammenfasst.

5. Wissen kontrollieren
Überprüfe dein Wissen. Schreibe Karteikarten oder Zusammenfassungen. Deine Antworten sollten auch in der Prüfung kurz, aber präzise sein. Suche dir Lernpartner und spielt die Prüfungssituation durch.

6. In der Prüfung
Du erhältst 20 Minuten Vorbereitungszeit. Notiere zu jeder der Teilfragen nur wenige übersichtliche Stichworte. Sprich möglichst frei.
Fasse deine Aufzeichnungen in den letzten Minuten der Vorbereitungszeit gedanklich kurz zusammen.

Tipps und Tricks: Checkliste

- **Startklar?**
  Alle Unterlagen liegen bereit, dein Schulheft ist vollständig.
- **Genug Zeit?**
  Überprüfe deine Zeitplanung zwischendurch immer wieder.
- **Was kannst du schon?**
  Suche Lernpartner, übe freies Sprechen.
- **Denke positiv!**
  Mache dich nicht selbst schlecht. Zeige auch in der Prüfung deine Stärken und sprich nicht das an, was du nicht so gut kannst.
- **Das Ziel vor Augen!**
  Behalte das Thema während der Vorbereitung und auch während des Prüfungsvortrags im Blick. Schweife nicht ab.

Ester sind vielseitig verwendbar

1. „Das riecht doch wie ...?" (Lehrerversuch)

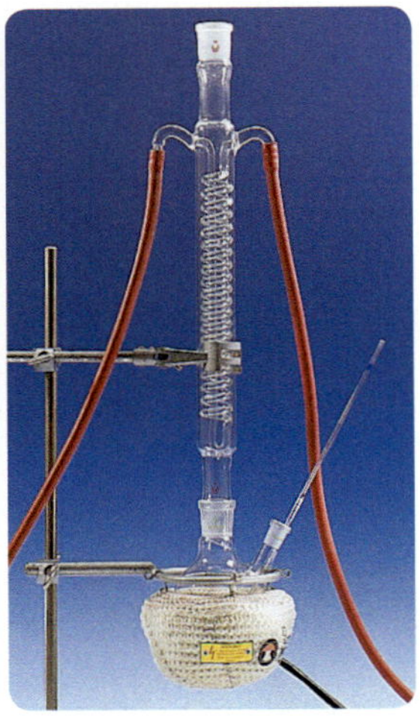

a) In einem Rundkolben werden 20 ml reine Essigsäure (GHS 2, 5; B3) mit 20 ml Ethanol (GHS 2; B3) gemischt. Dazu gibt man 5 ml konz. Schwefelsäure (GHS 5; B1) und Siedesteinchen. Der Kolben wird mit einem Rückflusskühler verschlossen und das Gemisch 15 Minuten erhitzt. Anschließend gießt man das Gemisch in einen zur Hälfte mit Wasser gefüllten Standzylinder.

b) Prüfe vorsichtig den Geruch des Reaktionsproduktes. Woran erinnert er dich?

c) Welche Eigenschaft zeigt das Reaktionsprodukt in Wasser?

2. Rumaroma ohne Rum (Lehrerversuch)

a) Man vermischt 2 ml reine Ameisensäure (GHS 2, 5; B3) mit 2 ml Ethanol (GHS 2) und 2 ml konz. Schwefelsäure (GHS 5; B1) in einem Erlenmeyer-Kolben und erhitzt kurze Zeit im Wasserbad.

b) In einem weiteren Versuch werden auf die gleiche Weise Propansäure (GHS 5; B3) und Butanol (GHS 2, 5, 7; B3) zur Reaktion gebracht.

c) Vergleiche den Geruch der Reaktionsprodukte.

3. Ein Allround-Lösemittel

a) Gib in je ein Reagenzglas ein wenig roten Nagellack, Klebstoff, ein Stück Polystyrol, Öl, Wasser und Benzin (GHS 2, 7, 8, 9; B3). Fülle in jedes Reagenzglas 3 ml Essigsäureethylester (GHS 2, 7; B3). Verschließe die Gläser mit einem Stopfen und schüttle vorsichtig.

b) Notiere deine Beobachtungen in einer Tabelle.

4. Essigsäureethylester

Prüfe die Brennbarkeit von Essigsäureethylester (GHS 2, 7; B3) und notiere deine Beobachtungen.

Ester – Aromastoffe und Lösemittel. Der fruchtige und intensiv aromatische Geschmack vieler Süßspeisen und Fertigprodukte ist oft auf darin enthaltene Ester zurückzuführen. Ester werden auch als Lösemittel für Klebstoffe und Lacke eingesetzt.

Esterbildung. Ester entstehen aus der Reaktion einer Carbonsäure mit einem Alkohol. Die Reaktion bezeichnet man als **Veresterung.** Je nachdem, welcher Alkohol mit welcher Säure kombiniert wird, entstehen Ester mit verschiedenen Eigenschaften.

Aus Essigsäure und Ethanol entsteht der Essigsäureethylester. Er ist ein gutes Lösemittel für Stoffe, die sich nicht in Wasser lösen.
Lässt man die widerlich riechende Buttersäure mit Ethanol reagieren, erhält man einen nach Pfirsich duftenden Aromastoff, den Buttersäureethylester.
Durch Zugabe von Schwefelsäure wird die Reaktion beschleunigt. Da sich Ester unter Wasserabspaltung bilden, spricht man von einer **Kondensationsreaktion.**

$$\text{Säure} + \text{Alkohol} \xrightarrow{\text{Kondensation}} \text{Ester} + \text{Wasser}$$

$$CH_3-C(=O)-OH + HO-CH_2-CH_3 \longrightarrow CH_3-C(=O)-O-CH_2-CH_3 + H_2O$$

Essigsäure + Ethanol → Essigsäure-Ethyl-Ester + Wasser

allgemein:

$$R_1-C(=O)-OH + HO-R_2 \longrightarrow R_1-C(=O)-O-R_2 + H_2O$$

Carbonsäure + **Alkohol** → **Ester** + **Wasser**

▲ *2. Bei der Veresterungsreaktion wird Wasser abgespalten*

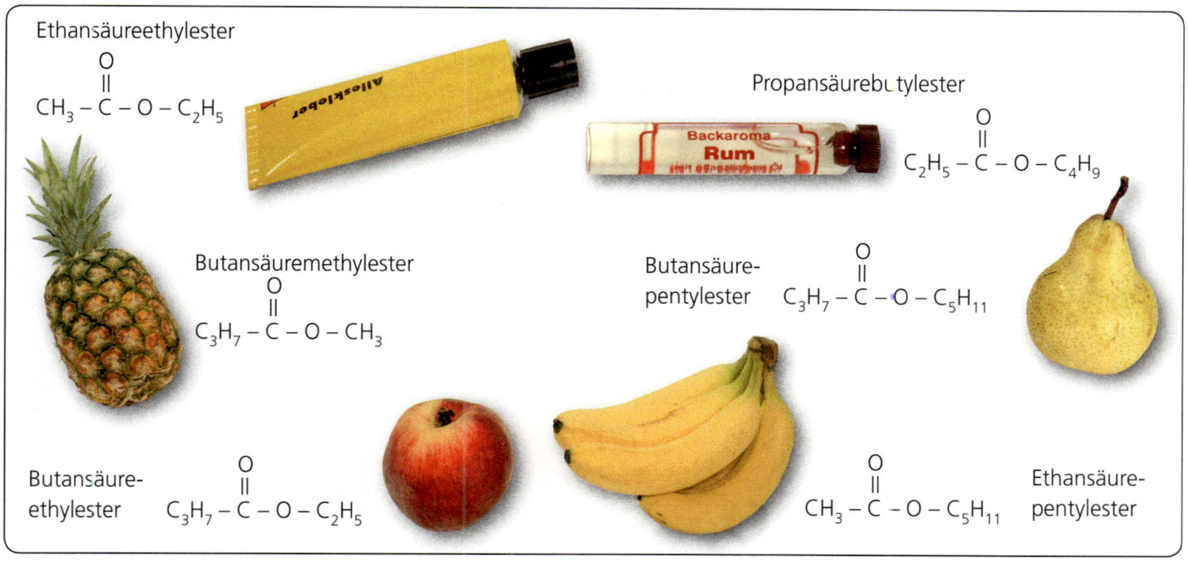

▲ *1. Verschiedene Ester*

Ester aus kurzkettigen Carbonsäuren und Alkoholen sind farblose, leichtflüchtige, aromatisch riechende Flüssigkeiten, die in Wasser nicht löslich sind.

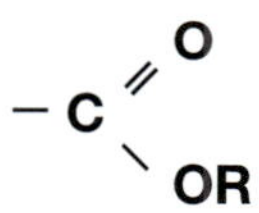

Allen Estern gemeinsam ist die funktionelle **Gruppe –COOR.**

Ihre **Namen** werden aus der Säure und dem Alkylrest des Alkohols gebildet. Aus Ethansäure und Ethanol entsteht so Ethansäureethylester.

Die Esterspaltung. Die Veresterung lässt sich umkehren. Ein Ester kann unter Wasseraufnahme wieder in Säure und Alkohol gespalten werden. Diesen Vorgang nennt man **Hydrolyse.**

Ester + Wasser ⟶ Säure + Alkohol

Noch mehr Ester aus der Natur.
Die wichtigsten in der Natur vorkommenden Ester sind die **Fette.** Es sind Ester aus langkettigen Carbonsäuren und Glycerin, einem Alkohol mit drei OH-Gruppen.

Ester aus langkettigen Alkanolen und Alkansäuren bilden die Gruppe der **Wachse.**
Bienenwachs enthält als Hauptbestandteil einen Ester der Palmitinsäure mit einem langkettigen Alkanol.
Die Schutzschicht von Blättern, Nadeln und Früchten besteht ebenfalls aus Wachsen.

Ester bilden sich bei der Reaktion zwischen Säuren und Alkoholen. Sie werden als Aromastoffe und Lösemittel verwendet. Auch Fette und Wachse sind Ester.

1. Fragen zum Text
a) Butansäuremethylester ist ein Aromastoff, er riecht nach Ananas. Nenne die Ausgangsstoffe.
b) Schreibe die allgemeine Wortgleichung für die Veresterungs-Reaktion auf.
c) Was ist eine Kondensationsreaktion?
d) Nenne einige Beispiele für Ester.

2. Brennende Kerze aus Bienenwachs.
Bienenwachs verbrennt ohne sichtbare Rückstände. Schließe aus der chemischen Zusammensetzung auf die Verbrennungsprodukte.

3. Polar oder unpolar?
Ester sind in Wasser unlöslich. Finde eine Erklärung hierfür.

Vom Nitroglycerin zum Dynamit

Der Sprengstoff **Dynamit** wurde 1866 von dem schwedischen Chemiker ALFRED NOBEL erfunden. Um das Jahr 1860 begann er in der väterlichen Fabrik mit dem wenige Jahre vorher entdeckten neuen Sprengstoff Nitroglycerin zu experimentieren. Nitroglycerin mit dem chemischen Namen Trisalpetersäureglycerinester ist eine dickliche, ölige Flüssigkeit. Auf Stoß, leichte Erschütterung oder bei geringer Erwärmung explodiert Nitroglycerin unkontrolliert und äußerst heftig. Bei Herstellung, Transport und Handhabung kam es daher zu einigen folgenschweren Unfällen.

Vor allem im Bergbau suchte man aber dringend einen wirkungsvollen und sicheren Sprengstoff.

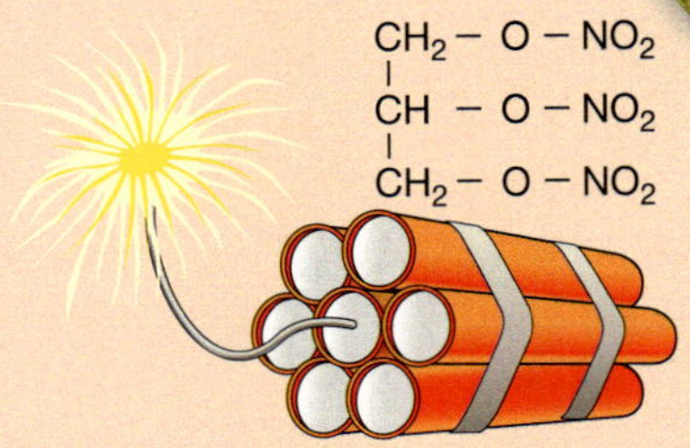

Eine weiße, pulvrige Substanz, die aus den Schalen abgestorbener Kieselalgen besteht, **Kieselgur,** brachte die Lösung. NOBEL entdeckte nämlich durch Zufall, dass man einen sicher zu handhabenden Sprengstoff bekam, wenn man Kieselgur in das Nitroglycerin gab. Er nannte den neuen Sicherheits-Sprengstoff **Dynamit.** Dynamit wurde weltweit eingesetzt und brachte seinem Erfinder im Laufe der Jahre enormen Reichtum.

Seine Erfindung wurde auch zu Kriegszwecken eingesetzt. NOBEL fasste deshalb kurz vor seinem Tod den Entschluss, sein Vermögen dem Erhalt des Friedens zur Verfügung zu stellen.
Er gründete eine Stiftung und verfügte, dass aus den Zinserträgen jedes Jahr hervorragende Leistungen auf den Gebieten der Physik, Chemie, Medizin, Literatur und des Friedens gefördert werden sollten. Den ersten **Nobelpreis** für Physik erhielt 1901 CONRAD WIHELM RÖNTGEN.

1. Nenne die Ausgangsstoffe für die Herstellung von Nitroglycerin.

2. Nitroglycerin zerfällt bei der Explosion in Sekundenbruchteilen in die Gase CO_2, H_2O, N_2 und NO. Wie ist daraus die enorme Sprengkraft zu erklären?

Von der Weidenrinde zur Schmerztablette

Extrakte aus Weidenrinden (lat. salix: Weide) wurden schon im Altertum gegen Fieber und Schmerzen eingesetzt. Diese Mittel riefen Übelkeit hervor, reizten den Magen und schmeckten sehr bitter.
Es ist die in den Weidenrinden vorkommende **Salicylsäure,** die für die medizinische Wirkung verantwortlich war.

1897 gelang den Chemikern HOFFMANN und EICHENGRÜN, aus Essigsäure und Salicylsäure den **Essigsäuresalicylester** herzustellen. Dieser neue Stoff erwies sich in seiner Wirkung gleichwertig, hatte aber nicht die Nebenwirkungen der Salicylsäure. Er ist unter dem Namen **Acetylsalicylsäure,** abgekürzt **ASS** bekannt. 1899 wurde das Warenzeichen Aspirin® beim Patentamt in Berlin eingetragen.

3. Schreibe die Reaktionsgleichung zur Bildung des Essigsäuresalicylesters.

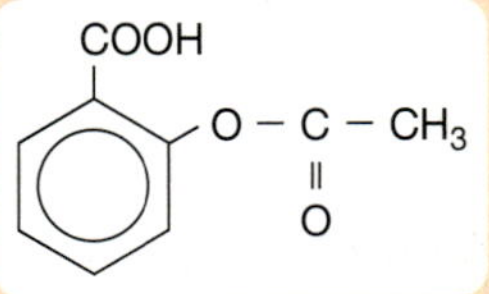

Aromastoffe – natürlich und künstlich

Aromastoffe in der Natur. Die Natur treibt einen großen Aufwand mit der Herstellung der unterschiedlichsten Aromastoffe. So ist am Aroma einer Frucht nie nur ein einziger Aromastoff beteiligt. Das Aroma der Erdbeere zum Beispiel ist ein kompliziertes Gemisch aus etwa 300 verschiedenen Stoffen. Viele davon sind Ester.

Erdbeeraroma aus Holz? Wenn ein Joghurt nach Erdbeere schmeckt, muss nicht unbedingt auch Erdbeere drin sein. Es klingt fast unglaublich, aber ein bestimmter Schimmelpilz, der auf Sägespänen wächst, produziert einen Aromastoff mit Erdbeergeschmack. Auch andere Aromastoffe werden auf ähnliche Weise biotechnisch hergestellt. Das ist deutlich preiswerter, als mehr echte Früchte zu verwenden.

▲ 2. *Im Labor werden aus Dutzenden von Ausgangsstoffen neue Aromamischungen „komponiert"*

Geschmack aus dem Labor. Es wäre auch gar nicht möglich, den gesamten Bedarf an Fruchtaromen für Joghurt, Süßspeisen, Speiseeis, Bonbons und anderen Fertigprodukten aus Früchten zu decken. So viele Erdbeeren werden gar nicht geerntet. Chemiker haben deshalb die Zusammensetzung unterschiedlicher Aromen erforscht und im Labor nachgebaut. Mittlerweile stehen der Aromastoffindustrie ungefähr 5000 einzelne Stoffe zur Verfügung. Daraus kann jede gewünschte Geschmacksrichtung hergestellt werden. Aus 30 bis 50 einzelnen Chemikalien wird so ein nach Erdbeeren schmeckendes Aroma zusammengesetzt.

▲ 3. *Alles Vanille!*

Kennzeichnung. Sind einem verpackten Lebensmittel Aromastoffe zugesetzt worden, muss in der Zutatenliste der Begriff **„Aromastoffe"** genannt werden. Darunter fallen Aromastoffe, die zwar künstlich hergestellt, aber den natürlichen chemisch gleich sind (früher: „naturidentische Aromastoffe").

Es gibt aber auch Aromen aus dem Labor ohne natürliches Vorbild. Das im Backaroma enthaltene Ethylvanillin schmeckt und riecht nach Vanille, kommt aber in der Natur überhaupt nicht vor (früher: **„künstliche Aromastoffe"**).

Der Ausdruck **„natürliches Aroma"** darf nur für Aromastoffe verwendet werden, die aus pflanzlichen oder tierischen Ausgangsstoffen gewonnen wurden. Das biotechnisch hergestellte Erdbeeraroma aus Sägespänen ist nach dieser Definition also auch ein natürliches Aroma. Nur wenn auf der Verpackung steht „natürliches Erdbeeraroma", ist klar, dass das Aroma tatsächlich aus Erdbeeren gewonnen worden ist.

1. Inwiefern unterscheidet sich das Erdbeeraroma in der Erdbeere von dem im Labor hergestellten Aroma?

2. Teste mit verbundenen Augen den Geschmack unterschiedlicher Fruchtjoghurtsorten.

a) Erkennst du immer den Geschmack der Frucht, die auf dem Etikett angegeben ist?

b) Was kannst du daraus schließen?

Rund ums Fett

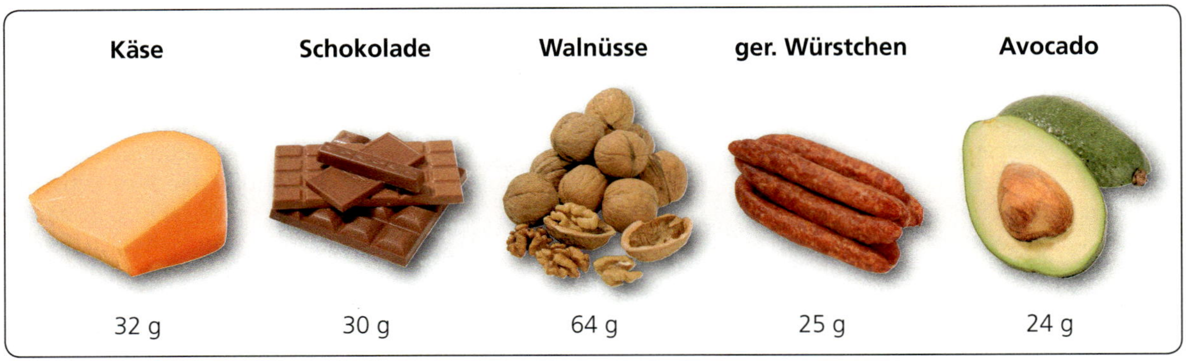

▲ *1. Fettgehalt in jeweils 100 g Lebensmittel*

1. Wo steckt das Fett?

In welchen Nahrungsmitteln ist besonders viel Fett enthalten? Lies dazu auch die Nährwertangaben auf Verpackungen.

2. Die Fettfleckprobe

a) Tropfe jeweils etwas Wasser, Salatöl und Aromaöl (etwa Orangenöl) nebeneinander auf Filterpapier. Umrande die Flecken mit einem Stift. Trockne sie mit einem Haartrockner. Halte das Filterpapier gegen das Licht. Was stellst du fest?
b) Untersuche mit der gleichen Methode einige Lebensmittel. Feste Lebensmittel schneidet man auf und reibt sie auf das Filterpapier.

3. Fettnachweis mit Paprikapulver

a) Fülle ein Reagenzglas zwei Zentimeter hoch mit Wasser, ein anderes mit Salatöl. Versetze jede Probe mit einer Spatelspitze Paprikapulver und schüttle um. Vergleiche die beiden Proben.
b) Gib beide Proben zusammen und schüttle nochmals. Erkläre dein Versuchsergebnis.

4. Gemüse kochen auf gesunde Art

Karotten sind gesund, auch weil sie unter anderem eine Vorstufe des Vitamins A enthalten, das Beta-Carotin.
Informiere dich darüber, warum man den Rat bekommt, Karotten stets zusammen mit ein wenig Fett zu essen.

5. So kommt man an das Öl

a) Presse drei Walnusskerne oder mehrere Sonnenblumenkerne mit einer Knoblauchpresse aus. Prüfe die Flüssigkeit mithilfe der Fettfleckprobe.

b) Zerdrücke mehrere Sonnenblumenkerne in einer Reibschale. Setze 2–3 ml Spiritus (GHS 2; B3) hinzu. Filtriere, lass das Filterpapier trocknen und untersuche es auf Fettrückstände.

▲ 1. Butter enthält 82 % Fett

Energieträger Fett. Fette sind die energiereichsten Nahrungsmittel. 250 g Butter enthalten etwa so viel Energie wie 500 g Nudeln. Fette sind aber auch Geschmacksträger, ohne die manches Essen nicht recht schmeckt.

Zu viel Fett ist ungesund. Energie, die der menschliche Körper nicht verbraucht, wird in Form von Fett gespeichert. Wer zu viel Fett speichert, wird übergewichtig. 60 bis 90 g Fett pro Tag reichen aus. Diese Menge ist aber schnell überschritten. Pflanzenöl, Butter und Margarine bestehen zu über 80 % aus Fett. Viele Lebensmittel wie Käse, Fleisch, Kuchen oder Schokolade enthalten ebenfalls deutliche Fettanteile.

▲ 2. 200 g Kartoffelchips liefern 70 g Fett!

Auch zu wenig Fett schadet der Gesundheit. Fett stellt für den menschlichen Körper nicht nur ein Energiedepot dar. Es isoliert auch gegen Wärmeverluste. Fettgewebe schützt empfindliche Organe wie Auge, Herz und Nieren vor Erschütterungen. Einige Fette liefern essentielle Fettsäuren, die der menschliche Körper nicht selbst herstellen kann. Sie werden für den Aufbau der Zellen gebraucht. Viele dieser Fettsäuren sind in pflanzlichen Ölen und in Fischarten wie Hering oder Makrele enthalten.
Die fettlöslichen Vitamine A, D, E und K können von unserem Körper bei der Verdauung nur zusammen mit Fett ins Blut aufgenommen werden.

Nachweis für Fette. Fette (F) hinterlassen auf Papier einen bleibenden Fleck – im Gegensatz zu Wasser (W) oder Aromaölen (Aö). Mit dieser einfachen **Fettfleckprobe** lassen sich Fette nachweisen. Mit fettlöslichen Farbstoffen, etwa aus Paprikapulver, lassen sich Fette anfärben.

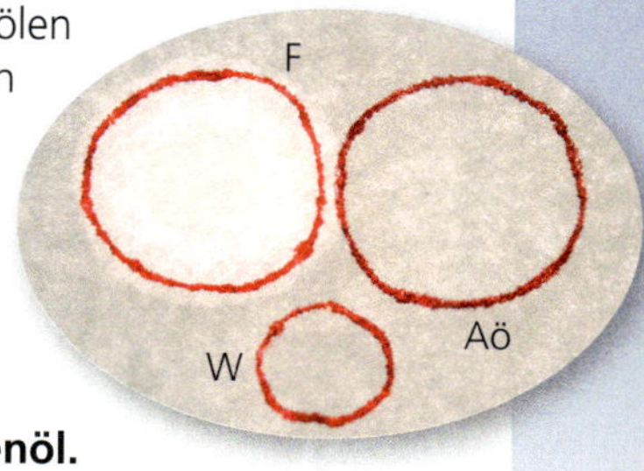

Gewinnung von Pflanzenöl.
Bei der Ölgewinnung in mechanischen **Pressen** werden die ölhaltigen Pflanzenteile zerkleinert und mehrfach ausgepresst.
Bei der **Extraktion** wird ein organisches Lösemittel wie Hexan oder Heptan verwendet. Es löst das Öl aus den zerkleinerten Pflanzenteilen heraus. Das Lösemittel wird anschließend aus dem Gemisch abdestilliert. Es wird aufgefangen und bei der nächsten Extraktion wieder eingesetzt. Oft kombiniert man auch die Methoden Pressen und Extrahieren.

Pflanzenöl als Treibstoff. Rapsöl oder auch ausgedientes Frittierfett kann chemisch zu Biodiesel weiterverarbeitet werden. Manche Dieselfahrzeuge kann man so umrüsten, dass sie sogar direkt mit Pflanzenöl aus dem Supermarkt betankt werden können.

Fette sind sehr energiereich. Der menschliche Körper benötigt Fett für verschiedene Zwecke; doch zu viel Fett kann auch schaden.

1. Fragen zum Text
a) Warum ist Fett für den Körper wichtig?
b) Mit welchen Methoden gewinnt man Pflanzenöl?
c) Wie lässt sich Fett nachweisen?

▲ 4. Dieselfahrzeuge mit Rapsöl als Treibstoff

Die Chemie der Fette

1. Löslichkeit von Fetten

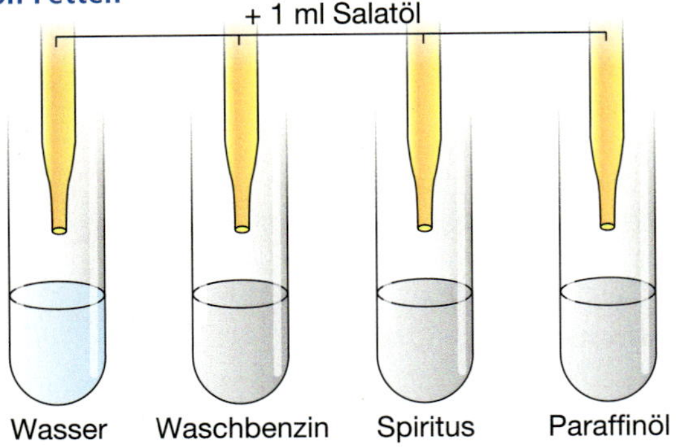

Fülle vier Reagenzgläser jeweils zwei Zentimeter hoch mit Wasser, Waschbenzin (GHS 5, 7, 8, 9; B3), Spiritus (GHS 2; B3) und Paraffinöl. Gib jeweils etwa 1 ml Salatöl hinzu.

a) Beobachte die vier Reagenzgläser direkt nach der Zugabe des Öls (noch nicht schütteln).

b) Setze nun einen Stopfen auf jedes Reagenzglas und schüttle. Wie verhalten sich die Gemische, wenn sie nach dem Schütteln zwei Minuten ruhig stehen?

2. Brennbarkeit von Fetten

Versuche, mit einem brennenden Holzspan ca. 1 ml Speiseöl auf einem Löffel zu entzünden. Erwärme dann den Löffel mit dem Brenner und versuche es erneut.

3. Fett als Lösemittel

In Karotten sind orange Farbstoffe (Carotine) enthalten. Versuche diese Farbstoffe zu extrahieren. Verwende dafür geraspelte Karotten und als Lösemittel Pflanzenöl, destilliertes Wasser und Spiritus (GHS 2; B3). Fülle drei Reagenzgläser etwa 1–2 cm hoch mit Karotten, gib jeweils 5 ml Lösemittel hinzu und schüttle kräftig. Welches ist das beste Lösemittel für Carotine?

4. Fettsäuren im Vergleich

Doppelbindungen in Fettsäuren lassen sich durch die Entfärbung von Brom- oder Iod-Lösung nachweisen. Den beiden Reagenzgläsern im Bild rechts wurde etwas Brom-Heptan Lösung zugesetzt. Ein Reagenzglas enthält Stearinsäure, das andere Ölsäure, jeweils in Heptan gelöst. In welchem Reagenzglas befindet sich die Ölsäure?

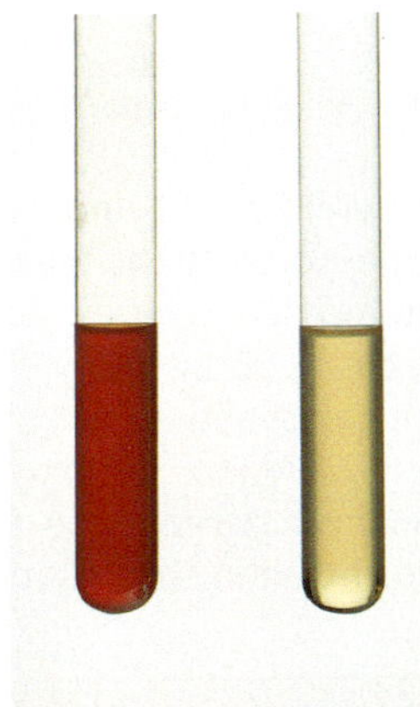

Exkurs

Vorsicht Fettbrand!

Werden Fette beim Braten in der Küche zu stark erhitzt, zersetzen sie sich leicht. Es raucht und schädliche Stoffe können entstehen. Ab einer bestimmten Temperatur entzündet sich das heiße Fett ganz von alleine. Brennendes Fett darf man aber auf keinen Fall mit Wasser löschen! Das Wasser sinkt in das brennende Fett ein und verdampft dann explosionsartig. Heißes, brennendes Fett wird dabei herausgeschleudert.
Man kann einen Fettbrand durch Sauerstoffentzug löschen. Brennende Pfannen deckt man mit einem Topfdeckel oder einem Brett ab. Löschdecken sind ungeeignet.

Aufbau von Fetten. Fette sind Ester des Alkohols Glycerin mit Fettsäuren. Das Glycerin-Molekül hat drei OH-Gruppen und kann deshalb drei Fettsäuren binden. Die Fettsäuren können gleich oder unterschiedlich sein. Fettsäuren sind langkettige Carbonsäuren. Enthält die Kette nur Einfachbindungen, spricht man von **gesättigten Fettsäuren.** Ist eine Doppelbindung vorhanden, nennt man die Fettsäure **einfach ungesättigt.** Enthält eine Fettsäure mehrere Doppelbindungen, nennt man sie **mehrfach ungesättigt.**

▲ *1. Auch flüssige Fette mischen sich nicht mit Wasser*

Eigenschaften der Fette. Die natürlichen Fette sind Gemische aus unterschiedlichen Glycerin-Estern. Sie schmelzen deshalb nicht bei einer ganz bestimmten Schmelztemperatur, sondern in einem gewissen *Schmelzbereich.* Die Kohlenwasserstoffkette macht Fett **wasserabweisend.** Fette **lösen sich nicht** in **polaren** Lösemitteln wie Wasser, **gut** aber in **unpolaren,** wie Benzin, Aceton und anderen organischen Lösemitteln. Fette, die erhitzt werden, zersetzen sich in zum Teil gesundheitsschädliche Stoffe. Ist die Entzündungstemperatur erreicht, brennt das Fett von selbst, ohne dass es angezündet werden muss.

Fettsäuren – Name – Formel – Schmelztemperatur			Butterfett	Rindertalg	Olivenöl	Sonnenblumenöl
gesättigt	**Palmitinsäure** **$C_{15}H_{31}COOH$**	+63 °C	24	30	15	5
gesättigt	**Stearinsäure** **$C_{17}H_{35}COOH$**	+71 °C	13	20	2	2
ungesättigt	**Ölsäure** **$C_{17}H_{33}COOH$**	+16 °C	30	39	71	27
ungesättigt	**Linolsäure** **$C_{17}H_{31}COOH$**	−5 °C	2	3	8	65
ungesättigt	**Linolensäure** **$C_{17}H_{29}COOH$**	−11 °C	1	–	–	–
Schmelzbereich des Fettes in °C			28 bis 38	40 bis 50	−12 bis +6	−18 bis −16

▲ *3. Fettsäureanteil in % und Schmelzverhalten natürlicher Fette*

Fette, Öle und Mineralöle. Mineralöle sind keine Ester. Sie bestehen nur aus Kohlenwasserstoffketten. Mineralöle zeigen ein ähnliches Löslichkeitsverhalten wie Fette und Öle, unterscheiden sich jedoch in anderen Eigenschaften.

Fette sind Ester aus Glycerin mit meist langkettigen Fettsäuren.
Ungesättigte Fettsäuren besitzen eine oder mehrere C=C-Doppelbindungen.
Fette lösen sich nicht in Wasser. Sie können sich bei Erhitzen selbst entzünden oder zersetzen.

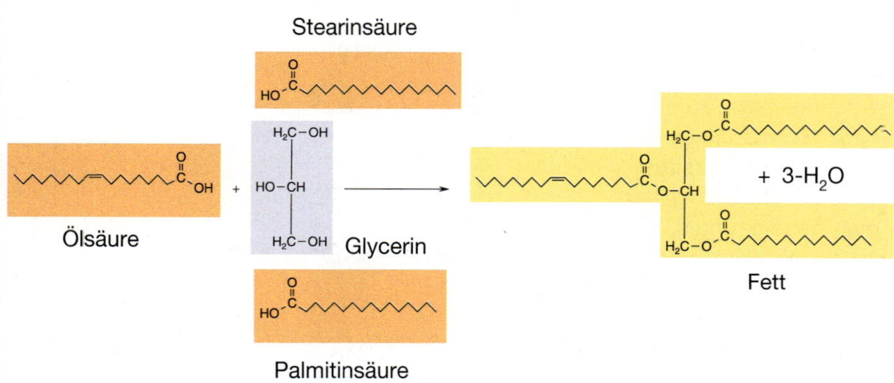

◀ *2. Bildung eines Fett-Moleküls*

1. Fragen zum Text

a) Wie sind Fette aufgebaut?

b) Erkläre das unterschiedliche Schmelzverhalten natürlicher Fette mithilfe von Abbildung 3.

c) Nenne einige Eigenschaften der Fette.

d) Wie unterscheiden sich pflanzliche Öle von Mineralölen?

Seife gewinnt man aus Fetten

1. Bunte Vielfalt

a) Informiert euch über die Vielfalt an Seifen. Sammelt dazu auch Seifenverpackungen.
b) Vergleicht die Etiketten. Welche Stoffe sind in den meisten Seifen enthalten? (Die Fachbegriffe kann man sich im Internet übersetzen lassen; suche unter „INCI-Tester" oder „INCI + Übersetzer").

2. Olivenölseife (Lehrerversuch)

Zunächst wird ein Becherglas mit gesättigter Kochsalzlösung vorbereitet.
Dann füllt man 10 g Olivenöl in ein hohes Becherglas (400 ml) und fügt 5 ml destilliertes Wasser hinzu.
Die Mischung wird langsam erwärmt. Unter Rühren werden vorsichtig nach und nach 10 ml 25 %ige Natronlauge zugesetzt (GHS 5; B1). Anschließend lässt man die Mischung etwa 20 Minuten lang auf kleiner Flamme sieden. Dabei muss man ständig rühren. Verdampfendes Wasser muss immer wieder durch dest. Wasser ersetzt werden. Vorsicht, Spritzgefahr!
Nach 20 Minuten wird die zähflüssige Masse in das Becherglas mit der gesättigten Kochsalzlösung gegossen. Die Seife kann oben abgeschöpft werden. Man kann sie in Ausstechförmchen pressen und trocknen lassen.

3. Nachweis für die Seifenwirkung

Prüfe die selbst hergestellte Seife und andere Seifenproben darauf, ob sie beim Schütteln einen haltbaren Schaum erzeugen. Fülle dazu eine Seifenprobe und etwas destilliertes Wasser in ein Reagenzglas oder in ein Glas mit Schraubdeckelverschluss. Schüttle die Gläser und vergleiche die Schaumentwicklung.

4. Der passende Rohstoff für Seife

a) Fülle in drei verschiedene Reagenzgläser 0,5 cm hoch Paraffinöl, Stearinsäure (eine langkettige Carbonsäure) beziehungsweise Pflanzenöl.
Gib die dreifache Menge destilliertes Wasser und ein Siedesteinchen hinzu und erwärme die Mischungen nacheinander im Wasserbad bis zum Sieden. Lass dann die Mischungen wieder abkühlen. Sind die Mischungen homogen, bildet sich Schaum?
b) Füge nun aus einem Tropffläschchen etwa 0,5 ml 25 %ige Natronlauge (GHS 5; B1) hinzu. Erwärme die Gläser erneut und schüttle sie dabei; Vorsicht, Spritzgefahr! Was ist zu beobachten? Gib eine Erklärung dafür.

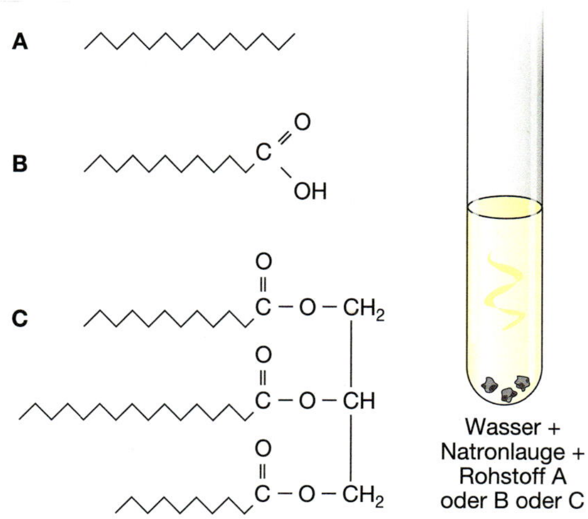

▲ 1. *Seifensieder um 1840*

Traditionelle Seifengewinnung. Bei der traditionellen Seifenherstellung wird Fett mit Natronlauge stundenlang gekocht und gerührt. Dabei wird das Fett chemisch zerlegt. Die entstandenen Fettsäuren reagieren mit der Lauge weiter zu Seife. Man nennt diese Reaktion daher auch Verseifung:

Fett + Lauge → Seife + Glycerin

Bildet sich im Kochkessel Schaum, ist Seifenlösung entstanden. Dann wird Kochsalz zugesetzt. Seife ist in Kochsalzlösung schwer löslich und fällt aus. Diesen Vorgang nennt man „Aussalzen". Die feste Seife schwimmt nun auf der Lösung. Sie wird abgeschöpft, mehrmals mit Salzwasser gewaschen und getrocknet. Mit Natronlauge erhält man die festen *Kernseifen.* Für die weiche *Schmierseife* braucht man Kalilauge.

▲ 2. *Rohstoffe zur Seifenherstellung*

Seifen sind Natrium- oder Kaliumsalze von Fettsäuren (langkettigen Carbonsäuren).

1. Fragen zum Text

a) Beschreibe in Stichworten den Weg der Seifenherstellung.

b) Lege eine Tabelle an. Ordne jedem Rohstoff zur Seifenherstellung eine Aufgabe zu.

c) Formuliere das Reaktionsschema für die Herstellung einer Schmierseife.

Exkurs

Industrielle Seifenherstellung

Bei der industriellen Seifenherstellung wird Fett unter großem Druck mit Wasserdampf und mithilfe eines Katalysators in Fettsäure und Glycerin gespalten. Diesen Vorgang nennt man **Hydrolyse:**

Fett + Wasserdampf → Fettsäure + Glycerin

Das Glycerin wird von den Fettsäuren abgetrennt. Die Fettsäuren werden durch den Zusatz von Lauge **neutralisiert.** Dabei bildet sich die Seife:

Fettsäure + Lauge → Seife + Wasser

Seifen sind die Salze von Fettsäuren. Beispiel:

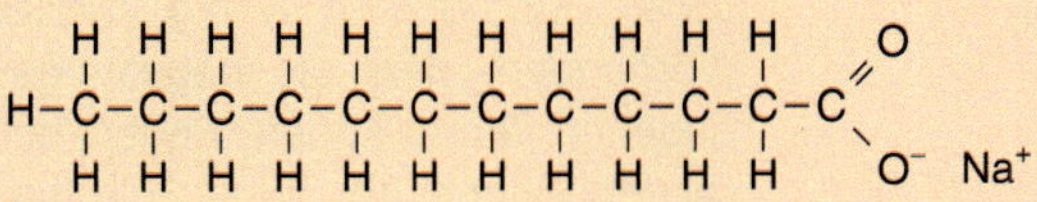

Damit Seife ansprechend aussieht und gut riecht, wird sie vor dem Verpacken mit Farb- und Duftstoffen vermischt und in Formen zu handlichen Stücken gepresst.

2. Vergleiche die technische Seifenherstellung mit der traditionellen Herstellung von Seife.

So wirkt Seife

1. Wirkung von Seife

a) Versuche, etwas Pflanzenöl und Wasser in einem Reagenzglas zu mischen.
b) Mische Öl und Wasser unter Zugabe einiger Tropfen Seifenlösung erneut.

2. Wer findet das beste Rezept zum Entfernen von Schmieröl?

An einer Fahrradkette holt man sich leicht schmutzige Hände. Wie lässt sich die am besten wieder entfernen? Plane und erprobe ein Experiment, um Hände von Fahrradkettenschmiere zu reinigen. Du kannst Wasser, Butter, Seife, Spiritus (GHS 2; B3), Waschbenzin (GHS 2, 7, 8, 9; B3), Pflanzenöl und Aktivkohle nutzen. Bedenke aber, dass menschliche Haut durch manche Chemikalien gereizt oder sogar geschädigt werden kann.

3. Hilft Seife gegen Flecken?

a) Präpariere zwei Baumwollstreifen jeweils mit Flecken von Tomatenmark, Schokocreme und Butter. Lege davon einen Streifen in ein Schraubdeckelglas mit Leitungswasser, den anderen in ein Glas mit Seifenlösung. Spüle die Stoffstreifen nach etwa fünf Minuten kurz mit Wasser ab und lege sie nebeneinander auf die Tischplatte deines Arbeitstisches. Vergleiche die Stoffproben.
b) Gib die Stoffproben wieder in die Gläser zurück, aus denen sie entnommen wurden. Schraube den Deckel zu und schüttle die Ansätze jeweils drei Minuten lang. Spüle dann die Stoffstreifen wieder ab und vergleiche erneut.

Exkurs

Seifenblasen

Die schwebenden Kugeln aus Wasser, Seife und Luft faszinieren mit ihren schillernden Farben nicht nur kleine Kinder.

Seifenblasen sind immer rund. Die Spannung der Oberfläche sorgt für die kugelförmige Gestalt. Das eingeschlossene Luftvolumen wird von einem Seifenfilm mit möglichst kleiner Oberfläche umschlossen. Treffen zwei oder mehr Seifenblasen aufeinander, nehmen sie wieder die Gestalt mit der kleinstmöglichen Oberfläche an.

Der besondere Aufbau der Seifenblasen. Die Seifenblasenhaut besteht überwiegend aus Wasser und darin gelösten Tensiden. Die

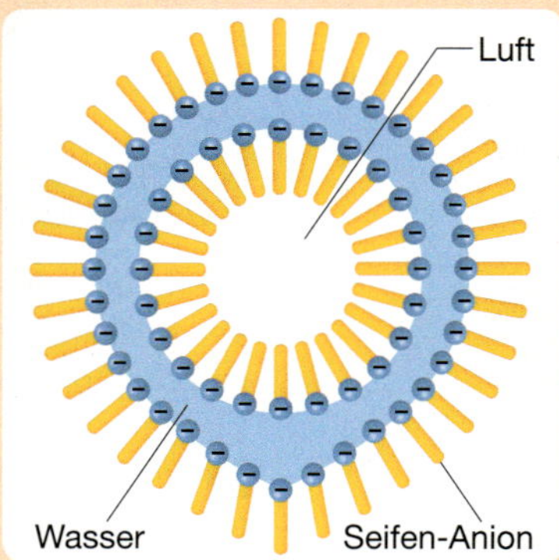

▲ *Seifenblase im Querschnitt*

Tensid-Moleküle bilden eine Doppelschicht. Die hydrophilen Enden liegen im Wasserfilm, die hydrophoben Teile der Tenside ragen in die Luft.

Warum platzen Seifenblasen? Der Wasserfilm zwischen der Tensid-Doppelschicht ist zunächst überall gleich groß. Nach kurzer Zeit führt die Schwerkraft dazu, dass der Wasserfilm oben dünner wird als unten. Irgendwann ist oben nur noch so wenig Wasser vorhanden, dass die negativ geladenen Tensid-Enden wegen der gegenseitigen Abstoßung die Blase zum Platzen bringen.

Gibt man Seife ins Wasser, zerfällt das Seifenteilchen in ein positiv geladenes Natrium-Kation und ein negativ geladenes **Fettsäure-Anion.** Der besondere Aufbau des **Fettsäure-Anions** sorgt für die Reinigungswirkung.

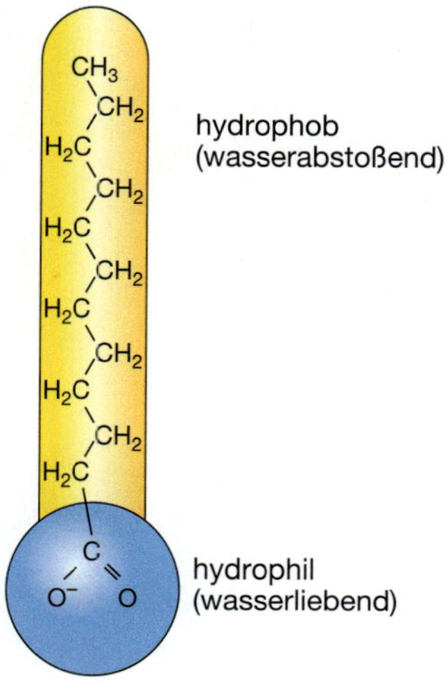

▲ *1. Bau des Fettsäure-Anions*

Eine lange Kohlenwasserstoffkette stößt Wasser-Moleküle ab. Dieser Teil des Fettsäure-Anions ist **wasserabstoßend (hydrophob).**

Das andere Ende des Fettsäureanions trägt eine negativ geladene COO^--Gruppe. Im Gegensatz zur Kohlenwasserstoffkette zieht dieses Ende Wasser-Moleküle an, es ist **wasserliebend (hydrophil).**

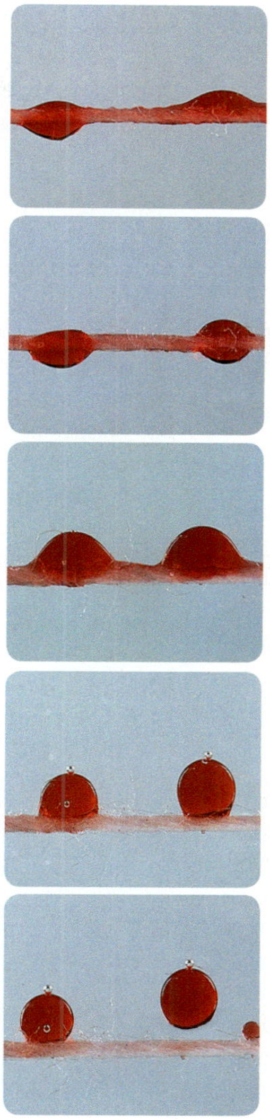

1. Auf einer Faser haftet fetthaltiger Schmutz.

2. Seife wird zugefügt. Der hydrophobe Teil des Seifenanions dringt in den Schmutz und in die Faser ein. Der hydrophile Teil des Seifenanions ragt ins Wasser. So kann das Wasser den Schmutz benetzen.

3. Schmutz und Faser tragen nun negative Ladungen. Diese stoßen sich gegenseitig ab.

4. Der Schmutz löst sich von der Faser. Durch Bewegung der Waschlauge wird dieser Vorgang beschleunigt.

5. Der Schmutz wird in kleinere Teilchen zerteilt und vom Wasser fortgespült. Waschaktive Substanzen wie Seifen heißen auch Tenside.

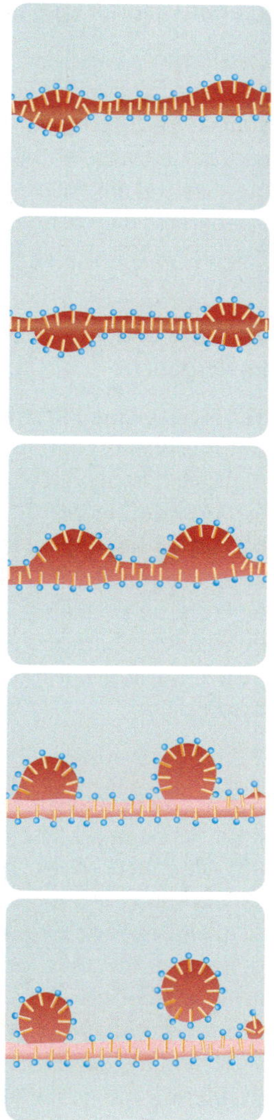

▲ *3. Reinigung einer verschmutzten Faser*

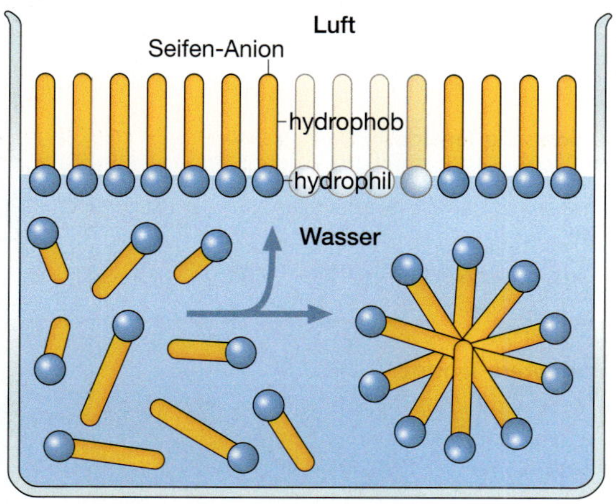

▲ *2. So ordnen sich Seifen-Anionen an*

Seifenteilchen zerfallen in Wasser. Das Fettsäureanion hat einen wasserabstoßenden und einen wasseranziehenden Teil. Es sorgt dafür, dass auch fettähnliche Stoffe in Wasser fein verteilt werden können.

1. Fragen zum Text:

a) Beschreibe den Bau eines Fettsäure-Anions. Verwende die Begriffe: hydrophob, hydrophil, Kohlenwasserstoffkette und COO^--Gruppe.

b) Zeichne einen Öltropfen, an den sich Fettsäure-Anionen anlagern.

c) Warum verbinden sich abgelöste Schmutzteilchen nicht wieder zu größeren Teilchen?

Tenside sind vielfältig

1. Mit Partner: Eine Hand wäscht die andere

Zwei Partner waschen sich gegenseitig die Hände. Eine Hand soll mit Seife und destilliertem Wasser, die andere gleichzeitig mit Duschmittel und dest. Wasser gewaschen werden. Wie gut lassen sich die Reinigungsmittel abspülen?
Wiederholt den Versuch anschließend mit Mineralwasser. Vergleicht die Beobachtungen.

2. Seife und andere Tenside im Vergleich

7 B1

a) Versetze eine Probe Mineralwasser (oder: hartes Leitungswasser) mit Seifenlösung, eine zweite Probe mit Geschirrspülmittel. Schüttle kräftig. Vergleiche Schaumbildung und Trübung der beiden Ansätze.
b) Gib zu einer Seifenlösung einige Tropfen verdünnte Salzsäure (GHS 7; B1). Notiere deine Beobachtung.
c) Prüfe den pH-Wert von Seife und anderen Produkten wie Shampoo, Geschirrspülmittel oder Waschpulver. Stelle die ermittelten Werte in einer Tabelle zusammen.

Nachteile von Seife. Wäscht man sich in Gebieten mit hartem Leitungswasser die Hände mit Seife, bildet sich im Waschbecken ein grauweißer Belag. Hartes Wasser enthält viele Calcium-Ionen (Ca^{2+}). Diese verbinden sich mit den Fettsäure-Anionen der Seife und bilden die unlösliche *Kalkseife*. Sie verursacht den grauen Belag im Waschbecken. Sie schäumt nicht und wäscht auch nicht mehr, weil nur ungebundene Fettsäure-Anionen waschaktiv sind. Auch in saurem und sehr salzigem Wasser besitzt die Seife deshalb keine Waschwirkung. Noch schlimmer wirkt Seife auf empfindliche Fasern wie Wolle und Seide. Weil Seifenlösung **alkalisch** wirkt, wird die Faserstruktur angegriffen. Wollstrümpfe schrumpfen und verfilzen, Seide knittert.

Synthetische Tenside. Um diese Nachteile der klassischen Seife zu umgehen, hat man den Bau des Fettsäure-Anions verändert.

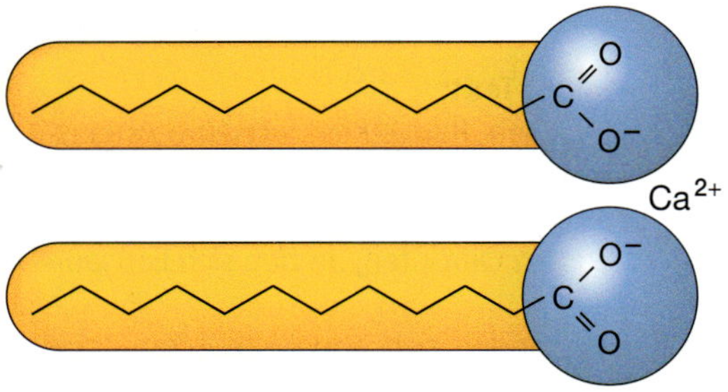

▲ *1. Unlösliche Kalkseife*

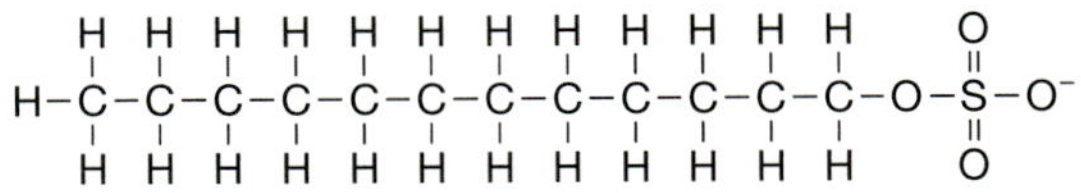

▲ *2. Strukturformel eines Fettalkoholsulfats*

Stellt man das Tensid nicht aus einer Carbonsäure, sondern mithilfe von Schwefelsäure her, sieht die Strukturformel nur ein wenig anders aus. Die negativ geladene Gruppe dieses Tensids bildet jedoch keine schwerlösliche Verbindung mit Calcium-Ionen. Dieses Tensid behält auch in hartem und saurem Wasser seine waschaktive Wirkung.

▲ *3. Fettalkoholsufat in hartem Wasser*

Vielfalt der Tenside. Man kann heute die unterschiedlichsten Tenside herstellen. Je nachdem, welche Eigenschaften gewünscht werden, wechselt man den hydrophilen Teil des Tensids aus. Zur Unterscheidung unterteilt man die Tenside anhand der Beschaffenheit des hydrophilen Teils in verschiedene **Tensidklassen.**

anionische Tenside
- Grundlage für die meisten Wasch- und Geschirrspülmittel

nichtionische Tenside
- ohne elektrische Ladung
- hochwirksam in hartem und saurem Wasser

kationische Tenside
- geringe Waschwirkung
- lagern sich an die negativ geladenen Fasern an
- wirken als Weichmacher

amphotere Tenside
- werden oft in kosmetischen Produkten verwendet

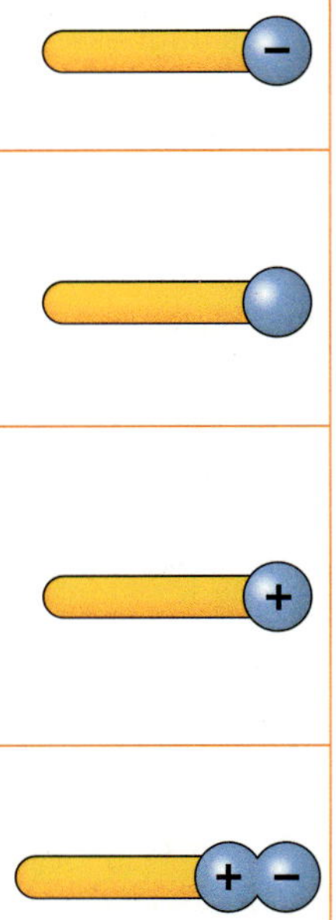

▲ *4. Einteilung der Tenside in Tensidklassen*

Moderne Tenside ersetzen heute vielfach die klassische Seife. Sie waschen auch in hartem, saurem und salzigem Wasser.

1. Fragen zum Text

a) Was versteht man unter „Kalkseife"?

b) Nenne die Nachteile klassischer Seifen.

c) Zeichne und beschreibe jeweils ein Fettsäure-Anion und ein Fettalkoholsulfat-Anion. Worin unterscheiden sie sich?

d) Welche Tensidklassen gibt es?

2. Flauschig weiche Handtücher?

Weichspüler enthalten neben Duftstoffen vor allem kationische Tenside mit positiv geladenen Tensidteilchen. Sie werden von der negativ geladenen Wäschefaser angezogen und überziehen diese mit einem dünnen Film. Er bleibt auch nach dem Waschen auf dem Gewebe.

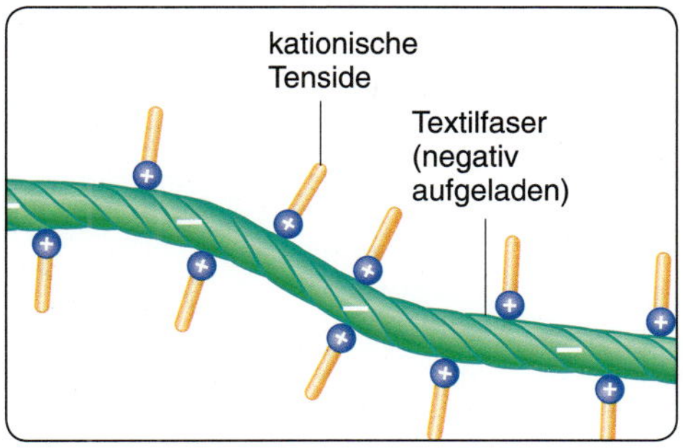

Erkläre mithilfe der Schemazeichnung, warum sich weichgespülte Handtücher flauschiger anfühlen, aber weniger saugfähig als normal gespülte sind.

Tenside aus nachwachsenden Rohstoffen – Vorteil oder Nachteil?

Im 1. Weltkrieg wurden Fette dringend zur Ernährung der Bevölkerung benötigt. Ersatzweise stellte man daher den hydrophoben Teil des Tensids aus Kohle her, später dann aus Erdöl.

Seit einigen Jahren stellt man bestimmte nichtionische Tenside komplett aus nachwachsenden Rohstoffen her. Für den hydrophilen Teil des Tensid-Moleküls verwendet man Zucker aus Zuckerrüben, für den hydrophoben Teil Palmkernöl oder Kokosfett. Diese „Zuckertenside" werden oft in kosmetischen Produkten eingesetzt, weil sie sehr hautfreundlich sind. Ihr Einsatz schont nicht nur die Erdölvorräte; sie sind biologisch auch besonders gut abbaubar.

▲ 3. Der Regenwald wird gerodet, um mehr Platz für neue Ölpalmen-Plantagen zu gewinnen

▲ 2. Aus Zucker und Palmöl lassen sich hautfreundliche Tenside herstellen

Doch Palmöl wird nicht nur für Margarine, Schokolade, Waschmittel und Kosmetika verwendet, sondern zunehmend auch als Agrartreibstoff – ähnlich wie Rapsöl. In den letzten 10 Jahren hat sich der Palmölverbrauch verdoppelt. Immer mehr Plantagen mit Ölpalmen sind deshalb errichtet worden. Der verstärkte Anbau von Ölpalmen wird von Umweltverbänden sehr kritisiert.

3. a) Wo werden Ölpalmen hauptsächlich angebaut?

b) Wohin wird das meiste Palmöl exportiert?

4. Finde heraus, inwiefern die starke Zunahme von Ölpalmenplantagen Mensch und Umwelt schadet.

Chemie im Waschpulver

Die wichtigsten Inhaltsstoffe von Waschmitteln

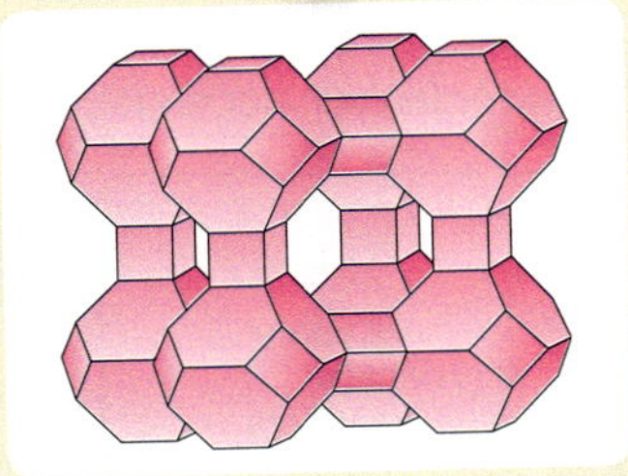

Enthärter machen hartes Wasser weich. Zeolithe sind große Kristalle mit Hohlräumen. Sie lösen sich in Wasser und schließen dann Calcium- und Magnesium-Ionen in ihrem Hohlraum ein.
So können Kalkseifen und Ablagerungen aus Kesselstein gar nicht erst entstehen.

1. Erkläre, wie Zeolithe wirken.

Optische Aufheller lassen Wäsche strahlen. Reststoffe, die durch das Bleichen der Wäsche nicht entfernt werden, lassen Textilien leicht gelblich erscheinen. Optische Aufheller, auch „Weißmacher" genannt, helfen: Sie absorbieren unsichtbares ultraviolettes Licht (UV-Licht) und geben die so aufgenommene Energie als sichtbares bläuliches Licht wieder ab. Das nennt man **Fluoreszenz.** Der Gelbstich der Wäsche ergibt zusammen mit dem Blau des optischen Aufhellers ein „strahlendes Weiß".
Besonders intensiv kann man diesen Effekt mit ultraviolettem Licht („Schwarzlicht") in der Diskothek bei weißen Stoffen beobachten.

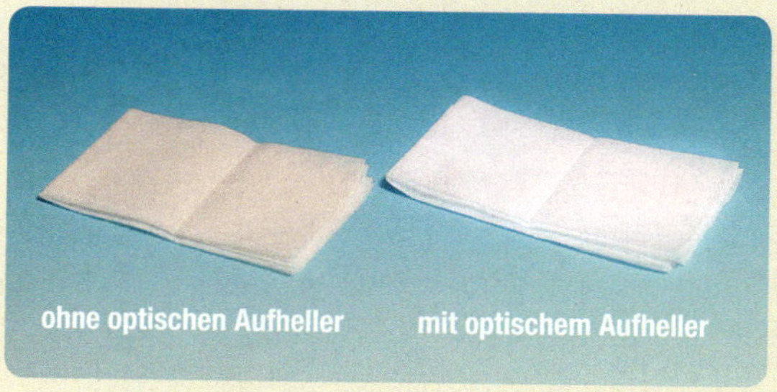

4. Beurteile, ob optische Aufheller Schmutz aus der Wäsche entfernen können.

5. Verdeutliche den Unterschied zwischen Bleichmittel und optischem Aufheller.

Bleichmittel zerstören hartnäckige Flecken. Rotwein- und Obstflecken entfernt man mit aggressivem Sauerstoff. Der Sauerstoff wird in atomarer Form aus Peroxiden wie Percarbonat und Perborat freigesetzt. Dadurch werden die Farbstoffe oxidiert und somit farblos. Bleichmittel wirken meist erst bei höheren Temperaturen ab 60 °C. Auch das Sonnenlicht hat bleichende Wirkung (Foto von 1938).

2. Mit welcher chemischen Reaktion lassen sich hartnäckige Wein- und Obstflecken entfernen?

3. Welchen Nachteil hat es, wenn man Obstflecken auf farbigen Textilien mit Bleichmitteln behandelt?

Enzyme. Diese Biokatalysatoren aus Eiweiß bauen größere Moleküle aus Fett, Eiweiß und Stärke zu kleineren, löslichen Molekülen ab. So lassen sich Blut-, Eiweiß- und Kakaoflecken leichter entfernen. Ab Temperaturen über 40 °C verlieren Enzyme allerdings zunehmend ihre Funktion.

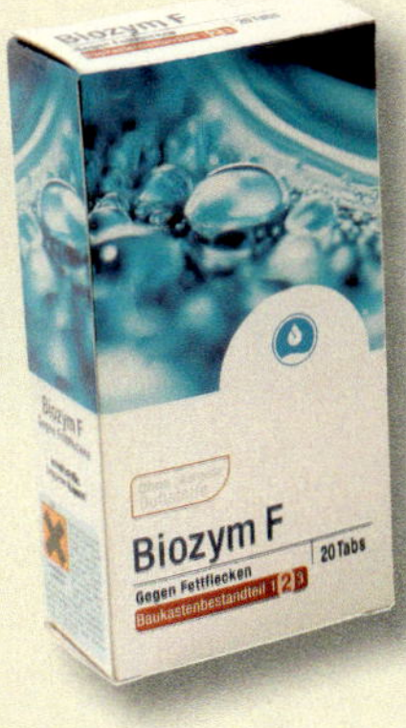

6. Überlege, weshalb Enzyme bei höheren Waschtemperaturen nicht mehr wirken.

Wichtige Stoffe in Alltag und Technik

→ **Alkoholische Gärung:** Alkohol wird durch alkoholische Gärung hergestellt. Hefen wandeln dabei Traubenzucker in Ethanol, den Trinkalkohol, um. Gleichzeitig entstehen Kohlenstoffdioxid und Wärme.

$$C_6H_{12}O_6 \longrightarrow 2\ C_2H_5OH + 2\ CO_2$$

Durch Destillation werden Getränke mit höherem Ethanolgehalt gewonnen (Brennen).

→ **Alkanole:** Der chemisch richtige Name für Alkohol ist Alkanol. Die Alkanole leiten sich von der Stoffgruppe der Alkane (gesättigte Kohlenwasserstoffe) ab. Alkanole besitzen im Molekül eine oder mehrere Hydroxylgruppen. Die Hydroxylgruppe (OH) ist die funktionelle Gruppe aller Alkanole.

→ **Eigenschaften der Alkanole:**
- Alkanole lösen sich in Wasser und Waschbenzin.
- Sie besitzen einen wasserfreundlichen und einen wasserfeindlichen Anteil.
- Alkanol-Moleküle sind Dipol-Moleküle.
- längerkettige Alkanole sind wasserunlöslich.

→ **Mehrwertige Alkanole:**
- enthalten mehr als eine Hydroxylgruppe im Molekül
- Glykol, Glycerin und Sorbit sind die wichtigsten Vertreter dieser Stoffgruppe.

→ **Essig** entsteht aus verdünntem Alkohol unter der Einwirkung von Essigbakterien und Sauerstoff. Er dient als Würz- und Konservierungsmittel. Speiseessig enthält etwa 5 – 6 % Essigsäure.

→ **Essigsäure (Ethansäure, CH_3–COOH)** ist eine schwache Säure. Die Salze heißen **Acetate.**
Essigsäure ist eine **Carbonsäure.**

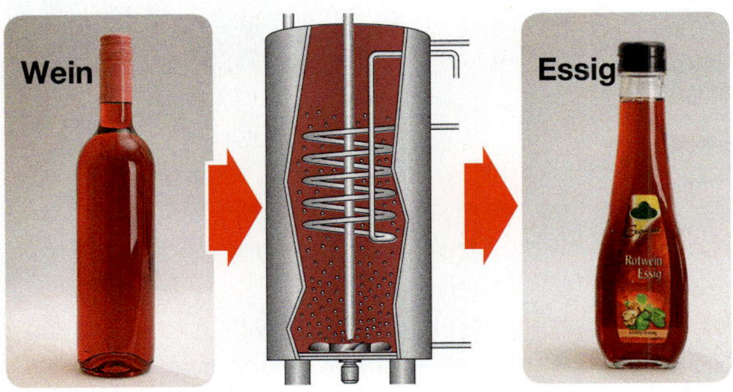

→ **Carbonsäuren** sind Säuren mit einer oder mehreren Carboxyl-Gruppen im Molekül. Viele kommen in der Natur vor, etwa Ameisensäure, Citronensäure, Milchsäure oder Oxalsäure.

→ **Ester** entstehen bei der Reaktion von Säuren mit Alkoholen unter Wasserabspaltung (Kondensationsreaktion):

$$\text{Säure} + \text{Alkohol} \underset{\text{Esterspaltung}}{\overset{\text{Esterbildung}}{\rightleftharpoons}} \text{Ester} + \text{Wasser}$$

Ester lassen sich durch die Reaktion mit Wasser wieder in Säure und Alkohol zerlegen (Hydrolyse).

→ **Fette** sind Ester des Alkohols Glycerin und langkettigen Carbonsäuren (Fettsäuren).
In einem Fett-Molekül können jeweils unterschiedliche Fettsäuren gebunden sein

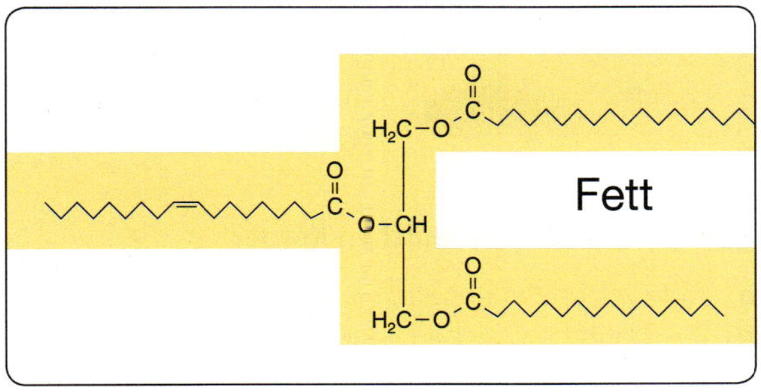

→ **Eigenschaften von Fetten:** Fette sind unlöslich in Wasser (hydrophob). Sie lösen sich jedoch gut in Benzin oder anderen unpolaren Lösemitteln.

→ **Seife** gewinnt man durch eine Verseifungsreaktion aus Fetten:

Fett + Natronlauge ⟶ Seife + Glycerin

→ **Seifen-Anion:** Seifen sind Natrium- oder Kaliumsalze von Fettsäuren. Das Seifen-Anion besteht aus einer langen Kohlenwasserstoffkette und einer negativ geladenen Gruppe am Ende.

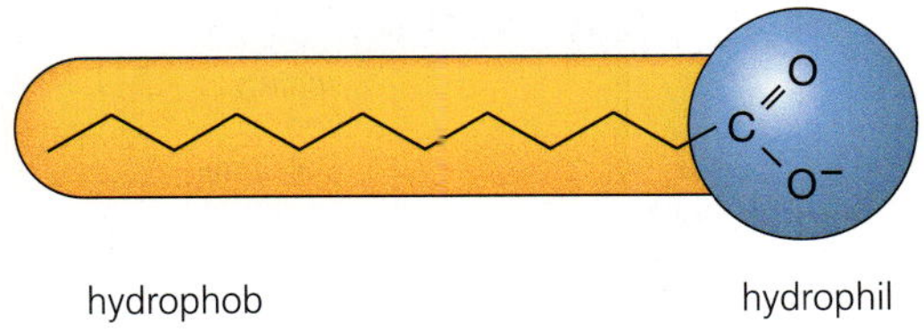

→ **Tenside:** Sie reinigen wie Seife, besitzen aber nicht deren Nachteile. Alle waschaktiven Substanzen werden Tenside genannt.

Wichtige Stoffe in Alltag und Technik

1. Alkoholherstellung

a) Wie entsteht der Alkohol im Wein?
b) Welche Organismen sind für die alkoholische Gärung verantwortlich?
c) Warum lassen sich bei der alkoholischen Gärung nur Alkoholgehalte bis etwa 15 Vol.-% erreichen?

2. Reaktionsgleichung

Notiere die Reaktionsgleichung für die Vergärung von Obst- oder Traubensaft.

3. Alkohol im menschlichen Körper

a) Auf welche Organsysteme wirkt sich Ethanol aus?
b) Beschreibe mögliche Langzeitfolgen.
c) Formuliere Tipps für den verantwortungsbewussten Umgang mit Alkohol.

4. Die homologe Reihe der Alkanole

a) Wie heißen die ersten sechs Alkanole der homologen Reihe?
b) In der homologen Reihe wird der Kohlenwasserstoffrest immer länger.
Welche Auswirkungen hat dies auf die Eigenschaften der Alkanole?

5. Qualitative Alkanol-Analyse

a) Beschreibe den Versuchsaufbau.
b) Welche Elemente der Alkanole kann man mit dem unten abgebildeten Versuchsaufbau nachweisen?

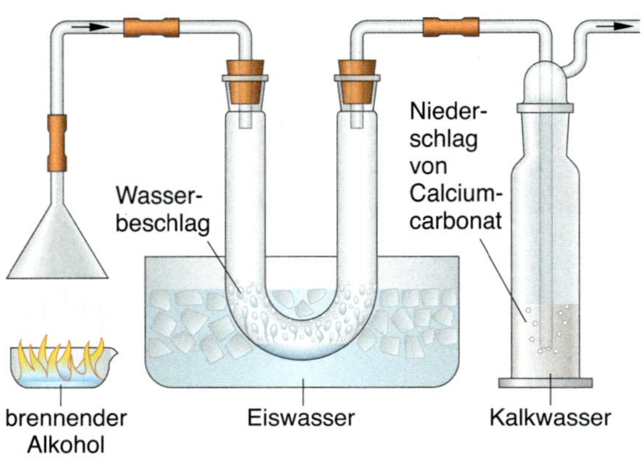

6. Funktionelle Gruppe und Eigenschaften

a) Wie heißt die funktionelle Gruppe der Alkohole?
b) Für welche Eigenschaften der Alkohole ist die funktionelle Gruppe verantwortlich?

7. Reiniger mit Promille

Manche Haushaltsreiniger enthalten erhebliche Mengen Allkohol. Weshalb ist dies sinnvoll?

8. Mehrwertige Alkohole

a) Wodurch sind mehrwertige Alkohole gekennzeichnet?
b) Welche Eigenschaften haben die mehrwertigen Alkohole Glycerin und Glykol?
c) Wozu werden Glycerin und Glykol verwendet?

9. Typisch Säure – die Essigsäure

a) In welche Ionen zerfällt die Essigsäure, wenn man sie mit Wasser verdünnt?
b) Welche Ionen sind für die saure Reaktion verantwortlich?
c) Verdünnte Essigsäure reagiert mit unedlen Metallen. Schreibe die Reaktionsgleichung zur Bildung von Natriumacetat.
d) Finde heraus, ob Kupferdächer wegen der Reaktion mit Essigsäure im Laufe der Zeit grün werden.

10. Alkansäuren

a) Wie heißen die ersten vier Vertreter der Alkansäuren? Schreibe die Strukturformeln und kennzeichne jeweils die funktionelle Gruppe.
b) In der homologen Reihe der Alkansäuren wird die Kohlenwasserstoffkette immer länger. Wie ändern sich dadurch deren Eigenschaften?
c) Wie heißt die Säure mit der folgenden Strukturformel?

$$CH_3 - CH_2 - COOH$$

Wie wird sich diese Säure in Wasser verhalten? Begründe deine Vermutung.

11. Ester

a) Ein beliebtes Aroma für Mundwässer und Zahncremes ist der Salicylsäuremethylester („Wintergrünöl", *engl.*: Methyl salicylate). Wie könnte man diesen Ester herstellen?
b) An welcher charakteristischen Gruppe erkennt man einen Ester?
c) Nenne einige Beispiele für Stoffe, die zur Gruppe der Ester gehören.
d) Beschreibe mithilfe von Strukturformeln die Reaktion von Methansäure und Ethanol zu Methansäureethylester.

12. Chemische Struktur von Fetten

a) Zeichne schematisch den Aufbau eines Fett-Moleküls.
b) Wie unterscheiden sich flüssige und feste Fette im Aufbau?
c) Wie unterscheiden sich die Moleküle in einem Pflanzenöl von denen in einem Mineralölprodukt?

13. Gleiches löst sich in Gleichem

a) Weshalb lässt sich ein Fettfleck allein mit Wasser nicht aus Textilien entfernen?
b) Löst sich ein Fett besser in Ethanol, Wasser oder Heptan? Begründe deine Antwort.

14. Im Lebensmittellabor

Es soll untersucht werden, ob in Kokosnüssen und in Weintraubenkernen Fett enthalten ist. Beschreibe zwei verschiedene Möglichkeiten, wie du vorgehen könntest.

15. Enten fetten ihr Gefieder

a) Tauche eine Vogelfeder unter Wasser, eine zweite in Seifenlösung und eine dritte in ein Becherglas mit Öl. Vergleiche alle Federn nach dem Herausziehen.
b) Enten fetten ihr Gefieder regelmäßig mit einem speziellen Fett aus ihrer Bürzeldrüse ein. Warum gehen sie aber an Ölverschmutzungen von Schiffen zugrunde?

16. Experiment mit Seife

Bestreut man eine Wasseroberfläche mit Pfeffer oder Bärlappsporen und berührt sie in der Mitte mit einem Stück Seife, kann man eine interessante Beobachtung machen. Führe den Versuch durch und finde eine Erklärung für das Phänomen.

17. Moderne Seifenherstellung

Beschreibe, wie Seife industriell hergestellt wird.

18. Untersuchung von Wasserproben

a) Veranschauliche, wie du mithilfe von Seifenlösung hartes von weichem Wasser unterscheiden kannst.
b) Begründe, warum man sich mit einer „Kalkseife" nicht waschen kann.

19. Waschwirkung von Tensiden

a) Zeichne fünf bis zehn Tensid-Teilchen, die sich an einer Wasseroberfläche anordnen.
b) Beschreibe mithilfe von Skizzen in mehreren Schritten, wie der auf einer Faser haftende Schmutz durch Wasser und Tensid-Teilchen entfernt wird. Schreibe zu jedem Bild einen kurzen Text.

Stoffliste

Stoff	Gefahren-, Sicherheits- und Entsorgungssymbole	Ratschläge R/S-Sätze	GHS-Piktogramme	Signalwort	H/P-Sätze
Aceton	F, Xi, B3	R: 11–36–66–67 S: 9–16–26–46		Gefahr	H225, H319, H336 P210, P233, P305 + P351 + P338
Aktivkohle		1)			
Aluminiumpulver	F	R: 11–17 S: 7/8–43		Gefahr	H261, H228 P210, P402 + P404
Ameisensäure 2 % ≤ w < 10 %	Xi, B3	R: 36/38 S:		Gefahr	H314 P280, P305 + P351 + P338, P310
Ameisensäure (Methansäure) w ≥ 10 %	C, B3	R: 35 S: 23–26–36/37/39–45		Gefahr	H226, H314 P280, P305 + P351 + P338, P310
Ammoniak-Lösung 5 % ≤ w < 10 %	Xi, B1	R: 36/37/38 S: 26–36/37/39–45–61	*		
Ammoniumchlorid	Xn	R: 22–36 S:		Achtung	H302, H319 P305 + P351 + P338
Ammoniumthiocyanat	Xn	R: 20/21/22–32–52/53 S: 13–61		Achtung	H302 + H312 + H332, H412 EUH032 P273, P302 + P352
Ammoniumthiocyanat-Lösung			*		
Bariumchlorid	T, B2	R: 20–25 S: 45		Gefahr	H332, H301 P301 + P310
Bariumhydroxid-Lösung (ges.)	Xi	R: 20/22–34 S: 26–28–45		Achtung	H302
Bariumnitrat	Xn, O, B2	R: 8–20/22 S: 17–28		Gefahr	H272, H302 + H332 P210, P302 + P352
Benzin (Waschbenzin)	F, Xn, N, B3	R: 11–51/53–65–66–67 S: 9–16–23–24–61–62		Gefahr	H225, H304, H315, H336, H361, H373, H411 P210, P261, P273, P281, P301 + P310, P331
Blutlaugensalz, gelb (Kaliumhexacyanoferrat (II))		R: 52/53 S: 50–61			H412 P273
Blutlaugensalz, rot (Kaliumhexacyanoferrat (III))		R: 52/53 S: 50–61			EUH032
Brennspiritus	F, B3	R: 11 S: 7–16		Gefahr	H225 P210, P241, P280, P240, P303 + P361 + P353, P501
Brom (flüssig)	T, C, N, X	R: 26–35–50 S: 7/9–26–45–61		Gefahr	H330, H314, H400 P210, P273, P304 + P340, P305 + P351 + P338, P403 + P233
Bromwasser (ges.)	T, Xn	R: 23–24–36/38–50 S: 7/9–26–45–61		Gefahr	H330, H314, H400 P210, P273, P304 + P340, P305 + P351 + P338, P403 + P233
Butan	F+	R: 12 S: 9–16		Gefahr	H220, H280 P381, P403
n-Butanol (Butan-1-ol)	Xn, B3	R: 10–22–37/38–41–67 S: 7/9–13–26–37/39–46		Gefahr	H226, H302, H318, H315, H335, H336 P280, P302 + P352, P305 + P351 + P338, P313
Calcium	F, X	R: 15 S: 8–24/24–43		Gefahr	H261 P402 + P404
Calciumcarbonat					
Calciumchlorid	Xi	R: 36 S: 22–24		Achtung	H319 P305 + P351 + P338
Calciumhydroxid	Xi, B1	R: 41 S: 22–24–26–39		Gefahr	H318 P305 + P351 + P338, P313

Stoff	Gefahren-, Sicherheits- und Entsorgungssymbole	Ratschläge R/S-Sätze	GHS-Piktogramme	Signalwort	H/P-Sätze
Calciumhydroxid-Lösung (gesättigt), Kalkwasser			*		
Calciumoxid	Xi, B1	R: 41 S: 22–24–26–39		Gefahr	H318 P260, P280, P305 + P351 + P338
Calciumsulfat			*		
Chlor-Gas	T, N, X	R: 23–36/37/38–50 S: 9–45–61		Gefahr	H270, H280, H315, H319, H331, H335, H400 P220, P261, P273, P305 + P351 + P338, P311, P410 + P403
Chlorwasser (ges.)	Xi, X	R: 20–36/37/38/23 S: 7/9–45		Gefahr	H314, H335 P260, P280, P301 + P330 + P331, P303 + P361 + P353, P305 + P351 + P338, P310
Chlorwasserstoff-Gas	T, C	R: 23–35 S: 9–26–36/37/39–45		Gefahr	H280, H314, H331 P260, P280, P304 + P340, P305 + P351 + P338, P310
Cobaltchlorid	T, N, B2	R: 49–22–42/43–50/53 S: 22–53–45–60–61		Gefahr	H350, H341, H360, H302, H334, H317, H410 P201, P281, P273, P308 + P313, P304 + P341
Cumolhydroperoxid	T, O, N, B3	R: 7–21/22–23–34–48/20/22–51/53 S: 3/7–14–36/37/39–45–50–61		Gefahr	H242, H302, H312, H314, H331, H373, H411 P220, P261, P273, P280, P305 + P351 + P338, P310
1,6-Diaminohexan (Hexamethylen)	C, B3	R: 21/22–34–37 S: 22–26–36/37/39–45		Gefahr	H312, H302, H335, H314 P280, P302 + P352, P301 + P330 + P331, P305 + P351 + P338
Dieselkraftstoff/ Dieselöl	F, B3	R: 11 S: 9–16–29–33		Gefahr	H226, H351, H304, H411, EUH066 P201, P273, P281, P301 + P310, P331, P391
Eisen(III)-chlorid	Xn	R: 22–38–42 S: 26–39		Gefahr	H302, H315, H318, H290 P280, P302 + P352, P305 + P351 + P338, P313
Eisenpulver (Stahlwolle)	F	1)	*		
Eisen(II)-sulfat	Xn	R: 22–36/38 S: 24/25		Achtung	H315, H319, H302 P301 + P312, P302 + P352, P280, P305 + P351 + P338
Essigsäure $w < 10$ %	Xi	R: 36/38 S: 23–26–45			
Essigsäure 10 % $\leq w < 25$ %	Xi	R: 36/38 S: 23–26–45		Achtung	H315, H319 P280, P305 + P351 + P338
Essigsäure $w \geq 25$ %	C, B1	R: 34 S. 23–26–45		Gefahr	H226, H314 P210, P241, P260, P280, P303 + P361 + P353, P305 + P351 + P338
Essigsäureethylester (Ethylacetat)	Xi, F, B3	R: 11–36–66–67 S: 16–23–26–33		Gefahr	H225, H319, H336, EUH066 P210, P240, P305 + P351 + P338
Ethan	F+	R: 12 S: 9–16–33		Gefahr	H220, H280 P210, P410 + P403
Ethanol	F, B3	R: 11 S: 7–16		Gefahr	H225 P210
Ethen	F+	R: 12 S: 9–16–33–46		Gefahr	H220, H280, H336 P210, P261, P280, P377, P304 + P340
FEHLING-Lösung I	Xn, N, B2	R: 22–36/38–52/53 S: 22–61		Achtung	H411 P273
FEHLING-Lösung II	Xn, C, B1	R: 35 S: 26–27–37/39–45		Gefahr	H314 P280, P305 + P351 + P338, P310

Stoff	Gefahren-, Sicherheits- und Entsorgungssymbole	Ratschläge R/S-Sätze	GHS-Piktogramme	Signalwort	H/P-Sätze
Glycerin		1)			
Glykol (Ethandiol)	Xn, B3	R: 22 S: 2		Achtung	H302
Heptan	Xn, F, N, B3	R: 11–38–50/53–65–67 S: 9–16–29–33–60–61–62		Gefahr	H225, H304, H315, H336, H410 P210, P273, P301 + P310, P331, P302 + P352, P403 + P235
Hexan	Xn, F, N, B3	R: 11–38–48/20–51/53–62–65–67 S: 9–16–29–33 36/37–61–62		Gefahr	H225, H304, H361, H373, H315, H336, H411 P210, P240, P273, P301 + P310, P331, P302 + P352, P403 + P235
Hexandisäure-dichlorid	C, B3	R: 34 S: 26–36/37/39–45		Gefahr	H318, H314, H312, H332, EUH029, EUH014 P280, P301 + P330 + P331, P305 + P351 + P338, P310, P302 + P352, P402 + P404, P301 + P312, P304 + P340
n-Hexanol (Hexan-1-ol)	Xn, B3	R: 22 S: 2–24/25		Gefahr	H302
Hexen	F, B3	R: 11–65 S: 9–16–23–29–33–62		Gefahr	H225, H304 P210, P243, P301 + P310, P331
Iod	Xn, N, B1	R: 20/21–50 S: 23–25–61		Achtung	H332, H312, H400 P273, P302 + P352
Iod-Lösung (in Kaliumiodid-Lösung)		R: 20/21–50 S:			H412 P273
Iod-Tinktur (alkohol. Lösung)	Xn, F, B2	R: 20/21 S: 23–25	✳		
Kalilauge 0,5 % ≤ w < 2 %	Xi, B1	R: 34 S: 26–37/39–45		Gefahr	H314, H318 P301 + P330 + P331, P280, P305 + P351 + P338, P310
Kalilauge w ≥ 2 %	C, B1	R: 35 S: 26–37/39–45		Gefahr	H314 P280, P305 + P351 + P338, P301 + P330 + P331, P310
Kaliumaluminium-sulfat (Alaun)				Achtung	H315, H319, H302 P301 + P312, P302 + P352, P280, P305 + P351 + P338
Kaliumbromid		1)			
Kaliumchlorid		1)			
Kaliumhexacyanido-ferrat(II) (gelbes Blutlaugensalz)		1)	✳		
Kaliumhexacyanido-ferrat(III) (rotes Blutlaugensalz)		1)	✳		
Kaliumhydroxid	C, B1	R: 22–35 S: 2–26–37/39–45		Gefahr	H314, H302, H290 P280, P301 + P330 + P331, P305 + P351 + P338
Kaliumiodid		1)			
Kaliumiodid-Lösung		1)			
Kaliumnitrat	O	R: 8 S: 16–41		Achtung	H272 P210
Kaliumnitrat-Lösung	O			Achtung	H272
Kaliumpermanganat	Xn, O, N, B2	R: 8–22–50/53 S: 60–61		Gefahr	H272, H302, H410 P210, P273
Kalkwasser (ges. Calciumhydroxid-Lösung)			✳		

Stoff	Gefahren-, Sicherheits- und Entsorgungssymbole	Ratschläge R/S-Sätze	GHS-Piktogramme	Signalwort	H/P-Sätze
Kohlenstoffdioxid		R: S: 9–23–36		Achtung	H280 P410 + P403
Kupfer(II)-chlorid	Xn N B2	R: 22–36/38–50/53 S: 22–26–61		Achtung	H302, H315, H319, H410 P260, P273, P302 + P352, P305 + P351 + P338
Kupferpulver	F N B2	R: 11 S: 16		Achtung	H228, H410 P210, P273, P501
Kupferoxid	Xn N B2	R: 22–50/53 S: 22–61		Achtung	H302, H410 P260, P273
Kupfersulfat	Xn N B2	R: 22–36/38–50/53 S: 22–60–61		Gefahr	H302, H315, H319, H410 P273, P305 + P351 + P338, P302 + P352
Kupfer(II)-sulfat-Lösung (Kupfervitriol) *w* < 25 %	B2	R: 52/53 S: 61	*		
Kupfersulfid	B2	1)			
Lithium	C F X	R: 14/15–34 S: 8–43–45		Gefahr	H260, H314, EUH014 P280, P301 + P330 + P331, P305 + P351 + P338, P402 + P404
Lithiumchlorid	Xn	R: 22–36/38 S:		Achtung	H302, H315, H319 P302 + P352, P305 + P351 + P338
Magnesium (Band, Pulver)	F X	R: 11–15–17 S: 7/8–43		Gefahr	H260, H250 P210, P402 + P404
Magnesiumchlorid		R: S: 30		Achtung	H319, H335 P261, P280, P305 + P351 + P338
Magnesiumoxid		R: S: 22		–	P260
Magnesiumsulfat	B1	1)			
Methan	F	R: 12 S: 9–16–33		Gefahr	H220, H280 P210, P377, P381, P410 + P403
Methanol	T F B3	R: 11–23/24/25–39/23/24/25 S: 7–16–36/37–45		Gefahr	H225, H331, H311, H301, H370 P210, P233, P280, P302 + P352
Methansäure (Ameisensäure), 10 % ≤ *w* < 90 %	C B3	R: 34 S: 23–26–45		Achtung	H314, H302, H226 P301 + P330 + P331, P280, P305 + P351 + P338, P302 + P352, P310, P301 + P312, P210
Natrium	C F X	R: 14/15–34 S: (1/2) 5-8–43–45		Gefahr	H260, H314, EUH014 P280, P301 + P330 + P331, P305 + P351 + P338, P309, 310, 370 + 378, 422
Natriumborat (Borax)	Xn	R: 60–61 S: 53–45		Gefahr	H360FD P201, P308 + P313
Natriumbromid		1)			
Natriumcarbonat (Soda)	Xi	R: S: 22–26		Achtung	H319 P260, P305+P351+P338
Natriumchlorid		1)			
Natriumhydrogencarbonat (Natron)		1)			
Natriumhydroxid	C B1	R: 35 S: 26–37/39–45		Gefahr	H314, H290 P301 + P330 + P331, P305 + P351 + P338
Natriumsilicat-Pulver (Wasserglas)	Xn	R: 22–36/37/38 S: 22–26		Gefahr	H314, H335 P302 + P334, P280, P305 + P351 + P338, P310, P304 + P340, P302 + P352
Natronlauge 0,5 % ≤ *w* < 2 %	Xi B1	R: 36/38 S: 26	*		

Stoff	Gefahren-, Sicherheits- und Entsorgungssymbole	Ratschläge R/S-Sätze	GHS-Piktogramme	Signalwort	H/P-Sätze
Natronlauge $w \geq 2$ %	C B1	R: 35 S: 26–27–37/39–45	*		
Nitrat-Teststäbchen			*		
Ölsäure/Heptan-Gemisch (1:1000)	F Xn N B3	R: 11–38–50/53–65–67 S: 9–16–29–33–60–61–62		Gefahr	H225, H304, H315, H336, H410 P210, P273, P301 + P310, P331, P302 + P352, P403 + P235
Oxalsäure $w \geq 5$ %	Xn B1	R: 21/22 S: 24/25		Achtung	H302 + H312 P262, P302 + P352
Palmitinsäure	Xi B3	R: 36 S: 26		Achtung	H319 P305 + P351 + P338
Paraffinöl	B3	1)	*		
Pentan	Xn F+ N B3	R: 12–51/53–56–66–67 S: 9–16–29–33–61–62		Gefahr	H225, H304, H336, H411, EUH066 P273, P301 + P310, P331, P403 + P235
n-Pentanol (Pentan-1-ol)	Xn B3	R: 10–20–37–66 S: 2–46		Achtung	H226, H332, H335, EUH066 P210
Petroleum	F B3	R: 11 S: 9–16–29–33		Gefahr	H226, H304 P260, P301 + P310, P331, P403
Phenolphthalein-Lösung (alkohol.)	F B3	R: 11 S: 7–16		Gefahr	H226, H350, H341 P201, P210 P233, P281, P308 + P313
Phosphorsäure 10 % ≤ w < 25 %	Xi B1	R: 36/38 S: 26–45	*		
Phosphorsäure $w \geq 25$ %	C B1	R: 34 S: 26–45		Gefahr	H290, H314 P280, P301 + P330 + P331, P305 + P351 + P338
n-Propanol (Propan-1-ol)	Xi F B3	R: 11–41–67 S: 7–16–24–26–39		Gefahr	H225, H318, H336 P210, P233, P305 + P351 + P338, P313
Propionsäure $w \geq 25$ %	C B3	R: 34 S: 23–36–45		Gefahr	H314 P280, P301 + P330 + P331, P305 + P351 + P338
PVC-Pulver				Achtung	H315, H319, H335 P261, P305 + P351 + P338
Salpetersäure 1 % ≤ w < 5 %	Xi B1	R: 36/37/38 S:		Gefahr	H335, H314 P280, P304 + P341, P308 + P313, P261
Salpetersäure 5 % ≤ w < 70 %	C B1	R: 35 S: 23–26–27		Gefahr	H314, H332 P280, P305 + P351 + P338, P301 + P330 + P331, P310, P304 + P340
Salzsäure 10 % ≤ w < 25 %	Xi B1	R: 36/37/38 S: 28		Achtung	H335, H315, H319 P280, P305 + P351 + P338
Salzsäure $w \geq 25$ %	C	R: 34–37 S: 26–36/37/39–45		Gefahr	H314, H335 P261, P280, P305 + P351 + P338, P310,
Schwefel		R: 38 S: 46		Achtung	H315 P302 + P352
Schwefeldioxid	T	R: 23–24 S: 9–26–36/37/39–45		Gefahr	H280, H314, H331 P260, P280, P304 + P340, P305 + P351 + P338, P314
Schwefelsäure 5 % ≤ w < 15 %	Xi B1	R: 36/38 S: 26		Gefahr	H314 P280, P305 + P351 + P338, P310
Schwefelsäure $w \geq 15$ %	C B1	R: 35 S: 26–30–45		Gefahr	H314, H290 P280, P301 + P330 + P331, P309, P310, P305 + P351 + P338
Silbernitrat	C N B2	R: 34–50/53 S: 26–45–60–61		Gefahr	H272, H314, H410 P273, P280, P301 + P330 + P331, P305 + P351 + P338

Stoff	Gefahren-, Sicherheits- und Entsorgungssymbole	Ratschläge R/S-Sätze	GHS-Piktogramme	Signalwort	H/P-Sätze
Silbernitrat-Lösung (w = 1 %)				Achtung	H319, H412, H315 P273, P302 + P352, P280, P305 + P351 + P338
Silbersulfid	Xi B2	R: 36/37/38 S: 26–36		Achtung	H315, H319, H335 P261, P305 + P351 + P338
Speiseessig		1)			
Stärke-Lösung		1)			
Stearinsäure				Achtung	H315
Strontiumchlorid		R: 22		Achtung	H302
Styrol	Xn B3	R: 10–20–36/38 S: 23		Achtung	H226, H315, H319, H332 P260, P210, P302 + P352, P305 + P351 + P338
Thymolphthalein	B3		*		
Universalindikator		1)			
Wasserstoff-Gas	F+	R: 12 S: 9–16–33		Gefahr	H220, H280 P210, P377, P381, P410 + P403
Wasserstoffperoxid-Lösung $5\,\% \le w < 20\,\%$	Xi	R: 36/38 S: 3–28–36/39–45		Gefahr	H332, H314, H272 P280, P305 + P351 + P338, P301 + P330 + P331, P310, P304 + P340, P210
Weinsäure	Xi	R: 36 S: 24/25		Achtung	H319 P262, P305 + P351 + P338
Zinkiodid	Xi N B2	R: 36/38-50/53 S: 61		Achtung	H315, H318, H410 P273, P302 + P352, P305 + P351 + P338
Zinkpulver	N B2	R: 50/53 S: 60–61		Achtung	H410 P273
Zinksulfat	Xi N B2	R: 22–41–50–53 S: 22–26–39–46–60–61		Gefahr	H302, H318, H410 P280, P273, P305 + P351 + P338, P301 + P330 + P331
Zinn			*		

* : Herstellerangaben beachten

1) : keine Gefahrstoffdeklarierung

X : spezielle Entsorgungsreaktion

Bei allen Experimenten sollte man grundsätzlich eine Schutzbrille tragen

Schutzhandschuhe tragen

Abzug benutzen oder den Versuch in einer geschlossenen Apparatur durchführen

Entsorgung über Abfluss, bzw. Papierkorb möglich

B1 Im Behälter 1 werden saure und alkalische Lösungen gesammelt, etwa Natronlauge. Der Inhalt von Behälter 1 sollte neutralisiert werden, bevor er ganz gefüllt ist. Der neutralisierte Inhalt kann dann in den Ausguss geschüttet werden. Deshalb dürfen keine giftigen Stoffe in diesem Behälter gesammelt werden.

B2 Im Behälter 2 werden giftige anorganische Stoffe wie Schwermetallsalze gesammelt, z. B. Kupfersulfatlösung.

B3 Im Behälter 3 werden halogenfreie organische Stoffe gesammelt, z. B. Benzin.

B4 In den Behälter 4 gehören alle halogenhaltigen organischen Stoffe, wie z. B. Chloroform.

Die endgültige Entsorgung der Behälter 2, 3 und 4 muss durch ein Entsorgungsunternehmen erfolgen.

Haftungsausschluss:
Trotz sorgfältiger Recherche bei der Deklarierung der Chemikalien ist es möglich, dass bei der Zusammenstellung der Liste Fehler aufgetreten sind. Aus diesem Grund übernimmt der Verlag für die Deklarierung der Chemikalien keine Haftung.

Eine ständig aktualisierte Gefahrstoffliste mit Gefahren- und Sicherheitshinweisen (H- und P-Sätzen / R- und S-Sätzen) finden Sie unter: **http://www.schroedel.de/gefahrstoffe**

Gefahrensymbole – alt und neu

Einfache Bildsymbole geben Hinweise auf Gefahren, die von Chemikalien ausgehen. Gab es bislang national verschiedene Symbole, wird seit 2009 weltweit das global harmonisierte System (GHS) eingeführt.
Die neun Gefahrenklassen werden nochmals unterteilt in bis zu fünf Gefahrenkategorien. So entfällt das bisherige Symbol des Kreuzes mit der Kennzeichnung für gesundheitsschädliche oder reizende Stoffe. Je nach Gefahrenpotential ist das Symbol für Ätzwirkung, Gesundheitsgefahr oder das Ausrufezeichen einzusetzen und auf dem Etikett die Kategorie anzugeben.
Neu sind die Bildsymbole mit Gasflasche, Ausrufezeichen und die Gesundheitsgefahr – ein Mensch mit Stern.

Das Ausrufezeichen wird weiter aufgeschlüsselt. Hierbei spielt die Stärke der Gefährdung eine größere Rolle als die Art der Gefahr. Ebenso muss die Gesundheitsgefahr durch weitere Angaben genauer beschreiben werden. So kann eine Substanz toxisch, krebserregend oder Allergie auslösend sein.
Das Ausrufezeichen entfällt, wenn schon stärkere gesundheitliche Gefahren wie Giftigkeit angeführt wurden.
Auf Etiketten gibt es zusätzliche Signalwörter, die den Grad der Gefährdung anzeigen.

Gefahr für schwerwiegende Gefahrenkategorien
Warnung für weniger schwerwiegende Gefahrenkategorien

neues Symbol	Bezeichnung	Erläuterungstext	altes Symbol	Gefahrenbezeichnung
	explosiv	Stoffe, die explodieren können.		explosionsgefährlich
	entzündbar, Kategorie 1	Stoffe, die sich an der Luft von allein entzünden können.		hochentzündlich
	entzündbar, Kategorie 2	Stoffe, die schon durch kurzzeitige Einwirkung einer Zündquelle entzündet werden können.		leichtentzündlich
	entzündbar, Kategorie 3	Stoffe, die sich beim Erwärmen selbst entzünden können.	–	–
	oxidierend, Kategorie 1, 2, 3	Stoffe, die einen Brand oder eine Explosion verursachen oder verstärken.		brandfördernd
	komprimierte Gase	Komprimierte Gase stehen unter Druck. Vor direkter Sonneneinstrahlung schützen.	–	–
	ätzend, Kategorie 1	Stoffe, die das Hautgewebe an der betroffenen Stelle innerhalb weniger Minuten vollständig zerstören können oder bei Kontakt mit den Augen Schäden verursachen.		ätzend
	ätzend, Kategorie 2	Stoffe, die auf der Haut nach mehrstündiger Einwirkung deutliche Entzündungen hervorrufen können.		reizend
	akute Toxizität, Kategorie 1	Stoffe, die beim Verschlucken oder Einatmen oder bei Aufnahme durch die Haut schwere Gesundheitsschäden oder gar den Tod bewirken können.		sehr giftig
	akute Toxizität, Kategorie 2	Stoffe, die beim Verschlucken oder Einatmen oder bei Aufnahme durch die Haut schwere Gesundheitsschäden bewirken können.		sehr giftig oder giftig
	akute Toxizität, Kategorie 3	Stoffe, die beim Verschlucken oder Einatmen oder bei Aufnahme durch die Haut beschränkte Gesundheitsschäden hervorrufen können.		giftig oder gesundheitsschädlich
	akute Toxizität, Kategorie 4	Stoffe, die beim Verschlucken oder Einatmen oder bei Aufnahme durch die Haut chronische Gesundheitsschäden hervorrufen können.		gesundheitsschädlich
	Gesundheitsgefahr, Kategorie 1A, 1B, 2	Stoffe, die beim Verschlucken oder Einatmen oder bei Aufnahme durch die Haut krebsauslösend sind.	–	–
	Gesundheitsgefahr gezielte Organtoxizität, Kategorie 1, 2	Stoffe, die beim Verschlucken oder Einatmen oder bei Aufnahme durch die Haut krebsauslösend sind.	–	–
	gezielte Organtoxizität, Kategorie 3	Stoffe, die bei Aufnahme Unwohlsein oder leichte Beschwerden bewirken können.	–	–
	Gesundheitsgefahr Atemwegssensibilisierend, Kategorie 1	Stoffe, die beim Einatmen allergische Reaktionen bewirken können.	–	–
	Hautsensibilisierend, Kategorie 1	Stoffe, die auf der Haut allergische Reaktionen bewirken können.	–	–
	umweltgefährlich, Kategorie 1, 2, 3	Stoffe, die selbst oder in Form ihrer Umwandlungsprodukte geeignet sind, sofort oder später Gefahren für die Umwelt herbeizuführen.		umweltgefährlich

Gefahrenhinweise (R-Sätze)

Diese Hinweise geben Auskunft über die Art der Gefahr.

R 1 In trockenem Zustand explosionsgefährlich
R 2 Durch Schlag, Reibung, Feuer oder andere Zündquellen explosionsgefährlich
R 3 Durch Schlag, Reibung, Feuer oder andere Zündquellen besonders explosionsgefährlich
R 4 Bildet hochempfindliche explosionsgefährliche Metallverbindungen
R 5 Beim Erwärmen explosionsfähig
R 6 Mit und ohne Luft explosionsfähig
R 7 Kann Brand verursachen
R 8 Feuergefahr bei Berührung mit brennbaren Stoffen
R 9 Explosionsgefahr bei Mischung mit brennbaren Stoffen
R 10 Entzündlich
R 11 Leicht entzündlich
R 12 Hoch entzündlich
R 14 Reagiert heftig mit Wasser
R 15 Reagiert mit Wasser unter Bildung hoch entzündlicher Gase
R 16 Explosionsgefährlich in Mischung mit brandfördernden Stoffen
R 17 Selbstentzündlich an der Luft
R 18 Bei Gebrauch Bildung explosionsfähiger/leicht entzündlicher Dampf-Luftgemische möglich
R 19 Kann explosionsfähige Peroxide bilden
R 20 Gesundheitsschädlich beim Einatmen
R 21 Gesundheitsschädlich bei Berührung mit der Haut
R 22 Gesundheitsschädlich beim Verschlucken
R 23 Giftig beim Einatmen
R 24 Giftig bei Berührung mit der Haut
R 25 Giftig beim Verschlucken
R 26 Sehr giftig beim Einatmen
R 27 Sehr giftig bei Berührung mit der Haut
R 28 Sehr giftig beim Verschlucken
R 29 Entwickelt bei Berührung mit Wasser giftige Gase
R 30 Kann bei Gebrauch leicht entzündlich werden
R 31 Entwickelt bei Berührung mit Säure giftige Gase
R 32 Entwickelt bei Berührung mit Säure sehr giftige Gase
R 33 Gefahr kumulativer Wirkung
R 34 Verursacht Verätzungen
R 35 Verursacht schwere Verätzungen
R 36 Reizt die Augen
R 37 Reizt die Atmungsorgane
R 38 Reizt die Haut
R 39 Ernste Gefahr irreversiblen Schadens
R 40 Irreversibler Schaden möglich
R 41 Gefahr ernster Augenschäden
R 42 Sensibilisierung durch Einatmen möglich
R 43 Sensibilisierung durch Hautkontakt möglich
R 44 Explosionsgefahr bei Erhitzen unter Einschluss
R 45 Kann Krebs erzeugen
R 46 Kann vererbbare Schäden verursachen
R 48 Gefahr ernster Gesundheitsschäden bei längerer Exposition
R 49 Kann Krebs erzeugen beim Einatmen
R 50 Sehr giftig für Wasserorganismen
R 51 Giftig für Wasserorganismen
R 52 Schädlich für Wasserorganismen
R 53 Kann in Gewässern längerfristig schädliche Wirkungen haben
R 54 Giftig für Pflanzen
R 55 Giftig für Tiere
R 56 Giftig für Bodenorganismen
R 57 Giftig für Bienen
R 58 Kann längerfristig schädliche Wirkungen auf die Umwelt haben
R 59 Gefährlich für die Ozonschicht
R 60 Kann die Fortpflanzungsfähigkeit beeinträchtigen
R 61 Kann das Kind im Mutterleib schädigen
R 62 Kann möglicherweise die Fortpflanzungsfähigkeit beeinträchtigen
R 63 Kann das Kind im Mutterleib möglicherweise schädigen
R 64 Kann Säuglinge über die Muttermilch schädigen
R 65 Gesundheitsschädlich: Kann beim Verschlucken Lungenschäden verursachen
R 66 Wiederholter Kontakt kann zu spröder oder rissiger Haut führen
R 67 Dämpfe können Schläfrigkeit oder Benommenheit verursachen

Sicherheitsratschläge (S-Sätze)

Hier werden Empfehlungen gegeben, wie Gesundheitsgefahren abgewehrt werden können.

S 1 Unter Verschluss aufbewahren
S 2 Darf nicht in die Hände von Kindern gelangen
S 3 Kühl aufbewahren
S 4 Von Wohnplätzen fernhalten
S 5 Unter … aufbewahren (geeignete Flüssigkeit vom Hersteller anzugeben)
S 6 Unter … aufbewahren (inertes Gas vom Hersteller anzugeben)
S 7 Behälter dicht geschlossen halten
S 8 Behälter trocken halten
S 9 Behälter an einem gut gelüfteten Ort aufbewahren
S 12 Behälter nicht gasdicht verschließen
S 13 Von Nahrungsmitteln, Getränken und Futtermitteln fernhalten
S 14 Von … fernhalten (inkompatible Substanzen sind vom Hersteller anzugeben)
S 15 Vor Hitze schützen
S 16 Von Zündquellen fernhalten – Nicht rauchen
S 17 Von brennbaren Stoffen fernhalten
S 18 Behälter mit Vorsicht öffnen und handhaben
S 20 Bei der Arbeit nicht essen und trinken
S 21 Bei der Arbeit nicht rauchen
S 22 Staub nicht einatmen
S 23 Gas/Rauch/Dampf/Aerosol nicht einatmen (geeignete Bezeichnung(en) vom Hersteller anzugeben)
S 24 Berührung mit der Haut vermeiden
S 25 Berührung mit den Augen vermeiden
S 26 Bei Berührung mit den Augen sofort gründlich mit Wasser abspülen und Arzt konsultieren
S 27 Beschmutzte, getränkte Kleidung sofort ausziehen
S 28 Bei Berührung mit der Haut sofort abwaschen mit viel … (vom Hersteller anzugeben)
S 29 Nicht in die Kanalisation gelangen lassen
S 30 Niemals Wasser hinzugießen
S 33 Maßnahmen gegen elektrostatische Aufladung treffen
S 35 Abfälle und Behälter müssen in gesicherter Weise beseitigt werden
S 36 Bei der Arbeit geeignete Schutzkleidung tragen
S 37 Geeignete Schutzhandschuhe tragen
S 38 Bei unzureichender Belüftung Atemschutzgerät anlegen
S 39 Schutzbrille/Gesichtsschutz tragen
S 40 Fußboden und verunreinigte Gegenstände mit … reinigen (Material vom Hersteller anzugeben)
S 41 Explosions- und Brandgase nicht einatmen
S 42 Bei Räuchern/Versprühen geeignetes Atemschutzgerät anlegen (geeignete Bezeichnung(en) vom Hersteller anzugeben)
S 43 Zum Löschen … (vom Hersteller anzugeben) verwenden (wenn Wasser die Gefahr erhöht, anfügen: „Kein Wasser verwenden")
S 45 Bei Unfall oder Unwohlsein sofort Arzt hinzuziehen (wenn möglich dieses Etikett vorzeigen)
S 46 Bei Verschlucken sofort ärztlichen Rat einholen und Verpackung oder Etikett vorzeigen
S 47 Nicht bei Temperaturen über … °C aufbewahren (vom Hersteller anzugeben)
S 48 Feucht halten mit... (geeignetes Mittel vom Hersteller anzugeben)
S 49 Nur im Originalbehälter aufbewahren
S 50 Nicht mischen mit … (vom Hersteller anzugeben)
S 51 Nur in gut gelüfteten Bereichen verwenden
S 52 Nicht großflächig für Wohn- und Aufenthaltsräume verwenden
S 53 Exposition vermeiden – vor Gebrauch besondere Anweisungen einholen
S 56 Diesen Stoff und seinen Behälter der Problemfallentsorgung zuführen
S 57 Zur Vermeidung einer Kontamination der Umwelt geeigneten Behälter verwenden
S S9 Information zur Wiederverwendung beim Hersteller/ Lieferanten erfragen
S 60 Dieser Stoff und sein Behälter sind als gefährlicher Abfall zu entsorgen
S 61 Freisetzung in die Umwelt vermeiden. Besondere Anweisungen einholen/Sicherheitsdatenblatt zu Rate ziehen
S 62 Bei Verschlucken kein Erbrechen herbeiführen. Sofort ärztlichen Rat einholen und Verpackung oder dieses Etikett vorzeigen
S 63 Bei Unfall durch Einatmen: Verunfallten an die frische Luft bringen und ruhig stellen
S 64 Bei Verschlucken Mund mit Wasser ausspülen (nur wenn Verunfallter bei Bewusstsein ist)

Gefahrenhinweise nach GHS-Verordnung (H-Sätze)

H-Sätze der Chemikalien, die bei Versuchen in diesem Band verwendet werden.

Physikalische Gefahren

H220	Extrem entzündbares Gas.
H225	Flüssigkeit und Dampf leicht entzündbar.
H226	Flüssigkeit und Dampf entzündbar.
H228	Entzündbarer Feststoff.
H242	Erwärmung kann Brand verursachen.
H250	Entzündet sich in Berührung mit Luft von selbst.
H260	In Berührung mit Wasser entstehen entzündbare Gase, die sich spontan entzünden können.
H261	In Berührung mit Wasser entstehen entzündbare Gase.
H270	Kann Brand verursachen oder verstärken; Oxidationsmittel.
H272	Kann Brand verstärken; Oxidationsmittel.
H280	Enthält Gas unter Druck; kann bei Erwärmung explodieren.
H290	Kann gegenüber Metallen korrosiv sein.

Gesundheitsgefahren

H301	Giftig bei Verschlucken.
H302	Gesundheitsschädlich bei Verschlucken.
H302+312	Gesundheitsschädlich bei Verschlucken oder Hautkontakt.
H302+H312+ H332	Gesundheitsschädlich bei Verschlucken, Hautkontakt oder Einatmen.
H302+H332	Gesundheitsschädlich bei Verschlucken oder Einatmen.
H304	Kann bei Verschlucken und Eindringen in die Atemwege tödlich sein.
H311	Giftig bei Hautkontakt.
H312	Gesundheitsschädlich bei Hautkontakt.
H314	Verursacht schwere Verätzungen der Haut und schwere Augenschäden.
H315	Verursacht Hautreizungen.
H317	Kann allergische Hautreaktionen verursachen.
H318	Verursacht schwere Augenschäden.
H319	Verursacht schwere Augenreizung.
H330	Lebensgefahr bei Einatmen.
H331	Giftig bei Einatmen.
H332	Gesundheitsschädlich bei Einatmen.
H334	Kann bei Einatmen Allergie, asthmaartige Symptome oder Atembeschwerden verursachen.
H335	Kann die Atemwege reizen.
H336	Kann Schläfrigkeit und Benommenheit verursachen.
H341	Kann vermutlich genetische Defekte verursachen.
H350	Kann Krebs erzeugen.
H351	Kann vermutlich Krebs erzeugen.
H360	Kann die Fruchtbarkeit beeinträchtigen oder das Kind im Mutterleib schädigen.
H360FD	Kann die Fruchtbarkeit beeinträchtigen. Kann das Kind im Mutterleib schädigen.
H361	Kann vermutlich die Fruchtbarkeit beeinträchtigen oder das Kind im Mutterleib schädigen.
H370	Schädigt die Organe.
H373	Kann die Organe schädigen.

Umweltgefahren

H400	Sehr giftig für Wasserorganismen.
H410	Sehr giftig für Wasserorganismen mit langfristiger Wirkung.
H411	Giftig für Wasserorganismen, mit langfristiger Wirkung.
H412	Schädlich für Wasserorganismen, mit langfristiger Wirkung.

EUH-Sätze

EUH014	Reagiert heftig mit Wasser.
EUH029	Entwickelt bei Berührung mit Wasser giftige Gase.
EUH032	Entwickelt bei Berührung mit Säure sehr giftige Gase.
EUH066	Wiederholter Kontakt kann zu spröder oder rissiger Haut führen.

Sicherheitshinweise nach GHS-Verordnung (P-Sätze)

P-Sätze der Chemikalien, die bei Versuchen in diesem Band verwendet werden.

Prävention

P201	Vor Gebrauch besondere Anweisungen einholen.
P210	Von Hitze / Funken / offener Flamme / heißen Oberflächen fernhalten. Nicht rauchen.
P220	Von Kleidung /.../ brennbaren Materialien fernhalten / entfernt aufbewahren.
P233	Behälter dicht verschlossen halten.
P240	Behälter und zu befüllende Anlage erden.
P241	Explosionsgeschützte elektrische Betriebsmittel / Lüftungsanlagen / Beleuchtung /... verwenden.
P243	Maßnahmen gegen elektrostatische Aufladungen treffen.
P260	Staub / Rauch / Gas / Nebel / Dampf / Aerosol nicht einatmen.
P261	Einatmen von Staub / Rauch / Gas / Nebel / Dampf / Aerosol vermeiden.
P262	Nicht in die Augen, auf die Haut oder auf die Kleidung gelangen lassen.
P273	Freisetzung in die Umwelt vermeiden.
P280	Schutzhandschuhe / Schutzkleidung / Augenschutz / Gesichtsschutz tragen.
P281	Vorgeschriebene persönliche Schutzausrüstung verwenden.

Reaktion

P301 + P310	Bei Verschlucken: Sofort Giftinformationszentrum oder Arzt anrufen.
P301 + P312	Bei Verschlucken: Bei Unwohlsein Giftinformationszentrum oder Arzt anrufen.
P301 + P330 + P331	Bei Verschlucken: Mund ausspülen. Kein Erbrechen herbeiführen.
P302 + P334	Bei Kontakt mit der Haut: In kaltes Wasser tauchen / nassen Verband anlegen.
P302 + P352	Bei Kontakt mit der Haut: Mit viel Wasser und Seife waschen.
P303 + P361 + P353	Bei Kontakt mit der Haut (oder dem Haar): Alle beschmutzten, getränkten Kleidungsstücke sofort ausziehen. Haut mit Wasser abwaschen/duschen.
P304 + P340	Bei Einatmen: An die frische Luft bringen und in einer Position ruhigstellen, die das Atmen erleichtert.
P304 + P341	Bei Einatmen: Bei Atembeschwerden an die frische Luft bringen und in einer Position ruhigstellen, die das Atmen erleichtert.
P305 + P351 + P338	Bei Kontakt mit den Augen: Einige Minuten lang behutsam mit Wasser spülen. Vorhandene Kontaktlinsen nach Möglichkeit entfernen. Weiter spülen.
P308 + P313	Bei Exposition oder falls betroffen: Ärztlichen Rat Einholen / ärztliche Hilfe hinzuziehen.
P309	Bei Exposition oder Unwohlsein:
P310	Sofort Giftinformationszentrum oder Arzt anrufen.
P311	Giftinformationszentrum oder Arzt anrufen.
P313	Ärztlichen Rat einholen / ärztliche Hilfe hinzuziehen.
P314	Bei Unwohlsein ärztlichen Rat einholen / ärztliche Hilfe hinzuziehen.
P331	Kein Erbrechen herbeiführen.
P370 + P378	Bei Brand: ... zum Löschen verwenden.
P377	Brand von ausströmendem Gas: Nicht löschen, bis Undichtigkeit gefahrlos beseitigt werden kann.
P381	Alle Zündquellen entfernen, wenn gefahrlos möglich.
P391	Verschüttete Mengen aufnehmen.

Aufbewahrung

P402 + P404	In einem geschlossenen Behälter an einem trockenen Ort aufbewahren.
P403	An einem gut belüfteten Ort aufbewahren.
P403 + P233	Behälter dicht verschlossen an einem gut belüfteten Ort aufbewahren.
P403 + P235	Kühl an einem gut belüfteten Ort aufbewahren.
P410 + P403	Vor Sonnenbestrahlung geschützt an einem gut belüfteten Ort aufbewahren.

Entsorgung

P501	Inhalt / Behälter ... zuführen.

Die chemischen Elemente

Elemente Name	Symbol	OZ	Atommasse in u	Dichte[1] in $\frac{g}{cm^3}$ (Gase: $\frac{g}{l}$)	Schmelztemperatur in °C	Siedetemperatur in °C
Actinium	Ac	**89**	(227)	10,1	1050	–
Aluminium	Al	**13**	26,9815	2,70	660	≈ 2300
Americium	Am	**95**	(243)	11,7	827	2610
Antimon (Stibium)	Sb	**51**	121,75	6,68	630	1640
Argon	Ar	**18**	39,948	*1,784*	–189	–186
Arsen	As	**33**	74,9216	5,73	817p	633s
Barium	Ba	**56**	137,34	3,7	717	1640
Beryllium	Be	**4**	9,0122	1,86	1278	2970
Bismut (Bismutum)	Bi	**83**	208,980	9,80	271	1560
Blei (Plumbum)	Pb	**82**	207,2	11,4	327	1750
Bor	B	**5**	10,81	2,34	≈ 2000	≈ 2500
Brom	Br	**35**	79,904	3,14	–7	58
Cadmium	Cd	**48**	112,40	8,64	321	767
Caesium	Cs	**55**	132,905	1,90	29	690
Calcium	Ca	**20**	40,08	1,55	845	1440
Cer	Ce	**58**	140,12	6,8	800	3600
Chlor	Cl	**17**	35,453	*3,214*	–102	–34
Chrom	Cr	**24**	51,996	7,19	≈ 1900	≈ 2500
Cobalt	Co	**27**	58,9332	8,83	1490	3100
Dysprosium	Dy	**66**	162,50	8,54	1407	≈ 2600
Eisen (Ferrum)	Fe	**26**	55,847	7,86	1537	2730
Erbium	Er	**68**	167,26	9,05	1497	2900
Europium	Eu	**63**	151,96	5,26	826	1439
Fluor	F	**9**	18,9984	*1,70*	–220	–188
Gadolinium	Gd	**64**	157,25	7,90	1312	≈ 3000
Gallium	Ga	**31**	69,72	6,0	30	2340
Germanium	Ge	**32**	72,59	5,36	960	≈ 2700
Gold (Aurum)	Au	**79**	196,967	19,3	1063	2700
Hafnium	Hf	**72**	178,49	13,3	2220	> 3000
Helium	He	**2**	4,0026	*0,178*	–272p	–269
Holmium	Ho	**67**	164,930	8,80	1461	≈ 2600
Indium	In	**49**	114,82	7,31	156	2000
Iod	I	**53**	126,9044	4,94	114	184
Iridium	Ir	**77**	192,2	22,6	2454	> 4500
Kalium	K	**19**	39,102	0,86	64	760
Kohlenstoff (Carboneum)	C	**6**	12,0115	[2]	> 3500s	≈ 4000
Krypton	Kr	**36**	83,80	*3,708*	–157	–153
Kupfer (Cuprum)	Cu	**29**	63,546	8,93	1083	2350
Lanthan	La	**57**	138,91	6,1	920	4515
Lithium	Li	**3**	6,941	0,53	180	1335
Lutetium	Lu	**71**	174,97	9,84	1652	3327
Magnesium	Mg	**12**	24,305	1,74	650	1105
Mangan	Mn	**25**	54,9380	7,3	1220	2150
Molybdän	Mo	**42**	95,94	10,2	2620	≈ 5000
Natrium	Na	**11**	22,9898	0,97	98	883
Neodym	Nd	**60**	144,24	7,0	1024	3300
Neon	Ne	**10**	20,179	*0,90*	–249	–246
Neptunium	Np	**93**	(237)	19,5	–	–
Nickel	Ni	**28**	58,70	8,90	1453	≈ 2800
Niob	Nb	**41**	92,906	8,5	2468	≈ 3700
Osmium	Os	**76**	190,2	22,5	≈ 2600	≈ 5500
Palladium	Pd	**46**	106,4	12,0	1555	3380
Phosphor	P	**15**	30,9738	[3]	44[4]	285[4]
Platin	Pt	**78**	195,09	21,45	1770	3300
Plutonium	Pu	**94**	(244)	19,7	640	3200
Polonium	Po	**84**	(209)	9,32	254	962
Praseodym	Pr	**59**	140,907	6,7	935	≈ 3300
Quecksilber (Hydrargyrum)	Hg	**80**	200,59	13,55	–39	357
Radium	Ra	**88**	226,05	≈ 6	≈ 700	1140
Radon	Rn	**86**	(222)	*9,96*	–71	–62
Rhenium	Re	**75**	186,2	20,9	3170	≈ 5900
Rhodium	Rh	**45**	102,905	12,4	1966	4500
Rubidium	Rb	**37**	85,47	1,53	39	690
Rhutenium	Ru	**44**	101,07	12,4	2400	≈ 4500
Samarium	Sm	**62**	150,35	7,5	1072	≈ 1900
Sauerstoff (Oxygenium)	O	**8**	15,9994	*1,429*	–219	–183
Scandium	Sc	**21**	44,956	3,0	1540	- 2730
Schwefel (Sulfur)	S	**16**	32,06	2,0	119	444
Selen	Se	**34**	78,96	4,8	220	688
Silber (Argentum)	Ag	**47**	107,870	10,5	960	2150
Silicium	Si	**14**	28,086	2,4	1410	2630
Stickstoff (Nitrogenium)	N	**7**	14,0067	*1,251*	–210	–196
Strontium	Sr	**38**	87,62	2,6	757	1365
Tantal	Ta	**73**	180,948	16,7	2990	> 5000
Technetium*	Tc	**43**	(97)	11,5	2140	–
Tellur	Te	**52**	127,60	6,2	450	990
Terbium	Tb	**65**	158,924	8,3	1350	≈ 2800
Thallium	Tl	**81**	204,37	11,85	303	1457
Thorium	Th	**90**	232,038	11,7	≈ 1800	≈ 3600
Thulium	Tm	**69**	168,934	9,33	1545	1727
Titan	Ti	**22**	47,90	4,51	≈ 1700	3260
Uran	U	**92**	238,029	19,1	1133	≈ 3600
Vanadium	V	**23**	50,9414	6,1	≈ 1800	> 3000
Wasserstoff (Hydrogenium)	H	**1**	1,00797	*0,0899*	–259	–253
Wolfram	W	**74**	183,85	19,30	3410	5400
Xenon	Xe	**54**	131,30	*5,89*	–112	–108
Ytterbium	Yb	**70**	173,04	6,5	8,25	1427
Yttrium	Y	**39**	88,905	4,5	1490	2927
Zink	Zn	**30**	65,38	7,2	420	910
Zinn (Stannum)	Sn	**50**	118,69	7,3	232	≈ 2400
Zirkonium	Zr	**40**	91,22	6,5	1860	≈ 3600

* künstlich gewonnenes Element, OZ Ordnungszahl, (243) Eine eingeklammerte Zahl gibt die Nukleonenzahl des langlebigsten Isotops des Elements an.
– Werte sind nicht bekannt, ≈ Wert sehr ungenau, p unter Druck, s sublimiert, 1) Bei gasförmigen Elementen wird die Dichte *kursiv* gedruckt angegeben. Sie gilt für 0 °C und 1013 hPa. 2) Graphit: 2,25, Diamant: 3,51, 3) weißer P: 1,83, roter P: 2,2, 4) weißer P

Stichwortverzeichnis

Das illustrierte Periodensystem

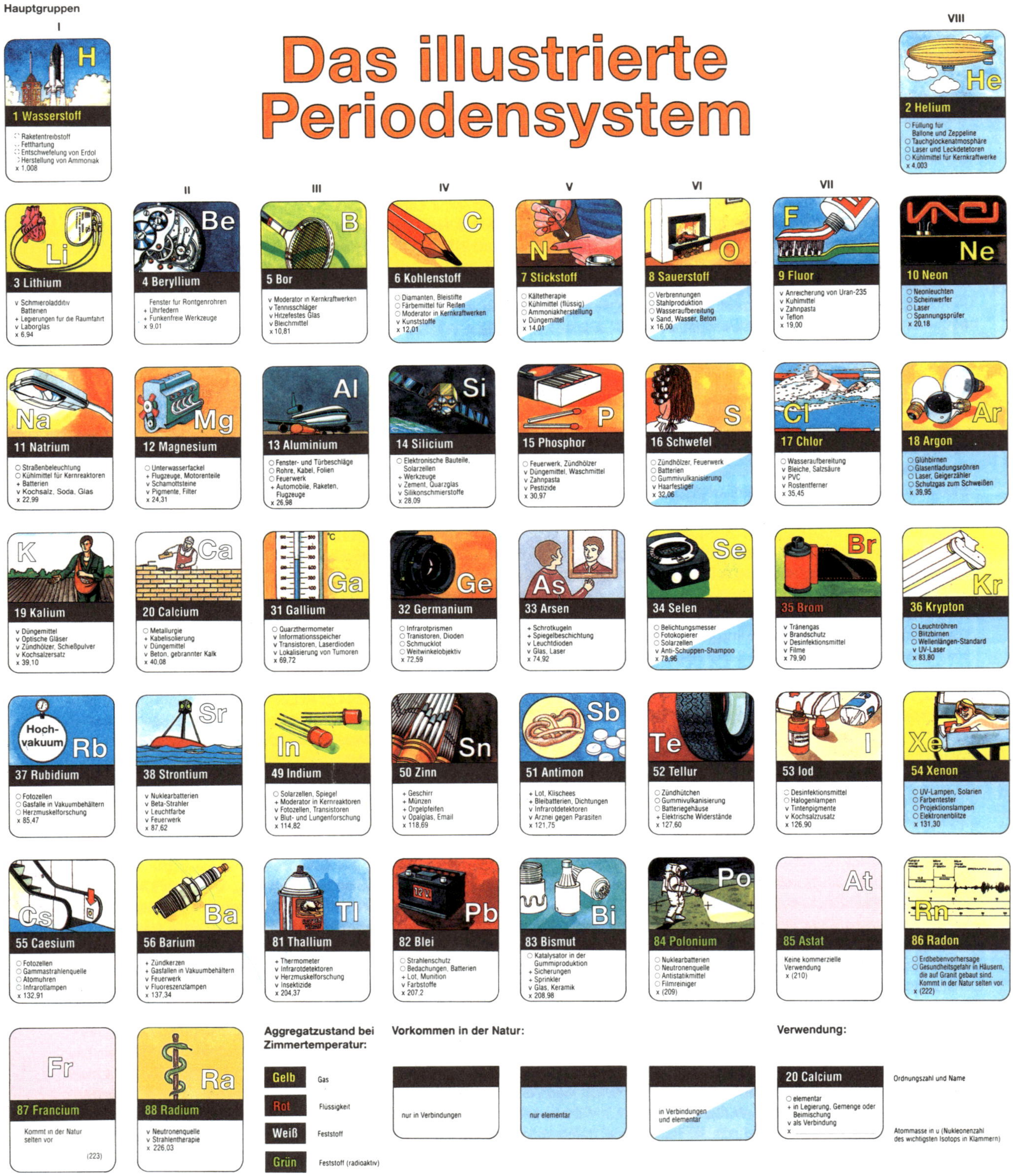